UG NX 2007 中文版
完全自学一本通

孙岩志 徐宗刚 史丰荣 编著

電子工業出版社
Publishing House of Electronics Industry
北京•BEIJING

内容简介

本书基于 UG NX 2007 软件，对其中的各个模块进行了全面、细致的讲解，由浅入深、循序渐进地介绍了 UG NX 2007 的基本操作及命令的使用，并配以大量的制作实例。全书共 15 章，内容涵盖基础入门操作、特征与曲面建模、行业应用设计 3 个方面。

本书语言通俗易懂，内容讲解到位，操作实例具有很强的实用性和代表性。同时本书的专业性和技巧性等特点也比较突出。

本书适合从事机械设计、模具设计、产品设计、钣金设计等工作的专业技术人员，以及希望快速提高 UG 建模与有限元分析技能的爱好者阅读，还可作为本科、大中专院校和相关培训机构的软件专业培训教材。

图书在版编目（CIP）数据

UG NX 2007 中文版完全自学一本通 / 孙岩志，徐宗刚，史丰荣编著. —北京：电子工业出版社，2022.12

ISBN 978-7-121-44682-5

Ⅰ. ①U… Ⅱ. ①孙… ②徐… ③史… Ⅲ. ①计算机辅助设计－应用软件 Ⅳ. ①TP391.72

中国版本图书馆 CIP 数据核字（2022）第 238054 号

责任编辑：田　蕾　　　　特约编辑：田学清
印　　刷：涿州市京南印刷厂
装　　订：涿州市京南印刷厂
出版发行：电子工业出版社
　　　　　北京市海淀区万寿路 173 信箱　　　邮编：100036
开　　本：787×1092　1/16　印张：32.25　字数：825.6 千字
版　　次：2022 年 12 月第 1 版
印　　次：2022 年 12 月第 1 次印刷
定　　价：99.00 元

凡所购买电子工业出版社图书有缺损问题，请向购买书店调换。若书店售缺，请与本社发行部联系，联系及邮购电话：（010）88254888，88258888。

质量投诉请发邮件至 zlts@phei.com.cn，盗版侵权举报请发邮件至 dbqq@phei.com.cn。

本书咨询联系方式：（010）88254161～88254167 转 1897。

前言
PREFACE

UG是近年来应用非常广泛、非常有竞争力的CAD/CAE/CAM大型集成软件之一，涵盖了产品设计、零件装配、模具设计、NC加工、工程图设计、模流分析、自动测量和机构仿真等多种功能。该软件能够改善整体流程及流程中每个步骤的效率，被广泛应用于航空、航天、汽车、通用机械等工业领域。

本书内容

本书基于UG NX 2007软件，对其中的各个模块进行了全面、细致的讲解，由浅入深、循序渐进地介绍了UG NX 2007的基本操作及命令的使用，并配以大量的制作实例。

全书共15章，内容涵盖基础入门操作、特征与曲面建模、行业应用设计3个方面。

- 基础入门操作（第1～2章）：以循序渐进的方式介绍了UG NX 2007的安装、UG功能模块的进入、UG系统参数的配置、UG坐标系、常用基准工具、对象的选择及图层的管理等内容。
- 特征与曲面建模（第3～11章）：从二维草图截面开始，直到特征建模与曲面造型，全面地介绍了UG特征和曲面相关功能命令及其在建模中的应用。
- 行业应用设计（第12～15章）：主要介绍UG在行业中的实践应用，包括从装配设计、工程图设计、运动与仿真到有限元分析的工业设计全流程。

本书特色

本书从软件的基本应用及行业知识入手，以UG软件应用为主线，以实例为引导，按照由浅入深、循序渐进的方式，讲解软件的特性和软件的操作方法，使读者能够快速掌握UG NX 2007的功能与行业应用。

对于UG NX 2007的基础应用，本书讲解得非常详细。

本书最大特色在于：

- 功能指令全。
- 穿插海量典型的动手操作案例。
- 附赠大量的视频教学内容，能够帮助读者更好地融会贯通。
- 拓展学习资料中包括大量有价值的练习内容，能使读者充分利用软件功能进行相关设计。

本书适合从事机械设计、模具设计、产品设计、钣金设计等工作的专业技术人员，以及希望快速提高 UG 建模与有限元分析技能的爱好者阅读，还可作为本科、大中专院校和相关培训机构的软件专业培训教材。

作者信息

本书由山东烟台工程职业技术学院机械工程系孙岩志、徐宗刚和史丰荣老师编著。由于时间仓促，本书难免存在不足和疏漏之处，希望广大读者批评指正！

感谢您选择了本书，希望我们的努力对您的工作和学习有所帮助，也希望您把对本书的意见和建议告诉我们。

编著者

读 者 服 务

为了方便解决本书的疑难问题，读者在学习过程中遇到与本书有关的技术问题时，可以发邮件到邮箱 caxart@126.com，我们会尽快针对相应问题进行解答，并竭诚为您服务。

资源下载方法：关注“有艺”公众号，在“有艺学堂”的“资源下载”中获取下载链接。如果遇到无法下载的情况，可以通过以下 3 种方式与我们取得联系。

1．关注“有艺”公众号，通过“读者反馈”功能提交相关信息。

2．请发邮件至 art@phei.com.cn，邮件标题命名方式：资源下载+书名。

3．读者服务热线：（010）88254161～88254167 转 1897。

扫一扫关注“有艺”

目录
CONTENTS

第 1 章

UG NX 2007 概述

本章内容

UG NX 2007 是 SIEMENS 公司推出的一种交互式计算机辅助设计、辅助制造、辅助分析（CAD/CAM/CAE）高度集成的软件系统。由于其功能强大，因此适用于产品的整个开发过程，涵盖设计、建模、装配、模拟分析、加工制造和产品生命周期管理等功能，广泛应用于机械、模具、汽车、家电、航天等领域。

知识要点

☑ UG NX 2007 简介
☑ UG NX 2007 的安装
☑ UG 功能模块的进入
☑ UG 系统参数的配置

1.1 UG NX 2007 简介

UG NX 2007 是 SIEMENS 公司推出的 UG NX 系列版本，可以帮助用户实现更好的产品设计方案。该软件套件结合了线框、表面、实体、参数和直接建模。

UG NX 2007 系列有很多更新版本，该系列的第一个版本（版本号 2007）于 2021 年 12 月推出，随后基于此版本发布更新版本，并分别命名为 UG NX 2011、UG NX 2015、UG NX 2019、UG NX 2023 和 UG NX 2027。UG NX 2007 系列的最后一个更新版本（版本号 2027）于 2022 年 5 月推出。

1.1.1 UG NX 2007 的特点

UG 系统的 CAD/CAM/CAE 模块提供了一个基于过程的产品设计环境，使产品开发从设计到加工的全过程真正实现了数据的无缝集成，从而优化了企业的产品设计与制造。UG 面向过程驱动的技术是虚拟产品开发的关键技术。在面向过程驱动技术的环境中，用户的全部产品及精确的数据模型能够在产品开发全过程的各个环节中保持相关，从而有效地实现了并行工程。

UG 软件不但具有强大的实体造型、曲面造型、虚拟装配和生成工程图等设计功能，而且在设计过程中还可以进行有限元分析、结构运动分析、动力学分析和仿真模拟，从而提高设计的可靠性；UG 软件可以使用建立的三维模型直接生成数控代码，用于产品的加工，并且其后处理程序支持多种类型的数控机床。另外，它所提供的二次开发语言 UG/Open GRIP、UG/Open API 简单易学，实现功能丰富，便于用户开发专用 CAD 系统。具体来说，该软件具有以下特点：

- 具有统一的数据库，真正实现了 CAD/CAE/CAM 等各模块之间的无数据交换的自由切换，可实施并行工程。该软件采用复合建模技术，可以将实体建模、曲面建模、线框建模、显示几何建模与参数化建模融为一体。
- 使用基于特征（如孔、凸起、型胶、槽沟、倒角等）的建模和编辑方法作为实体造型基础，形象直观，类似于工程师采用的传统设计方法，并且可以使用参数驱动。
- 曲面设计采用非均匀有理 B 样条作为基础，可以使用多种方法生成复杂的曲面，特别适合汽车外形设计、汽轮机叶片设计等复杂曲面造型。
- 出图功能强，可以方便地从三维实体模型直接生成二维工程图；可以按 ISO 标准和国家标准标注尺寸、形位公差和文字说明等；可以直接对实体进行旋转剖、阶梯剖和轴测视图挖切以生成各种剖视图，增强了绘制工程图的实用性。
- 以 Parasolid 为实体建模核心，实体造型功能处于领先地位。目前，著名的 CAD/CAE/CAM 软件均以此作为实体造型基础。
- 提供了界面良好的二次开发工具 GRIP（Graphical Interactive Programing）和 UFUNC

（User Function），并且可以通过高级语言接口，使 UG 的图形功能与高级语言的计算功能紧密结合起来。

- 具有良好的用户界面，绝大多数功能都可以通过图标实现；在进行对象操作时，具有自动推理功能；同时，在每个操作步骤中都有相应的提示信息，便于用户做出正确的选择。

1.1.2　UG NX 2007 的功能模块

UG NX 2007 包含的功能模块有几十个，调用不同的功能模块可以实现不同的工作需要。在 UG 建模界面窗口上，单击功能区中的【应用模块】选项卡标题，可以切换到【应用模块】选项卡。在该选项卡中显示了 UG NX 2007 包含的所有功能模块，包括建模、加工、运动仿真、装配、钣金设计、外观造型设计等。根据本软件的实际应用，可以将这些功能模块分为以下几类。

1．CAD 模块

CAD 模块主要用于产品、模具等设计，包括实体造型和曲面造型的建模模块、装配模块、制图模块、外观造型设计模块、模具设计模块、电极设计模块、钣金设计模块、管线设计模块、船舶设计模块等。UG 广泛应用于军事、民航、船舶、电气、电子等各个行业，本书以机械行业为主、其他行业为辅，介绍了 UG 的基础模块。

2．CAM 模块

CAM 模块将所有编程系统中的元素集成到一起，包括工具轨迹的创建和确认、后处理、机床仿真、流程规划、数据转换工具、车间文档等，以使制造过程中的相关任务能够实现自动化。其模块包括加工基础模块、后处理器、车削加工模块、铣削加工模块、线切割加工模块和样条轨迹生成器等。

3．CAE 模块

CAE 模块的主要作用是进行产品分析，涉及设计仿真、高级仿真、运动仿真等，包括强度向导模块、设计仿真模块、高级仿真模块、运动仿真模块、注塑流动分析模块等。

1.1.3　UG NX 2007 的新增功能

UG NX 2007 在现有功能的基础上增加了一些新功能。简要介绍如下。

- 只需一步就能创建复杂旋转形状的全关联 2D 轮廓。
- 拓扑优化是一个新的功能模块，用于按功能需求驱动几何造型的优化，实现复杂任务的作业流程自动化。
- 在 NX 结构设计器中增加了一些设计工具，使得 NX 结构设计器可以进一步扩展其应用范围，设计钢结构比以往更加容易。

1.2 UG NX 2007 的安装

UG NX 2007 是一个高度集成的 CAD/CAM/CAE 软件系统，其软件包大小比旧版本的要大很多，安装过程也比较耗时。下面介绍的安装过程仅安装了 UG NX 2007 中的建模、制图、装配、钣金设计等基础模块，不包含模具设计模块。

1.2.1 UG NX 2007 的安装方法

UG NX 2007 的安装方法与旧版本的安装方法是完全一样的，这便于软件使用者完成软件升级。下面介绍该软件的一般安装方法。

动手操作——安装 UG NX 2007

1. 安装 License Server（许可证服务器）

① 在 UG NX 2007 程序文件夹中双击 Launch.exe 可执行文件，载入 UG NX 2007 初始安装界面，如图 1-1 所示。

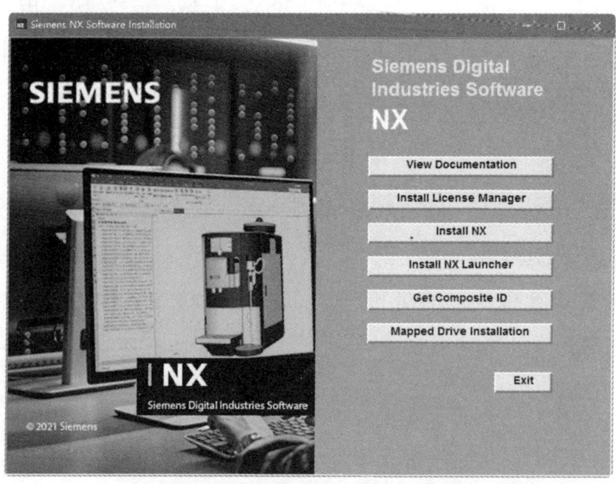

图 1-1 UG NX 2007 初始安装界面

技巧点拨：

如果用户是从网上下载的应用程序，如 ISO 文件，则可以直接解压缩，或者利用虚拟光驱来运行 UG 应用程序，都可以顺利安装。

② 单击 UG NX 2007 初始安装界面上的【Install License Manager】按钮，弹出语言选择界面，选择【简体中文】语言，如图 1-2 所示。

技巧点拨：

在安装前必须先下载并安装 JAVA_WIN64.exe 应用程序，否则不能完成软件的安装。

③ 单击【OK】按钮，弹出安装许可证服务器的界面。单击【前进】按钮，弹出【安装文件夹】界面，可以选择自定义的安装目录，也可以保持默认的设置，如图 1-3 所示。

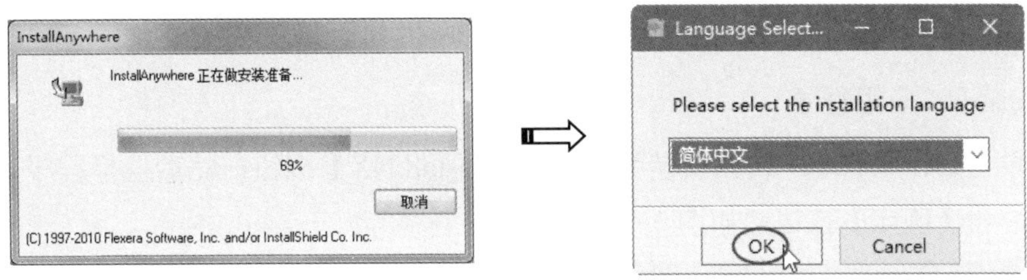

图 1-2　选择程序安装语言

图 1-3　选择安装目录

④ 保持默认的安装目录设置，单击【前进】按钮，弹出【许可证文件】界面。单击【选择】按钮，选择软件安装包中的 ugslmd_lmgrd.lic 文件，然后单击【前进】按钮，如图 1-4 所示。

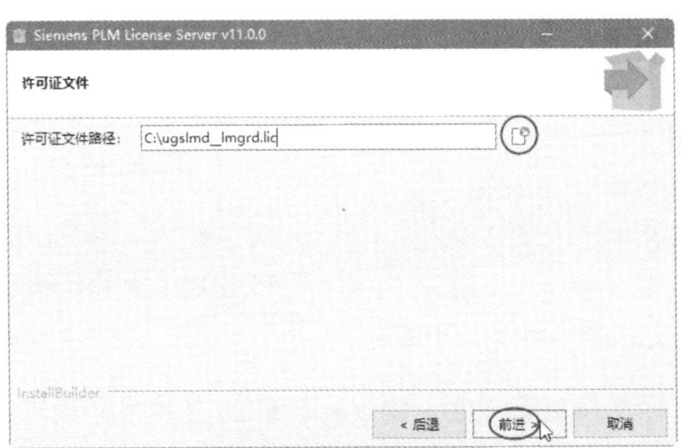

图 1-4　选择许可证文件

⑤ 继续单击【前进】按钮，进行许可证服务器的安装，如图 1-5 所示。

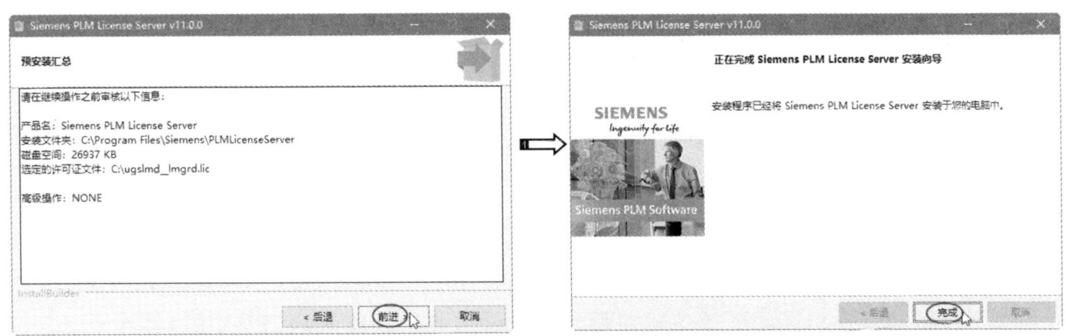

图 1-5　进行许可证服务器的安装

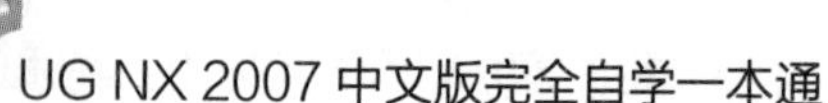

⑥ 在安装完成后，单击【完成】按钮，返回 UG NX 2007 初始安装界面。

2. 安装 NX 应用程序

① 单击 UG NX 2007 初始安装界面中的【Install NX】按钮，然后选择程序安装语言，单击【确定】按钮，如图 1-6 所示。

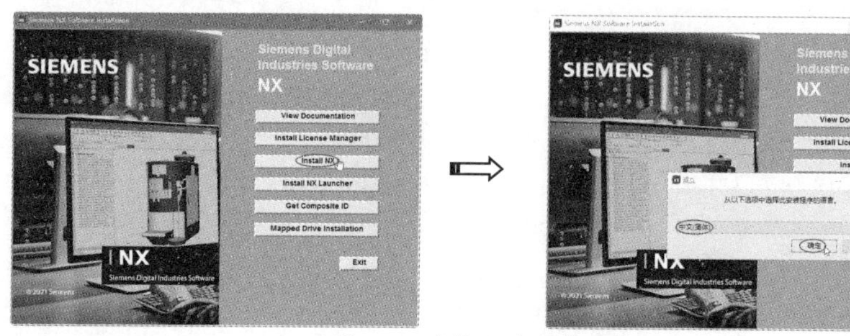

图 1-6 选择程序安装语言

② 弹出【欢迎使用 Siemens NX 安装向导】界面，单击【下一步】按钮，如图 1-7 所示。

③ 在弹出的【自定义安装】界面中单击【浏览】按钮，选择软件安装的路径，如图 1-8 所示。

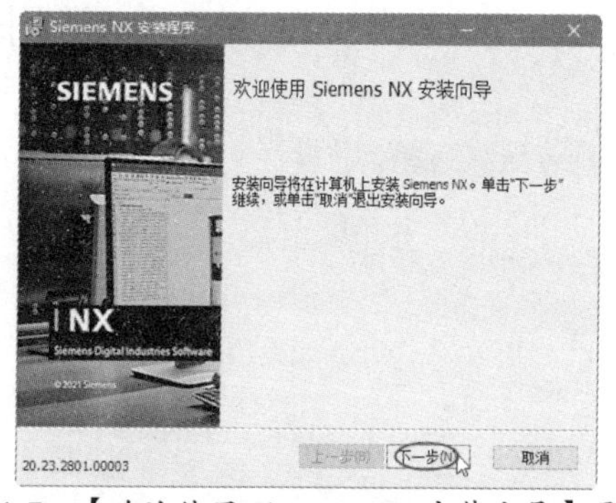

图 1-7 【欢迎使用 Siemens NX 安装向导】界面

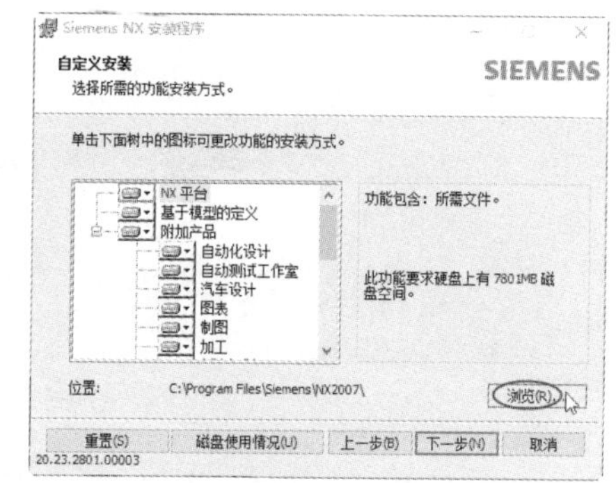

图 1-8 选择软件安装的路径

④ 弹出【更改目标文件夹】界面，建议将软件的安装路径设置在 E 盘，尽量不要安装在 C 盘，设置软件的安装路径后单击【确定】按钮，如图 1-9 所示。

⑤ 返回【自定义安装】界面，查看哪些产品需要安装或不需要安装（一般默认为安装所有产品），确定要安装的产品后，单击【下一步】按钮，如图 1-10 所示。

技巧点拨：

一般软件的安装路径要设置在除 C 盘之外的其他盘，这是因为 C 盘是操作系统的存放盘，在运行操作系统和软件时会产生大量的冗余，占用了系统缓存，使软件运行起来比较困难，甚至会出现卡顿及死机现象。所以，大家要养成良好的软件安装习惯。

⑥ 弹出【许可证设置】界面，由于在前面安装了许可证服务器，因此在这个界面中会自动显示安装成功的端口及主机名，单击【下一步】按钮，如图 1-11 所示。如果前面没有安装许可证服务器，那么这里就需要手动输入端口及主机名。

图 1-9　设置软件的安装路径

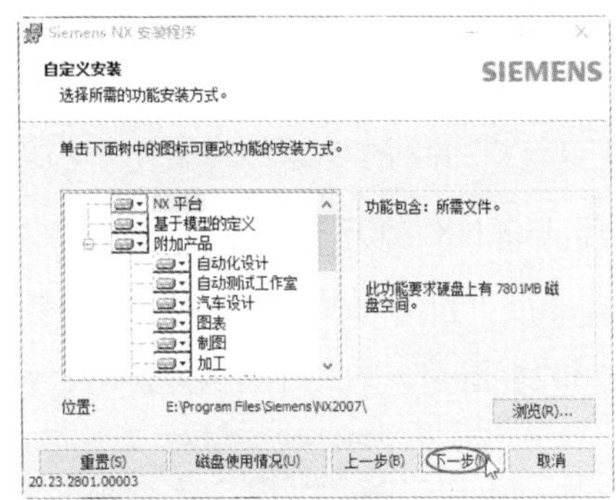

图 1-10　选择需要安装的产品

⑦ 在如图 1-12 所示的【语言选择】界面中选择【简体中文】语言，并单击【下一步】按钮。

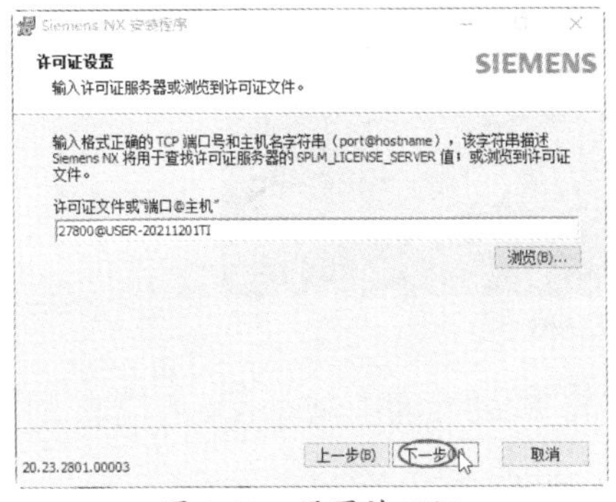

图 1-11　设置许可证

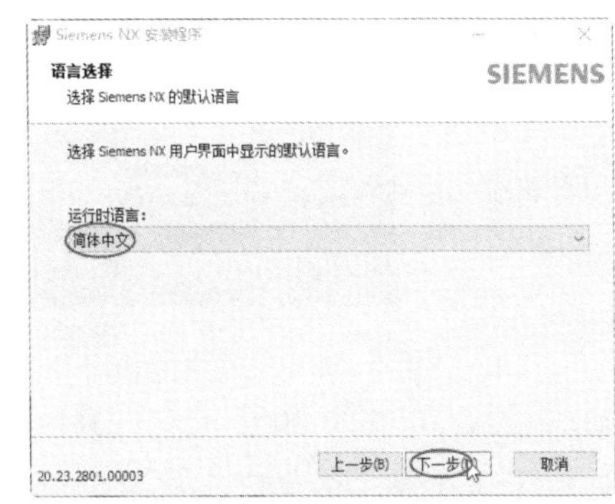

图 1-12　选择语言

技巧点拨：

注意，图 1-11 中@后面的是笔者用于测试的计算机名。要注意，在@后面的一定是计算机名，并且计算机名中不可以有中文等复杂字符，最好是英文字母或数字。

⑧ 弹出如图 1-13 所示的【已准备好安装 Siemens NX】界面，提示已做好安装程序的准备，查看相关信息，并在确认相关信息无误后单击【安装】按钮。

⑨ 在软件安装完成后，会弹出如图 1-14 所示的完成安装界面，单击【完成】按钮，结束软件安装。

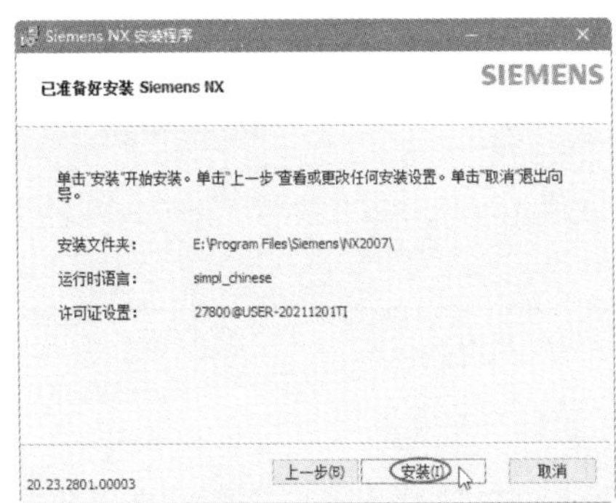

图 1-13　【已准备好安装 Siemens NX】界面

图 1-14　完成安装界面

1.2.2　UG NX 2007 的工作界面

UG NX 2007 的界面环境采用了与微软 Office 类似的带状工具条界面环境。

1．UG NX 2007 的欢迎界面

在桌面上双击 UG NX 2007 的图标，或者选择【开始】|【程序】|【Siemens NX 2007】|【NX 2007】命令，启动 UG NX 2007，如图 1-15 所示。

图 1-15　启动 UG NX 2007

随后进入 UG NX 2007 的欢迎界面（入口模块）。欢迎界面中包含 NX 的快速访问工具栏、功能区选项卡、菜单栏、发现中心和资源条等，如图 1-16 所示。

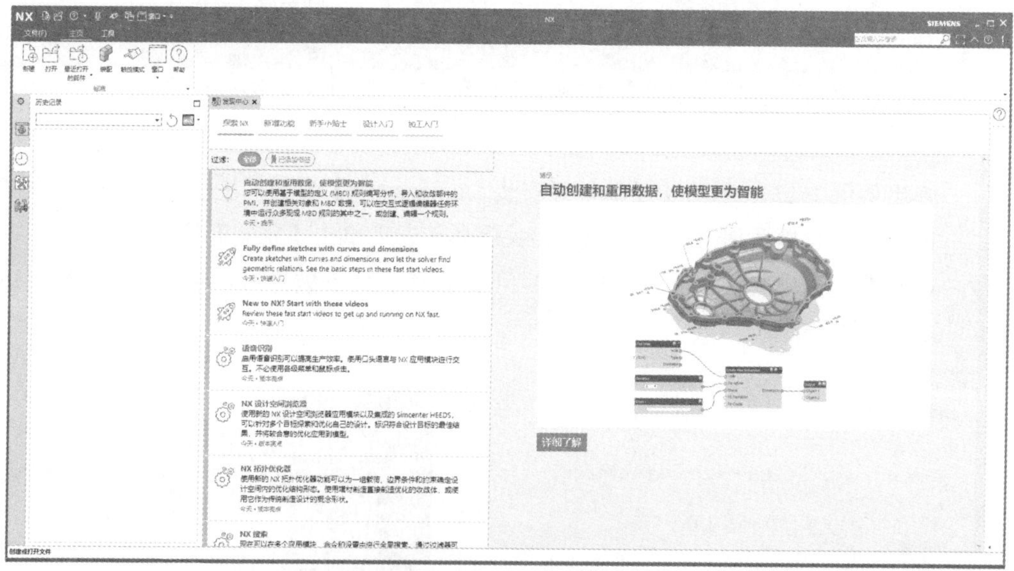

图 1-16　UG NX 2007 的欢迎界面

2．UG NX 2007 的建模环境界面

UG NX 2007 的建模环境界面是用户应用 UG 软件的产品设计环境界面。在欢迎界面中的【主页】选项卡中单击【新建】按钮，弹出【新建】对话框。用户可通过此对话框为新

建的模型文件重命名、重设文件保存路径等，如图 1-17 所示。另外，UG 软件默认的尺寸单位为毫米（mm）。

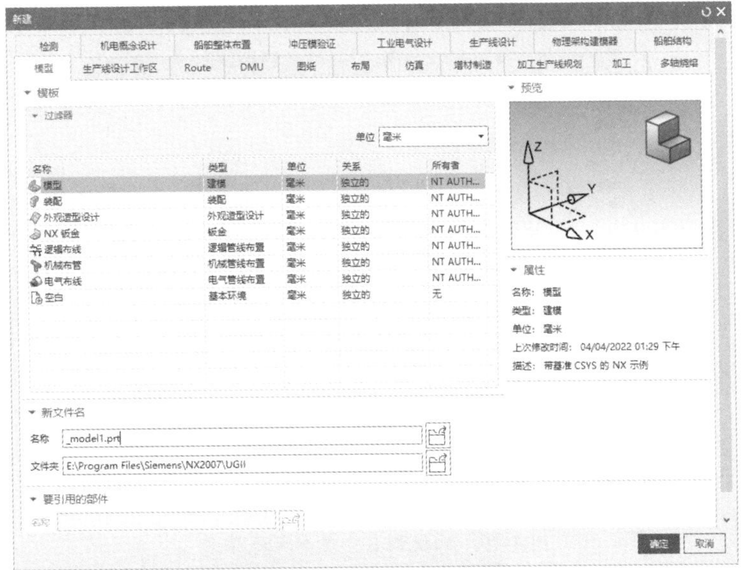

图 1-17　【新建】对话框

技巧点拨：

在 UG NX 2007 中，可以打开中文路径下的部件文件，也可以将文件保存在以中文命名的文件夹中。

在重设文件名及保存路径后，单击【确定】按钮，即可进入 UG NX 2007 的建模环境界面，如图 1-18 所示。

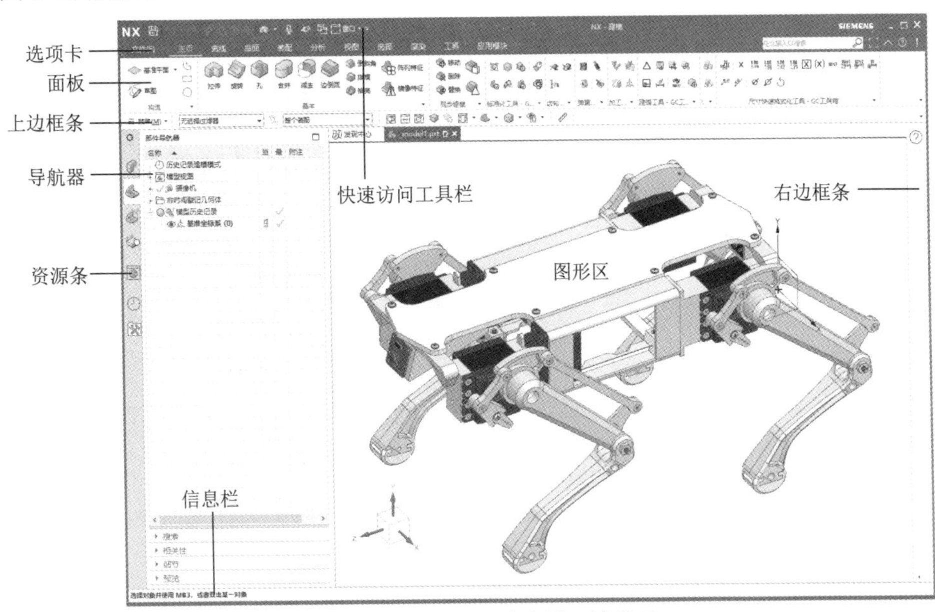

图 1-18　UG NX 2007 的建模环境界面

UG NX 2007 的建模环境界面主要由快速访问工具栏、功能区（包括选项卡和选项卡中的面板)、上边框条、右边框条、信息栏、资源条、导航器和图形区等组成。若用户喜欢 UG 经典环境界面，则可以按【Ctrl+2】组合键打开【用户界面首选项】对话框，然后在【主题】选项卡的【类型】下拉列表中选择【经典】选项，如图 1-19 所示。

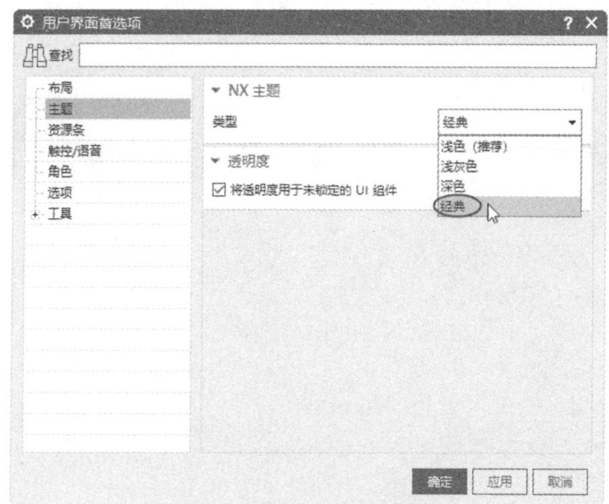

图 1-19　切换到 UG 经典环境界面

UG 经典环境界面如图 1-20 所示。该界面与 UG NX 9.0 及之前的旧版本界面完全相同。

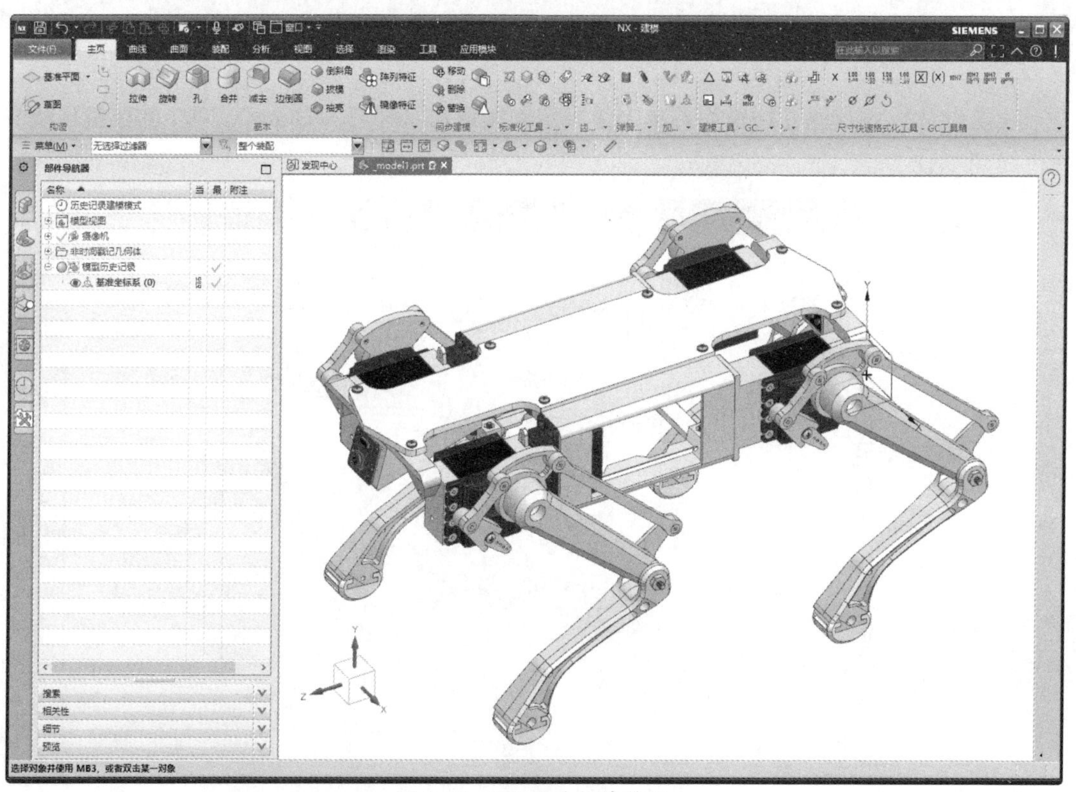

图 1-20　UG 经典环境界面

1.3　UG 功能模块的进入

UG 是一款具有功能齐全、操作便捷等特点的三维设计软件，包括多个设计领域的功能模块。这些模块以功能区选项的形式集中在如图 1-21 所示的【应用模块】选项卡中，主要包括建模、钣金、外观造型设计、制图等。

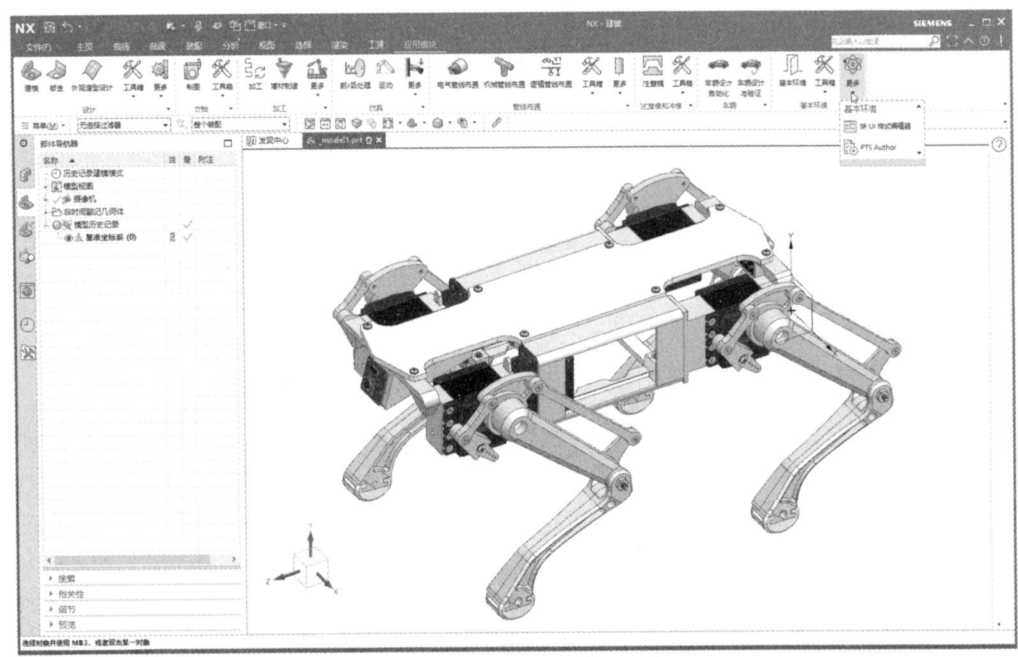

图 1-21　【应用模块】选项卡

启动 UG 并创建 UG 新文件进入主界面，就会打开【应用模块】选项卡，可以进行二维、三维设计。在【应用模块】选项卡中选择其他功能模块后，就可以进行相关的设计工作了。

1.4　UG 系统参数的配置

UG 系统参数的配置一般为程序默认设置，但为了设计需要，用户可以自定义参数配置。UG 系统参数的配置分为语言环境变量设置、用户默认设置和首选项设置，下面对它们进行简要介绍。

1.4.1　语言环境变量设置

在 Windows 7 系统中，软件的工作路径是通过系统注册表和环境变量来设置的。在安装 UG NX 2007 之后，会自动创建 UG 的语言环境变量。语言环境变量的设置可以使得 UG 操作界面语言由中文改为英文或其他国家语言，或者由英文或其他国家语言改为中文。

技巧点拨：

UG NX 2007 不再支持 Windows XP 系统，可支持 Windows 7/8.1/10/11 系统。

动手操作——语言环境变量设置

如果用户在安装软件时没有选择简体中文进行安装，那么可以在安装完成后对 Windows 系统进行语言环境变量设置，操作步骤如下所述。

① 在桌面上右击【计算机】图标，在弹出的快捷菜单中选择【属性】命令，弹出属性设置窗口。在属性设置窗口左侧选择【高级系统设置】选项，弹出【系统属性】对话框，如图 1-22 所示。

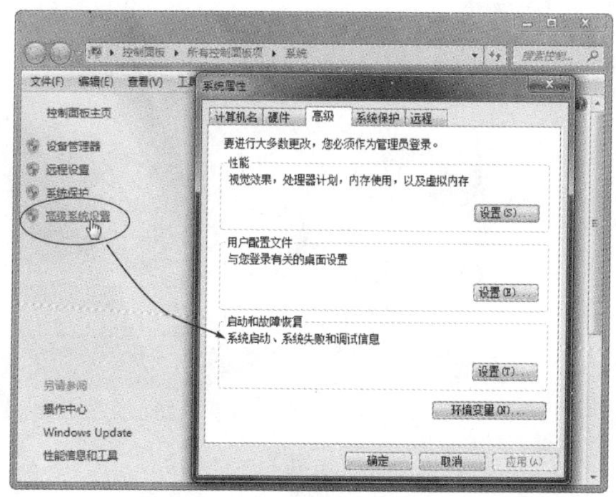

图 1-22 【系统属性】对话框

② 在【系统属性】对话框中选择【高级】选项卡，然后单击【环境变量】按钮，如图 1-23 所示。

③ 弹出【环境变量】对话框，在【系统变量】列表框中选择要编辑的系统变量【UGII_LANG simpl_chinese】，然后单击【编辑】按钮，如图 1-24 所示。

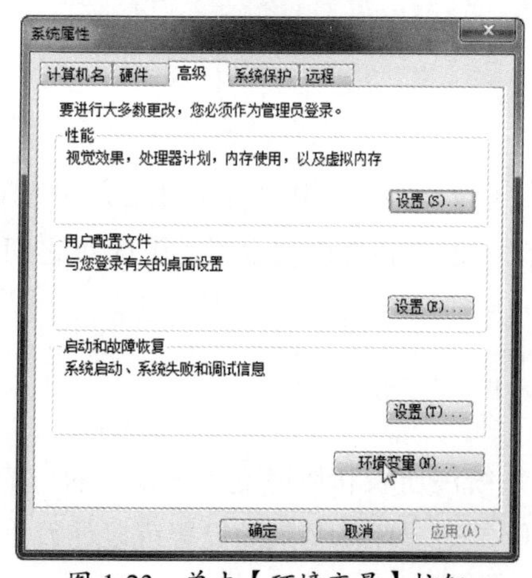

图 1-23 单击【环境变量】按钮

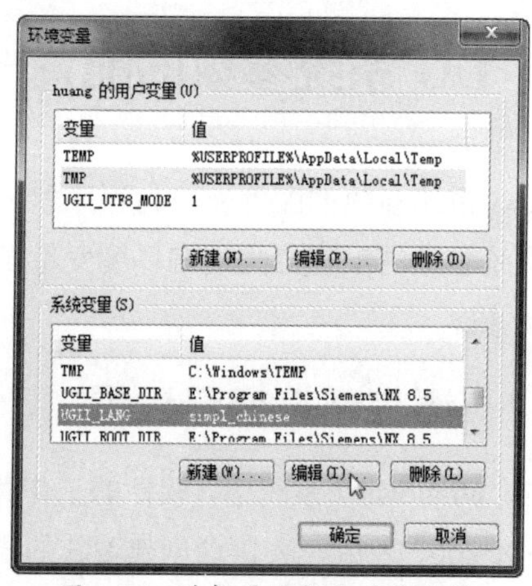

图 1-24 选择要编辑的系统变量

④ 在随后弹出的【编辑系统变量】对话框中，将【变量值】由【simpl_chinese】修改

为【simpl_english】，并单击【确定】按钮，完成由中文改为英文的语言环境变量设置，如图 1-25 所示。

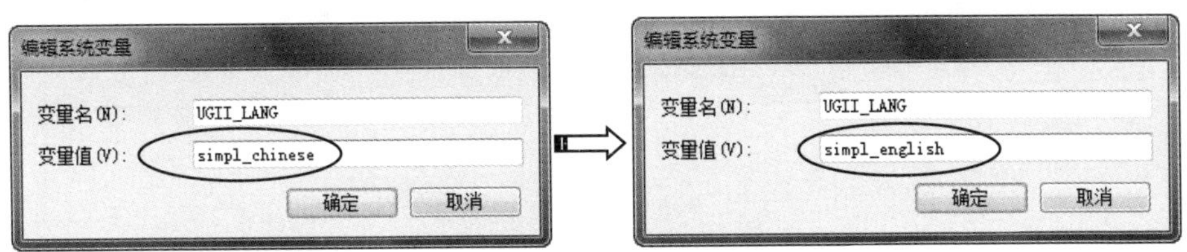

图 1-25　修改系统变量值

⑤ 重新启动 UG，所设置的环境变量参数即刻生效。

1.4.2　用户默认设置

用户默认设置是指在站点、组、用户级别控制命令、对话框的初始设置和参数。

动手操作——用户默认设置

① 在【文件】菜单或上边框条的【菜单】下拉菜单中选择【文件】|【实用工具】|【用户默认设置】命令，如图 1-26 所示。

② 弹出【用户默认设置】对话框，如图 1-27 所示。

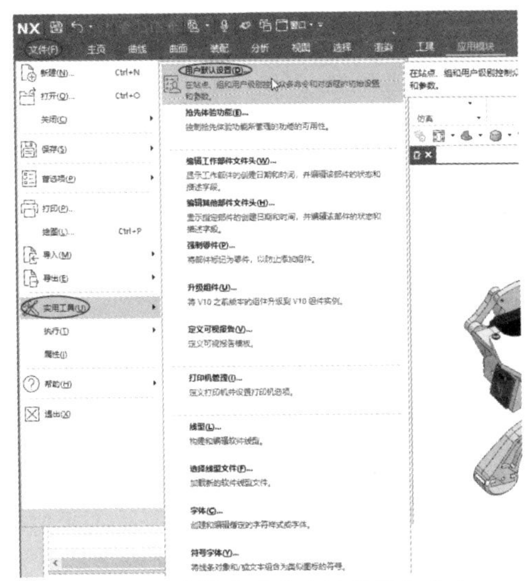
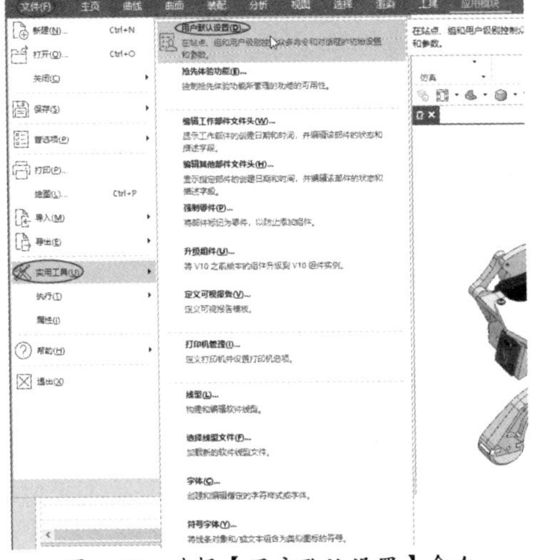

图 1-26　选择【用户默认设置】命令

图 1-27　【用户默认设置】对话框

③ 该对话框左侧的列表框中包含了所有的功能模块（站点）及其中的各工具条（组）。用户选择相应模块及工具条后，即可在对话框右侧进行参数设置。在参数设置完成后，需重启 UG 程序才能使设置的参数生效。

1.4.3　首选项设置

首选项设置主要用于设置一些 UG 程序的默认控制参数。【菜单】下拉菜单的【首选项】子菜单为用户提供了全部的参数设置功能，如图 1-28 所示。在设计之初，用户可以根据需要对这些项目进行设置，以便后续的工作能够顺利进行。

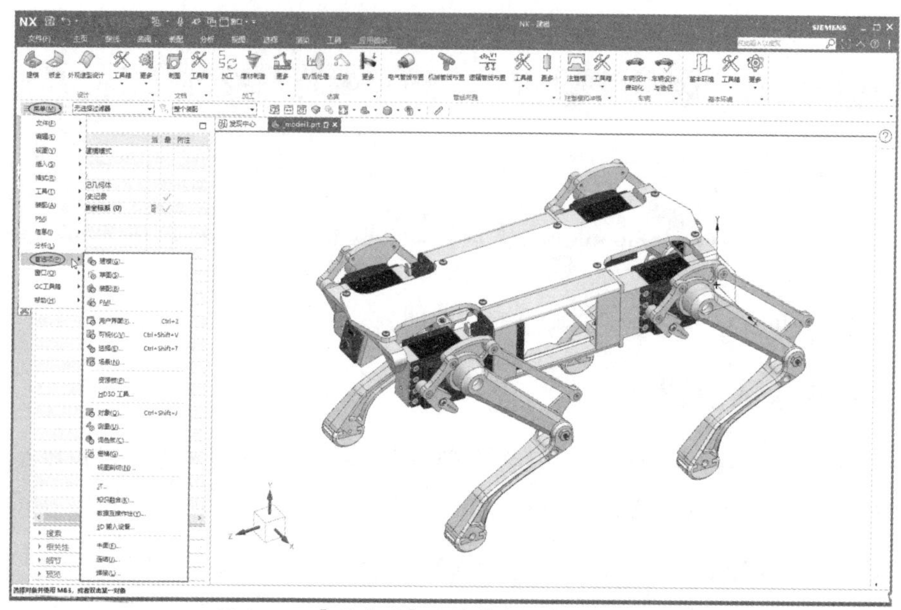

图 1-28 【首选项】子菜单中的参数设置功能

下面简要地介绍一些常用的参数设置，包括对象设置、用户界面设置、场景设置。

技巧点拨：

需要注意的是，首选项中的许多设置只对当前工作部件有效，在打开或新建部件时，需要重新设置。

1. 对象设置

对象设置主要用于编辑对象（几何元素、特征）的属性，如线型、线宽、颜色等。在【菜单】下拉菜单中选择【首选项】|【对象】命令，弹出【对象首选项】对话框。【对象首选项】对话框中包含 3 个选项卡：【常规】选项卡、【分析】选项卡和【线宽】选项卡。

- 【常规】选项卡：主要用于进行工作图层的默认显示设置；模型的类型、颜色、线型和宽度的设置；实体和片体的着色、透明度显示设置，如图 1-29 所示。图 1-30 所示为设置颜色及线宽的前后对比。

图 1-29 【常规】选项卡

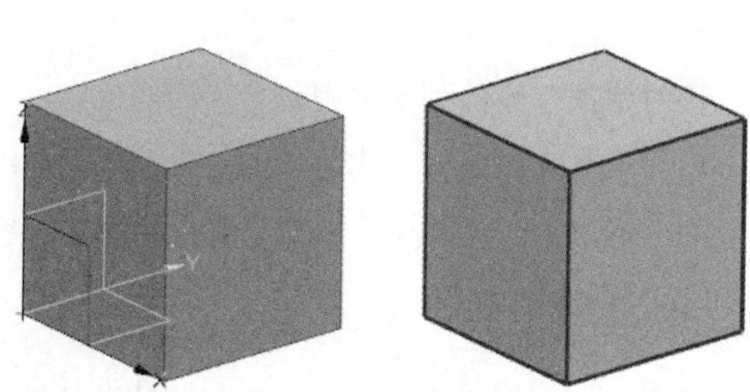

图 1-30 设置颜色及线宽的前后对比

- 【分析】选项卡：主要用于控制曲面连续性显示、截面分析显示和曲线分析显示等，如图 1-31 所示。
- 【线宽】选项卡：设置原有线型的宽度，如图 1-32 所示。

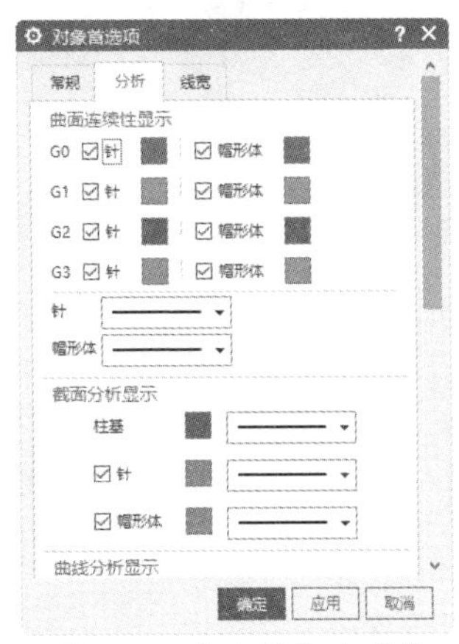

图 1-31　【分析】选项卡

图 1-32　【线宽】选项卡

2．用户界面设置

用户界面设置主要用于设置用户界面和操作记录的录制行为，并加载用户工具。在【菜单】下拉菜单中选择【首选项】|【用户界面】命令，程序会弹出【用户界面首选项】对话框，如图 1-33 所示。

3．场景设置

场景设置用于设定屏幕的场景特性，如背景、灯光、环境和阴影效果。在【菜单】下拉菜单中选择【首选项】|【场景】命令，弹出【场景首选项】对话框，如图 1-34 所示。

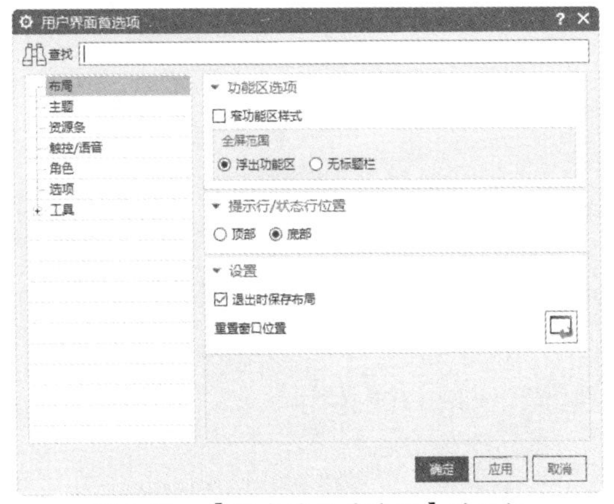

图 1-33　【用户界面首选项】对话框

图 1-34　【场景首选项】对话框

工作时常用的背景主要包括纯色和渐变（由一种或两种颜色呈逐渐淡化趋势形成）两种类型。程序默认为渐变屏幕背景，若用户喜欢纯色屏幕背景，则在【着色视图】选项区的【类型】下拉列表中选择【纯色】选项，然后单击【颜色】后面的图标▭，并在弹出的【Colors】对话框中任意选择一种颜色作为背景颜色，如图 1-35 所示。

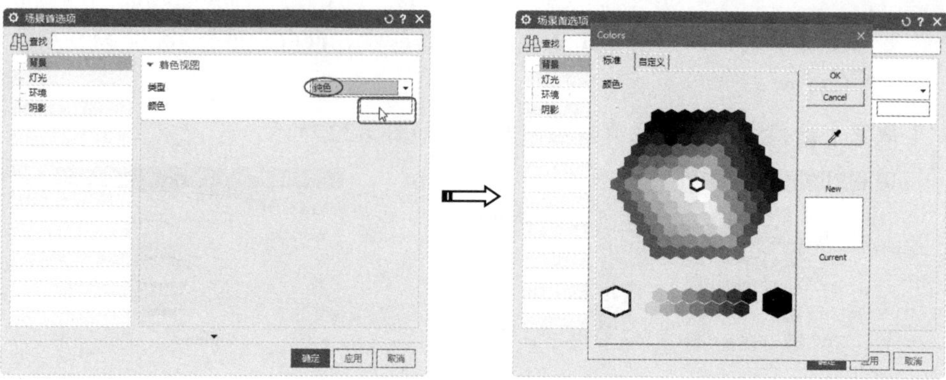
场景首选项
查找
背景
灯光
环境
阴影
着色视图
类型
纯色
颜色
确定
应用
取消
Colors
标准
自定义
颜色:
OK
Cancel
New
Current

图 1-35　选择背景颜色

第 2 章

UG NX 2007 应用入门

本章内容

走入 UG NX 2007 应用的第一步就是熟练掌握图层、基准工具、坐标系和其他一些常用工具的基本用法，这对建模是非常有帮助的。

知识要点

- ☑ UG 坐标系
- ☑ 常用基准工具
- ☑ 对象的选择
- ☑ 图层的管理

2.1 UG 坐标系

坐标系是使用软件进行工作的空间基准，所有的操作都是相对于坐标系进行的。UG 坐标系包含 3 种，分别是绝对坐标系（Absolute Coordinate System，ACS）、工作坐标系（Work Coordinate System，WCS）和机械坐标系（Machine Coordinate System，MCS），这些坐标系都满足右手定则。

- ACS：默认坐标系，其原点位置永远不会发生改变，在用户新建文件时就已经存在，是软件开发人员预置的坐标系。
- WCS：UG 提供给用户的坐标系，用户可以根据需要任意移动其位置，也可以进行旋转及新建 WCS 等操作。
- MCS：机械坐标系，用于模具设计、数控加工、配线等向导操作。

在通常的设计工作中，用户可以通过调整 WCS 来快速地变换工作方位，提高设计工作的效率。

在【菜单】下拉菜单中选择【格式】|【WCS】命令，弹出【WCS】子菜单。【WCS】子菜单中列出了 WCS 的所有操作命令，如图 2-1 所示。如果需要经常使用这些坐标系操作命令，则可以在上边框条中调出 WCS 操作命令，如图 2-2 所示。

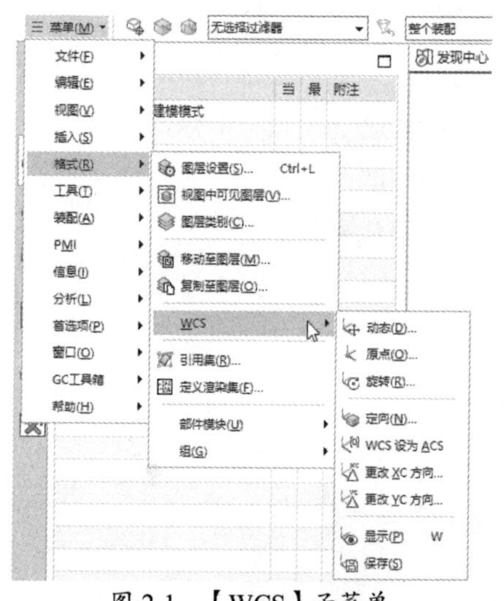

图 2-1 【WCS】子菜单

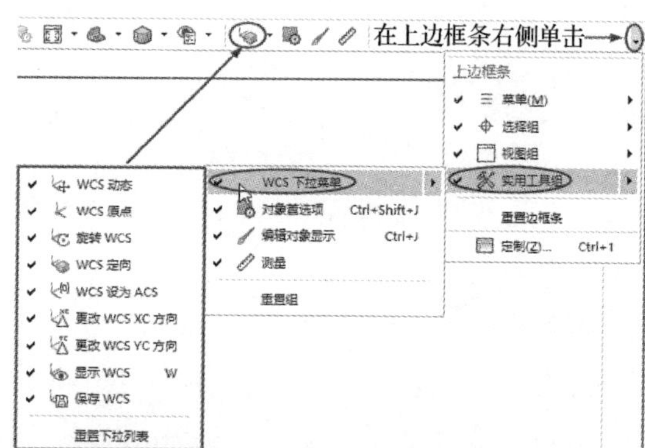

图 2-2 调出 WCS 操作命令

下面介绍【WCS】子菜单中 4 种常用的 WCS 操作命令。

1.【WCS 动态】命令

【WCS 动态】命令可以通过鼠标直接控制动态坐标系上的原点移动手柄、轴向平移手柄和轴向旋转手柄来移动及旋转 WCS，也可以直接在浮动文本框中输入平移的距离值和旋转的角度值，如图 2-3 所示。

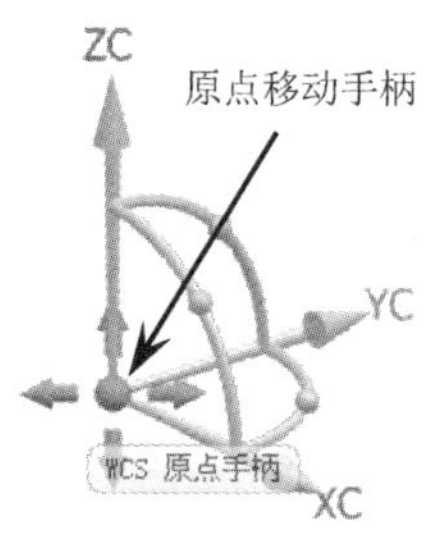

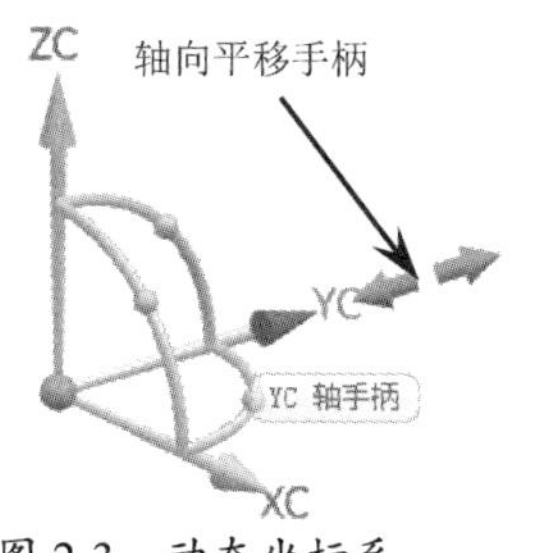

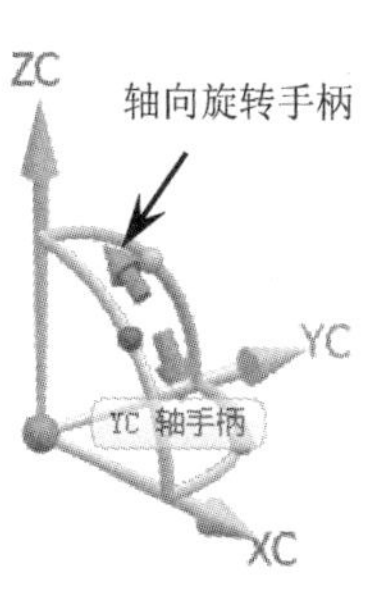

图 2-3　动态坐标系

2.【WCS 原点】命令

【WCS 原点】命令可以通过定义当前坐标系的原点来更改 WCS 的位置。该命令只能改变坐标系的位置，不会改变坐标轴的朝向。只需要选择一个点即可完成 WCS 的原点操作。

3.【旋转 WCS】命令

【旋转 WCS】命令可以通过将当前的 WCS 绕其中一条轴旋转一定的角度来定义一个新的 WCS。在【菜单】下拉菜单中选择【格式】|【WCS】|【旋转】命令，弹出【旋转 WCS 绕...】对话框。该对话框用来选择旋转的轴和输入旋转的角度值，将【角度】设置为正值表示逆时针旋转，设置为负值表示顺时针旋转，如图 2-4 所示。

4.【WCS 定向】命令

【WCS 定向】命令用于对 WCS 采用对话框定义的方式进行定向。定向的方式有很多种。在【菜单】下拉菜单中选择【格式】|【WCS】|【定向】命令，弹出【坐标系】对话框。在该对话框的类型栏中单击下三角按钮，会弹出下拉列表。该下拉列表中共包括 19 种定向类型，如图 2-5 所示。

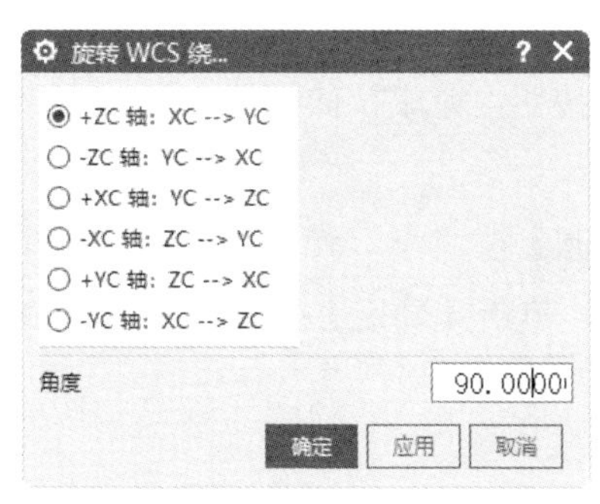

图 2-4　【旋转 WCS 绕...】对话框

图 2-5　【坐标系】对话框

使用【WCS 定向】命令可以很方便地对 WCS 进行定向，其中【对象的坐标系】【原点，X 点，Y 点】等方式比较常用，此处不再赘述。

技巧点拨：

按【W】键可以快速地显示 WCS，然后直接双击 WCS 即可对其进行动态调整。

动手操作——利用坐标系创建模型

借助坐标系的变换功能创建如图 2-6 所示的零件模型。

① 在【部件导航器】中右击【基准坐标系】选项，并在弹出的快捷菜单中选择【显示】命令，显示基准坐标系，如图 2-7 所示。

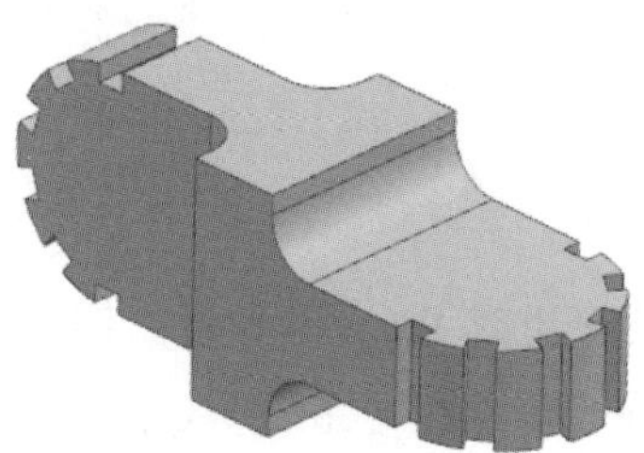

图 2-6 零件模型

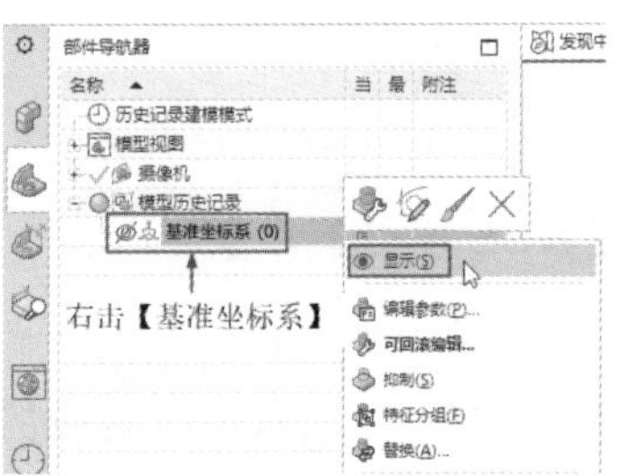

图 2-7 显示基准坐标系

② 在【主页】选项卡的【构造】面板中单击【草图】按钮，弹出【创建草图】对话框。在基准坐标系中选择 *XY* 平面作为草图平面，并进入草图任务环境绘制草图 1，如图 2-8 所示。然后单击【完成】按钮，退出草图任务环境。

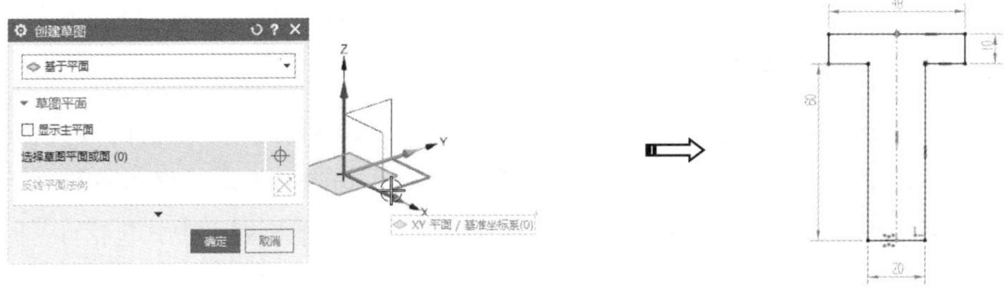

图 2-8 绘制草图 1

③ 在【主页】选项卡的【基本】面板中单击【拉伸】按钮，弹出【拉伸】对话框。选择步骤②绘制的草图作为拉伸轮廓曲线，在【限制】选项区设置拉伸方式为【对称值】，并输入拉伸距离值【48】，单击【确定】按钮，完成拉伸特征 1 的创建，如图 2-9 所示。

④ 在【主页】选项卡的【基本】面板中单击【边倒圆】按钮，弹出【边倒圆】对话框。选择要倒圆角的边并输入圆角半径值【24】，单击【确定】按钮，完成圆角特征 1 的创建，如图 2-10 所示。

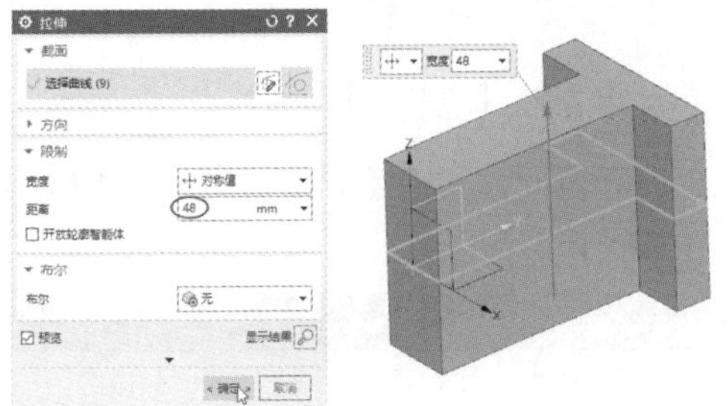

图 2-9 创建拉伸特征 1

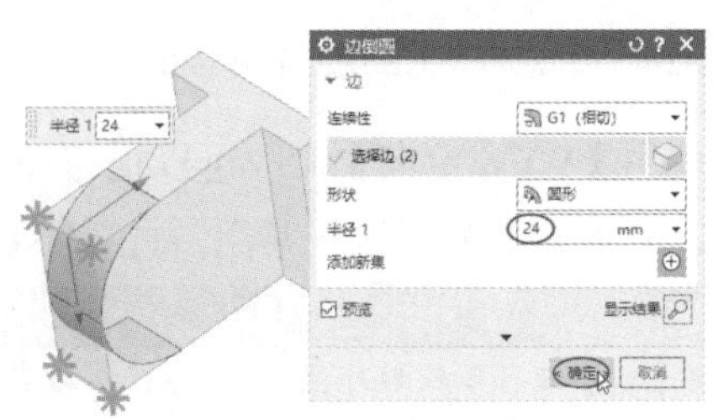

图 2-10 创建圆角特征 1

⑤ 在【菜单】下拉菜单中选择【格式】|【WCS】|【动态】命令，显示动态坐标系。动态移动 WCS 原点到圆角特征 1 的圆心，再动态旋转 WCS（先绕 YC 轴旋转 90°，再绕 ZC 轴旋转 90°），如图 2-11 所示。

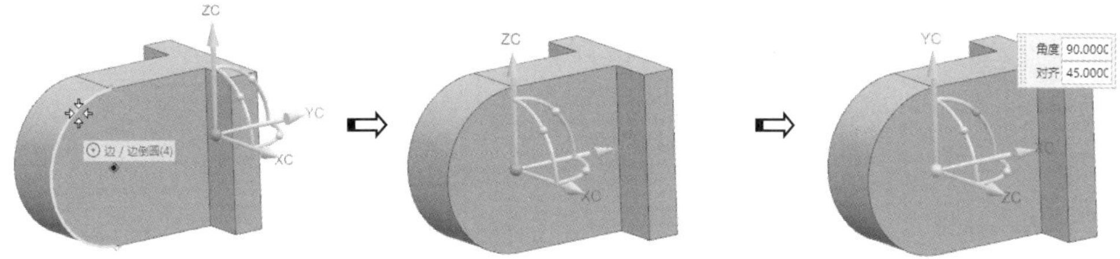

图 2-11　动态移动和动态旋转 WCS

⑥ 在【主页】选项卡的【构造】面板中单击【草图】按钮，以默认选择的 XC-YC 平面作为草图平面（动态旋转 WCS 后的 XC-YC 平面），并进入草图任务环境绘制草图 2，如图 2-12 所示。然后单击【完成】按钮，退出草图任务环境。

⑦ 在【主页】选项卡的【基本】面板中单击【拉伸】按钮，弹出【拉伸】对话框。选择步骤⑥绘制的草图 2 作为拉伸轮廓曲线，输入拉伸结束距离值【30】，设置布尔类型为【无】，其余选项保持默认设置，单击【确定】按钮，完成拉伸特征 2 的创建，如图 2-13 所示。

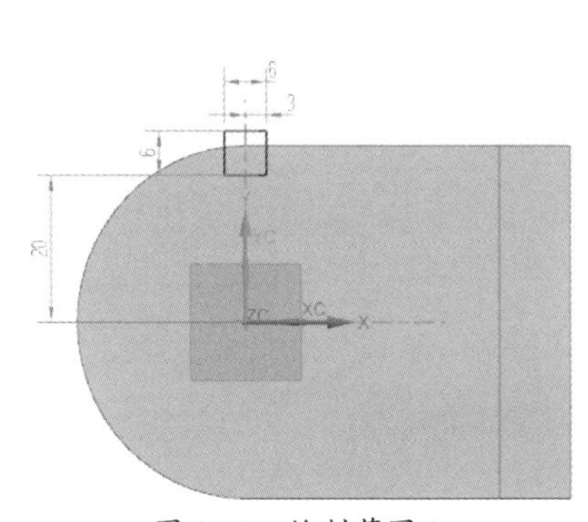

图 2-12　绘制草图 2

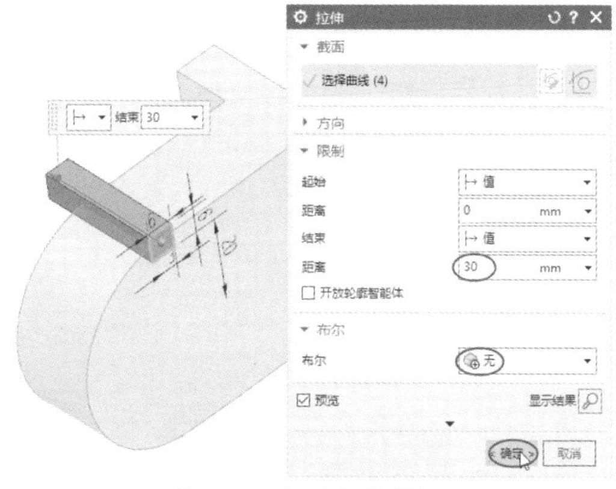

图 2-13　创建拉伸特征 2

⑧ 在【菜单】下拉菜单中选择【编辑】|【移动对象】命令，弹出【移动对象】对话框。选择拉伸特征 2 作为要移动的对象，然后设置运动变换类型为【角度】；指定 ZC 轴为旋转矢量，指定轴点为 WCS 原点，设置【角度】为【180】，设置【距离/角度分割】和【非关联副本数】均为【5】，最后单击【确定】按钮，完成移动变换操作，结果如图 2-14 所示。

⑨ 在【主页】选项卡的【基本】面板中单击【减去】按钮，弹出【减去】对话框。选择拉伸特征 1 作为目标体，再选择经过移动变换后的 6 个拉伸特征 2 作为工具体，单击【确定】按钮，完成布尔减去操作，如图 2-15 所示。

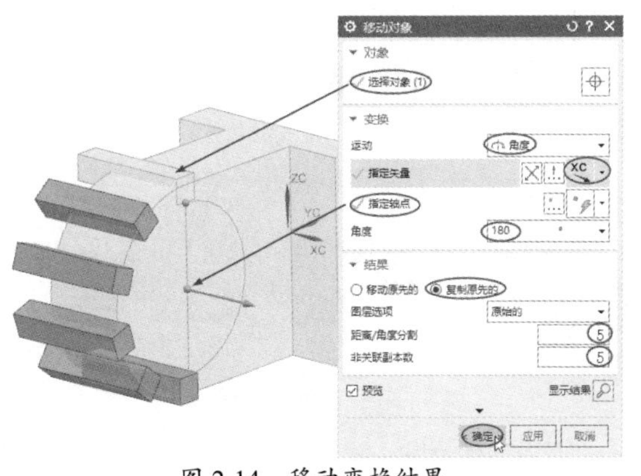

图 2-14　移动变换结果

图 2-15　布尔减去操作

⑩ 在【菜单】下拉菜单中选择【格式】|【WCS】|【WCS 设为 ACS】命令，可以将 WCS 恢复到原始绝对坐标系位置上。

⑪ 选中进行布尔减去操作后的模型，然后在【菜单】下拉菜单中选择【编辑】|【变换】命令，弹出【变换】对话框。依次单击【通过一直线镜像】按钮和【现有的直线】按钮，选择实体边作为现有的直线（镜像轴线），最后单击【复制】按钮，完成模型的镜像复制操作，如图 2-16 所示。

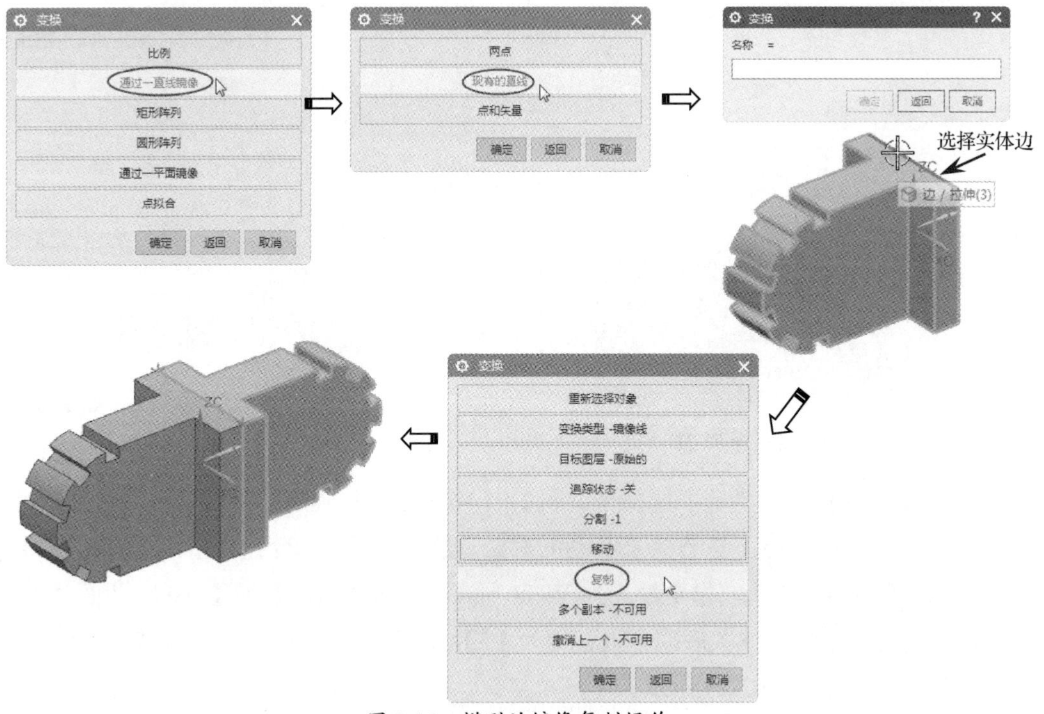

图 2-16　模型的镜像复制操作

⑫ 选择镜像复制的实体作为要移动变换的对象，然后在【菜单】下拉菜单中选择【编辑】|【移动对象】命令，弹出【移动对象】对话框。设置运动变换类型为【动态】，选中【移动原先的】单选按钮，然后在图形区中直接控制轴向旋转手柄绕 YC 轴旋

转 90°，单击【确定】按钮，完成移动变换操作，结果如图 2-17 所示。

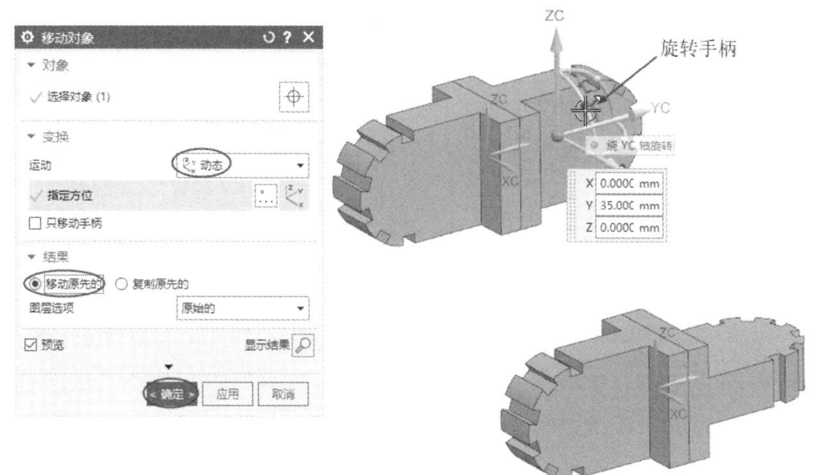

图 2-17　移动变换结果

⑬ 在【主页】选项卡的【基本】面板中单击【合并】按钮，弹出【合并】对话框。选择两个实体分别作为目标体和工具体，单击【确定】按钮，完成合并。

⑭ 在【主页】选项卡的【基本】面板中单击【边倒圆】按钮，弹出【边倒圆】对话框。选择要倒圆角的边，输入圆角半径值【10】，单击【确定】按钮，完成圆角特征 2 的创建，如图 2-18 所示。

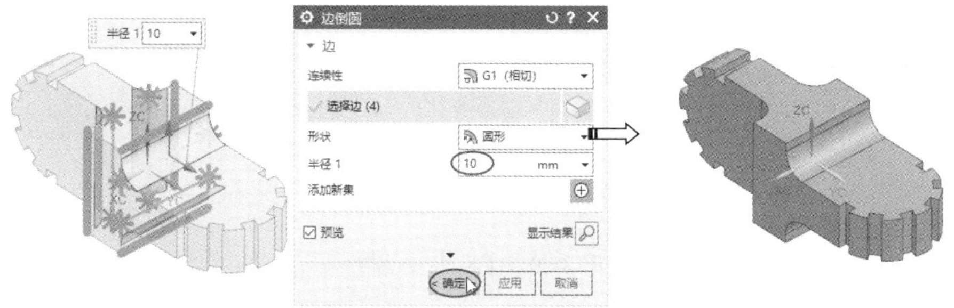

图 2-18　创建圆角特征 2

⑮ 按【Ctrl+W】组合键，弹出【显示和隐藏】对话框。单击【草图】栏的【隐藏 草图】按钮，即可将草图曲线和坐标系隐藏，结果如图 2-19 所示。

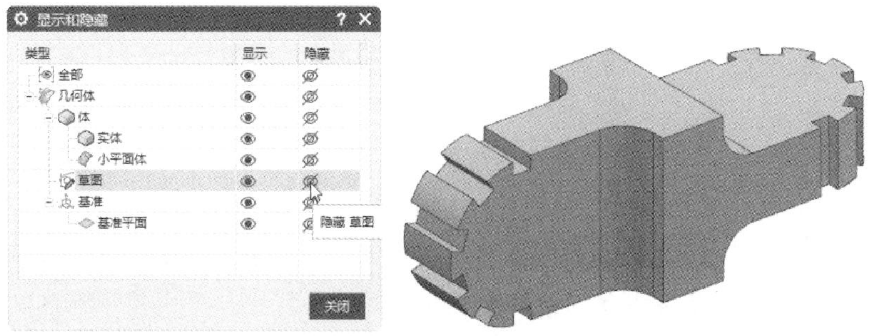

图 2-19　隐藏草图曲线和坐标系

2.2 常用基准工具

在使用 UG 进行建模、装配的过程中，经常需要使用基准点工具、基准平面工具、基准轴与矢量工具、基准坐标系工具等。虽然这些工具不能直接构建模型，但是具有很重要的辅助作用。

2.2.1 基准点工具

在建模过程中，经常需要确定基准点以创建矢量起点、直线起点或终点、特征参考点等特征。利用点构造器创建的点就是基准点。点构造器通常在创建某些特征的对话框中。

在【菜单】下拉菜单中选择【插入】|【基准】|【点】命令，或者在【主页】选项卡的【构造】面板中单击【点】按钮十，弹出【点】对话框，如图 2-20 所示。

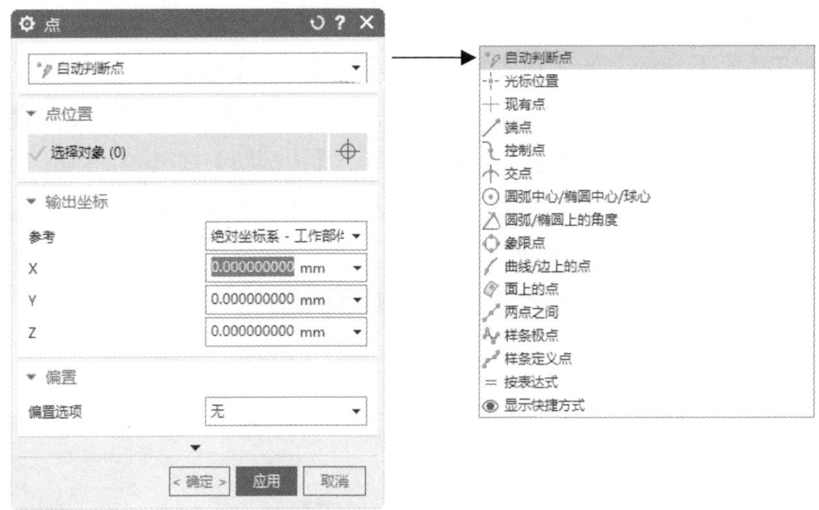

图 2-20 【点】对话框

在使用【点】命令时，点的类型有【自动判断点】【光标位置】【端点】等。在一般情况下，默认使用【自动判断点】类型来完成点的捕捉。在使用【自动判断点】类型不能完成的情况下再选择使用其他类型。

各类型的含义如下所述。

- 自动判断点：通过选择捕捉点约束来创建点。
- 光标位置：通过利用光标在图形区中任意位置放置点来确定点位置。
- 现有点：通过选择现有点对象来指定一个点位置。
- 端点：在现有的直线、圆弧曲线、二次曲线及样条曲线的端点上放置点。
- 控制点：当光标靠近曲线或实体边时，系统会根据离光标最近的曲线控制点（如端点、中心点、象限点等）来确定点位置。
- 交点：捕捉两条曲线的交点或曲线与曲面的交点来确定点位置。

- 圆弧中心/椭圆中心/球心 ：以圆弧中心、椭圆中心、球心为参照来创建点。
- 圆弧/椭圆上的角度 ：以圆弧或椭圆与 XC 轴相交的点为参照，并旋转一定角度来创建点。
- 象限点 ：以圆弧或圆的 4 个象限点（坐标平面分为 4 个象限，0° ～90° 夹角内的平面为第一象限，以此类推）之一为参照来创建点。
- 曲线/边上的点 ：创建的点在选择的曲线或边的任意位置上。图 2-21 所示为【曲线/边上的点】类型的设置选项。
- 面上的点 ：以光标所在的位置来创建曲面上的点。图 2-22 所示为【面上的点】类型的设置选项。
- 两点之间 ：在两点之间按位置的百分比创建点。需要选择两个点，然后输入百分比完成点的位置确定。图 2-23 所示为【两点之间】类型的设置选项。

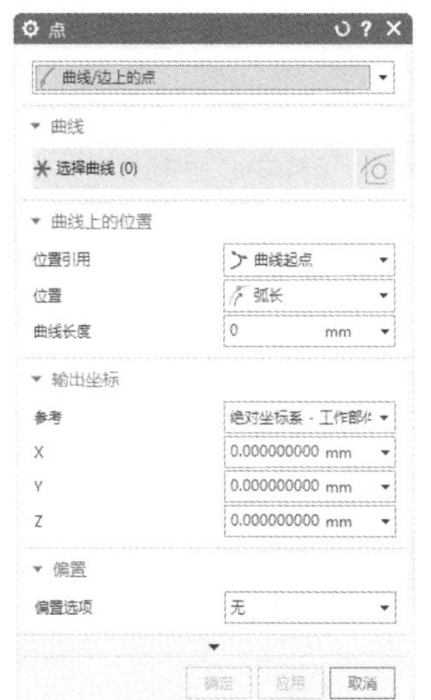

图 2-21　【曲线/边上的点】类型的设置选项

图 2-22　【面上的点】类型的设置选项

图 2-23　【两点之间】类型的设置选项

- 样条极点 ：拾取样条曲线上的极点来创建点。
- 样条定义点 ：拾取样条曲线上的控制点来创建点。
- 按表达式 ＝：以数学表达式的方式来定义点。

2.2.2　基准平面工具

基准平面是构建其他造型特征的参考平面。在【菜单】下拉菜单中选择【插入】|【基准】|【基准平面】命令，或者在【主页】选项卡的【构造】面板中单击【基准平面】按钮 ，弹出【基准平面】对话框，如图 2-24 所示。

在【基准平面】对话框的类型下拉列表中，包括 15 种创建基准平面的类型。这些类型的应用方法如表 2-1 所示。

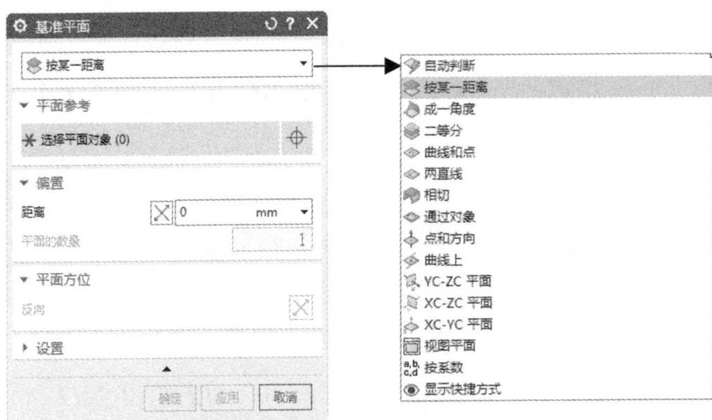

图 2-24 【基准平面】对话框

表 2-1 创建基准平面的类型的应用方法

类　型	用　法	图　解
自动判断	由选择约束来控制确定平面的要素。比如，可以选择几何特征上的点或平面来创建基准平面	
按某一距离	将参照平面移动一定距离而得到新平面	
成一角度	将参照平面绕一条直线旋转一定角度而得到新平面	
二等分	二等分包含两个意思：一个是若两个参照平面平行，则新平面在这两个参照平面的平行距离中间；另一个是若两个参照平面成一定夹角，则新平面在这两个参照平面的角平分线上	
曲线和点	这属于数学定义，通过空间中的一条曲线（直线、圆弧、样条曲线等）与一个点可以确定一个平面	
两直线	通过空间中相交或平行的两条直线可以确定一个平面	
相切	选择一个参照几何特征（可以为面），即可生成与其相切的新平面	

续表

类　型	用　法	图　解
通过对象	通过选择对象（如点、直线、圆弧和曲面等）来创建平面	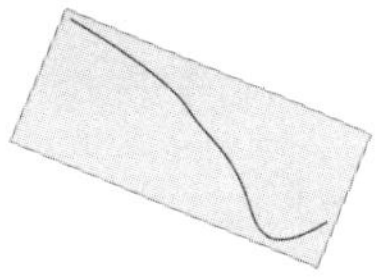
点和方向	通过一个参考点与矢量方向来创建平面	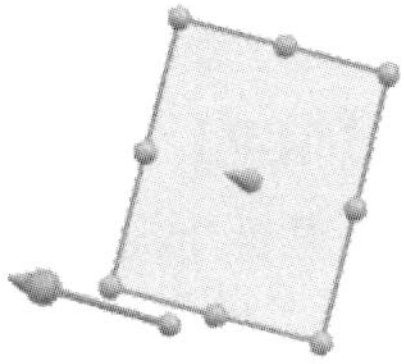
曲线上	主要用于创建一个通过空间曲线的平面	
YC-ZC 平面	以工作坐标系的 YC-ZC 平面作为新基准平面	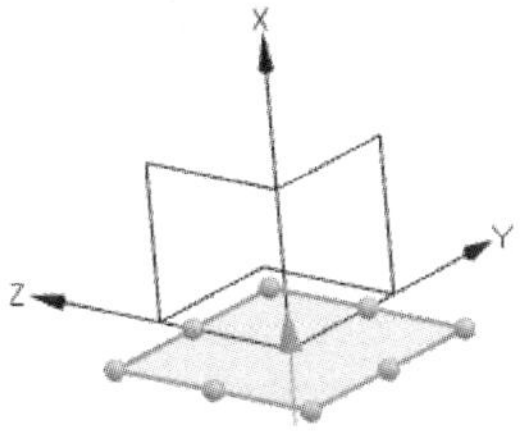
XC-ZC 平面	以工作坐标系的 XC-ZC 平面作为新基准平面	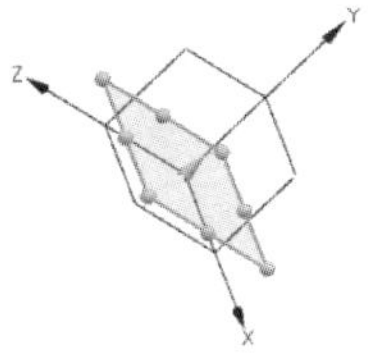
XC-YC 平面	以工作坐标系的 XC-YC 平面作为新基准平面	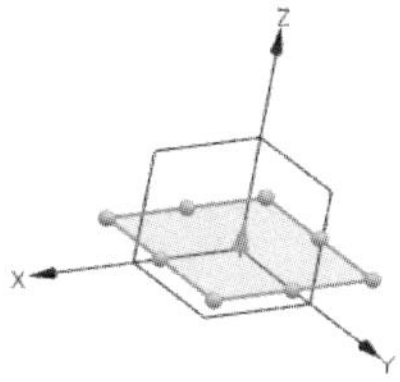
视图平面	以屏幕视图作为新基准平面。也就是说，基准平面的创建与模型、工作坐标系无关	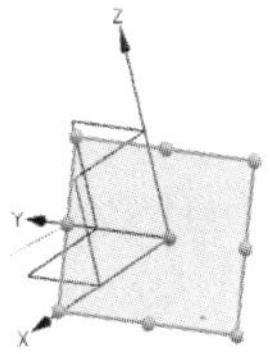
按系数	创建一个由平面方程来定义的平面。对于一个空间来说，平面方程为：$Ax+By+Cz=D$，其中平面方程由系数 A、B、C、D 来确定	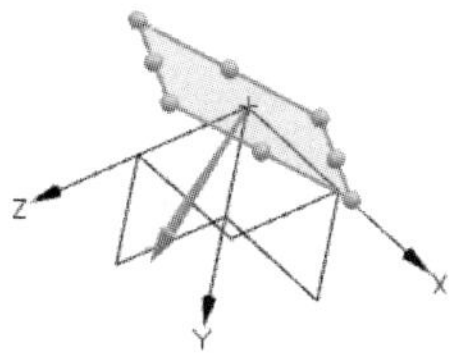

动手操作——创建基准平面

① 打开本例的配套资源文件【2-1.prt】。

② 在【主页】选项卡的【构造】面板中单击【基准平面】按钮 ，弹出【基准平面】对话框。

③ 设置创建基准平面的类型为【按某一距离】，然后按信息提示在实体上选择一个参照平面，如图 2-25 所示。

④ 在【偏置】选项区的【距离】文本框中输入【50】，按【Enter】键确认后，可以预览新基准平面，如图 2-26 所示。

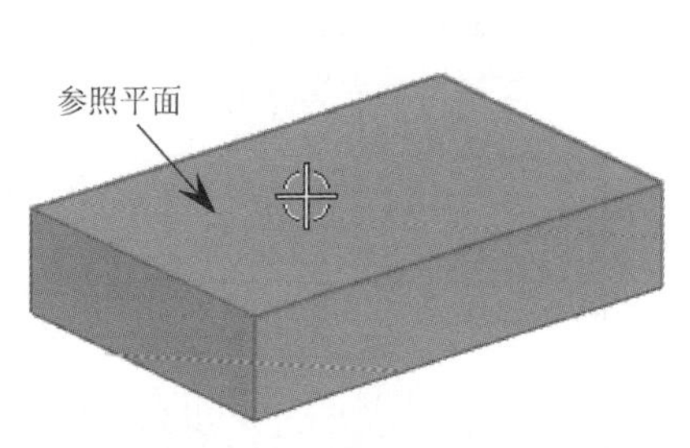

图 2-25 选择参照平面

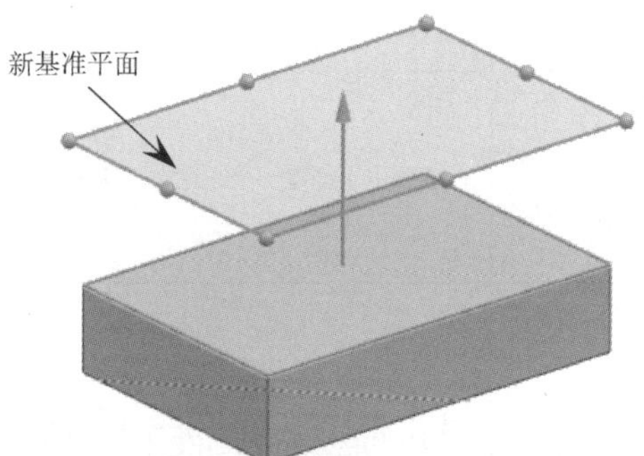

图 2-26 预览新基准平面

⑤ 单击【确定】按钮，完成新基准平面的创建，如图 2-27 所示。

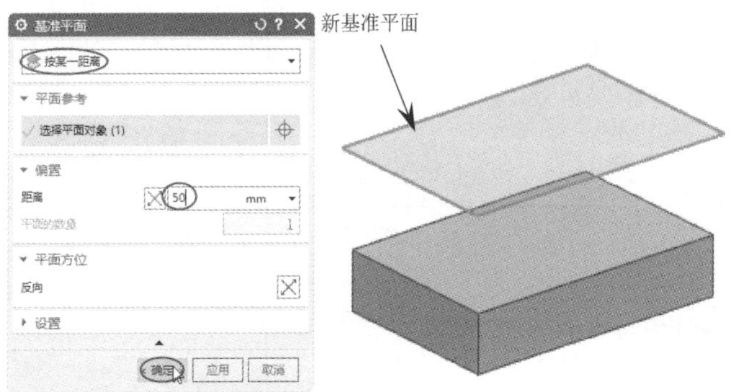

图 2-27 完成新基准平面的创建

2.2.3 基准轴与矢量工具

基准轴常用作旋转体的旋转轴，它是一个抽象的特征，但是需要具象表达。基准轴只有方向，没有量的大小。而矢量既有方向又有量的大小。在 UG 中，矢量常用来表示创建特征过程中的投影方向、移动方向、轴旋转方向等。有时会使用矢量表示基准轴，也会使用基准轴作为矢量参考。

在【主页】选项卡的【构造】面板中单击【基准轴】按钮 ，弹出【基准轴】对话框。在该对话框的类型下拉列表中会显示基准轴的创建类型，如图 2-28 所示。

创建矢量的命令不能直接调出来使用，而是存在于特征创建对话框中。在【主页】选项卡的【基本】面板中单击【拉伸】按钮，弹出【拉伸】对话框。单击该对话框中的【矢量对话框】按钮，弹出【矢量】对话框，如图 2-29 所示。【矢量】对话框与【基准轴】对话框类似，只是矢量的创建类型比基准轴的创建类型多。

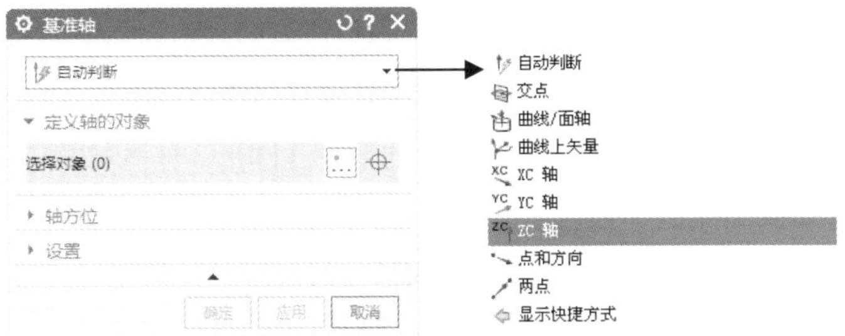

图 2-28　基准轴的创建类型

图 2-29　弹出【矢量】对话框

【矢量】对话框的类型下拉列表中的各矢量定义类型的含义如下所述。

- 自动判断的矢量：程序会根据用户选择的对象自动判断定义的矢量。
- 两点：通过设定空间中的两个点来确定一个矢量，其方向为由第一点指向第二点。
- 与 XC 成一角度：在 XC-YC 平面上定义与 XC 轴具有一定角度的矢量。
- 曲线/轴矢量：通过选择边缘/曲线来定义一个矢量。当选择直线时，定义的矢量由选择点指向与其距离最近的端点；当选择圆或圆弧时，定义的矢量为圆或圆弧所在平面的法向量；当选择平面样条曲线或二次曲线时，定义的矢量由离选择点较远的点指向离选择点较近的点。
- 曲线上矢量：定义选择曲线的某一位置的切向矢量（该位置以设定弧长或曲线弧长的百分比方式确定）。
- 面/平面法向：定义与平面法线或圆柱面轴线平行的矢量。
- XC 轴：定义与 XC 轴平行或与基准坐标系 *X* 轴平行的矢量。
- YC 轴：定义与 YC 轴平行或与基准坐标系 *Y* 轴平行的矢量。
- ZC 轴：定义与 ZC 轴平行或与基准坐标系 *Z* 轴平行的矢量。
- -XC 轴：定义与-XC 轴平行或与基准坐标系 *X* 轴平行的矢量。
- -YC 轴：定义与-YC 轴平行或与基准坐标系 *Y* 轴平行的矢量。
- -ZC 轴：定义与-ZC 轴平行或与基准坐标系 *Z* 轴平行的矢量。
- 视图方向：定义与屏幕视图垂直的矢量。

- 按系数：通过定义笛卡儿坐标或球坐标的系数来确定矢量。
- 按表达式=：通过定义数学表达式来确定矢量。

动手操作——基准轴的应用

① 打开本例的配套资源文件【2-2.prt】。

② 在【主页】选项卡的【基本】面板中单击【拉伸】按钮，弹出【拉伸】对话框。先根据信息栏中的信息提示选择已有的草图（圆形）作为截面几何图形，这里选择草图圆作为截面曲线，如图 2-30 所示。

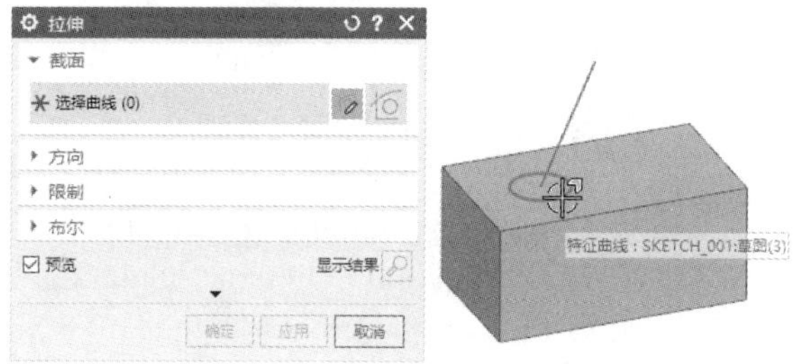

图 2-30 选择截面几何图形

③ 在【方向】选项区将矢量类型设置为【曲线/轴矢量】，然后指定斜曲线作为拉伸矢量，如图 2-31 所示。

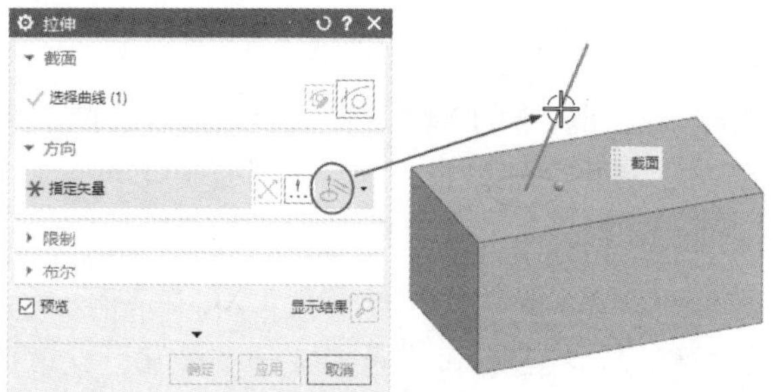

图 2-31 指定拉伸矢量

④ 在【限制】选项区输入拉伸终止距离值【20】，单击【确定】按钮，完成拉伸操作，如图 2-32 所示。

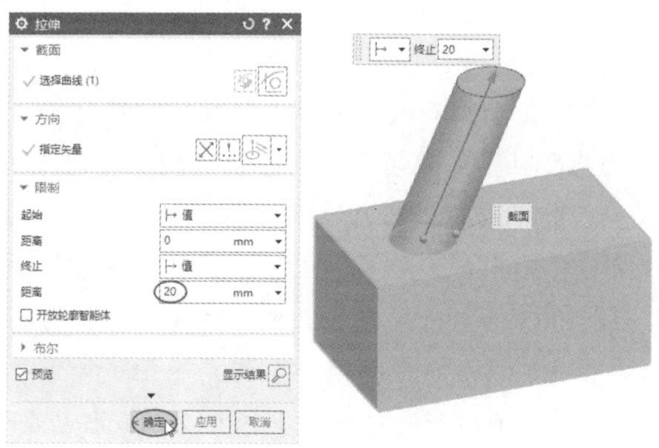

图 2-32 完成拉伸操作

技巧点拨：

如果不设置【限制】选项区中的终止距离值，则系统会将参考线的长度作为拉伸距离。

2.2.4　基准坐标系工具

基准坐标系工具用来创建基准坐标系，一般在数控加工编程或模具结构设计时会增加不同的基准坐标系来满足设计需求。在【菜单】下拉菜单中选择【插入】|【基准】|【基准坐标系】命令，或者在【构造】面板的基准工具下拉列表中单击【基准坐标系】按钮，弹出【基准坐标系】对话框，在该对话框中可以设置坐标系类型，如图 2-33 所示。

图 2-33　【基准坐标系】对话框

技巧点拨：

基准坐标系与其他坐标系的不同点在于，基准坐标系在创建时不仅建立了 WCS，还建立了 3 个基准平面 *XY*、*YZ*、*XZ*，以及 3 个基准轴 *X*、*Y*、*Z*。在建模环境中，系统一般会自动在绝对坐标系的原点创建一个基准坐标系，并默认其为隐藏的。

动手操作——利用基准工具创建模型

创建如图 2-34 所示的模型，在创建过程中会利用基准坐标系工具进行辅助建模。通过学习本操作，我们可以了解到坐标系的应用对建模的重要性。

① 在【曲线】选项卡的【基本】面板中单击【直线】按钮，弹出【直线】对话框。以坐标系原点为直线起点，沿 ZC 轴正方向绘制直线，在浮动文本框中输入直线长度值【13】，单击【确定】按钮，完成直线 1 的创建，结果如图 2-35 所示。

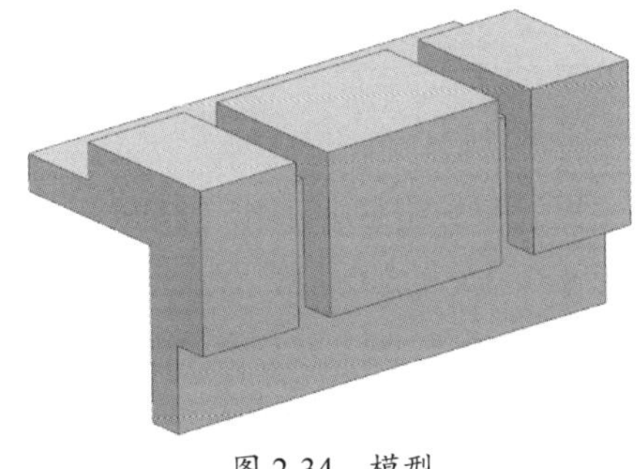

图 2-34　模型

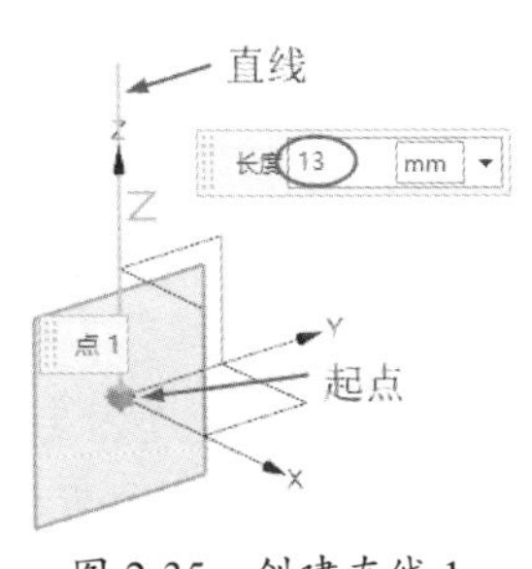

图 2-35　创建直线 1

② 在【主页】选项卡的【基本】面板中单击【拉伸】按钮，弹出【拉伸】对话框。选择步骤①绘制的直线 1 作为拉伸截面曲线，指定矢量为 YC 轴，在【限制】选项区设置拉伸方式为【对称值】，并输入拉伸距离值【40】，在【偏置】选项区设置偏置类型为【两侧】，并输入偏置开始值【3】，最后单击【确定】按钮，完成拉伸特征 1 的创建，如图 2-36 所示。

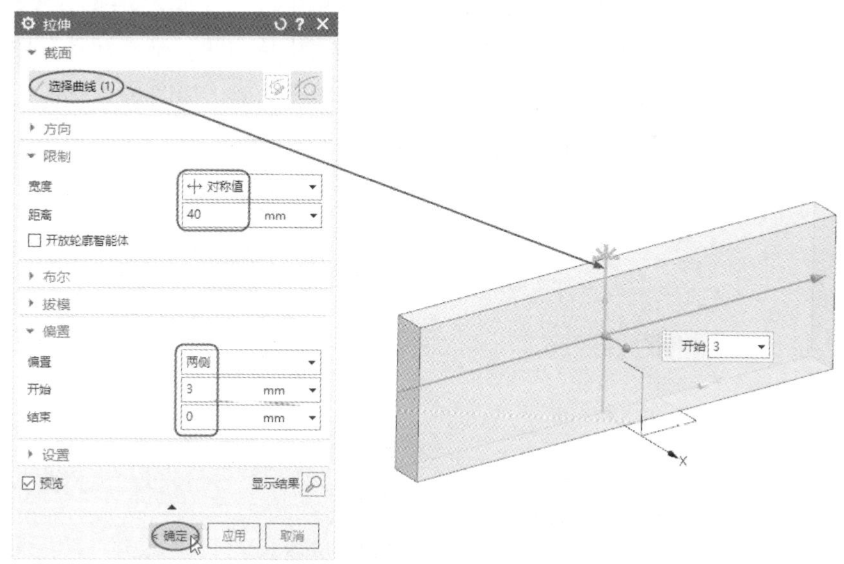

图 2-36　创建拉伸特征 1

③ 在【曲线】选项卡的【基本】面板中单击【直线】按钮，弹出【直线】对话框。设置直线的支持平面为拉伸特征 1 的表面，以拉伸特征 1 的底边中点为直线起点，向 ZC 轴正方向创建长度为 20 的直线 2，结果如图 2-37 所示。

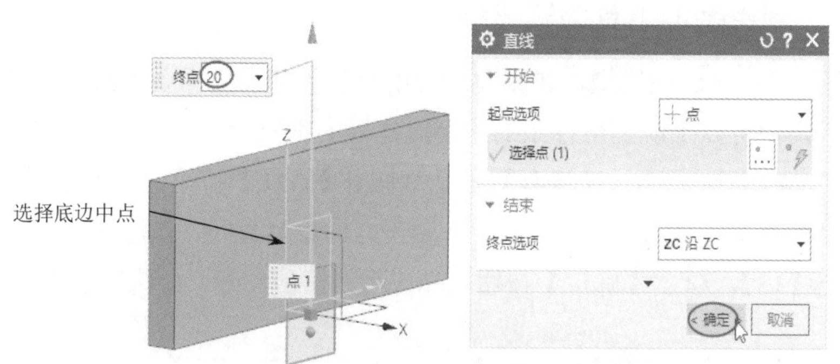

图 2-37　创建直线 2

④ 在【主页】选项卡的【基本】面板中单击【拉伸】按钮，弹出【拉伸】对话框。选择步骤③创建的直线 2 作为拉伸截面曲线，指定矢量为 YC 轴，在【限制】选项区设置拉伸方式为【对称值】，并输入拉伸距离值【40】，然后设置布尔运算类型为【合并】，设置偏置类型并输入偏置开始值【3】，最后单击【确定】按钮，完成拉伸特征 2 的创建，如图 2-38 所示。

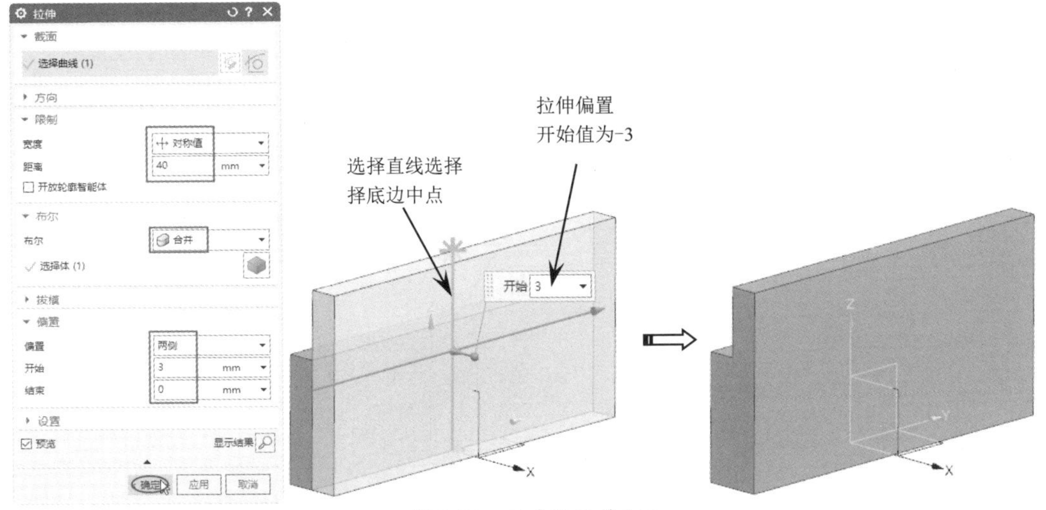

图 2-38　创建拉伸特征 2

⑤ 在【曲线】选项卡的【派生】面板中单击【在面上偏置】按钮，弹出【在面上偏置曲线】对话框。选择步骤①创建的直线 1 作为要偏置的曲线，再选择偏置支持面，输入偏置距离值【8】，单击【确定】按钮，完成偏置曲线的创建，如图 2-39 所示。

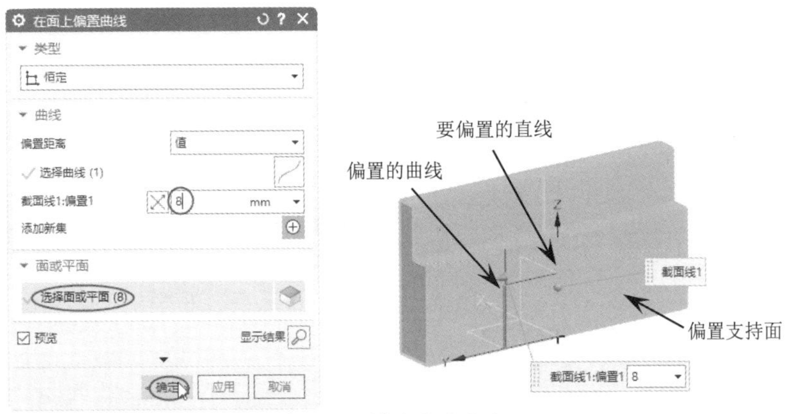

图 2-39　创建偏置曲线

⑥ 在【主页】选项卡的【基本】面板中单击【拉伸】按钮，弹出【拉伸】对话框。选择偏置曲线作为截面曲线，指定矢量为 YC 轴，输入拉伸终止距离值【3】，设置偏置类型为【对称】并输入偏置结束值【3】，最后单击【确定】按钮，完成拉伸特征 3 的创建，如图 2-40 所示。

⑦ 在图形区中选择拉伸特征 3，接着在【菜单】下拉菜单中选择【编辑】|【变换】命令，弹出【变换】对话框。单击【通过一平面镜像】按钮，弹出【平面】对话框，选择 *XZ* 平面作为镜像平面，最后单击【复制】按钮，完成拉伸特征 3 的直线镜像复制操作，如图 2-41 所示。

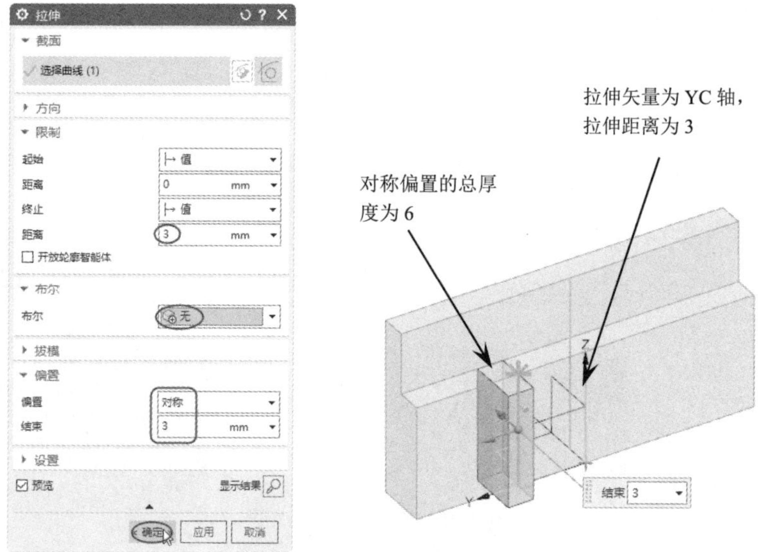

图 2-40　创建拉伸特征 3

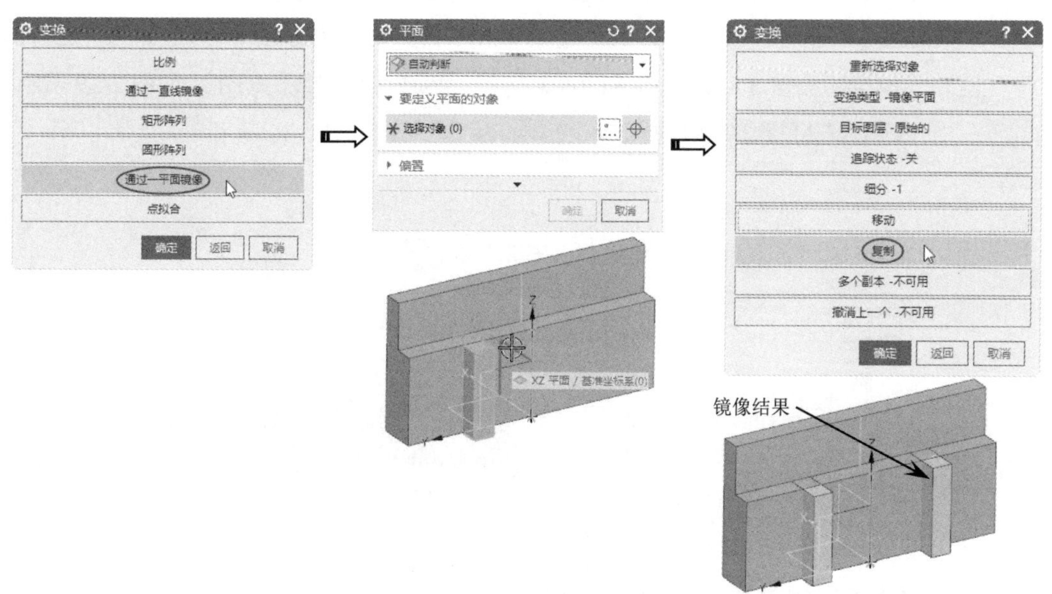

图 2-41　直线镜像复制操作

⑧ 在【主页】选项卡的【构造】面板中单击【基准平面】按钮，弹出【基准平面】对话框。设置类型为【成一角度】，选择参考旋转轴（特征边线）和参考平面后，输入旋转角度值【-45】，单击【确定】按钮，完成基准平面 1 的创建，如图 2-42 所示。

⑨ 选择图形区中所有的实体特征，在【菜单】下拉菜单中选择【编辑】|【变换】命令，弹出【变换】对话框。单击【通过一平面镜像】按钮，弹出【平面】对话框，指定镜像平面为上一步骤创建的基准平面 1，最后单击【复制】按钮，完成特征的平面镜像复制操作，如图 2-43 所示。

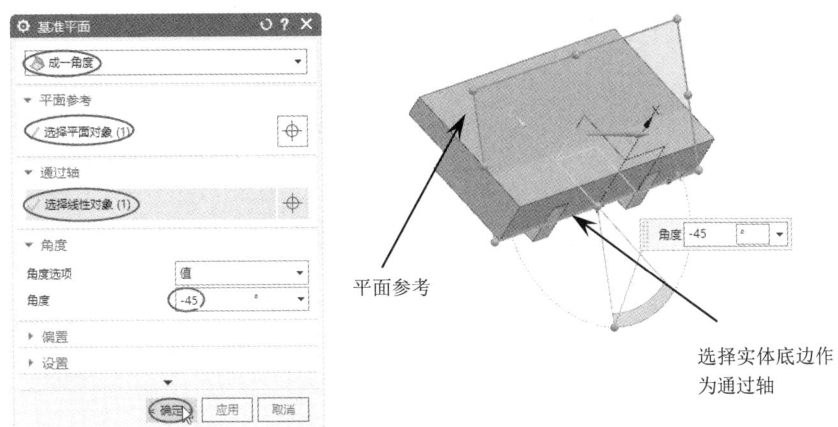

图 2-42　创建基准平面 1

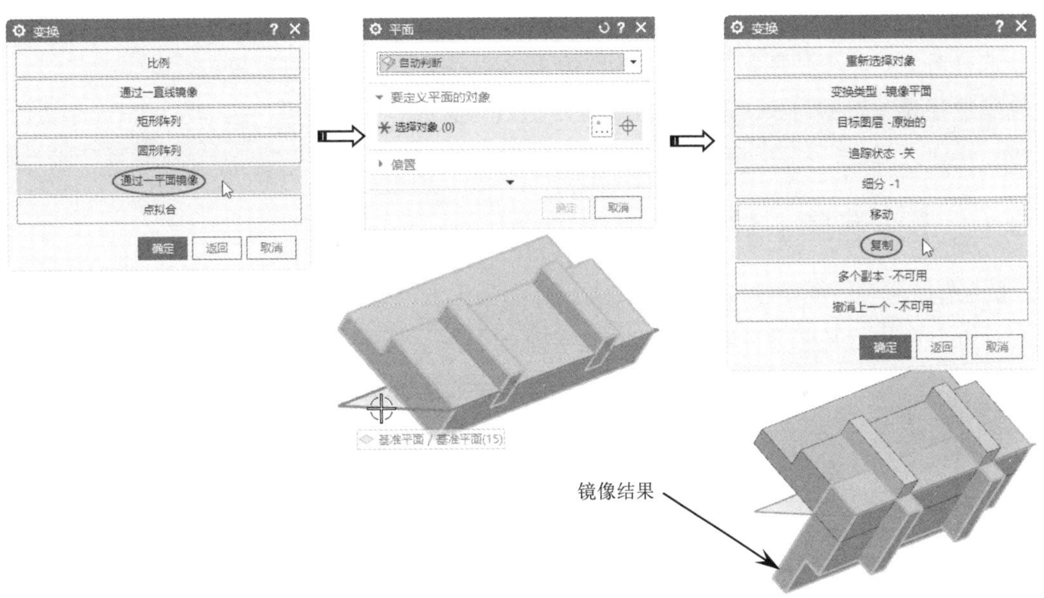

图 2-43　平面镜像复制操作

⑩ 在【主页】选项卡的【基本】面板中单击【合并】按钮，弹出【合并】对话框。选择目标体和工具体，单击【确定】按钮，完成布尔合并操作，如图 2-44 所示。

⑪ 在【主页】选项卡的【基本】面板中单击【减去】按钮，弹出【减去】对话框。选择目标体和工具体，单击【确定】按钮，完成布尔减去操作，结果如图 2-45 所示。

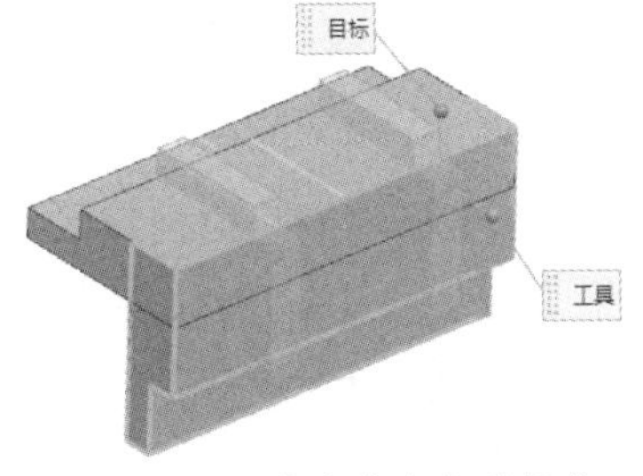

图 2-44　完成布尔合并操作

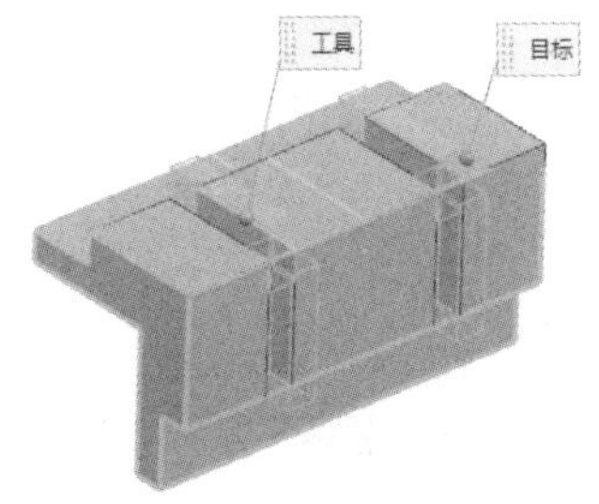

图 2-45　完成布尔减去操作

⑫ 将图形区中的曲线全部隐藏，得到最终的模型，如图 2-46 所示。

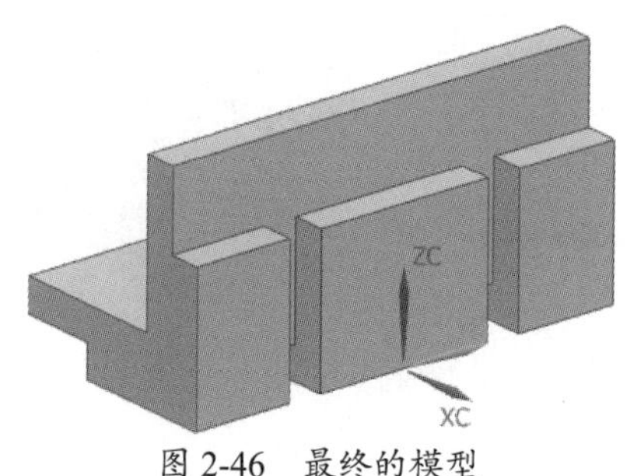

图 2-46 最终的模型

2.3 对象的选择

选择对象是一个使用最普遍的操作，在很多操作中，特别是对对象进行编辑操作时都需要精确选择要编辑的对象。选择对象通常是通过【类选择】对话框、鼠标左键、快速访问工具栏、快速选择对话框和部件导航器等来完成的。

2.3.1 【类选择】对话框

【类选择】对话框是很多命令在被执行时都会出现的对话框，是选择同类对象的一种通用对话框。在执行某些命令时，弹出的【类选择】对话框如图 2-47 所示。

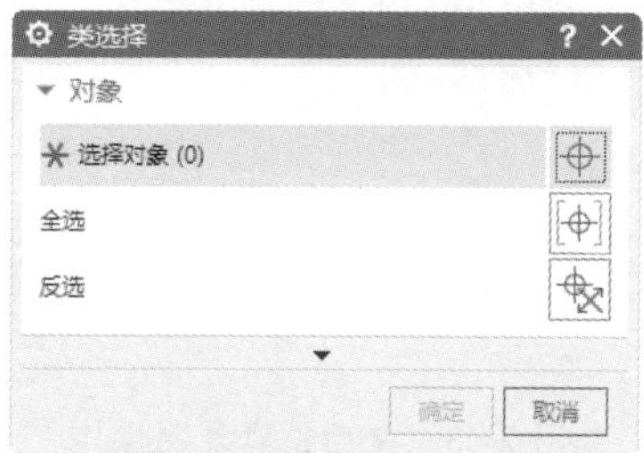

图 2-47 【类选择】对话框

动手操作——设置图层的可见性

对如图 2-48 所示的图形中的曲线进行图层转移，并将该曲线所在的图层隐藏，结果如图 2-49 所示。

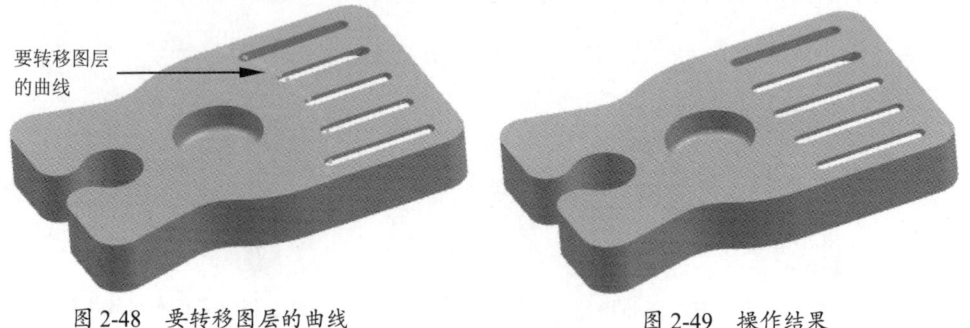

图 2-48 要转移图层的曲线

图 2-49 操作结果

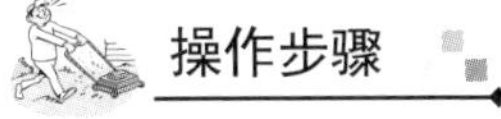

① 在快速访问工具栏中单击【打开】按钮，弹出【打开】对话框。通过【打开】对话框打开本例的配套资源文件【2-3.prt】。

② 在【视图】选项卡的【可见性】面板中单击【移动至图层】按钮，弹出【类选择】对话框。初次显示的【类选择】对话框中选项是最少的，若要显示更多选项，则需要在对话框顶部的标题栏中单击【对话框选项】按钮，并在弹出的下拉菜单中选择【类选择（更多）】命令，如图 2-50 所示。

③ 在【过滤器】选项区中单击【类型过滤器】按钮，弹出【按类型选择】对话框。在此对话框列出的所有类型中，选择【草图】选项，并单击【确定】按钮，完成类型过滤器的设置。随后在图形区中框选所有的草图曲线，如图 2-51 所示。

图 2-50　显示更多的类选择选项

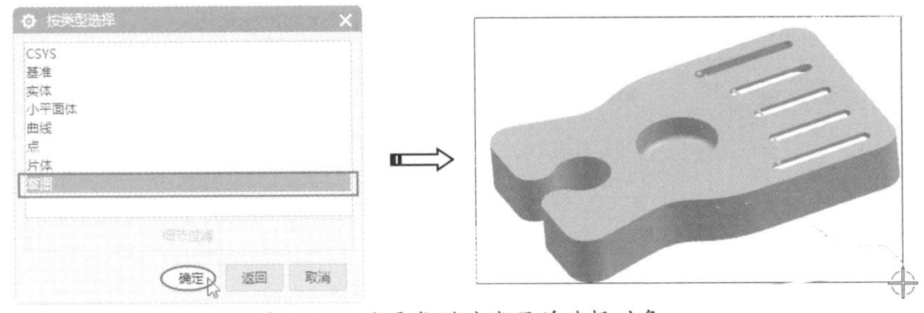

图 2-51　设置类型过滤器并选择对象

④ 单击【类选择】对话框中的【确定】按钮，弹出【图层移动】对话框。设置【目标图层或类别】为【2】，再单击【确定】按钮，即可将选择的草图曲线移动至图层 2，如图 2-52 所示。虽然草图曲线被转移到新图层了，但是该图层中的导线并未被设置为不可见，所以所有草图曲线还是可见的，如图 2-53 所示。

图 2-52　将草图曲线转移图层

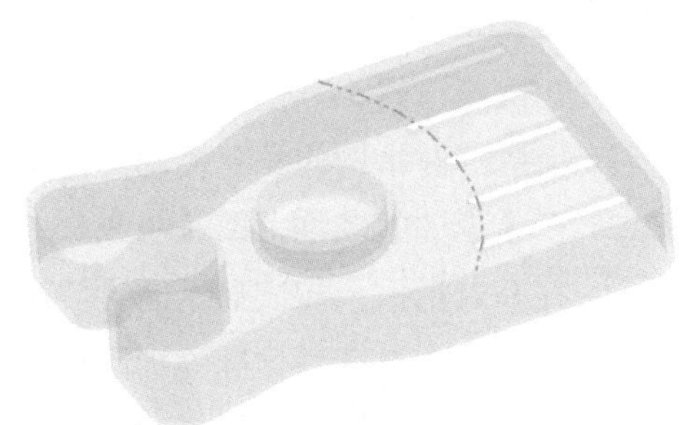

图 2-53　草图曲线仍可见

⑤ 在【菜单】下拉菜单中选择【格式】|【视图中可见图层】命令，弹出【视图中可见图层】对话框。单击【确定】按钮，将显示所有的 256 个图层。选中图层 2，单击【不可见】按钮，并单击【确定】按钮，即可关闭图层 2 中的草图，使其不可见，结果如图 2-54 所示。

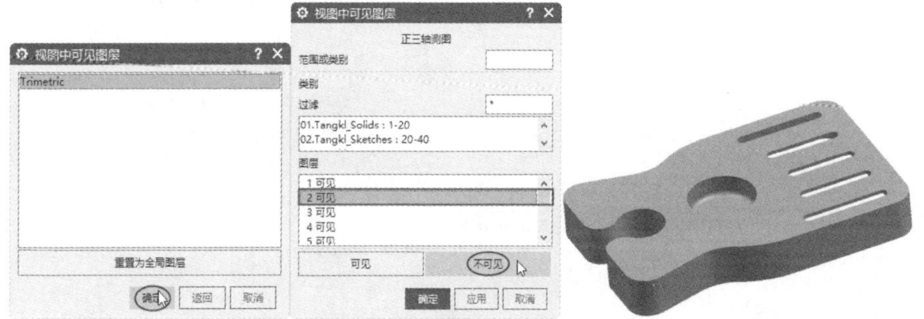

图 2-54　关闭图层 2 中的草图

2.3.2　类型过滤器

类型过滤器位于上边框条中，如图 2-55 所示。上边框条可以显示或隐藏。在默认状态下，上边框条显示在功能区选项卡的下方。

图 2-55　上边框条中的类型过滤器

在功能区选项卡的某个空白位置处右击，在弹出的快捷菜单中勾选或取消勾选【上边框条】选项前的复选框，即可显示或隐藏上边框条。

类型过滤器是用于帮助用户在建模过程中快速、精准地选择多个同类型目标对象的工具。例如，当在类型过滤器下拉列表中选择【边】选项时，框选图形区中的所有对象，被选中的仅仅是模型的边，如图 2-56 所示。

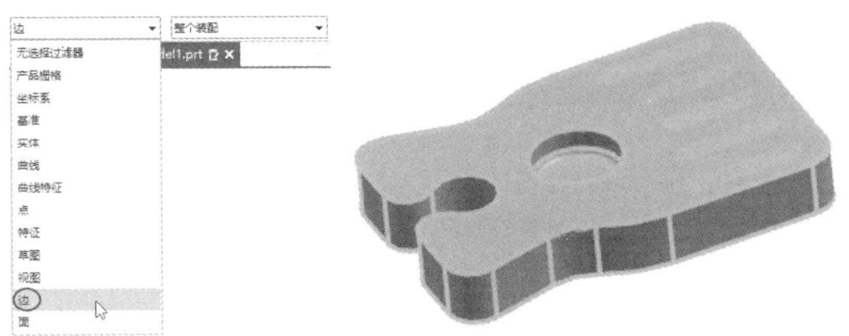

图 2-56　选择模型的边

动手操作——通过类型过滤器选择对象

使用类型过滤器选择二阶魔方的面，并对魔方进行着色，如图 2-57 所示。

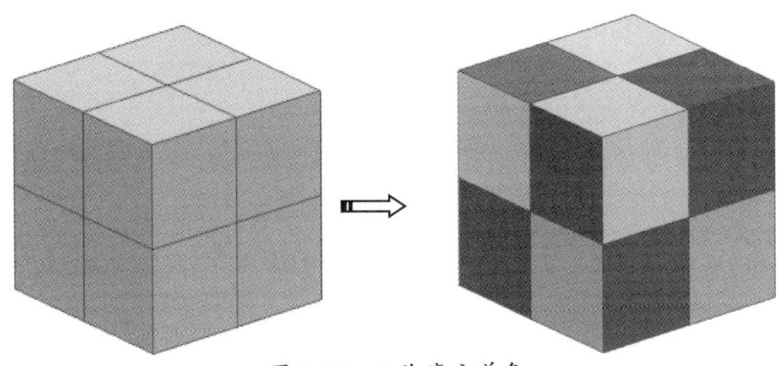

图 2-57　二阶魔方着色

操作步骤

① 打开本例的配套资源文件【2-4.prt】。

② 在上边框条中的类型过滤器下拉列表中，设置类型过滤器为【面】，然后依次选择 3 个面，选中的面则高亮显示，如图 2-58 所示。

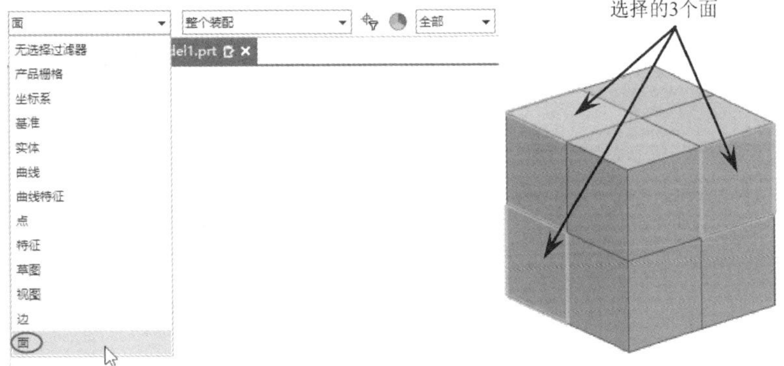

图 2-58　选择 3 个面

技巧点拨：

在上边框条的类型过滤器下拉列表中选择【面】选项进行过滤选择时，光标选择的对象只能是面，不能是其他对象。此种方式一旦被设置，就会应用于其后的所有操作中，直到用户更改类型过滤器为止。

③ 按【Ctrl+J】组合键，弹出【编辑对象显示】对话框。在对话框的【常规】选项卡中单击【颜色】后面的颜色图块，弹出【对象颜色】对话框，为选择的面更改颜色（单击相应的颜色图块），单击【确定】按钮，完成着色操作，如图 2-59 所示。

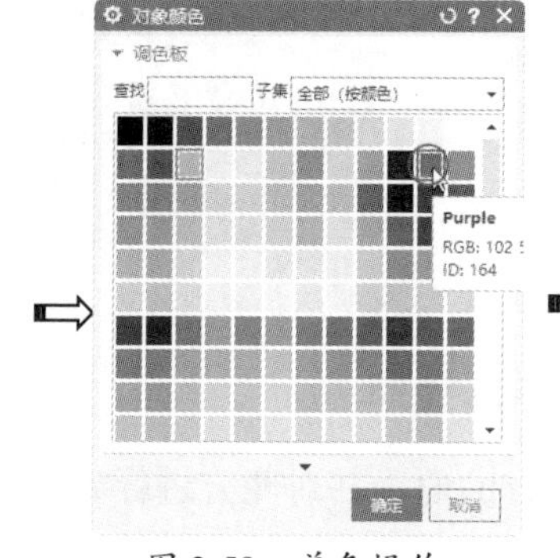

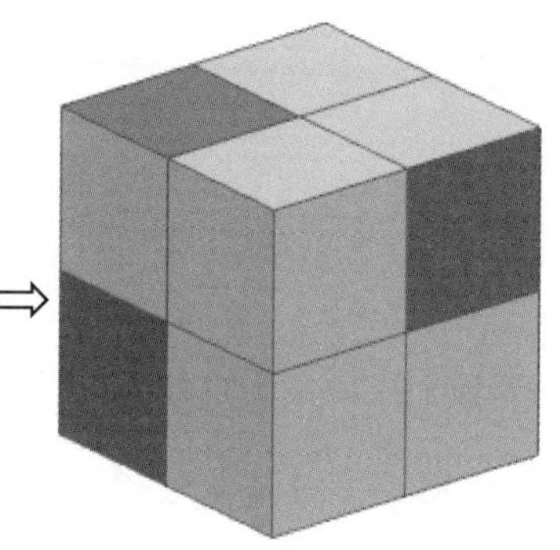

图 2-59 着色操作

④ 在二阶魔方中另选 3 个面，选中的面将高亮显示，如图 2-60 所示。

⑤ 再按【Ctrl+J】组合键，弹出【编辑对象显示】对话框。按前面着色的操作步骤，将所选的 3 个面的颜色更改为粉色，结果如图 2-61 所示。

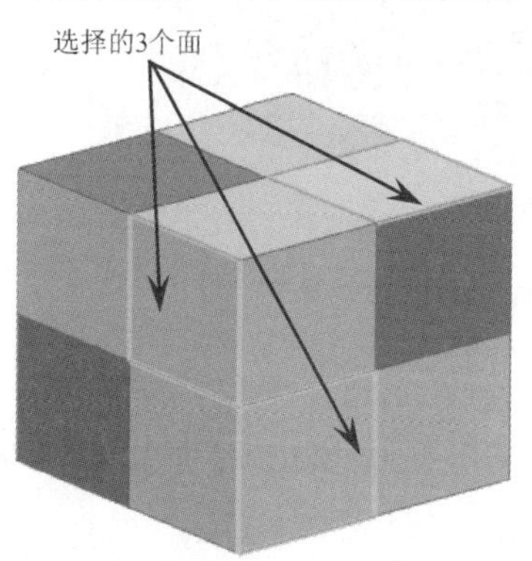

图 2-60 另选 3 个面

图 2-61 着色结果

⑥ 同理，另选 3 个面，如图 2-62 所示，按【Ctrl+J】组合键，将所选的 3 个面的颜色更改为浅蓝色，最终着色结果如图 2-63 所示。

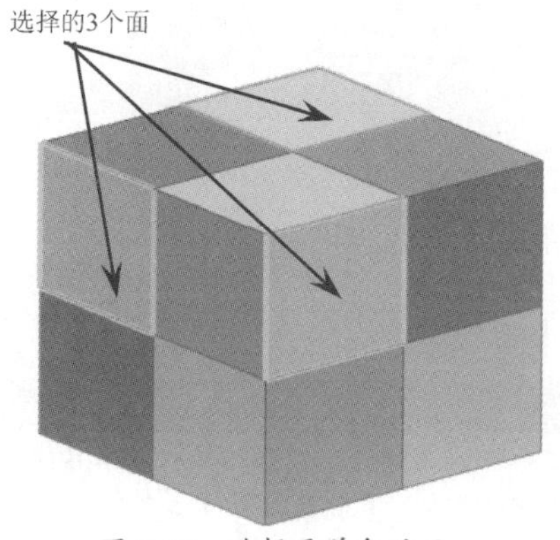

图 2-62 选择要着色的面

图 2-63 最终着色结果

2.3.3　从列表中选择（快速选择）

【从列表中选择】命令可以帮助用户精确、快速地选择模型背面（或几何特征背面）的几何特征，如重叠的线、面/片体或实体特征等。

右击几何特征（包括点、线、面及特征），在弹出的快捷菜单中选择【从列表中选择】命令，弹出快速选择对话框，如图 2-64 所示。

图 2-64　弹出快速选择对话框

动手操作——从列表中选择对象

利用【抽壳】命令对如图 2-65 所示的三通管接头进行抽壳处理，结果如图 2-66 所示。

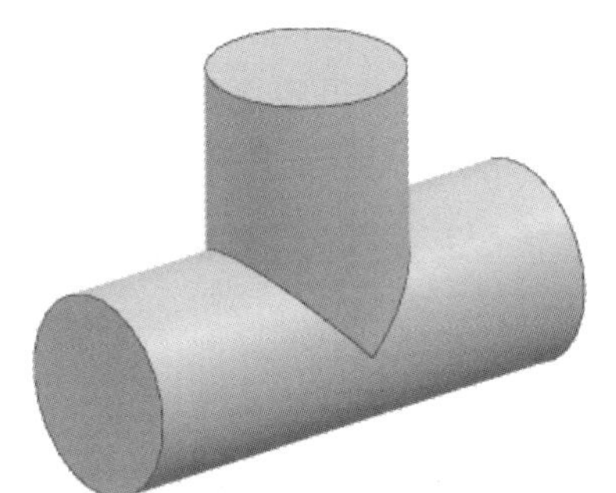

图 2-65　三通管接头

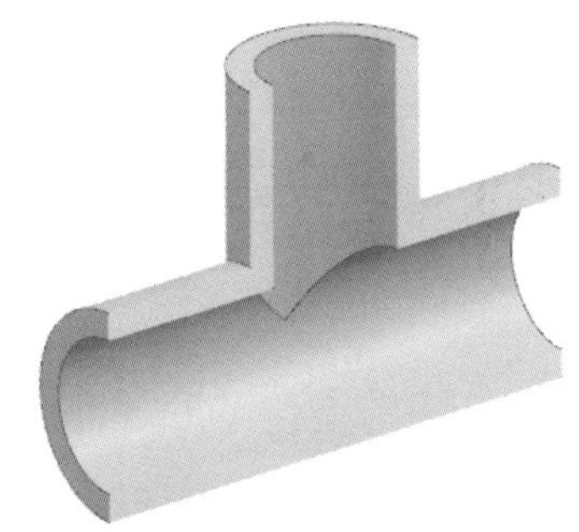

图 2-66　抽壳结果

操作步骤

① 打开本例的配套资源文件【2-5.prt】。

② 在【主页】选项卡的【基本】面板中单击【抽壳】按钮，弹出【抽壳】对话框。依次选择三通管接头的圆柱端面作为要移除的面，在选择被遮挡的圆柱端面时，可以将光标放在圆柱后端面上并停留一会儿，随后按住鼠标左键不放，当光标出现符号【…】时松开鼠标左键，如图 2-67 所示。

③ 弹出快速选择对话框。该对话框中列出了光标所在位置能够选择的特征，可以快速选择圆柱端面特征，如图 2-68 所示。

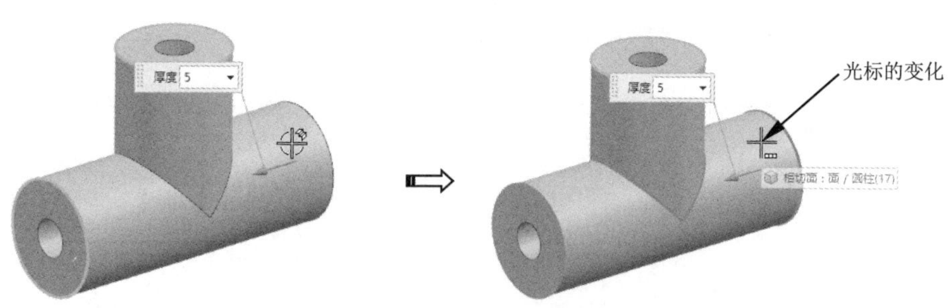

图 2-67　快速选择操作

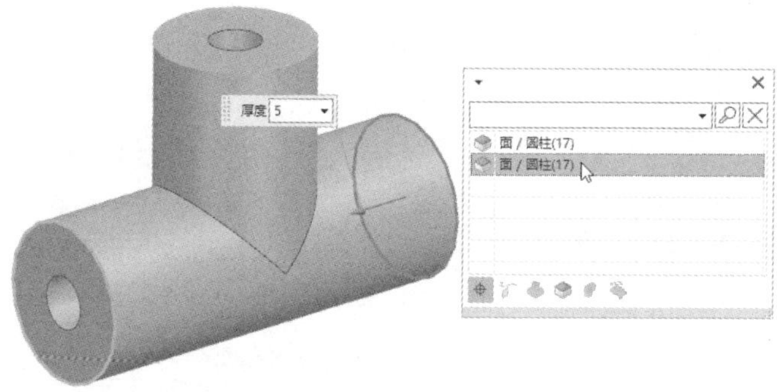

图 2-68　快速选择圆柱端面特征

技巧点拨：

在快速选择对话框中，被遮挡的对象总是会排列在后面。排列在前面的是容易选择的特征对象。

④　在快速选择端面特征后，在【抽壳】对话框的【厚度】文本框中输入抽壳厚度值【2】，最后单击【确定】按钮，完成抽壳操作，如图 2-69 所示。

图 2-69　完成抽壳操作

2.4　图层的管理

图层就是 UG 用来管理对象的工具。在进行模具装配设计时，总是利用图层的特性来管理模具的装配部件。UG 有 256 个图层，每个图层可以包含任意数量的对象，因此一个图层可以包含模具装配部件中的所有对象，也可以将模具装配部件中的对象分布在多个图层。

我们总是在工作图层中创建与操作对象。工作图层也叫当前图层，在工作图层处于激活状态时，所有的创建与操作结果都会被保存在工作图层中，其他非工作图层可以通过可见性、可选择性等设置进行辅助设计。

2.4.1　图层类别

对相应的图层进行分类管理，可以很方便地通过图层来操作图层中的对象，提高设计效率。用户可以按照自己公司的标准对图层进行命名和管理，也可以按照自己的习惯对图层进行命名和管理。【图层类别】命令主要用来命名图层。

在【菜单】下拉菜单中选择【格式】|【图层类别】命令，弹出【图层类别】对话框，如图 2-70 所示。

【图层类别】对话框中的各选项含义如下所述。

- 过滤：在【过滤】文本框中输入已命名的图层名称，可以轻松地找到符合图层名称过滤的图层。当输入【*】时，会显示所有的图层类别。
- 图层类别列表框：用于显示满足过滤条件的所有图层类别。
- 类别：当选择一个图层类别时，在【类别】文本框中会显示该图层的默认命名。
- 创建/编辑：单击此按钮，可以创建和编辑新图层。若在【类别】文本框中输入的图层名称已经存在，则进行图层编辑，否则进行图层创建。
- 删除/重命名：单击【删除】按钮可以删除图层类别列表框中的图层。在【类别】文本框中输入新图层名时，必须单击【重命名】按钮才能生效。
- 加入描述：在新建图层类别时，用于添加图层相关的文字描述信息。

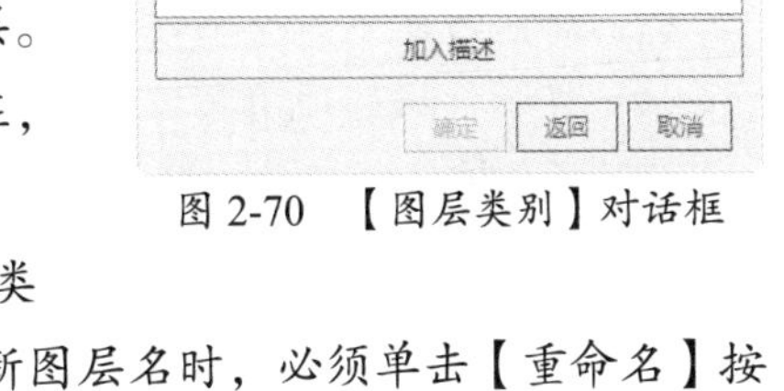

图 2-70　【图层类别】对话框

2.4.2　图层设置

【图层设置】命令主要用来设置工作图层、可见和不可见图层，并定义图层的类别名称。在【菜单】下拉菜单中选择【格式】|【图层设置】命令，弹出【图层设置】对话框，如图 2-71 所示。可以通过勾选图层对应的复选框来控制图层的可见性。

【图层设置】对话框中的部分选项含义如下所述。

- 工作层：用于输入需要设置为工作图层的图层号。在输入图层号后，单击【确定】按钮，可自动将其设置为当前工作图层。
- 按范围/类别选择图层：用于输入范围或图层种类的名称以进行图层筛选操作。
- 类别过滤器：在此文本框中输入通配符*，表示接受所有图层种类。

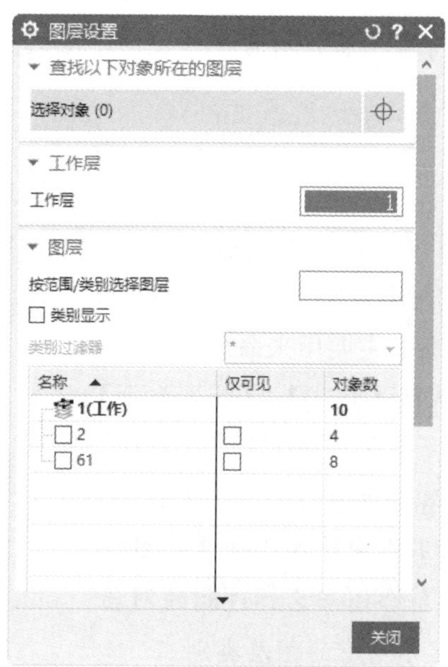

图 2-71 【图层设置】对话框

- 名称：此显示框能够显示此零件的所有图层的名称、所属种类、对象数目。可以采用【Ctrl+Shift】组合键进行多项选择。
- 仅可见：将指定的图层设置为仅可见状态。当图层被设置为仅可见状态后，此图层上的对象只能可见，不能被选择和编辑。
- 显示：该选项用来控制图层状态列表框中显示的情况，可以切换的选项有【含有所有图层】、【含有对象的图层】、【所有可选图层】和【所有可见图层】。

2.4.3 移动至图层

【移动至图层】命令用于将当前工作图层中的某个部件移动到其他图层中。若此部件所在图层未被设置为工作图层，那么即使它是可见的，也无法对其进行任何操作。

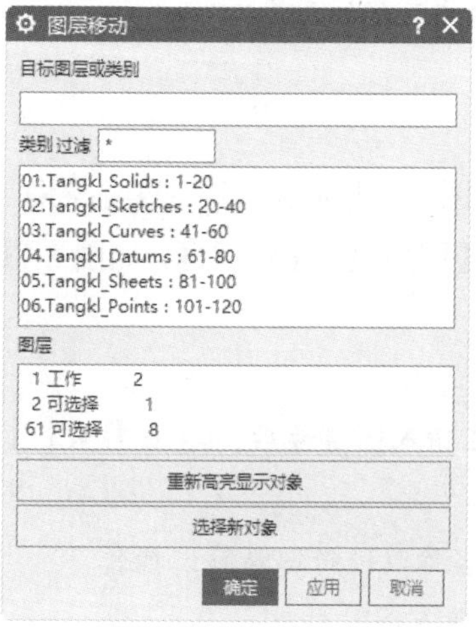

图 2-72 【图层移动】对话框

在设计过程中，用户不可能在设计任何一个对象时都进行一次图层的设置，这样会将操作变得非常烦琐。用户可以在设计初期不理会对象的图层放置情况，待设计完成后，再对对象进行移动操作，达到分层管理的目的。

在【菜单】下拉菜单中选择【格式】|【移动至图层】命令，并选择要移动的对象，单击【确定】按钮，弹出【图层移动】对话框，如图 2-72 所示。

在【目标图层或类别】文本框中输入要移动到的图层的号码，单击【确定】按钮，即可将刚才选择的对象移动到输入的图层中。

2.4.4 复制至图层

【复制至图层】命令用于将工作图层中的一个对象复制到其他图层中，并且原对象仍然被保留在当前工作图层中。在设计过程中，用户往往需要将某对象进行多次编辑，并且希望该对象在被编辑后还能使用，因此可以先复制一个副本到其他的图层，在后续需要使用时随时调取出来。

在【菜单】下拉菜单中选择【格式】|【复制至图层】命令，并选择要复制的对象，单击【确定】按钮，弹出【图层复制】对话框，如图 2-73 所示。

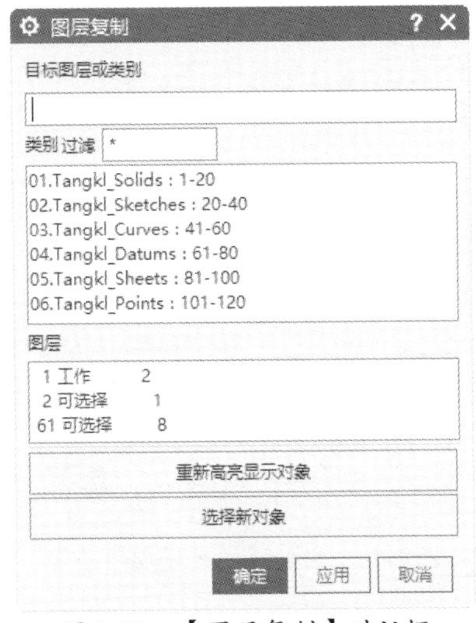

图 2-73 【图层复制】对话框

在【目标图层或类别】文本框中输入要复制到的图层的号码，单击【确定】按钮，即可将刚才选择的对象复制一个副本后移动到输入的图层中。

2.5 综合案例：花朵造型

基准轴不仅可以作为旋转轴，还可以作为矢量参考、阵列中心等。下面用花朵造型实例来详解其具体应用。花朵造型结构如图 2-74 所示。

图 2-74 花朵造型结构

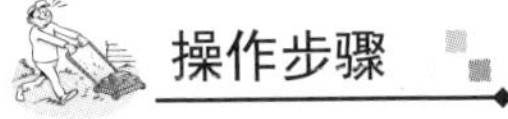

① 新建名称为【花朵】的模型文件。

② 在【主页】选项卡的【构造】面板中单击【基准轴】按钮，弹出【基准轴】对话框。

③ 在【基准轴】对话框的类型下拉列表中选择【ZC 轴】选项，再单击【确定】按钮，完成基准轴的创建，如图 2-75 所示。

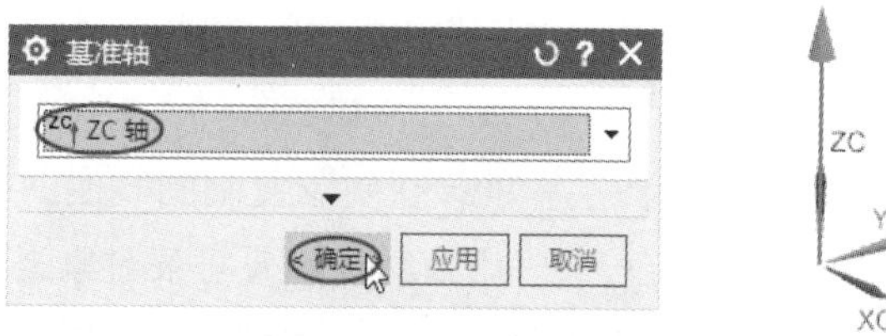

图 2-75　创建基准轴

④ 在【主页】选项卡的【基本】面板中单击【旋转】按钮，弹出【旋转】对话框。单击【绘制截面】按钮，弹出【创建草图】对话框。选择 XC-ZC 平面（即前视图平面）作为草图的绘制平面，单击【确定】按钮，进入草图任务环境，如图 2-76 所示。

图 2-76　定义草图的绘制平面 1

⑤ 在草图任务环境中绘制如图 2-77 所示的草图 1。

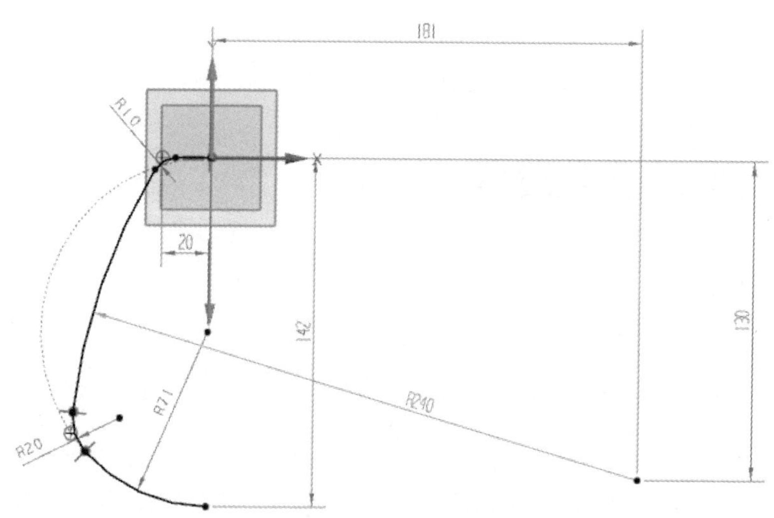

图 2-77　绘制草图 1

⑥ 单击【草图】面板中的【完成】按钮，退出草图任务环境并返回【旋转】对话框。

⑦ 选择前面创建的基准轴作为旋转轴，单击【确定】按钮，完成旋转曲面的创建，如图 2-78 所示。

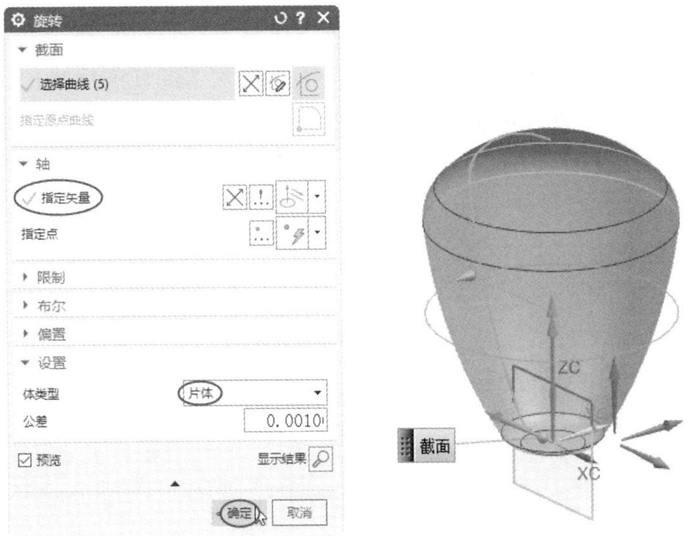

图 2-78　创建旋转曲面

⑧ 这时就需要使用 UG 程序自动创建的基准坐标系作为参考了，在【部件导航器】中右击【基准坐标系】选项，在弹出的快捷菜单中选择【显示】命令，显示基准坐标系，如图 2-79 所示。

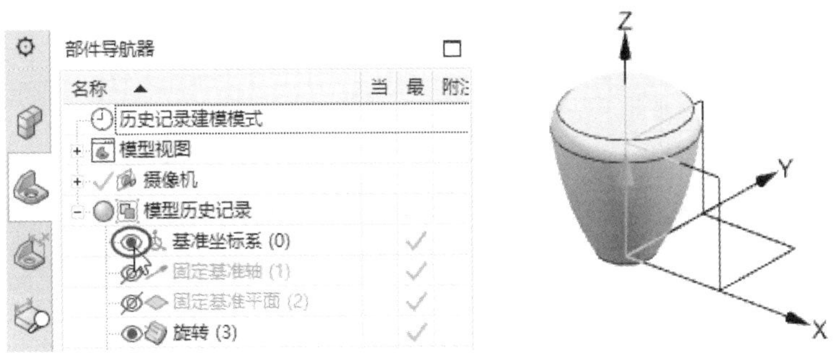

图 2-79　显示基准坐标系

⑨ 使用【基准平面】工具，创建如图 2-80 所示的基准平面。

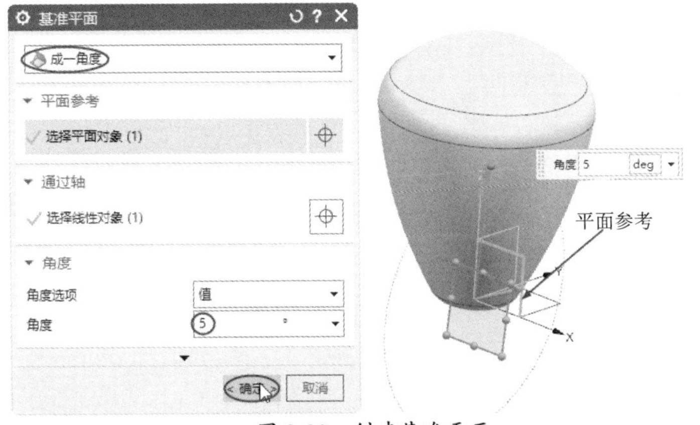

图 2-80　创建基准平面

⑩ 在【主页】选项卡的【基本】面板中单击【拉伸】按钮，弹出【拉伸】对话框。选择新建的基准平面作为草图的绘制平面并进入草图任务环境，如图 2-81 所示。

图 2-81　定义草图的绘制平面 2

⑪ 在草图任务环境中绘制如图 2-82 所示的草图 2。

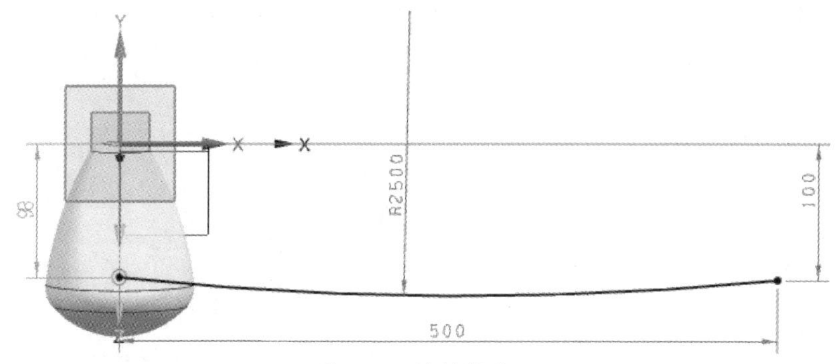

图 2-82　绘制草图 2

⑫ 退出草图任务环境并在【拉伸】对话框中设置拉伸参数，单击【确定】按钮，完成拉伸曲面 1 的创建，如图 2-83 所示。

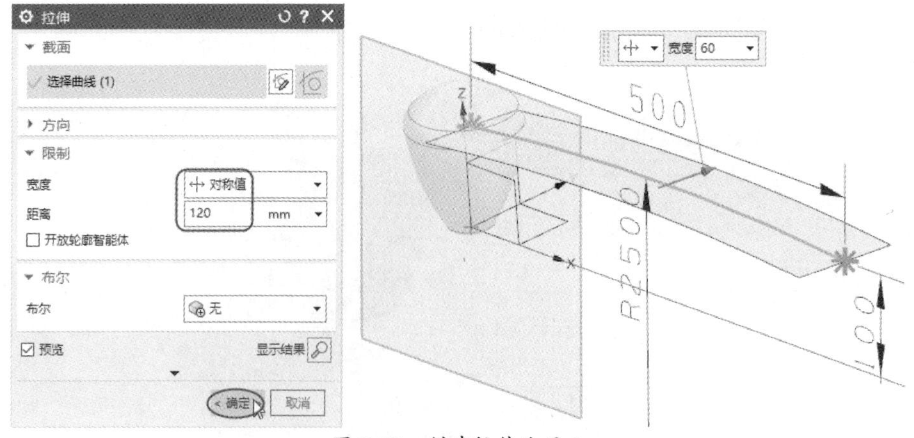

图 2-83　创建拉伸曲面 1

⑬ 再次使用【拉伸】对话框，在 XC-YC 基准平面上绘制样条曲线并创建如图 2-84 所示的拉伸曲面 2。

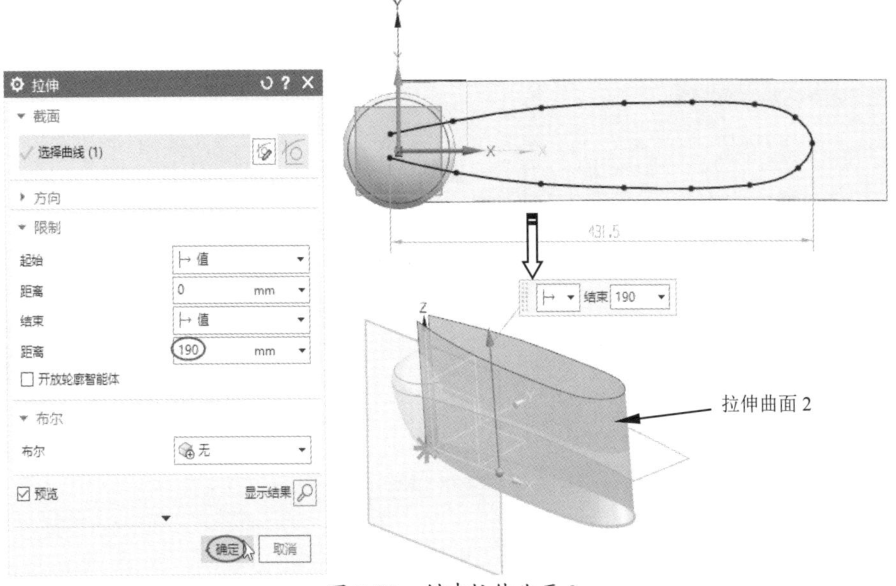

图 2-84　创建拉伸曲面 2

⑭ 在【曲面】选项卡的【组合】面板中单击【修剪片体】按钮，弹出【修剪片体】对话框。选择拉伸曲面 1 作为目标片体，选择拉伸曲面 2 作为修剪边界，确定修剪边界范围外的区域为舍弃区域，单击【确定】按钮，完成目标片体的修剪，如图 2-85 所示。

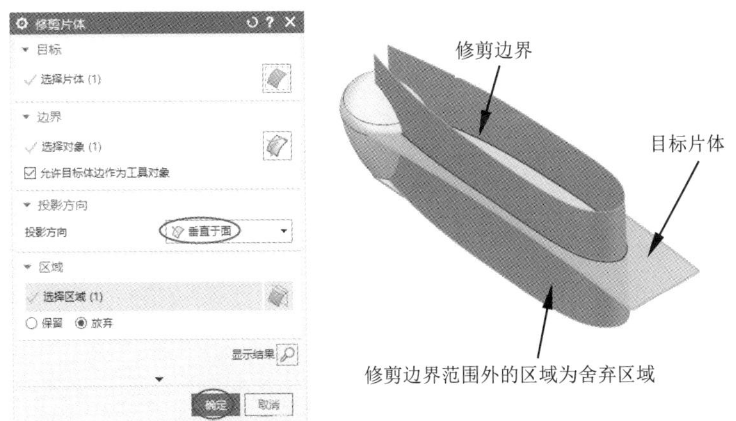

图 2-85　修剪目标片体

技巧点拨：

如果用户在选择目标片体时，光标所选择的位置在修剪边界范围内，则是要保留的区域，否则是要舍弃的区域。

⑮ 选中拉伸曲面 2，按【Ctrl+B】组合键将其隐藏。在【菜单】下拉菜单中选择【插入】|【关联复制】|【阵列几何特征】命令，弹出【阵列几何特征】对话框。

⑯ 在【阵列几何特征】对话框中设置布局类型为【圆形】，再选择基准轴（或者基准坐标系中的 ZC 轴）作为旋转轴，设置【间距】为【数量和间隔】，并设置【数量】为【18】、【节距角】为【20】，最后单击【确定】按钮，完成阵列操作，如图 2-86 所示。至此，利用基准轴创建花朵造型的操作就完成了。

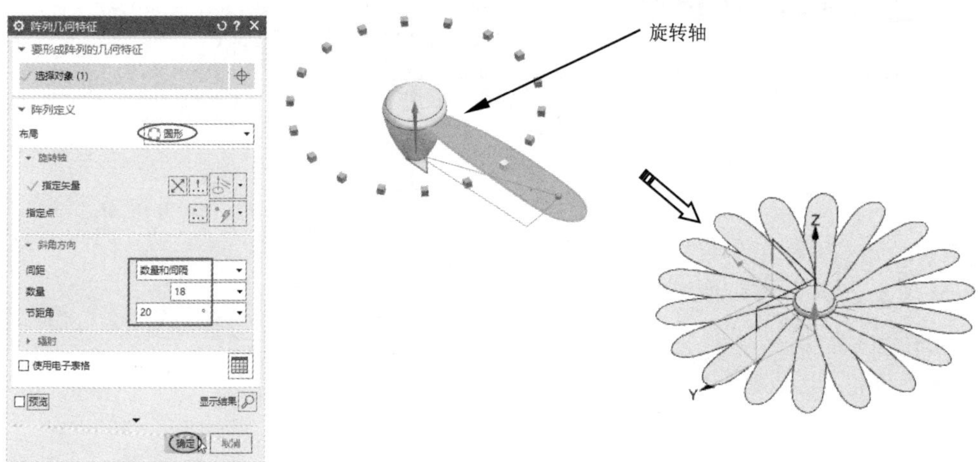

图 2-86　完成阵列操作

第 3 章

绘制基本草图曲线

本章内容

草图（Sketch）是位于指定平面上的曲线和点的集合。设计者可以按照自己的思路随意绘制曲线的大概轮廓，再通过用户给定的条件约束来精确定义图形的几何形状。
建立的草图还可以用实体造型工具进行拉伸、旋转等操作，生成与草图相关联的实体模型。在修改草图时，关联的实体模型也会自动更新。

知识要点

- ☑ 草图概述
- ☑ 草图平面
- ☑ 在草图任务环境中绘制草图
- ☑ 基本的草图命令
- ☑ 草图绘制命令

3.1 草图概述

草图是为了表达设计者的设计概念而进行的图形绘制方案，由于它是在图纸上或平面上绘制的，因此也被称为“二维草图”。UG 草图是用于表达三维模型截面轮廓的二维图形，是进行三维建模的第一步。

3.1.1 草图绘制功能

UG 草图绘制功能是 UG NX 2007 为用户提供的一种十分方便的绘图工具。用户可以先按照自己的设计意图，迅速勾画出零件的粗略二维轮廓，然后利用草图的尺寸约束和几何约束功能精确确定二维轮廓曲线的尺寸、形状和相互位置。

UG 中有两种方式可以绘制二维草图：一种是利用基本画图工具；另一种是利用草图绘制功能。两者都具有十分强大的曲线绘制功能。但与基本画图工具相比，草图绘制功能还具有以下 3 个显著特点：

- 在草图绘制环境中，修改曲线更加方便、快捷。
- 使用草图绘制功能完成的轮廓曲线与拉伸或旋转等扫描特征生成的实体造型相关联。当草图对象被编辑以后，实体造型也会随之发生相应的变化，即草图绘制功能具有参数化设计的特点。
- 在草图绘制过程中，可以对曲线进行尺寸约束和几何约束，从而精确确定草图对象的尺寸、形状和相互位置，满足用户的设计要求。

3.1.2 草图的作用

草图的作用主要有以下 4 点：

- 利用草图，用户可以快速勾画出零件的二维轮廓曲线，再通过施加尺寸约束和几何约束，就可以精确确定轮廓曲线的尺寸、形状和位置等。
- 草图在绘制完成后，可以用来拉伸、旋转或扫掠以生成实体造型。
- 草图绘制功能具有参数化设计的特点，这对于在设计时需要进行反复修改的部件非常有用。因为只需要在草图绘制环境中修改二维轮廓曲线，而不需要修改实体造型，这样就节省了很多修改时间，提高了工作效率。
- 草图可以最大限度地满足用户的设计要求，这是因为所有的草图对象都必须在某一指定的平面上进行绘制。而该指定平面可以是任一平面，既可以是坐标平面和基准平面，也可以是某一实体的表面，还可以是块或碎片的某一个面。

3.2 草图平面

在绘制草图之前，首先需要根据绘制需要选择草图的工作平面（简称草图平面）。草图平面是指用来附着草图对象的平面，它可以是坐标平面，如 XC-YC 平面，也可以是实体上的某一平面，如块的某一个面，还可以是基准平面。也就是说，草图平面可以是任一平面，即草图对象可以附着在任一平面上，这就给设计者提供了极大的设计空间和创作自由。

3.2.1 创建或指定草图平面

在【主页】选项卡的【构造】面板中单击【草图】按钮，弹出如图 3-1 所示的【创建草图】对话框，同时在图形区中显示 3 个主平面（前视图平面、右视图平面和俯视图平面）和坐标轴。

在【创建草图】对话框的草图类型下拉列表中包含两个选项，即【基于平面】和【基于路径】，用户可以选择其中的一个选项作为新建草图的类型，如图 3-2 所示。按照默认设置，选择【基于平面】选项，即可在任意一个主平面中绘制草图。

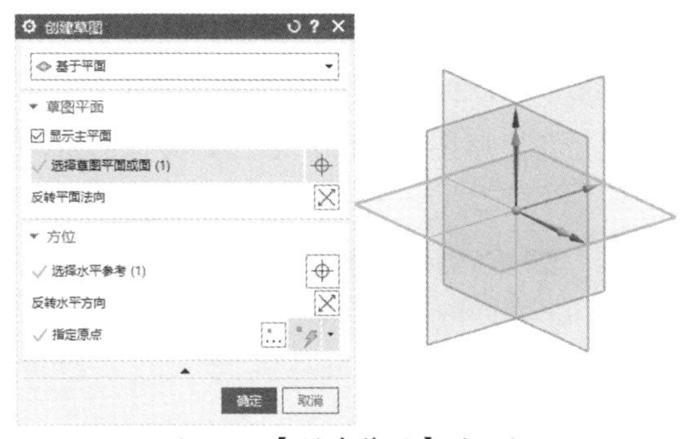

图 3-1　【创建草图】对话框

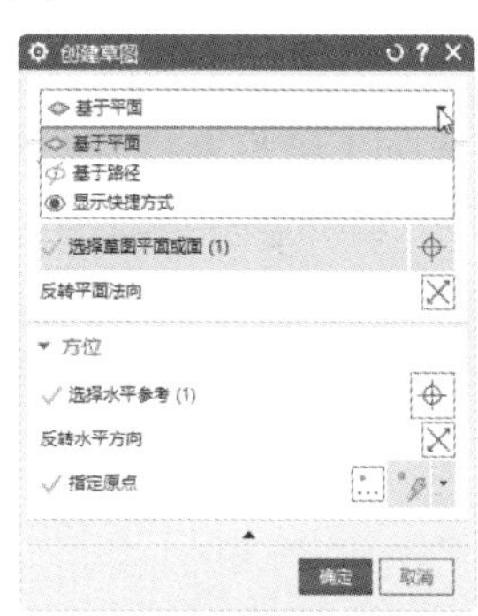

图 3-2　草图类型下拉列表

3.2.2 基于平面

在选择【基于平面】选项后，可以将草图绘制在选定的平面或基准平面上，并自定义草图的方向、原点等。

在选择【基于平面】选项后，【创建草图】对话框下面的部分选项区含义如下所述。

- 【草图平面】选项区：该选项区用于确定草图平面。
  - 显示主平面：勾选此复选框，图形区将显示 3 个主平面。
  - 选择草图平面或面：可以选择现有平面（已有模型上的平面）或主平面作为草图平面。在默认情况下，系统会自动选择俯视图平面作为草图平面，如图 3-3（a）所示。如果要创建附加特征或组合特征，可以在已有模型上选择一个现有平面作为草图平面，如图 3-3（b）所示。在 UG NX 2007 中，系统为用户提供了 3 个主平面，这 3 个主平面也是基准坐标系中的 3 个基准平面，如图 3-3（c）所示。

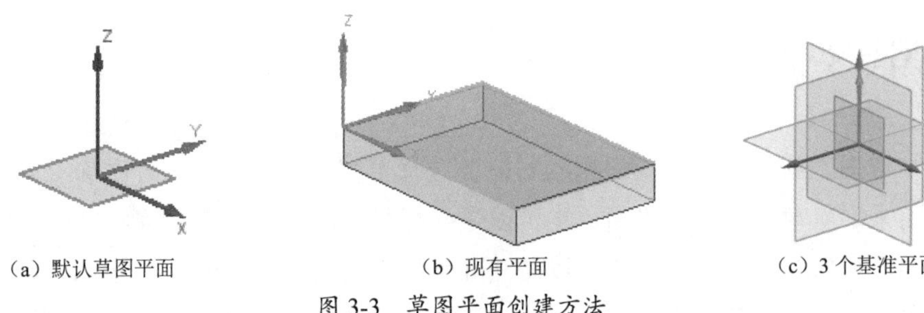

（a）默认草图平面　（b）现有平面　（c）3 个基准平面

图 3-3　草图平面创建方法

- ➢ 反转平面法向：单击此按钮，可以改变草图的方向。
- 【方位】选项区：该选项区用于控制参考平面中 *X* 轴、*Y* 轴的方向。
  - ➢ 选择水平参考：可以选择直线、模型的直边或基准轴作为草图方向的参考。
  - ➢ 反转水平方向：单击此按钮，可以改变草图平面中的轴方向。
  - ➢ 指定原点：用于设置草图平面坐标系的原点位置。

3.2.3　基于路径

当为特征（如变化的扫掠）构建轮廓时，可以选择【基于路径】选项来绘制草图。如图 3-4 所示，该图说明的是基于轨迹绘制的完全约束的草图，以及产生的变化的扫掠。

在选择【基于路径】选项后，将在曲线轨迹路径上创建垂直于路径、垂直于矢量、平行于矢量或通过轴的草图平面，并在草图平面上创建草图。【基于路径】类型的选项设置如图 3-5 所示。

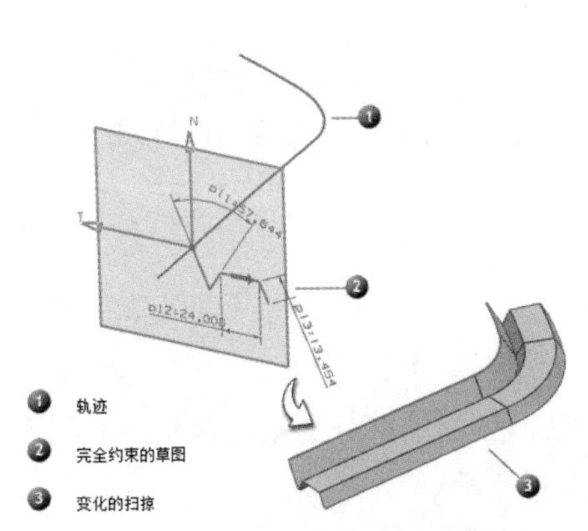

图 3-4　以【基于路径】类型绘制草图

图 3-5　【基于路径】类型的选项设置

在选择【基于路径】选项后，【创建草图】对话框下面的各选项区含义如下所述。

- 【路径】选项区：创建草图平面的曲线轨迹。
- 【平面位置】选项区：确定草图平面在轨迹上的位置。
  - ➢ 弧长：当轨迹为圆、圆弧或直线时，通过设置弧长来控制平面的位置。

- ➢ 弧长百分比：当轨迹为圆、圆弧或直线时，通过设置弧长百分比来控制平面的位置。
- ➢ 通过点：当轨迹为任意曲线时，通过点构造器来设置路径上的点，并以此创建草图平面。

- ●【平面方位】选项区：确定平面与轨迹的方位关系。
  - ➢ 垂直于路径：草图平面与路径垂直。
  - ➢ 垂直于矢量：草图平面与指定的矢量垂直。
  - ➢ 平行于矢量：草图平面与指定的矢量平行。
  - ➢ 通过轴：草图平面将通过或平行于指定的矢量轴。
- ●【草图方向】选项区：确定草图平面中工作坐标系的 XC 轴与 YC 轴方位。
  - ➢ 自动：程序默认的方位。
  - ➢ 相对于面：以选择的面来确定坐标系的方位。在一般情况下，此面必须与草图平面形成平行或垂直关系。
  - ➢ 使用曲线参数：使用轨迹与曲线的参数关系来确定坐标系方位。

3.3 在草图任务环境中绘制草图

在 UG NX 2007 中，有两种快速进入草图任务环境来绘制草图的方式，包括选择草图平面后进入草图任务环境和直接绘制草图。

3.3.1 选择草图平面后进入草图任务环境

在【主页】选项卡的【构造】面板中单击【草图】按钮，弹出【创建草图】对话框。选择草图平面并单击【确定】按钮，如图 3-6 所示。

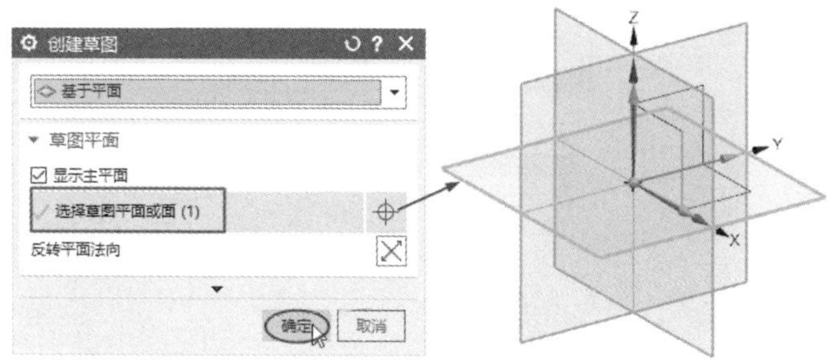

图 3-6　选择草图平面

随后进入草图任务环境，在【主页】选项卡中，将显示所有的草图绘制工具。图 3-7 所示为在草图任务环境中绘制的草图。

技巧点拨：

在很多情况下，草图等同于曲线，而绘制草图要比创建曲线快速、方便得多。

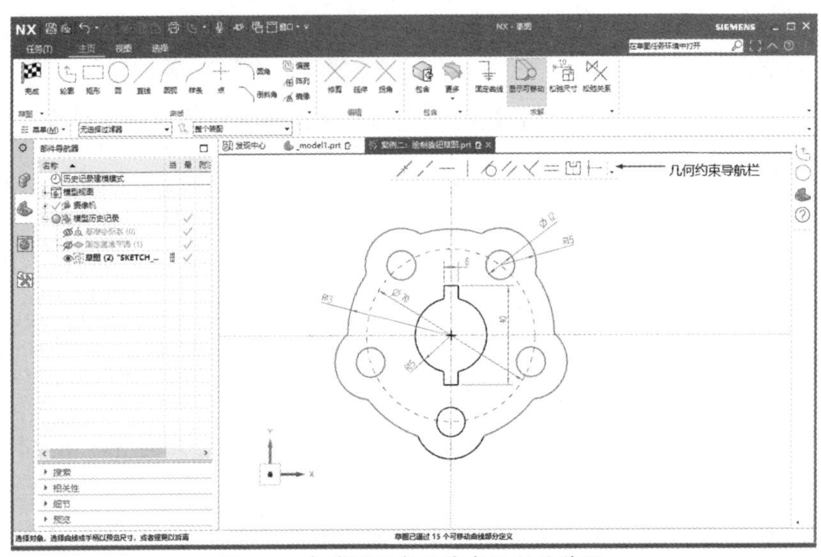

图 3-7　在草图任务环境中绘制的草图

3.3.2　直接绘制草图

有时需要绘制一些比较简单的草图，比如由直线、矩形和圆等构成的简单草图，且草图平面恰恰为 XC-YC 平面时，可以在【构造】面板中单击【轮廓】按钮、【矩形】按钮或【圆】按钮，系统会自动选择 XC-YC 平面作为草图平面并快速进入草图任务环境。

技巧点拨：

初次使用 UG NX 2007 时，需要将【轮廓】按钮及其他按钮显示出来。单击【构造】面板右侧的【组】选项按钮▾，在展开的下拉列表中勾选这几个按钮前面的复选框即可。

图 3-8 所示为在快速进入草图任务环境后绘制的草图。

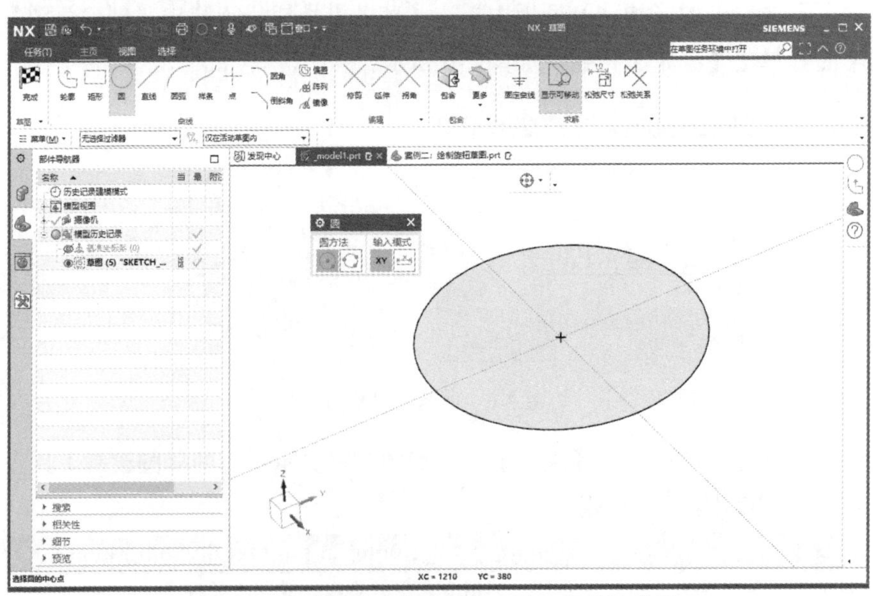

图 3-8　在快速进入草图任务环境后绘制的草图

3.4　基本的草图命令

草图任务环境中的草图命令主要是对创建的草图进行确认、重命名、视图定向、草图评估、模型更换等操作，如图 3-9 所示。在默认情况下，显示的草图命令比较少，需要从其他选项卡的面板或【菜单】下拉菜单中选择。

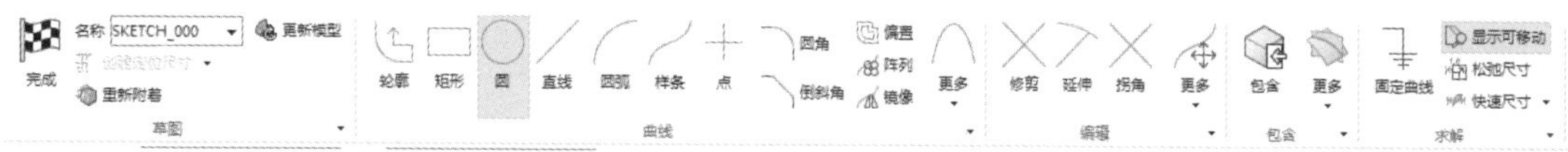

图 3-9　草图任务环境中的草图命令

1．完成

【完成】命令用于对创建的草图进行确认并退出草图任务环境。

2．定向到草图

【定向到草图】命令用于将视图调整为草图的俯视图，如图 3-10 所示。当用户在创建草图的过程中，若视图发生了变化，不便于观察，则可以通过此命令将视图调整为俯视图。【定向到草图】命令在草图任务环境下【视图】选项卡的【草图显示】面板中。

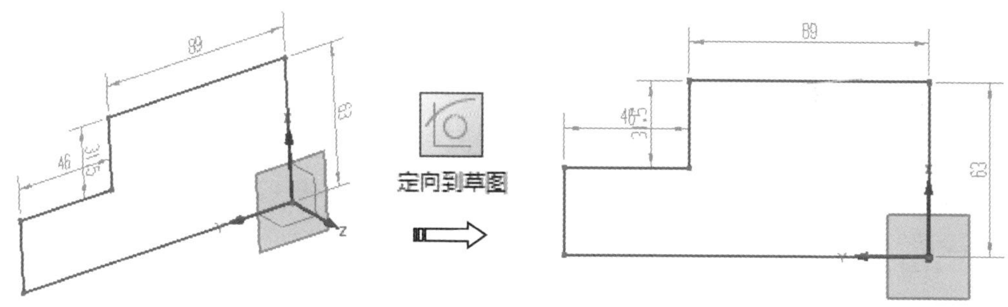

图 3-10　定向到草图

3．定向视图到模型

【定向视图到模型】命令用于将视图调整为进入草图任务环境之前的视图，如图 3-11 所示。这也是为了便于观察绘制的草图与模型之间的关系。例如，进入草图任务环境之前的视图为默认的轴测视图，在【菜单】下拉菜单可以选择【视图】|【定向视图到模型】命令。

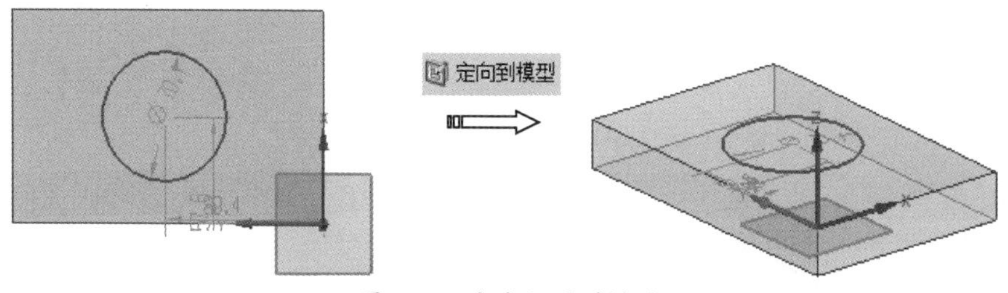

图 3-11　定向视图到模型

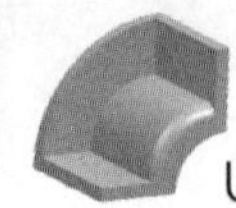

4．重新附着

【重新附着】命令用于将草图重新附着到其他基准平面、平面或轨迹上，也可以更改草图的方位。在【草图】面板中，单击【重新附着】按钮，弹出【重新附着草图】对话框，如图 3-12 所示。

通过此对话框重新指定要附着的实体表面或基准面，单击【确定】按钮，草图将附着到新的参考面上，如图 3-13 所示。

图 3-12 【重新附着草图】对话框

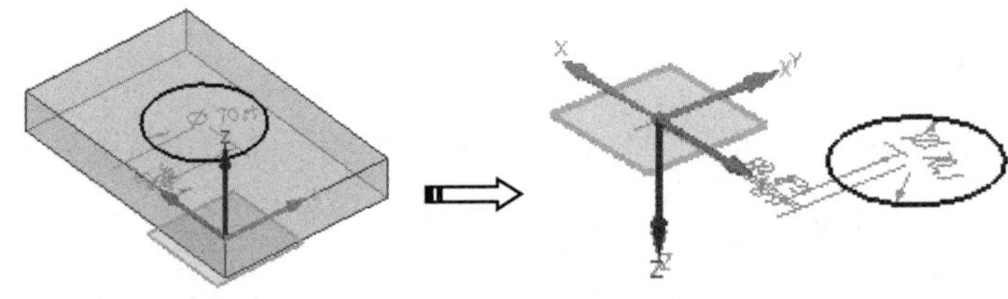

图 3-13 将草图重新附着到参考面上

技巧点拨：

【重新附着草图】对话框的功能与先前介绍的【创建草图】对话框的功能完全一样，这里就不再对【重新附着】对话框的功能选项进行详细介绍了。

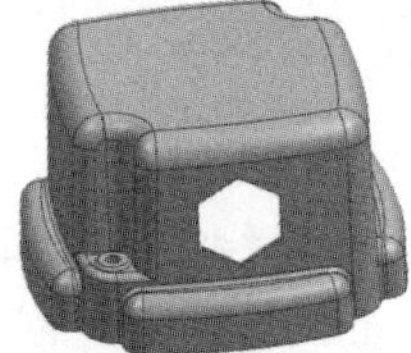

图 3-14 模型文件

动手操作——重定位草图

① 打开本例的配套资源文件【3-1.prt】，如图 3-14 所示。

② 打开【部件导航器】，右击【拉伸（2）】选项，在弹出的快捷菜单中选择【可回滚编辑】命令，打开【拉伸】对话框，如图 3-15 所示。

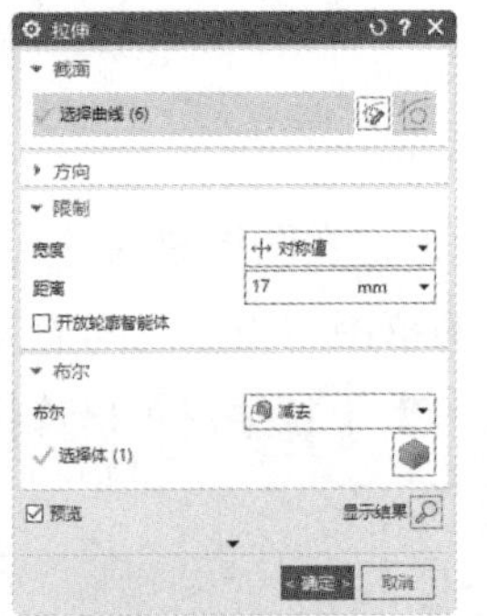

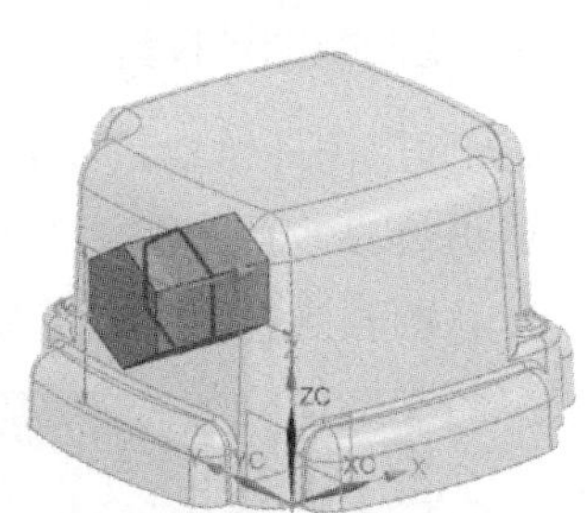

图 3-15 可回滚编辑操作

技巧点拨：

还可以在模型中双击该拉伸特征，打开【拉伸】对话框。

③ 在【截面】选项区中单击【绘制截面】按钮，进入草图任务环境。

④ 在【草图】面板中单击【重新附着】按钮，弹出【重新附着草图】对话框。

⑤　设置草图类型为【基于平面】，并选择如图 3-16 所示的平面作为重新附着的平面。

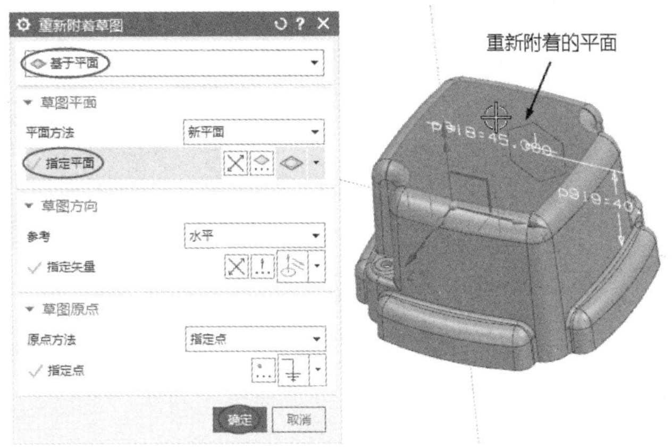

图 3-16　选择重新附着的平面

⑥　单击【确定】按钮，将 p919 尺寸改为-40。在【草图】面板中单击【完成】按钮，退出草图任务环境，如图 3-17 所示。

⑦　单击【拉伸】对话框中的【确定】按钮，完成草图的重新附着，如图 3-18 所示。

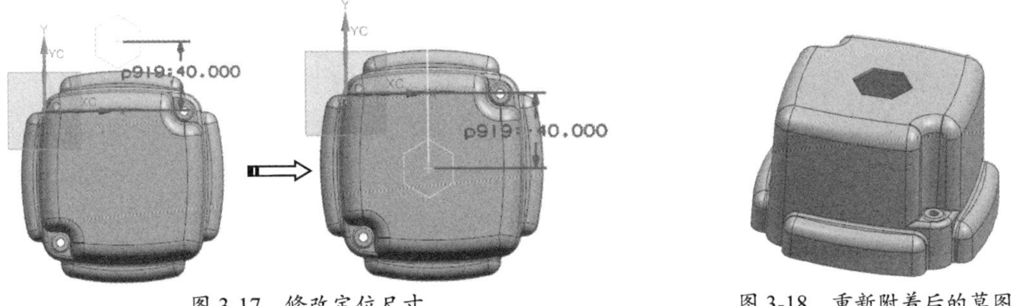

图 3-17　修改定位尺寸　　　　图 3-18　重新附着后的草图

3.5　草图绘制命令

草图绘制命令用于绘制常见的轮廓、直线、圆弧、圆、圆角、倒斜角、矩形、多边形、椭圆、拟合曲线、样条、二次曲线等。

3.5.1　轮廓

使用【轮廓】命令可以通过线串模式创建一系列连续的直线或圆弧。也就是说，上一条曲线的终点将作为下一条曲线的起点。在进入草图任务环境后，选择【菜单】下拉菜单中的【插入】|【曲线】|【轮廓】命令，或者直接单击【主页】选项卡中【曲线】面板的【轮廓】按钮，弹出【轮廓】对话框，如图 3-19 所示。

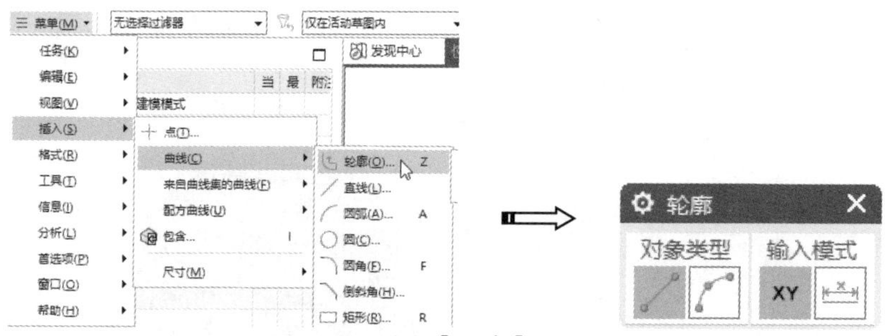

图 3-19　弹出【轮廓】对话框

在【轮廓】对话框中，【对象类型】选项区与【输入模式】选项区的选项含义如下所述。

- 直线：绘制类型为直线。
- 圆弧：绘制类型为圆弧。
- 坐标模式 XY：以直角坐标参数输入方式来绘制曲线。
- 参数模式：以极坐标参数输入方式来绘制曲线。

动手操作——轮廓线绘图

本例将使用【轮廓】命令绘制如图 3-20 所示的草图。

① 在【曲线】面板中单击【轮廓】按钮，弹出【轮廓】对话框。保持默认的【坐标模式】XY 设置，在【对象类型】选项区中先单击【直线】按钮绘制直线，再单击【圆弧】按钮切换到圆弧绘制类型，并交替绘制出如图 3-21 所示的轮廓。

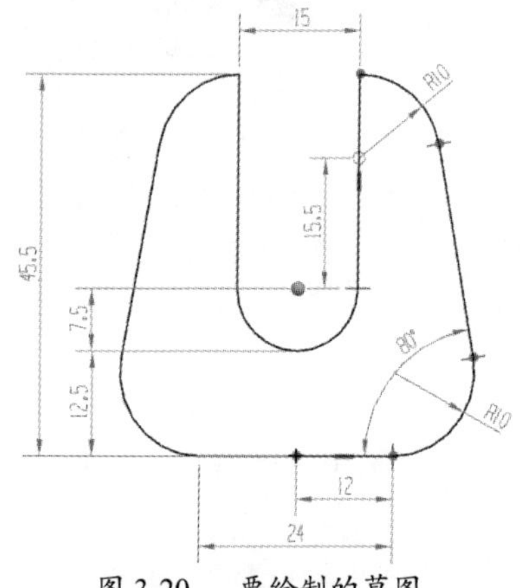

图 3-20　要绘制的草图

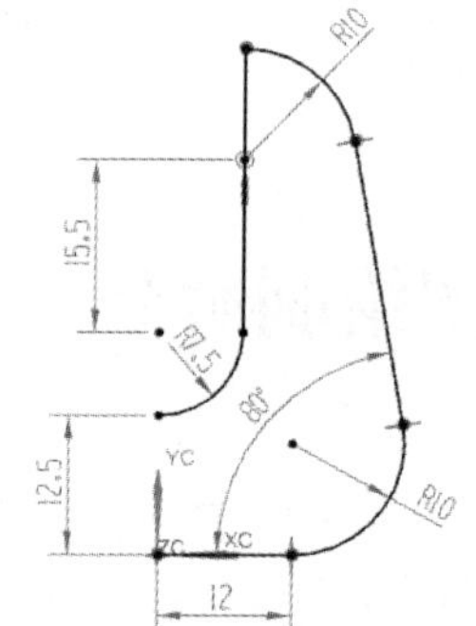

图 3-21　交替绘制出直线和圆弧

② 在【曲线】面板中单击【镜像】按钮，弹出【镜像曲线】对话框。选择要镜像的曲线和中心线（草图纵轴），单击【确定】按钮，完成镜像曲线的创建，如图 3-22 所示。

③ 选择竖直直线和圆弧，然后在图形区顶部的几何约束导航栏中单击【设为相切】按钮，完成相切约束的创建，如图 3-23 所示。

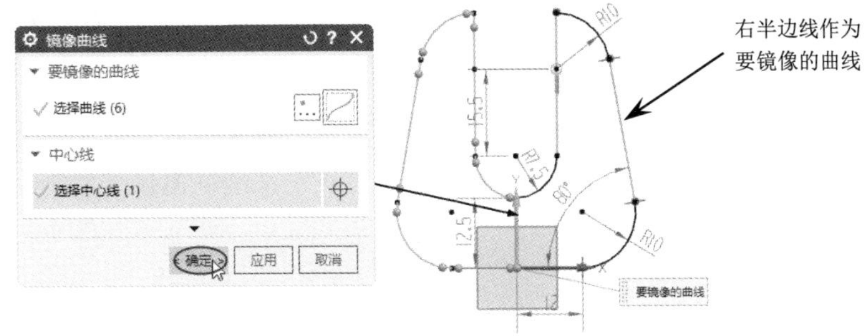

图 3-22　创建镜像曲线

④ 在【主页】选项卡的【求解】面板中单击【快速尺寸】按钮，弹出【快速尺寸】对话框。选择要标注的对象，然后拉出尺寸并单击以确定尺寸标注的放置位置，即可完成尺寸标注，如图 3-24 所示。

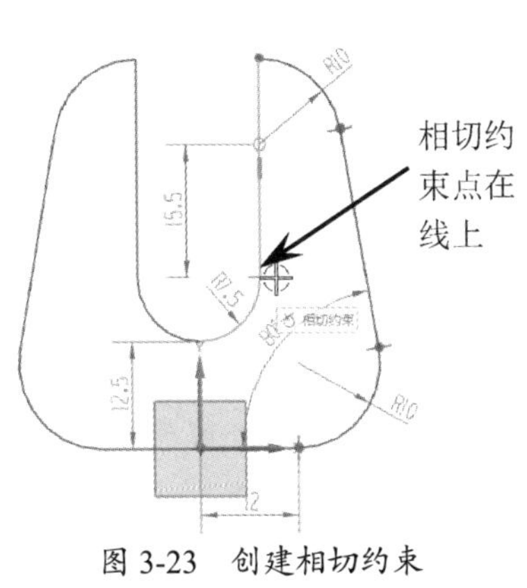

图 3-23　创建相切约束

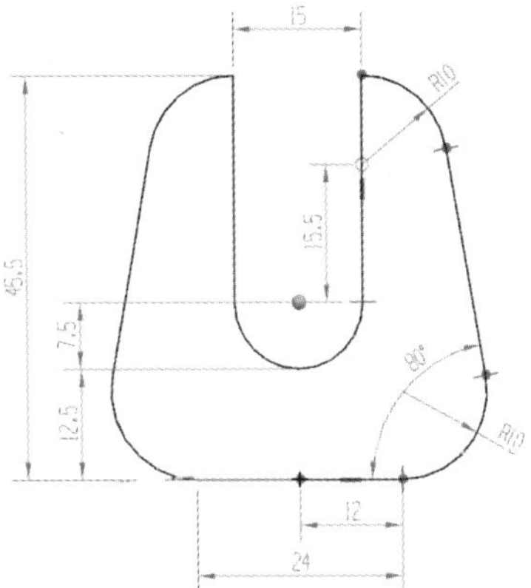

图 3-24　完成尺寸标注

3.5.2　直线

使用【直线】命令可以通过确定两个端点的位置和方向来绘制直线。在草图任务环境中单击【曲线】面板中的【直线】按钮，弹出【直线】对话框，如图 3-25 所示。

【直线】对话框中的各选项含义如下所述。

- 坐标模式：以直角坐标参数输入方式来确定直线的起点和终点。
- 参数模式：以极坐标参数输入方式来确定直线的长度和角度。

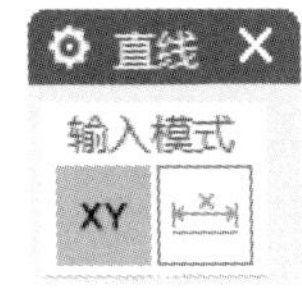

图 3-25　【直线】对话框

3.5.3　圆弧

在草图任务环境中单击【曲线】面板中的【圆弧】按钮，弹出【圆弧】对话框，如图 3-26 所示。在【圆弧】对话框中，【输入模式】选项区的两个选项与【直线】对话框中的相同。

在【圆弧】对话框中，【圆弧方法】选项区中的选项含义如下所述。

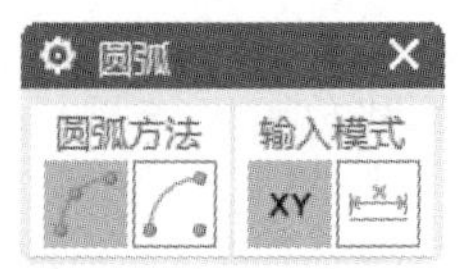

图 3-26 【圆弧】对话框

- 三点定圆弧：通过指定圆弧起点、终点和圆上一点（确定半径的点）来绘制圆弧。
- 中心和端点定圆弧：通过指定圆心、半径（圆弧起点）和扇形角度（圆弧终点）来绘制圆弧。

3.5.4 圆

在草图任务环境中单击【曲线】面板中的【圆】按钮，弹出【圆】对话框，如图 3-27 所示。在【圆】对话框中，【圆方法】选项区中的选项含义如下所述。

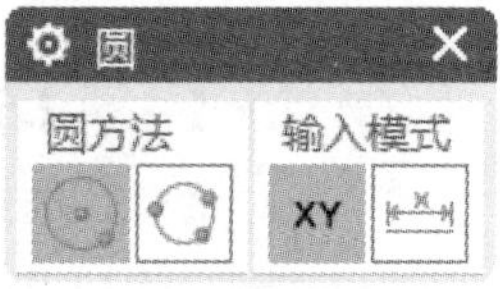

图 3-27 【圆】对话框

- 圆心和直径定圆：通过指定圆心和直径（或圆上一点）来绘制圆。
- 三点定圆：通过指定圆上的任意 3 个点来绘制圆。

3.5.5 圆角

使用【圆角】命令可以在图形中选择两条相交曲线来绘制圆角曲线。在草图任务环境中单击【曲线】面板中的【圆角】按钮，弹出【圆角】对话框，如图 3-28 所示。

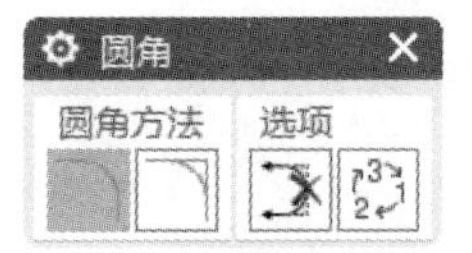

图 3-28 【圆角】对话框

在【圆角】对话框中，【圆角方法】选项区和【选项】选项区中的选项含义如下所述。

- 修剪：在创建圆角曲线的同时修剪原相交曲线。
- 取消修剪：在创建圆角曲线时不修剪原相交曲线。
- 删除第三条曲线：在选择矩形的两条平行边来创建完全圆角曲线时，会将与平行边垂直相交的边（第三条曲线）删除，并以圆角曲线代替。
- 创建备选圆角：单击此按钮可以选择备选圆角曲线（也就是补弧）。

动手操作——绘制圆图形

使用【直线】和【圆】命令绘制如图 3-29 所示的对称草图。

① 在【主页】选项卡的【曲线】面板中单击【直线】按钮，绘制竖直直线和水平直线，如图 3-30 所示。

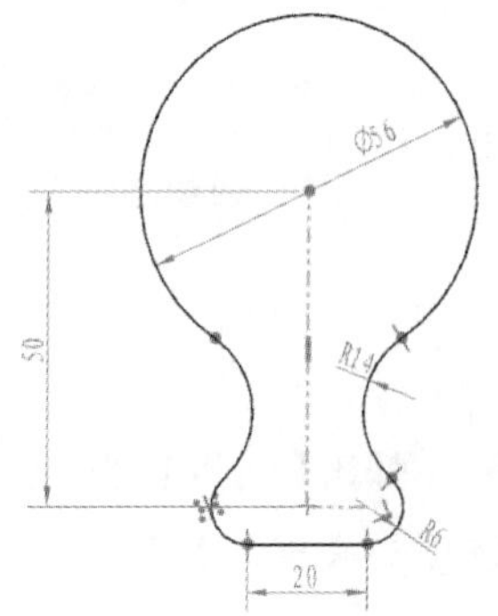

图 3-29 要绘制的对称草图

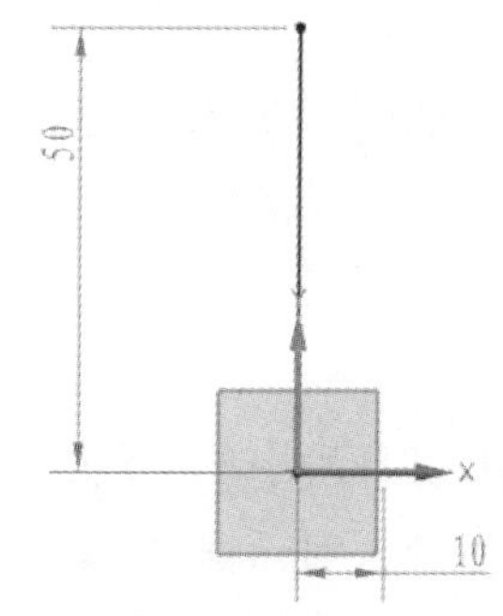

图 3-30 绘制竖直直线和水平直线

② 在【曲线】面板中单击【圆】按钮○，在两条直线的端点分别绘制直径为 56 和 12 的圆，然后单击【圆角】按钮⌒，在圆与圆之间创建半径为 14 的圆角曲线，如图 3-31 所示。

③ 在【曲线】面板中单击【镜像】按钮，弹出【镜像曲线】对话框。先选择直径为 12 的圆和半径为 14 的圆角曲线作为要镜像的曲线，再选择长度为 50 的竖直直线作为镜像中心线，单击【确定】按钮，完成镜像曲线的创建，如图 3-32 所示。

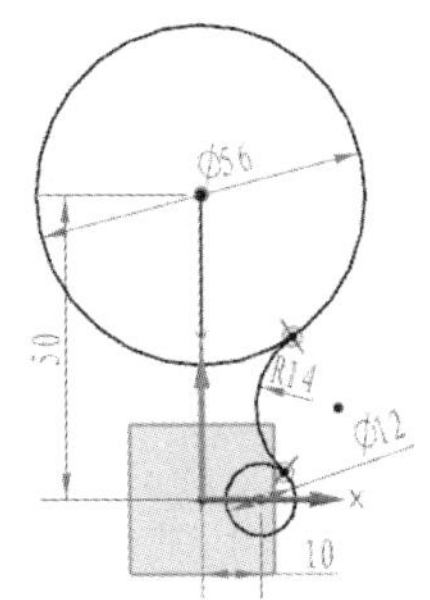

图 3-31　绘制圆和圆角曲线

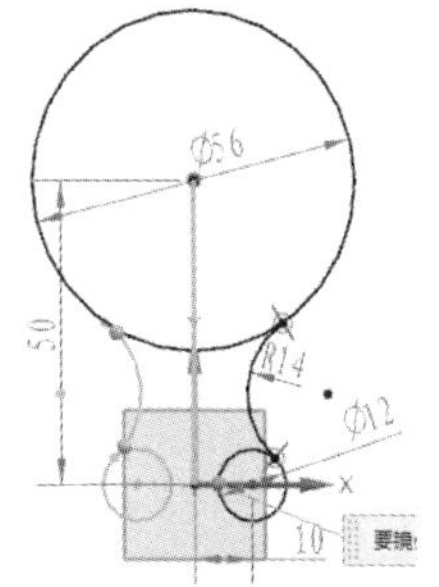

图 3-32　创建镜像曲线

④ 在【曲线】面板中单击【直线】按钮╱，并选择两个小圆的第三象限点作为直线的起点与端点，绘制水平切线，如图 3-33 所示。

⑤ 在【编辑】面板中单击【修剪】按钮✕，按住鼠标左键拖动到要修剪的曲线上，或者直接单击要修剪的曲线，即可将其删除，如图 3-34 所示。

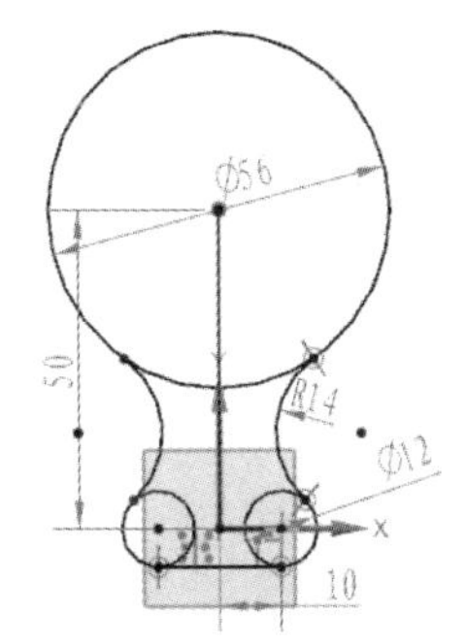

图 3-33　绘制水平切线

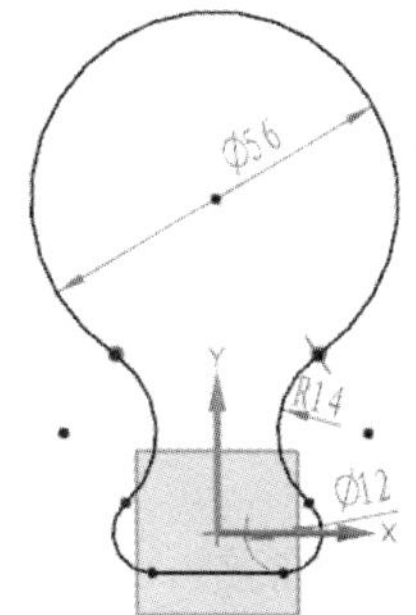

图 3-34　修剪多余曲线

3.5.6　倒斜角

使用【倒斜角】命令可以在两条相交直线的交点位置创建斜角曲线。在草图任务环境中单击【曲线】面板中的【倒斜角】按钮⌒，弹出【倒斜角】对话框，如图 3-35 所示。

图 3-35　【倒斜角】对话框

【倒斜角】对话框中的部分选项区含义如下所述。

- 【要倒斜角的曲线】选项区：用于定义要倒斜角的两条相交直线和曲线修剪方式。
  - ➢ 选择直线：在激活【选择直线】选项后，需选择两条相交直线作为要创建斜角曲线的源曲线。

➢ 修剪输入曲线：勾选此复选框，即可在创建斜角曲线的同时修剪源曲线。

● 【偏置】选项区：此选项区的【倒斜角】下拉列表中有 3 种定义倒斜角的方式，分别是【对称】、【非对称】及【偏置和角度】。

➢ 对称：可创建相同倒角距离的斜角曲线，如图 3-36 所示。

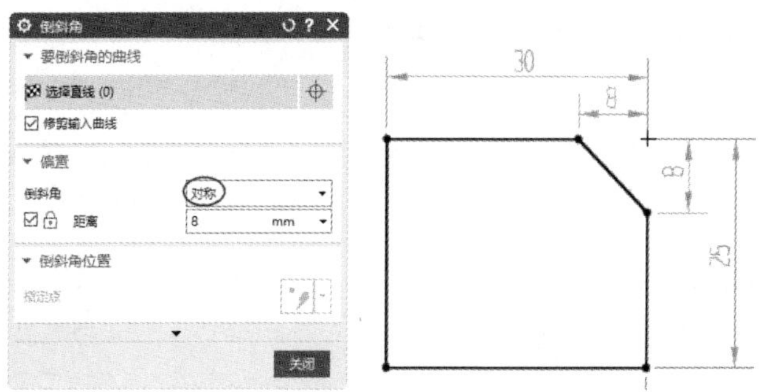

图 3-36 【对称】倒斜角方式

➢ 非对称：可创建不同倒角距离的斜角曲线，如图 3-37 所示。先选择的直线是【距离 1】的参考线，后选择的直线是【距离 2】的参考线。

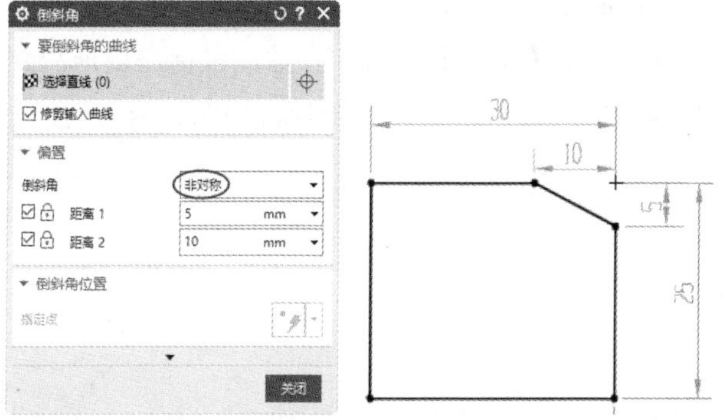

图 3-37 【非对称】倒斜角方式

➢ 偏置和角度：以一条边作为参考线，自定义倒角的距离和角度，如图 3-38 所示。

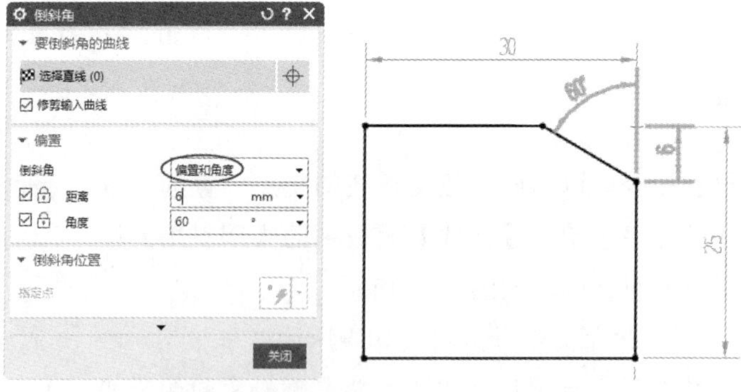

图 3-38 【偏置和角度】倒斜角方式

● 【倒斜角位置】选项区：用于设置斜角曲线的放置位置。

3.5.7　矩形

使用【矩形】命令可以采用 3 种矩形方法来绘制矩形。在草图任务环境中单击【曲线】面板中的【矩形】按钮□，弹出【矩形】对话框。使用该对话框可以创建由 3 种矩形方法控制的矩形，如图 3-39 所示。

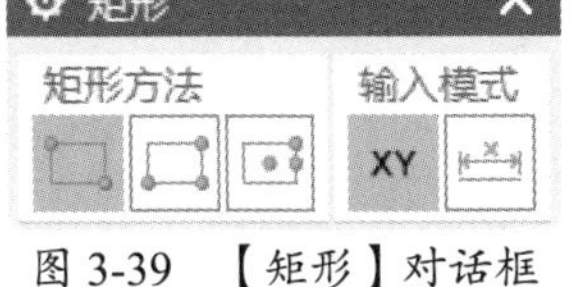

图 3-39　【矩形】对话框

3 种矩形方法介绍如下所述。

- 按 2 点□：通过指定矩形对角的 2 个点来绘制矩形。
- 按 3 点□：通过指定矩形的 3 个角点来绘制矩形。第一角点和第二角点用于确定矩形的宽度和角度，第三角点用于确定矩形的高度。
- 从中心□：通过指定矩形中心点、边中点及角点来绘制矩形。矩形中心点用于确定矩形位置，边中点用于确定矩形的角度和宽度，角点用于确定矩形的高度。

3.5.8　多边形

使用【多边形】命令可以绘制指定边数的正多边形。在【曲线】面板的【更多】库中单击【多边形】按钮⬡，弹出【多边形】对话框，可以创建多边形，如图 3-40 所示。

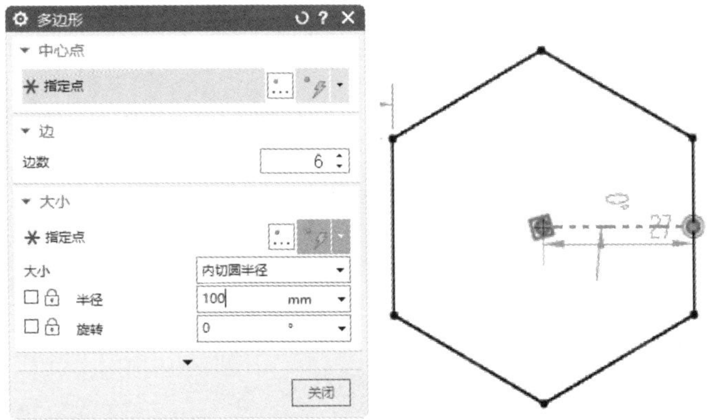

图 3-40　创建多边形

【多边形】对话框中的部分选项区含义如下所述。

- 【中心点】选项区：指定正多边形的中心点。
- 【边】选项区：输入多边形的边数，系统默认的最小边数是 3。
- 【大小】选项区：指定多边形的外形尺寸类型，包括内切圆半径、外接圆半径和边长。
  - ➢ 指定点：指定某一条边的中点，该点用于确定正多边形的旋转角度和外接圆、内切圆的半径值。
  - ➢ 【大小】下拉列表：在此下拉列表中包括 3 种定义正多边形大小的方式，包括【内切圆半径】、【外接圆半径】和【边长】。

    内切圆半径：指定内切于正多边形的圆半径。

    外接圆半径：指定外接于正多边形的圆半径。

边长：指定正多边形某一条边的边长。其值与顶点到中心点的距离相等。

- 半径：当选择【内切圆半径】或【外接圆半径】选项时，此选项用来指定内切圆半径值或外接圆半径值。
- 旋转：当选择【内切圆半径】或【外接圆半径】选项时，此选项用于指定旋转角度值。
- 长度：当选择【边长】选项时，此选项用于指定正多边形中某一条边的边长值。

3.5.9 椭圆

使用【椭圆】命令可以绘制基于中心点、长半轴值（大半径）及短半轴值（小半径）的椭圆图形。在草图任务环境中单击【曲线】面板的【更多】库中的【椭圆】按钮◯，弹出【椭圆】对话框，可以创建椭圆，如图 3-41 所示。

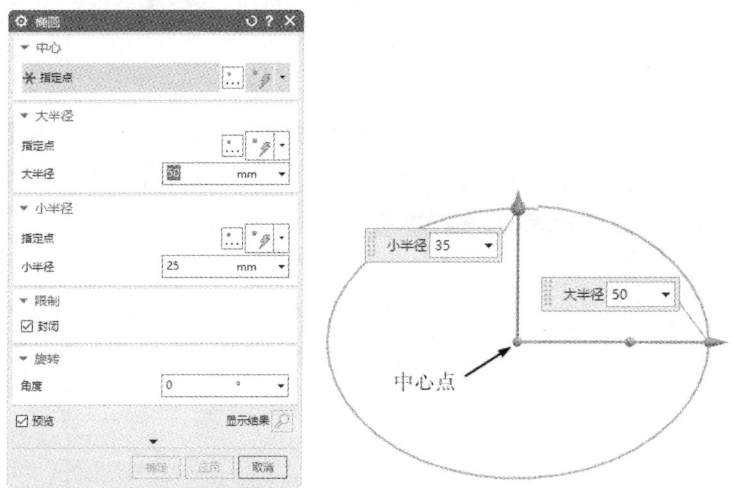

图 3-41　创建椭圆

【椭圆】对话框中的部分选项区含义如下所述。

- 【中心】选项区：指定椭圆的中心。
- 【大半径】选项区：指定椭圆的长半轴，可以通过指定点或输入大半径值的方式指定。
- 【小半径】选项区：指定椭圆的短半轴，可以通过指定点或输入小半径值的方式指定。
- 【限制】选项区：在选项区中勾选【封闭】复选框，将创建完整的椭圆。取消勾选【封闭】复选框，可以通过输入起始角度值与终止角度值来创建部分椭圆。
- 【旋转】选项区：在该选项区的【角度】文本框中输入长半轴绕中心点逆时针旋转的角度值。

3.5.10 拟合曲线

在草图任务环境中单击【曲线】面板的【更多】库中的【拟合曲线】按钮，弹出【拟合曲线】对话框，可以创建拟合曲线，如图 3-42 所示。

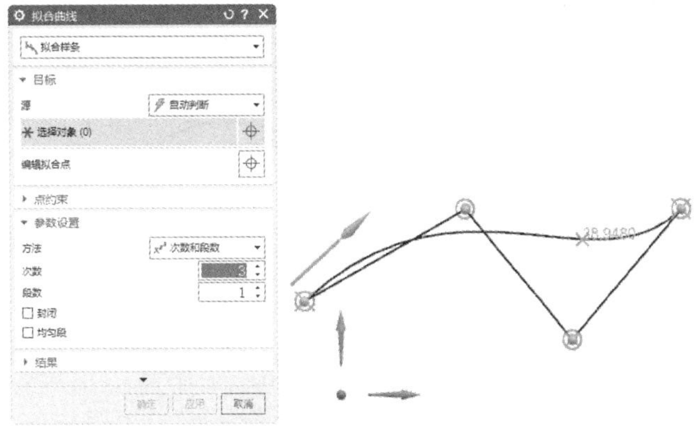

图 3-42　创建拟合曲线

【拟合曲线】对话框中包括 4 种创建拟合曲线的类型，如下所述。

- 拟合样条：对样条曲线或一系列的点进行平滑拟合处理，生成光顺曲线，如图 3-43 所示。

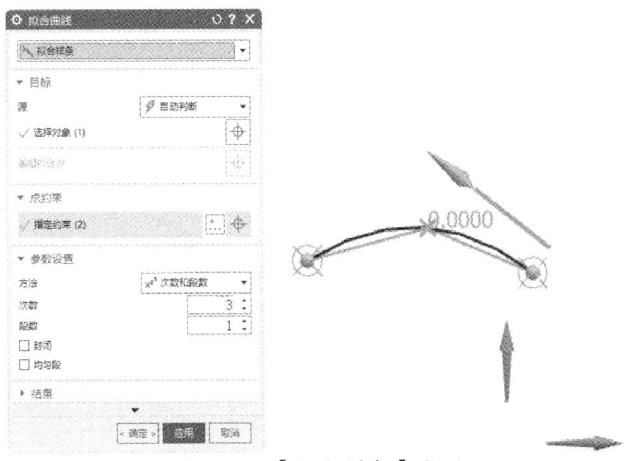

图 3-43　【拟合样条】类型

- 拟合直线：选择一连串的点、点集、点组及点构造器等，可以将多个点拟合成直线，如图 3-44 所示。

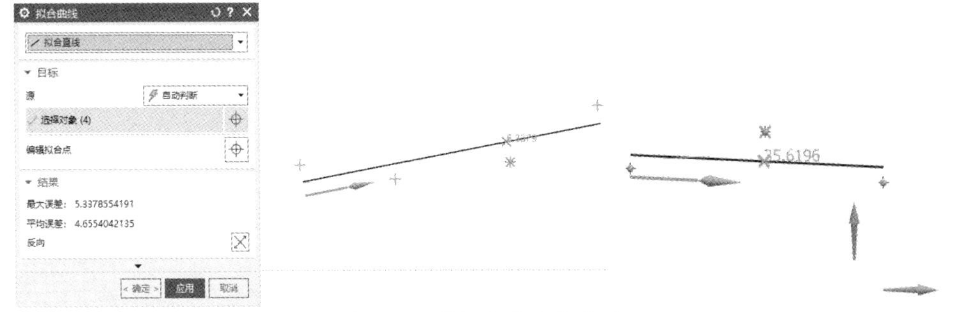

图 3-44　【拟合直线】类型

- 拟合圆：通过选择的点、点集、点组及点构造器指定一系列的点来生成拟合的圆。注意，点的数量不少于 3 个，如图 3-45 所示。

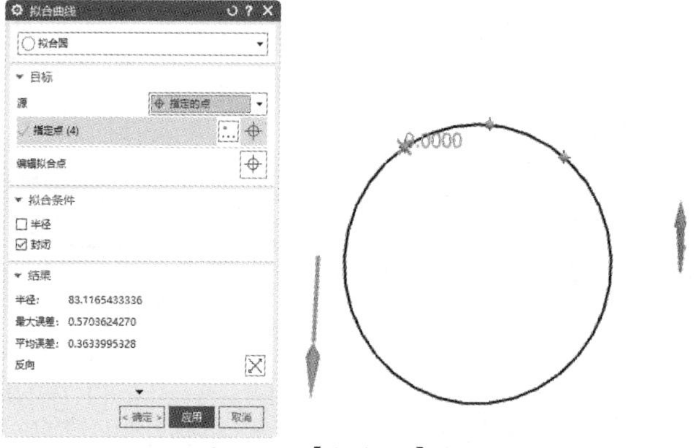
图 3-45 【拟合圆】类型

- 拟合椭圆：通过选择的点、点集、点组及点构造器指定一系列的点来生成拟合的椭圆。注意，点的数量不少于 3 个，如图 3-46 所示。

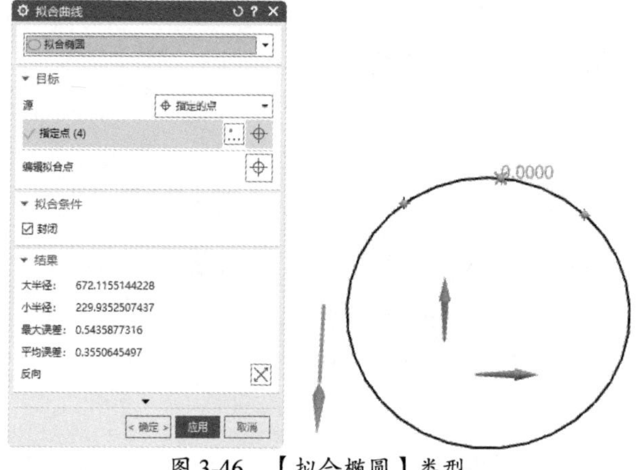
图 3-46 【拟合椭圆】类型

3.5.11 样条

使用【样条】命令，可以通过拖放操作定义点或极点，并在定义点指定斜率或曲率约束，动态创建和编辑样条曲线。在草图任务环境中单击【曲线】面板中的【样条】按钮，弹出【艺术样条】对话框，可以创建样条曲线，如图 3-47 所示。

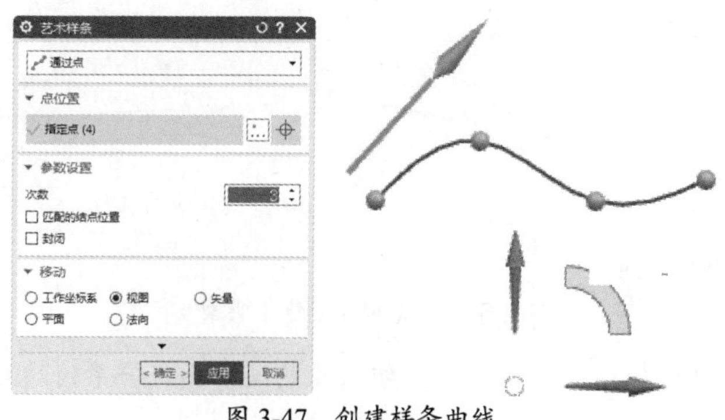
图 3-47 创建样条曲线

【艺术样条】对话框中的部分选项区含义如下所述。

- 类型下拉列表：指定创建样条曲线的方式，包括通过点和根据极点两种方式。
  - 通过点：通过选择的点创建样条曲线。
  - 根据极点：通过选择的控制点拟合生成样条曲线。
- 【点位置】选项区：指定样条曲线通过的点。
- 【参数设置】选项区：指定样条曲线的阶次、匹配的结点位置和样条曲线是否封闭等。
  - 次数：指定样条曲线的阶次。
  - 匹配的结点位置：仅当类型被设置为【通过点】时，才启用此复选框。勾选此复选框，将在通过点的位置放置节点。
  - 封闭：勾选此复选框，生成的曲线起点和终点会重合，并且相切，构成封闭曲线。
- 【移动】选项区：此选项区中的选项用来控制样条点的移动方向。

技巧点拨：

在使用【通过点】的方式创建样条曲线时，定义的点数必须大于【参数设置】选项区中的【次数】(即样条曲线的阶次)，否则无法创建通过点曲线。

3.5.12　二次曲线

在草图任务环境中单击【曲线】面板的【更多】库中的【二次曲线】按钮，弹出【二次曲线】对话框，可以创建二次曲线，如图 3-48 所示。

图 3-48　创建二次曲线

【二次曲线】对话框中的部分选项含义如下所述。

- 指定起点：指定二次曲线的起点。
- 指定终点：指定二次曲线的终点。
- 指定控制点：指定二次曲线的控制点，此点是将起点的切线和终点的切线延伸后相交的交点。
- 值：表示曲线的锐度。Rho 值的范围为 0～1。当 0<Rho 值<0.5 时，二次曲线为椭圆；当 0.5<Rho 值<1 时，二次曲线为双曲线；当 Rho 值=0.5 时，二次曲线为抛物线。

3.6 综合案例

为了更好地说明如何创建草图，如何创建草图对象，如何对草图对象添加尺寸约束和几何约束，如何进行相关的草图操作，下面以几个实例来详细说明草图的绘制操作。

3.6.1 绘制金属垫片草图

本例绘制的是金属垫片草图，绘制完成的结果如图 3-49 所示。

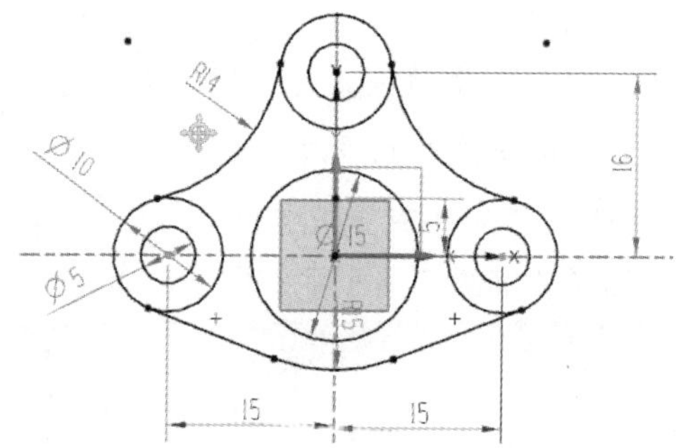

图 3-49 要绘制的金属垫片草图

绘制草图的思路是：首先确定整个草图的定位中心，然后根据由内向外、由主定位中心到次定位中心的绘制步骤逐步绘制草图。草图的绘制需要经过 3 个基本过程来完成：进入草图任务环境、绘制草图、草图约束（尺寸标注）。

1. 进入草图任务环境

① 在【主页】选项卡的【构造】面板中单击【草图】按钮，弹出【创建草图】对话框，如图 3-50 所示。

② 此时，系统默认的草图平面为 XC-YC 平面，单击对话框中的【确定】按钮，进入草图任务环境。

2. 绘制草图

① 单击【曲线】面板中的【圆】按钮，弹出【圆】对话框和浮动文本框，如图 3-51 所示。

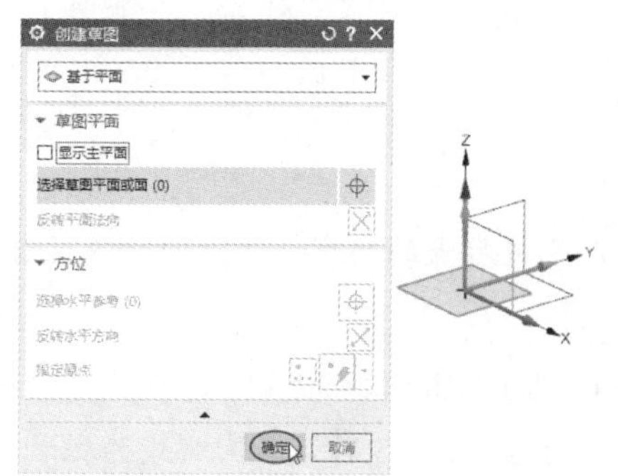

图 3-50 【创建草图】对话框

图 3-51 【圆】对话框和浮动文本框

② 在【圆】对话框中，【圆方法】和【输入模式】选项区的设置保持不变。在浮动文本框中输入圆心坐标值（【XC】为【0】、【YC】为【0】），并按【Enter】键，在弹出的浮动文本框中输入直径值【15】，再按【Enter】键，完成基圆的创建，如图 3-52 所示。

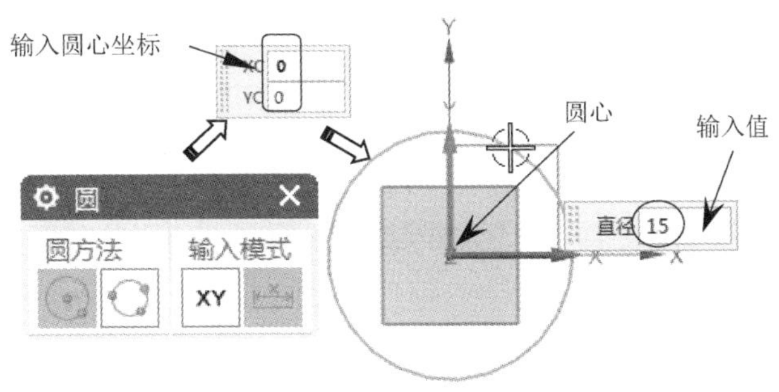

图 3-52　创建基圆

③ 在【圆】对话框没有关闭的情况下，将圆的直径由【15】更改为【5】。在【圆】对话框中选择【坐标模式】选项，并在浮动文本框中输入圆心坐标值（【XC】为【15】、【YC】为【0】），按【Enter】键，创建小圆，如图 3-53 所示。

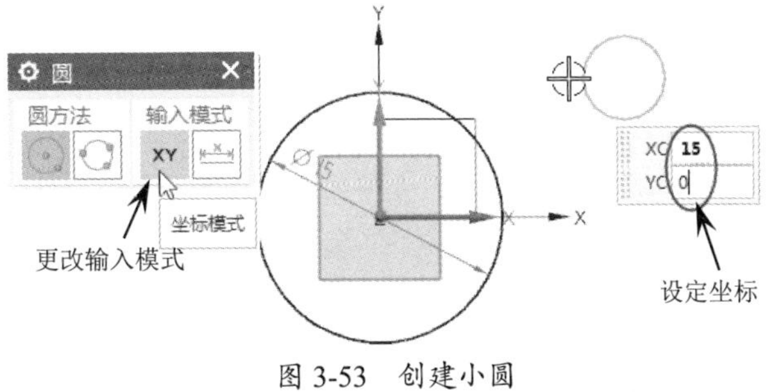

图 3-53　创建小圆

技巧点拨：

在浮动文本框中输入数值时可以按【Tab】键切换文本框。

④ 保持【圆】对话框中的设置不变，在浮动文本框中输入第 2 个小圆的圆心坐标值（【XC】为【-15】、【YC】为【0】）和第 3 个小圆的圆心坐标值（【XC】为【0】、【YC】为【16】），如图 3-54 所示。

⑤ 在【圆】对话框中设置【输入模式】为【参数模式】，然后在浮动文本框中输入直径值【10】，并按【Enter】键。依次选择 3 个小圆的圆心来绘制小圆的同心圆，设置同心圆的直径为 10，如图 3-55 所示。

技巧点拨：

为了更清楚地显示尺寸，在某个尺寸上右击，并在弹出的快捷菜单中选择【设置】命令，打开【设置】对话框，设置如图 3-56 所示的尺寸文本样式。如果要让所有的尺寸文本样式统一，可以在【菜单】下拉菜单中选择【编辑】|【设置】命令，打开【设置】对话框。展开对话框下方的【继承】选项区，在【设置源】下拉列表中选择【选定的对象】选项，并选择要继承的对象（就是对单个尺寸文本进行设置后的结果），即可完成所有尺寸文本样式的设置。

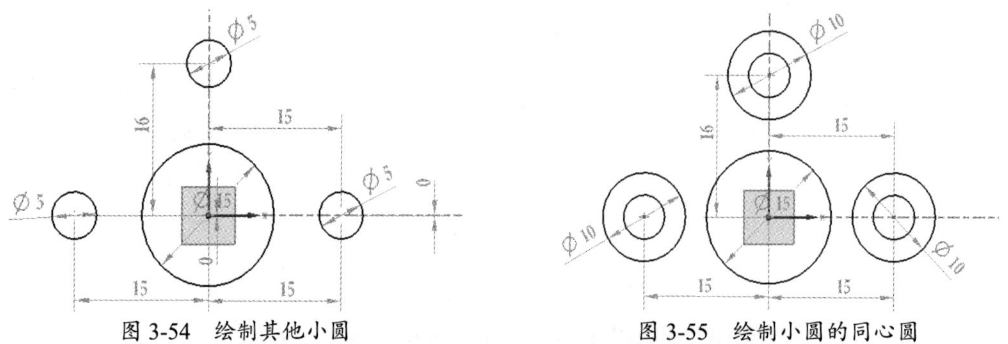

图 3-54　绘制其他小圆　　　　图 3-55　绘制小圆的同心圆

图 3-56　设置尺寸文本样式

技巧点拨：

除了可以在上述【设置】对话框中定义尺寸文本高度，还可以在【菜单】下拉菜单中选择【任务】|【草图设置】命令，打开【草图设置】对话框，然后设置尺寸文本的高度，如图 3-57 所示。

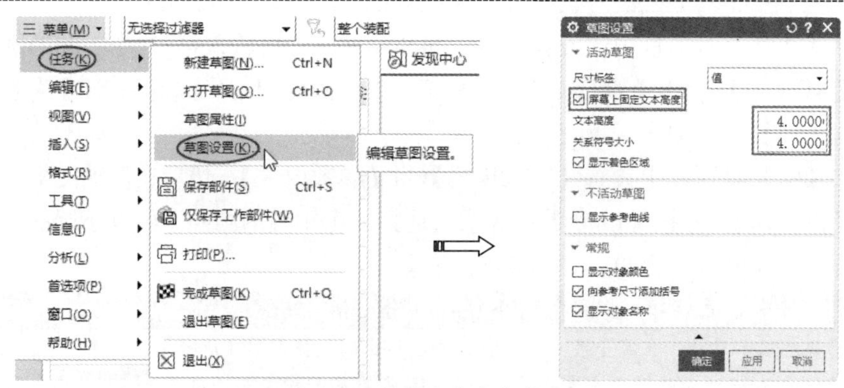

图 3-57　设置尺寸文本高度

⑥ 单击【曲线】面板中的【圆弧】按钮，弹出【圆弧】对话框。依次选择如图 3-58 所示的同心圆上的点作为圆弧的起点和终点，并在浮动文本框中输入半径值【14】，

按【Enter】键确认，完成圆弧的创建。

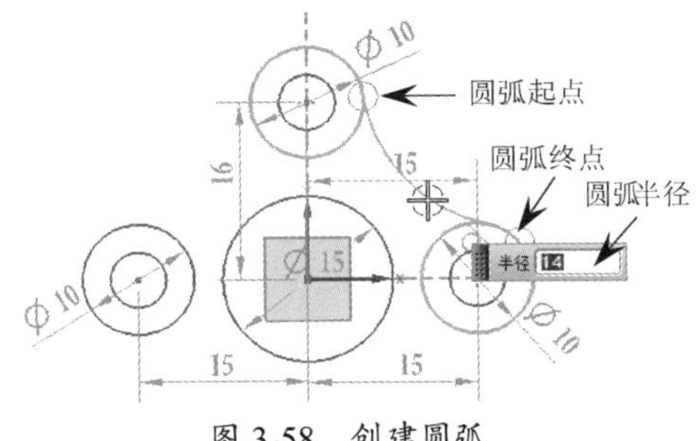

图 3-58　创建圆弧

⑦ 同理，按照此方法在对称的另一侧创建半径相等的圆弧。

⑧ 在【圆弧】对话框中，将【圆弧方法】设置为【中心和端点定圆弧】，然后在浮动文本框中输入圆心坐标值（【XC】为【0】、【YC】为【5】），并按【Enter】键确认。在确定圆心后，在弹出的浮动文本框中输入半径值【15】和扫掠角度值【100】，并在图形区中选择如图 3-59 所示的放置点作为圆弧的起点与终点。

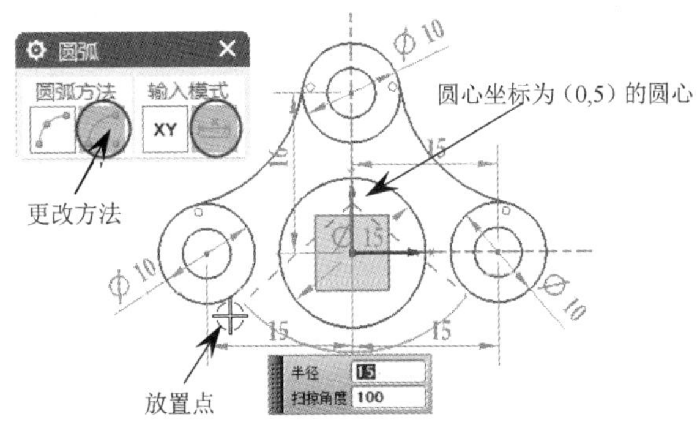

图 3-59　绘制圆弧

⑨ 单击【曲线】面板中的【直线】按钮，弹出【直线】对话框。保持对话框中选项的默认设置不变，然后绘制如图 3-60 所示的两条直线。

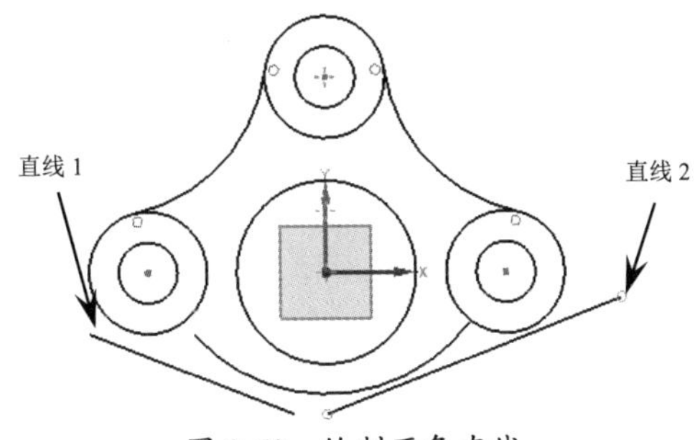

图 3-60　绘制两条直线

3. 草图约束

在草图绘制完成后，需要对其进行几何约束和尺寸约束，首先进行几何约束。

① 在【主页】选项卡的【求解】面板中单击【固定曲线】按钮，弹出【固定曲线】

对话框。选择草图中的所有圆和下方的圆弧后，单击【确定】按钮，将其完全固定，如图 3-61 所示。

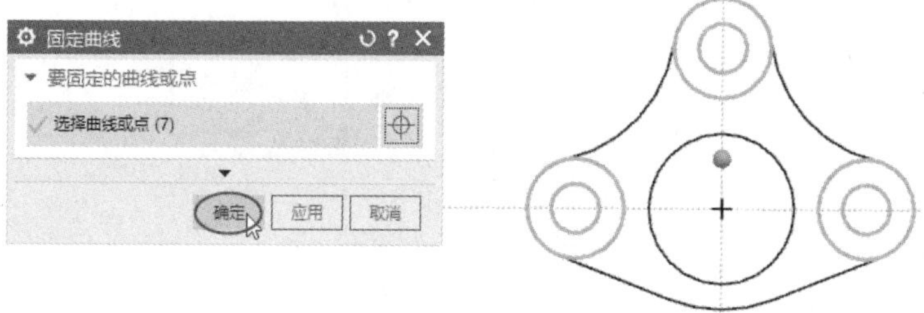

图 3-61　固定圆和圆弧

② 在图形区顶部的几何约束导航栏中单击【设为相切】按钮，打开【设为相切】对话框，选择圆和圆弧后，单击【应用】按钮，将其设为相切约束，如图 3-62 所示。

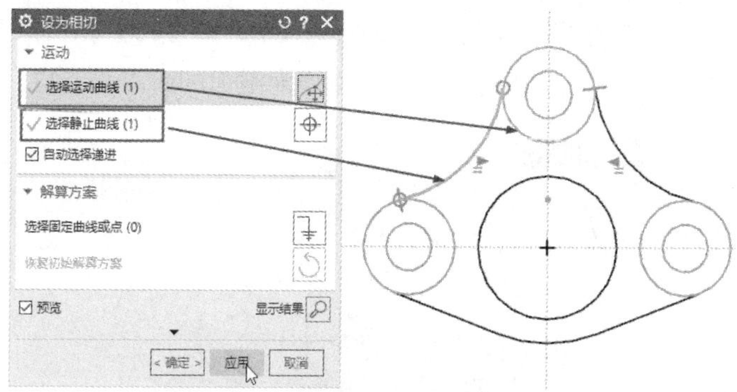

图 3-62　设置圆和圆弧为相切约束

技巧点拨：

在删除尺寸标注的情况下，如果一些图形不固定，则在使用手动约束工具时，这些图形会产生位移。

③ 同理，依次选择其余的圆和圆弧，以及圆弧和直线进行相切约束，结果如图 3-63 所示。

④ 在【编辑】面板中单击【修剪】按钮，将草图中多余的曲线和直线修剪掉，修剪多余曲线和直线后的草图如图 3-64 所示。

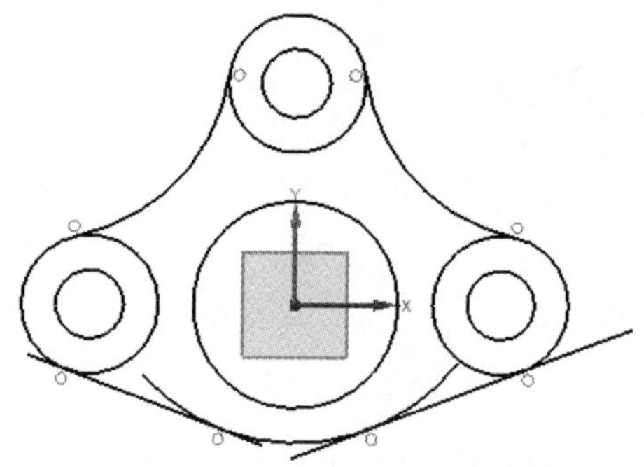

图 3-63　创建草图相切约束的结果

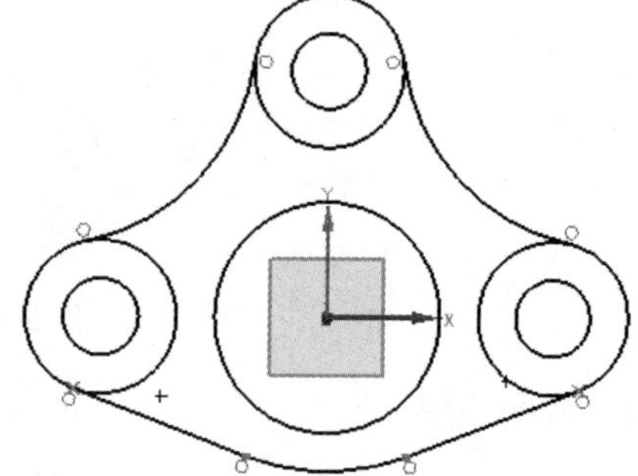

图 3-64　修剪多余曲线和直线后的草图

⑤ 在金属垫片草图绘制完成后，保存绘制结果。

3.6.2　绘制旋钮草图

本例将采用阵列、镜像等方法来绘制旋钮草图。要绘制的旋钮草图如图 3-65 所示。

① 新建名称为【旋钮】的零件文件。

② 在【主页】选项卡的【构造】面板中，单击【草图】按钮，弹出【创建草图】对话框，以默认的草图平面绘制草图，如图 3-66 所示。

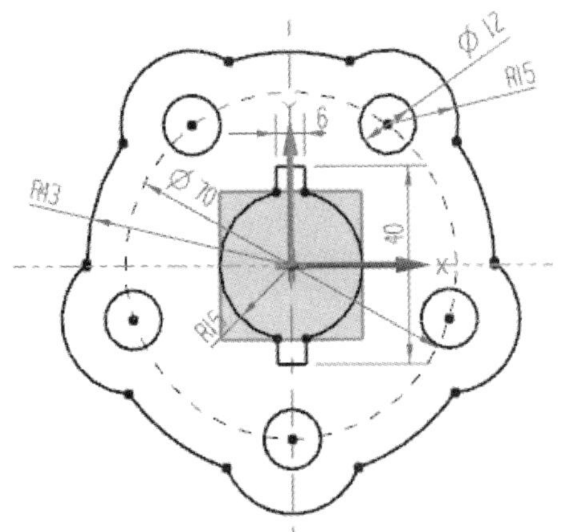

图 3-65　要绘制的旋钮草图

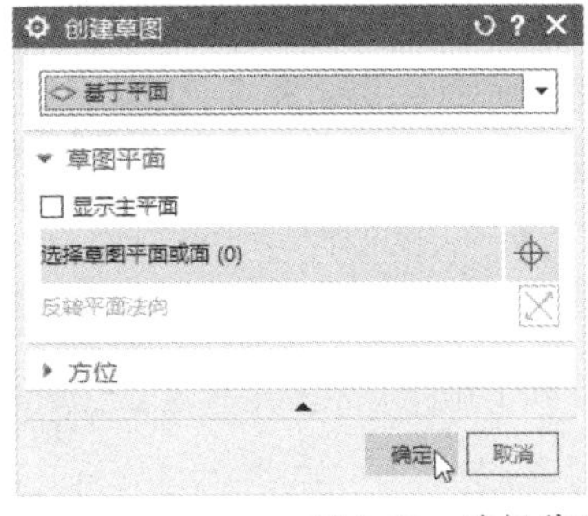

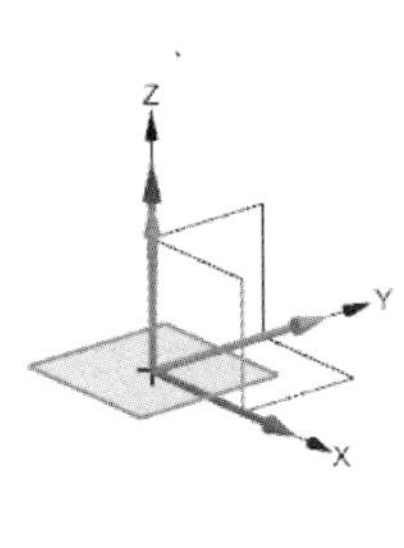

图 3-66　选择草图平面

③ 然后使用【直线】命令绘制如图 3-67 所示的相互垂直的两条直线。

④ 选中刚刚绘制的两条直线并右击，在弹出的快捷菜单中单击【转换为参考】按钮，将两条直线转换为参考线（即中心线），如图 3-68 所示。

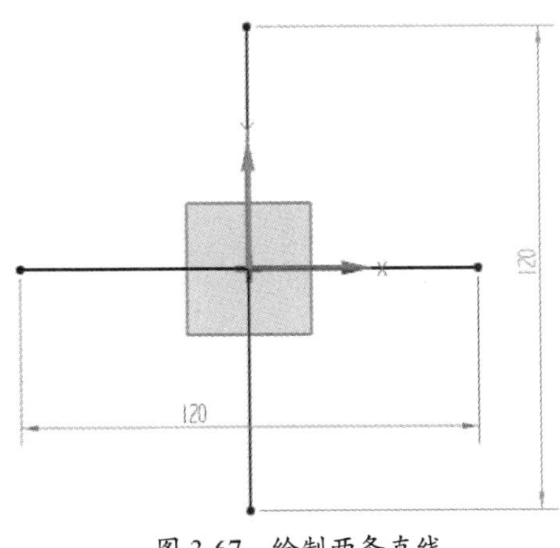

图 3-67　绘制两条直线

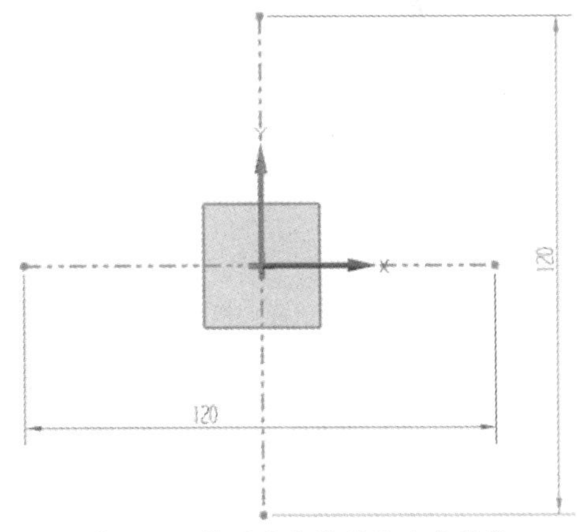

图 3-68　将两条直线转换为参考线

技巧点拨：

还可以选中刚刚绘制的两条直线，在【视图】选项卡的【对象】面板中单击【编辑对象显示】按钮，在弹出的【编辑对象显示】对话框中将【线型】设置为【点画线】，如图 3-69 所示。

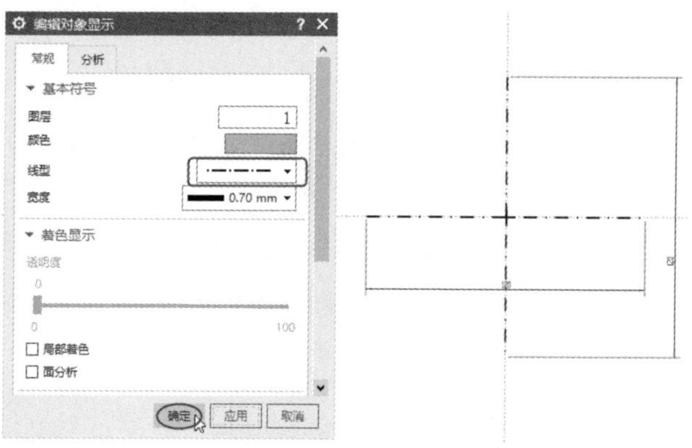

图 3-69 设置线型

⑤ 使用【圆】命令绘制如图 3-70 所示的多个圆。

技巧点拨：

可以使用【圆】命令或【偏置曲线】命令来绘制同心圆。但【圆】命令的绘制速度比【偏置曲线】命令的绘制速度要快。

⑥ 将直径为 70 的圆的线型设置为【点画线】，因为此圆是定位基准线，如图 3-71 所示。

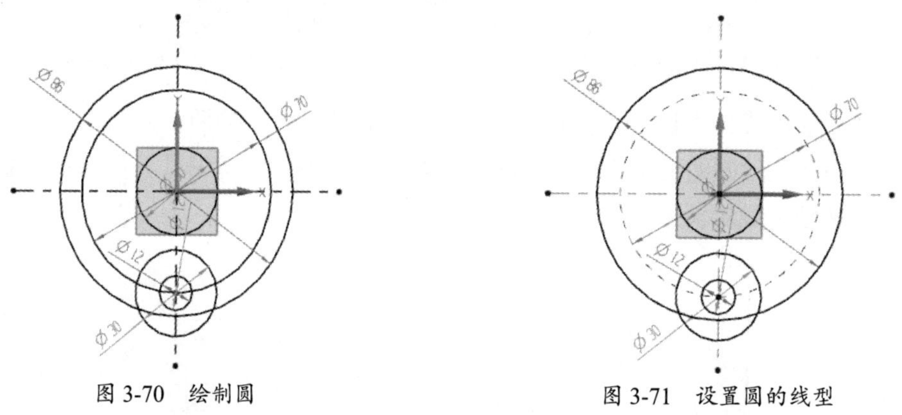

图 3-70 绘制圆　　　　图 3-71 设置圆的线型

⑦ 在【曲线】面板中单击【阵列】按钮，弹出【阵列曲线】对话框，然后将直径为 30、12 的两个同心圆做成圆形阵列，如图 3-72 所示。

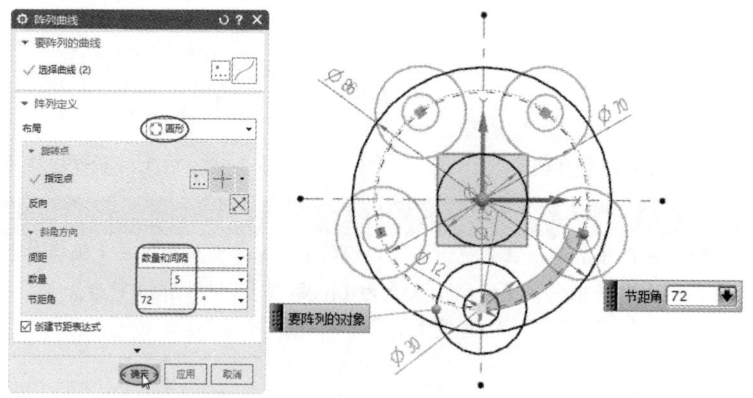

图 3-72 将两个同心圆做成圆形阵列

⑧ 单击【确定】按钮，完成阵列操作。

⑨ 使用【修剪】命令对绘制的图形进行快速修剪，修剪结果如图 3-73 所示。

⑩ 在【曲线】面板的【更多】库中单击【派生直线】按钮，绘制如图 3-74 所示的 3 条派生直线，参考线为中心线。

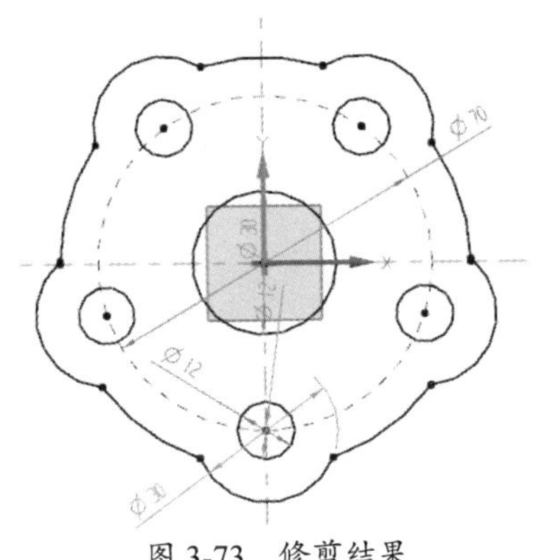

图 3-73　修剪结果

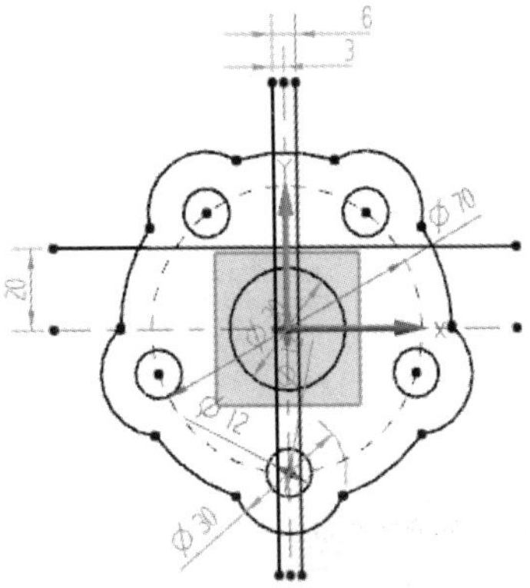

图 3-74　绘制派生直线

⑪ 使用【修剪】命令修剪 3 条派生直线，结果如图 3-75 所示。

⑫ 使用【镜像】命令将修剪的派生直线镜像至下侧，如图 3-76 所示。

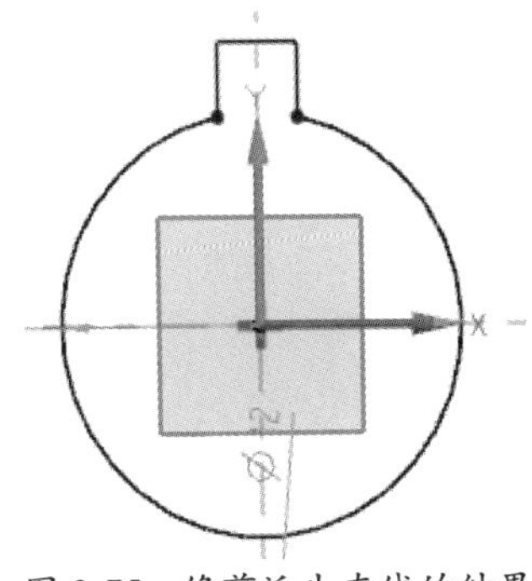

图 3-75　修剪派生直线的结果

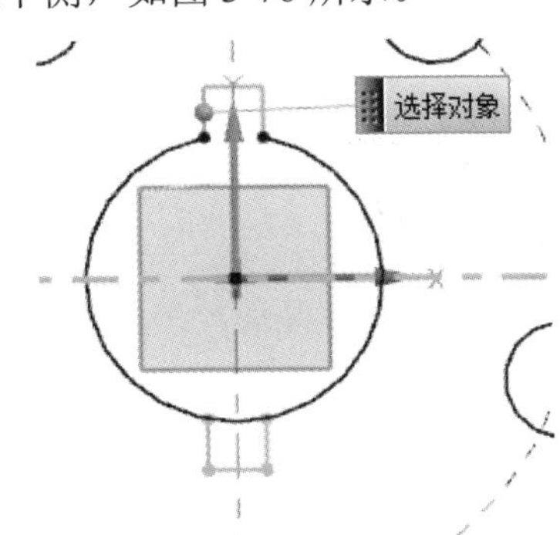

图 3-76　镜像修剪的派生直线

⑬ 再次修剪图形，得到最终的旋钮草图，如图 3-77 所示。

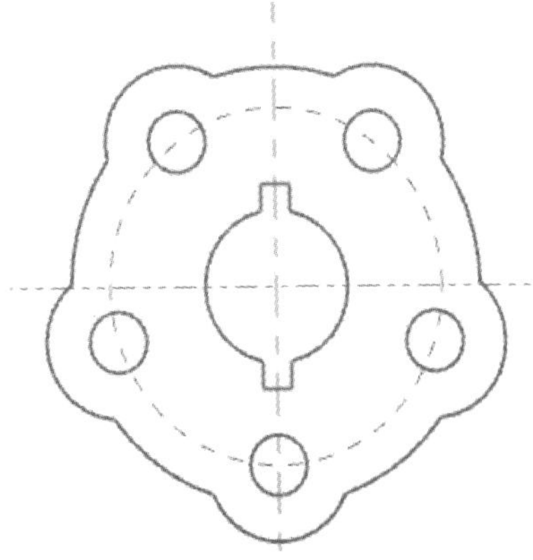

图 3-77　最终的旋钮草图

第 4 章

编辑草图曲线

本章内容

在草图轮廓绘制完成后，得到的草图曲线可能并不是用户想要的结果，还需要进行编辑和约束。

知识要点

☑ 修剪和延伸
☑ 创建曲线的副本

4.1 修剪和延伸

修剪和延伸是完成草图的重要操作命令。当使用多个操作命令绘制草图形状后，就需要对图形进行修剪，以达到理想结果。

4.1.1 修剪

使用【修剪】命令可以将曲线修剪至最近相交的物体上，此相交可以是实际相交的交点，也可以是虚拟相交的交点。在【编辑】面板中单击【修剪】按钮，弹出【修剪】对话框，如图 4-1 所示。

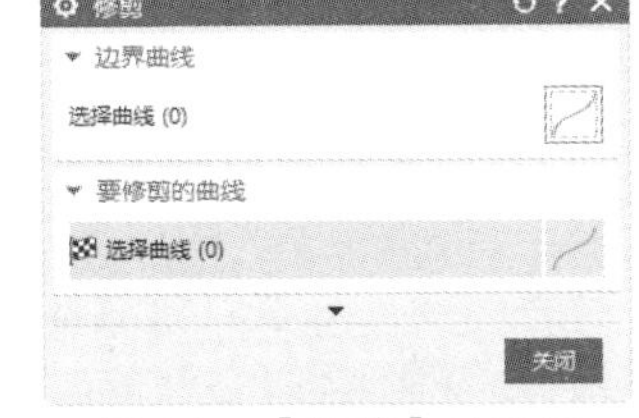

图 4-1 【修剪】对话框

【修剪】对话框中的部分选项区含义如下所述。

- 【边界曲线】选项区：选择修剪曲线的边界条件。用户可以预先定义，也可以自动选择。
- 【要修剪的曲线】选项区：选择需要修剪的曲线，可以单击选择，也可以按路径选择（按住鼠标左键拖动穿过要修剪的曲线），与光标移动路径相交的曲线都会被自动修剪掉。

图 4-2 所示为修剪曲线的示意图。

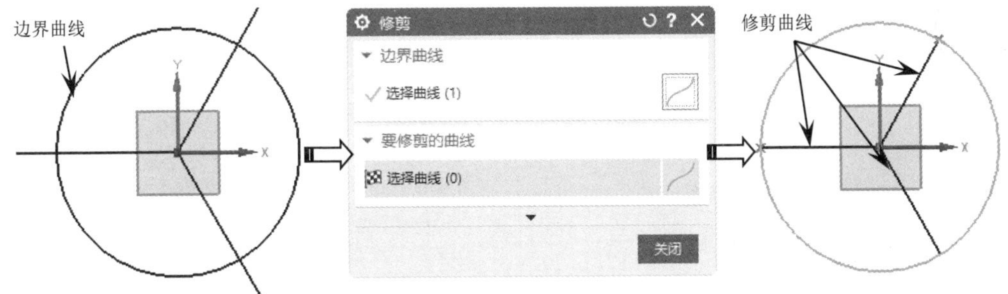

图 4-2 修剪曲线的示意图

技巧点拨：

在删除曲线时，注意光标选择的位置，光标选择的位置为删除部分。如果修剪没有交点的曲线，则该曲线会被删除。

4.1.2 延伸

使用【延伸】命令可以将曲线延伸至要相交的曲线上。两条曲线相交可以是实际相交，也可以是虚拟相交。在【编辑】面板中单击【延伸】按钮，弹出【延伸】对话框，如图 4-3 所示。先选择边界曲线（要延伸到的曲线），再选择要延伸的曲线，系统会自动完成曲线的延伸。

技巧点拨：

延伸操作和修剪操作相似，可以将对象向靠近鼠标单击的那一侧延伸，并延伸到与下一个最靠近的物体的交点上。可以通过依次单击来选择要延伸的曲线，也可以按住鼠标左键拖动来选择要延伸的曲线。

图 4-4 所示为延伸曲线的示意图。

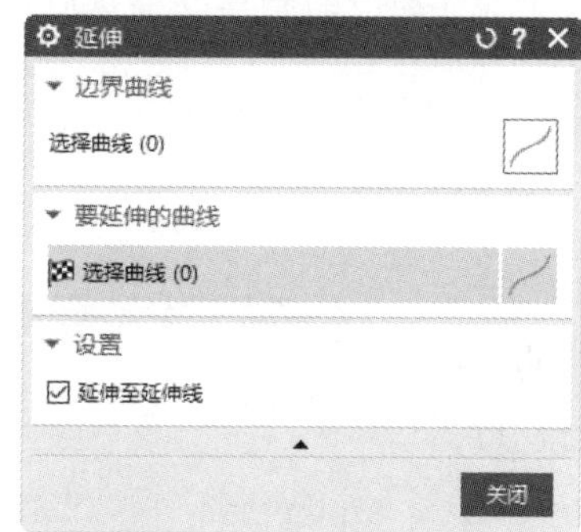

图 4-3 【延伸】对话框

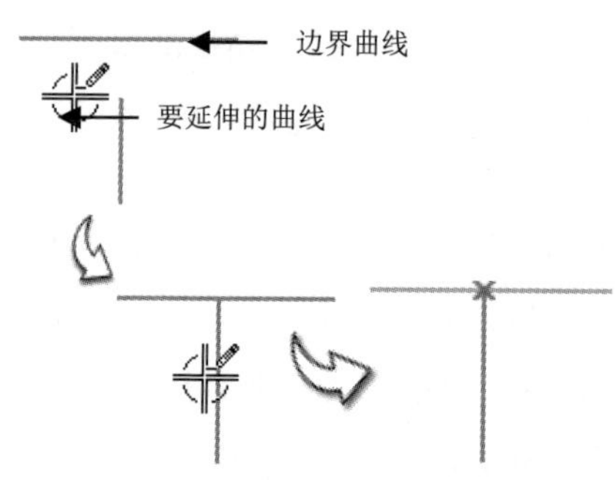

图 4-4 延伸曲线的示意图

4.1.3 拐角

使用【拐角】命令可以将两条未延伸相交的曲线延伸或修剪到一个公共交点来创建拐角。如果创建自动判断的约束选项处于打开状态，则会在交点处创建一个重合约束。

在【编辑】面板中单击【拐角】按钮╳，弹出【拐角】对话框，如图 4-5 所示。

制作拐角的操作过程如图 4-6 所示。

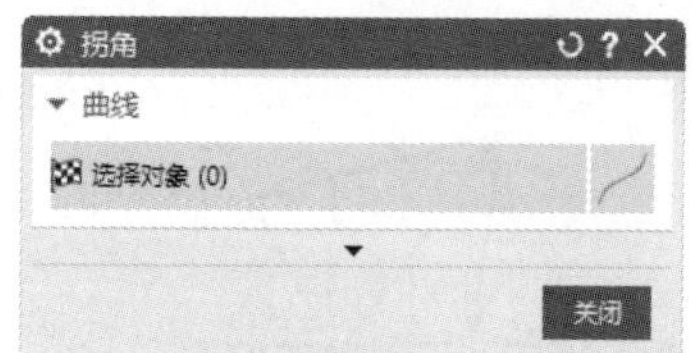

图 4-5 【拐角】对话框

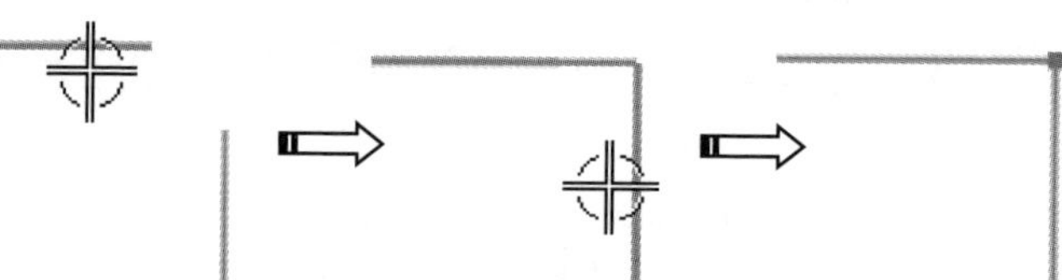

图 4-6 制作拐角的操作过程

4.1.4 修剪配方曲线

使用【修剪配方曲线】命令可以按照关联关系修剪投影到草图或相交到草图的曲线。投影到草图或相交到草图的多条曲线被称为配方链。

在以下示例中，除圆弧外的曲线为被关联投影到草图中的配方链；圆弧为边界曲线，被用作修剪的边界对象；配方链的修剪部分为参考线，如图 4-7 所示。

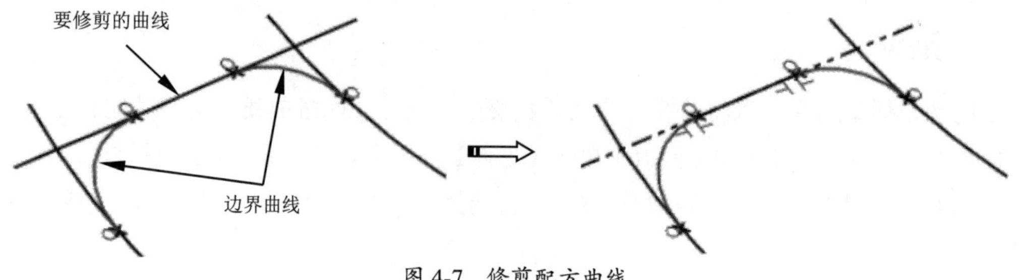

图 4-7 修剪配方曲线

动手操作——绘制叶片草图

① 新建模型文件。

② 在【主页】选项卡的【构造】面板中单击【草图】按钮，弹出【创建草图】对话框。设置草图类型为【基于平面】，勾选【显示主平面】复选框，然后在图形区中选择前视图平面（即 ZC-XC）作为草图平面，如图 4-8 所示。

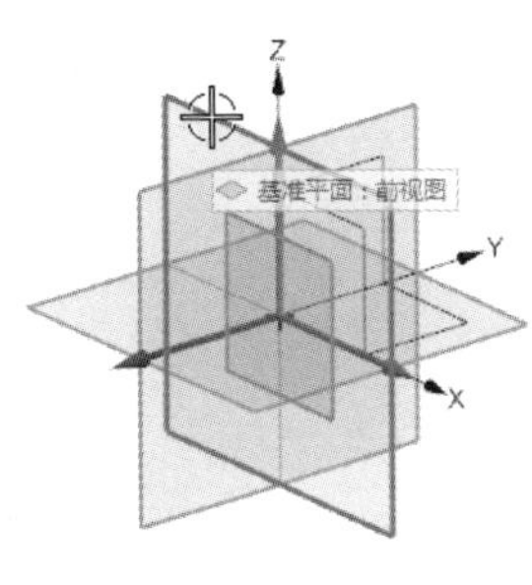

图 4-8　【创建草图】对话框及 ZC-XC 平面

③ 单击【确定】按钮，完成草图平面的指定。

④ 使用【圆】命令以原点为圆心绘制一个直径为 50 的圆，如图 4-9 所示。

⑤ 使用【直线】命令，然后捕捉原点为起点，绘制一条水平向右的长度为 50 的直线，如图 4-10 所示。

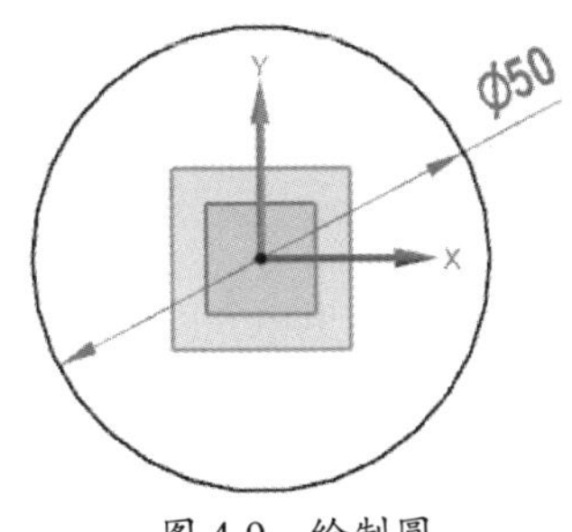

图 4-9　绘制圆

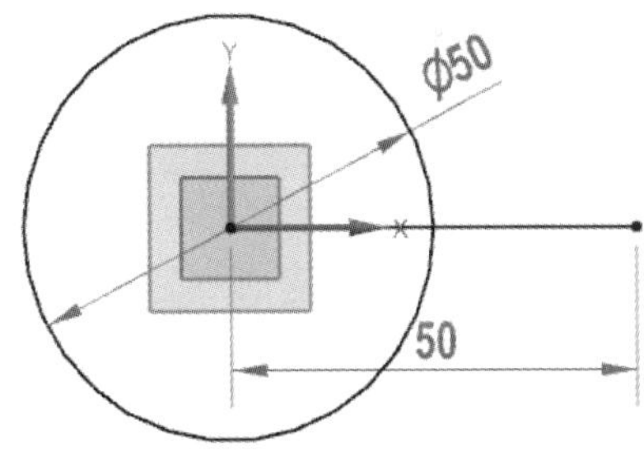

图 4-10　绘制水平直线

⑥ 使用【圆弧】命令，保持默认的【三点定圆弧】的方式，选择直线的两个端点作为圆弧的两个端点，然后在浮动文本框中输入圆弧的半径值【25】。随后，在直线的上方单击来选择第三点，完成圆弧的绘制，如图 4-11 所示。

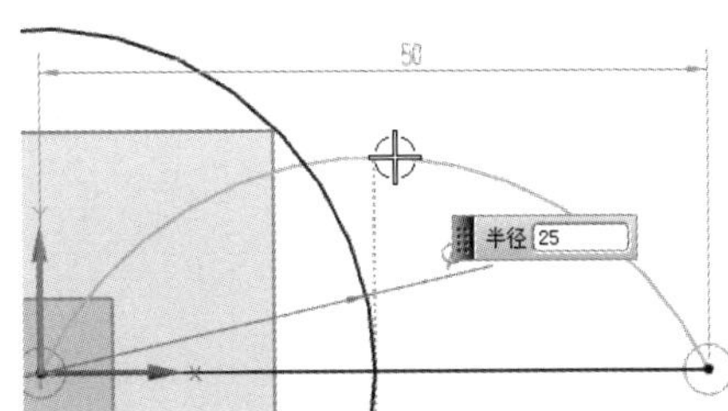

图 4-11　绘制圆弧

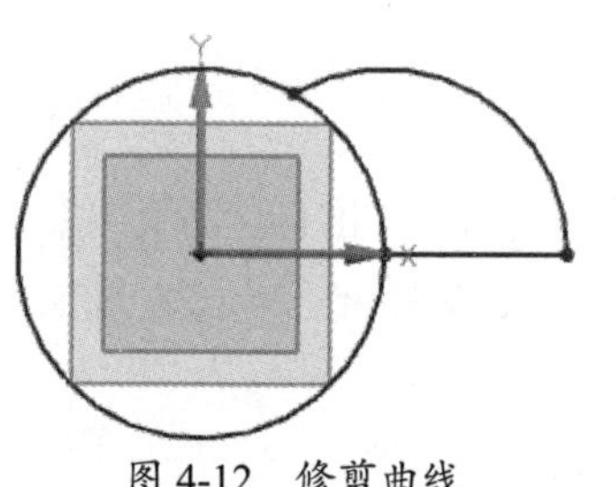
图 4-12　修剪曲线

使用【修剪】命令对图形中要修剪的曲线进行修剪，如图 4-12 所示。

⑦ 在【曲线】面板中单击【阵列】按钮，弹出【阵列曲线】对话框。选择圆弧和直线作为要阵列的曲线，设置【布局】为【圆形】，并设置其阵列参数，最后单击【确定】按钮，完成曲线的阵列，如图 4-13 所示。

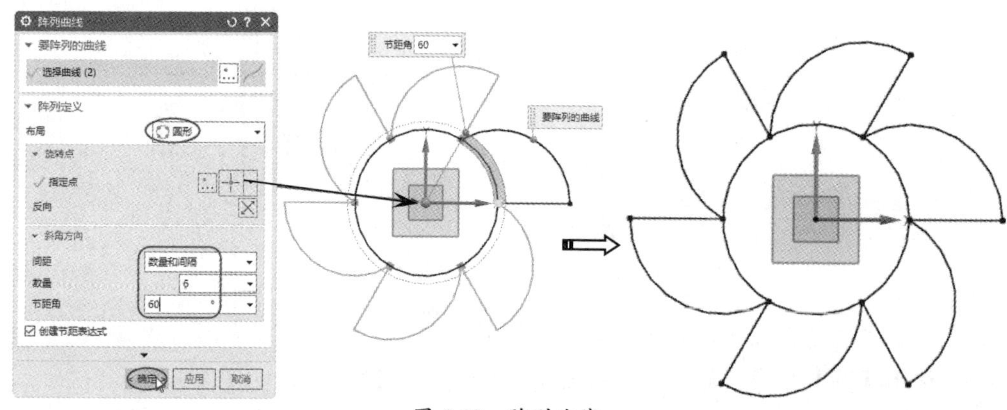

图 4-13　阵列曲线

⑧ 单击【完成】按钮，退出草图任务环境，完成草图的绘制。

4.2　创建曲线的副本

在草图中，也有创建曲线副本对象的命令（也称复制曲线），也就是基于源曲线而得到新曲线的命令。下面介绍一些常用的曲线复制命令。

4.2.1　镜像

【镜像】命令用于把草图中的曲线通过中心线镜像到另一边，生成新的曲线。在草图任务环境的【菜单】下拉菜单中选择【插入】|【曲线】|【镜像】命令，或者直接单击【曲线】面板中的【镜像】按钮，弹出【镜像曲线】对话框，如图 4-14 所示。

图 4-14　【镜像曲线】对话框

动手操作——镜像曲线

使用【镜像】命令绘制如图 4-15 所示的图形。

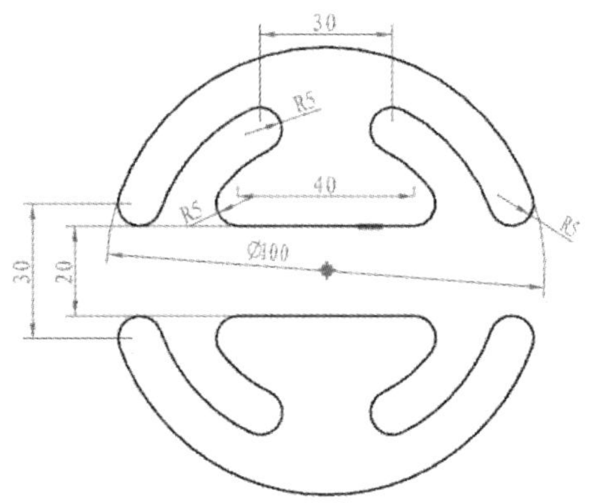

图 4-15　要绘制的图形

① 在【主页】选项卡的【构造】面板中单击【草图】按钮，选择默认的 XC-YC 平面作为草图平面并进入草图任务环境。

② 在【曲线】面板中单击【圆】按钮，以坐标系原点为圆心，绘制 3 个同心圆，直径分别是 100、80 和 60，如图 4-16 所示。

③ 在【曲线】面板中单击【直线】按钮，过圆心绘制一条水平直线和一条竖直直线，然后选中两条直线并右击，在弹出的快捷菜单中单击【转换为参考】按钮来转换线型，如图 4-17 所示。

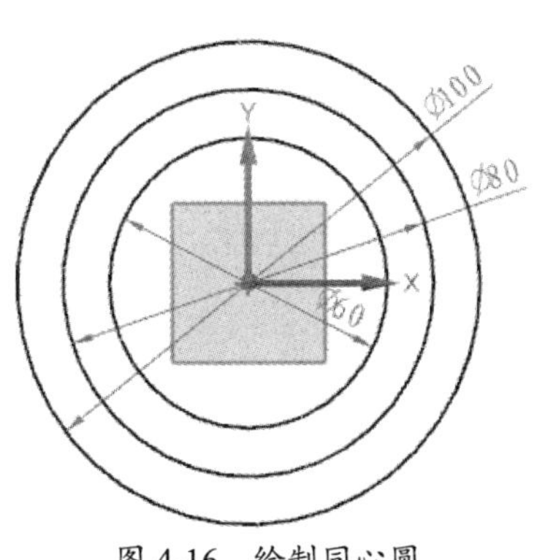

图 4-16　绘制同心圆

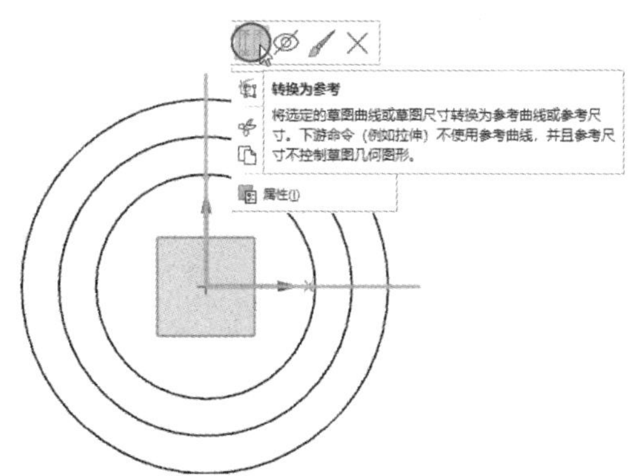

图 4-17　绘制直线并转换线型

④ 在【编辑】面板中单击【修剪】按钮，修剪多余曲线，修剪结果如图 4-18 所示。

⑤ 在【曲线】面板中单击【圆角】按钮，在浮动文本框中输入半径值【5】，并按【Enter】键确认，然后选择圆弧曲线来绘制圆角曲线，如图 4-19 所示。

⑥ 在【求解】面板中单击【快速尺寸】按钮，弹出【快速尺寸】对话框。利用尺寸约束工具约束两个小圆角的圆心位置，如图 4-20 所示。

⑦ 在【曲线】面板中单击【直线】按钮，绘制水平直线，与 *X* 轴的平行距离为 10，如图 4-21 所示。

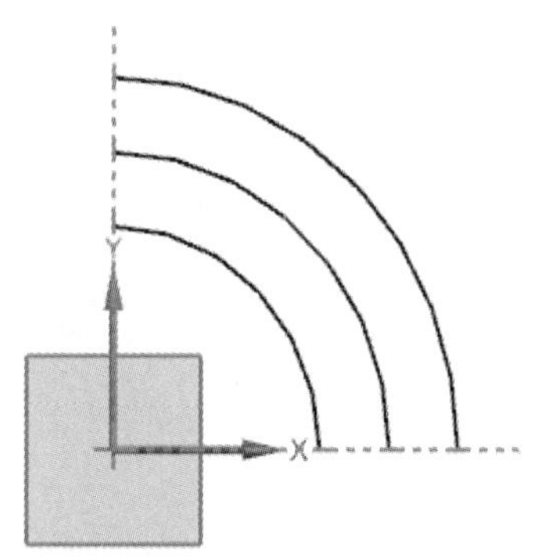

图 4-18 修剪多余曲线后的结果

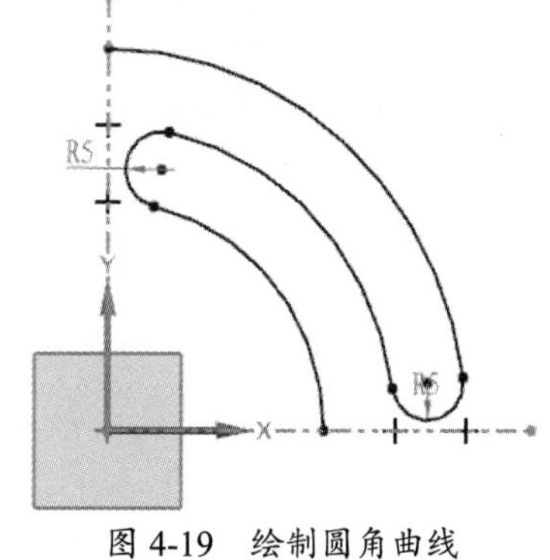

图 4-19 绘制圆角曲线

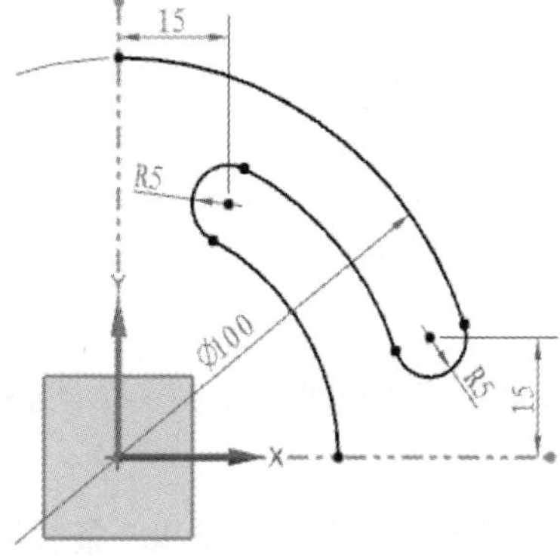

图 4-20 约束圆角的圆心位置

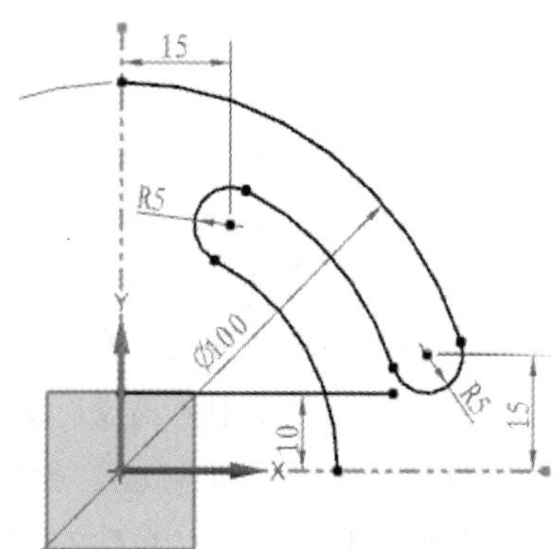

图 4-21 绘制水平直线

⑧ 在【曲线】面板中单击【圆角】按钮，创建半径为 5 的圆角曲线，结果如图 4-22 所示。

⑨ 在【曲线】面板中单击【镜像】按钮，弹出【镜像曲线】对话框。选择前面步骤绘制的所有实线（不要选择虚线）作为要镜像的曲线，再选择竖直直线（虚线）作为镜像中心线，单击【应用】按钮，完成曲线的镜像，结果如图 4-23 所示。

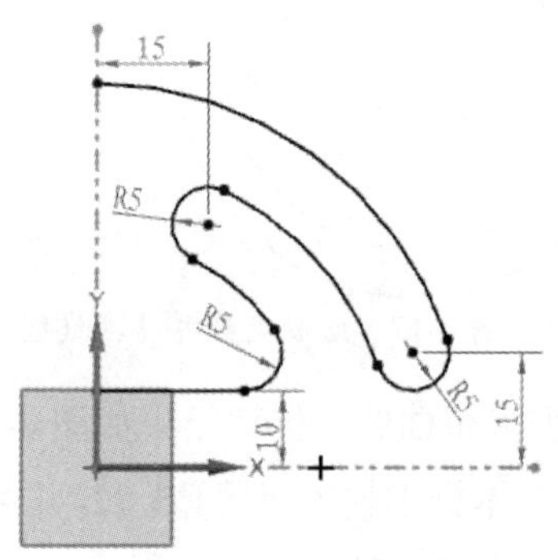

图 4-22 创建圆角曲线

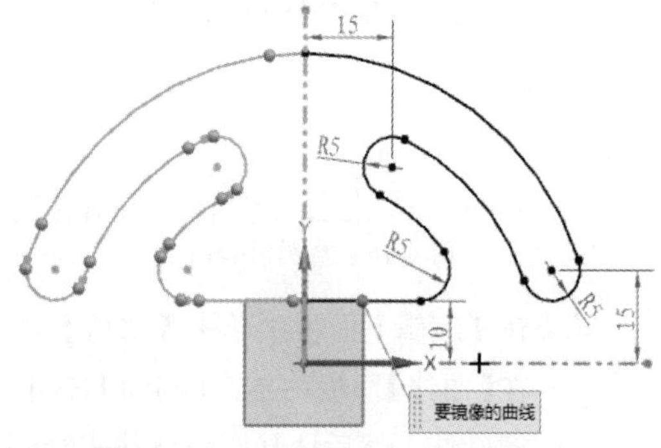

图 4-23 以竖直直线为中心线镜像曲线

⑩ 在未关闭【镜像曲线】对话框的情况下，继续选择要镜像的曲线和镜像中心线（水平直线），单击【确定】按钮，完成曲线的镜像，如图 4-24 所示。最终绘制完成的图形如图 4-25 所示。

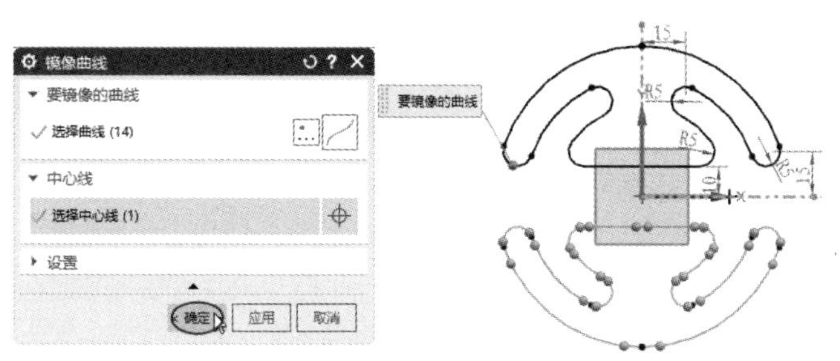

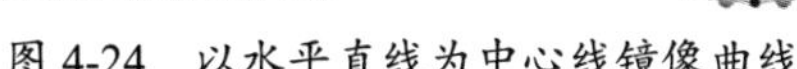

图 4-24　以水平直线为中心线镜像曲线

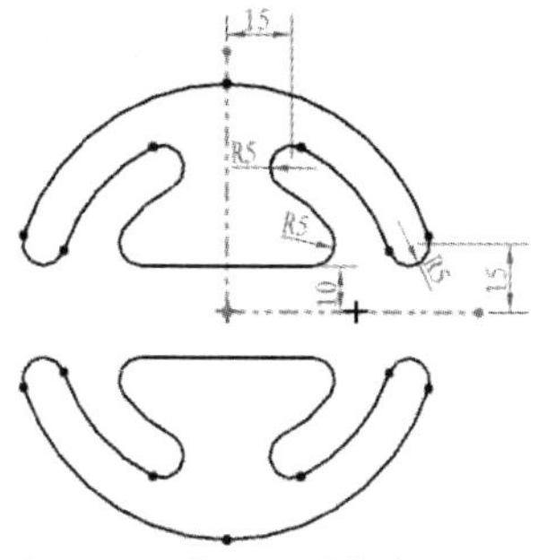

图 4-25　最终绘制完成的图形

4.2.2　偏置

【偏置】命令用于把草图中的曲线按照一定距离和数量进行偏置，形成新的曲线。在草图任务环境的【菜单】下拉菜单中选择【插入】|【来自曲线集的曲线】|【偏置】命令，或者直接单击【曲线】面板中的【偏置】按钮，弹出【偏置曲线】对话框，如图 4-26 所示。

图 4-26　【偏置曲线】对话框

动手操作——偏置曲线

使用【偏置】命令绘制如图 4-27 所示的图形。

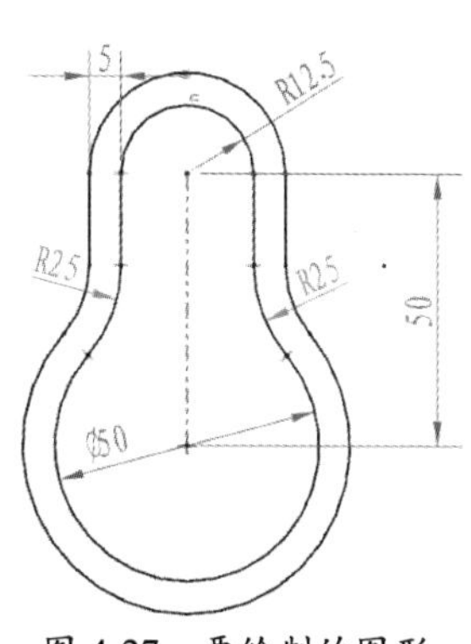

图 4-27　要绘制的图形

① 在【主页】选项卡的【构造】面板中单击【草图】按钮，选择默认的 XC-YC 平面作为草图平面并进入草图任务环境。

② 在【曲线】面板中单击【圆】按钮，绘制直径分别为 50 和 25 的两个圆，两个圆的圆心在竖直方向上的距离为 50，如图 4-28 所示。

③ 在【曲线】面板中单击【直线】按钮，沿小圆的两个象限点分别向下绘制两条竖直直线，如图 4-29 所示。

④ 在【曲线】面板中单击【圆角】按钮，在浮动文本框

中输入半径值【25】并按【Enter】键，然后选择竖直直线和大圆来创建圆角曲线，如图 4-30 所示。

⑤ 在【编辑】面板中单击【修剪】按钮╳，按住鼠标左键拖动到要修剪的曲线上，或者直接单击要修剪的曲线，即可将其删除，结果如图 4-31 所示。

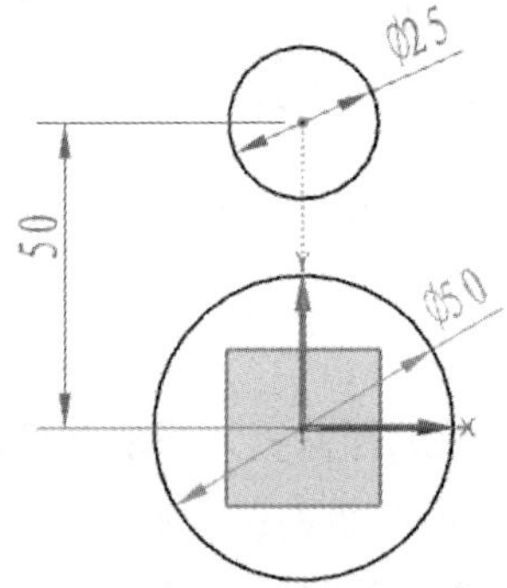

图 4-28 绘制两个圆

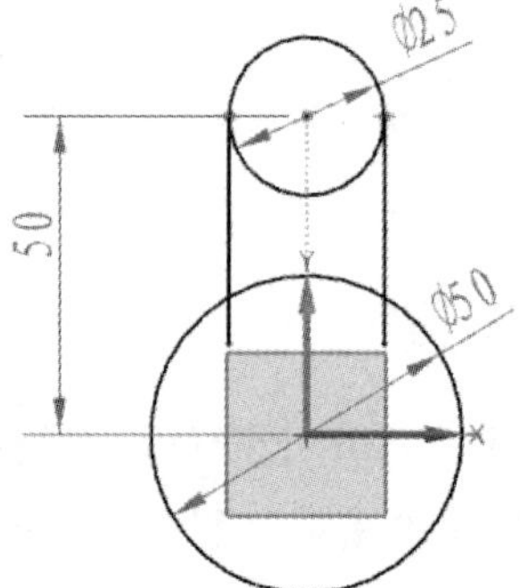

图 4-29 绘制两条竖直直线

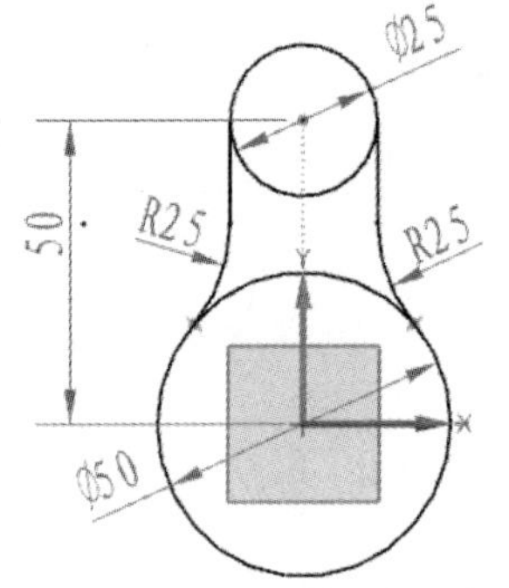

图 4-30 创建圆角曲线

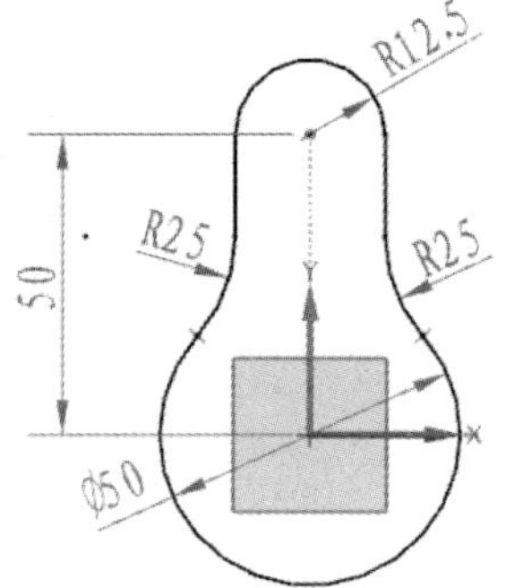

图 4-31 修剪曲线后的结果

⑥ 在【曲线】面板中单击【偏置】按钮，弹出【偏置曲线】对话框。选择上述步骤完成的曲线作为要偏置的曲线，再指定偏置方向（曲线外）和偏置距离，单击【确定】按钮，完成偏置曲线的创建，如图 4-32 所示。

⑦ 最终绘制完成的图形如图 4-33 所示。

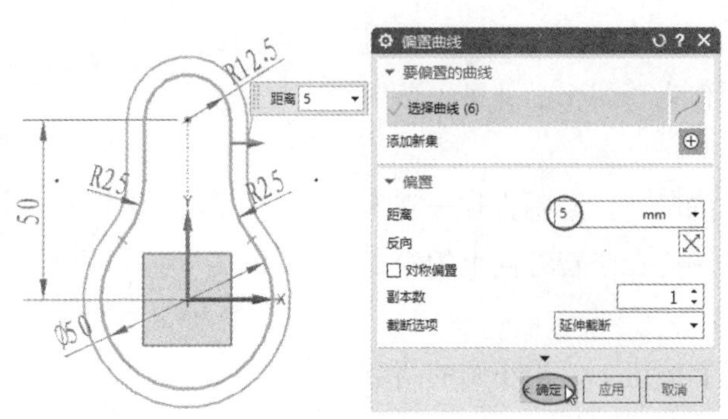

图 4-32 创建偏置曲线

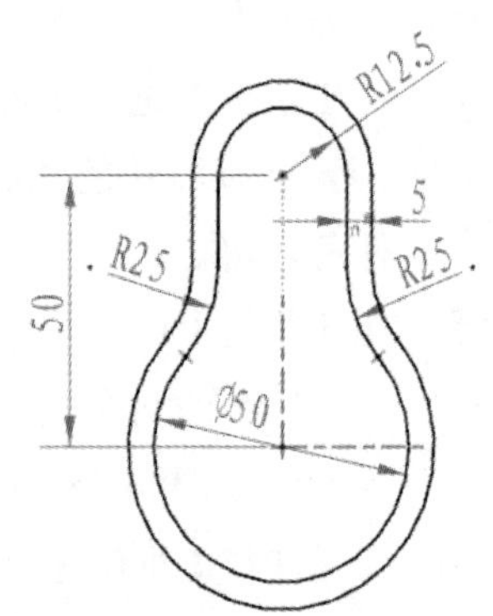

图 4-33 最终绘制完成的图形

4.2.3　阵列

【阵列】命令用于将草图中的曲线按照一定的规律进行复制并排列，形成新的多条曲线。在草图任务环境的【菜单】下拉菜单中选择【插入】|【曲线】|【阵列】命令，或者直接单击【曲线】面板中的【阵列】按钮，弹出【阵列曲线】对话框，可以创建阵列曲线，如图 4-34 所示。

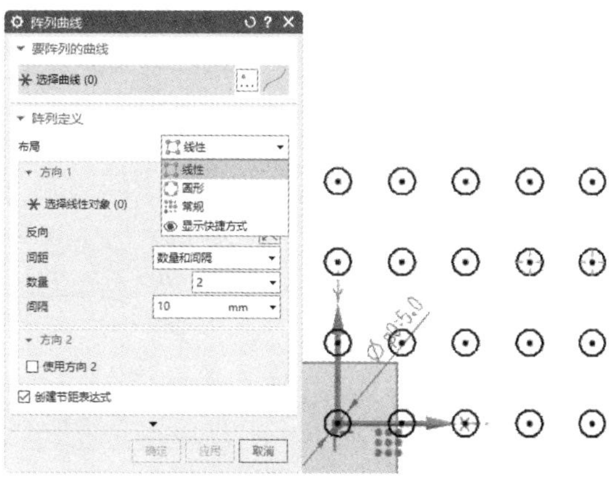

图 4-34　创建阵列曲线

创建草图曲线的阵列有 3 种方式：线性阵列，如图 4-35 所示；圆形阵列，如图 4-36 所示；常规阵列，如图 4-37 所示。

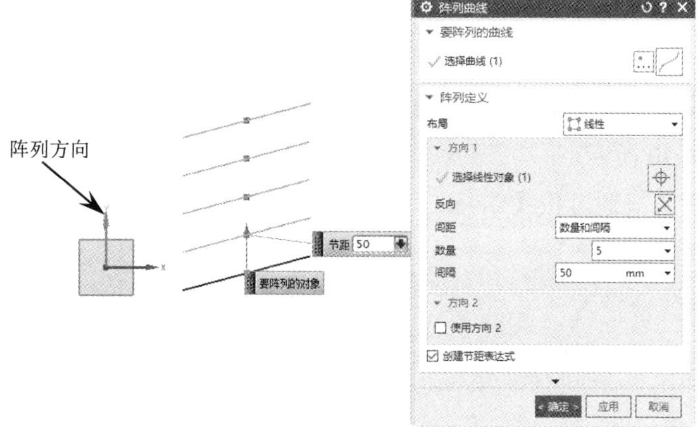

图 4-35　线性阵列

图 4-36　圆形阵列　　图 4-37　常规阵列

动手操作——阵列曲线

使用【阵列】命令绘制如图 4-38 所示的图形。

① 在【主页】选项卡的【构造】面板中单击【草图】按钮，选择默认的 XC-YC 平面作为草图平面并进入草图任务环境。

② 在【曲线】面板中单击【圆】按钮，绘制直径为 40 的圆，然后单击【直线】按钮，过圆的第一象限点绘制竖直直线，再绘制两条水平直线作为修剪参考线，结果如图 4-39 所示。

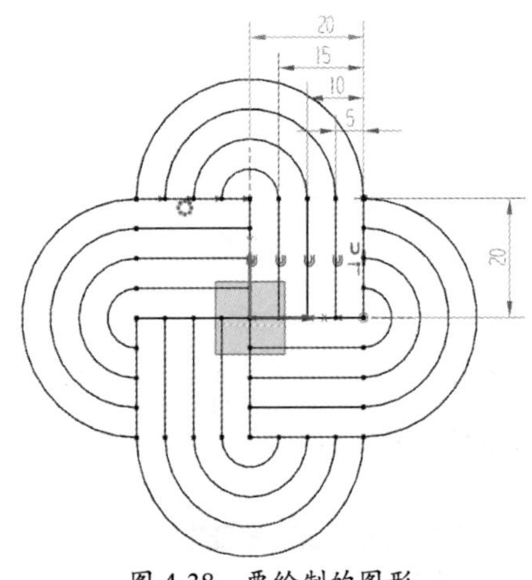

图 4-38 要绘制的图形

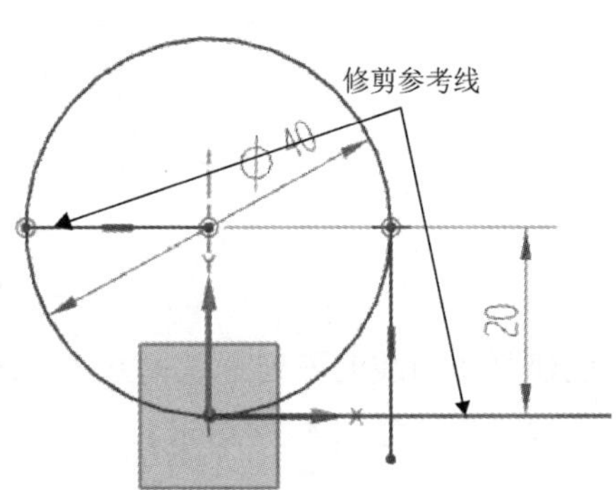

图 4-39 绘制圆和直线

③ 在【编辑】面板中单击【修剪】按钮，利用修剪参考线来修剪圆和竖直直线，结果如图 4-40 所示。

④ 将两条参考线通过按【Delete】键删除，结果如图 4-41 所示。

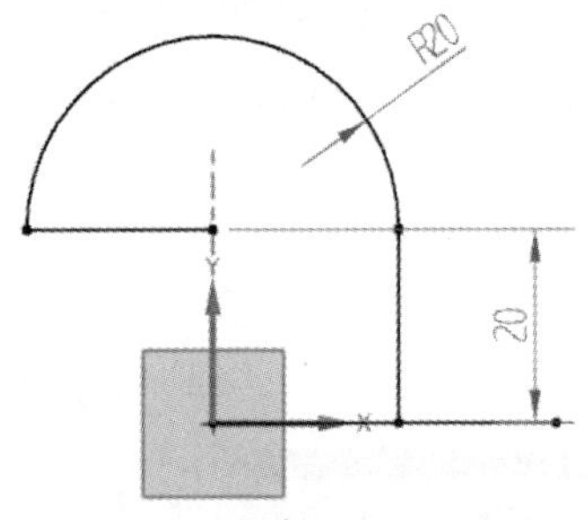

图 4-40 修剪曲线后的结果

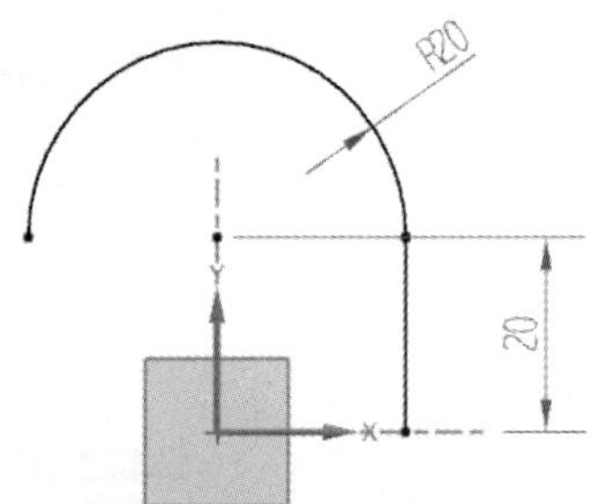

图 4-41 删除两条参考线

⑤ 在【曲线】面板中单击【偏置】按钮，弹出【偏置曲线】对话框。选择要偏置的曲线，再指定偏置方向和偏置距离，单击【确定】按钮，完成偏置曲线的创建，如图 4-42 所示。

⑥ 在【曲线】面板中单击【阵列】按钮，弹出【阵列曲线】对话框。选择阵列对象，将布局方式设置为【圆形】，指定坐标系原点为阵列中心点，设置阵列参数，单击【确定】按钮，完成阵列曲线的创建，如图 4-43 所示。至此，完成了图形的绘制。

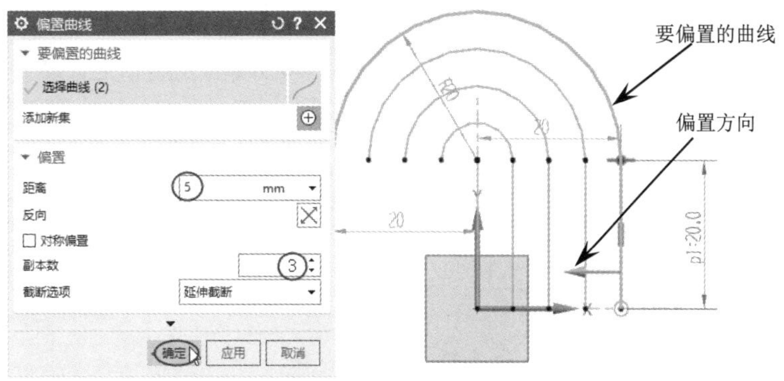

图 4-42　创建偏置曲线

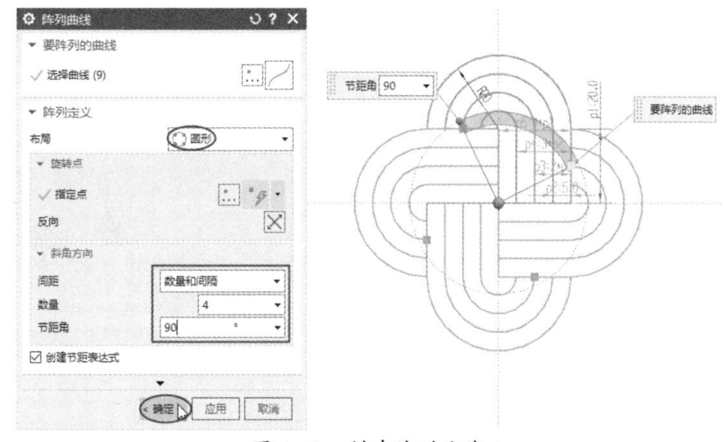

图 4-43　创建阵列曲线

4.2.4　派生直线

使用【派生直线】命令可以将选择的直线作为参考线来生成新的直线。【派生直线】命令仅对直线有效，是一种快速的偏置直线工具。

在【曲线】面板的【更多】库中单击【派生直线】按钮，此时程序要求选择参考线。

如果选择一条直线作为参考线，将根据该直线进行偏置，以输入值或拖动光标的方式来确定偏置值，按【Enter】键确认后即可得到派生直线，如图 4-44 所示。若需要结束命令，则可以按鼠标中键或按【Esc】键。

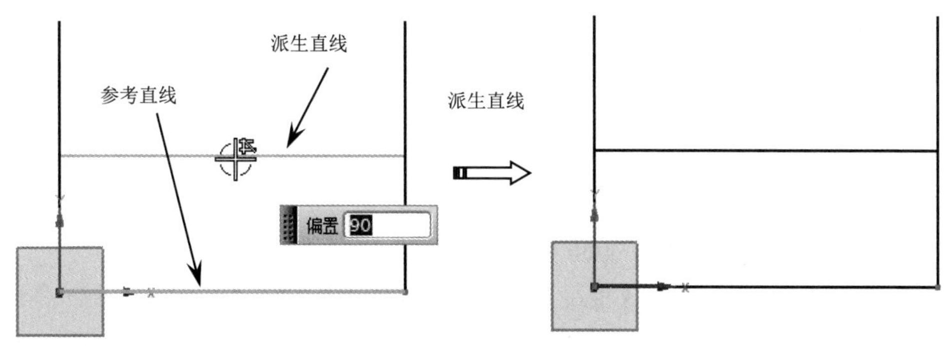

图 4-44　派生直线

如果依次选择两条平行直线来创建派生直线，则会在两条直线之间生成中心线预览效果，此时系统会提示用户指定中心线的长度。在输入中心线的长度值后，按【Enter】键，即可得到中心线（派生直线），如图 4-45 所示。

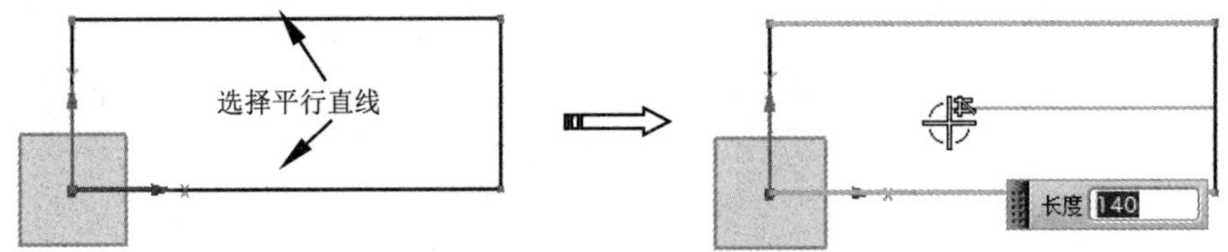

图 4-45　生成中心线

如果依次选择两条非平行直线来创建派生直线，将以两条直线的交点作为起始点来创建角平分线。在输入角平分线的长度值后，按【Enter】键，即可得到角平分线（派生直线），如图 4-46 所示。

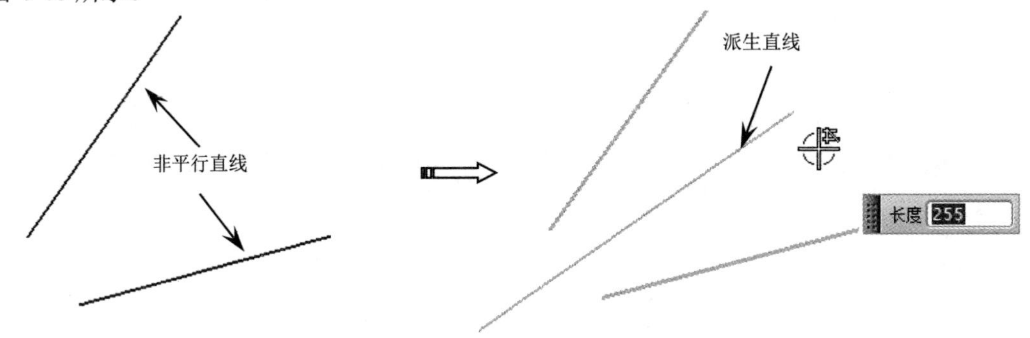

图 4-46　生成角平分线

动手操作——利用派生直线绘制草图

通过绘制如图 4-47 所示的图形，读者可掌握如下内容。

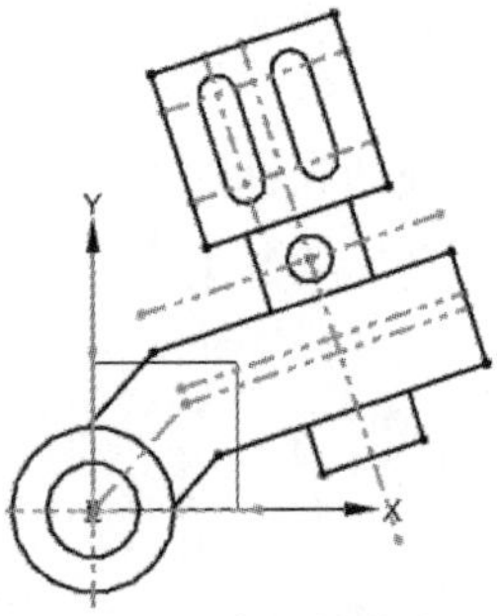

（1）基本图元的绘制。

（2）草图的修改。

（3）尺寸约束的创建。

（4）几何约束的应用。

图 4-47　要绘制的图形

① 在【主页】选项卡的【构造】面板中单击【草图】按钮，选择默认的 XC-YC 平面作为草图平面并进入草图任务环境。

② 在【曲线】面板中单击【圆】按钮○，按照图 4-48 选择绘制圆的方式，以坐标系原点为圆心绘制两个同心圆，如图 4-49 所示。

③ 在【求解】面板中单击【快速尺寸】按钮，对草图进行尺寸约束，两个圆的直径分别为 12 和 21，如图 4-50 所示。

④ 在【曲线】面板中单击【直线】按钮╱和【轮廓】按钮，分别绘制一条通过圆心的直线和一条折线，并对它们进行尺寸约束，然后选中两条直线并右击，在弹出

的快捷菜单中单击【转换为参考】按钮，将其转换为参考线（虚线），如图 4-51 所示。

图 4-48　选择绘制圆的方式

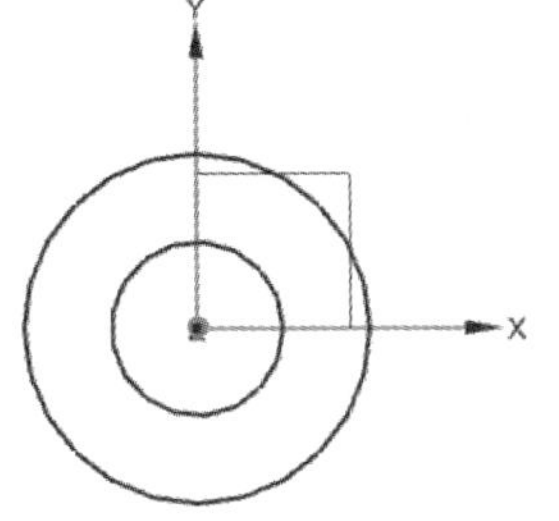

图 4-49　绘制两个同心圆

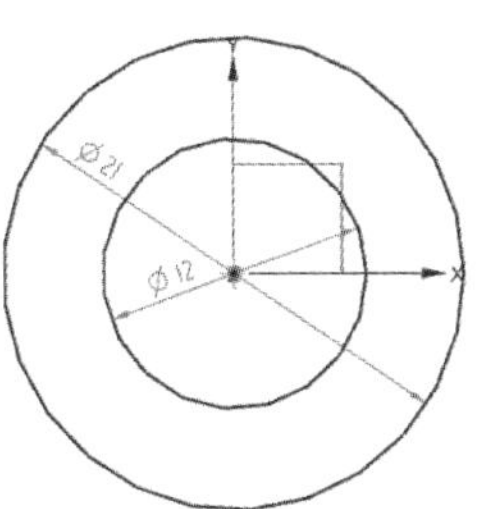

图 4-50　创建尺寸约束

⑤ 在【曲线】面板的【更多】库中单击【派生直线】按钮，分别在两条参考线的两侧创建两条派生直线，偏置距离均为 7.5，如图 4-52 所示。

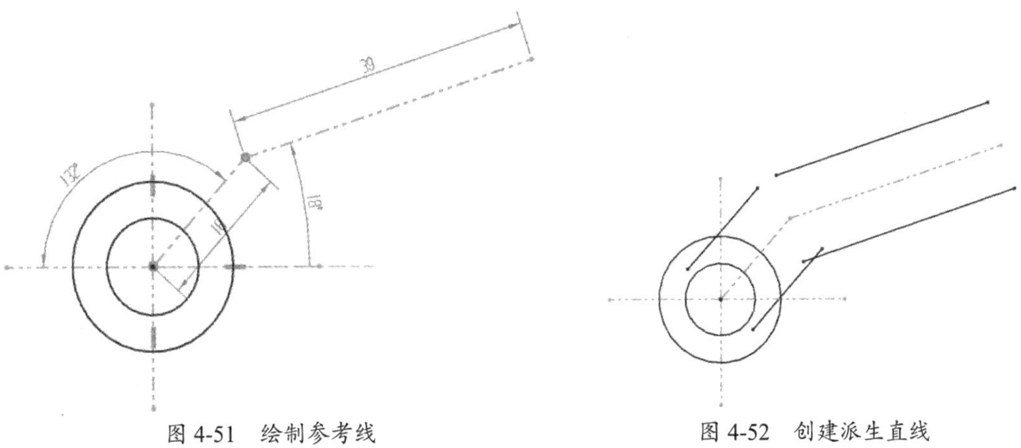

图 4-51　绘制参考线　　　图 4-52　创建派生直线

⑥ 在【编辑】面板中单击【延伸】按钮，延伸派生直线，再单击【修剪】按钮，修剪它，结果如图 4-53 所示。

⑦ 在【曲线】面板中单击【直线】按钮，绘制连接两条派生直线右侧端点的直线（即端点连接直线），并使用【派生直线】命令绘制与端点连接直线的偏置距离为 18 的派生直线，然后拖动此派生直线端点以适当拉长直线，最后将拉长的派生直线转换为参考线，如图 4-54 所示。

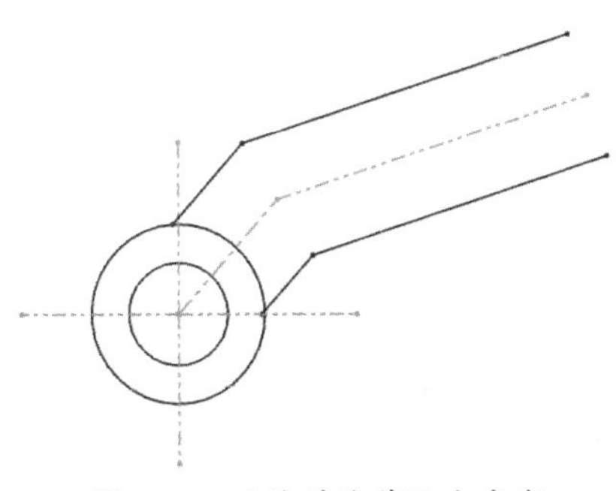
图 4-53　延伸并修剪派生直线

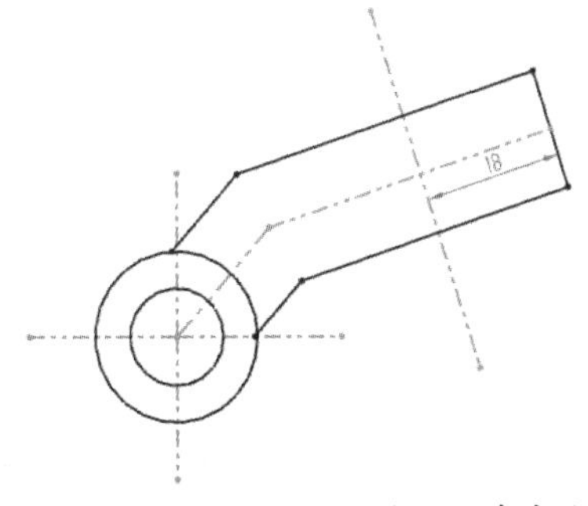

图 4-54　绘制端点连接直线和参考线

⑧ 使用【派生直线】命令创建如图 4-55 所示的派生直线，偏置距离为 2，然后将其转换为参考线。

⑨ 在【曲线】面板中单击【矩形】按钮▭，按照图 4-56 选择绘制矩形的方式，以刚刚绘制的派生直线和步骤 ⑦ 绘制的参考线的交点为中心，在浮动文本框中输入数值，完成矩形 1 的绘制。

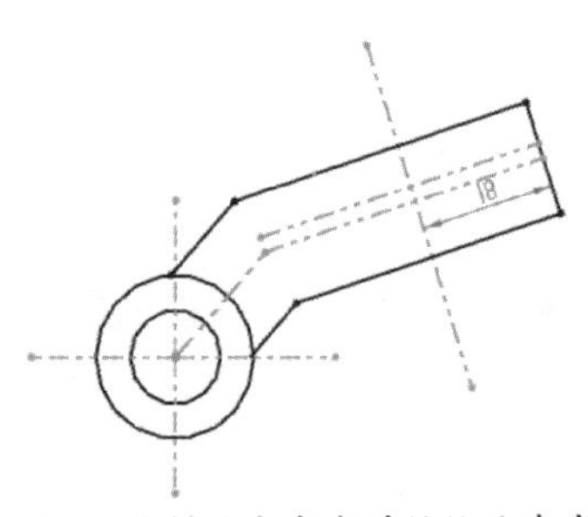

图 4-55 绘制派生直线并转换为参考线

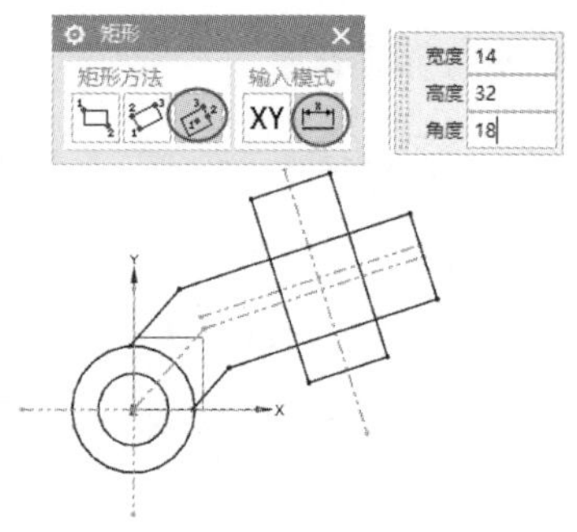

图 4-56 绘制矩形 1

⑩ 在【编辑】面板中单击【修剪】按钮╳，修剪图形，修剪后的结果如图 4-57 所示。

⑪ 在【曲线】面板中单击【矩形】按钮▭，以步骤 ⑨绘制的矩形宽度边的中点为中心，绘制如图 4-58 所示的矩形 2。

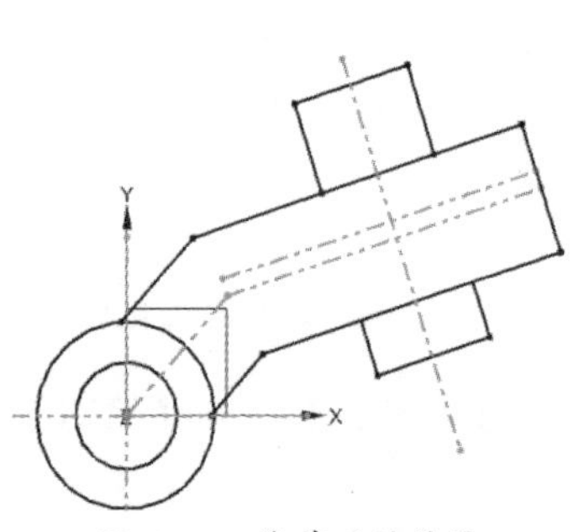

图 4-57 修剪后的结果

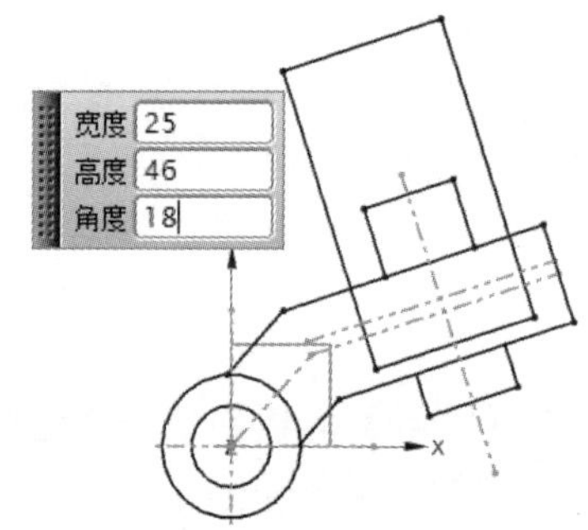

图 4-58 绘制矩形 2

⑫ 在【编辑】面板中单击【延伸】按钮和【修剪】按钮╳，延伸并修剪矩形，如图 4-59 所示。

⑬ 绘制一条直线，与其下方直线的距离为 5，并将其转换为参考线。然后在【曲线】面板中单击【圆】按钮○，在弹出的【圆】对话框中，选择圆心和直径，以绘制直径为 6 的圆，如图 4-60 所示。

⑭ 先延伸步骤 ⑦绘制的参考线，再绘制 3 条派生直线，并将 3 条派生直线转换成参考线，如图 4-61 所示。

⑮ 在【曲线】面板中单击【圆】按钮○，分别以 3 条派生直线的两个交点为圆心，绘制直径为 5 的圆。然后单击【直线】按钮╱，绘制两个圆的两条外公切线。最后单击【修剪】按钮╳，修剪多余的曲线，完成键槽图形的绘制，如图 4-62 所示。

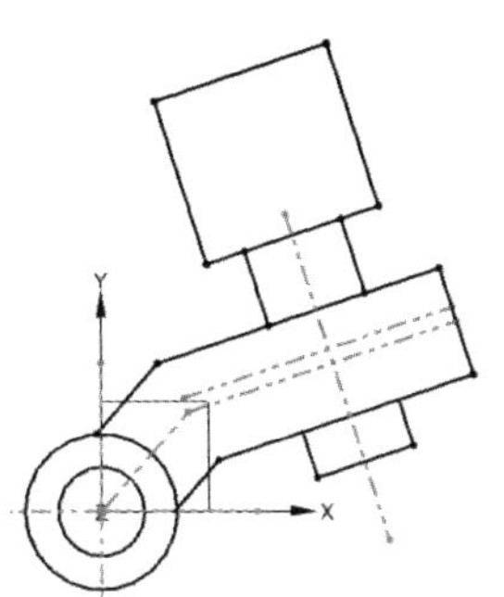

图 4-59　延伸并修剪矩形

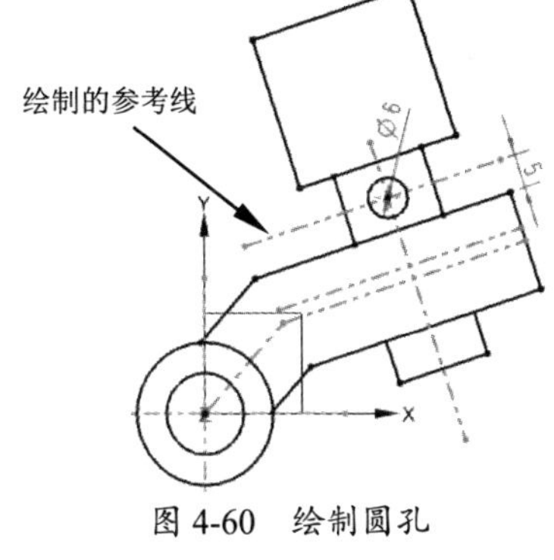

图 4-60　绘制圆孔

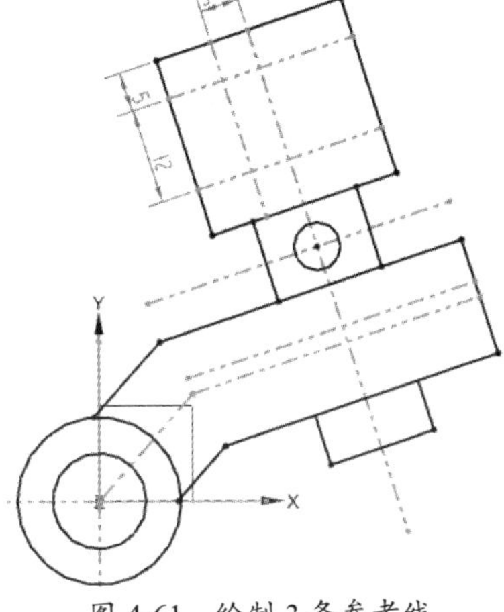

图 4-61　绘制 3 条参考线

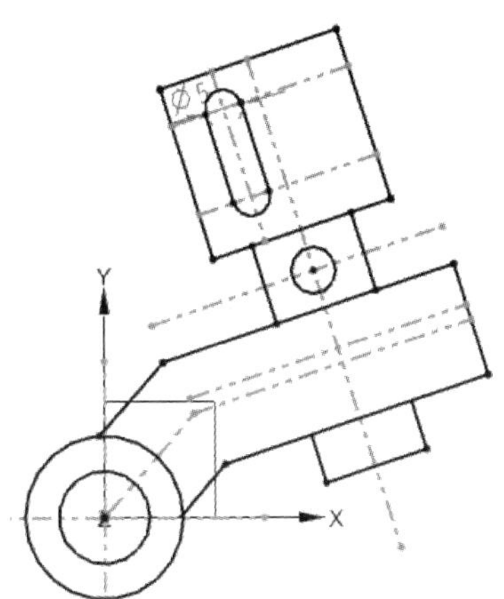

图 4-62　完成键槽图形的绘制

⑯　在【曲线】面板中单击【镜像】按钮，弹出【镜像曲线】对话框。选择如图 4-63 所示的参考线作为镜像中心线，然后选择键槽图形作为要镜像的曲线，单击【确定】按钮，完成镜像曲线的创建。至此，完成了图形的绘制。

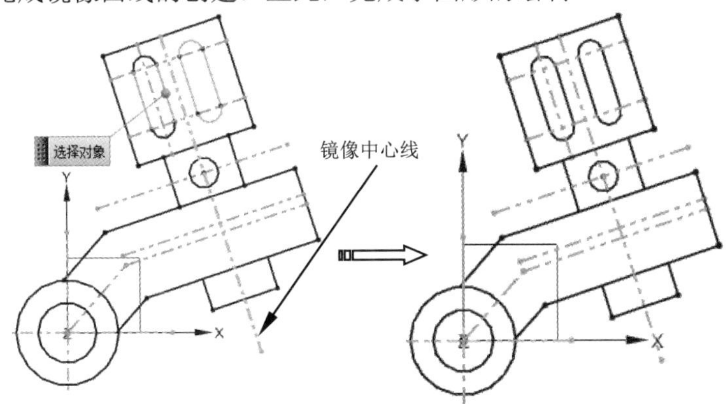

图 4-63　创建镜像曲线

4.2.5　添加曲线

【添加曲线】命令用于将建模环境中创建的曲线或点复制到草图任务环境中作为草图曲

线。在【包含】面板的【更多】库中单击【添加曲线】按钮，弹出【添加曲线】对话框，选择建模环境中创建的正多边形曲线作为添加对象，单击【确定】按钮，完成草图曲线的添加，如图 4-64 所示。

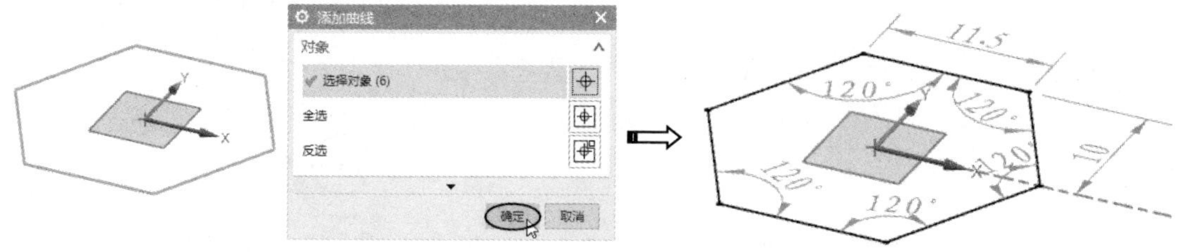

图 4-64　添加草图曲线

4.2.6　投影曲线

【投影曲线】命令用于将建模环境中选择的实体边或曲线投影到草图平面上，形成草图曲线。在【包含】面板的【更多】库中单击【投影曲线】按钮，弹出【投影曲线】对话框。选择实体边作为投影参考线，单击【确定】按钮，完成草图投影曲线的创建，如图 4-65 所示。

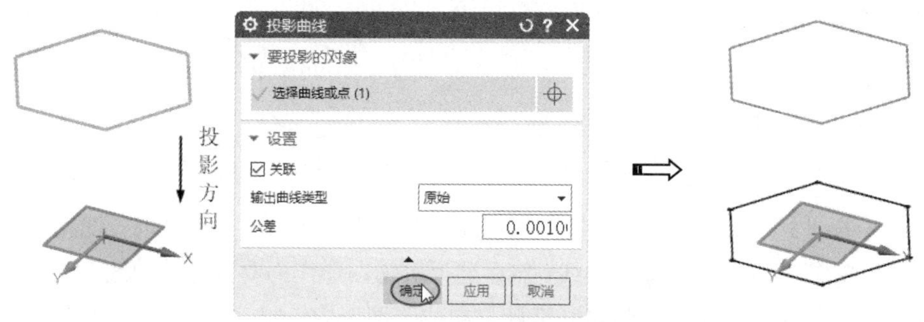

图 4-65　创建草图投影曲线

4.3　综合案例

本节将通过一个草图绘制案例来讲解二维草图编辑工具的基本用法。

使用草图绘制命令与草图编辑命令绘制如图 4-66 所示的图形。

① 在【主页】选项卡的【构造】面板中单击【草图】按钮，选择默认的 XC-YC 平面作为草图平面并进入草图任务环境。

② 在【曲线】面板中单击【圆】按钮，以坐标系原点为圆心，依次绘制直径为 80 和 10 的两个圆，结果如图 4-67 所示。

③ 在【曲线】面板中单击【阵列】按钮，弹出【阵列曲线】对话框。选择小圆作为阵列对象，设置布局方式为【圆形】，指定坐标系原点作为阵列中心点，并设置阵列参数，单击【确定】按钮，完成阵列曲线的创建，如图 4-68 所示。

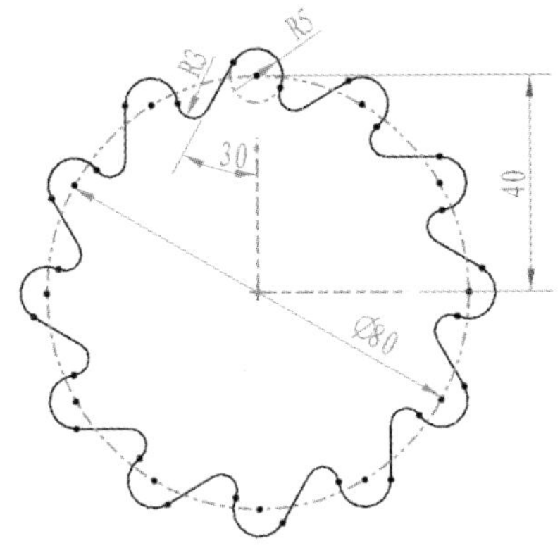

图 4-66　要绘制的图形

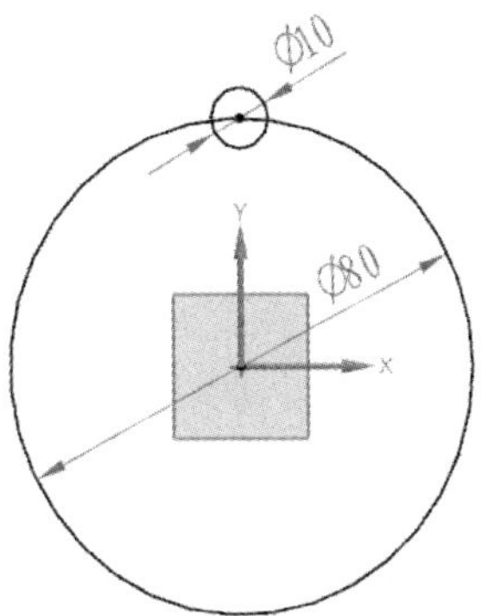

图 4-67　绘制两个圆

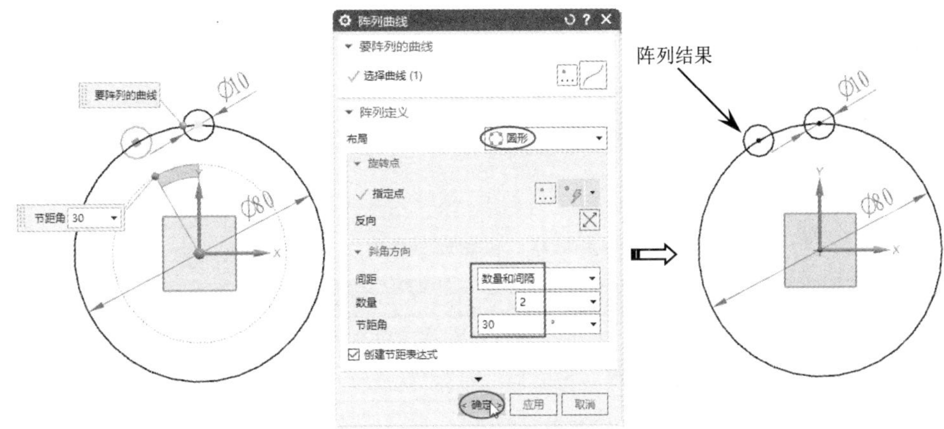

图 4-68　创建阵列曲线

④ 在【曲线】面板中单击【直线】按钮，将光标靠近右侧小圆并选择圆切点，绘制长度任意但角度为 240°（按【Tab】键切换输入框）的切线，如图 4-69 所示。

⑤ 在【曲线】面板中单击【圆角】按钮，选中要倒圆角的直线和圆，输入圆角半径值【3】，倒圆角结果如图 4-70 所示。

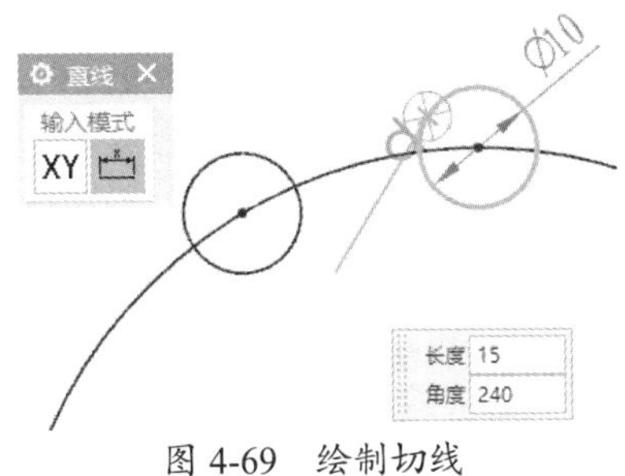

图 4-69　绘制切线

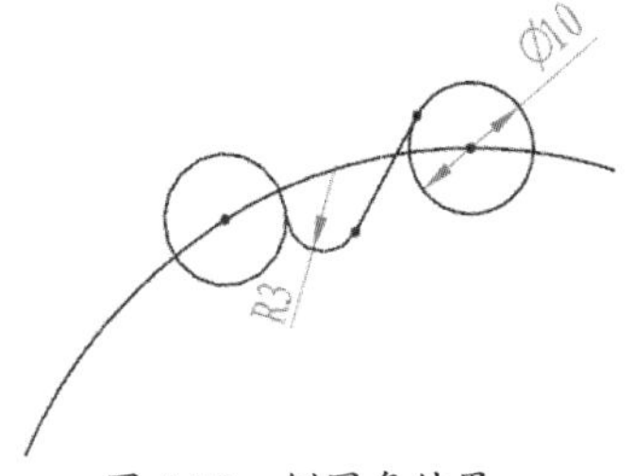

图 4-70　倒圆角结果

⑥ 在【曲线】面板中单击【直线】按钮，选择左侧小圆的圆心作为直线起点，绘制水平直线，如图 4-71 所示。

⑦ 在【编辑】面板中单击【修剪】按钮，修剪多余的曲线，如图 4-72 所示。

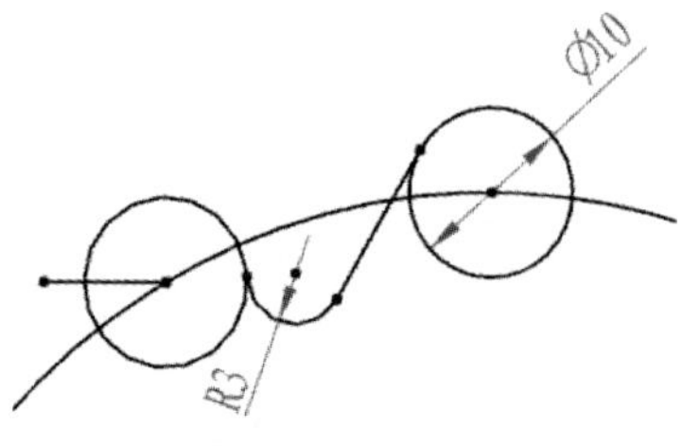

图 4-71　绘制水平直线

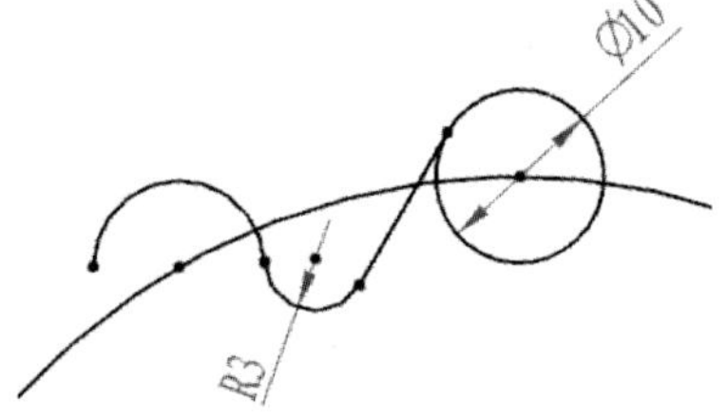

图 4-72　修剪多余的曲线

⑧ 选中大圆和小圆并右击，在弹出的快捷菜单中单击【转换为参考】按钮，将草图实线转换为参考线，如图 4-73 所示。

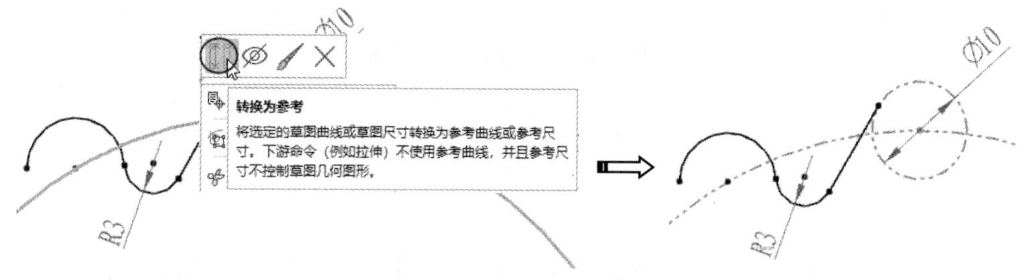

图 4-73　转换为参考线

技巧点拨：

此处如果将圆删除，就会删除自动创建的几何约束和尺寸约束，这会为后续的绘制带来不必要的麻烦。因此，此处可以将实线圆转换为参考线圆，使其不参与建模。

⑨ 在【曲线】面板中单击【阵列】按钮，弹出【阵列曲线】对话框。选择草图实线作为阵列对象，设置布局方式为【圆形】，指定阵列中心点并设置阵列参数，阵列曲线的结果如图 4-74 所示。

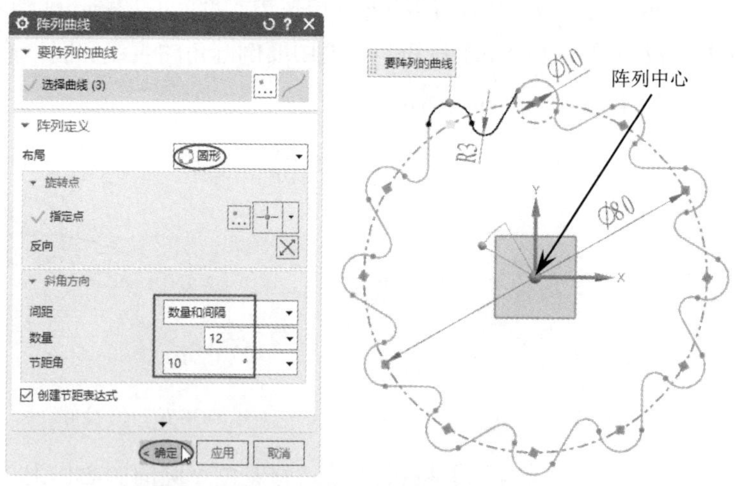

图 4-74　阵列曲线的结果

⑩ 单击【完成】按钮，退出草图任务环境，绘制的图形如图 4-75 所示。至此，完成了图形的绘制。

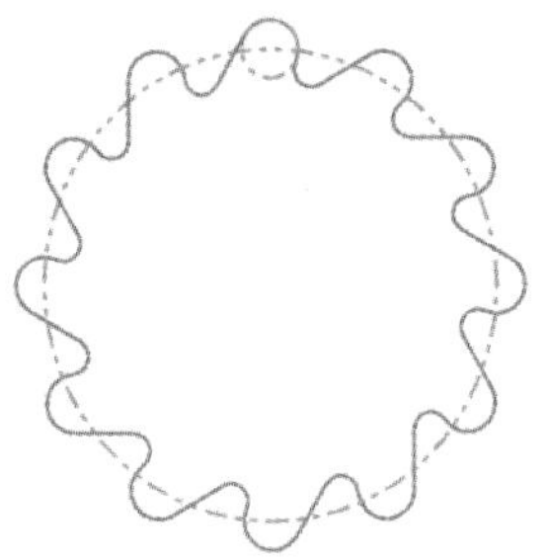

图 4-75　绘制的图形

技巧点拨：

本案例主要是绘制旋转结构的草图，此类草图是将基本的形状沿中心点旋转一定的数量获得的。因此，绘制此类草图需要先确定基本的旋转单元，再将此旋转单元进行圆形阵列，即可绘制出所需要的草图。

第 5 章

添加草图约束

本章内容

用户在创建草图之初，不必考虑草图曲线的精确位置和尺寸，为了提高工作效率，可以先绘制草图几何对象的大致形状，再通过草图约束对其进行精确约束，以达到设计要求。草图约束是指限制草图的形状和大小，包括几何约束（限制形状）和尺寸约束（限制大小）。本章主要讲解 UG NX 2007 中的草图约束命令。

知识要点

☑ 尺寸约束
☑ 几何约束

5.1　尺寸约束

尺寸约束就是为草图标注尺寸，使草图满足设计要求并让草图固定。在 UG NX 2007 中，共有 5 种尺寸标注类型，如图 5-1 所示。

5.1.1　快速尺寸标注

快速尺寸标注几乎包含了所有的尺寸标注类型。在【求解】面板中单击【快速尺寸】按钮，弹出【快速尺寸】对话框，如图 5-2 所示。下面对该对话框中的标注方法进行介绍。

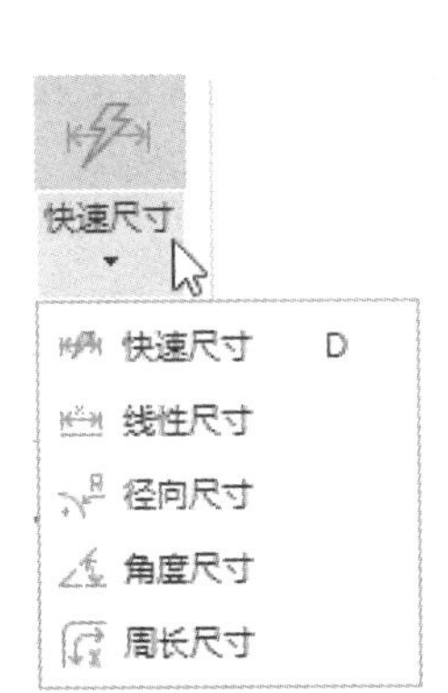

图 5-1　5 种尺寸标注类型

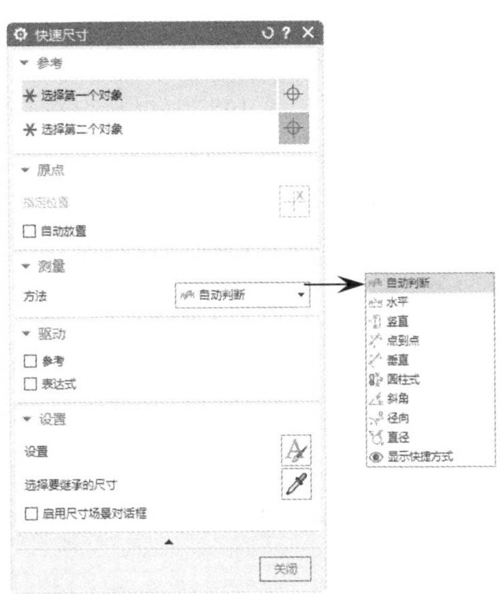

图 5-2　【快速尺寸】对话框

1．自动判断

【自动判断】标注方法是指程序自动判断并选择对象，以进行尺寸标注。这种标注方法的好处是标注灵活，由一个对象可标注出多个尺寸约束。但由于这种标注方法几乎包含了所有的尺寸标注类型，因此其针对性不强，有时会产生不便。如图 5-3 所示，使用此标注方法选择相同对象进行尺寸约束，可以得到 3 种标注结果。

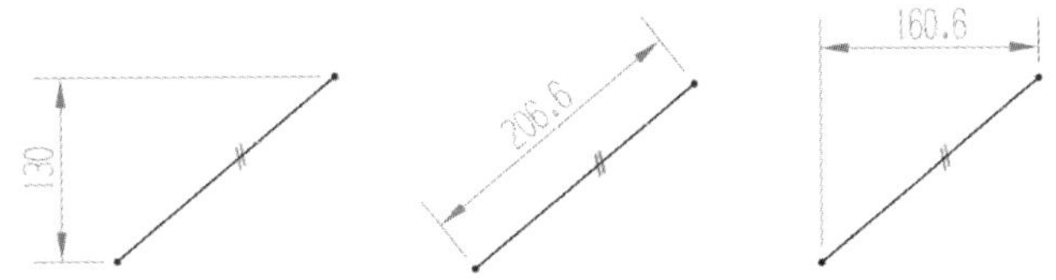

图 5-3　程序自动判断并标注的 3 种尺寸

2．水平

【水平】标注方法是指标注的尺寸总是与工作坐标系的 XC 轴平行。在选择此标注方法时，程序会对所选对象进行水平方向的尺寸约束。在标注该类尺寸时，在图形区中选择同一对象或不同对象的两个控制点，程序会在两点之间生成水平尺寸。在进行水平标注时，尺寸约束限制的距离位于两个端点之间，如图 5-4 所示。

3．竖直

【竖直】标注方法是指标注的尺寸总是与工作坐标系的 YC 轴平行。在选择此标注方法时，程序会对所选对象进行竖直方向的尺寸约束，如图 5-5 所示。

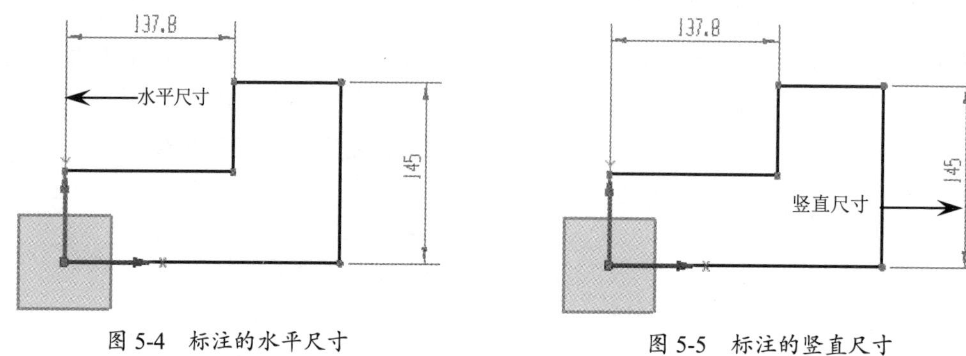

图 5-4　标注的水平尺寸　　　　图 5-5　标注的竖直尺寸

4．点到点

【点到点】标注方法是指标注的尺寸总是与所选对象平行。在选择此标注方法时，程序会对所选对象进行点到点的尺寸约束，如图 5-6 所示。

5．垂直

【垂直】标注方法用于标注两个对象之间的距离，并且尺寸总是与第 1 个对象垂直，如图 5-7 所示。

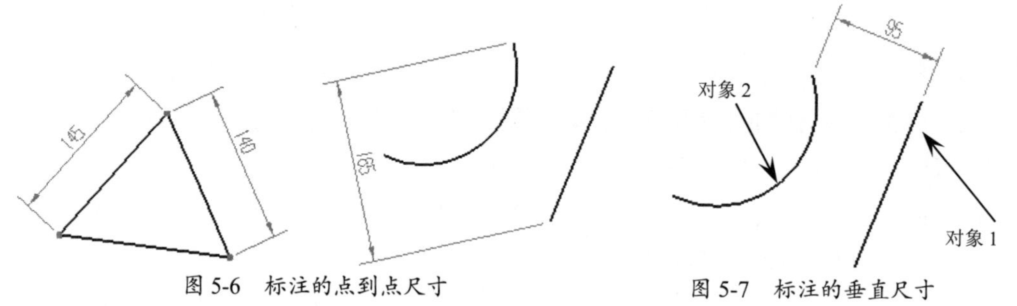

图 5-6　标注的点到点尺寸　　　　图 5-7　标注的垂直尺寸

6．圆柱式

【圆柱式】标注方法是指采用标注直径的方法来标注圆柱体（或轴零件）的剖面图形，如图 5-8 所示。

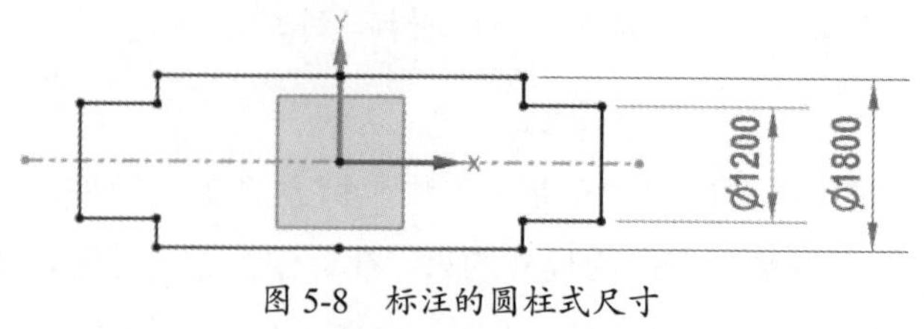

图 5-8　标注的圆柱式尺寸

7．斜角

【斜角】标注方法用于标注两条直线或直线延伸部分相交的夹角尺寸，如图 5-9 所示。

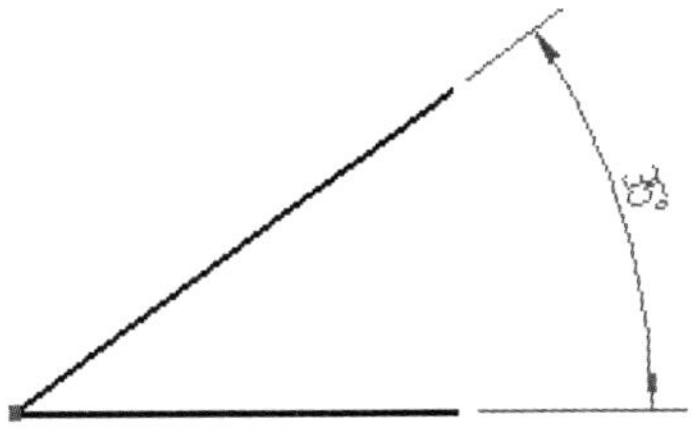

图 5-9　标注的夹角尺寸

8．径向

【径向】标注方法用于标注圆或圆弧的径向尺寸，如图 5-10 所示。

9．直径

【直径】标注方法用于标注圆或圆弧的直径尺寸，如图 5-11 所示。

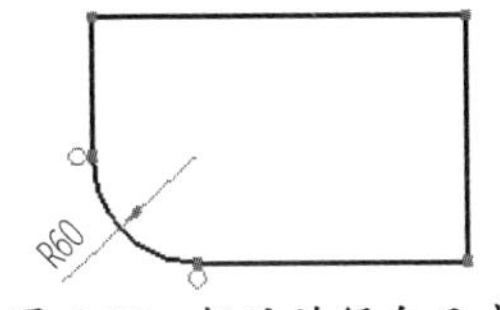

图 5-10　标注的径向尺寸

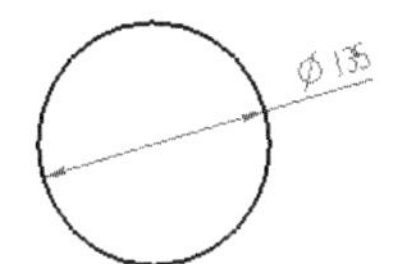

图 5-11　标注的直径尺寸

5.1.2　其他尺寸标注类型

在其他 4 种尺寸标注类型（线性尺寸、径向尺寸、角度尺寸和周长尺寸）中，有 3 种类型的标注方法被部分包含在【快速尺寸】对话框的标注方法列表中。线性尺寸的标注方法包括【自动判断】、【水平】、【竖直】、【点到点】、【垂直】和【圆柱式】，如图 5-12 所示。径向尺寸的标注方法包括【自动判断】、【径向】和【直径】，如图 5-13 所示。周长尺寸的标注方法包括【自动判断】、【圆弧长】、【直线长度】和【样条曲线长度】。

图 5-12　线性尺寸的标注方法

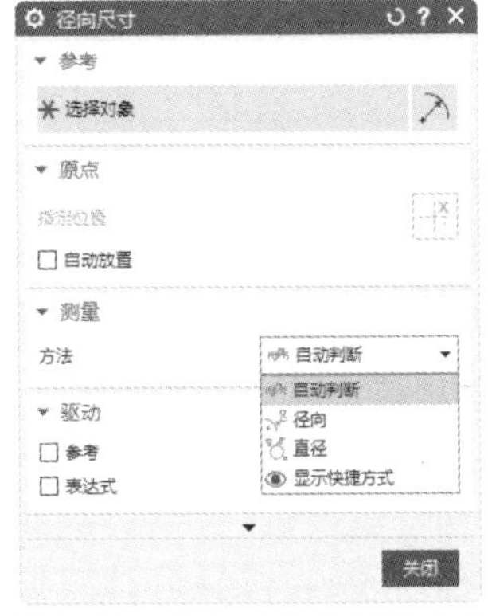

图 5-13　径向尺寸的标注方法

技巧点拨：

【径向尺寸】对话框中的【径向】标注方法就是半径标注。

动手操作——利用尺寸约束绘制扳手草图

以绘制扳手草图为例来说明在草图任务环境中使用尺寸约束绘制草图的方法。扳手草图如图 5-14 所示。绘制扳手草图的步骤如下所述。

（1）绘制尺寸基准线（中心线）。

（2）绘制已知线段。

（3）绘制中间线段。

（4）绘制连接线段。

（5）添加尺寸约束。

1．绘制尺寸基准线

① 在 UG 欢迎界面中单击【新建】按钮，创建一个名称为【扳手草图】的模型文件。

② 在【主页】选项卡的【构造】面板中单击【草图】按钮，选择默认的 XC-YC 基准平面作为草图平面并进入草图任务环境。

③ 在【曲线】面板中单击【直线】按钮，绘制如图 5-15 所示的尺寸基准线。

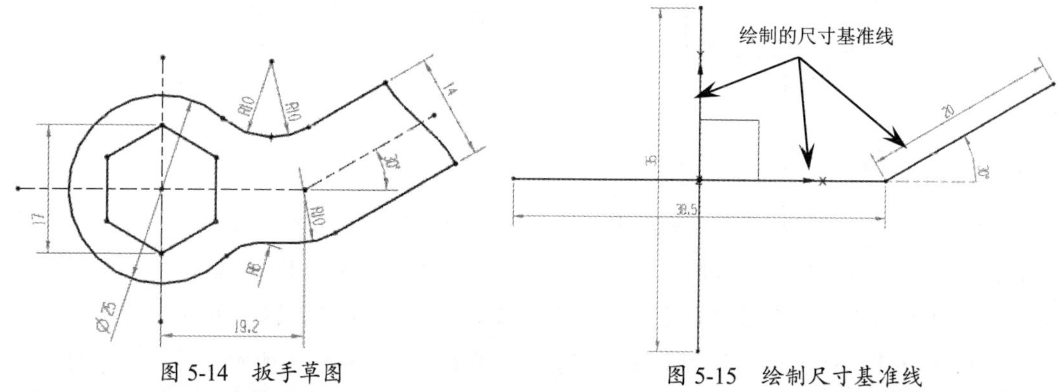

图 5-14　扳手草图

图 5-15　绘制尺寸基准线

技巧点拨：

在建模环境中绘制直线时，可以输入直线端点的坐标值来确定直线，也可以先任意绘制直线，再使用尺寸约束或几何约束对直线进行尺寸、位置重定义。

④ 选中步骤③绘制的 3 条尺寸基准线，然后在【菜单】下拉菜单中选择【编辑】|【对象显示】命令，弹出【编辑对象显示】对话框。在【常规】选项卡的【线型】下拉列表中选择（中心线）选项，在【宽度】下拉列表中选择 —— 0.13 mm 选项，最后单击【确定】按钮，程序会自动将粗实线转换成中心线，如图 5-16 所示。

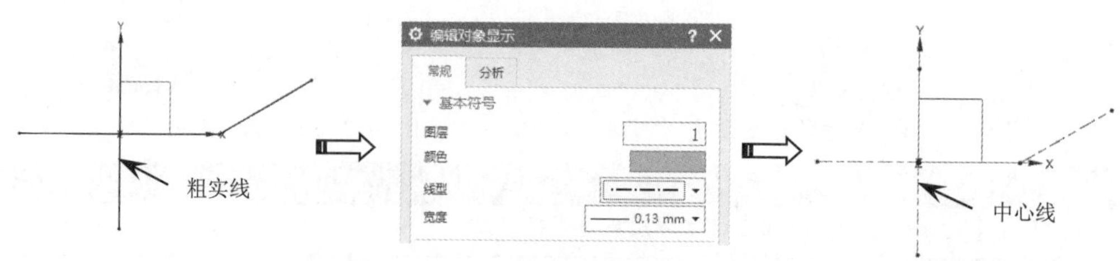

图 5-16　将尺寸基准线的线型转换为中心线

技巧点拨：

这种线型转换的结果与使用【转换为参考】命令转换的结果是相同的。

⑤ 在【求解】面板中单击【固定曲线】按钮，弹出【固定曲线】对话框，选择3条中心线，单击【确定】按钮，程序会自动将中心线固定在所在位置，如图5-17所示。

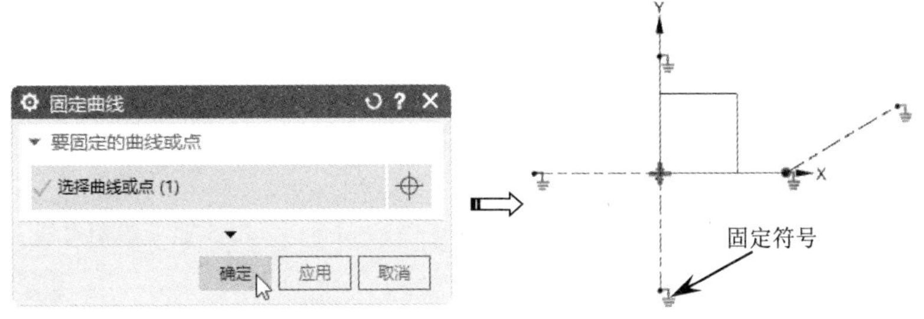

图5-17　完全固定中心线

2．绘制已知线段、中间线段和连接线段

① 在【曲线】面板中单击【圆】按钮，在基准中心绘制直径为17的圆，如图5-18所示。

② 使用【轮廓】命令在圆内绘制六边形，并且六边形的端点均在圆上，如图5-19所示。

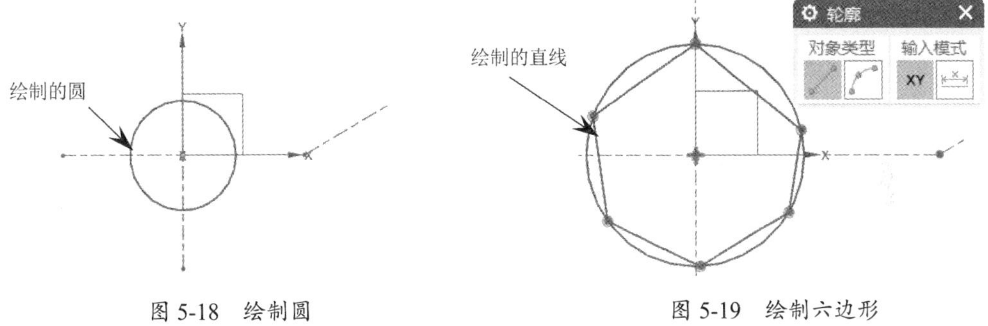

图5-18　绘制圆　　图5-19　绘制六边形

③ 使用【约束】命令使六边形的各边都相等，并且至少让其中一条边与 Y 轴平行，如图5-20所示。

技巧点拨：

若要准确地捕捉曲线上的点，则可以先在上边框条上单击【曲线上的点】按钮。

④ 使用【圆】命令，以基准中心为圆心绘制直径为25的大圆，如图5-21所示。

⑤ 在【曲线】面板的【更多】库中单击【派生直线】按钮，选择尺寸基准线作为参考线，绘制距离为7的4条派生直线，这4条直线中包括两条已知线段和两条中间线段，如图5-22所示。

⑥ 在【曲线】面板中单击【圆角】按钮，弹出【圆角】对话框。在浮动文本框中输入半径值【10】，然后在如图5-23所示的3个位置上绘制半径为10的圆角曲线。

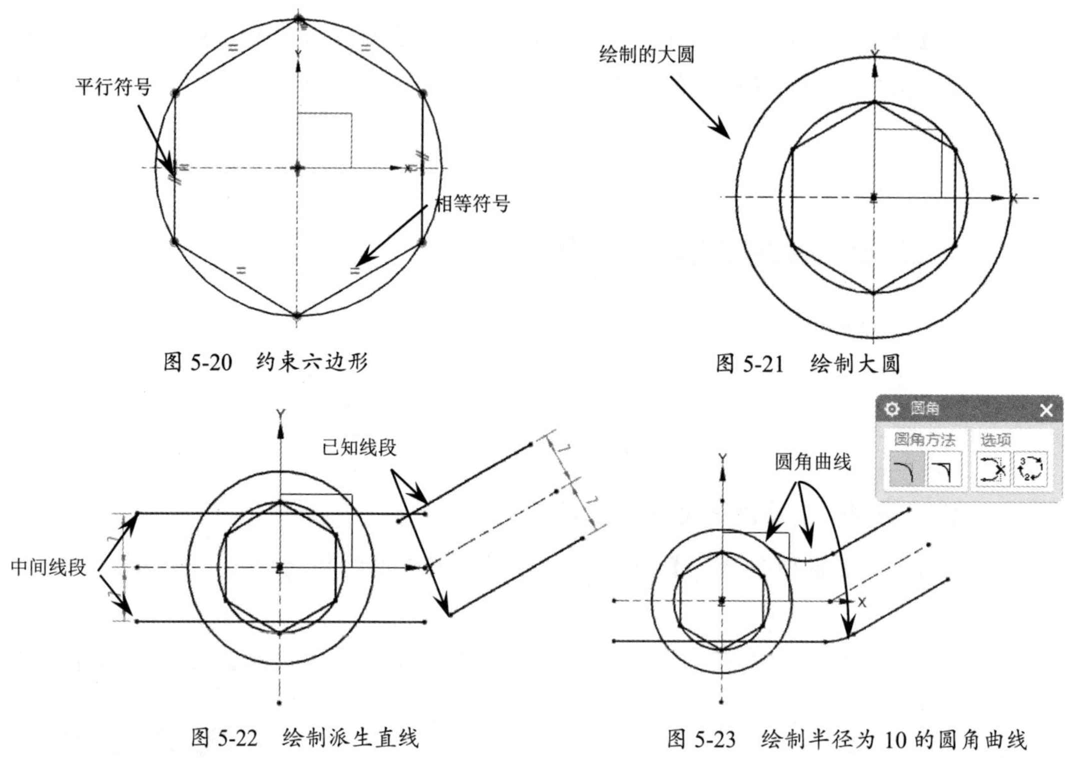

图 5-20　约束六边形

图 5-21　绘制大圆

图 5-22　绘制派生直线

图 5-23　绘制半径为 10 的圆角曲线

⑦ 将浮动文本框中的半径值更改为 6，在如图 5-24 所示的位置绘制半径为 6 的圆角曲线。

⑧ 在【曲线】面板中单击【样条】按钮，弹出【艺术样条】对话框，在草图中绘制如图 5-25 所示的样条曲线。

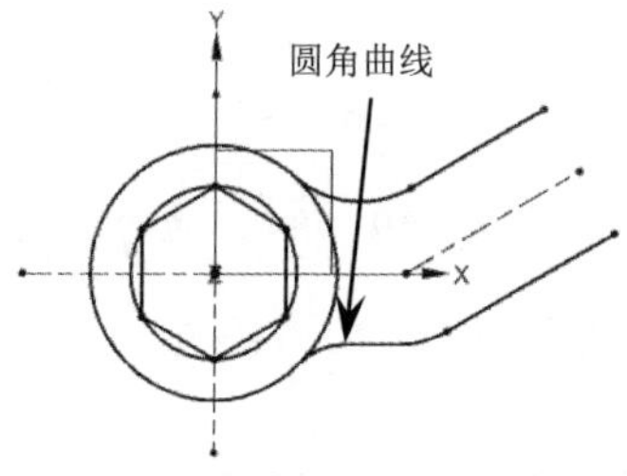

图 5-24　绘制半径为 6 的圆角曲线

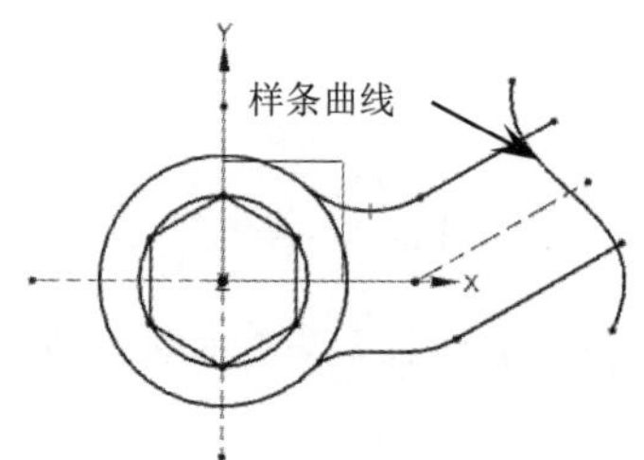

图 5-25　绘制样条曲线

⑨ 在【编辑】面板中单击【修剪】按钮，弹出【修剪】对话框。按信息提示选择图形中要修剪的曲线，修剪多余的曲线，如图 5-26 所示。

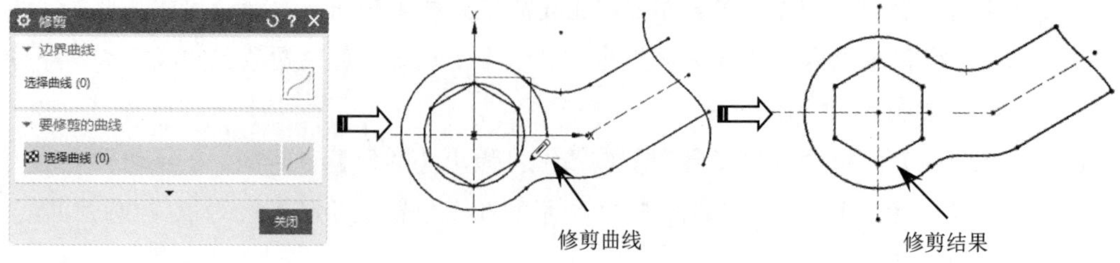

图 5-26　修剪多余的曲线

技巧点拨：

在使用【修剪】命令修剪曲线时，在修剪边界之内的曲线是不会被修剪的，这时需要按【Delete】键将其删除。

3. 添加尺寸约束

① 在【求解】面板中单击【快速尺寸】按钮或其他尺寸约束按钮，为绘制的草图曲线添加尺寸约束，绘制完成的扳手草图如图 5-27 所示。

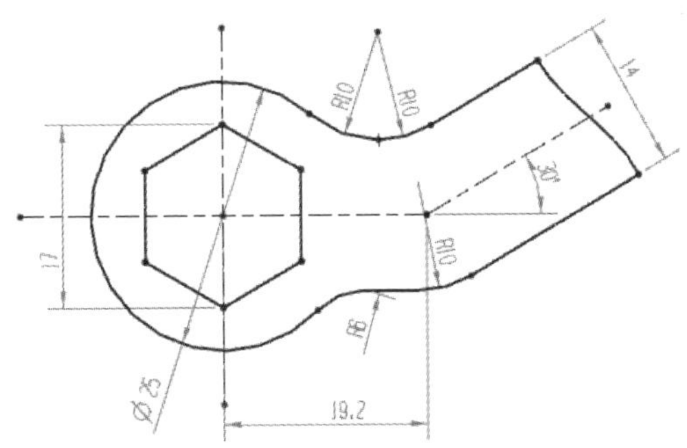

图 5-27　绘制完成的扳手草图

② 单击【完成】按钮，退出草图任务环境并结束草图绘制操作。

5.1.3　临时尺寸约束

临时尺寸也叫“候选尺寸”，是 UG NX 2007 提供的另一个快速尺寸约束功能。当需要为某一曲线添加尺寸约束时，可选择该曲线，然后会显示多个临时尺寸（候选尺寸），如图 5-28 所示。

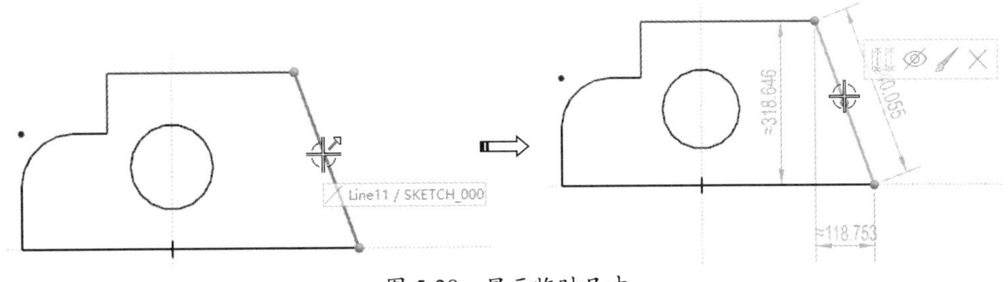

图 5-28　显示临时尺寸

临时尺寸一般取近似值，所以尺寸前会有一个≈符号。选择临时尺寸中的某一个尺寸，可以对该尺寸值进行修改，在修改完成后，单击信息提示对话框中的【是】按钮，临时尺寸会变为强尺寸约束，如图 5-29 所示。

技巧点拨：

在默认情况下，UG NX 2007 中的文本样式、字体格式等，可以进行一次性的设定。设定方法是：在建模环境下（须退出草图任务环境），首先在【菜单】下拉菜单中选择【首选项】|【PMI】命令，弹出【PMI 首选项】对话框。然后在左侧列表框中选择【尺寸】节点，并在右侧显示的选项中进行详细设定。建议大家设置文本的【小数位数】为【3】、【单位】为【毫米】，设置字体样式为【Arial】或【GB_长仿宋】，对字体高度可以设置得稍大一些以便看清，这里将其设置为 4，其他选项保持默认设置即可，如图 5-30 所示。

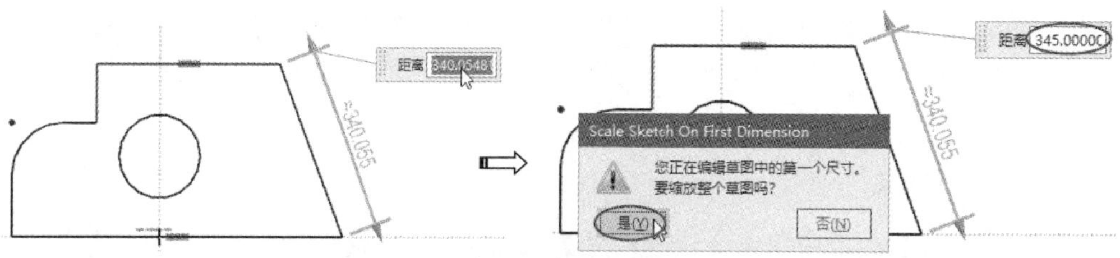

图 5-29　修改尺寸值

图 5-30　设置文本样式及字体格式

技巧点拨：

在默认情况下，UG NX 2007 草图任务环境中的尺寸值显示为表达式形式，但是表达式仅在使用表达式进行参数化建模时才有用，在一般建模时不需要显示，所以要切换成值的形式。设置方法为：在草图任务环境中的【任务】菜单中选择【草图属性】|【草图设置】命令，打开【草图设置】对话框，在【尺寸标签】下拉列表中选择【值】选项即可，如图 5-31 所示。

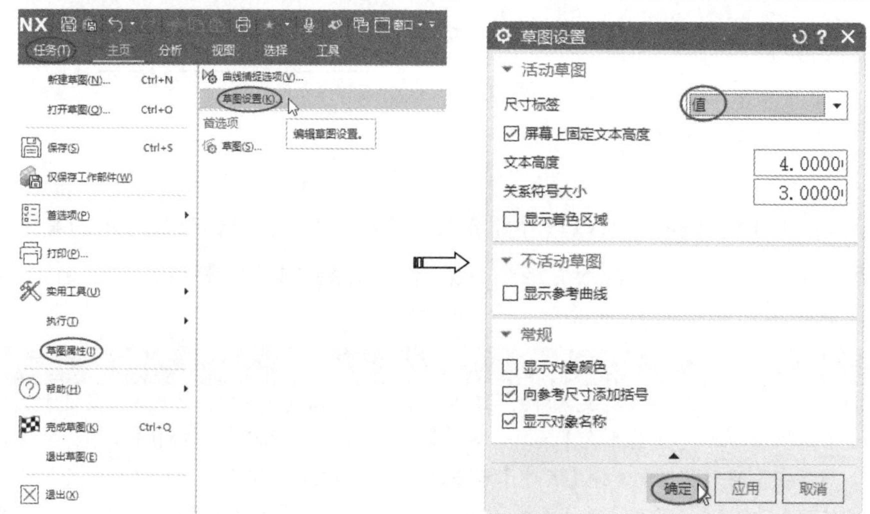

图 5-31　设置尺寸标签

同理，对于其他曲线如圆、矩形、椭圆、圆弧等，均可以先选中该曲线，然后选择临时尺寸进行编辑，快速添加尺寸约束，这比使用【快速尺寸】命令添加尺寸约束要快得多。

5.2　几何约束

用户在绘制草图时，如果没有给绘制的几何对象添加约束，也就是说，没有控制几何对象的自由度，那么绘制的几何对象是不稳定的，会产生偏差。

5.2.1　常见几何约束类型

几何约束一般用于定位草图对象和确定草图对象之间的关系。在草图任务环境中，草图对象的几何约束类型多达 15 种，可在图形区顶部的几何约束导航栏中找到，如图 5-32 所示。

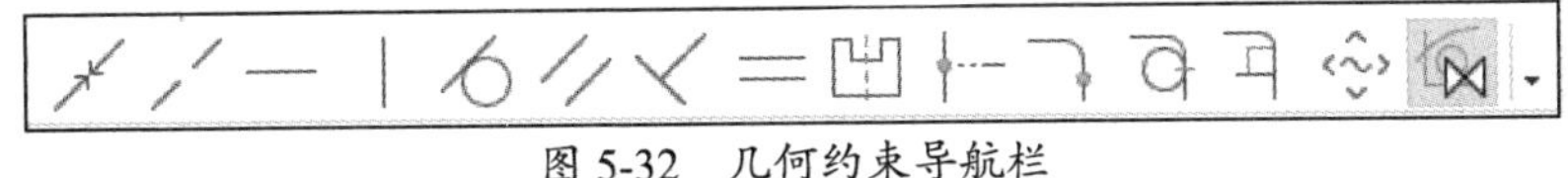

图 5-32　几何约束导航栏

草图对象的几何约束类型的含义如下所述。

- 设为重合：该约束定义选择的点完全重合。
- 设为共线：该约束定义选择的对象共线。
- 设为水平：该约束定义选择的直线为水平直线（平行于工作坐标的 XC 轴）。
- 设为竖直：该约束定义选择的直线始终呈竖直状态。
- 设为相切：该约束定义选择的对象相切。
- 设为平行：该约束定义选择的对象平行。
- 设为垂直：该约束定义选择的对象垂直。
- 设为相等：该约束定义两个对象的长度、半径、弧长相等。
- 设为对称：该约束定义选择的对象为镜像关系。
- 设为中点对齐：该约束定义选择的对象在直线的中心点上。
- 设为点在线串上：该约束定义选择的点在抽取的线串上。
- 设为与线串相切：该约束可使草图与配方曲线（包含相交曲线和投影曲线）相切。
- 设为垂直于线串：该约束可使草图与配方曲线（包含相交曲线和投影曲线）垂直。
- 设为均匀比例：该约束定义选择的对象呈均匀分布。
- 创建持久关系：该按钮是建立强制约束关系的开关按钮。

几何约束的添加方式一般分为手动约束和自动判断约束。

1. 手动约束

手动约束，就是用户自行选择对象并加以约束。当选中某曲线并为其施加几何约束时，几何约束导航栏中会自动高亮显示匹配该曲线的多个约束类型。例如，当选中一条直线时，几何约束导航栏中会高亮显示【设为水平】约束按钮和【设为竖直】约束按钮，而其他约束按钮则以灰色状态显示而不能用，如图 5-33 所示。在可选的约束类型中，单击某个约束按钮，即可对所选曲线添加几何约束。

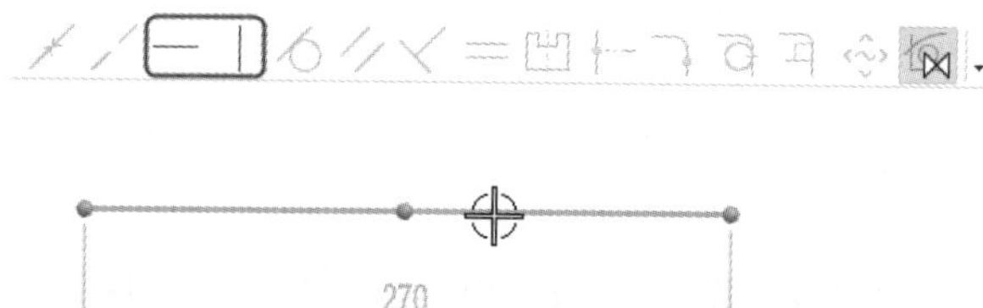

图 5-33 几何约束导航栏中显示可选的约束类型

技巧点拨：

几何约束导航栏中包含的约束类型是由约束对象决定的，根据所选曲线对象不同，该导航栏中会显示不同的约束类型。

2. 自动判断约束

自动判断约束，就是将约束类型自动添加到草图对象中，或者在绘制草图的过程中根据自动判断的约束进行画线。

当我们完成图形绘制后，会发现图形中一个几何约束都没有。其实这是软件改版升级后的结果，因为虽然在 UG 旧版本中绘制图形后会显示很多约束符号，但是这样会影响整个图形的观赏性，所以在 UG NX 2007 中，取消了约束符号的自动显示功能。那么，如何判定绘制的图形有没有自动添加几何约束呢？

比如先绘制一个矩形，此时矩形看起来没有任何几何约束，但是当我们为矩形中某一条曲线进行尺寸约束时，就会发现该曲线自动显示系统判断的水平约束符号，如图 5-34 所示。

图 5-34 显示系统自动判断的水平约束符号

所以，在绘制完图形后一定要检查有没有自动判断的几何约束，如果没有，就需要手动添加几何约束。

5.2.2 松弛关系和持久关系

所谓“关系”，就是两个曲线对象在添加几何约束之后所形成的相互制约关系。尺寸约束和几何约束都存在两种关系：松弛关系和持久关系。

1. 松弛关系

松弛关系就是将现有的几何约束变成临时几何约束，用户可以对临时几何约束进行修改。比如，要让一条竖直直线不再保持竖直（即去掉【设为竖直】约束），可选中该竖直直线，直线上会显示两个端点和一个中点，接着在【主页】选项卡的【求解】面板中单击【松弛关系】按钮，使用光标选中一个端点并拖曳，会发现竖直直线的【设为竖直】约束不起作用了，拖动端点可任意改变其位置，如图 5-35 所示。

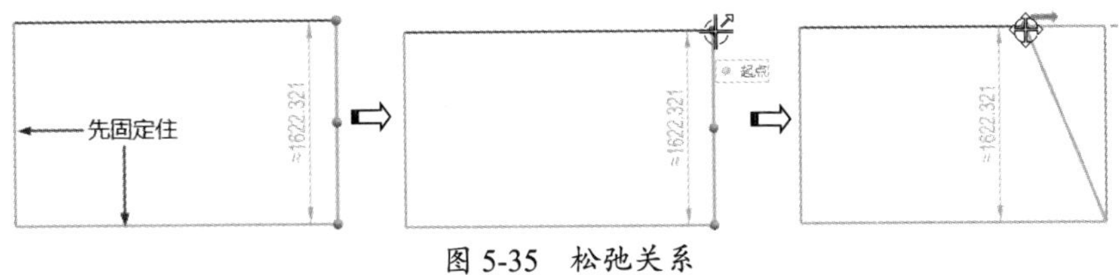

图 5-35　松弛关系

提示：

也可单击直线端点以显示几何约束符号，然后单击几何约束符号来建立松弛关系。

2. 持久关系

持久关系是一种强制约束关系。在施加了持久关系后，图形不会因误操作而发生变化。【创建持久关系】按钮在几何约束导航栏中。在默认情况下，【创建持久关系】按钮没有被激活，图形中所有曲线对象的几何约束为非持久关系。

提示：

非持久关系并不是前面所讲的松弛关系。非持久关系和持久关系用于确定后续绘制的图形是否能够被修改。在非持久关系下，几何约束关系是可以被更改的。而在持久关系下，几何约束关系是不能被更改的，即使利用【松弛关系】命令也无法更改。

例如，在非持久关系下绘制一个矩形时，系统会自动添加水平和竖直几何约束关系，给一条水平直线添加尺寸约束并修改尺寸后，会发现竖直直线变成了斜线，即竖直约束关系被自动取消，如图 5-36 所示。

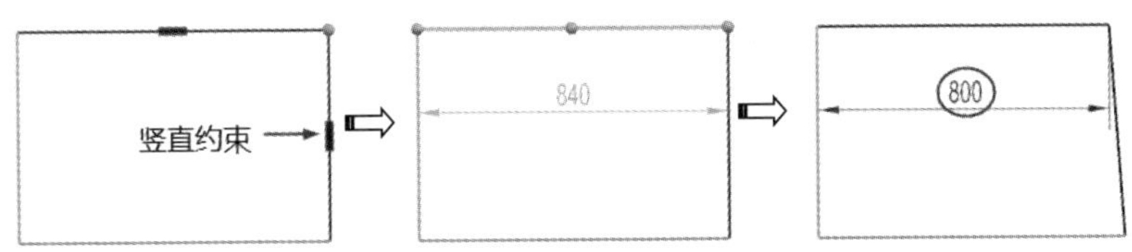

图 5-36　在非持久关系下编辑尺寸

在几何约束导航栏中单击【创建持久关系】按钮后，几何约束导航栏中所有的几何约束类型都会转换为持久关系的约束类型。将矩形中的竖直直线选中并重新添加竖直约束（实际上添加的是持久关系的几何约束），当修改尺寸时会弹出警报对话框，如图 5-37 所示。表示持久关系的几何约束不能被编辑，除非删除持久关系。

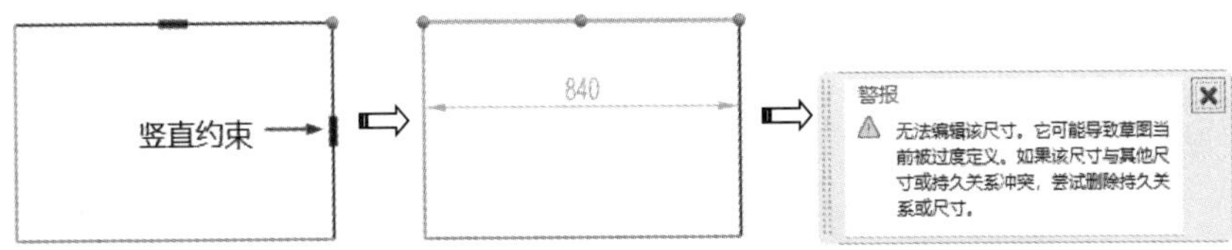

图 5-37　在持久关系下编辑尺寸

3. 松弛尺寸

松弛尺寸用于解除尺寸约束关系，也就是将固定尺寸变为临时尺寸，并通过拖动图形中的曲线来改变图形。在默认情况下，当图形添加了尺寸约束之后，拖动图形中的曲线时，图形不会发生改变，如图 5-38 所示。

在【求解】面板中单击【松弛尺寸】按钮后，拖动图形中的曲线时，尺寸会发生改变，图形也会随之发生改变，如图 5-39 所示。

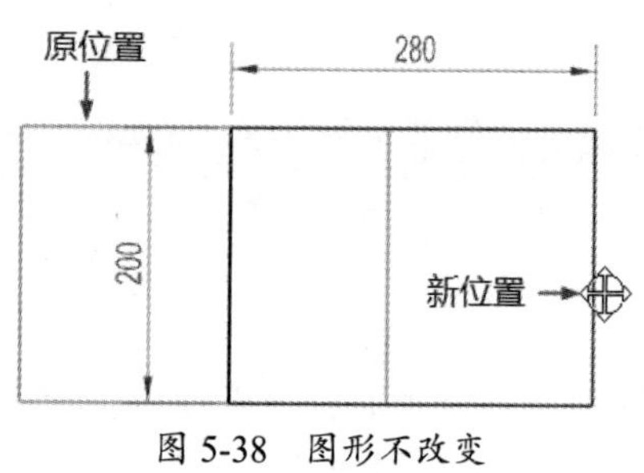

图 5-38 图形不改变

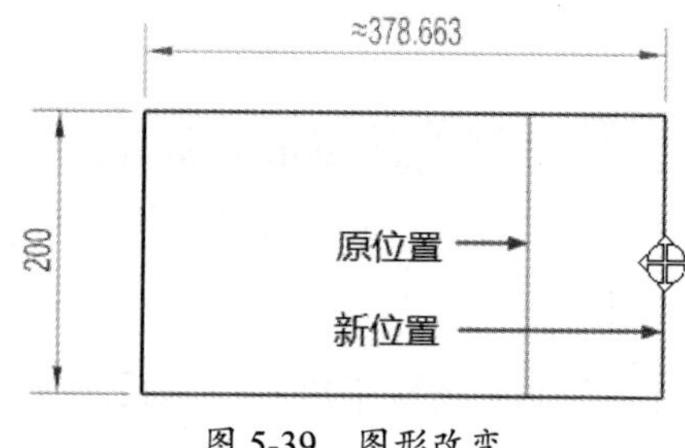

图 5-39 图形改变

5.2.3 转换至/自参考对象

使用【转换至/自参考对象】命令可以将草图曲线（不是点）或草图尺寸由活动对象转换为参考对象，或者由参考对象转换为活动对象。

在【菜单】下拉菜单中选择【工具】|【转换至/自参考对象】命令，弹出【转换至/自参考对象】对话框，如图 5-40 所示。

该对话框中的部分选项含义如下所述。

- 选择对象：选择一个或多个要转换的对象。
- 选择投影曲线：转换草图曲线投影的所有输出曲线。如果投影曲线的数量增加，则采用相同的活动状态或参考状态将新曲线添加到草图中。
- 参考曲线或尺寸：如果要转换的对象是活动曲线或驱动尺寸，则将其转换成参考曲线或参考尺寸。
- 活动曲线或尺寸：如果要转换的对象是参考曲线或参考尺寸，则将其转换成活动曲线（实线）或驱动尺寸。

在一般情况下，使用双点画线这种线型来显示参考曲线，如图 5-41 所示。

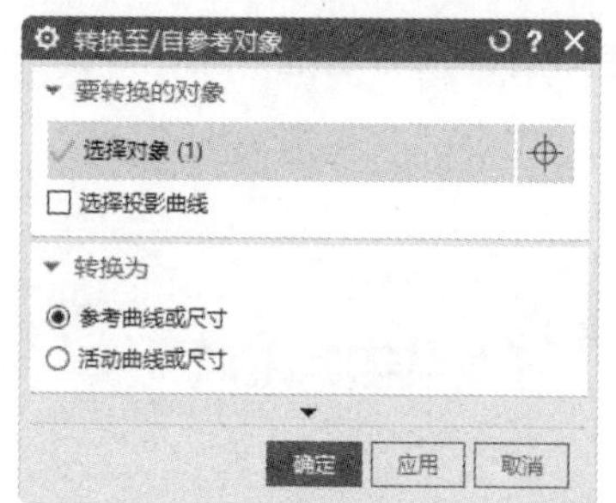

图 5-40 【转换至/自参考对象】对话框

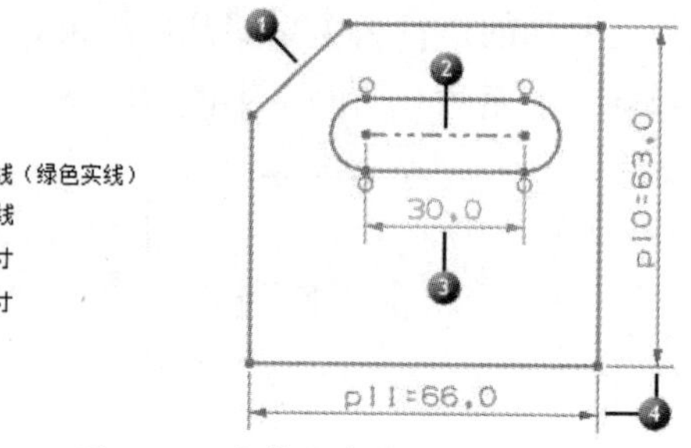

图 5-41 参考曲线的显示

5.3　综合案例——绘制手柄支架草图

绘制手柄支架草图的步骤如下所述。

（1）绘制尺寸基准线和定位线，如图 5-42 所示。

（2）绘制已知线段，如标注尺寸的线段，如图 5-43 所示。

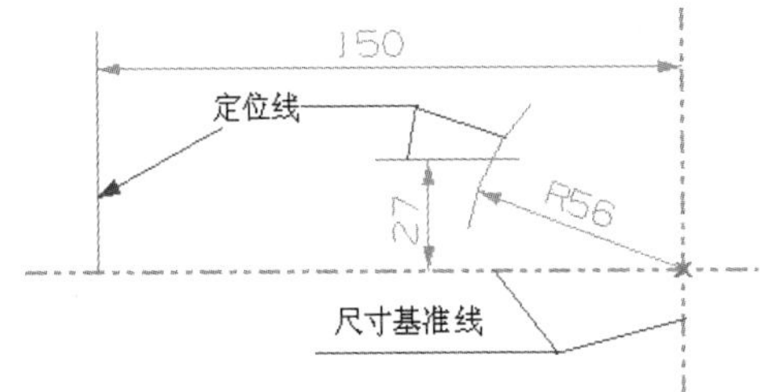

图 5-42　绘制尺寸基准线和定位线

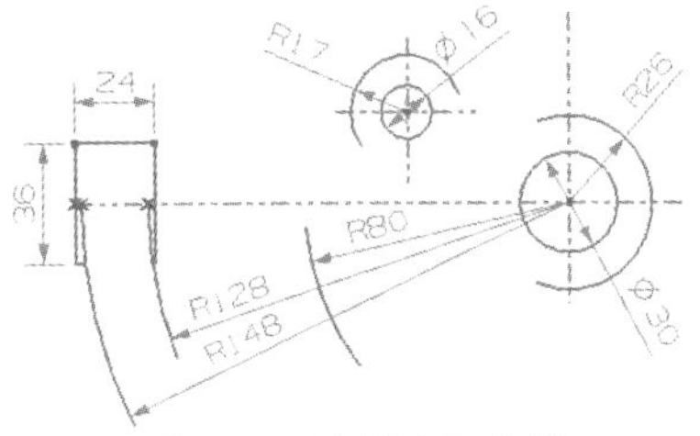

图 5-43　绘制已知线段

（3）绘制中间线段，如图 5-44 所示。

（4）绘制连接线段，如图 5-45 所示。

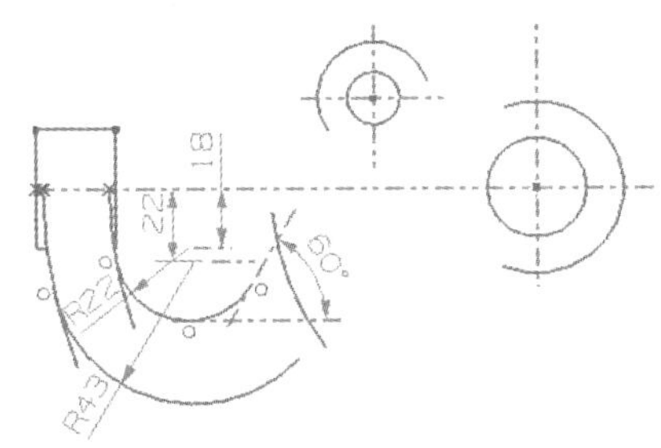

图 5-44　绘制中间线段

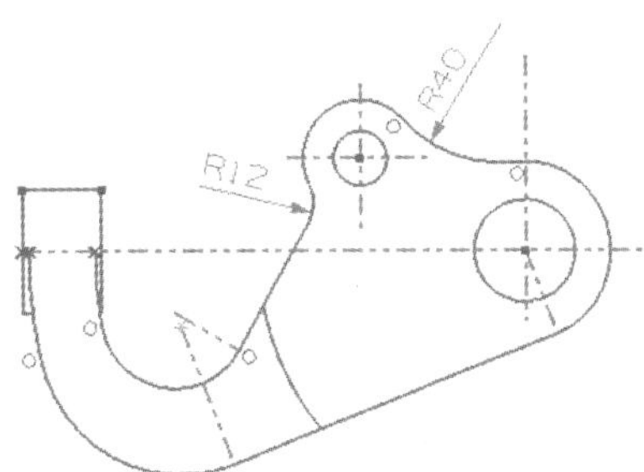

图 5-45　绘制连接线段

1．绘制尺寸基准线和定位线

① 在【主页】选项卡的【构造】面板中单击【草图】按钮，弹出【创建草图】对话框，单击【确定】按钮，以默认的草图平面进入草图任务环境。

② 在【曲线】面板中单击【圆弧】按钮，弹出【圆弧】对话框。在该对话框中设置【圆弧方法】为【中心和端点定圆弧】，【输入模式】为【坐标模式】，然后选择草图原点作为圆弧中心，并在浮动文本框中输入半径值【56】和扫掠角度值【45】，完成圆弧的绘制，如图 5-46 所示。

③ 使用【直线】命令绘制如图 5-47 所示的直线。将直线和圆弧转换为参考线。

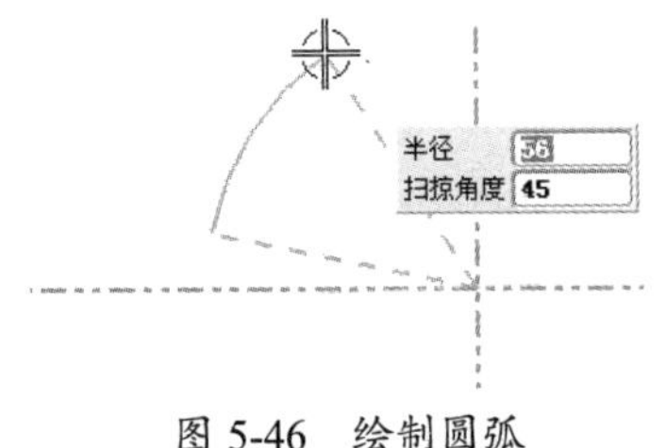

图 5-46　绘制圆弧

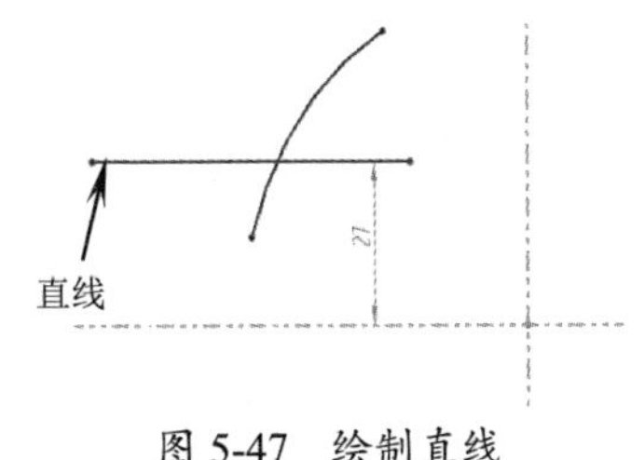

图 5-47　绘制直线

2．绘制已知线段

① 使用【圆】命令绘制 4 个圆，如图 5-48 所示。

② 使用【直线】命令绘制 4 条直线（已标注尺寸），如图 5-49 所示。

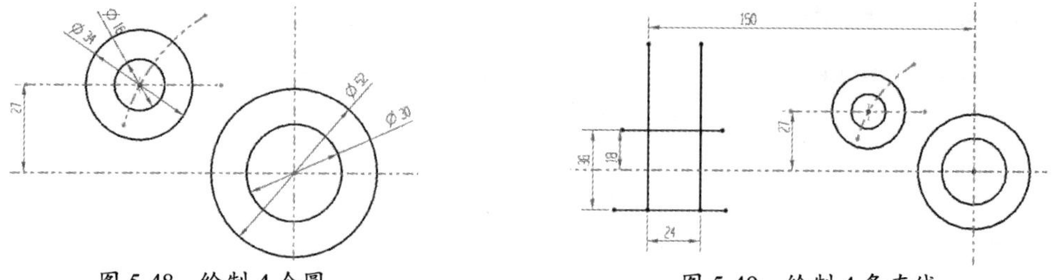

图 5-48　绘制 4 个圆　　　　图 5-49　绘制 4 条直线

③ 再次使用【直线】命令绘制如图 5-50 所示的直线（已标注尺寸）作为定位线。

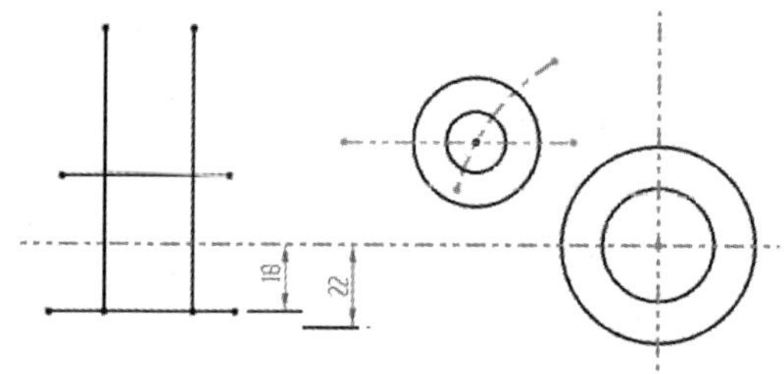

图 5-50　绘制定位线

④ 在【曲线】面板中单击【圆弧】按钮，保持默认的【圆弧方法】和【输入模式】设置。选择尺寸基准中心作为圆弧中心，然后在浮动文本框中输入半径值【148】和扫掠角度值【45】，并选择水平尺寸基准线上的任意一点作为圆弧起点，以及在水平尺寸基准线下方任选一点作为圆弧终点，绘制圆弧 1；同理，以相同的圆弧中心及起点、终点绘制半径为 128、扫掠角度为 25° 的圆弧 2，如图 5-51 所示。

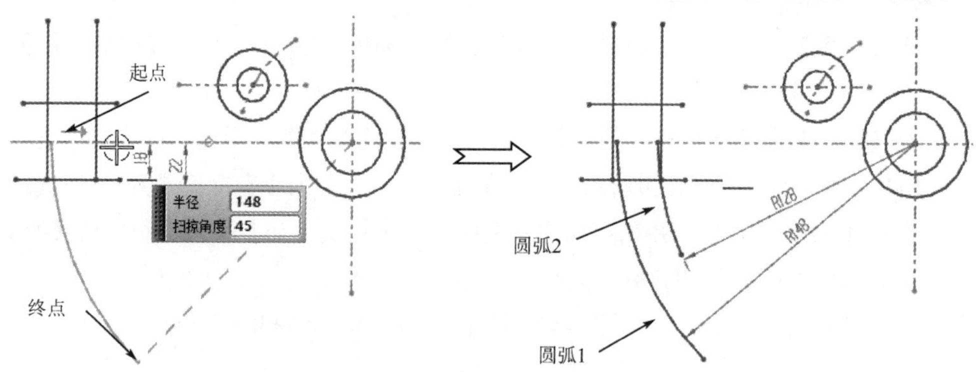

图 5-51　绘制圆弧 1 与圆弧 2

3．绘制中间线段

① 为了便于绘制后面的曲线，将先前绘制的尺寸基准线、定位线及曲线全部约束为完全固定。

技巧点拨：

将先前绘制的尺寸基准线、定位线及曲线全部约束为完全固定，是为了避免后面绘制的曲线与先前的曲线在进行约束时产生移动，否则会导致尺寸不精确。

② 在【曲线】面板中单击【圆弧】按钮，保持默认的【圆弧方法】和【输入模式】设置。在之前所绘制的定位线上选择一点作为圆弧中心，然后在浮动文本框中输入半径值【22】和扫掠角度值【180】，并选择任意一点作为圆弧起点、任意一点作为圆弧终点，绘制圆弧 3，如图 5-52 所示。

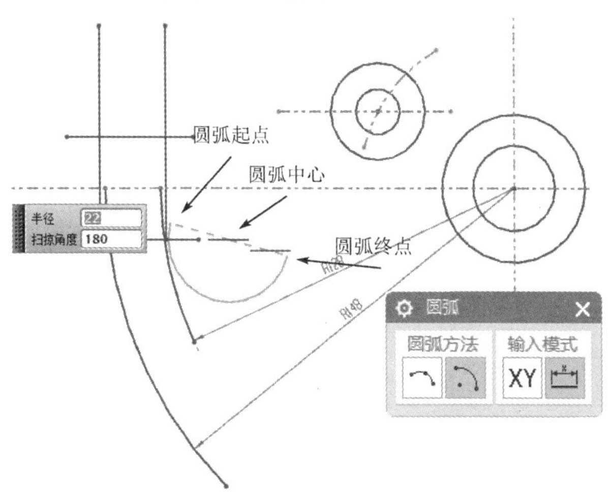

图 5-52　绘制圆弧 3

③ 选择圆弧 3 和已知的圆弧 2，在几何约束导航栏中将它们的约束类型设置为【设为相切】（即添加持久关系的相切约束），如图 5-53 所示。

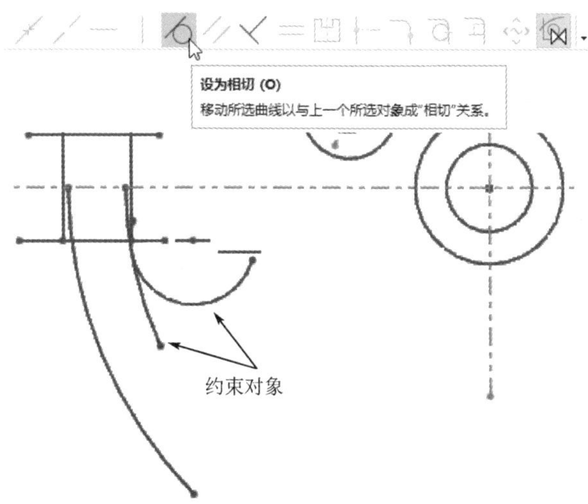

图 5-53　设置圆弧 3 与圆弧 2 的约束类型为【设为相切】

④ 以同样的操作方法绘制半径为 43 的圆弧 4，并且该圆弧中心在另一条定位线上，与半径为 148 的已知圆弧相切，如图 5-54 所示。

⑤ 绘制一条直线，使其与圆弧 3 相切，且与水平基准线平行，选择此直线作为定位线。使用【转换为参考】命令将其转换为参考线，如图 5-55 所示。

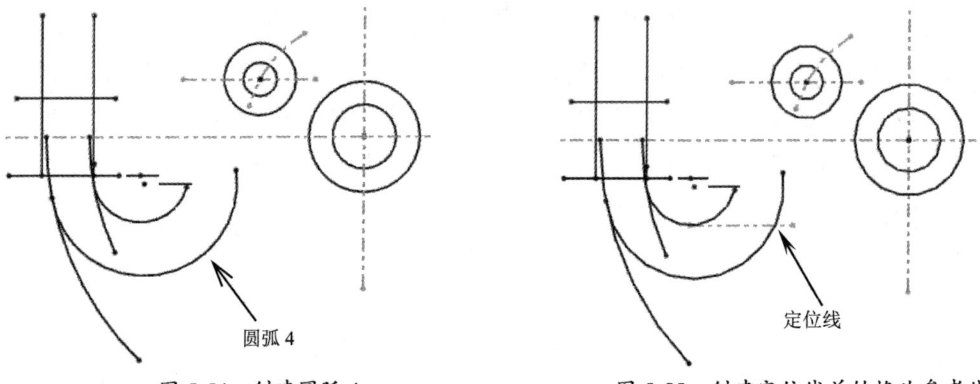

图 5-54 创建圆弧 4　　图 5-55 创建定位线并转换为参考线

⑥ 再绘制一条中间线段，使其与定位线形成 60° 的夹角，并相切于圆弧 3，如图 5-56 所示。

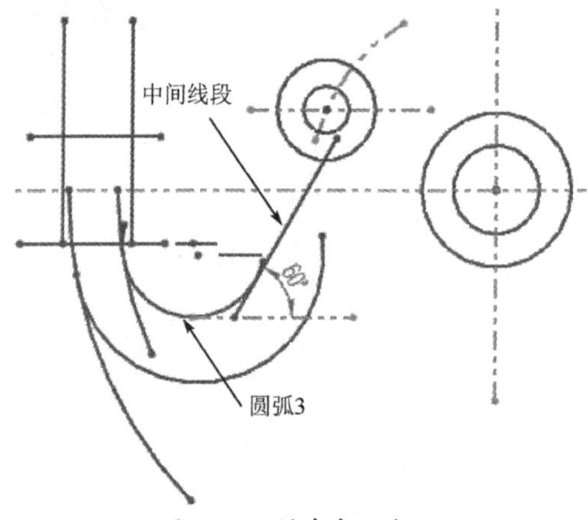

图 5-56 创建中间线段

4．绘制连接线段

① 使用【直线】命令创建一条连接直线，使其与圆弧 4 和直径为 52 的圆相切，如图 5-57 所示。

② 在【曲线】面板中单击【圆角】按钮，弹出【圆角】对话框。在浮动文本框中输入半径值【40】，选择两条圆弧作为圆角曲线的创建对象，随后程序会自动创建连接圆角曲线 1，如图 5-58 所示。

③ 将浮动文本框中的半径值修改为 12，选择中间线段和已知圆弧作为圆角曲线的创建对象，随后程序会自动创建连接圆角曲线 2，如图 5-59 所示。

④ 使用【圆弧】命令以尺寸基准线中心为圆弧中心，创建半径为 80、扫掠角度为 60° 的圆弧，如图 5-60 所示。

⑤ 使用【修剪】命令将草图中多余的曲线修剪掉，结果如图 5-61 所示。

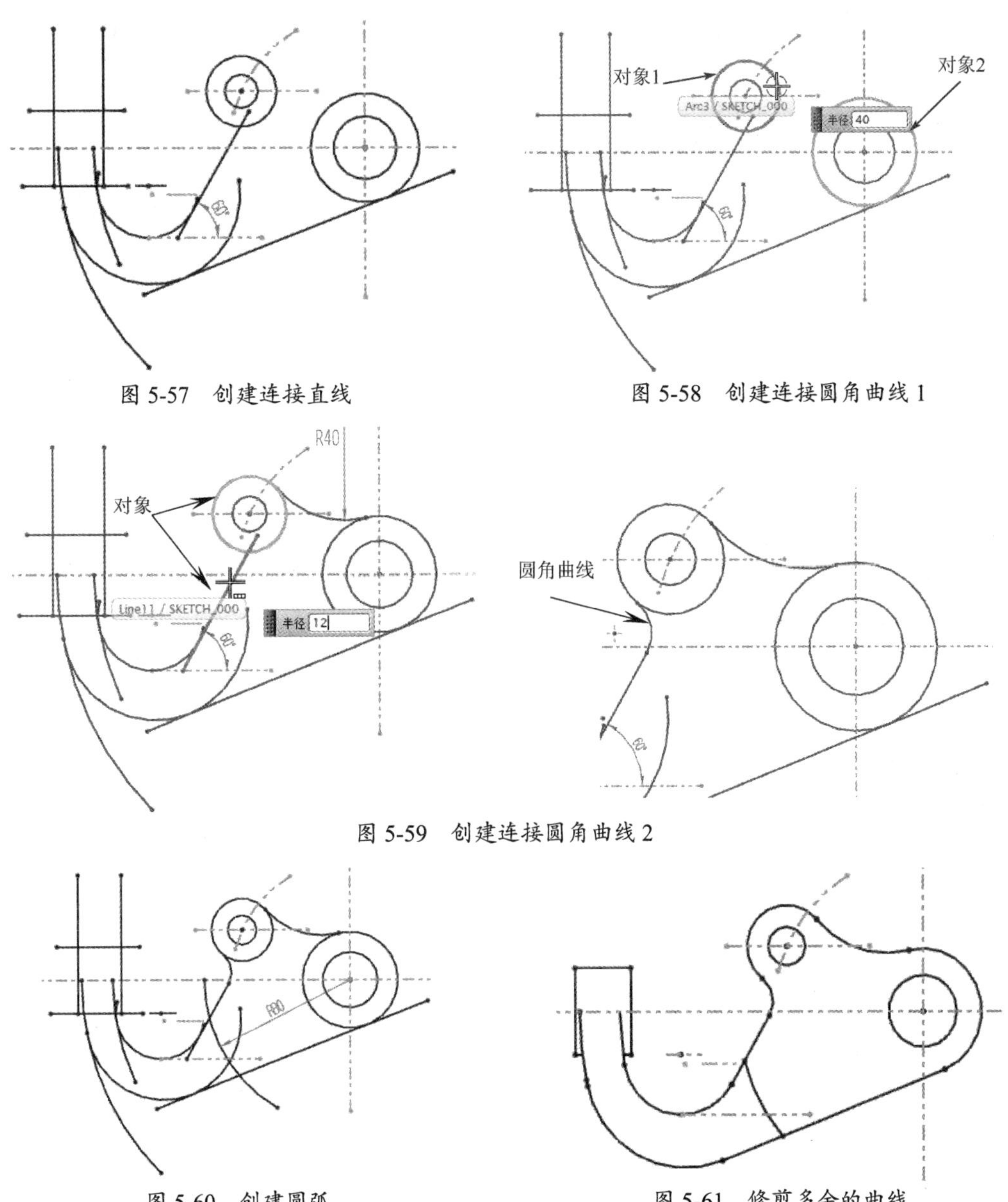

图 5-57 创建连接直线

图 5-58 创建连接圆角曲线 1

图 5-59 创建连接圆角曲线 2

图 5-60 创建圆弧

图 5-61 修剪多余的曲线

⑥ 至此，手柄支架的草图绘制完成。

第 6 章

构建产品造型曲线

本章内容

在工业产品的造型设计过程中，造型曲线是创建曲面的基础。曲线创建得越平滑，曲率越均匀，获得的曲面效果越好。此外，使用不同类型的曲线作为参照，可以创建各种样式的曲面效果。例如，使用规则曲线可以创建规则曲面，而使用不规则曲线可以获得不同的自由曲面效果。

本章将重点讲解产品造型曲线的基本概念与曲面造型实战应用。

知识要点

- ☑ 产品造型曲线概述
- ☑ 以数学形式定义的曲线
- ☑ 过点、极点或用参数定义的曲线
- ☑ 文本曲线

6.1　产品造型曲线概述

曲线是构成实体的基础，也是产品造型时构建曲面所必需的“骨架”。在 UG NX 2007 中，可以创建直线、圆弧、圆、样条等简单曲线，也可以创建矩形、多边形、文本、螺旋形等复杂曲线，如图 6-1 所示。

图 6-1　曲线

6.1.1　曲线基础

曲线可以被看作一个点在空间连续运动的轨迹。按点的运动轨迹是否在同一平面上，可以将曲线分为平面曲线和空间曲线；按点的运动有无一定规则，可以将曲线分为规则曲线和不规则曲线。

1．曲线的投影性质

因为曲线是点的集合，将曲线上的一系列点投影，并将各点的同面投影依次光滑连接，就可以得到该曲线的投影，这是绘制曲线投影的一般方法。若能绘制出曲线上的一些特殊点（如最高点、最低点、最左点、最右点、最前点及最后点等），则可以更确切地表示曲线。

曲线的投影一般仍为曲线，如图 6-2 所示的曲线 *L*，当它向投影平面进行投影时，会形成一个投影柱面，该柱面与投影平面的交线必定为一条曲线，因此曲线的投影仍为曲线；曲线的点的投影属于该曲线在同一投影平面上的投影，如图 6-2 所示的点 *D* 属于曲线 *L*，则它的投影 *d* 必定属于曲线的投影 *l*；曲线某点的切线的投影与该曲线在同一投影平面的投影仍相切于切点的投影。

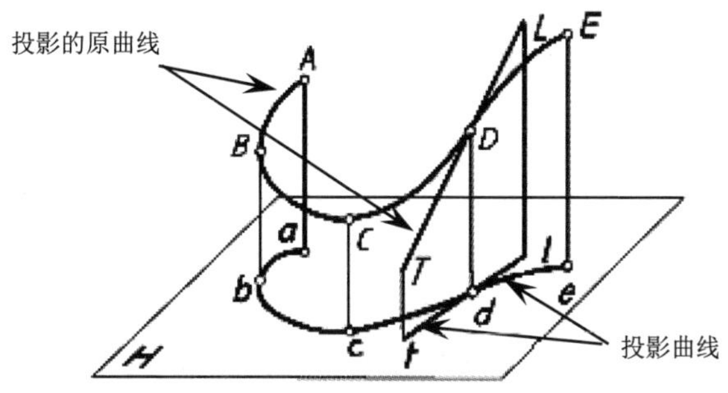

图 6-2　将曲线投影到投影平面上

2．曲线的阶次

由不同幂指数变量组成的表达式被称为多项式。多项式中的最大指数被称为多项式的阶次。例如：$5x^3+6x^2-8x=10$（阶次为 3），$5x^4+6x^2-8x=10$（阶次为 4）。

曲线的阶次用于判断曲线的复杂程度，而不是精确程度。简单来说，曲线的阶次越高，曲线就越复杂，计算量就越大。使用低阶次曲线会更加灵活，更加靠近它们的极点，从而使得后续操作（显示、加工、分析等）的运行速度更快，便于与其他 CAD 系统进行数据交换（许多 CAD 系统只接受三次曲线）。

使用高阶次曲线通常会带来如下弊端：灵活性差，可能会引起不可预知的曲率波动，造成与其他 CAD 系统进行数据交换时的信息丢失，使得后续操作（显示、加工、分析等）的运行速度变慢。一般来讲，最好使用低阶多项式。这就是在 UG、Pro/E 等 CAD 软件中默认的曲线阶次都比较低的原因。

3．规则曲线

顾名思义，规则曲线就是按照一定规则分布的曲线。根据结构分布特点，可以将规则曲线分为平面规则曲线和空间规则曲线。若曲线上所有的点都属于同一平面，则将该曲线称为平面规则曲线。常见的圆、椭圆、抛物线和双曲线等都属于平面规则曲线。若曲线上有任意 4 个连续的点不属于同一平面，则称该曲线为空间规则曲线。常见的空间规则曲线有圆柱螺旋线和圆锥螺旋线，如图 6-3 所示。

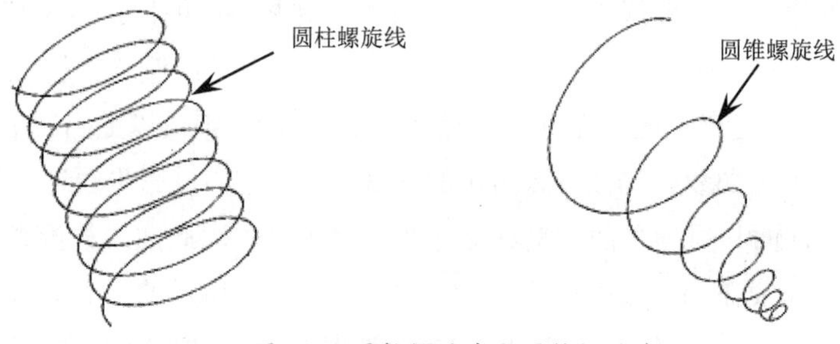

图 6-3　圆柱螺旋线和圆锥螺旋线

4．不规则曲线

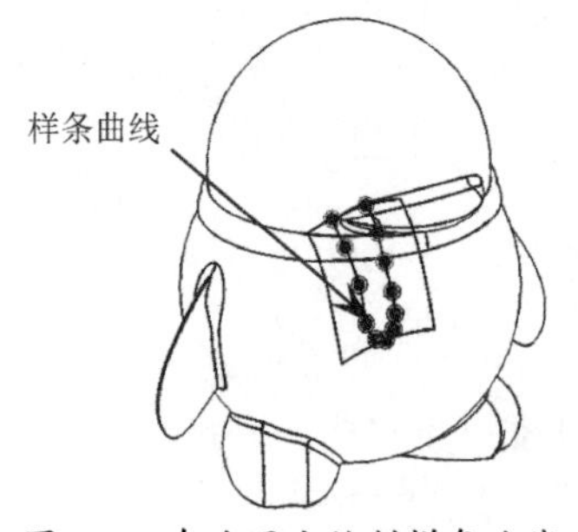

图 6-4　在曲面上绘制样条曲线

不规则曲线又称自由曲线，是指形状比较复杂、不能用二次方程准确描述的曲线。自由曲线广泛应用于汽车、飞机、轮船等计算机辅助设计中，其获得方式有两种：一种是由已知的离散点确定曲线，通常使用样条曲线和草绘曲线来获得，图 6-4 所示为在曲面上绘制样条曲线；另一种是对已知自由曲线采用交互方式进行修改，使其满足设计要求，即对样条曲线或草绘曲线进行编辑来获得。

6.1.2　NURBS 样条曲线（B 样条曲线）

UG 生成的样条曲线为 NURBS 样条曲线（非均匀有理 B 样条曲线）。B 样条曲线拟合逼真，形状控制方便，是 CAD/CAM 领域描述曲线和曲面的标准。

1．样条阶次

样条阶次是指定义样条曲线的多项式公式的次数，UG 最高的样条阶次为 24，通常为三次样条曲线。

曲线的阶次用于判断曲线的复杂程度，而不是精确程度。对于一次、二次和三次的曲线，可以根据阶次判断曲线的顶点和曲率反向点的数量。例如：

顶点数=阶次+1　　　　　　　　曲率反向点数=阶次-2

2．样条曲线的段数

可以采用单段或多段的方式来创建样条曲线。

- 单段方式：单段样条曲线的阶次由定义点的数量控制（阶次=顶点数-1），因此单段样条曲线最多能使用 25 个点。这种方式会受到一定的限制。定义点的数量越多，样条阶次就越高，样条曲线的形状就会出现意外结果，所以一般不采用。
- 多段方式：多段样条曲线的阶次由用户指定（≤24），样条曲线定义点的数量没有限制，但最少比阶次多 1（如五次样条曲线，至少需要 6 个定义点）。在汽车设计中，一般采用阶次为 3～5 的样条曲线。

3．定义点

在定义样条曲线的点时，使用【根据极点】命令建立的样条曲线是没有定义点的，这是因为某些编辑样条曲线的命令会自动删除定义点。

4．节点

节点是每段样条曲线上的端点，主要是针对多段样条曲线而言的。单段样条曲线只有两个节点，即起点和终点。

6.1.3　UG 曲线设计命令

几何体是通过“点|线|面|体”的设计过程而形成的。因此，要设计一个好的曲面，其基础是构造精确的曲线，避免出现曲线重叠、交叉、断点等缺陷，否则会出现后续设计的系列问题。

有时需要通过曲线的拉伸、旋转等操作来构造实体特征；有时需要使用曲线创建曲面来进行复杂的实体造型。在特征建模过程中，曲线也经常被用作建模的辅助线（如定位线等）。另外，创建的曲线还可以被添加到草图中进行参数化设计。

UG NX 2007 的基本曲线功能包括构建曲线和编辑曲线。在建模环境中，构建曲线与编辑曲线的【曲线】选项卡如图 6-5 所示。

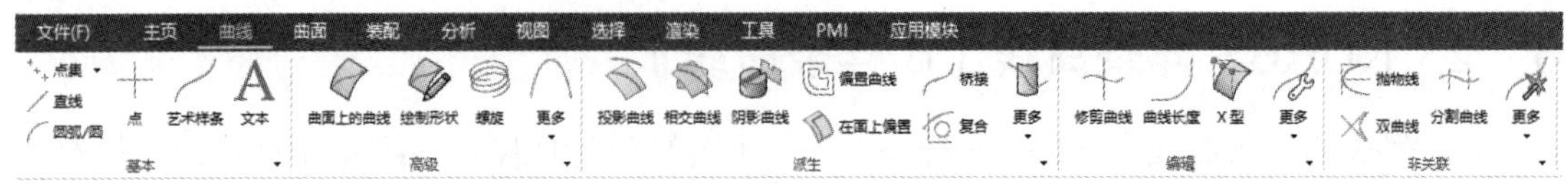

图 6-5 【曲线】选项卡

总的来说，UG 曲线设计命令分为两种曲线定义类型：以数学形式定义的曲线和过点、极点或用参数定义的曲线。

6.2 以数学形式定义的曲线

以数学形式定义的曲线设计命令包括【直线】、【圆弧/圆】、【椭圆】、【双曲线】、【抛物线】、【矩形】和【多边形】等。

6.2.1 直线

使用【直线】命令可以创建关联曲线特征。由于获取的直线类型取决于组合的约束类型，因此通过组合不同类型的约束，可以创建多种类型的直线。在使用【直线】命令时，可以在自定义平面上创建直线，也可以由系统自动判断一个支持平面，同时可以进行约束，如平行、法向、相切等，从而通过限制来定义直线的长度和位置。

动手操作——在两点之间创建直线

本例要求在两点之间创建直线，需要确定两个点的位置或坐标。

① 打开本例的配套资源文件【6-1.prt】。

② 在【曲线】选项卡的【基本】面板中单击【直线】按钮 ，弹出【直线】对话框。

③ 选择曲面左下角的端点作为直线起点，并选择曲面右上角的端点作为直线终点，单击【确定】按钮，完成直线的创建，如图 6-6 所示。

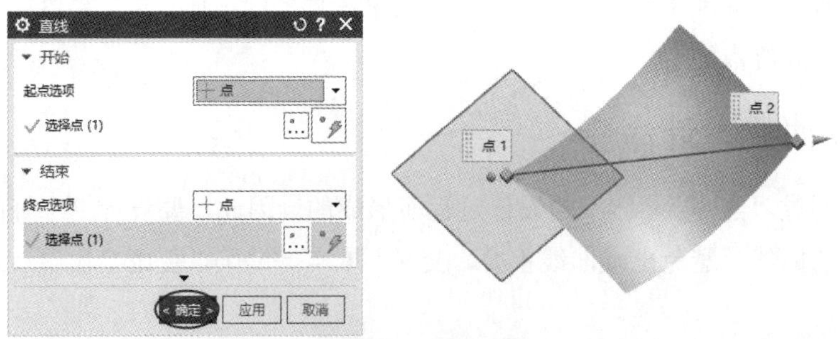

图 6-6 创建直线

提示：

在选择端点时，需要单击上边框条中的【启用捕捉点】按钮 ，打开点捕捉模式，否则无法选择端点。

动手操作——创建平行于坐标轴的直线

本例要求创建平行于坐标轴的直线，并且已知直线的起点位置。

① 新建名称为【6-2】的模型文件。
② 在【曲线】选项卡的【基本】面板中单击【直线】按钮╱，弹出【直线】对话框。
③ 选择基准坐标系的原点作为直线起点。然后在【结束】选项区的【终点选项】下拉列表中选择【XC 沿 XC】选项，在【限制】选项区设置【终止限制】的距离值为【100】，单击【确定】按钮，完成直线的创建，如图 6-7 所示。

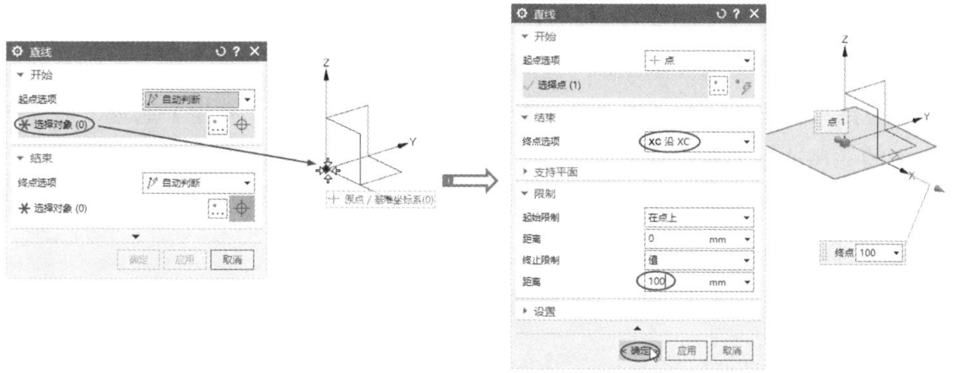

图 6-7　创建平行于坐标轴的直线

技巧点拨：

如果新建立的建模环境中没有显示基准坐标系，则可以在【部件导航器】中右击【基准坐标系】选项，并在弹出的快捷菜单中选择【显示】命令，即可显示系统默认创建的基准坐标系。

动手操作——创建与实体表面垂直的直线

本例要求创建与实体表面垂直的直线。
① 打开本例的配套资源文件【6-3.prt】。
② 在【曲线】选项卡的【基本】面板中单击【直线】按钮╱，弹出【直线】对话框。
③ 在图形区中选择实体模型的一个顶点作为直线起点。
④ 在【结束】选项区的【终点选项】下拉列表中选择【法向】选项。然后选择实体表面作为法向参考。
⑤ 在【限制】选项区设置【终止限制】的距离值为【100】，单击【确定】按钮，完成直线的创建，如图 6-8 所示。

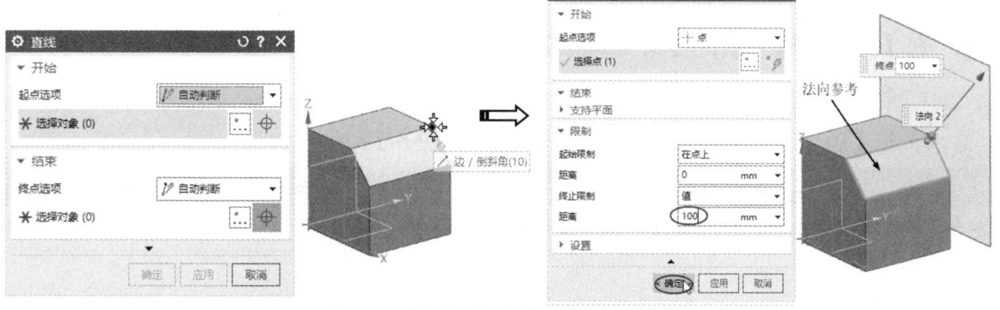

图 6-8　创建与实体表面垂直的直线

技巧点拨：

实体的表面既可以是平面，也可以是曲面。

动手操作——创建与直线或实体边线成一定角度的直线

本例要求创建与直线或实体边线成一定角度的直线。

① 打开本例的配套资源文件【6-4.prt】。

② 在【曲线】选项卡的【基本】面板中单击【直线】按钮⁄，弹出【直线】对话框。

③ 在图形区中选择实体模型的一个顶点作为直线起点。

④ 在【结束】选项区的【终点选项】下拉列表中选择【成一角度】选项，再选择实体上的一条边作为角度参考。

⑤ 在【结束】选项区的【角度】文本框中输入旋转角度值【70】，单击【确定】按钮，完成直线的创建，如图 6-9 所示。

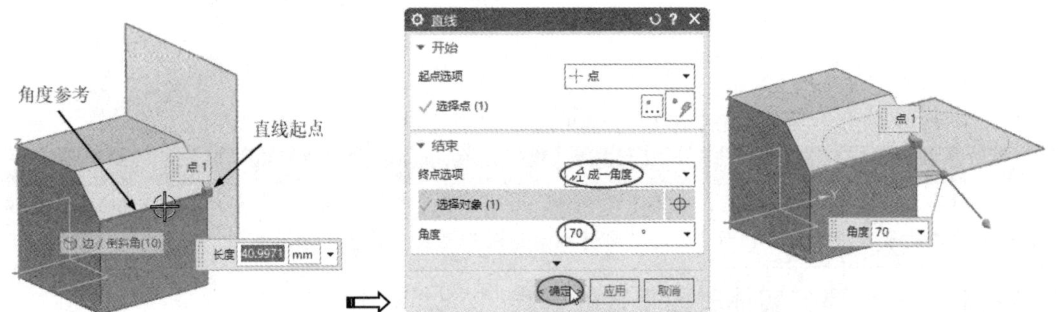

图 6-9 创建与直线或实体边线成一定角度的直线

技巧点拨：

在【终点选项】下拉列表中选择【自动判断】选项后，用户可以直接选择参考线或实体边线，系统会自动确定为【成一角度】选项模式。

动手操作——创建与已知圆或圆弧相切的直线

本例要求创建与已知圆或圆弧相切的直线。

① 打开本例的配套资源文件【6-5.prt】。

② 在【曲线】选项卡的【基本】面板中单击【直线】按钮⁄，弹出【直线】对话框。

③ 在图形区中选择实体模型的一个顶点作为直线起点。

④ 在【结束】选项区的【终点选项】下拉列表中选择【相切】选项，再选择实体上的一条圆曲线作为相切参考。

⑤ 单击【确定】按钮，完成直线的创建，如图 6-10 所示。

技巧点拨：

如果直线有多个解，则可以单击【备选解】按钮切换选项。

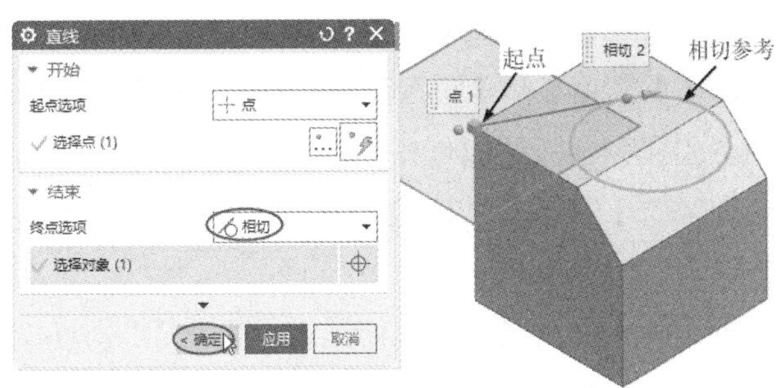

图 6-10　创建与已知圆或圆弧相切的直线

6.2.2　圆弧/圆

使用【圆弧/圆】命令可以在指定的支持平面上创建圆弧曲线或圆曲线。由于创建的圆弧/圆类型取决于组合的约束类型，因此通过组合不同类型的约束，可以创建多种类型的圆弧/圆。创建圆弧/圆有两种方式：三点画圆弧、从中心开始的圆弧/圆，如图 6-11 所示。

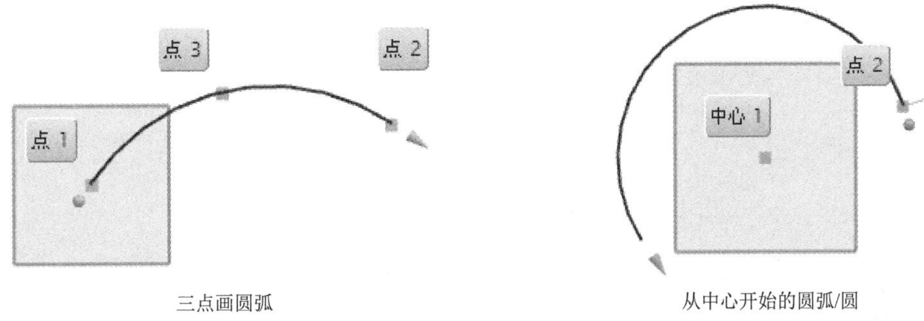

三点画圆弧　　从中心开始的圆弧/圆

图 6-11　创建圆弧/圆的两种方式

圆弧的相关参数含义如下所述。

- 起点：圆弧的起点，可以通过自动判断、点、相切来确定。
- 端点：圆弧的终点，可以通过自动判断、点、相切、半径来确定。
- 中点：圆弧上的点，可以通过自动判断、点、相切、半径来确定。
- 半径：圆弧所在圆的半径，在配合终点、中点使用半径时输入。
- 支持平面：直线所在平面，可以使用自动平面、锁定平面、平面工具来确定。
- 限制：定义圆弧的起点、终点角度，可以通过点、值、直至选定的对象来限制。
- 设置：直线的关联性、创建备选圆角。
- 补弧：当绘制圆弧时，设置圆弧的一部分或另一部分的取舍。

动手操作——创建过两点指定半径的圆弧

本例要求创建过两点（已知位置）指定半径的圆弧。

① 打开本例的配套资源文件【6-6.prt】。

② 在【曲线】选项卡的【基本】面板中单击【圆弧/圆】按钮，弹出【圆弧/圆】对话框。

③ 在类型下拉列表中选择【三点画圆弧】选项。

④ 保持默认的【起点】选项区和【端点】选项区的选项设置，在图形区中选择已知两条直线的端点分别作为圆弧的起点和终点。选择右侧直线的端点作为圆弧的终点。

⑤ 在【中点】选项区的【中点选项】下拉列表中选择【半径】选项，设置【半径】为【100】，并按【Enter】键确认。

⑥ 此时根据预览的圆弧来判断是否为所需圆弧。若不是，则可以在【限制】选项区中单击【补弧】按钮，将此时预览的圆弧切换为补弧。在确认无误后，单击【确定】按钮，完成圆弧的创建，如图 6-12 所示。

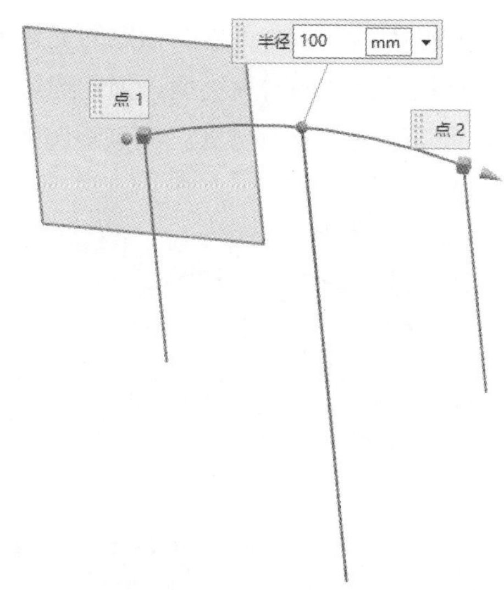

图 6-12　创建过两点指定半径的圆弧

技巧点拨：

如果需要创建整圆，则可以在【限制】选项区中勾选【整圆】复选框。【限制】选项区在默认状态下是收拢的，需要在【圆弧/圆】对话框底部（在【确定】按钮上面）单击【更多】按钮展开该选项区。

动手操作——创建过一点且相切于曲线的整圆

本例要求创建过一点且相切于曲线的整圆。

① 打开本例的配套资源文件【6-7.prt】。

② 在【曲线】选项卡的【基本】面板中单击【圆弧/圆】按钮，弹出【圆弧/圆】对话框。

③ 在类型下拉列表中选择【从中心开始的圆弧/圆】选项。

④ 在图形区中选择直线的端点作为圆弧中心点。在【通过点】选项区的【终点选项】下拉列表中选择【相切】选项，并在图形区中选择已知圆弧作为相切参考。

⑤ 在【限制】选项区中勾选【整圆】复选框，单击【确定】按钮，完成整圆的创建，如图 6-13 所示。

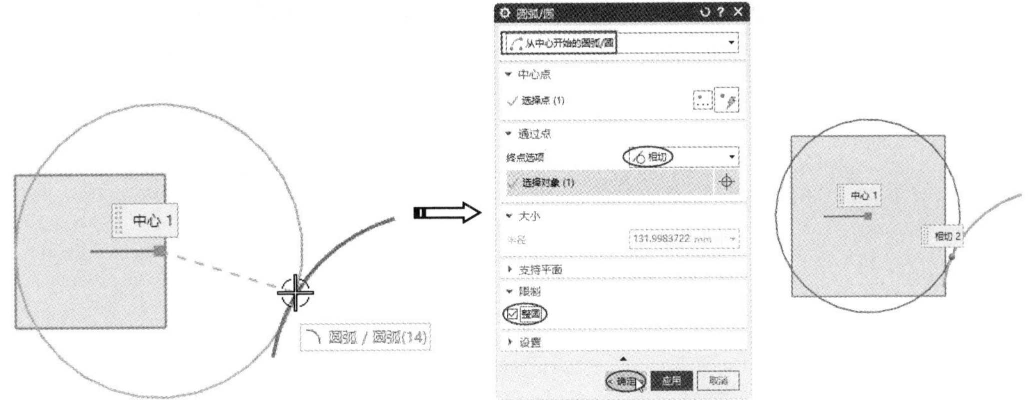

图 6-13　创建过一点且相切于曲线的整圆

6.2.3　椭圆

椭圆是机械上常用的一种曲线，椭圆上的任意一点到椭圆内两定点的距离之和相等。椭圆有两根轴：长轴和短轴（每根轴的中点都在椭圆的中心）。椭圆的最长直径就是长轴，最短直径就是短轴，长半轴值和短半轴值指的是长轴和短轴长度的 1/2，如图 6-14 所示。

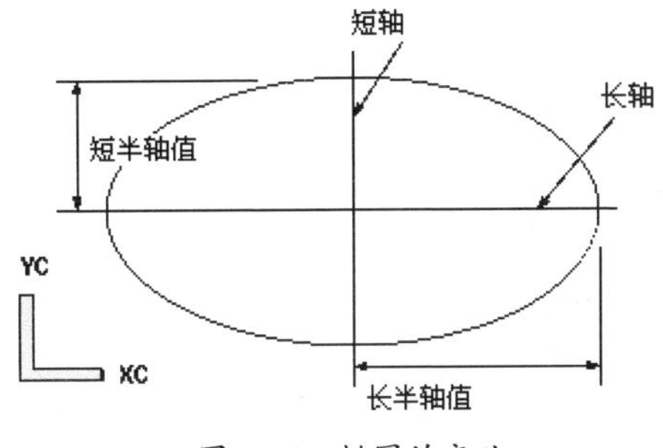

图 6-14　椭圆的定义

技巧点拨：

在初次打开 UG NX 2007 建模环境界面时，【曲线】选项卡的【基本】面板中不会显示【矩形】、【多边形】、【椭圆】、【曲线倒斜角】及【编辑圆角】等命令按钮，需要用户自行将这些命令调出来。

动手操作——创建椭圆

① 新建名称为【6-8】的模型文件。

② 在【菜单】下拉菜单中选择【插入】|【曲线】|【椭圆】命令，弹出【点】对话框。

③ 在输入椭圆圆心坐标值或在图形区中指定椭圆的圆心位置后，单击【确定】按钮，弹出【椭圆】对话框。在【椭圆】对话框中输入椭圆参数值，单击【确定】按钮，完成椭圆的创建，如图 6-15 所示。

技巧点拨：

【椭圆】命令是旧版本 UG 软件中的命令，在新版本 UG 软件中不再自动显示，可以通过【定制】命令将该命令调出来，放置在【菜单】下拉菜单中。也可以搜索【椭圆】命令，并在搜索到该命令后右击，在弹出的快捷菜单中选择【在菜单上显示】命令，将其放置在【菜单】下拉菜单中。

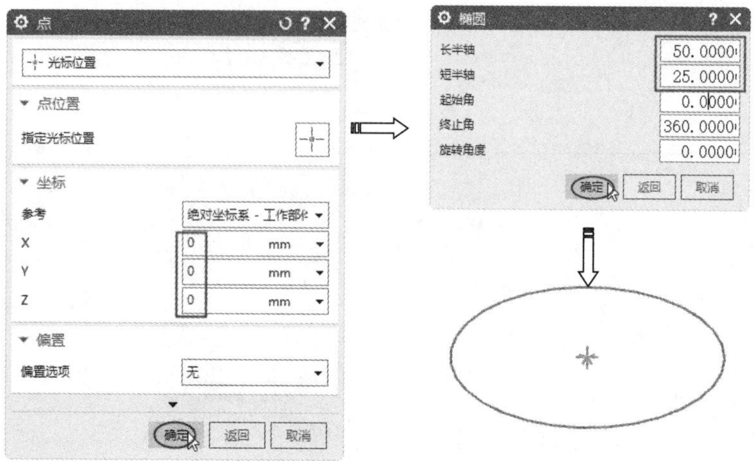

图 6-15　创建椭圆

6.2.4　双曲线

双曲线包含两条曲线，分别位于对称轴的两侧。在 UG NX 2007 中，只需构造其中的一条曲线即可，如图 6-16 所示。双曲线的中心在渐近线的交点处，对称轴通过该交点。双曲线从 XC 轴正方向绕中心旋转而来，位于平行于 XC-YC 平面的一个平面上。

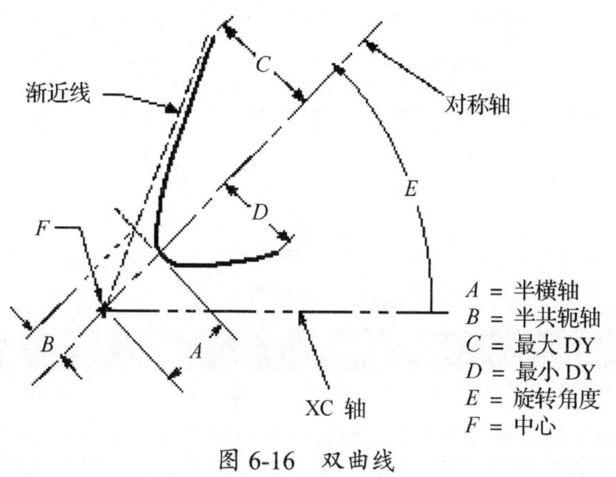

图 6-16　双曲线

技巧点拨：

双曲线有横轴和共轭轴两根轴，其参数 *A*、*B* 指的是它们的 1/2。双曲线的宽度限制参数为最大 DY 和最小 DY，它们决定了双曲线的长度。半横轴与 XC 轴之间的夹角定义了旋转角度 *E*，从 XC 轴正方向沿逆时针方向旋转。

动手操作——创建双曲线

① 新建名称为【6-9】的模型文件。

② 在【菜单】下拉菜单中选择【插入】|【曲线】|【双曲线】命令，弹出【点】对话框。

技巧点拨：

在默认的功能区选项卡中，【双曲线】命令在【基本】面板中也是没有的，同样需要用户在选项卡空白位置右击并在弹出的快捷菜单中选择【定制】命令，打开【定制】对话框，将【双曲线】命令拖动到【基本】面板的【更多】库中。也可以将定制的命令放置在其他选项卡或其他面板中。凡是功能区中没有显示的命令按钮，均可以按照此方法来调取命令。

③ 在输入双曲线的中心点坐标值后，单击【确定】按钮，弹出【双曲线】对话框。

④ 在【双曲线】对话框中输入双曲线的参数值，并单击【确定】按钮，完成双曲线的创建。操作步骤如图 6-17 所示。

图 6-17　创建双曲线的操作步骤

6.2.5　抛物线

抛物线是与一个点（焦点）的距离和与一条直线（准线）的距离相等的点的集合，如图 6-18 所示，抛物线的对称轴默认平行于 XC 轴。

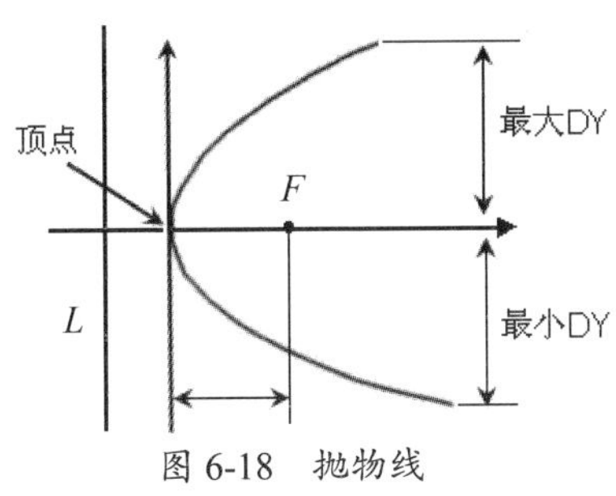

图 6-18　抛物线

动手操作——创建抛物线

① 新建名称为【6-10】的模型文件。

② 在【菜单】下拉菜单中选择【插入】|【曲线】|【抛物线】命令，弹出【点】对话框。

③ 在输入抛物线的中心点坐标值后，单击【确定】按钮，弹出【抛物线】对话框。

④ 在【抛物线】对话框中输入抛物线的参数值，并单击【确定】按钮，完成抛物线的

创建。操作步骤如图 6-19 所示。

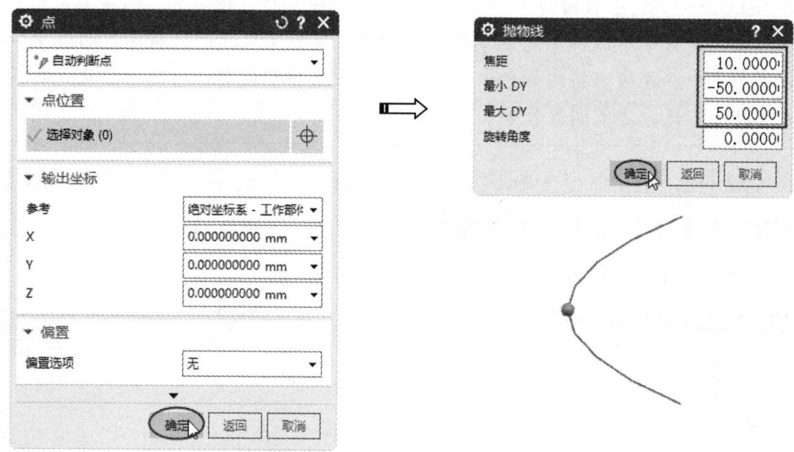

图 6-19　创建抛物线的操作步骤

6.2.6　矩形

使用【矩形】命令可以通过确定两个对角点的位置来创建矩形，默认创建在 XC-YC 平面上。在新版本 UG 软件中，【矩形】命令需要用户自行搜索并显示在【菜单】下拉菜单中。

动手操作——创建矩形

① 新建名称为【6-11】的模型文件。

② 在【菜单】下拉菜单中选择【插入】|【曲线】|【矩形】命令，弹出【点】对话框。在【点】对话框中输入矩形的第一角点的坐标值，或者直接在图形区中指定该点的位置。

③ 单击【确定】按钮，在【点】对话框中输入矩形的第二角点的坐标值。

④ 单击【点】对话框中的【确定】按钮，完成矩形的创建。操作步骤如图 6-20 所示。

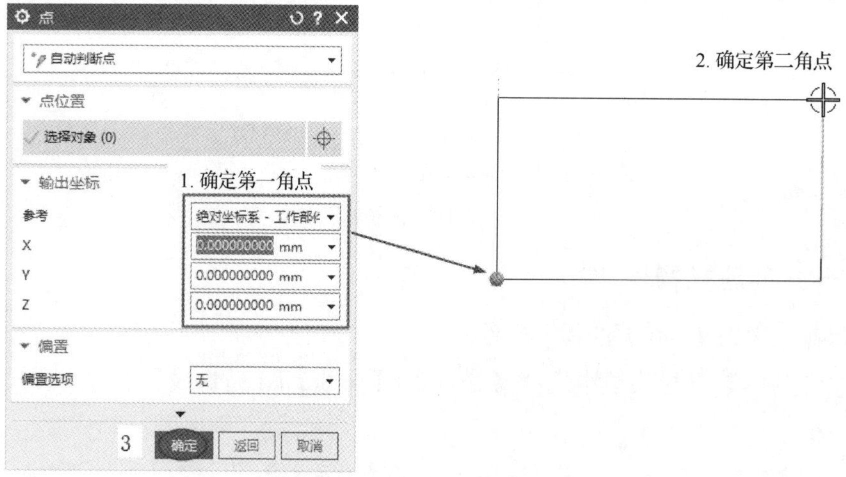

图 6-20　创建矩形的操作步骤

6.2.7　多边形

使用【多边形】命令可以创建边数从 3 到 N 的多边形，并且多边形都是正多边形（边长相等）。多边形的创建方式一共有 3 种，如图 6-21 所示。各种创建方式的含义如下所述。

- 内切圆半径：根据从原点到多边形最短的距离计算半径。
- 多边形边：根据侧边的长度计算多边形尺寸。
- 外接圆半径：根据从原点到多边形顶点的距离计算半径。

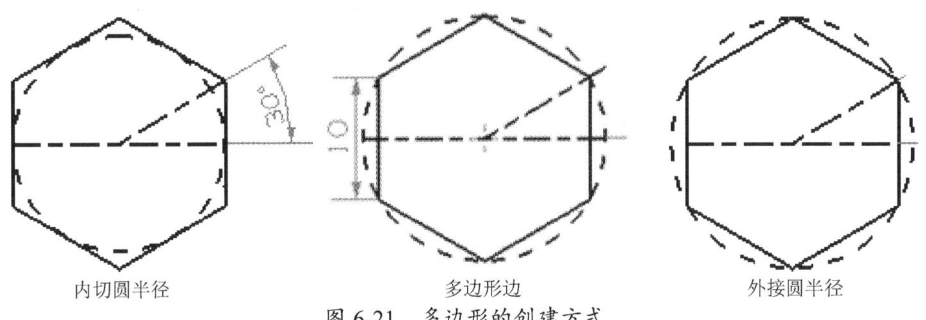

图 6-21　多边形的创建方式

动手操作——创建多边形

① 新建名称为【6-12】的模型文件。

② 在【菜单】下拉菜单中选择【插入】|【曲线】|【多边形】命令，弹出【多边形】对话框。【多边形】命令也需要用户自行调取并将其显示在【菜单】下拉菜单中。

③ 设置多边形的【边数】为【6】，单击【确定】按钮，然后选择多边形的创建方式为【内切圆半径】，并设置【内切圆半径】和【方位角】参数，最后通过【点】对话框指定多边形的中心点。操作步骤如图 6-22 所示。

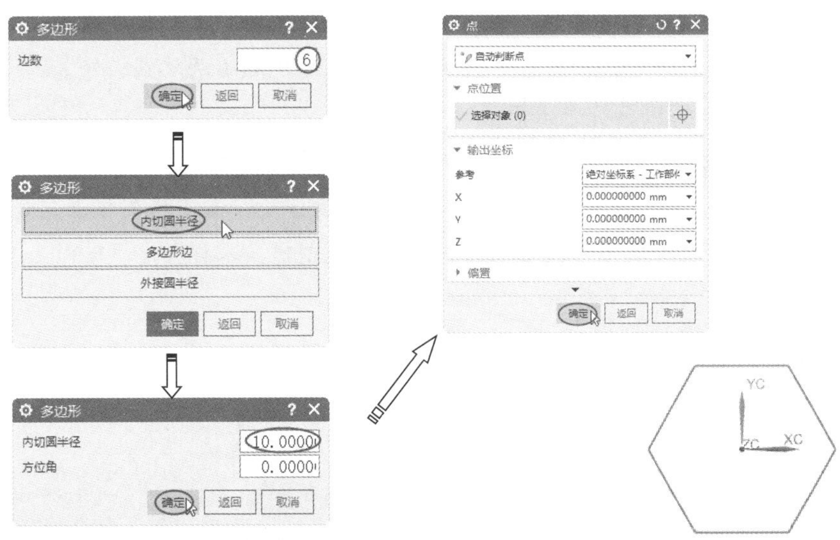

图 6-22　创建多边形的操作步骤

技巧点拨：

方位角是将直线从 XC 轴逆时针旋转所得的角度。

6.3 过点、极点或用参数定义的曲线

过点、极点或用参数定义的曲线包括艺术样条、曲面上的曲线、规律曲线、螺旋线等。

6.3.1 艺术样条

使用【艺术样条】命令可以用交互方式创建关联或非关联样条曲线。在通过拖动定义点或极点来创建样条曲线时，还可以在给定的点处或者对结束极点指定斜率或曲率。艺术样条作为设计中最常用的样条曲线，与其他样条曲线相比，它具有控制方便、编辑轻松、简单易懂的特点。艺术样条有两种创建方式：通过点和根据极点，如图 6-23 所示。

图 6-23　艺术样条的创建方式

- 通过点创建的艺术样条会通过指定的点。该方法通过指定艺术样条的各数据点，生成一条通过各定义点的艺术样条。
- 在根据极点创建艺术样条时，所指定的数据点为艺术样条的极点或控制点。艺术样条受极点的引力作用，但是艺术样条通常不经过极点（两端点除外）。

创建艺术样条要理解以下几个术语。

- 阶次：艺术样条平滑的因子。阶次越低曲线越弯曲，阶次越高曲线越平滑，如图 6-24 所示。对一般产品而言，样条曲线的阶次最好为 3～5。如果根据极点创建艺术样条，则点数一定要比阶次多 1 或 1 以上，否则不能创建艺术样条。

图 6-24　阶次逐渐增大的艺术样条

- 封闭的：通常使用的艺术样条是开放的，从一端开始，结束于另一端。如果需要使用封闭的艺术样条，则需要勾选【封闭的】复选框，如图 6-25 所示。

图 6-25　开放的和封闭的艺术样条

- 单段：艺术样条的分段数目。只有在使用根据极点方式创建艺术样条时才能开启。在开启之后，艺术样条由一段曲线组成，形状变化较大，只有两个节点。
- 匹配的结点位置：调整内部节点的位置以达到平滑的目的。只有在使用通过点方式创建艺术样条时才能开启。

动手操作——创建艺术样条

本例要求创建通过两点且相切于已知曲线的艺术样条。

① 打开本例的配套资源文件【6-13.prt】。

② 在【曲线】选项卡的【基本】面板中单击【艺术样条】按钮，弹出【艺术样条】对话框。

③ 单击左侧直线端点处，以确定艺术样条的第 1 点。在弹出的约束工具条中单击【G1】按钮，随后依次指定第 2 点和第 3 点（右侧直线端点），并再次单击【G1】按钮。

④ 单击【确定】按钮，完成艺术样条的创建，操作步骤如图 6-26 所示。

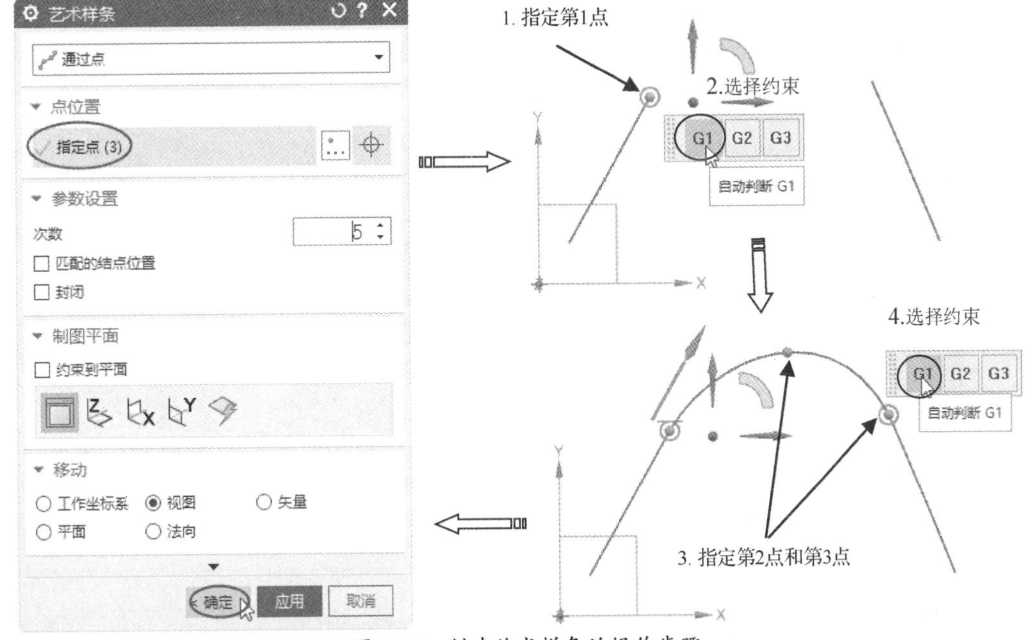

图 6-26　创建艺术样条的操作步骤

技巧点拨：

如果需要撤销或添加约束，直接右击并在弹出的快捷菜单中选择相应命令即可。

6.3.2 曲面上的曲线

使用【曲面上的曲线】命令可以在一个或多个曲面上直接创建样条曲线。它主要用于在过渡曲面或圆角曲面上定义相切控制线，或者定义修剪边。使用【曲面上的曲线】命令创建曲线的优势如下所述。

- 根据其他对象，使用 G0、G1 和 G2 连续性对曲面上的曲线进行相应的约束。
- 可在曲面上创建一条样条曲线，而不必将曲线投影到曲面上。
- 在曲面的 U、V 参数方向上约束曲线。
- 在创建过程中使用一整套编辑工具使曲线成型，可以方便地添加、编辑和删除曲线控制点。
- 在曲线编辑过程中可以拖动点手柄重定位样条通过点。

动手操作——创建曲面上的曲线

① 打开本例的配套资源文件【6-14.prt】。

② 在【曲线】选项卡的【高级】面板中单击【曲面上的曲线】按钮，弹出【曲面上的曲线】对话框。

③ 在图形区的模型上选择要创建样条曲线的参考面，在【样条约束】选项区中选择【指定点】选项，并在曲面上依次指定样条曲线通过的点。可以拖动点来改变样条曲线的形状。

④ 单击【确定】按钮，完成曲面上的曲线的创建，如图 6-27 所示。

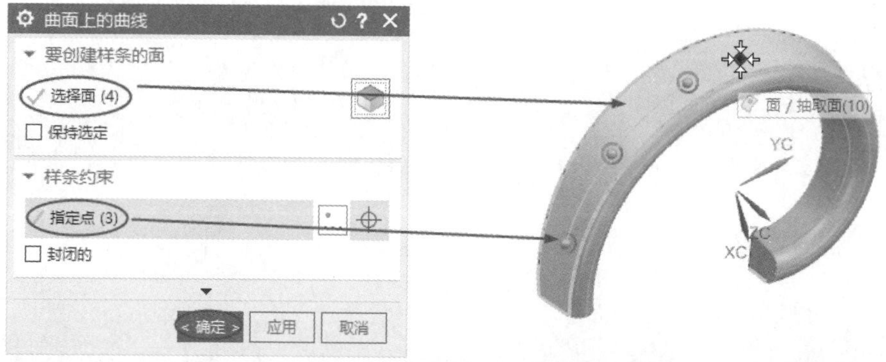

图 6-27 创建曲面上的曲线

技巧点拨：

在选择参考面时，需要在上边框条中的面规则下拉列表中选择【面的选择】选项，选择相切面、区域面、单个面等作为参考面。

6.3.3 规律曲线

使用【规律曲线】命令可以通过定义 *X*、*Y* 和 *Z* 分量来创建一定规律的曲线，如渐开线、正弦线等。创建规律曲线需要定义 *X*、*Y* 和 *Z* 分量，并指定每个分量的规律。规律曲线的规律类型一共有 7 种，如表 6-1 所示。【规律曲线】命令需要在功能区中显示出来。

表 6-1　规律曲线的规律类型

图　标	对 话 框	名　称	含　义
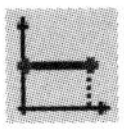	 规律曲线 X 规律 规律类型 恒定 值 0 mm	恒定	规律函数通过常数定义
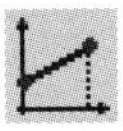	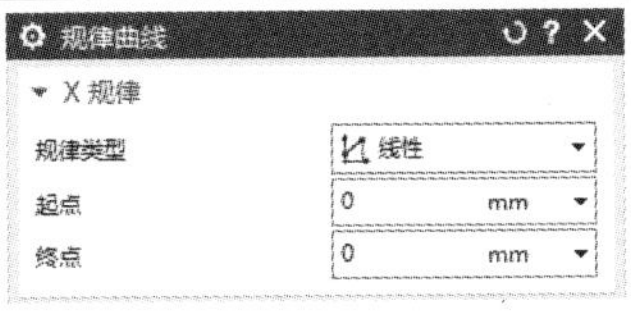 规律曲线 X 规律 规律类型 线性 起点 0 mm 终点 0 mm	线性	规律函数以线性变化率，在一个值到另一个值的范围内变化
	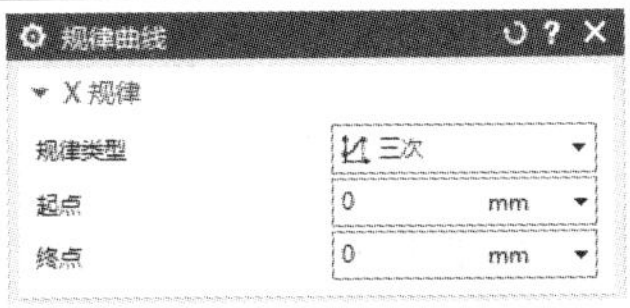 规律曲线 X 规律 规律类型 三次 起点 0 mm 终点 0 mm	三次	规律函数以三次变化率，在一个值到另一个值的范围内变化
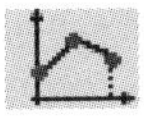	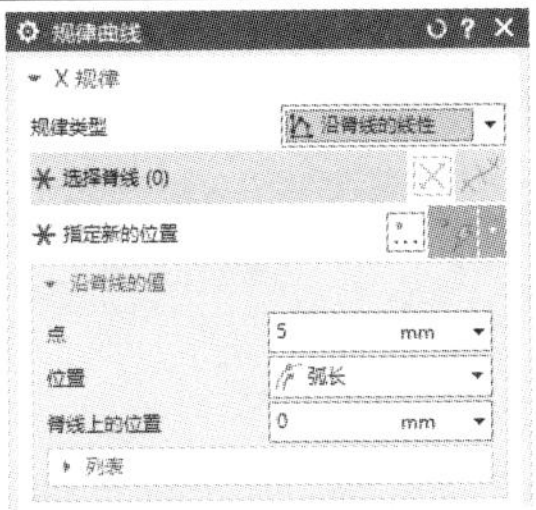 规律曲线 X 规律 规律类型 沿脊线的线性 选择脊线 (0) 指定新的位置 沿脊线的值 点 5 mm 位置 弧长 脊线上的位置 0 mm 列表	沿脊线的线性	规律函数以线性变化率，沿脊线定义的点对应的数值变化，操作步骤如下： （1）选择脊线。 （2）输入脊线上的点。 （3）选择输入规律。 （4）根据需要重复步骤（2）和步骤（3）。 （5）单击【确定】按钮退出
	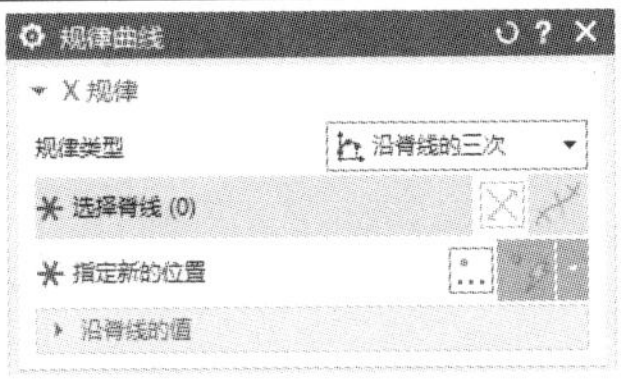 规律曲线 X 规律 规律类型 沿脊线的三次 选择脊线 (0) 指定新的位置 沿脊线的值	沿脊线的三次	规律函数以三次变化率，沿脊线定义的点对应的数值变化。操作步骤同上
	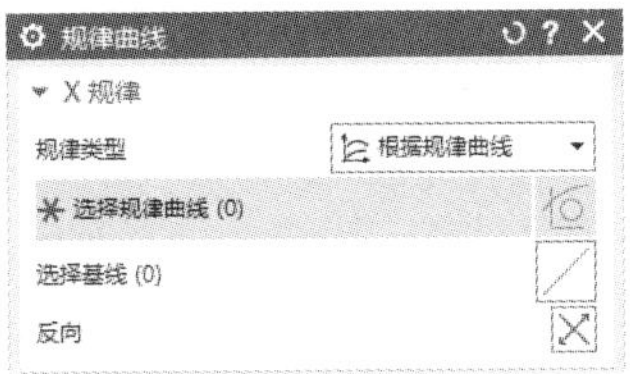 规律曲线 X 规律 规律类型 根据规律曲线 选择规律曲线 (0) 选择基线 (0) 反向	根据规律曲线	规律函数通过选择一条光顺的曲线来定义，操作步骤如下： （1）选择一条存在的规律曲线。 （2）选择一条基线，辅助选定所创建的曲线的方向。 （3）根据脊线上的点定义点
 fx	 规律曲线 X 规律 规律类型 根据方程 参数 t 函数 xt	根据方程	规律函数使用现有的表达式来定义，操作步骤如下： （1）以参数的形式使用表达式变量 *t*。 （2）将参数方程输入到表达式中。 （3）选择【根据方程】选项，识别所有的参数表达式并创建曲线

技巧点拨：

所有的规律曲线必须组合使用这些选项（即 X 分量可能是线性规律，Y 分量可能是等式规律，而 Z 分量可能是常数规律）。通过组合不同的选项，可以控制每个分量及样条曲线的数学特征。

动手操作——创建正弦线

本例要求创建长为 10mm，振幅为 5、周期为 3 个、相位角为 0 的正弦线。

① 新建名称为【6-15】的模型文件。

② 选择模板为建模，自定义文件名称和文件夹。单击【确定】按钮，退出【新建】对话框，进入建模模块。

③ 在【菜单】下拉菜单中选择【工具】|【表达式】命令，或者在【工具】选项卡的【实用工具】面板中单击按钮＝ 表达式(X)...，弹出【表达式】对话框。

④ 在【名称】列双击文本框并输入【t】，在【公式】列双击文本框并输入【1】，完成表达式 t=1 的输入。在对话框左侧的【操作】选项区中单击【新建表达式】按钮（或者在右侧的列中右击，在弹出的快捷菜单中选择【新建表达式】命令），以此类推，输入如图 6-28 所示的内容。最后单击【表达式】对话框中的【确定】按钮，完成所有表达式的设置并关闭【表达式】对话框。

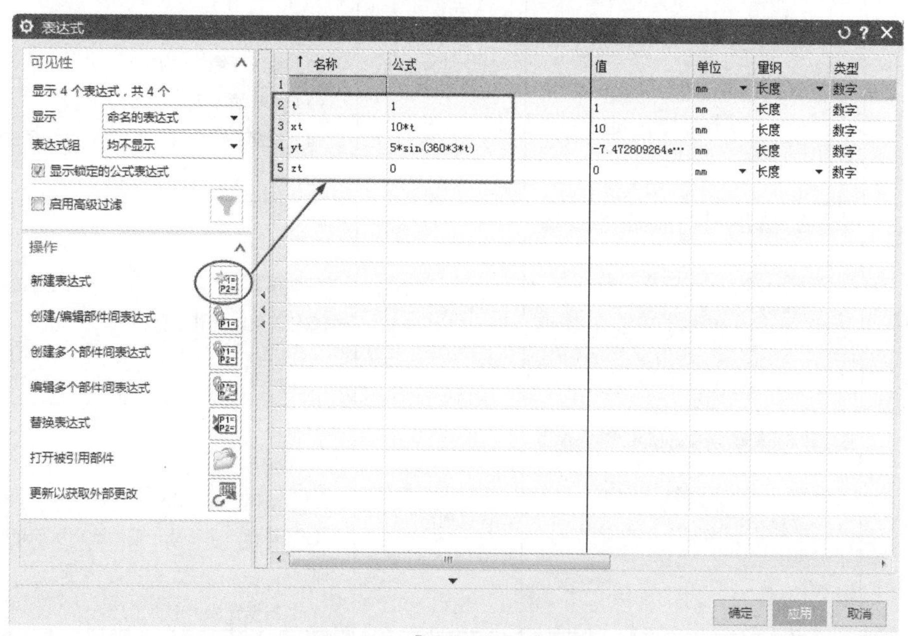

图 6-28 【表达式】对话框

技巧点拨：

【10*t】代表【x】从 0 变化到 10；【5*sin(360*3*t)】代表 5 倍振幅波动，3 个周期；【0】代表曲线在 Z=0 的 XC-YC 平面上。此外，当输入【xt】和【yt】的公式后，UG 不能立即进行计算，需要先单击【确定】按钮，关闭对话框，再打开【表达式】对话框。

⑤ 在【高级】面板的【更多】库中单击【规律曲线】按钮，弹出【规律曲线】对话框。

⑥ 由于已经定义了规律函数表达式，所以只需要设置【X 规律】【Y 规律】的【规律类型】为【根据方程】、【Z 规律】的【规律类型】为【恒定】，如图 6-29 所示。

⑦ 保持对话框中其余参数及选项的默认设置，单击【确定】按钮，完成正弦线的创建，如图 6-30 所示。

图 6-29　设置【X 规律】【Y 规律】【Z 规律】的【规律类型】

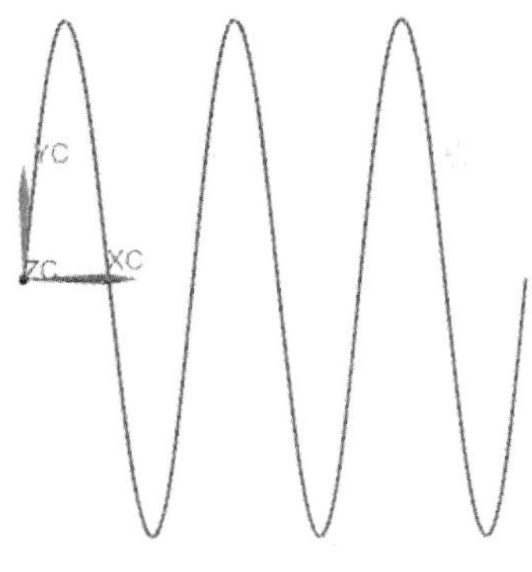

图 6-30　创建正弦线

动手操作——创建渐开线

本例要求创建长半径从 0 逐圈增加 3mm、周期为 6 个的渐开线。

① 新建名称为【6-16】的模型文件。

② 选择模板为建模，自定义文件名称和文件夹。单击【确定】按钮，退出【新建】对话框，进入建模模块。

③ 在【菜单】下拉菜单中选择【工具】|【表达式】命令，弹出【表达式】对话框。

④ 在【名称】列的文本框中输入【t】，在【公式】列的文本框中输入【1】。单击【完成】按钮，完成表达式 t=1 的输入。以此类推，完成表达式 xt=3* sin (360*6*t)*t 和表达式 yt=3*cos(360*6*t)*t 的输入，如图 6-31 所示。单击【确定】按钮，退出【表达式】对话框。

技巧点拨：

【360*6*t】代表 6 个周期，【3*cos(360*6*t)*t】代表从 0 到 3mm 的振幅增加。t 的单位必须为恒定的，在长度单位为 mm 的情况下不支持（t*t（t*t*t））等高阶次。

⑤ 在【高级】面板的【更多】库中单击【规律曲线】按钮，弹出【规律曲线】对话框。

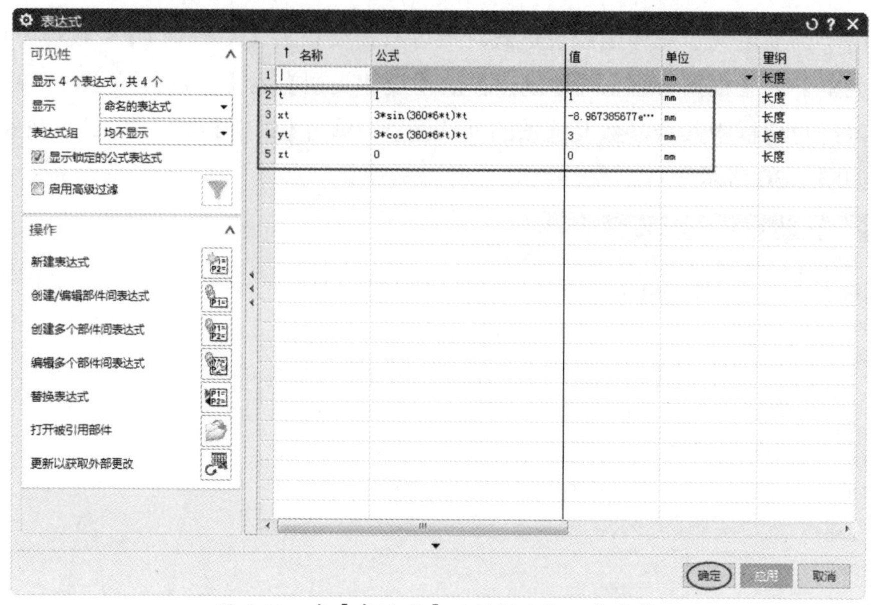

图 6-31　在【表达式】对话框中输入表达式

⑥　由于已经定义了规律函数表达式，所以只需要设置【X 规律】【Y 规律】的【规律类型】为【根据方程】、【Z 规律】的【规律类型】为【恒定】，如图 6-32 所示。

⑦　保持对话框中其余参数及选项的默认设置，单击【确定】按钮，完成渐开线的创建，如图 6-33 所示。

图 6-32　设置【X 规律】【Y 规律】【Z 规律】的【规律类型】

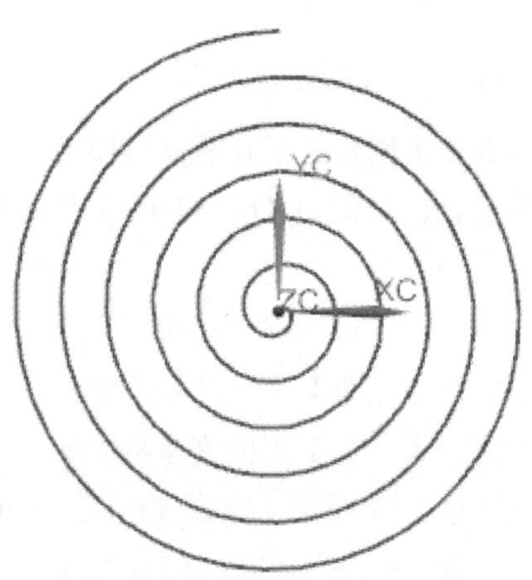

图 6-33　创建渐开线

6.3.4　螺旋线

螺旋线是机械上常见的一种曲线，主要用在弹簧上，如图 6-34 所示。螺旋线的半径一般是固定的，也有以一定规律增长的类型，螺旋线的高度=螺距×圈数。

螺旋线的相关参数含义如下所述。

- 半径方法：定义螺旋线的半径方法包括使用规律曲线和固定常数两种。
- 圈数：必须大于 0。可以接受小于 1 的值（比如，0.5 表示生成半圈螺旋线）。
- 旋转方向：螺旋线的旋转方向，通常使用右旋方向，如图 6-35 所示。
- 定义方位：确定螺旋线的方位。

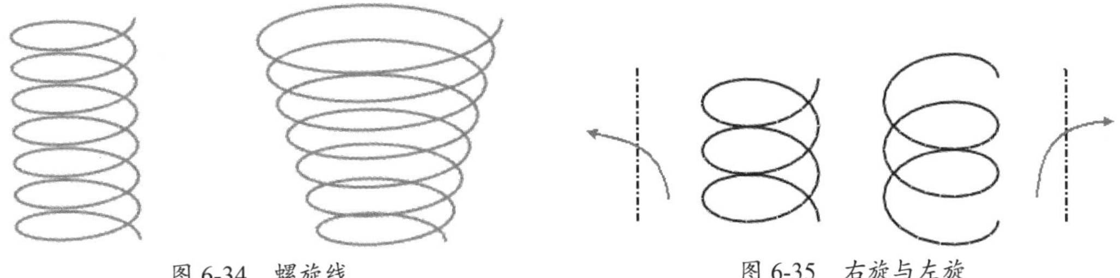

图 6-34　螺旋线　　　　图 6-35　右旋与左旋

动手操作——创建螺旋线

① 新建名称为【6-17】的模型文件。

② 在【菜单】下拉菜单中选择【插入】|【曲线】|【螺旋线】命令，或者在【高级】面板中单击【螺旋】按钮，弹出【螺旋线】对话框。

③ 设置螺旋线的圈数、螺距、半径。单击【点构造器】按钮，弹出【点】对话框。输入螺旋线的原点坐标值或直接捕捉点。单击【确定】按钮，退出【点】对话框，单击【确定】按钮，退出【螺旋线】对话框，完成螺旋线的创建，如图 6-36 所示。

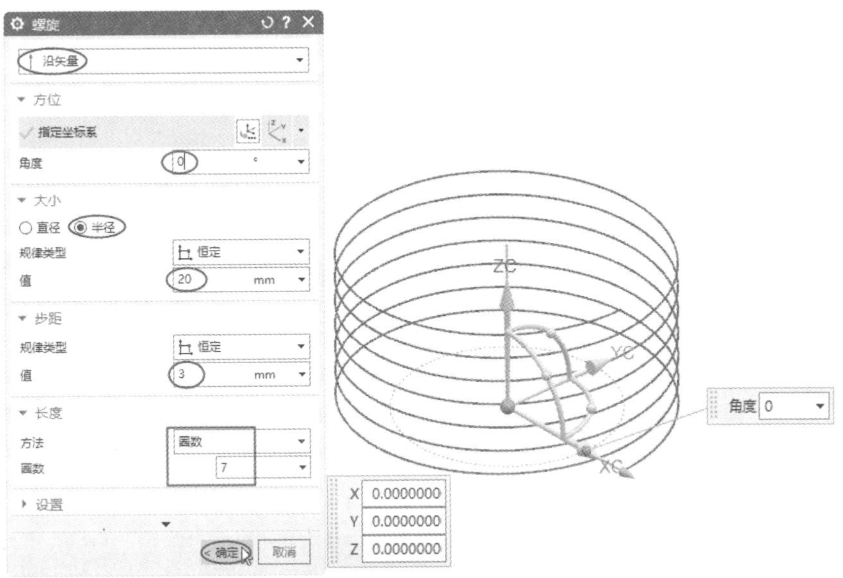

图 6-36　创建螺旋线

技巧点拨：

如果需要定义任意方位的螺旋线，则可以事先设置好工作坐标系，或者单击【定义方位】按钮，进入【指定方位】对话框，并确定螺旋线的 Z 轴、起始点和原点。

6.4 文本曲线

使用【文本】命令可以根据本地 Windows 字体库生成 NX 曲线。使用【文本】命令可以选择 Windows 字体库中的任何字体，指定字符属性（加粗、倾斜、类型、字母表），并立即在 NX 部件模型内将该字符串转换为曲线。创建的文本可被放置在平面、曲线或曲面上。【文本】对话框中包含的文本放置类型如下所述。

- 平面的：创建的文本被放置在任一平面内。
- 在曲线上：创建的文本沿曲线切矢排列。
- 在面上：创建的文本沿曲线切矢排列且随着参照面变化方位。

文本框主要用于确定锚点的位置和文本的尺寸，文本框的命令参数随着文本类型的不同而相应变化。锚点的位置是指文本框在坐标系中所处的方位，一共有 9 种，即左上、中上、右上、左中、中心、右中、左下、中下、右下，如图 6-37 所示。

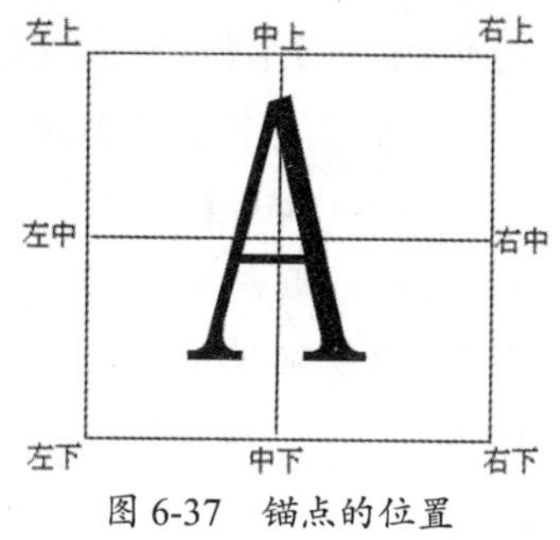

图 6-37 锚点的位置

动手操作——在零件表面创建文本

本例要求在零件表面创建【样件 1】文本，并且文本的字体为宋体，字高为 4。文本需要被放置在表面中心位置，如图 6-38 所示。

图 6-38 文本在零件表面的位置

① 打开本例的配套资源文件【6-18.prt】。

② 在【曲线】选项卡的【基本】面板中单击【直线】按钮／，弹出【直线】对话框。

③ 在零件模型的两条边上分别选择中点作为直线的起点和终点，单击【确定】按钮，完成直线的创建，如图 6-39 所示。

技巧点拨：

创建直线的作用是找到零件的中心点。

④ 在【基本】面板中单击【文本】按钮**A**，弹出【文本】对话框。在光标处会自动产生文本的预览效果。

⑤ 在【文本】对话框的【文本属性】文本框中输入【样件 1】；在【线型】下拉列表

中选择【宋体】选项。

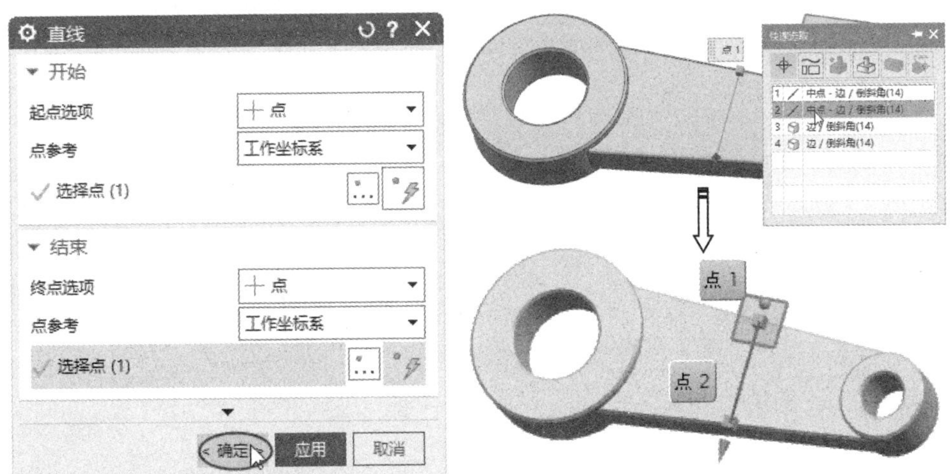

图 6-39　创建直线

⑥ 在【文本】对话框的【文本框】选项区的【锚点位置】下拉列表中选择【中心】选项，然后在图形区中单击直线的中点以放置文本。

⑦ 在【文本框】选项区中展开【尺寸】选项组。设置文本的【长度】为【14】、【高度】为【4】、【W 比例】为【100】，最后单击【确定】按钮，完成文本的创建。操作步骤如图 6-40 所示。

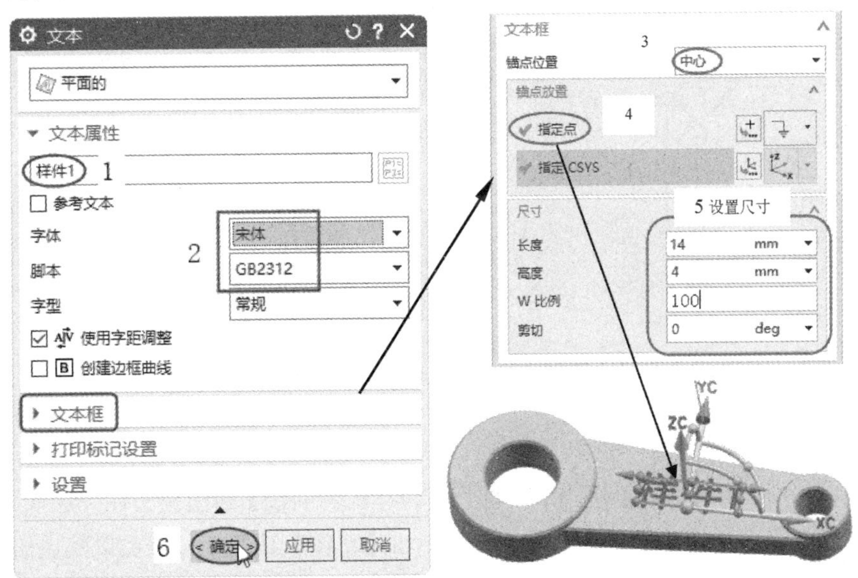

图 6-40　创建文本的操作步骤

⑧ 在【主页】选项卡的【基本】面板中单击【拉伸】按钮，弹出【拉伸】对话框。

⑨ 选择文本作为拉伸截面曲线，在【限制】选项区中设置终止距离值为【0.5】，并单击【确定】按钮，完成拉伸特征的创建，如图 6-41 所示。

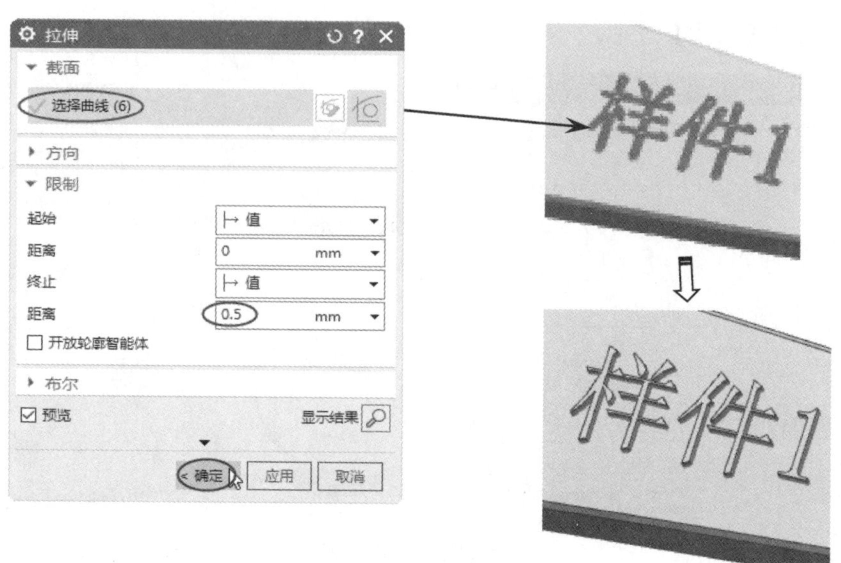

图 6-41　创建拉伸特征

6.5　综合案例：构建吊钩曲线

下面以一个吊钩模型的创建实例来详解造型曲线的构建方法。吊钩曲线及造型结果如图 6-42 所示。

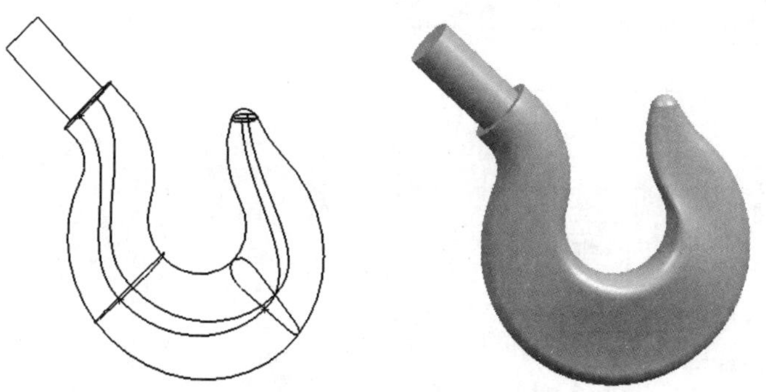

图 6-42　吊钩曲线及造型结果

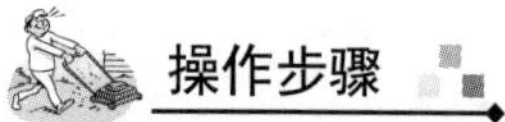

① 在启动 UG NX 2007，新建一个名称为【构建吊钩曲线】的模型文件并进入建模环境。

② 在【主页】选项卡的【构造】面板中单击【草图】按钮，然后以默认的草图平面（XC-YC 基准平面）进入草图任务环境，如图 6-43 所示。

③ 在草图任务环境中使用【直线】、【圆弧】、【圆】及【修剪】等命令绘制如图 6-44 所示的草图。

④ 在草图绘制完成后，单击【完成】按钮，退出草图任务环境。

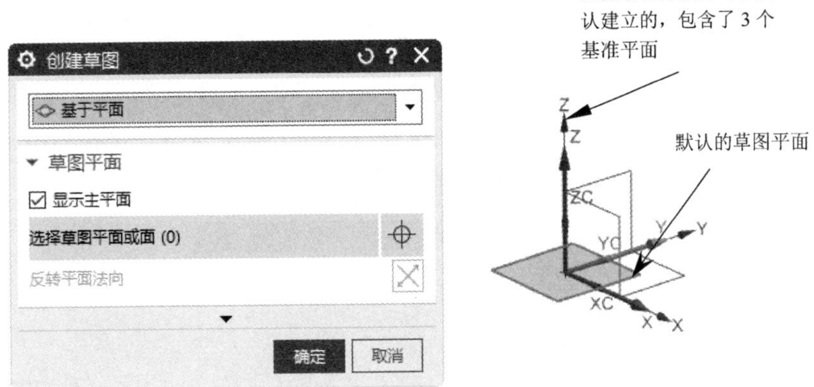

图 6-43　指定草图平面

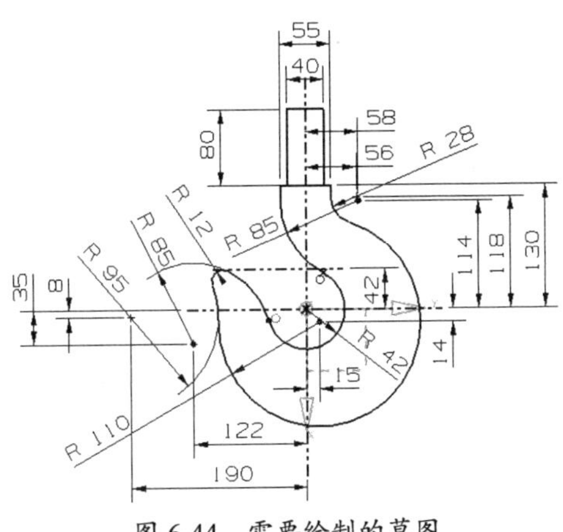

图 6-44　需要绘制的草图

⑤ 在【主页】选项卡的【构造】面板中单击【基准平面】按钮，在弹出的【基准平面】对话框中的类型下拉列表中选择【曲线上】选项，选择参照线（平面剖切曲线），并在【曲线上的方位】选项区的【方向】下拉列表中选择【垂直于矢量】选项，单击【确定】按钮，在柄部位置创建第 1 个新基准平面，如图 6-45 所示。

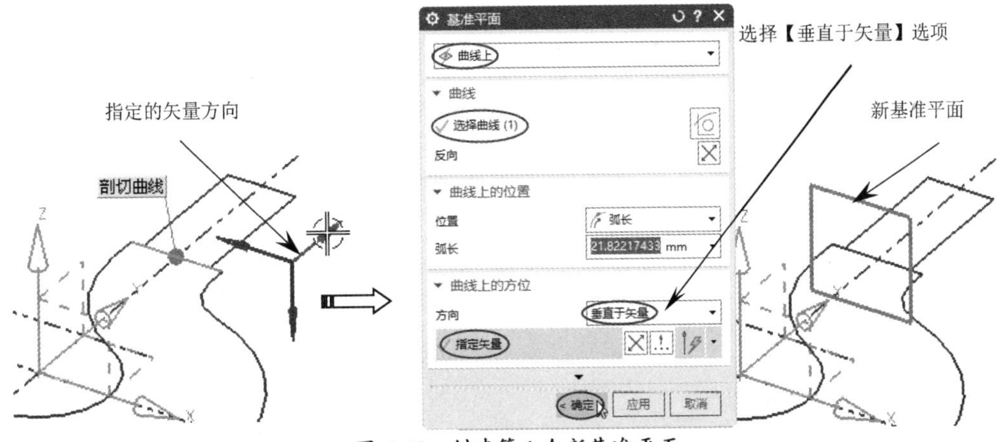

图 6-45　创建第 1 个新基准平面

⑥ 在【曲线】选项卡的【基本】面板中单击【直线】按钮，在钩尖位置选择圆弧草图的起点与终点，创建如图 6-46 所示的直线。

⑦ 在【主页】选项卡的【构造】面板中单击【基准平面】按钮，在弹出的【基准平面】对话框中的类型下拉列表中选择【点和方向】选项，选择如图 6-47 所示的通过点和方向矢量，在钩尖位置创建第 2 个新基准平面。

图 6-46　创建直线　　　图 6-47　创建第 2 个新基准平面

⑧ 创建柄部的圆曲线。在【曲线】选项卡的【基本】面板中单击【圆弧/圆】按钮，弹出【圆弧/圆】对话框。然后按照如图 6-48 所示的操作步骤，以【三点画圆弧】类型在第 1 个新基准平面中创建柄部的圆曲线。

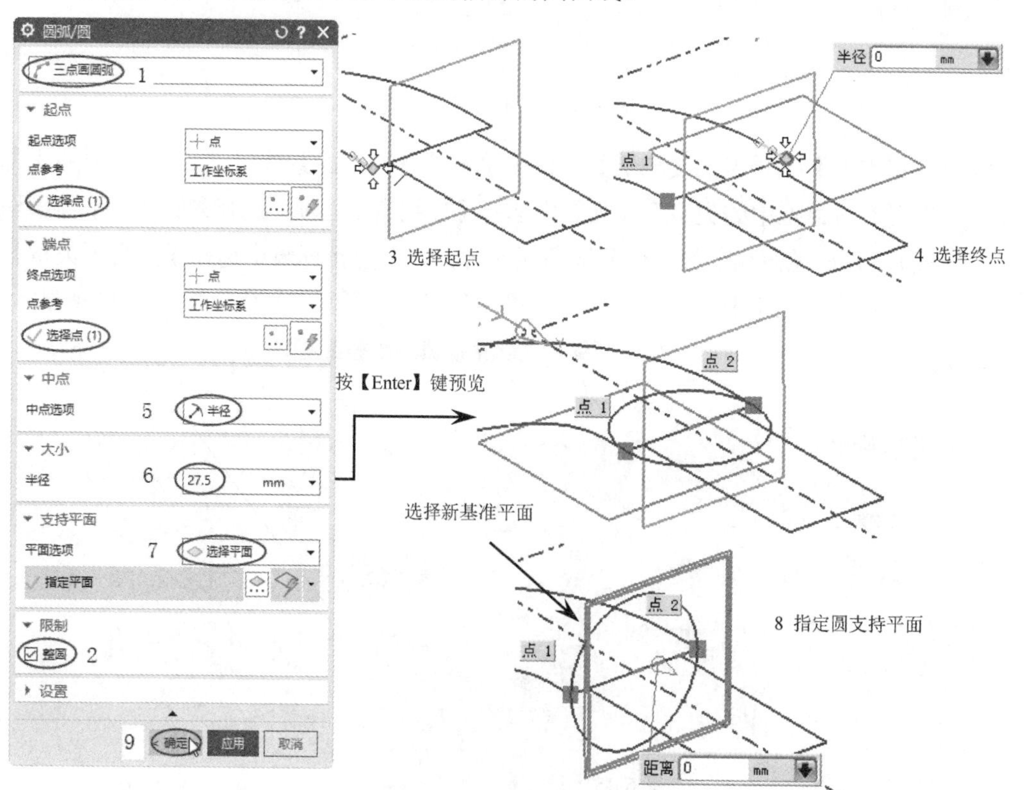

图 6-48　创建柄部的圆曲线的操作步骤

⑨　同理，以【从中心开始的圆弧/圆】类型创建钩尖的圆曲线，如图 6-49 所示。

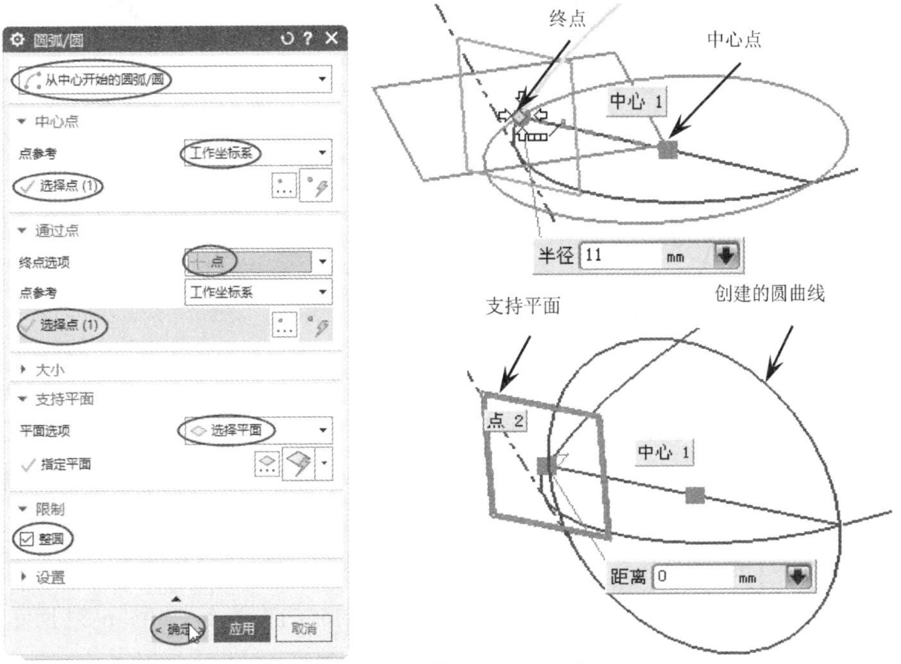

图 6-49　创建钩尖的圆曲线

⑩　在【主页】选项卡的【构造】面板中单击【草图】按钮，选择 XC-ZC 基准平面作为草图平面，然后在建模环境中绘制吊钩的控制截面曲线，如图 6-50 所示。

⑪　再次单击【草图】按钮，选择 YC-ZC 基准平面作为草图平面，然后在建模环境中绘制吊钩的另一条控制截面曲线，如图 6-51 所示。

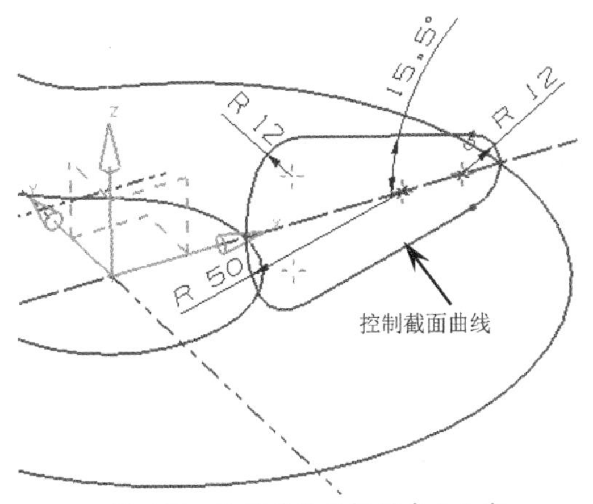

图 6-50　绘制吊钩的控制截面曲线

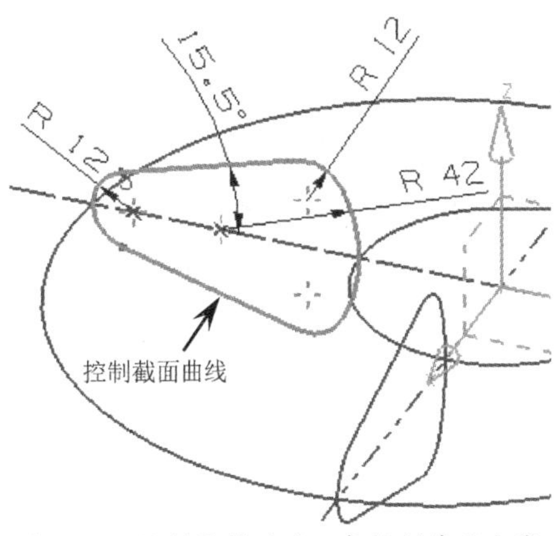

图 6-51　绘制吊钩的另一条控制截面曲线

⑫　在【曲线】选项卡的【基本】面板中单击【点】按钮＋，以【控制点】类型和【象限点】类型分别在吊钩的 4 个控制截面曲线上创建 4 个点，如图 6-52 所示。

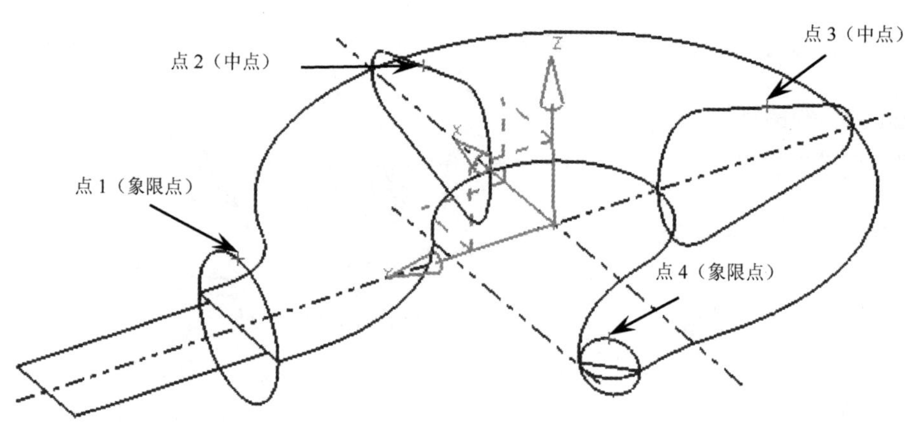

图 6-52　创建 4 个点

⑬ 在【构造】面板中单击【基准平面】按钮，在弹出的【基准平面】对话框中的【类型】下拉列表中选择【点和方向】选项，在钩尖截面中点处创建一个新基准平面，如图 6-53 所示。

⑭ 在【基本】面板中单击【点】按钮＋，以步骤 ⑬ 创建的新基准平面作为支持平面，创建平行于 X 轴（该轴是相对支持平面而言的）的直线 1，如图 6-54 所示。

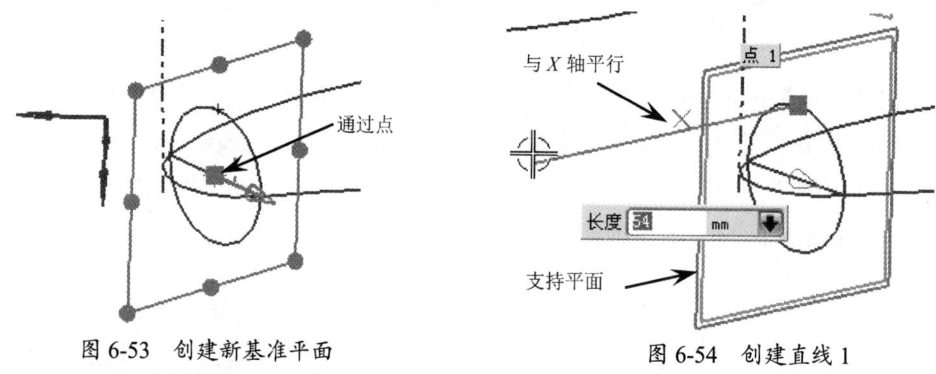

图 6-53　创建新基准平面

图 6-54　创建直线 1

⑮ 在【基本】面板中单击【点】按钮＋，以默认的支持平面在吊钩的控制截面曲线上创建平行于 Z 轴（支持平面）的直线 2，如图 6-55 所示。

⑯ 在【基本】面板中单击【点】按钮＋，以默认的支持平面在吊钩的另一条控制截面曲线上创建平行于 X 轴（支持平面）的直线 3，如图 6-56 所示。

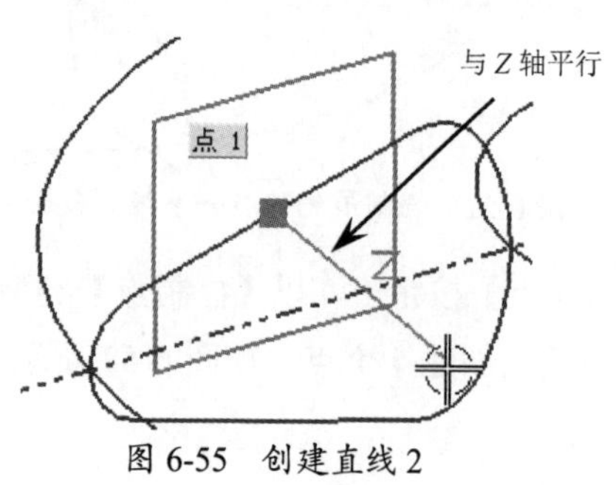

图 6-55　创建直线 2

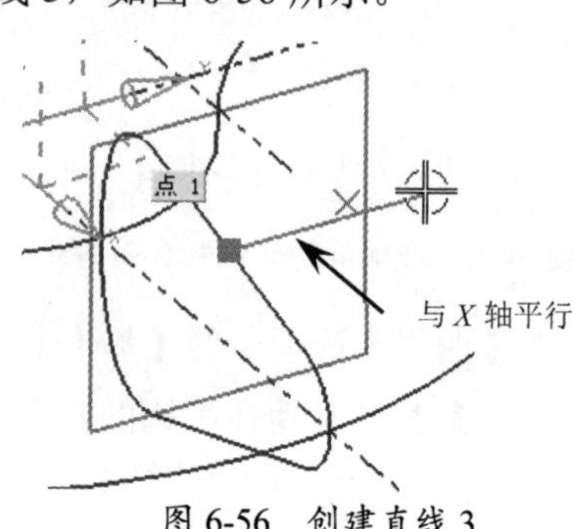

图 6-56　创建直线 3

⑰ 在【基本】面板中单击【点】按钮＋，以默认的支持平面在吊钩柄部的圆曲线上创建平行于 *X* 轴（支持平面）的直线 4，如图 6-57 所示。

⑱ 在【曲线】选项卡的【派生】面板中单击【桥接】按钮，弹出【桥接曲线】对话框。选择如图 6-58 所示的起始对象与终止对象，创建第 1 条桥接曲线。

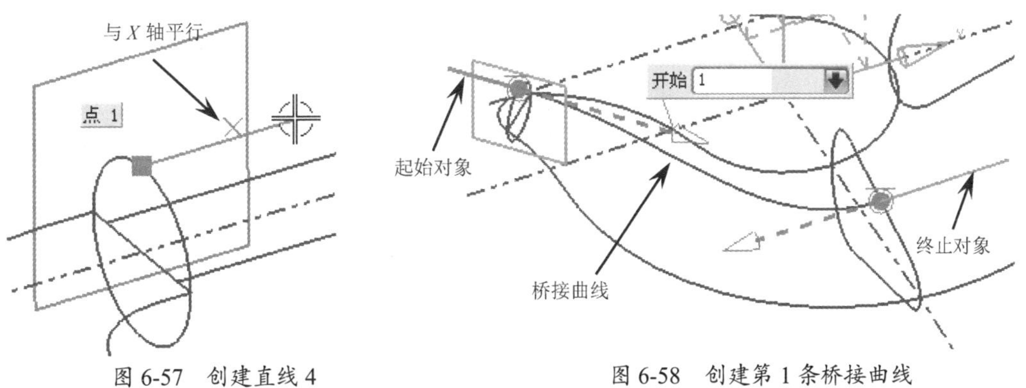

图 6-57　创建直线 4

图 6-58　创建第 1 条桥接曲线

⑲ 同理，使用【桥接】命令依次创建其余两条桥接曲线。创建第 2 条桥接曲线，如图 6-59 所示；创建第 3 条桥接曲线，如图 6-60 所示。

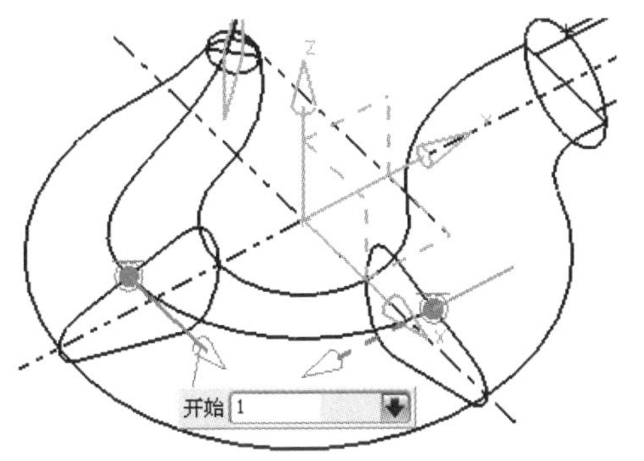

图 6-59　创建第 2 条桥接曲线

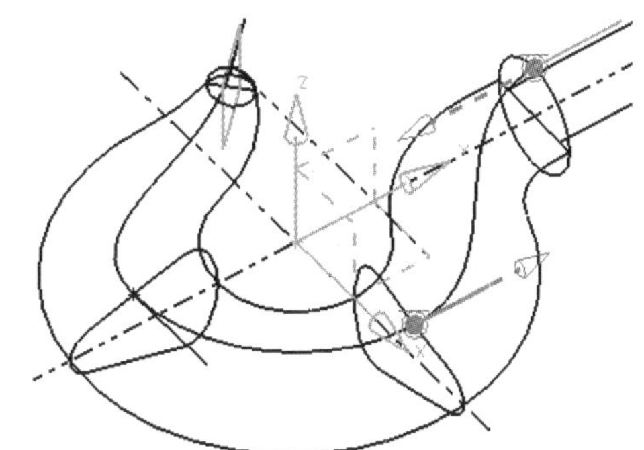

图 6-60　创建第 3 条桥接曲线

技巧点拨：

在创建后面两条桥接曲线的过程中，起始对象或终止对象因桥接方向不同会产生不理想的曲线，这时需要在【桥接曲线】对话框中单击【反向】按钮，更改桥接方向。

⑳ 在【曲线】选项卡的【派生】面板中的【更多】库中单击【镜像】按钮，将 3 条桥接曲线以 XC-YC 基准平面为镜像平面，镜像至基准平面另一侧，如图 6-61 所示。

㉑ 将图形区中除实线外的其余辅助线、基准平面及虚线等隐藏，即可完成吊钩曲线的构建操作，最终结果如图 6-62 所示。

技巧点拨：

从本例中不难发现，基准平面不仅可以作为绘制曲线、草图、形状的工作平面，还可以作为其他命令在执行过程中的镜像参照。在不断的练习过程中，用户将会发掘出越来越多的功能。

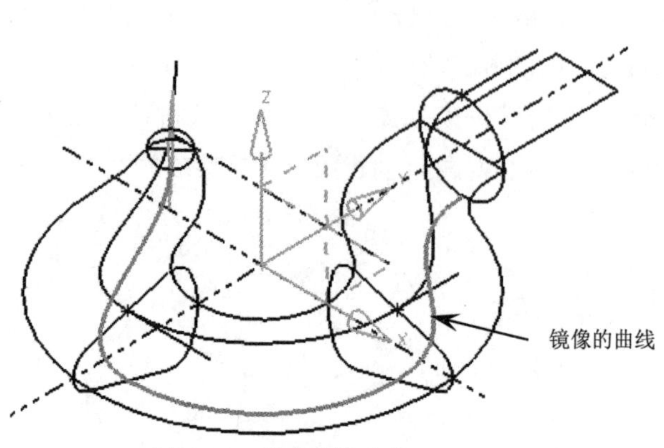

图 6-61　创建镜像曲线

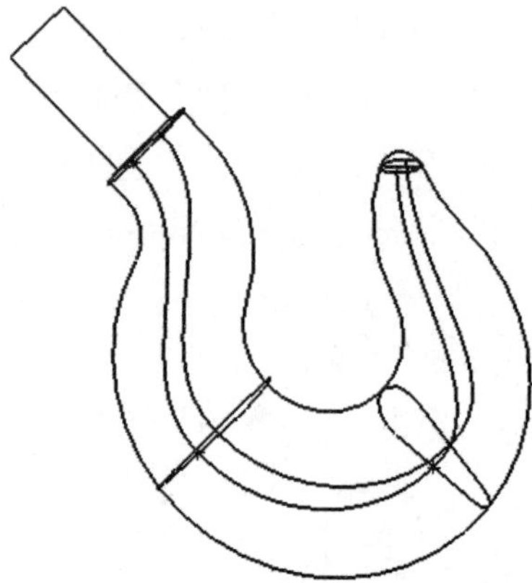

图 6-62　吊钩曲线

第 7 章

曲线操作与编辑

本章内容

UG NX 2007 的曲线造型功能非常强大，可以创建比较复杂的曲线。但是还有很多曲线无法被直接创建，需要进行曲线操作，如投影曲线、缠绕曲线等。本章将详细介绍来自曲线集的曲线和体曲线操作。

知识要点

☑ 曲线操作
☑ 体曲线操作
☑ 其他曲线编辑命令

7.1 曲线操作

图 7-1 【偏置曲线】对话框

在产品设计的过程中，为了达到各种艺术效果，需要创建的曲线往往会相当复杂，比如，曲线在曲面上缠绕、相切于两条曲线的样条曲线等，因此直接创建这些曲线比较困难。曲线集的操作，如偏置、投影等解决了创建复杂曲线的问题。

7.1.1 偏置曲线

使用【偏置曲线】命令可以利用距离、拔模、规律控制、3D 轴向等手段创建参照成型曲线的偏置曲线。在【曲线】选项卡的【派生】面板中单击【偏置曲线】按钮，弹出【偏置曲线】对话框，如图 7-1 所示。

在偏置类型下拉列表中包含 4 种偏置类型，根据选择对象或用途的不同可参照表 7-1 来确定合适的偏置类型。

表 7-1 偏置曲线的偏置类型

类　型	描　述	图　例
距离	将参照线向内或向外偏置一定距离后得到新曲线	
拔模	将参照线按选定的拔模方向沿一定的高度和角度来创建偏置曲线	
规律控制	在源曲线的平面中以规律控制的距离对曲线进行偏置	
3D 轴向	创建共面 3D 曲线的偏置曲线，如果选择了此选项，则必须指定距离和方向，其默认值为 ZC 轴	

上述 4 种偏置类型的通用选项区（选项设置相同）为【曲线】选项区、【偏置平面上的点】选项区、【偏置】选项区和【设置】选项区。关于各选项区的介绍如下所述。

- 【曲线】选项区：用来指定要创建的偏置曲线的参考线。
- 【偏置平面上的点】选项区：当输入曲线没有定义平面时，此选项区仅针对【距离】、

【拔模】和【规律控制】类型的偏置曲线显示，用来定义偏置平面。

- 【偏置】选项区：对于不同的偏置类型来说，该选项区中的选项是不同的。下面介绍相同和不同的选项。
  - ➢ 距离：在【距离】和【拔模】类型中出现，用于在指定的矢量方向上设置偏置距离。在该文本框中输入负值表示反方向的偏置。
  - ➢ 副本数：在【距离】、【拔模】及【规律控制】类型中出现，用于创建多个偏置曲线副本。每个副本之间的距离是相等的，如图 7-2 所示。

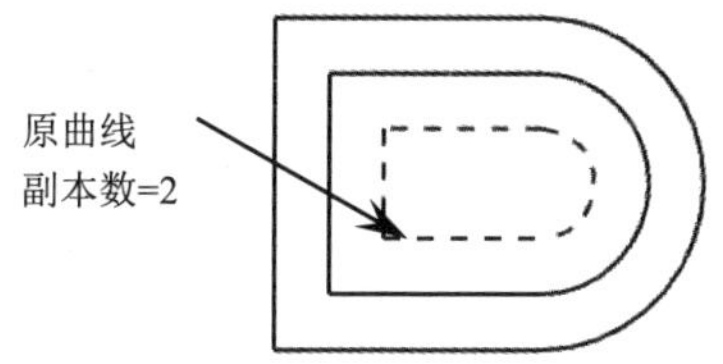

图 7-2　副本数

  - ➢ 反向：在【距离】、【拔模】及【规律控制】类型中出现，用于控制向参考线内偏移还是向参考线外偏移。
  - ➢ 高度：仅在【拔模】类型中出现，用于定义拔模的高度，即从输入曲线平面到生成的偏置曲线平面之间的距离。
  - ➢ 角度：仅在【拔模】类型中出现，用于指定拔模角。
  - ➢ 规律类型：仅在【规律控制】类型中出现，用于指定规律类型以创建偏置曲线。
  - ➢ 值：在【规律控制】和【3D 轴向】类型中出现，用于指定偏置曲线的距离值。
- 【设置】选项区：用来定义与偏置曲线相关的关联性、后期处理效果、修剪效果及拟合效果等。
  - ➢ 关联：勾选此复选框，新曲线与参考线将有相互关联的父子关系。如果要删除参考线，则新曲线也将被一并删除。
  - ➢ 输入曲线：用于定义参考线的结果状态。它包含 4 种参考线的结果状态：保留（在生成新曲线后，保留参考线）、隐藏（在生成新曲线后，自动将参考线隐藏）、删除（在生成新曲线后，删除参考线）和替换（生成的新曲线将代替参考线）。
  - ➢ 修剪：用于定义偏置曲线处理相交点的方式。它包含 3 个选项，即无、相切延伸（偏置曲线的相交点自然延伸）和圆角（偏置曲线的相交点倒圆角，圆角曲线的半径等于偏置距离），如图 7-3 所示。

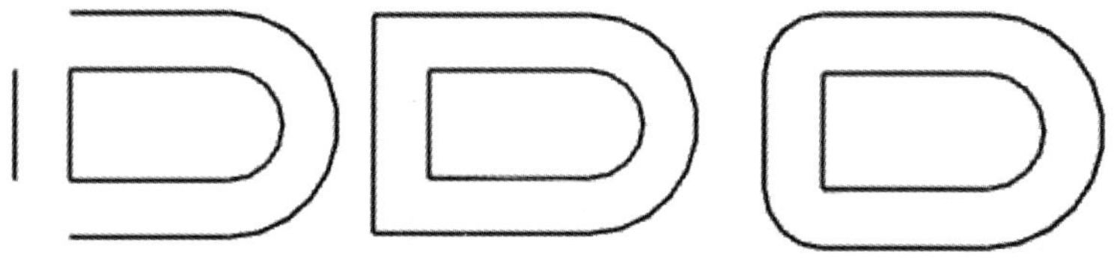

图 7-3　【修剪】的 3 个选项的相交点处理效果

- 大致偏置：勾选此复选框，曲线偏置后产生一个既不完全是相切延伸也不是圆角连接的结果。
- 高级曲线拟合：勾选此复选框，偏置曲线在圆角处光顺连接。阶次越高，光顺性越好。
- 距离公差：定义曲线拟合的公差。公差值越小，生成的偏置曲线的曲率特性越接近于输入曲线的曲率特性，否则偏置的精确度越低。

动手操作——创建偏置曲线

① 打开本例的配套资源文件【7-1.prt】。

② 在【曲线】选项卡的【派生】面板中单击【偏置曲线】按钮，弹出【偏置曲线】对话框。

③ 在偏置类型下拉列表中选择【距离】选项。

④ 在图形区中选择已有的曲线作为参考线，并在【偏置】选项区中设置偏置的【距离】和【副本数】，单击【确定】按钮，完成偏置曲线的创建，如图 7-4 所示。

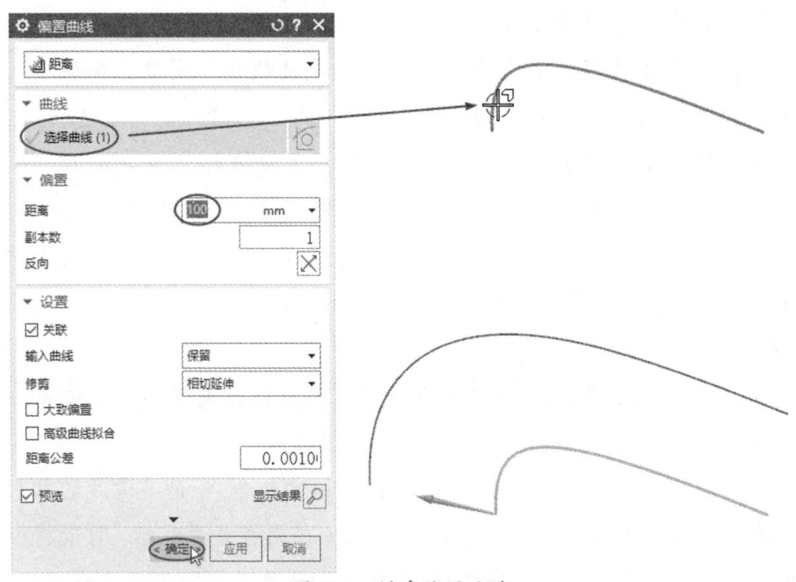

图 7-4　创建偏置曲线

7.1.2　在面上偏置曲线

使用【在面上偏置】命令可以在实体表面或片体上创建沿参考线进行偏置的新曲线。

在【曲线】选项卡的【派生】面板中单击【在面上偏置】按钮，弹出【在面上偏置曲线】对话框，如图 7-5 所示。

在【类型】下拉列表中包括两种偏置类型：恒定和可变。

- 恒定：以一个恒定的常数值（距离值）来创建偏置曲线。
- 可变：以一个变量（规律类型）来创建偏置曲线。在选择【可变】选项后，可以在

【偏置】选项区的【规律类型】下拉列表中选择 7 种规律类型中的一种，创建可变的偏置曲线。

图 7-5　【在面上偏置曲线】对话框

动手操作——在面上偏置曲线

本例要求在曲面上以原有曲线作为参考线，向上偏置 10mm。

① 打开本例的配套资源文件【7-2.prt】。

② 在【派生】面板中单击【在面上偏置】按钮，弹出【在面上偏置曲线】对话框。

③ 在模型中选择要偏置的参考曲线（即要偏置的曲线），并输入偏置距离值【10】。

④ 在【面或平面】选项区中选择【选择面或平面】选项，再选择模型的表面。

⑤ 单击【确定】按钮，完成在面上偏置曲线的操作，如图 7-6 所示。

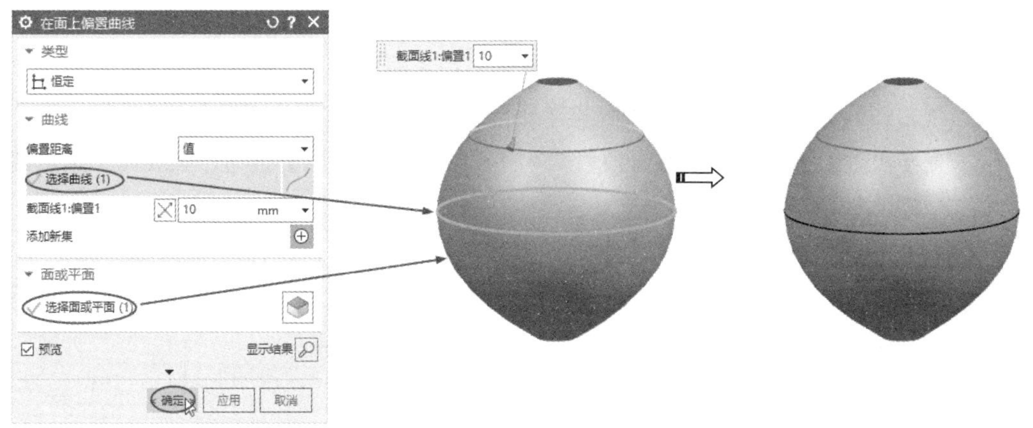

图 7-6　在面上偏置曲线

技巧点拨：

如果要求偏置反向，则单击【反向】按钮。

7.1.3　分割曲线

使用【分割】命令可以将一条曲线分割成多段独立的曲线。选择的对象可以是直线、圆弧、样条曲线等（除草图外）。需要注意的是，分割曲线采用非关联操作，不能被再次编辑。根据用户所选择的对象的不同，分割曲线的类型有 5 种，具体含义如表 7-2 所示。

表 7-2　分割曲线的类型

类　型	描　述
等分段	使用曲线的长度或特定曲线参数，将曲线分割为相等的几段
根据边界对象	使用边界对象（如投影点、曲线、平面、点和矢量等）将曲线分为几段，分割点在对象上
弧长段数	按照为各段定义的圆弧长分割曲线。由于定义的长度一般不是总长的整数倍，因此在曲线结尾会有一条不是定义长度的曲线，效果如图 7-7 所示
在结点处	使用选定的节点分割曲线。节点是样条曲线分段的端点
在拐角上	在拐角上分割曲线，即在样条曲线的弯曲位置处的节点上分割曲线

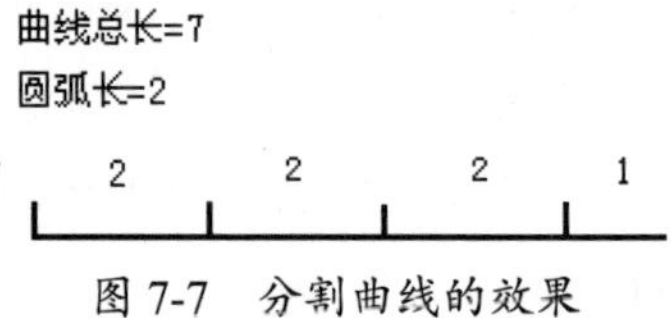

图 7-7　分割曲线的效果

技巧点拨：

“圆弧长”是数学术语，而“圆弧”是几何体，不能将两者混淆。“圆弧长”不只用于圆弧。

动手操作——为曲线分段

本例要求将第 1 条直线等分为 6 段，将第 2 条直线以 10mm 为一份进行分段。

① 打开本例的配套资源文件【7-3.prt】。

② 在【菜单】下拉菜单中选择【编辑】|【曲线】|【分割】命令，或者在【曲线】选项卡的【非关联】面板中单击【分割曲线】按钮，弹出【分割曲线】对话框。

③ 在类型下拉列表中选择【等分段】选项，在【曲线】选项区中选择【选择曲线】选项，使其处于激活状态，然后选择要分割的曲线（上边的那条直线）。

④ 在【段数】选项区中设置分段段数为【6】，单击【应用】按钮，完成第 1 条直线的分割，如图 7-8 所示。

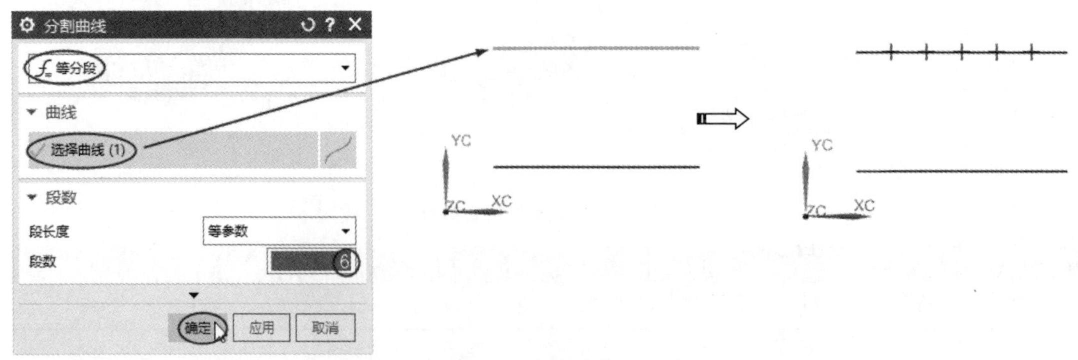

图 7-8　分割直线 1

技巧点拨：

对【等分段】类型而言，【段长度】除了可以是【等参数】，还可以是【等圆弧长】。

⑤ 在类型下拉列表中选择【弧长段数】选项，再选择下边的直线作为要分割的曲线。在【弧长段数】选项区的【弧长】文本框中输入【10】，单击【确定】按钮，完成第 2 条直线的分割，如图 7-9 所示。

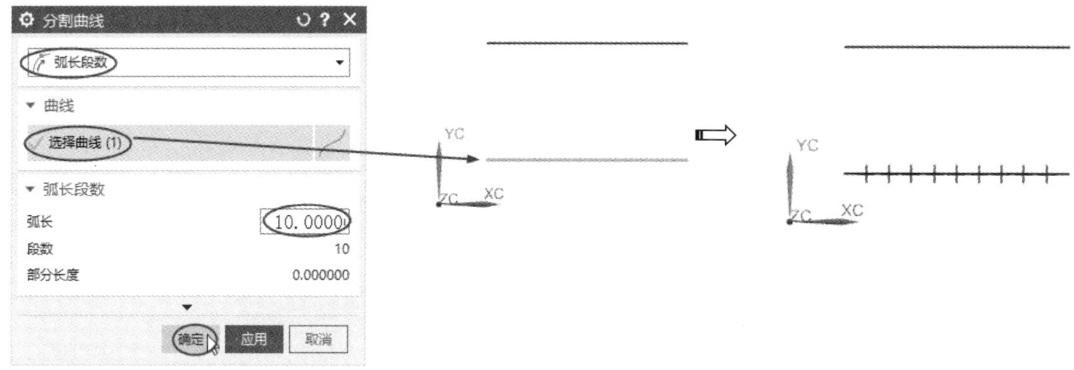

图 7-9　分割直线 2

动手操作——在样条曲线的节点处进行分割

本例要求在样条曲线的所有节点处完成样条曲线的分割。

① 打开本例的配套资源文件【7-4.prt】。

② 在【菜单】下拉菜单中选择【编辑】|【曲线】|【分割】命令，弹出【分割曲线】对话框。

③ 在类型下拉列表中选择【在结点处】选项，再激活【选择曲线】选项，选择要分割的样条曲线。

④ 单击【确定】按钮，完成样条曲线的分割，如图 7-10 所示。

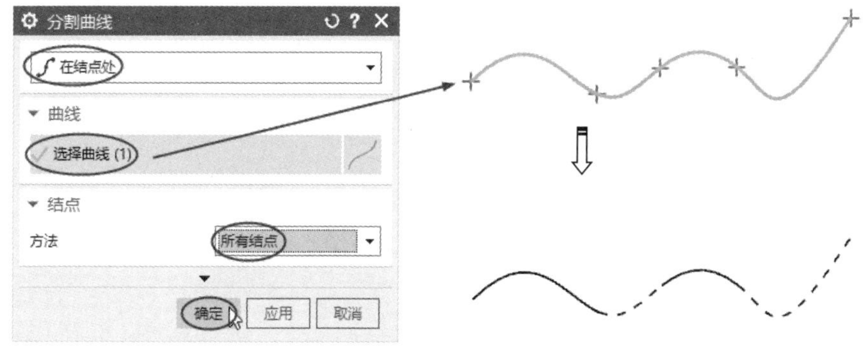

图 7-10　分割样条曲线

技巧点拨：

如果样条曲线比较简单，则它一般只有两个节点，并且在端点上。

7.1.4　曲线长度

使用【曲线长度】命令可以根据给定的曲线长度，以增量或曲线总长度来延伸或缩短曲线。延伸的对象可以是任何曲线、边缘。曲线在延伸时可以根据【长度】选项、【侧】选项得到 4 种不同的结果，具体的含义如下所述。

- 增量：表示忽略原曲线的长度，增加的量以原曲线端点为基础来计算。
- 总计：表示以原曲线长度为基础，重新给定新曲线的长度。
- 起点和终点：在延伸时可以对曲线的某一侧进行延伸，也可以对曲线的两侧进行延伸。起点和终点可以独立地控制任何一侧的延伸与缩短，如图 7-11 所示。
- 对称：可以控制曲线的两侧以相同的长度延伸与缩短。

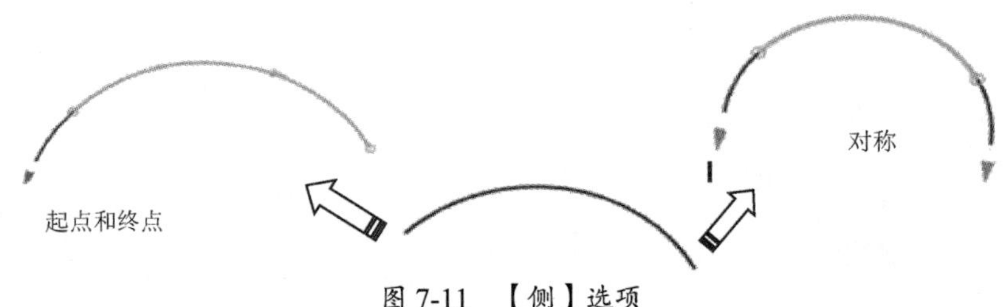

图 7-11 【侧】选项

延伸方法用于确定修剪或延伸曲线后的形状，包括以下 3 种延伸方法。

- 自然：沿着曲线的自然路径修剪或延伸曲线的端点。
- 线性：沿着通向切线方向的线性路径修剪或延伸曲线的端点。
- 圆形：沿着圆形路径修剪或延伸曲线的端点。

动手操作——使用【曲线长度】命令拉长曲线

① 打开本例的配套资源文件【7-5.prt】。

② 在【菜单】下拉菜单中选择【编辑】|【曲线】|【曲线长度】命令，或者在【曲线】选项卡的【编辑】面板中单击【曲线长度】按钮，弹出【曲线长度】对话框。

③ 首先选择要编辑长度的曲线，然后设置【延伸】选项区和【限制】选项区中的参数，单击【确定】按钮，完成曲线长度的更改，如图 7-12 所示。

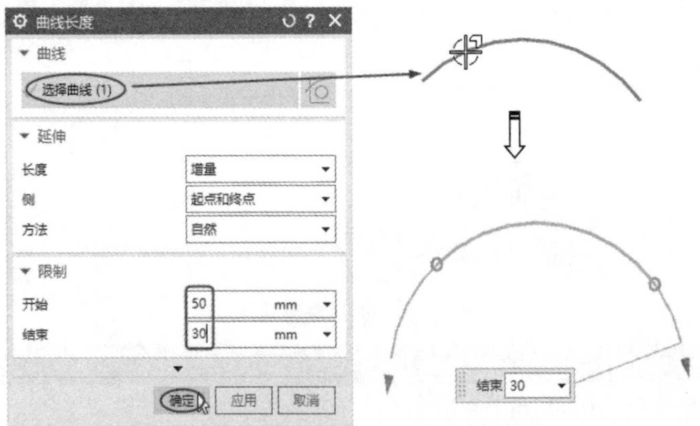

图 7-12 更改曲线长度

技巧点拨：

【曲线长度】命令对草图中的曲线也是有用的。

7.1.5　投影曲线

使用【投影曲线】命令可以将曲线、边或点沿某一方向投影到现有曲面、平面或参考面上。但是如果投影曲线与面上的孔或面上的边缘相交，则投影曲线会被面上的孔和边缘修剪。投影方向可以设置为沿面法向、朝向点、朝向直线、沿矢量、与矢量成角度。

在【投影曲线】对话框中，关于投影方向的 5 种类型的具体含义如下所述。

- 沿面法向：该类型用于沿所选投影面的法向向投影面投影曲线。
- 朝向点：该类型用于将要投影的曲线朝着一个指定点进行投影，并且该点始终在投影面下。
- 朝向直线：该类型用于沿垂直于选定直线或参考轴的方向向投影面投影曲线。
- 沿矢量：该类型用于沿设定的矢量方向向投影面投影曲线。

> **技巧点拨：**
> 在不光顺或几乎与投影矢量垂直（正交）的面或部分面上投影，效果可能不好。

- 与矢量成角度：该类型用于沿着与指定矢量成一定角度的方向向选择的投影面投影曲线。

动手操作——创建投影曲线

① 打开本例的配套资源文件【7-6.prt】。

② 在【派生】面板中单击【投影曲线】按钮，弹出【投影曲线】对话框。

③ 先选择要投影的曲线，再选择要投影的对象（曲面或平面），最后指定投影矢量方向。单击【确定】按钮，完成投影曲线的创建，操作步骤如图 7-13 所示。

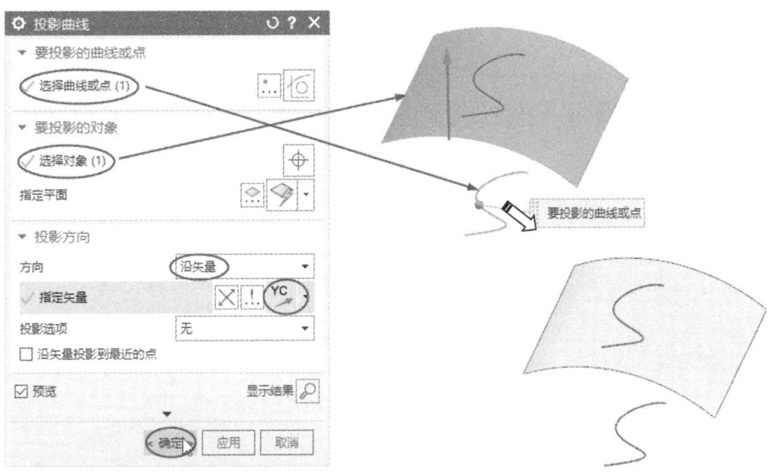

图 7-13　创建投影曲线的操作步骤

> **技巧点拨：**
> 只有在要投影的曲线可以完全投影在投影面内时，投影曲线操作才可以正确进行。

7.1.6 组合投影

使用【组合投影】命令可以将曲线投影到曲线上，如图 7-14 所示。组合投影比普通投影少一个建立面的步骤。组合投影中的两组曲线必须成链，不能有自交情况发生，尽量保持两组曲线所在平面为垂直关系。

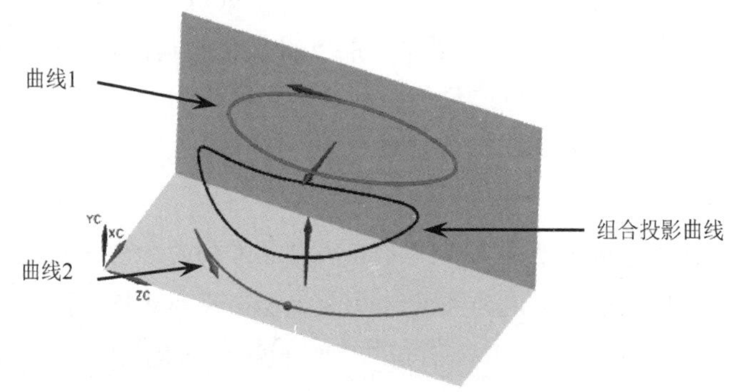

图 7-14 组合投影

动手操作——创建组合投影曲线

① 打开本例的配套资源文件【7-7.prt】。

② 在【曲线】选项卡的【派生】面板中的【更多】库中单击【组合投影】按钮，弹出【组合投影】对话框。

③ 激活【曲线 1】选项区中的【选择曲线】选项，选择第 1 组曲线。

④ 激活【曲线 2】选项区中的【选择曲线】选项，选择第 2 组曲线。

⑤ 指定投影方向 1 和投影方向 2，如果曲线组不是直线而是其他曲线，则可以保持默认的【垂直于曲线平面】选项设置。

⑥ 单击【确定】按钮，完成组合投影曲线的创建，如图 7-15 所示。

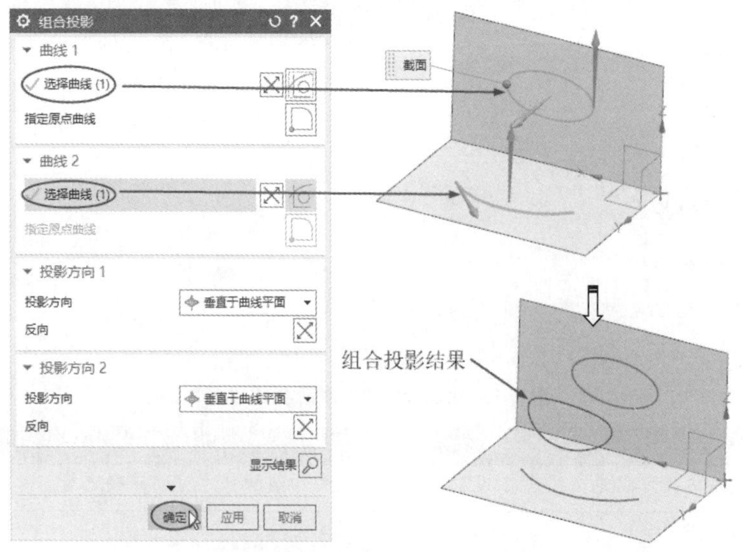

图 7-15 创建组合投影曲线

提示：

组合投影的两组曲线不能都为封闭曲线链。

7.1.7　镜像曲线

使用【镜像】命令可以将现有平面或新平面作为镜像平面来创建镜像曲线。用户可以选择以下对象进行镜像操作。

- 复制曲线、边、曲线特征或草图。
- 创建关联的镜像曲线特征。
- 创建非关联的曲线和样条曲线。
- 在平面中移动非关联的曲线，但无须复制和粘贴非关联的曲线。

在【曲线】选项卡的【派生】面板中的【更多】库中单击【镜像】按钮，弹出【镜像曲线】对话框。选择要镜像的对象和镜像平面后，即可创建镜像曲线，如图 7-16 所示。

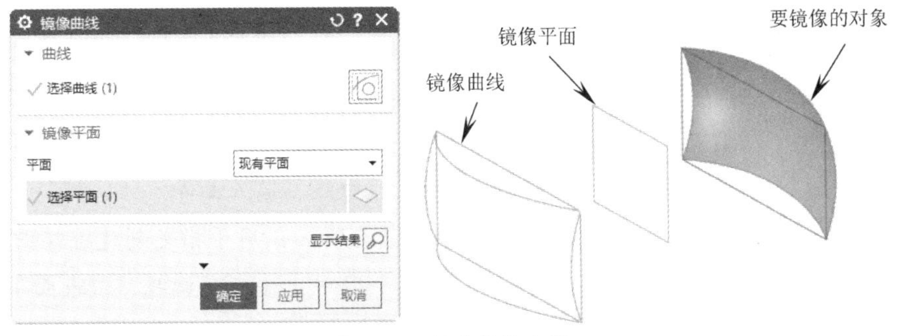

图 7-16　创建镜像曲线

【镜像曲线】对话框中有两种镜像平面可供选择：现有平面和新平面。

- 现有平面：已有的基准平面或实体平面。
- 新平面：通过平面构造器来创建的新镜像平面。

7.1.8　桥接曲线

使用【桥接曲线】命令可以在两条曲线之间创建相切的圆角曲线。它是在曲面造型时经常使用的命令之一，包含的连接类型有：位置连续 G0、切矢连续 G1、曲率连续 G2、曲率变化连续 G3 四种。

在【曲线】选项卡的【派生】面板中单击【桥接】按钮，弹出【桥接曲线】对话框。图 7-17 所示为选项更少的【桥接曲线】对话框；图 7-18 所示为选项更多的【桥接曲线】对话框。

提示：

每一个对话框都有两种选项布局方式：一种是较少的选项布局；另一种是较多的选项布局。比如此处的【桥接曲线】对话框，可在该对话框的标题左侧单击【对话框选项】按钮，在弹出的下拉菜单中选择【桥接曲线（更少）】命令或【桥接曲线（更多）】命令来设置对话框的选项布局方式。

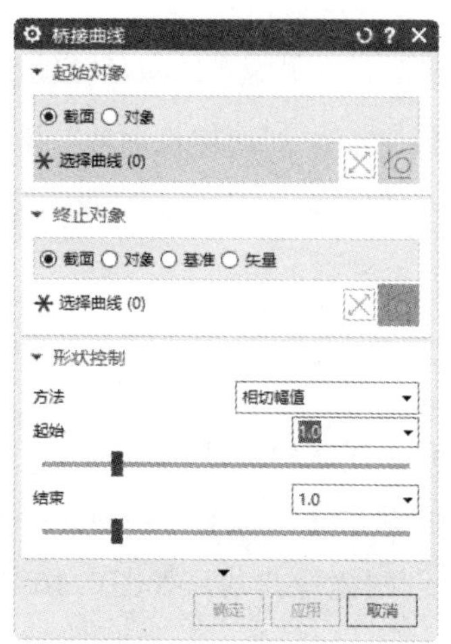
图 7-17 【桥接曲线】对话框（选项更少）

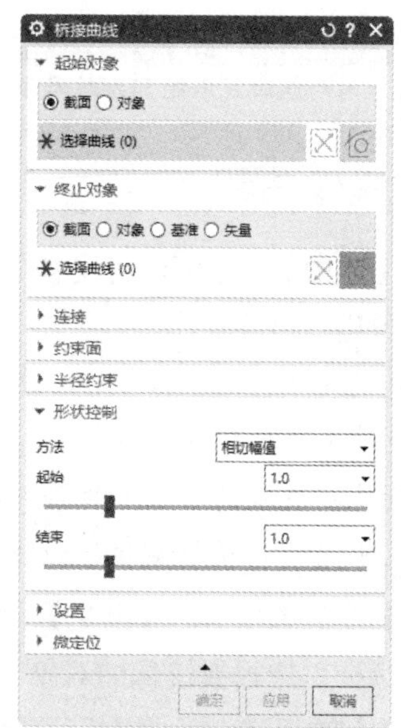
图 7-18 【桥接曲线】对话框（选项更多）

【桥接曲线】对话框中的各选项区含义如下所述。

图 7-19 【开始】选项卡

- 【起始对象】选项区：用于指定创建桥接曲线的第一对象，如点、曲线、边或面等。
- 【终止对象】选项区：用于指定创建桥接曲线的第二对象，包括一般对象（点、曲线、边或面）和矢量。
- 【连接】选项区：主要用于设置桥接曲线的开始位置和结束位置的连续性、U 向位置及桥接方向等。【开始】选项卡如图 7-19 所示。
  - ➢ 【连续性】下拉列表：包括 4 种连接类型，即 G0（一般位置连接，光顺性差）、G1（对象曲线与桥接曲线相切，光顺性一般）、G2（对象曲线与桥接曲线按曲率相接，光顺性较好）、G3（对象曲线与桥接曲线按斜率相接，光顺性最好），如图 7-20 所示。

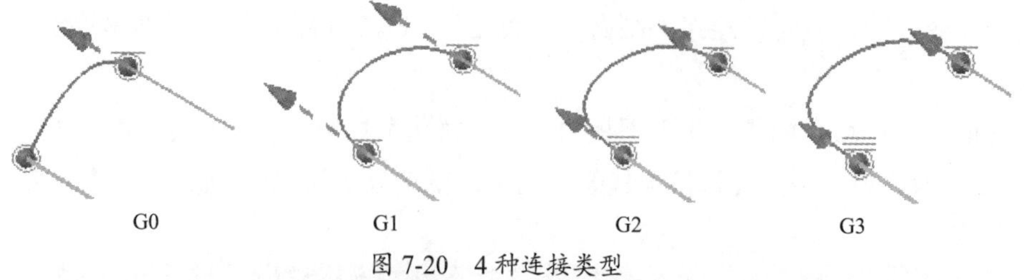

图 7-20 4 种连接类型

  - ➢ 【位置】选项组：当桥接曲线的一个或两个端点没有被约束在对象曲线上时（即桥接点在工作平面内），一般该点可以在工作平面上进行 U 向和 V 向平移。当桥接点被约束在对象曲线上时，则只能沿对象曲线移动，即 U 向移动，如图 7-21 所示。

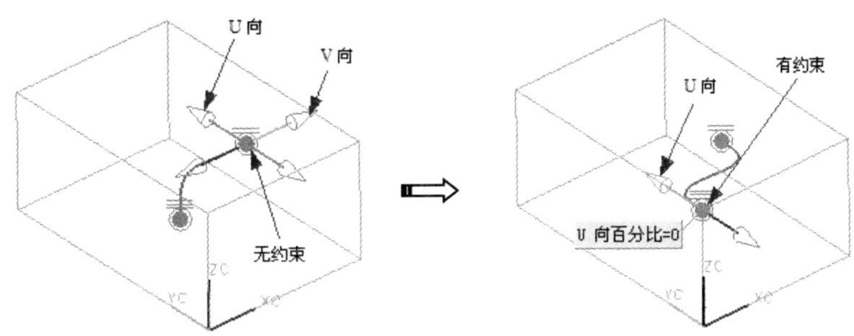

图 7-21　桥接点的约束性

- 【方向】选项组：包括【相切】和【垂直】两个选项。【相切】选项表示桥接曲线与对象曲线相切连接。【垂直】选项表示桥接曲线与对象曲线垂直连接。
- 反向：反转起点和终点处的曲线方向，如图 7-22 所示。如果指定连接类型为 G0，则此选项不可用。

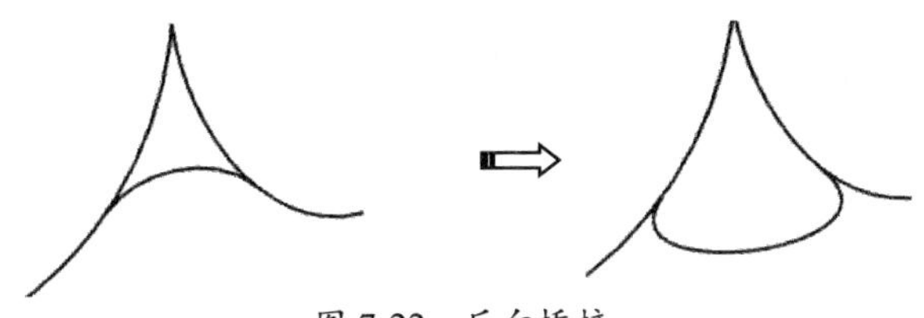

图 7-22　反向桥接

- 【约束面】选项区：主要用来定义在曲面上的桥接曲线的约束控制面。此选项区的功能主要是针对空间中的三维桥接曲线的。【约束面】选项区中的选项如图 7-23 所示。
- 【半径约束】选项区：主要用来约束桥接曲线的圆弧过渡。【半径约束】选项区中的选项如图 7-24 所示。

图 7-23　【约束面】选项区中的选项

图 7-24　【半径约束】选项区中的选项

- 【形状控制】选项区：通过拖动数值滑块或拖动桥接点来调节桥接曲线的形状。【形状控制】选项区中提供了 3 种控制方法：【相切幅值】、【深度和歪斜度】和【模板曲线】。
  - 相切幅值：通过控制桥接曲线与对象曲线间切线方向上的幅度值的大小来确定桥接曲线的形状，如图 7-25 所示。

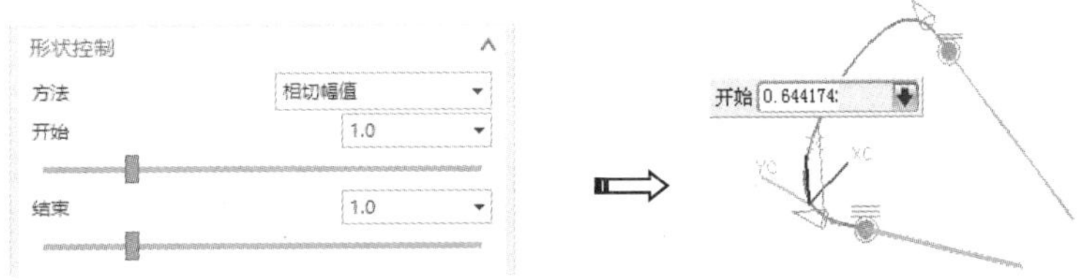

图 7-25　以【相切幅值】方法控制桥接曲线的形状

  - 深度和歪斜度：通过调节桥接曲线的深度和歪斜度来控制桥接曲线的形状，如

图 7-26 所示。

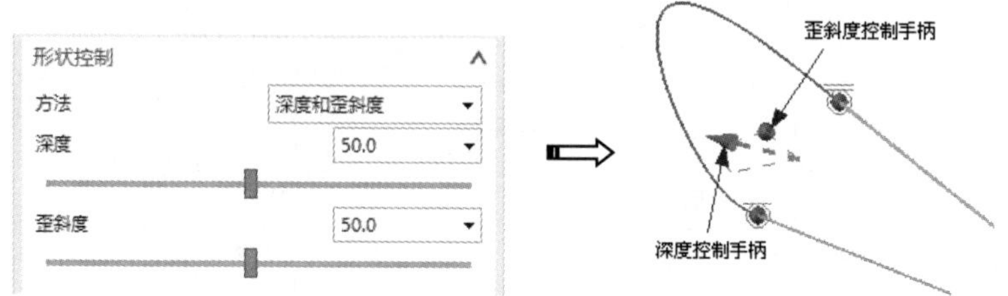

图 7-26　以【深度和歪斜度】方法控制桥接曲线的形状

➢ 模板曲线：选择成型曲线作为参考线，并以此来创建与参考线形状类似的桥接曲线，如图 7-27 所示。

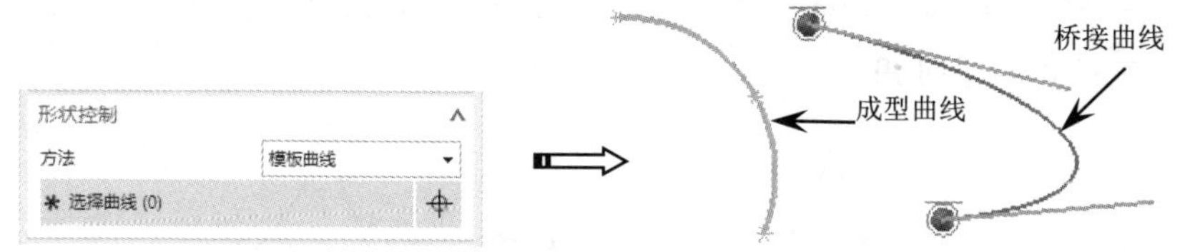

图 7-27　以【模板曲线】方法控制桥接曲线的形状

- 【设置】选项区：用于设置桥接曲线与原曲线之间的关联性及形状控制精度公差。
- 【微定位】选项区：用于细微调节桥接曲线点的精确程度。

动手操作——创建桥接曲线

① 打开本例的配套资源文件【7-8.prt】。

② 在【曲线】选项卡的【派生】面板中单击【桥接】按钮，弹出【桥接曲线】对话框。

③ 按信息提示选择第一对象（曲线）和第二对象（曲线）。

④ 保持对话框中其他选项的默认设置，单击【确定】按钮，完成桥接曲线的创建，如图 7-28 所示。

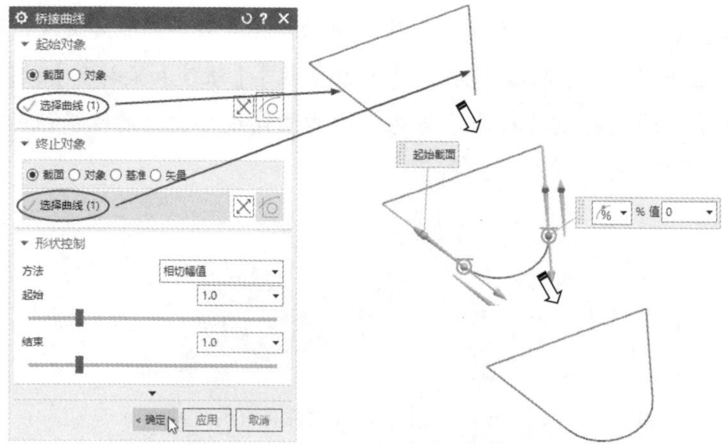

图 7-28　创建桥接曲线

技巧点拨：

创建的桥接曲线的形状与利用光标选择曲线的位置有关。用户可以单击【反向】按钮，改变桥接曲线的形状。

7.1.9　复合曲线

【复合曲线】命令主要用于复制曲线，输入曲线可以是单条曲线、边缘、多条曲线或尾部相连的曲线链，允许选择自相交链。输入曲线的结果有 4 个，具体含义如下所述。

- 关联：复制的曲线带有关联性。
- 隐藏原先的：在复制曲线后隐藏原来的对象。
- 允许自相交：如果需要复制多条曲线，则允许曲线之间相交。
- 使用父对象的显示属性：复制的曲线带有父对象的显示属性。

动手操作——创建复合曲线

① 打开本例的配套资源文件【7-9.prt】。

② 在【菜单】下拉菜单中选择【插入】|【派生曲线】|【复合曲线】命令，或者在【曲线】选项卡的【派生】面板中单击【复合】按钮，弹出【复合曲线】对话框。

③ 在模型中选择要创建复合曲线的参考线，然后在【设置】选项区中设置相关选项，单击【确定】按钮，完成复合曲线的创建，如图 7-29 所示。

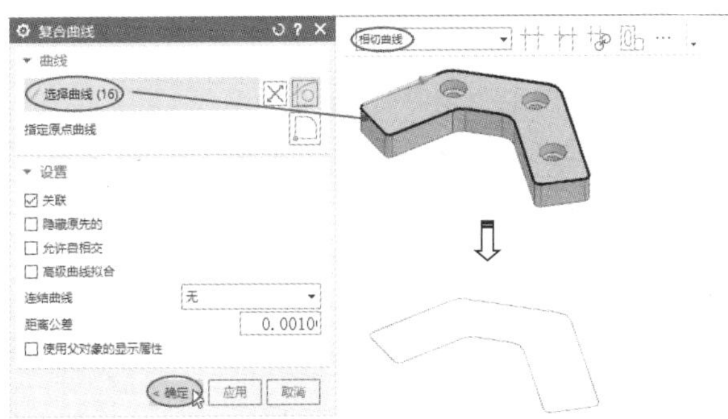

图 7-29　创建复合曲线

7.1.10　缠绕/展开曲线

使用【缠绕/展开曲线】命令可以将曲线从一个平面缠绕到一个圆锥面或圆柱面上，或者从圆锥面或圆柱面展开到一个平面上，如图 7-30 所示。【缠绕/展开曲线】命令对对象的要求比较严格，曲线必须在一个基准平面上，而基准平面必须与圆锥体或圆柱体相切。

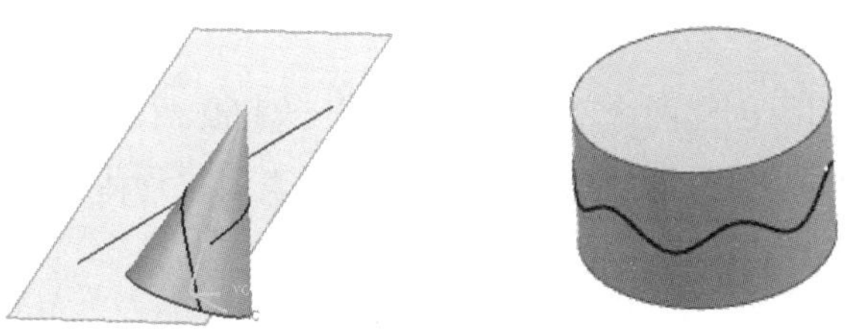

图 7-30　缠绕/展开曲线

动手操作——创建缠绕曲线

① 打开本例的配套资源文件【7-10.prt】。

② 在【曲线】选项卡的【派生】面板中的【更多】库中单击【缠绕/展开曲线】按钮，弹出【缠绕/展开曲线】对话框。

③ 激活【曲线或点】选项区中的【选择曲线或点】选项，选择要缠绕的曲线。

④ 激活【面】选项区中的【选择面】选项，选择要缠绕的曲面。

⑤ 激活【平面】选项区中的【选择对象】选项，选择要缠绕曲线的投影平面。

⑥ 单击【确定】按钮，完成缠绕曲线的创建，如图 7-31 所示。

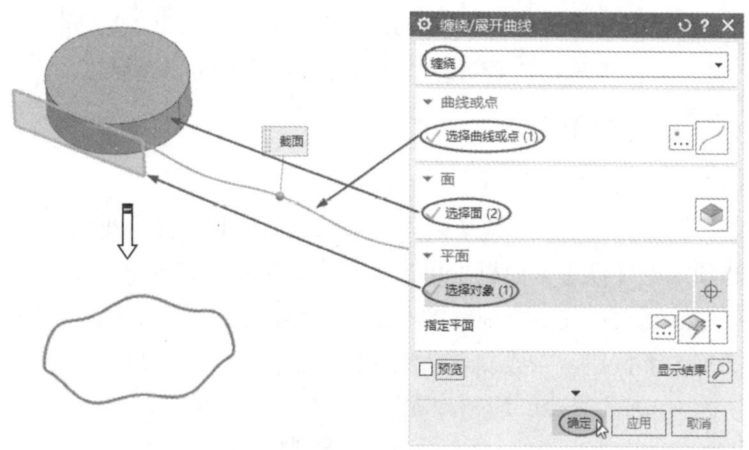

图 7-31　创建缠绕曲线

技巧点拨：

如果展开完全围绕着轴旋转的圆锥面或圆柱面的一条封闭曲线，则切割线会切断这条曲线，而且只有此时切割线才会切断所有曲线。对于其他所有曲线，如果大部分曲线在切割线的一侧，则它将被展开到切割线的同一侧。

7.2　体曲线操作

体曲线操作可以提取片体或实体的边缘、等参数曲线、等斜度曲线等，甚至可以提取面与面的相交线，实体与面的截面线等。体曲线一共包含 4 种曲线：相交曲线、截面曲线、抽取曲线和抽取虚拟曲线。

7.2.1　相交曲线

【相交曲线】命令用于创建两个对象间（曲面）的相交曲线。相交曲线是关联的，可以根据其定义对象的更改而更新。对象的类型包含实体表面、片体、基准平面等。

动手操作——创建相交曲线

① 打开本例的配套资源文件【7-11.prt】。

② 在【曲线】选项卡的【派生】面板中单击【相交曲线】按钮，弹出【相交曲线】对话框。

③ 选择第一组面，对象可以是单个面也可以是多个面。然后选择第二组面。

④ 单击【确定】按钮，完成相交曲线的创建，如图 7-32 所示。

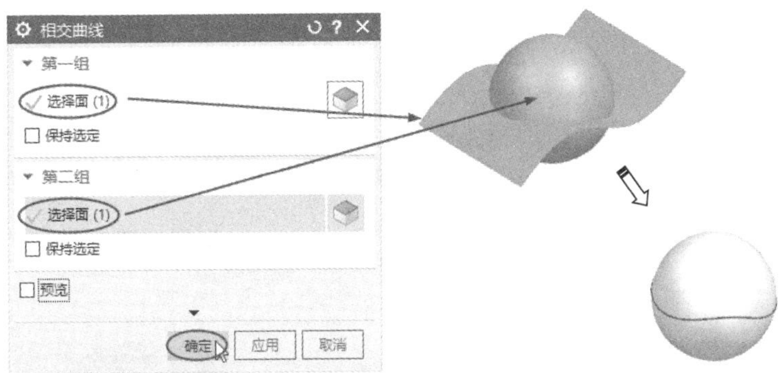

图 7-32　创建相交曲线

技巧点拨：

两组面不能同时是基准平面，也不能是平行不相交的面。

7.2.2　截面曲线

【截面曲线】命令用于通过平面与体、面或曲线相交来创建曲线或点。截面类型包括选定的平面、平行平面、径向平面、垂直于曲线的平面，如表 7-3 所示。

表 7-3　截面类型

类　型	描　述	图　例
选定的平面	使用选定的平面和基准平面创建截面曲线。可以使用现有平面，或者动态创建一个平面以执行截面操作	
平行平面	通过指定平行平面集的基本平面、步长值，以及起始和终止距离来创建截面曲线	
径向平面	通过指定径向平面的枢轴和一个点来定义径向平面集的基本平面、步长值，以及起始和终止角度，从而创建截面曲线	
垂直于曲线的平面	通过指定多个垂直于曲线或边缘的剖切平面来创建截面曲线。有多个选项用来控制剖切平面沿曲线的间距	

动手操作——创建截面曲线

① 打开本例的配套资源文件【7-12.prt】。

② 在【曲线】选项卡的【派生】面板中的【更多】库中单击【截面曲线】按钮，弹出【截面曲线】对话框。

③ 选择第一组面，一般对象可以是面、片体、实体。然后选择第二组面（基准平面）。最后单击【确定】按钮，完成截面曲线的创建，如图 7-33 所示。

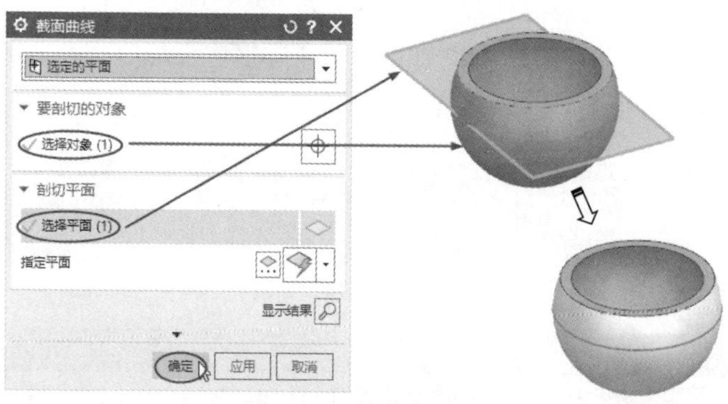

图 7-33　创建截面曲线

技巧点拨：

使用【截面曲线】命令可以在指定的平面与体、面、平面或曲线之间创建相交几何体。平面与曲线相交将创建一个或多个点。

7.2.3　抽取曲线

【抽取曲线】命令用于以体或面的边作为参照来创建曲线特征，如直线、圆弧、二次曲线和样条曲线等，而实体本身不会发生任何变化。此命令为旧版本软件中的命令，需要通过搜索调出来。

抽取曲线的类型有 5 种：边曲线、轮廓曲线、完全在工作视图中、阴影轮廓和精确轮廓，具体的含义如表 7-4 所示。

表 7-4　抽取曲线的类型

类　型	描　述	图　例
边曲线	从指定边抽取曲线。类似于边缘曲线功能的命令	
轮廓曲线	根据轮廓边缘创建曲线（曲面从指向视线所在位置的直线更改为指离视线所在位置的直线）。创建的曲线是大致的，由建模距离公差控制	

续表

类　型	描　述	图　例
完全在工作视图中	根据工作视图中体的所有可见边（包括轮廓边缘）创建曲线。无须选择任何对象，注意提取时的隐藏和显示对象	
阴影轮廓	在工作视图中创建仅显示体轮廓的曲线。此方法与模型形状无关，只与视图方向有关	
精确轮廓	使用可产生精确效果的 3D 曲线算法在工作视图中创建显示体轮廓的曲线	

动手操作——抽取曲线

本例要求将零件表面上的主要轮廓线提取出来，如图 7-34 所示。

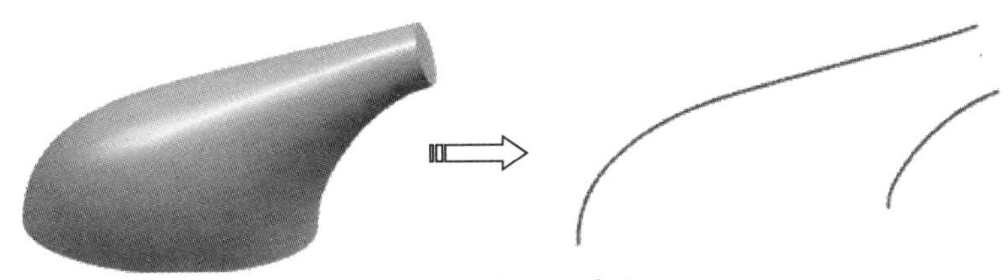

图 7-34　提取轮廓线

① 打开本例的配套资源文件【7-13.prt】。

② 在【菜单】下拉菜单中选择【插入】|【派生曲线】|【抽取曲线】命令，弹出【抽取曲线】对话框。单击【轮廓曲线】按钮，然后选择模型，单击【确定】按钮，即可自动抽取轮廓曲线，如图 7-35 所示。

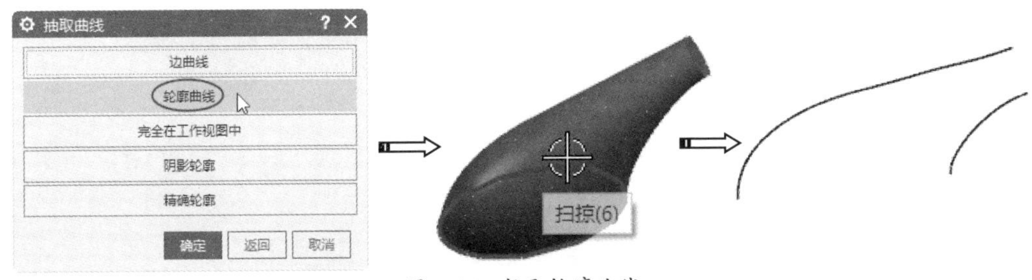

图 7-35　抽取轮廓曲线

7.2.4 抽取虚拟曲线

【抽取虚拟曲线】命令用于抽取与倒圆角或旋转体相关的曲线，一般抽取的曲线不在表面自身。抽取虚拟曲线的类型有 3 种：旋转轴、倒圆中心线、虚拟相交，具体的含义如表 7-5 所示。

表 7-5 抽取虚拟曲线的类型

类 型	描 述	图 例
旋转轴	抽取旋转体的旋转轴曲线	
倒圆中心线	抽取实体或片体的倒圆角圆心所产生的曲线	
虚拟相交	抽取实体或片体在倒圆角之前的相交曲线	

动手操作——抽取虚拟曲线

① 打开本例的配套资源文件【7-14.prt】。

② 在【菜单】下拉菜单中选择【插入】|【派生曲线】|【抽取虚拟曲线】命令，弹出【抽取虚拟曲线】对话框。

③ 选择要抽取的面（旋转面），单击【确定】按钮，即可抽取虚拟曲线，如图 7-36 所示。

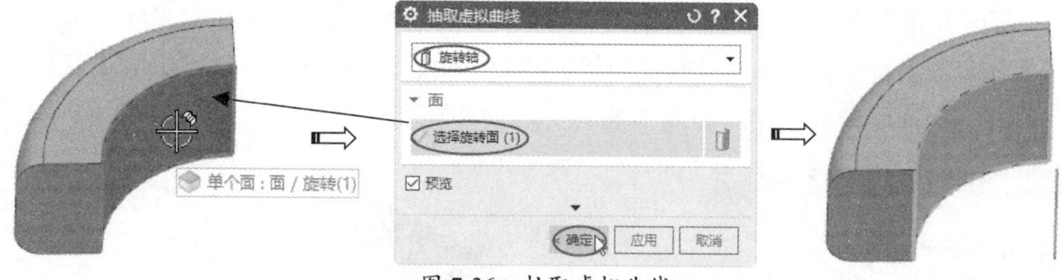

图 7-36 抽取虚拟曲线

7.3 其他曲线编辑命令

UG NX 2007 还提供了其他曲线编辑命令对构建的曲线进行编辑，这些命令在【菜单】下拉菜单的【编辑】|【曲线】子菜单中，部分曲线编辑命令在【编辑】面板和【非关联】

面板中，如图 7-37 所示。

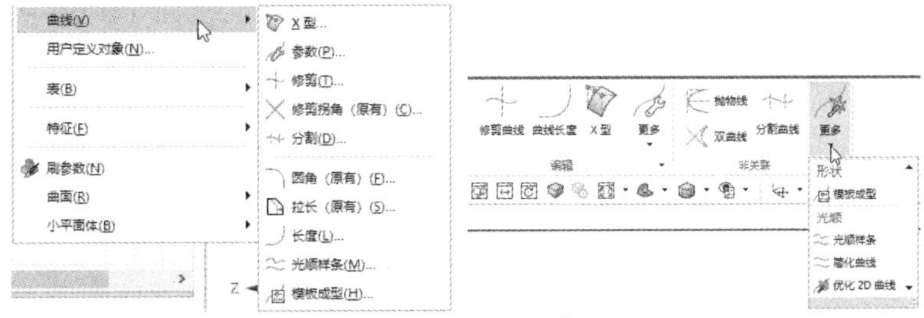

图 7-37　曲线编辑命令

部分常用的曲线编辑命令含义及图解介绍如下。

- 修剪曲线：以一个或多个边界对象来修剪曲线，如图 7-38（a）所示。
- 修剪拐角：修剪两条曲线至它们的交点，并形成拐角，如图 7-38（b）所示。
- 分割曲线：在曲线上插入分割点，将曲线分割成多段，如图 7-38（c）所示。
- 圆角：编辑带有圆角的曲线，如图 7-38（d）所示。
- 拉长：在拉长或收缩选定曲线的同时移动几何对象，如图 7-38（e）所示。
- 曲线长度：编辑曲线的长度，如图 7-38（f）所示。
- 光顺样条：编辑样条曲线的曲率，使其更加光顺。

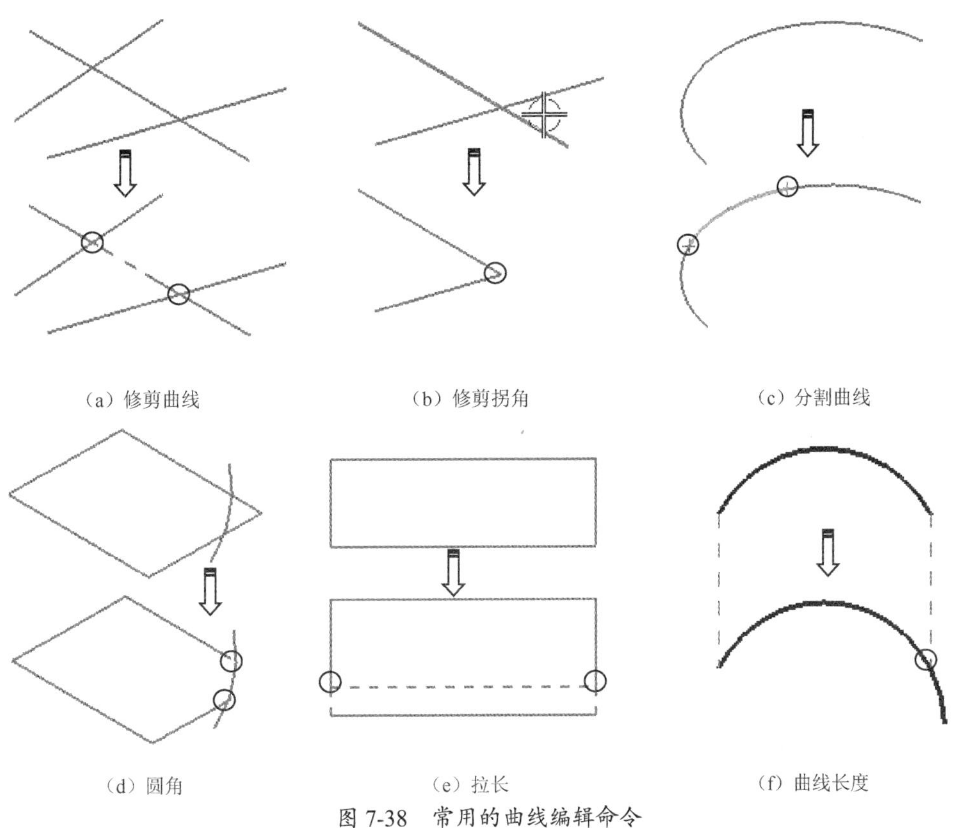

（a）修剪曲线　（b）修剪拐角　（c）分割曲线

（d）圆角　（e）拉长　（f）曲线长度

图 7-38　常用的曲线编辑命令

7.4 综合案例：构建话筒曲线与造型

本节将重点介绍如何利用曲线来构建曲面模型，为曲面造型设计打下一个良好的基础。本例的练习模型为一个台式话筒的外壳，如图 7-39 所示。

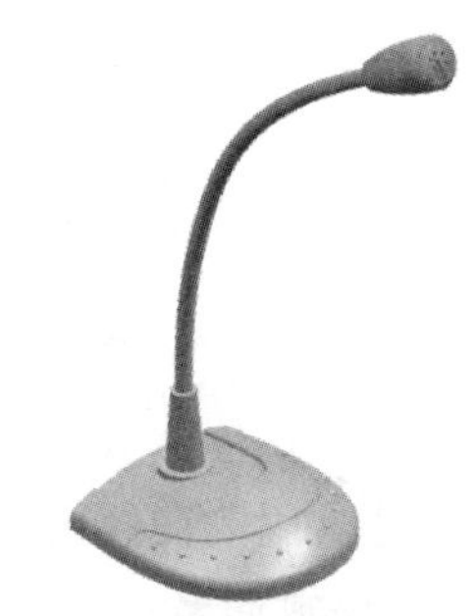

图 7-39 台式话筒的外壳模型

7.4.1 案例分析

话筒由 5 个小零件组装而成：底座、盖子、螺纹管、话筒壳和话筒盖。底座的设计难度最大，需要使用【拉伸】【扫掠】【通过曲线网格】等多种命令。螺纹管的设计难度最低，只需使用一个【管】命令即可。话筒的设计思路如下所述。

1. 底座基础曲面的建模顺序

底座的基础曲面由 3 个面组成，顶面使用【通过曲线网格】命令完成，后面使用【有界平面】或【N 边曲面】命令完成，前面使用【通过曲线组】命令完成，建模顺序如图 7-40 所示。

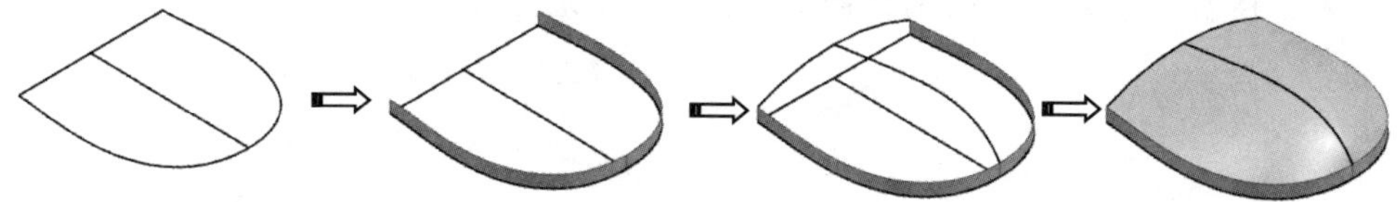

图 7-40 底座基础曲面的建模顺序

2. 底座细部特征的建模顺序

在底座基础曲面上进行细部特征设计，并在完成后进行抽壳，抽壳后再增加表面的修饰与 BOSS 柱，建模顺序如图 7-41 所示。

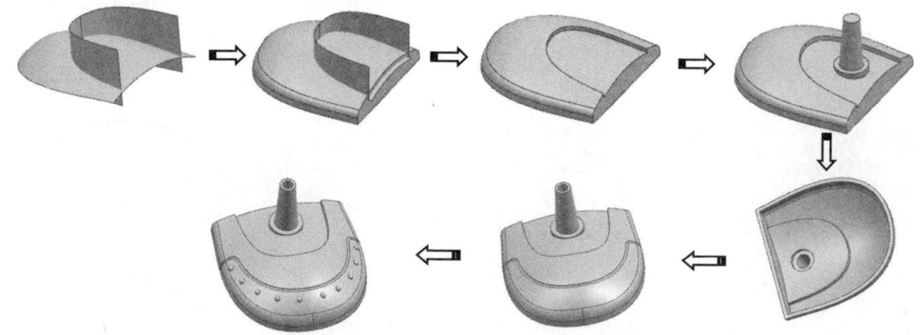

图 7-41 底座细部特征的建模顺序

3. 底座壳体盖子的建模顺序

在设计底座壳体盖子时，直接使用外壳的轮廓拉伸产生主体，然后参照外壳的支柱创建 3 个凸起，最后创建 3 个沉头孔，建模顺序如图 7-42 所示。

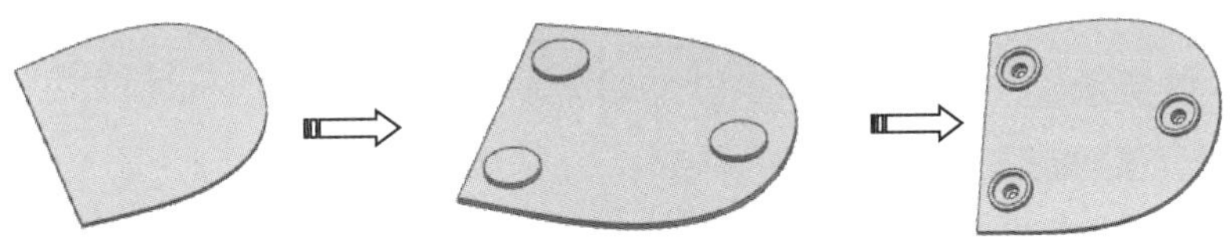

图 7-42　底座壳体盖子的建模顺序

4. 螺纹管与话筒外壳的建模顺序

创建螺纹管使用【管】命令来完成，创建话筒外壳使用【旋转】命令来完成，其中，话筒外壳还需要使用【阵列】命令复制孔，建模顺序如图 7-43 所示。

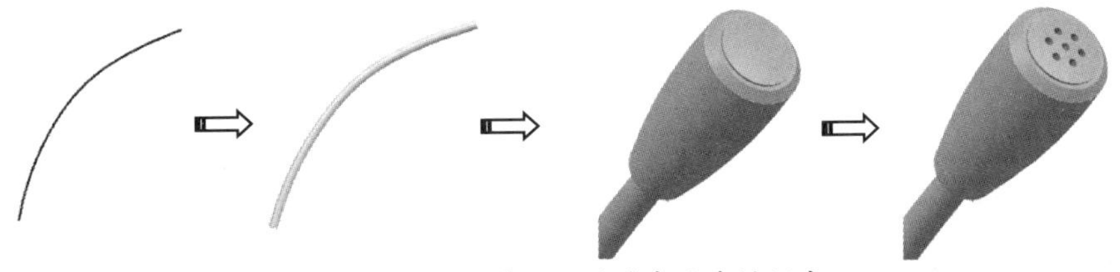

图 7-43　螺纹管与话筒外壳的建模顺序

7.4.2　曲线与曲面设计

1. 创建底座的基础曲面

① 打开本例的配套资源文件【话筒曲线.prt】。

② 在【曲面】选项卡的【基本】面板中单击【通过曲线组】按钮，弹出【通过曲线组】对话框。首先选择上面一条曲线链作为截面曲线，在对话框的【截面】选项区中单击【添加新截面】按钮⊕，然后选择下面一条曲线链作为截面曲线，最后单击【确定】按钮，完成曲面的创建，如图 7-44 所示。

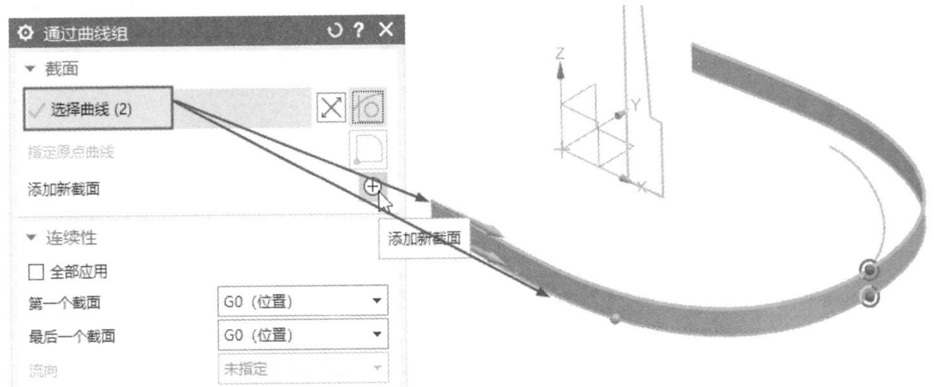

图 7-44　使用【通过曲线组】命令创建曲面

③ 在【曲面】选项卡的【基本】面板中单击【通过曲线网格】按钮，弹出【通过曲线网格】对话框。在图形区中，先选择主曲线 1，单击【添加新的主曲线】按钮⊕，再选择主曲线 2（选择曲线端点），按鼠标中键确认。在【交叉曲线】选项区中激活【选择曲线】选项，先选择交叉曲线 1，单击【添加新的交叉曲线】按钮⊕，再

依次选择交叉曲线 2 和交叉曲线 3，最后单击【确定】按钮，完成曲面的创建，如图 7-45 所示。

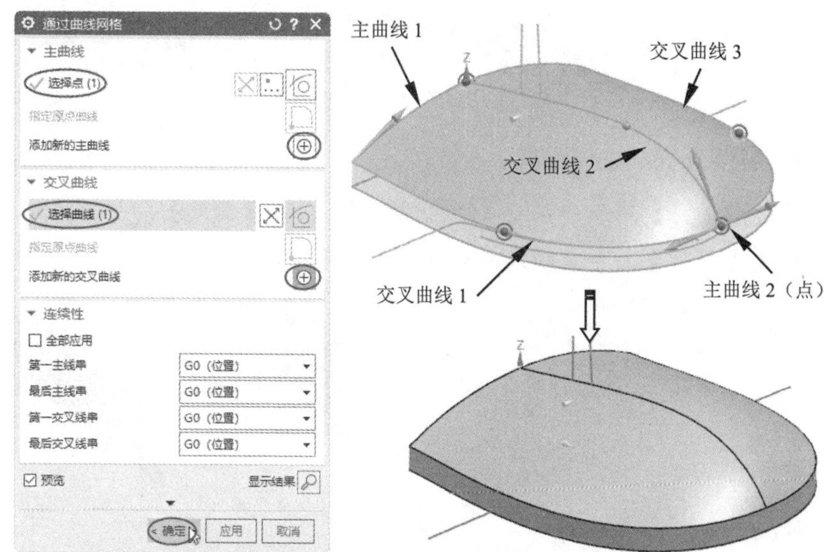

图 7-45　使用【通过曲线网格】命令创建曲面

④ 在【菜单】下拉菜单中选择【插入】|【曲面】|【有界平面】命令，弹出【有界平面】对话框。

⑤ 在图形区中选择曲面的边线和直线，形成封闭链，单击【确定】按钮，创建有界平面。同理，选择曲面的边线来创建缺口的封闭曲面，如图 7-46 所示。

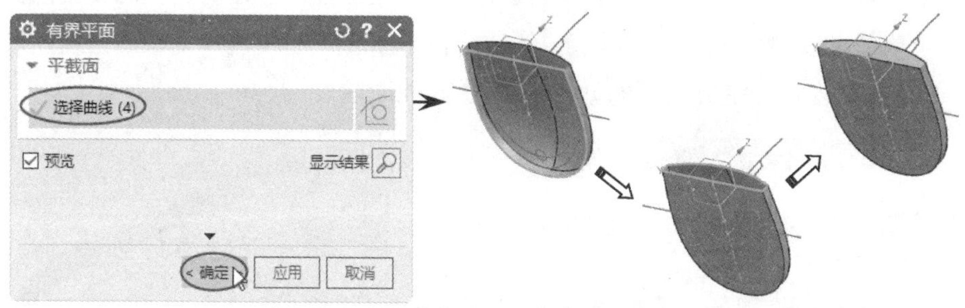

图 7-46　使用【有界平面】命令创建曲面

⑥ 在【曲面】选项卡的【组合】面板中单击【缝合】按钮，弹出【缝合】对话框。先任意选择一个曲面作为目标面，再框选其他曲面作为工具面，单击【确定】按钮，将多个曲面片体缝合成一个封闭的整体，此时的封闭曲面就变成了实体。

2. 实体编辑

① 在【主页】选项卡的【基本】面板中单击【拉伸】按钮，弹出【拉伸】对话框。

② 选择底部的相切曲线作为拉伸截面，输入拉伸终止距离值【25】，并将拉伸方向设置为 ZC 轴，单击【确定】按钮，完成拉伸曲面的创建，如图 7-47 所示。

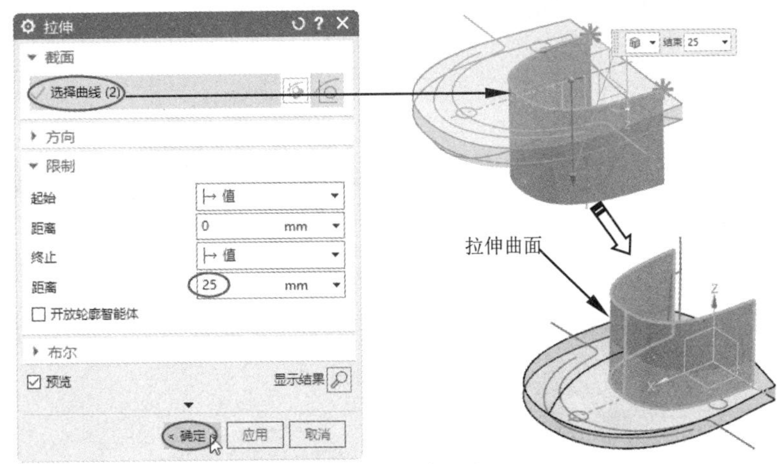

图 7-47　创建拉伸曲面

③ 在【菜单】下拉菜单中选择【插入】|【偏置/缩放】|【偏置曲面】命令，或者在【曲面】选项卡的【基本】面板中单击【偏置曲面】按钮，弹出【偏置曲面】对话框。

④ 选择要偏置的面（实体面），在【偏置 1】文本框中输入【1.5】，设置偏置方向为向下，单击【确定】按钮，完成偏置曲面的创建，如图 7-48 所示。

图 7-48　创建偏置曲面

技巧点拨：

单击【反向】按钮可以更改偏置方向，以保证创建的偏置曲面为所需的面。

⑤ 暂时将实体和曲线隐藏。在【菜单】下拉菜单中选择【插入】|【修剪】|【修剪和延伸】命令，弹出【修剪和延伸】对话框。

⑥ 在【修剪和延伸类型】下拉列表中选择【制作拐角】选项。选择目标面和工具面，确保目标面中的箭头指向上面（若不是，则单击【反向】按钮来更改），确保工具面中的箭头指向曲面内，单击【确定】按钮，完成拐角曲面的创建，如图 7-49 所示。

⑦ 显示隐藏的实体。在【曲面】选项卡的【组合】面板中单击【延伸片体】按钮，弹出【延伸片体】对话框，选择拐角曲面的边来创建延伸片体，延伸长度（偏置值）任意，如图 7-50 所示。

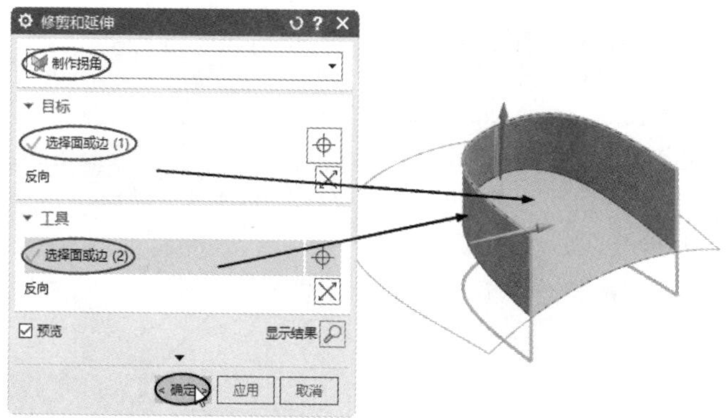

图 7-49　创建拐角曲面

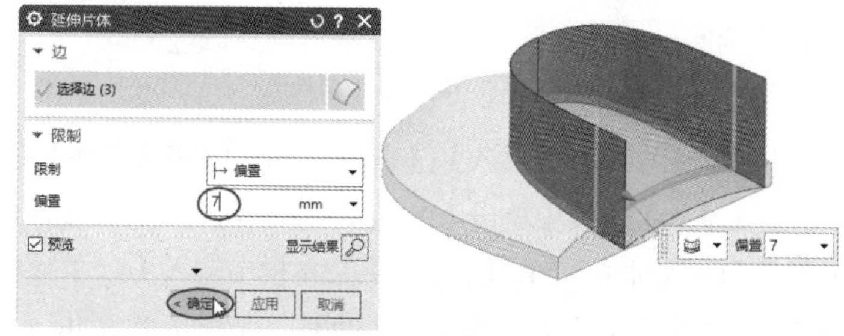

图 7-50　创建延伸片体

⑧ 在【菜单】下拉菜单中选择【插入】|【修剪】|【修剪体】命令，弹出【修剪体】对话框。选择要修剪的目标实体，再选择工具面（步骤⑥创建的拐角曲面），单击【确定】按钮，完成修剪体操作，如图 7-51 所示。然后将用作修剪工具的曲面隐藏（不能删除）。

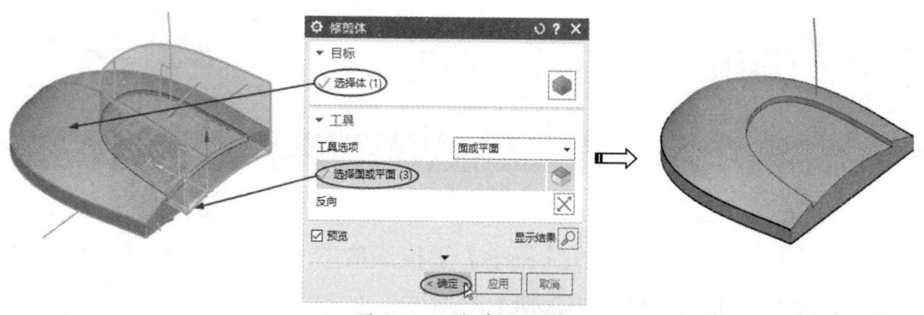

图 7-51　修剪体操作

技巧点拨：

必须确保修剪方向指向曲面内，否则需要单击【反向】按钮，更改修剪方向。

⑨ 显示隐藏的曲线。在【主页】选项卡的【基本】面板中单击【旋转】按钮，弹出【旋转】对话框。

⑩ 先选择旋转截面（表区域驱动），再指定旋转轴。在【布尔】选项区的【布尔】下拉列表中选择【合并】选项，单击【确定】按钮，完成旋转特征的创建，如图 7-52 所示。

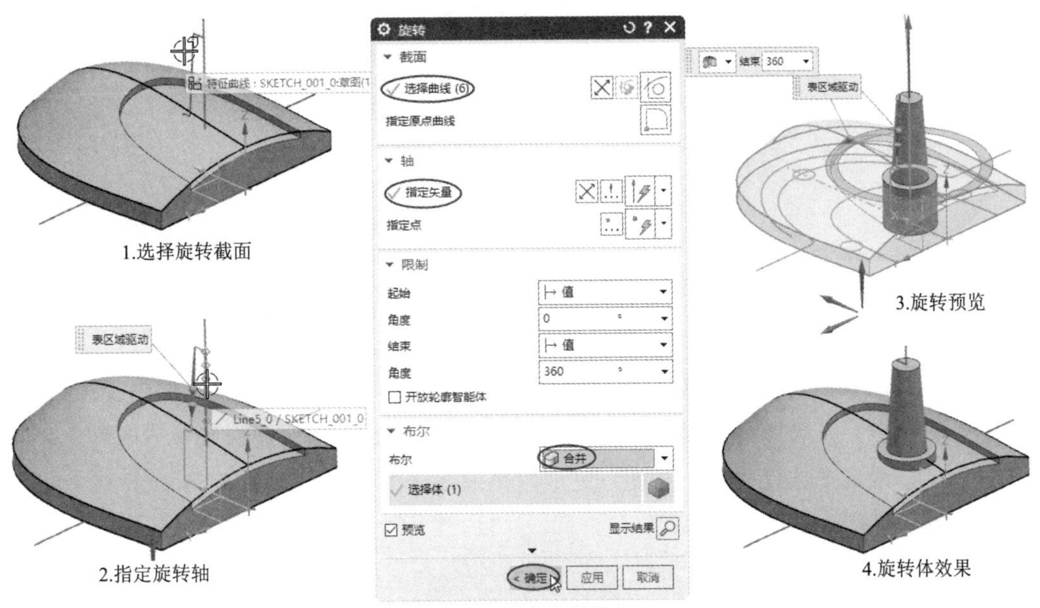

图 7-52　创建旋转特征

⑪ 在【主页】选项卡的【基本】面板中单击【边倒圆】按钮，弹出【边倒圆】对话框。先选择外侧的边创建半径为 3.5 的圆角曲线（无须单击【确定】按钮），单击【添加新集】按钮⊕，再选择凹槽部分的边创建半径为 1 的圆角曲线，最后单击【确定】按钮，完成边倒圆操作，如图 7-53 所示。

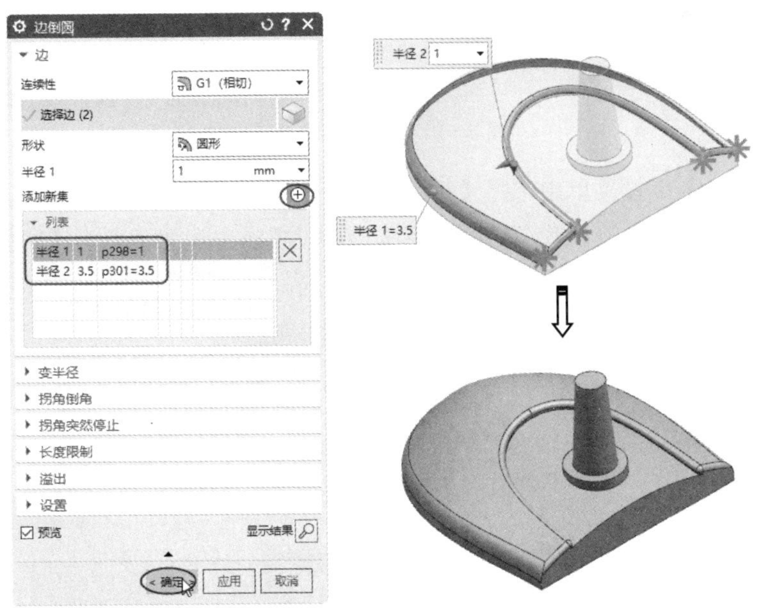

图 7-53　边倒圆操作

⑫ 在【主页】选项卡的【基本】面板中单击【抽壳】按钮，弹出【抽壳】对话框。选择底面作为要穿透的面，在【厚度】文本框中输入【1.5】。单击【确定】按钮，完成抽壳操作，如图 7-54 所示。

图 7-54　抽壳操作

⑬ 在【曲线】选项卡的【派生】面板中单击【投影曲线】按钮，弹出【投影曲线】对话框。先选择要投影的曲线，再选择要投影的面。指定投影矢量方向为 Z 轴正方向。最后单击【确定】按钮，完成投影曲线 1 的创建，如图 7-55 所示。

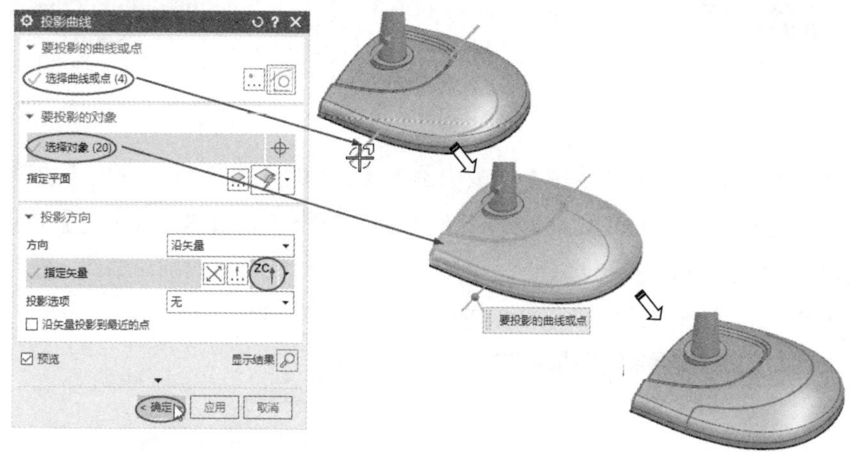

图 7-55　创建投影曲线 1

⑭ 在【菜单】下拉菜单中选择【插入】|【扫掠】|【管】命令，弹出【管】对话框。选择路径曲线，输入管道的外径值【1】，设置布尔运算类型为【减去】，单击【确定】按钮，完成管道的创建，如图 7-56 所示。

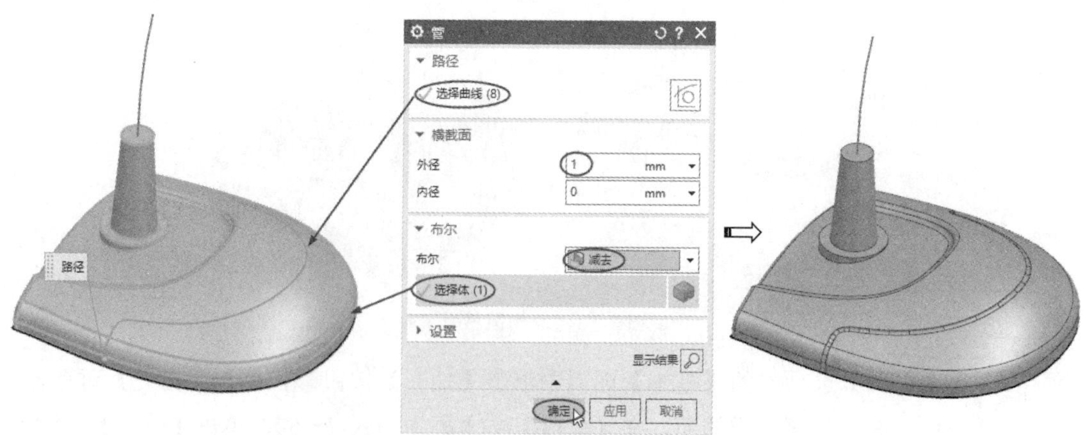

图 7-56　创建管道

⑮ 在【菜单】下拉菜单中选择【插入】|【派生曲线】|【投影曲线】命令，或者在【曲线】选项卡的【派生】面板中单击【投影曲线】按钮，弹出【投影曲线】对话框。

⑯ 先选择要投影的曲线，再选择要投影的面，最后指定投影方向，单击【确定】按钮，完成投影曲线 2 的创建，如图 7-57 所示。

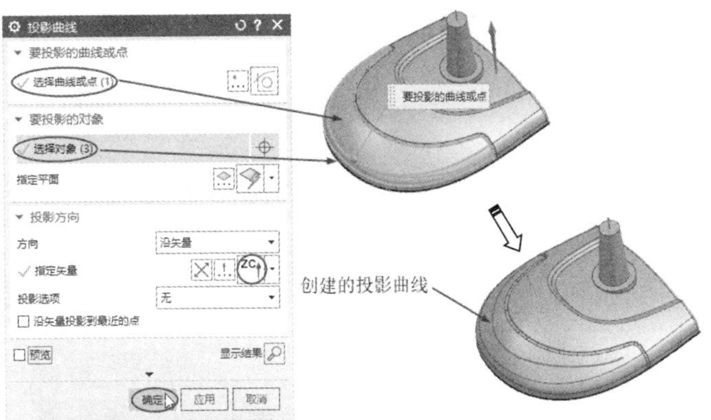

图 7-57　创建投影曲线 2

⑰ 在【菜单】下拉菜单中选择【插入】|【设计特征】|【球】命令，弹出【球】对话框。指定球的中心点为投影曲线的左端，设置球体的【直径】为【1.5】，单击【确定】按钮，创建球特征。

⑱ 在【菜单】下拉菜单中选择【插入】|【关联复制】|【阵列特征】命令，弹出【阵列特征】对话框。首先选择球特征作为要阵列的特征，在【阵列定义】选项区的【布局】下拉列表中选择【沿】选项，激活【选择路径】选项，然后选择步骤 ⑯ 创建的投影曲线 2 作为路径，设置副本的【数量】为【10】、【步距百分比】为【11】，最后单击【确定】按钮，完成球特征的路径阵列的创建，如图 7-58 所示。

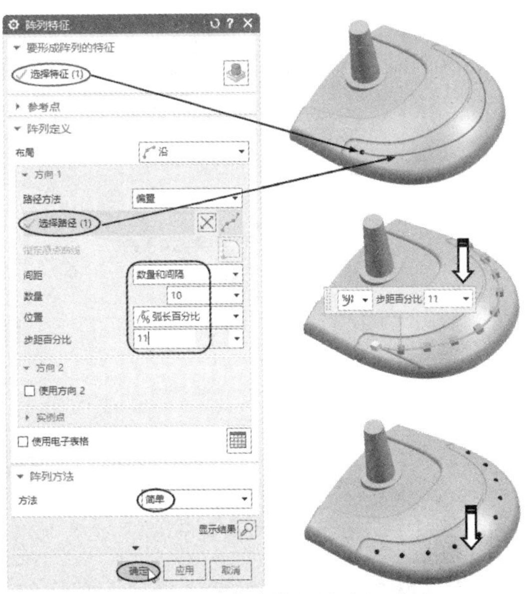

图 7-58　创建球特征的路径阵列

⑲ 在【主页】选项卡的【基本】面板中单击【拉伸】按钮，弹出【拉伸】对话框。选择底面草图的 3 个圆形作为拉伸截面，在【限制】选项区中设置终止方式为【直至下一个】，在【布尔】选项区中设置布尔运算类型为【合并】，最后单击【确定】按钮，完成拉伸特征的创建，如图 7-59 所示。

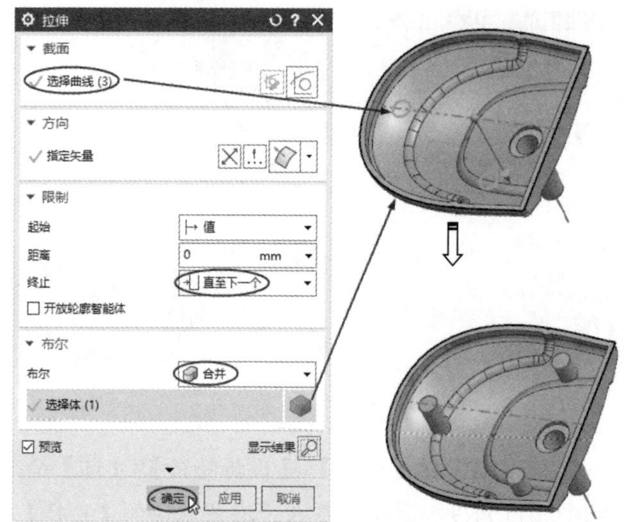

图 7-59 创建拉伸特征

3．设计底座

① 在【主页】选项卡的【基本】面板中单击【拉伸】按钮，弹出【拉伸】对话框。选择抽壳特征的边作为拉伸截面，在【限制】选项区中输入拉伸终止距离值【2】，在【布尔】选项区中设置布尔运算类型为【无】，单击【应用】按钮，完成盖子的创建，如图 7-60 所示。

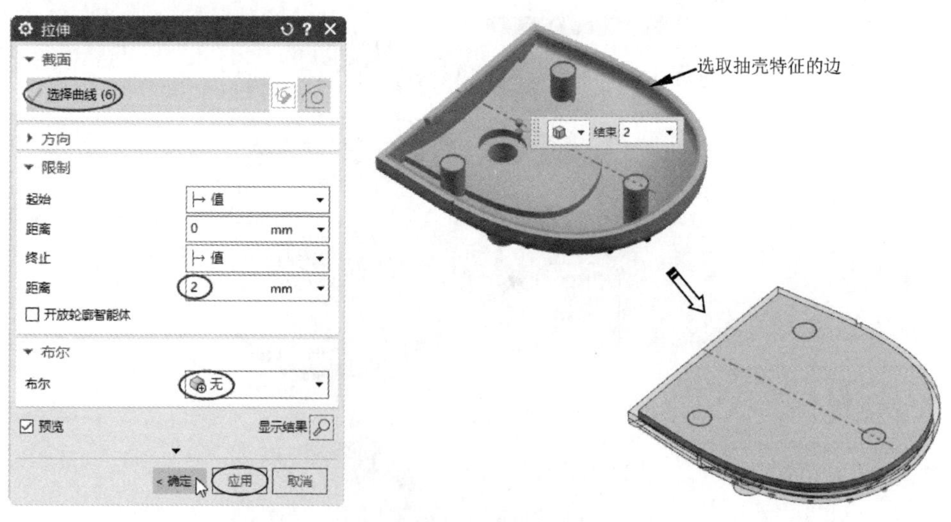

图 7-60 创建盖子

② 在【拉伸】对话框没有关闭的情况下，继续选择底面草图的 3 个圆形作为拉伸截面，

输入拉伸终止距离值【1.5】，设置布尔运算类型为【合并】，单击【确定】按钮，完成凸垫的创建，如图 7-61 所示。

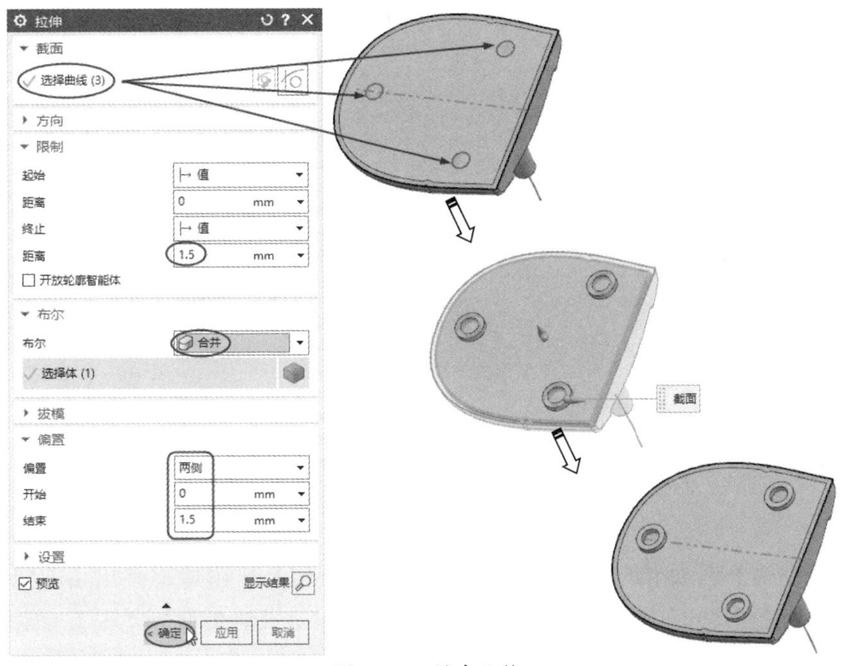

图 7-61　创建凸垫

③ 在【主页】选项卡的【基本】面板中单击【孔】按钮，弹出【孔】对话框。在类型下拉列表中选择【有螺纹】选项，选择 3 个凸垫的中心点作为孔的放置点，在【形状】选项区中设置【大小】为【M3×0.5】，其他选项保持默认设置，单击【确定】按钮，完成孔特征的创建，如图 7-62 所示。

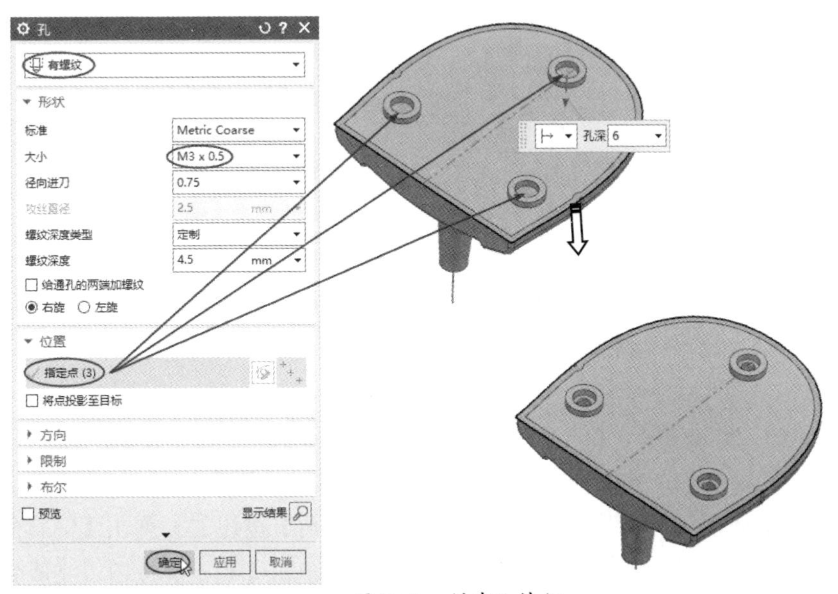

图 7-62　创建孔特征

4．创建螺纹管与话筒外壳

① 在【菜单】下拉菜单中选择【插入】|【扫掠】|【管】命令，弹出【管】对话框。选择路径曲线，设置管道的【外径】为【4】，单击【确定】按钮，完成管道的创建，如图 7-63 所示。

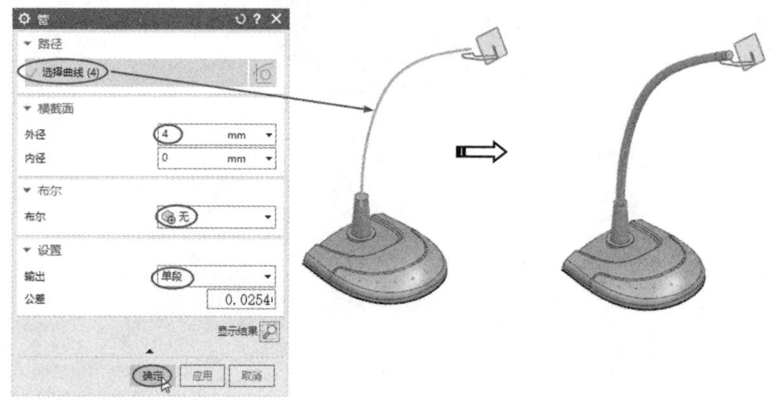

图 7-63 创建管道

② 在【主页】选项卡的【基本】面板中单击【旋转】按钮，弹出【旋转】对话框。先选择旋转截面曲线，再指定旋转轴，设置布尔运算类型为【无】，单击【确定】按钮，完成旋转特征的创建，如图 7-64 所示。

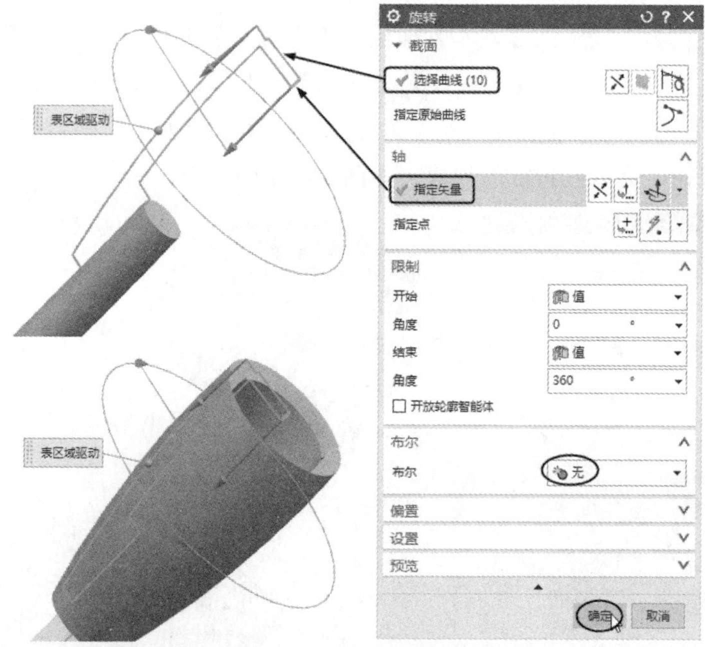

图 7-64 创建旋转特征

③ 在【主页】选项卡的【基本】面板中单击【倒斜角】按钮，弹出【倒斜角】对话框。选择要倒斜角的边，设置【距离】为【1】，单击【确定】按钮，完成斜角特征的创建，如图 7-65 所示。

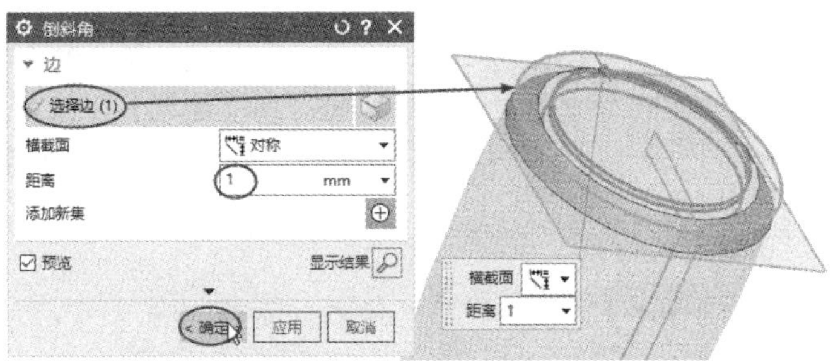

图 7-65　创建斜角特征

④ 在【菜单】下拉菜单中选择【插入】|【修剪】|【拆分体】命令，弹出【拆分体】对话框。选择要拆分的实体或片体，然后选择工具面，单击【确定】按钮，完成拆分体操作，如图 7-66 所示。

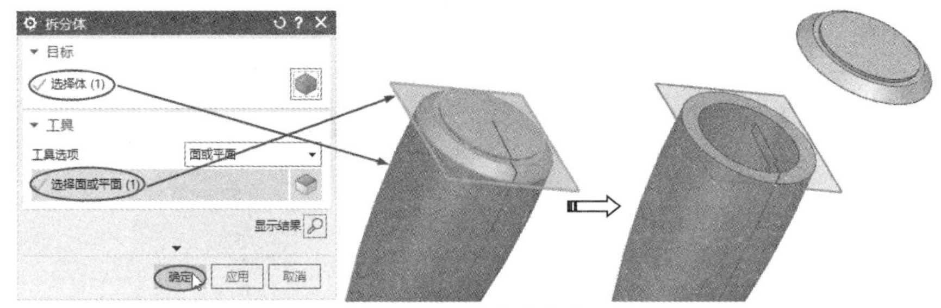

图 7-66　拆分体操作

⑤ 在【主页】选项卡的【基本】面板中单击【孔】按钮，弹出【孔】对话框。在类型下拉列表中选择【简单】选项并设置【孔径】为【1】，指定话筒盖底部圆心为孔放置点，依次设置【孔方向】为【沿矢量】，单击【面/平面法向】按钮，设置【深度限制】为【贯通体】，最后单击【确定】按钮，完成简单孔的创建，如图 7-67 所示。

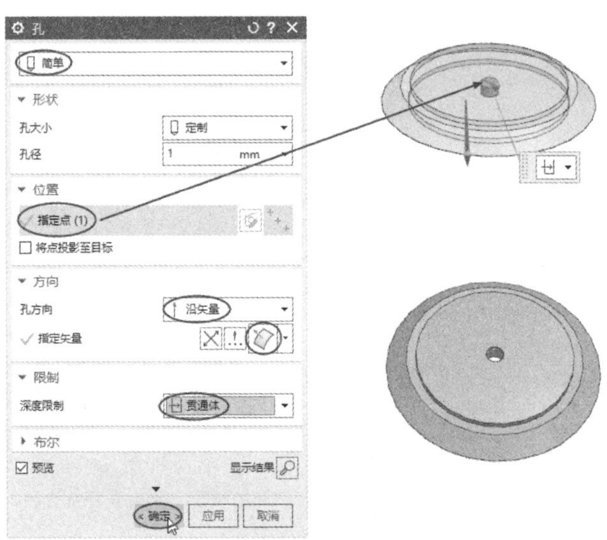

图 7-67　创建简单孔

⑥ 在【主页】选项卡的【同步建模】面板中的【更多】库中单击【复制面】按钮，弹出【复制面】对话框。选择要复制的孔面，在【运动】下拉列表中选择【距离】选项，指定矢量为 YC 轴，输入距离值【2.5】，勾选【粘贴复制的面】复选框，并单击【确定】按钮，完成复制面操作，如图 7-68 所示。

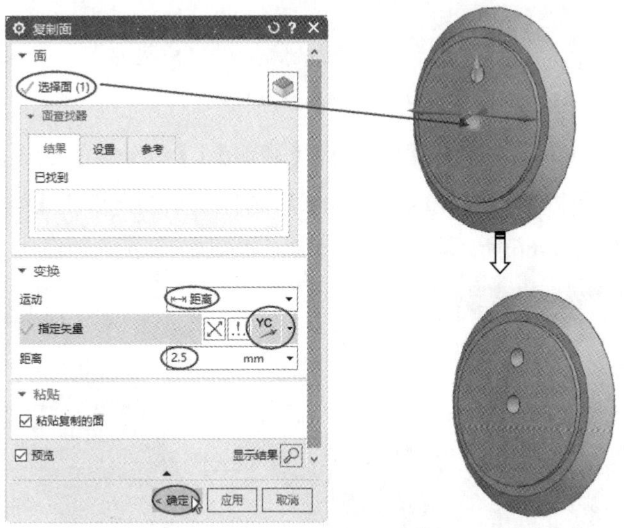

图 7-68　复制面操作

⑦ 在【主页】选项卡的【同步建模】面板中的【更多】库中单击【阵列面】按钮，弹出【阵列面】对话框。在【布局】下拉列表中选择【圆形】选项，选择步骤⑥创建的复制面作为要阵列的面，然后激活【指定点】选项，选择中心孔，设置【间距】为【数量和间隔】、【数量】为 6、【节距角】为【60】，单击【确定】按钮，完成圆形阵列操作，如图 7-69 所示。

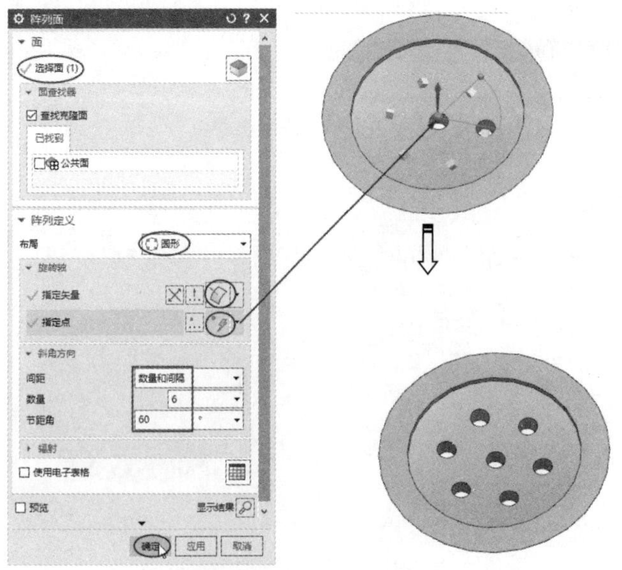

图 7-69　圆形阵列操作

⑧ 在【主页】选项卡的【基本】面板中单击【拉伸】按钮，弹出【拉伸】对话框。选择话筒盖的内边线作为拉伸截面，在【限制】选项区中输入拉伸起始距离值【-0.3】和拉伸终止距离值【1.5】，单击【确定】按钮，完成拉伸特征的创建，如图 7-70 所示。

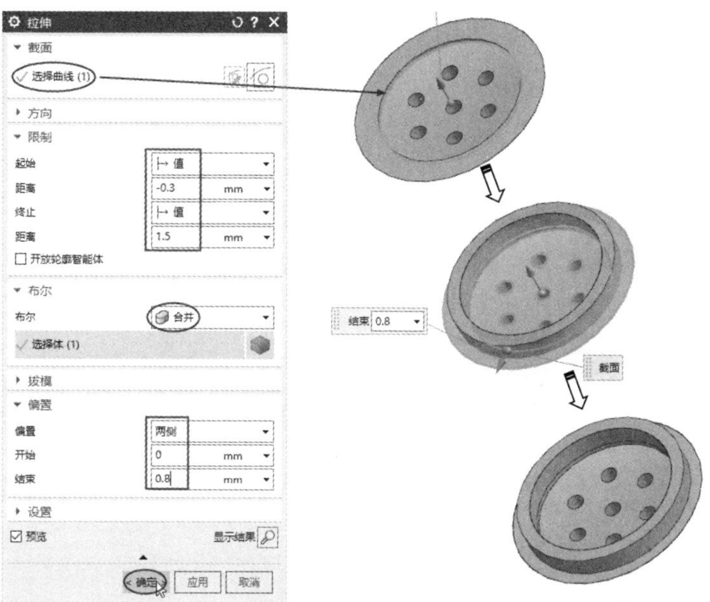

图 7-70　创建拉伸特征

⑨ 至此，完成了话筒的曲面、实体造型工作，其最终效果如图 7-71 所示。

图 7-71　话筒的最终效果

第 8 章

实体特征建模

本章内容

相对于单纯的实体建模和参数化建模方法，UG 采用的是混合建模方法，该方法是基于特征的实体建模方法。从本章开始，本书将介绍 UG 的实体特征建模。本章主要介绍实体特征建模的基础应用知识，包括常见的体素特征设计、建模设置技巧、辅助建模工具等。

知识要点

- ☑ 三维建模必备基础知识
- ☑ 体素特征
- ☑ 布尔运算命令
- ☑ 基于截面的扫描型特征
- ☑ 创建基于已有特征的特征

8.1　三维建模必备基础知识

UG 的实体特征建模功能，是一种基于特征和约束的建模技术。无论是进行概念设计还是进行详细设计，我们都可以自如地运用这种建模技术。与其他一些实体造型技术相比，在建模和编辑的过程中，使用这种建模技术不但能够获得更大的、更自由的创作空间，而且花费的精力和时间相对较少。

8.1.1　特征建模概念及术语

所谓特征，是指可以使用尺寸和参数驱动的三维几何体。特征通常应满足如下条件。

- 特征必须是零件或装配体的具体构成之一。
- 特征可以对应于某一形状。
- 特征应该具有工程上的意义。
- 特征的形状是可以预知的。
- 特征可以分为基本特征、辅助特征（也称附加特征或过程特征），包括参考几何体。

基本特征是最基本的几何特征，包括拉伸、旋转、扫描和放样等特征。由于基本特征大部分是在草图的基础上形成的，因此又被称为基于草图的特征。二维草图轮廓在经过特征操作后即可生成基本特征，例如，圆柱体特征就是将一个圆轮廓草图作为截面，经过拉伸生成的基本特征。

辅助特征是在已有的基本特征上进行辅助的特征，如圆角特征、倒角特征、抽壳特征等都是辅助特征。参考几何体也是辅助特征的一种，它为建立其他特征提供参考，并不参与模型的生成。

在 UG 实体特征建模过程中，主要涉及以下几个常用的术语。

- 对象：对 UG 环境下每一个图元的称谓，如点对象、曲线对象、面对象、实体对象等。
- 特征：所有构成实体、片体的参数化元素，包括基准特征、体素特征、实体特征、曲面特征、设计特征、细节特征等。
- 几何体：主要是指 UG 环境中的点、线、面和由点、线及面构成的特征。
- 实体：封闭的边和面的集合。
- 片体：一般是指一个或多个不封闭的表面。
- 体：实体和片体的总称，一般是指创建的三维模型。
- 面：边围成的区域。
- 引导线：用来定义扫描路径的曲线。
- 目标体：需要与其他实体进行运算的实体。
- 工具体：用来修改目标体的实体。

8.1.2 零件特征分析

一个复杂的零件通常是由一些简单的特征经过一定的方式组合而成的，可以被称为组合体。组合体的组合方式可以分为特征叠加、特征切割和特征相交，分别如图 8-1 所示。

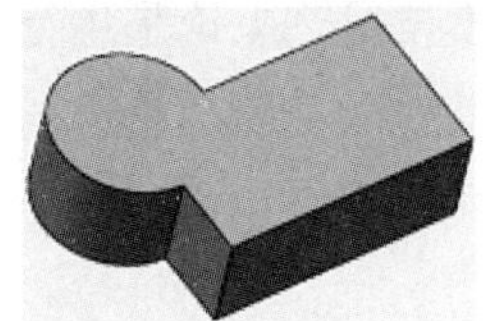
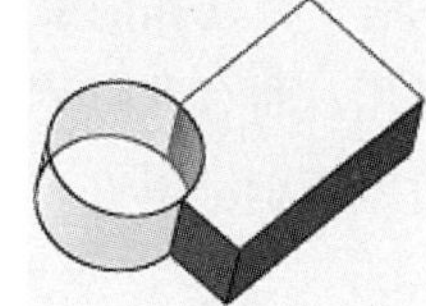
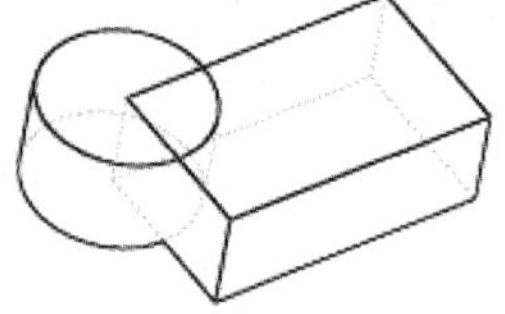

图 8-1 组合体的 3 种组合方式

对一个复杂的零件而言，其特征由许多个简单特征叠加而成。在进行产品建模之前，先对其进行结构分析是非常重要的。首先需要明确产品各个特征之间的关系，找出零件的基本轮廓作为第 1 个特征草图，然后根据特征之间的主次关系，厘清特征建模的顺序。

对同一个零件而言，不同的设计者可以用不同的方法实现模型的创建。但是，对最终的零件模型而言，我们要保证其体现设计思想、加工工艺思想和模型本身的健壮性，使模型不但易于修改，而且在修改时产生的关联错误也能被快速修复。

8.1.3 基于特征的设计方法

在进行产品设计时，根据特征的相互关系可以将设计方法分为特征分割法和特征合成法。

1．特征分割法

特征分割法是指在一个毛坯模型上用特征进行布尔减去操作，从而建立零件模型的方法。该过程类似于产品的实际生产加工过程。

图 8-2 所示为某个机械零件的轴测视图。通过观察图纸可知，此零件有底座，所以我们从底座开始建模。由于我们采用的是特征分割法建模，因此必须先建立底座底面至模型顶面的高度模型，再逐一按照从上到下的顺序依次分割多余部分的体积，直至得到最终的零件模型。图 8-3 所示为该零件按特征分割法建模的流程。

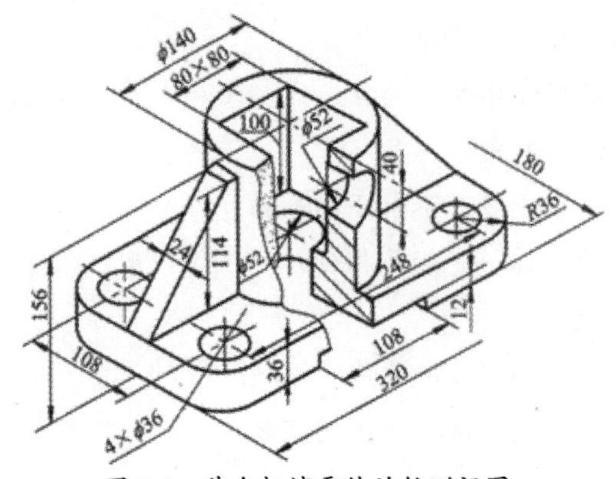

图 8-2 某个机械零件的轴测视图

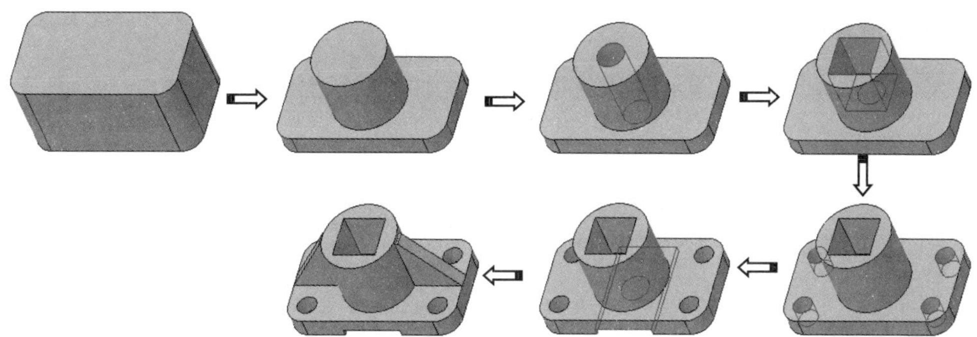

图 8-3　该零件按特征分割法建模的流程

2. 特征合成法

系统允许设计人员通过添加或删减进行特征设计。首先通过一定的规划和过程定义一般特征，建立一般特征库，然后对一般特征进行实例化，并对特征实例进行修改、复制、删除等操作以生成实体模型，最后导出特定的参数值，建立产品模型。图 8-4 所示为某零件的轴测视图及其按特征合成法建模的流程。

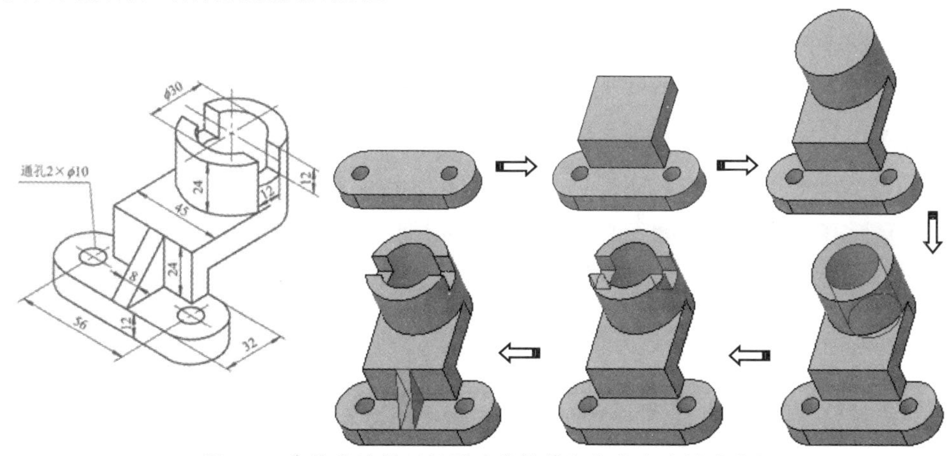

图 8-4　某零件的轴测视图及其按特征合成法建模的流程

8.1.4　特征的创建步骤

创建特征的过程，实际上就是按照设计者所认定的方式将许多简单特征进行叠加、切割或相交的过程。但在建模之前，必须厘清设计思路，确定建模顺序，这是建模过程中不可或缺的一环。创建特征的基本步骤如下所述。

1. 规划零件

分析零件的组成特征，特征之间的相互位置关系，特征的构造顺序及特征的构造方法。

2. 创建基体特征

每个零件生成的第 1 个特征都被称为基体特征。基体特征一般是构成零件基体形态的主要特征和尺寸较大的特征，是构造后续特征的基础。

3．创建其他特征

在基体特征上逐一添加其他基本特征，最后添加辅助特征和操作特征。

4．修改特征

在特征造型的任何时候都可以修改特征，包括修改特征的形状、尺寸、位置及特征的从属关系，也可以删除已经创建的特征。

8.2　体素特征

体素特征包括块、圆柱体、圆锥体、球体等，这些特征是最原始的基础实体。UG 将这些实体专门开发成工具，无须用户绘制截面，只需要给定定位点和确定外形的相关参数即可建模，大大提高了建模的速度和效率。

8.2.1　块

【块】命令用于通过定义拐角位置和尺寸来创建块。

在【菜单】下拉菜单中选择【插入】|【设计特征】|【块】命令，或者在【主页】选项卡的【基本】面板中的【更多】库中单击【块】按钮，弹出【块】对话框。通过对话框设置块的定位方式和长度、宽度、高度等参数，包括 3 种块创建类型，如图 8-5 所示。

图 8-5　【块】对话框的 3 种块创建类型的选项布局

技巧点拨：

相关的体素特征创建工具需要用户通过【定制】命令调取或者搜索后显示在选项卡面板中。

块创建类型有 3 种，分别是原点和边长、两点和高度、两个对角点。

- 原点和边长：通过指定底面中心和块的边长（长度、宽度、高度）来创建块，如图 8-6 所示。
- 两点和高度：通过指定底面上矩形的对角点和块的高度来创建块，如图 8-7 所示。
- 两个对角点：只需指定块的两个对角点即可，如图 8-8 所示。

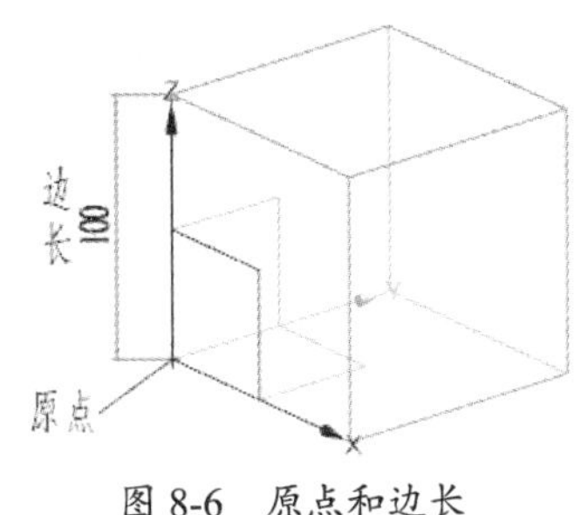

图 8-6　原点和边长

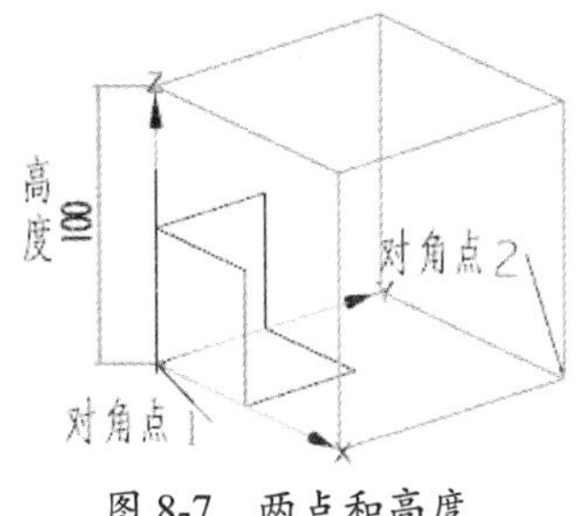

图 8-7　两点和高度

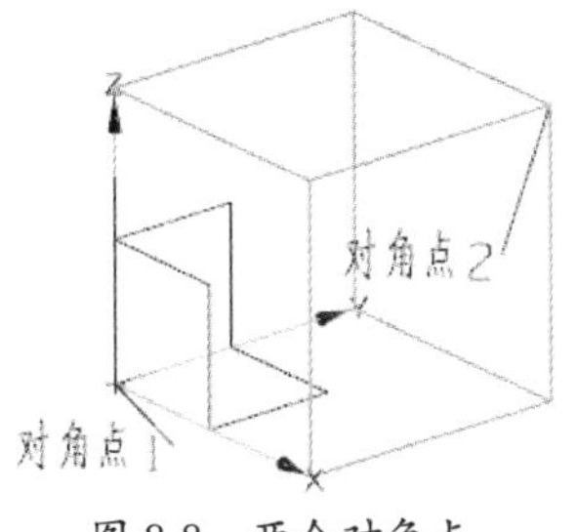

图 8-8　两个对角点

8.2.2　圆柱体

【圆柱】命令用于将矩形绕其一条边旋转而生成圆柱体，也可以被看作由圆形截面拉伸生成的实体。在【主页】选项卡的【基本】面板中的【更多】库中单击【圆柱】按钮，弹出【圆柱】对话框。该对话框中包含两种圆柱体创建类型，其选项布局如图 8-9 所示。

图 8-9　【圆柱】对话框的两种圆柱体创建类型的选项布局

两种圆柱体创建类型的含义如下所述。

- 轴、直径和高度：通过指定圆柱体的中心轴、直径和高度来创建圆柱体，如图 8-10 所示。
- 圆弧和高度：通过选择已知圆弧（圆柱中心轴和圆柱直径已经确定）并指定圆柱体的高度来创建圆柱体，如图 8-11 所示。

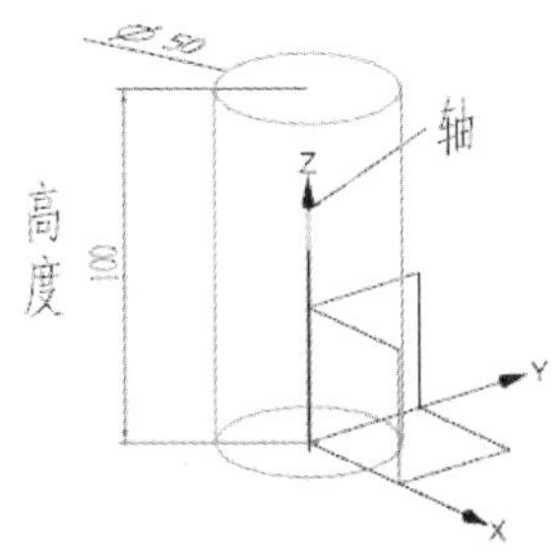

图 8-10　轴、直径和高度

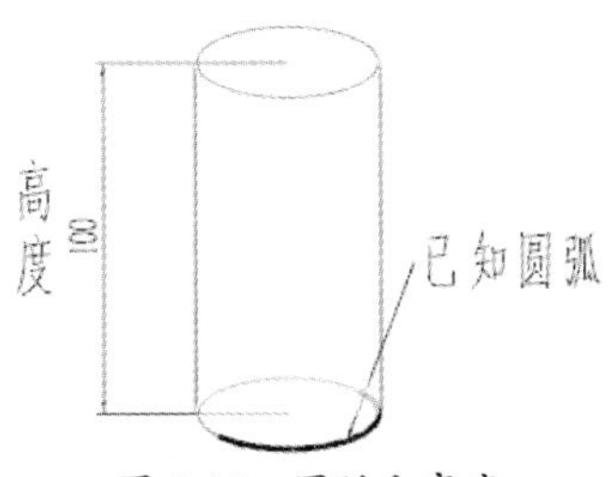

图 8-11　圆弧和高度

8.2.3 圆锥体

【圆锥】命令用于将一条倾斜的母线绕竖直的轴线旋转一周来创建圆锥体。在【主页】选项卡的【基本】面板中的【更多】库中单击【圆锥】按钮，弹出【圆锥】对话框。该对话框用来设置圆锥体创建类型和外形参数，如图 8-12 所示。

图 8-12 【圆锥】对话框

圆锥体创建类型的含义如下所述。

- 直径和高度：通过指定定位点、底部直径、顶部直径及高度来生成圆锥体，如图 8-13 所示。

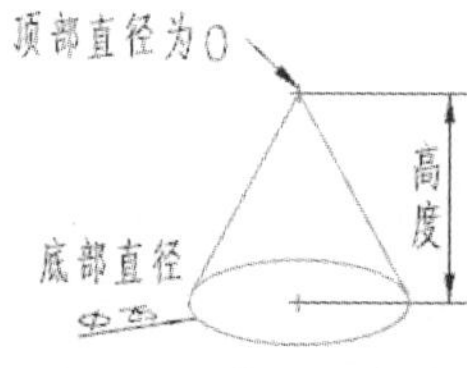

图 8-13 直径和高度

- 直径和半角：通过指定定位点、底部直径、顶部直径，以及母线和轴线的角度来生成圆锥体，如图 8-14 所示。
- 底部直径，高度和半角：通过指定定位点、底部直径、高度，以及母线和轴线的角度来生成圆锥体，如图 8-15 所示。

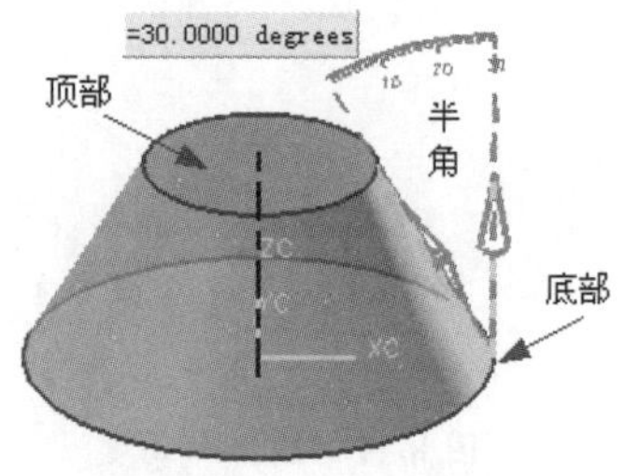

图 8-14 直径和半角

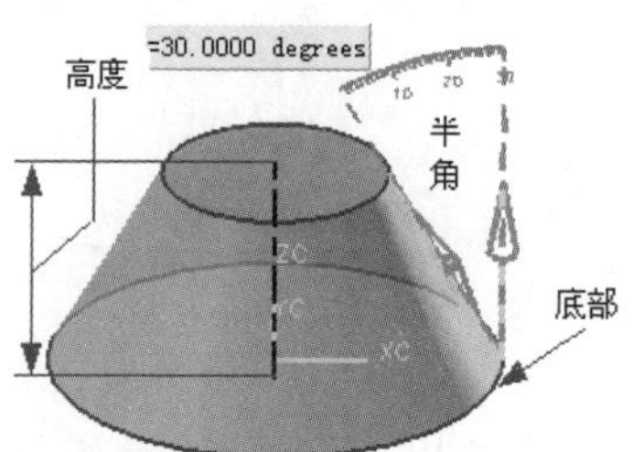

图 8-15 底部直径，高度和半角

- 顶部直径，高度和半角：通过指定定位点、顶部直径、高度，以及母线和轴线的角度来生成圆锥体，如图 8-16 所示。
- 两个共轴的圆弧：选择两个圆弧生成圆锥体。两个圆弧不一定平行，圆心也不一定在一条竖直直线上，如图 8-17 所示。

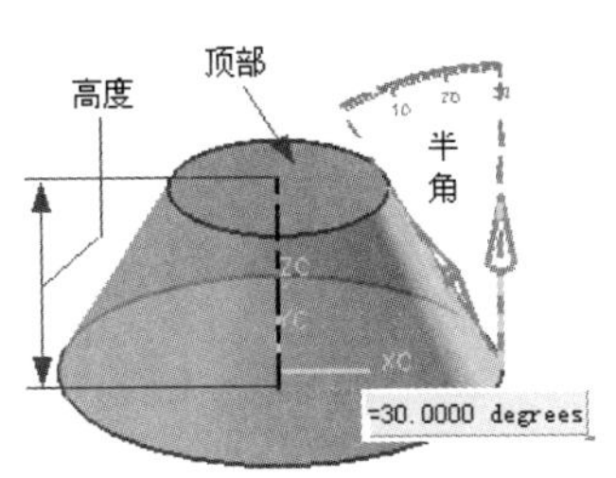

图 8-16　顶部直径、高度和半角

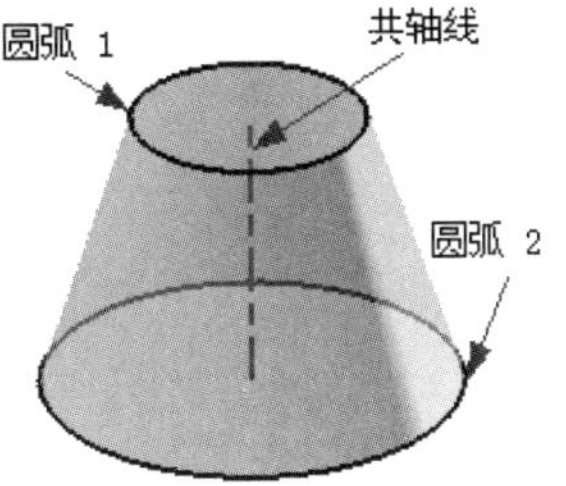

图 8-17　两个共轴的圆弧

8.2.4　球体

【球】命令用于将半圆母线绕其直径旋转一周来创建球体。在【主页】选项卡的【基本】面板中的【更多】库中单击【球】按钮，弹出【球】对话框。该对话框中包含两种球体创建类型，其选项布局如图 8-18 所示。

- 中心点和直径：通过指定球心和球直径来创建球体。
- 圆弧：通过选择圆弧来创建球体。球直径等于圆弧直径，球中心在圆弧圆心上。创建的球体并不与选择的圆弧产生关联性。

图 8-18　【球】对话框的两种球体创建类型的选项布局

动手操作——麻将牌造型

采用曲线工具和【块】【球】等命令创建如图 8-19 所示的麻将牌模型。

图 8-19　麻将牌模型

① 新建模型文件。

② 在【菜单】下拉菜单中选择【插入】|【设计特征】|【块】命令，弹出【块】对话框。首先输入块的原点坐标（0,0,-5），然后在【尺寸】选项区中设置【长度】为【25】、【宽度】为【35】、

【高度】为【16】，并单击【确定】按钮，完成块的创建，如图 8-20 所示。

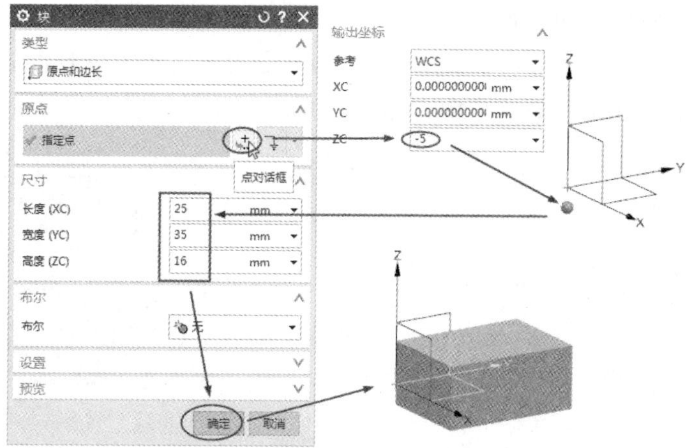

图 8-20　创建块

③ 在【曲线】选项卡的【基本】面板中单击【直线】按钮，弹出【直线】对话框。选择上表面各边的中点与顶点来创建 4 条直线，如图 8-21 所示。

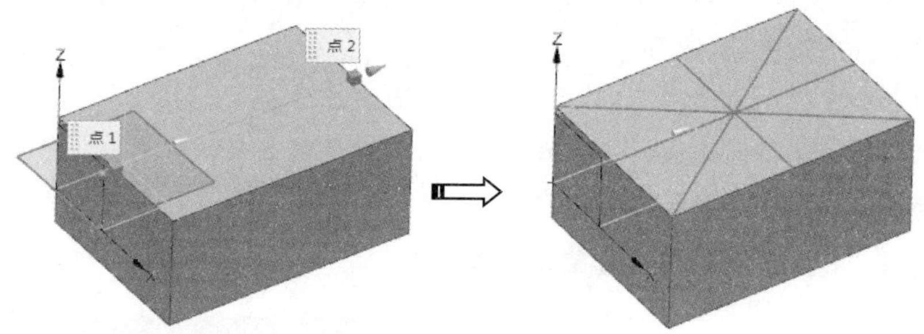

图 8-21　创建 4 条直线

④ 在【曲线】选项卡的【派生】面板中单击【偏置曲线】按钮，弹出【偏置曲线】对话框。选择要偏置的曲线，并设置偏置平面上的点，然后在【距离】文本框中输入【7】，单击【确定】按钮，即可创建偏置曲线。同理，创建对称侧的偏置曲线，如图 8-22 所示。

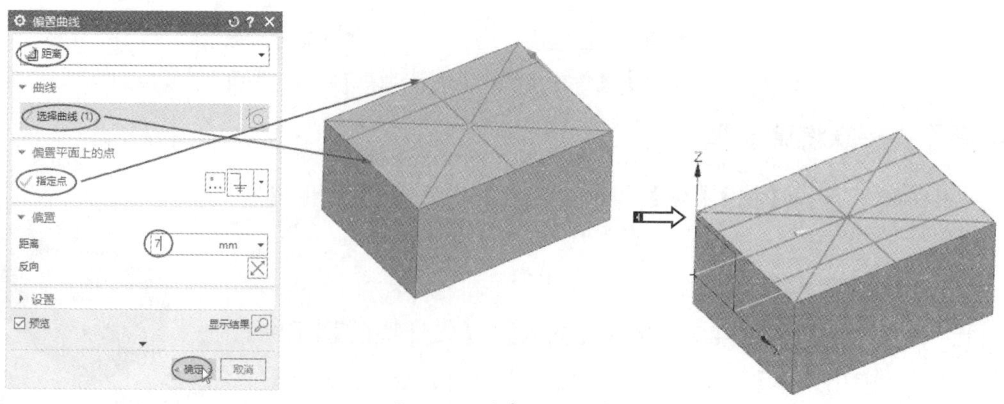

图 8-22　创建偏置曲线

⑤ 在【曲线】选项卡的【基本】面板中单击【直线】按钮╱，捕捉交点，然后进行连接，创建出两条直线，结果如图 8-23 所示。

⑥ 在【主页】选项卡的【基本】面板中的【更多】库中单击【球】按钮，弹出【球】对话框。指定顶面中心为球心，输入球体的直径值【5】，并单击【确定】按钮，完成球体的创建，如图 8-24 所示。

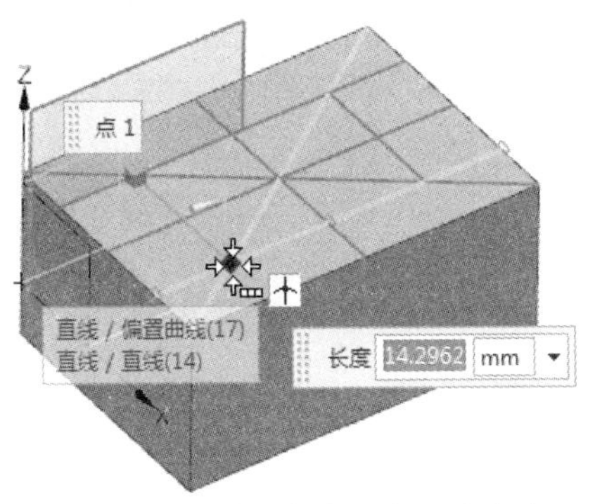

图 8-23　创建两条连接交点的直线

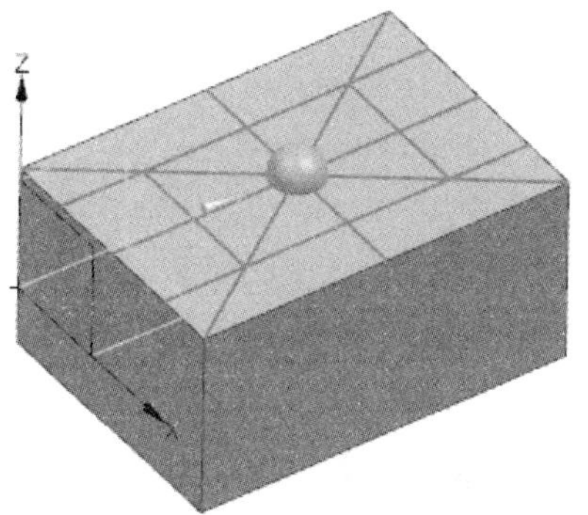

图 8-24　创建球体

⑦ 在【主页】选项卡的【基本】面板中单击【阵列特征】按钮，弹出【阵列特征】对话框。选择球体作为要阵列的对象，指定布局类型为【常规】，选择阵列的放置点（直线交点），单击【确定】按钮，完成球体的阵列，如图 8-25 所示。

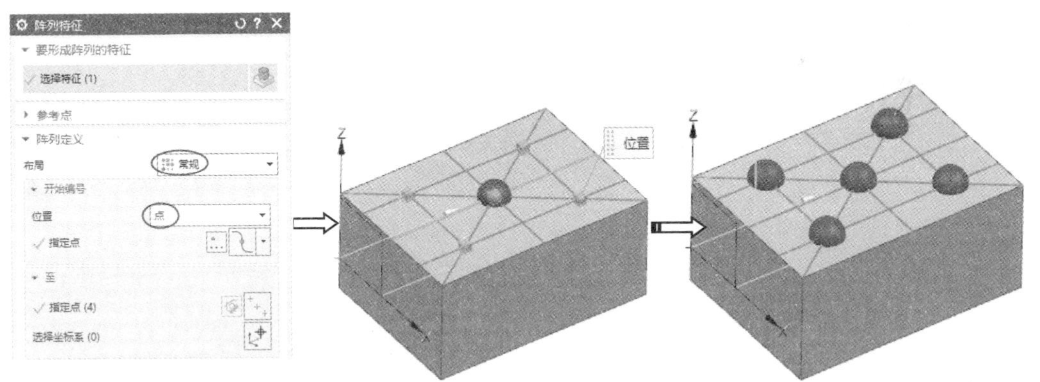

图 8-25　阵列球体

⑧ 在【主页】选项卡的【基本】面板中单击【减去】按钮，弹出【减去】对话框。选择目标体和工具体，单击【确定】按钮，完成布尔减去操作，结果如图 8-26 所示。

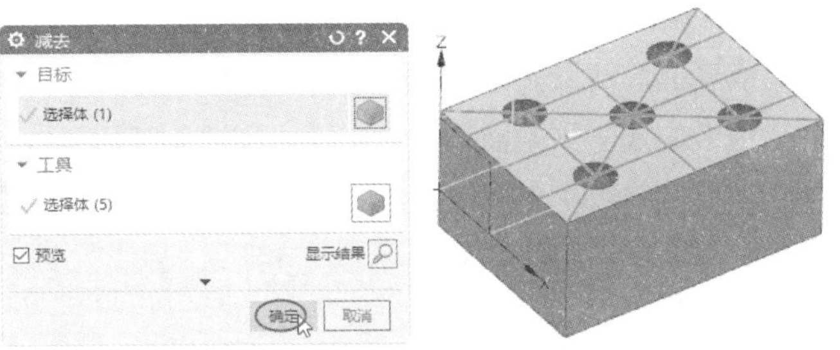

图 8-26　布尔减去操作

⑨ 在【主页】选项卡的【基本】面板中单击【边倒圆】按钮，弹出【边倒圆】对话框。选择要倒圆角的边，输入圆角半径值【1】，单击【确定】按钮，完成边倒圆操作，如图 8-27 所示。

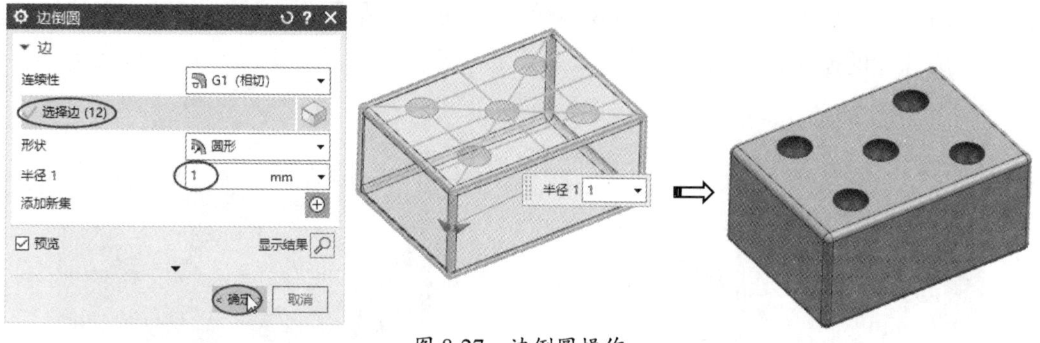

图 8-27　边倒圆操作

⑩ 在【主页】选项卡的【基本】面板的【更多】库中单击【分割面】按钮，弹出【分割面】对话框。框选所有要分割的面，再选择分割对象为 *XY* 平面（也是基准坐标系的 XC-YC 平面），并设置【投影方向】为【垂直于面】，单击【确定】按钮，完成面的分割，如图 8-28 所示。在面被分割后，会形成半球形槽。

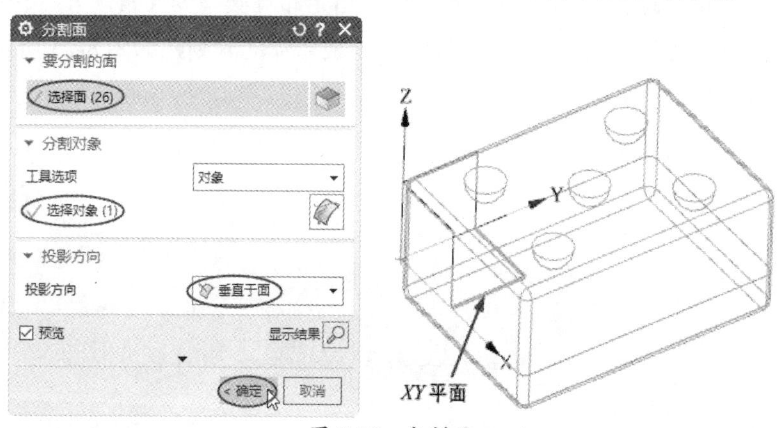

图 8-28　分割面

技巧点拨：

若要显示所有的命令，则需要调出所有的命令。调出命令的方法在前文已经介绍过。

⑪ 按【Ctrl+J】组合键，选择要着色的面后单击【确定】按钮，弹出【编辑对象显示】对话框。将半球形槽的颜色修改为洋红色、实体底部的颜色修改为青色，单击【确定】按钮，完成着色，结果如图 8-29 所示。

⑫ 在【主页】选项卡的【基本】面板中单击【边倒圆】按钮，弹出【边倒圆】对话框。选择半球形槽的边作为要倒圆角的边，输入圆角半径值【1】，单击【确定】按钮，完成边倒圆操作，如图 8-30 所示。

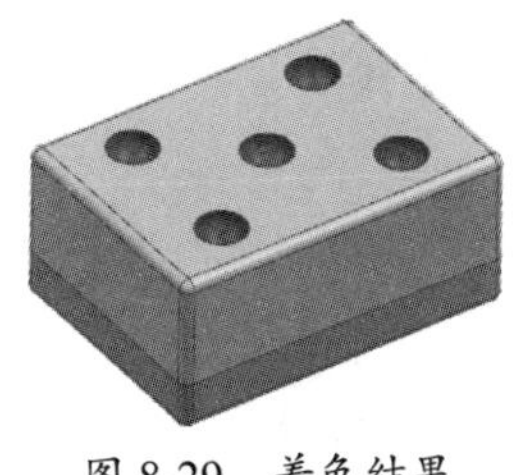

图 8-29　着色结果

图 8-30　边倒圆操作

8.3　布尔运算命令

布尔运算命令用于处理实体造型中多个实体或片体的合并关系，包括合并、减去、求交及装配切割运算，分别对应实体或片体联合、实体或片体相减和产生交叉实体或片体。

1．合并

【合并】命令用于将两个或多个工具体的体积组合为一个目标体。目标体和工具体必须重叠或共享面，这样才会生成有效的实体。

在【主页】选项卡的【基本】面板中单击【合并】按钮，弹出【合并】对话框，如图 8-31 所示。

该对话框中的部分选项区含义如下所述。

- 【目标】选项区：指定需要与其他体合并的实体或片体。
- 【工具】选项区：指定用目标体去合并的对象实体。
- 【区域】选项区：指定要保留或删除的区域。勾选【定义区域】复选框，可以分隔目标和工具区域，以及确定区域是否被保留或移除，如图 8-32 所示。
- 【设置】选项区：指定目标体和工具体是否被减去，以及设置公差等。
  - ➢ 保存目标：在进行合并运算后，将在结果中保留目标体。
  - ➢ 保存工具：在进行合并运算后，将在结果中保留工具体。
  - ➢ 公差：在合并时产生的误差。

图 8-31　【合并】对话框

图 8-32　【区域】选项区

图 8-33 所示为合并操作的示例，目标体 1 与一组工具体 2 组合，形成一个实体 3。

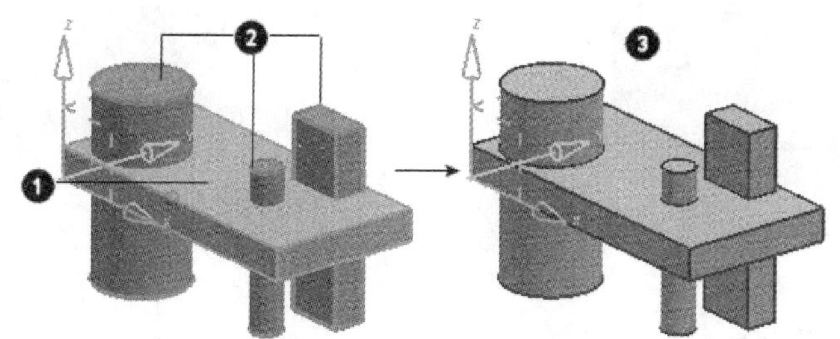

图 8-33　合并操作的示例

2. 减去

【减去】命令用于从一个实体中减出另一个实体的体积。在【主页】选项卡的【基本】面板中单击【减去】按钮，弹出【减去】对话框，如图 8-34 所示。【减去】对话框中的选项与【合并】对话框中的选项是相同的，此处不再赘述。图 8-35 所示为减去操作的示例，从目标体 1 中减去工具体 2，从而成为参数化的减去特征 3。

图 8-34　【减去】对话框

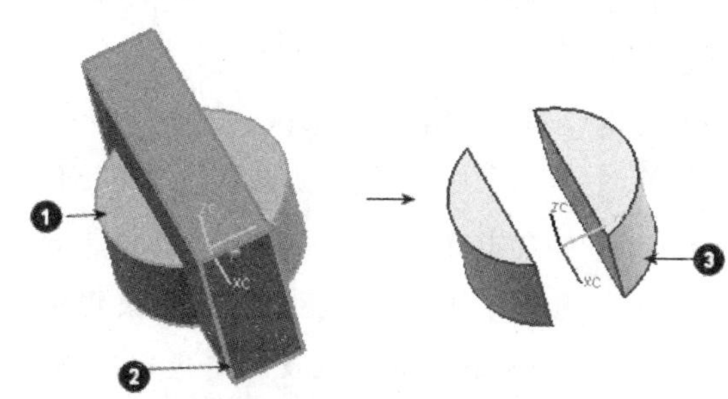

图 8-35　减去操作的示例

技巧点拨：

如果选择一个片体作为工具体，其结果就是一个保留了所有区域的完全参数化的减去特征。如果工具体将目标体完全拆分为多个实体，则所得实体为参数化特征。

3. 求交

【求交】命令用于将两个实体相交来创建新的个体，此个体包含两个不同的体共享的体积。求交运算的操作与合并运算的操作是完全一样的，只是结果不同。

当用户使用【求交】命令时：

- 可以使用一组体作为工具体。
- 可以将实体与实体、片体与片体及片体与实体相交，如果选择片体作为工具体，则结果将是完全参数化的相交特征，会保留所有区域。
- 如果工具体将目标体完全拆分为多个实体，则所得实体为参数化特征。

图 8-36 所示为求交操作的示例，目标体 1 和一组工具体 2 相交，形成 3 个参数化的特征 3。求交运算后的正常结果为包含目标体与所有工具体的相交体积的实体。

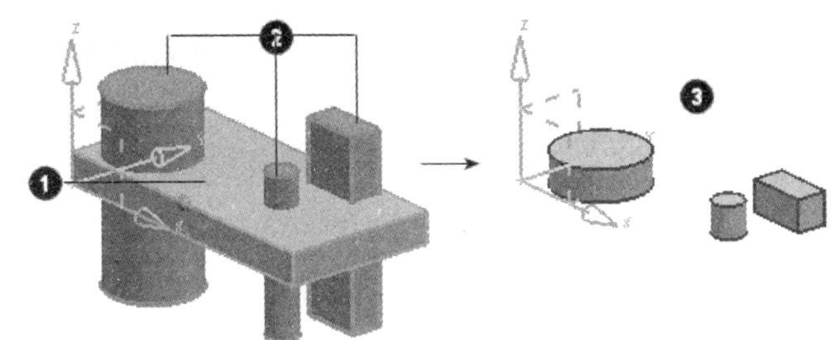

图 8-36　求交操作的示例

技巧点拨：

在默认情况下，【求交】对话框中的【选择体】选项在【目标】选项区中处于激活状态，并且在用户选择目标体后，它在【工具】选项区中也处于激活状态。

动手操作——使用布尔运算命令辅助建模

使用布尔运算命令创建如图 8-37 所示的模型。

① 新建模型文件。在【菜单】下拉菜单中选择【插入】|【在任务环境中绘制草图】命令，选择 YC-ZC 平面作为草图平面，进入草图任务环境，绘制草图 1，如图 8-38 所示。然后单击【完成】按钮，退出草图任务环境。

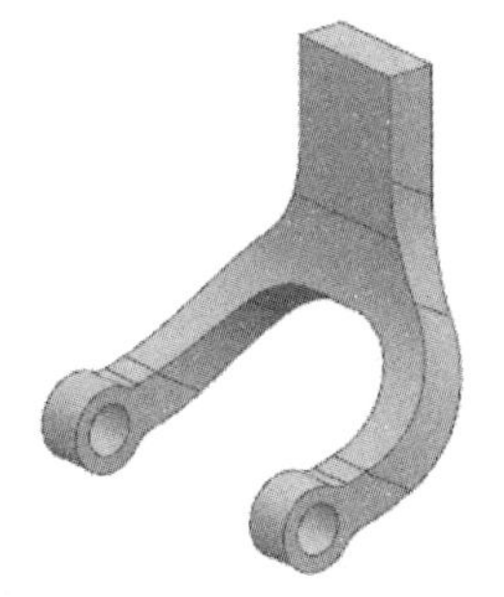

图 8-37　模型

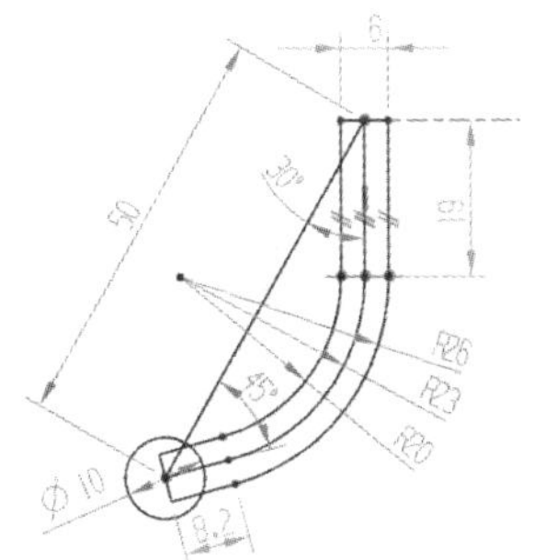

图 8-38　绘制草图 1

② 在【主页】选项卡的【基本】面板中单击【拉伸】按钮，弹出【拉伸】对话框。选择刚才绘制的草图 1 作为截面，指定拉伸矢量（可以使用默认的矢量），输入对称拉伸的距离值【60】，单击【确定】按钮，完成拉伸特征 1 的创建，如图 8-39 所示。

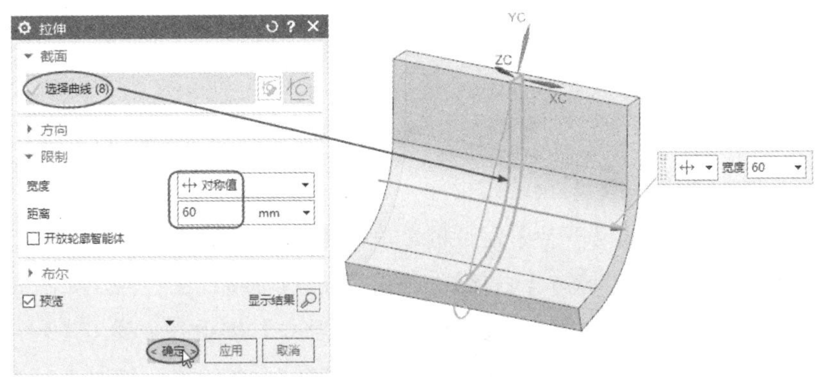

图 8-39　创建拉伸特征 1

③ 动态移动 WCS，在选择 YC 轴后单击直线，使坐标系的 YC 轴与直线共线。调整后的坐标系如图 8-40 所示。

④ 在【主页】选项卡的【构造】面板中单击【草图】按钮，选择 XC-YC 平面作为草图平面，绘制草图 2，如图 8-41 所示。然后单击【完成】按钮，退出草图任务环境。

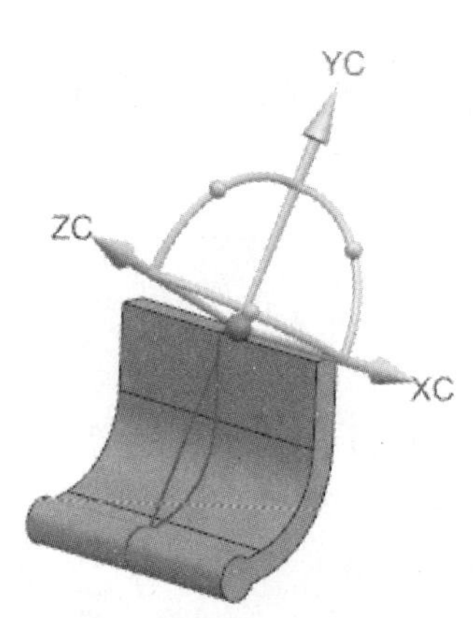

图 8-40　动态调整后的坐标系

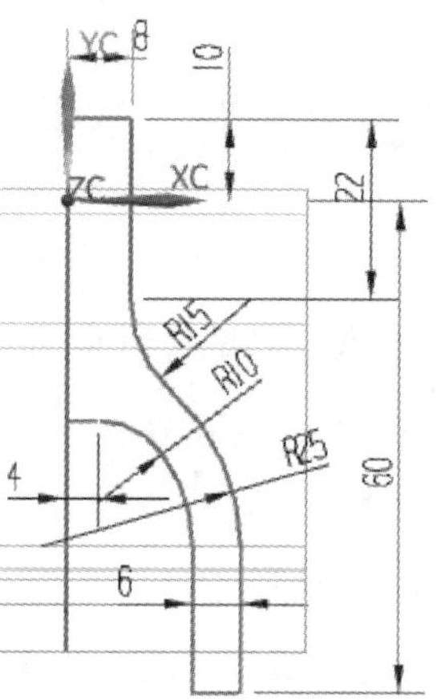

图 8-41　绘制草图 2

⑤ 在【主页】选项卡的【基本】面板中单击【拉伸】按钮，弹出【拉伸】对话框。选择步骤 ④绘制的草图 2 作为拉伸截面，保持默认的矢量方向，输入对称拉伸的距离值【40】，单击【确定】按钮，完成拉伸特征 2 的创建，如图 8-42 所示。

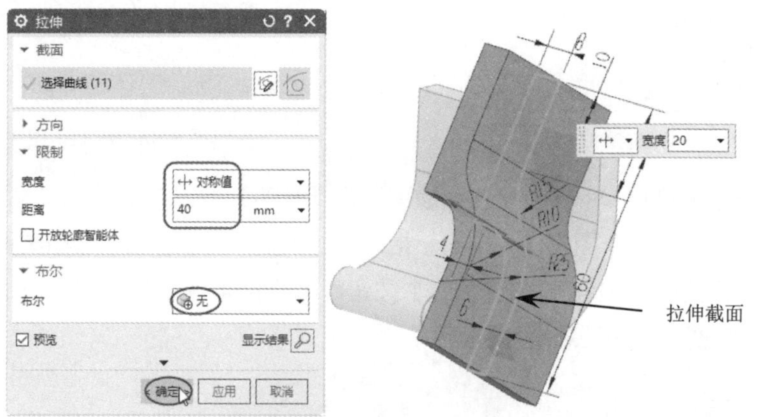

图 8-42　创建拉伸特征 2

⑥ 在图形区中选中步骤 ⑤创建的拉伸特征 2，在【菜单】下拉菜单中选择【编辑】|【变换】命令，弹出【变换】对话框。单击【通过一平面镜像】按钮，然后指定镜像平面为实体端面，单击【复制】按钮，完成拉伸特征的镜像，如图 8-43 所示。

⑦ 在【主页】选项卡的【基本】面板中单击【合并】按钮，弹出【合并】对话框。选择目标体和工具体，单击【确定】按钮，完成合并操作，如图 8-44 所示。

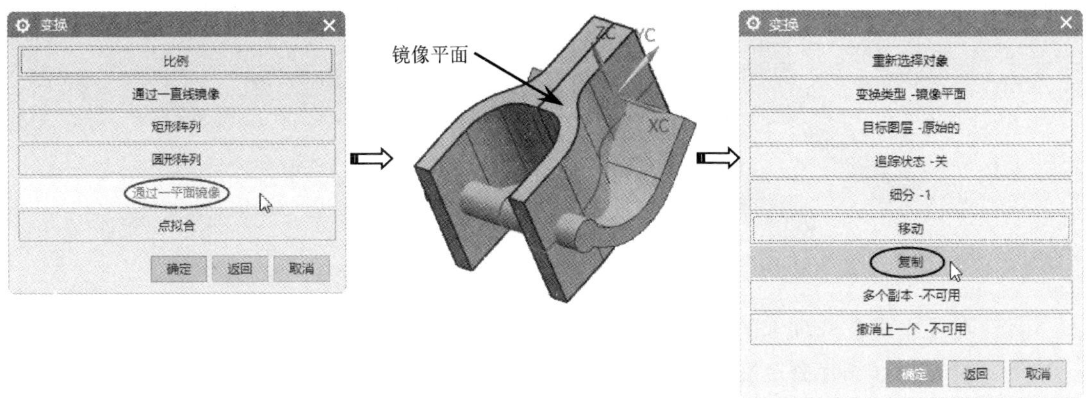

图 8-43　镜像拉伸特征

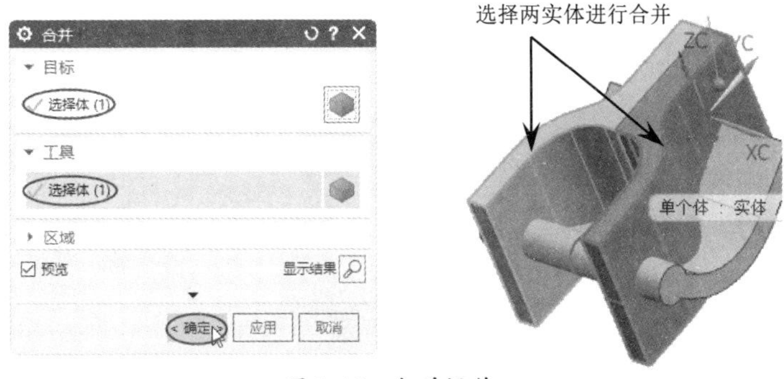

图 8-44　合并操作

⑧ 在【主页】选项卡的【基本】面板中的【更多】库中单击【求交】按钮，弹出【求交】对话框。选择拉伸特征 1 作为目标体，选择步骤 ⑦ 合并的实体作为工具体，单击【确定】按钮，完成布尔求交操作，如图 8-45 所示。

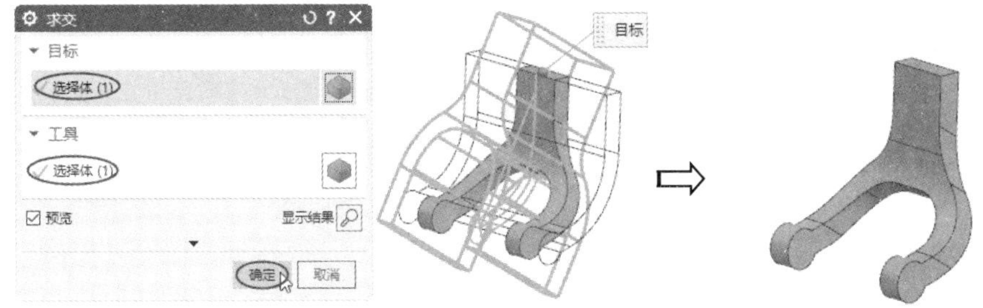

图 8-45　布尔求交操作

⑨ 按【Ctrl+W】组合键，弹出【显示和隐藏】对话框。单击【草图】栏的【隐藏 草图】按钮，即可将草图曲线和坐标系隐藏，如图 8-46 所示。

⑩ 在【主页】选项卡的【基本】面板中单击【边倒圆】按钮，弹出【边倒圆】对话框，选择要倒圆角的边，输入圆角半径值【3】，单击【确定】按钮，完成边倒圆操作，如图 8-47 所示。

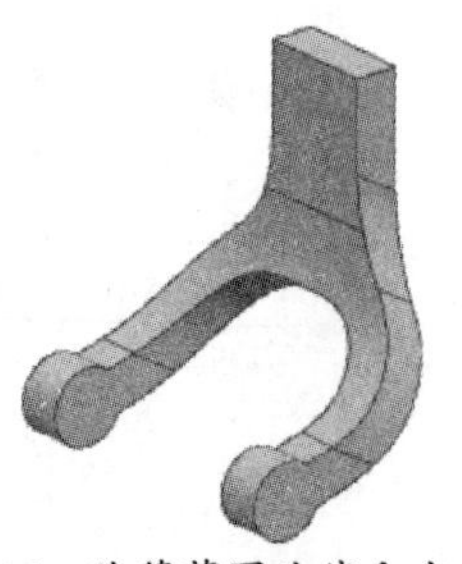

图 8-46　隐藏草图曲线和坐标系

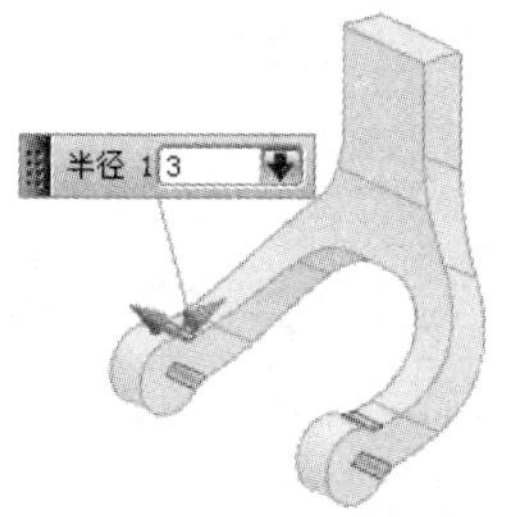

图 8-47　边倒圆操作

⑪ 在【主页】选项卡的【基本】面板中单击【孔】按钮，弹出【孔】对话框。设置孔类型为【简单】，指定孔放置点并设置孔参数，单击【确定】按钮，创建孔特征，如图 8-48 所示。

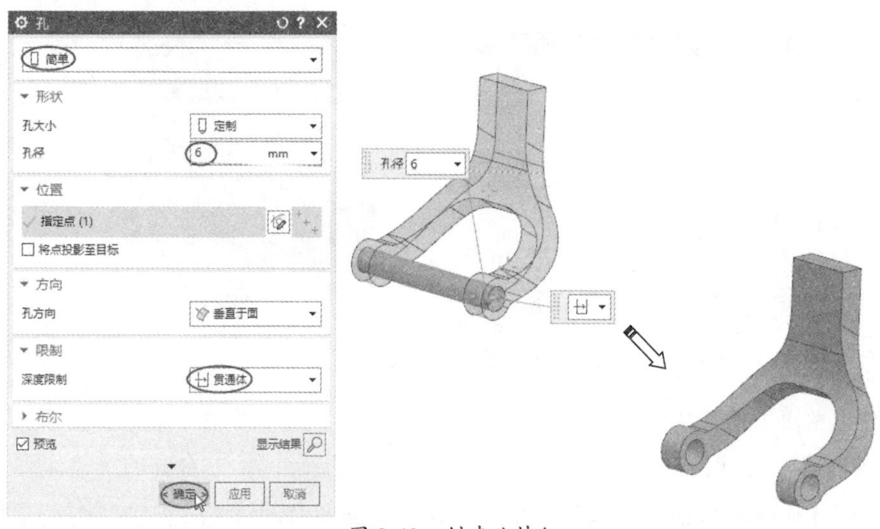

图 8-48　创建孔特征

技巧点拨：

在进行布尔求交操作时，若选择的工具体有多个，则单个求交和一起求交有时是有差别的。因此，用户在操作之前要进行充分的分析。

8.4　基于截面的扫描型特征

扫描型特征是构成非解析形状毛坯部件的基础。在【基本】面板中，用于创建扫描型特征的命令包括【拉伸】、【旋转】、【沿引导线扫掠】和【管】。下面对这些命令进行介绍。

8.4.1　拉伸

使用【拉伸】命令可以通过指定矢量方向并拉伸截面来创建拉伸特征。在【主页】选项卡的【基本】面板中单击【拉伸】按钮，弹出【拉伸】对话框，如图 8-49 所示。

在【拉伸】对话框中，部分选项区的功能介绍如下所述。

1.【截面】选项区

截面是指拉伸特征的截面曲线，它可以是开放曲线，也可以是封闭曲线。在创建拉伸特征时，除了可以选择已有的曲线、实体边、面等作为截面曲线，还可以通过单击【绘制截面】按钮进入草图任务环境来绘制。

图 8-49　【拉伸】对话框

2.【方向】选项区

【方向】选项区的作用主要是确定拉伸矢量方向及更改拉伸矢量方向。单击【矢量对话框】按钮，或者从矢量下拉列表中选择矢量类型，可以确定拉伸矢量方向。单击【反向】按钮，可以改变拉伸矢量方向。

3.【限制】选项区

【限制】选项区的作用是确定截面的拉伸方式，包括【值】、【对称值】、【直至下一个】、【直至选定】、【直至延伸部分】和【贯通】方式，如图 8-50 所示。

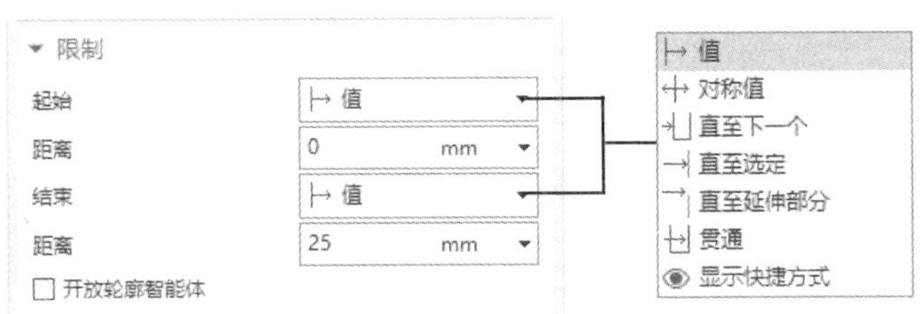

图 8-50　【限制】选项区

【限制】选项区的部分选项含义如下所述。

- 起始：拉伸特征的起始位置。
- 距离：拉伸特征的起始位置到截面曲线的距离。
- 结束：拉伸特征的终止位置。
- 距离：拉伸特征的终止位置到截面曲线的距离。

【起始】与【结束】下拉列表中包括以下几种限制方式。

- 值：通过参数方式来确定拉伸特征的起始或终止位置，如图 8-51 所示。
- 对称值：只输入拉伸特征的终止位置参数值，程序会自动以截面为对称中心，在另一侧创建对称特征，如图 8-52 所示。
- 直至下一个：若在截面附近有其他参照实体（至少两个），则程序会自动将参照实体作为拉伸特征的起始与终止位置（选择截面对象后，【限制】选项区中的【结束】变为【终止】），如图 8-53 所示。

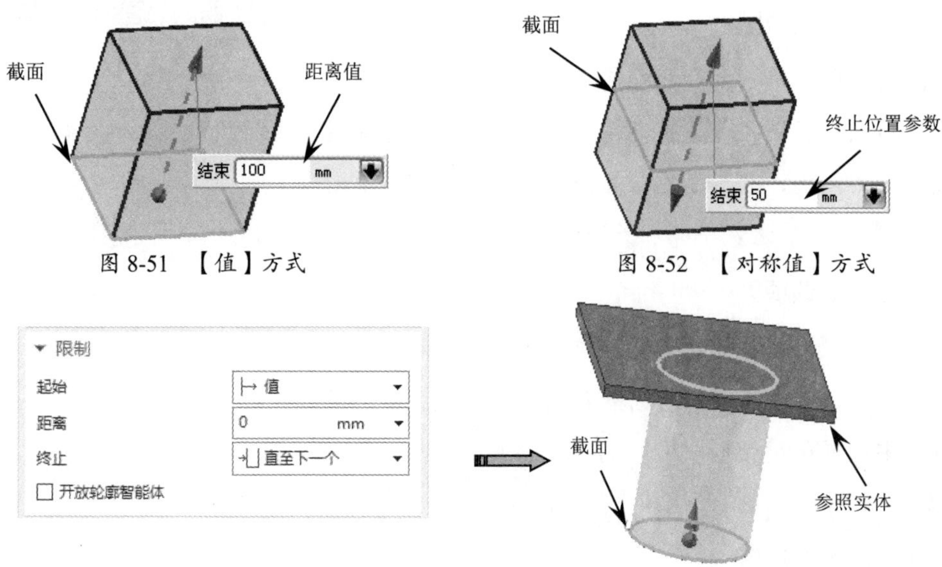

图 8-51 【值】方式

图 8-52 【对称值】方式

图 8-53 【直至下一个】方式

技巧点拨：

截面的起始端是不能以【直至下一个】方式来设置的，这是因为【直至下一个】本身的含义就是指终止端是一直延伸到下一个实体对象的，并且起始端与终止端不能同时在一个位置上。此外，参照实体必须完全包含拉伸截面，否则不能修剪拉伸特征。

- 直至选定：用户自行选择对象（此对象可以为面、实体或平面）作为拉伸特征的起始或终止位置，如图 8-54 所示。

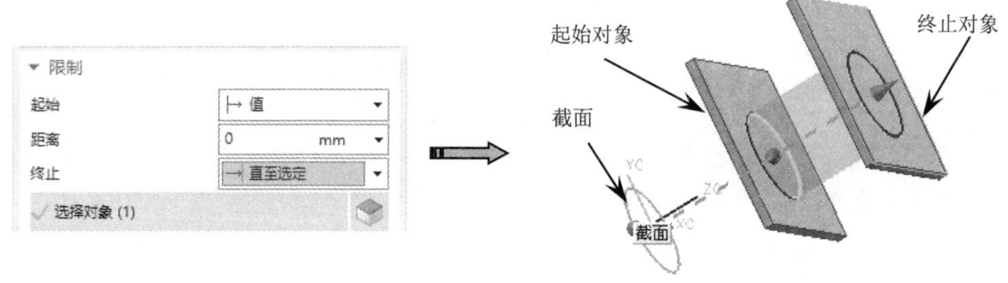

图 8-54 【直至选定】方式

- 直至延伸部分：截面延伸至选定的对象（此对象可以为面、实体或平面）。此方式与【直至选定】方式是基本相同的，如图 8-55 所示。

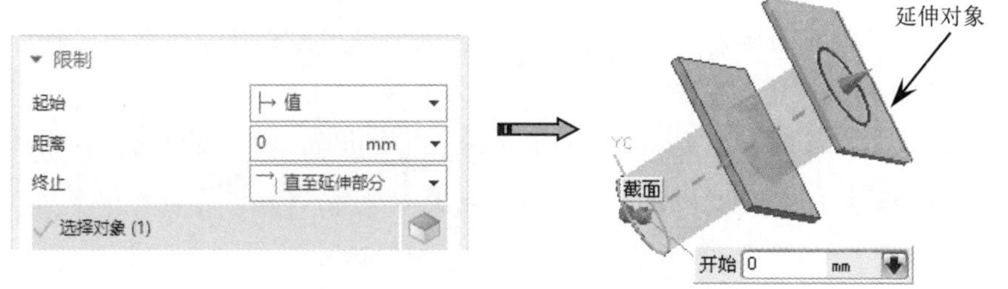

图 8-55 【直至延伸部分】方式

- 贯通：选择此方式，截面将贯穿拉伸矢量方向上的所有参照实体，其终止端在最后一个实体的尾端面上，如图 8-56 所示。

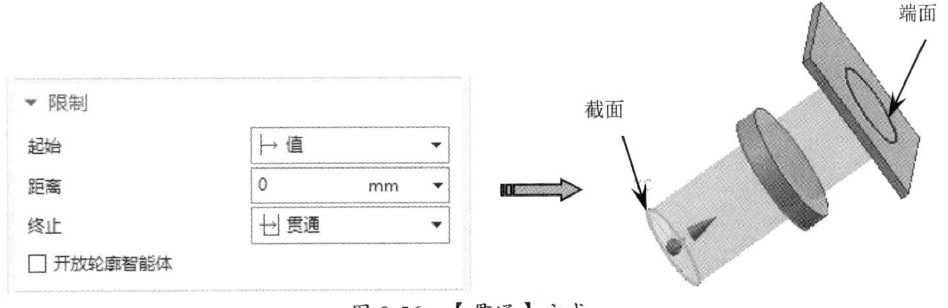

图 8-56　【贯通】方式

技巧点拨：

参照实体必须完全包含截面。此外，此方式不能应用于起始端。

4.【布尔】选项区

【布尔】选项区用于控制拉伸特征与其他参照实体或特征之间的布尔合并、减去、相交或不进行布尔运算等操作，如图 8-57 所示。

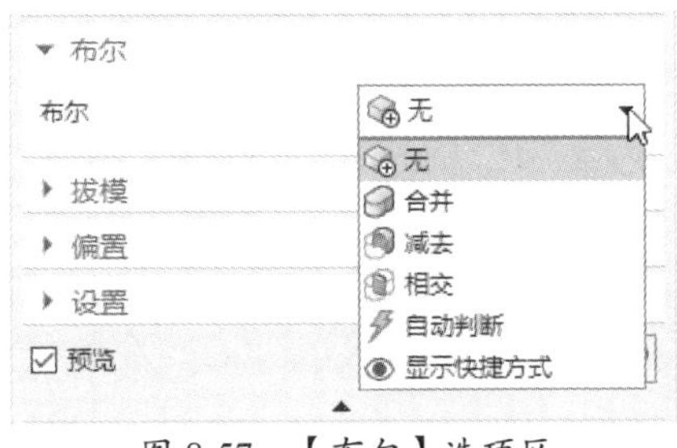

图 8-57　【布尔】选项区

5.【拔模】选项区

【拔模】选项区用于设置截面曲线在拉伸过程中与拉伸矢量方向所形成的夹角。如图 8-58 所示，拉伸截面共有 6 种拔模方式。

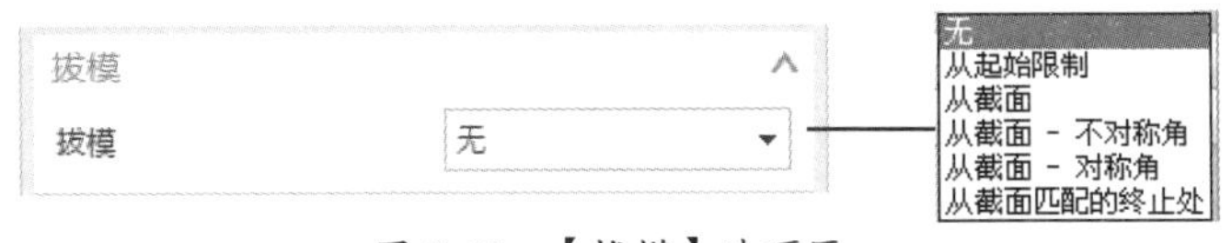

图 8-58　【拔模】选项区

在这 6 种拔模方式中，后 3 种方式仅当【限制】选项区的拉伸方式为【对称值】时才可用，这 6 种拔模方式的含义如下所述。

- 无：对截面曲线不进行拔模处理。
- 从起始限制：从拉伸特征的起始端处开始拔模，如图 8-59 所示。
- 从截面：从拉伸截面曲线处开始拔模，如图 8-60 所示。其角度选项包括【单个】和【多个】。【单个】选项用于截面曲线整体拔模。【多个】选项用于将截面曲线分成多段曲线，每段曲线可以单独拔模，并且单独拔模时取值可以不同。

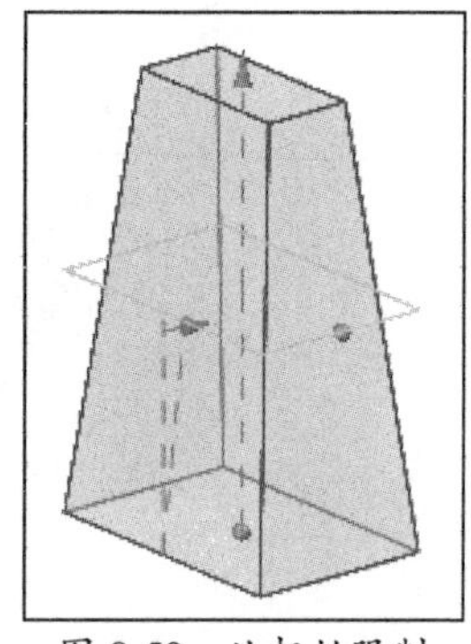
图 8-59　从起始限制

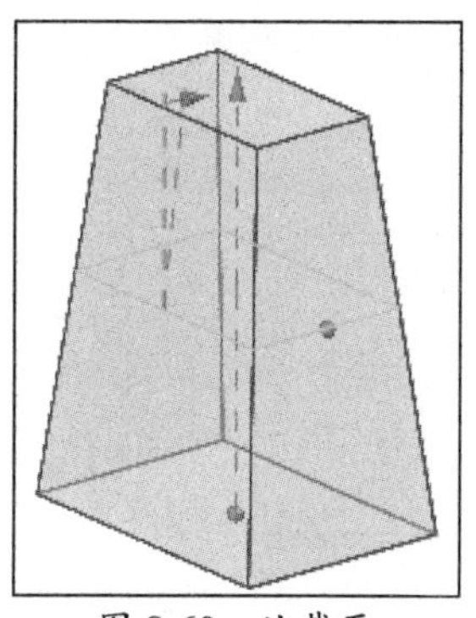
图 8-60　从截面

- 从截面-不对称角：从拉伸截面曲线处向截面两端延伸拔模，但两端拔模的【前角】（以矢量为参照，正方向上的拔模为前拔模）和【后角】（以矢量为参照，负方向上的拔模为后拔模）的取值不同。此拔模方式的角度选项也包括【单个】和【多个】。图 8-61 所示为【单个】角度选项的拔模。
- 从截面-对称角：从拉伸截面曲线处向截面两端延伸拔模，但正、反方向的拔模角取值是相同的，如图 8-62 所示。

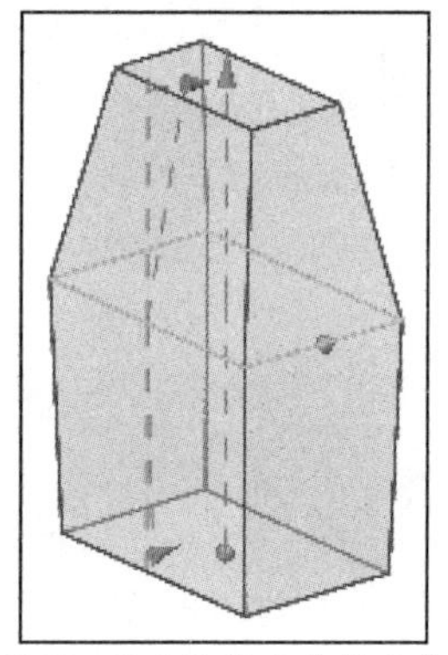
图 8-61　从截面-不对称角（【单个】角度选项）

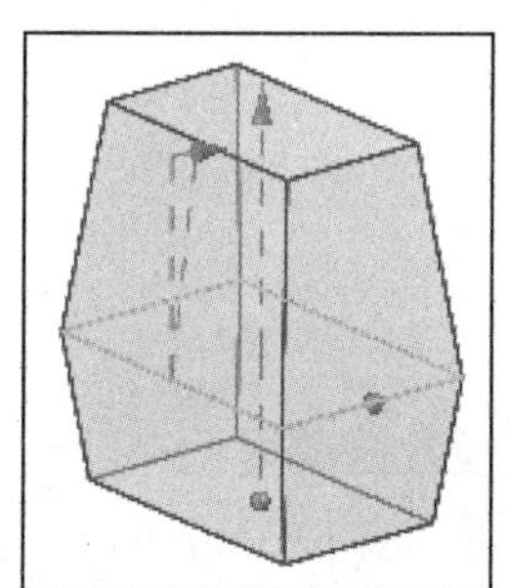
图 8-62　从截面-对称角

- 从截面匹配的终止处：拔模至截面拉伸的终止端，如图 8-63 所示。也就是说，无论前端面与后端面的拉伸距离相差有多大，两个终止端的截面大小始终相等。

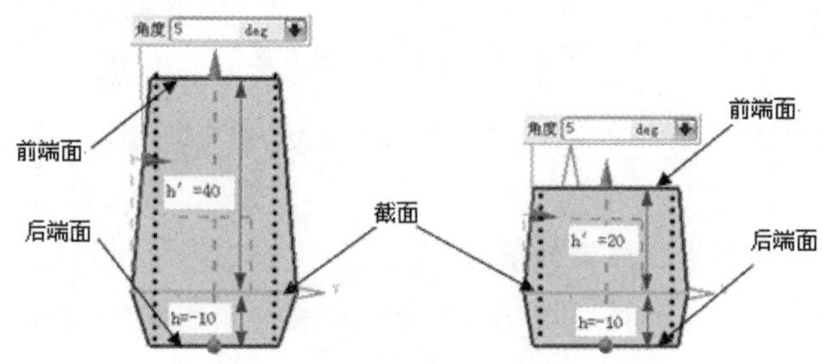

图 8-63　从截面匹配的终止处

6.【偏置】选项区

【偏置】选项区用于控制截面曲线在与拉伸矢量垂直的方向上是否偏置。【偏置】选项区的选项设置如图 8-64 所示。

图 8-64　【偏置】选项区的选项设置

该选项区包括【无】、【单侧】、【两侧】和【对称】4 种偏置方法，其含义如下所述。

- 无：指截面曲线不进行偏置。
- 单侧：仅在截面曲线的内侧或外侧进行偏置。
- 两侧：在截面曲线的内侧和外侧同时进行偏置，内侧与外侧的偏置值可以单独设置。
- 对称：在截面曲线的内侧和外侧同时进行偏置，但内侧与外侧的偏置值始终相等。

图 8-65 所示为截面曲线的 4 种不同偏置方法。

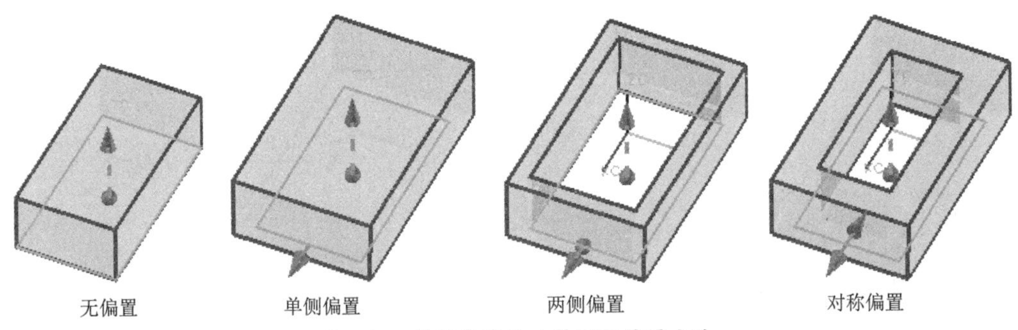

图 8-65　截面曲线的 4 种不同偏置方法

7.【设置】选项区

【设置】选项区用于设置输出的拉伸特征是片体还是实体。【设置】选项区的选项设置如图 8-66 所示。当截面曲线为开放曲线时，输出的始终是片体。当截面曲线为封闭曲线时，在【体类型】下拉列表中若选择【实体】选项，则输出的是实体；若选择【片体】选项，则输出的是片体。

图 8-66　【设置】选项区的选项设置

8.4.2　旋转

使用【旋转】命令可以通过绕轴旋转截面来创建旋转特征。在【主页】选项卡的【基本】面板中单击【旋转】按钮，弹出【旋转】对话框，如图 8-67 所示。

【旋转】对话框中的选项设置与【拉伸】对话框中的选项设置类似，因此不再进行过多的介绍。

在旋转以下对象时可以获取实体：

- 一个封闭截面（【体类型】设置为【实体】）。
- 一个开口截面，并且总的旋转角度等于 360° 。
- 一个开口截面，具有任何值的偏置。

在旋转以下对象时可以获取片体：

- 一个封闭截面（【体类型】设置为【片体】）。
- 一个开口截面，并且角度小于 360° ，没有偏置。

图 8-68 所示为从 0 到 180° 旋转的截面（绕轴旋转）。

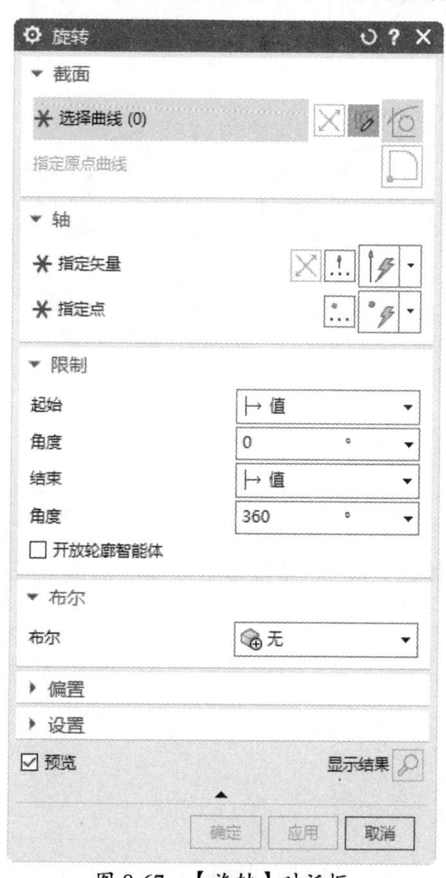

图 8-67 【旋转】对话框

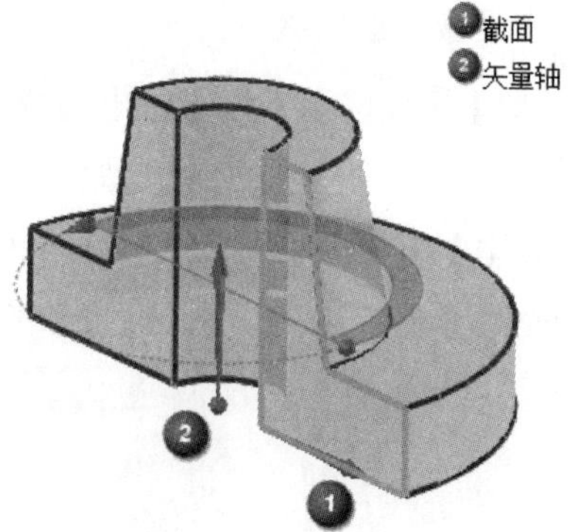

图 8-68 从 0 到 180° 旋转的截面

若要在截面的两侧创建偏置特征，则可以使用【偏置】选项区中的选项来创建实体。图 8-69 所示为偏置旋转特征的创建过程图解。

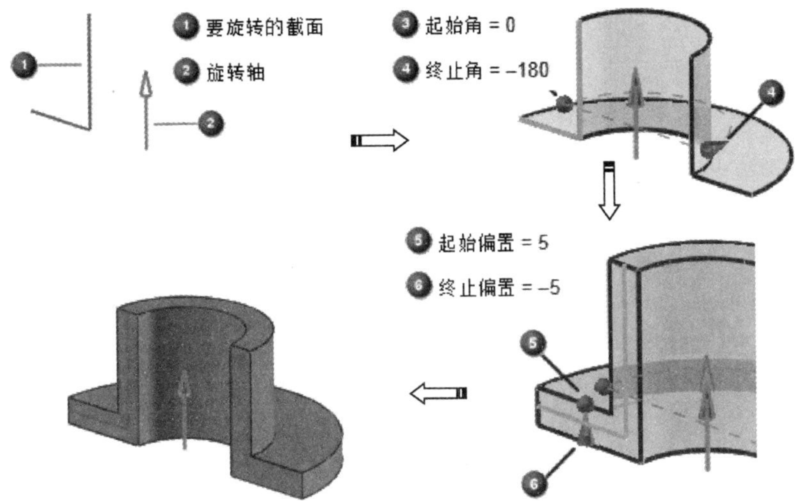

图 8-69　偏置旋转特征的创建过程图解

8.4.3　沿引导线扫掠

使用【沿引导线扫掠】命令可以沿引导线扫掠截面来创建扫掠特征。在【主页】选项卡的【基本】面板的【更多】库中单击【沿引导线扫掠】按钮，弹出【沿引导线扫掠】对话框，如图 8-70 所示。

使用【沿引导线扫掠】命令沿一条引导线扫掠一个截面，创建扫掠特征，如图 8-71 所示。【沿引导线扫掠】对话框的作用如下所述。

- 选择截面及包含连接的草图、曲线或边的引导对象。
- 选择包含尖角的引导对象。
- 创建实体或片体。

图 8-70　【沿引导线扫掠】对话框

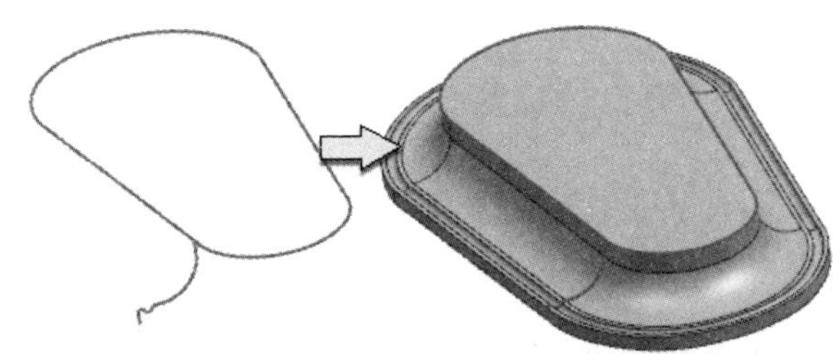

图 8-71　创建扫掠特征

【沿引导线扫掠】对话框中的部分选项含义如下所述。

- 【截面】选项区-选择曲线：创建扫掠特征的截面曲线。

- 【引导】选项区-选择曲线：创建扫掠特征的扫掠轨迹曲线。
- 第一偏置：通过输入值来创建截面的第 1 条偏置曲线。
- 第二偏置：通过输入值来创建截面的第 2 条偏置曲线。通过创建截面的偏置曲线，可以创建出沿引导线扫掠的管道特征。图 8-72 所示为未指定和指定了偏置的状态。

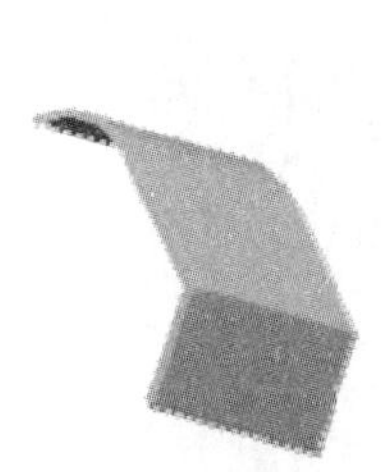
未指定偏置

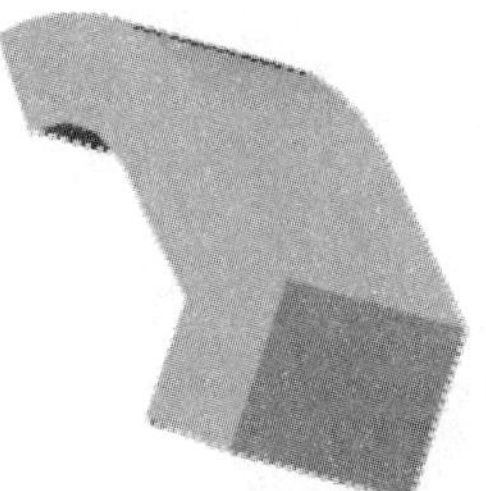
仅指定了第一偏置

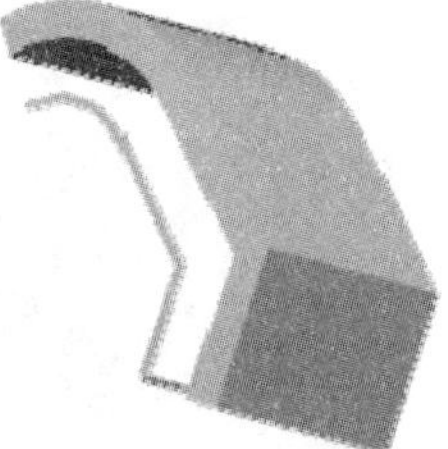
指定了第一和第二偏置

图 8-72　未指定和指定了偏置的状态

- 布尔：可以选择布尔合并、减去、相交运算。
- 体类型：输出特征的体类型，包括实体和片体类型。
- 尺寸链公差：在沿引导线扫掠时产生的轨迹尺寸误差。
- 距离公差：因截面偏置而造成的误差。

8.4.4　管

使用【管】命令可以沿曲线扫掠圆形截面来创建管道特征，并通过修改截面的直径来确定管道特征的尺寸。管道特征是扫掠特征的一个典型案例，管道特征的截面是根据输入的尺寸参数值来确定的。

使用【管】命令可以创建线扎、线束、布管、电缆或管道特征，如图 8-73 所示。

在【主页】选项卡的【基本】面板中的【更多】库中单击【管】按钮，弹出【管】对话框，如图 8-74 所示。

图 8-73　创建管道特征

图 8-74　【管】对话框

技巧点拨：

若要使用【管】命令创建扫掠特征，则必须先创建曲线。

【管】对话框中的部分选项含义如下所述。

- 【路径】选项区–选择曲线：创建管道特征的扫掠引导线。
- 【横截面】选项区–外径：管道特征横截面的外直径。
- 【横截面】选项区–内径：管道特征横截面的内直径。
- 【布尔】选项区–布尔：选择布尔运算工具进行布尔运算。
- 【设置】选项区–输出：管道特征的输出形式包括【单段】和【多段】两种，如图 8-75 所示。【单段】形式是指若路径为单条曲线，则输出结果为单个管道特征。【多段】形式是指若路径为多条曲线，则输出结果为多个管道特征。但是多段曲线之间必须是 G2（相切）连续的，否则不能创建管道特征。

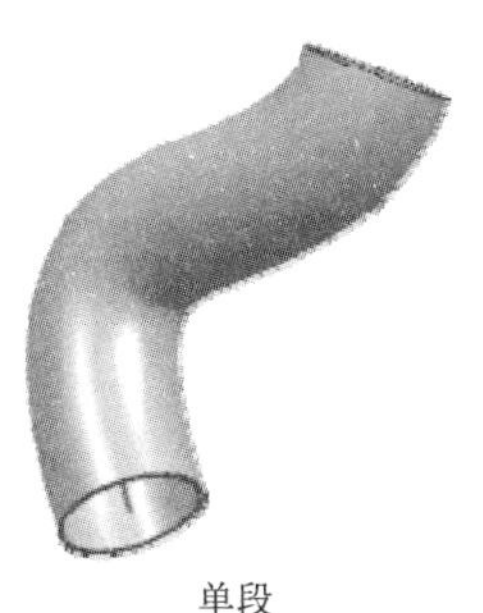

单段

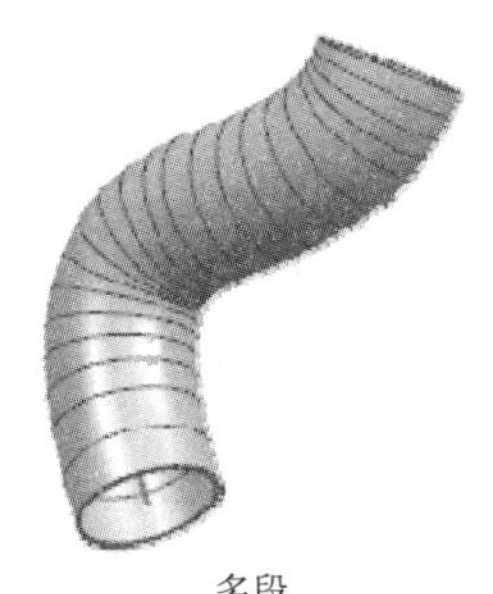

多段

图 8-75　管道特征的输出形式

动手操作——双刀头电动剃须刀造型

本例的电动剃须刀是一个双刀头的设计，外观造型唯美，触感流畅，舒适贴面，其独特的触发器设计可以根据用户的面部和颈部曲线自动调节刀头剃须角度。

为了更好地描述电动剃须刀的外观造型设计，本例将主要介绍剃须刀的实体模型（外形）建模，而不再介绍剃须刀的结构设计。

电动剃须刀的建模操作，包括使用【拉伸】命令创建主体及按钮等局部特征，使用【孔】命令创建刀尾的圆孔，使用【键槽】命令创建凹槽等。电动剃须刀的造型如图 8-76 所示。

① 新建模型文件。

② 使用【草图】命令在 YC-ZC 基准平面上绘制如图 8-77 所示的草图。

图 8-76　电动剃须刀的造型

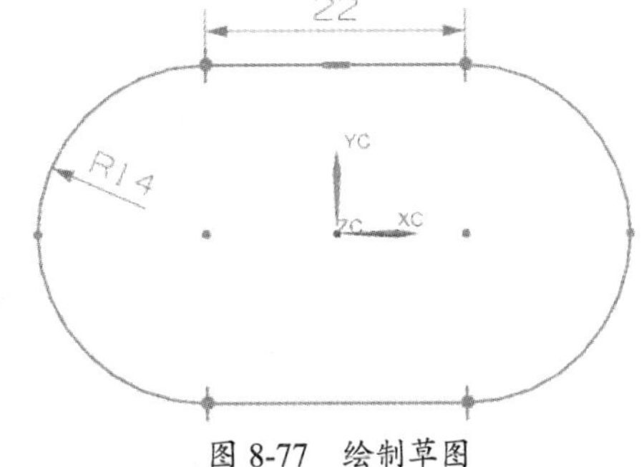

图 8-77　绘制草图

③ 使用【拉伸】命令，选择如图 8-78 所示的截面，创建对称拉伸值为【90】、向默认方向进行拉伸的拉伸特征 1。

④ 使用【拉伸】命令，选择与步骤③中的拉伸特征 1 相同的截面，创建对称拉伸值为【48】、使用布尔合并运算且单侧偏置值为【3】的拉伸特征 2，如图 8-79 所示。

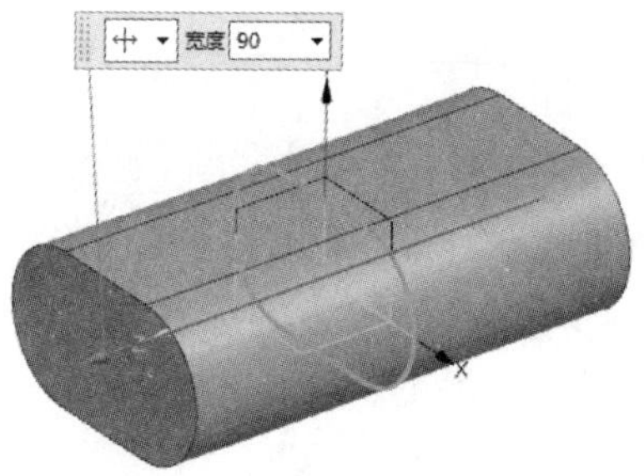

图 8-78 创建拉伸特征 1

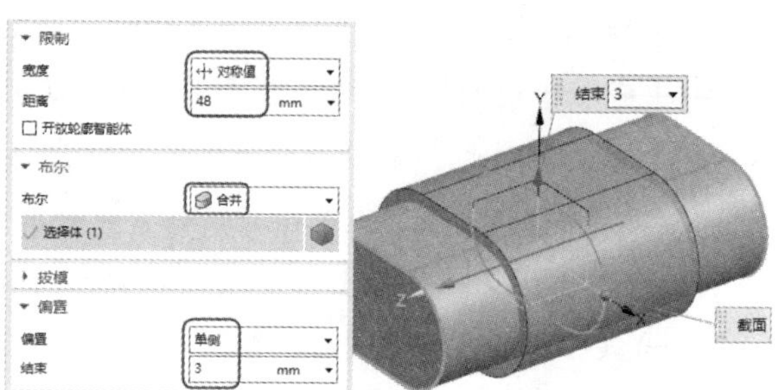

图 8-79 创建拉伸特征 2

⑤ 使用【拉伸】命令，选择如图 8-80 所示的实体面作为草图平面，绘制拉伸截面草图。然后通过【拉伸】对话框设置拉伸方向为 XC 轴负方向、拉伸值为【2】，并设置布尔减去运算等参数，创建减材料拉伸特征 1，如图 8-81 所示。

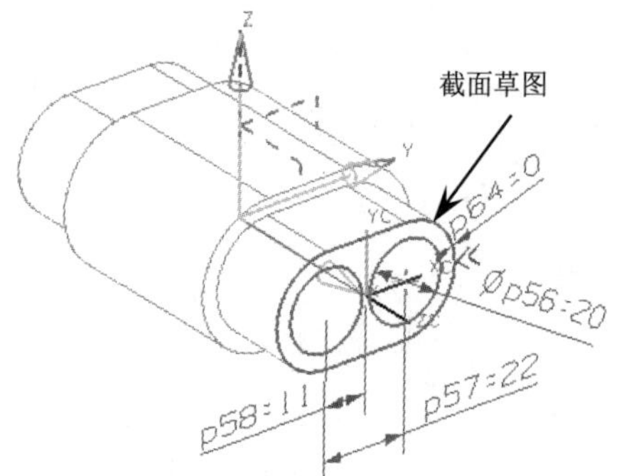

图 8-80 绘制拉伸截面草图

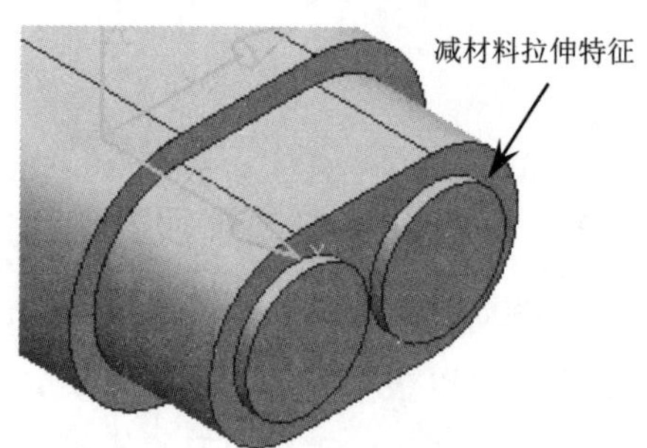

图 8-81 创建减材料拉伸特征 1

⑥ 在【主页】选项卡的【基本】面板中单击【孔】按钮，弹出【孔】对话框。首先在图形区中选择如图 8-82 所示的点作为孔中心点，然后在对话框中设置直径为【12】、深度为【1】、顶锥角为【170】，最后单击【确定】按钮，完成简单孔特征的创建。

⑦ 同理，在对称的另一侧也创建同样尺寸的简单孔特征，如图 8-83 所示。

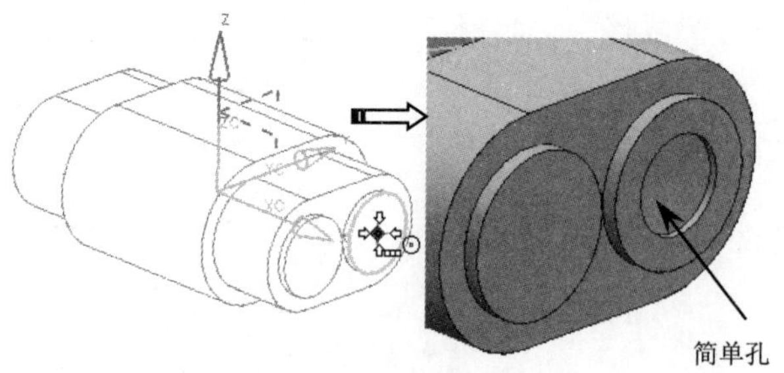

图 8-82 创建简单孔特征

图 8-83 创建另一侧的简单孔特征

⑧ 使用【拉伸】命令，以如图 8-84 所示的拉伸截面及参数设置，向 ZC 轴负方向拉伸，并创建减材料拉伸特征 2。

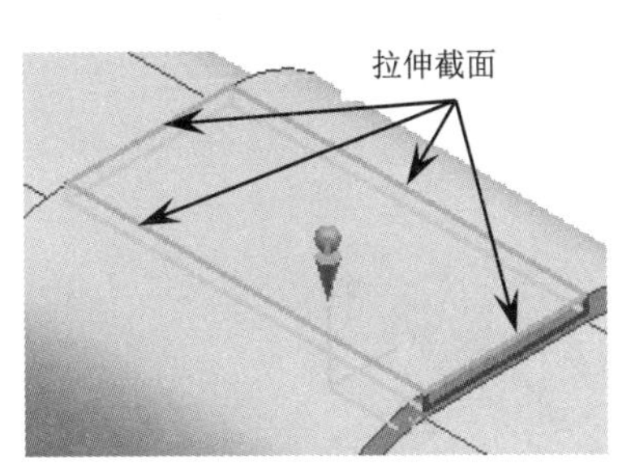

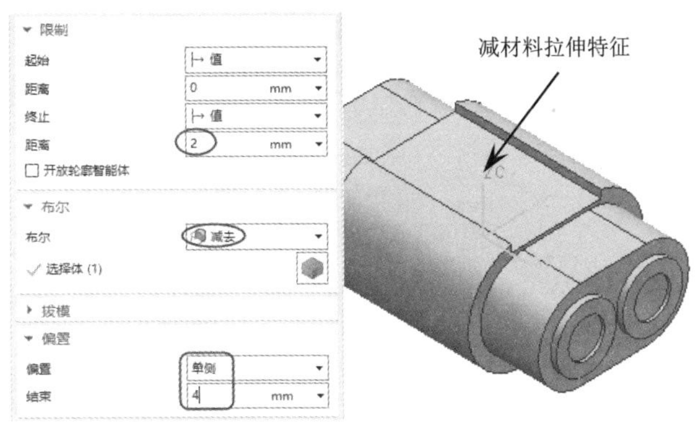

图 8-84　创建减材料拉伸特征 2

⑨ 搜索【垫块】命令并将其显示在【菜单】下拉菜单中。在【菜单】下拉菜单中选择【插入】|【设计特征】|【垫块】命令，然后在如图 8-85 所示的放置面上创建矩形垫块特征 1。

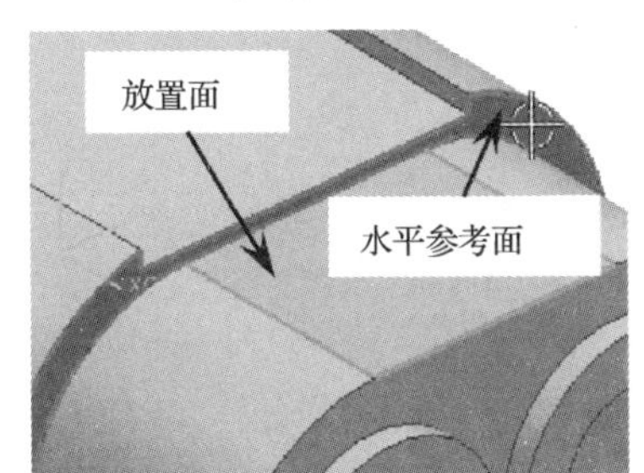

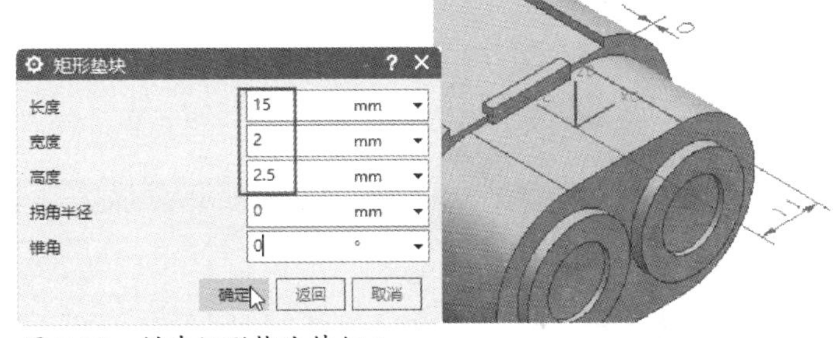

图 8-85　创建矩形垫块特征 1

⑩ 使用【在面上偏置】命令，选择如图 8-86 所示的实体边缘，创建偏置距离为【0.5】的偏置曲线。

⑪ 使用【管】命令，选择偏置曲线作为管道路径，设置管道横截面的外径为【1】、内径为【0】，并进行布尔减去运算，创建管道特征，如图 8-87 所示。

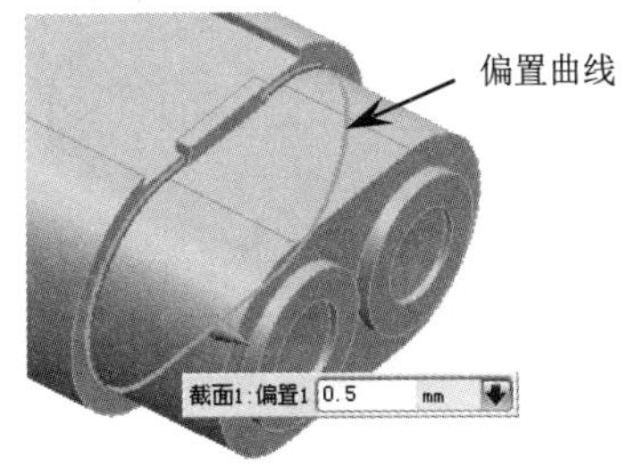

图 8-86　创建面中的偏置曲线

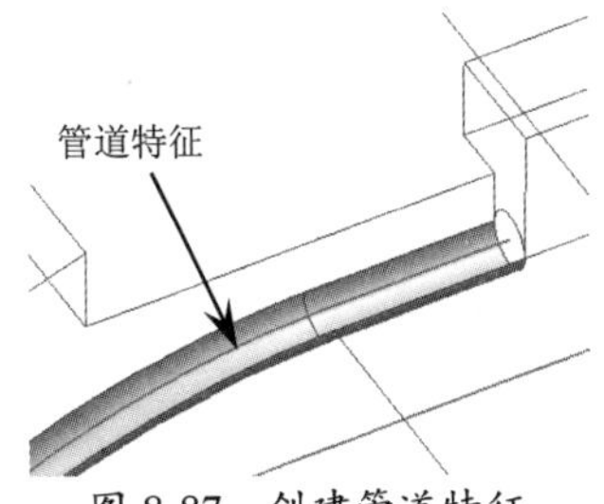

图 8-87　创建管道特征

⑫ 使用【阵列特征】命令，选择管道特征进行矩形阵列，并设置如图 8-88 所示的阵列参数，创建管道的阵列特征。

⑬ 使用【键槽】命令（该命令与【垫块】命令的使用方法完全相同），选择如图 8-89 所示的放置面、水平参考面，并设置键槽参数，完成矩形槽特征 1 的创建。

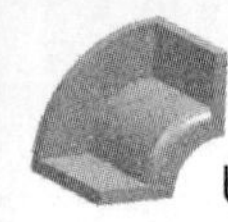

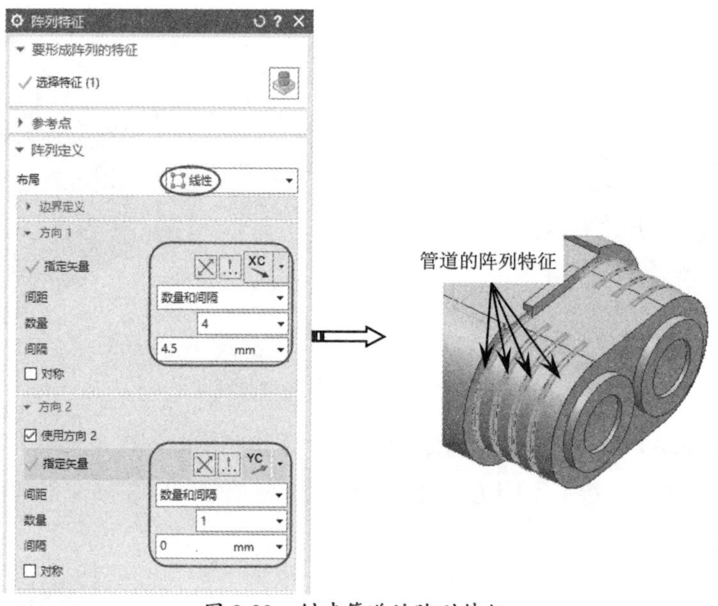

图 8-88 创建管道的阵列特征

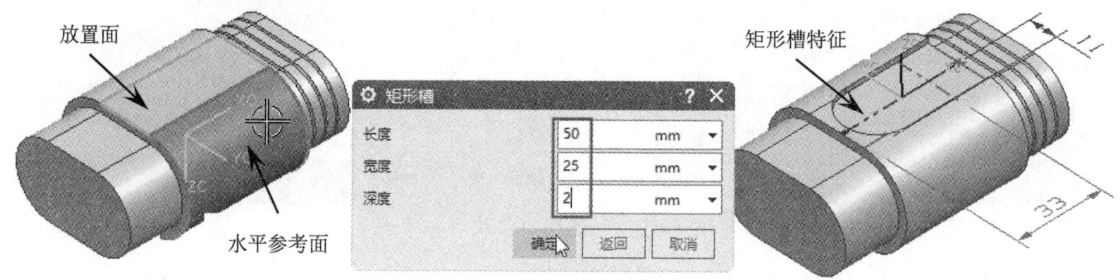

图 8-89 创建矩形槽特征 1

⑭ 再次使用【键槽】命令，选择如图 8-90 所示的放置面、水平参考面，并设置键槽参数，完成矩形槽特征 2 的创建。

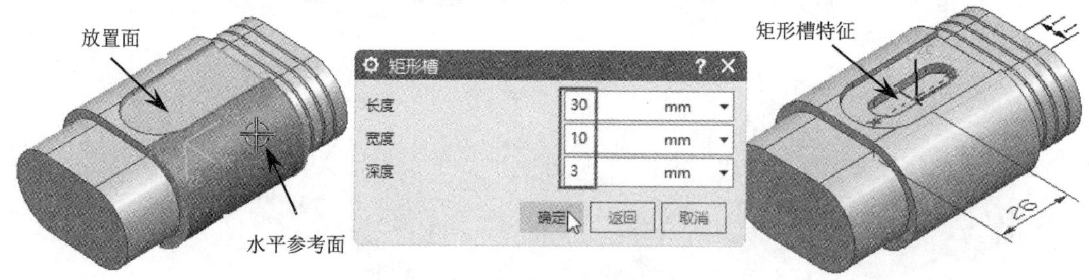

图 8-90 创建矩形槽特征 2

⑮ 再次使用【垫块】命令，选择如图 8-91 所示的放置面、水平参考面，并设置矩形垫块参数，创建矩形垫块特征 2。

⑯ 在【主页】选项卡的【基本】面板中单击【拔模】按钮，弹出【拔模】对话框。然后按如图 8-92 所示的操作步骤创建拔模特征。

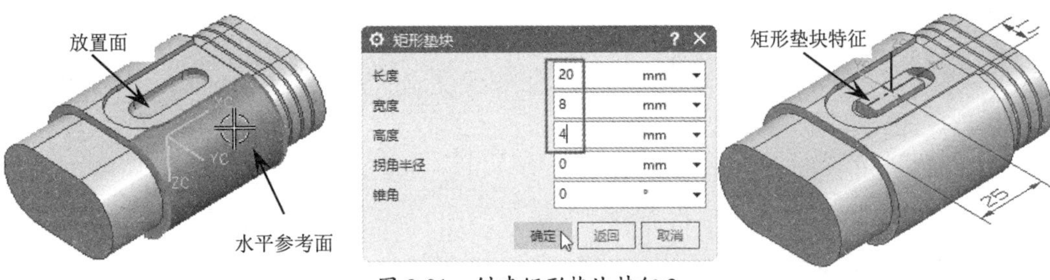

图 8-91　创建矩形垫块特征 2

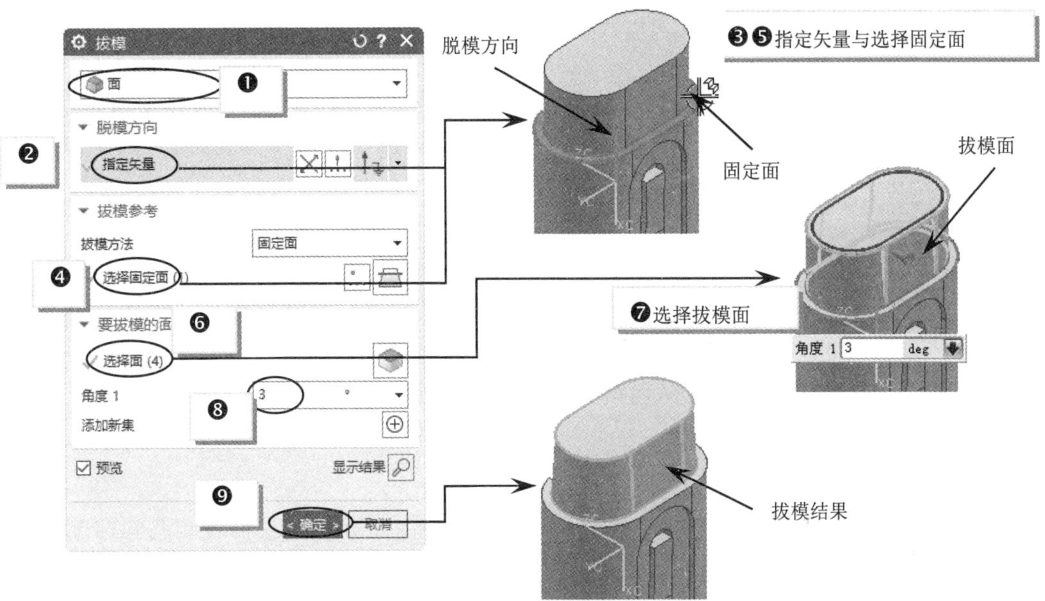

图 8-92　创建拔模特征的操作步骤

⑰　使用【边倒圆】命令，选择如图 8-93 所示的边，创建半径为【4】的圆角特征。

⑱　使用【边倒圆】命令，选择如图 8-94 所示的边，创建半径为【3】的圆角特征。

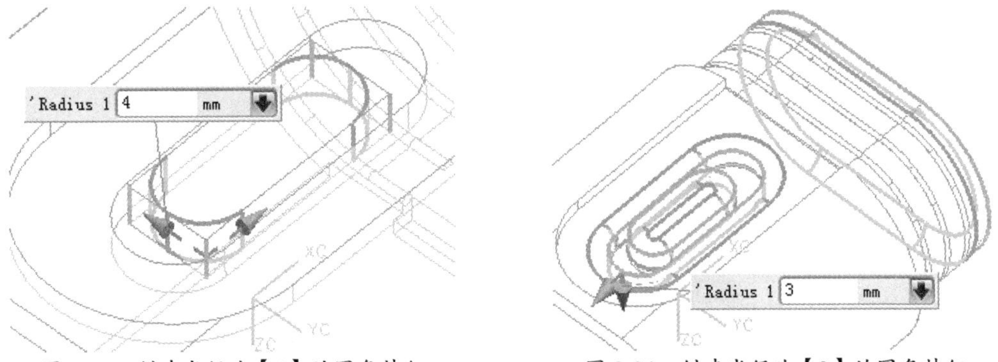

图 8-93　创建半径为【4】的圆角特征　　图 8-94　创建半径为【3】的圆角特征

⑲　使用【边倒圆】命令，选择如图 8-95 所示的边，创建半径为【1】的圆角特征。

⑳　使用【边倒圆】命令，选择如图 8-96 所示的边，创建半径为【0.5】的圆角特征。

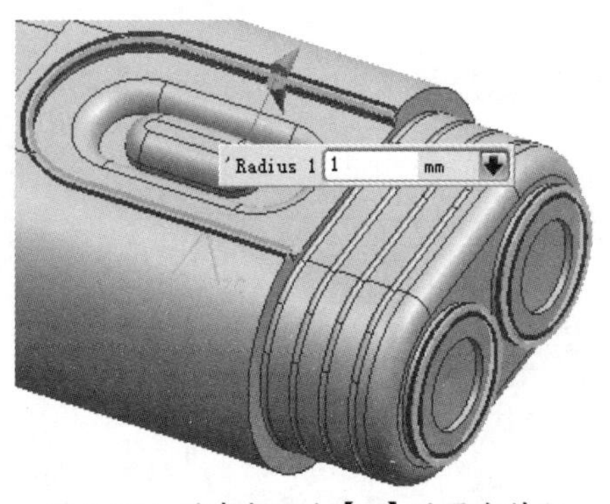

图 8-95　创建半径为【1】的圆角特征

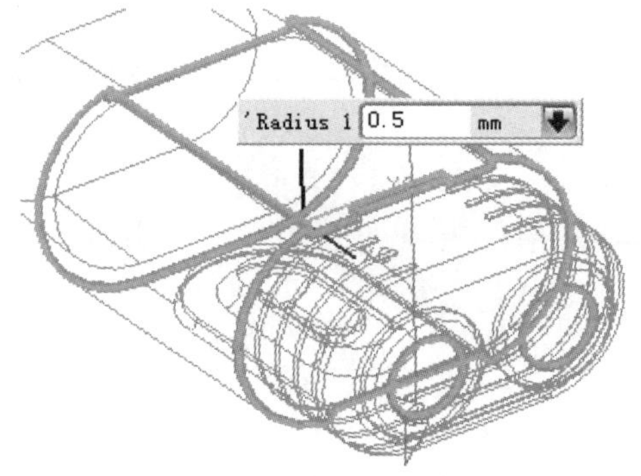

图 8-96　创建半径为【0.5】的圆角特征

㉑　至此，电动剃须刀的实体建模工作已经全部完成。最后，需要保存结果数据。

8.5　创建基于已有特征的特征

特征成型是 UG 专门开发的功能，用于形状比较规则、通常具有相应的制作方法来对齐成型的实体特征。特征成型操作必须建立在已经存在的实体特征上，对给定的规则形状特征添加部分材料或去除部分材料，从而得到一定的形状特征。

8.5.1　凸起

【凸起】命令用于在平面或曲面上产生一个凸起特征，并且凸起形状和凸起顶面可以自定义。在【菜单】下拉菜单中选择【插入】|【设计特征】|【凸起】命令，或者在【主页】选项卡的【基本】面板中的【更多】库中单击【凸起】按钮，弹出【凸起】对话框，可以创建凸起特征，如图 8-97 所示。

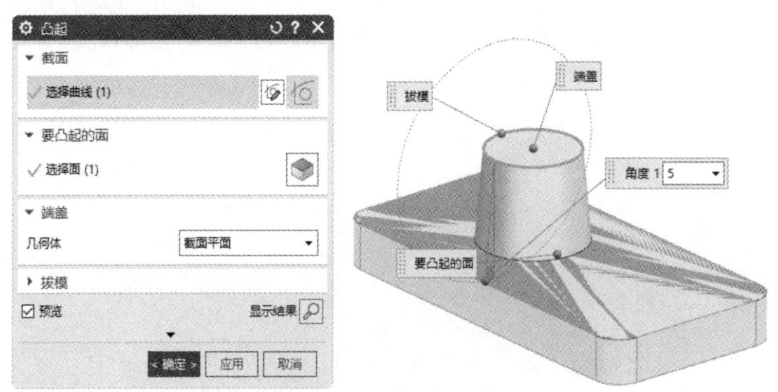

图 8-97　创建凸起特征

【凸起】对话框中的部分选项含义如下所述。

- 【截面】选项区：用于选择凸起特征顶部的截面曲线。
- 【要凸起的面】选项区：用于选择凸起特征底部的面。
- 【端盖】选项区：用于指定凸起特征的高度控制方法，包括【截面平面】、【凸起的面】、

【基准平面】和【选定的面】4 种，默认为顶部截面所在的平面。

- 【拔模】选项区：用于设置凸起特征的拔模角度。正值表示向内拔模凸起特征的侧面。负值表示向外拔模凸起特征的侧面。0 表示凸起特征的侧面不进行拔模，表示竖直面。也可在【拔模】下拉列表中选择【从端盖】或【无】选项来控制是否拔模。拔模方法包括【等斜度拔模】、【真实拔模】和【曲面拔模】3 种。

8.5.2　腔

【腔】命令用于在平面上创建具有一定规则形状的凹陷切割材料特征。搜索【腔】命令并将其显示在【菜单】下拉菜单中。在【菜单】下拉菜单中选择【插入】|【设计特征】|【腔】命令，或者在【主页】选项卡的【基本】面板中的【更多】库中单击【腔】按钮，弹出【腔】对话框，如图 8-98 所示。

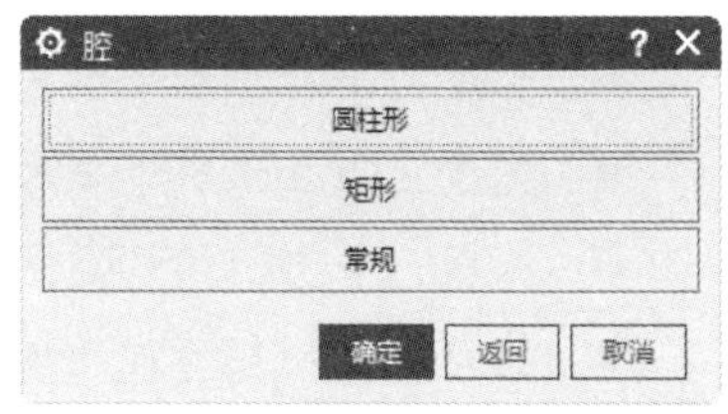

图 8-98　【腔】对话框

使用【腔】命令可以创建圆柱形腔、矩形腔和常规腔，下面分别进行讲解。

1．圆柱形腔

【腔】对话框中的【圆柱形】按钮用于创建一个圆柱体切割特征，即圆柱形腔。在选择放置平面后，弹出【圆柱腔】对话框，可以创建圆柱形腔，如图 8-99 所示。

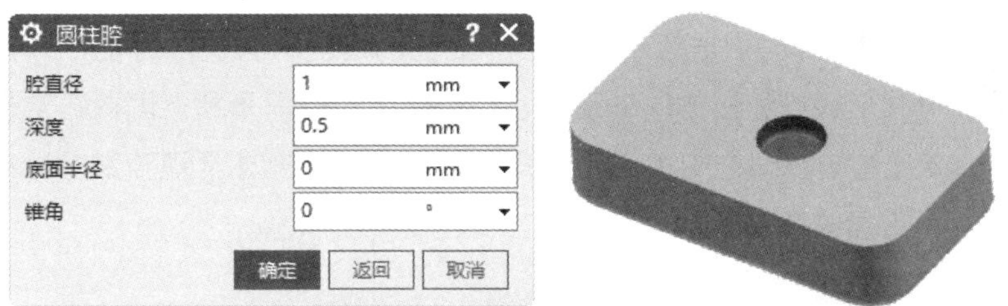

图 8-99　创建圆柱形腔

【圆柱腔】对话框中的各选项含义如下所述。

- 腔直径：圆柱体切割特征的直径。
- 深度：圆柱体切割特征的切割深度。
- 底面半径：圆柱体切割特征的底面边的倒圆角半径，可以等于 0，表示不倒圆角。
- 锥角：圆柱体切割特征侧面的拔模角度，可以是正值或 0，0 表示不拔模。

技巧点拨：

此处定义的深度值必须比输入的底面半径值大。如果深度值小于底面半径值，则会出现圆柱形腔创建失败的情况。锥角值必须大于或等于 0。

2．矩形腔

【腔】对话框中的【矩形】按钮用于在选择的放置面上创建一个块切割特征，即矩形腔。在选定放置面和水平参考面后，弹出【矩形腔】对话框，可以创建矩形腔，如图 8-100 所示。

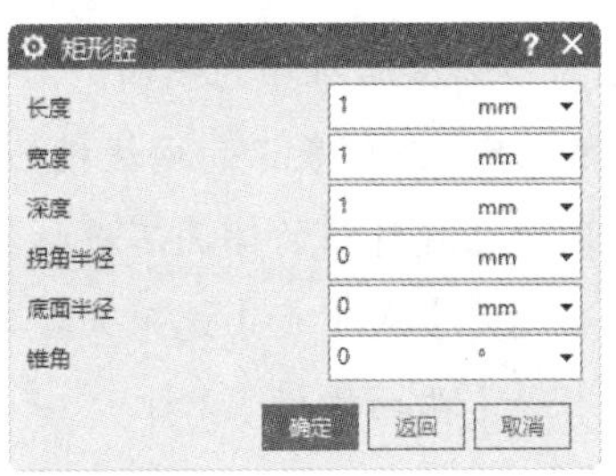

图 8-100　创建矩形腔

【矩形腔】对话框中的各选项含义如下所述。

- 长度：平行于水平参考面方向上的矩形腔的长度。
- 宽度：垂直于水平参考面方向上的矩形腔的宽度。
- 深度：矩形腔的切割深度。
- 拐角半径：矩形腔的 4 个拐角的倒圆角半径。
- 底面半径：矩形腔的底面边界的倒圆角半径。
- 锥角：矩形腔侧面的拔模角度，可以是正值或 0。

技巧点拨：

此处定义的宽度值必须大于两倍的拐角半径值，否则矩形腔创建失败；深度值必须大于底面半径值，否则底面边界无法创建倒圆角；锥角值必须大于或等于 0，不能为负值，否则会出现倒扣。

3．常规腔

【腔】对话框中的【常规】按钮用于创建一般性的切割材料实体特征，即常规腔，可以定义放置面上的轮廓形状、底面的轮廓形状，甚至底面的曲面形状。因此，常规腔的创建更加自由、灵活。在【腔】对话框中单击【常规】按钮后，弹出【常规腔】对话框。该对话框用于选择放置面和轮廓曲线等以创建常规腔，如图 8-101 所示。

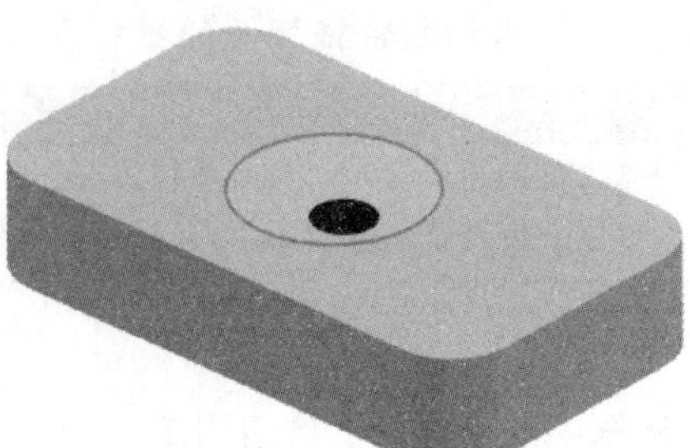

图 8-101　创建常规腔

【常规腔】对话框中的部分选项含义如下所述。

- ：放置面，用于选择常规腔的放置定位平面，可以是单个面，也可以是多个面。我们可以选择平面或基准平面作为放置面，还可以选择曲面或圆弧面作为放置面，从而创建常规腔。图 8-102 所示为选择圆弧面作为放置面来创建的腔。

图 8-102　放置面为圆弧面

- ：放置面轮廓，用于选择腔放置面上的轮廓曲线。轮廓曲线不一定在放置面上，也可以在其他面上，系统会自动将其投影到放置面上形成放置面轮廓。轮廓曲线必须是连续的，即不能断开。
- ：底面，可以选择一个或多个面来定义底面形状，也可以选择平面或基准平面来定义底面形状，用于确定腔的底部。选择底面的步骤是可选的。腔的底面可以通过将放置面向下偏置一定的距离来定义。
- ：底面轮廓曲线，用于选择腔底面上的轮廓曲线。底面上的轮廓曲线必须是连续的，可以通过选择截面曲线，也可以通过将放置面的轮廓曲线投影到底面上来定义。

8.5.3　垫块

【垫块】命令用于在选择的平面上创建矩形凸起的添加材料实体特征，或者在一般曲面上创建自定义轮廓的常规凸起的添加材料实体特征。

搜索【垫块】命令并将其显示在【菜单】下拉菜单中。在【菜单】下拉菜单中选择【插入】|【设计特征】|【垫块】命令，弹出【垫块】对话框，如图 8-103 所示。

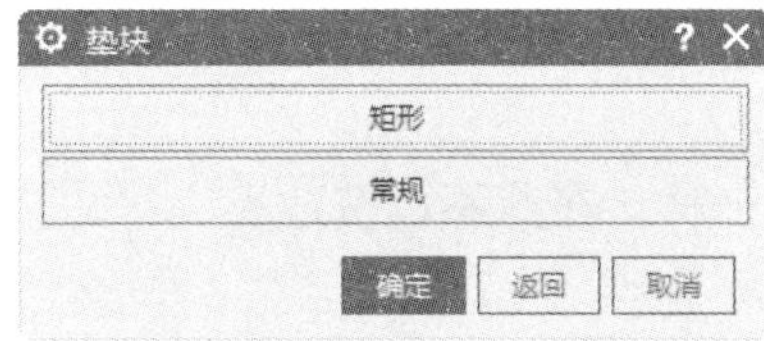

图 8-103　【垫块】对话框

1．矩形垫块

在【垫块】对话框中单击【矩形】按钮后，单击【确定】按钮，选择放置面和水平参考面，弹出【矩形垫块】对话框，可以创建矩形垫块，如图 8-104 所示。

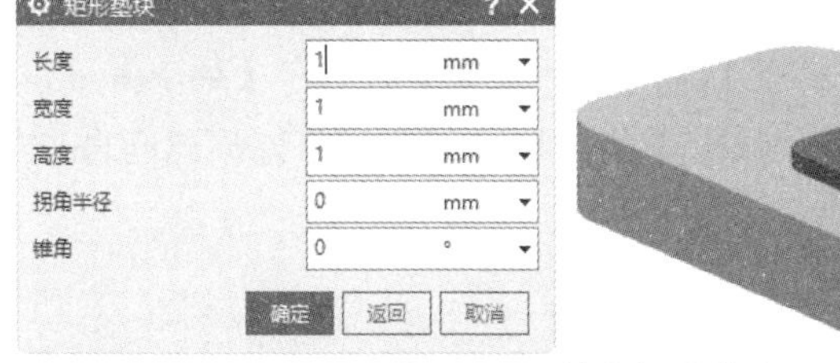

图 8-104　创建矩形垫块

【矩形垫块】对话框中的各选项含义如下所述。

- 长度：矩形垫块中和水平参考面平行的方向上的长度。

- 宽度：矩形垫块中和水平参考面垂直的方向上的宽度。
- 高度：矩形垫块的凸起高度。
- 拐角半径：矩形垫块的 4 个拐角处的倒圆角半径。
- 锥角：矩形垫块的侧面拔模角度。

2. 常规垫块

【垫块】对话框中的【常规】选项用于创建一般性的添加材料实体特征，即常规垫块，可以定义放置面上的轮廓形状、底面的轮廓形状，甚至底面的曲面形状。因此，常规垫块的创建更加自由、灵活。在【垫块】对话框中单击【常规】按钮后，弹出【常规垫块】对话框。该对话框用于选择放置面和轮廓线等以创建常规垫块，如图 8-105 所示。

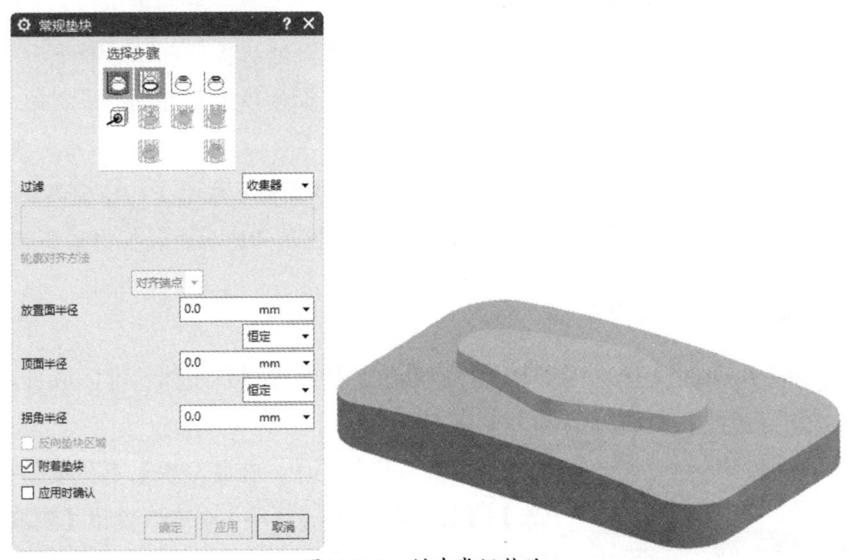

图 8-105　创建常规垫块

常规垫块的参数和常规腔的参数完全相同，操作方式也一样，在此不再赘述。

8.5.4　凸台

【凸台】命令与【凸起】命令、【垫块】命令相似，主要用于创建圆柱形凸台或圆锥形凸台。

搜索【凸台】命令并将其显示在【菜单】下拉菜单中。在【菜单】下拉菜单中选择【插入】|【设计特征】|【凸台】命令，弹出【凸台】对话框，可以创建凸台，如图 8-106 所示。【凸台】对话框中的部分选项含义如下所述。

- ：放置面，用于指定凸台放置平面。
- 过滤：通过限制可用的对象类型帮助用户选择需要的对象，包括【任意】、【面】和【基准平面】选项。
- 直径：凸台的直径。
- 高度：凸台的高度。

- 锥角：凸台的拔模角度。正值表示向内拔模凸台的侧面。负值表示向外拔模凸台的侧面。0 表示凸台的侧面不进行拔模，表示竖直面。
- 反侧：此选项只有在选择基准面作为放置平面时才会被激活，用于反转当前凸台的生长方向。

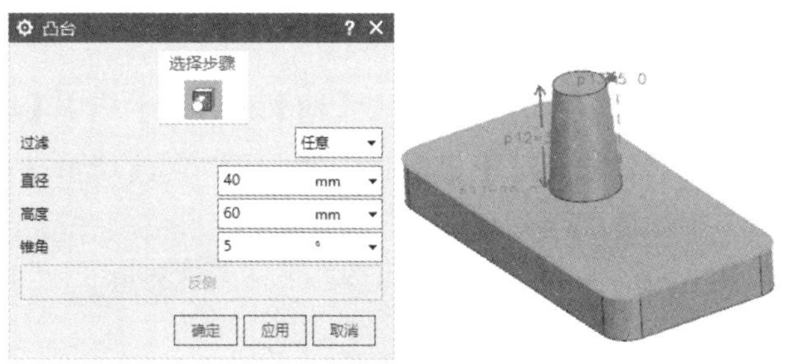

图 8-106　创建凸台

8.5.5　键槽

【键槽】命令用来创建各种截面形状的键槽形切割实体特征。根据截面形状不同，键槽包括矩形槽、球形端槽、U 形槽、T 形槽和燕尾槽等形式。使用【键槽】命令可以创建具有一定长度的键槽，也可以创建贯穿于选定的两个面的通槽，如图 8-107 所示。

搜索【键槽】命令并将其显示在【菜单】下拉菜单中。在【菜单】下拉菜单中选择【插入】|【设计特征】|【键槽】命令，或者在【主页】选项卡的【基本】面板中的【更多】库中单击【键槽】按钮，弹出【槽】对话框，如图 8-108 所示。

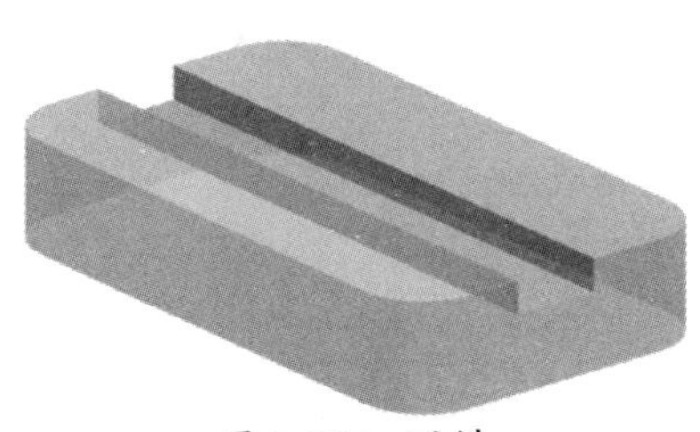

图 8-107　通槽

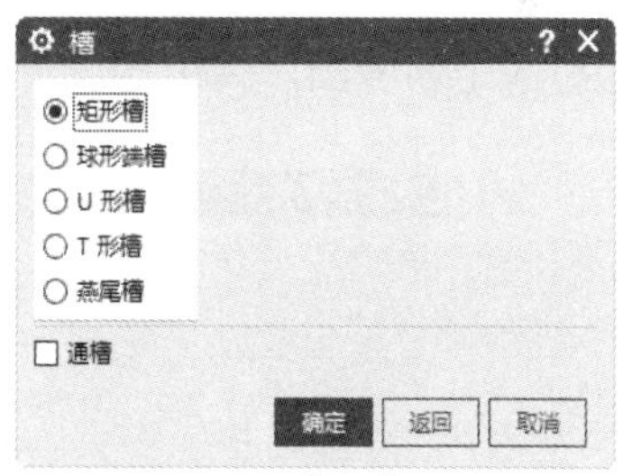

图 8-108　【槽】对话框

1. 矩形槽

矩形槽表示键槽的剖截面是矩形的。在【槽】对话框中选中【矩形槽】单选按钮，并选择放置面和水平参考面，弹出【矩形槽】对话框，可以创建矩形槽，如图 8-109 所示。

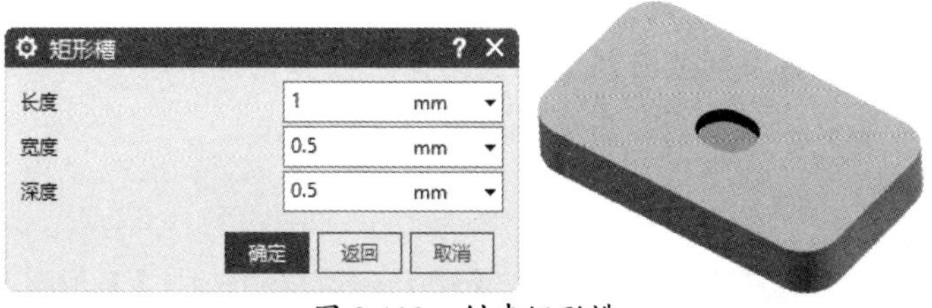

图 8-109　创建矩形槽

【矩形槽】对话框中的各选项含义如下所述。

- 长度：矩形槽中和水平参考面平行的方向上的长度。
- 宽度：矩形槽中和水平参考面垂直的方向上的宽度。
- 深度：矩形槽中的切割深度。此值必须是正值，表示槽的深度，无须加负号。

2．球形端槽

球形端槽表示键槽的剖截面是半球形的。在【槽】对话框中选中【球形端槽】单选按钮，并选择放置面和水平参考面，弹出【球形槽】对话框，可以创建球形端槽，如图 8-110 所示。

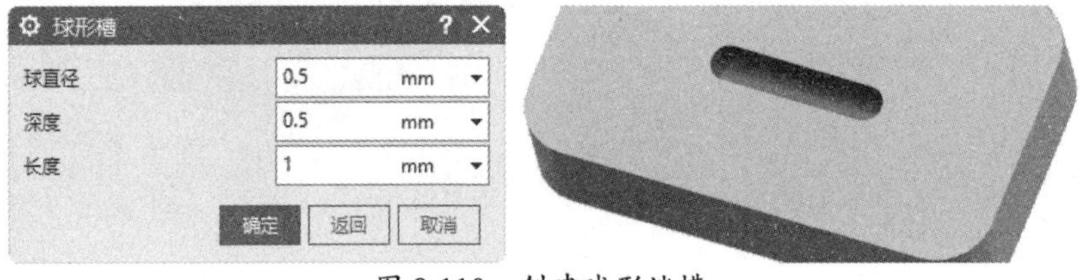

图 8-110　创建球形端槽

【球形槽】对话框中的各选项含义如下所述。

- 球直径：球形端槽的底面边倒圆角的直径。
- 深度：球形端槽的深度。深度值一定要比球体半径值大。
- 长度：球形端槽的水平方向上的长度。

3．U 形槽

U 形槽表示键槽的剖截面是 U 形的。在【槽】对话框中选中【U 形槽】单选按钮，并选择放置面和水平参考面，弹出【U 形键槽】对话框，可以创建 U 形槽，如图 8-111 所示。

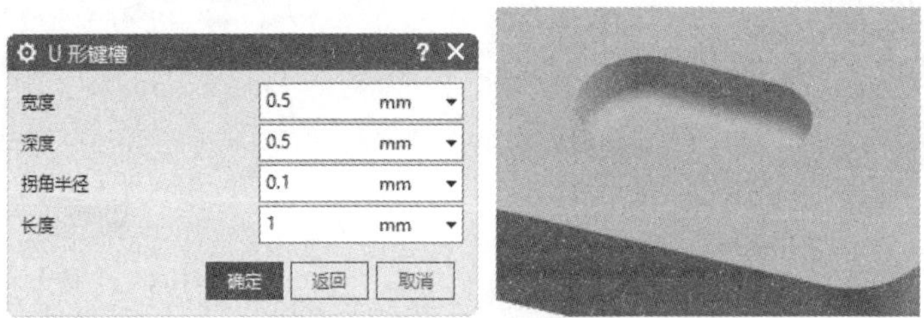

图 8-111　创建 U 形槽

【U 形键槽】对话框中的各选项含义如下所述。

- 宽度：U 形槽中和水平参考面垂直的方向上的宽度。
- 深度：U 形槽中的切割深度。
- 拐角半径：U 形槽中剖截面拐角的倒圆角半径。此值不能大于宽度值的 1/2。
- 长度：U 形槽中和水平参考面平行的方向上的长度。

4．T 形槽

T 形槽表示键槽的剖截面是 T 形的。在【槽】对话框中选中【T 形槽】单选按钮，并选择放置面和水平参考面，弹出【T 形槽】对话框，可以创建 T 形槽，如图 8-112 所示。

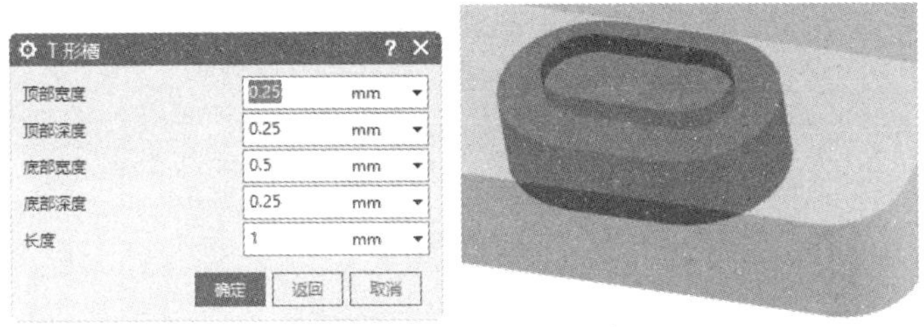

图 8-112　创建 T 形槽

【T 形槽】对话框中的各选项含义如下所述。

- 顶部宽度：T 形槽中和水平参考面垂直的方向上的上部分的槽宽度。
- 顶部深度：T 形槽的上部分的槽深度。
- 底部宽度：T 形槽中和水平参考面垂直的方向上的下部分的槽宽度。
- 底部深度：T 形槽的下部分的槽深度。
- 长度：T 形槽中和水平参考面平行的方向上的长度。

技巧点拨：

T 形槽实际上是倒 T 形的，上小下大，通常用来做滑道。因此，输入的宽度值要求上端比下端小，即顶部宽度值应小于底部宽度值。

5. 燕尾槽

燕尾槽表示键槽的剖截面是燕尾形的。在【槽】对话框中选中【燕尾槽】单选按钮，并选择放置面和水平参考面，弹出【燕尾槽】对话框，可以创建燕尾槽，如图 8-113 所示。

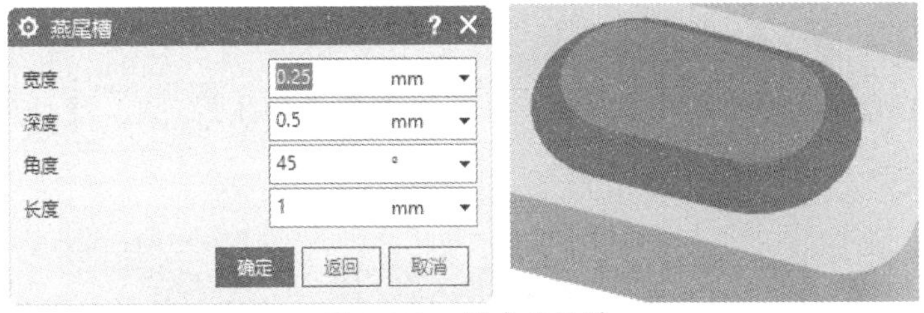

图 8-113　创建燕尾槽

【燕尾槽】对话框中的各选项含义如下所述。

- 宽度：燕尾槽顶部开口的宽度。
- 深度：燕尾槽的槽深度。
- 角度：燕尾槽的侧壁的拔模角度。
- 长度：燕尾槽中和水平参考面平行的方向上的长度。

8.5.6　槽

【槽】命令主要用于在回转体上创建类似于车槽效果的回转槽。在【菜单】下拉菜单中选择【插入】|【设计特征】|【槽】命令，或者在【主页】选项卡的【基本】面板中的【更多】库中单击【槽】按钮，弹出【槽】对话框，如图 8-114 所示。

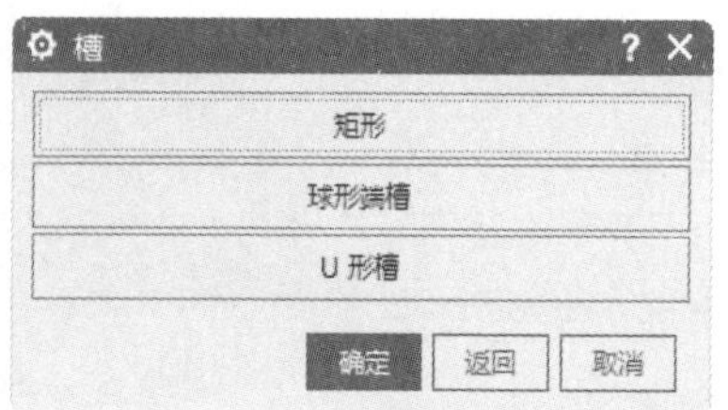

图 8-114 【槽】对话框

1. 矩形槽

矩形槽是横截面为矩形的回转槽。在【槽】对话框中单击【矩形】按钮，并选择放置的圆柱面，弹出【矩形槽】对话框，可以创建矩形槽，如图 8-115 所示。

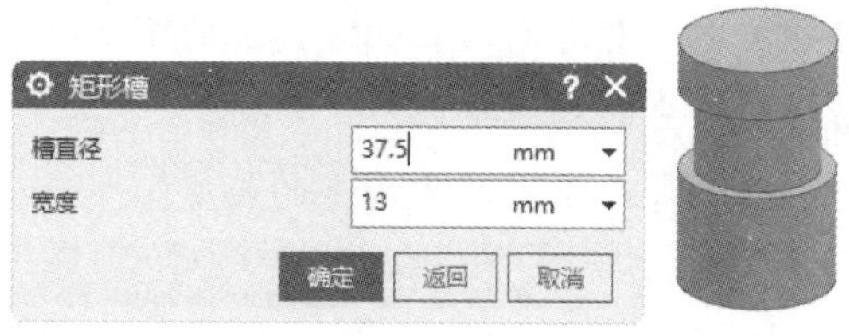

图 8-115 创建矩形槽

【矩形槽】对话框中的各选项含义如下所述。

- 槽直径：当生成外部槽时，输入槽的内径值；当生成内部槽时，输入槽的外径值。
- 宽度：矩形槽的宽度。

2. 球形端槽

球形端槽是横截面为半圆形的回转槽，类似于球体沿圆柱面扫掠一圈并切割后的结果。在【槽】对话框中单击【球形端槽】按钮，并选择放置的圆柱面，弹出【球形端槽】对话框，可以创建球形端槽，如图 8-116 所示。

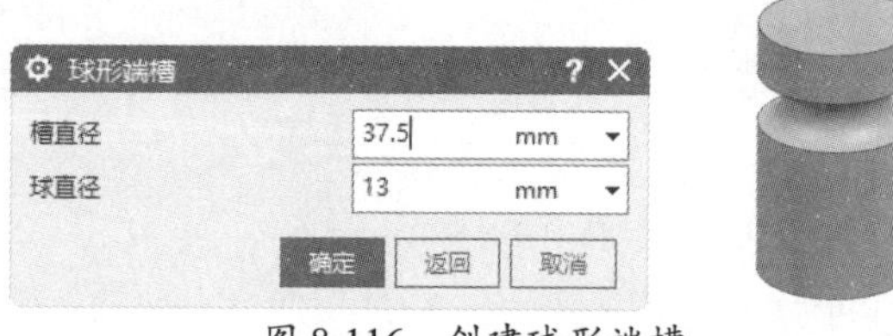

图 8-116 创建球形端槽

【球形端槽】对话框中的各选项含义如下所述。

- 槽直径：当生成外部槽时，输入槽的内径值；当生成内部槽时，输入槽的外径值。
- 球直径：球形端槽的宽度，也就是球形端槽的横截面直径。

3. U 形槽

U 形槽是横截面为 U 形的回转槽，类似于 U 形截面沿圆柱面扫掠一圈并切割后的结果。在【槽】对话框中单击【U 形槽】按钮，并选择放置的圆柱面，弹出【U 形槽】对话框，可以创建 U 形槽，如图 8-117 所示。

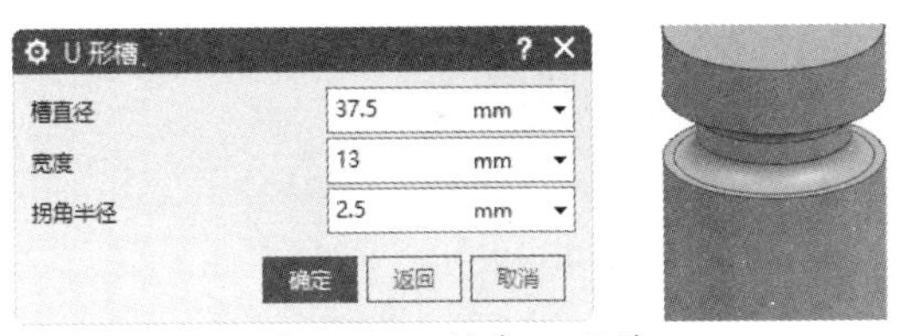

图 8-117　创建 U 形槽

8.5.7　孔

【孔】命令用于在实体面创建圆形切割特征或异形切割特征，通常用来创建螺纹底孔、螺丝过孔、定位销孔、工艺孔等。

在【菜单】下拉菜单中选择【插入】|【设计特征】|【孔】命令，或者在【主页】选项卡的【基本】面板中单击【孔】按钮，弹出【孔】对话框，如图 8-118 所示。各种孔创建类型的含义如下所述。

- 简单：创建指定尺寸的无标准的简单孔。需要指定草绘孔点及孔形状尺寸。
- 沉头：创建非标准的沉头孔。
- 埋头孔、锥孔：创建非标准的埋头孔及锥孔。
- 有螺纹：创建国外及国内 GB 标准的螺纹孔。
- 孔系列：创建起始、中间和结束孔尺寸一致的多形状、多目标体的对齐孔。

图 8-118　【孔】对话框

动手操作——轴承箱体设计

本实例要求设计轴承箱体，如图 8-119 所示，此模型包含了草绘、拉伸、抽壳、边倒圆、凸台、镜像、孔、阵列、拔模等特征。

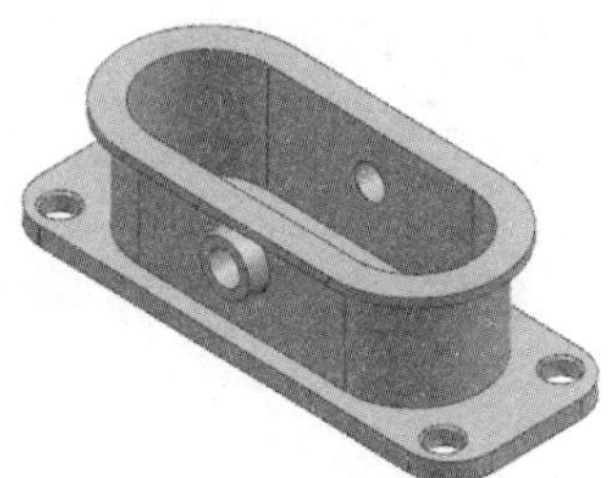

图 8-119　轴承箱体

① 新建模型文件。

② 在进入建模环境后，在【主页】选项卡的【基本】面板中单击【拉伸】按钮，弹出【拉伸】对话框。单击【绘制截面】按钮，弹出【创建草图】对话框。然后选择 XC-YC 平面作为草图平面，单击【确定】按钮，进入草图任务环境，如图 8-120 所示。

图 8-120　选择草图平面

③ 绘制如图 8-121 所示的草图 1，并在完成后退出草图任务环境。

④ 创建拉伸特征。在【拉伸】对话框中输入起始距离值【0】及结束距离值【35】，其余选项保持默认设置，并单击【确定】按钮，完成拉伸特征 1 的创建，如图 8-122 所示。

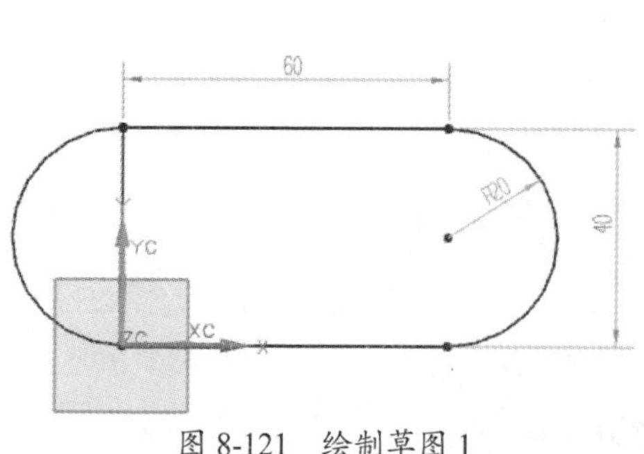

图 8-121　绘制草图 1

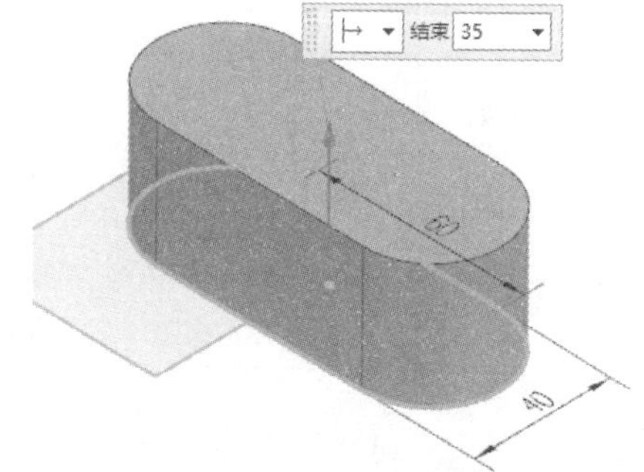

图 8-122　创建拉伸特征 1

⑤ 创建抽壳特征。在【主页】选项卡的【基本】面板中单击【抽壳】按钮，弹出【抽壳】对话框，在类型下拉列表中选择【打开】选项，并选择上表面作为抽壳面，在【厚度】文本框中输入【3】，单击【确定】按钮，完成抽壳特征的创建，如图 8-123 所示。

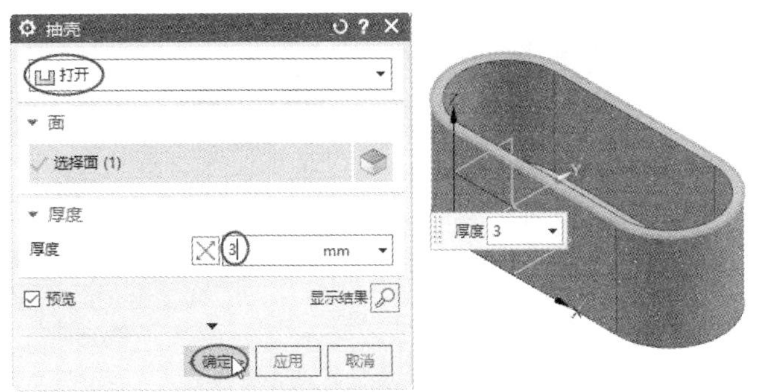

图 8-123　创建抽壳特征

⑥ 创建拉伸特征。在【主页】选项卡的【基本】面板中单击【拉伸】按钮，弹出【拉伸】对话框。单击【绘制截面】按钮，弹出【创建草图】对话框。然后选择 XC-YC 平面作为草图平面，单击【确定】按钮，进入草图任务环境，绘制如图 8-124 所示的草图 2。

⑦ 退出草图任务环境，在【拉伸】对话框中输入起始距离值【0】及结束距离值【5】，在【布尔】下拉列表中选择【合并】选项，单击【确定】按钮，完成拉伸特征 2 的创建，如图 8-125 所示。

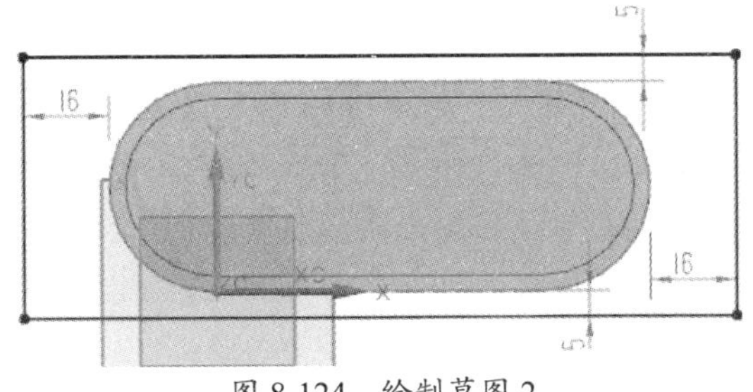

图 8-124　绘制草图 2

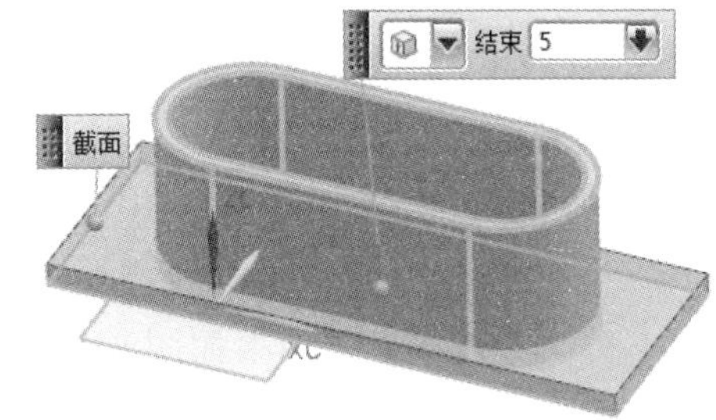

图 8-125　创建拉伸特征 2

⑧ 边倒圆。在【主页】选项卡的【基本】面板中单击【边倒圆】按钮，弹出【边倒圆】对话框，输入半径值【12】(恒定半径)，选择刚刚创建的拉伸特征 2 的 4 条棱边作为边倒圆对象，单击【确定】按钮，完成边倒圆操作，如图 8-126 所示。

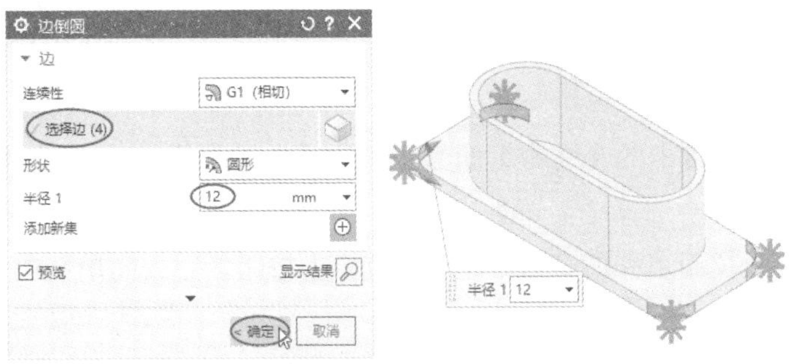

图 8-126　边倒圆操作

⑨ 创建凸台。在【菜单】下拉菜单中选择【插入】|【设计特征】|【凸台】命令，在弹出的【凸台】对话框中设置凸台参数，并单击【确定】按钮，如图 8-127 所示。

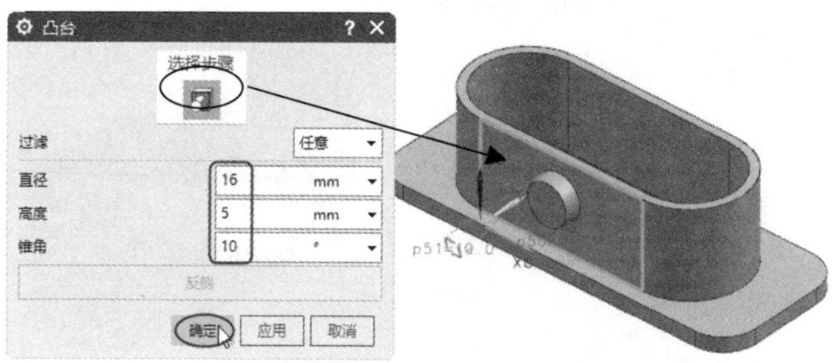

图 8-127　凸台参数的设置及预览

⑩ 随后在弹出的【定位】对话框中设置如图 8-128 所示的定位尺寸。单击【确定】按钮，完成凸台的创建。

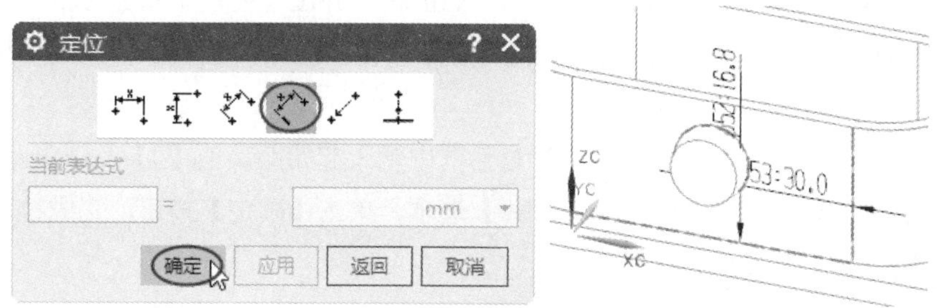

图 8-128　设置凸台的定位尺寸

⑪ 在【主页】选项卡的【基本】面板中单击【镜像特征】按钮，弹出【镜像特征】对话框。选择刚刚创建的凸台作为镜像对象，在【镜像特征】对话框的【平面】下拉列表中选择【新平面】选项，通过选择两个圆柱面的中心轴来创建一个平面作为镜像平面，效果如图 8-129 所示。注意平面的位置。

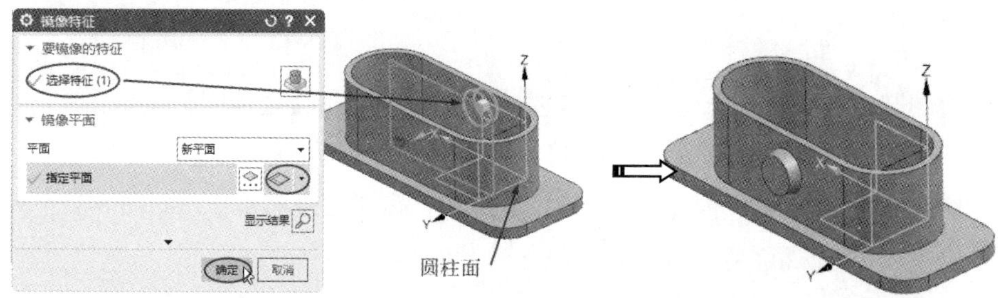

图 8-129　镜像凸台特征的效果

⑫ 在【主页】选项卡的【基本】面板中单击【孔】按钮，弹出【孔】对话框。在类型下拉列表中选择【简单】选项，并设置简单孔参数，然后选择模型中凸台的中心点来定位简单孔的位置，单击【确定】按钮，完成简单孔的创建，如图 8-130 所示。

⑬ 再次执行【孔】命令，在【孔】对话框的类型下拉列表中选择【有螺纹】选项，然后单击【绘制截面】按钮，进入草图任务环境并草绘点。

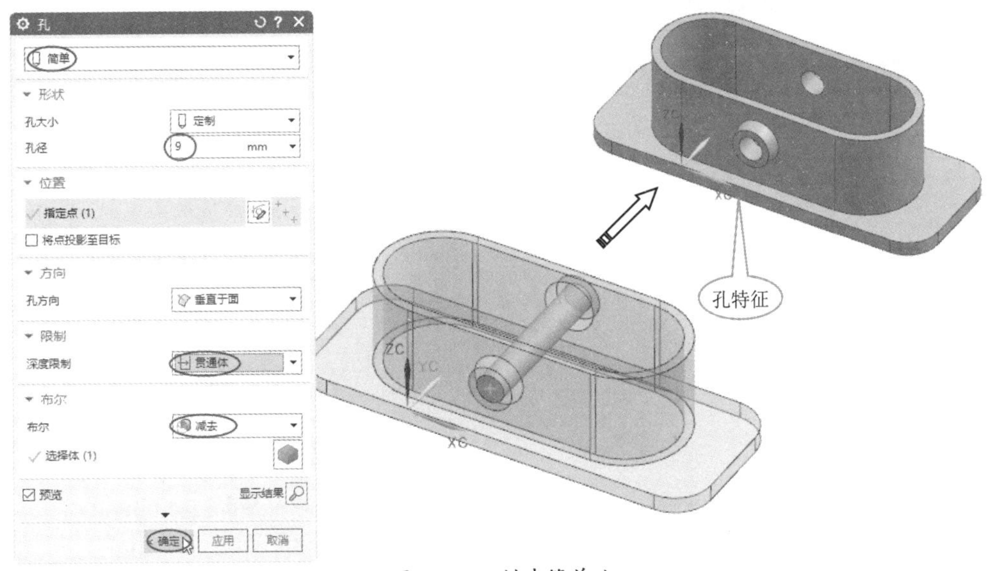

图 8-130　创建简单孔

⑭ 在【孔】对话框中设置【标准】为【GB193】，螺纹形状大小为【M10×1.5】，【孔方向】为【垂直于面】，【深度限制】为【贯通体】，其他选项保持默认设置，单击【确定】按钮，完成螺纹孔的创建，如图 8-131 所示。

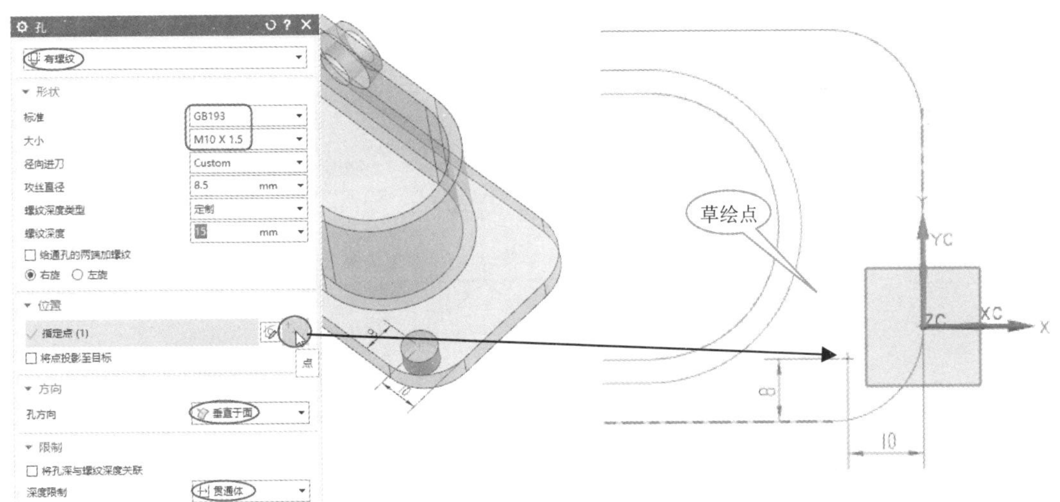

图 8-131　创建螺纹孔

⑮ 在【菜单】下拉菜单中选择【插入】|【关联复制】|【阵列特征】命令，在弹出的【阵列特征】对话框中设置【布局】为【线性】，选择步骤 ⑭ 创建的螺纹孔作为阵列对象，设置如图 8-132 所示的参数，单击【确定】按钮，完成螺纹孔的阵列操作。

⑯ 使用【拉伸】命令，选择抽壳特征的边，然后设置如图 8-133 所示的参数，完成拉伸特征 3 的创建。

⑰ 至此，完成了轴承箱体的建模工作。

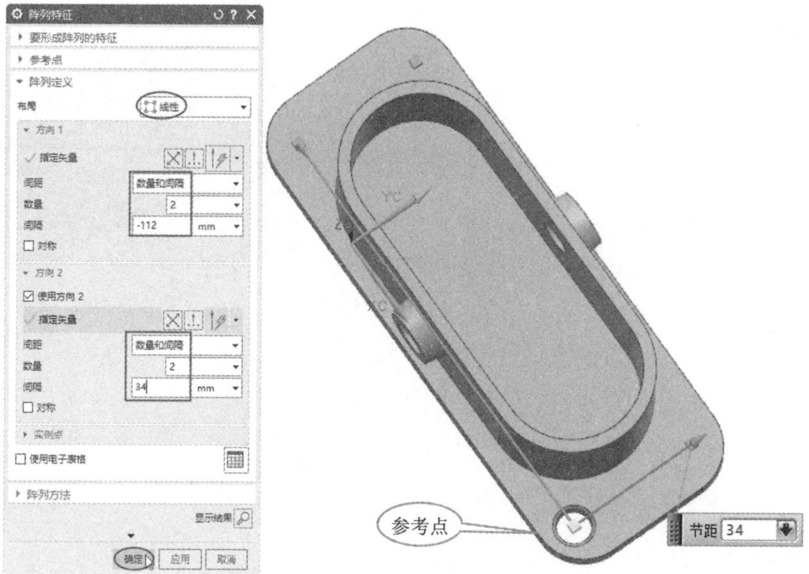

图 8-132　阵列螺纹孔

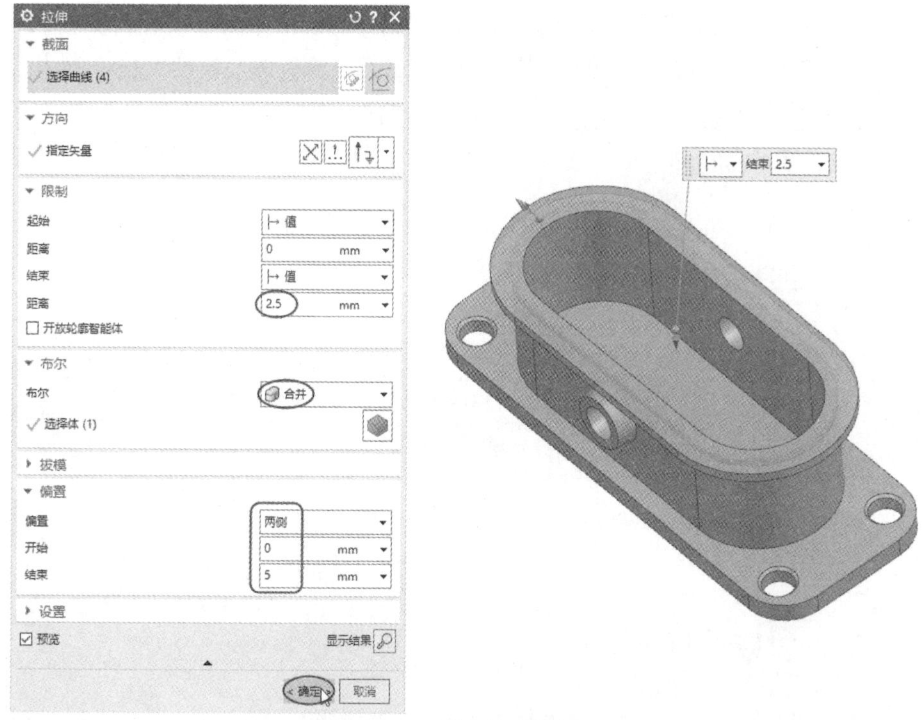

图 8-133　创建拉伸特征 3

8.6　综合案例：减速器的上箱体设计

减速器是原动机和工作机之间的独立的闭式传动装置，用来降低转速和增大转矩，以满足工作需要。在某些场所中，减速器也被用来增速，称为增速器。减速器的主要部件包括传动零件、箱体和附件，也就是齿轮、轴承的组合，以及箱体和各种附件，本例主要介绍减速器的上箱体建模过程。减速器的上箱体模型如图 8-134 所示。

图 8-134　减速器的上箱体模型

操作步骤

① 打开本例的配套资源文件【jiansuqi-TOP.prt.prt】。

② 在【主页】选项卡的【基本】面板中单击【拉伸】按钮，弹出【拉伸】对话框。然后按如图 8-135 所示的操作步骤创建拉伸特征。

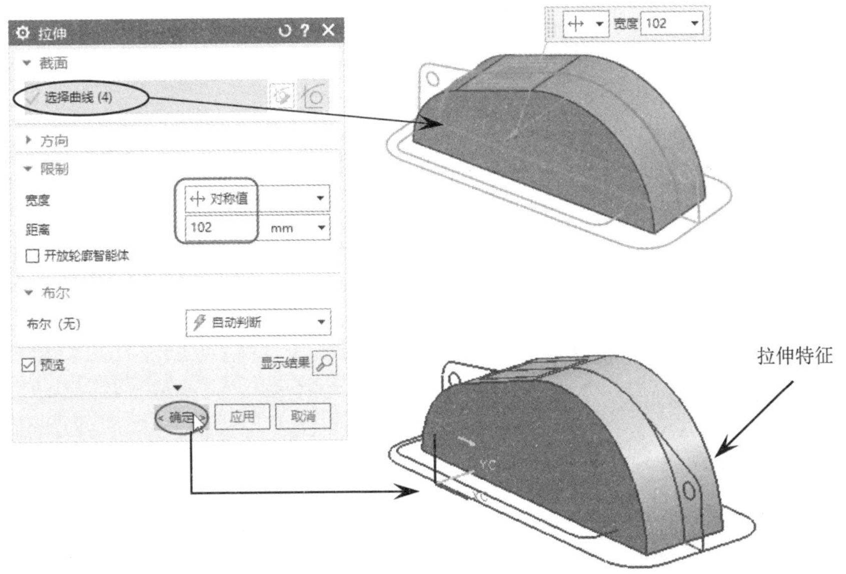

图 8-135　创建拉伸特征的操作步骤

③ 在【主页】选项卡的【基本】面板中单击【抽壳】按钮，弹出【抽壳】对话框。然后按如图 8-136 所示的操作步骤创建抽壳特征。

④ 使用【拉伸】命令，选择如图 8-137 所示的截面，创建对称拉伸值为【13】的带孔拉伸特征。

⑤ 使用【拉伸】命令，选择如图 8-138 所示的截面，创建向 ZC 轴正方向拉伸的拉伸值为【12】的底部拉伸特征。

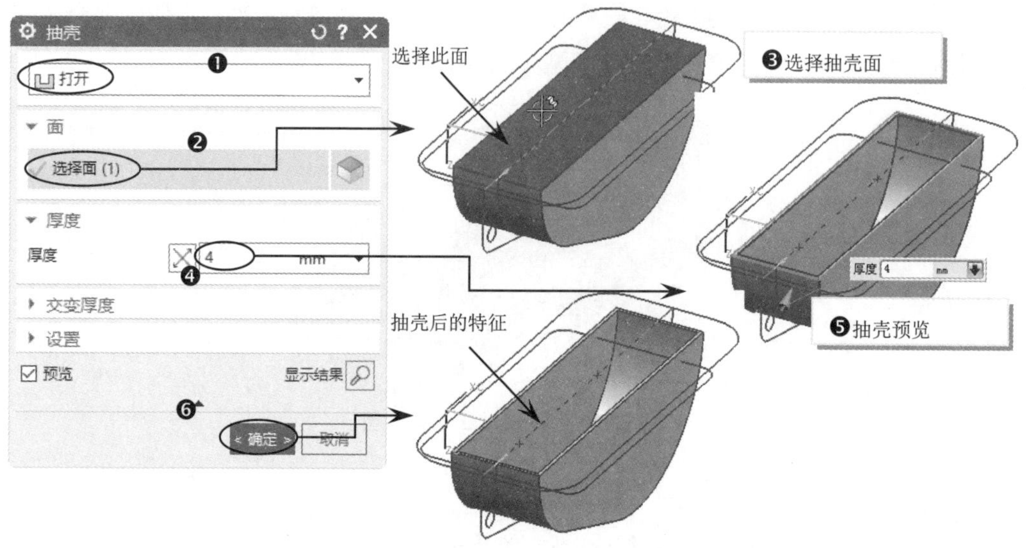

图 8-136　创建抽壳特征的操作步骤

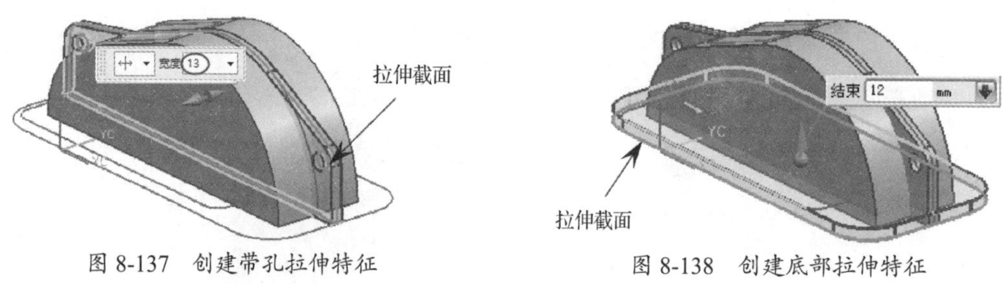

图 8-137　创建带孔拉伸特征

图 8-138　创建底部拉伸特征

⑥ 使用【拉伸】命令，选择如图 8-139 所示的截面，创建向 ZC 轴正方向拉伸的拉伸值为【25】的拉伸特征。

⑦ 使用【拉伸】命令，选择如图 8-140 所示的截面，以默认拉伸方向创建对称拉伸值为【196】的圆环拉伸特征。

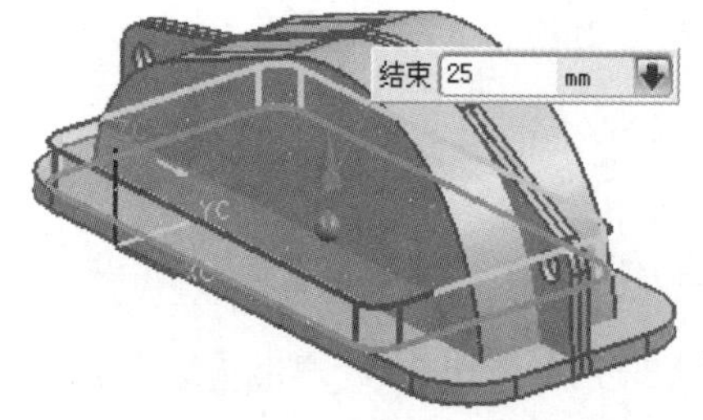

图 8-139　创建拉伸特征

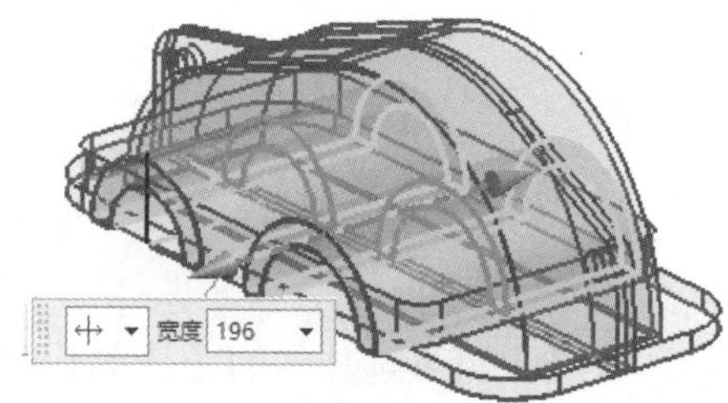

图 8-140　创建圆环拉伸特征

⑧ 使用【合并】命令，将步骤⑤与步骤⑥所创建的两个实体特征合并。

⑨ 在【主页】选项卡的【基本】面板中的【更多】库中单击【拆分体】按钮，弹出【拆分体】对话框。然后按如图 8-141 所示的操作步骤将合并的实体特征拆分，并在拆分后，将小的实体特征隐藏。

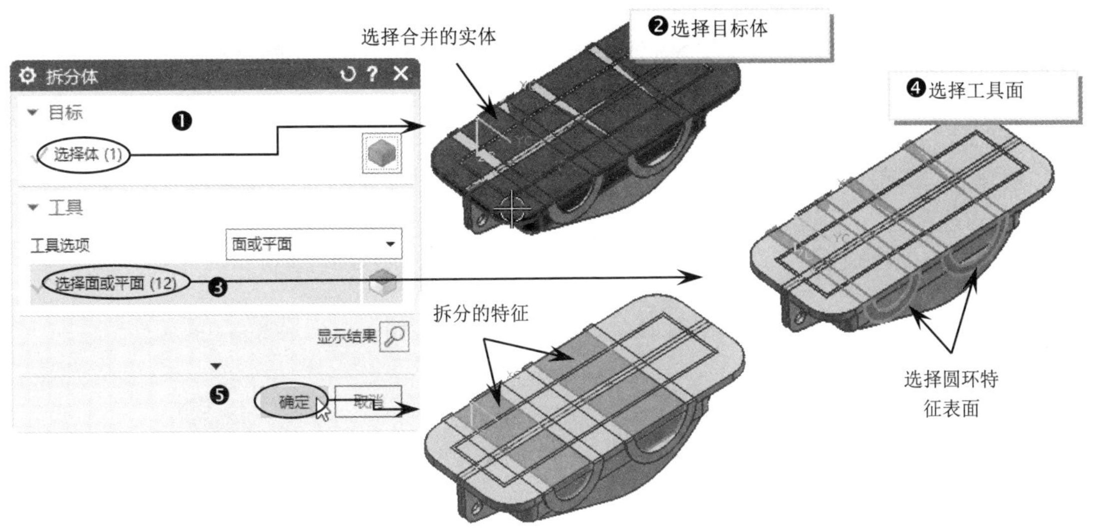

图 8-141　拆分合并的实体特征的操作步骤

⑩ 在【主页】选项卡的【基本】面板中的【更多】库中单击【修剪体】按钮，弹出【修剪体】对话框。然后按如图 8-142 所示的操作步骤修剪步骤④所创建的拉伸特征。

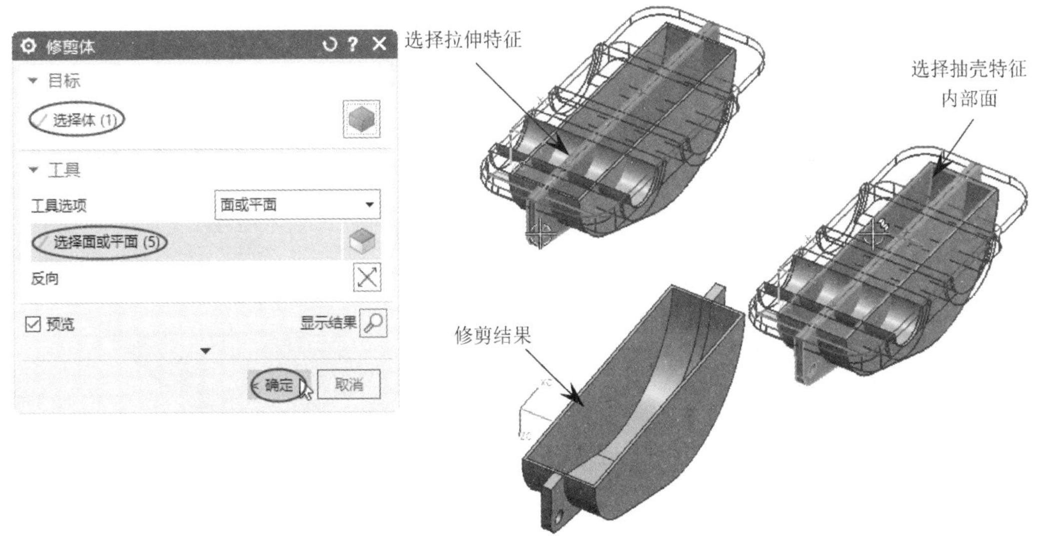

图 8-142　修剪拉伸特征

⑪ 使用【修剪体】命令，选择如图 8-143 所示的目标体和工具面修剪抽壳特征。

⑫ 使用【修剪体】命令，选择如图 8-144 所示的目标体和工具面修剪抽壳特征。

⑬ 使用【修剪体】命令，选择如图 8-145 所示的目标体和工具面修剪实体。

⑭ 使用【合并】命令，将所有实体特征合并。

⑮ 使用【拉伸】命令，选择如图 8-146 所示的截面向默认方向进行拉伸，输入对称拉伸距离值【10】，并进行布尔减去运算。

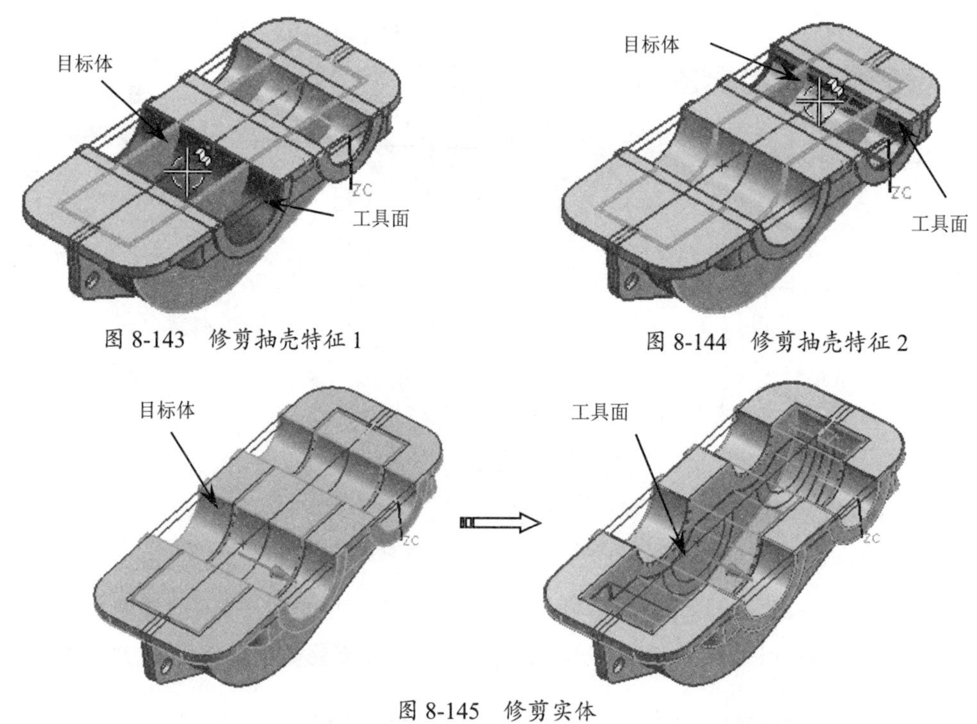

图 8-143　修剪抽壳特征 1

图 8-144　修剪抽壳特征 2

图 8-145　修剪实体

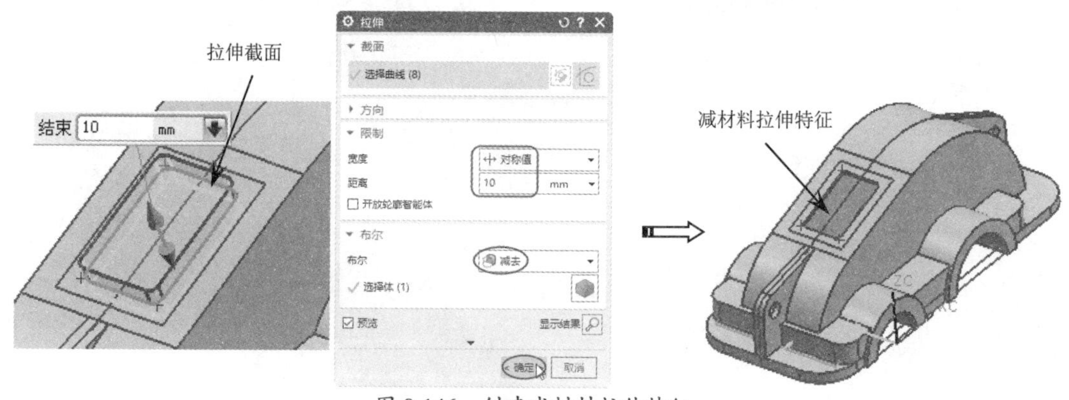

图 8-146　创建减材料拉伸特征

⑯　使用【拉伸】命令，选择如图 8-147 所示的截面向默认方向进行拉伸，输入拉伸结束距离值【5】，并进行布尔合并运算。

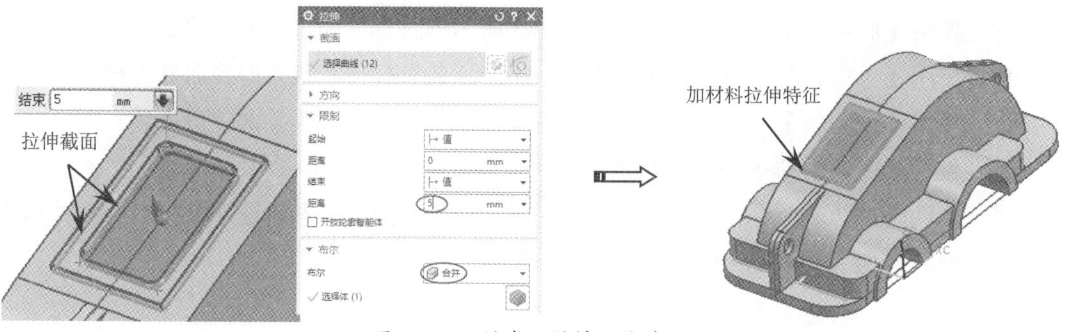

图 8-147　创建加材料拉伸特征

⑰ 在【主页】选项卡的【基本】面板中单击【孔】按钮，弹出【孔】对话框。然后按如图 8-148 所示的步骤指定草图点的草图平面。

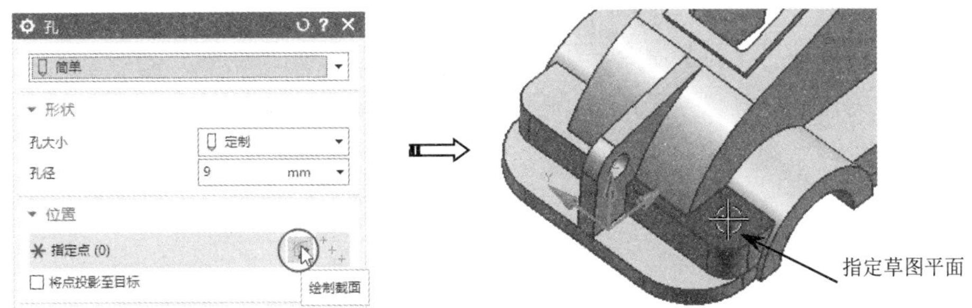

图 8-148　指定草图平面

⑱ 在进入草图任务环境后，绘制如图 8-149 所示的 6 个草图点。

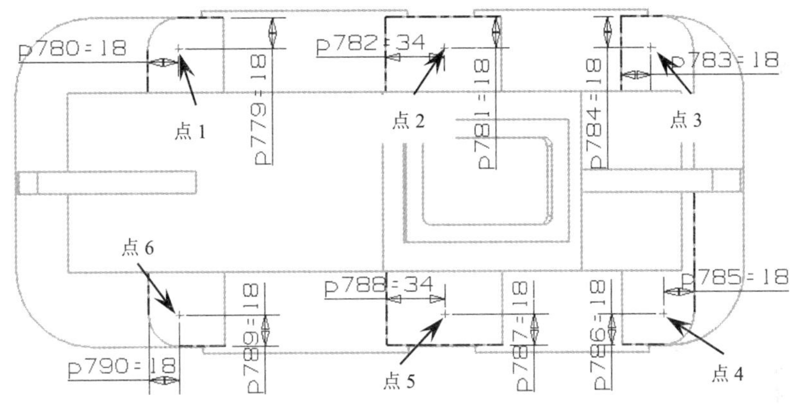

图 8-149　绘制 6 个草图点

⑲ 在绘制完成后退出草图任务环境，然后在【孔】对话框中按如图 8-150 所示的操作步骤完成沉头孔的创建。

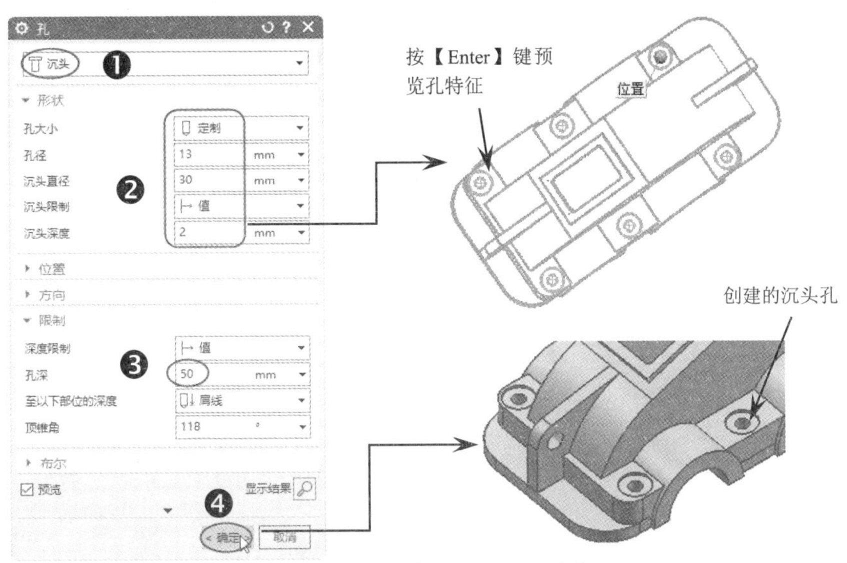

图 8-150　创建沉头孔的操作步骤

技巧点拨：

在创建孔位置点时，除了通过【孔】对话框进入草图任务环境，用户还可以先使用【草图】命令绘制草图点，再使用【孔】命令创建孔。

⑳ 同理，再次使用【孔】命令，在如图 8-151 所示的面上创建沉头直径为【30】、沉头深度为【2】、直径为【13】、深度为【50】的 4 个沉头孔。

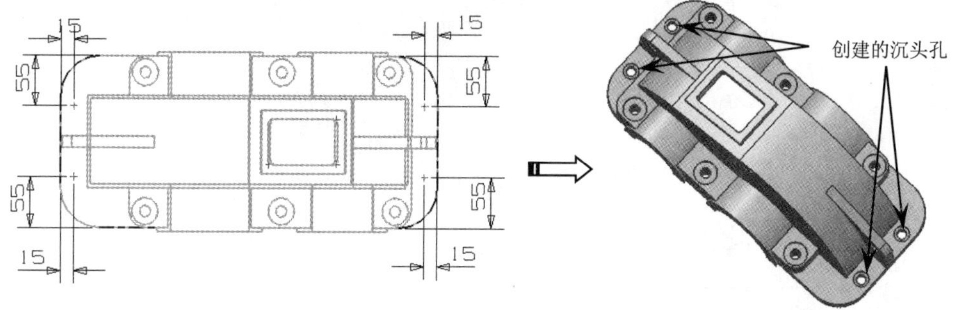

图 8-151 创建 4 个沉头孔

㉑ 使用【边倒圆】命令，选择如图 8-152 所示的边进行倒圆角操作，并且圆角半径为【10】。同理，再选择如图 8-153 所示的边进行倒圆角操作，并且圆角半径为【5】。

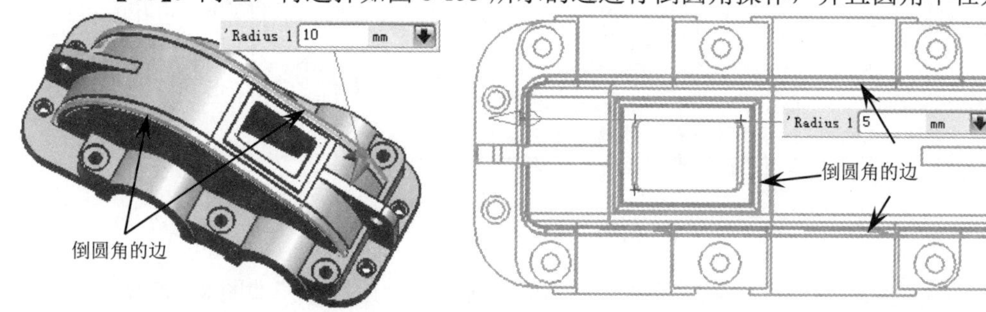

图 8-152 创建半径为【10】的圆角

图 8-153 创建半径为【5】的圆角

㉒ 至此，减速器的上箱体建模工作全部完成。最后，保存全部结果数据。

第 9 章

特征变换与编辑

本章内容

在设计过程中，仅仅采用基本的实体建模命令往往不够，还需要对特征进行相关的编辑操作才能达到要求。本章主要讲解特征的变换与编辑操作，以便进一步对实体进行控制。

知识要点

- ☑ 关联复制
- ☑ 细节特征
- ☑ 修剪操作
- ☑ 特征编辑

9.1 关联复制

关联复制主要是对实体特征进行参数化关联副本的创建。创建的副本和原始特征完全关联，并且原始特征的改变会及时反映在关联复制特征中。关联复制的操作方式有多种，如阵列特征、镜像特征与镜像几何体、抽取几何特征等。

9.1.1 阵列特征

【阵列特征】命令用于将指定的一个或一组特征按一定的规律复制，建立一个特征阵列。在特征阵列中，各成员保持相关性，当其中某个成员被修改时，阵列中的其他成员也会发生相应变化。【阵列特征】命令适用于创建参数相同且呈一定规律排列的特征。

在【主页】选项卡的【基本】面板中单击【阵列特征】按钮，弹出如图 9-1 所示的【阵列特征】对话框。

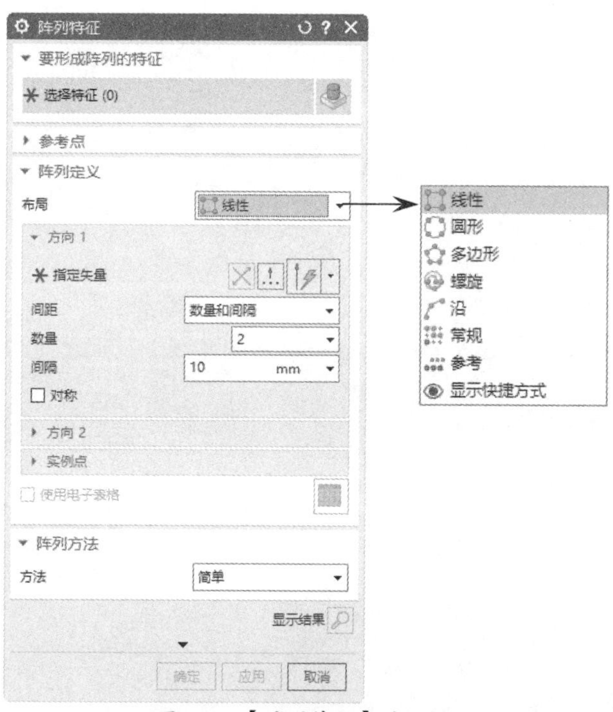

图 9-1 【阵列特征】对话框

在【阵列特征】对话框中，阵列的布局类型有 7 种，包括线性阵列、圆形阵列、多边形阵列、螺旋阵列、沿阵列、常规阵列、参考阵列。

1. 线性阵列

对线性阵列而言，可以指定在一个或两个方向对称的阵列，还可以指定在多个列或行交错排列的阵列，如图 9-2 所示。

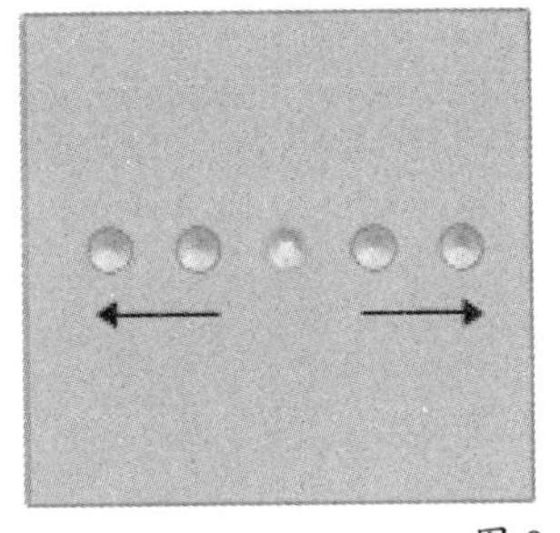

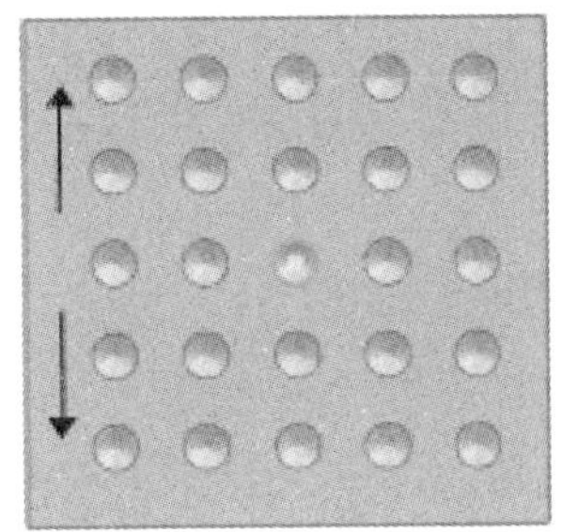

图 9-2　线性阵列

如图 9-3 所示为线性阵列的示意图。

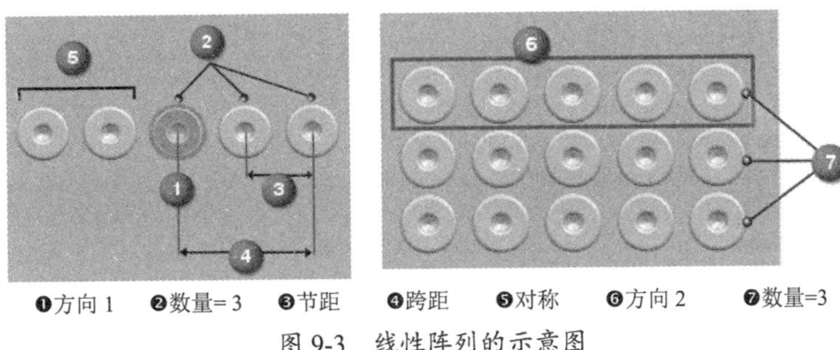

❶方向 1　❷数量= 3　❸节距　❹跨距　❺对称　❻方向 2　❼数量=3

图 9-3　线性阵列的示意图

在【阵列特征】对话框的【阵列方法】选项区中，【方法】下拉列表中包括【变化】和【简单】选项。【变化】选项可用于创建下列对象：

- 支持【复制-粘贴】操作的所有特征。
- 支持圆角和拔模等详细特征的特征。
- 支持多个输入特征的特征。
- 支持多体特征的特征。
- 支持重用输入特征的参考特征，并在每个实例位置评估来自输入特征的参考特征。
- 支持高级孔特征的特征。
- 支持草图特征的特征。

而【简单】选项仅用于创建下列对象：

- 支持孔和拉伸特征等简单的设计特征。
- 只支持一个输入特征的特征。
- 支持多体特征的特征。
- 支持正向和负向螺纹孔的特征。这些螺纹孔带有从抽取体或镜像体（包括链接体）复制的螺纹。

图 9-4 所示为【变化】阵列方法与【简单】阵列方法的输出对比。

2. 圆形阵列

圆形阵列将选定的主特征绕一个参考轴，以参考点为旋转中心，按指定的数量和旋转角

度复制若干成员特征。圆形阵列可以控制阵列的方向。圆形阵列的参数选项及图解如图 9-5 所示。

图 9-4　两种阵列方法的输出对比

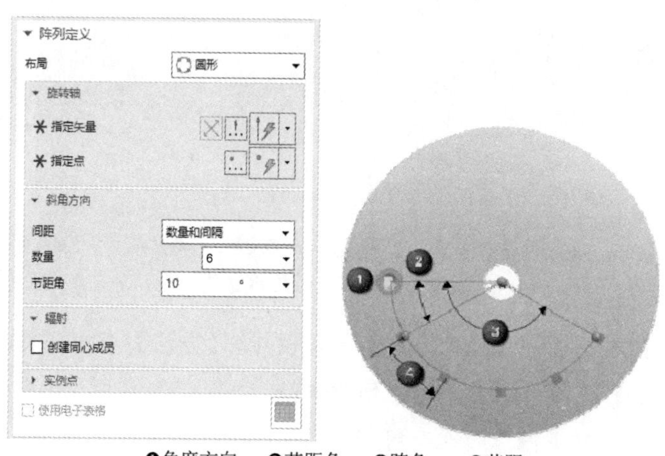

❶角度方向　❷节距角　❸跨角　❹节距

图 9-5　圆形阵列的参数选项及图解

3. 多边形阵列

多边形阵列与圆形阵列类似，需要指定旋转轴和轴心。多边形阵列的参数选项及图解如图 9-6 所示。

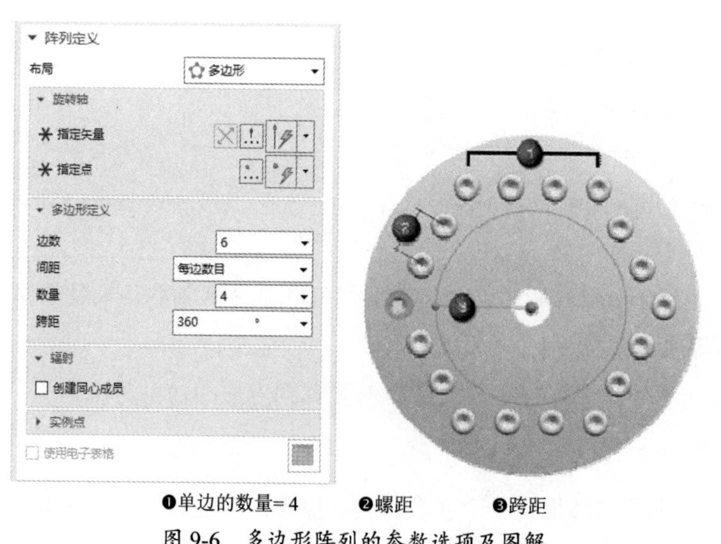

❶单边的数量= 4　❷螺距　❸跨距

图 9-6　多边形阵列的参数选项及图解

多边形阵列与圆形阵列可以创建同心成员，在【辐射】选项组中勾选【创建同心成员】复选框，将创建如图 9-7 和图 9-8 所示的圆形和多边形同心阵列。

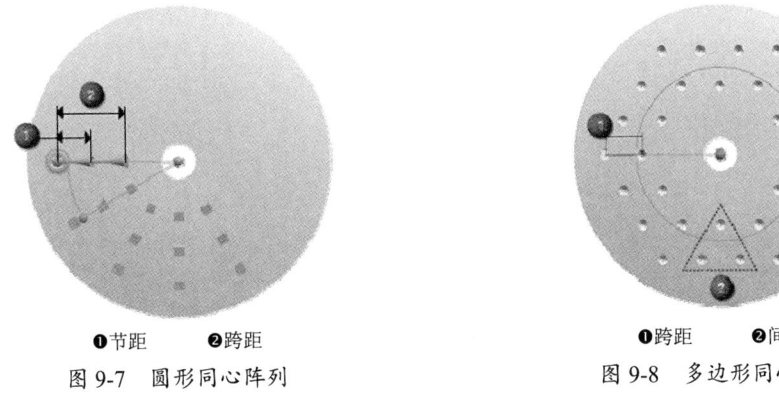

❶节距　❷跨距　　　　❶跨距　❷间距

图 9-7　圆形同心阵列　　　　图 9-8　多边形同心阵列

4．螺旋阵列

螺旋阵列使用螺旋路径定义布局。螺旋阵列的参数选项及图解如图 9-9 所示。

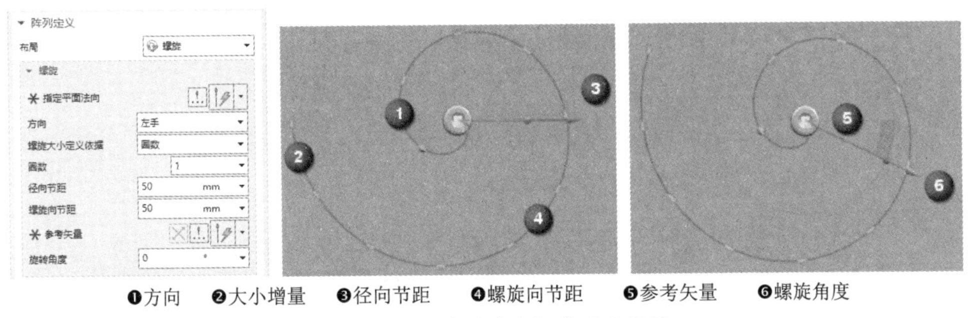

❶方向　❷大小增量　❸径向节距　❹螺旋向节距　❺参考矢量　❻螺旋角度

图 9-9　螺旋阵列的参数选项及图解

5．沿阵列

沿阵列定义一个跟随连续曲线链和第二条曲线链或矢量（可选）的布局。沿阵列的参数选项及图解如图 9-10 所示。

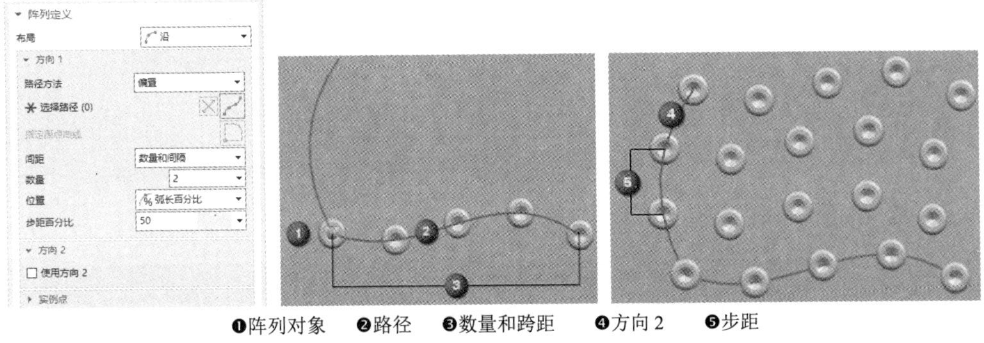

❶阵列对象　❷路径　❸数量和跨距　❹方向 2　❺步距

图 9-10　沿阵列的参数选项及图解

沿阵列的路径方法有 3 种，包括偏置、刚性和平移。

- 偏置（默认）：使用与路径最近的距离垂直于路径来投影输入特征的位置，然后沿该路径进行投影，如图 9-11 所示。

- 刚性：将输入特征的位置投影到路径的起始位置，然后沿路径进行投影。距离和角度维持在创建实例时的刚性状态，如图 9-12 所示。

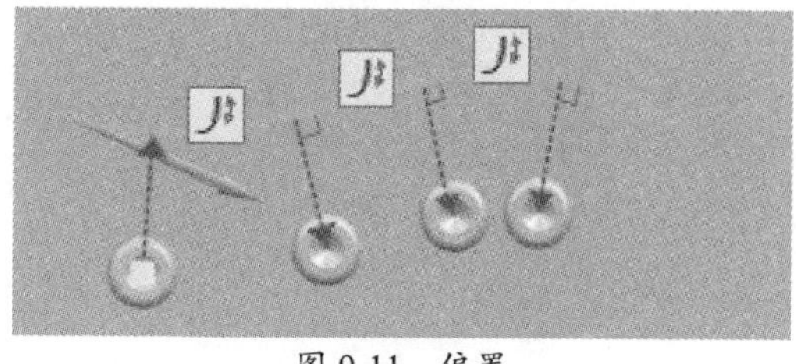

图 9-11　偏置

图 9-12　刚性

- 平移：在线性方向将路径移动到输入特征的参考点，然后沿平移的路径计算间距，如图 9-13 所示。

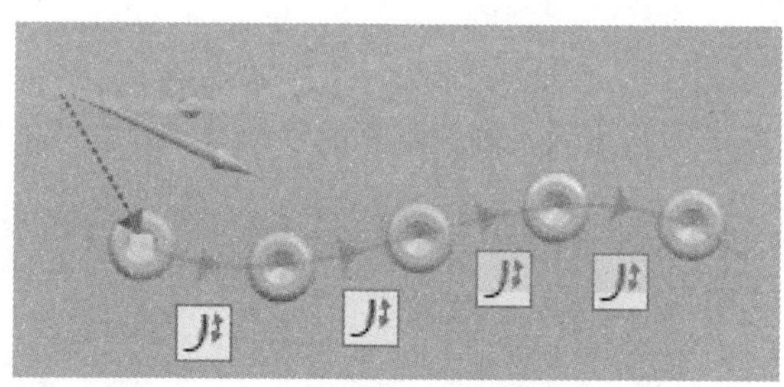

图 9-13　平移

6. 常规阵列

常规阵列使用由一个或多个目标点或坐标系定义的位置来定义布局。常规阵列的参数选项及图解如图 9-14 所示。

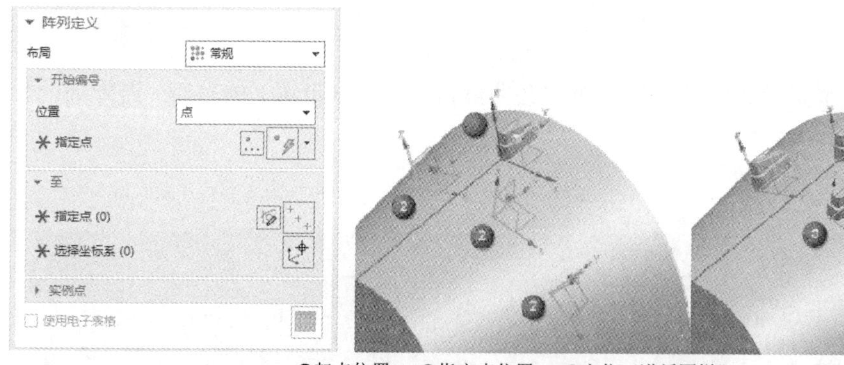

❶起点位置　❷指定点位置　❸方位（遵循图样）

图 9-14　常规阵列的参数选项及图解

技巧点拨：

在默认情况下，对话框中显示的是常用的，也是默认的基本选项。如果想要进行更多的选项设置，则需要在对话框底部单击【展开】按钮。

7. 参考阵列

参考阵列使用现有的阵列来定义新的阵列。参考阵列的参数选项及图解如图 9-15 所示。

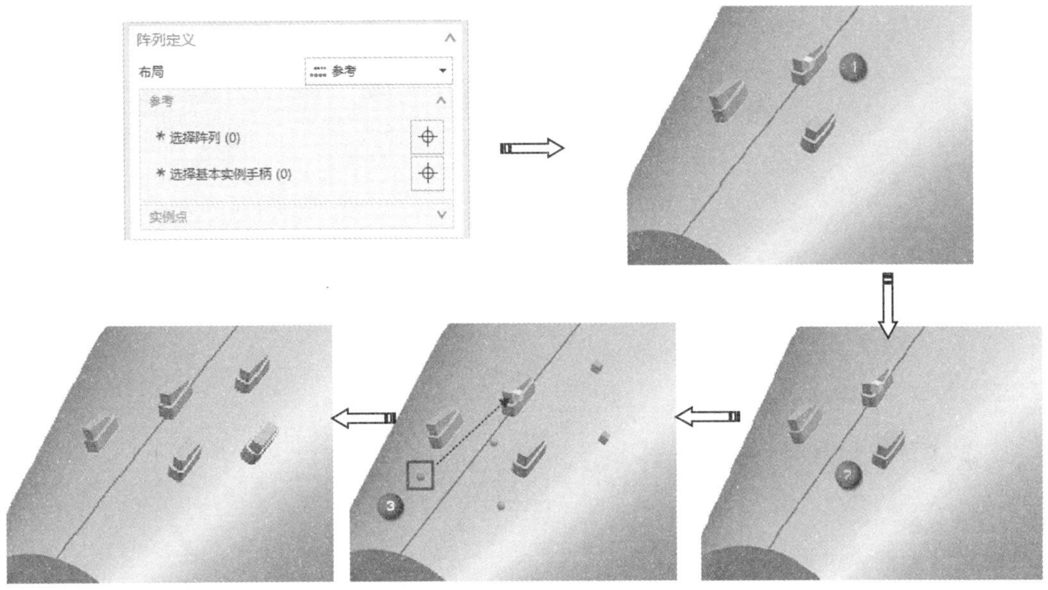

❶选择阵列对象　❷选择阵列　❸选择基本实例手柄

图 9-15　参考阵列的参数选项及图解

动手操作——创建变化的阵列

① 打开本例的配套资源文件【9-1.prt】。

② 在【主页】选项卡的【基本】面板中单击【阵列特征】按钮，弹出【阵列特征】对话框，选择小圆柱作为阵列对象。

③ 在【阵列定义】选项区的【布局】下拉列表中选择【圆形】选项，激活【指定矢量】选项，然后选择 Z 矢量轴作为旋转轴，如图 9-16 所示。

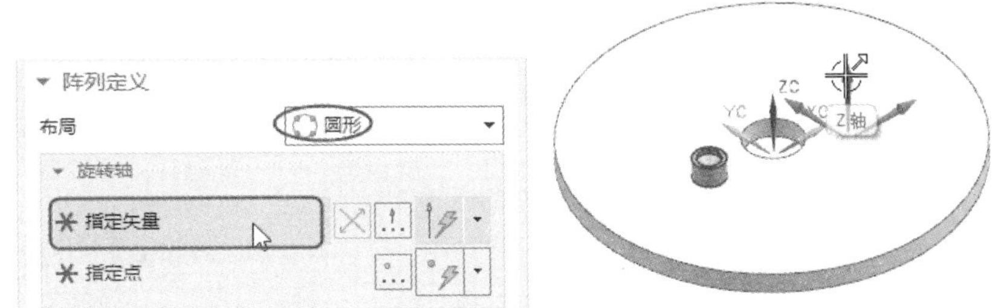

图 9-16　选择圆形阵列布局和旋转矢量

④ 选择如图 9-17 所示的圆柱边，自动搜索其圆心作为旋转中心点。

⑤ 在【斜角方向】选项组中设置【间距】为【数量和间隔】、【数量】为【6】、【节距角】为【30】，如图 9-18 所示。

⑥ 在【辐射】选项组中勾选【创建同心成员】和【包含第一个圆】复选框，设置【间

距】为【数量和间隔】、【数量】为【3】、【间隔】为【10】，同时查看阵列预览，如图 9-19 所示。

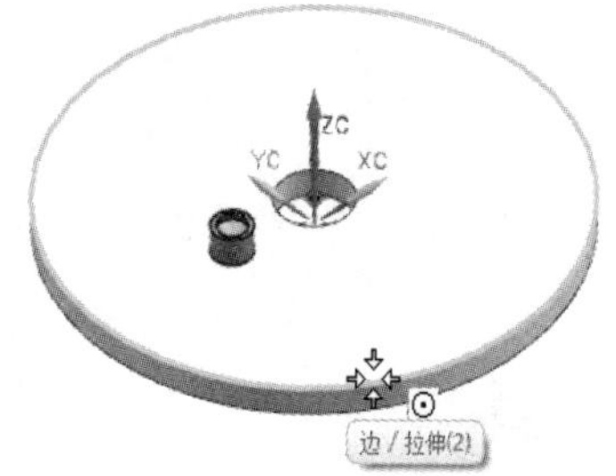

图 9-17 选择旋转中心点

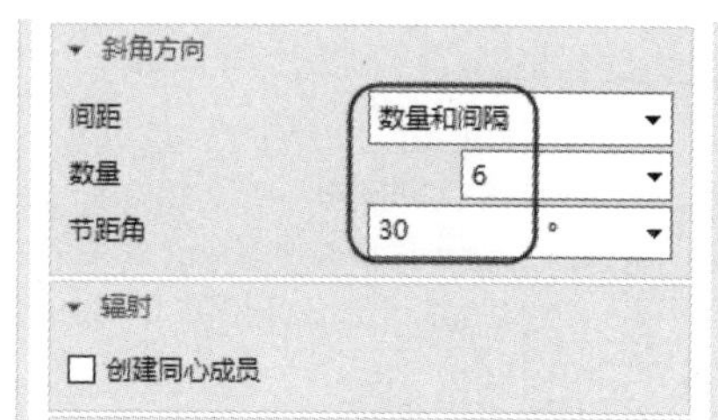

图 9-18 设置斜角阵列参数

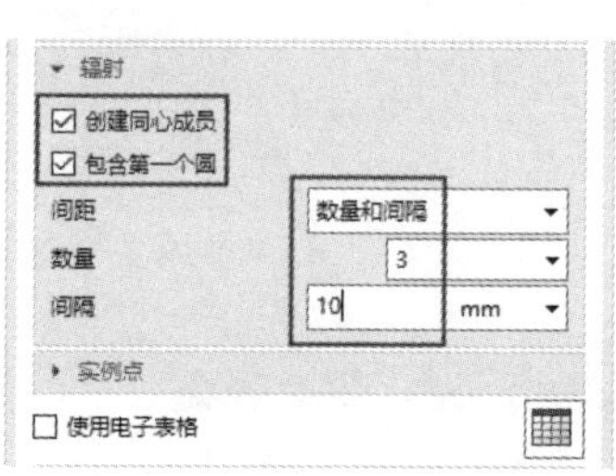

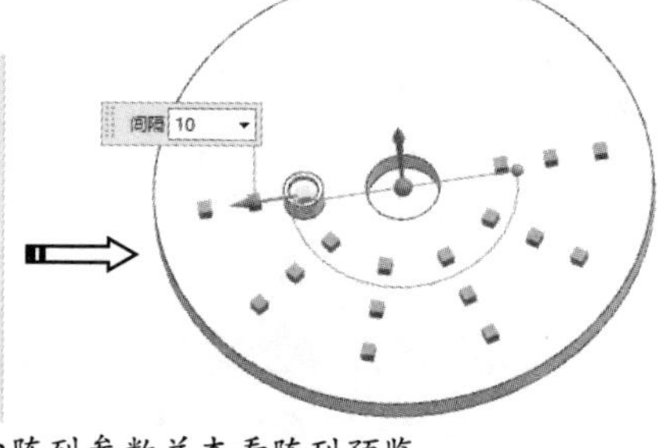

图 9-19 设置同心阵列参数并查看阵列预览

⑦ 单击【确定】按钮，完成特征的阵列，结果如图 9-20 所示。

⑧ 在【部件导航器】中右击【阵列（圆形）】选项，并在弹出的快捷菜单中选择【可回滚编辑】命令，如图 9-21 所示，重新打开【阵列特征】对话框。

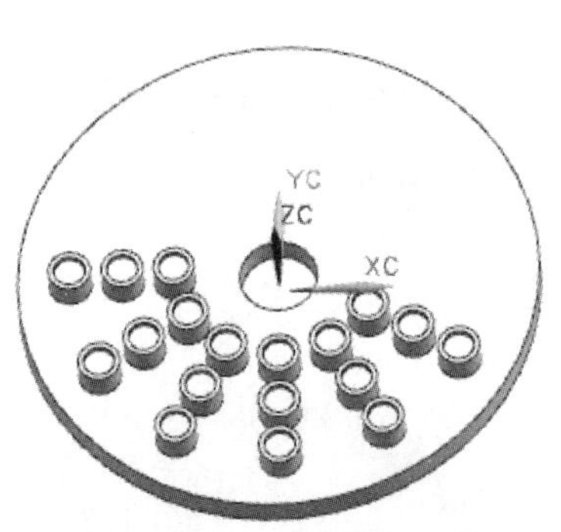

图 9-20 完成特征的阵列

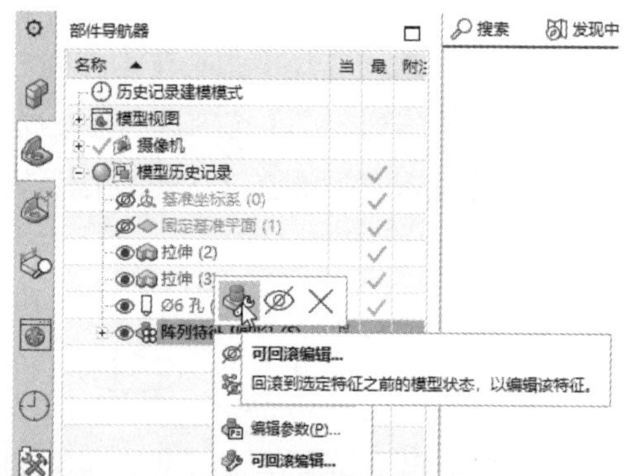

图 9-21 选择【可回滚编辑】命令

⑨ 在【阵列特征】对话框底部单击【展开】按钮 ⌄，展开全部选项。在【阵列定义】选项区的【实例点】选项组中激活【选择实例点】选项，然后选择阵列中要编辑的对象，如图 9-22 所示。

⑩ 右击选中的实例点，在弹出的快捷菜单中选择【编辑变化】命令，弹出【变化】对话框，在对话框中将拉伸特征的高度值由【5】修改为【10】，将孔特征的直径值由【6】修改为【2】，如图 9-23 所示。

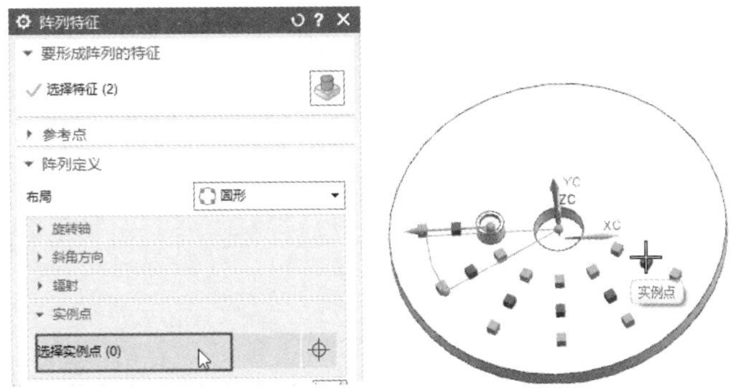

图 9-22　选择实例点

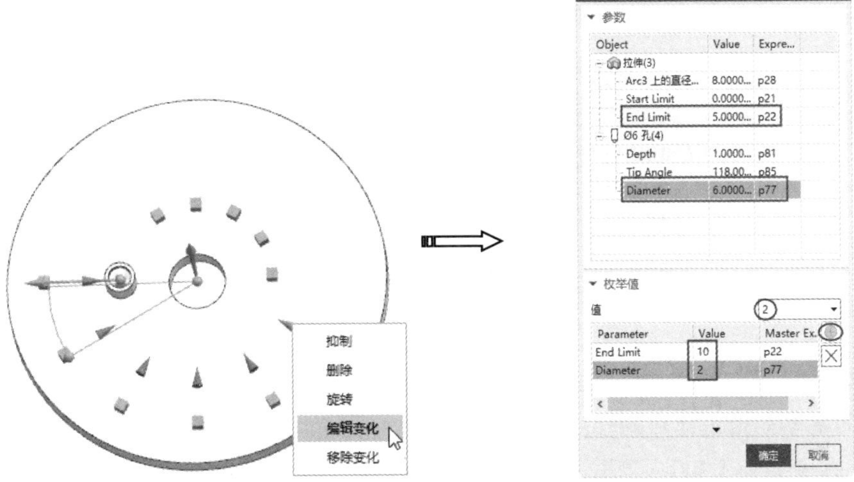

图 9-23　编辑实例点的参数

⑪　单击【确定】按钮，完成实例点的编辑。继续选择第 1 行的实例点作为编辑对象，然后执行右键快捷菜单的【旋转】命令，如图 9-24 所示。

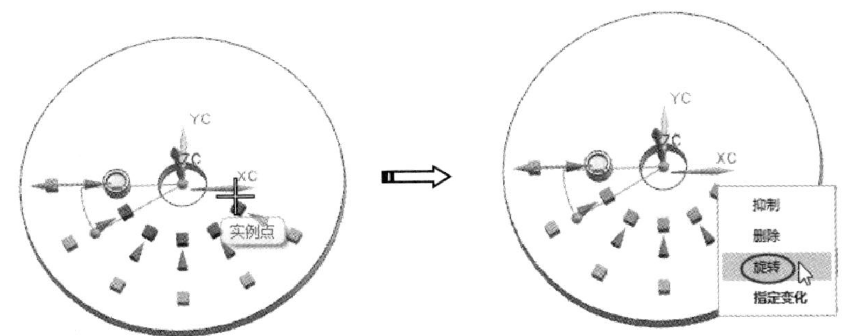

图 9-24　选择实例点并执行【旋转】命令

⑫　弹出【旋转】对话框。在该对话框中输入旋转角度值【150】，单击【确定】按钮，完成旋转操作，如图 9-25 所示。

⑬　单击【阵列特征】对话框中的【确定】按钮，完成阵列特征的编辑，结果如图 9-26 所示。

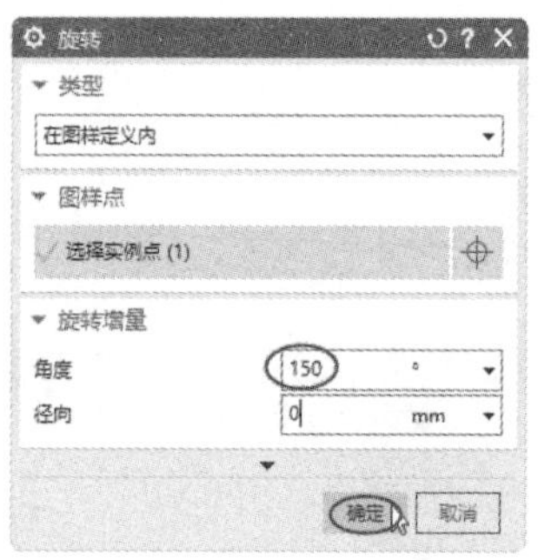

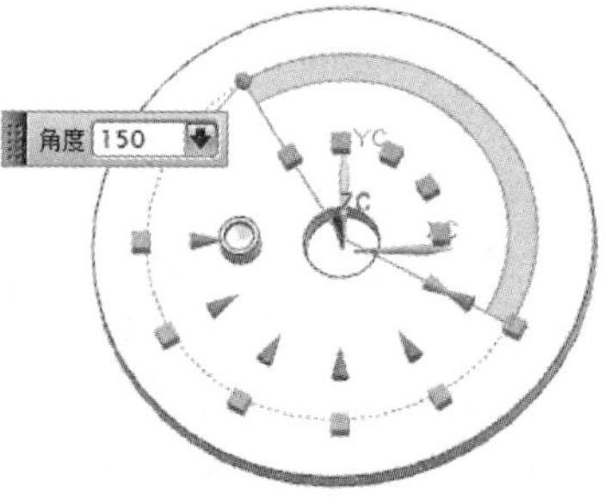

图 9-25　完成旋转操作

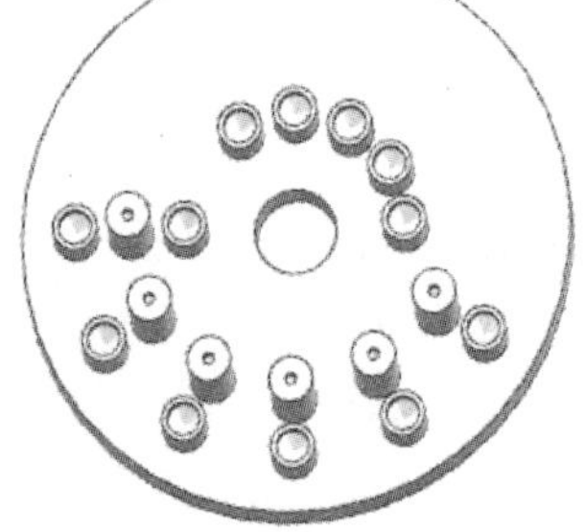

图 9-26　创建完成的阵列特征

动手操作——创建常规阵列

使用【阵列特征】命令创建如图 9-27 所示的瓶盖模型。

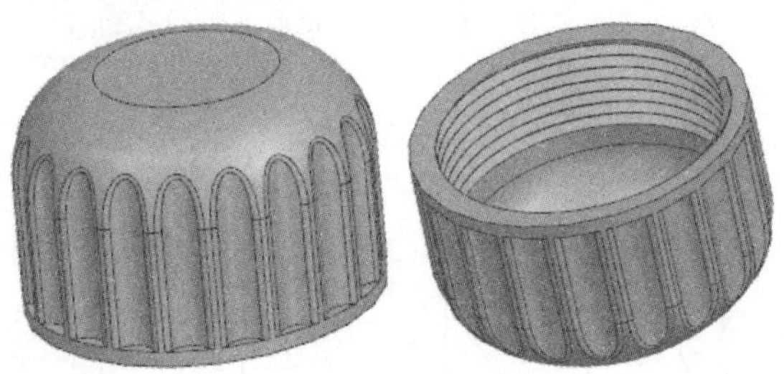

图 9-27　瓶盖模型

① 在【菜单】下拉菜单中选择【插入】|【设计特征】|【圆柱】命令，弹出【圆柱】对话框。指定原点为轴点及 Z 矢量轴为矢量方向，设置圆柱体的【直径】为【50】、【高度】为【30】，单击【确定】按钮，完成圆柱体的创建，结果如图 9-28 所示。

② 在【主页】选项卡的【基本】面板中单击【边倒圆】按钮，弹出【边倒圆】对话框，选择要倒圆角的边，输入圆角半径值【12】，单击【确定】按钮，完成边倒圆操作，如图 9-29 所示。

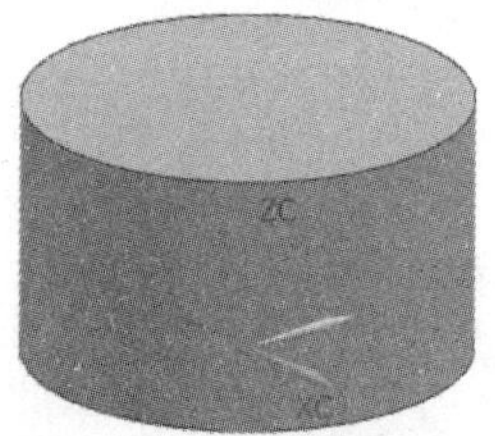

图 9-28　创建圆柱体

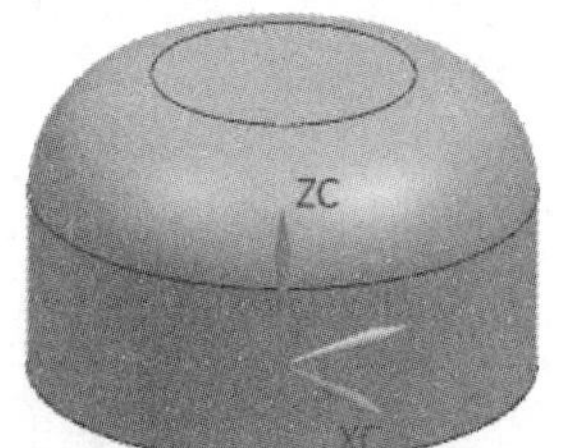

图 9-29　边倒圆操作

③ 在【主页】选项卡的【基本】面板中单击【抽壳】按钮，弹出【抽壳】对话框。选择要移除的面，再输入抽壳厚度值【4】，完成抽壳特征的创建，如图 9-30 所示。

④ 在【曲线】选项卡的【基本】面板中单击【圆弧/圆】按钮，弹出【圆弧/圆】对话框。选择【从中心开始的圆弧/圆】类型，在【限制】选项区中勾选【整圆】复选框，然后设置中心点坐标为【26,0,0】、半径为【3】，单击【确定】按钮，完成圆的创建，如图 9-31 所示。

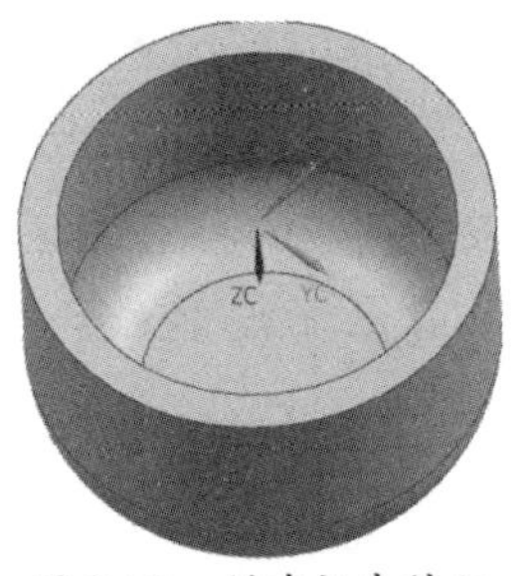

图 9-30　创建抽壳特征

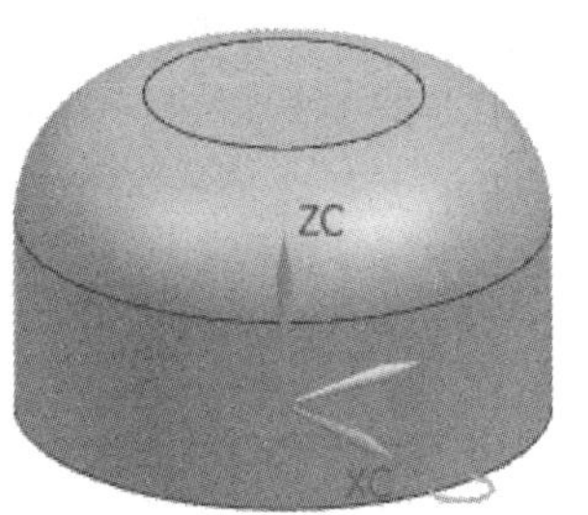

图 9-31　创建圆

⑤ 在【主页】选项卡的【基本】面板中单击【拉伸】按钮，弹出【拉伸】对话框。选择刚才绘制的圆，指定矢量，设置拉伸参数，完成拉伸特征的创建，如图 9-32 所示。

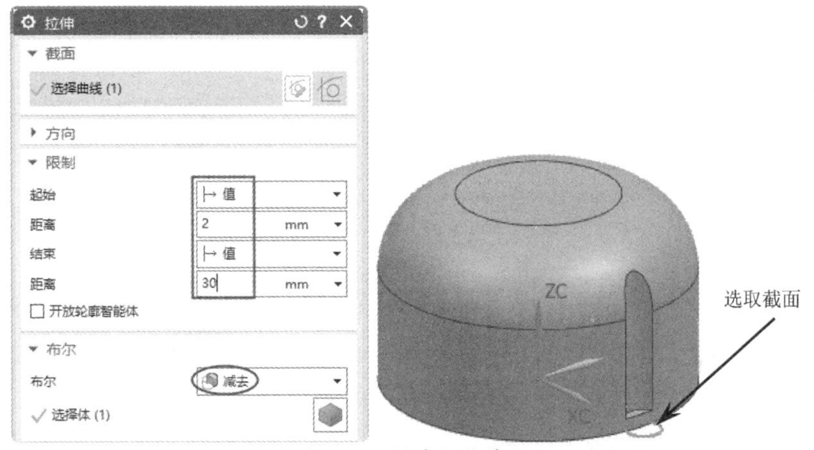

图 9-32　创建拉伸特征

⑥ 在【主页】选项卡的【基本】面板中单击【阵列特征】按钮，弹出【阵列特征】对话框。选择要阵列的对象，指定阵列布局类型为【圆形】，选择旋转轴和旋转中心，设置阵列参数，完成圆形阵列的创建，如图 9-33 所示。

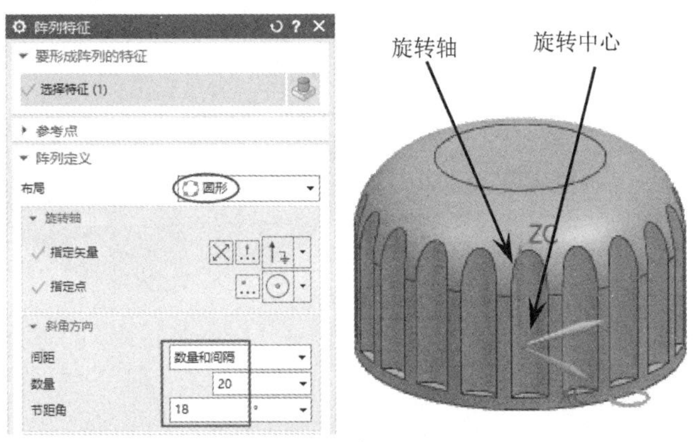

图 9-33　创建圆形阵列

⑦ 在【主页】选项卡的【基本】面板中单击【边倒圆】按钮，弹出【边倒圆】对

话框。选择要倒圆角的边，输入圆角半径值【1】，单击【确定】按钮，完成边倒圆操作，如图 9-34 所示。

⑧ 在【主页】选项卡的【基本】面板中单击【阵列特征】按钮，弹出【阵列特征】对话框。选择要阵列的对象，指定阵列布局类型为【参考】，选择参考的阵列，单击【确定】按钮，完成参考阵列的创建，如图 9-35 所示。

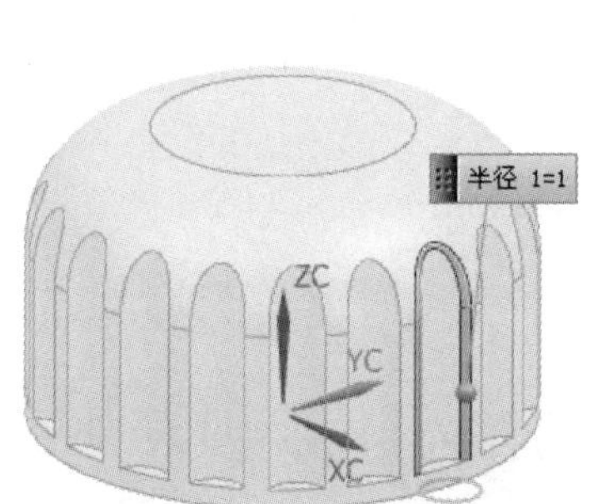

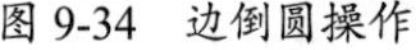
图 9-34 边倒圆操作

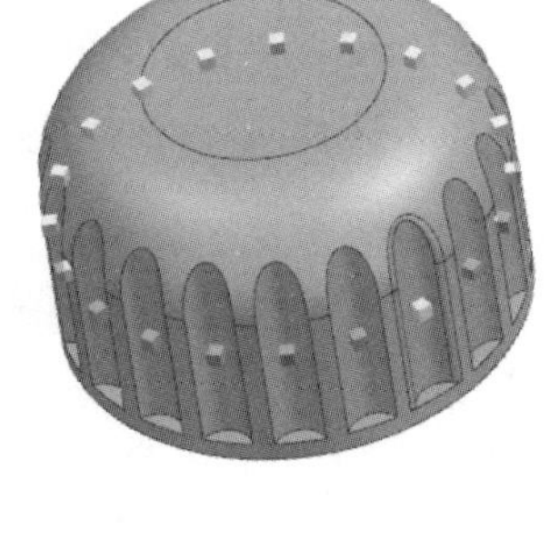

图 9-35 创建参考阵列

⑨ 在【菜单】下拉菜单中选择【插入】|【设计特征】|【螺纹】命令，弹出【螺纹】对话框。设置螺纹类型为【详细】，选择抽壳的内圆柱面作为螺纹放置面，设置螺纹参数，完成螺纹的创建，如图 9-36 所示。

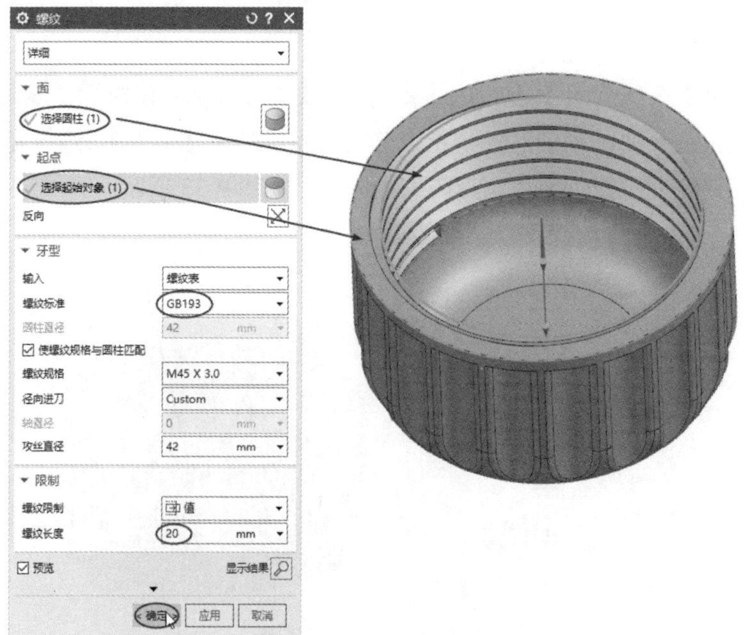

图 9-36 创建螺纹

⑩ 隐藏曲线。按【Ctrl+W】组合键，弹出【显示和隐藏】对话框。单击【草图】栏的

【隐藏 草图】按钮，即可将草图曲线和坐标系隐藏，结果如图 9-37 所示。

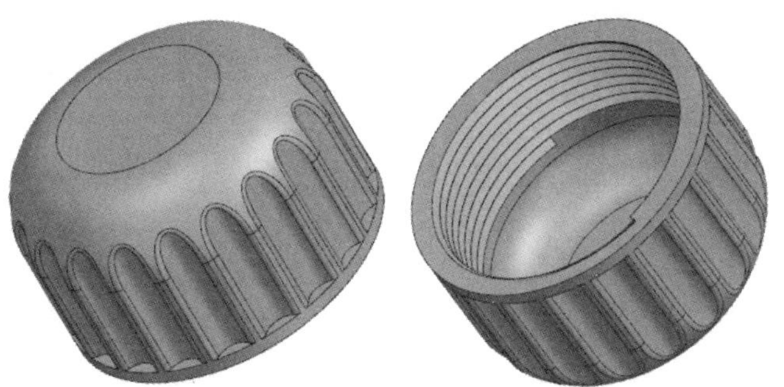

图 9-37　隐藏草图曲线和坐标系

9.1.2　镜像特征与镜像几何体

【镜像特征】命令用于将特征（包括实体、曲面、曲线等特征）根据指定平面进行镜像复制。【镜像几何体】命令仅用于将实体（曲面和曲线除外）根据指定平面进行镜像复制。

在【主页】选项卡的【基本】面板中单击【镜像特征】按钮，弹出【镜像特征】对话框，如图 9-38 所示。在【主页】选项卡的【基本】面板中的【更多】库中单击【镜像几何体】按钮，弹出【镜像几何体】对话框，如图 9-39 所示。

图 9-38　【镜像特征】对话框

图 9-39　【镜像几何体】对话框

对创建的镜像几何体而言，其自身不建立参数，与参照体相关联。镜像几何体与参照体之间的关联性表现如下所述。

- 如果参照体中的单个特征参数发生改变，并引起参照体改变，则改变的参数将反映至镜像几何体中。
- 如果编辑相关的基准面参数，则镜像几何体也会随之改变。
- 如果删除参照体或基准面，则镜像几何体也会随之删除。
- 如果移动参照体，则镜像几何体也会随之移动。
- 可添加特征到镜像几何体中。

图 9-40 所示为使用【镜像特征】命令创建的镜像特征。图 9-41 所示为使用【镜像几何体】命令创建的镜像几何体。

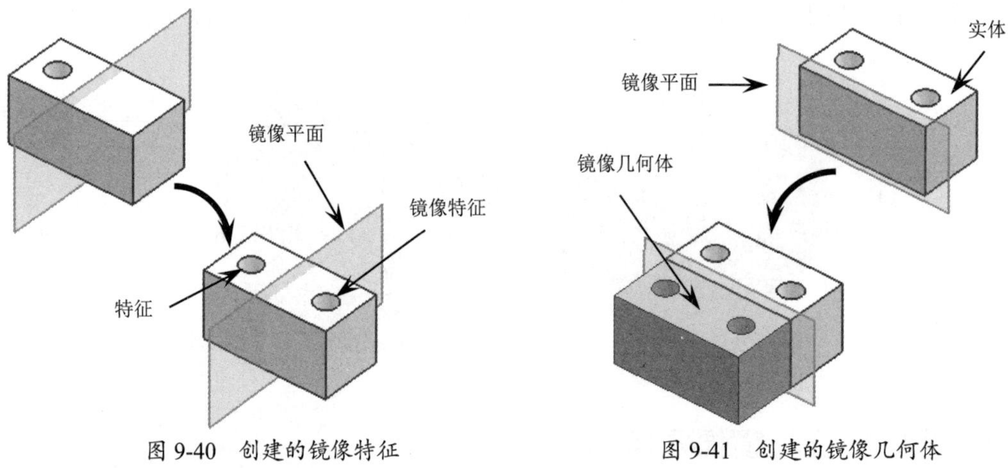

图 9-40　创建的镜像特征　　　图 9-41　创建的镜像几何体

9.1.3　抽取几何特征

【抽取几何特征】命令用于从当前几何体中抽取需要的点、曲线、面及体特征，创建出与源对象一样的副本特征。抽取的副本特征可以与源对象关联也可以取消关联。

在【菜单】下拉菜单中选择【插入】|【关联复制】|【抽取几何特征】命令，或者在【主页】选项卡的【基本】面板中的【更多】库中单击【抽取几何特征】按钮，弹出【抽取几何特征】对话框，可以抽取几何特征，如图 9-42 所示。

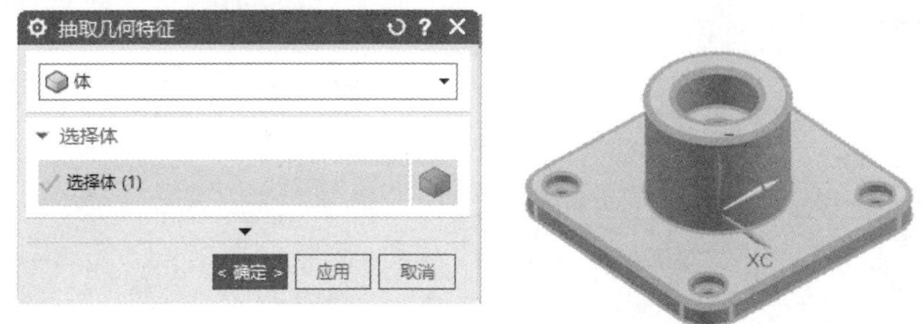

图 9-42　抽取几何特征

9.2　细节特征

细节特征是在已有特征上进行局部修改而得到的新特征，也被称为构造特征。

9.2.1　抽壳

【抽壳】命令用于通过选择一个实体面，以设定的厚度来修改实体，使实体由块状体变为壳体。在产品造型设计中，通常使用【抽壳】命令来构建壳体产品。在【主页】选项卡的【基本】面板中单击【抽壳】按钮，弹出【抽壳】对话框，如图 9-43 所示。

图 9-44 所示为创建的抽壳特征。

图 9-43　【抽壳】对话框

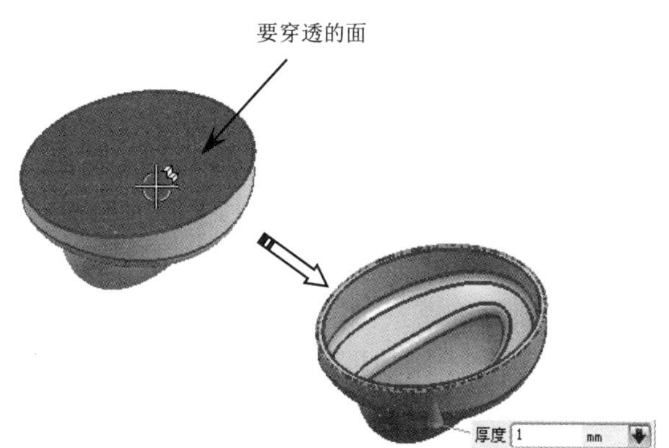

图 9-44　创建的抽壳特征

9.2.2　螺纹

螺纹是旋转表面（一般为圆柱面）上沿螺旋线所形成的、具有相同剖面的连续凸起和沟槽。螺纹具有紧固连接作用，分为外螺纹和内螺纹：在旋转体外表面时称为外螺纹；在旋转体内表面时称为内螺纹。

在【主页】选项卡的【基本】面板中的【更多】库中单击【螺纹】按钮，弹出【螺纹】对话框，如图 9-45 所示。该对话框中包含两种螺纹类型，即【符号】和【详细】。图 9-46 所示为创建的符号螺纹和详细螺纹。

图 9-45　【螺纹】对话框

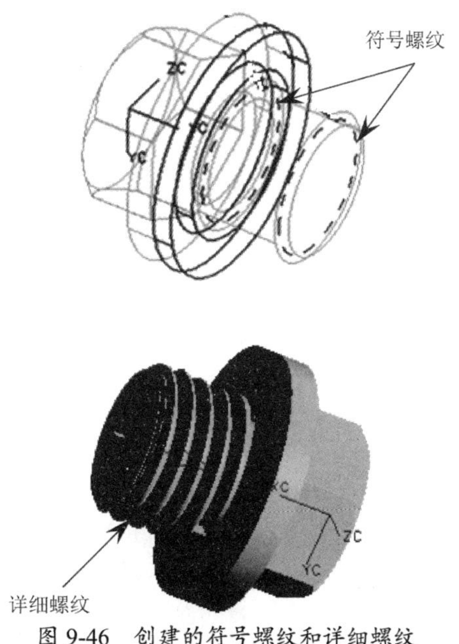

图 9-46　创建的符号螺纹和详细螺纹

【符号】螺纹类型主要用于创建具有国际标准的螺纹特征。【详细】螺纹类型用于自行计算圆柱体并给出适合该旋转体的螺纹参数，以此来创建非标准的螺纹特征。

9.2.3 拔模

在设计塑胶和铸件产品时，对于大型覆盖件和特征体积落差较大的零件，为了使脱模顺利，通常都需要设计拔模斜度。【拔模】命令就是用于设计拔模斜度的。拔模对象的类型有表面、边缘、相切表面和分割线。在对实体进行拔模时，应先选择实体类型，再进行相应的拔模步骤，并设置拔模参数，这样可以对实体进行拔模。

在【主页】选项卡的【基本】面板中单击【拔模】按钮，弹出【拔模】对话框，如图 9-47 所示。

图 9-47 【拔模】对话框

【拔模】对话框中包含 4 种拔模类型，即【面】、【边】、【与面相切】和【分型边】，含义如下所述。

- 面：该类型用于从固定平面开始，与拔模方向成一角度，对指定的实体表面进行拔模。以【面】类型来创建的拔模特征如图 9-48（a）所示。
- 边：该类型用于从固定边开始，与拔模方向成一角度，对指定的实体表面进行拔模。以【边】类型来创建的拔模特征如图 9-48（b）所示。
- 与面相切：此类型用于与拔模方向成一角度，对实体进行拔模，并使拔模面相切于指定的实体表面。此类型适用于对相切表面拔模后仍然要求保持相切的情况。以【与面相切】类型来创建的拔模特征如图 9-48（c）所示。
- 分型边：该类型使用指定的角度和参考点，沿选择的边缘进行拔模。以【分型边】类型来创建的拔模特征如图 9-48（d）所示。

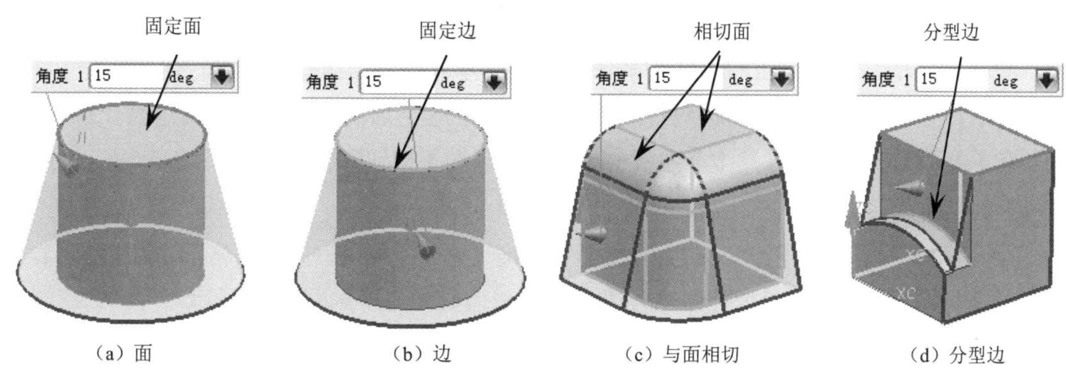

（a）面　（b）边　（c）与面相切　（d）分型边

图 9-48　创建的拔模特征

9.2.4　边倒圆

边倒圆是指对实体或片体边缘根据指定半径进行倒圆角操作，以对实体或片体进行修饰。【边倒圆】命令用于对面之间的陡峭边进行倒圆角操作，半径可以是常量也可以是变量。在【主页】选项卡的【基本】面板中单击【边倒圆】按钮，弹出【边倒圆】对话框，如图 9-49 所示。

使用【边倒圆】对话框中的选项，可以创建具有可变半径、拐角倒角、拐角突然停止等特点的圆角特征，如图 9-50 所示。

图 9-49　【边倒圆】对话框

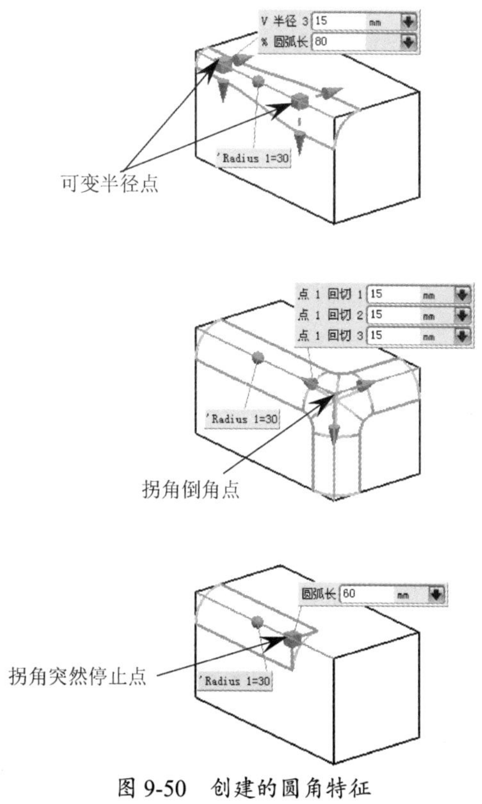

图 9-50　创建的圆角特征

9.2.5 倒斜角

倒斜角也是工程中常用的倒角方式，是指对实体边缘根据指定尺寸进行倒角操作。在实际生产中，当零件产品的外围棱角过于尖锐时，为了避免划伤，可以进行倒角操作。

在【主页】选项卡的【基本】面板中单击【倒斜角】按钮，弹出如图 9-51 所示的【倒斜角】对话框。

【倒斜角】对话框中包含 3 种横截面类型，即【对称】、【非对称】和【偏置和角度】。

- 对称：选择此类型，将创建斜边对称的斜角特征 1，如图 9-52 所示。

图 9-51 【倒斜角】对话框 1

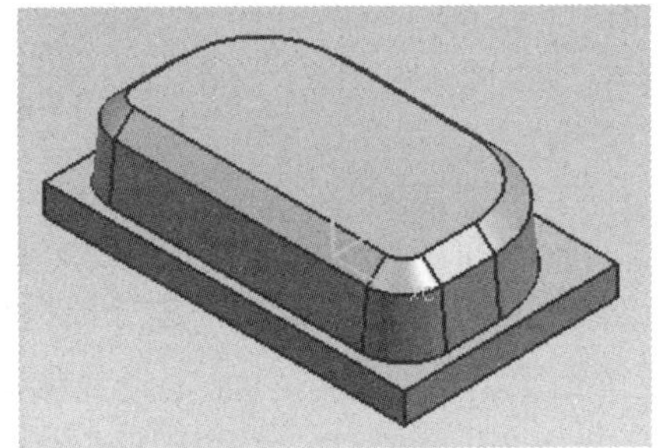

图 9-52 斜角特征 1

- 非对称：选择此类型，会出现如图 9-53 所示的【倒斜角】对话框。在该对话框中输入相应的参数值后，会生成如图 9-54 所示的斜角特征 2。

图 9-53 【倒斜角】对话框 2

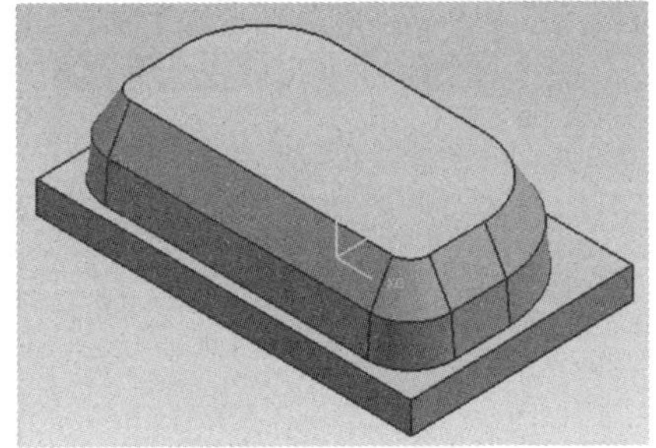

图 9-54 斜角特征 2

- 偏置和角度：选择此类型，会出现如图 9-55 所示的【倒斜角】对话框。在该对话框中输入相应参数后，单击【确定】按钮，会生成如图 9-56 所示的斜角特征 3。

图 9-55 【倒斜角】对话框 3

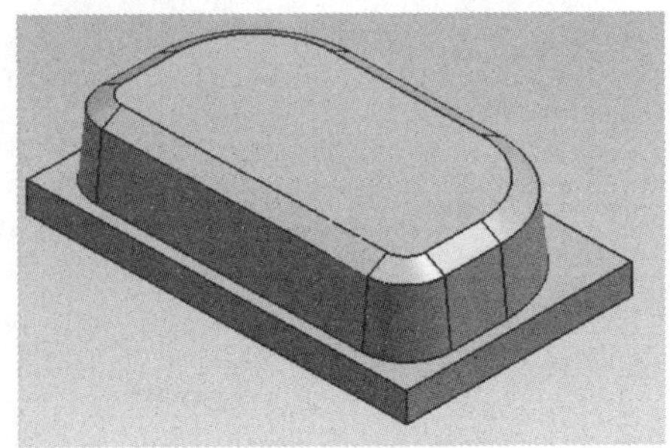

图 9-56 斜角特征 3

动手操作——管件设计

本例的管件结构和模型如图 9-57 所示。

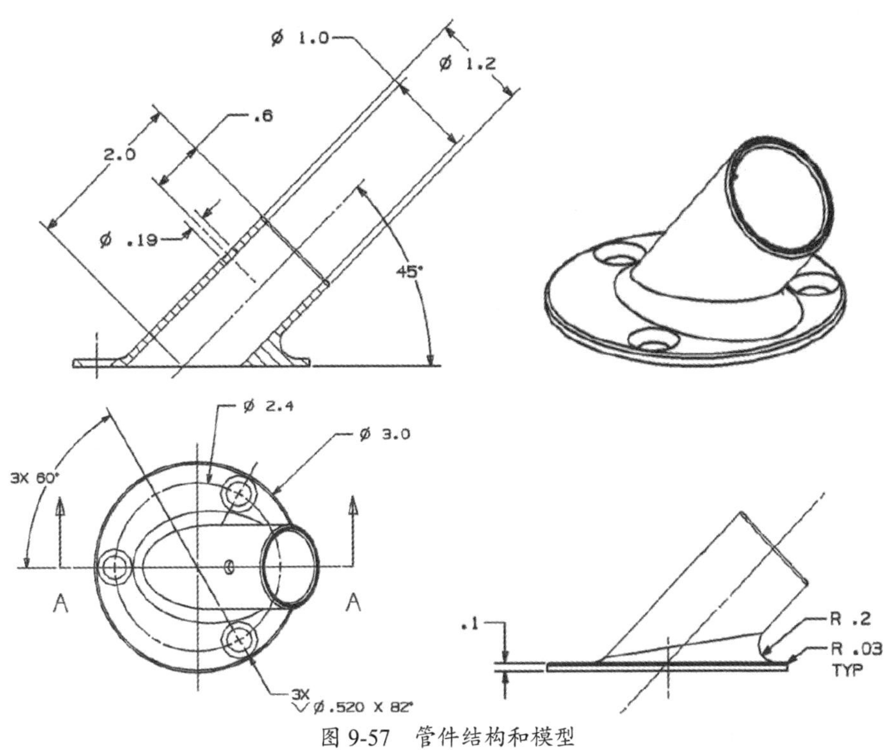

图 9-57　管件结构和模型

（1）创建底座。

① 在【主页】选项卡的【基本】面板中单击【拉伸】按钮，弹出【拉伸】对话框。

② 单击【拉伸】对话框中的【绘制截面】按钮，弹出【创建草图】对话框，使用程序默认的草图平面，并单击【确定】按钮，进入草图任务环境，如图 9-58 所示。

图 9-58　进入草图任务环境

③ 在草图任务环境的图形区中绘制如图 9-59 所示的草图，并在完成后单击【草图】面板中的【完成】按钮，退出草图任务环境。

④ 在【拉伸】对话框的【限制】选项区中输入起始距离值【0】和结束距离值【0.1】，其余选项保持默认设置，单击【确定】按钮，完成底座的创建，如图 9-60 所示。

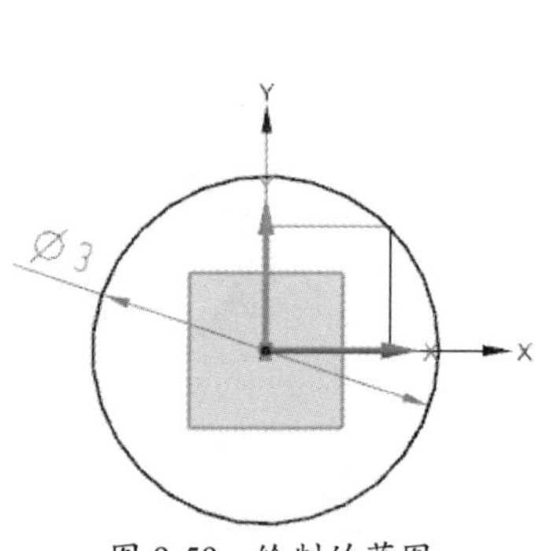

图 9-59 绘制的草图

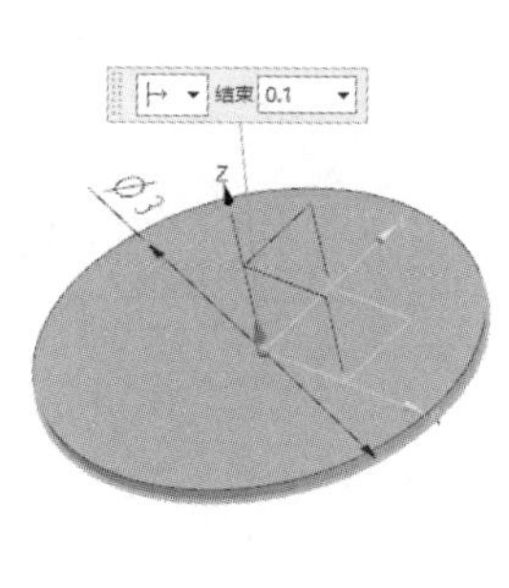

图 9-60 创建底座

（2）创建底座埋头孔。

① 在【主页】选项卡的【基本】面板中单击【孔】按钮，弹出【孔】对话框。

② 在【位置】选项区中单击【绘制截面】按钮，并以底座上表面为草图平面进入草图任务环境，如图 9-61 所示。

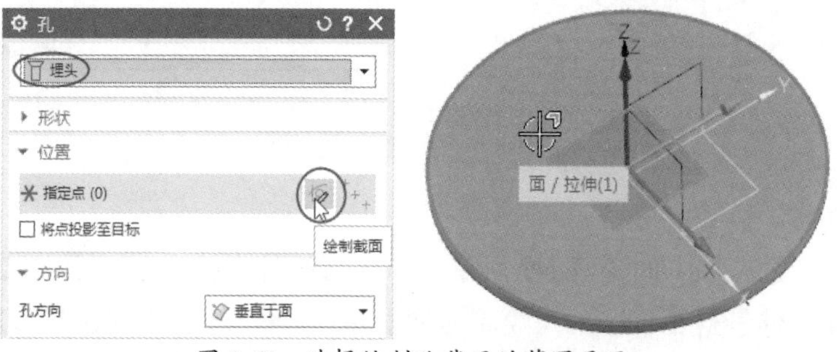

图 9-61 选择绘制孔截面的草图平面

③ 在草图任务环境中绘制如图 9-62 所示的 3 个点，并在完成后单击【草图】面板中的【完成】按钮，退出草图任务环境。

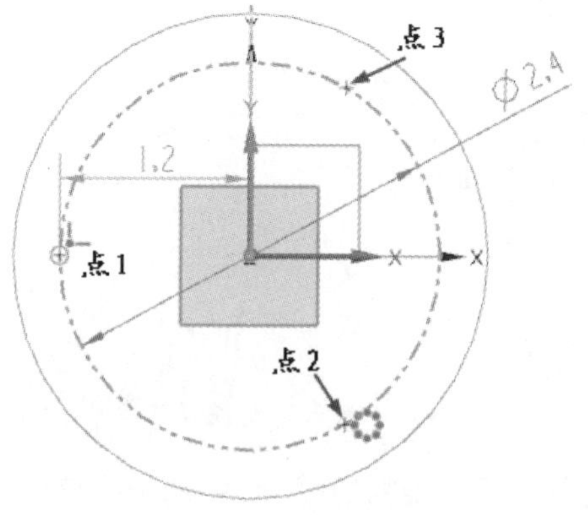

图 9-62 绘制 3 个点

④ 在【孔】对话框的类型下拉列表中选择【埋头】选项，然后在【形状】和【限制】选项区中输入如图 9-63 所示的值，并按【Enter】键确认。

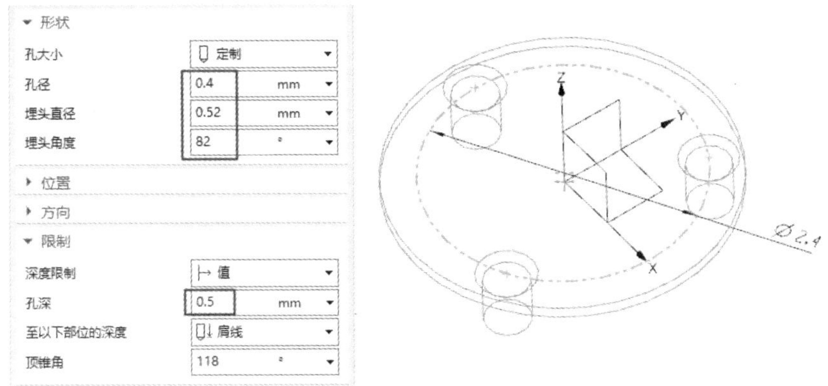

图 9-63 设置孔形状与尺寸参数

⑤ 单击【确定】按钮，完成底座埋头孔的创建，如图 9-64 所示。

（3）创建斜管身。

① 在【主页】选项卡的【基本】面板中单击【旋转】按钮，弹出【旋转】对话框。

② 在图形区中选择基准坐标系的 *XZ* 平面作为草图平面，并自动进入草图任务环境，如图 9-65 所示。

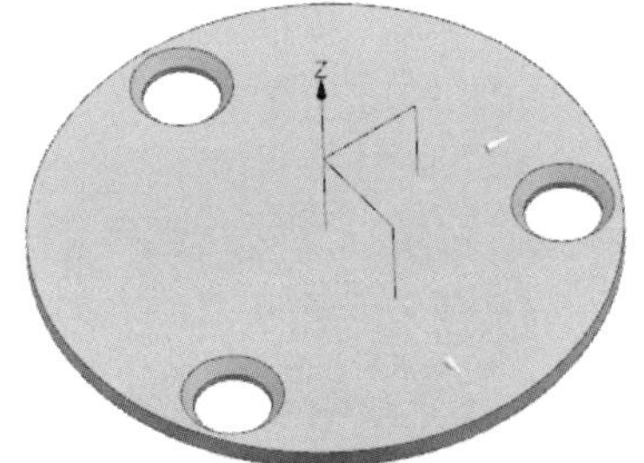

图 9-64 创建底座埋头孔

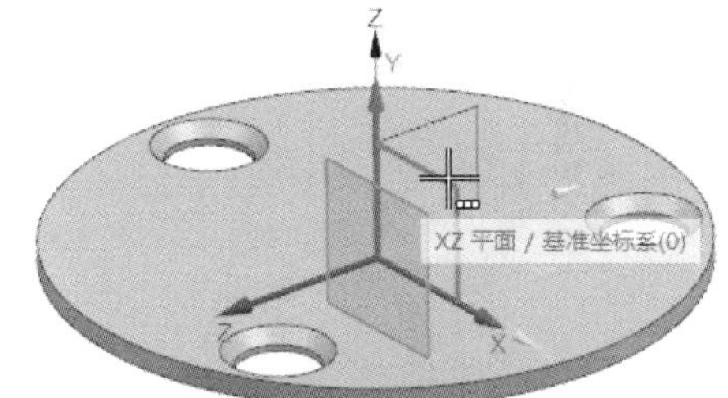

图 9-65 选择草图平面

③ 绘制如图 9-66 所示的草图，并在完成后单击【草图】面板中的【完成】按钮，退出草图任务环境。

④ 返回【旋转】对话框，按信息提示在图形区中选择草图曲线（转换成虚线）作为旋转轴，如图 9-67 所示。

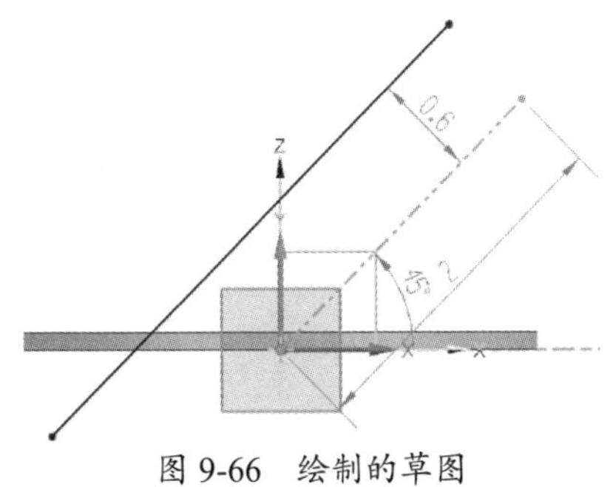

图 9-66 绘制的草图

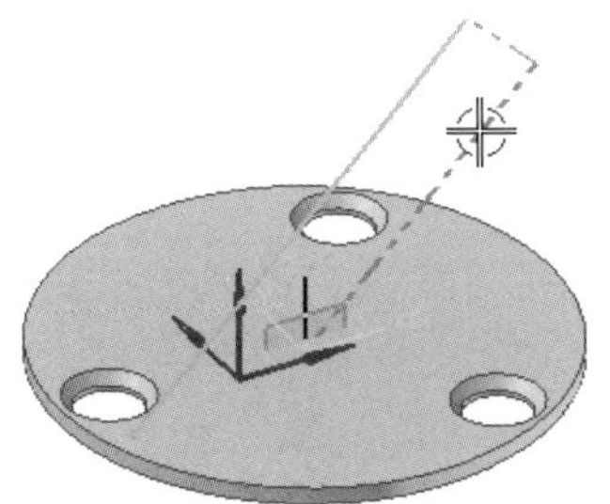

图 9-67 选择旋转轴

⑤ 在【偏置】选项区的【偏置】下拉列表中选择【两侧】选项，并在【结束】文本框中输入【0.1】，其余选项保持默认设置，然后单击【确定】按钮，完成斜管身的创建，如图 9-68 所示。

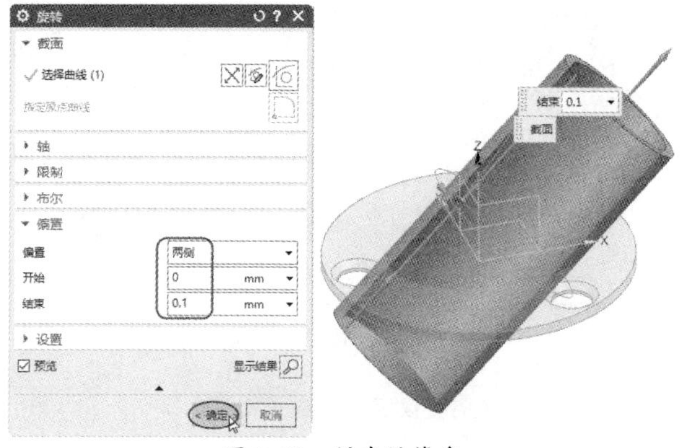

图 9-68 创建斜管身

⑥ 在创建斜管身后，还要将其与底座进行布尔操作，减去多余部分。在【主页】选项卡的【基本】面板中的【更多】库中单击【修剪体】按钮，弹出【修剪体】对话框。

⑦ 按信息提示选择斜管身作为修剪目标体，如图 9-69 所示。

⑧ 在【工具】选项区中激活【选择面或平面】选项，然后在上边框条中选择【单个面】约束规则，再选择底座下表面作为修剪工具体，如图 9-70 所示。

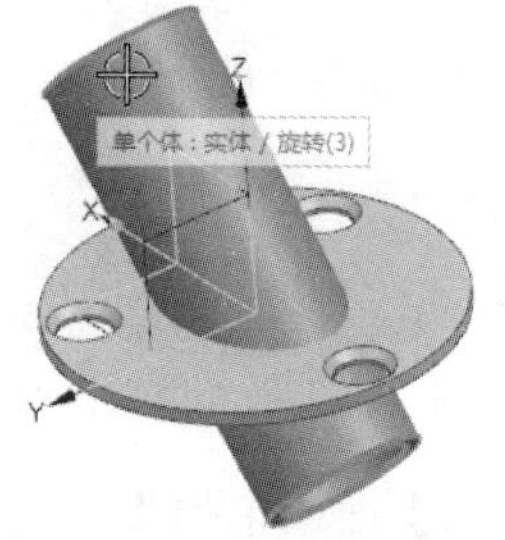

图 9-69 选择修剪目标体

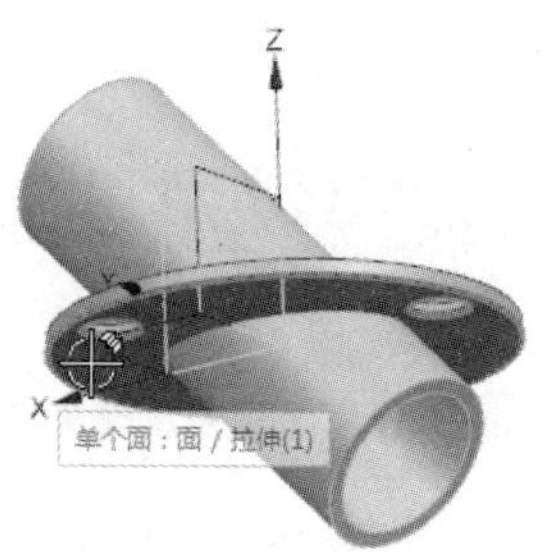

图 9-70 选择修剪工具体

⑨ 根据图形区的修剪预览结果，单击【反向】按钮，可以调整修剪结果，如图 9-71 所示。

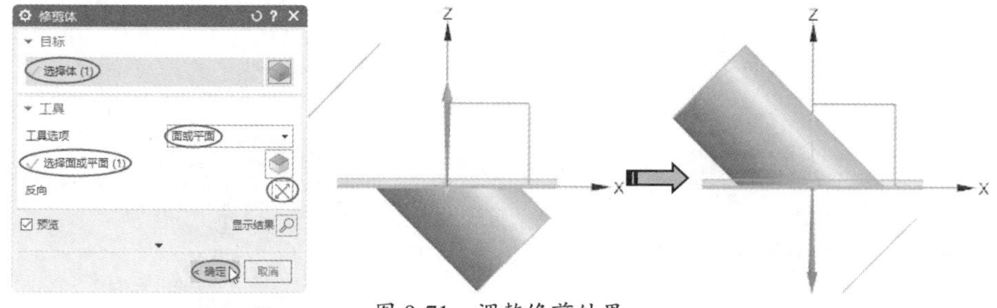

图 9-71 调整修剪结果

⑩ 单击对话框中的【确定】按钮，完成斜管身的修剪。

⑪ 重新打开【修剪体】对话框，按信息提示继续选择底座作为修剪目标体，如图 9-72 所示。

⑫ 在【工具】选项区中激活【选择面或平面】选项，然后选择斜管身的内表面作为修剪工具曲面，如图 9-73 所示。

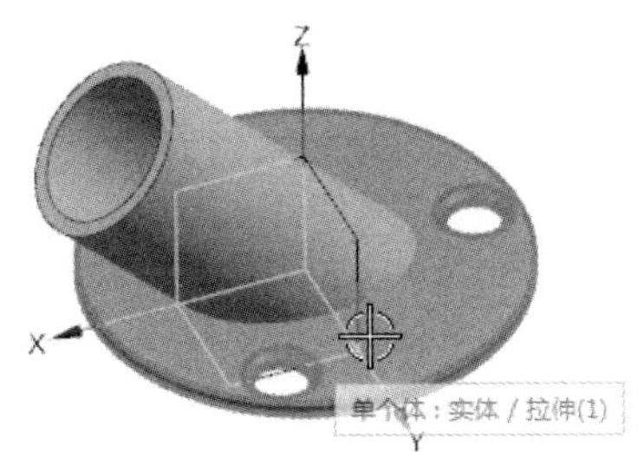

图 9-72　选择修剪目标体

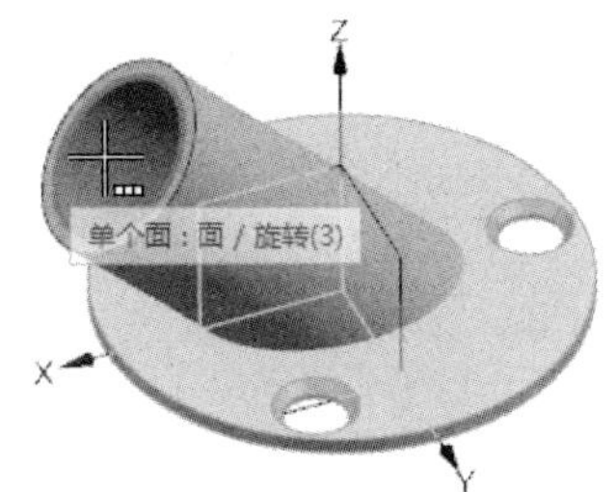

图 9-73　选择修剪工具曲面

⑬ 在确定修剪方向指向管内后，单击对话框中的【确定】按钮，完成底座的修剪，如图 9-74 所示。

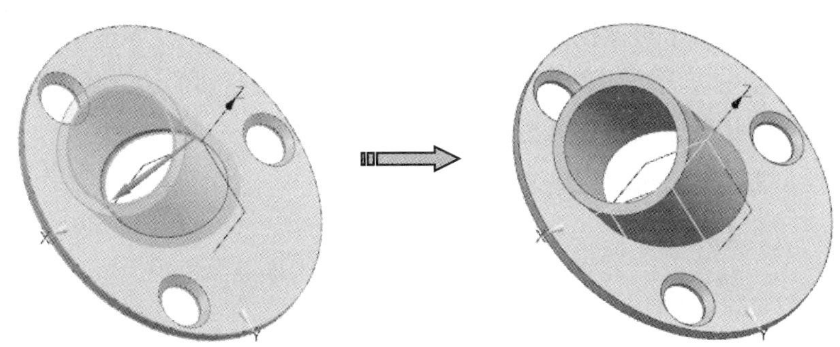

图 9-74　完成底座的修剪

（4）创建斜管身上的小孔。

① 在【主页】选项卡的【基本】面板中单击【旋转】按钮，弹出【旋转】对话框。

② 选择基准坐标系的 *XZ* 平面作为创建小孔的草图平面，并进入草图任务环境。

③ 在草图任务环境中绘制如图 9-75 所示的草图，并在完成后单击【草图】面板中的【完成】按钮，退出草图任务环境。

④ 返回【旋转】对话框，选择草图曲线（虚线）作为旋转轴，如图 9-76 所示。

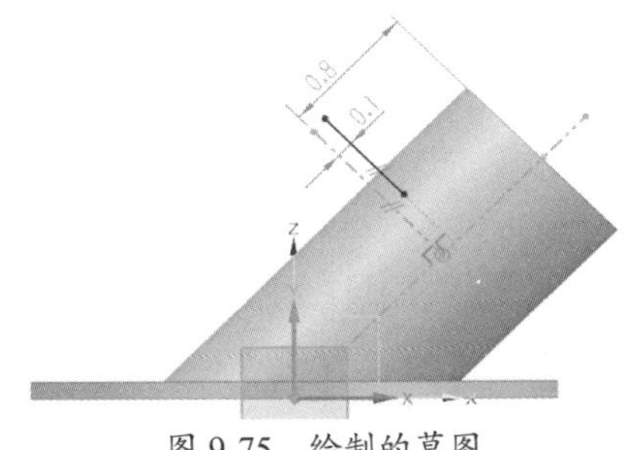

图 9-75　绘制的草图

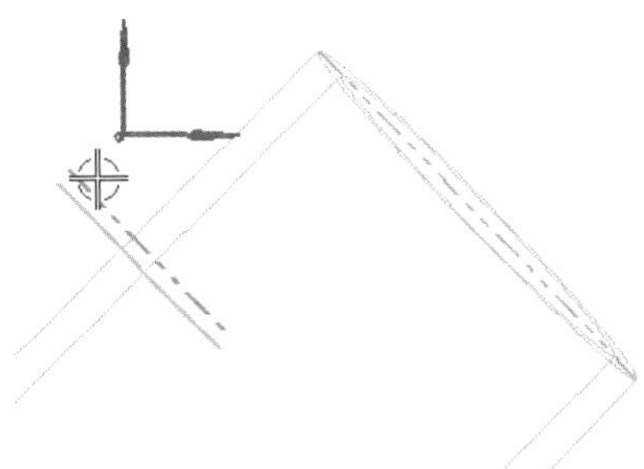

图 9-76　选择旋转轴

⑤ 在【布尔】选项区中选择【减去】选项，然后选择斜管身作为要减去的体，最后单击【确定】按钮，完成小孔的创建，如图 9-77 所示。

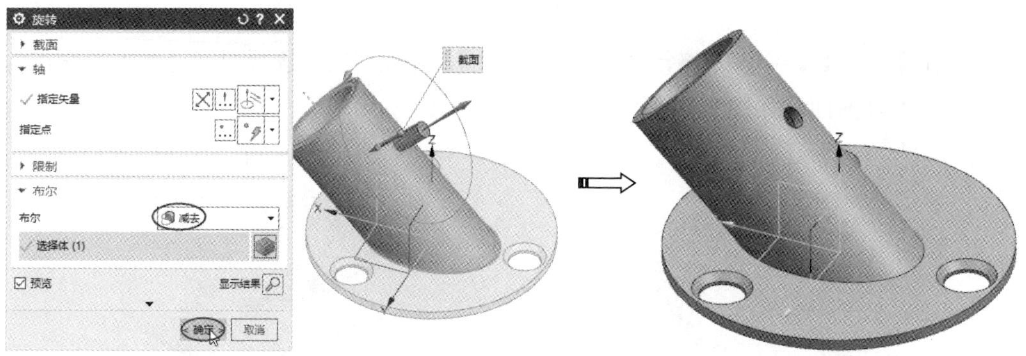

图 9-77　创建斜管身上的小孔

（5）倒圆角处理。

① 使用【主页】选项卡的【基本】面板中的【合并】命令，将管身和底座合并。

② 在【主页】选项卡的【基本】面板中单击【边倒圆】按钮，弹出【边倒圆】对话框。

③ 首先在【边倒圆】对话框的【边】选项区中的【半径 1】文本框中输入【0.03】，然后选择底座上表面边缘和斜管身外端边缘作为要倒圆角的边，如图 9-78 所示。单击【确定】按钮，完成边倒圆操作。

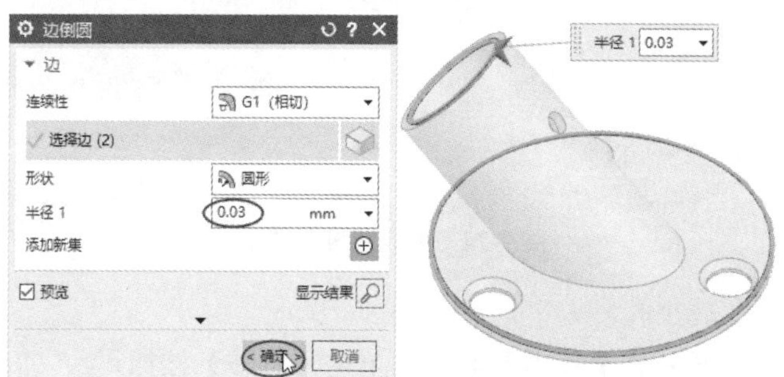

图 9-78　选择要倒圆角的边 1

④ 再次使用【边倒圆】命令，选择斜管身与底座相交的边缘作为要倒圆角的边，并将其圆角半径更改为【0.2】，如图 9-79 所示。其余选项保持默认设置，单击【确定】按钮，完成管件的倒圆角操作。

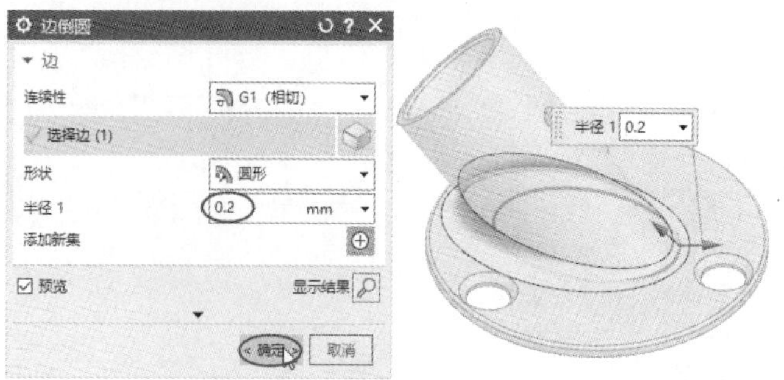

图 9-79　选择要倒圆角的边 2

⑤　最终结果如图 9-80 所示。

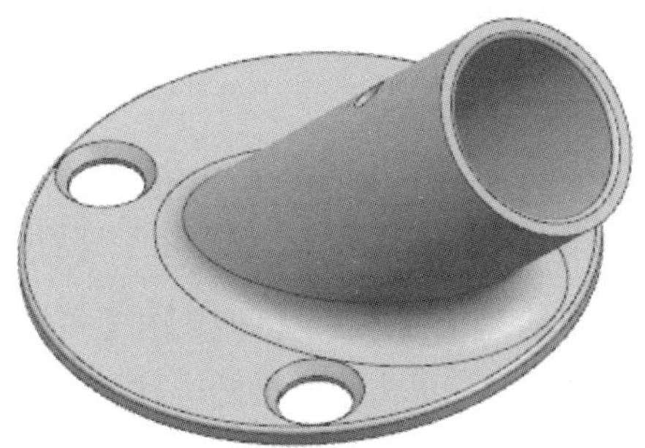

图 9-80　创建完成的管件

9.3　修剪操作

修剪操作是对实体特征或实体进行的切割或分割操作，以及对实体面进行的分割操作。修剪操作的目的是获得需要的部分实体或实体面。

9.3.1　修剪体

【修剪体】命令用于选择面、基准平面或其他几何体来切割、修剪一个或多个目标体。需要注意选择哪一侧来保留或舍弃。

在【菜单】下拉菜单中选择【插入】|【修剪】|【修剪体】命令，或者在【主页】选项卡的【基本】面板中的【更多】库中单击【修剪体】按钮，弹出【修剪体】对话框，可以修剪所选的实体，如图 9-81 所示。

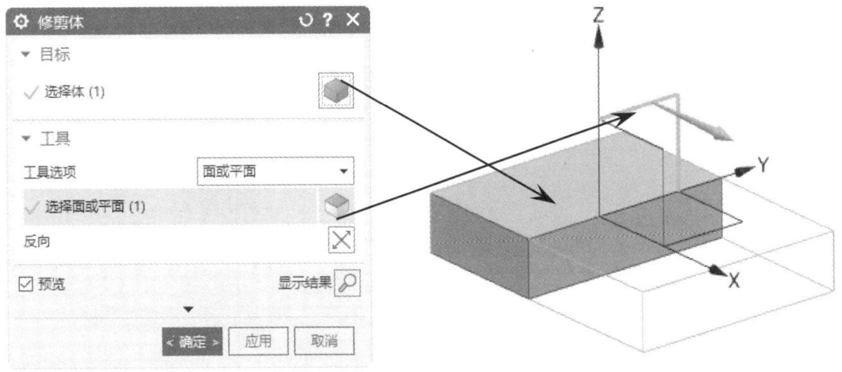

图 9-81　修剪体

技巧点拨：

使用【修剪体】命令在实体表面或片体表面修剪实体时，修剪面必须完全通过实体，否则不能修剪实体。基准平面为没有边界的无穷面，实体必须垂直于基准平面。

修剪体有以下要求。

- 必须至少选择一个目标体。

- 可以从同一个体中选择单个面或多个面，或者选择基准平面来修剪目标体。
- 可以定义新平面来修剪目标体。

动手操作——修剪体操作

使用【修剪体】命令创建如图 9-82 所示的实体模型。

① 新建模型文件。

② 在【菜单】下拉菜单中选择【插入】|【曲线】|【多边形】命令，在弹出的【多边形】对话框中输入边数【8】，单击【外接圆半径】按钮，选择原点作为中心，并设置外接圆半径为【60】、方位角为【0°】，单击【确定】按钮，创建正八边形。同理，创建外接圆半径为【30】、方位角为【22.5°】的正八边形，如图 9-83 所示。

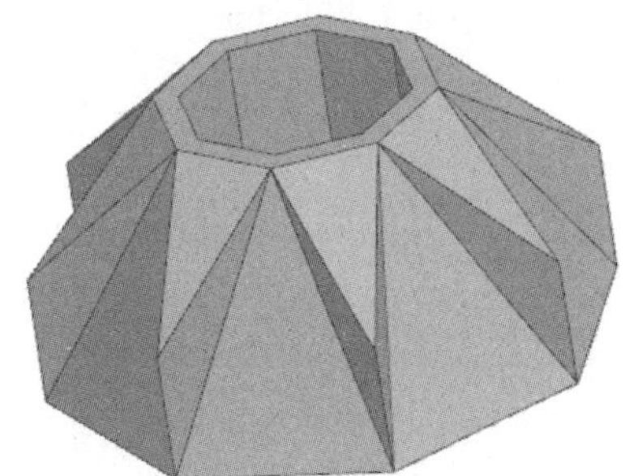

图 9-82 实体模型

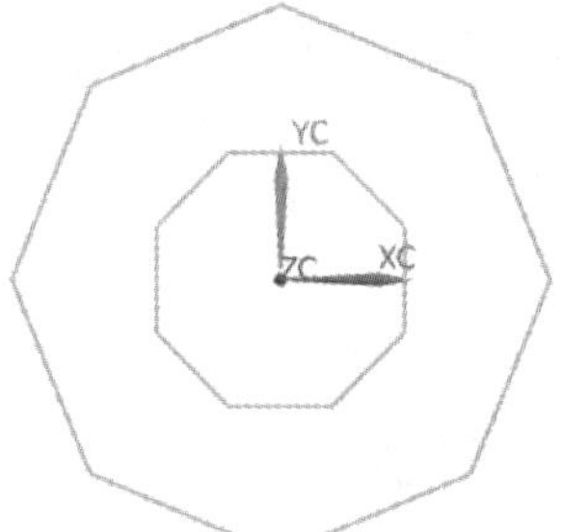

图 9-83 创建两个正八边形

③ 在【曲线】选项卡的【基本】面板中单击【直线】按钮，弹出【直线】对话框。选择八边形的角点来创建多条直线，如图 9-84 所示。

④ 在【主页】选项卡的【基本】面板中单击【拉伸】按钮，弹出【拉伸】对话框。选择直线组成的三角形作为拉伸截面，指定矢量并输入拉伸结束距离值【55】，创建拉伸特征 1，如图 9-85 所示。

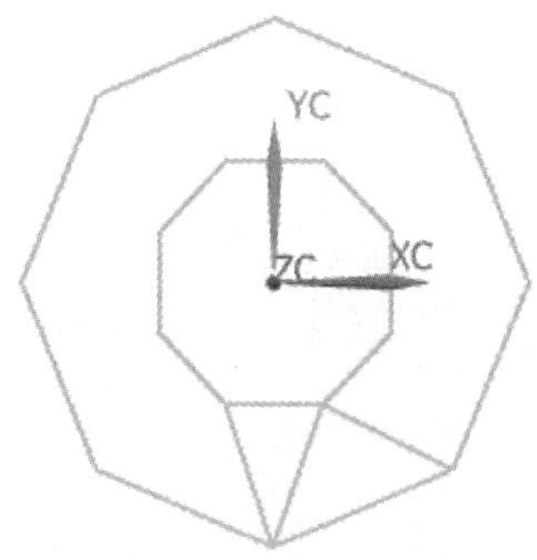

图 9-84 创建多条直线

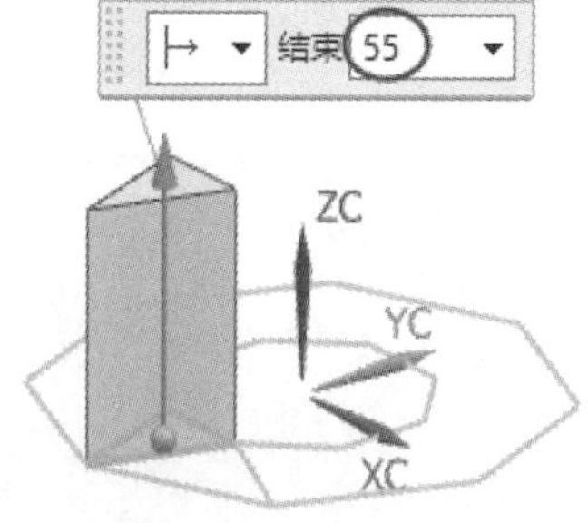

图 9-85 创建拉伸特征 1

⑤ 在【主页】选项卡的【基本】面板中的【更多】库中单击【修剪体】按钮，弹出【修剪体】对话框。选择步骤④创建的拉伸特征 1 作为目标体，在【工具选项】下拉列表中选择【新平面】选项，再单击【曲线和点】按钮，指定过竖直边中点和端面边线的平面作为修剪工具，单击【确定】按钮，完成修剪体操作，如图 9-86 所示。

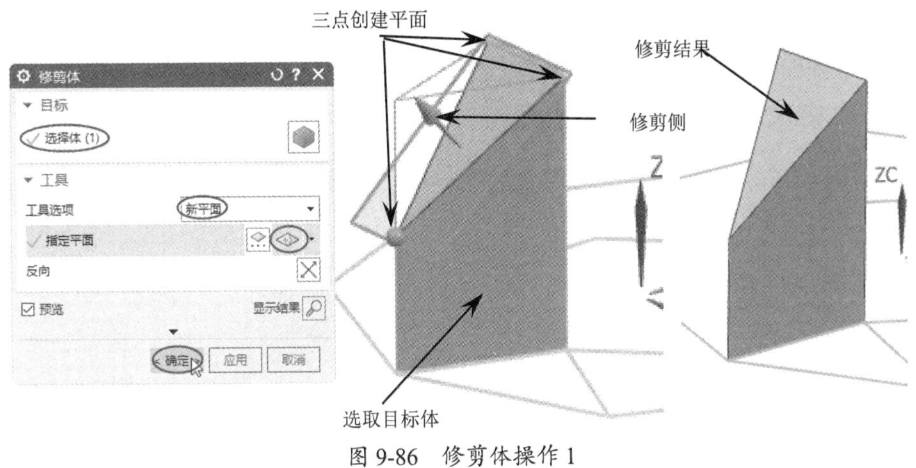

图 9-86　修剪体操作 1

⑥ 在【主页】选项卡的【基本】面板中单击【拉伸】按钮，弹出【拉伸】对话框。选择由直线组成的另一个三角形作为拉伸截面，使用默认的拉伸矢量，输入拉伸结束距离值【55】，创建拉伸特征 2，如图 9-87 所示。

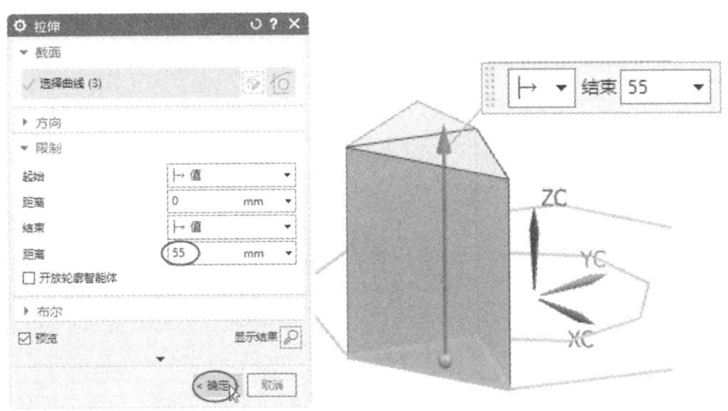

图 9-87　创建拉伸特征 2

⑦ 在【主页】选项卡的【基本】面板中的【更多】库中单击【修剪体】按钮，弹出【修剪体】对话框。选择步骤⑥创建的拉伸特征 2 作为目标体，在【工具选项】下拉列表中选择【新平面】选项，并单击【曲线和点】按钮，指定过竖直边端点和底面边线的平面作为修剪工具，单击【确定】按钮，完成修剪体操作，如图 9-88 所示。

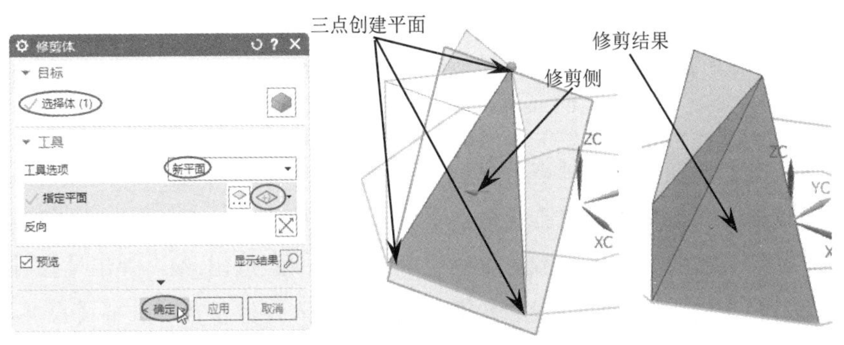

图 9-88　修剪体操作 2

⑧ 在【主页】选项卡的【基本】面板中单击【合并】按钮，弹出【合并】对话框。选择目标体和工具体，单击【确定】按钮，完成布尔合并操作，如图 9-89 所示。

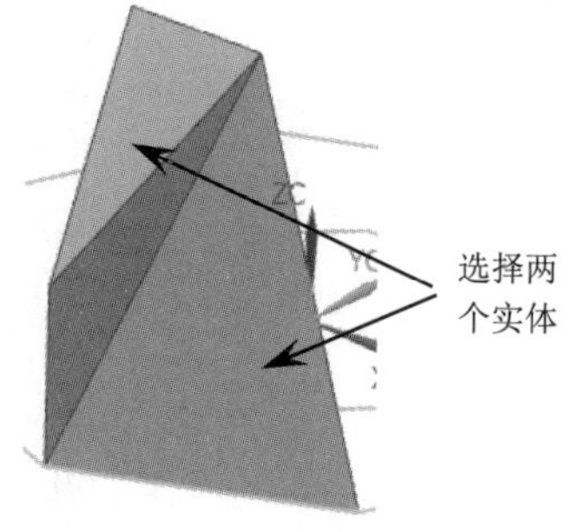

图 9-89 布尔合并操作

⑨ 在【菜单】下拉菜单中选择【插入】|【关联复制】|【阵列特征】命令，弹出【阵列特征】对话框。在【布局】下拉列表中选择【圆形】选项，选择要阵列的特征（布尔合并的实体），指定矢量（默认矢量或 ZC 轴）和轴点，设置旋转参数，单击【确定】按钮，完成阵列特征的创建，如图 9-90 所示。

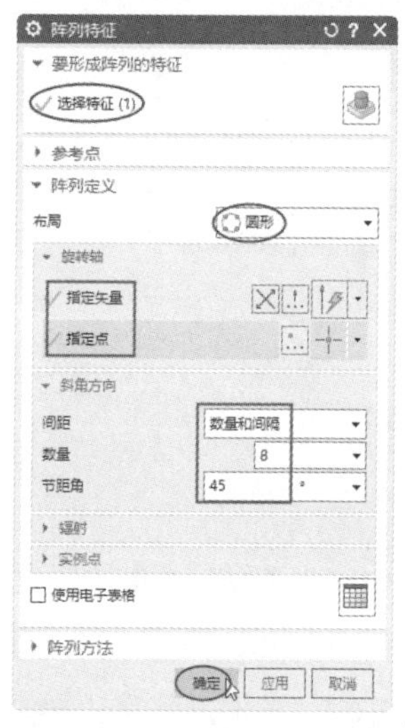

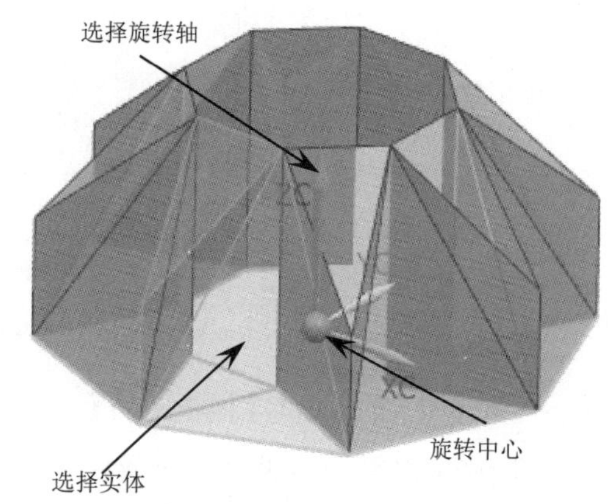

图 9-90 创建阵列特征

技巧点拨：

【阵列几何特征】命令与【阵列特征】命令所不同的是，【阵列几何特征】命令可以用来阵列特征（由特征工具创建的单个特征），也可以用来阵列几何体（主要指基准点、曲线或曲面）。而【阵列特征】命令仅对特征（由特征工具创建的单个特征或实体）有效。

⑩ 在【主页】选项卡的【基本】面板中单击【合并】按钮，弹出【合并】对话框，选择目标体和工具体，单击【确定】按钮，完成布尔合并运算，如图 9-91 所示。

⑪ 在【主页】选项卡的【基本】面板中单击【拉伸】按钮，弹出【拉伸】对话框，选择小的八边形作为拉伸截面，指定矢量，输入拉伸参数，选择【合并】选项，设置偏置参数，创建拉伸特征 3，如图 9-92 所示。

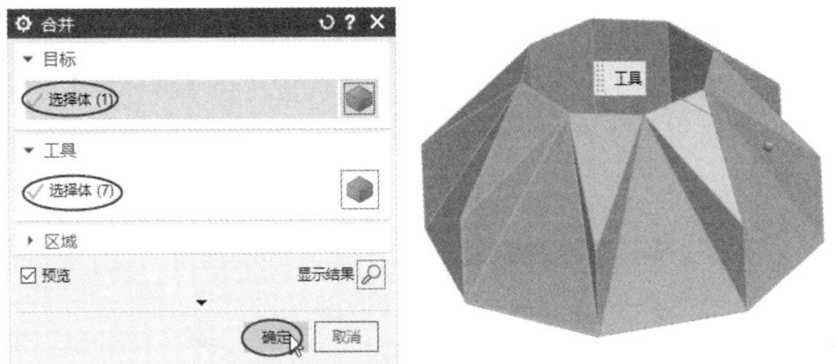

图 9-91　布尔合并运算

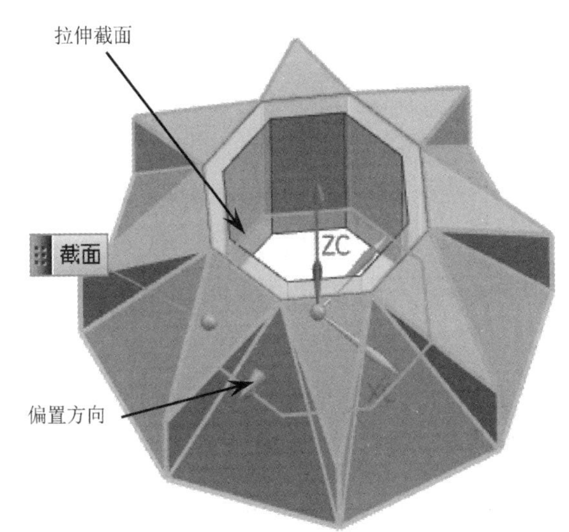

图 9-92　创建拉伸特征 3

⑫ 按【Ctrl+W】组合键，打开【显示和隐藏】对话框。单击【曲线】栏的【隐藏 曲线】按钮，即可将所有的曲线隐藏，结果如图 9-93 所示。

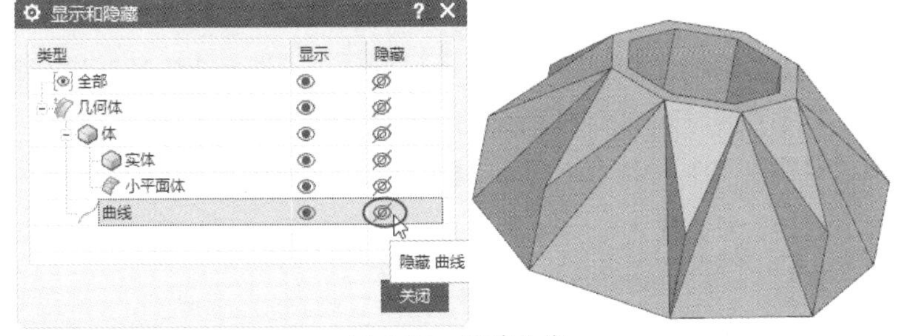

图 9-93　隐藏曲线

9.3.2　拆分体

【拆分体】命令用于选择面、基准平面或其他几何体来分割一个或多个目标体。分割后的结果是将原始的目标体根据选择的几何形状分割为两部分。

在【主页】选项卡的【基本】面板中的【更多】库中单击【拆分体】按钮，弹出【拆分体】对话框。选择要拆分的实体和工具面，单击【确定】按钮，即可拆分所选的实体，如图 9-94 所示。

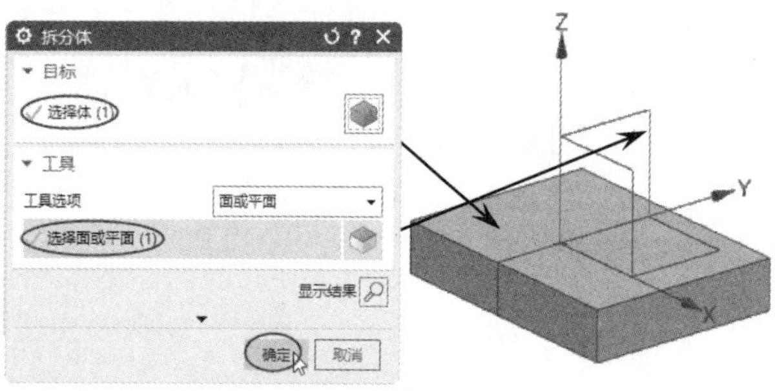

图 9-94　拆分体

动手操作——拆分体操作

使用【拆分体】命令创建如图 9-95 所示的排球模型。

① 在【菜单】下拉菜单中选择【插入】|【设计特征】|【球】命令，弹出【球】对话框，指定坐标系原点为球心，输入球体直径值【50】后单击【确定】按钮，完成球体的创建，如图 9-96 所示。

图 9-95　排球模型

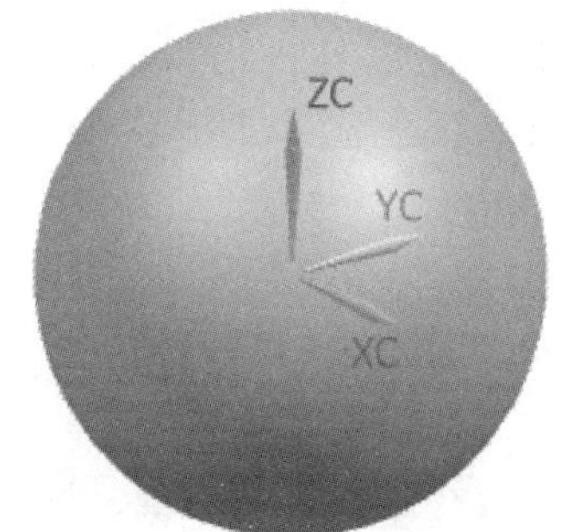

图 9-96　创建球体

② 在【主页】选项卡的【基本】面板中的【更多】库中单击【修剪体】按钮，弹出【修剪体】对话框。先选择球体作为目标体，再选择 XC-YC 平面作为修剪工具，单击【确定】按钮，完成球体的修剪，如图 9-97 所示。

③ 再次单击【修剪体】按钮，弹出【修剪体】对话框。先选择半球体作为目标体，再选择 YC-ZC 平面作为修剪工具，单击【确定】按钮，完成半球体的修剪，得到四分之一球体，如图 9-98 所示。

④ 选中四分之一球体，在【菜单】下拉菜单中选择【编辑】|【移动对象】命令，弹出【移动对象】对话框。设置运动变换类型为【角度】，指定旋转矢量和轴点，选中【移动原先的】单选按钮，输入旋转角度值和副本数，单击【确定】按钮，完成角度移动操作，如图 9-99 所示。

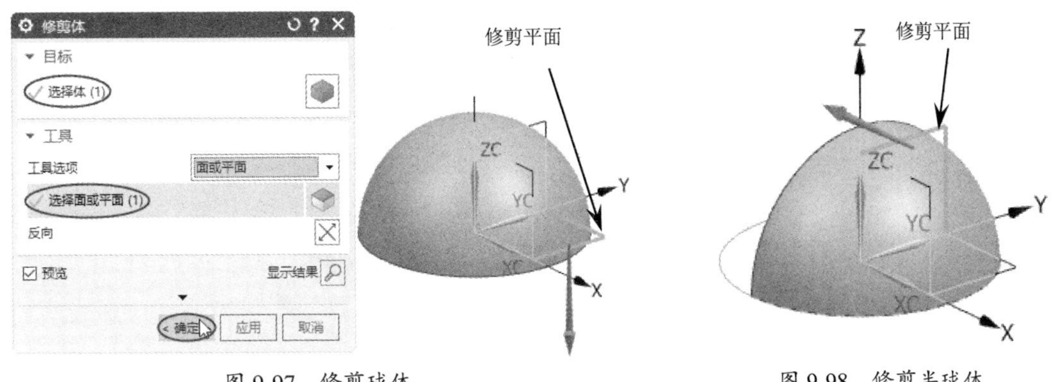

图 9-97　修剪球体　　　　图 9-98　修剪半球体

⑤ 选中角度移动后的四分之一球体，在【菜单】下拉菜单中选择【编辑】|【移动对象】命令，弹出【移动对象】对话框。设置运动变换类型为【角度】，指定旋转矢量和轴点，选中【复制原先的】单选按钮，输入旋转角度值和副本数，单击【确定】按钮，完成角度复制操作，结果如图 9-100 所示。

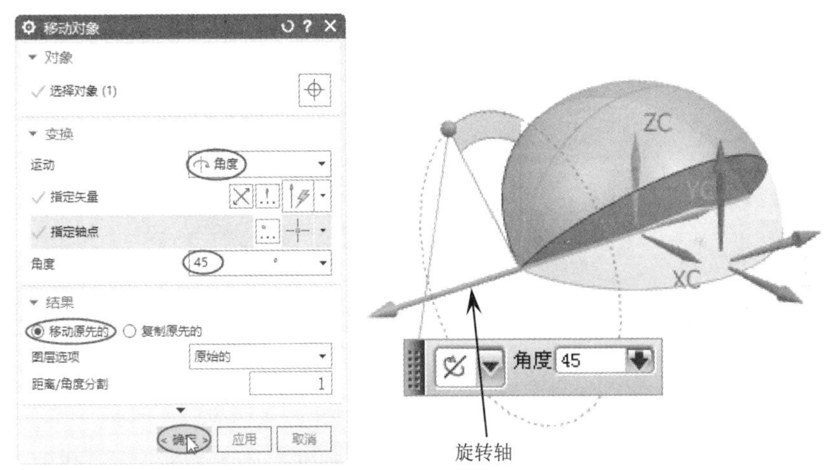

图 9-99　角度移动操作

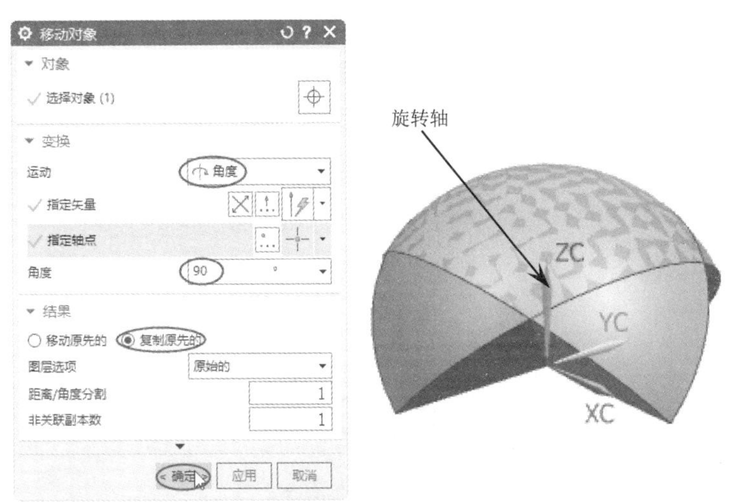

图 9-100　角度复制操作

⑥ 在【主页】选项卡的【基本】面板中单击【求交】按钮，弹出【求交】对话框。选择目标体和工具体，单击【确定】按钮，完成布尔求交运算，结果如图 9-101 所示。

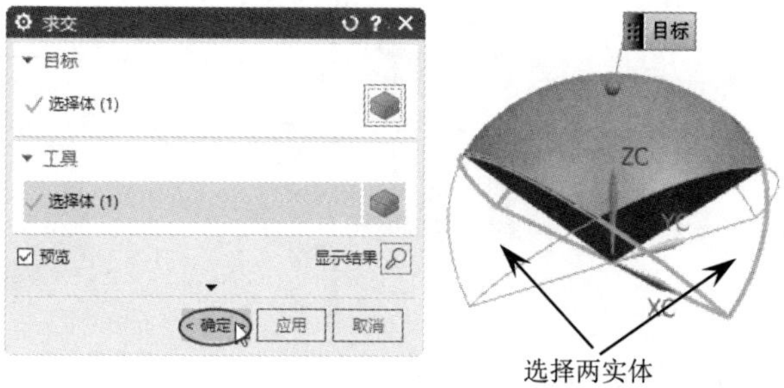

图 9-101　布尔求交运算

⑦ 在【曲线】选项卡的【基本】面板中单击【直线】按钮，弹出【直线】对话框，设置支持平面和直线参数，单击【确定】按钮，完成直线的创建，如图 9-102 所示。

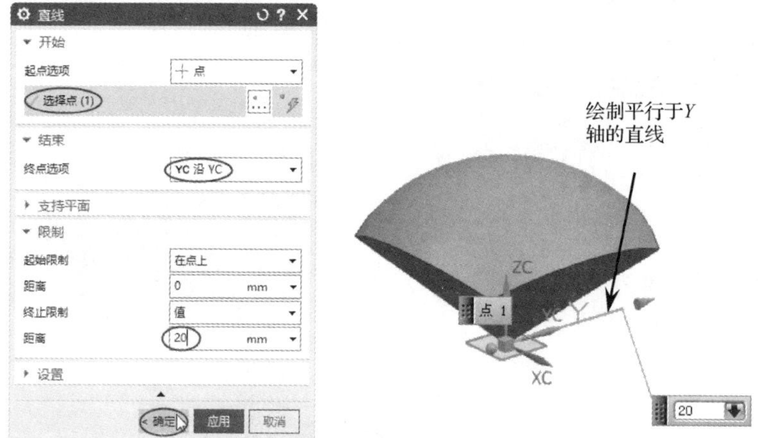

图 9-102　创建直线

⑧ 在【主页】选项卡的【构造】面板中单击【基准平面】按钮，弹出【基准平面】对话框。选择刚绘制的直线（轴）和实体面（平面参考）来创建与实体面成 30°角的新基准平面，如图 9-103 所示。

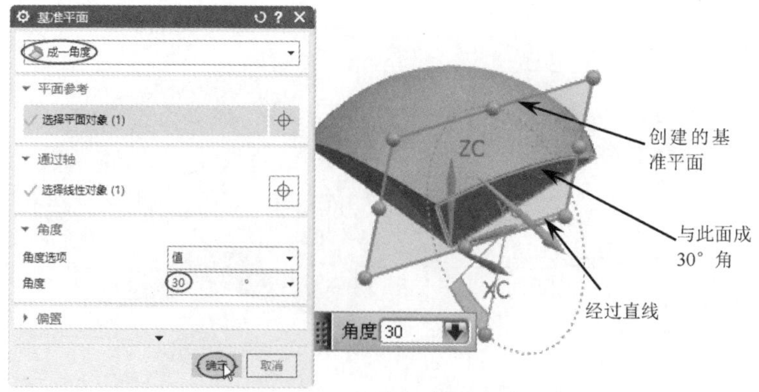

图 9-103　创建新基准平面

⑨ 在【主页】选项卡的【基本】面板中单击【镜像特征】按钮，弹出【镜像特征】对话框。选择要镜像的基准平面特征，再选择 YC-ZC 平面作为镜像平面，单击【确定】按钮，完成基准平面的镜像，如图 9-104 所示。

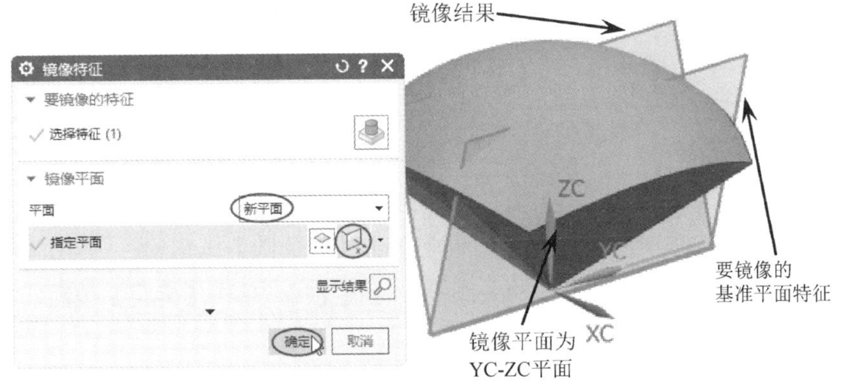

图 9-104　镜像基准平面

⑩ 在【主页】选项卡的【基本】面板中的【更多】库中单击【拆分体】按钮，弹出【拆分体】对话框。选择实体作为目标体，再选择刚创建的平面作为分割工具，单击【应用】按钮，完成拆分体操作，如图 9-105 所示。

⑪ 同理，选择实体作为目标体，再选择另一个镜像创建的基准平面作为分割工具，单击【确定】按钮，完成拆分体操作，如图 9-106 所示。

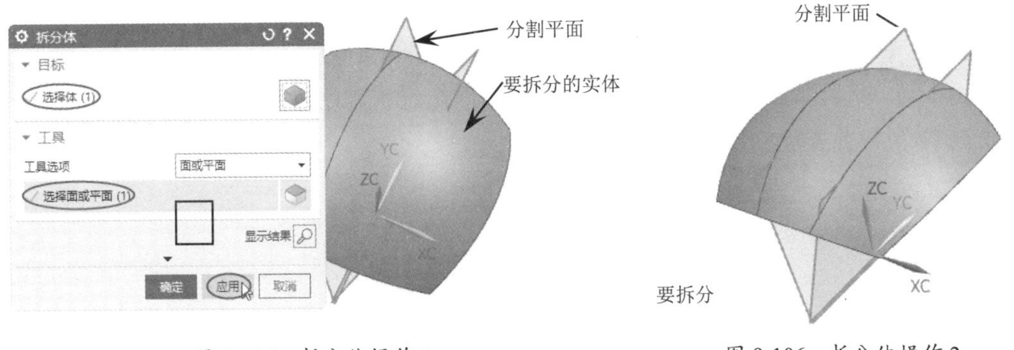

图 9-105　拆分体操作 1

图 9-106　拆分体操作 2

⑫ 将其他的实体全部隐藏，只保留要抽壳的实体，单击【抽壳】按钮，弹出【抽壳】对话框。选择要移除的四周面，并输入抽壳厚度值【4】，完成抽壳操作，如图 9-107 所示。

⑬ 采用同样的操作，将其他的拆分体也进行抽壳，设置抽壳厚度为【4】，结果如图 9-108 所示。

⑭ 在【主页】选项卡的【基本】面板中单击【边倒圆】按钮，弹出【边倒圆】对话框。选择要倒圆角的边，输入圆角半径值【1】，单击【确定】按钮，完成边倒圆操作，如图 9-109 所示。

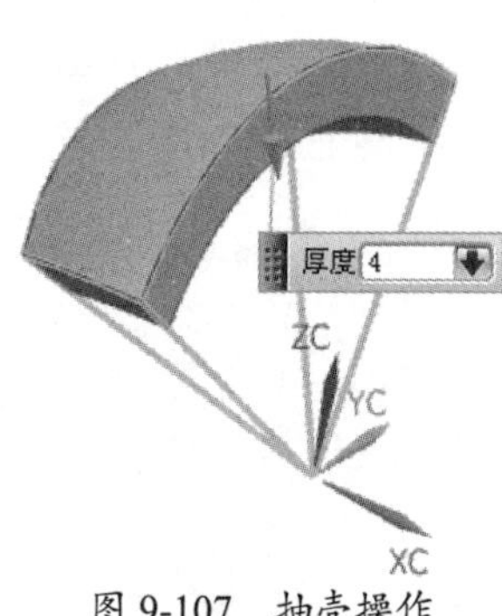

图 9-107　抽壳操作

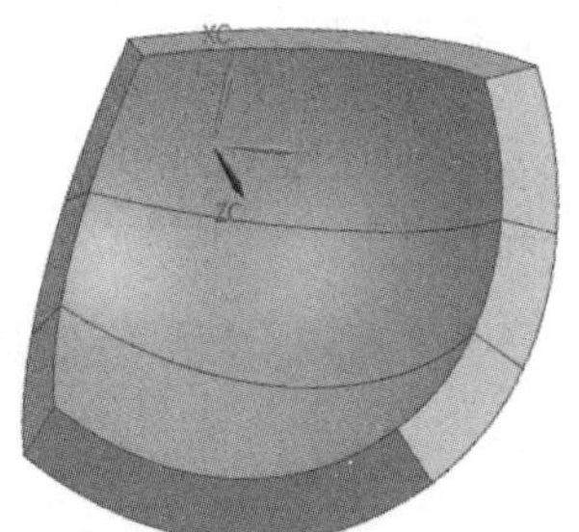

图 9-108　抽壳结果

⑮ 在【主页】选项卡的【基本】面板中单击【边倒圆】按钮，弹出【边倒圆】对话框，选择要倒圆角的边，输入圆角半径值【1】，单击【确定】按钮，完成边倒圆操作，如图 9-110 所示。

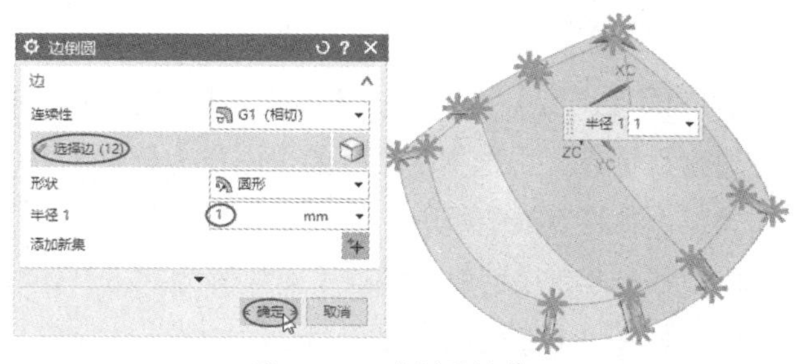

图 9-109　边倒圆操作 1

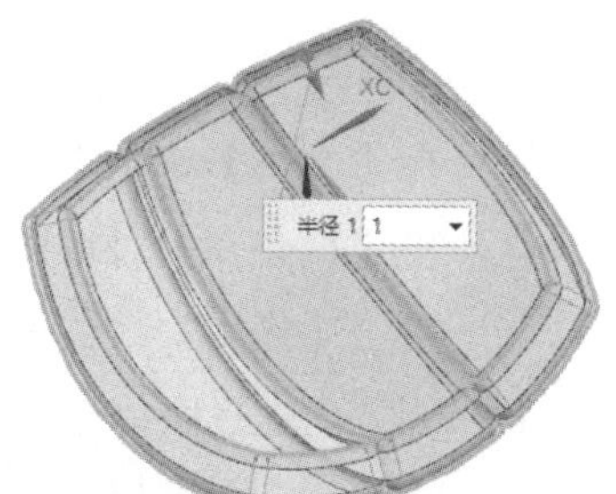

图 9-110　边倒圆操作 2

⑯ 按【Ctrl+J】组合键，选择要着色的实体并单击【确定】按钮，弹出【编辑对象显示】对话框。依次将颜色修改为蓝色、洋红色和紫色，并单击【确定】按钮，完成着色操作，如图 9-111 所示。

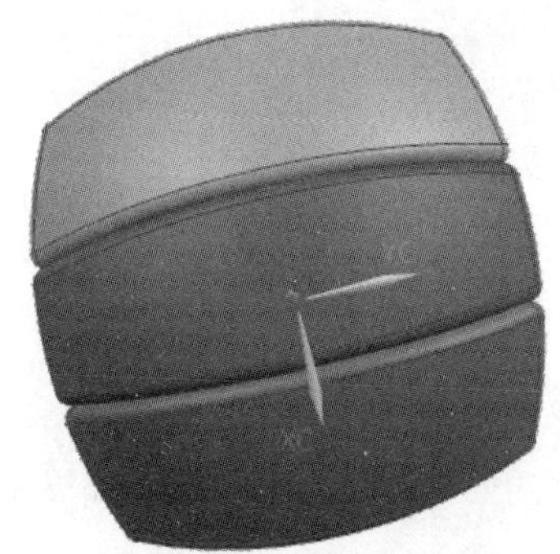

图 9-111　着色操作

⑰ 在【菜单】下拉菜单中选择【插入】|【关联复制】|【阵列几何特征】命令，弹出【阵列几何特征】对话框。设置布局类型为【圆形】，选择刚才着色的 3 个实体，指定旋转矢量和轴点，设置旋转参数，单击【确定】按钮，完成几何特征的阵列，如图 9-112 所示。

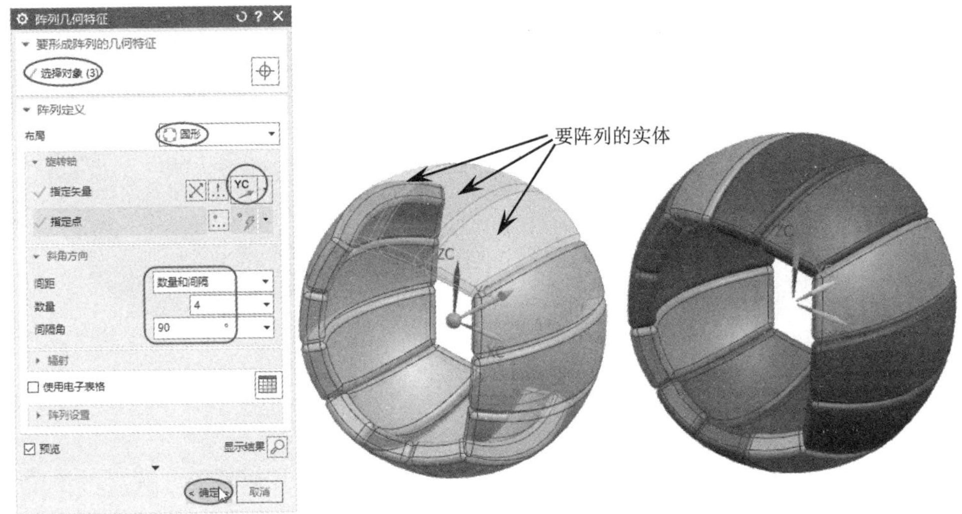

图 9-112　阵列几何特征 1

⑱ 在【菜单】下拉菜单中选择【插入】|【关联复制】|【阵列几何特征】命令，弹出【阵列几何特征】对话框。设置布局类型为【圆形】，选择上、下面共 6 个实体，指定旋转矢量和轴点，设置旋转参数，单击【确定】按钮，完成几何特征的阵列，如图 9-113 所示。

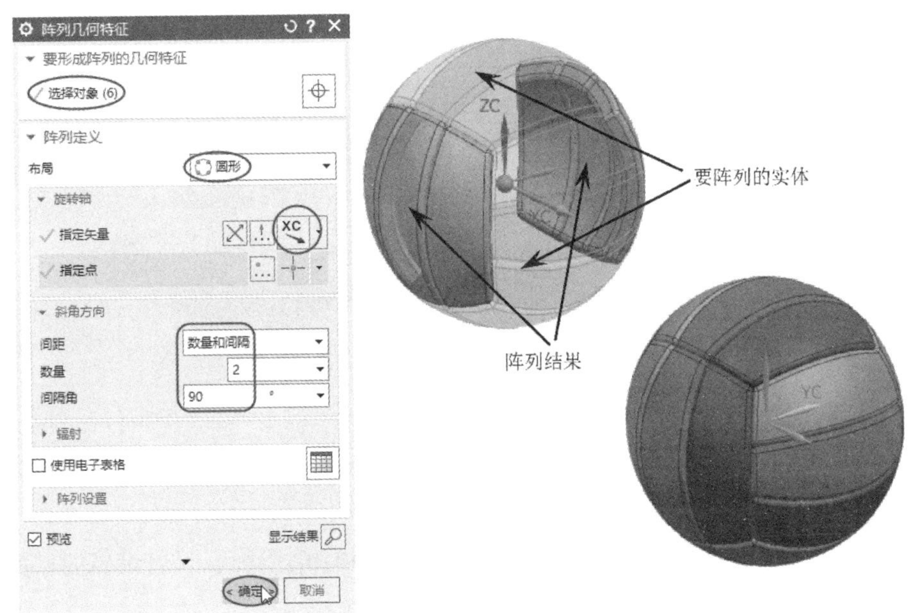

图 9-113　阵列几何特征 2

⑲ 使用【移动对象】命令，选取上、下面共 6 个实体作为移动对象，设置运动类型为【角度】，指定旋转矢量为 ZC 轴、轴点为坐标系原点，设置旋转角度为 90°，移动对象的结果如图 9-114 所示。

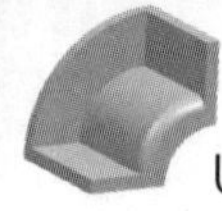

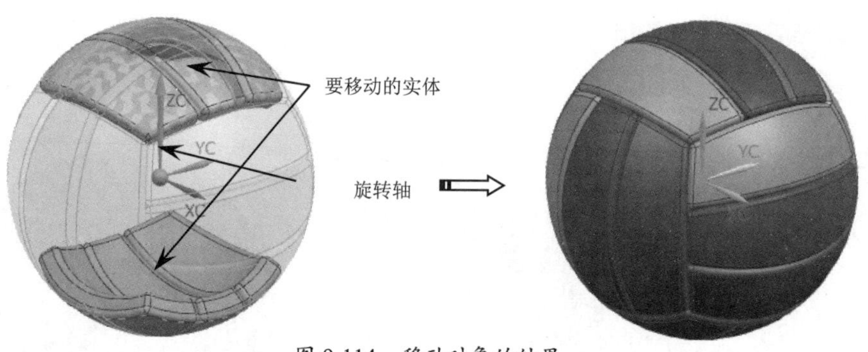

图 9-114　移动对象的结果

9.3.3　分割面

【分割面】命令用于选择曲线、直线、面或基准面及其他几何体等，并对一个或多个实体表面进行分割操作。

在【菜单】下拉菜单中选择【插入】|【修剪】|【分割面】命令，或者在【主页】选项卡的【基本】面板中的【更多】库中单击【分割面】按钮，弹出【分割面】对话框，可以分割所选的面，如图 9-115 所示。

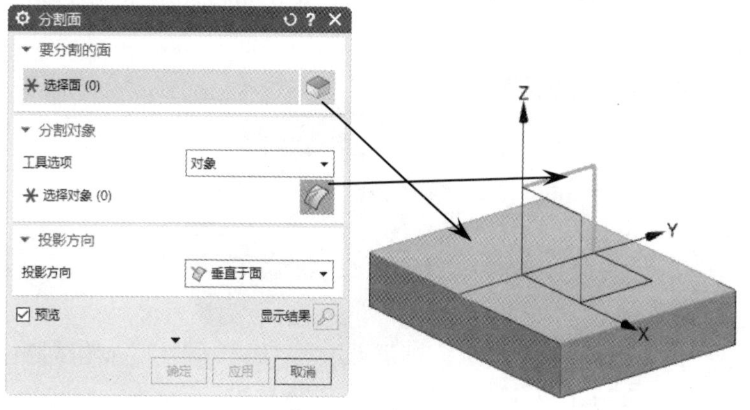

图 9-115　分割面

9.4　特征编辑

特征编辑是指对当前面通过实体造型特征进行各种编辑或修改。特征编辑的相关命令主要被包括在【编辑】面板中，如图 9-116 所示。

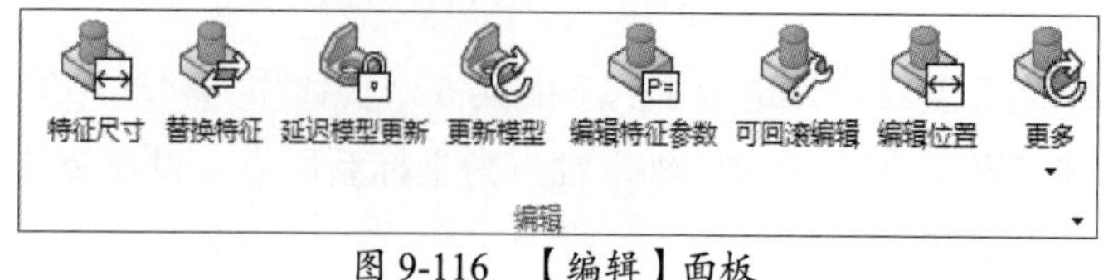

图 9-116　【编辑】面板

下面仅介绍常用的编辑工具。

9.4.1　编辑特征参数

【编辑特征参数】命令用于通过重新定义特征的参数来编辑特征，生成修改后的新特征。使用【编辑特征参数】命令可以随时对实体特征进行更新，而无须重新创建实体，可以大大提高工作效率和建模准确性。

该命令的功能是编辑特征的基本参数，如坐标系、长度、角度等。用户可以使用以下方式编辑几乎所有的有参数的特征。

1．方式 1

在【编辑】面板中单击【编辑特征参数】按钮，或者在【菜单】下拉菜单中选择【编辑】|【特征】|【编辑参数】命令，弹出如图 9-117 所示的【编辑参数】对话框，其中列出了当前所有可编辑参数的特征。

2．方式 2

在模型中直接使用鼠标左键选中相应特征，并在【编辑】面板中单击【编辑特征参数】按钮，此时弹出的【编辑参数】对话框将显示该特征的参数列表。如果选择的是多个特征，再使用此命令，则弹出的【编辑参数】对话框会显示这些特征的全部参数列表。在参数列表中可以选择需要编辑的特征参数。

3．方式 3

在【编辑】面板中单击【可回滚编辑】按钮，即可弹出【可回滚编辑】对话框，如图 9-118 所示。

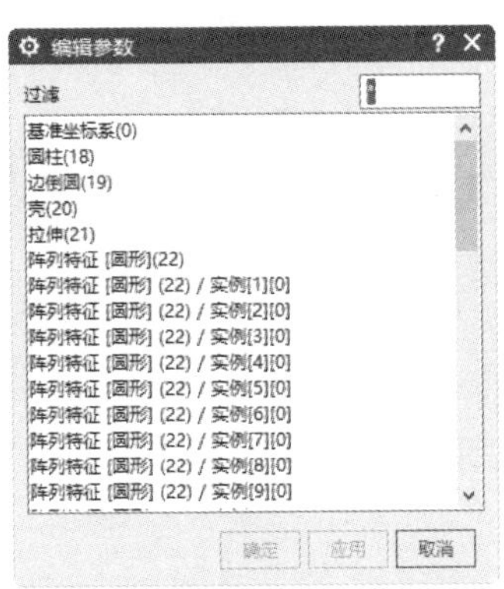

图 9-117　【编辑参数】对话框

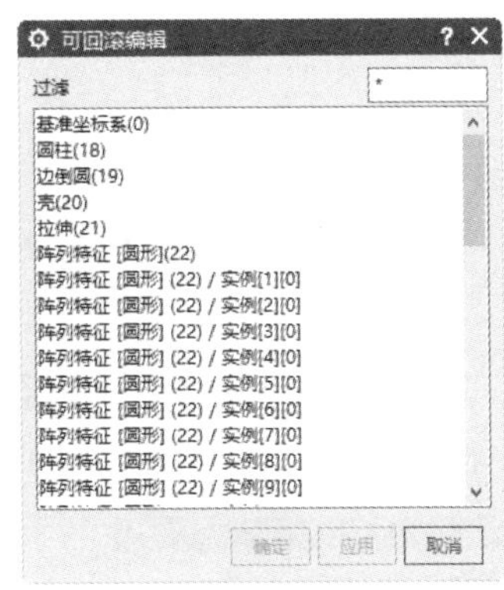

图 9-118　【可回滚编辑】对话框

动手操作——编辑零件特征参数

① 打开本例的配套资源文件【9-2.prt】，素材模型如图 9-119 所示。

② 在【编辑】面板中单击【编辑特征参数】按钮，弹出【编辑参数】对话框。

③ 在【过滤】列表框中选择【圆柱】选项，单击【确定】按钮，弹出【圆柱】对话框，如图 9-120 所示。

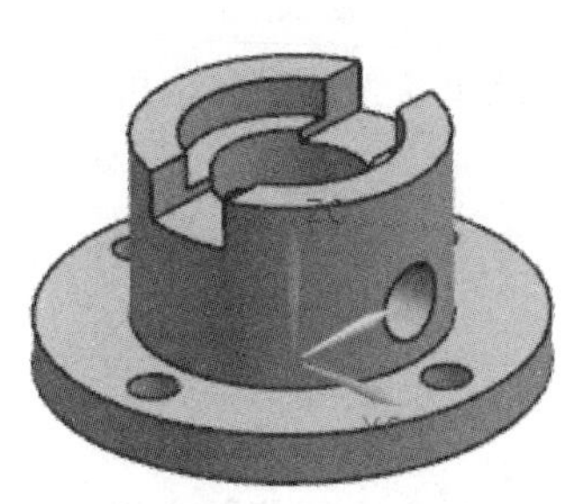

图 9-119 素材模型

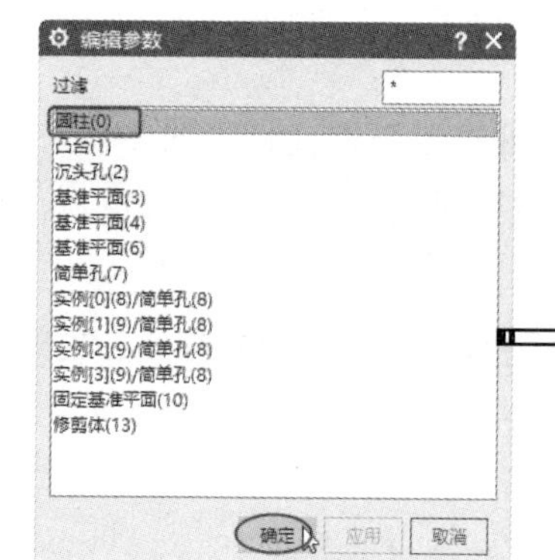

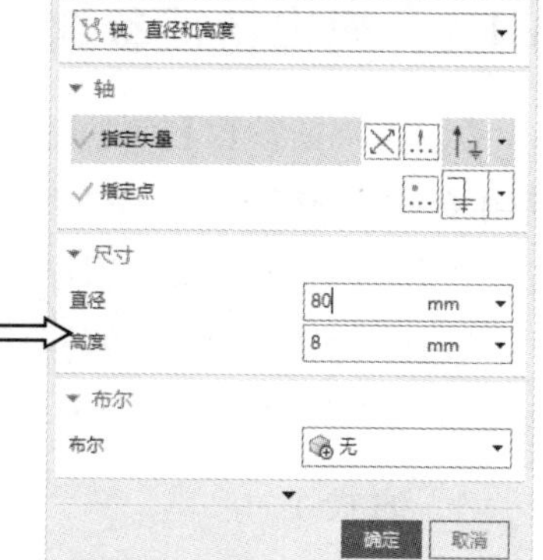

图 9-120 选择要编辑参数的特征

④ 在【圆柱】对话框中修改直径值和高度值，单击【确定】按钮，完成参数设置，如图 9-121 所示。

⑤ 在完成参数设置后，返回【编辑参数】对话框。单击【应用】按钮，选择的特征将按照新的尺寸参数自动更新，依附于其上的其他特征则仍按原定位尺寸保持不变，如图 9-122 所示。

图 9-121 完成参数设置

图 9-122 完成特征参数更新

⑥ 在【编辑参数】对话框的【过滤】列表框中选择【凸台】选项，单击【确定】按钮，弹出如图 9-123 所示的【编辑参数】对话框。

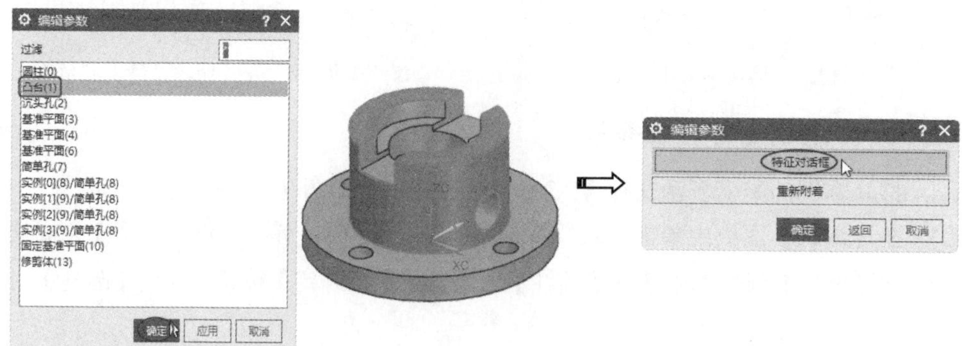

图 9-123 选择要编辑的参数

⑦ 单击【特征对话框】按钮，弹出新的【编辑参数】对话框，重新设置凸台的参数（这里仅设置【锥角】参数），如图 9-124 所示。

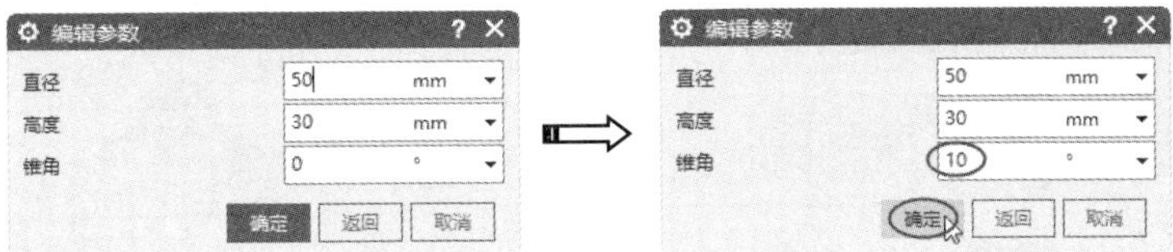

图 9-124　设置【锥角】参数

⑧ 连续单击不同对话框中的【确定】按钮，完成参数编辑操作，最终结果如图 9-125 所示。

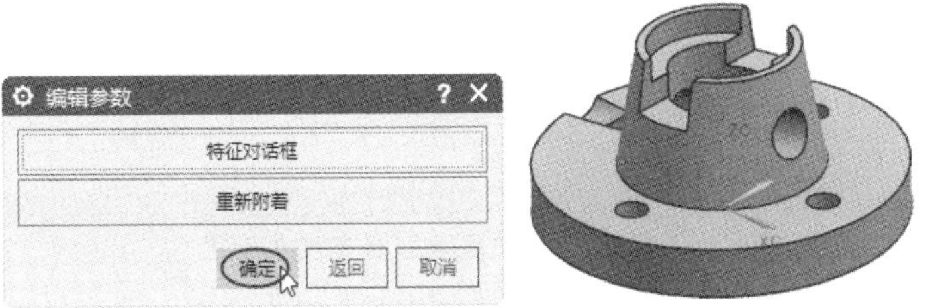

图 9-125　完成参数编辑操作的最终结果

9.4.2　编辑位置

【编辑位置】命令用于通过改变定位尺寸来生成新的模型，达到移动特征的目的。使用该命令也可以添加定位尺寸，还可以删除定位尺寸。

动手操作——编辑定位尺寸

① 打开本例的配套资源文件【9-3.prt】，素材模型如图 9-126 所示。

② 在【编辑】面板中单击【编辑位置】按钮，弹出如图 9-127 所示的【编辑位置】对话框。

图 9-126　素材模型

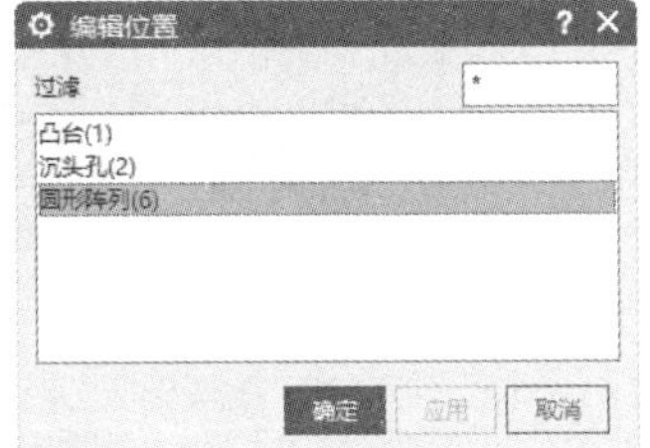

图 9-127　【编辑位置】对话框 1

③ 在【过滤】列表框中选择【圆形阵列】选项，单击【确定】按钮，弹出如图 9-128 所示的【编辑位置】对话框。

④ 单击【编辑尺寸值】按钮，选择如图 9-129 所示的线性尺寸。

⑤ 在弹出的【编辑表达式】对话框中设置新的参数为【36】，然后连续单击多个对话框中的【确定】按钮，完成编辑位置操作，如图 9-130 所示。

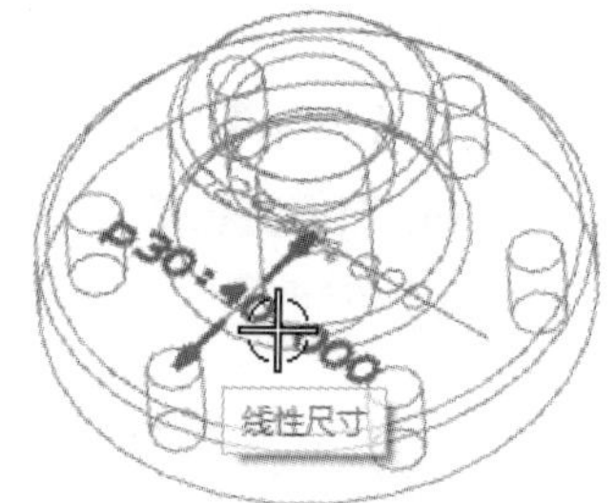

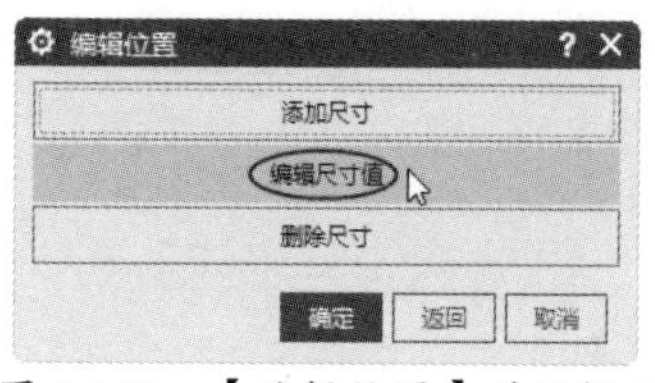

图 9-128 【编辑位置】对话框 2

图 9-129 选择要编辑的线性尺寸

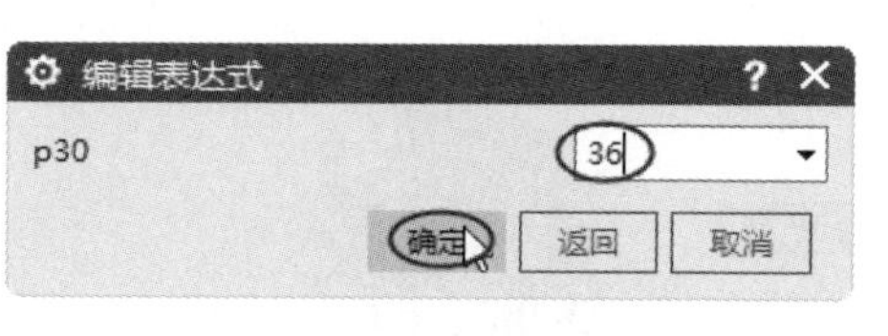

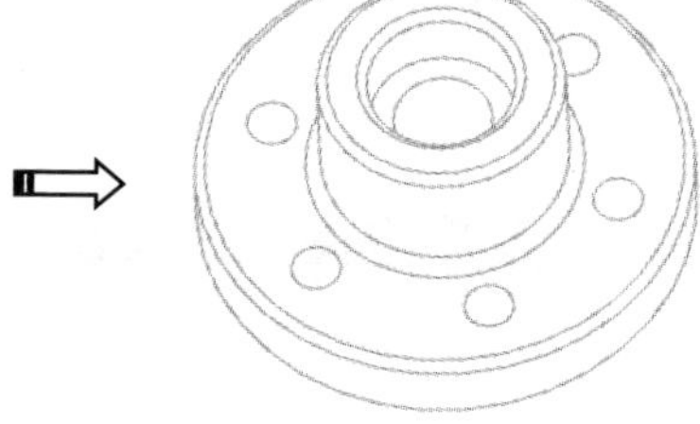

图 9-130 完成编辑位置操作

9.5 综合案例：吸尘器手柄建模

吸尘器手柄为塑料制品。吸尘器手柄壳体由实体特征抽壳而成，包括外壳主体、加强筋、BOSS 柱及方孔、侧孔、槽等特征。为了保证吸尘器手柄的手感圆滑、外观光顺，要求其壳体曲率连续，也就是说，面与面之间可以是圆弧相切连接。为了简化吸尘器手柄的建模操作，壳体中各单个特征的构造曲线已经构建完成，并保存在本案例的配套资源文件夹中。吸尘器手柄壳体模型如图 9-131 所示。

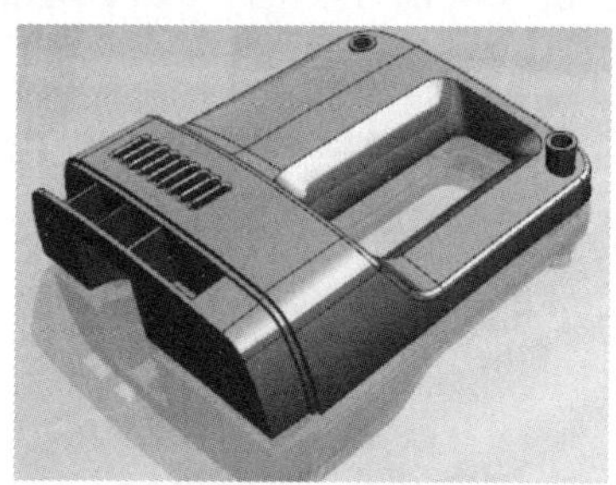

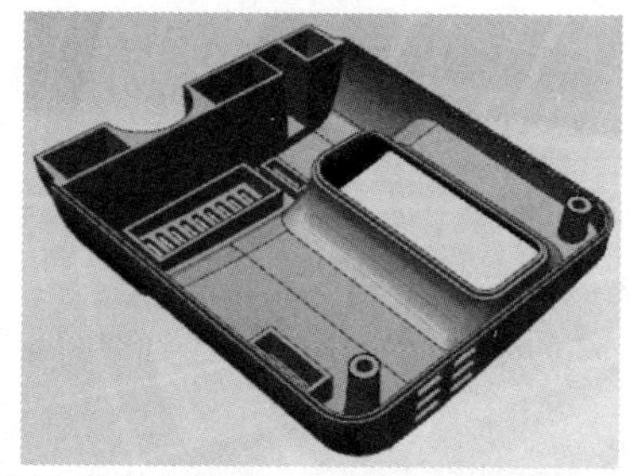

图 9-131 吸尘器手柄壳体模型

1. 设计过程分析

在设计一个有父子关系的模型时，通常需要先构建模型主体，再构建主体上的其他小特征。若各个小特征之间没有父子关系，则可以不分先后顺序来构建。针对吸尘器模型的设计过程分析如下所述。

- 主体部分：可以曲面建模，也可以实体建模。为了简化操作，本例采用实体建模。
- 方孔与侧孔：孔特征可以使用【孔】命令或【拉伸】命令来构建。对于多个相同尺寸的孔系列，可以使用【阵列特征】命令来创建。

- 加强筋：能起到增加壳体强度的作用。它的厚度通常比外壳厚度小。一般使用【拉伸】命令来构建加强筋特征。
- BOSS 柱：螺钉连接的固定载体。它可以使用【旋转】命令或【拉伸】命令来构建。在模具设计中，为了保证细长的 BOSS 柱在脱模运动过程中不被损毁，通常需要进行拔模处理。
- 槽：吸尘器手柄平底面中的槽特征与外形走向相同，因此先使用【拉伸】命令进行偏置，再进行布尔减去运算即可构建槽特征。

在构建吸尘器手柄模型的过程中，将按照父子关系的先后顺序，先构建主体，再构建其他小特征。

2. 构建主体部分

① 打开本例的配套资源文件【xichenqi.prt】，手柄构造曲线如图 9-132 所示。

② 使用【拉伸】命令，选择如图 9-133 所示的曲线，创建拉伸结束距离为【65】的拉伸特征 1。

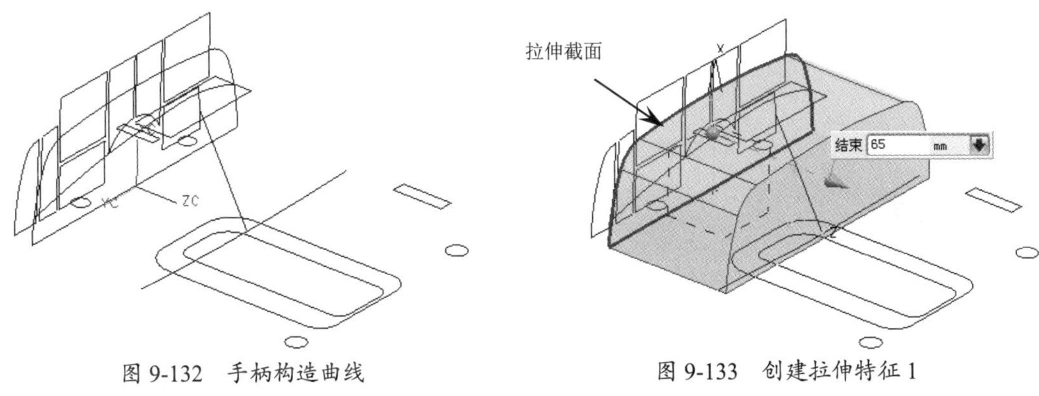

图 9-132　手柄构造曲线　　　　图 9-133　创建拉伸特征 1

③ 使用【扫掠】命令，选择如图 9-134 所示的截面曲线和引导线，创建扫掠曲面特征。

④ 使用【修剪体】命令，选择如图 9-135 所示的目标体和工具面，创建修剪体特征 1。

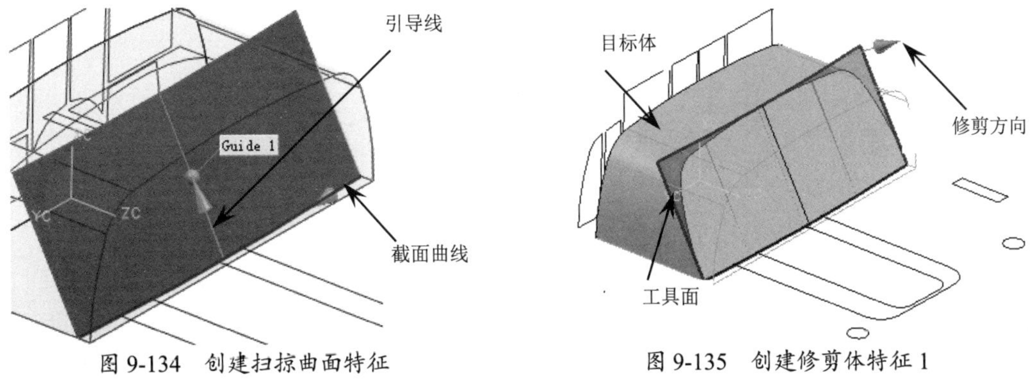

图 9-134　创建扫掠曲面特征　　　　图 9-135　创建修剪体特征 1

⑤ 使用【拉伸】命令，选择如图 9-136 所示的曲线，创建拉伸结束距离为【153】的

拉伸特征 2。

⑥ 使用【合并】命令，将修剪体特征 1 和步骤⑤创建的拉伸特征 2 合并。

⑦ 使用【边倒圆】命令，选择如图 9-137 所示的实体边，创建圆角半径为【15】的圆角特征 1。

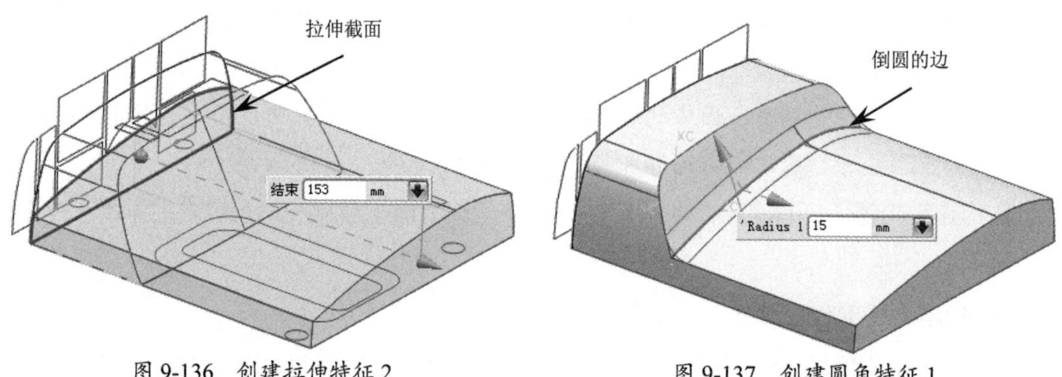

图 9-136 创建拉伸特征 2　　图 9-137 创建圆角特征 1

⑧ 使用【投影曲线】命令，将如图 9-138 所示的草图曲线投影到拉伸实体的弧形面上。

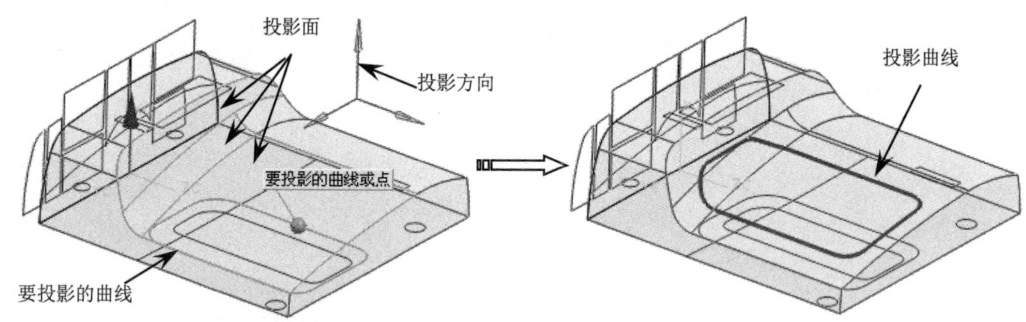

图 9-138 创建投影曲线

⑨ 使用【镜像特征】命令，以 YC-ZC 基准平面作为镜像平面，将投影曲线镜像至基准平面的另一侧，如图 9-139 所示。

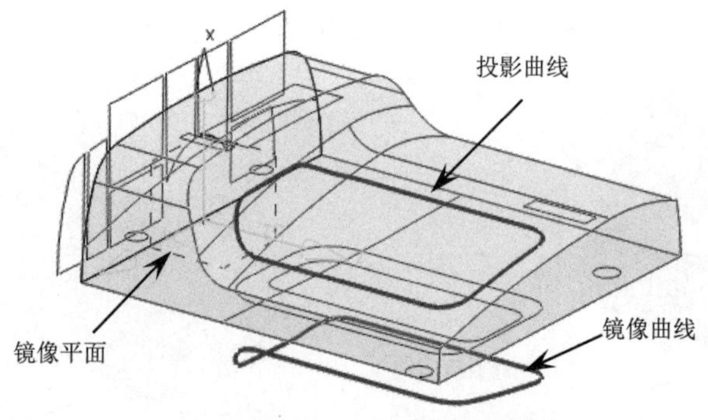

图 9-139 创建镜像曲线

⑩ 使用【通过曲线组】命令，按如图 9-140 所示的操作步骤，选择 3 个截面（投影曲线、草图曲线和镜像曲线），创建通过曲线组的曲面特征。

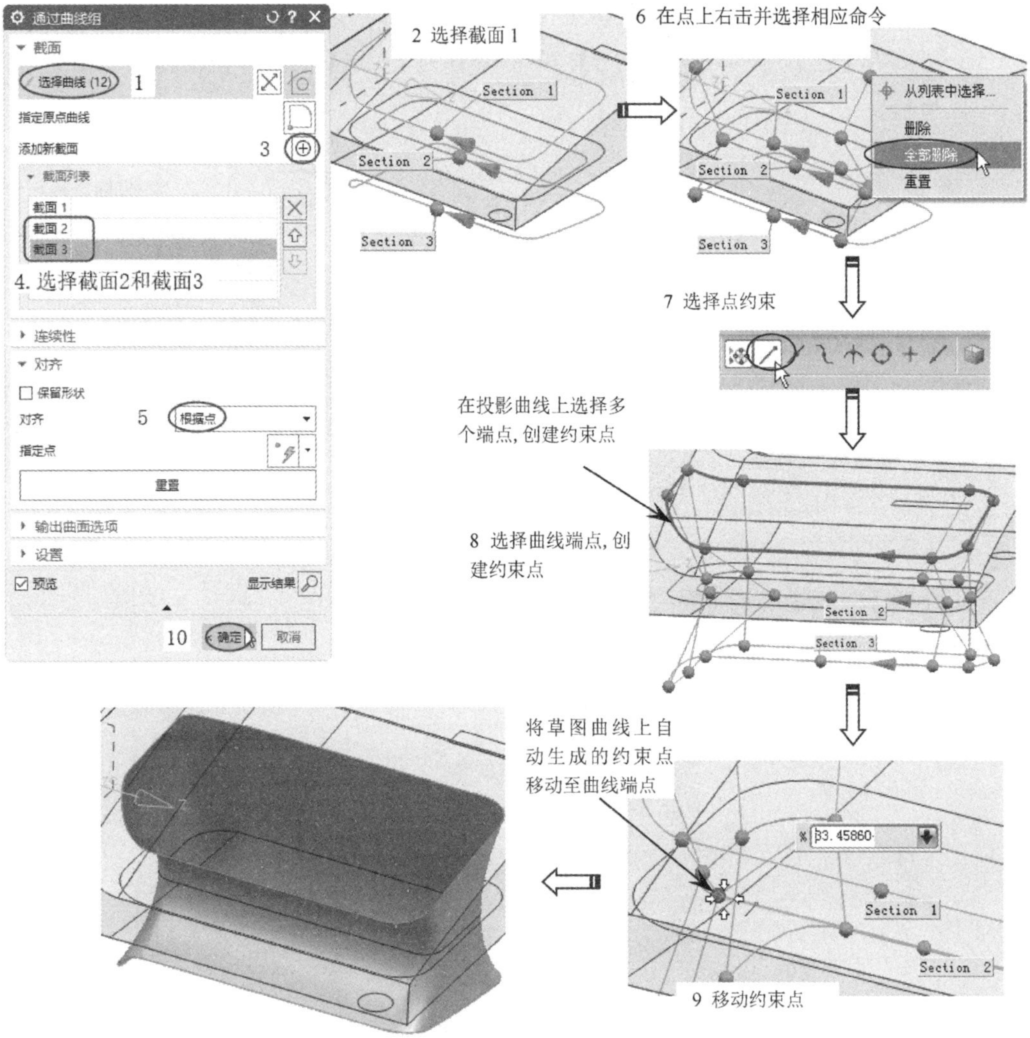

图 9-140　创建通过曲线组的曲面特征

⑪　使用【修剪体】命令，选择如图 9-141 所示的目标体和工具面，创建修剪体特征 2。

⑫　使用【拉伸】命令，选择如图 9-142 所示的实体边缘，创建拉伸结束距离为【2】、单侧偏置为【-2】的拉伸特征 3。

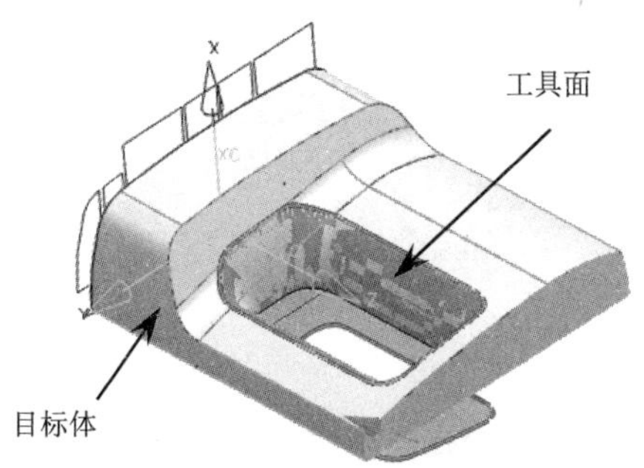

图 9-141　创建修剪体特征 2

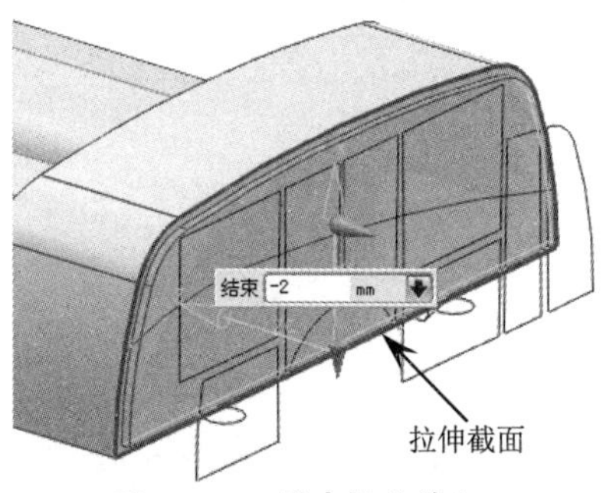

图 9-142　创建拉伸特征 3

⑬ 使用【拉伸】命令，在步骤 ⑫ 创建的拉伸特征 3 上选择实体边缘，创建拉伸终止距离为【15】、拔模角度为【5】、单侧偏置为【-1.5】的拉伸拔模特征，如图 9-143 所示。

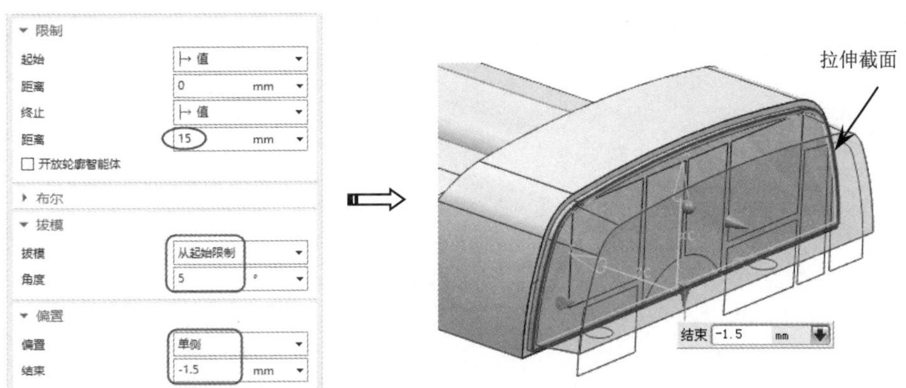

图 9-143　创建拉伸拔模特征

⑭ 使用【同步建模】面板中的【替换面】命令，选择如图 9-144 所示的原始面与替换面，完成替换实体面操作。

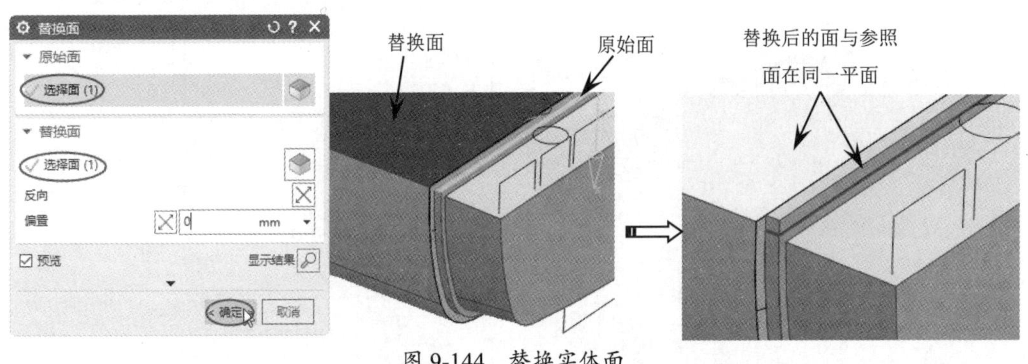

图 9-144　替换实体面

⑮ 同理，将具有拔模斜度的面替换为步骤 ⑭ 中的原始面，结果如图 9-145 所示。

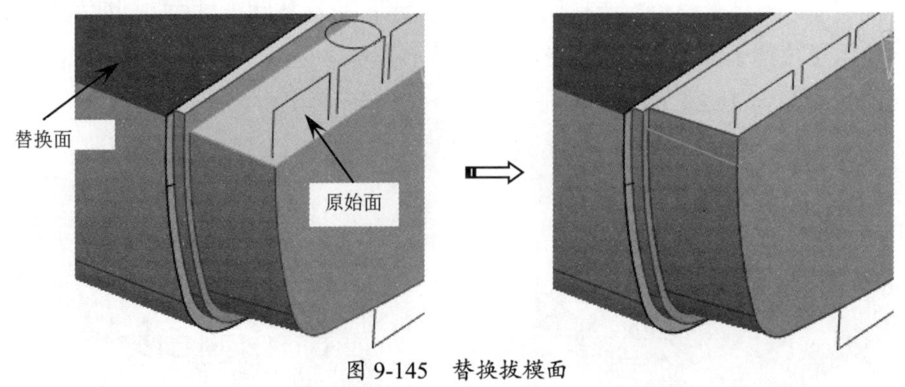

图 9-145　替换拔模面

⑯ 使用【边倒圆】命令，选择如图 9-146 所示的边，创建圆角半径为【15】的圆角特征 2。

⑰ 同理，使用【边倒圆】命令，选择如图 9-147 所示的边，创建圆角半径为【3】的圆角特征 3。

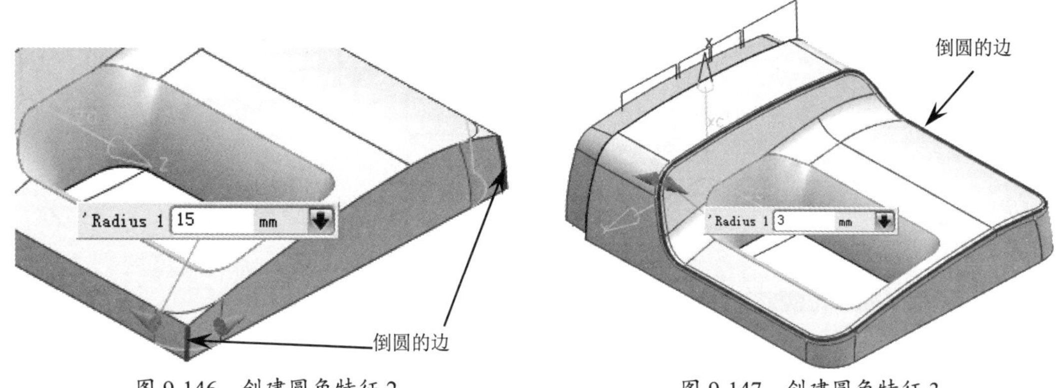

图 9-146　创建圆角特征 2　　　图 9-147　创建圆角特征 3

⑱ 使用【抽壳】命令，选择手柄主体的水平面作为要抽壳的面，并设置抽壳厚度为【3】，创建抽壳特征，如图 9-148 所示。

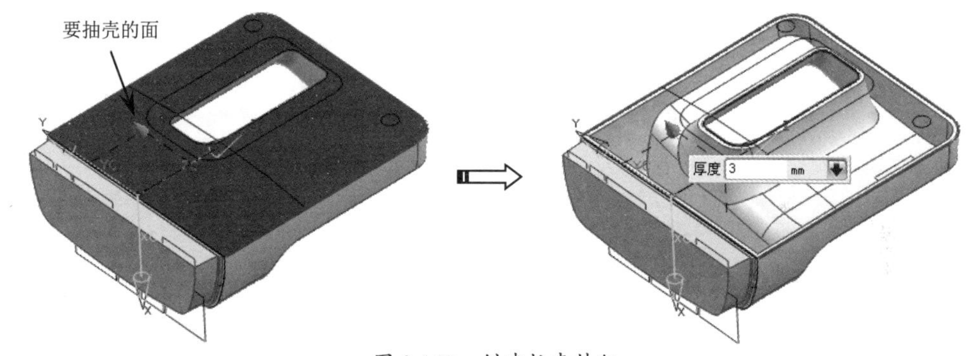

图 9-148　创建抽壳特征

⑲ 使用【合并】命令，将已创建的实体特征合并，得到吸尘器手柄的主体模型。

⑳ 为了便于后续的设计操作，可以将已创建特征的曲线、曲面隐藏。

3. 构建方孔与侧孔

主体模型上的方孔可使用【拉伸】命令创建。在创建一个键槽特征后，使用【阵列特征】命令将其阵列。同样，侧孔将使用【孔】命令来构建。

① 将视图切换至右视图。

② 使用【拉伸】命令，选择如图 9-149 所示的草图曲线，创建拉伸结束距离为【60】的减材料拉伸特征 1。

③ 在【菜单】下拉菜单中选择【插入】|【关联复制】|【阵列特征】命令，弹出【阵列特征】对话框。选择步骤 ② 创建的减材料拉伸特征 1 作为阵列对象，创建线性阵列特征，如图 9-150 所示。

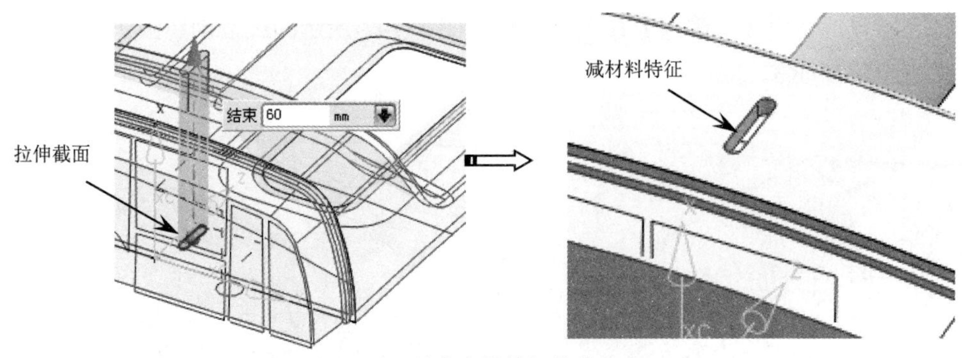

图 9-149　创建减材料拉伸特征 1

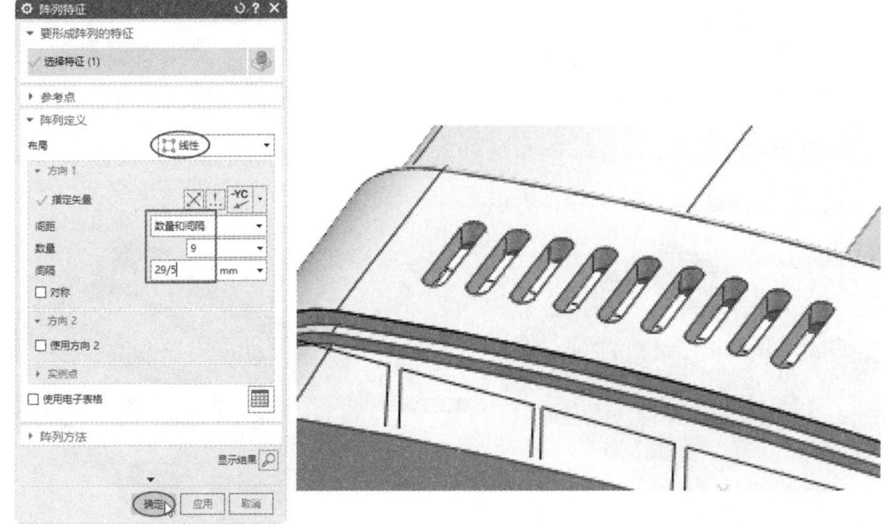

图 9-150　创建线性阵列特征

④　使用【边倒圆】命令，选择如图 9-151 所示的阵列特征的边缘，创建圆角半径为【1】的圆角特征。

⑤　使用【孔】命令，在主体模型侧面绘制一个点，然后在该点上创建一个直径为【36】、深度为【30】的简单孔特征，如图 9-152 所示。

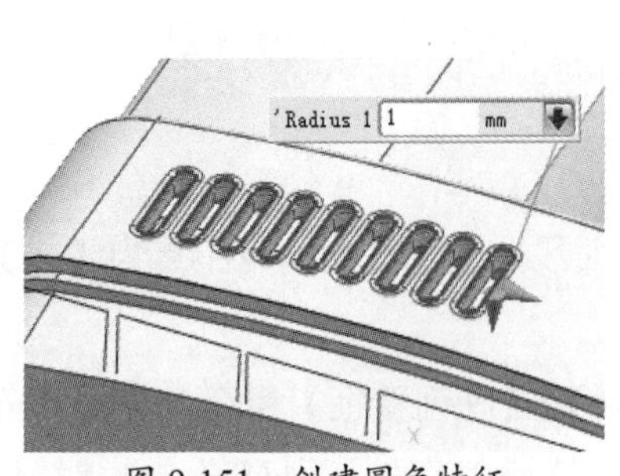

图 9-151　创建圆角特征

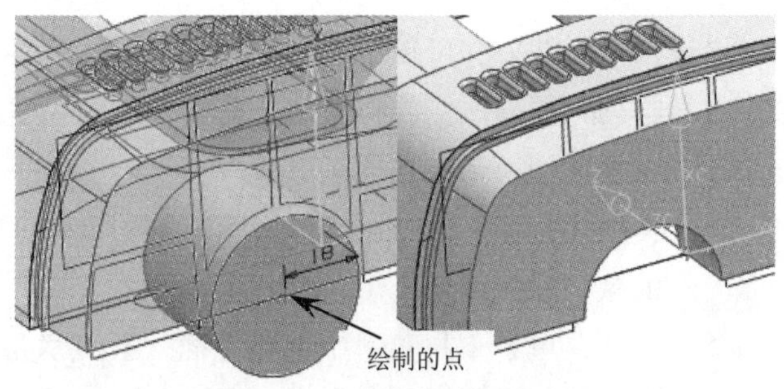

图 9-152　创建简单孔特征

⑥　使用【拉伸】命令，选择手柄主体的另一个侧面作为草图平面，进入草图任务环境，绘制如图 9-153 所示的草图，创建拉伸结束距离为【5】的减材料拉伸特征 2。

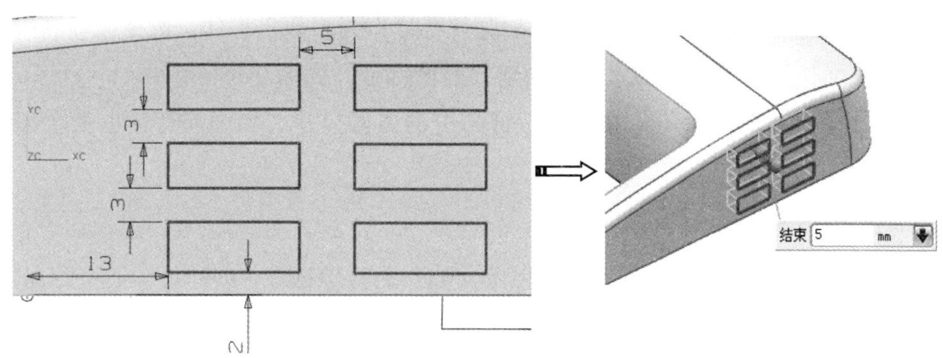

图 9-153　创建减材料拉伸特征 2

4．构建加强筋特征

加强筋特征主要使用【拉伸】命令来创建。

① 使用【拉伸】命令，选择如图 9-154 所示的草图曲线作为拉伸截面，创建拉伸结束距离为【16】的减材料拉伸特征 1。

② 使用【拉伸】命令，选择如图 9-155 所示的草图曲线作为拉伸截面，创建拉伸结束距离为【20】的减材料拉伸特征 2。

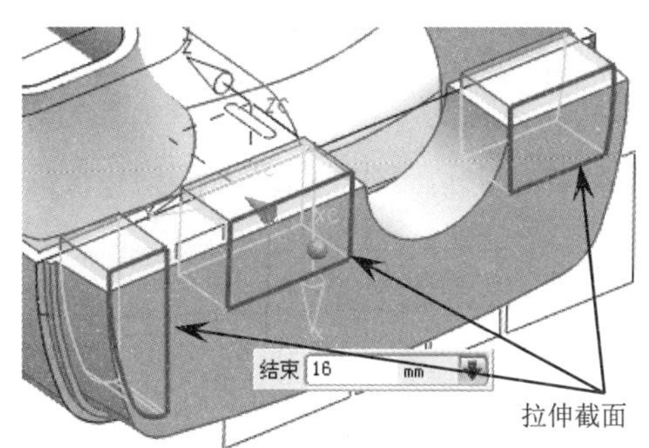

图 9-154　创建减材料拉伸特征 1

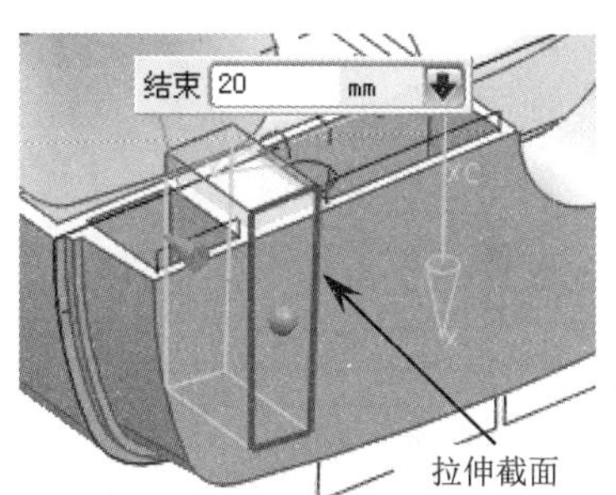

图 9-155　创建减材料拉伸特征 2

③ 使用【拉伸】命令，选择如图 9-156 所示的草图曲线作为拉伸截面，创建拉伸结束距离为【13】的减材料拉伸特征 3。

④ 使用【拉伸】命令，选择如图 9-157 所示的草图曲线作为拉伸截面，创建拉伸结束距离为【20】且两侧偏置为【2】的加材料拉伸特征。

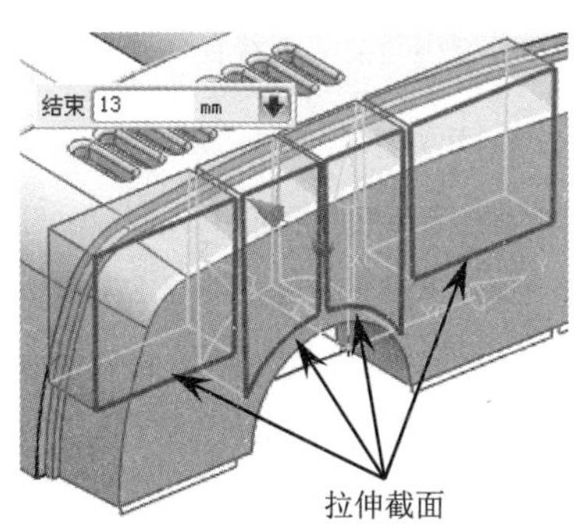

图 9-156　创建减材料拉伸特征 3

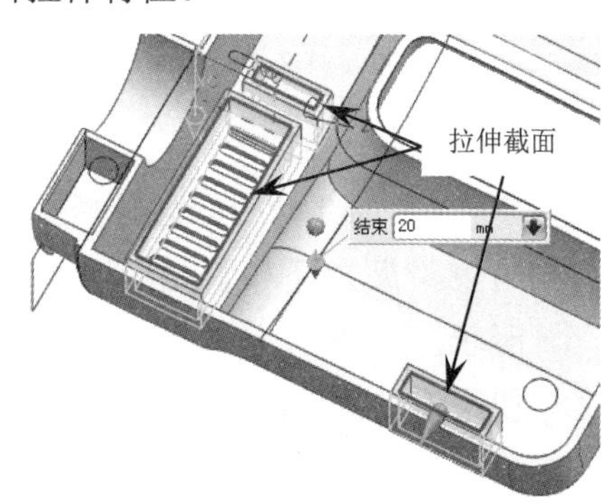

图 9-157　创建加材料拉伸特征

⑤ 使用【修剪体】命令，选择 3 个加强筋特征作为修剪目标体，选择加强筋所在的实体表面作为修剪工具面，然后创建修剪体特征，如图 9-158 所示。

⑥ 使用【合并】命令，将修剪体特征与手柄主体合并。加强筋特征也就全部构建完成了。

5. 创建 BOSS 柱和槽特征

① 使用【拉伸】命令，选择两个草图圆曲线作为拉伸截面，创建拉伸结束距离为【30】且两侧偏置为【-2.5】的拉伸特征，如图 9-159 所示。

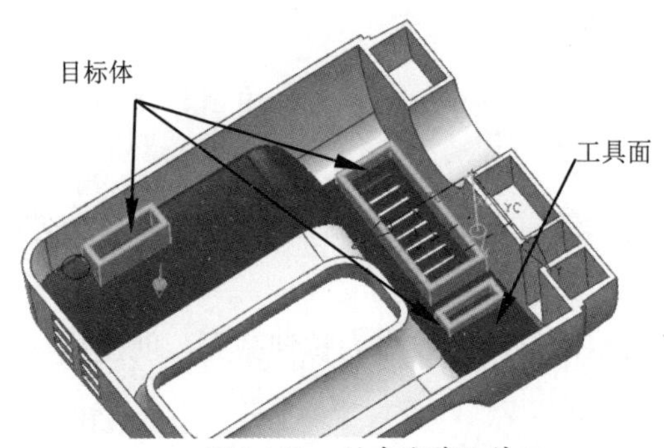

图 9-158 创建修剪体特征

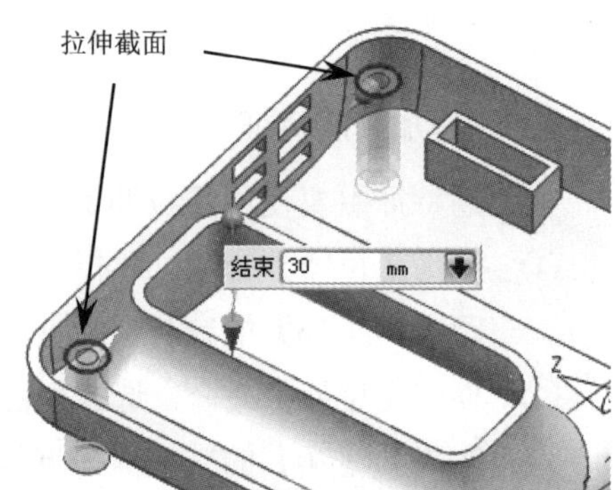

图 9-159 创建拉伸特征

② 使用【修剪体】命令，选择如图 9-160 所示的目标体和工具面，创建修剪体特征。

③ 使用【拔模】命令，以【边】类型选择修剪体特征上边缘作为固定边，创建拔模角度为【-2】的拔模特征，如图 9-161 所示。

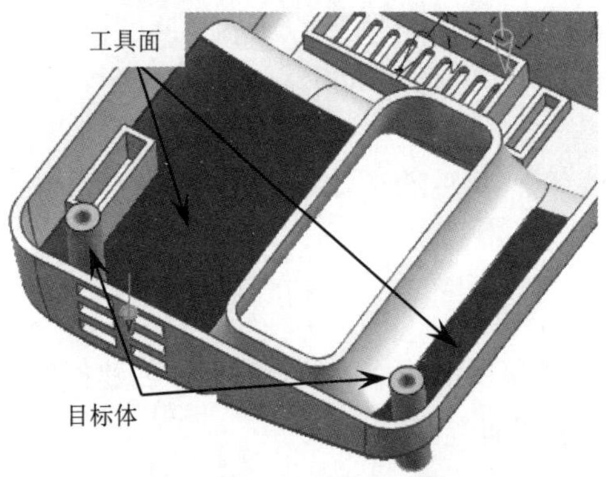

图 9-160 创建修剪体特征

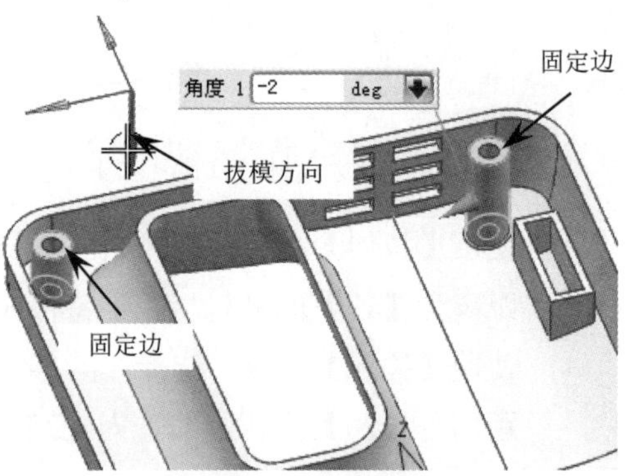

图 9-161 创建拔模特征

④ 使用【合并】命令，将拔模后的修剪体特征与手柄主体合并。

⑤ 使用【拉伸】命令，选择草图圆曲线作为拉伸截面，创建拉伸起始距离为【5】、结束距离为【30】，并且单侧偏置为【-1】的减材料拉伸特征 1，如图 9-162 所示。

⑥ 使用【边倒圆】命令，对步骤⑤创建的减材料拉伸特征边缘创建圆角半径为【1】的圆角特征，如图 9-163 所示。

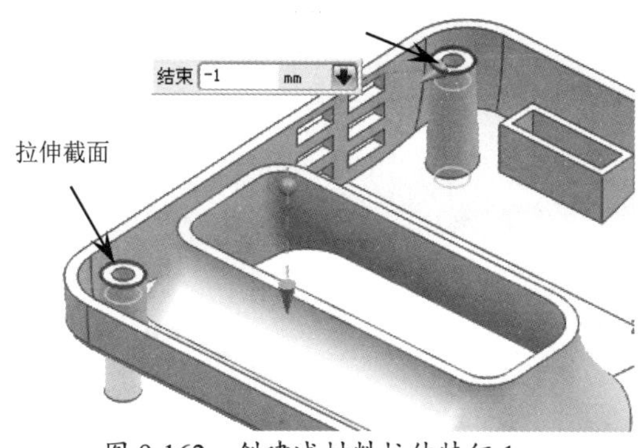

图 9-162　创建减材料拉伸特征 1

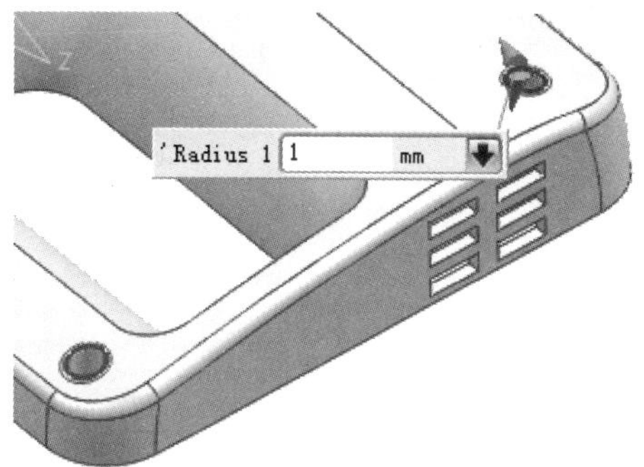

图 9-163　创建圆角特征

⑦　使用【拉伸】命令，选择如图 9-164 所示的主体模型边缘作为拉伸截面，创建拉伸结束距离为【1.5】，并且两侧偏置的起始距离为【1】、结束距离为【2】的减材料拉伸特征 2。

⑧　使用【拉伸】命令，选择如图 9-165 所示的孔边缘作为拉伸截面，创建拉伸结束距离为【1.5】，并且两侧偏置的起始距离为【-1.5】、结束距离为【4】的减材料拉伸特征 3。

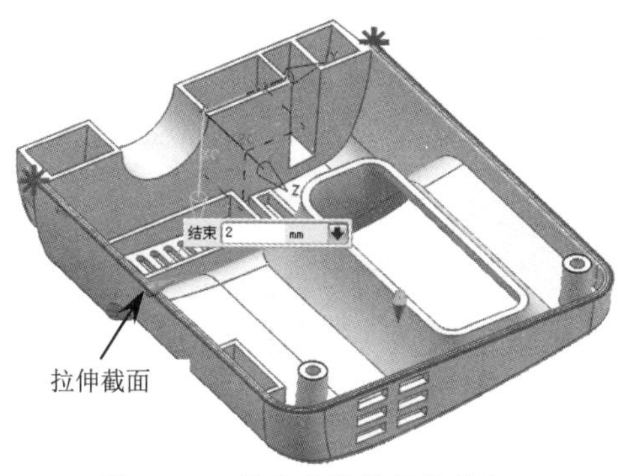

图 9-164　创建减材料拉伸特征 2

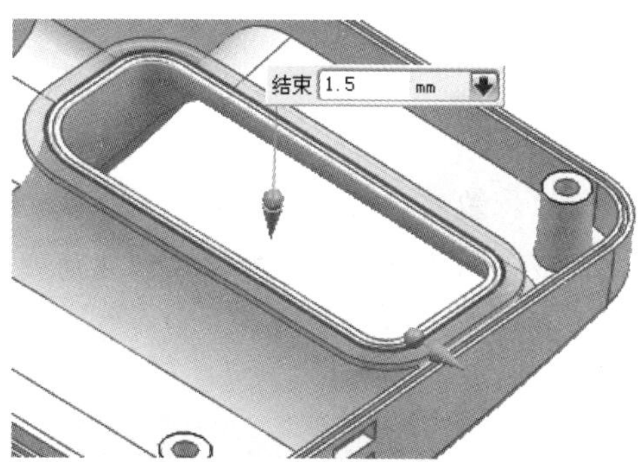

图 9-165　创建减材料拉伸特征 3

⑨　在 BOSS 柱与槽特征创建完成后，吸尘器手柄壳体设计工作就全部结束了。最后，将结果保存即可。

第 10 章

曲面造型设计

本章内容

在处理较为复杂的产品造型时，一般的实体建模功能不能满足设计的需要，这就要求我们使用曲面的造型功能。因为曲面的造型功能可以完成形状复杂、怪异、无规律变化的外观设计。

本章将详解 UG NX 2007 曲面造型设计的基本命令，包括以点数据来构建的曲面（常用于逆向工程）、网格曲面、常规曲面等。

知识要点

- ☑ 曲面概念及术语
- ☑ 通过点创建曲面
- ☑ 曲面网格划分
- ☑ 其他常规曲面设计

10.1　曲面概念及术语

UG NX 2007 提供了多种创建曲面的命令，可以通过点创建曲面，如【通过点】、【从极点】和【从点云】等；可以通过曲线创建曲面，如【直纹】、【通过曲线组】和【通过曲线网格】等；可以通过扫掠的方式得到曲面，如【扫掠】等；可以通过曲面操作得到曲面，如【延伸片体】、【桥接曲面】和【修剪片体】等。这些命令在使用时都非常快捷、方便，直接单击【曲面】选项卡上的相应命令按钮即可进入相应的对话框。这些命令的另一个优点是，大多数命令都具有参数化设计的特点，便于及时根据设计要求修改曲面。

在使用UG自由曲面设计功能进行造型设计前，需要先了解一些相关的曲面概念及术语，包括全息片体、行与列、曲面阶次、曲面公差、补片、截面曲线及引导线等。

- 全息片体：在 UG 软件中，大多数命令所构造的曲面都是参数化的特征，这些曲面特征被称为全息片体（片体）。全息片体为全关联、参数化的曲面。这类曲面的共同特点是由曲线生成，曲面与曲线具有关联性。当构造曲面的曲线被修改后，曲面会随之自动更新。
- 行与列：3D 软件中都包括通过点创建的曲线、控制点曲线和 B 样条曲线等，曲面就是由这些曲线构成的。我们可以把曲面看作布，布上面有很多经纬线，实际上曲面中也有经纬线。构成曲面的这些经纬线被称为行与列。行定义了片体的 U 方向，而列则是大致垂直于行的纵向曲线方向（V 方向），如图 10-1 所示，通过 6 个点定义了曲面的第一行。

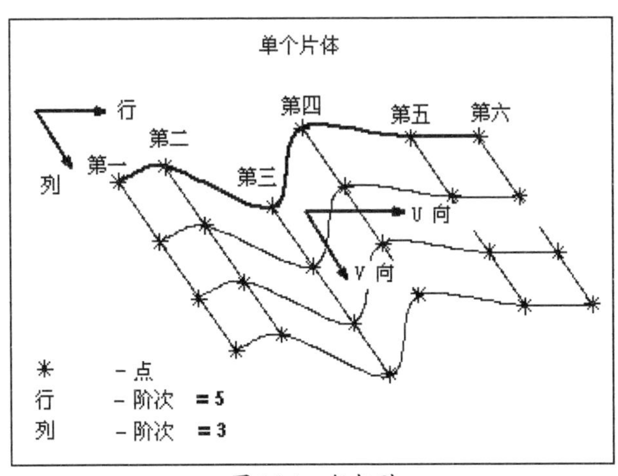

图 10-1　行与列

- 曲面阶次：阶次是一个数学概念，表示定义曲面的 3 次多项式方程的最高次数。UG 软件中使用相同的概念定义片体，每个片体均含有 U、V 两个方向的阶次。UG 软件中建立片体的阶次范围为 2～24。曲面阶次过高会导致系统运算速度变慢，同时容易在数据转换时产生错误。对高阶片体而言，若要使片体的形状发生可感知的改变，则必须把极点移动很长的距离。从这方面而言，高阶片体更“硬”，低阶片体更“软”，并趋向于更紧密地跟随它们的极点。

- 曲面公差：某些自由曲面特征在建立时会使用近似方法，因此需要使用公差来限制。曲面公差一般有两种，即距离公差和角度公差。距离公差是指建立的近似片体与理论上的精确片体所允许的距离误差；角度公差是指建立的近似片体的面法向与理论上的精确片体的面法向所允许的角度误差。
- 补片：补片是指构成曲面的片体。UG 软件中主要有两种补片的使用方法：一种是由单一补片构成曲面；另一种是由多个补片组合成曲面。在创建片体时，最好将用于定义片体的补片数降到最低。限制补片数可以改善下游软件的运行速度并产生一个更光滑的片体。
- 截面曲线：截面曲线用于控制曲面 U 方向的方位和尺寸变化。截面曲线可以是单条或多条曲线，其不必光顺，并且每条截面曲线内的曲线数量可以不同，一般不超过 150 条。
- 引导线：引导线用于控制曲面 V 方向的方位和尺寸变化。引导线可以是样条曲线、实体边缘和面的边缘，并且可以是单条曲线，也可以是多条曲线。引导线最多可选择 3 条，并且要求 G1 连续。

10.2 通过点创建曲面

在 UG NX 2007 中，通过点创建曲面是指利用导入的点数据创建曲线、曲面的过程。通过点创建曲面的方法包括通过点、从极点和从点云创建曲面 3 种。

上述几种方法所创建的曲面与点数据之间不存在关联性，是非参数化的。即当使用上述几种方法创建曲面后，曲面不会产生关联性变化。另外，由于其创建的曲面光顺性比较差，因此曲面建模中一般很少使用此类方法。但是通过点创建曲面的方法主要用来处理逆向点云数据，也就是产品逆向设计方法的一种。

10.2.1 通过点

【通过点】命令用于通过矩形阵列点来创建曲面。该命令也是通过定义曲面的控制点来创建曲面的。控制点对曲面的控制是以将点组合为链的方式来实现的，链的数量决定了曲面的光顺程度。

在【曲面】选项卡的【基本】面板中的【更多】库中单击【通过点】按钮，弹出【通过点】对话框，如图 10-2 所示。通过该对话框，用户可以设置补片类型（单个或多个），并设置片体的阶次。

技巧点拨：

如果没有此命令，请用户通过【定制】命令调出。

在确定补片类型后，单击该对话框中的【确定】按钮，弹出【过点】对话框。此对话框包括 4 种确定曲线链（曲面第一行）的方法，如图 10-3 所示。

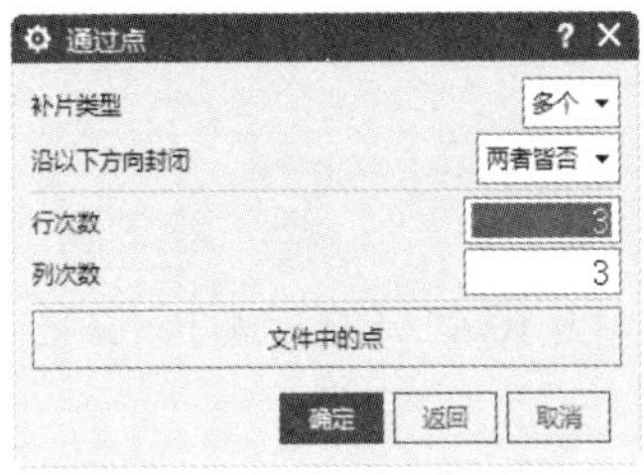

图 10-2　【通过点】对话框

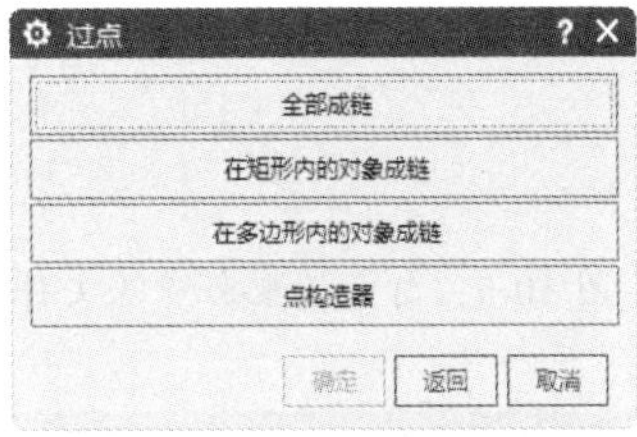

图 10-3　【过点】对话框

【通过点】对话框中的各选项含义如下所述。

- 补片类型：包括【单个】和【多个】选项，如图 10-4 所示。

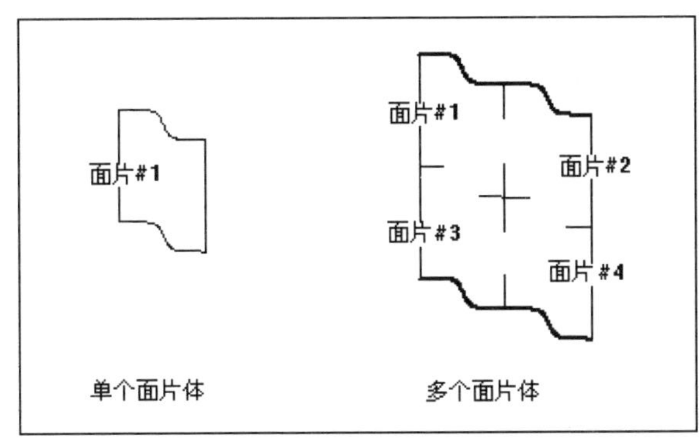

图 10-4　补片的两种类型

技巧点拨：

对【单个】补片类型而言，最小的行数或每行的点数是 2（最小阶次为 1）；最大的行数或每行的点数是 25（最高阶次为 24+1）。

- 沿以下方向封闭：沿着点数据阵列的方向创建曲面，包括行方向和列方向。
- 行次数：点阵的行阶次。
- 列次数：点阵的列阶次。
- 文件中的点：单击此按钮，即可从文件中获得用户自己创建的点数据。

动手操作——使用【通过点】命令生成曲面

① 打开本例的配套资源文件【10-1.prt】，如图 10-5 所示。

② 在【菜单】下拉菜单中选择【插入】|【曲面】|【通过点】命令，弹出【通过点】对话框，如图 10-6 所示。

③ 单击【确定】按钮，弹出【过点】对话框。单击【在矩形内的对象成链】按钮，弹出【指定点】对话框。

④ 先将鼠标指针移动到图形区，单击第一行左上角，再将鼠标指针移动到第一行右下角单击，形成一个矩形，然后根据提示选择第一点和最后一点使其成链，如图 10-7 所示。

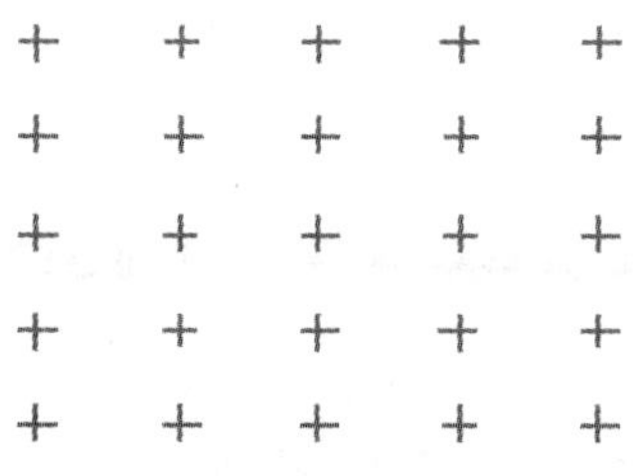

图 10-5　打开的配套资源文件

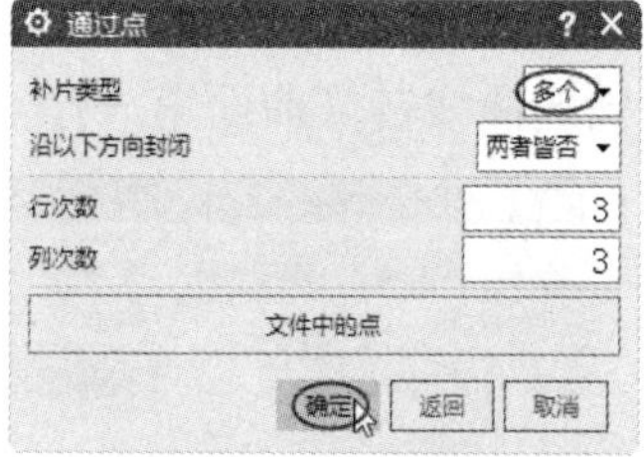

图 10-6　【通过点】对话框

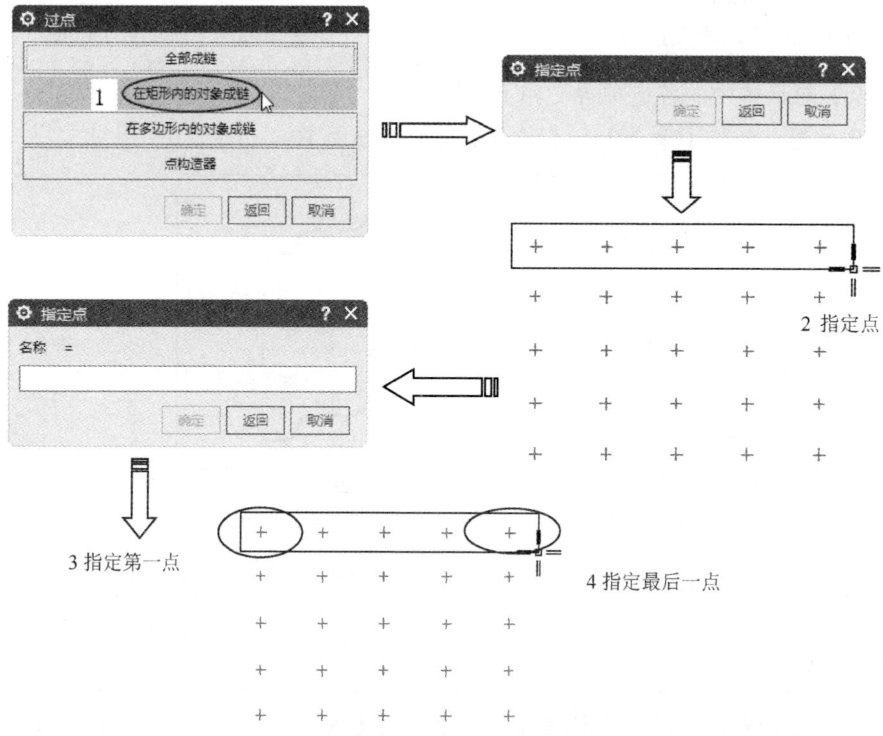

图 10-7　使指定的点成链

技巧点拨：

由于使用了【在矩形内的对象成链】方式，因此为了方便选择点，需要把视图方位调整到正确位置（俯视图）。

⑤ 参照步骤④同时选择第二行、第三行和第四行的点使其成链。

⑥ 选择剩下的一行点使其成链，随后弹出【过点】对话框，如图 10-8 所示。

技巧点拨：

能否弹出【过点】对话框，除了与用户设定的行次数和列次数有关，还与用户创建的曲线链有关。例如，将【行次数】和【列次数】设为【3】，则必须创建 4 条曲线链。若将【行次数】和【列次数】设为【2】，则仅创建 3 条曲线链即可。

⑦ 单击【所有指定的点】按钮，自动创建曲面，然后单击【确定】按钮，退出【过点】对话框。创建的通过点曲面如图 10-9 所示。

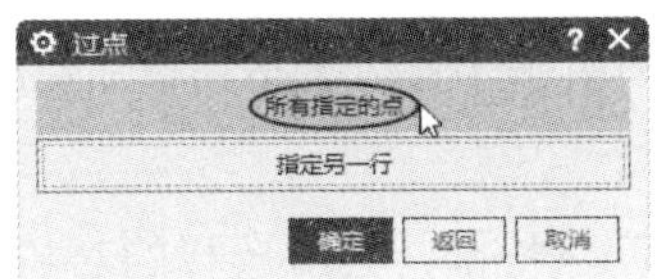

图 10-8　【过点】对话框

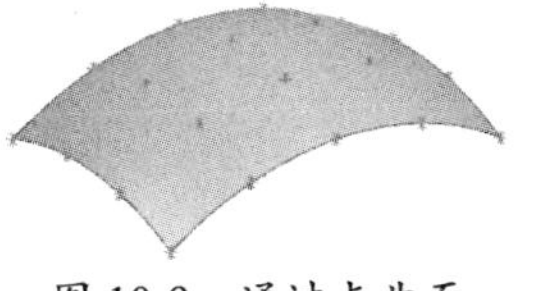
图 10-9　通过点曲面

10.2.2　从极点

【从极点】命令用于通过定义曲面极点的矩形阵列点来创建曲面。在【曲面】选项卡的【基本】面板中单击【从极点】按钮，弹出【从极点】对话框，如图 10-10 所示。

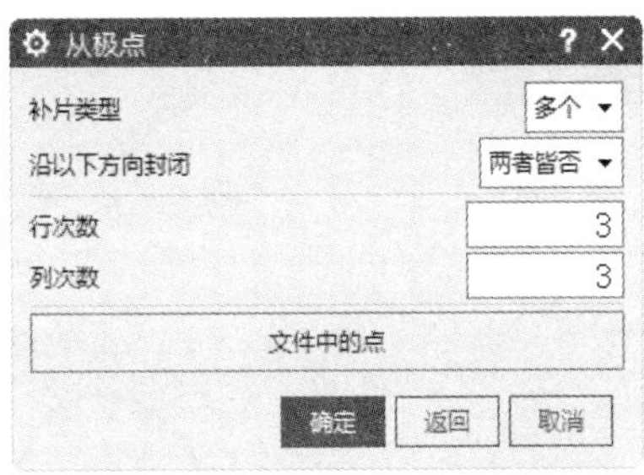

图 10-10　【从极点】对话框

技巧点拨：

与【通过点】命令所不同的是，【从极点】命令需要用户选择极点来定义曲面的行，并且极点数必须满足曲面阶次，即 3 阶的曲面必须有 4 个或 4 个以上的点，如图 10-11 所示。

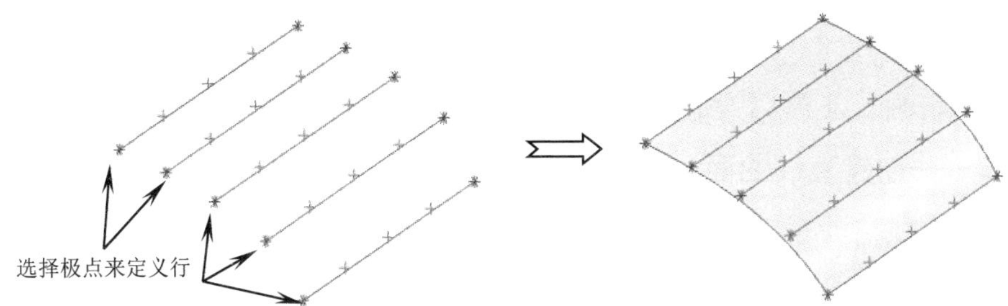

图 10-11　使用【从极点】命令所选择的极点与曲面

10.3　曲面网格划分

下面介绍的几个命令提供了 UG 软件中最基本的曲面构建功能，是在产品设计过程中应用较多的工具。

10.3.1　直纹

UG 中的“直纹”也可称为“放样”。使用【直纹】命令可以通过两条截面线串生成曲面或实体。截面线串可以由单个或多个对象组成，每个对象都可以是曲线、实体边界或实体表面等几何体。

在【曲面】选项卡的【基本】面板中的【更多】库中单击【直纹】按钮，弹出【直纹】对话框，如图 10-12 所示。

通过【直纹】对话框，用户需选择两条截面线串以创建特征，其所选择的对象可以为多重或单一曲线、片体边界、实体表面。若为多重曲线，则程序会根据所选择的起始弧及起始弧的位置来定义向量方向，并会按选择的顺序生成片体。若选择的截面曲线为开放曲线，则会生成曲面；若选择的截面曲线为闭合曲线，则会生成实体，如图 10-13 所示。

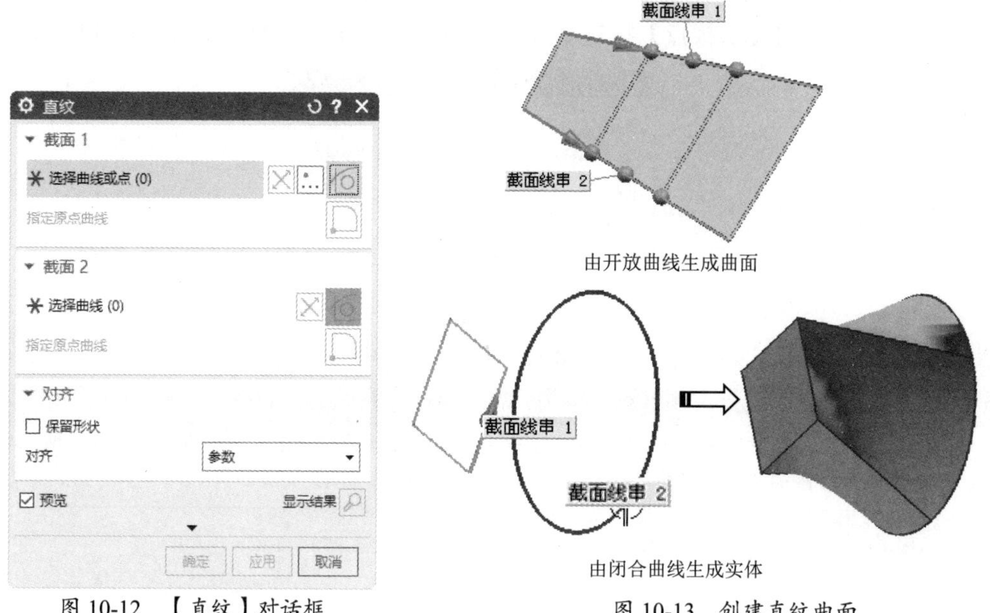

图 10-12 【直纹】对话框　　　图 10-13 创建直纹曲面

动手操作——创建直纹曲面

本实例主要用于了解直纹曲面的参数与点对齐的区别，并设计钻石造型，如图 10-14 所示。钻石造型由 3 部分组成，即上多面体、拉伸面和下多面体，需要使用两次【直纹】命令和一次【拉伸】命令才能完成，具体的步骤如下所述。

① 在【菜单】下拉菜单中选择【插入】|【曲线】|【多边形】命令，弹出【多边形】对话框。

② 设置多边形的【边数】为【8】，单击【确定】按钮，如图 10-15 所示。

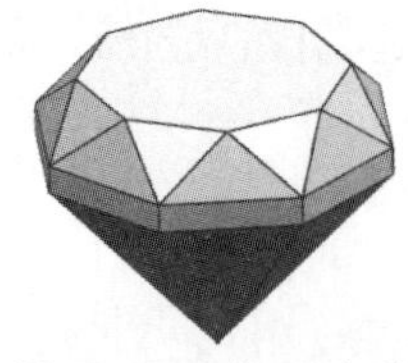

图 10-14 钻石造型

图 10-15 【多边形】对话框

③ 弹出【多边形】创建方式对话框，单击【外接圆半径】按钮，弹出【多边形】尺寸对话框，创建第 1 个八边形，如图 10-16 所示。

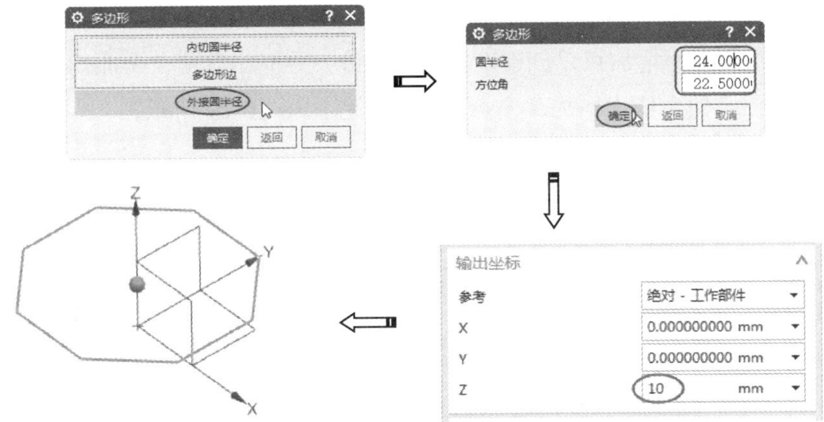

图 10-16　创建第 1 个八边形

④ 创建第 2 个八边形，如图 10-17 所示。

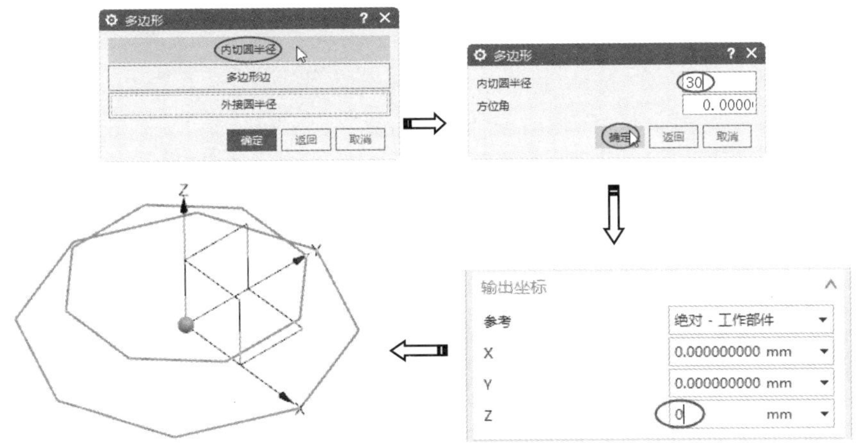

图 10-17　创建第 2 个八边形

⑤ 在【曲面】选项卡的【基本】面板中的【更多】库中单击【直纹】按钮，弹出【直纹】对话框。将鼠标指针移动到图形区，选择截面线串 1，然后在【截面 2】选项区中激活【选择曲线】选项，或者按鼠标中键，选择截面线串 2，如图 10-18 所示。

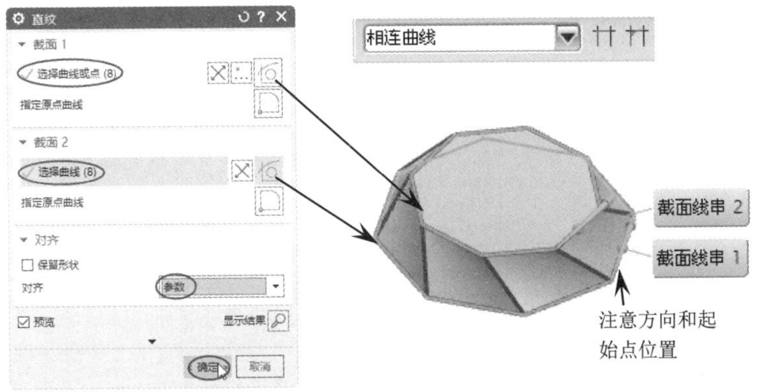

图 10-18　选择截面线串 1 和截面线串 2

⑥ 在【对齐】选项区的【对齐】下拉列表中选择【根据点】选项，激活【指定点】选项，在直线中间增加点以创建新的直纹边缘，并拖动点使一个面均匀地划分为两个三角形面，然后依次增加 7 个点，操作过程如图 10-19 所示。

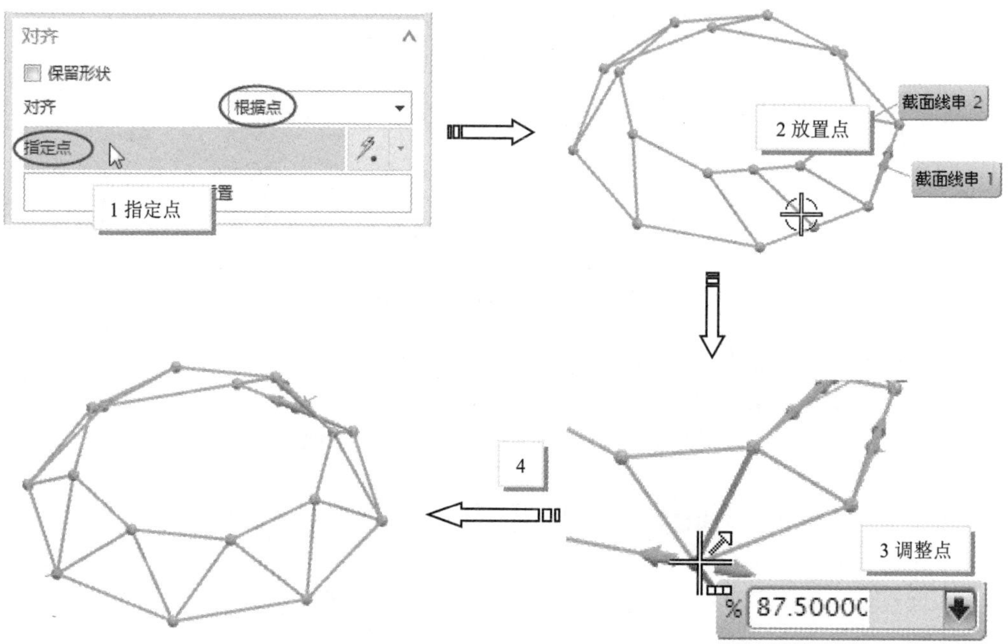

图 10-19 增加点的操作过程

⑦ 单击【确定】按钮，退出【直纹】对话框。

⑧ 在【主页】选项卡的【基本】面板中单击【拉伸】按钮，弹出【拉伸】对话框。选择底部面的边缘作为拉伸的对象。输入拉伸终止距离值【6】，单击【确定】按钮，完成拉伸特征的创建，如图 10-20 所示。

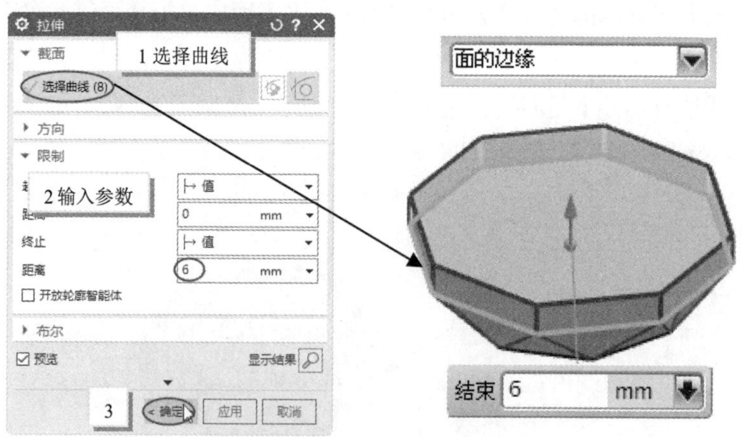

图 10-20 创建拉伸特征

⑨ 在【菜单】下拉菜单中选择【插入】|【基准】|【点】命令，弹出【点】对话框，在坐标 X=0、Y=0、Z=−50 处创建一个点。

⑩ 在【曲面】选项卡的【基本】面板中的【更多】库中单击【直纹】按钮，弹出【直纹】对话框，将鼠标指针移动到图形区，选择一个点作为截面线串 1，选择底部面边缘作为截面线串 2，单击【确定】按钮，完成钻石造型的创建，如图 10-21 所示。

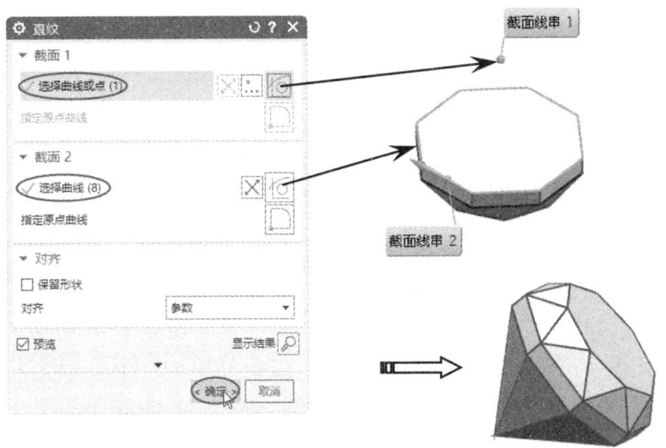

图 10-21　创建钻石造型

⑪ 在【主页】选项卡的【基本】面板中单击【合并】按钮，弹出【合并】对话框。选择任意实体作为目标体，选择其他实体作为工具体，单击【确定】按钮，退出【合并】对话框。

10.3.2　通过曲线组

【通过曲线组】命令用于通过一系列轮廓曲线（大致在同一方向）创建曲面或实体。轮廓曲线又叫截面线串。使用【通过曲线组】命令生成的特征与截面线串相关，当截面线串被修改后，特征会自动更新。

在【曲面】选项卡的【基本】面板中单击【通过曲线组】按钮，弹出【通过曲线组】对话框，如图 10-22 所示。通过曲线组创建的曲面如图 10-23 所示。

图 10-22　【通过曲线组】对话框

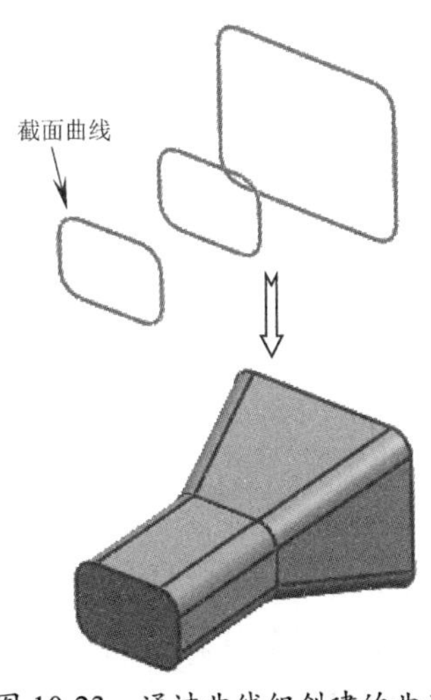

图 10-23　通过曲线组创建的曲面

【通过曲线组】命令与【直纹】命令类似，区别在于【直纹】命令只适用于两条截面线串，并且两条截面线串之间是相连的，而【通过曲线组】命令最多允许使用 150 条截面线串。

技巧点拨：

在选择截面线串时，截面曲线的矢量方向应保持一致。因此在使用光标选择曲线时应注意选择位置，若选择的截面曲线的矢量方向相反，则会使曲面发生扭曲变形。

动手操作——通过曲线组创建曲面

图 10-24 沐浴露瓶的设计效果

沐浴露瓶的设计效果如图 10-24 所示。下面我们仅对瓶身部分造型。

① 打开本例的配套资源文件【10-2.prt】。

② 在【曲面】选项卡的【基本】面板中单击【通过曲线组】按钮，弹出【通过曲线组】对话框。

③ 按信息提示先选择椭圆 1 作为第 1 个截面，如图 10-25 所示。然后单击【添加新截面】按钮⊕，再按信息提示选择椭圆 2 作为第 2 个截面，如图 10-26 所示。

图 10-25 选择第 1 个截面

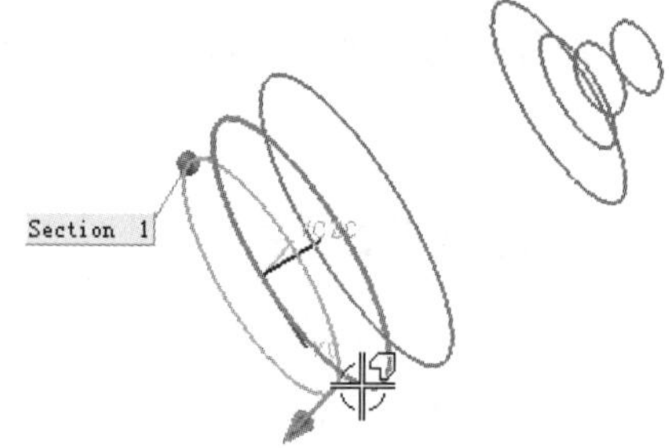

图 10-26 选择第 2 个截面

④ 同步骤 ③，继续以【添加新截面】的方式添加其余椭圆为截面（不添加椭圆 7），并且必须保证截面的生成方向始终一致，如图 10-27 所示。

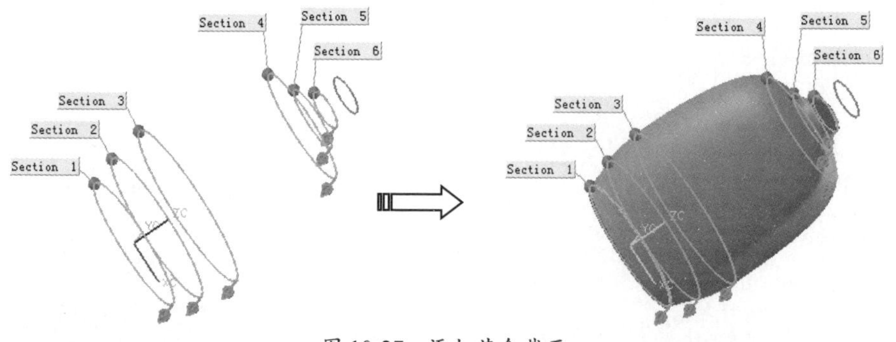

图 10-27 添加其余截面

⑤ 其余选项保持默认设置，单击【应用】按钮，完成实体 1 的创建。

⑥ 在【主页】选项卡的【基本】面板中的【更多】库中单击【圆柱】按钮，弹出【圆柱】对话框。在类型下拉列表中选择【轴、直径和高度】选项，然后按信息提

示在图形区中选择 ZC 轴方向上的矢量轴，激活【指定点】选项，再选择如图 10-28 所示的截面圆的圆心作为参考点。

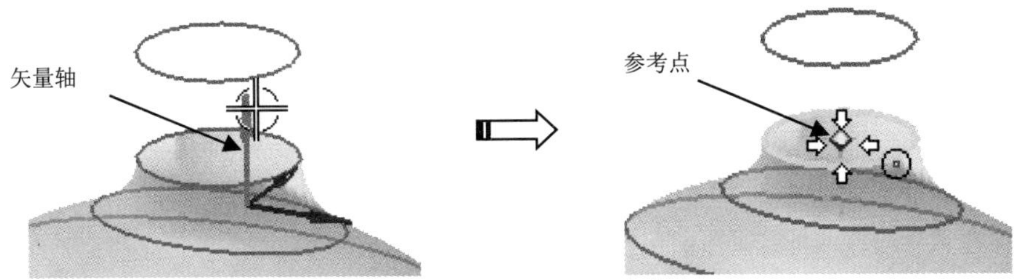

图 10-28　选择矢量轴和参考点

⑦ 在【圆柱】对话框的【尺寸】选项区中设置圆柱的【直径】为【30】、【高度】为【20】，最后单击【确定】按钮，完成圆柱体的创建，如图 10-29 所示。

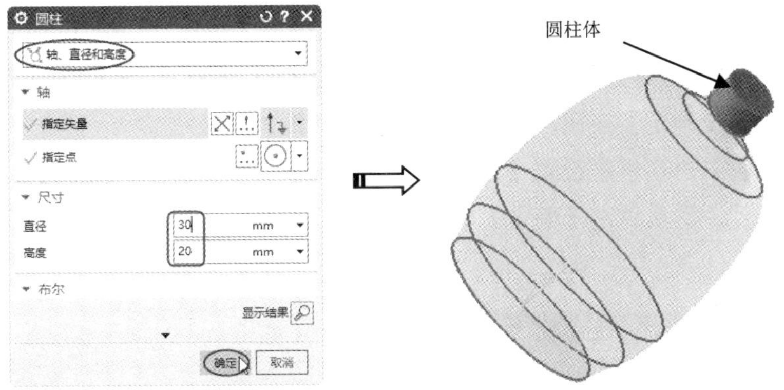

图 10-29　创建圆柱体

⑧ 使用【合并】命令，将实体 1 和圆柱体合并，得到的整体就是瓶身主体。

⑨ 在上边框条最右侧单击下三角按钮，并在弹出的下拉菜单中单击【实用工具组】|【WCS 下拉菜单】|【WCS 定向】按钮，然后在图形区中选中 XC 轴方向的手柄，并在弹出的浮动文本框内输入距离值【40】，按【Enter】键，工作坐标系会向 XC 轴正方向平移。在图形区中选中 ZC 轴方向的手柄，并在弹出的浮动文本框内输入距离值【106】，按【Enter】键，工作坐标系会向 ZC 轴正方向平移，如图 10-30 所示。

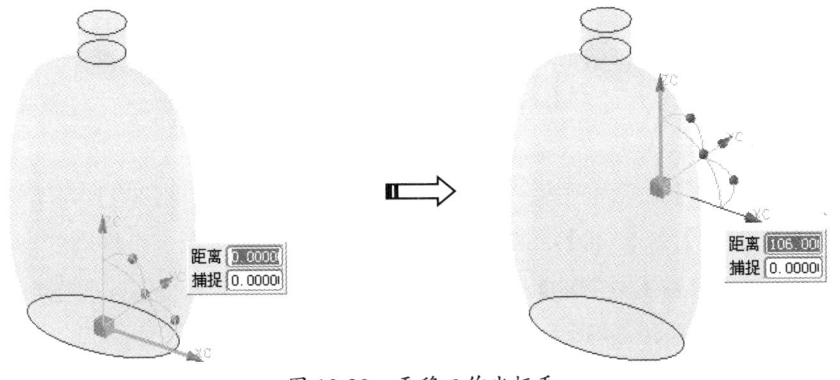

图 10-30　平移工作坐标系

⑩ 选中 YC-ZC 平面上的旋转手柄，然后在浮动文本框内输入角度值【90】，按【Enter】键，工作坐标系会绕 XC 轴旋转，如图 10-31 所示。

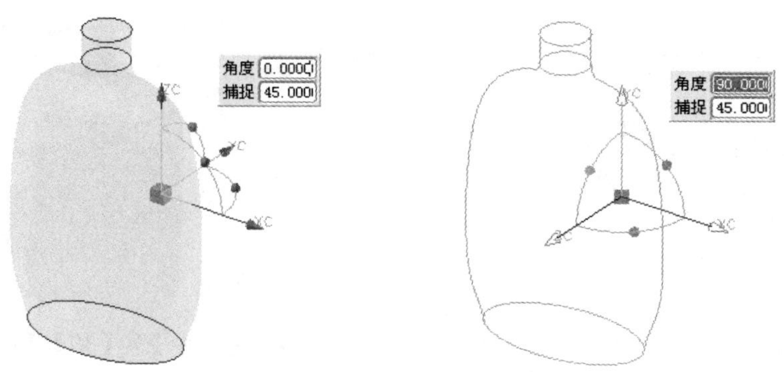

图 10-31　旋转工作坐标系

⑪ 在【曲线】选项卡的【基本】面板中单击【椭圆】按钮○，弹出【点】对话框。在该对话框中输入椭圆圆心坐标值（【XC】为【0】、【YC】为【0】、【ZC】为【0】），然后单击【确定】按钮，弹出【椭圆】对话框。

⑫ 在【椭圆】对话框中设置【长半轴】为【16】、【短半轴】为【40】。其余参数保持默认设置，然后单击【确定】按钮，创建第 1 个椭圆，如图 10-32 所示。

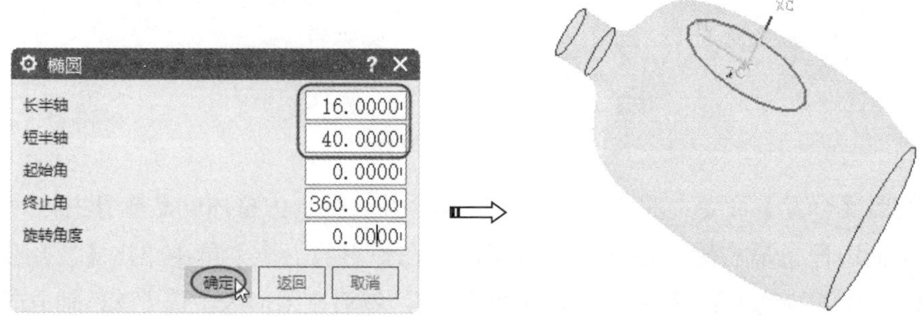

图 10-32　创建第 1 个椭圆

⑬ 单击【椭圆】对话框中的【返回】按钮，返回【点】对话框。在【点】对话框中输入第 2 个椭圆的圆心坐标值（【XC】为【-4】、【YC】为【0】、【ZC】为【40】），然后单击【确定】按钮。

⑭ 随后弹出【椭圆】对话框。在该对话框中设置第 2 个椭圆的参数——【长半轴】为【22】、【短半轴】为【55】，然后单击【确定】按钮，在图形区中创建第 2 个椭圆，如图 10-33 所示。

⑮ 同理，在【点】对话框中输入第 3 个椭圆的圆心坐标值（【XC】为【-4】、【YC】为【0】、【ZC】为【-40】），并在【椭圆】对话框中设置第 3 个椭圆的参数——【长半轴】为【22】、【短半轴】为【55】，然后单击【确定】按钮，在图形区中创建第 3 个椭圆，如图 10-34 所示。

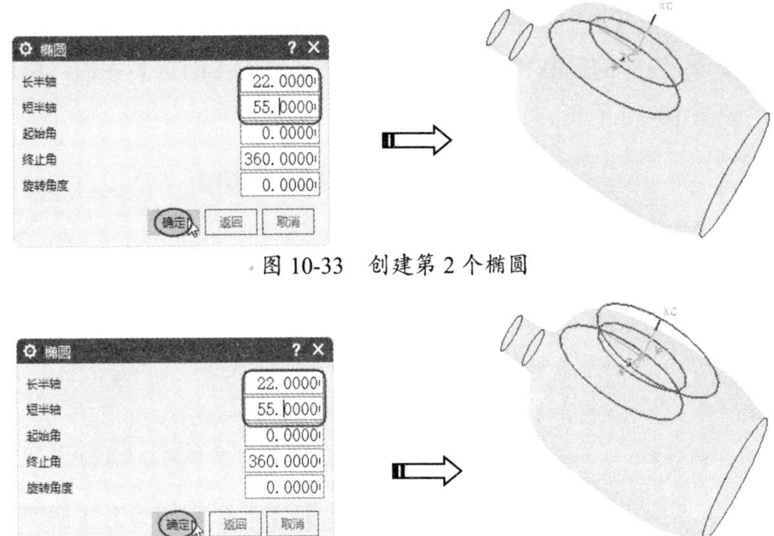

图 10-33　创建第 2 个椭圆

图 10-34　创建第 3 个椭圆

⑯ 在【曲面】选项卡的【基本】面板中单击【通过曲线组】按钮，弹出【通过曲线组】对话框。

⑰ 以【添加新截面】的方式选择并添加椭圆 3、椭圆 1 和椭圆 2 作为截面 1、截面 2 和截面 3，如图 10-35 所示。

⑱ 其余选项保持默认设置，然后单击【确定】按钮，完成实体特征的创建，如图 10-36 所示。

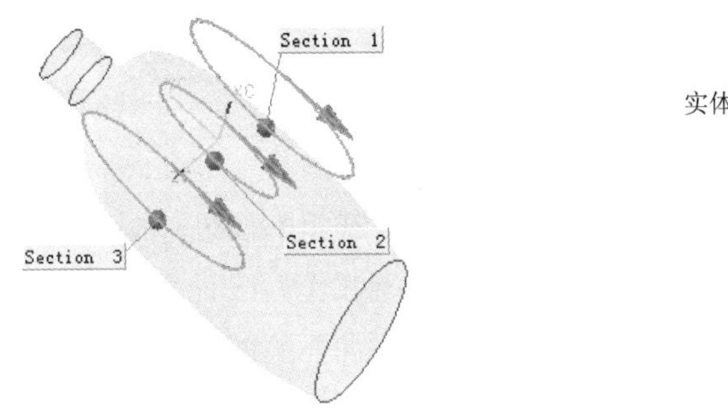

图 10-35　选择并添加的 3 个截面

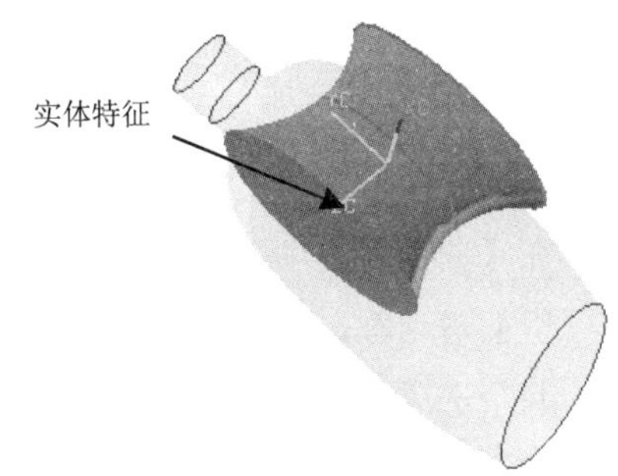

图 10-36　创建的实体特征

⑲ 使用【减去】命令，以瓶身主体作为目标体，以实体特征作为工具体，创建手把形状，如图 10-37 所示。

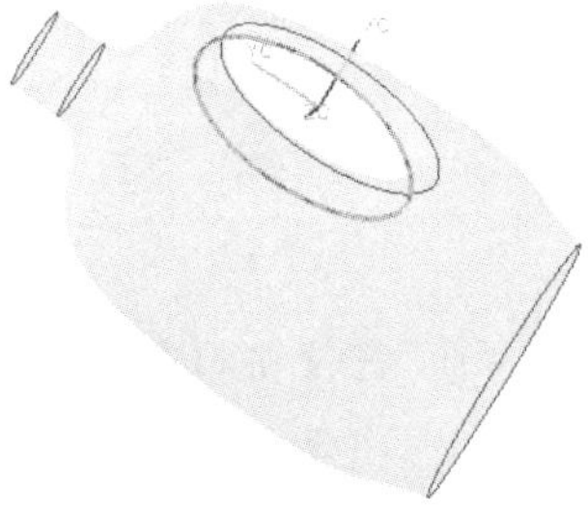

⑳ 将工作坐标系设为绝对坐标系，即在【坐标系】对话框中设置坐标系类型为【绝对坐标系】。

㉑ 使用【椭圆】命令，以绝对坐标系的原点作为椭圆的圆心，并且设置椭圆的【长半轴】为【47.5】、【短半轴】为【25】，创建如图 10-38 所示的椭圆。

㉒ 在【菜单】下拉菜单中选择【编辑】|【曲线】|【分

图 10-37　创建手把形状

割】命令，弹出【分割曲线】对话框。在此对话框中设置类型为【等分段】，然后选择步骤 ㉑ 创建的椭圆作为要分割的对象，单击【确定】按钮，椭圆会被分割成两段，如图 10-39 所示。

图 10-38 创建椭圆　　图 10-39 将椭圆分割成两段

㉓ 在【菜单】下拉菜单中选择【插入】|【曲线】|【直线和圆弧】|【圆弧（点-点-点）】命令，弹出【圆弧（点…】对话框和浮动文本框。

㉔ 按信息提示选择椭圆的两个分割点作为圆弧的起点和终点，然后在浮动文本框中输入圆弧的中点坐标值（【XC】为【0】、【YC】为【0】、【ZC】为【5】），最后按鼠标中键，完成圆弧的创建，如图 10-40 所示。

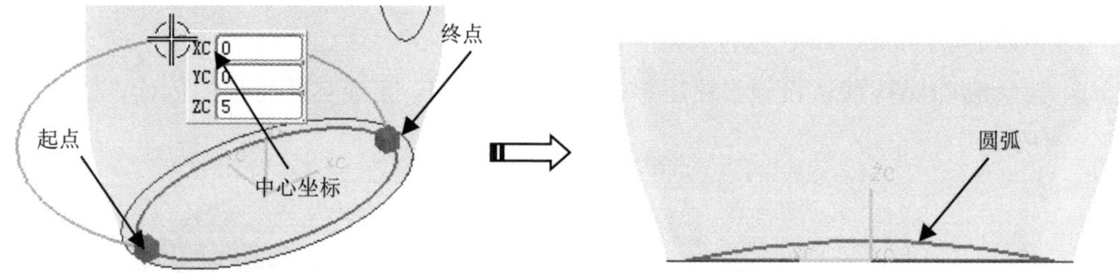

图 10-40 创建圆弧

㉕ 在【曲面】选项卡的【基本】面板中单击【通过曲线组】按钮，弹出【通过曲线组】对话框。以【添加新截面】的方式选择 3 段圆弧作为截面 1、截面 2 和截面 3，其余选项保持默认设置，单击【确定】按钮，完成曲面的创建，如图 10-41 所示。

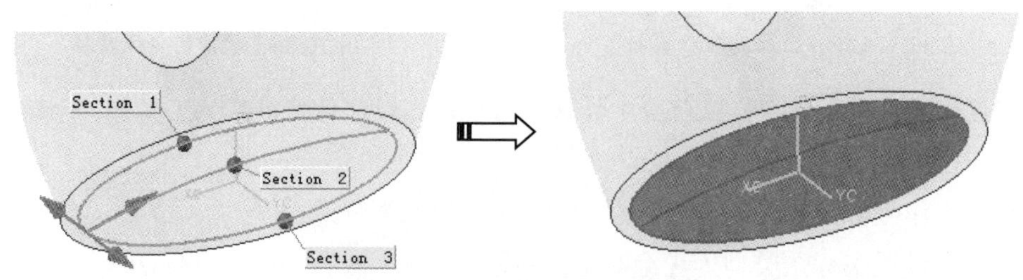

图 10-41 选择截面并创建曲面

㉖ 在【主页】选项卡的【基本】面板中的【更多】库中单击【修剪体】按钮，弹出【修剪体】对话框。按信息提示选择瓶身主体作为目标体，选择步骤 ㉕ 创建的曲面作为工具面，保持默认的修剪方向，然后单击【确定】按钮，完成修剪体操作，

如图 10-42 所示。

图 10-42　修剪瓶身主体

㉗　使用【边倒圆】命令，选择手把位置上的左右两条边进行边倒圆，输入圆角半径值【1】，如图 10-43 所示。

㉘　选择底座形状上的内、外边进行边倒圆，输入圆角半径值【2.5】，如图 10-44 所示。

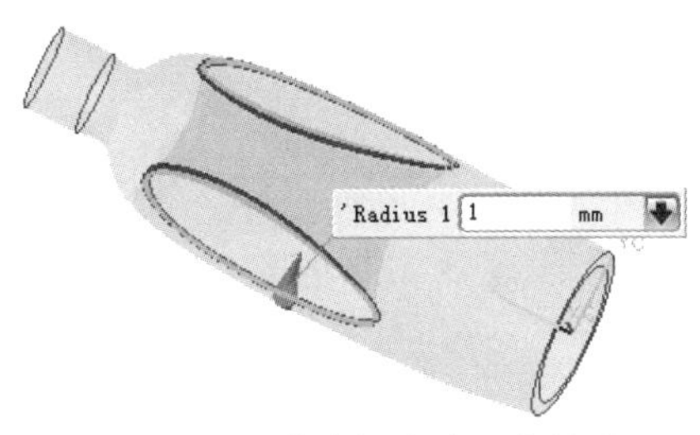

图 10-43　对手把边进行边倒圆

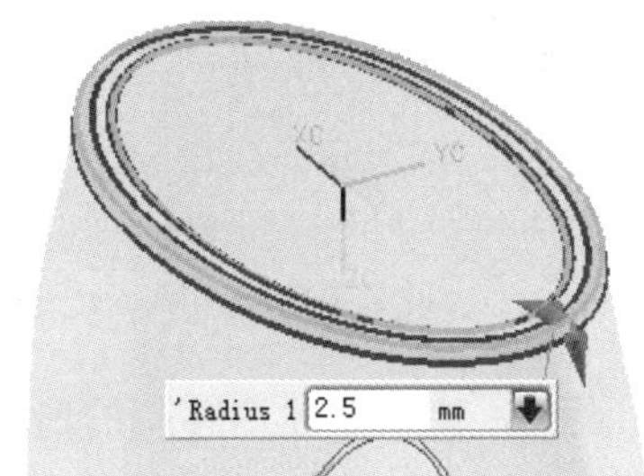

图 10-44　对底座特征进行边倒圆

㉙　在【主页】选项卡的【基本】面板中单击【抽壳】按钮，弹出【抽壳】对话框。在此对话框中设置类型为【移除面，然后抽壳】，并按信息提示选择瓶口端面作为要移除的面，输入抽壳厚度值【1.5】，然后单击【确定】按钮，完成抽壳操作，如图 10-45 所示。

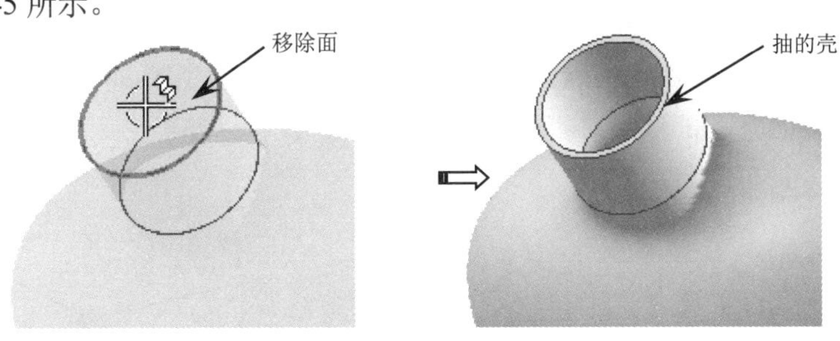

图 10-45　完成瓶身主体的抽壳操作

技巧点拨：

瓶口螺纹特征属于外螺纹特征，而 UG 软件提供的螺纹创建命令只能创建内螺纹特征，因此瓶口螺纹特征需要使用【螺旋线】命令、【草图】命令和【扫掠】命令来完成。

㉚　在【主页】选项卡的【基本】面板中单击【拉伸】按钮，弹出【拉伸】对话框。按信息提示选择瓶口处的一条边作为拉伸截面，如图 10-46 所示。

㉛　在对话框中设置如下拉伸参数：选择 ZC 轴作为拉伸矢量；在【限制】选项区中输

入起始距离值【0】和结束距离值【2】；在【布尔】选项区的【布尔】下拉列表中选择【合并】选项；在【偏置】选项区的【偏置】下拉列表中选择【两侧】选项，并输入偏置的起始值【0】和结束值【3】，如图 10-47 所示。

㉜ 单击【确定】按钮，完成拉伸特征的创建，如图 10-48 所示。

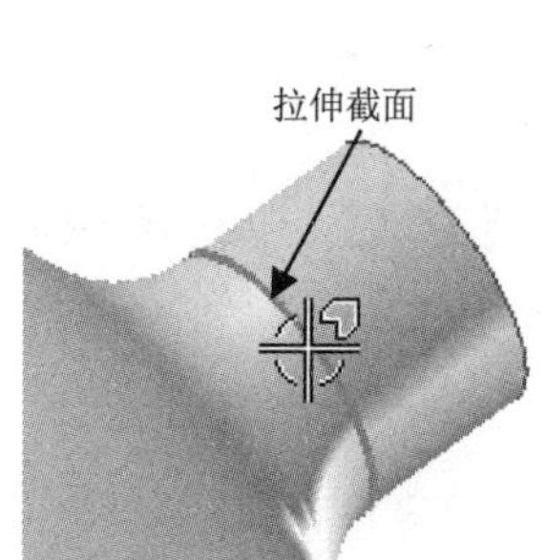

图 10-46 选择拉伸截面

图 10-47 设置拉伸参数

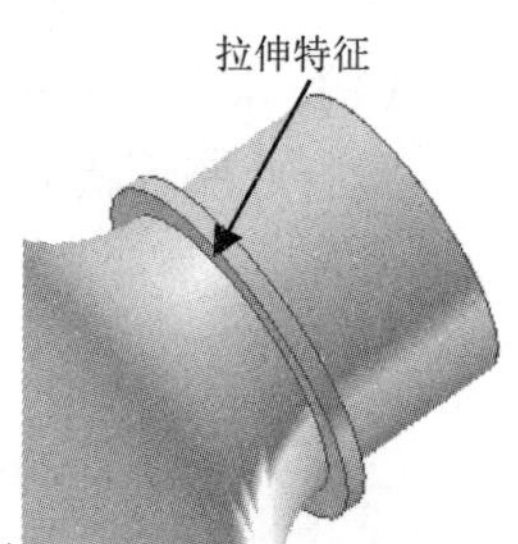

图 10-48 创建拉伸特征

㉝ 至此，完成了沐浴露瓶的造型。

10.3.3 通过曲线网格

【通过曲线网格】命令用于通过一个方向的截面曲线和另一个方向的引导线创建曲面或实体。通常第一组截面曲线称为主曲线，第二组引导线称为交叉曲线。由于没有对齐选项，因此在生成曲面时，主曲线上的尖角不会生成锐边。

在【曲面】选项卡的【基本】面板中单击【通过曲线网格】按钮，弹出【通过曲线网格】对话框，如图 10-49 所示。通过曲线网格创建的曲面如图 10-50 所示。

图 10-49 【通过曲线网格】对话框

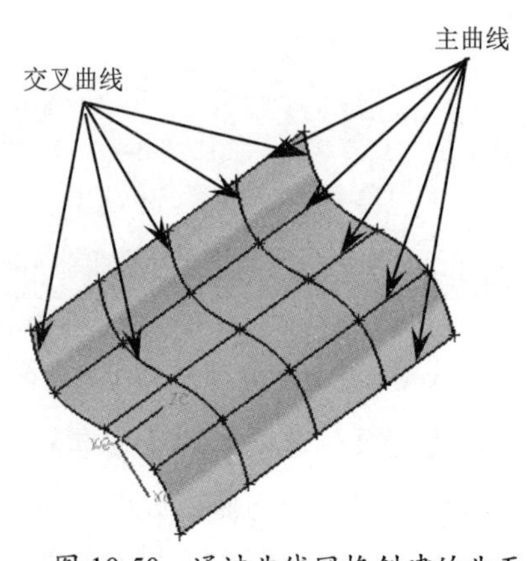

图 10-50 通过曲线网格创建的曲面

使用【通过曲线网格】命令创建曲面具有以下几个特点。

- 生成的曲面或实体与主曲线和交叉曲线相关联。
- 生成的曲面为双多次三项式，即曲面在行与列两个方向上均为三次。
- 主曲线封闭，可重复选择第一条交叉曲线作为最后一条交叉曲线，从而形成封闭实体。
- 在选择主曲线时，点可以作为第一条截面曲线和最后一条截面曲线。

动手操作——通过曲线网格创建曲面

使用【通过曲线网格】命令创建如图 10-51 所示的花形灯罩曲面。

① 打开本例的配套资源文件【10-3.prt】，灯罩曲线如图 10-52 所示。

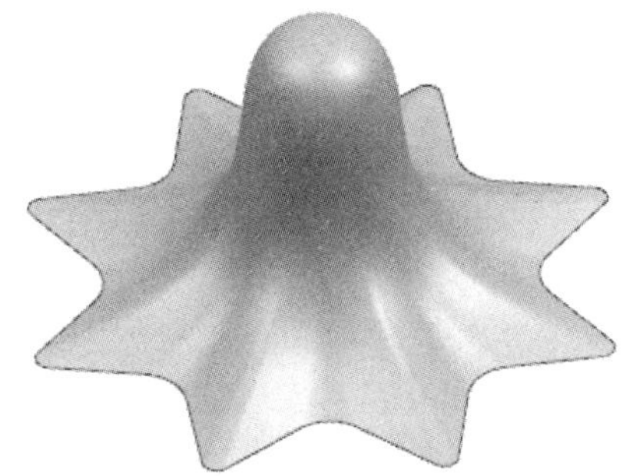

图 10-51　花形灯罩曲面

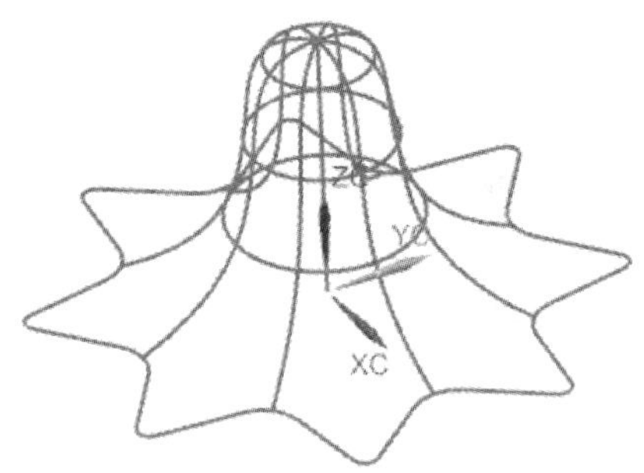

图 10-52　灯罩曲线

② 在【曲面】选项卡的【基本】面板中单击【通过曲线网格】按钮，弹出【通过曲线网格】对话框。

③ 选择主曲线，选择时单击【添加新的主曲线】按钮⊕逐一添加，如图 10-53 所示。

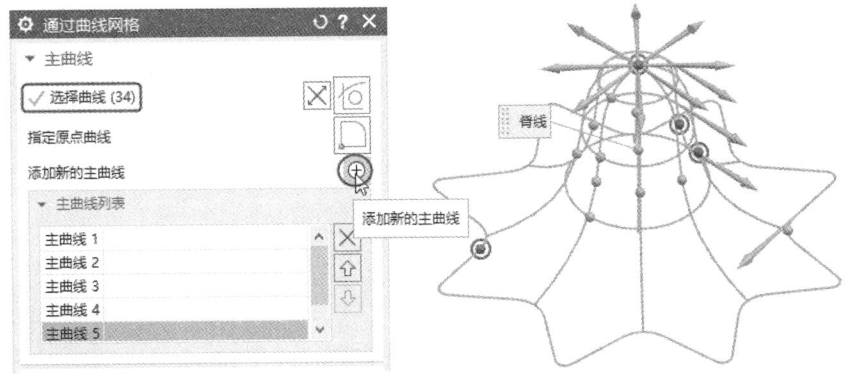

图 10-53　选择主曲线

技巧点拨：

每选择一条主曲线，都需要单击【添加新的主曲线】按钮⊕进行添加。注意不要一次性地选择所有主曲线，否则不能创建曲面。

④ 在【交叉曲线】选项区中激活【选择曲线】选项，然后选择交叉曲线，如图 10-54 所示。

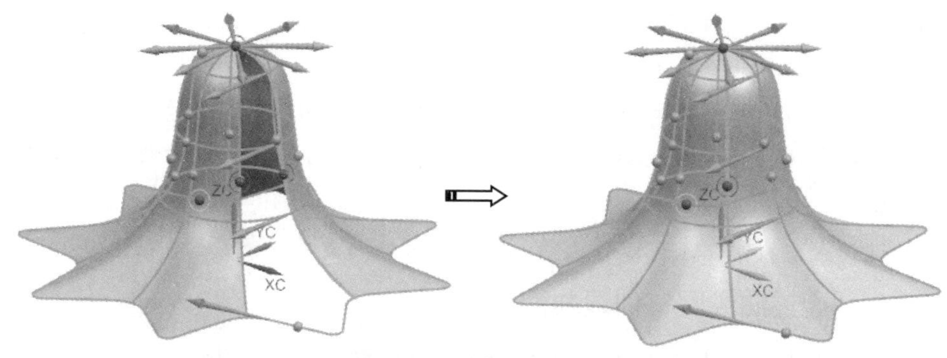

图 10-54　选择交叉曲线

技巧点拨：

在选择交叉曲线时，一定要将阵列前的原始曲线作为最后一条交叉曲线。如果将其作为交叉曲线 1，则会出现坏面，如图 10-55 所示；如果将其作为中间的交叉曲线，则会弹出警报信息，如图 10-56 所示。（仅限于本例）。

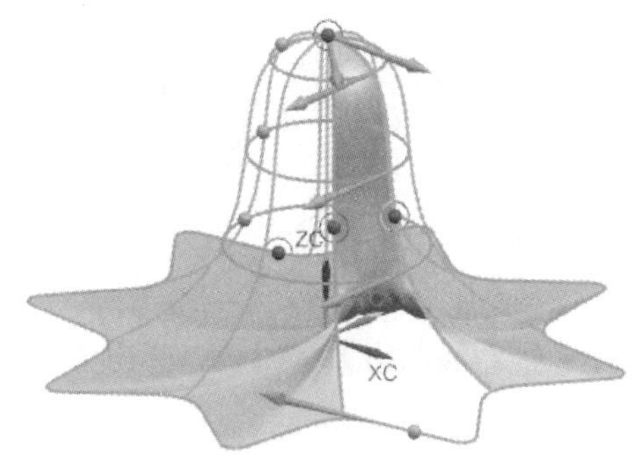

图 10-55　作为交叉曲线 1 的情况

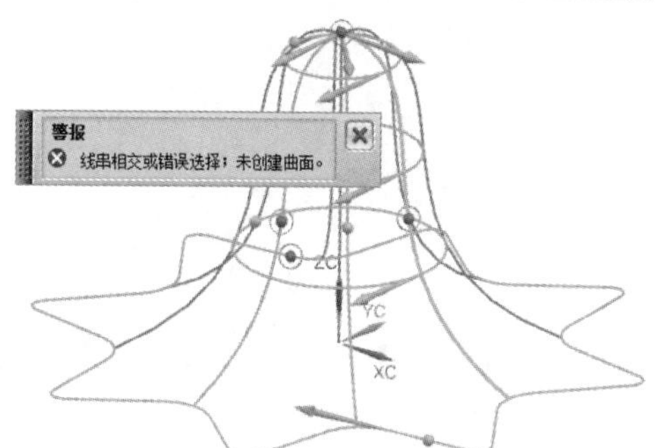

图 10-56　作为中间交叉曲线的情况

⑤　选择中间的直线作为脊线，然后设置【体类型】为【片体】，如图 10-57 所示。

⑥　单击【确定】按钮，完成网格曲面——灯罩曲面的创建，如图 10-58 所示。

图 10-57　选择脊线并设置【体类型】

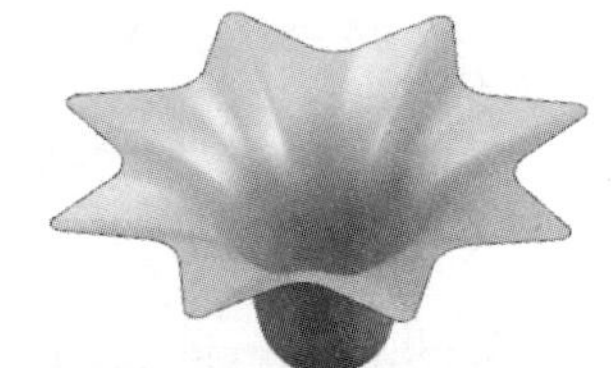

图 10-58　完成灯罩曲面的创建

10.3.4　扫掠

【扫掠】命令用于使用轮廓曲线沿空间路径扫掠而生成特征。其中，扫掠路径称为引导线（最多 3 条），轮廓线称为截面曲线。引导线和截面曲线均可由多段曲线组成，但引导线必须是一阶导数连续的。【扫掠】命令是所有曲面建模中最复杂、最强大的一种工具，在工业设计中使用广泛。

在【曲面】选项卡的【基本】面板中单击【扫掠】按钮，弹出【扫掠】对话框，如图 10-59 所示。用户需要通过该对话框定义截面曲线、引导线和脊线三要素，才能创建扫掠特征，如图 10-60 所示。

图 10-59　【扫掠】对话框

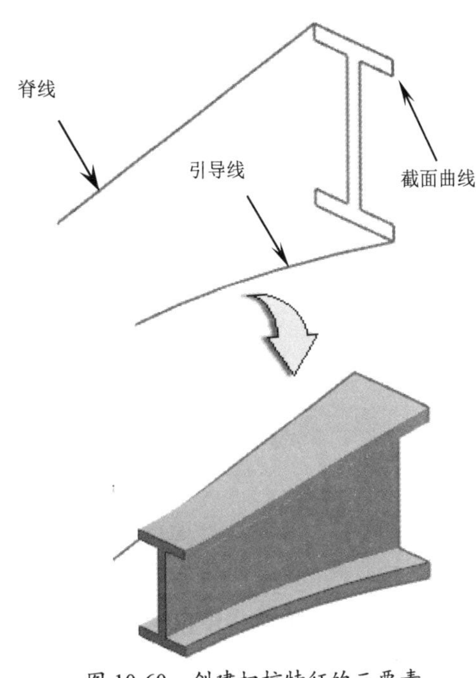

图 10-60　创建扫掠特征的三要素

动手操作——创建扫掠曲面

本实例主要用于练习扫掠操作，设计牙刷柄造型，如图 10-61 所示。

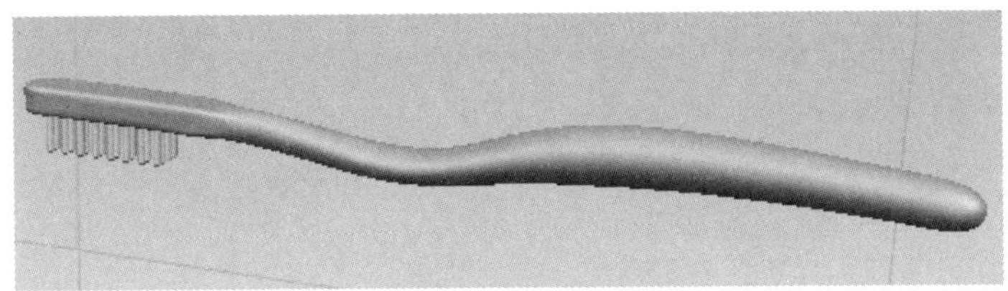

图 10-61　牙刷柄造型

① 打开本例的配套资源文件【10-4.prt】。

② 在【曲面】选项卡的【基本】面板中单击【扫掠】按钮，弹出【扫掠】对话框。

③ 首先选择截面曲线和引导线。每选择完一条截面曲线后按鼠标中键（按鼠标中键就是添加新截面）；激活【引导线】选项区中的【选择曲线】选项，并选择引导线。然后在【截面选项】选项区中设置【插值】为【三次】、【对齐】为【弧长】。最后单击【确定】按钮，完成扫掠主体的创建，如图 10-62 所示。

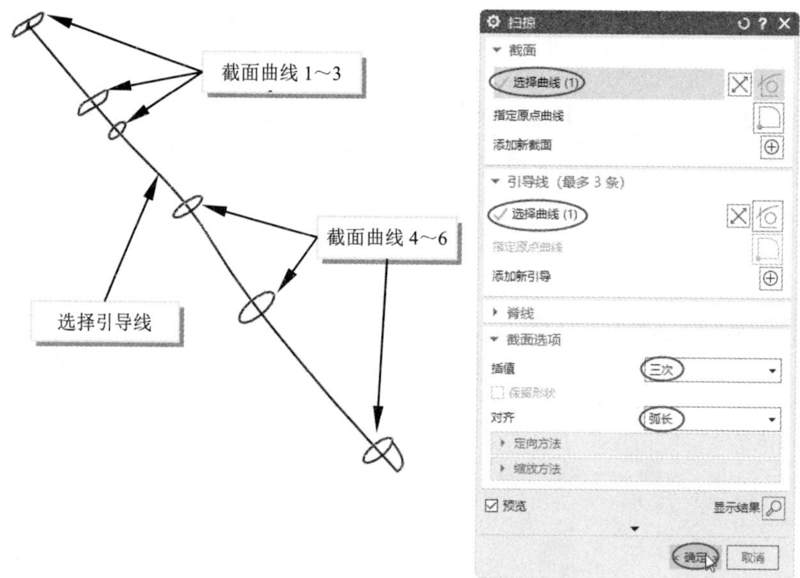

图 10-62　创建扫掠主体

技巧点拨：

由于牙刷要求光顺，因此采用三次插值。同时由于截面曲线数量不一致，因此采用弧长对齐。

④ 在【主页】选项卡的【基本】面板中单击【旋转】按钮，弹出【旋转】对话框。

⑤ 先选择半个轮廓曲线作为旋转对象，再指定中心直线作为旋转矢量，在【限制】选项区中输入旋转角度值【180】，并设置布尔运算类型为【合并】，单击【确定】按钮，完成旋转实体的创建，如图 10-63 所示。

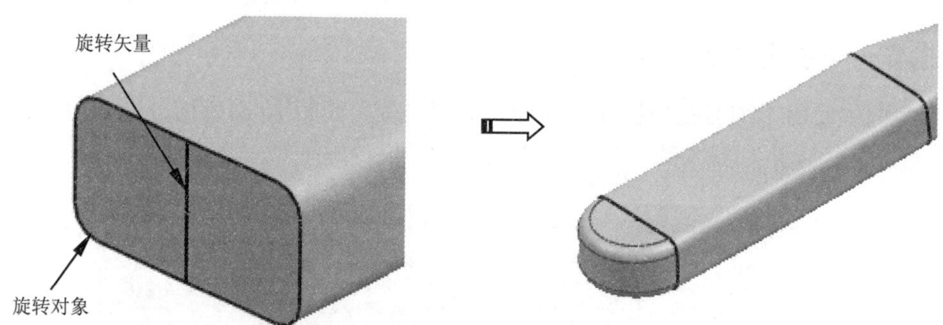

图 10-63　创建旋转实体

⑥ 在【曲面】选项卡的【基本】面板中单击【扫掠】按钮，弹出【扫掠】对话框。

⑦ 首先选择椭圆作为截面曲线，然后激活【引导线】选项区的【选择曲线】选项，并选择两条引导线，每选择完一条引导线后按鼠标中键，最后选择脊线（曲线可重复使用），在【截面选项】选项区中设置【插值】为【三次】、【对齐】为【弧长】，单击【确定】按钮，完成扫掠尾部的创建，如图 10-64 所示。

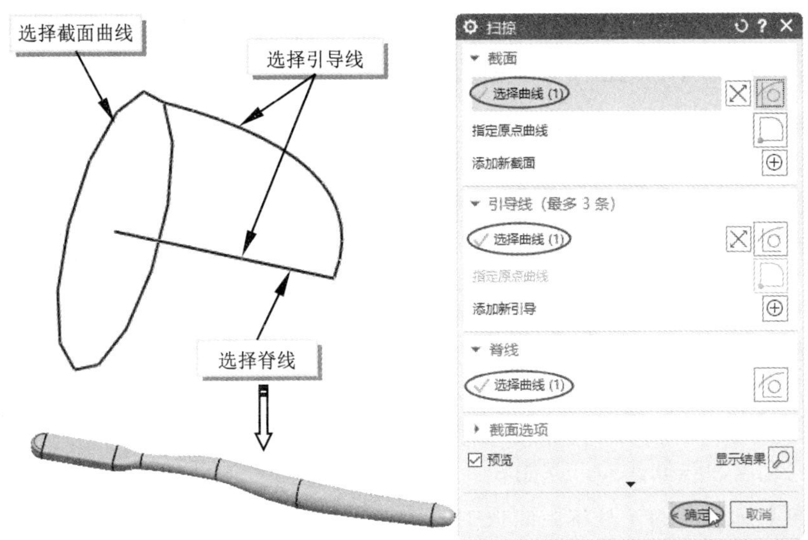

图 10-64　创建扫掠尾部

技巧点拨：

由于扫掠不支持点，因此单独使用一个截面沿两条曲线逐渐缩小的扫掠来完成尾部。

⑧ 在【主页】选项卡的【基本】面板中单击【合并】按钮，弹出【合并】对话框。选择任意实体作为目标体，选择其他实体作为工具体，单击【确定】按钮，完成合并。

⑨ 最终完成的牙刷柄造型如图 10-65 所示。

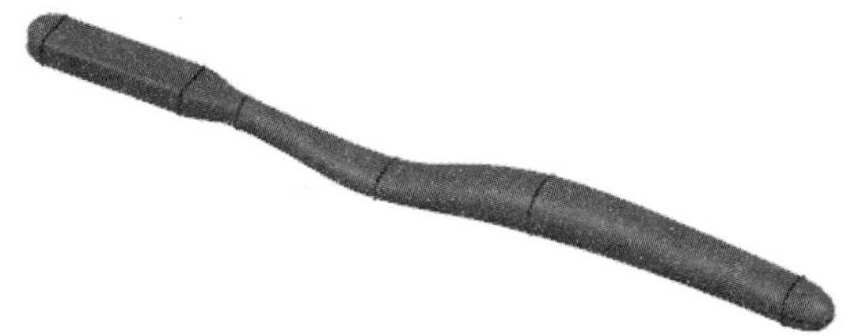

图 10-65　完成的牙刷柄造型

10.3.5　N 边曲面

【N 边曲面】命令用于创建由一组端点相连的曲线封闭的曲面，并指定其与外部面的连续性。在【曲面】选项卡的【基本】面板中的【更多】库中单击【N 边曲面】按钮，弹出【N 边曲面】对话框，如图 10-66 所示。

图 10-66　【N 边曲面】对话框

该对话框中包含两种 N 边曲面创建类型：【已修剪】和【三角形】。

- 已修剪：创建单个曲面，覆盖选定曲面的开放或封闭环内的整个区域。
- 三角形：在选中曲面的闭环内创建一个由单独的三

角形补片构成的曲面，每个补片由每条边和公共中心点之间的三角形区域组成。

图 10-67 所示为填充一组面中的空隙区的几种方式。

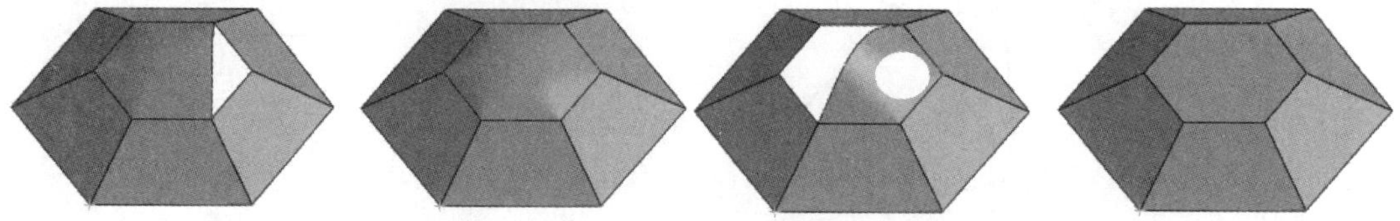

图 10-67　填充一组面中的空隙区的几种方式

10.3.6　截面曲面

【截面曲面】命令用于使用二次曲线构造方法创建通过曲线或边的截面曲面。截面曲面是根据一系列二次曲线创建的，起始和终止于某些选定的控制曲线，并且会通过这些曲线。

在【曲面】选项卡的【基本】面板中的【更多】库中单击【截面曲面】按钮，弹出【截面曲面】对话框，如图 10-68 所示。也可以直接从【更多】库中选择用于指定创建截面曲面的多种方法，如图 10-69 所示。

图 10-68　【截面曲面】对话框

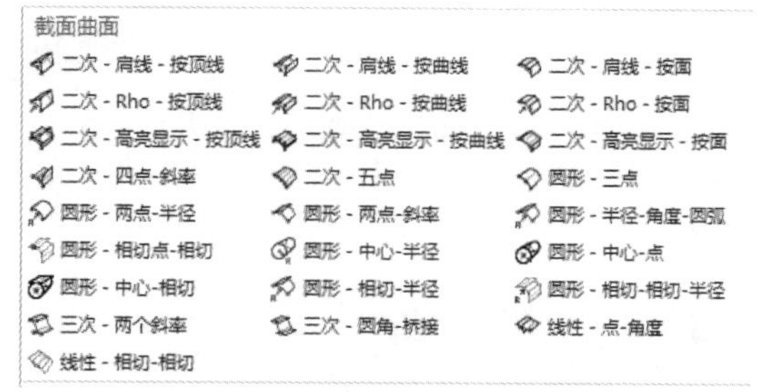

图 10-69　创建截面曲面的多种方法

图 10-70 所示为使用【三次-两个斜率】方法来创建截面曲面的实例。

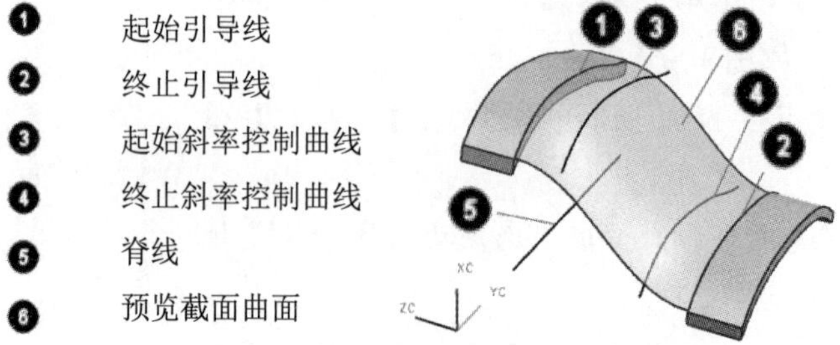

图 10-70　使用【三次-两个斜率】方法创建截面曲面

10.4　其他常规曲面设计

下面介绍的几个命令，在建模中应用得较少，在产品设计中应用得较多。

10.4.1　四点曲面

【四点曲面】命令用于在空间中确定 4 个点作为四边形曲面的顶点。此命令在创建支持曲面的 A 类工作流的基本曲面时很有用。通过提高阶次及补片数可以得到更复杂的具有期望形状的曲面，并且通过这种方法，用户可以很容易地修改这种曲面。

创建四点曲面必须遵循下列条件。

- 在同一条直线上不能存在 3 个选定点。
- 不能存在两个相同的选定点，或者在空间中处于完全相同的位置的选定点。
- 必须指定 4 个点才能创建曲面。如果指定 3 个点或不到 3 个点，则会显示出错信息。

在【曲面】选项卡的【基本】面板中的【更多】库中单击【四点曲面】按钮，弹出【四点曲面】对话框，如图 10-71 所示。通过该对话框，可以在默认的 XC-YC 平面上选择 4 个点来创建四边形平面，也可以输入每个点的空间坐标参数值来创建空间的、非平面的四边形曲面（即四点曲面），如图 10-72 所示。

图 10-71　【四点曲面】对话框

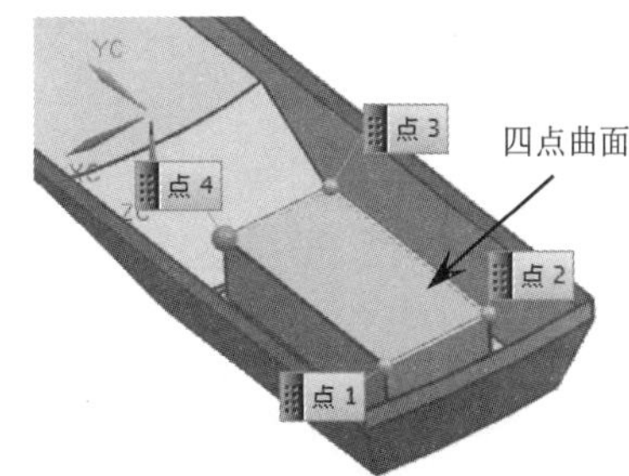

图 10-72　创建四点曲面

技巧点拨：

在创建四点曲面时，需要注意选择参考点的顺序，不能间隔选择参考点，否则不能正确创建四点曲面，并且会显示错误警报，如图 10-73 所示。

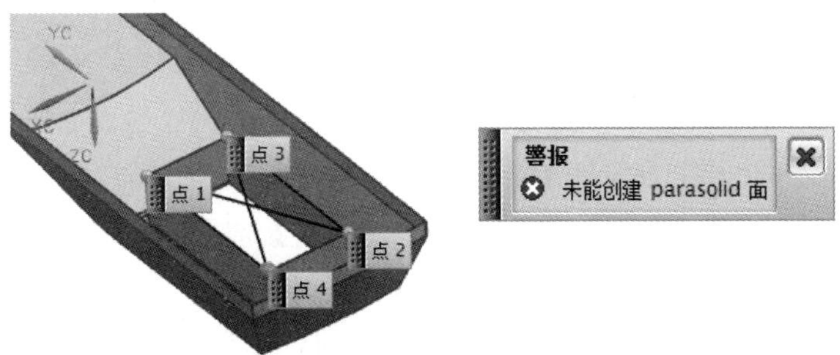

图 10-73　不能正确创建四点曲面

10.4.2 有界平面

【有界平面】命令用于创建由一组端点相连的平面曲线封闭的平面片体。这组曲线必须共面，并且形成封闭形状。要创建一个有界平面，必须创建其边界，并且在必要时还要定义所有的内部边界（孔）。

在【曲面】选项卡的【基本】面板中的【更多】库中单击【有界平面】按钮，弹出【有界平面】对话框，如图 10-74 所示。

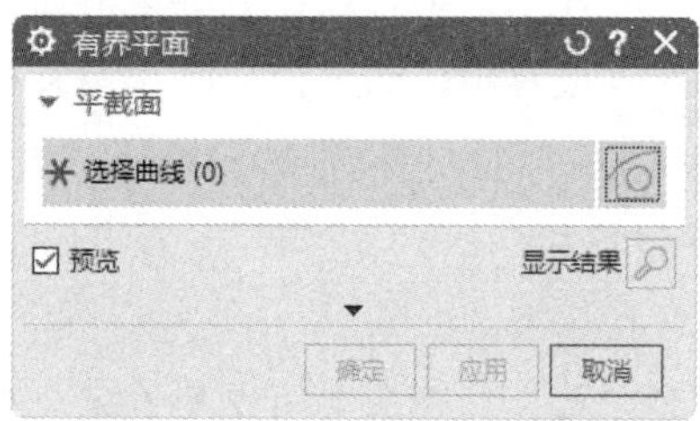

图 10-74 【有界平面】对话框

图 10-75 所示为创建有界平面的两种方法。

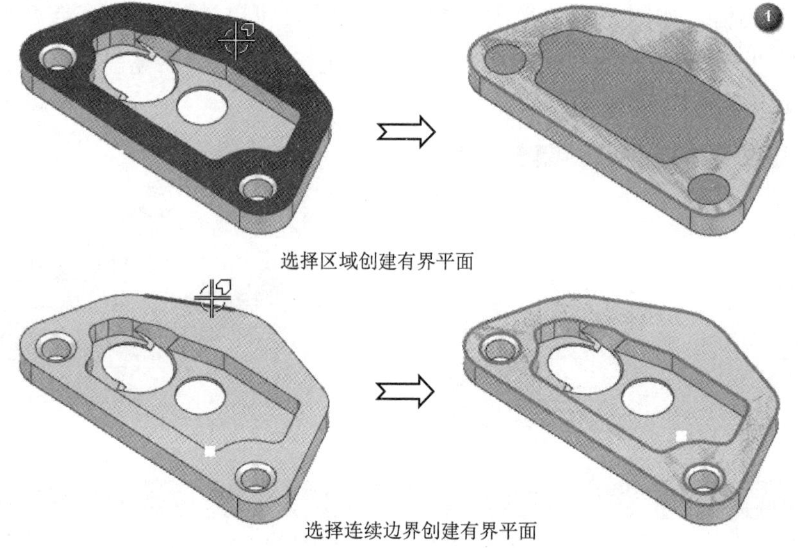

图 10-75 创建有界平面的两种方法

10.4.3 过渡

【过渡】命令用于在两个或多个截面曲线相交的位置创建一个过渡曲面特征。

搜索【过渡】命令并将其显示在【菜单】下拉菜单中，也可以通过【定制】命令搜索该命令按钮，然后将其拖动到【曲面】选项卡中。在【曲面】选项卡的【基本】面板中单击【过渡】按钮，弹出【过渡（原有）】对话框，如图 10-76 所示。

图 10-77 所示为通过 3 个截面创建的过渡曲面特征。

图 10-76　【过渡（原有）】对话框

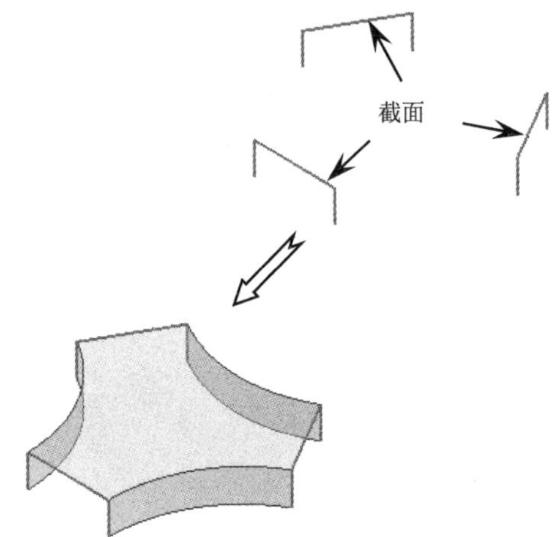

图 10-77　通过 3 个截面创建的过渡曲面特征

10.4.4　条带构建器

【条带构建器】命令用于选择曲线、边等轮廓，并按指定的矢量偏置后生成条带曲面。在【曲面】选项卡的【基本】面板中的【更多】库中单击【条带构建器】按钮，弹出【条带】对话框，如图 10-78 所示。

【条带】对话框中的部分选项含义如下所述。

- 轮廓：定义条带曲面的轮廓，如曲线、边等。
- 偏置视图：查看偏置轮廓的视图，此视图一定是与轮廓偏移方向垂直的。
- 距离：轮廓偏移的距离。
- 反向：单击此按钮，矢量方向将更改为相反方向。
- 角度：在此文本框内输入值，轮廓将与矢量成一定角度偏移。
- 距离公差：在偏移时产生的距离误差。
- 角度公差：在成一定角度偏移时所产生的误差。

图 10-79 所示为条带曲面的创建过程。

图 10-78　【条带】对话框

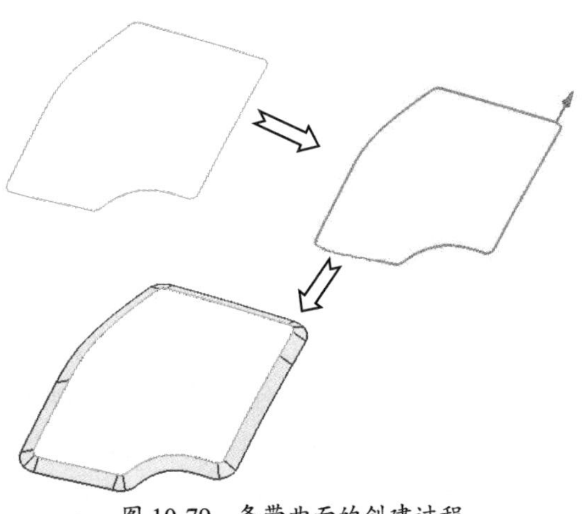

图 10-79　条带曲面的创建过程

图 10-80 所示为不同距离和角度的条带曲面。

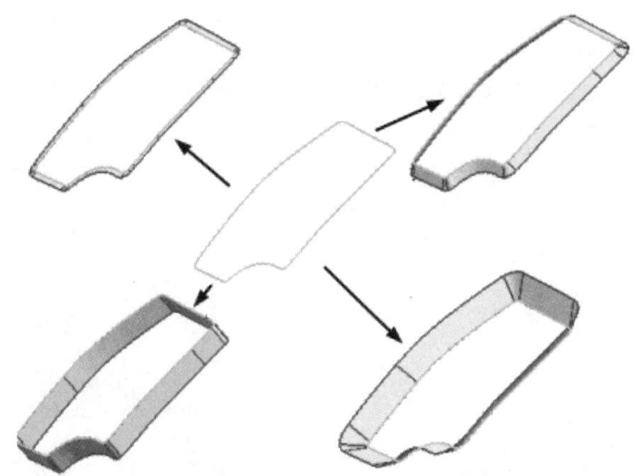

图 10-80　不同距离和角度的条带曲面

10.5　综合案例——小鸭造型

本案例主要运用【通过曲线网格】命令来造型。其他命令是辅助造型命令，下面也会详细介绍其操作步骤。小鸭造型的结果如图 10-81 所示。

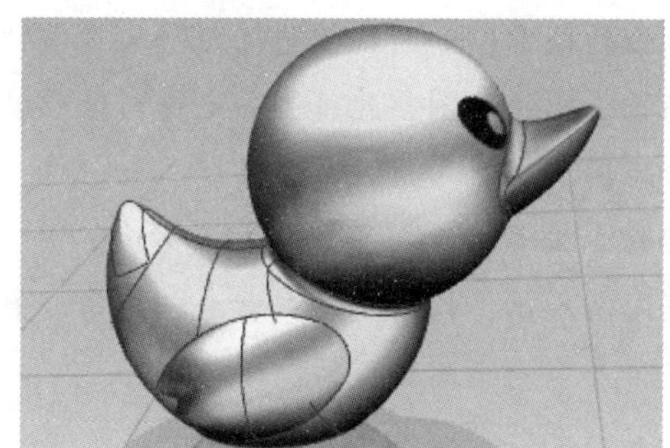

图 10-81　小鸭造型的结果

小鸭造型分 3 个阶段进行，即身体造型、头部造型，以及尾巴和翅膀的造型。

1．身体造型

① 新建模型文件。

② 在【主页】选项卡的【构造】面板中单击【草图】按钮，弹出【创建草图】对话框。选择 *XZ* 基准平面作为草图平面，绘制如图 10-82 所示的草图 1。然后单击【完成】按钮，退出草图任务环境。

③ 在【主页】选项卡的【基本】面板中单击【拉伸】按钮，弹出【拉伸】对话框。选择步骤 ② 创建的草图 1 作为拉伸截面，创建拉伸起始距离为【0】、结束距离为【2】的拉伸片体特征，如图 10-83 所示。

④ 在【主页】选项卡的【构造】面板中单击【草图】按钮，弹出【创建草图】对

话框。选择 *XZ* 基准平面作为草图平面，绘制如图 10-84 所示的草图 2。然后单击【完成】按钮，退出草图任务环境。

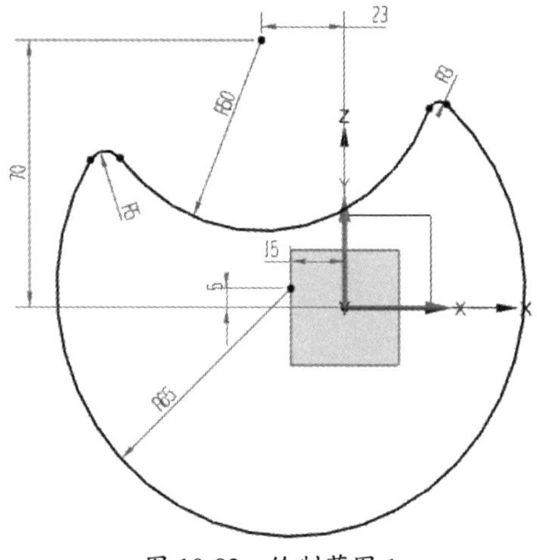

图 10-82　绘制草图 1

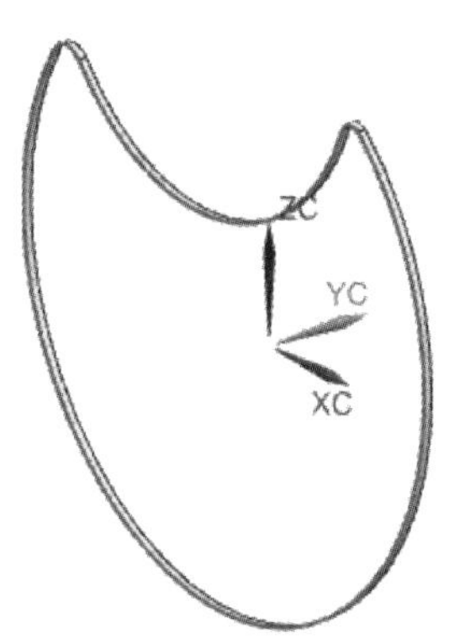

图 10-83　创建拉伸片体特征

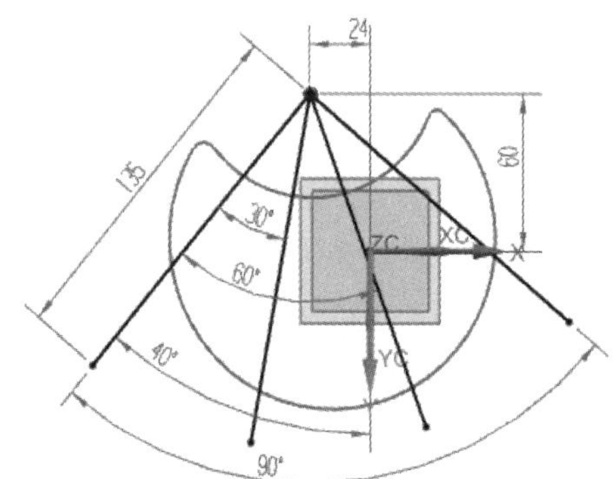

图 10-84　绘制草图 2

⑤　在【曲面】选项卡的【曲面操作】面板中的【更多】库中单击【分割面】按钮，弹出【分割面】对话框，按如图 10-85 所示的操作步骤完成面的分割。

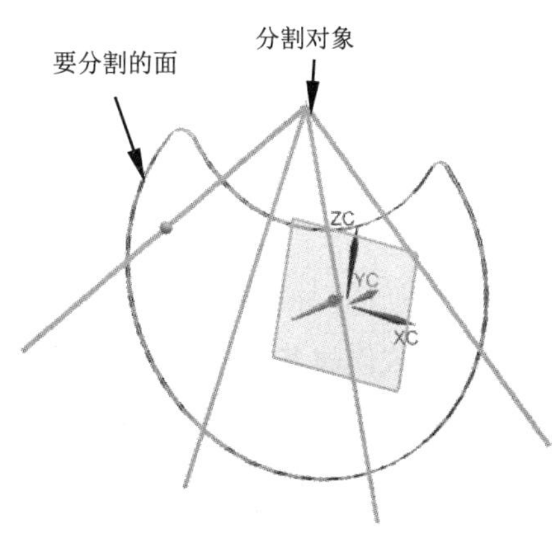

图 10-85　分割面的操作步骤

⑥ 在【曲线】选项卡的【派生】面板中单击【桥接】按钮，然后按如图 10-86 所示的操作步骤创建桥接曲线。

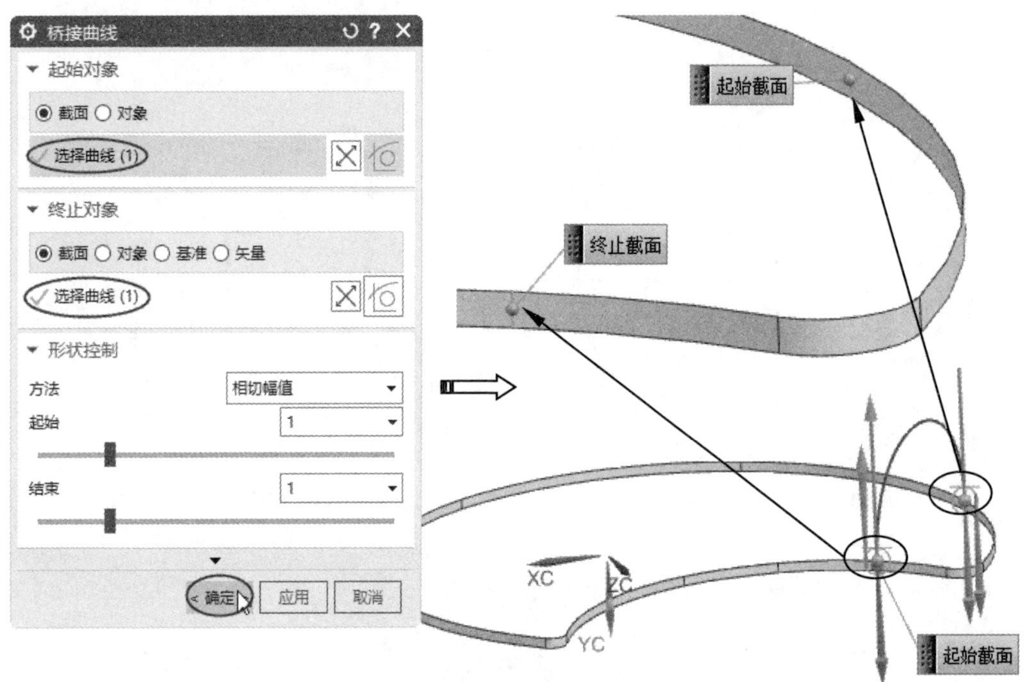

图 10-86 创建桥接曲线的操作步骤

⑦ 以同样的方式在分割面的其余 3 个位置上分别创建桥接曲线，如图 10-87 所示。

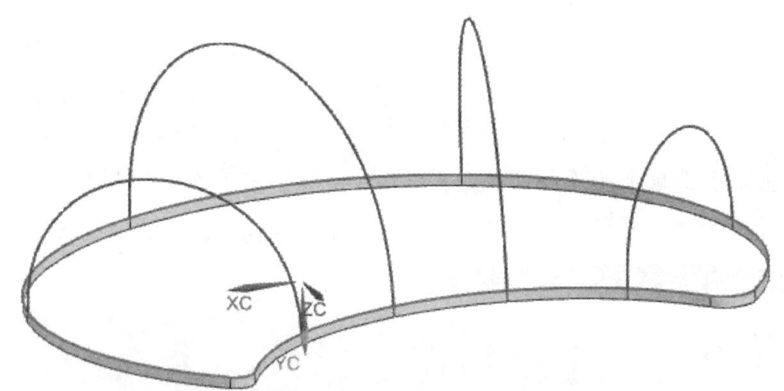

图 10-87 创建其余 3 条桥接曲线

⑧ 在【曲面】选项卡的【基本】面板中单击【通过曲线网格】按钮，弹出【通过曲线网格】对话框，按如图 10-88 所示的操作步骤创建网格曲面。

⑨ 以同样的方式创建其余 3 个网格曲面，结果如图 10-89 所示。

⑩ 在【主页】选项卡的【基本】面板中单击【镜像特征】按钮，选择所有的网格曲面，并将其镜像到另一侧，如图 10-90 所示。

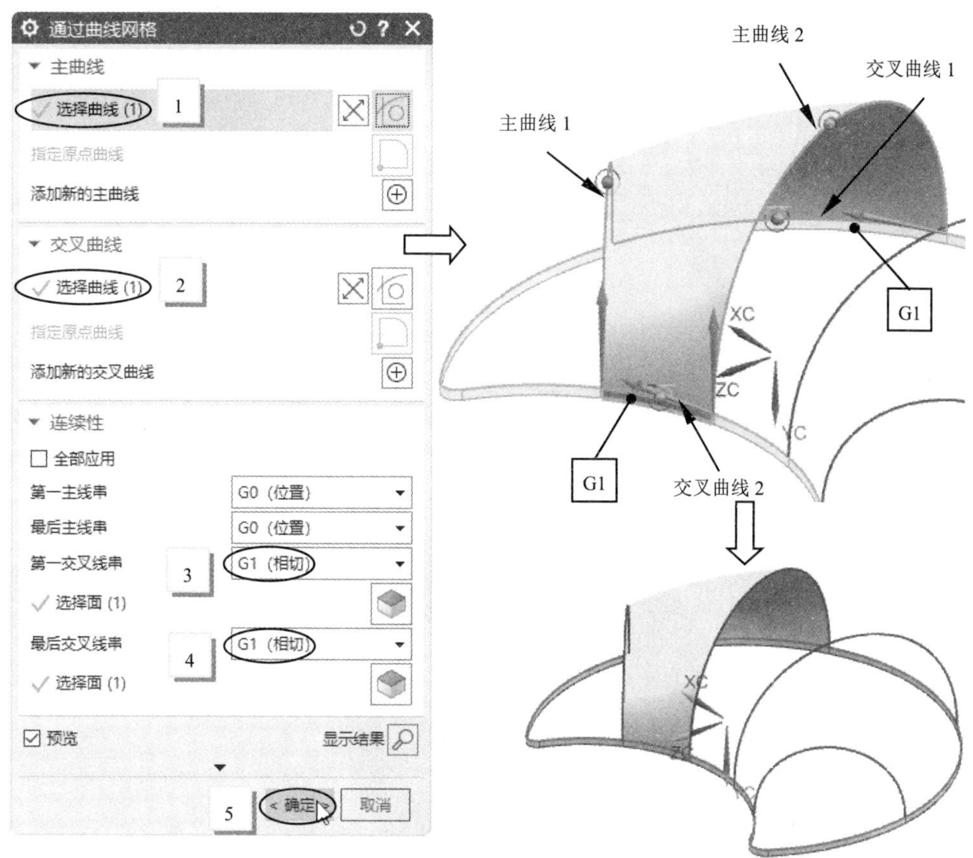

图 10-88　创建网格曲面的操作步骤

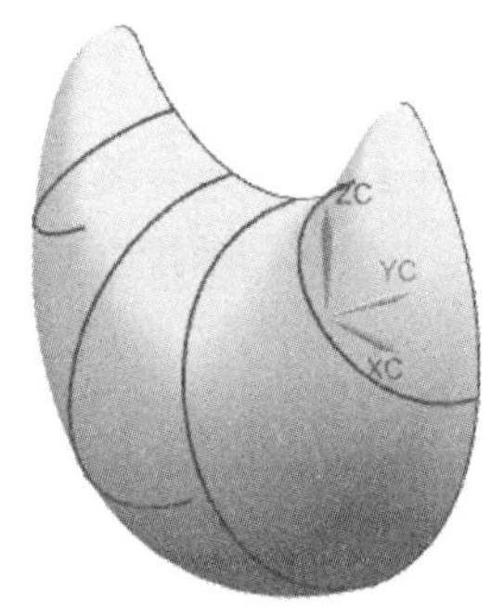

图 10-89　网格曲面的创建结果

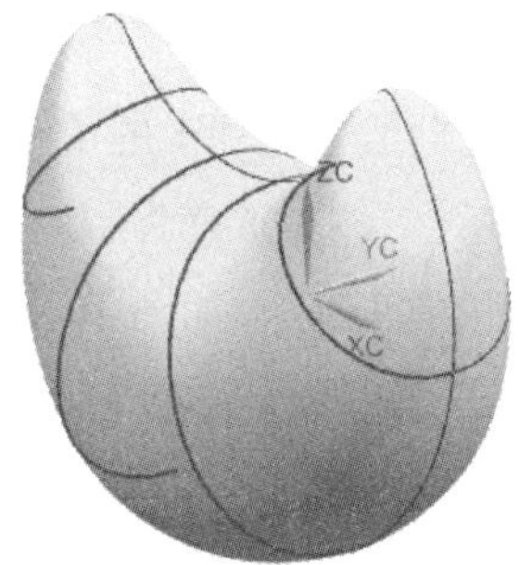

图 10-90　镜像所有的网格曲面

2. 头部造型

① 在【主页】选项卡的【构造】面板中单击【草图】按钮，并选择 *XZ* 基准平面作为草图平面，绘制如图 10-91 所示的草图 1。然后单击【完成】按钮，退出草图任务环境。

② 在【主页】选项卡的【基本】面板中的【更多】库中单击【球】按钮，弹出【球】对话框。设置类型为【圆弧】，选择步骤 ① 绘制的草图 1 来创建一个球体，如图 10-92 所示。

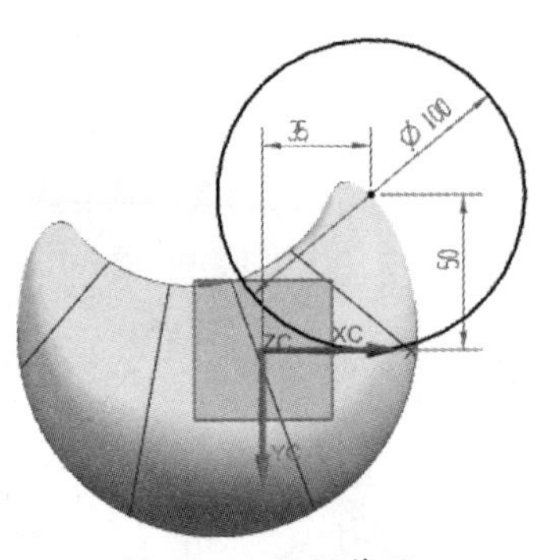

图 10-91　绘制草图 1

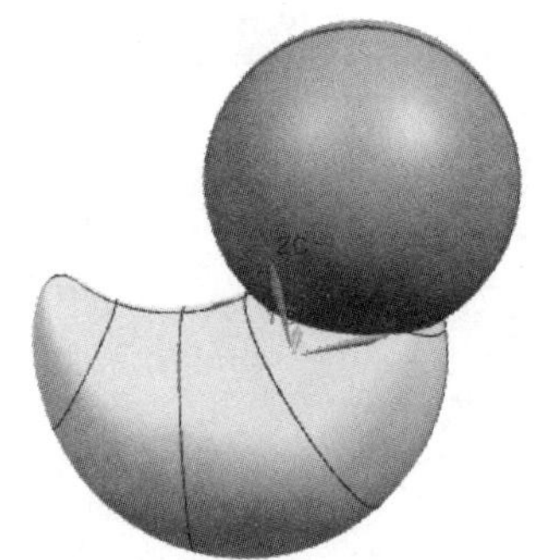

图 10-92　创建球体

③ 使用【草图】命令在 *YZ* 基准平面上绘制如图 10-93 所示的草图 2，并单击【完成】按钮，退出草图任务环境。

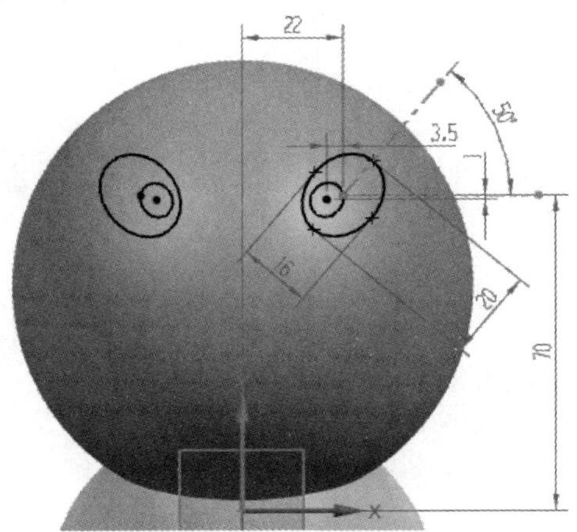

图 10-93　绘制草图 2

④ 在【曲线】选项卡的【派生】面板中单击【投影曲线】按钮，弹出【投影曲线】对话框。然后选择步骤③绘制的草图 2，将其沿指定矢量 XC 轴投影到球体表面（即小鸭的头部），如图 10-94 所示。

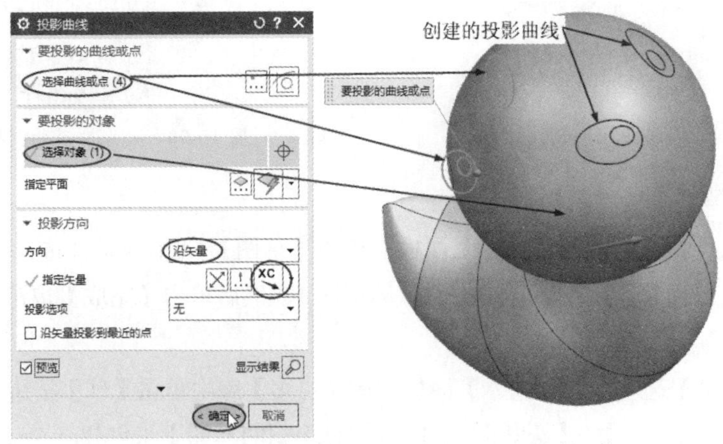

图 10-94　投影曲线 1

⑤ 使用【分割面】命令用投影的曲线分割球体表面，并改变各自的颜色，如图 10-95 所示。

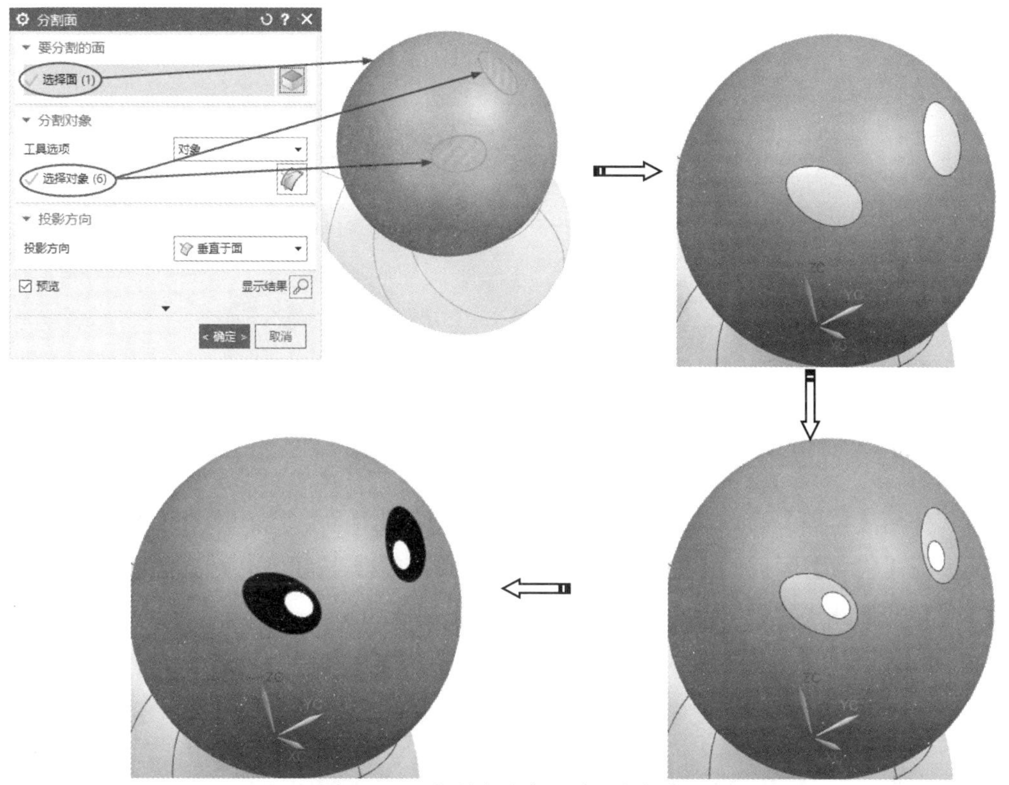

图 10-95　分割球体表面并改变颜色

⑥ 使用【草图】命令在 *YZ* 基准平面上绘制如图 10-96 所示的草图 3，并单击【完成】按钮，退出草图任务环境。

⑦ 使用【投影】命令将步骤 ⑥ 绘制的草图 3 投影到球体表面（即小鸭的头部），如图 10-97 所示。

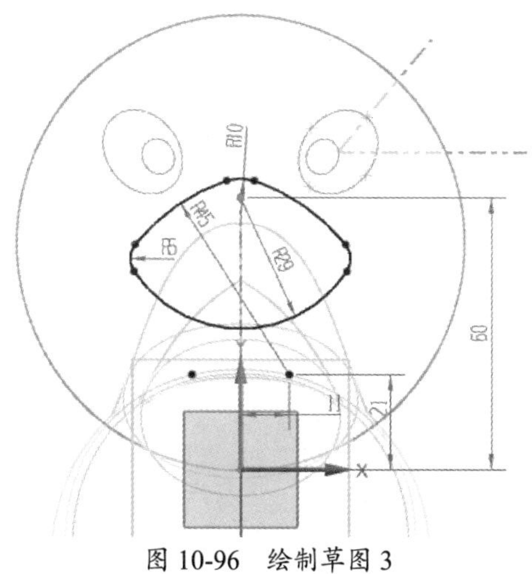

图 10-96　绘制草图 3

图 10-97　投影曲线 2

⑧ 将视图切换到前视图，在【曲线】选项卡的【派生】面板中的【更多】库中单击【抽取曲线】按钮，弹出【抽取曲线】对话框，按如图 10-98 所示的操作步骤抽取曲线。

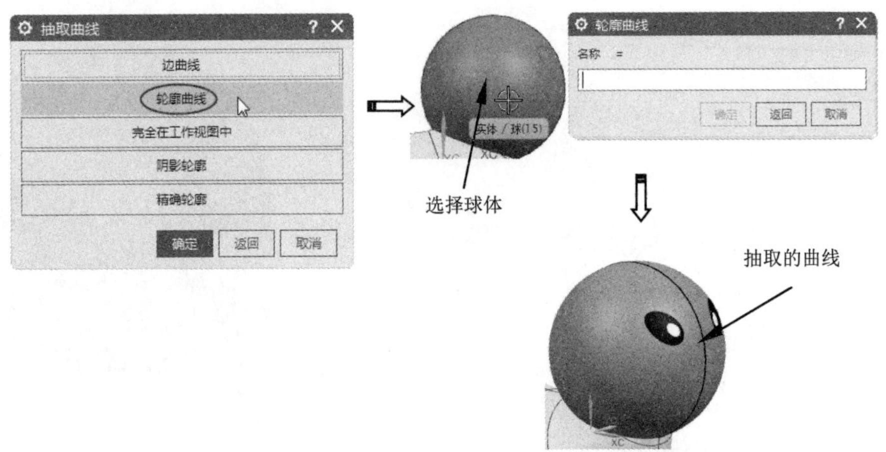

图 10-98 抽取曲线的操作步骤

⑨ 使用【草图】命令，选择 *XZ* 基准平面作为草图平面，进入草图任务环境。

⑩ 在【包含】面板的【更多】库中单击【投影曲线】按钮，选择如图 10-99 所示的草图曲线进行投影，并将投影的曲线转化为基准线。

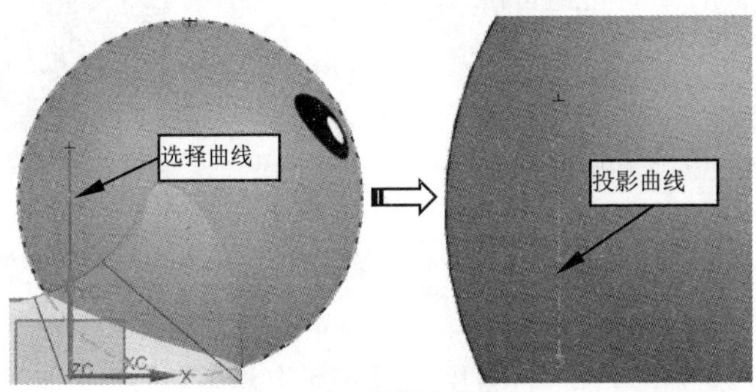

图 10-99 投影曲线 3

⑪ 利用投影曲线创建两条基准线，并在两条基准线与抽取的轮廓曲线相交处创建两个点，然后将创建的所有基准线和点固定，如图 10-100 所示。

⑫ 绘制如图 10-101 所示的草图 4，并在完成后退出草图任务环境。

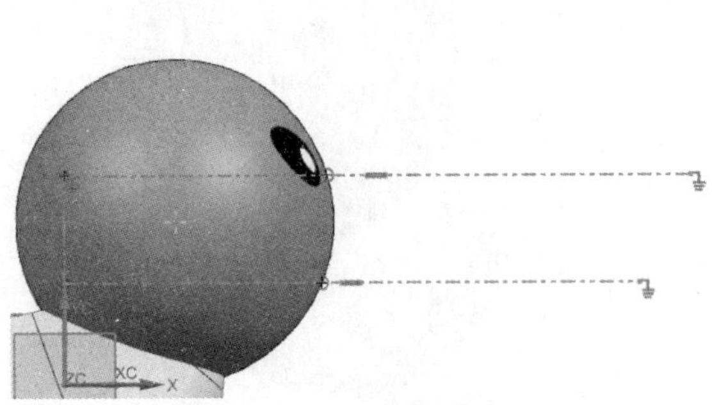

图 10-100 创建基准线和点

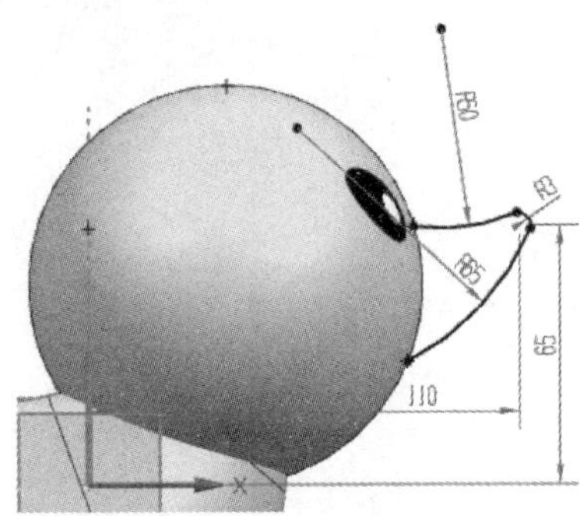

图 10-101 绘制草图 4

技巧点拨：

在为草图曲线添加约束时，应先将半径为 3 的圆绘制出来并固定。

⑬ 在【曲线】选项卡的【基本】面板中单击【艺术样条】按钮，通过如图 10-102 所示的 3 个点创建一条样条曲线。

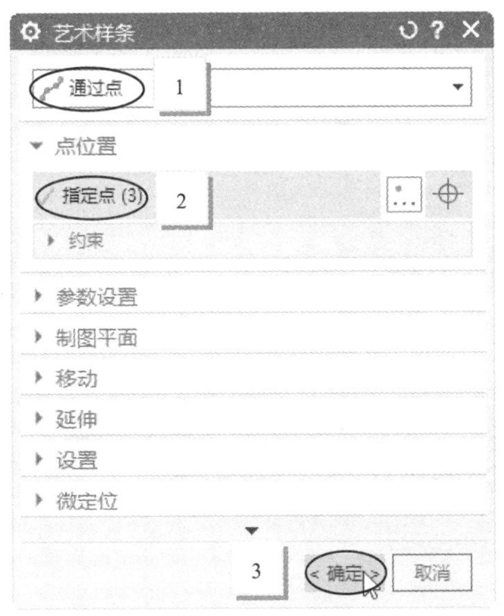

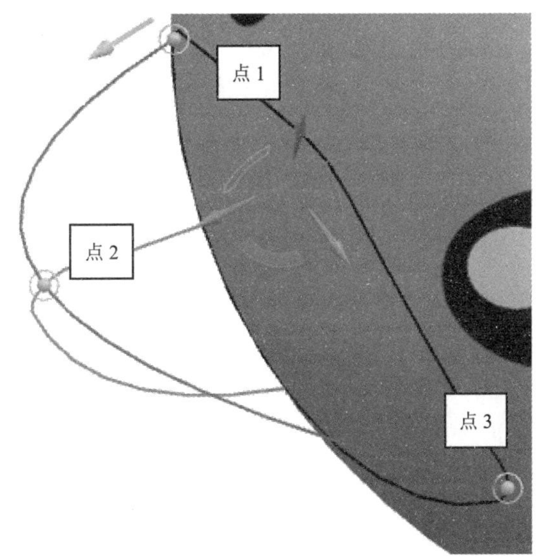

图 10-102　创建样条曲线

⑭ 在【曲线】选项卡的【基本】面板中单击【点】按钮，弹出【点】对话框。按如图 10-103 所示的操作步骤创建基准点。

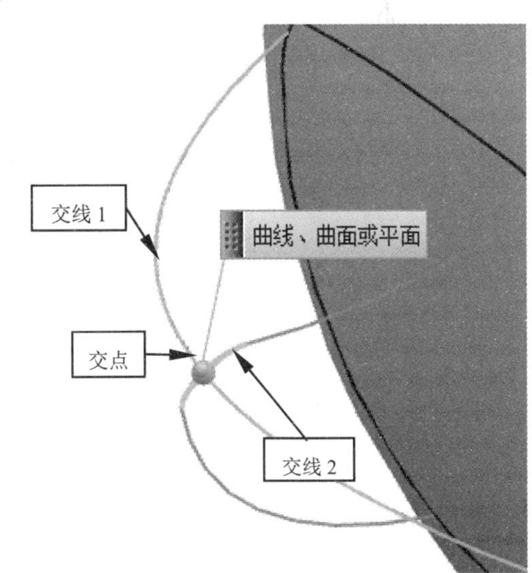

图 10-103　创建基准点的操作步骤

⑮ 使用【通过曲线网格】命令创建网格曲面，即小鸭的嘴，如图 10-104 所示。

技巧点拨：

主曲线 1 选择的是一个点，此点为步骤⑭创建的基准点。

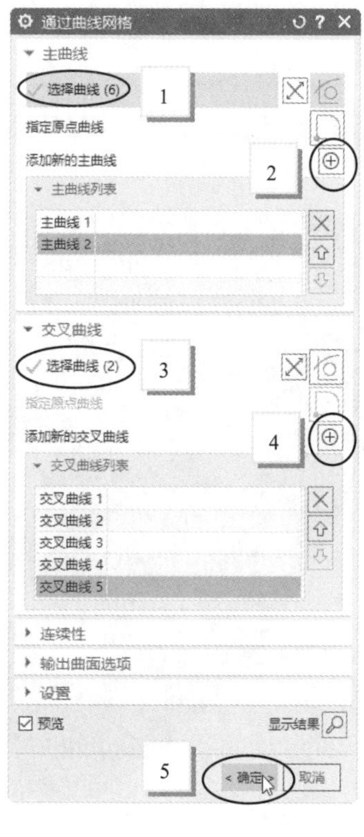

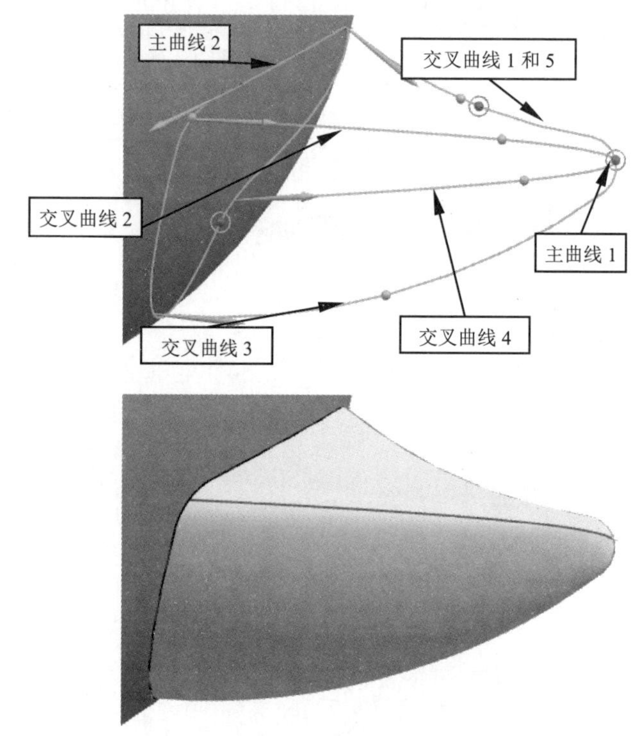

图 10-104　创建网格曲面

3．尾巴和翅膀的造型

① 使用【草图】命令在基准坐标系的 *XZ* 平面上绘制如图 10-105 所示的草图 1。然后单击【完成】按钮，退出草图任务环境。

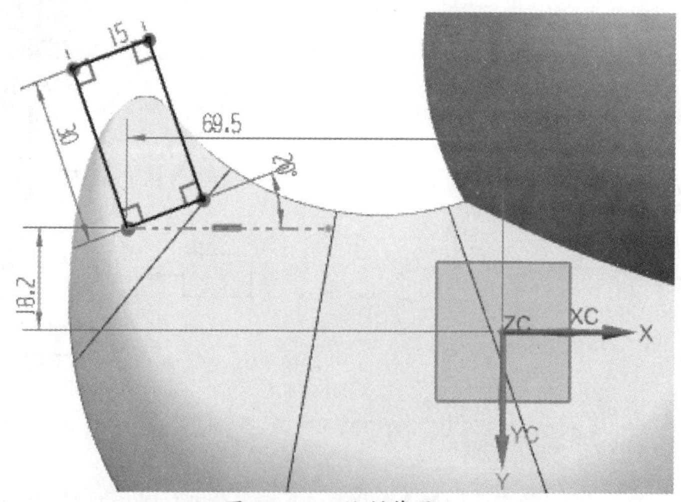

图 10-105　绘制草图 1

② 在【曲线】选项卡的【派生】面板中单击【投影曲线】按钮，按如图 10-106 所示的操作步骤创建投影曲线，并以同样的方式将其投影至另一侧。

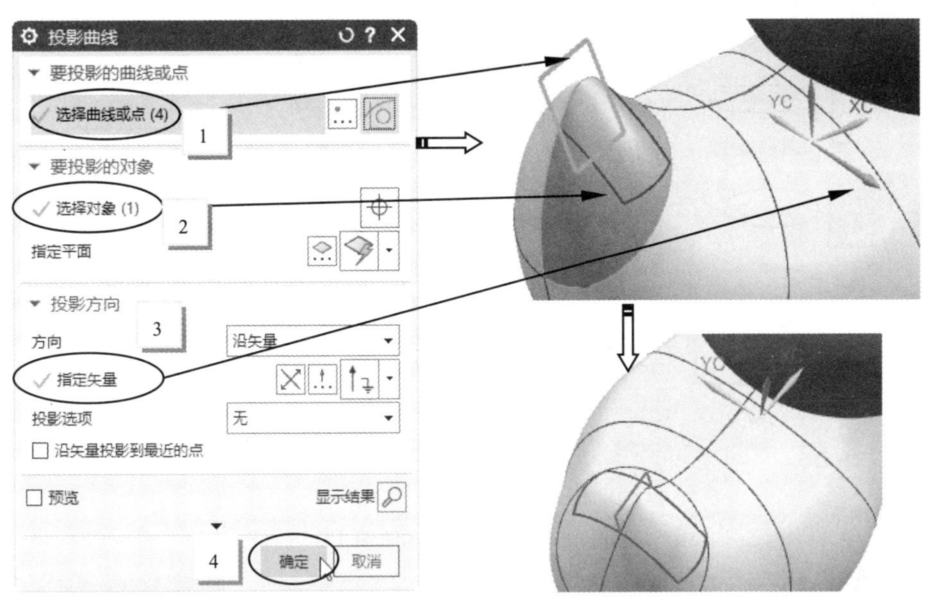

图 10-106　创建投影曲线的操作步骤

③ 在【曲面】选项卡的【组合】面板中单击【修剪片体】按钮，按如图 10-107 所示的操作步骤完成片体的修剪。

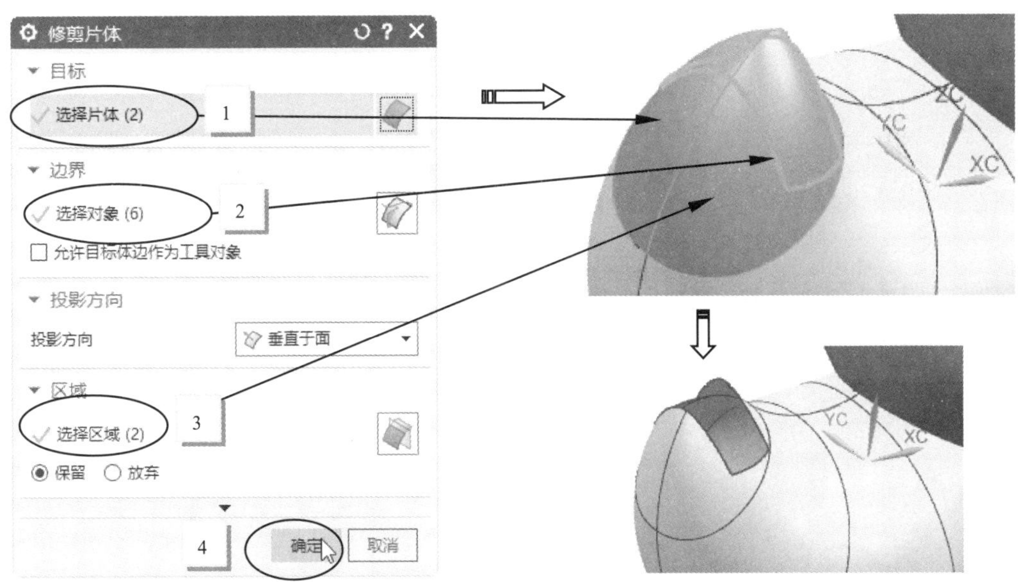

图 10-107　修剪片体的操作步骤

④ 将之前拉伸结束距离为 2 的拉伸片体特征显示出来，并使用【通过曲线网格】命令创建网格曲面 1，如图 10-108 所示。

⑤ 使用【镜像特征】命令将刚创建的网格曲面镜像到另一侧，结果如图 10-109 所示。当然，也可以采用同样的方式创建网格曲面。

⑥ 使用【草图】命令在基准坐标系的 *XZ* 平面绘制如图 10-110 所示的草图 2，并单击【完成】按钮，退出草图任务环境。

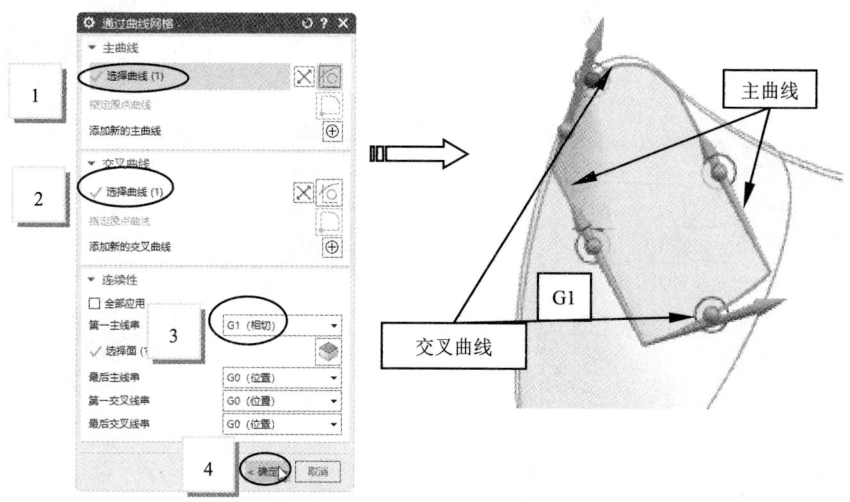

图 10-108　创建网格曲面 1

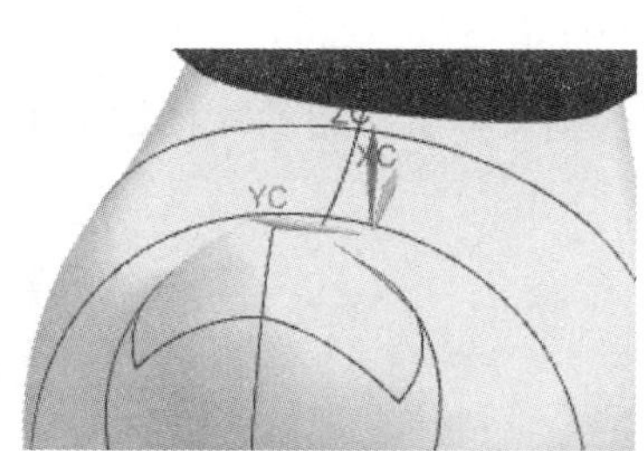

图 10-109　镜像曲面的结果

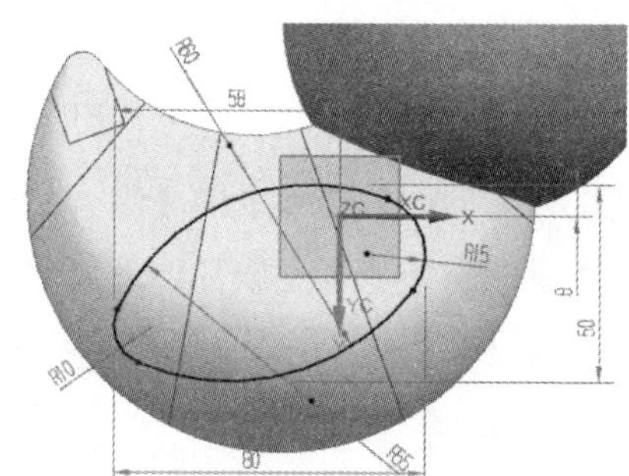

图 10-110　绘制草图 2

⑦　使用【投影曲线】命令将步骤⑥绘制的草图 2 投影到小鸭的身体表面，如图 10-111 所示。

⑧　使用【基准平面】命令将基准坐标系的 *YZ* 平面偏置 15，创建基准平面，如图 10-112 所示。

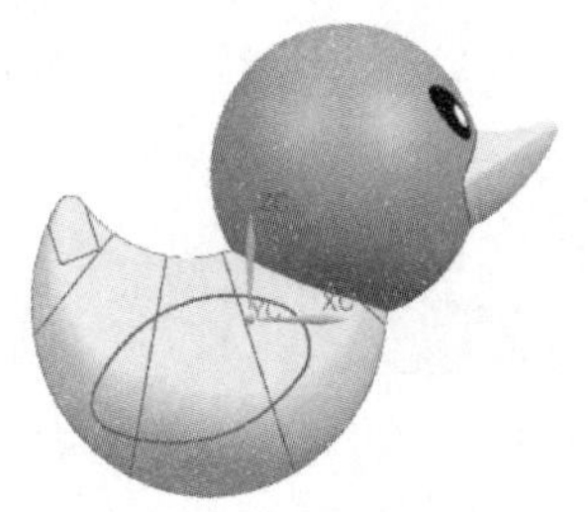

图 10-111　投影曲线

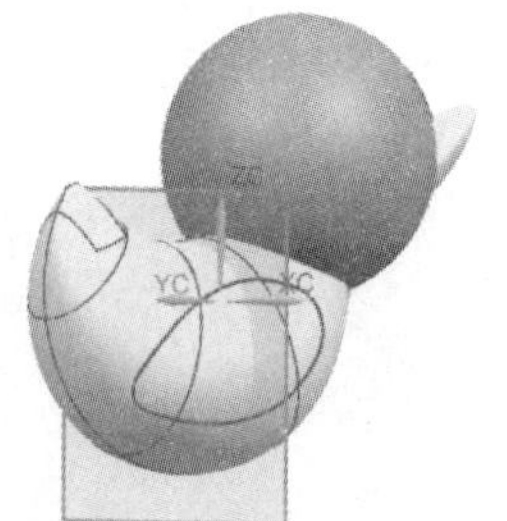

图 10-112　创建基准平面

⑨　在新建的基准平面上绘制草图 3，如图 10-113 所示。

技巧点拨：

在绘制草图时需要参考曲线，可以利用相交曲线和投影曲线来实现，并将相交的点创建为基准点，再绘制圆弧。

⑩　使用【草图】命令在基准坐标系的 *XZ* 平面上绘制样条曲线，如图 10-114 所示。

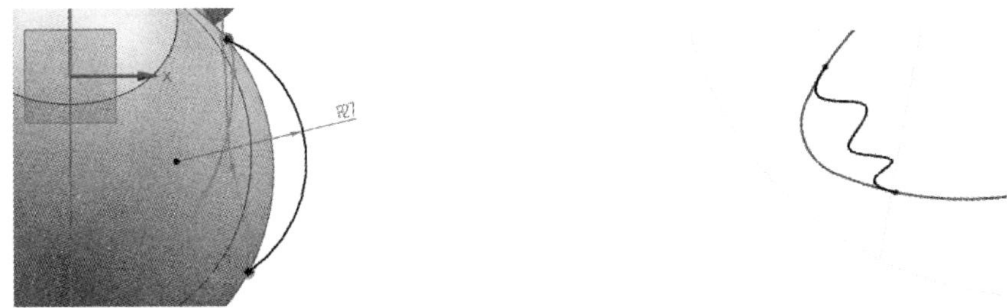

图 10-113　绘制草图 3　　　　图 10-114　绘制样条曲线

⑪　使用【投影曲线】命令将样条曲线投影到小鸭的身体表面。

⑫　使用【通过曲线网格】命令创建网格曲面 2，如图 10-115 所示。

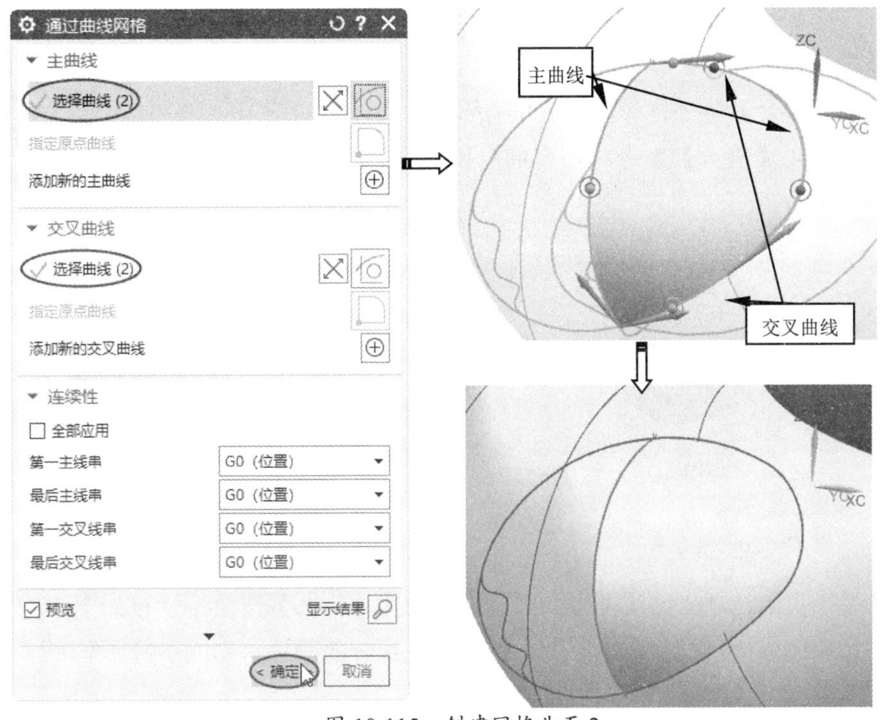

图 10-115　创建网格曲面 2

⑬　以同样的方式创建网格曲面 3，即翅膀的另一半，如图 10-116 所示。

⑭　使用【缝合】命令将两个曲面缝合，并镜像到身体的另一侧，如图 10-117 所示。

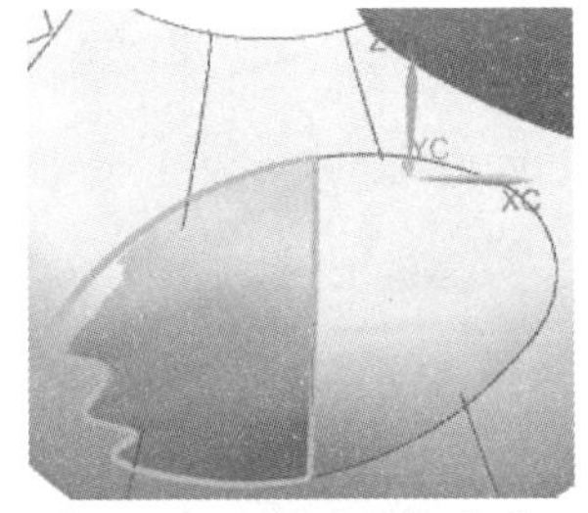

图 10-116　创建网格曲面 3

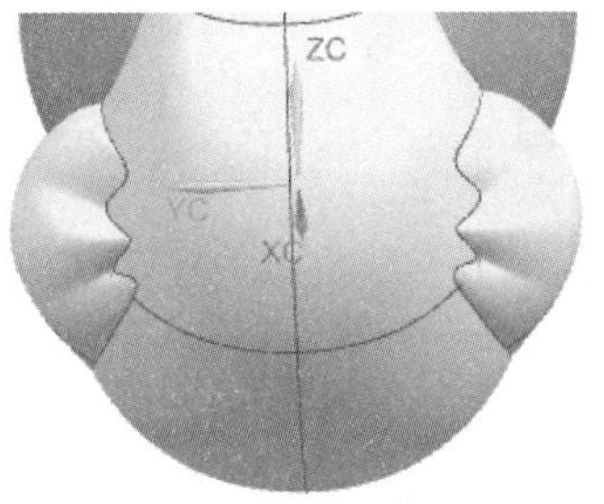

图 10-117　缝合并镜像曲面

⑮ 使用【基准平面】命令按【某一距离】的方式将 XC-YC 平面向下偏移 50，再用创建的基准平面来修剪小鸭的身体，如图 10-118 所示。

⑯ 使用【抽取几何特征】命令将头和眼睛的面抽取出来并将球体隐藏，如图 10-119 所示。

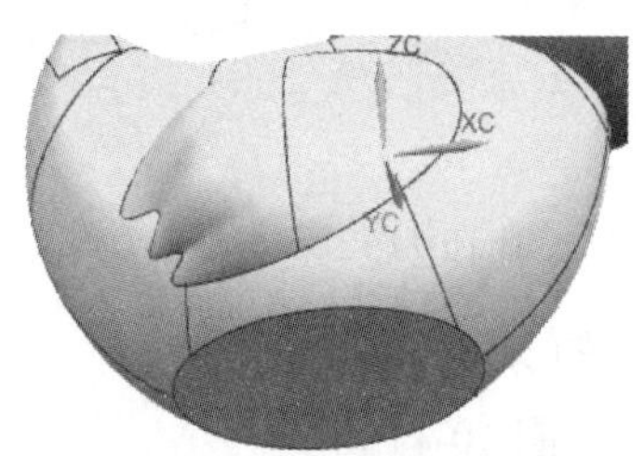

图 10-118 修剪小鸭的身体

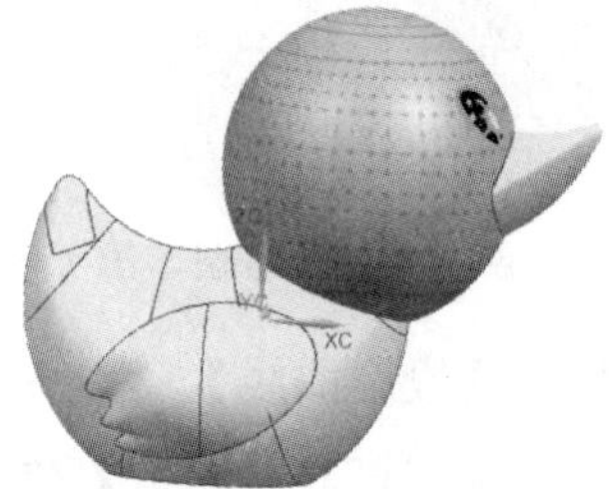

图 10-119 抽取几何体

⑰ 使用【修剪片体】命令用小鸭的嘴修剪抽取的头部片体。

⑱ 使用【缝合】命令将头、眼睛和嘴缝合为实体，如图 10-120 所示。

⑲ 再次使用【缝合】命令将小鸭的身体缝合为实体，并将身体与头部合并，结果如图 10-121 所示。

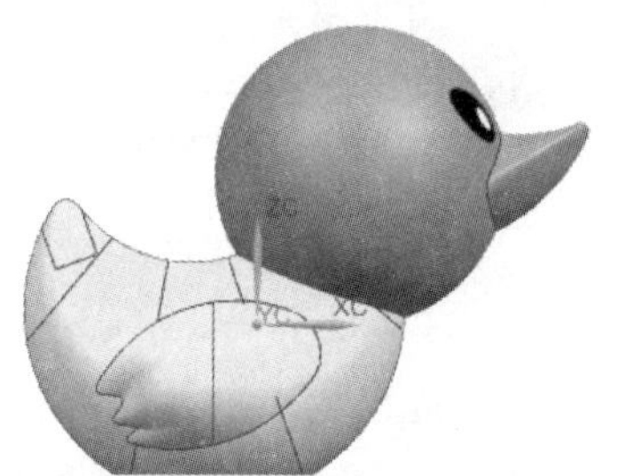

图 10-120 缝合头部

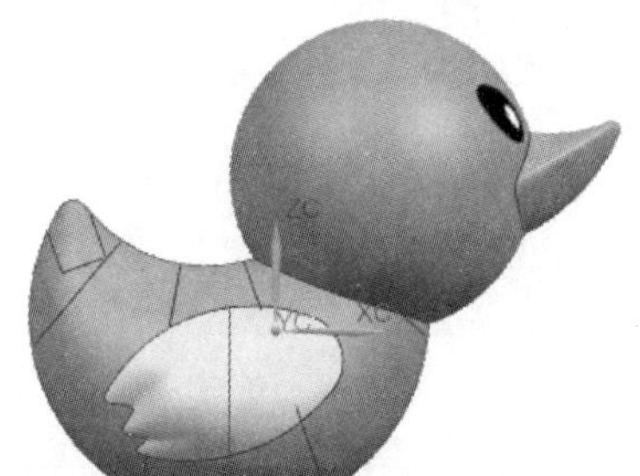

图 10-121 缝合与合并

⑳ 在【主页】选项卡的【基本】面板中单击【边倒圆】按钮，按如图 10-122 所示的步骤完成边倒圆操作。改变小鸭身体各部分的颜色，完成小鸭造型。

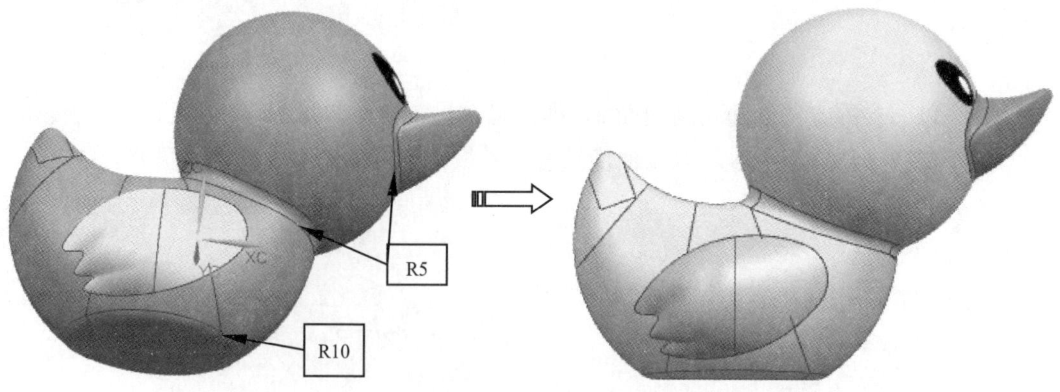

图 10-122 完成边倒圆操作

第 11 章

曲面操作与编辑

本章内容

本章我们将学习 UG 软件的曲面操作与编辑功能，包括曲面的修剪与组合、关联复制、圆角及斜角操作等。

知识要点

☑ 曲面的修剪与组合
☑ 曲面的偏置
☑ 曲面的编辑

11.1 曲面的修剪与组合

曲面的修剪与组合命令都是编辑曲面的工具，可以对曲面进行布尔运算。在曲面造型过程中，这些命令可以作为后期处理工具，完成整个造型工作。

11.1.1 修剪片体

【修剪片体】命令可以同时修剪多个片体，其输出可以是分段的，并且允许创建多个最终的片体。在选择修剪目标片体时，鼠标指针的位置同时指定了区域点。如果曲线不在曲面上，也可以不进行额外的投影操作，而是在修剪片体内部设置投影矢量。关于投影的具体选项，如表 11-1 所示。

表 11-1 投影的具体选项

投影选项	说明
垂直于面	用于定义投影方向或通过曲面法向投影而选定的曲线或边。如果定义投影方向的对象发生更改，则得到的修剪曲面体会随之更新。否则，投影方向是固定的
垂直于曲线平面	用于将投影方向定义为垂直于曲线平面
沿矢量	用于将投影方向定义为沿矢量。如果选择 XC 轴、YC 轴或 ZC 轴作为投影方向，则当用户更改工作坐标系（WCS）时，应该重新选择投影方向
指定矢量	只对投影方向为【沿矢量】类型可用。 用于定义投影方向的矢量
反向	只对投影方向为【沿矢量】类型可用。 使选定的矢量方向反向
投影两侧	只对投影方向为【沿矢量】和【垂直于曲线平面】类型可用。 使矢量沿选定片体的两侧进行投影

在【曲面】选项卡的【组合】面板中单击【修剪片体】按钮，弹出【修剪片体】对话框。

移动鼠标指针到图形区，选择要修剪的片体，然后激活【边界】选项区的【选择对象】选项，选择对象，如曲线、边缘、片体、基准平面等，并单击【确定】按钮，完成片体的修剪，如图 11-1 所示。

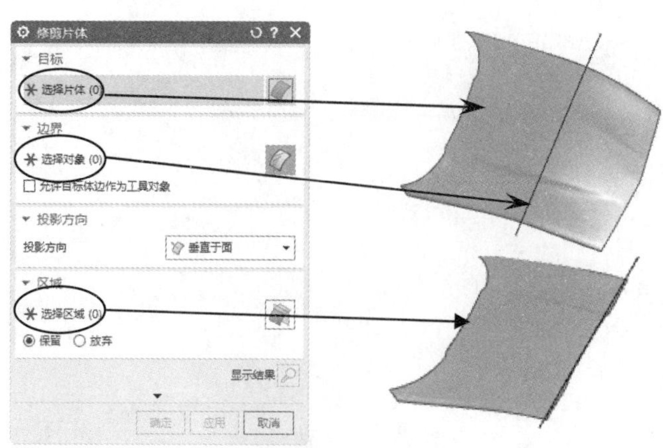

图 11-1 修剪片体

技巧点拨：

在选择要修剪的片体时，单击的位置就是保留或舍弃的区域。

动手操作——轮毂造型

使用曲面命令创建如图 11-2 所示的轮毂。

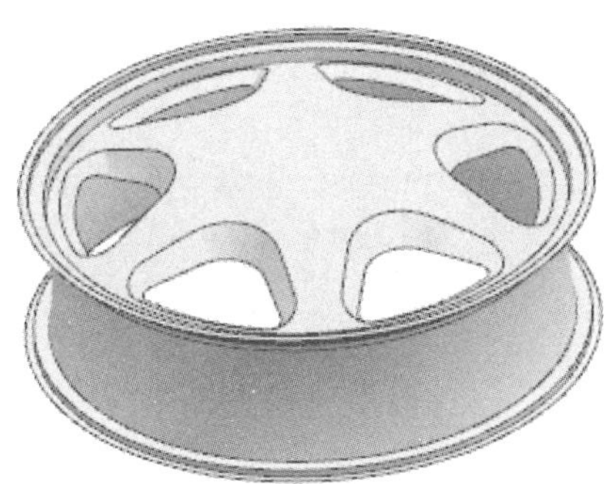

图 11-2　轮毂

① 新建模型文件。

② 在【主页】选项卡的【构造】面板中单击【草图】按钮，选择 *XZ* 平面作为草图平面，绘制如图 11-3 所示的草图 1。然后单击【完成】按钮，退出草图任务环境。

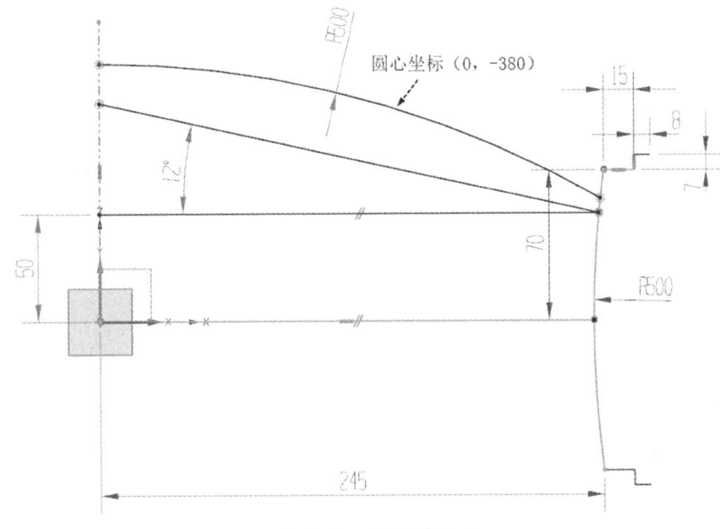

图 11-3　绘制草图 1

③ 在【主页】选项卡的【基本】面板中单击【旋转】按钮，弹出【旋转】对话框。选择草图 1 中的圆弧曲线作为旋转截面，指定 *Z* 矢量轴作为旋转轴，在【设置】选项区中设置【体类型】为【片体】，单击【确定】按钮，完成旋转曲面（圆弧曲面）的创建，如图 11-4 所示。

技巧点拨：

要想选择单条曲线，可以先按默认选中所有曲线，然后右击曲线，弹出曲线选择规则菜单，此时再选择【单条曲线】命令即可。

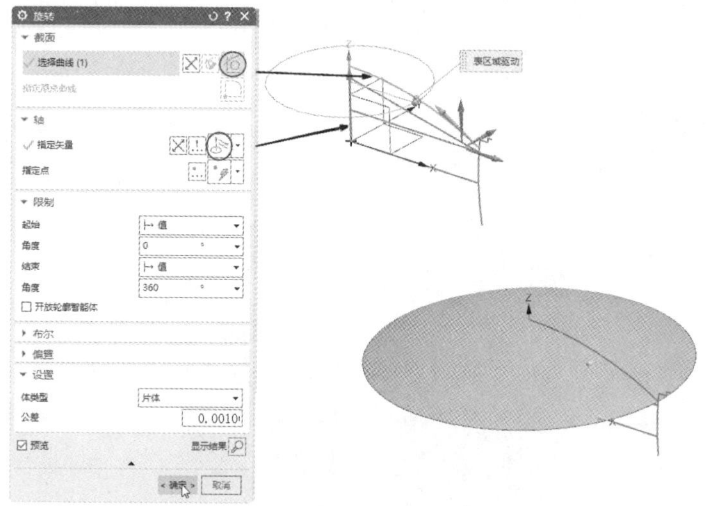

图 11-4　创建旋转曲面（圆弧曲面）

④　再次单击【旋转】按钮，弹出【旋转】对话框，选择草图 1 中的斜线（斜角为 12° 的直线）作为旋转截面，指定 *Z* 矢量轴作为旋转轴，单击【确定】按钮，完成旋转曲面（圆锥曲面）的创建，如图 11-5 所示。

⑤　继续单击【旋转】按钮，弹出【旋转】对话框，选择草图 1 中的曲线链（包括 R500 圆弧及与其相连的直线）作为旋转截面，指定 *Z* 矢量轴作为旋转轴，单击【确定】按钮，完成旋转曲面的创建，如图 11-6 所示。

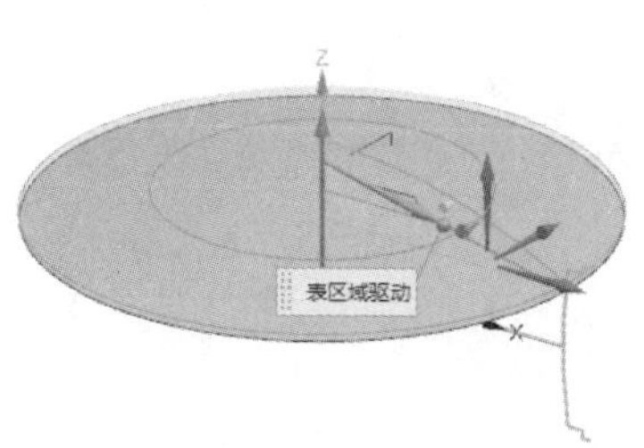

图 11-5　创建旋转曲面（圆锥曲面）

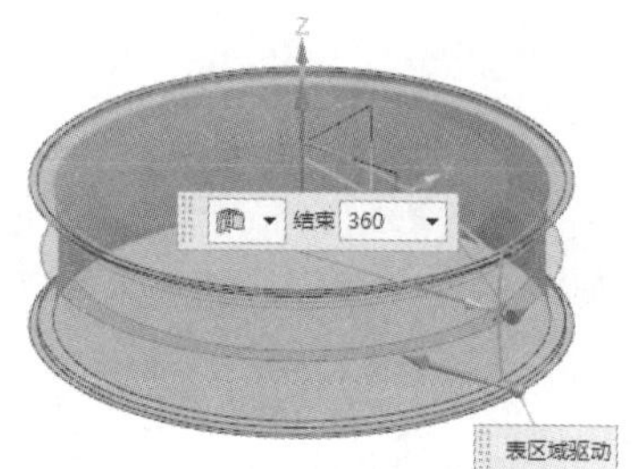

图 11-6　创建旋转曲面

⑥　在【主页】选项卡的【构造】面板中单击【草图】按钮，选择基准坐标系的 *XY* 平面作为草图平面，绘制如图 11-7 所示的草图 2。然后单击【完成】按钮，退出草图任务环境。

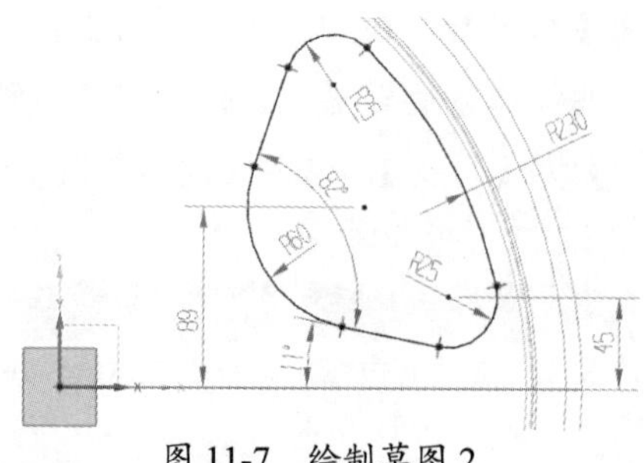

图 11-7　绘制草图 2

⑦ 在【曲线】选项卡的【派生】面板中单击【偏置曲线】按钮，弹出【偏置曲线】对话框。选择草图 2，并创建向内偏置且偏置距离为【14】的偏置曲线，如图 11-8 所示。

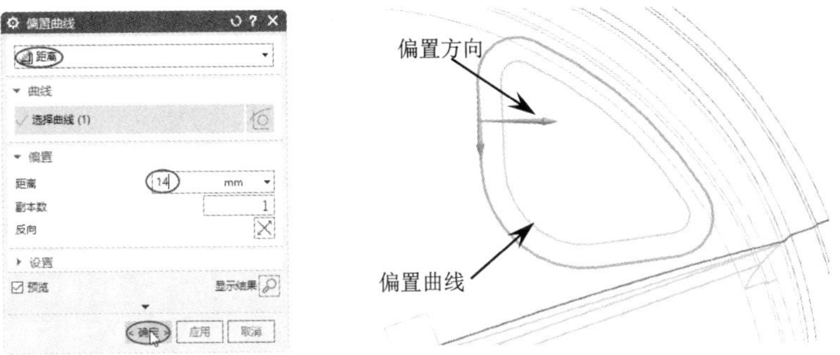

图 11-8　创建偏置曲线

⑧ 在【曲线】选项卡的【派生】面板中单击【投影曲线】按钮，弹出【投影曲线】对话框。选择步骤 ⑥ 绘制的草图 2，并指定投影矢量为 WCS 的 ZC 轴，将其投影到步骤 ③ 创建的旋转曲面（圆弧曲面）上，单击【确定】按钮，创建投影曲线 1，如图 11-9 所示。

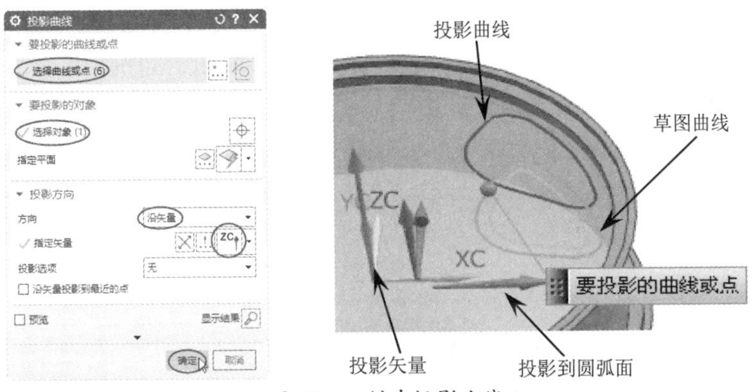

图 11-9　创建投影曲线 1

⑨ 再次单击【投影曲线】按钮，弹出【投影曲线】对话框。选择步骤 ⑦ 创建的偏置曲线作为要投影的曲线，并指定投影矢量为 WCS 的 ZC 轴，将其投影到步骤 ④ 创建的旋转曲面（圆锥曲面）上，单击【确定】按钮，创建投影曲线 2，如图 11-10 所示。

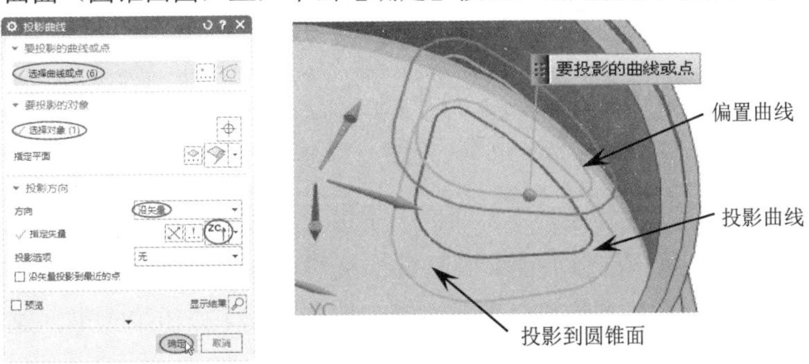

图 11-10　创建投影曲线 2

⑩ 选中两条封闭的投影曲线链，并在【菜单】下拉菜单中选择【编辑】|【移动对象】命令，弹出【移动对象】对话框。设置运动变换类型为【角度】，指定旋转矢量为 WCS 的 ZC 轴，选中【复制原先的】单选按钮，设置【距离/角度分割】为【6】、【非关联副本数】为【5】，单击【确定】按钮，完成曲线链的旋转复制，如图 11-11 所示。

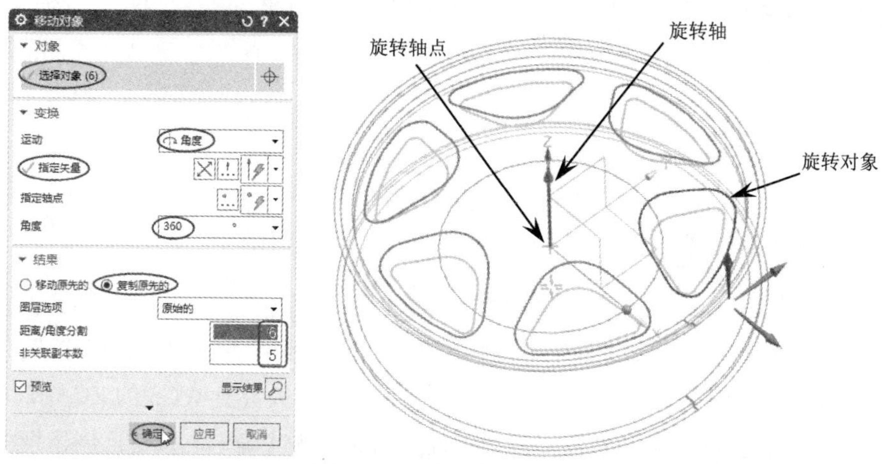

图 11-11 曲线链的旋转复制

⑪ 在【曲面】选项卡的【组合】面板中单击【修剪片体】按钮，弹出【修剪片体】对话框。选择圆弧曲面作为目标片体，并选择圆弧曲面上的投影曲线作为边界对象，确定保留的区域，单击【确定】按钮，完成圆弧曲面的修剪，如图 11-12 所示。

⑫ 同理，在【修剪片体】对话框中，选择圆锥曲面作为目标片体，并选择圆锥曲面上的投影曲线作为边界对象，确定保留的区域，单击【确定】按钮，完成圆锥曲面的修剪，如图 11-13 所示。

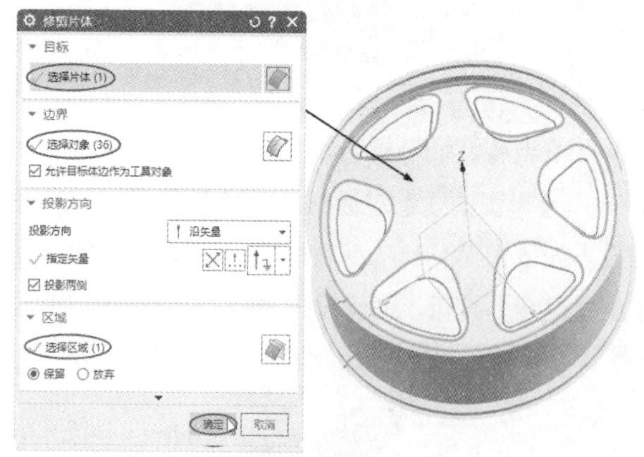

图 11-12 修剪圆弧曲面

图 11-13 修剪圆锥曲面

⑬ 在【曲面】选项卡的【基本】面板中单击【通过曲线组】按钮，弹出【通过曲线组】对话框。选择圆弧曲面和圆锥曲面被修剪后的一个孔边界作为第一截面和第二截面（在选择第一截面后需要单击【添加新截面】按钮⊕）来创建通过曲线组的曲面，如图 11-14 所示。

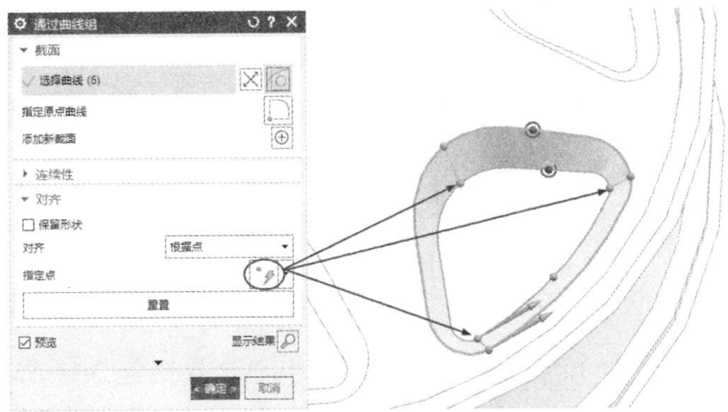

图 11-14　创建通过曲线组的曲面

⑭ 选中刚创建的通过曲线组的曲面，在【菜单】下拉菜单中选择【编辑】|【移动对象】命令，弹出【移动对象】对话框。设置运动变换类型为【角度】，指定旋转矢量为 ZC 轴，选中【复制原先的】单选按钮，设置【距离/角度分割】为【6】、【非关联副本数】为【5】，单击【确定】按钮，完成曲面的旋转复制，结果如图 11-15 所示。

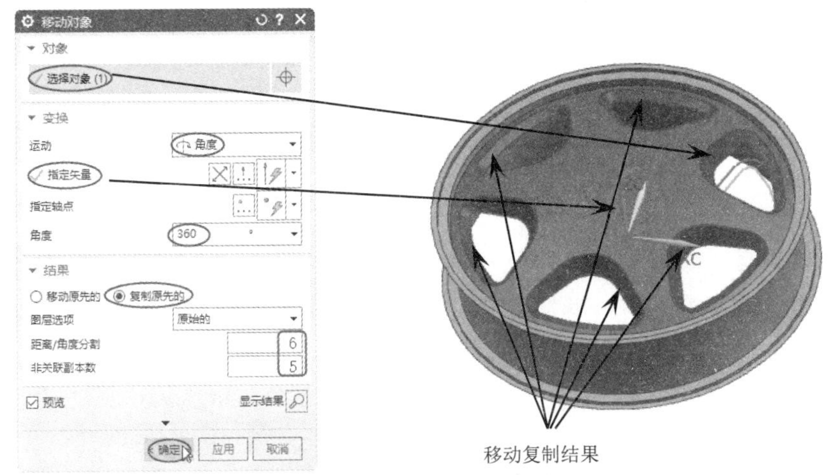

图 11-15　曲面的旋转复制

⑮ 在【曲面】选项卡的【组合】面板中单击【缝合】按钮，弹出【缝合】对话框。选择一个曲面作为目标片体，并框选其余曲面作为工具片体，单击【确定】按钮，完成曲面的缝合。创建完成的轮毂造型如图 11-16 所示。

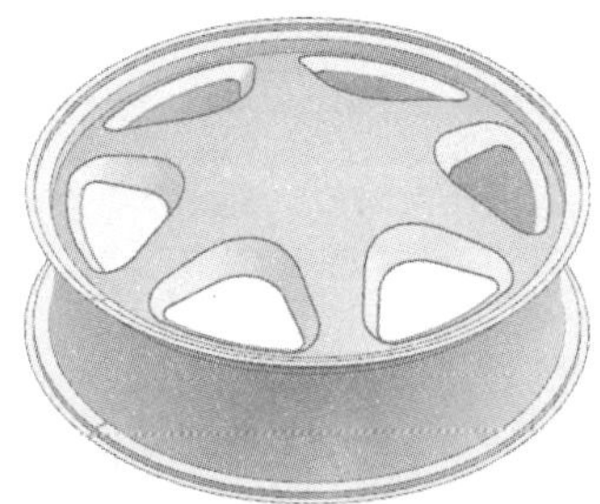

图 11-16　创建完成的轮毂造型

11.1.2 分割面

【分割面】命令用于通过曲线、边缘和面等，将现有实体或片体的面（一个或多个）进行分割。分割面通常用于模具、冷冲模上的模型的分型面上。实物本身的几何、物体特性都没有改变。分割对象不一定要紧贴着被分割的面，可以直接投影到表面进行分割。投影的方法有 3 种，即垂直于面、垂直于曲线平面和沿矢量，具体含义如下所述。

- 垂直于面：指定分割对象的投影方向垂直于要分割的面。
- 垂直于曲线平面：如果选择多条曲线或边缘作为分割对象，则软件会确定它们是否位于同一个平面内。如果位于同一个平面内，则投影方向会自动设置为垂直于该平面。
- 沿矢量：指定用于分割面操作的投影矢量。

技巧点拨：

在选择分割面时，如果需要选择单个面，可以先按默认选中所有面，然后右击曲面，弹出曲面选择规则菜单。在曲面选择规则菜单中可以选择【单个面】、【相邻面】、【相切面】、【特征面】和【体的面】来约束要选择的曲面。这与前面介绍的曲线选择规则是相同的。

在【曲面】选项卡的【组合】面板中的【更多】库中单击【分割面】按钮，弹出【分割面】对话框。

选择要分割的面，然后在【分割对象】选项区激活【选择对象】选项，选择分割对象。单击【确定】按钮，完成分割面操作，如图 11-17 所示。

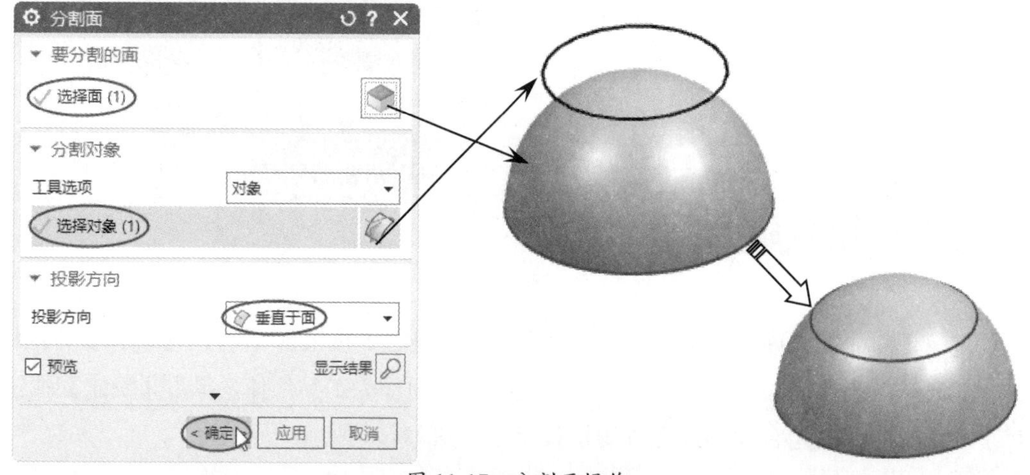

图 11-17 分割面操作

技巧点拨：

分割对象一定要大于要分割的面，或者是封闭的，使要分割的面具有完整的边界。

11.1.3 连结面

【连结面】命令和【分割面】命令是对立的，在进行分割面操作后，可以使用【连结面】命令对被分割的面进行连接。【连结面】对话框有两个选项，即【在同一个曲面上】和【转换为 B 曲面】，具体含义如下所述。

- 在同一个曲面上：在选定片体和实体上移除多余的面、边缘和顶点。
- 转换为 B 曲面：可以用这个选项把多个面连接到一个 B 曲面类型的面上。同时，选定的面必须是相邻的，属于同一个实体，符合 U-V 框范围，并且它们连接的边缘必须是等参数的。

搜索【连结面】命令并将其显示在【菜单】下拉菜单中。在【菜单】下拉菜单中选择【插入】|【组合】|【连结面】命令，弹出【连结面】对话框。

单击【在同一个曲面上】按钮，弹出【连结面】名称设置对话框，将鼠标指针移动到图形区，选择要连接的曲面或实体，完成连接面操作，如图 11-18 所示。

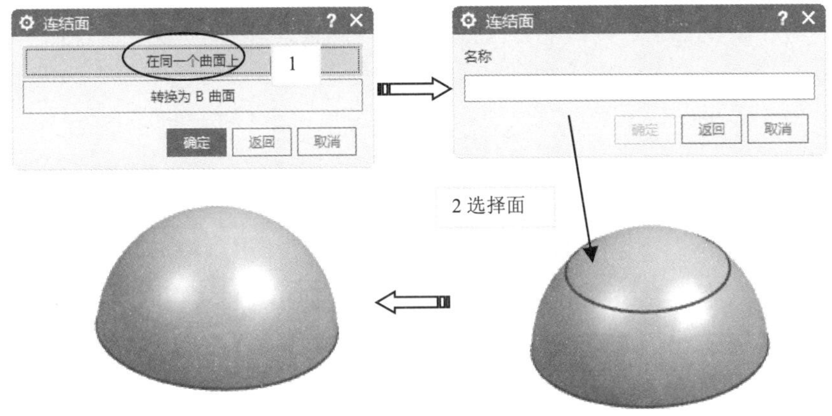

图 11-18　连接面操作

技巧点拨：

如果【连结面】命令未能完成任务，就会弹出错误提示对话框，如图 11-19 所示。

图 11-19　错误提示对话框

11.1.4　缝合曲面

【缝合】命令用于将两个或更多片体连接成一个片体。如果这组片体包围了一定的体积，则会创建一个实体。选定片体的任何缝隙都不能大于指定公差，否则将获得一个片体，而非实体。如果两个实体共享一个或多个公共（重合）面，还可以缝合这两个实体，如图 11-20 所示。

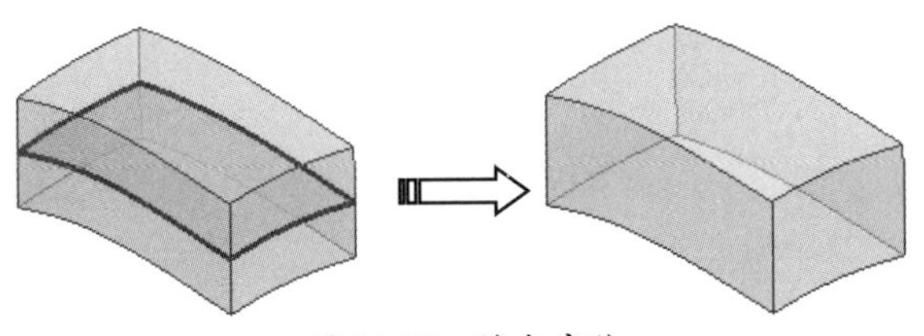

图 11-20　缝合实体

在【菜单】下拉菜单中选择【插入】|【组合】|【缝合】命令，或者在【曲面】选项卡的【组合】面板中单击【缝合】按钮，弹出【缝合】对话框。

将鼠标指针移动到图形区，选择任意一个曲面作为目标片体，其他所有的曲面作为工具片体，注意两个拉伸辅助面除外。单击【确定】按钮，完成片体的缝合，如图 11-21 所示。

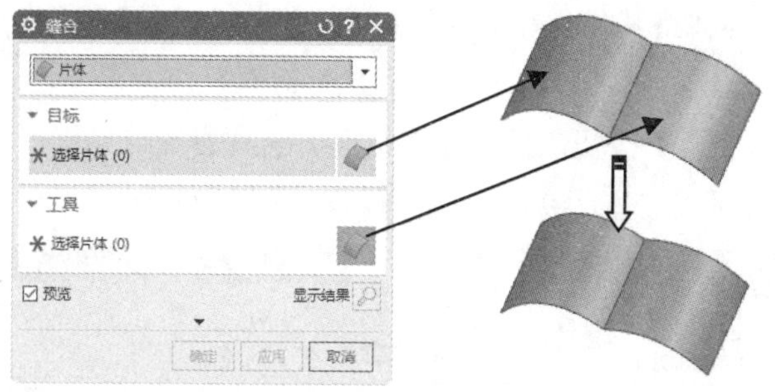

图 11-21 缝合片体

动手操作——多面体

使用曲面操作命令创建如图 11-22 所示的多面体。

① 新建模型文件。在【曲线】选项卡的【基本】面板中的【更多】库中单击【多边形】按钮，在弹出的【多边形】对话框中设置【边数】为【8】、类型为【外接圆半径】，并选择原点作为中心，设置外接圆半径为【100】、方位角为【0】，创建八边形，如图 11-23 所示。

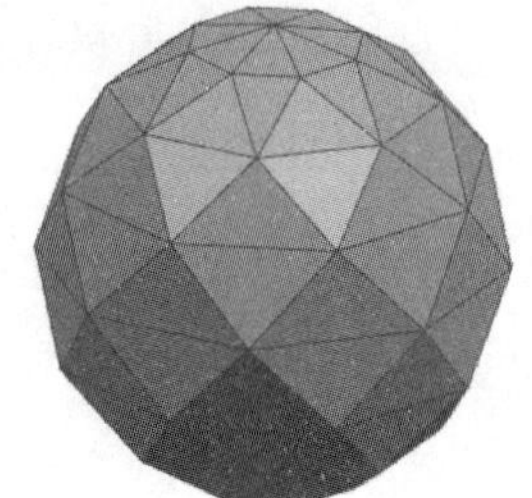

图 11-22 多面体

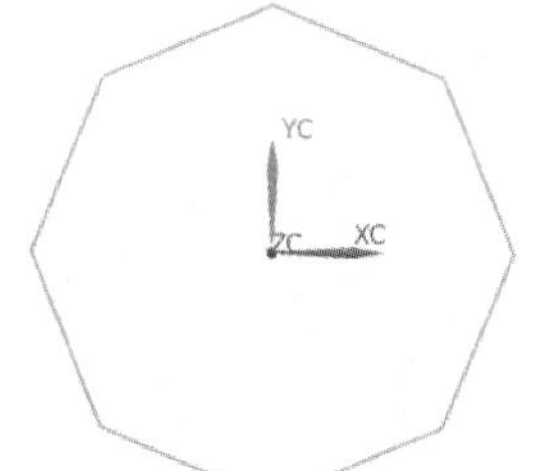

图 11-23 创建八边形

② 双击坐标系，激活 WCS，绕 XC 轴动态旋转 WCS，如图 11-24 所示。

③ 在【菜单】下拉菜单中选择【插入】|【曲线】|【圆弧/圆】命令，弹出【圆弧/圆】对话框。设置类型为【从中心点开始的圆弧/圆】，选择原点作为圆心，输入圆半径值【100】，设置圆放置平面为 XC-YC，创建圆曲线的结果如图 11-25 所示。

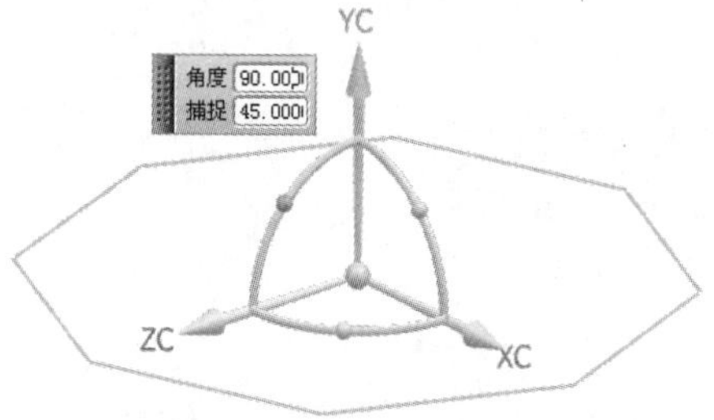

图 11-24 动态旋转 WCS

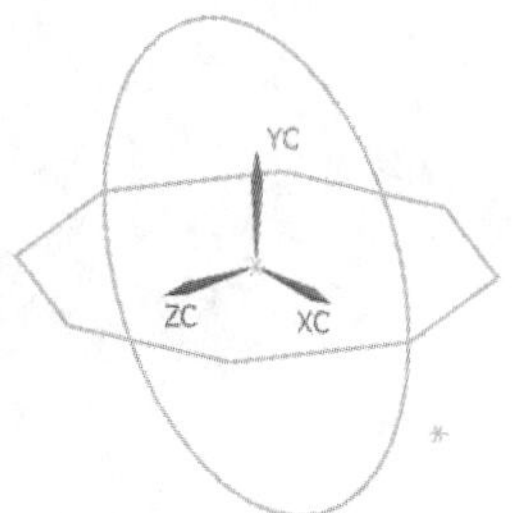

图 11-25 创建圆曲线

④ 打开【基本曲线】对话框，设置类型为【直线】，选择原点和圆端点，创建连接直线，如图 11-26 所示。

⑤ 在【菜单】下拉菜单中选择【编辑】|【移动对象】命令，弹出【移动对象】对话框。设置运动变换类型为【角度】，指定旋转矢量（ZC 轴）和轴点（原点），输入旋转角度和副本数等参数值，单击【确定】按钮，完成旋转复制，结果如图 11-27 所示。

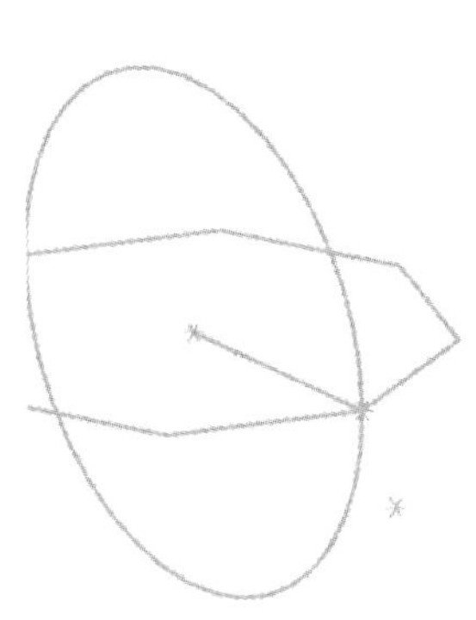

图 11-26　连接直线 1

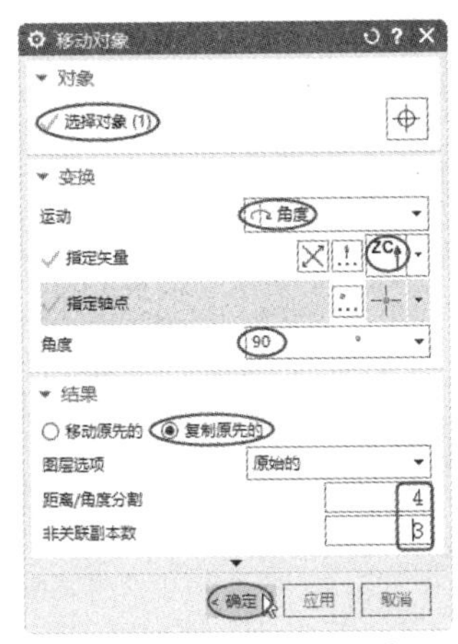

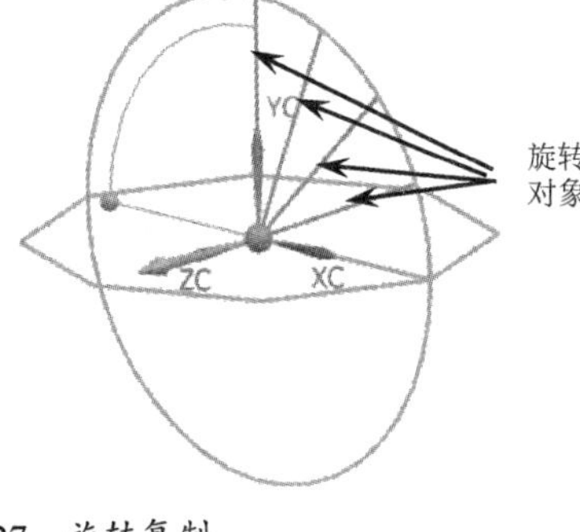

图 11-27　旋转复制

⑥ 在【曲线】选项卡的【基本】面板中单击【直线】按钮╱，弹出【直线】对话框，选择要阵列的直线和圆的交点作为起点，创建水平线，如图 11-28 所示。

⑦ 在【曲线】选项卡的【编辑】面板中单击【修剪曲线】按钮，弹出【修剪曲线】对话框。在选择要修剪的曲线后，选择修剪边界，完成曲线的修剪，如图 11-29 所示。

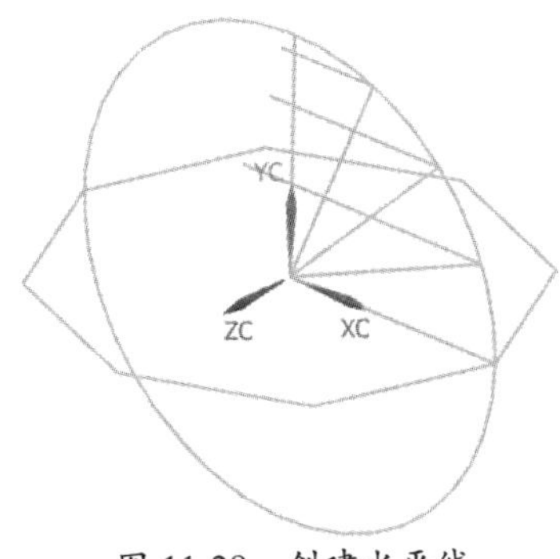

图 11-28　创建水平线

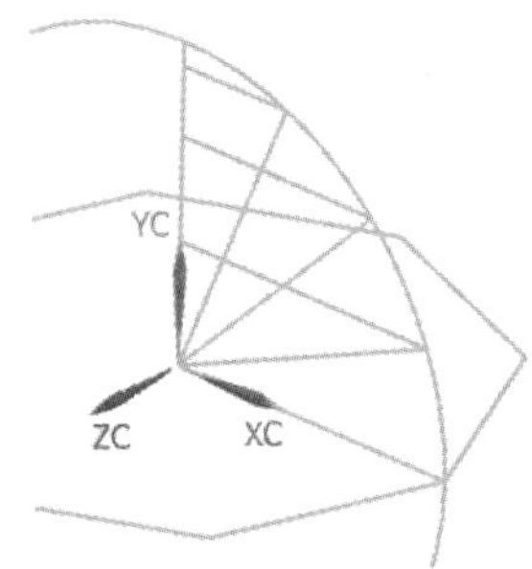

图 11-29　修剪曲线

⑧ 双击坐标系，弹出坐标系控制手柄和浮动文本框，动态旋转 WCS，如图 11-30 所示。

⑨ 在【曲线】选项卡的【基本】面板中单击【圆弧/圆】按钮，弹出【圆弧/圆】对话框。选择直线左端点作为圆心，再选择直线右端点来设置半径，完成圆的创建，如图 11-31 所示。

⑩ 在【曲线】选项卡的【非关联】面板中单击【分割曲线】按钮，弹出【分割曲线】对话框。设置分割类型为【等分段】，选择圆作为要分割的曲线，输入分割段

数【8】，单击【确定】按钮，完成圆的分割，结果如图 11-32 所示。

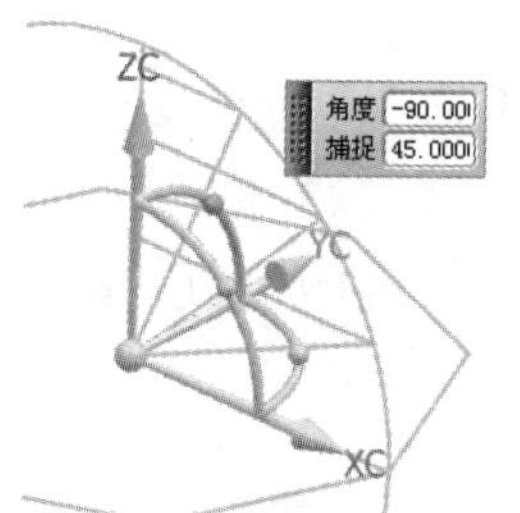

图 11-30 动态旋转 WCS

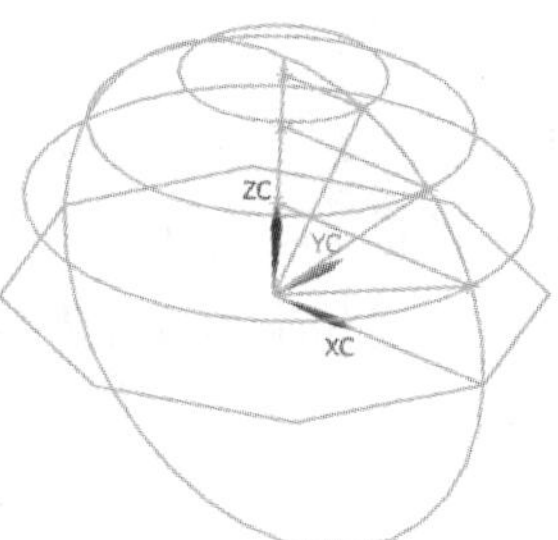

图 11-31 创建圆

图 11-32 分割圆

⑪ 在【曲线】选项卡的【基本】面板中单击【直线】按钮 ，创建连接直线 2，如图 11-33 所示。

⑫ 在【菜单】下拉菜单中选择【插入】|【曲面】|【有界平面】命令，弹出【有界平面】对话框。选择步骤 ⑪ 创建的封闭曲线来创建有界平面，单击【确定】按钮，结果如图 11-34 所示。

图 11-33 连接直线 2

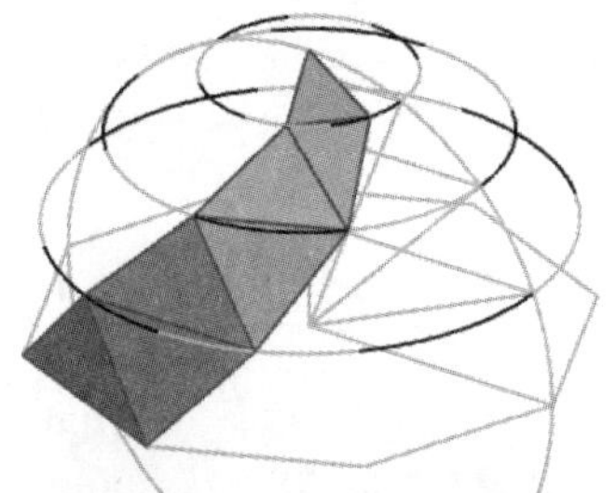
图 11-34 创建有界平面

⑬ 选择步骤 ⑫ 创建的有界平面，在【菜单】下拉菜单中选择【编辑】|【移动对象】命令，弹出【移动对象】对话框，设置运动变换类型为【角度】，指定旋转矢量和轴点，输入旋转角度和副本数等参数值，单击【确定】按钮，完成旋转复制操作，如图 11-35 所示。

⑭ 选中步骤 ⑬ 进行旋转复制后的曲面，在【菜单】下拉菜单中选择【编辑】|【变换】命令，弹出【变换】对话框。单击【通过一平面镜像】按钮，指定镜像平面为 *XY* 平面，指定后在【变换】对话框中单击【复制】按钮，完成镜像复制操作，如图 11-36 所示。

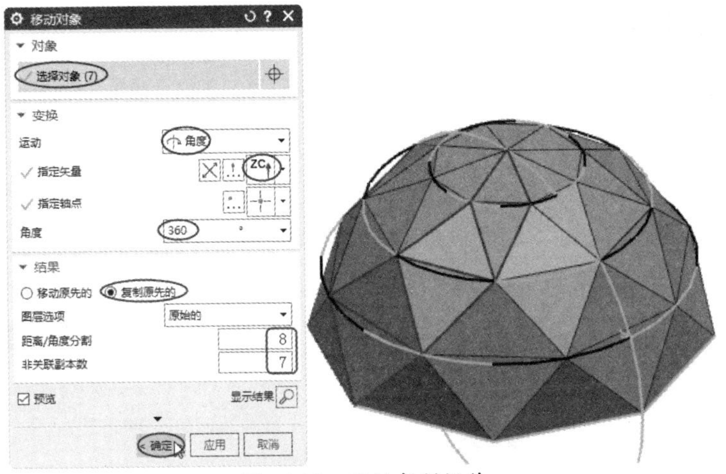

图 11-35　旋转复制操作

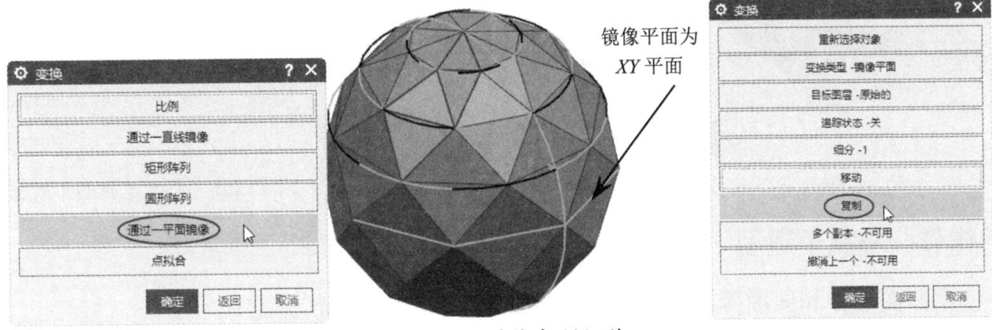

图 11-36　镜像复制操作

⑮ 按【Ctrl+W】组合键，弹出【显示和隐藏】对话框，单击【曲线】栏的【隐藏 曲线】按钮，即可将所有的曲线隐藏，结果如图 11-37 所示。

⑯ 在【曲面】选项卡的【组合】面板中单击【缝合】按钮，弹出【缝合】对话框。选择目标片体，再选择工具片体，单击【确定】按钮，完成所有片体的缝合，结果如图 11-38 所示。

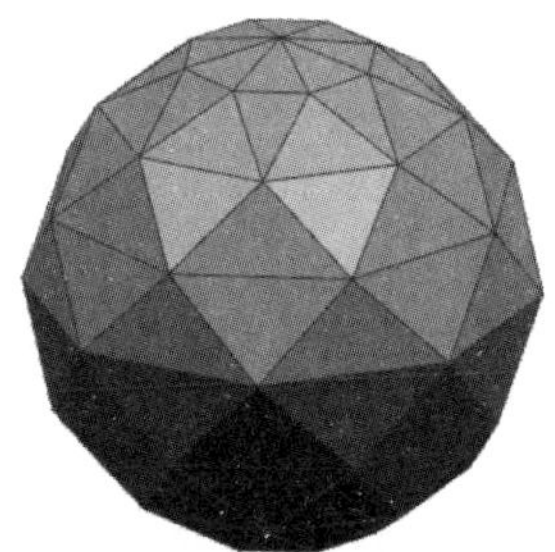

图 11-37　隐藏曲线

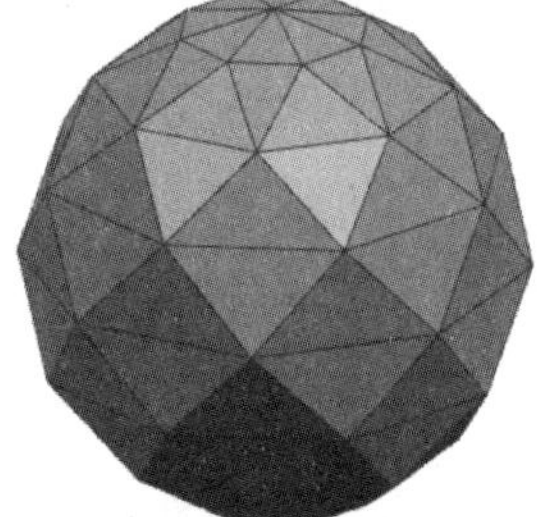

图 11-38　缝合片体

11.2　曲面的偏置

本节将介绍几种常用的曲面偏置命令。

11.2.1 偏置曲面

【偏置曲面】命令用于创建现有面的偏置曲面。在偏置时，输入的对象可以是实体表面或片体，通过沿选定面的法向偏置点的方法来创建偏置曲面，原有的表面保持不变。使用【偏置曲面】命令还能同时偏置出多个不同距离的偏置曲面，如图 11-39 所示。

在【曲面】选项卡的【基本】面板中单击【偏置曲面】按钮，打开【偏置曲面】对话框，如图 11-40 所示。

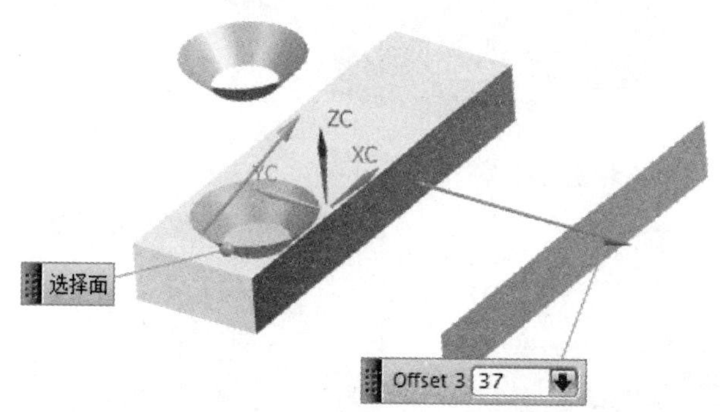

图 11-39　多个不同距离的偏置曲面

图 11-40　【偏置曲面】对话框

动手操作——瓶子造型

使用曲面命令和曲面操作命令创建如图 11-41 所示的瓶子。

① 新建模型文件。

② 双击坐标系，弹出坐标系控制手柄和浮动文本框，动态旋转 WCS，如图 11-42 所示。

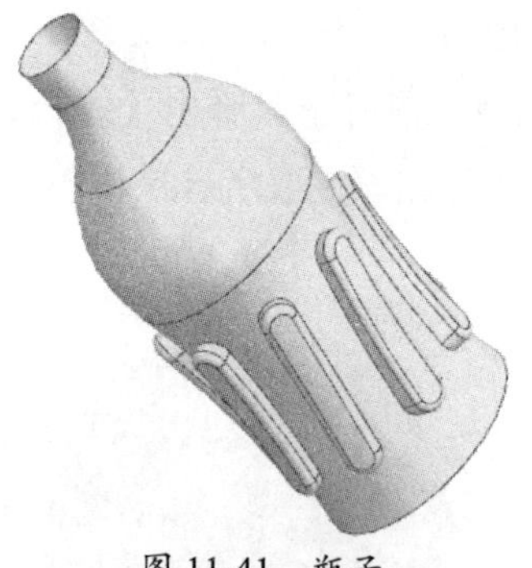

图 11-41　瓶子

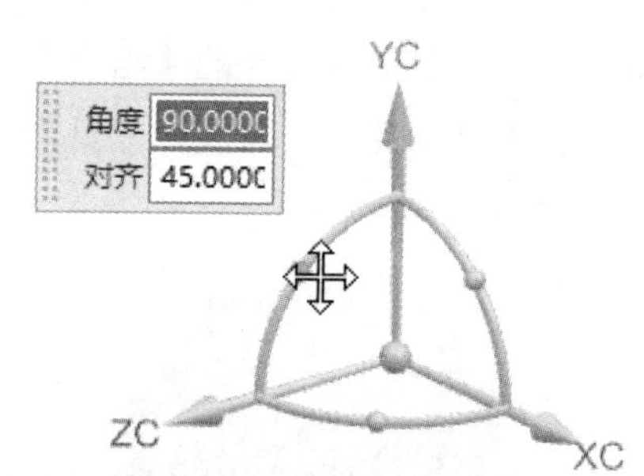

图 11-42　动态旋转 WCS

③ 在【主页】选项卡的【构造】面板中单击【草图】按钮，选择基准坐标系的 *XY* 平面作为草图平面，进入草图任务环境，绘制如图 11-43 所示的草图 1。然后单击【完成】按钮，退出草图任务环境。

④ 在【主页】选项卡的【基本】面板中单击【旋转】按钮，弹出【旋转】对话框。选择绘制的草图 1 作为旋转截面，指定旋转矢量和轴点，设置【体类型】为【片体】，创建旋转曲面，如图 11-44 所示。

⑤ 在【主页】选项卡的【构造】面板中单击【草图】按钮，选择基准坐标系的 *XY*

平面作为草图平面，进入草图任务环境，绘制如图 11-45 所示的草图 2。然后单击【完成】按钮，退出草图任务环境。

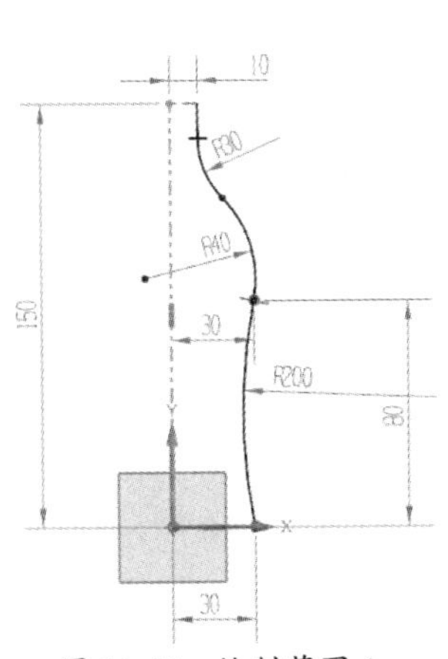

图 11-43　绘制草图 1

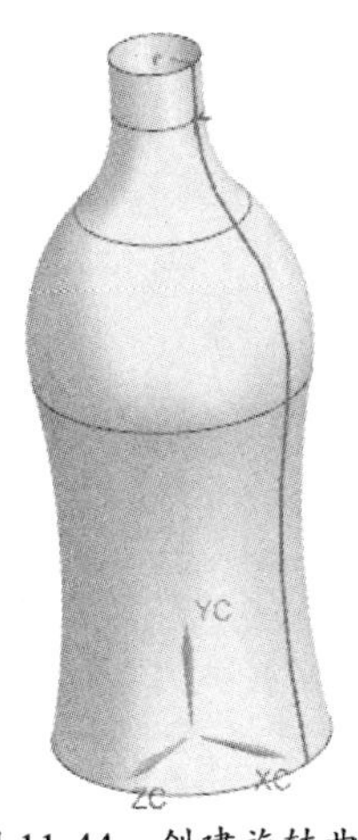

图 11-44　创建旋转曲面

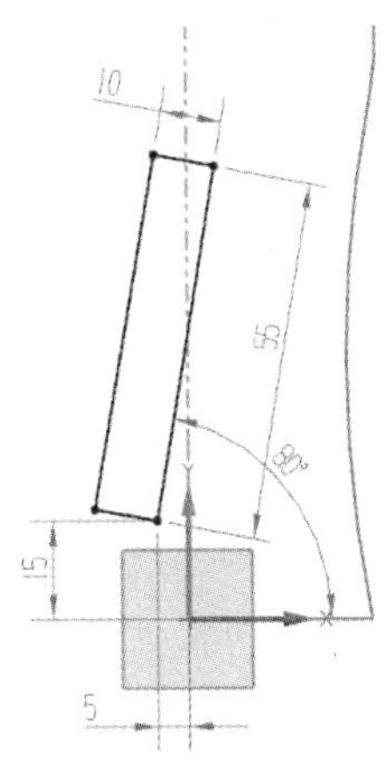

图 11-45　绘制草图 2

⑥ 在【主页】选项卡的【基本】面板中单击【拉伸】按钮，弹出【拉伸】对话框。选择步骤⑤绘制的草图 2 作为拉伸截面，指定旋转矢量，输入拉伸参数值，设置【体类型】为【片体】，创建拉伸曲面，如图 11-46 所示。

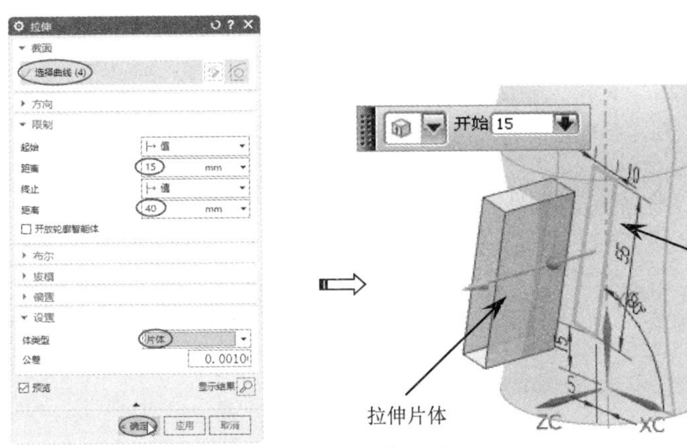

图 11-46　创建拉伸曲面

⑦ 在【菜单】下拉菜单中选择【插入】|【偏置/缩放】|【偏置曲面】命令，弹出【偏置曲面】对话框。选择要偏置的片体，输入偏置距离值【5】，单击【确定】按钮，完成偏置曲面的创建，如图 11-47 所示。

⑧ 在【曲面】选项卡的【组合】面板中单击【修剪和延伸】按钮，弹出【修剪和延伸】对话框。设置类型为【制作拐角】，选择目标面和工具面，切换修剪方向，完成拐角的制作，如图 11-48 所示。

⑨ 在【主页】选项卡的【基本】面板中单击【边倒圆】按钮，弹出【边倒圆】对话框。选择要倒圆角的边，输入圆角半径值【5】，单击【确定】按钮，完成圆角特征 1 的创建，如图 11-49 所示。

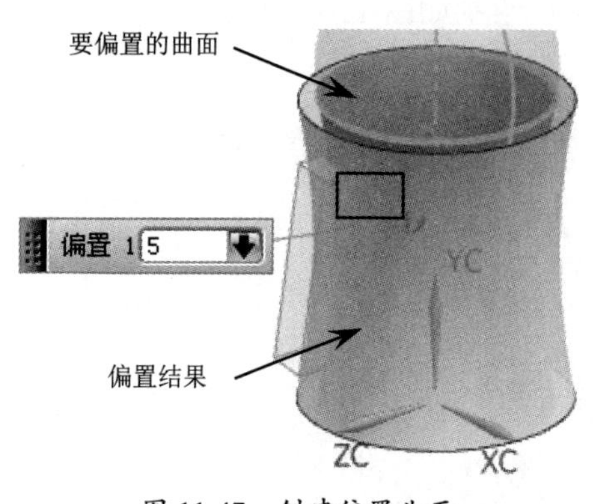

图 11-47　创建偏置曲面

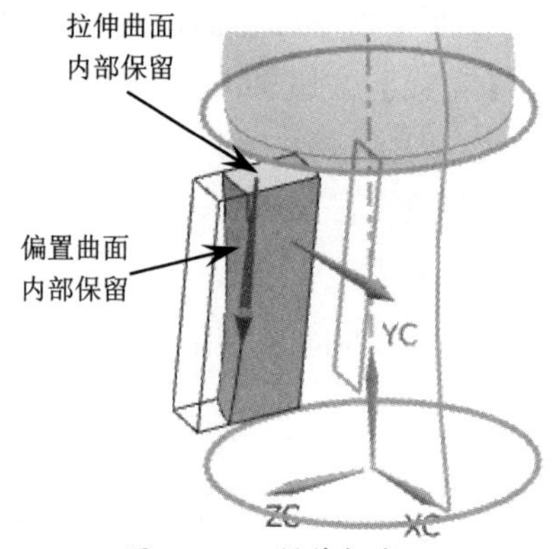

图 11-48　制作拐角 1

⑩ 同理，选择曲面的边来创建半径为【2】的圆角特征 2，如图 11-50 所示。

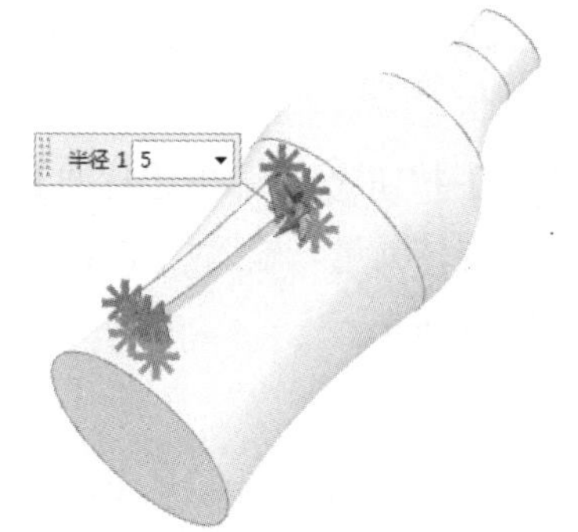

图 11-49　创建圆角特征 1

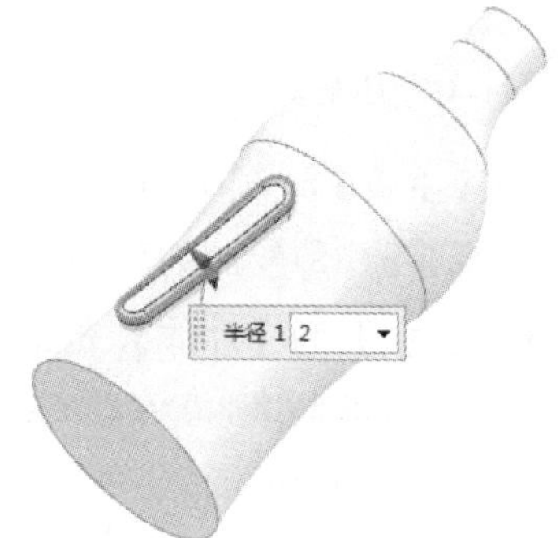

图 11-50　创建圆角特征 2

⑪ 在【菜单】下拉菜单中选择【编辑】|【移动对象】命令，打开【移动对象】对话框。选择要移动的对象，设置运动变换类型为【角度】，指定旋转矢量和轴点，输入旋转角度和副本数等参数值，单击【确定】按钮，完成旋转复制操作，如图 11-51 所示。

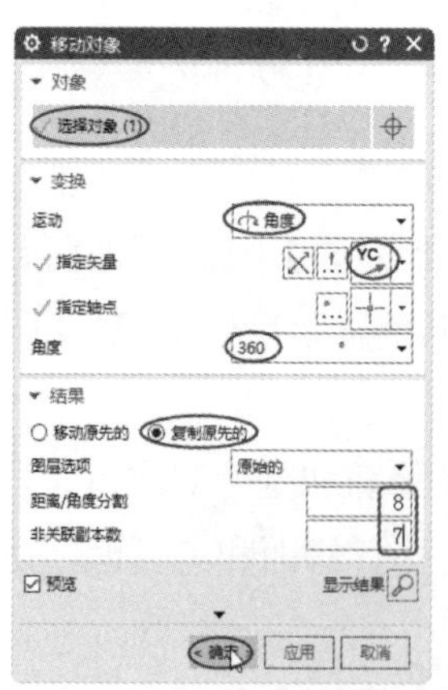

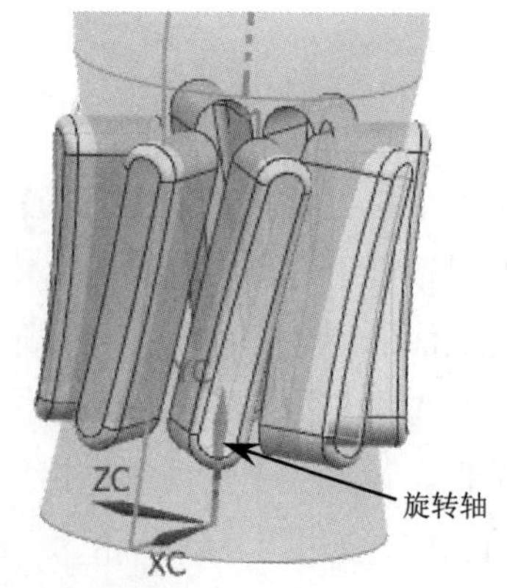

图 11-51　旋转复制操作

⑫ 在【曲面】选项卡的【组合】面板中单击【修剪和延伸】按钮，弹出【修剪和

延伸】对话框。设置类型为【制作拐角】，选择目标面和工具面，切换修剪方向，完成拐角的制作，如图 11-52 所示。

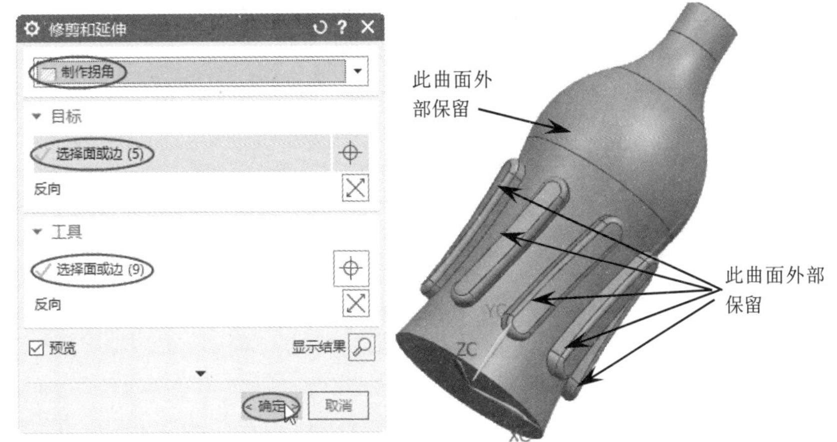

图 11-52　制作拐角 2

⑬ 在【主页】选项卡的【基本】面板中单击【边倒圆】按钮，弹出【边倒圆】对话框。选择要倒圆角的边，输入圆角半径值【5】，单击【确定】按钮，完成圆角特征的创建，结果如图 11-53 所示。

⑭ 隐藏所有曲线。最终完成的瓶子造型如图 11-54 所示。

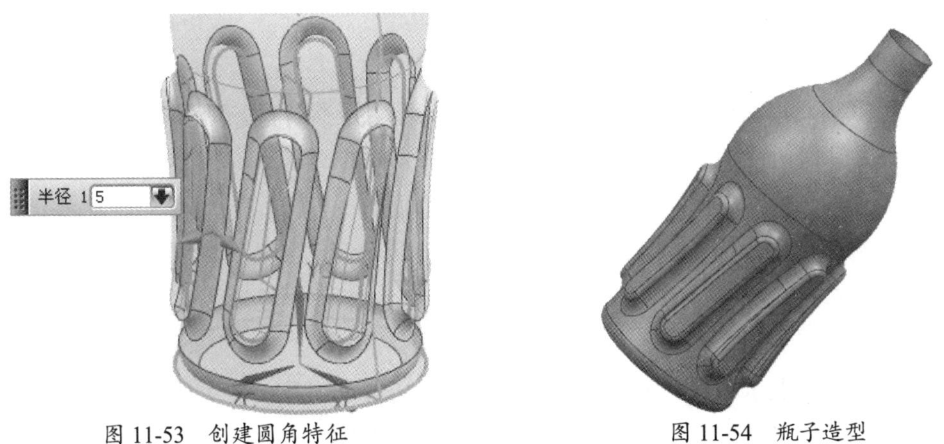

图 11-53　创建圆角特征　　图 11-54　瓶子造型

技巧点拨：

在创建偏置曲面时，不使用严格的定义来确定位置关系，允许计算过程中存在一些偏差，从而成功创建偏置曲面特征。

11.2.2　大致偏置

使用【大致偏置】命令可以用较大的偏置距离从一组实体面或片体中创建一个没有自相交、锐边或拐角的偏置片体。这是使用【偏置面】命令和【偏置曲面】命令所无法达到的偏置效果。

搜索【大致偏置】命令并将其显示在【菜单】下拉菜单中。在【菜单】下拉菜单中选择【插入】|【偏置/缩放】|【大致偏置】命令，弹出【大致偏置】对话框，如图 11-55 所示。

图 11-55 【大致偏置】对话框

【大致偏置】对话框中的部分选项含义如下所述。

- 偏置面/片体：选择要偏置的面或片体。如果选择多个面，则不应使它们相互重叠。相邻面之间的缝隙应该在指定的建模距离公差内。如果存在重叠，则会偏置顶面。
- 偏置 CSYS：使用户可以为偏置曲面选择或构造一个坐标系（CSYS），其中，*Z* 轴方向指明偏置方向，*X* 轴方向指明步进或剖切方向，*Y* 轴方向指明步距跨越方向。默认的 CSYS 为当前的工作 CSYS。
- 偏置距离：要偏置的距离。
- 偏置偏差：表示允许的偏置距离范围，该选项与【偏置距离】选项一起使用。如果设置【偏置距离】为【10】且【偏置偏差】为【1】，则允许的偏置距离范围为 9~11。一般偏置偏差应该远远大于建模距离公差。
- 步距：指定步距跨越距离。在勾选【显示截面预览】复选框时，可以通过截面预览观察步距，如图 11-56 所示。
- 云点：使用云点方式创建曲面，且创建的曲面逼近偏置后的云点，如图 11-57 所示。选择该曲面生成方法后，将启用【曲面控制】选项组，用于指定曲面的补片数目。
- 通过曲线组：使用偏置后的曲面流线并通过曲线组的形式创建曲面，如图 11-58 所示。如果选择该曲面生成方法，则【修剪边界】选项不可用。

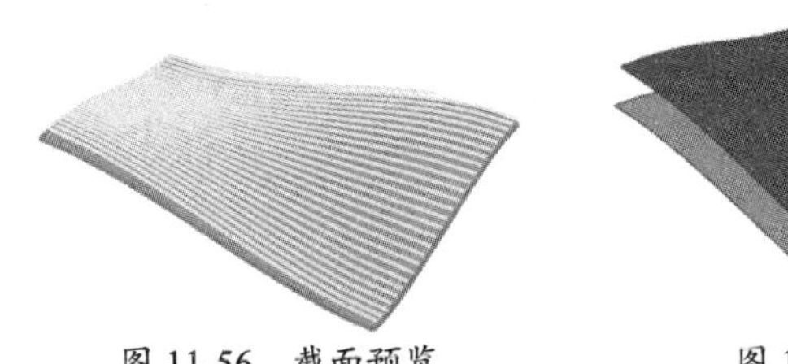
图 11-56　截面预览

图 11-57　云点

图 11-58　通过曲线组

- 粗略拟合：创建的曲面精度不高，可以在其他方法都无法成功创建曲面时使用。在偏置精度不太重要，并且由于曲面自相交使得其他方法无法生成曲面时，或者在使用这些方法生成的曲面很糟糕时，可以使用【粗略拟合】曲面生成方法。
- 曲面控制：指定使用多少补片来创建片体，仅用于【云点】曲面生成方法，包括两个选项，即【系统定义】（在创建新的片体时，软件自动添加经过数目计算的 U 向补片来给出最佳结果）和【用户定义】（启用 U 向补片，用于指定在创建片体过程中允许的 U 向补片数目）。

11.2.3　可变偏置

【可变偏置】命令用于针对单个面创建可变的偏置曲面。在偏置时，必须指定 4 个点和对应的距离。

在【曲面】选项卡的【基本】面板中的【更多】库中单击【可变偏置】按钮，弹出【可变偏置】对话框，如图 11-59 所示。

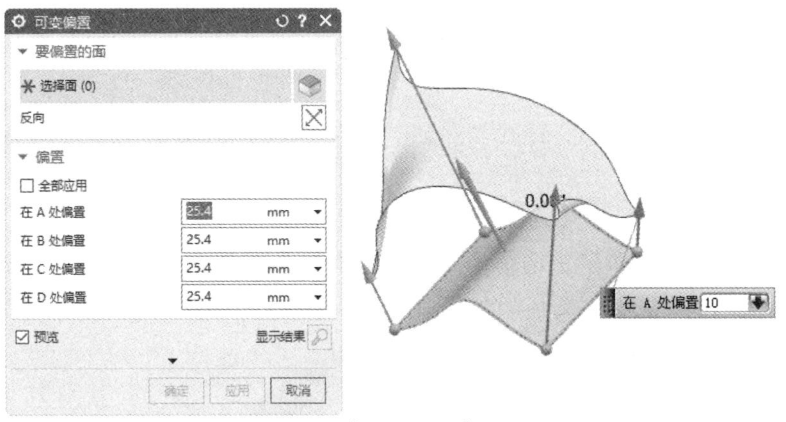

图 11-59　【可变偏置】对话框

【可变偏置】对话框中的部分选项含义如下所述。

- 要偏置的面：选择的对象可以是实体或片体表面。
- 偏置：可以在此选项区中输入 4 个点的偏置值。这 4 个偏置值不应该相差太大，否则曲率突然变化会导致偏置曲面创建失败。
- 保持参数化：保持可变偏置曲面中的原始曲面参数不变。

- 方法：将插值方法指定为【三次】或【线性】。

动手操作——创建可变偏置曲面

使用【可变偏置】命令创建如图 11-60 所示的曲面。

① 新建模型文件。

② 在【曲线】选项卡的【基本】面板中单击【圆弧/圆】按钮，弹出【圆弧/圆】对话框。在【限制】选项区中勾选【整圆】复选框，选择原点作为圆心，分别创建半径为【100】和半径为【130】的两条圆曲线，结果如图 11-61 所示。

图 11-60 曲面

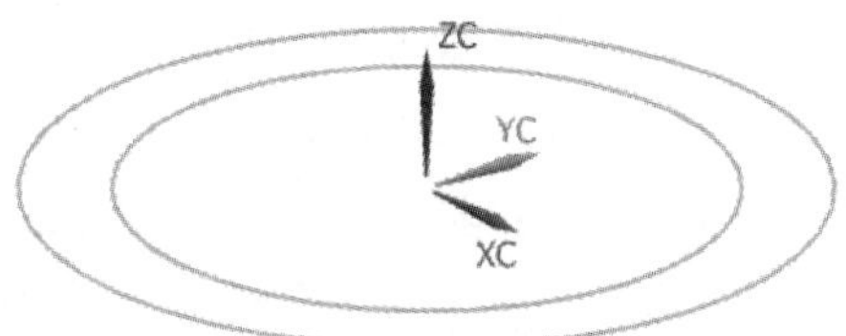

图 11-61 创建两条圆曲线

③ 在【曲线】选项卡的【基本】面板中单击【直线】按钮，弹出【直线】对话框。创建与 XC 轴共线的水平直线，并修改长度参数，如图 11-62 所示。

④ 在【曲线】选项卡的【编辑】面板中单击【修剪曲线】按钮，弹出【修剪曲线】对话框。选择要修剪的曲线，再选择修剪边界，完成曲线的修剪，如图 11-63 所示。

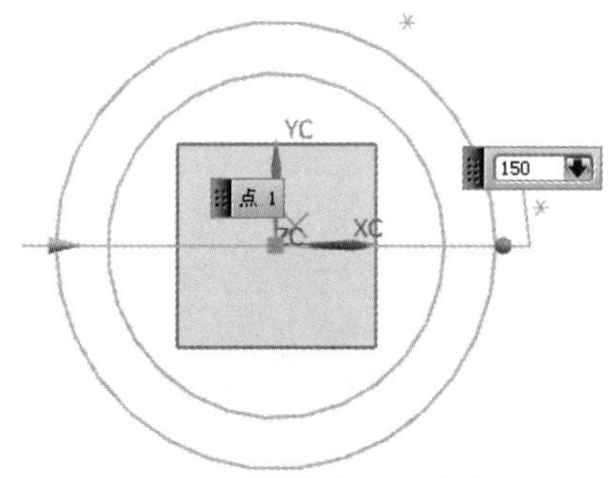

图 11-62 创建水平直线

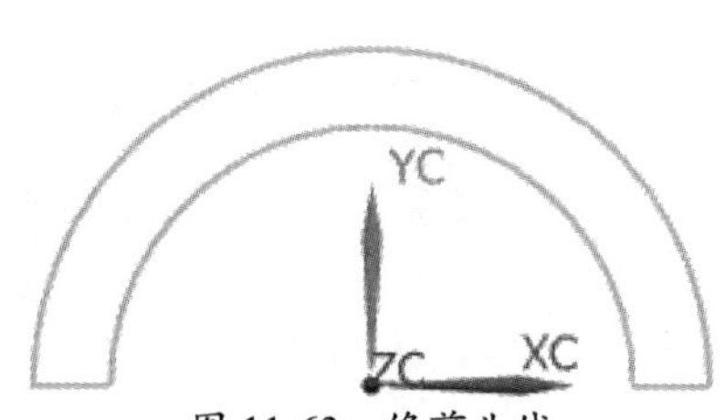

图 11-63 修剪曲线

⑤ 在【菜单】下拉菜单中选择【插入】|【曲面】|【有界平面】命令，弹出【有界平面】对话框。选择修剪后的封闭曲线来创建有界平面，如图 11-64 所示。

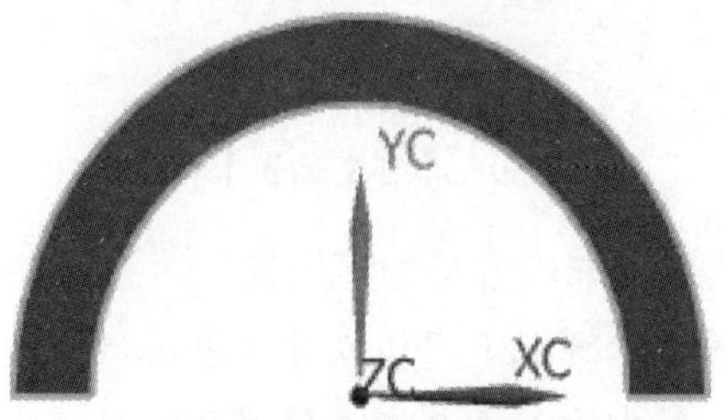

图 11-64 创建有界平面

⑥ 在【菜单】下拉菜单中选择【插入】|【偏置/缩放】|【可变偏置】命令，弹出【可变偏置】对话框。输入可变偏置的 4 个点的偏置值，并设置偏置方法为【三次】，

单击【确定】按钮，创建可变偏置曲面，如图 11-65 所示。

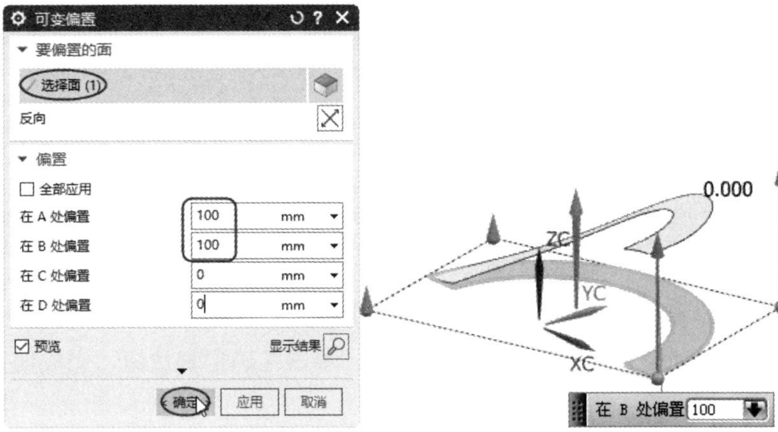

图 11-65　创建可变偏置曲面

⑦ 在【菜单】下拉菜单中选择【插入】|【关联复制】|【镜像特征】命令，弹出【镜像特征】对话框。选择要镜像的曲面特征，再选择 XC-ZC 平面作为镜像平面，单击【确定】按钮，完成镜像特征的创建，如图 11-66 所示。

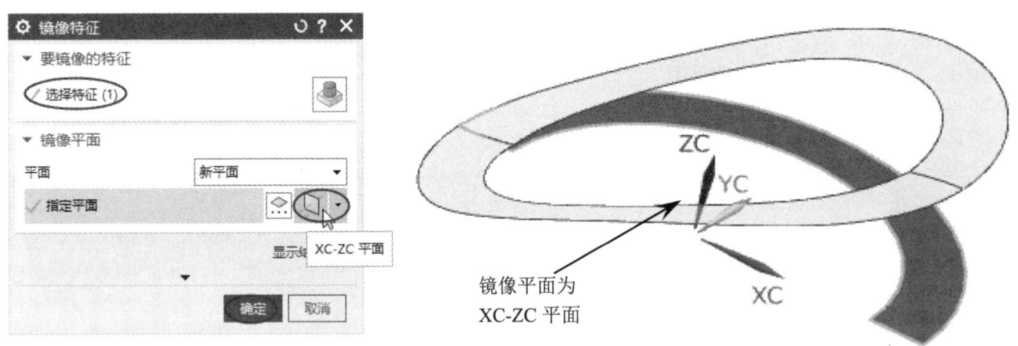

图 11-66　创建镜像特征

⑧ 选择之前绘制的有界平面和曲线，按【Ctrl+B】组合键，将选择的曲线隐藏。最终的曲面效果如图 11-67 所示。

图 11-67　最终的曲面效果

11.2.4　偏置面

与【偏置曲面】命令相比，使用【偏置面】命令让偏置后的曲面取代了原有曲面。【偏置面】命令可以根据正的或负的偏置距离值进行曲面偏置。正的偏置距离值沿垂直于面且指向远离实体方向的矢量测量。使用【偏置面】命令既可以偏置曲面，也可以偏置实体面。

动手操作——创建偏置面

创建偏置面的具体步骤如下所述。

① 打开本例的配套资源文件【11-1.prt】。

② 在【主页】选项卡的【同步建模】面板中单击【偏置面】按钮，弹出【偏置区域】对话框。

③ 选择要偏置的实体或片体表面，然后在【距离】文本框中输入偏置的精确值，或者使用鼠标拖动偏置方向箭头改变偏置值，单击【确定】按钮，完成偏置面的创建，如图 11-68 所示。

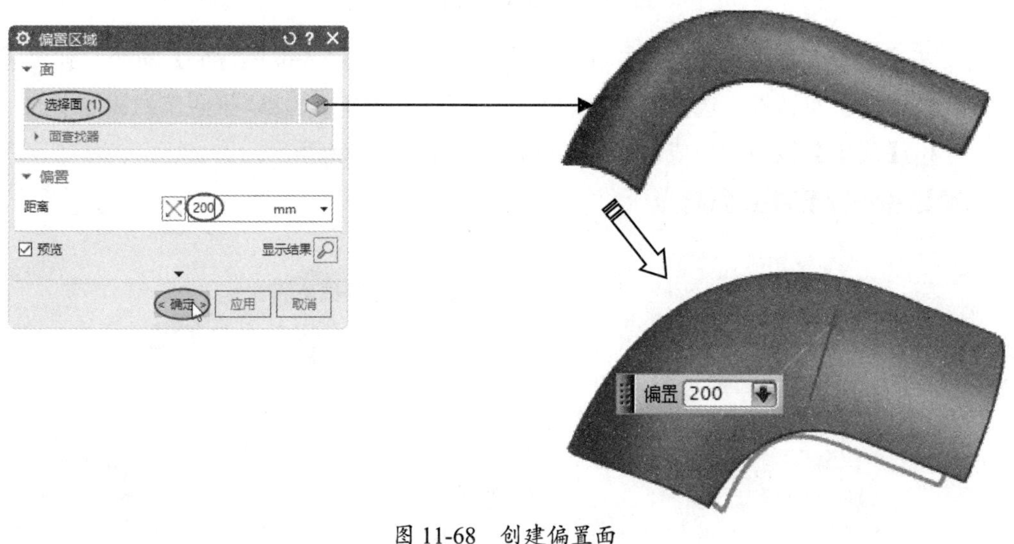

图 11-68　创建偏置面

11.3　曲面的编辑

【曲面】选项卡的【组合】面板中的曲面编辑命令主要用于曲面的重定义操作。在进行曲面造型的过程中，使用这些命令可以让工作变得更简单。

11.3.1　扩大

【扩大】命令用于通过创建与原始面关联的新特征，更改修剪或未修剪的片体或面的大小。在【曲面】选项卡的【组合】面板中单击【扩大】按钮，弹出【扩大】对话框，如图 11-69 所示。使用【扩大】命令扩大修剪的片体，如图 11-70 所示。

【扩大】命令常用于模具设计流程中的分型面的修补。

图 11-69　【扩大】对话框

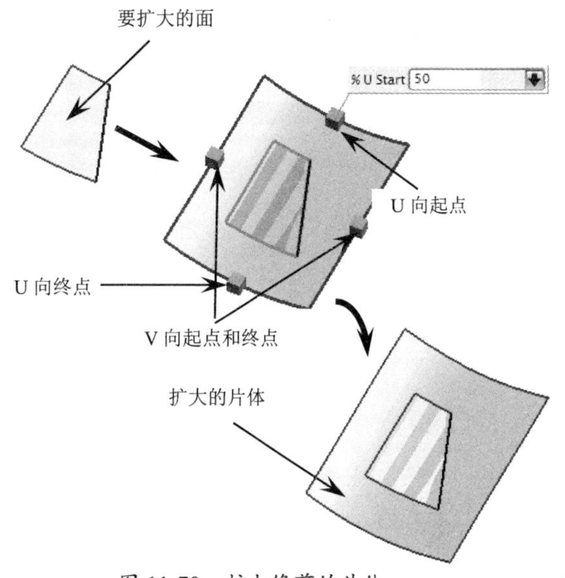

图 11-70　扩大修剪的片体

11.3.2　变换曲面

【变换曲面】命令用于在各坐标轴上对片体进行缩放、旋转和平移，可以灵活、实时地编辑片体。注意，使用【变换曲面】命令一次只能编辑一个单一片体。

在【曲面】选项卡的【组合】面板中单击【变换曲面】按钮，弹出【变换曲面】对话框，如图 11-71 所示。

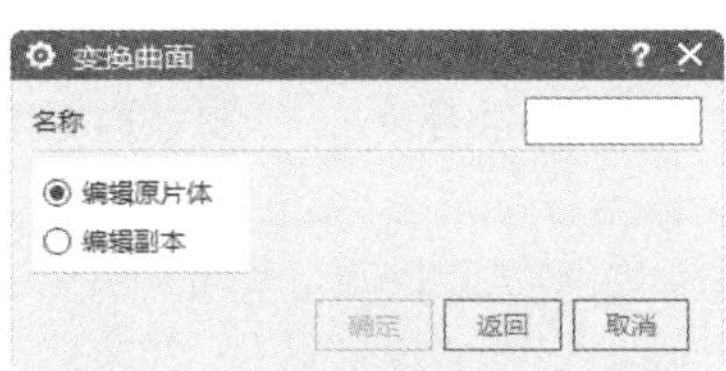

图 11-71　【变换曲面】对话框

使用【变换曲面】命令可以变换原有曲面，也可以创建曲面在变换后的副本对象。当用户选择要变换的曲面后，会弹出【点】对话框，如图 11-72 所示。此对话框可以帮助用户定义曲面中的变换位置点，在确定变换位置点后，会再次弹出【变换曲面】对话框，如图 11-73 所示。

【变换曲面】对话框包括 3 种曲面控制方法。

- 缩放：可以按一定比例缩放原有曲面。
- 旋转：保持原有曲面大小，仅旋转曲面。
- 平移：保持原有曲面大小，仅平移曲面。

技巧点拨：

如果先对曲面进行缩放，再对曲面进行旋转或平移控制，那么同样会更改曲面大小。

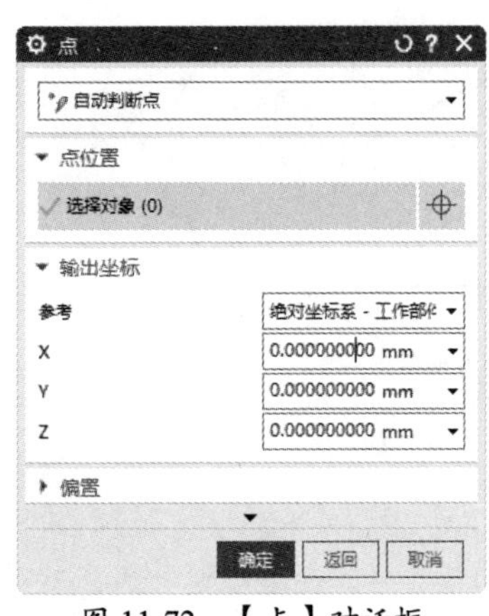

图 11-72 【点】对话框

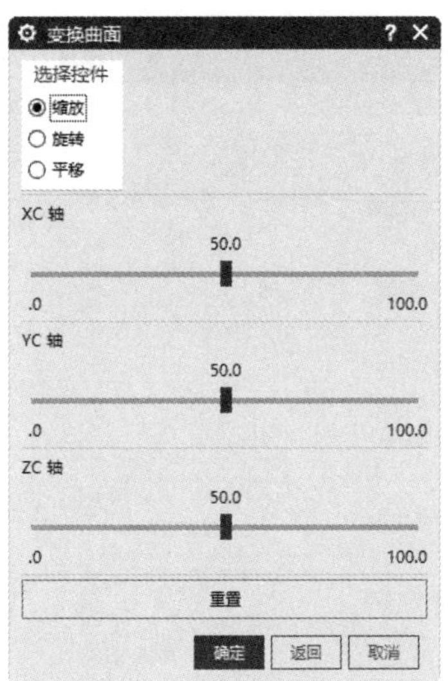

图 11-73 【变换曲面】对话框

图 11-74 所示为使用 3 种曲面控制方法的变换结果。

图 11-74 使用 3 种曲面控制方法的变换结果

11.3.3 使曲面变形

使用【使曲面变形】命令和【整体突变】命令都能对片体进行拉长、歪斜、扭曲等操作，从而改变片体外形。但是使用【整体突变】命令只能生成变形矩形片体。变形参数包括【拉长】、【折弯】、【歪斜度】、【扭转】和【移位】。控制选项包括【水平】、【竖直】、【V 低】、【V 高】、【V 中】和【H 低】、【H 高】、【H 中】。

技巧点拨：

使用【使曲面变形】命令一次只能编辑一个单一片体。此外，曲面编辑命令只针对使用曲面命令创建的曲面进行编辑，而对通过特征命令创建的片体或曲面是不能进行编辑的。

在【菜单】下拉菜单中选择【编辑】|【曲面】|【变形】命令，或者在【曲面】选项卡的【组合】面板中单击【使曲面变形】按钮，弹出【使曲面变形】对话框，如图 11-75 所示。

选择要编辑的片体，U、V 方向会被显示在图形区。【使曲面变形】对话框中会显示控制选项和变形参数，如图 11-76 所示。

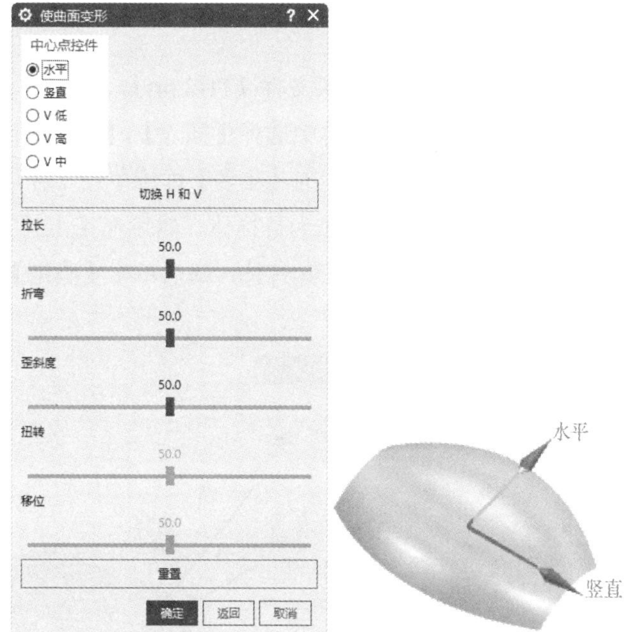

图 11-75　【使曲面变形】对话框

图 11-76　控制选项和变形参数

使曲面变形的 8 个控制选项的变形矢量示意图如图 11-77 所示。

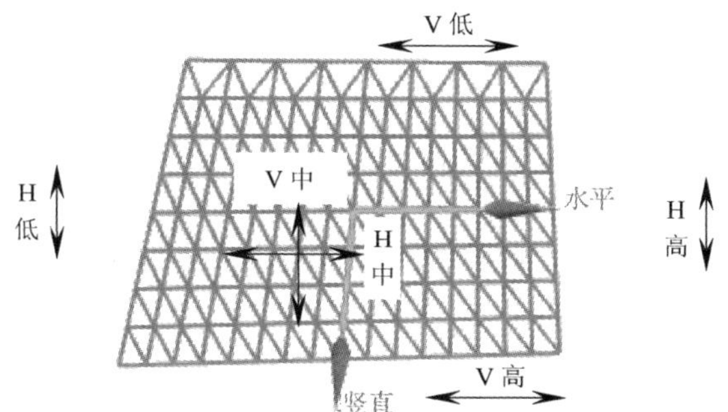

图 11-77　8 个控制选项的变形矢量示意图

11.3.4　补片

【补片】命令用于将实体或片体的面替换为另一个片体的面，从而修改实体或片体。使用【补片】命令还可以把一个片体补到另一个片体上。在 UG NX 2007 中，关于对象与对象之间结合的主要命令对比如表 11-2 所示。

表 11-2　结合的主要命令对比

类　型	目　标	工　具	特　点
合并	实体	实体	实体间被结合
补片	实体	片体	实体与片体被结合或被修剪
缝合	片体	片体	片体结合
曲线连结	曲线或边缘	曲线或边缘	曲线结合

动手操作——补片操作

① 打开本例的配套资源文件【11-2.prt】。

② 在【菜单】下拉菜单中选择【插入】|【组合】|【补片】命令，或者在【曲面】选项卡的【组合】面板中的【更多】库中单击【补片】按钮，弹出【补片】对话框。

③ 首先选择一个实体作为目标体，然后在【工具】选项区中激活【选择片体】选项，选择一个片体作为工具片体，最后单击【确定】按钮，完成补片的创建，如图 11-78 所示。

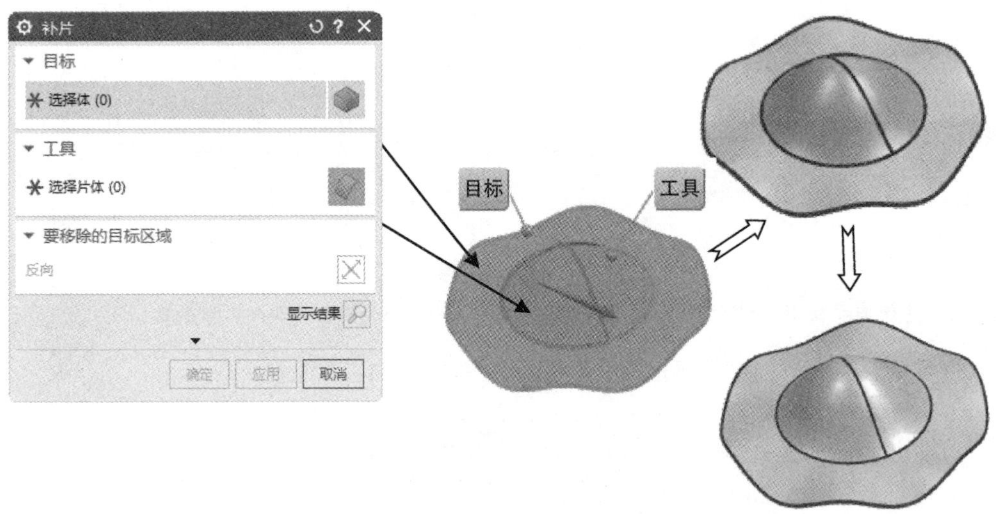

图 11-78　创建补片

技巧点拨：

只有箭头的方向朝着实体才能向内部添加材料。如果不对，则选择工具片体并通过单击反向按钮来调整。

技巧点拨：

如果使用【补片】命令没有成功创建补片，则原因一般有两种：一种是片体的边界没有和实体面吻合，有多余或欠缺的部分，如图 11-79 所示；另一种是片体内部不封闭。

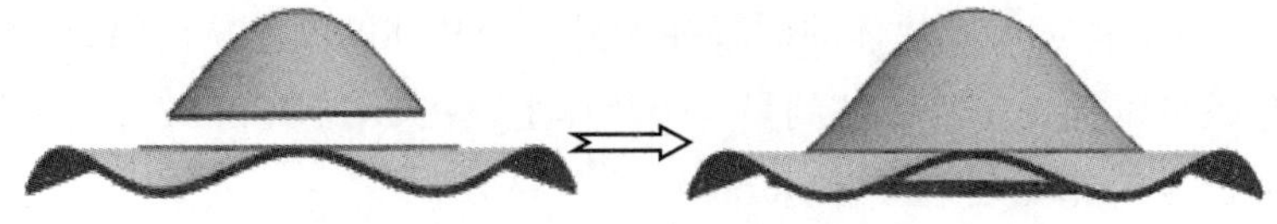

图 11-79　补片失败图例

11.3.5　X 型

【X 型】命令是一种曲面变形工具，用于变换或按比例移动样条曲线的选定极点或成行的 B 曲面极点。如果需要关联地修改 B 曲面，则可以使用【X 型】命令的特征保存方法控制特征行为。

相对保存方法用于将曲面更改保存为增量移动，并且会在用户更新父项后，自动将增量移动重新应用于输出曲面。绝对保存方法用于生成不受父曲面更改影响的特征。

在【曲面】选项卡的【组合】面板中单击【X 型】按钮，弹出【X 型】对话框，如图 11-80 所示。

【X 型】对话框中提供了很多对象选择方法。可选对象包括极点手柄、点手柄和多义线。用户可以使用以下方法来选择极点手柄、点手柄和多义线。

- 单选。
- 取消单选（Shift+单击）。
- 矩形选择。
- 取消矩形选择（Shift+拖动矩形）。
- 选择成行或成列的极点手柄（单击极点手柄之间的多义线）。
- 取消选择成行或成列的极点手柄（Shift+单击极点手柄之间的多义线）。

在创建 X 型曲面的过程中，用户可以为样条曲线或面的区域定义锁，这样在编辑样条曲线或面时，能保证它们不受影响。图 11-81 所示为在 X 型曲面编辑过程中，选中了一条多义线来变形曲面。

图 11-80　【X 型】对话框

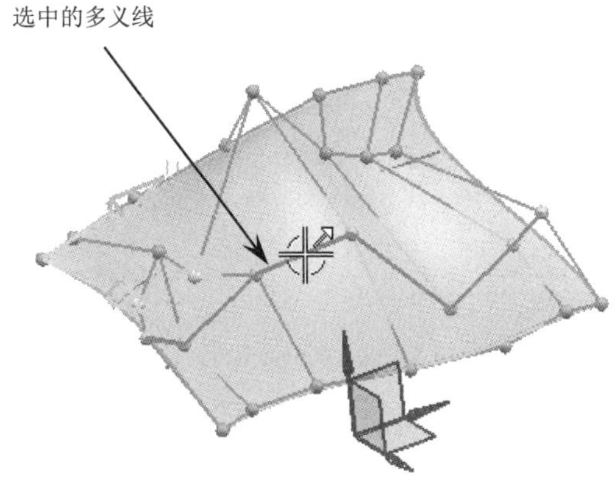

图 11-81　选中一条多义线来变形曲面

11.4　综合案例：花篮造型

本节在创建花篮造型时，主要应用了【扫掠】、【管】、【镜像特征】和【阵列几何特征】等命令。花篮造型如图 11-82 所示。

图 11-82　花篮造型

① 新建名称为【hualan】的模型文件。

② 在【主页】选项卡的【构造】面板中单击【草图】按钮，选择基准坐标系的 *XY* 平面作为

草图平面，绘制如图 11-83 所示的同心圆草图。然后单击【完成】按钮，退出草图任务环境。

③ 同理，再次使用【草图】命令，在基准坐标系的 *YZ* 平面上绘制如图 11-84 所示的草图 1，并退出草图任务环境。

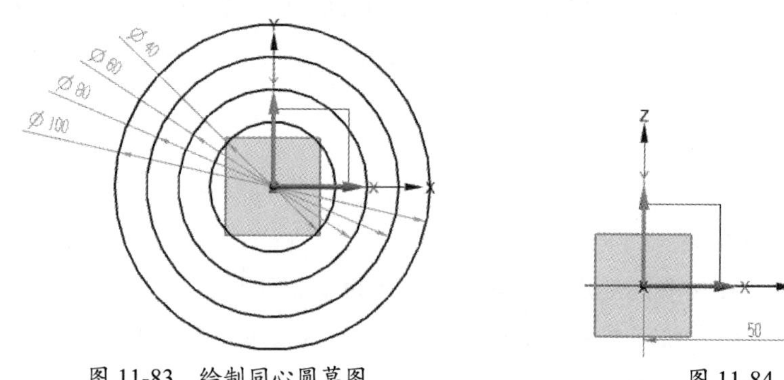

图 11-83　绘制同心圆草图　　图 11-84　绘制草图 1

④ 在【主页】选项卡的【构造】面板中单击【基准平面】按钮，弹出【基准平面】对话框，在草图 1 的曲线顶点位置新建基准平面，如图 11-85 所示。

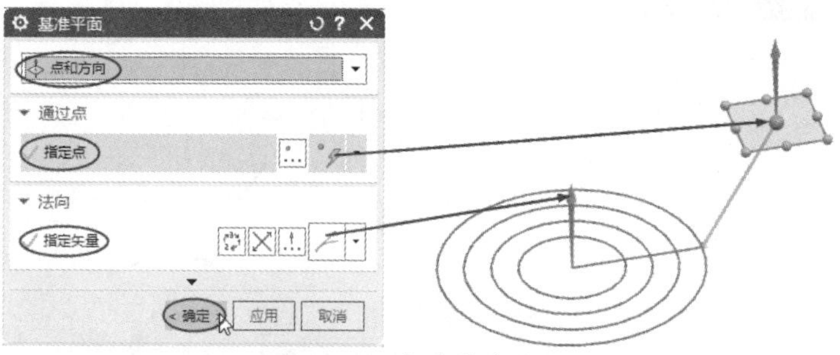

图 11-85　新建基准平面

⑤ 在【曲线】选项卡的【基本】面板中单击【圆弧/圆】按钮，打开【圆弧/圆】对话框。按如图 11-86 所示的步骤，在新基准平面上创建整圆。

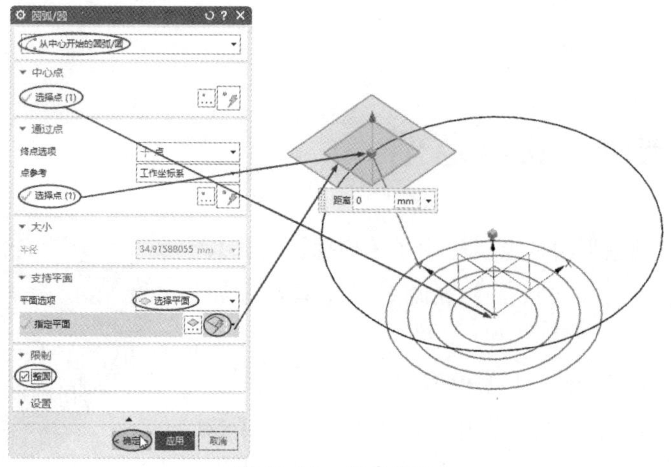

图 11-86　创建整圆

⑥ 在【曲线】选项卡的【基本】面板中单击【直线】按钮，弹出【直线】对话框，在新建的基准平面上创建长度为【3】的直线 1，如图 11-87 所示。

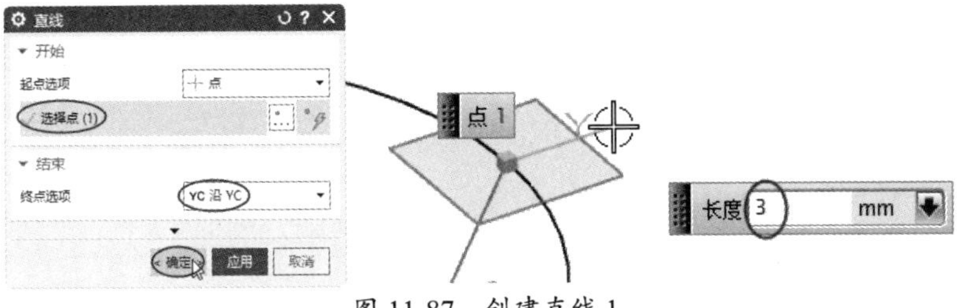

图 11-87　创建直线 1

⑦ 在【菜单】下拉菜单中选择【插入】|【扫掠】|【扫掠】命令，打开【扫掠】对话框。按要求先选择截面曲线（步骤⑥创建的直线 1）和引导线（步骤⑤创建的整圆），然后在【截面选项】选项区中设置截面参数，最后单击【确定】按钮，完成扫掠曲面 1 的创建，如图 11-88 所示。

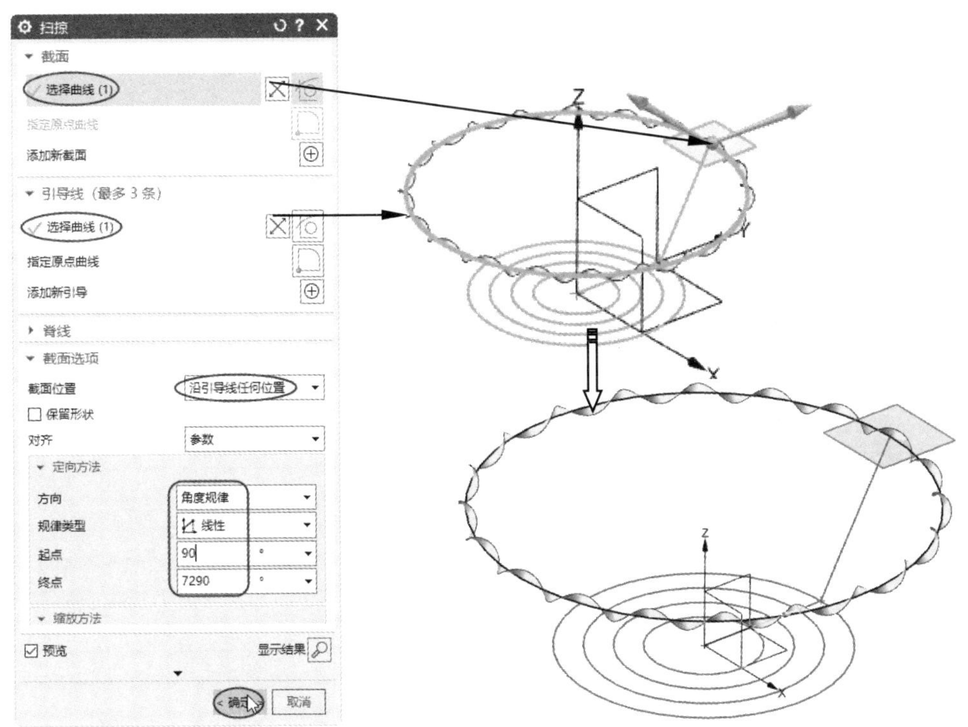

图 11-88　创建扫掠曲面 1

⑧ 使用【直线】命令，在基准坐标系的 *XY* 平面上创建长度为【2】的直线 2，如图 11-89 所示。

⑨ 使用【扫掠】命令，选择直径为【100】的圆作为引导线，创建如图 11-90 所示的扫掠曲面 2。

⑩ 在【曲面】选项卡的【基本】面板中的【更多】库中单击【管】按钮，打开【管】对话框。输入横截面外径值【1.5】，选择单条曲线来创建管道特征，如图 11-91 所示。

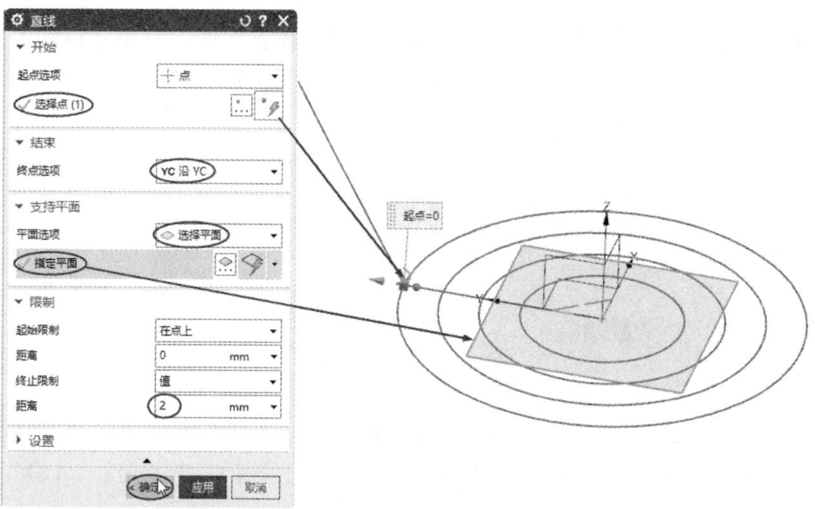

图 11-89　创建直线 2

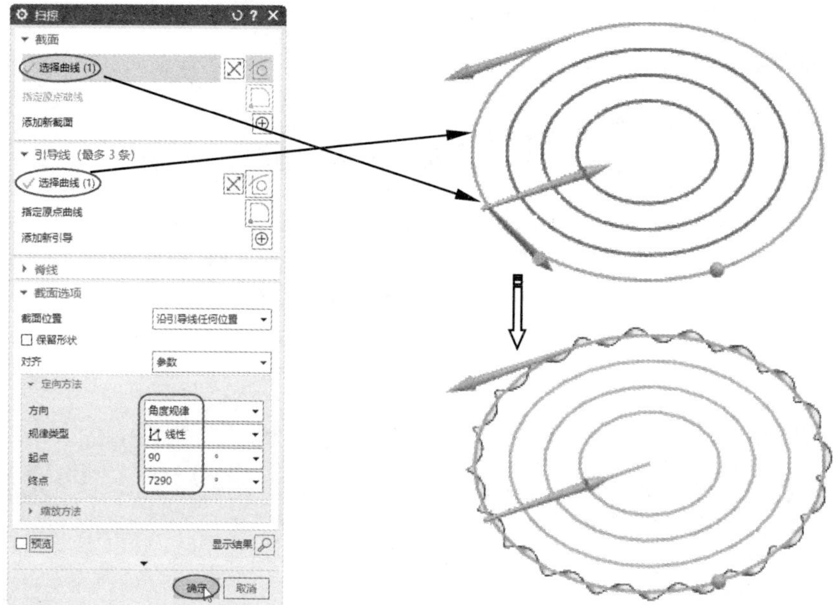

图 11-90　创建扫掠曲面 2

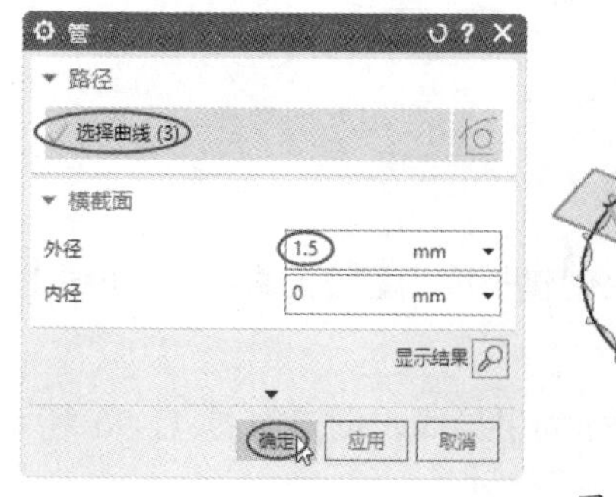

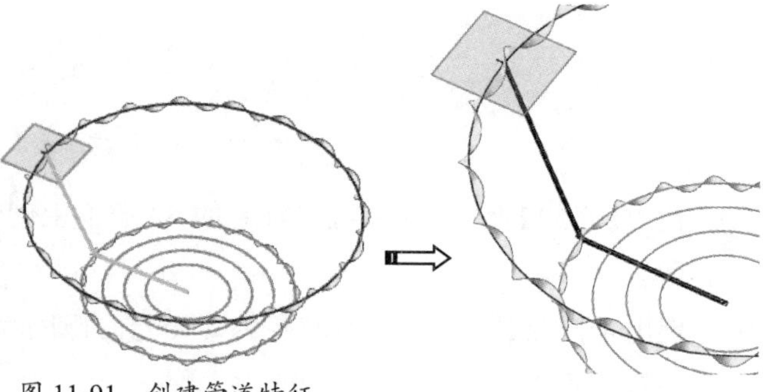

图 11-91　创建管道特征

技巧点拨：

一次只能将路径曲线创建为单条曲线或相切曲线的管道特征。

⑪ 同步骤 10，继续创建其余管道特征，如图 11-92 所示。

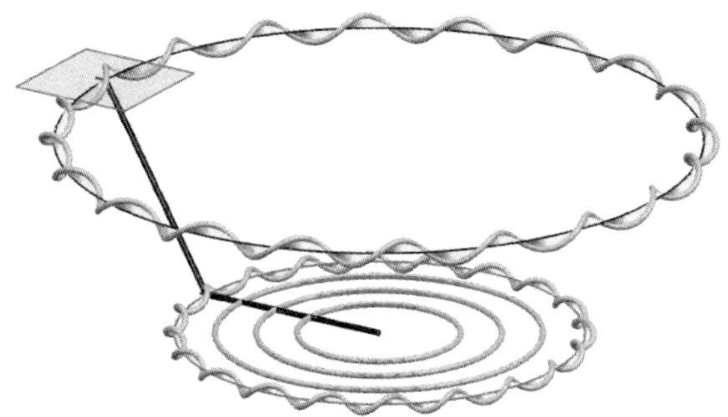

图 11-92　创建其余管道特征

⑫ 下面对管道特征进行镜像。在【菜单】下拉菜单中选择【插入】|【关联复制】|【镜像特征】命令，弹出【镜像特征】对话框。选择管道特征进行镜像，如图 11-93 所示。

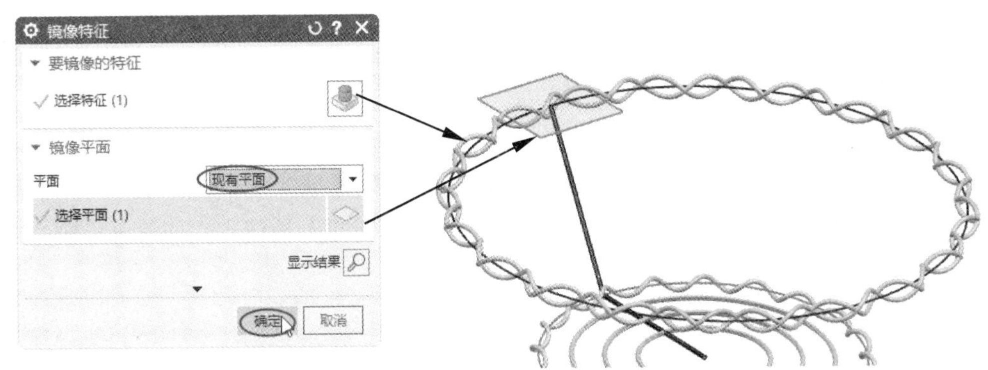

图 11-93　创建管道特征的镜像特征

⑬ 同步骤 ⑫，使用【镜像特征】命令，创建另一个管道特征的镜像特征，如图 11-94 所示。

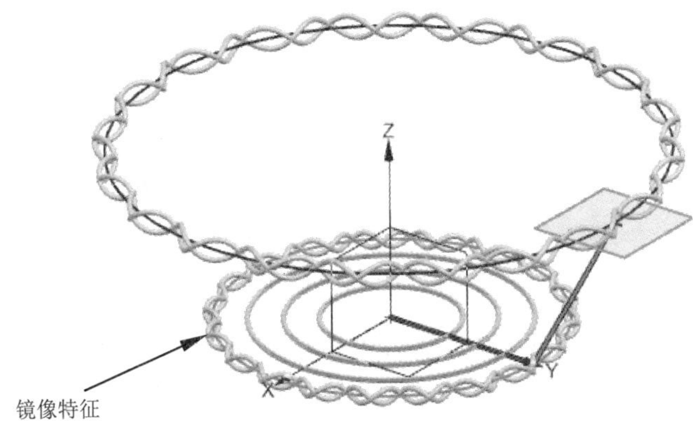

图 11-94　创建另一个管道特征的镜像特征

⑭ 下面使用【表达式】命令创建规律曲线。在【工具】选项卡的【实用工具】面板中单击【表达式】按钮 ，打开【表达式】对话框。

⑮ 在【表达式】对话框右方的【名称】列中输入【t】，并在相应的【公式】列中输入【1】，完成表达式的输入，如图 11-95 所示。

⑯ 同理，依次添加其余表达式，添加完成的表达式如图 11-96 所示。单击【确定】按钮，关闭【表达式】对话框。

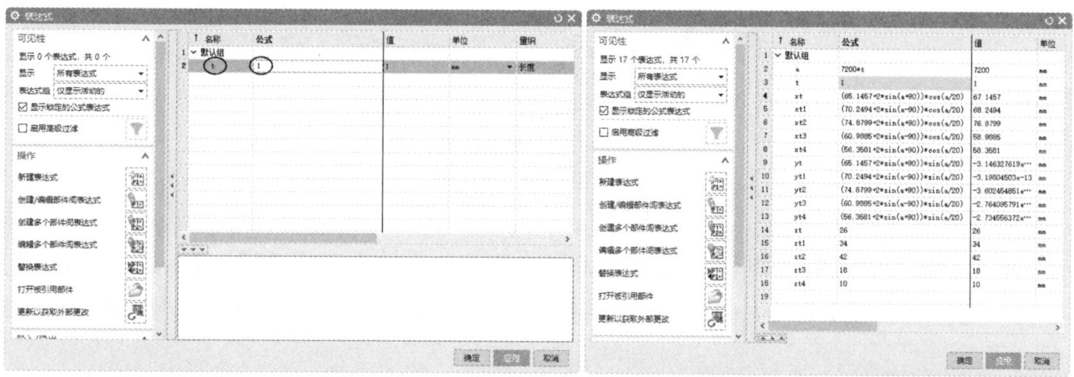

图 11-95　输入表达式　　　　图 11-96　添加完成的表达式

技巧点拨：

在图 11-96 中，第 2 行的表达式 a=7200*t 是在第 3 行的表达式 t=1 输入之后才输入的。如果先输入第 2 行的表达式，则会出现表达式错误提示。

⑰ 在【菜单】下拉菜单中选择【插入】|【曲线】|【规律曲线】命令，弹出【规律曲线】对话框。所有选项保持默认设置，单击【确定】按钮，完成第 1 条规律曲线的创建，如图 11-97 所示。

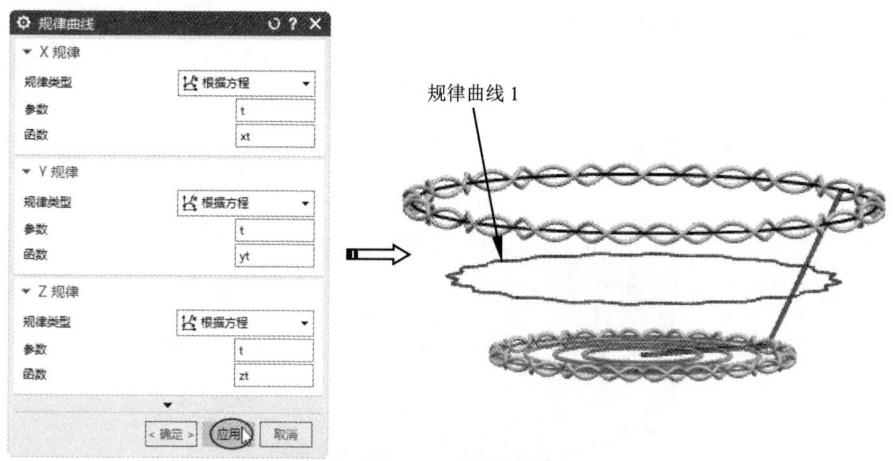

图 11-97　创建第 1 条规律曲线

⑱ 再次打开【规律曲线】对话框，在【X 规律】、【Y 规律】和【Z 规律】选项区的【函数】文本框中分别输入【xt1】、【yt1】和【zt1】，单击【确定】按钮，完成第 2 条规律曲线的创建，如图 11-98 所示。

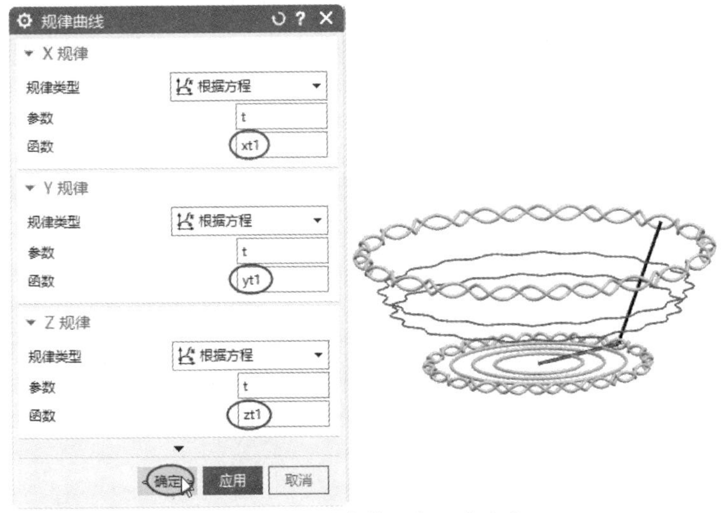

图 11-98　创建第 2 条规律曲线

⑲　继续完成其余规律曲线的创建，最终结果如图 11-99 所示。

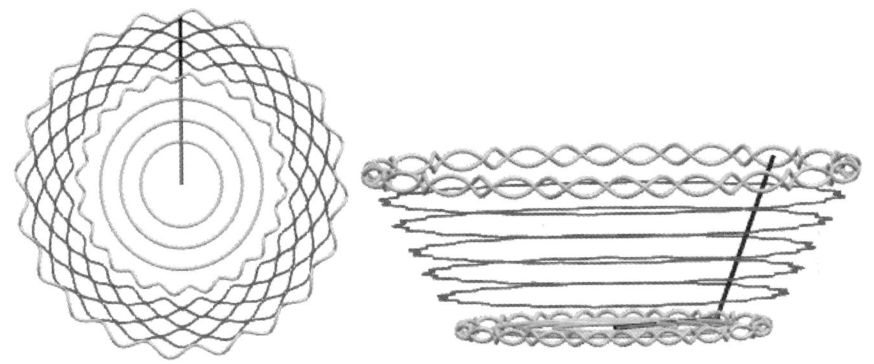

图 11-99　完成其余规律曲线的创建

⑳　使用【草图】命令，在基准坐标系的 *XZ* 平面上绘制如图 11-100 所示的草图 2。

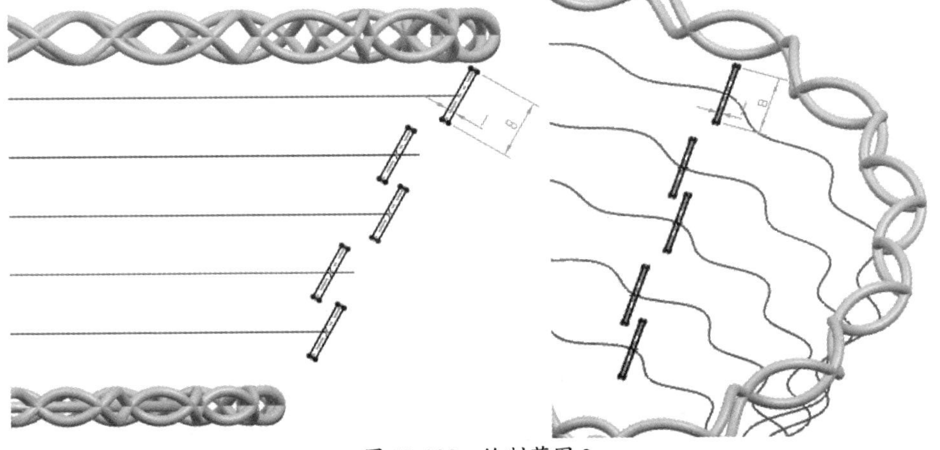

图 11-100　绘制草图 2

技巧点拨：

若要绘制这种倾斜的矩形草图，用户可以先在任意位置绘制矩形，再使用【移动曲线】命令将矩形移动到指定点上，并将矩形旋转-30° 。对于其余的倾斜矩形，可以先按【Ctrl+C】组合键复制，再按【Ctrl+V】组合键粘贴，然后将矩形移动到指定点上（可以事先在规律曲线端点上创建点）。

㉑ 在【曲面】选项卡的【基本】面板中单击【扫掠】按钮，打开【扫掠】对话框。创建如图 11-101 所示的扫掠特征。

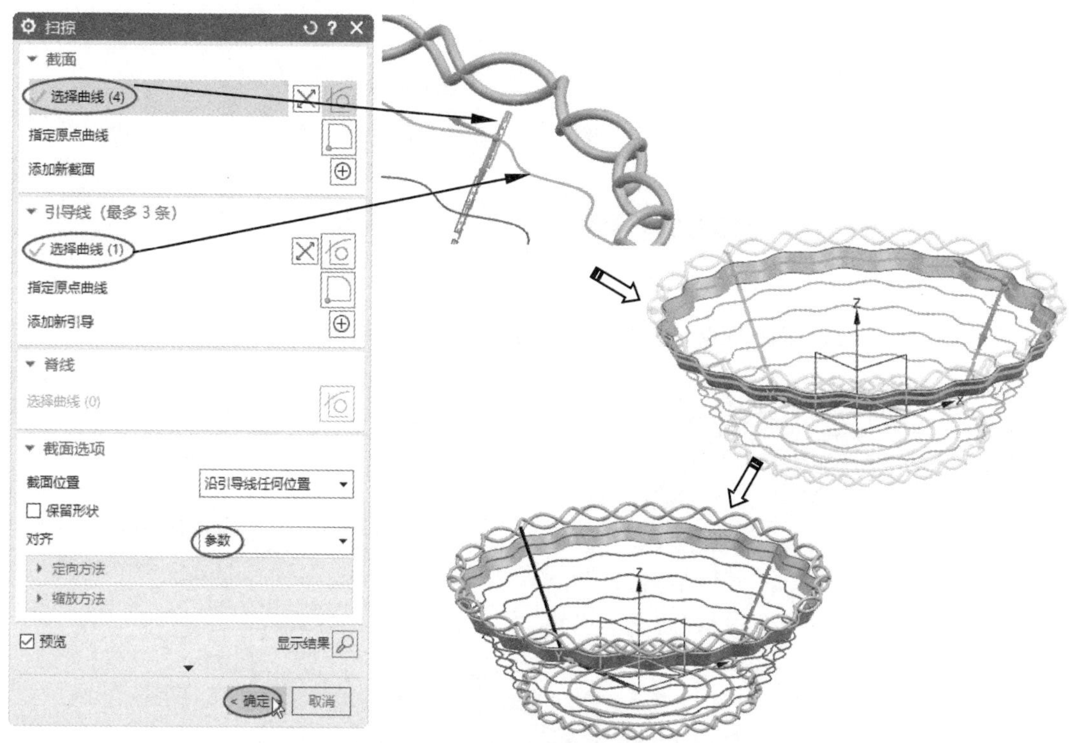

图 11-101　创建扫掠特征

㉒ 同步骤㉑，创建其余扫掠特征，最终结果如图 11-102 所示。

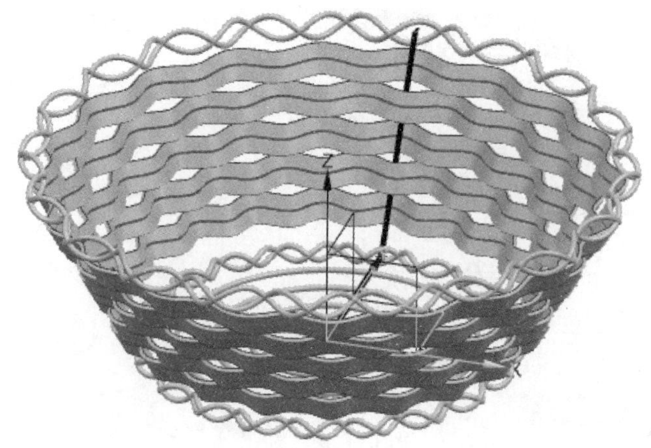

图 11-102　创建完成的扫掠特征

㉓ 在【菜单】下拉菜单中选择【插入】|【设计特征】|【球】命令，弹出【球】对话框。选择管道截面的中心点作为球体的球心，设置【直径】为【4】，单击【确定】按钮，完成球体的创建，如图 11-103 所示。

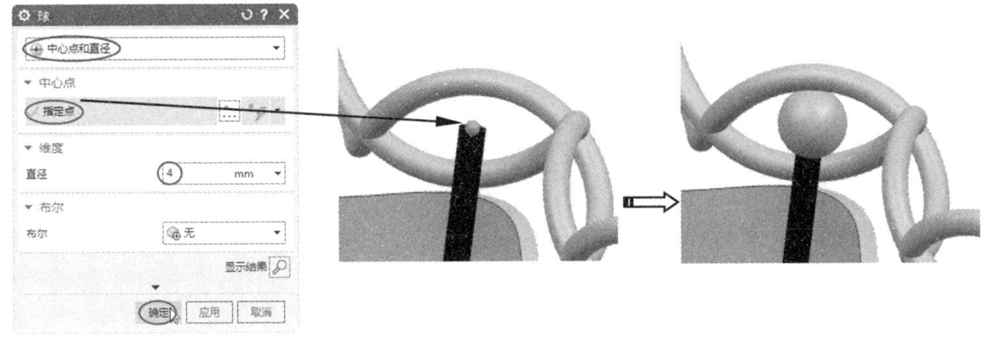

图 11-103　创建球体

㉔ 进行阵列操作。在【菜单】下拉菜单中选择【插入】|【关联复制】|【阵列几何特征】命令，弹出【阵列几何特征】对话框，然后按如图 11-104 所示的操作步骤完成管道和球体的阵列操作。

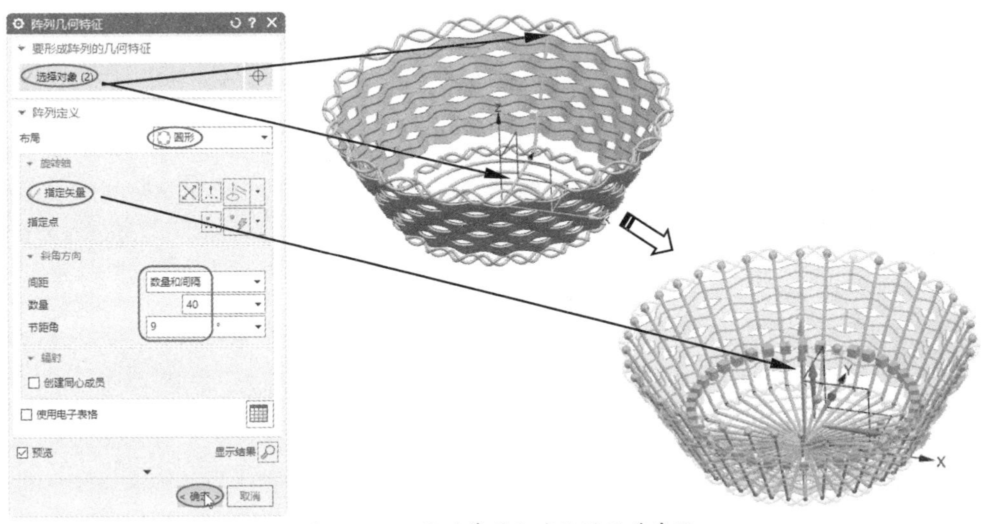

图 11-104　阵列管道和球体的操作步骤

㉕ 至此，完成了花篮造型的设计，如图 11-105 所示。最后将结果保存即可。

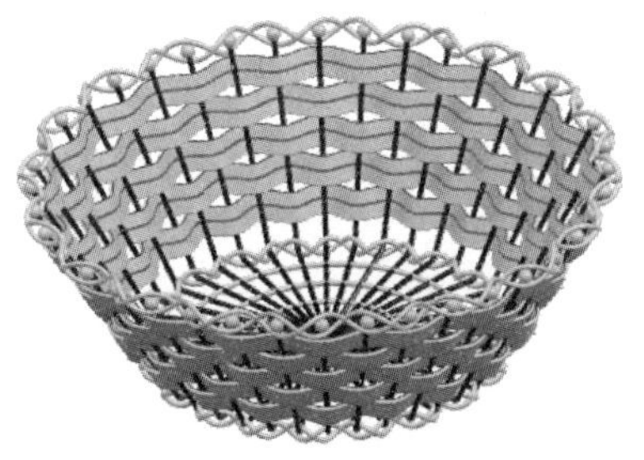

图 11-105　设计完成的花篮造型

第 12 章

UG 装配设计

本章内容

本章主要介绍 UG NX 2007 的机械装配功能。通过本章的学习，读者能够轻松掌握自底向上装配、装配配对条件、引用集、加载选项、自顶向下装配和 WAVE 几何链接器等重要知识。

知识要点

- ☑ 装配概述
- ☑ 组件装配设计（虚拟装配）
- ☑ 组件的编辑
- ☑ 爆炸装配

12.1　装配概述

UG 装配过程是在装配中建立部件之间的链接关系，并通过装配条件在部件间建立约束关系来确定部件在产品中的位置。在装配中，部件的几何体是被引用到装配中的，而不是被复制到装配中的。不管如何编辑部件，也无论在何处编辑部件，整个装配部件都会保持关联性。如果某部件被修改了，则引用它的装配部件会自动更新，并反映部件的最新变化。

12.1.1　装配概念及术语

装配建模的过程是建立组件装配关系的过程。用户在进行装配设计前，需要先了解一些有关装配的基本概念及相关术语。

1．装配部件

装配部件是由零件和子装配构成的部件。在 UG 软件中，允许向任何一个 Part 文件中添加部件以构成装配，因此任何一个 Part 文件都可以作为装配部件。在 UG 软件中，零件和部件不必严格区分。需要注意的是，各装配部件的实际几何数据不是存储在装配部件文件中的，而是存储在相应的部件（即零件文件）中的。

2．子装配

子装配是在高一级装配中被用作组件的装配，子装配也拥有自己的组件。子装配是一个相对的概念，任何一个装配部件都可以在更高级的装配中作为子装配。

3．组件对象

组件对象是一个从装配部件链接到部件主模型的指针实体。一个组件对象记录的信息包括部件名称、层、颜色、线型、线宽、引用集和配对条件等。

4．组件

组件是在装配中组件对象所指向的部件文件。组件可以是单个部件（即零件），也可以是一个子装配。组件是被引用到装配部件中的，而不是被复制到装配部件中的。

5．零件

零件是指在装配外存在的零件几何模型，它可以被添加到一个装配中，但它本身不能含有下级组件。

6．自底向上装配

自底向上装配是指在设计过程中先设计单个零部件，然后在此基础上进行装配，生成总体设计的装配方法。这种装配方法首先需要设计人员交互地给定构件之间的配合约束关系，然后由 UG 软件自动计算构件的转移矩阵，并实现虚拟装配。

7. 自顶向下装配

自顶向下装配是指在装配中创建与其他部件相关的部件模型，并在装配部件的顶级向下产生子装配和部件（即零件）的装配方法，即先根据产品的大致形状特征对整体进行设计，再根据装配情况对零件进行详细设计。

8. 混合装配

混合装配是指将自顶向下装配和自底向上装配结合在一起的装配方法。例如，先创建几个主要部件模型，再将其装配在一起，然后在装配中设计其他部件，即混合装配。在实际设计过程中，可以根据需要在两种模式下进行切换。

9. 主模型

主模型是供 UG 软件各模块共同引用的部件模型。同一主模型可以同时被工程图、装配、加工、机构分析和有限元分析等模块引用。当主模型被修改时，相关应用会自动更新。

12.1.2 装配中零件的工作方式

在一个装配中，零件有两种不同的工作方式，即工作部件和显示部件。

- 工作部件：既是图形区中正进行编辑、操作的部件，也是显示部件。
- 显示部件：在装配过程中，图形区中所有能看见的部件都是显示部件。但工作部件只有一个，当某个部件被定义为工作部件时，其余显示部件将变为灰色的。

技巧点拨：

只有工作部件才可以进行编辑和修改操作。

12.1.3 引用集

所谓引用集，就是 UG 文件（*.prt）中被命名的部分数据，这部分数据是需要载入大批装配部件中的数据。

在装配中，由于各个部件含有草图、基准平面及其他辅助图形数据，如果要显示装配中各部件和子装配的所有数据，则一方面容易混淆图形，另一方面引用部件的所有数据需要占用大量计算机内存，因此不利于装配工作的进行。通过引用集可以减少这类混淆，提高计算机的运行速度。在程序默认状态下，每个装配部件都有 4 个引用集：整个部件、空、FACET（面）和 MODEL（模型）。

- 整个部件：引用部件的全部几何数据。
- 空：空的引用集是不包含任何几何对象的引用集。当部件以空的引用集形式被添加到装配中时，在装配中看不到该部件。
- FACET（面）：一个小平面化（轻量化）实体的引用集。
- MODEL（模型）：引用部件在建模模式下创建的模型数据集。

12.1.4　装配环境的进入

UG 装配模块不但能快速组合零部件，使其成为产品，而且在装配中，还可以参照其他部件进行部件关联设计，以及对装配模型进行间隙分析、重量管理等操作。在装配模型生成后，可建立爆炸视图，并将其引入到装配工程图中。同时，在装配工程图中，可以自动生成装配明细表，并且可以对轴测图进行局部挖切。

在 UG 欢迎界面中新建一个采用装配模板的装配文件，或者在【应用模块】选项卡的【设计】面板中的【工具箱】下拉列表中勾选【装配】模块，这样，功能区中将显示【装配】选项卡。【装配】选项卡如图 12-1 所示。

图 12-1　【装配】选项卡

12.2　组件装配设计（虚拟装配）

虚拟装配是指通过计算机对产品的装配过程和装配结果进行分析和仿真，对产品模型进行评价和预测，并做出与装配相关的工程决策，而不需要实际产品做支持的装配方法。在采用虚拟装配方法装配产品时，装配中的零件与原零件之间具有链接关系，对原零件的修改会自动反映到装配中，从而节约了内存，提高了装配速度。UG 软件采用的就是虚拟装配方法。

UG 虚拟装配分为自底向上装配（bottom-up）和自顶向下装配（top-down）。

12.2.1　自底向上装配

自底向上装配使用的工具是【添加组件】命令。【添加组件】命令用于通过选择已加载的部件或从系统磁盘中选择部件文件，将组件添加到装配中。添加组件的过程也是自底向上的装配过程。在【装配】选项卡的【基本】面板中单击【添加组件】按钮，弹出【添加组件】对话框，如图 12-2 所示。

图 12-2　【添加组件】对话框

该对话框中的部分选项含义如下所述。

- 【要放置的部件】选项区：用于选择和打开已有的部件到当前 UG 软件中。
  - 选择部件：在图形区中直接选择装配部件。
  - 已加载的部件：若程序此前打开过或者即将打开某

个装配部件文件，则该装配部件文件会被自动收集到此列表框中，可以通过选择此列表框中的部件来进行装配。

➢ 打开：通过单击此按钮，可以在系统磁盘中将装配部件加载到 UG 软件中。

➢ 保持选定：勾选此复选框，会在单击【应用】按钮后保持部件的选择，便于在下一个添加操作中快速添加相同的部件。

➢ 数量：当一个装配中需要添加多个相同的部件时，在【数量】数值框中输入相应的值即可。

● 【位置】选项区：用于定义加载的部件在装配环境中的装配定位。

➢ 组件锚点：组件装配时的定位点。默认为绝对坐标系的原点。

➢ 装配位置：用于选择【组件锚点】在装配环境中的放置位置，包括【对齐】、【绝对坐标系-工作部件】、【绝对坐标系-显示部件】和【工作坐标系】4 种装配位置的确定方法。

➢ 循环定向：用于根据【装配位置】的设置来指定不同的组件方向，包括【重置已对齐的位置和方向】、【将组件定向至 WCS】、【反转组件锚点的 Z 方向】和【绕 Z 轴将组件从 X 轴向 Y 轴旋转 90 度】4 种循环定向方式。

● 【放置】选项区：用于定义部件的装配放置方式，包括【移动】方式和【约束】方式。

➢ 【移动】：此方式是将部件在装配环境中进行平移操作。

➢ 【约束】：此方式是将新部件约束到另一个部件上，或者将新部件固定在原位置。

➢ 【指定方位】：用于选择部件的放置点。

➢ 【只移动手柄】：此选项仅在【移动】方式下才可用。勾选此复选框，不会移动部件，仅移动工作坐标系的操作手柄。

● 【设置】选项区：用于设置部件的名称、引用集及图层的选项等。

➢ 【组件名】：表示组件的名称。用户可在此文本框中修改组件名称。

➢ 【引用集】：用于设置已添加组件的引用集。

➢ 【图层选项】：用于设置组件在新图形窗口中的图层，包括【原始的】、【工作】和【按指定的】3 个选项。【原始的】是指组件将以原来所在的图层作为新窗口中的图层；【工作】是指将组件指定到装配的当前工作图层中；【按指定的】是指将组件指定到任何一个图层中，并且可以在下方的【图层】文本框中输入指定的图层号。

若要进行虚拟装配设计，则需要先创建一个装配文件。在一般情况下，当使用自底向上装配方法进行装配设计时，可以直接选择装配模板来创建文件。

动手操作——自底向上的装配设计

① 单击快速访问工具栏中的【新建】按钮，弹出【新建】对话框。在此对话框中设置模板为【装配】，并在【名称】文本框中输入新的文件名【assembly-1.prt】，单击

【确定】按钮，完成装配文件的创建，如图 12-3 所示。

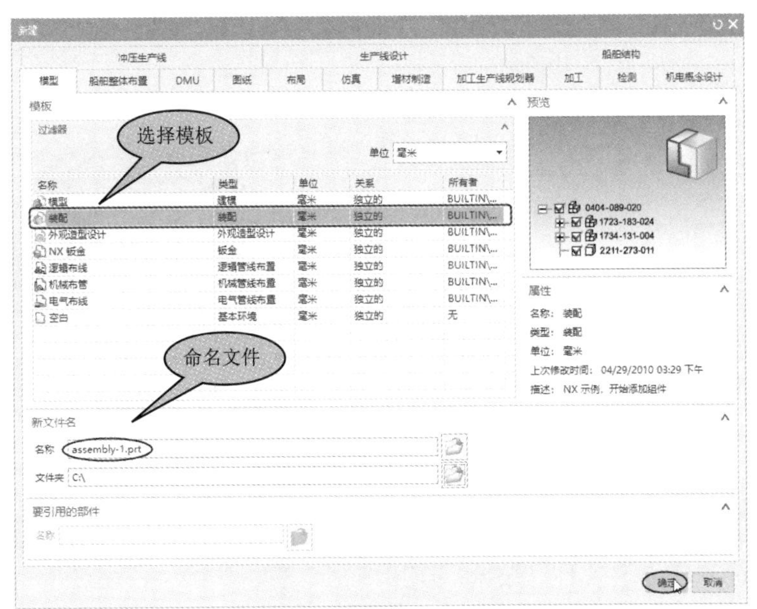

图 12-3　创建装配文件

② 在【装配】选项卡的【基本】面板中单击【添加组件】按钮，弹出【添加组件】对话框。单击该对话框中的【打开】按钮，在弹出的【部件名】对话框中将本例的配套资源文件夹中的【gujia.prt】部件文件（滚轮架）打开，如图 12-4 所示。

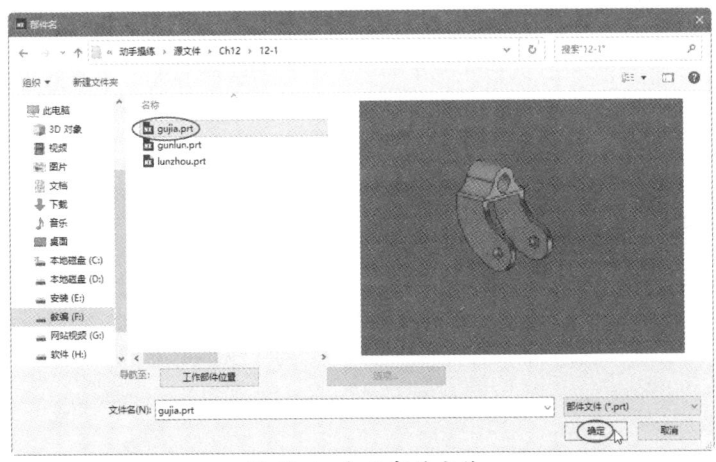

图 12-4　打开部件文件

③ 在【添加组件】对话框中，在【位置】选项区的【装配位置】下拉列表中选择【绝对坐标系-工作部件】选项，在【设置】选项区的【引用集】下拉列表中选择【模型（“MODEL”）】选项，其余选项保持默认设置，如图 12-5 所示。

④ 单击【添加组件】对话框中的【应用】按钮，打开的第 1 个组件（滚轮架）会被自动添加到装配文件中，其组件锚点与绝对坐标系原点自动重合，如图 12-6 所示。UG 系统会自动为第 1 个组件添加一个固定约束。

图 12-5 【添加组件】对话框

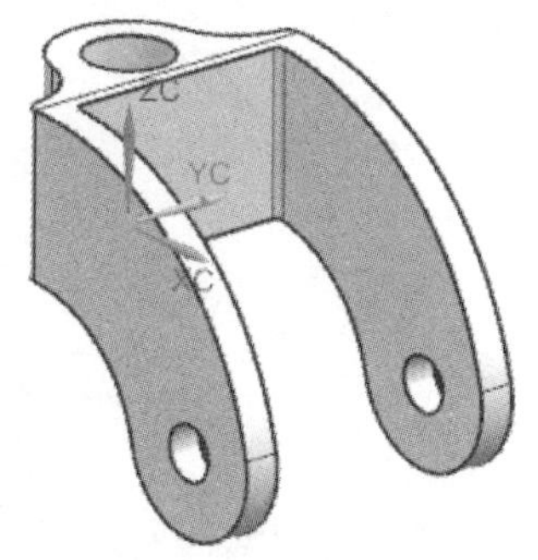

图 12-6 添加的第 1 个组件（滚轮架）

⑤ 单击【添加组件】对话框中的【打开】按钮，将本例的配套资源文件夹中的【gunlun.prt】部件文件（滚轮）打开。

⑥ 在【添加组件】对话框的【放置】选项区中选中【约束】单选按钮，在展开的【约束类型】列表框中单击【接触对齐】按钮，在【方位】下拉列表中选择【自动判断中心/轴】选项，然后在装配环境中选择滚轮架上的孔轴和滚轮上的孔轴进行约束，如图 12-7 所示。

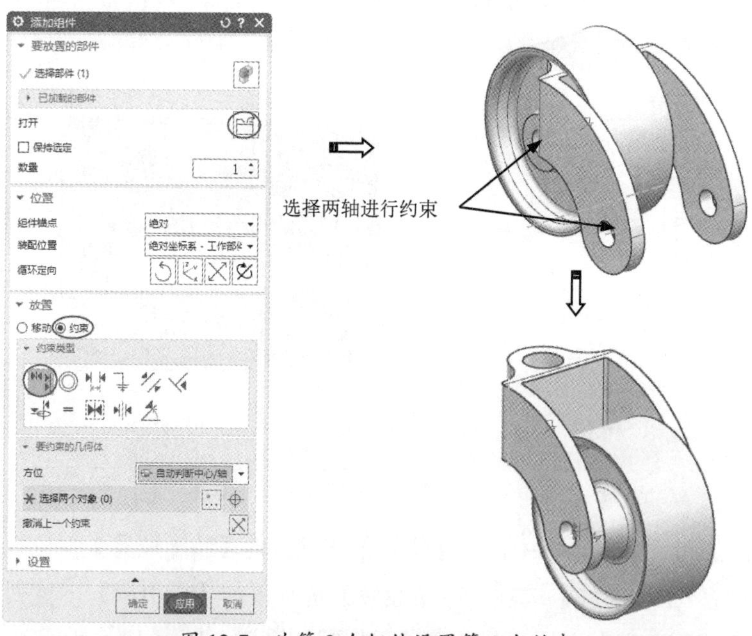

图 12-7 为第 2 个组件设置第 1 个约束

技术要点：

对于【自动判断中心/轴】选项，用户可以选择孔轴进行匹配，也可以选择孔的圆柱面进行匹配。在匹配成功后，系统会自动将两个组件约束在一起。

⑦ 一个组件的组装至少需要两个约束才能完全限制自由度。下面在【放置】选项区的【约束类型】列表框中单击【距离】按钮，选择滚轮孔轴的端面和滚轮架内侧面进行距离约束，并设置【距离】为【3】，如图 12-8 所示。单击【添加组件】对话框中的【应用】按钮，完成第 2 个组件的装配。

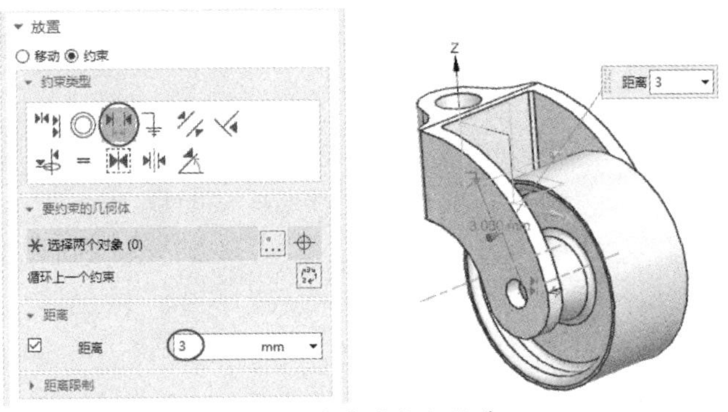

图 12-8　完成滚轮组件装配

⑧ 在【添加组件】对话框中再次单击【打开】按钮，将【lunzhou.prt】部件文件（滚轮轴）打开。

⑨ 在【添加组件】对话框的【放置】选项区中选中【约束】单选按钮，在展开的【约束类型】列表框中单击【接触对齐】按钮，在【方位】下拉列表中选择【自动判断中心/轴】选项，然后在装配环境中选择滚轮架孔轴的圆柱面和滚轮轴的圆柱面进行约束，如图 12-9 所示。

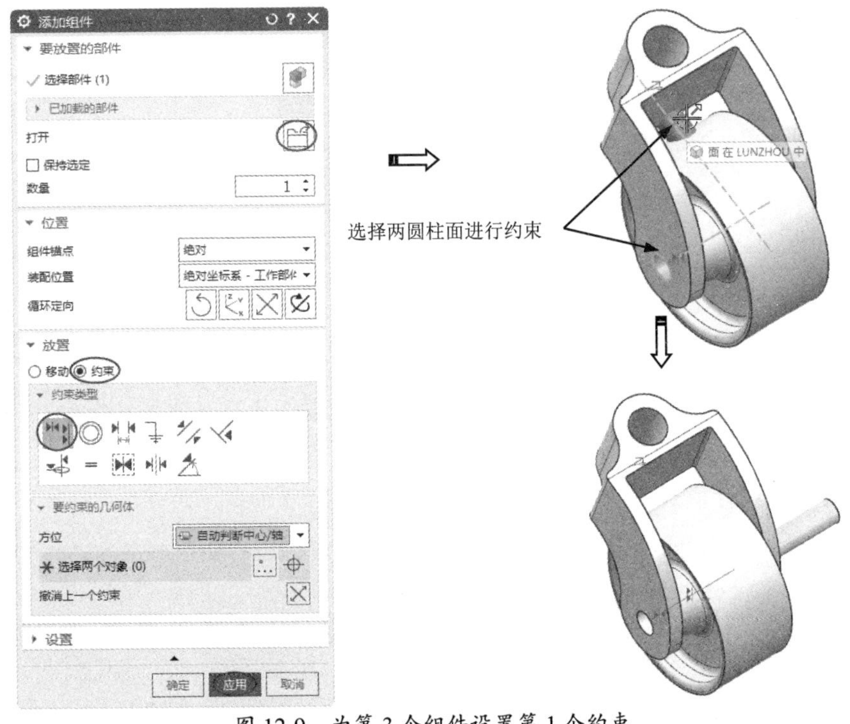

图 12-9　为第 3 个组件设置第 1 个约束

⑩ 在【放置】选项区的【约束类型】列表框中单击【距离】按钮，选择滚轮架外侧面和滚轮轴端面（在所选滚轮架外侧面的同侧选择）进行距离约束，并设置【距离】为【-5】，如图 12-10 所示。最后单击【添加组件】对话框中的【确定】按钮，完成滚轮轴组件的装配。

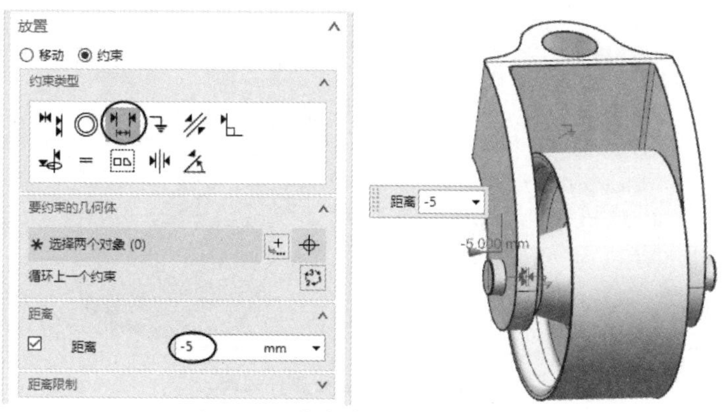

图 12-10 完成滚轮轴组件的装配

⑪ 自底向上装配设计完成的结果如图 12-11 所示。

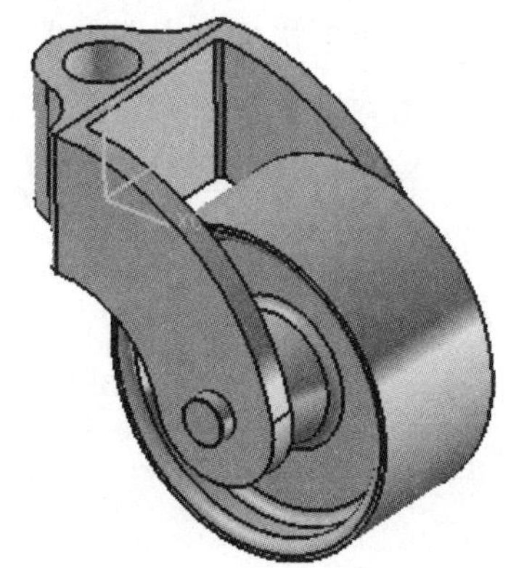

图 12-11 自底向上装配设计完成的结果

12.2.2 自顶向下装配

自顶向下装配使用的工具是【新建组件】命令。【新建组件】命令用于选择几何体并将其保存为组件，或者在装配中创建组件。自顶向下装配包括由分到总设计模式和由总到分设计模式。

1. 由分到总设计模式

这种设计模式是指先在建模环境下设计好模型，再将创建好的模型全部链接为装配部件。下面以实例来讲解由分到总设计模式。

动手操作——由分到总设计模式

① 打开本例的配套资源文件【xiaoche.prt】，小车模型如图 12-12 所示。

图 12-12　小车模型

② 在【装配】选项卡的【基本】面板中单击【新建组件】按钮，弹出【新建组件】对话框。

③ 按信息提示选择模型中的一个实体特征作为新组件，如图 12-13 所示。

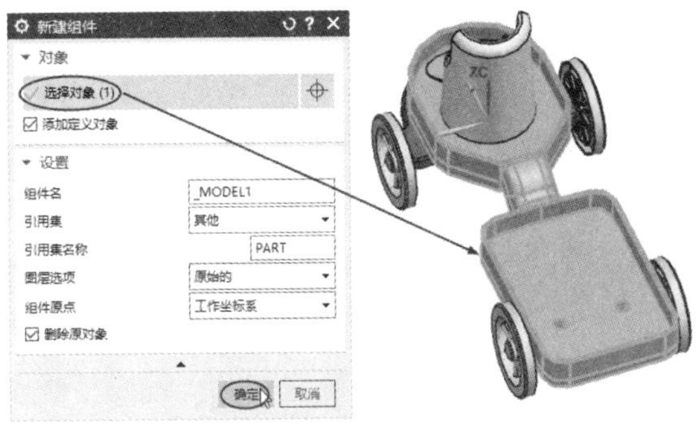

图 12-13　选择新组件

④ 其余选项保持默认设置，单击【确定】按钮，完成第 1 个组件的创建。同时，程序自动创建原模型文件作为总装配文件，而新建的组件则成为其子文件。

⑤ 同理，在【装配】选项卡的【基本】面板中单击【新建组件】按钮，创建新组件，并为其添加对象。最终，按此方法完成模型中其余组件的创建。在【装配导航器】中可查看总装配文件创建完成的结果，如图 12-14 所示。

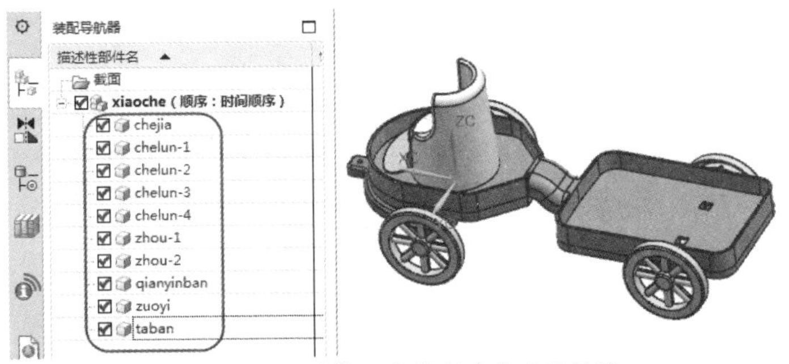

图 12-14　总装配文件创建完成的结果

2. 由总到分设计模式

由总到分设计模式是指先创建一个空的总装配文件，再依次创建多个新装配文件。这些新装配文件将成为总装配文件的子文件，最后将子文件设置为工作部件，即可使用建模环境中的建模功能来创建组件模型。

这种模式与由分到总设计模式不同的是，当打开【新建组件】对话框后，不再选择特征作为组件，而是直接单击【确定】按钮，即可创建一个空的子装配文件，如图 12-15 所示。在将此空文件设置为工作部件后，就可以进行组件的实体造型设计了。

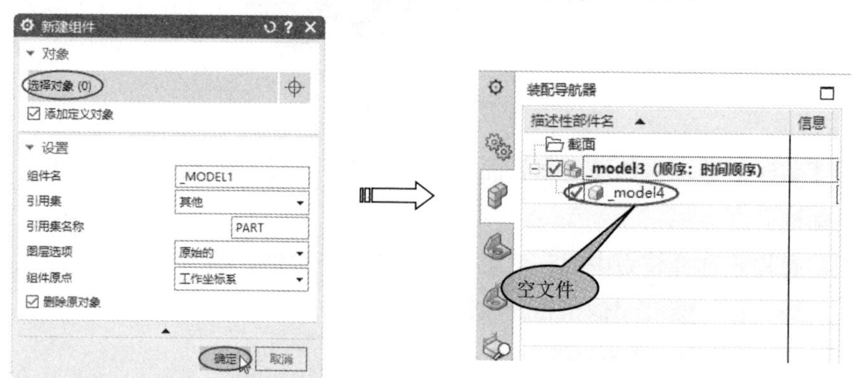

图 12-15　创建空的子装配文件

12.3　组件的编辑

在将组件添加到装配后，即可对其进行替换、移动、抑制、阵列和重新定位等操作。

除了可以在【装配】选项卡中选择针对组件的编辑命令，还可以在【装配导航器】或图形区中右击，在弹出的快捷菜单中选择相关的编辑命令，如图 12-16 所示。

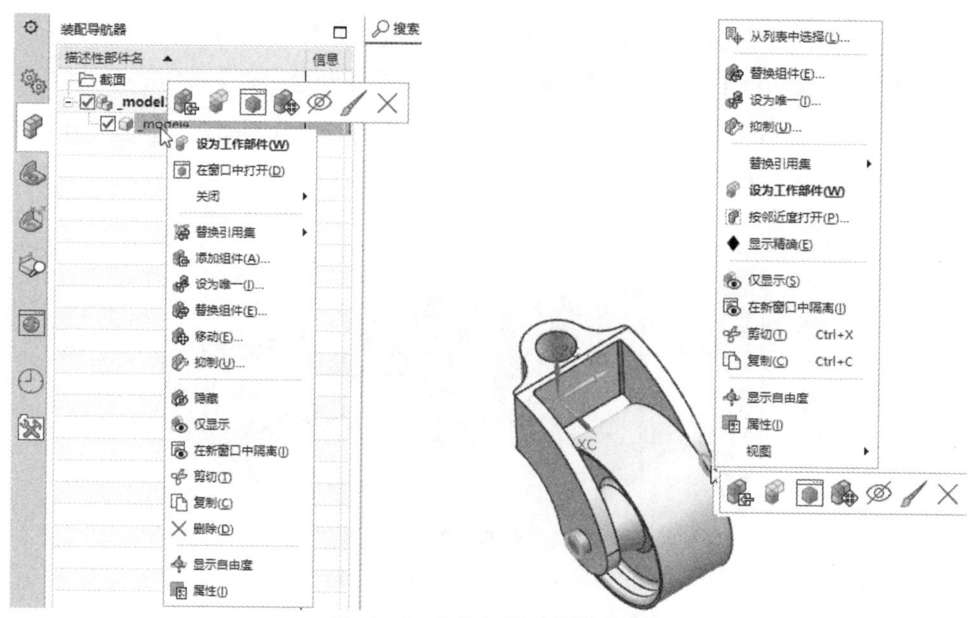

图 12-16　编辑组件的快捷菜单

12.3.1　新建父装配

【新建父装配】命令用于为当前显示的总装配文件再新建一个父部件文件。在【装配】选项卡的【基本】面板中单击【新建父装配】按钮，系统会自动创建一个父装配文件，从【装配导航器】中就可以看到新建的父装配对象了，如图 12-17 所示。

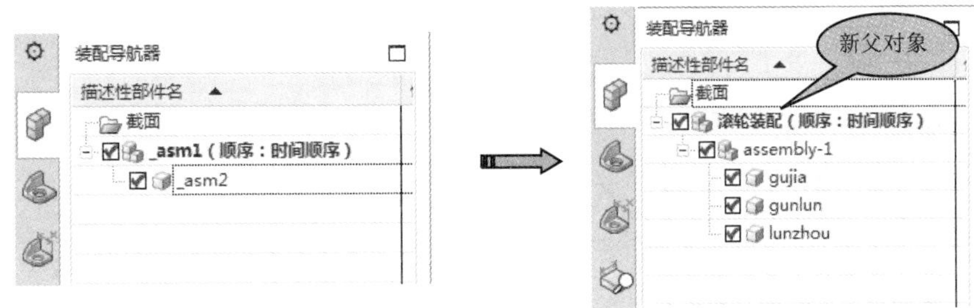

图 12-17　【装配导航器】中的新父对象

12.3.2　阵列组件

【阵列组件】命令用于将组件复制到矩形或圆形图样中。在【装配】选项卡的【组件】面板中单击【阵列组件】按钮，弹出【阵列组件】对话框，如图 12-18 所示。

图 12-18　【阵列组件】对话框

该对话框中包含 3 种阵列定义的布局选项，其含义如下所述。

- 线性：以线性布局的方式进行阵列。
- 圆形：以圆形布局的方式进行阵列。
- 参考：自定义的布局方式。

动手操作——创建组件阵列

① 打开本例的配套资源文件【zhuangpei.prt】。

② 在【装配】选项卡的【组件】面板中单击【阵列组件】按钮，弹出【阵列组件】对话框。按信息提示选择装配中的螺钉组件作为阵列对象，如图 12-19 所示。

③ 在【阵列组件】对话框中，设置【布局】为【圆形】，如图 12-20 所示。

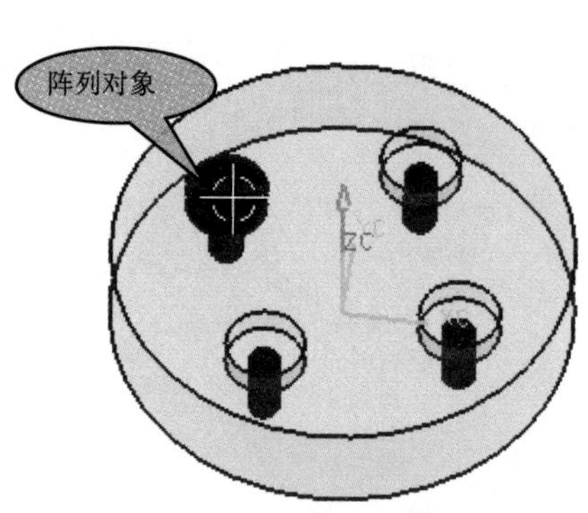

图 12-19 选择阵列对象

图 12-20 选择阵列布局

④ 指定旋转矢量和旋转点。激活【指定矢量】选项，选择 Z 矢量轴作为旋转轴，激活【指定点】选项，选择坐标系原点作为旋转点，如图 12-21 所示。

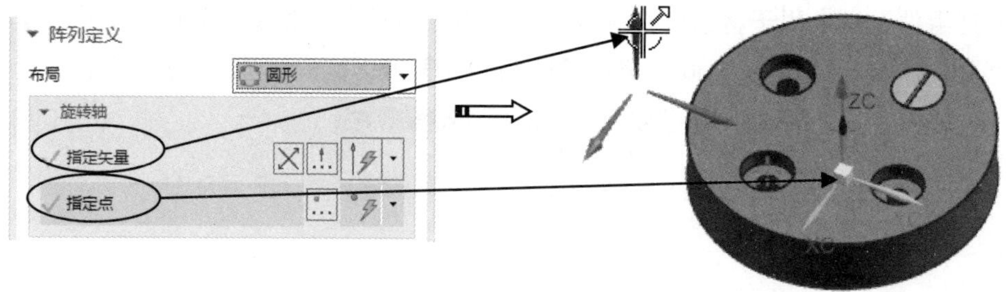

图 12-21 选择旋转矢量和旋转点

⑤ 选择旋转矢量和旋转点后，在【斜角方向】选项组中设置相关参数，单击【确定】按钮，完成组件的阵列操作，如图 12-22 所示。

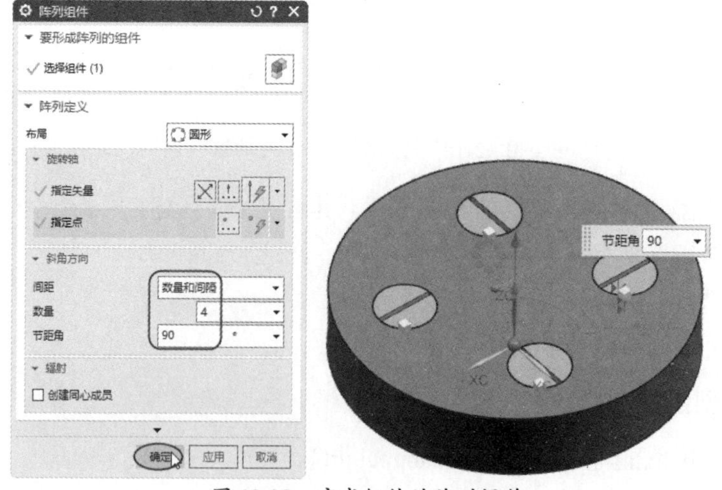

图 12-22 完成组件的阵列操作

12.3.3　替换组件

图 12-23　【替换组件】对话框

【替换组件】命令用于将一个组件替换为另一个组件。在【装配】选项卡的【组件】面板中单击【替换组件】按钮，弹出【替换组件】对话框，如图 12-23 所示。

该对话框中的部分选项含义如下所述。

- 要替换的组件：要被替换的组件，即被替换组件。
- 替换件：用来替换被替换的组件，即替换组件。
- 浏览：通过浏览来打开替换组件。
- 维持关系：保留替换组件与被替换组件之间的关联关系。
- 替换装配中的所有事例：若勾选此复选框，将替换掉与被替换组件呈阵列关系的组件。

动手操作——替换组件

① 打开本例的配套资源文件【zhuangpei.prt】。

② 在【装配】选项卡的【组件】面板中单击【替换组件】按钮，弹出【替换组件】对话框。

③ 按信息提示选择装配中的螺栓组件作为被替换组件，如图 12-24 所示。

④ 在【替换件】选项区中激活【选择部件】选项，单击【打开】按钮，将本例的配套资源文件夹中的【luoshuan-1.prt】部件文件打开，之后该部件文件会被自动收集到【未加载的部件】列表框中，如图 12-25 所示。

⑤ 其余选项保持默认设置，单击【确定】按钮，完成螺栓组件的替换，如图 12-26 所示。

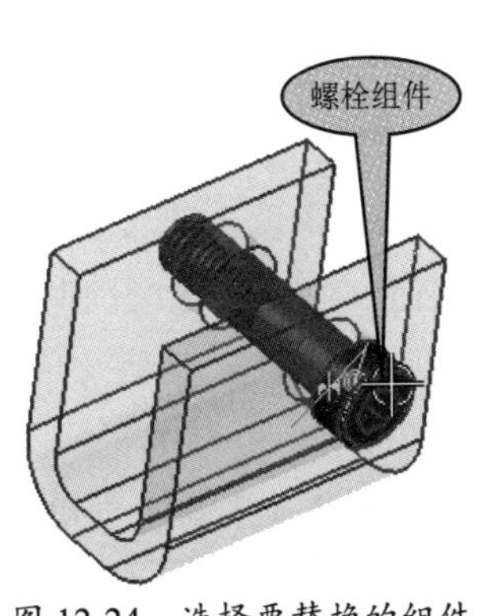

图 12-24　选择要替换的组件

图 12-25　打开替换组件的部件文件

图 12-26　完成螺栓组件的替换

12.3.4 移动组件

图 12-27 【移动组件】对话框

【移动组件】命令用于移动装配中的组件。在【装配】选项卡的【位置】面板中单击【移动组件】按钮，弹出【移动组件】对话框，如图 12-27 所示。

该对话框中包含多种组件运动的类型，这些类型及相关选项的含义如下所述。

- 动态：动态地平移或旋转组件的基准参照坐标系，使组件随基准坐标系位置的变换而移动。
- 距离：通过指定组件的平移方向和距离来移动组件。
- 角度：通过绕指定的轴旋转来移动组件。
- 点到点：选择一个点作为位置起点，再选择一个点作为位置终点，使组件平移。
- 根据三点旋转：指定一个旋转轴，以两个点为旋转起点和旋转终点来旋转组件。
- 将轴与矢量对齐：将两个矢量作为组件的从方向和目标方向，再确定一个旋转点，使组件绕点旋转。
- 坐标系到坐标系：从自身基准坐标系到新指定的基准坐标系，为组件重定位。
- 根据约束：通过装配约束的方法来移动组件。
- 增量 XYZ：使用输入增量值的方法来移动组件。
- 投影距离：以矢量为移动方向，并在矢量方向上施加一定的距离，使组件移动。

移动组件的具体操作过程在进行自底向上装配设计时已经介绍过，因此本节就不再介绍了。

12.3.5 装配约束

【装配约束】命令用于指定组件的装配关系，以确定组件在装配中的相对位置。装配约束条件由一个或多个关联约束组成，关联约束用于限制组件在装配中的自由度。在【装配】选项卡的【位置】面板中单击【装配约束】按钮，弹出【装配约束】对话框，如图 12-28 所示。

在【装配约束】对话框中，【设置】选项区中的各选项含义如下所述。

- 布置：在选择约束对象时，可使用的组件属性，包括【使用组件属性】和【应用到已使用的】选项。
- 动态定位：勾选此复选框，可以对组件进行动态定位。

图 12-28　【装配约束】对话框

- 关联：勾选此复选框，约束后的组件与原先没约束的组件具有父子关联关系。
- 移动曲线和管线布置对象：勾选此复选框，可移动装配中的曲线和管线布置对象。
- 动态更新管线布置实体：勾选此复选框，可动态更新管线布置实体。

【装配约束】对话框中包含 11 种装配约束类型，即角度约束、中心约束、胶合约束、等尺寸配对约束、接触对齐约束、同心约束、距离约束、固定约束、平行约束、垂直约束和对齐/锁定约束。

1. 角度约束

角度约束是使子装配与父装配成一定角度的装配约束。角度约束可以在两个具有方向矢量的对象间产生，并且角度是两个方向矢量的夹角。角度约束允许关联不同类型的对象，如可以在面和边缘之间指定一个角度约束。

角度约束有两种子类型，分别为【方向角度】和【3D 角】。【方向角度】子类型需要确定 3 个约束对象，即旋转轴、第一对象和第二对象。【3D 角】子类型不需要旋转轴，只需选择两个约束对象，程序会自动判断其角度。在【角度】文本框中输入一定数值后，即可约束组件。以【3D 角】子类型进行角度约束的示例如图 12-29 所示。

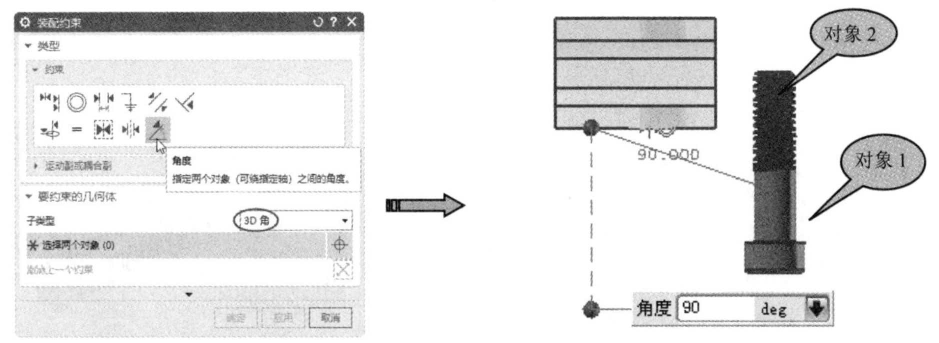

图 12-29　【3D 角】子类型的角度约束

2. 中心约束

中心约束是选择两个对象的中心或轴，使其中心对齐或轴重合的装配约束。中心约束的选项设置如图 12-30 所示。部分选项含义如下所述。

- 子类型：组件内部特征，如点、线、面等。它包括 3 个选项。
  - 1 对 2：表示选择子组件（要进行约束并产生移动的组件）上的一个特征和父部件（固定不动的组件）上的两个特征来作为约束对象。
  - 2 对 1：表示选择子组件上的两个特征和父部件上的一个特征来作为约束对象。
  - 2 对 2：表示选择子组件上的两个特征和父部件上的两个特征来作为约束对象。
- 轴向几何体：即约束对象，包括【使用几何体】和【自动判断中心/轴】两种约束对象的选择方式。

3. 胶合约束

胶合约束是一种不进行任何平移、旋转、对齐操作的装配约束。它以当前默认的位置作为组件的位置状态。胶合约束的选项设置如图 12-31 所示。在选择要约束的组件对象后，单击【创建约束】按钮，即可创建胶合约束。

图 12-30　中心约束的选项设置

图 12-31　胶合约束的选项设置

4. 等尺寸配对约束 =

等尺寸配对约束适用于两个约束对象尺寸相等的情况。例如，将销钉装配至零件的孔上时，销钉的直径与孔的直径必须相等，才可以使用等尺寸配对约束。使用等尺寸配对约束装配组件的示例如图 12-32 所示。

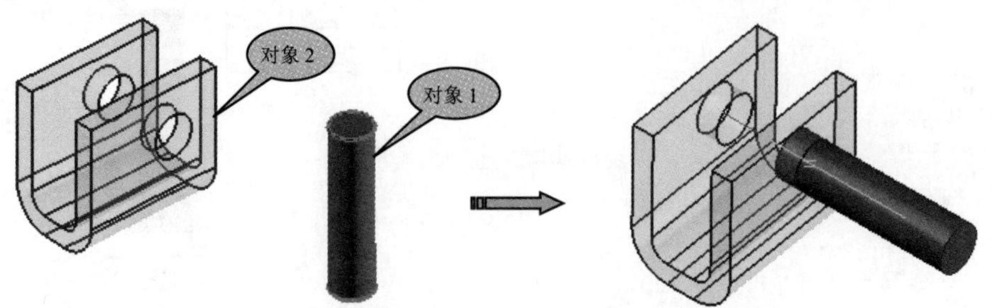

图 12-32　使用等尺寸配对约束装配组件的示例

5. 接触对齐约束

实际上，接触对齐约束包括两种约束类型，即接触约束和对齐约束。接触约束是指约束对象贴着约束对象；对齐约束是指约束对象与约束对象是对齐的，并且在同一个点、线或平面上。

技巧点拨：

约束对象只能是组件上的点、线或面。

接触对齐约束的选项设置如图 12-33 所示。该约束类型包括 5 个方位选项，如下所述。

- 查找最接近的：包含了下面几项约束，即根据所选约束对象的不同，系统会自动判断并给出合理的约束建议。
- 首选接触：既包含接触约束，又包含对齐约束，但首先对约束对象进行的是接触约束。
- 接触：仅仅是接触约束。
- 对齐：仅仅是对齐约束。
- 自动判断中心/轴：自动将约束对象的中心或轴进行对齐或接触约束。

6. 同心约束◎

同心约束是将约束对象的圆心进行约束的装配约束，其选项设置如图 12-34 所示。同心约束适合轴类零件的装配。在操作时，只需选择两个约束对象的圆心即可。

图 12-33　接触对齐约束的选项设置

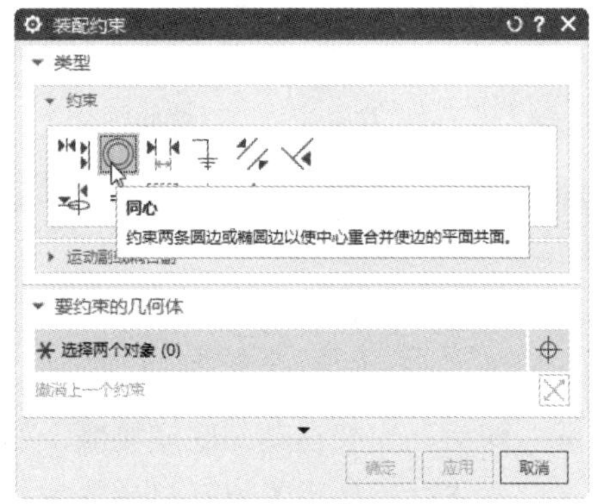

图 12-34　同心约束的选项设置

7. 距离约束

距离约束主要用于调整组件在装配中的定位。在配对组件上选择一个约束对象（点、线或面），并在父部件上选择另一个约束对象后，可以在弹出的浮动文本框中输入值，使组件得以重定位。

8. 固定约束

固定约束与胶合约束类似，都可以将组件固定在装配中的一个位置上，不再进行其他类型的约束。

9．平行约束

平行约束用于约束两个对象的方向矢量彼此平行，操作步骤与接触约束相似。

10．垂直约束

垂直约束用于约束两个对象的方向矢量彼此垂直，操作步骤与接触约束相似。

11．对齐/锁定约束

对齐/锁定约束可以将不同组件中的两个轴进行对齐操作，并防止组件绕公共轴旋转。

动手操作——装配约束

① 打开本例的配套资源文件【zhuangpeiti.prt】，装配模型如图 12-35 所示。

② 在【装配】选项卡的【位置】面板中单击【装配约束】按钮，弹出【装配约束】对话框。

③ 在对话框中设置约束类型为【接触对齐】，在图形区中选择一个支架的底面作为接触对齐约束对象 1，再选择底座上表面作为接触对齐约束对象 2，如图 12-36 所示。

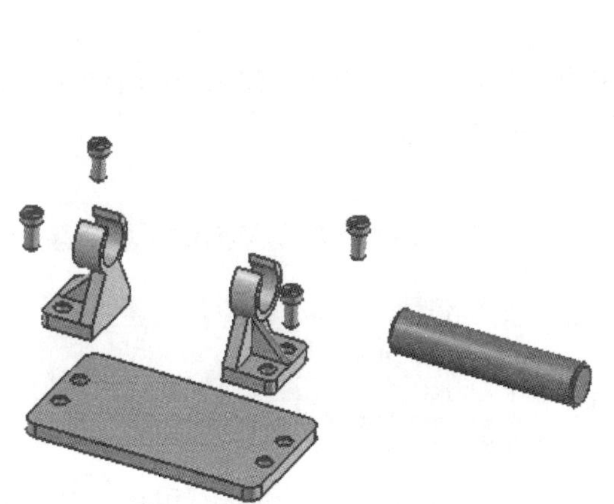
图 12-35 装配模型

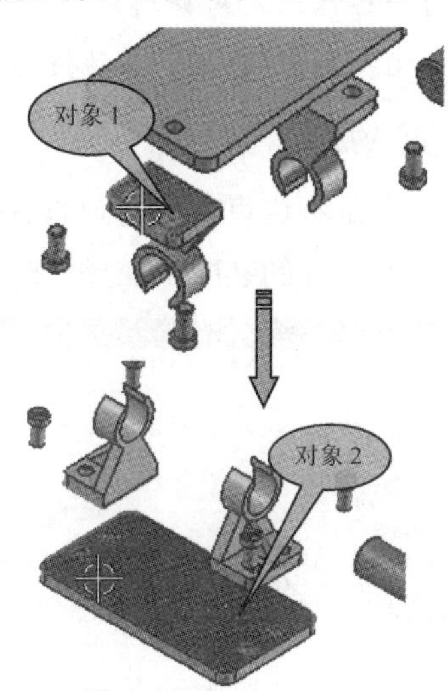

图 12-36 选择接触对齐约束对象

④ 随后，支架自动与底座接触，如图 12-37 所示。

⑤ 在【装配约束】对话框中设置约束类型为【同心】，选择支架上的螺纹孔边界作为同心约束对象 1，如图 12-38 所示。

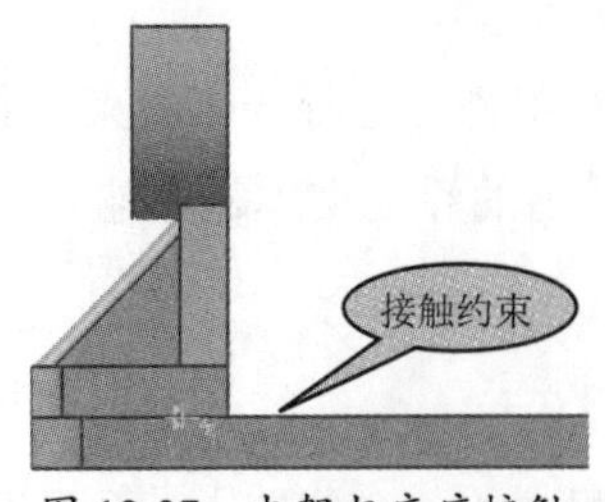

图 12-37 支架与底座接触

图 12-38 选择同心约束对象 1

⑥ 选择底座上与支架螺纹孔相对应的螺纹孔边界作为同心约束对象 2，如图 12-39 所示。

⑦ 随后两个孔自动进行同心约束，并在约束后显示约束符号，表示已进行约束，如图 12-40 所示。

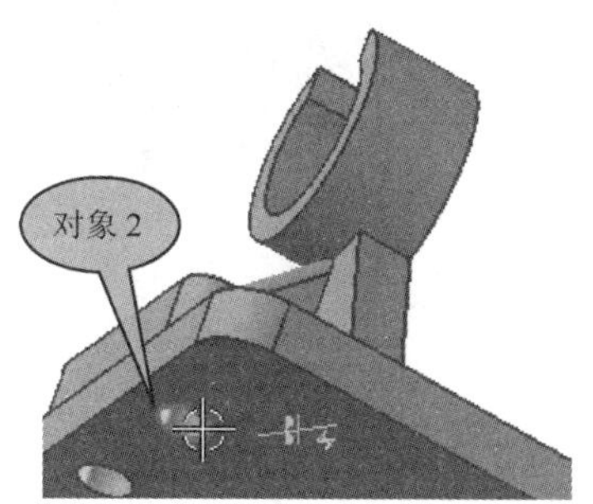

图 12-39　选择同心约束对象 2

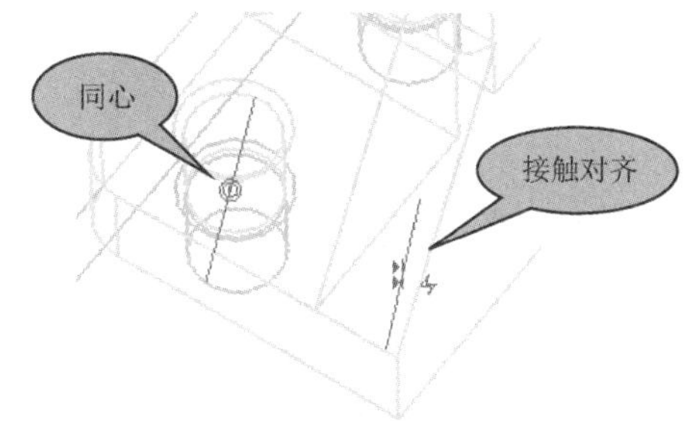

图 12-40　显示约束符号

⑧ 将支架与底座的另一个螺纹孔进行同心约束。

⑨ 同理，将另一个支架与底座进行接触对齐约束和同心约束。装配约束结果如图 12-41 所示。

技巧点拨：

在支架与底座的装配约束完成后，继续对螺钉和支架进行装配约束。装配模型中共有 4 个相同的螺钉，在此，只对其中一个装配约束进行详细介绍，其余的按此方法操作即可。

⑩ 在【装配约束】对话框中设置约束类型为【等尺寸配对】，分别选择螺钉螺纹面和支架螺纹孔面作为等尺寸配对约束对象 1 与等尺寸配对约束对象 2，如图 12-42 所示。

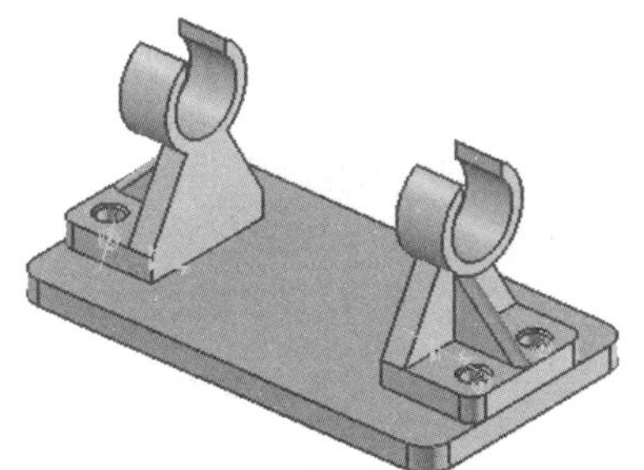
图 12-41　支架与底座的装配约束结果

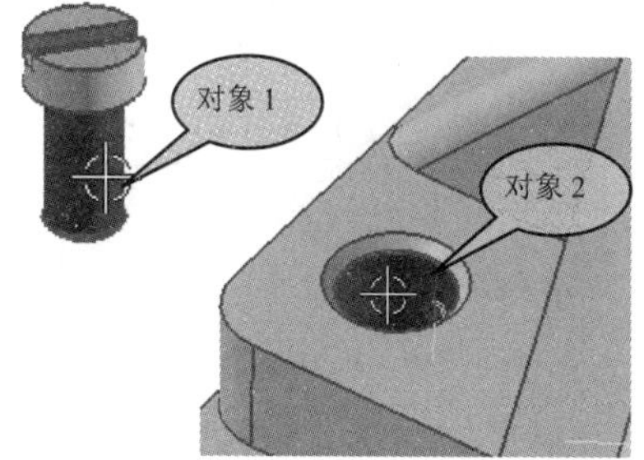

图 12-42　选择等尺寸配对约束对象

⑪ 随后，螺钉与支架螺纹孔进行等尺寸配对约束，如图 12-43 所示。

⑫ 在【装配约束】对话框中设置约束类型为【接触对齐】，分别选择螺钉头部下端面和支架上表面作为接触对齐约束对象 1 与接触对齐约束对象 2，如图 12-44 所示。

⑬ 随后，螺钉与支架表面进行接触对齐约束，结果如图 12-45 所示。

⑭ 同理，将其余 3 个螺钉按此方法进行装配约束。装配约束结果如图 12-46 所示。

⑮ 当螺钉完成装配约束后，就需要对圆柱体进行装配约束。在【装配约束】对话框中设置约束类型为【接触对齐】，然后在【方位】下拉列表中选择【接触】选项。

图 12-43　螺钉与支架螺纹孔的等尺寸配对约束

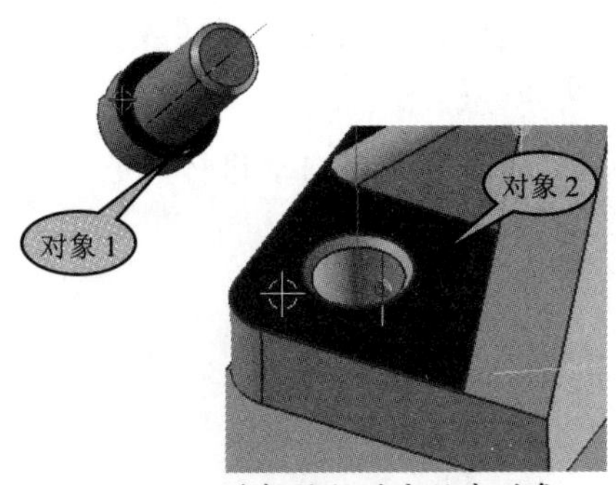

图 12-44　选择接触对齐约束对象

图 12-45　螺钉与支架表面的接触对齐约束

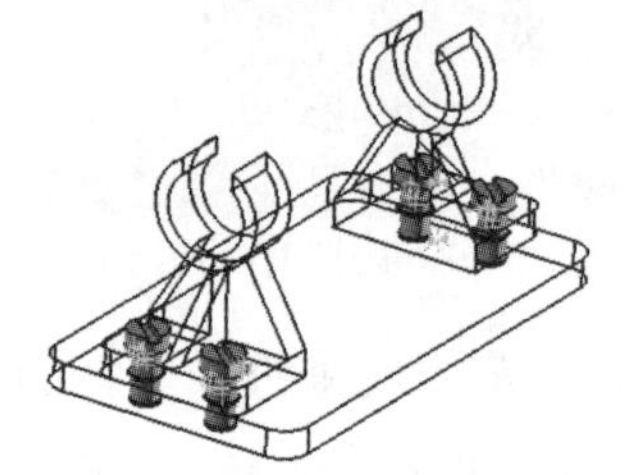

图 12-46　所有螺钉的装配约束结果

⑯ 按信息提示选择圆柱体的圆弧表面作为接触约束对象 1，选择支架上的内圆弧面作为接触约束对象 2，如图 12-47 所示。

⑰ 在【装配约束】对话框的【方位】下拉列表中选择【对齐】选项，分别选择圆柱体端面和支架侧面作为对齐约束对象 1 和对齐约束对象 2，如图 12-48 所示。

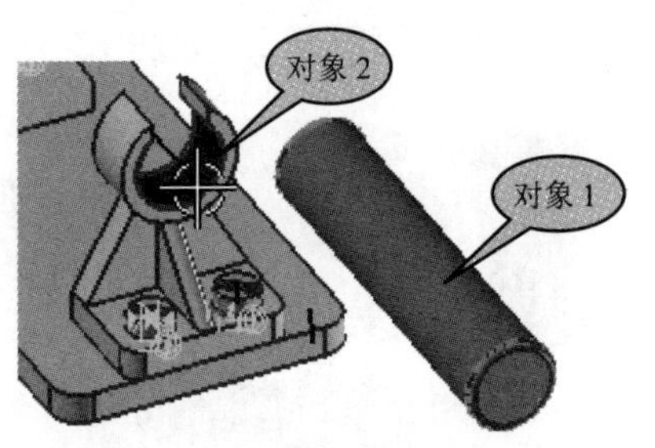

图 12-47　选择接触约束对象

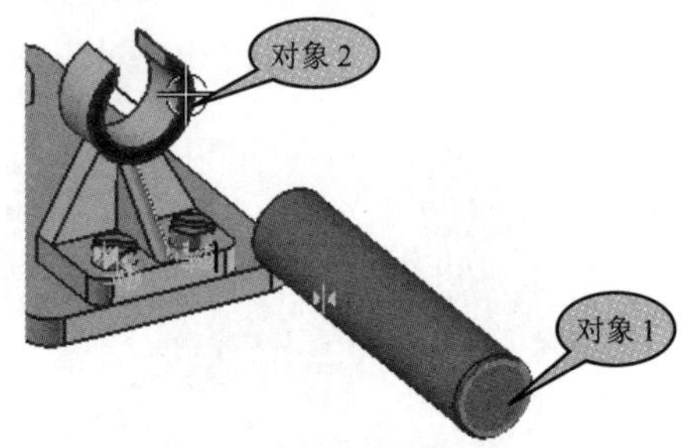

图 12-48　选择对齐约束对象

⑱ 最终完成支架组件的所有装配约束，结果如图 12-49 所示。

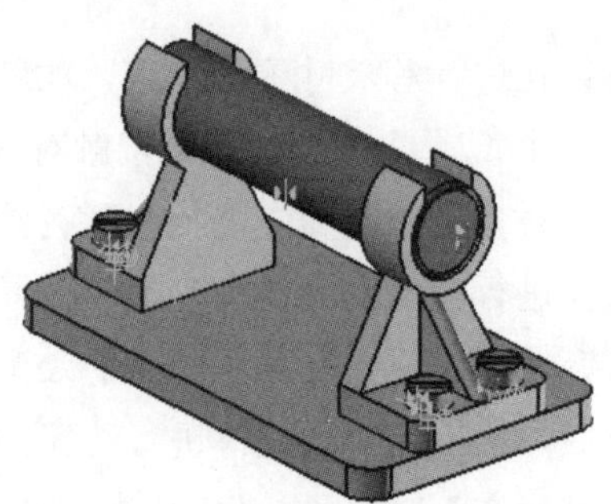

图 12-49　完成所有装配约束的结果

12.3.6　镜像装配

【镜像装配】命令用于为整个装配或单个装配部件创建镜像装配。在【装配】选项卡的【组件】面板中单击【镜像装配】按钮，弹出【镜像装配向导】对话框，如图 12-50 所示。

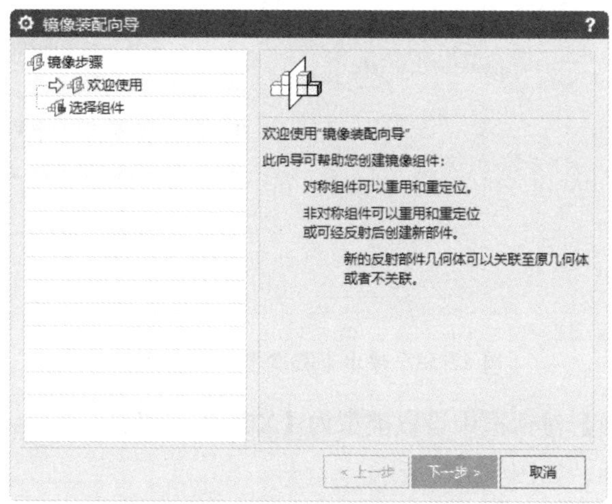

图 12-50　【镜像装配向导】对话框

装配或装配部件的镜像操作与建模环境下的镜像体操作类似。

动手操作——镜像装配

① 打开本例的配套资源文件【jingxiang.prt】。

② 在【装配】选项卡的【组件】面板中单击【镜像装配】按钮，弹出【镜像装配向导】对话框。

③ 单击对话框中的【下一步】按钮，会显示操作信息提示：【希望镜像哪些组件？】。选择整个装配的所有组件作为镜像对象，选择的镜像对象会被自动添加到对话框的【选定的组件】列表框中，如图 12-51 所示。

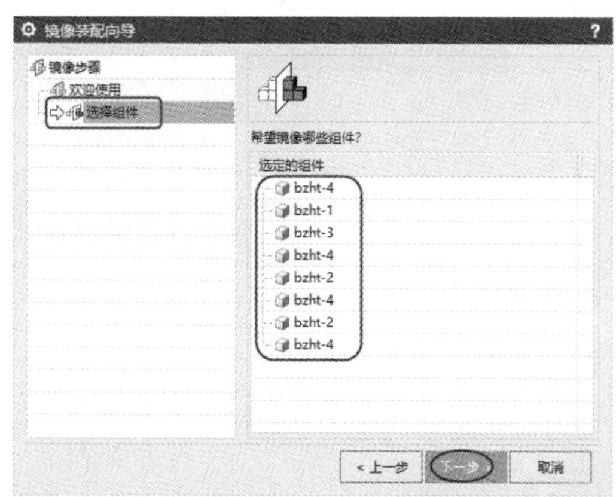

图 12-51　选择镜像对象

④ 选择镜像对象后，单击【下一步】按钮，对话框中又显示操作信息提示：【希望使用哪个平面作为镜像平面？】。单击对话框中的【创建基准平面】按钮，弹出

【基准平面】对话框，如图 12-52 所示。

图 12-52　弹出【基准平面】对话框

⑤ 在【基准平面】对话框中设置类型为【XC-ZC 平面】，并输入偏置距离值【-10】，创建镜像平面，如图 12-53 所示。

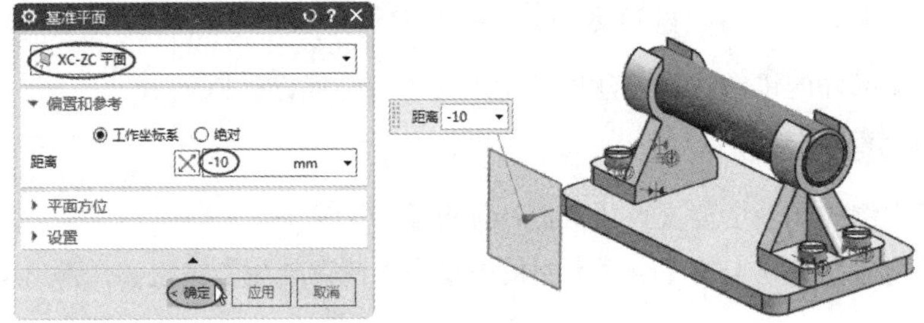

图 12-53　创建镜像平面

⑥ 单击【基准平面】对话框中的【确定】按钮，返回【镜像装配向导】对话框，单击该对话框中的【下一步】|【下一步】按钮。此时，【镜像装配向导】对话框中的操作信息提示是【希望使用什么类型的镜像？】，如图 12-54 所示。

图 12-54　提示选择镜像类型

⑦ 保持默认的镜像类型，单击【下一步】按钮，程序会自动创建镜像装配，如图 12-55 所示。

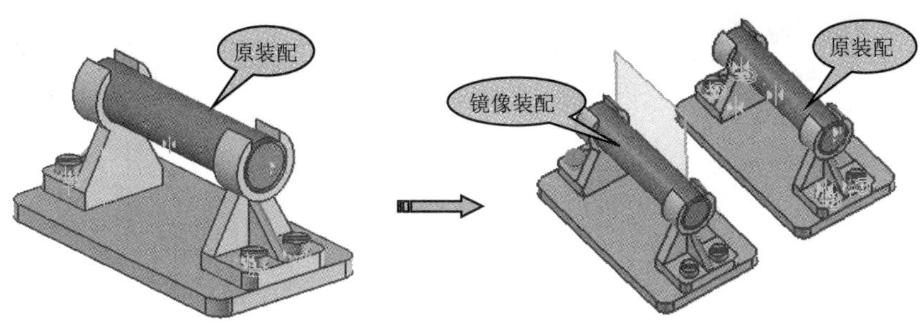

图 12-55　创建镜像装配

⑧ 在创建镜像装配后，对话框中又显示操作信息提示：【您希望如何定位镜像的实例？】。保持默认设置，单击【完成】按钮，退出【镜像装配向导】对话框，如图 12-56 所示。

图 12-56　退出【镜像装配向导】对话框

12.3.7　抑制组件和取消抑制组件

【抑制组件】命令用于将显示部件中的组件及其子组件移除。抑制组件并非删除组件，组件的数据仍然被保留在装配中，只是不执行其装配功能。反之，若想将抑制的组件显示出来并使其能被编辑，则需要使用【取消抑制组件】命令。

12.3.8　WAVE 几何链接器

在装配环境下进行装配设计，组件与组件之间是不能直接进行布尔运算的，需要将这些组件进行链接复制，并生成一个新的实体。这个实体并非装配部件，而是与建模环境下创建的实体类型相同。

在【装配】选项卡的【部件间链接】面板中单击【WAVE 几何链接器】按钮，弹出【WAVE 几何链接器】对话框，如图 12-57 所示。

图 12-57 【WAVE 几何链接器】对话框

技巧点拨：

【WAVE 几何链接器】命令是一个复制工具，与建模环境中的【抽取几何特征】命令类似。不同的是，前者是将装配体中的组件模型抽取出来并转换成建模实体，后者是直接在建模环境中复制实体或特征。

【WAVE 几何链接器】对话框中包含 9 种链接类型，各类型的含义如下所述。

- 复合曲线：装配中所有组件上的边。
- 点：在组件上直接创建点或点阵。
- 基准：选择组件上的基准平面进行复制。
- 草图：复制组件的草图。
- 面：选择组件上的面进行复制。
- 面区域：选择组件上的面区域进行复制。
- 体：选择单个组件进行复制，并生成实体。
- 镜像体：选择组件进行镜像复制，并生成实体。
- 管线布置对象：选择装配中的管线（如机械管线、电气管线、逻辑管线等）进行复制。

【设置】选项区中的各选项含义如下所述。

- 关联：若勾选此复选框，则复制的链接体将与原组件存在关联关系。
- 隐藏原先的：若勾选此复选框，则原先的组件将被隐藏。
- 固定于当前时间戳记：将关联关系固定在当前时间戳记上。
- 允许自相交：允许复制的曲线自相交。
- 使用父部件的显示属性：以原组件的属性显示于装配中。
- 设为与位置无关：若勾选此复选框，则链接对象将与装配位置无关联。

12.4 爆炸装配

【爆炸装配】命令用于创建和编辑装配模型的爆炸图。爆炸图是装配模型中的组件按装配关系偏离原来位置的拆分图形。爆炸图可以方便用户查看装配中的零件及其相互之间的装配关系。装配模型的爆炸效果如图 12-58 所示。

爆炸图在本质上也是一个视图，与其他用户定义的视图一样，一旦被定义和命名就可以被添加到其他图形中。爆炸图与显示部件关联，并存储在显示部件中。用户可以在任何视图中显示爆炸图，并对该图形进行任意操作，该操作也会同时影响非爆炸图中的组件。

在【装配】选项卡的【爆炸】面板中单击【爆炸】按钮，弹出【爆炸】对话框。【爆炸】对话框中包含了用于创建或编辑爆炸图的命令，如图 12-59 所示。下面对创建爆炸图的相关命令进行一一介绍。

图 12-58　装配模型的爆炸效果

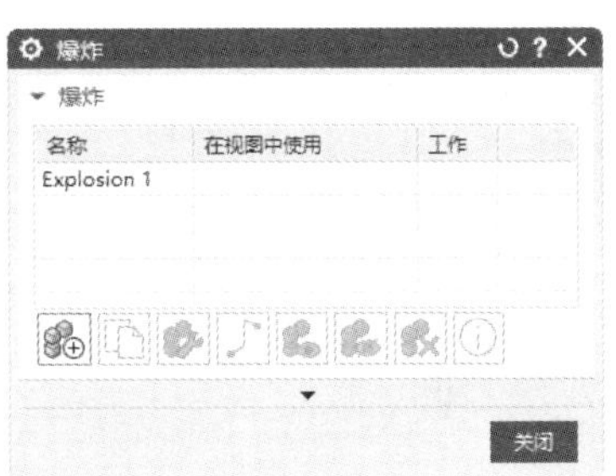

图 12-59　【爆炸】对话框

12.4.1　新建爆炸

【新建爆炸】命令用于给装配中的组件进行重定位，生成组件分散图。在【爆炸】对话框中单击【新建爆炸】按钮，弹出【编辑爆炸】对话框，如图 12-60 所示。在该对话框中为新的爆炸图命名并选择要爆炸的组件后，单击【确定】按钮，即可完成爆炸图的创建。

图 12-60　【编辑爆炸】对话框

12.4.2　编辑爆炸

【编辑爆炸】命令用于在爆炸图中对组件进行重定位操作，以达到理想的分散、爆炸效果。在【爆炸】对话框中单击【编辑爆炸】按钮，弹出【编辑爆炸】对话框。在该对话框中，选择要编辑的组件，通过手动或自动方式编辑组件的位置，如图 12-61 所示。

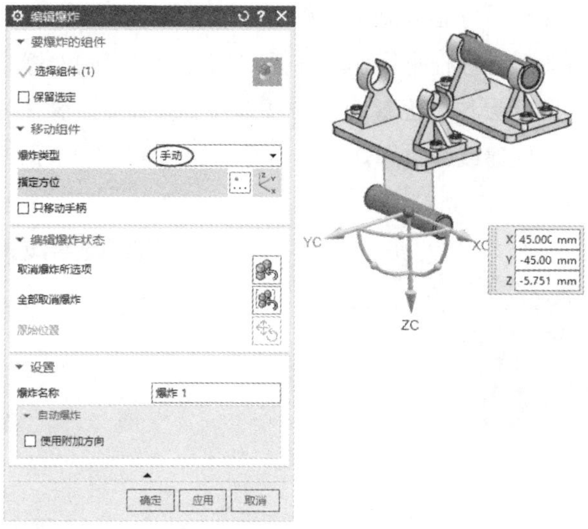

图 12-61　编辑爆炸

动手操作——创建并编辑爆炸图

① 打开本例的配套资源文件【gunlun.prt】。

② 在【爆炸】面板中单击【爆炸】按钮，弹出【爆炸】对话框。同时，系统会自动创建命名为【Explosion 2】的爆炸图。

③ 在【爆炸】对话框中单击【编辑爆炸】按钮，如图 12-62 所示，打开【编辑爆炸】对话框。

④ 在装配模型中选择要爆炸的滚轮组件，如图 12-63 所示。

图 12-62　单击【编辑爆炸】按钮

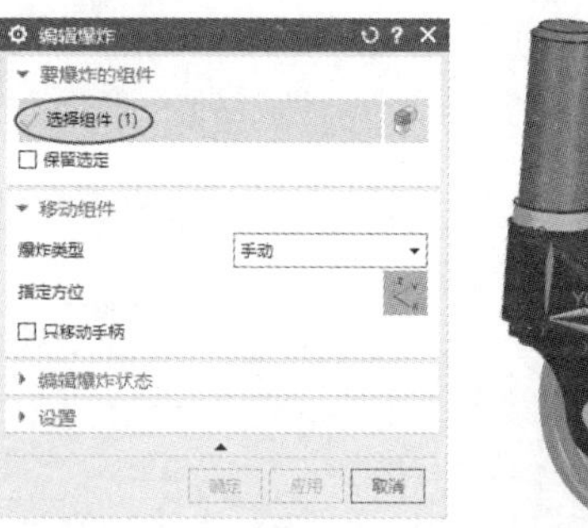

图 12-63　选择要爆炸的滚轮组件

⑤ 在【编辑爆炸】对话框的【移动组件】选项区中激活【指定方位】选项，并在图形区中拖动 ZC 轴柄，将滚轮组件向下拖动至如图 12-64 所示的位置。

⑥ 接着选择销作为要爆炸的组件，如图 12-65 所示。

⑦ 激活【指定方位】选项后，拖动 XC 轴柄，将销组件拖动至如图 12-66 所示的位置。

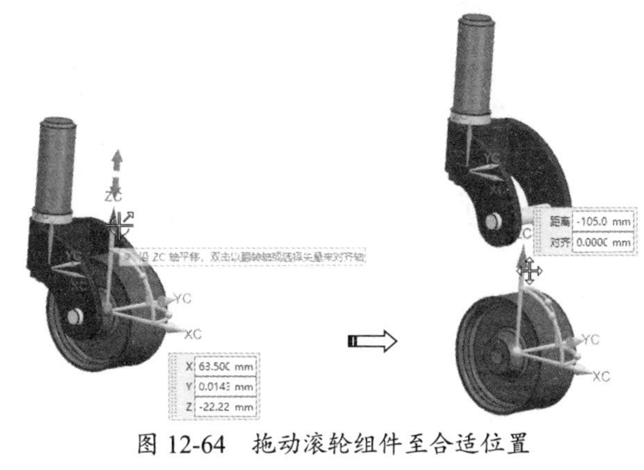

图 12-64　拖动滚轮组件至合适位置

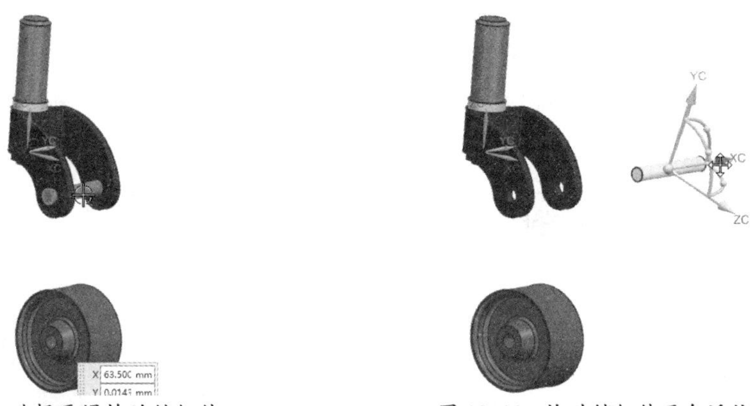

图 12-65　选择要爆炸的销组件　　　　图 12-66　拖动销组件至合适位置

⑧ 同理，选择轴和垫圈作为要爆炸的组件，并将其重定位，最终编辑完成的爆炸图如图 12-67 所示。单击【确定】按钮，完成爆炸图的创建和编辑。

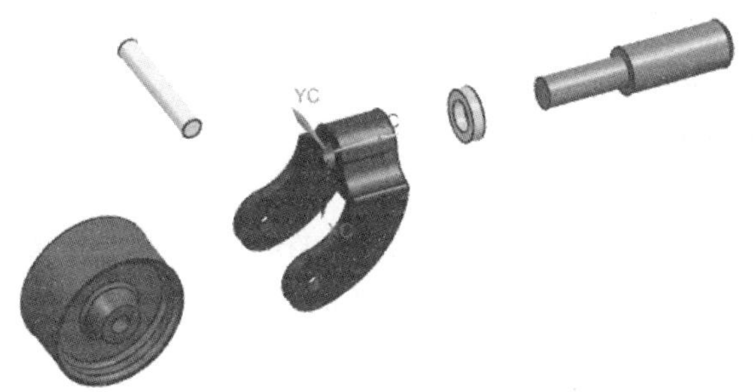

图 12-67　编辑完成的爆炸图

12.4.3　自动爆炸

【自动爆炸】命令用于通过输入统一的自动爆炸距离值，使装配沿每个组件的轴向、径向等矢量方向进行自动爆炸。在【爆炸】对话框中单击【新建爆炸】按钮，弹出【编辑爆炸】对话框。在【编辑爆炸】对话框的【移动组件】选项区中选择【自动】爆炸类型，并单击【自动爆炸所有】按钮，即可创建自动爆炸图，如图 12-68 所示。

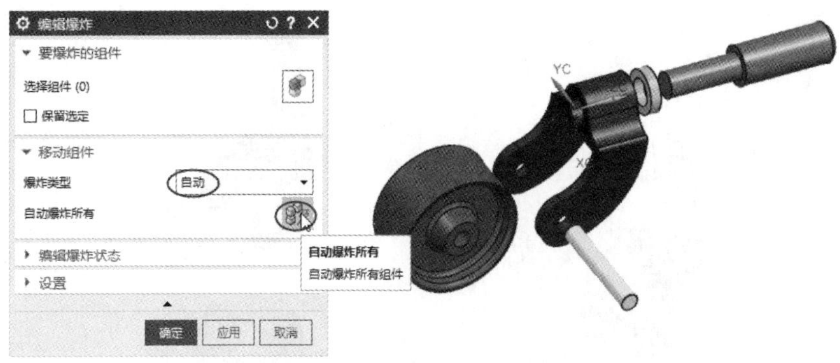

图 12-68　创建自动爆炸图

12.4.4　删除爆炸图

【删除爆炸】命令用于将组件恢复到未爆炸时的状态。选择要删除的爆炸图，然后在【爆炸】对话框底部单击【删除爆炸】按钮，即可将爆炸图删除并恢复到组件未爆炸时的状态，如图 12-69 所示。

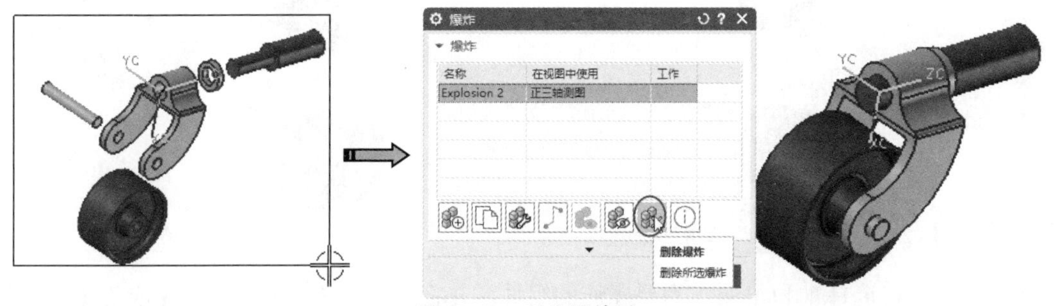

图 12-69　删除爆炸图

技巧点拨：

在图形区中显示的爆炸图不能被直接删除。如果要删除它，则要先将其复位。

12.4.5　创建追踪线

【创建追踪线】命令用于为装配爆炸图创建组件的追踪线。在【爆炸】对话框的底部单击【创建追踪线】按钮，弹出【追踪线】对话框。指定起始点和终止点后，自动创建追踪线，如图 12-70 所示。

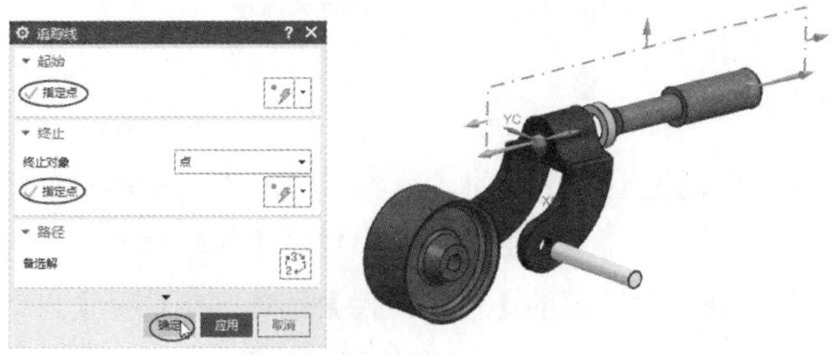

图 12-70　创建追踪线

12.5 综合案例——装配台虎钳

本案例装配的台虎钳爆炸效果如图 12-71 所示。

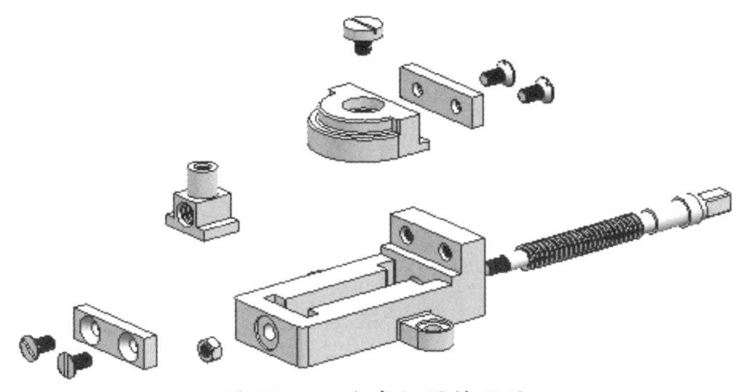

图 12-71　台虎钳爆炸效果

台虎钳主要由钳座和活动钳口两大部分构成。因此，装配台虎钳的顺序是：首先装配钳座部分，然后装配活动钳口部分，最后进行总装配。

1．装配钳座

① 新建名称为【qianzuo.prt】的装配文件。

② 装配底座。在【装配】选项卡的【基本】面板中单击【添加组件】按钮，弹出【添加组件】对话框。在【添加组件】对话框中单击【打开】按钮，在弹出的【部件名】对话框中打开【台虎钳】文件夹中的【dizuo.prt】文件。以【绝对坐标系-工作部件】装配方法，将台虎钳底座装配到环境中，如图 12-72 所示。

③ 在【添加组件】对话框中单击【打开】按钮，在弹出的【部件名】对话框中打开【台虎钳】文件夹中的【qiankouban.prt】文件。在【放置】选项区中选中【移动】单选按钮，并激活【指定方位】选项，将装配环境中的钳口板部件（默认状态下与底座部件重合了）向 ZC 轴方向平移，如图 12-73 所示。平移钳口板部件的目的是便于选择约束参考。

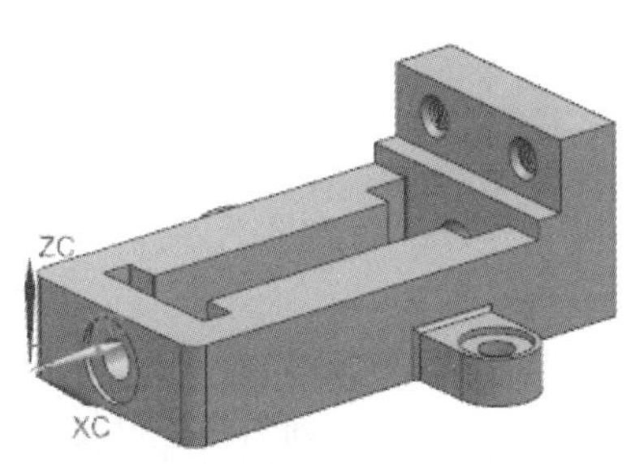

图 12-72　装配的台虎钳底座

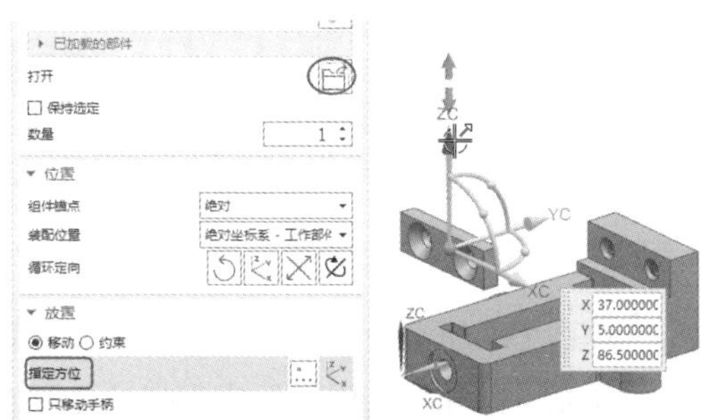

图 12-73　平移钳口板部件

④ 在【放置】选项区中选中【约束】单选按钮，展开【约束类型】列表框。在【约束类型】列表框中单击【同心】按钮◎，并选择钳口板上一个孔的边线和底座上的孔

边线进行同心约束，如图 12-74 所示。

⑤ 单击对话框中的【应用】按钮，钳口板会被装配到底座上，如图 12-75 所示。

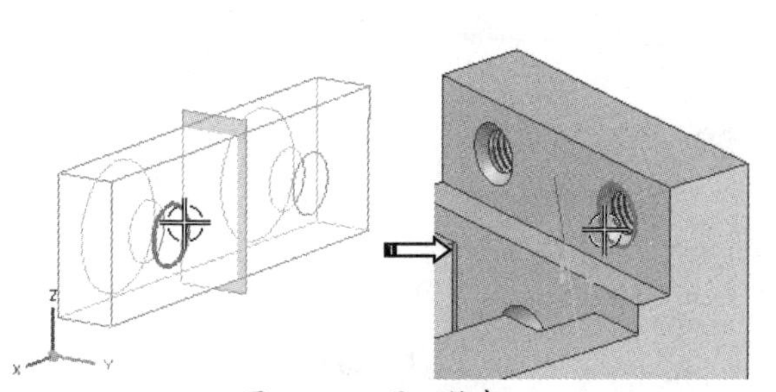

图 12-74　同心约束 1

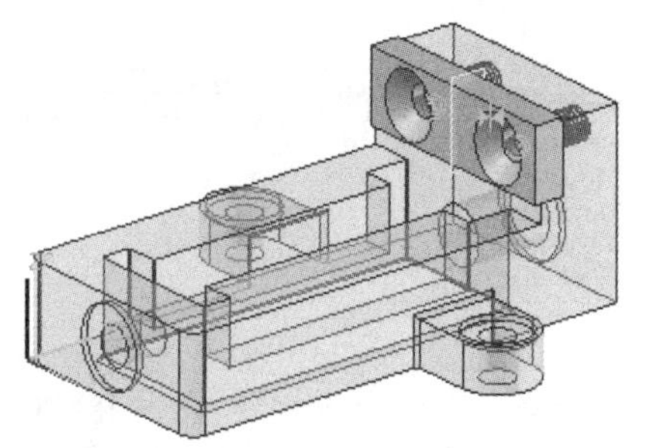

图 12-75　装配的钳口板

⑥ 装配沉头螺钉。在【添加组件】对话框中单击【打开】按钮，在弹出的【部件名】对话框中打开【台虎钳】文件夹中的【luoding.prt】文件。在【约束类型】列表框中单击【接触对齐】按钮，在【方位】下拉列表中选择【首选接触】选项，并在装配环境中选择螺钉斜面和钳口板孔的斜面进行接触约束，如图 12-76 所示。

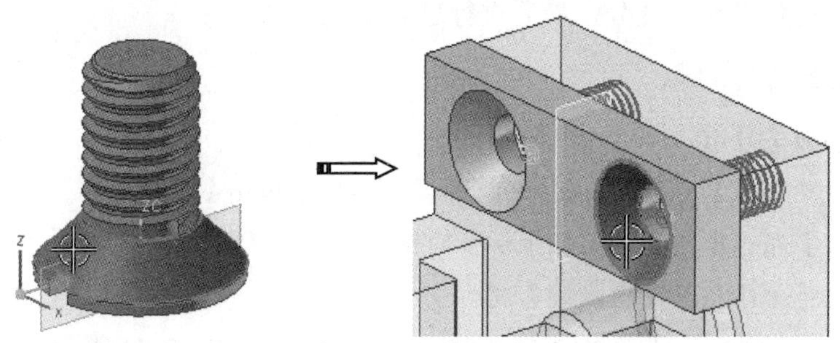

图 12-76　接触约束

⑦ 在【方位】下拉列表中选择【自动判断中心/轴】选项，选择螺钉头部的边线和钳口板的孔边线进行中心/轴约束，如图 12-77 所示。

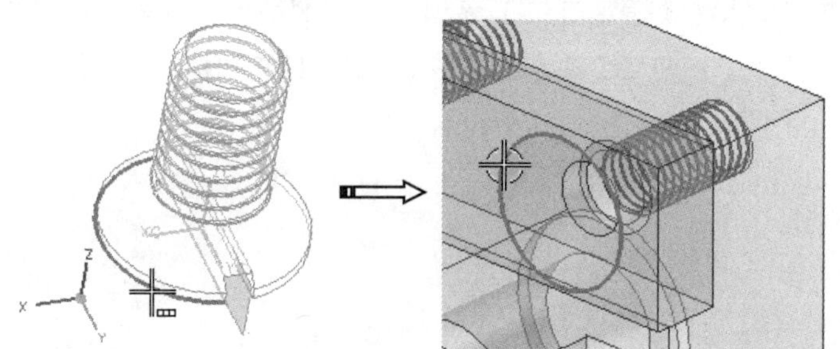

图 12-77　中心/轴约束 1

⑧ 单击【添加组件】对话框中的【应用】按钮，螺钉会被装配到钳口板上，如图 12-78 所示。同理，以相同的步骤再次选择此螺钉组件，并将其装配到钳口板的另一个孔上，如图 12-79 所示。

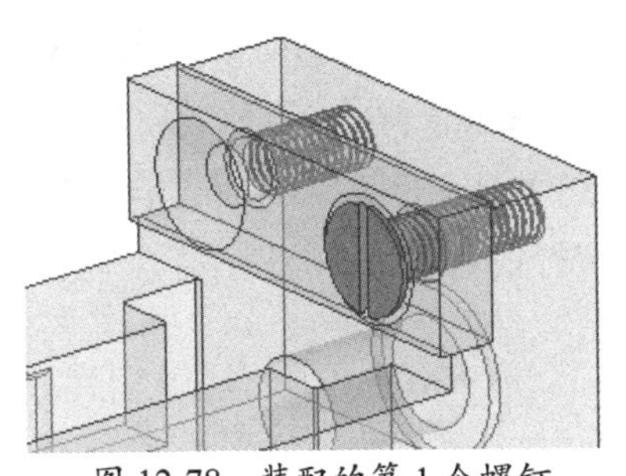

图 12-78　装配的第 1 个螺钉

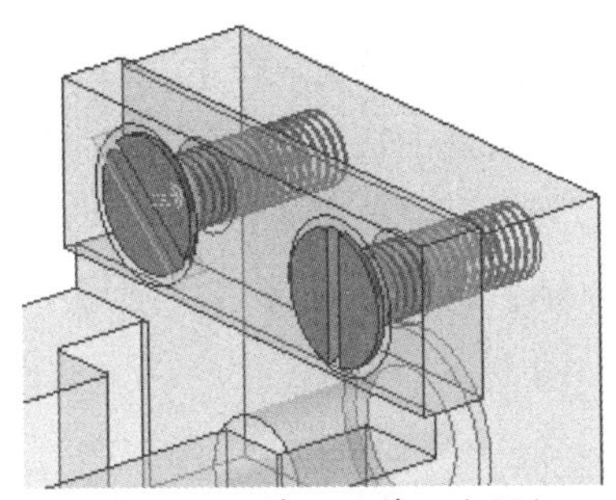

图 12-79　装配的第 2 个螺钉

⑨ 装配螺杆。在【添加组件】对话框中单击【打开】按钮，在弹出的【部件名】对话框中打开【台虎钳】文件夹中的【luogan.prt】文件。在【约束类型】列表框中单击【同心】按钮◎，选择螺杆上的边线和底座螺孔边线（在安装钳口板的一侧进行选择）进行同心约束，如图 12-80 所示。若在装配螺杆后发现装配方向不正确，可以单击【放置】选项区中的【撤销上一个约束】按钮来更改装配方向。

⑩ 单击【添加组件】对话框中的【应用】按钮，螺杆会被装配到台虎钳底座上，如图 12-81 所示。

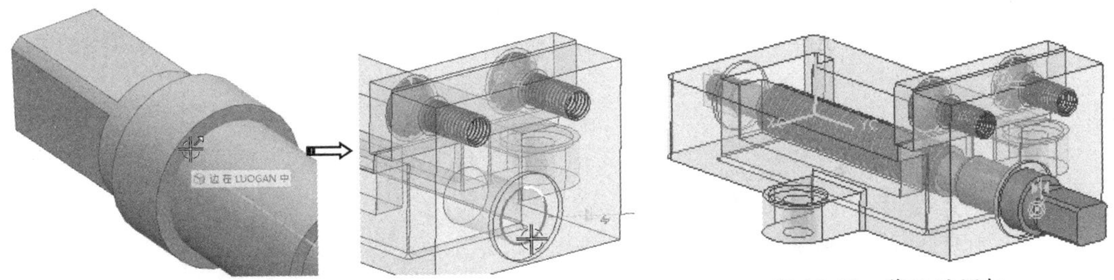

图 12-80　同心约束 2　　图 12-81　装配的螺杆

⑪ 装配六角螺母。在【添加组件】对话框中单击【打开】按钮，在弹出的【部件名】对话框中打开【luomu.prt】文件。在【约束类型】列表框中单击【同心】按钮◎，选择螺母中螺纹孔的边线和底座螺孔边线进行同心约束，如图 12-82 所示。单击【添加组件】对话框中的【应用】按钮，六角螺母会被装配到螺杆上，如图 12-83 所示。

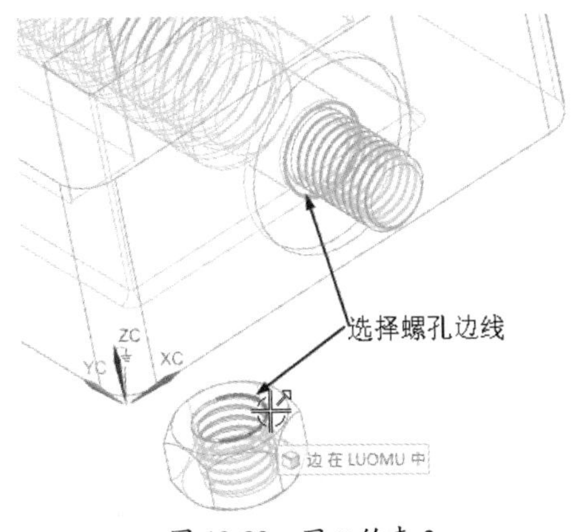

图 12-82　同心约束 3

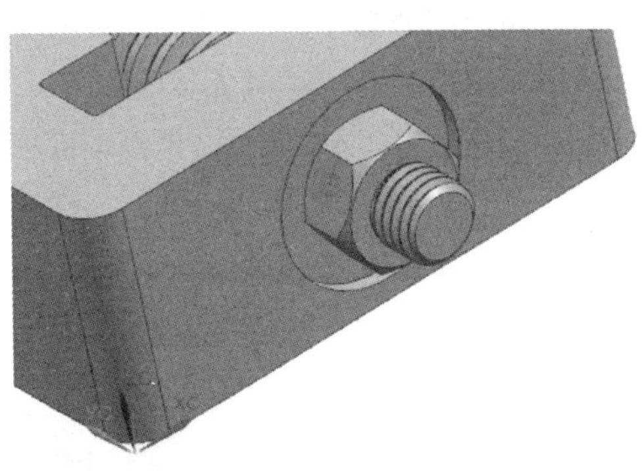

图 12-83　六角螺母被装配到螺杆上

⑫ 装配方块螺母。在【添加组件】对话框中单击【打开】按钮，在弹出的【部件名】对话框中打开【台虎钳】文件夹中的【fangkuailuomu.prt】文件。在【约束类型】列表框中单击【接触对齐】按钮，在【方位】下拉列表中选择【自动判断中心/轴】选项，选择方块螺母中螺孔的边线和螺杆的外圆边线进行中心/轴约束，如图 12-84 所示。

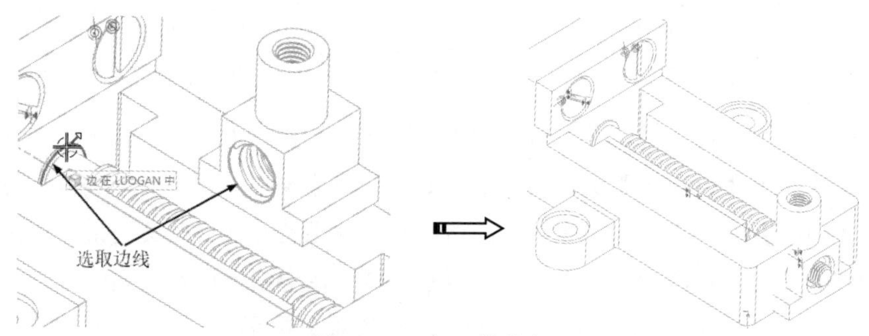

图 12-84 中心/轴约束 2

⑬ 在【约束类型】列表框中单击【距离】按钮，选择方块螺母端面和底座内表面作为距离约束对象，在【距离】文本框中输入【60】并按【Enter】键确认。单击【添加组件】对话框中的【应用】按钮，完成方块螺母的装配，如图 12-85 所示。

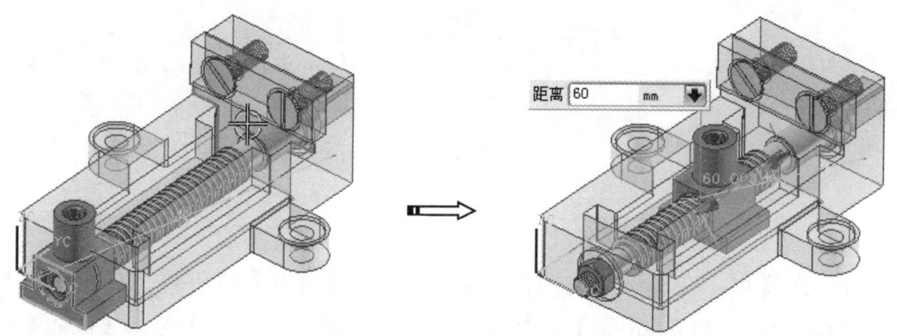

图 12-85 完成方块螺母的装配

2．装配活动钳口

活动钳口的装配和底座上钳口板、螺钉的装配是完全一样的，也需要新建一个名称为【活动钳口.prt】的装配文件。首先将活动钳口组件装配到建模环境中，然后装配钳口板、螺钉、沉头螺钉等。具体的装配过程这里就不再重复介绍了。装配完成的活动钳口如图 12-86 所示。

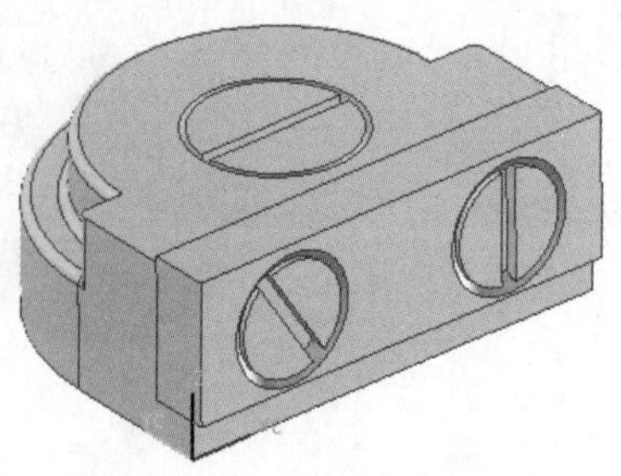

图 12-86 装配完成的活动钳口

3. 台虎钳总装配

① 在【装配】选项卡的【基本】面板中单击【新建父装配】按钮，系统会在【qianzuo.prt】装配文件的基础上再新建一个父装配文件_asm1，如图 12-87 所示。

图 12-87　新建父装配文件

② 在【装配】选项卡的【基本】面板中单击【添加组件】按钮，弹出【添加组件】对话框。单击【打开】按钮，在弹出的【部件名】对话框中将【活动钳口.prt】文件打开，在装配环境中可以预览活动钳口部件，如图 12-88 所示。

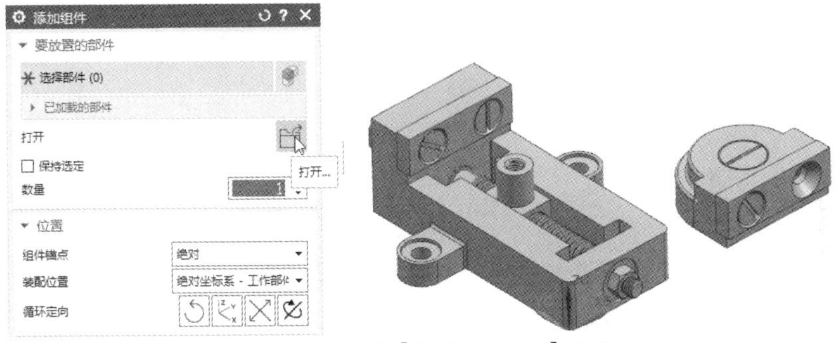

图 12-88　打开【活动钳口.prt】文件

③ 在【约束类型】列表框中单击【接触对齐】按钮，在【方位】下拉列表中选择【首选接触】选项，并选择活动钳口的底面和钳座上的滑动平面进行接触对齐约束，如图 12-89 所示。

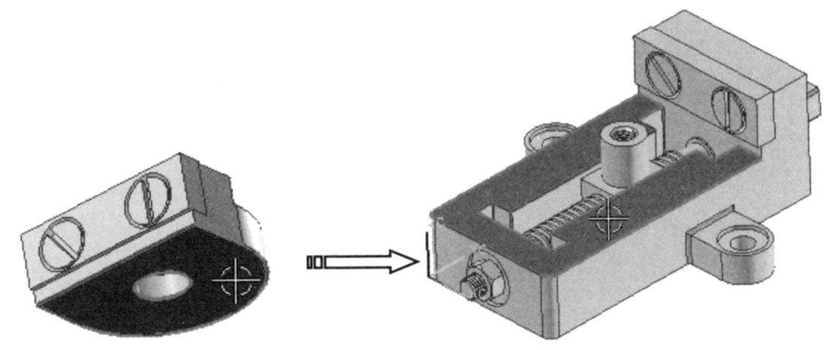

图 12-89　接触对齐约束

④ 在【约束类型】列表框中单击【角度】按钮，选择活动钳口的侧面和钳座的侧表面作为角度约束对象，在【角度】文本框中输入【270】并按【Enter】键确认，可

以看出活动钳口旋转了 270°，如图 12-90 所示。

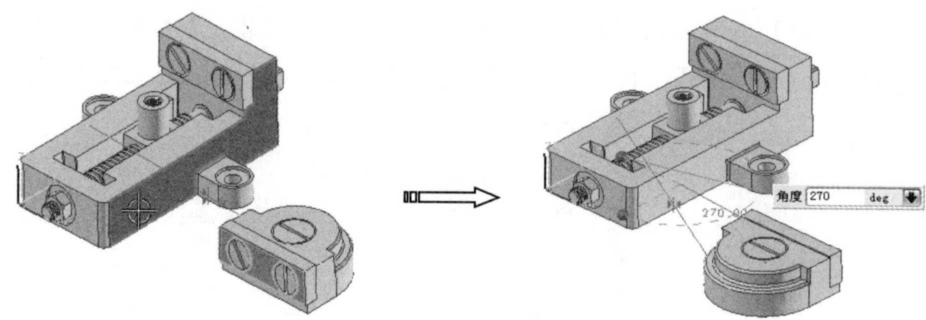

图 12-90　角度约束

⑤ 在【约束类型】列表框中单击【接触对齐】按钮，在【方位】下拉列表中选择【自动判断中心/轴】选项，选择活动钳口的螺孔边线和方块螺母上的螺孔边线进行中心/轴约束，如图 12-91 所示。

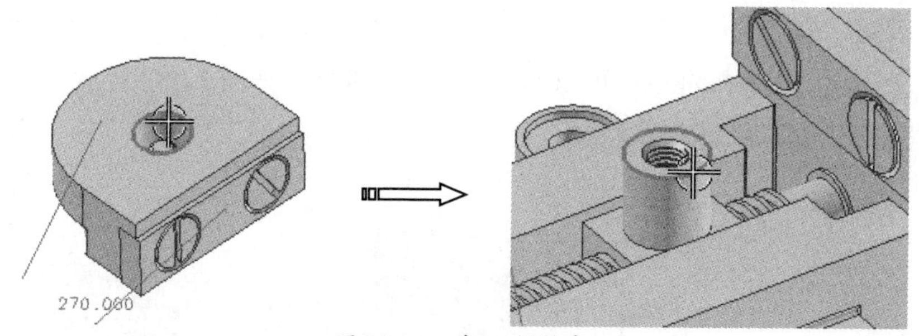

图 12-91　中心/轴约束

⑥ 单击【添加组件】对话框中的【确定】按钮，完成整个台虎钳的装配。装配完成的台虎钳如图 12-92 所示。

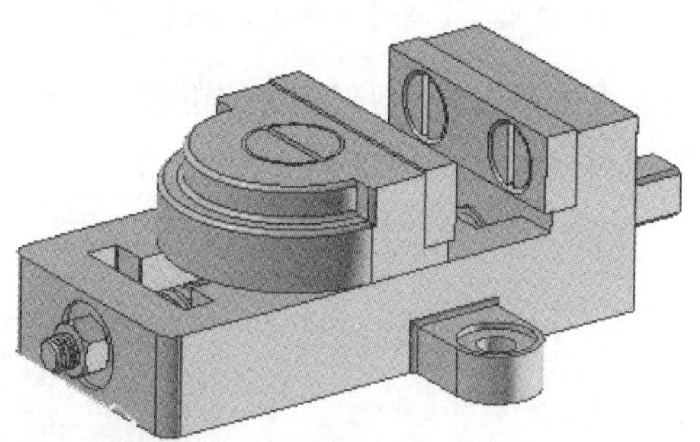

图 12-92　装配完成的台虎钳

第 13 章
UG 工程图设计

本章内容

基于建模中生成的三维模型，使用 UG 工程图功能建立的二维图与三维模型完全相关。也就是说，对三维模型进行的任何修改，都会在二维图中自动更改。本章主要介绍与非主模型模板制作、图框制作、图纸布局、图纸编辑、标注及编辑修改、文字注释与公差添加、自定义符号和明细表制作等相关的制图功能。

知识要点

☑ 工程图概述
☑ 工程图图纸与视图的创建
☑ 尺寸标注
☑ 工程图注释
☑ 表格
☑ 工程图的导出

13.1 工程图概述

利用 UG 的实体建模功能创建的零件和装配模型，可以被导引到 UG 工程图模块中，从而快速地生成二维工程图。

由于 UG 工程图是基于创建三维实体模型的二维投影所得到的二维工程图，因此工程图与三维实体模型是完全关联的。也就是说，实体模型的尺寸、形状和位置有任何改变，都会引起二维工程图实时发生变化。

技巧点拨：

UG 的产品数据是以单一数据文件进行存储管理的。每个文件在特定时刻只赋予单一用户写的权利。如果所有的开发者都基于同一文件工作，则最后将导致部分人员的数据不能被保存。

13.1.1 UG 工程图的特点

基于建模中生成的三维模型，使用 UG 工程图功能建立的二维图与三维模型完全相关。也就是说，对三维模型进行的任何修改，都会在二维图中自动更改。

UG 工程图的特点如下所述。

- 主模型支持并行工程。当设计员在主模型上工作时，制图员可同时进行制图工作。
- 支持大多数制图对象的编辑和建立。
- 具有一个直观的、易于使用的、图形化的用户界面。
- 图与模型相关。
- 支持自动的正交视图对准。
- 支持用户可控制的图更新。
- 支持大部分 GB 制图标准。

UG 主模型可以利用 UG 装配机制建立一个工程环境，使得所有工程参与者都能共享三维设计模型，并以此为基础进行后续的开发工作。

UG NX 2007 增强了注释功能、文本编辑器功能和指引线功能。

- 注释功能：使用新的起点-终点符号指示公差范围方向并向注释的指引线添加新的全面符号。
- 文本编辑器：添加或编辑用户定义文本时，在功能区中访问新的动态文本编辑器和常规选项卡。
- 指引线：当使用支持指引线的命令时，图形窗口中将显示交互选项，从而快速地为注释对象创建、编辑和删除指引线。

13.1.2 制图工作环境

在【应用模块】选项卡的【文档】面板中单击【制图】按钮，即可进入 UG NX 2007 制图环境，同时会在功能区中显示制图环境中的所有工具按钮，如图 13-1 所示。

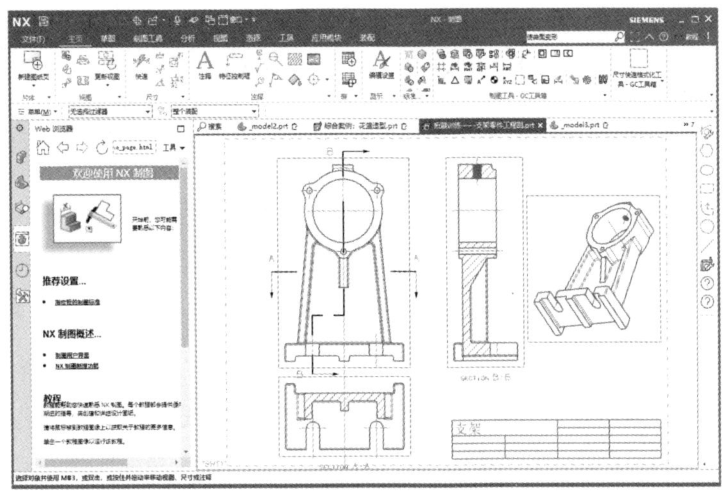

图 13-1　UG NX 2007 制图环境

13.2　工程图图纸与视图的创建

在 UG NX 2007 制图环境中，任何一个三维模型都可以通过不同的投影方法、不同的图样尺寸和不同的比例建立多样的二维工程图。在创建 UG 工程图时，应该先创建工程图图纸，再创建图纸中的视图。下面对工程图图纸及视图的创建进行介绍。

13.2.1　图纸的创建

图纸的创建可以通过两种途径来完成。一种途径是在 UG 欢迎界面中单击【新建】按钮，在弹出的【新建】对话框中选择【图纸】选项卡，在【模板】列表框中任意选择一个模板，并在下方的【新文件名】选项区中输入新的文件名称，单击【确定】按钮，即可创建新的图纸，如图 13-2 所示。

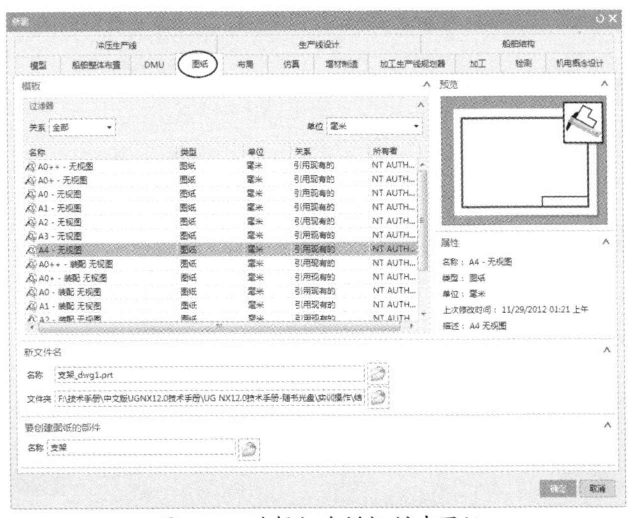

图 13-2　选择标准模板创建图纸

技巧点拨：

要创建图纸，既可以在建模环境下打开已有 3D 模型或设计 3D 模型，也可以在制图环境下创建基本视图时加载 3D 模型。

另一种途径是在 UG 建模环境中的【应用模块】选项卡的【文档】面板中单击【制图】按钮，进入制图环境。在【主页】选项卡的【片体】面板中单击【新建图纸页】按钮，弹出【图纸页】对话框。

该对话框中包括 3 种图纸的定义方式，分别是【使用模板】、【标准尺寸】和【定制尺寸】。

1. 使用模板

【使用模板】方式表示使用 UG 软件提供的国际标准图纸模板。此类模板的图纸单位是英寸。在【图纸页】对话框中选中【使用模板】单选按钮后，会弹出如图 13-3 所示的选项设置。用户在图纸模板的列表框中选择一个标准模板后，单击【确定】按钮，即可创建标准图纸。

2. 标准尺寸

【标准尺寸】方式表示用户可以选择具有国家标准的 A0～A4 的图纸模板，并且可以选择图纸的比例、单位和视图投影方式。

【图纸页】对话框下方的【投影法】选项组主要用于为工程视图设置投影方法。其中，【第一角投影】是根据我国《技术制图》国家标准规定而采用的投影画法；【第三角投影】则是根据国际标准规定而采用的投影画法，程序默认的是【第三角投影】。【标准尺寸】方式的选项设置如图 13-4 所示。

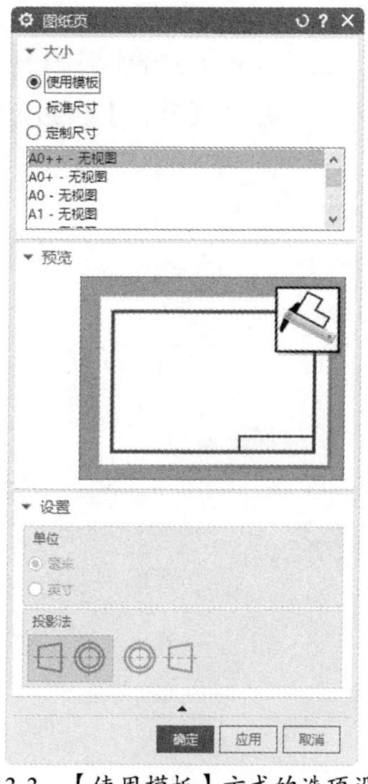

图 13-3 【使用模板】方式的选项设置

图 13-4 【标准尺寸】方式的选项设置

3．定制尺寸

【定制尺寸】方式是用户自定义的一种图纸创建方式。用户可以自定义图纸的长度、宽度和名称，以及选择图纸的比例、单位和投影方法等。【定制尺寸】方式的选项设置如图 13-5 所示。

图 13-5　【定制尺寸】方式的选项设置

13.2.2　基本视图

在图纸创建完成后，就需要在图纸中添加各种基本视图。基本视图包括模型的俯视图、仰视图、前视图、后视图、左视图、右视图等。当选择其中一个视图作为主视图在图纸中创建后，就可以通过投影生成其他视图。

在创建图纸后，程序会自动弹出【基本视图】对话框。也可以在【主页】选项卡的【视图】面板中单击【基本视图】按钮，弹出【基本视图】对话框，如图 13-6 所示。

1．部件

【部件】选项区主要用来选择部件以创建工程图，如图 13-7 所示。如果先加载了部件，再创建工程图，则该部件会被收集在【已加载的部件】列表框中。如果没有加载部件，则可以通过单击【打开】按钮来打开要创建工程图的部件。

图 13-6　【基本视图】对话框

图 13-7　【部件】选项区

2．视图原点

【视图原点】选项区主要用来确定视图放置点，以及放置主视图的方法，如图 13-8 所示。该选项区中的部分选项含义如下所述。

- 指定位置：在图纸框内为主视图指定原点位置。

- 方法：指定位置的方法。当图纸中没有视图作为参照时，只有【自动判断】方法。若图纸中已经创建了视图，则会增加 4 种方法——水平、竖直、垂直于直线和叠加。
  - 自动判断：系统会根据参照视图在屏幕中的不同位置来放置主视图。
  - 水平：在选择参照视图后，主视图只能在其水平位置上创建。
  - 竖直：在选择参照视图后，主视图只能在其竖直位置上创建。
  - 垂直于直线：在参照视图中选择直线或矢量，主视图将在直线或矢量的垂直方向上创建。
  - 叠加：在选择参照视图后，主视图的中心将与参照视图的中心重合叠加。
- 跟踪：主视图会以光标的放置位置来确定创建位置。勾选此复选框，主视图将在 X 方向或 Y 方向上确定位置。

3．模型视图

【模型视图】选项区主要用来选择视图以创建主视图。【要使用的模型视图】下拉列表中包括 6 种基本视图和 2 种轴测视图，分别是【俯视图】、【前视图】、【右视图】、【后视图】、【仰视图】和【左视图】，以及【正等测图】和【正三轴测图】，如图 13-9 所示。

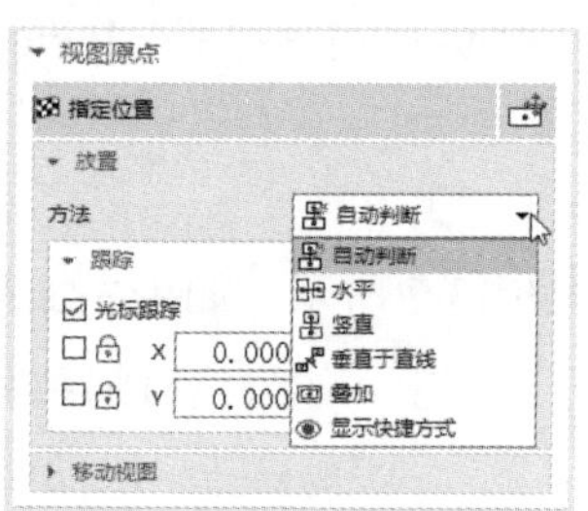

图 13-8 【视图原点】选项区

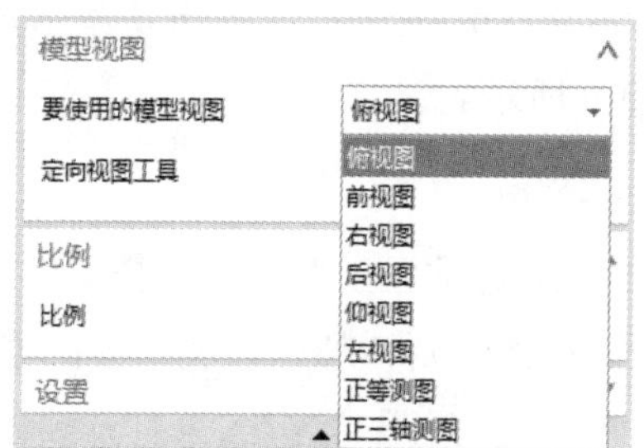

图 13-9 【模型视图】选项区

除此之外，还可以单击【定向视图工具】按钮，在弹出的【定向视图工具】对话框及【定向视图】模型预览对话框中自定义视图的方位，如图 13-10 所示。

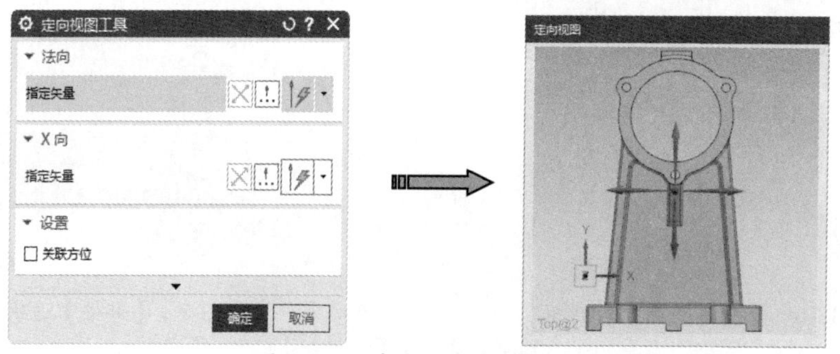

图 13-10 自定义视图的方位

4．比例

【比例】选项区用来设置视图的缩放比例。【比例】下拉列表中包括多种给定的比例，如 1∶2 表示将视图缩小至原来的 1/2，5∶1 则表示将视图放大为原来的 5 倍，如图 13-11 所示。

除了给定的固定比例值，UG 软件还提供了【比率】和【表达式】两种自定义形式的比例。在【比例】下拉列表中选择【比率】选项，可在下方弹出的比例参数文本框中输入合适的比例值，如图 13-12 所示。

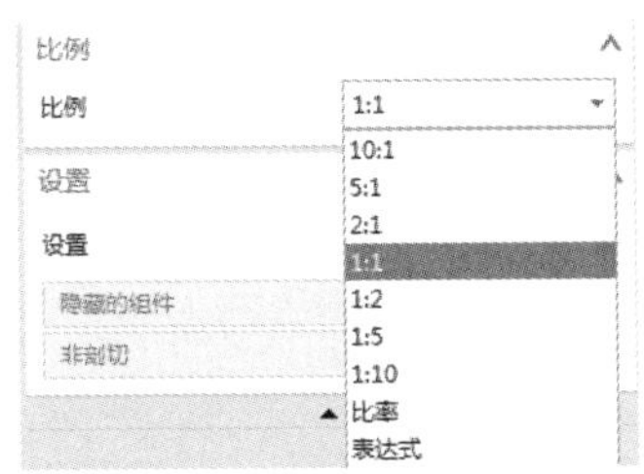

图 13-11　选择给定的比例

图 13-12　选择【比率】选项

5. 设置

【设置】选项区主要用来设置视图的样式。在该选项区中单击【设置】按钮，并在弹出的【基本视图设置】对话框中选择视图样式的设置标签来进行选项设置，如图 13-13 所示。

图 13-13　【基本视图设置】对话框

动手操作——创建基本视图

① 打开本例的配套资源文件【13-1.prt】。

② 在【应用模块】选项卡的【文档】面板中单击【制图】按钮，进入制图环境。在【主页】选项卡的【片体】面板中单击【新建图纸页】按钮，弹出【图纸页】对话框。在【大小】选项区中选中【标准尺寸】单选按钮，并在【大小】下拉列表中选择【A4 - 210×297】选项，如图 13-14 所示。

③ 保持【图纸页】对话框中默认的图纸名及其他选项的设置，单击【确定】按钮，弹出【基本视图】对话框。

④ 采用默认的放置方法和模型视图，在【比例】选项区的【比例】下拉列表中选择【2：1】选项，如图 13-15 所示。

图 13-14　选择图纸尺寸

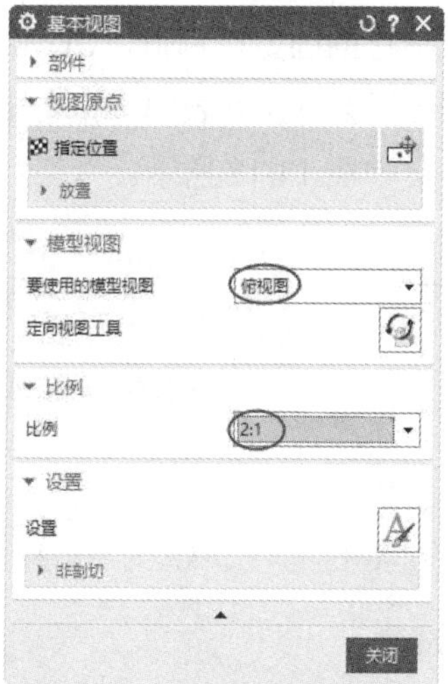

图 13-15　设置基本视图的比例

⑤ 按信息提示，在图纸框内为基本视图指定放置位置，如图 13-16 所示。随后单击【基本视图】对话框中的【关闭】按钮，完成基本视图的创建，创建的基本视图如图 13-17 所示。

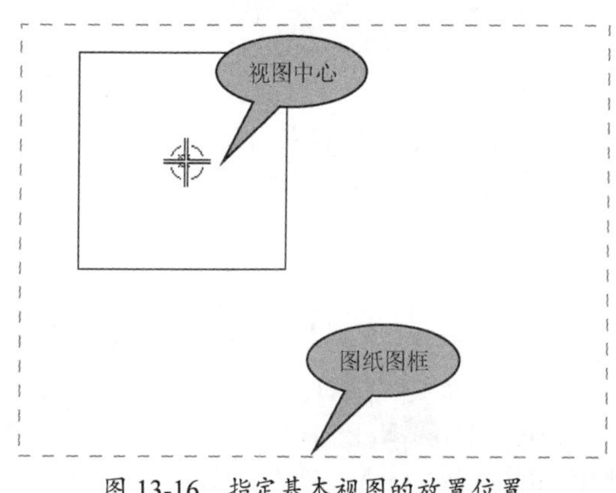

图 13-16　指定基本视图的放置位置

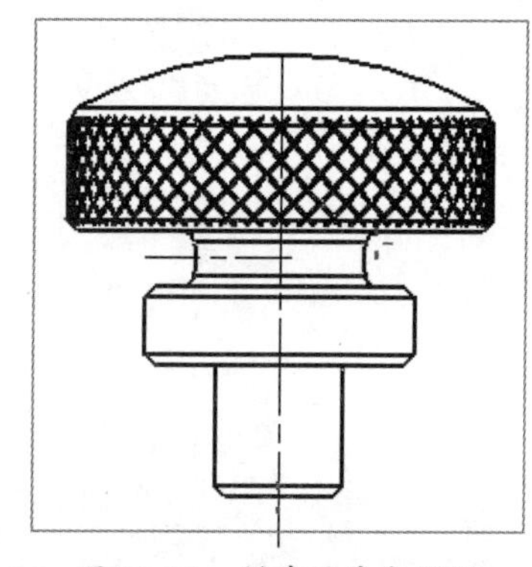

图 13-17　创建的基本视图

技巧点拨：

图纸中的视图类型是根据模型在建模环境中的工作坐标系方位来确定的，如 TOP 视图是从 ZC 轴到 XC-YC 平面的视角视图，LEFT 视图是从-XC 轴到 YC-ZC 平面的视角视图等。

13.2.3　投影视图

在机械工程中，投影视图也被称为向视图。它是根据主视图来创建的投影正交或辅助视图。在【主页】选项卡的【视图】面板中单击【投影视图】按钮，弹出【投影视图】对话框，如图 13-18 所示。

该对话框中各选项区的功能含义介绍如下。

1. 父视图

【父视图】选项区的功能是选择创建投影视图的父视图（主视图）。

2．铰链线

【铰链线】选项区的功能主要是确定视图的投影方向，以及投影视图与主视图的关联关系等。该选项区中的各选项含义如下所述。

- 矢量选项：此下拉列表中包括【自动判断】和【已定义】选项。【自动判断】表示用户自定义视图的任意投影方向；【已定义】表示通过矢量构造器来确定投影方向。
- 反转投影方向：表示投影视图与投影方向相反。
- 关联：若勾选此复选框，则投影视图将与主视图保持关联关系。

图 13-18　【投影视图】对话框

3．视图原点

【视图原点】选项区的功能是确定投影视图的放置位置。该选项区的功能与【基本视图】对话框中的【视图原点】选项区的功能相同。

4．设置

【设置】选项区的功能与【基本视图】对话框中的【设置】选项区的功能相同。

动手操作——创建投影视图

① 打开本例的配套资源文件【13-2.prt】。

② 在【主页】选项卡的【视图】面板中单击【投影视图】按钮，弹出【投影视图】对话框。

③ 程序会自动选择图纸中的模型基本视图作为投影主视图，可以在【铰链线】选项区中单击【反转投影方向】按钮，并以【自动判断】方法来确定投影方向。

④ 按信息提示，在图纸中放置第 1 个投影视图，位置如图 13-19 所示。

⑤ 在图纸中放置第 2 个投影视图，位置如图 13-20 所示。

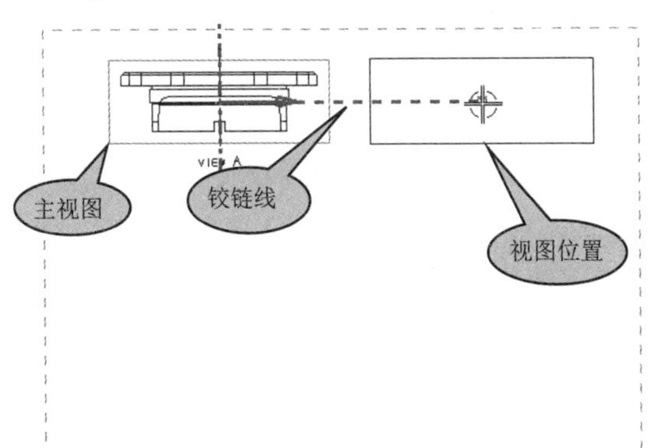

图 13-19　在图纸中放置第 1 个投影视图

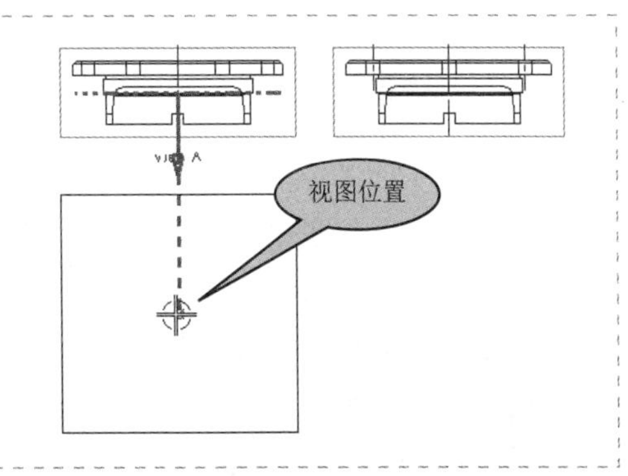

图 13-20　在图纸中放置第 2 个投影视图

⑥ 在创建好第 2 个投影视图后，继续在图纸中放置第 3 个投影视图，位置如图 13-21 所示。

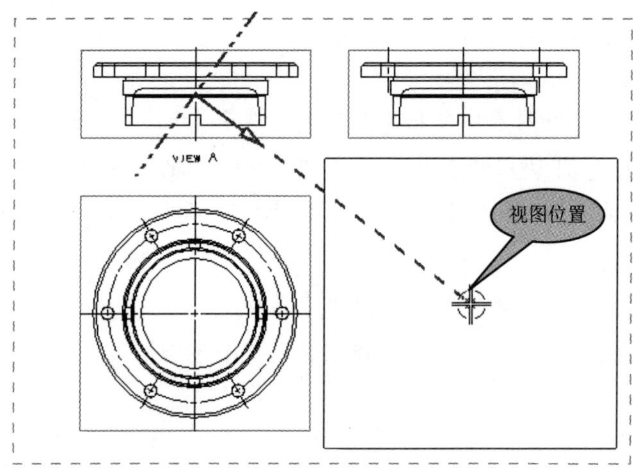

图 13-21　在图纸中放置第 3 个投影视图

⑦ 单击【投影视图】对话框中的【关闭】按钮，完成投影视图的创建，创建完成的投影视图如图 13-22 所示。

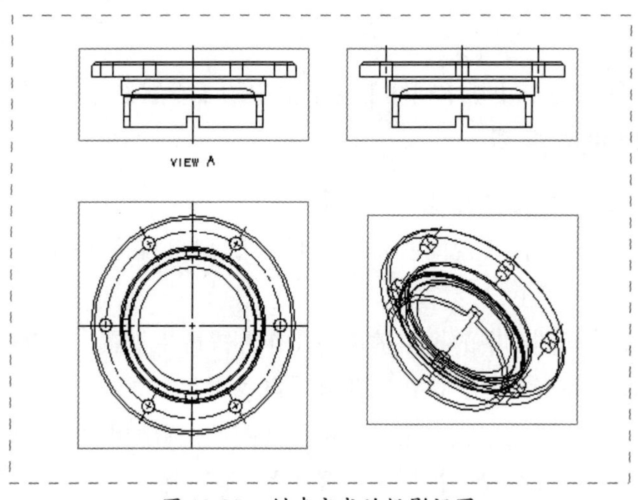

图 13-22　创建完成的投影视图

13.2.4　局部放大图

有时视图中的某些细小部位太小，不能进行尺寸标注或注释等，就需要将视图中的细小部位进行放大显示，这种单独放大显示的视图就是局部放大图。在【主页】选项卡的【视图】面板中单击【局部放大图】按钮，弹出【局部放大图】对话框，如图 13-23 所示。

该对话框中包含 3 种局部放大图的创建类型，即【圆形】、【按拐角绘制矩形】和【按中心和拐角绘制矩形】。

- 圆形：局部放大图的边界为圆形，如图 13-24 所示。

图 13-23　【局部放大图】对话框

- 按拐角绘制矩形：按对角点的方法来创建矩形边界，如图 13-25 所示。
- 按中心和拐角绘制矩形：以局部放大图的中心点及一个角点来创建矩形边界，如图 13-26 所示。

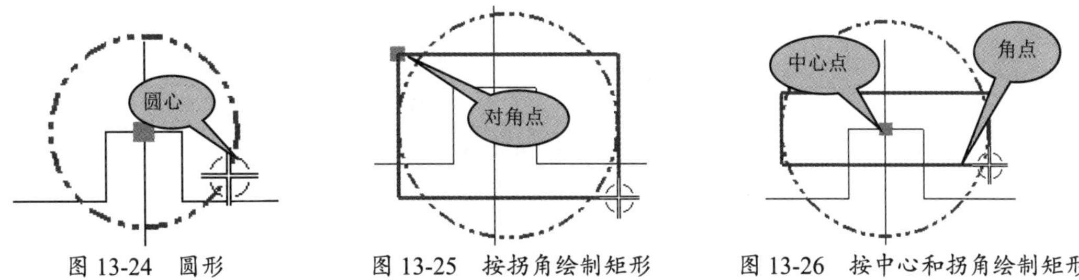

图 13-24　圆形　　图 13-25　按拐角绘制矩形　　图 13-26　按中心和拐角绘制矩形

【局部放大图】对话框中的各选项区功能介绍如下。

1. 边界

【边界】选项区的功能是确定局部放大图的参考点，即中心点和边界点。

2. 父视图

【父视图】选项区的功能是选择一个视图作为局部放大图的父视图。

3. 原点

【原点】选项区的功能是确定局部放大图的放置位置，以及放置局部放大图的方法等，如图 13-27 所示。

4. 比例

【比例】选项区的功能是设置局部放大图的比例。

5. 父项上的标签

【父项上的标签】选项区的功能是在局部放大图的父视图上设置标签，其标签的设置共有 7 种，即【无】、【圆】、【注释】、【标签】、【内嵌】、【边界】和【边界上的标签】，如图 13-28 所示。

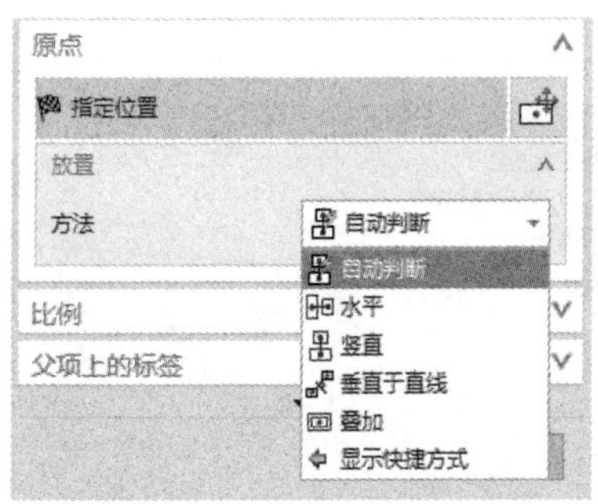

图 13-27 【原点】选项区

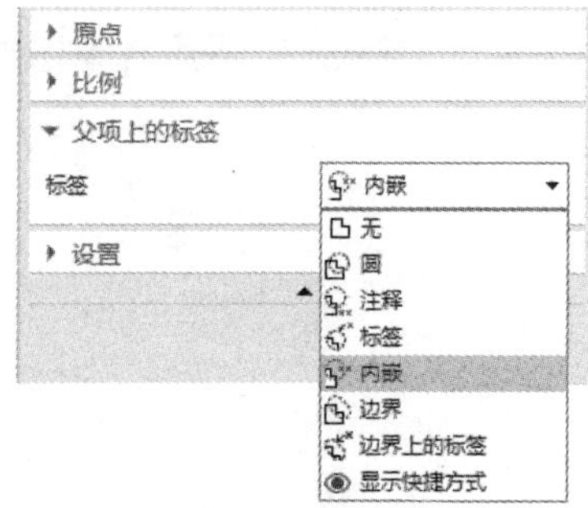

图 13-28 【父项上的标签】选项区

6．设置

【设置】选项区的功能与前面所讲的相同，这里不再赘述。

动手操作——创建局部放大图

① 打开本例的配套资源文件【13-3.prt】。该文件为创建了主视图和投影视图的工程图纸，如图 13-29 所示。

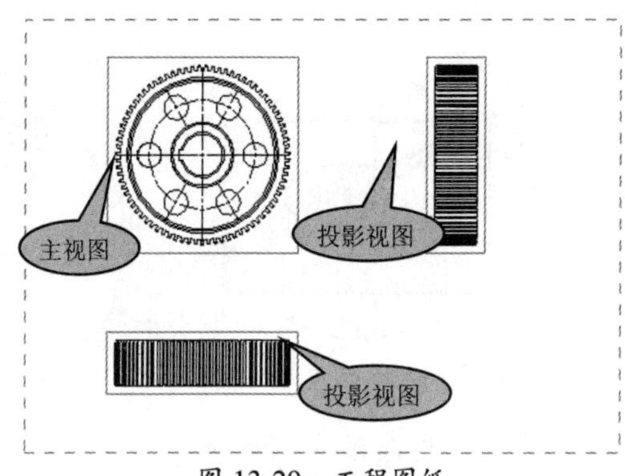

图 13-29 工程图纸

② 在【主页】选项卡的【视图】面板中单击【局部放大图】按钮，弹出【局部放大图】对话框。

③ 保持该对话框中的类型为【圆形】，在图形区中滑动鼠标滚轮将图纸放大，并按信息提示在主视图中选择一个点作为圆形的圆心，如图 13-30 所示。

④ 在圆心旁边选择一个点作为圆形的边界点，如图 13-31 所示。

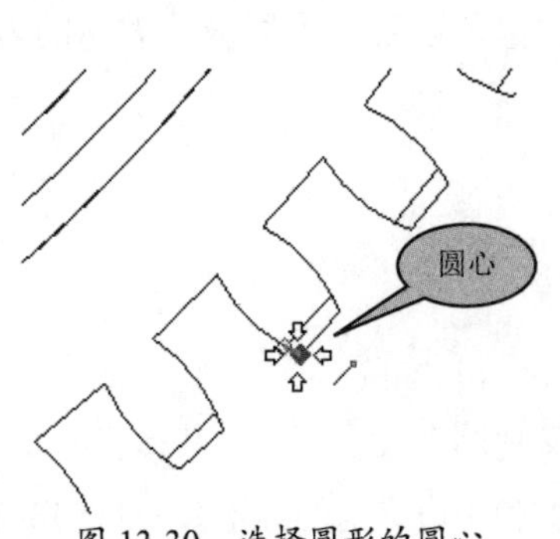

图 13-30 选择圆形的圆心

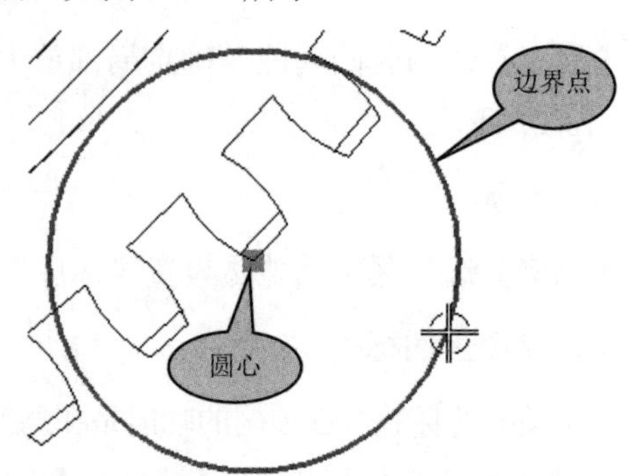

图 13-31 选择圆形的边界点

⑤ 在【比例】选项区的【比例】下拉列表中选择【2∶1】选项，在【父项上的标签】选项区的【标签】下拉列表中选择【标签】选项，如图 13-32 所示。

⑥ 滑动鼠标滚轮将图纸缩小，并在图纸的右下角选择一个位置来放置局部放大图，如图 13-33 所示。

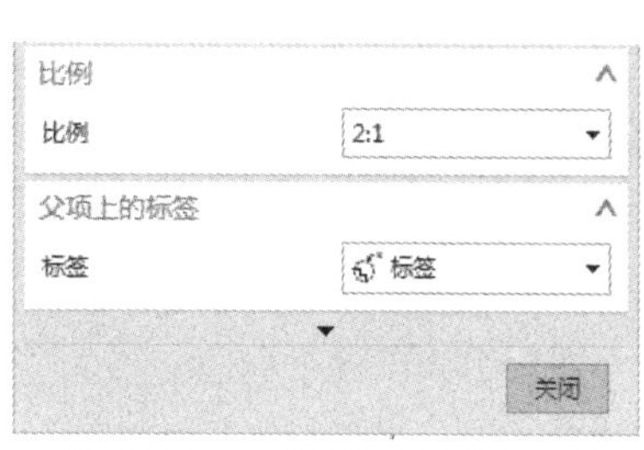

图 13-32　设置视图比例和标签

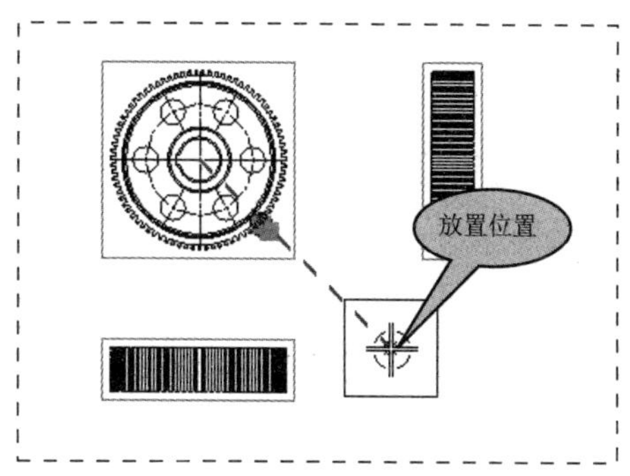

图 13-33　选择局部放大图的放置位置

在图纸中选择放置位置后，即可生成局部放大图，如图 13-34 所示。单击【局部放大图】对话框中的【关闭】按钮，结束操作。

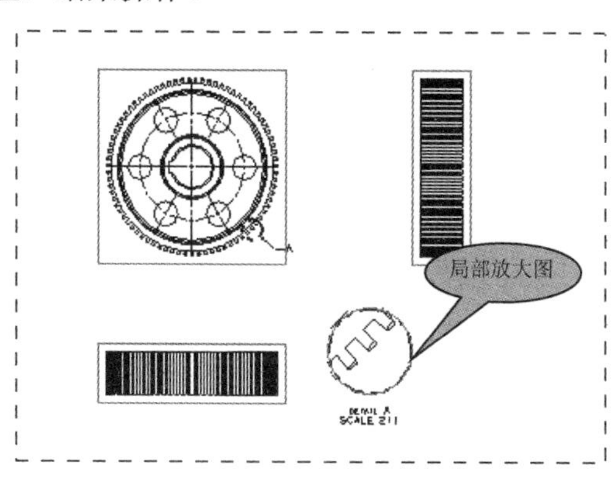

图 13-34　生成的局部放大图

13.2.5　剖切视图

在工程图中，创建零件模型的剖切视图是为了表达零件的内部结构和形状。零件的剖切视图包括全剖视图、半剖视图、旋转剖视图、折叠剖视图、定向剖视图、轴测剖视图、局部剖视图、展开的点和角度剖视图等。其中，全剖视图、半剖视图、旋转剖视图、折叠剖视图、定向剖视图和轴测剖视图均可以使用【剖视图】命令来创建，局部剖视图可以使用【局部剖】命令来创建，展开的点和角度剖视图则可以使用【剖切线】命令来创建。

本节将针对全剖视图、局部剖视图，以及展开的点和角度剖视图及其创建命令进行重点介绍。

1. 全剖视图

使用剖切面完全剖开零件后生成的剖切视图被称为全剖视图。全剖视图是根据所选的主视图来创建的。在【主页】选项卡的【视图】面板中单击【剖视图】按钮，弹出【剖视图】对话框。在图纸中选择一个视图后，【剖视图】对话框中会显示创建与编辑剖切视图的功能选项，如图 13-35 所示。

图 13-35 【剖视图】对话框

在【剖视图】对话框中，部分选项区的选项含义如下所述。

(1)【剖切线】选项区。

- 【定义】下拉列表：该下拉列表中包括【动态】和【选择现有的】两种剖切线的定义模式。
  - 动态：若零件中有多种不同的孔类型、筋类型等，则可以通过选择不同的剖切方法（简单剖/阶梯剖、半剖、旋转剖、点到点剖）来表达，如图 13-36 所示。

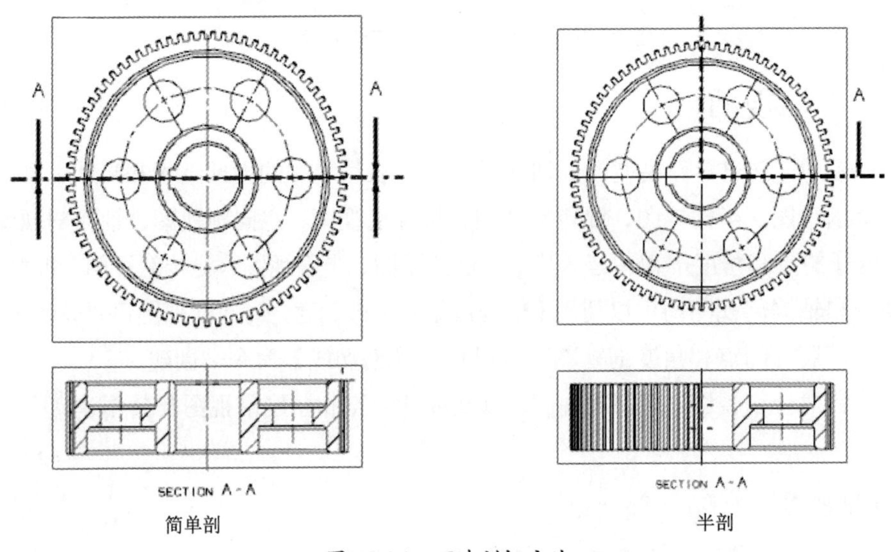

图 13-36 可选剖切方法

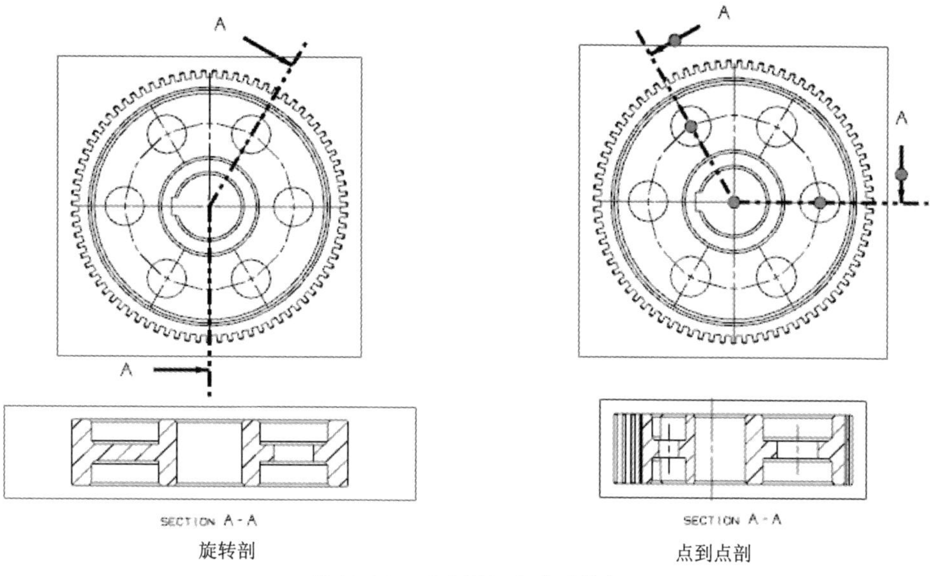

图 13-36　可选剖切方法（续）

技巧点拨：

若要编辑剖切线，则在关闭创建剖切视图的【剖视图】对话框后，双击剖切线即可，如图 13-37 所示。

➢ 选择现有的：如果使用【主页】选项卡的【视图】面板中的【剖切线】按钮创建了剖切线，可以直接选择现有的剖切线来创建剖切视图。

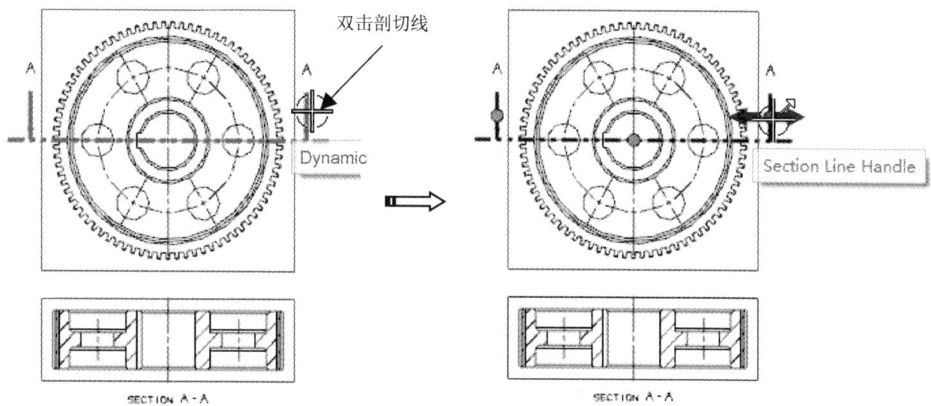

图 13-37　编辑剖切线

- 【方法】下拉列表：此下拉列表中的选项用于确定剖切线的位置，包括【简单剖/阶梯剖】、【半剖】、【旋转】和【点到点】4 种方法。

（2）【铰链线】选项区。

【矢量选项】下拉列表中包括【自动判断】和【已定义】两个选项。

- 自动判断：程序会自动判断剖切方向。若选择该选项，则在定义剖切位置后，用户可任意定义铰链线，如图 13-38 所示。
- 已定义：以指定方向的方式来定义剖切方向，如图 13-39 所示。

- 反转剖切方向：使剖切方向相反。
- 关联：确定铰链线是否与视图相关联。

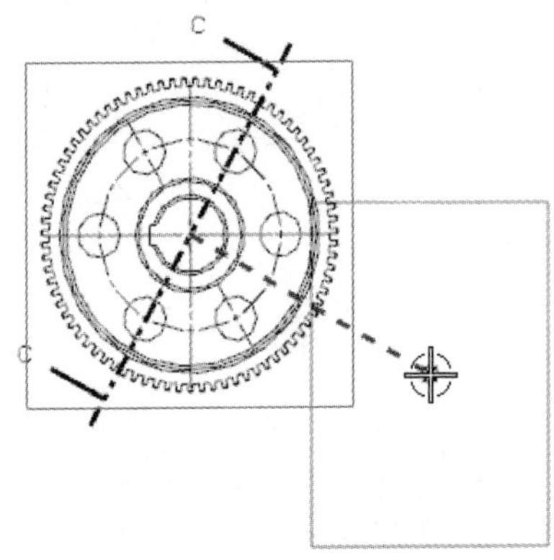

图 13-38　自动判断铰链线

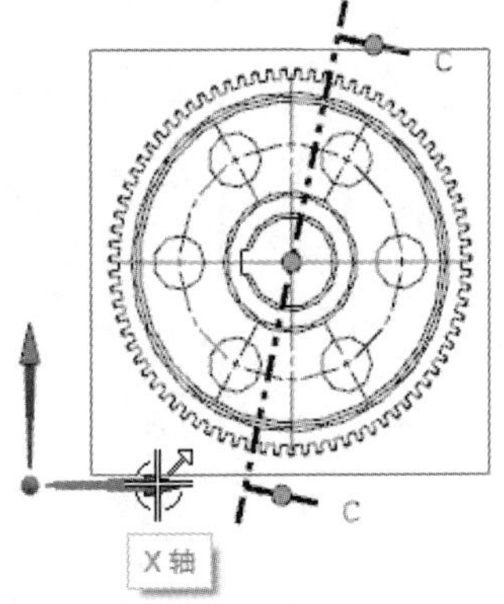

图 13-39　已定义铰链线

(3)【截面线段】选项区。

- 指定位置：当确定剖切线后，此选项会自动激活。用户可在图纸中选择剖切线的剖切点并重新放置视图。

(4)【父视图】选项区。

- 选择视图：自动选择基本视图作为父视图，还可以选择其他实体作为父视图。

(5)【视图原点】选项区。

- 指定位置：指定剖切视图的原点位置，用于放置剖切视图，如图 13-40 所示。

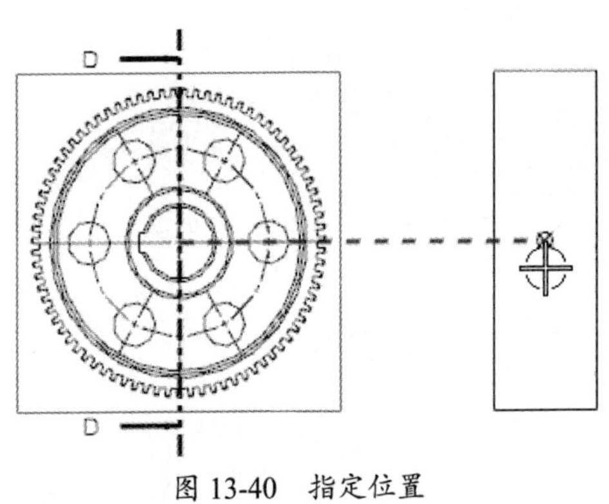

图 13-40　指定位置

- 【方法】下拉列表：放置剖切视图的方法，包括【自动判断】、【水平】、【竖直】、【垂直于直线】、【叠加】和【铰链副】等。
- 关联对齐：剖切视图相对于父视图的对齐方法，可以基于父视图放置、基于模型点放置和点到点放置等。
- 光标跟踪：若勾选此复选框，则可以输入视图原点的坐标系相对位置。
- 移动视图：选中视图并按住鼠标左键拖动，可移动视图。

(6)【设置】选项区。

- 设置：单击【设置】按钮，可以打开【剖视图设置】对话框并设置截面线型，如图 13-41 所示。用户可以对剖切线（截面线）的形状、尺寸、颜色、线型、宽度等参数进行设置。
- 【非剖切】选项组：如果是装配体，则可以选择不需要剖切的组件，创建的剖切图将不包括非剖切组件。单击【选择对象】按钮，可以选择不需要剖切的组件。

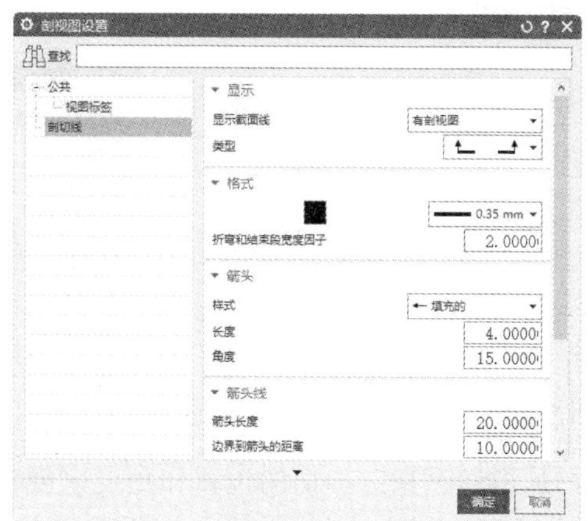

图 13-41　在【剖视图设置】对话框中设置截面线型

2. 局部剖视图

局部剖视图是指通过移除父视图中的部分区域来创建的剖切视图。在【主页】选项卡的【视图】面板中单击【局部剖视图】按钮，弹出【局部剖】对话框，如图 13-42 所示。在该对话框的列表框中选择一个基本视图作为父视图，或者直接在图纸中选择父视图，将激活如图 13-43 所示的一系列操作步骤按钮。

图 13-42　【局部剖】对话框

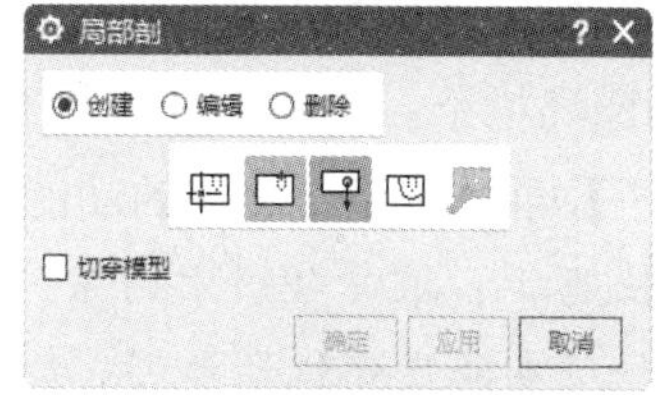

图 13-43　激活操作步骤按钮

【局部剖】对话框中的部分选项含义如下所述。

- 创建：用于创建局部剖视图。
- 编辑：用于编辑创建的局部剖视图。
- 删除：用于删除局部剖视图。
- 选择视图：单击此按钮，即可选择基本视图作为局部剖视图的父视图。
- 指出基点：基点是用于指定剖切位置的点。
- 指出拉伸矢量：用于指定剖切投影方向。在选择基点后，会自动弹出选择矢量的选项，如图 13-44 所示。
- 选择曲线：用于选择局部剖切的边界。在激活此选项后，可以通过单击【链】按钮来自动选择局部剖切的边界，若在选择过程中有错误，则单击【取消选择上一个】按钮即可，如图 13-45 所示。

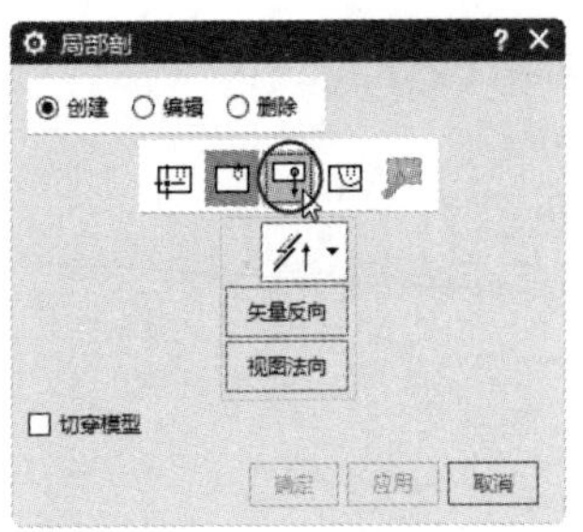

图 13-44　选择矢量的选项

图 13-45　选择曲线的方式

3. 展开的点和角度剖视图

展开的点和角度剖视图是指通过指定剖切的位置和角度来创建的剖切视图。这种方式也是先定义铰链线，然后选择剖切位置并编辑剖切位置处剖切线的角度，最后指定投影位置并生成剖视图。

13.3 尺寸标注

尺寸用来表达零件的形状、大小及其相互位置关系。零件工程图上所标注的尺寸应该满足齐全、清晰、合理的要求。在标注零件时，首先，应对零件各组成部分的作用及其与相邻零件的有关表面之间的关系有所了解，并在此基础上分清尺寸的主次，确定设计标准，从设计基准出发标注主要尺寸；其次，应从方便加工的方面考虑工艺基准的选择，按形体分析的方法，标注确定形体形状所需的定形尺寸和定位尺寸等非主要尺寸。

在制图环境下，用于工程图尺寸标注的【尺寸】面板如图 13-46 所示。

【尺寸】面板中部分命令的功能如下所述。

- 快速：该命令用于由系统自动推断选用哪种尺寸标注类型进行尺寸标注，默认包括所有的尺寸标注类型。
- 线性：该命令用于标注工程图中所选对象间的水平尺寸、竖直尺寸、平行尺寸、垂直尺寸等。
- 径向：该命令用于标注工程图中所选圆或圆弧的径向尺寸，但标注不过圆心。
- 角度：该命令用于标注工程图中所选两条直线之间的角度尺寸。
- 孔和螺纹标注：该命令可创建标准螺纹孔的线性标注和径向标注。
- 倒斜角：该命令用于创建 45° 的倒斜角尺寸。
- 坐标：该命令用于在工程图中定义一个原点的位置作为一个距离的参考点位置，从而可以明确地给出所选对象的水平或垂直坐标（距离）。
- 厚度：该命令用于创建一个厚度尺寸，以测量两条曲线之间的距离。
- 弧长：该命令用于标注工程图中所选圆弧的弧长尺寸。
- 周长尺寸：该命令用于标注工程图中所选圆弧或圆的周长尺寸。

【尺寸】面板中的各命令对应的对话框功能都相同，下面以一个对话框为例进行说明。

在【尺寸】面板中单击【快速】按钮，弹出【快速尺寸】对话框，如图 13-47 所示。

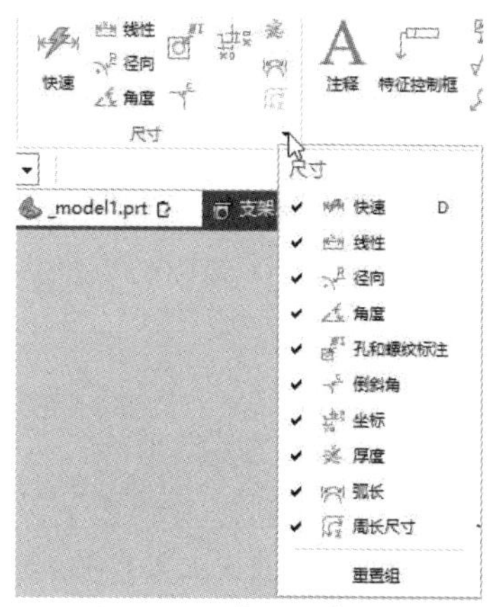

图 13-46　【尺寸】面板

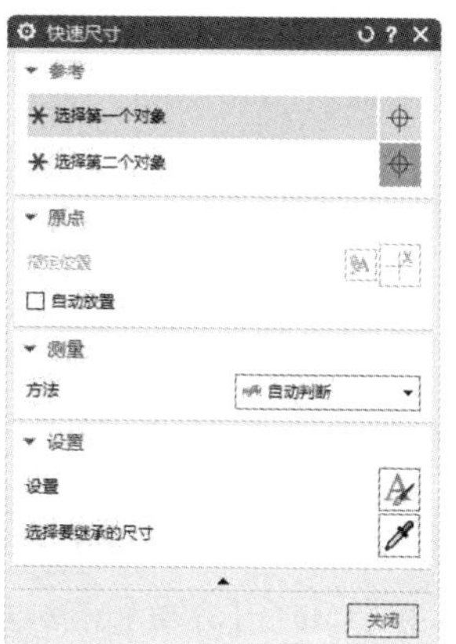

图 13-47　【快速尺寸】对话框

制图环境中的零件工程图尺寸标注方法与草图任务环境中的草图尺寸标注方法是完全一样的。因此，尺寸标注过程就不再重复介绍了。

13.4　工程图注释

工程图注释就是工程图中标注的制造技术要求，也就是采用规定的符号、数字或文字说明在制造、检验时应达到的技术指标，如尺寸公差、表面粗糙度、形状与位置公差、材料热处理及其他指标。本节将对【注释】面板中的注释命令进行讲解，如图 13-48 所示。

图 13-48　【注释】面板

13.4.1　文本注释

【注释】面板中的命令主要用于创建和编辑工程图中的注释。单击【注释】按钮A，弹出【注释】对话框，如图 13-49 所示。【注释】对话框中的各选项区功能如下所述。

1. 原点

【原点】选项区用于设置注释的参考点。

- 指定位置：为注释指定参考点位置。参考点位置可以在视图中自行指定，也可以通过单击【原点工具】按钮，在弹出的【原点工具】对话框中选择原点与注释的位置关系来确定，如图 13-50 所示。
- 注释视图：选择要创建注释的视图。

2. 指引线

【指引线】选项区主要用于创建和编辑注释的指引线。该选项区中的部分选项含义如下所述。

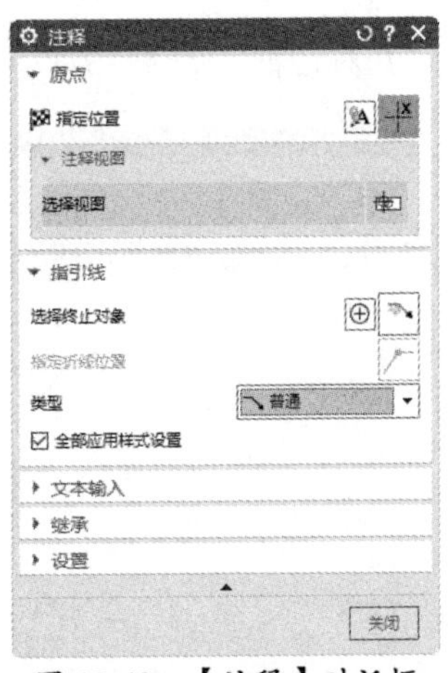

图 13-49 【注释】对话框

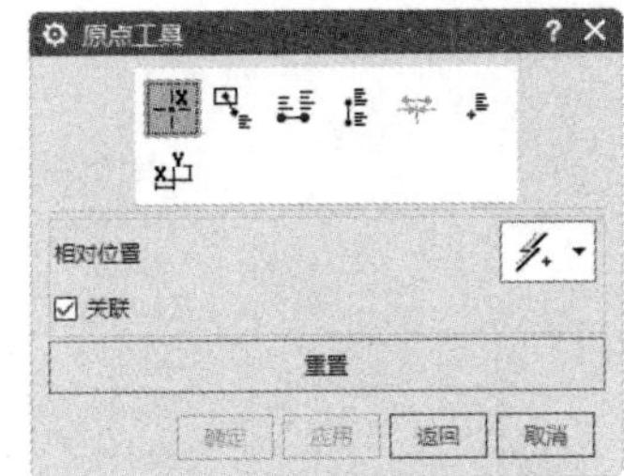

图 13-50 【原点工具】对话框

- 选择终止对象：为指引线选择终止对象，如图 13-51 所示。
- 添加新指引线⊕：单击此按钮，可以在同一视图中添加多条指引线。
- 指定折线位置：单击此按钮，可以创建折弯的指引线，如图 13-52 所示。
- 类型：指引线的类型，其下拉列表中包括 6 种指引线，如图 13-53 所示。
- 全部应用样式设置：勾选此复选框，将对所有的注释应用同样的指引线样式。

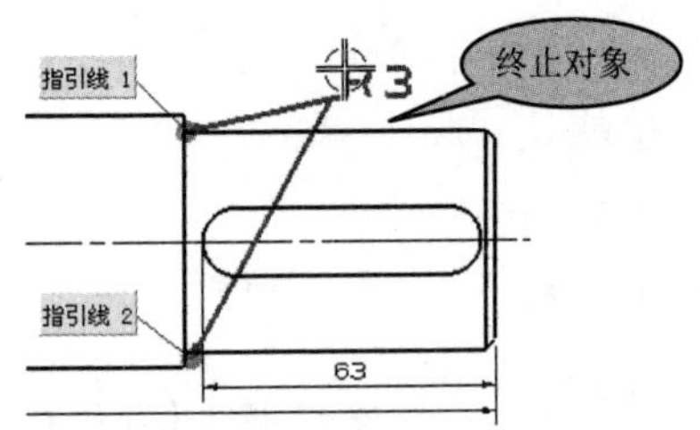

图 13-51 选择终止对象

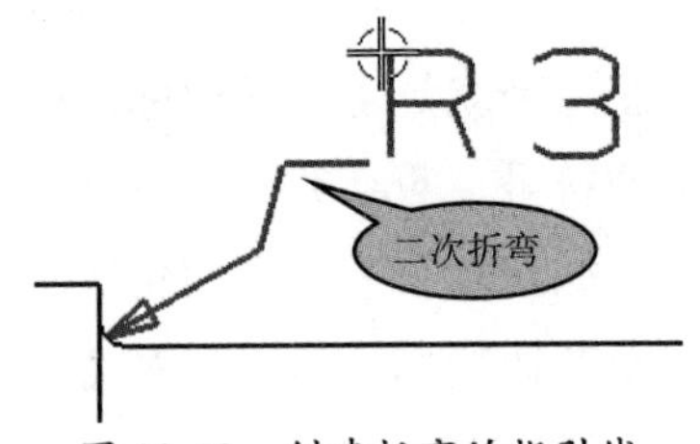

图 13-52 创建折弯的指引线

3. 文本输入

【文本输入】选项区用于创建和编辑注释的文本，如图 13-54 所示。

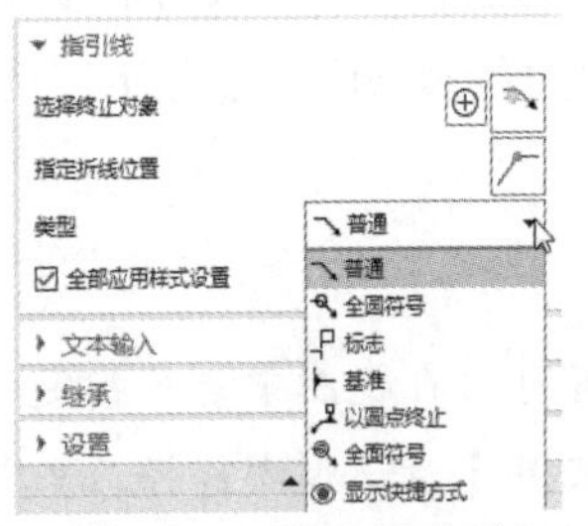

图 13-53 指引线类型

图 13-54 【文本输入】选项区

【文本输入】选项区中各选项组介绍如下所述。

- 【编辑文本】选项组：此选项组主要用于文本的清除、剪切、复制、粘贴，以及文本属性删除等，如图 13-55 所示。
- 【格式设置】选项组：此选项组主要用于文字的样式设置，包括字体样式、字号大小、加粗、斜体、下画线、上画线、上标、下标和插入符号等。在文本框内可以输入视图注释文本。

- 【符号】选项组：此选项组主要用于设置注释文本中的符号，如图 13-56 所示。
- 【导入/导出】选项组：此选项组用于插入和保存注释文本，如图 13-57 所示。

图 13-55　【编辑文本】选项组

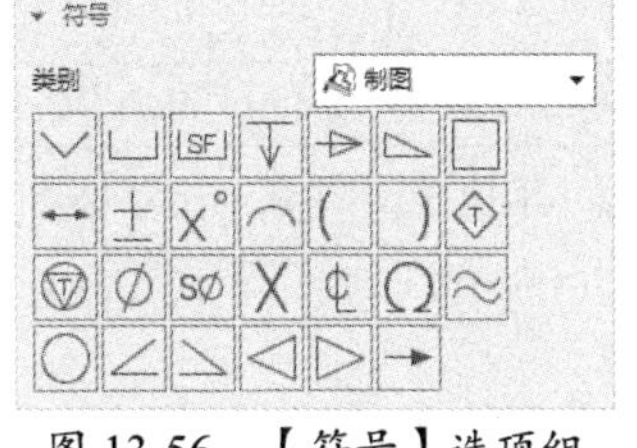

图 13-56　【符号】选项组

图 13-57　【导入/导出】选项组

4. 继承

【继承】选项区的作用类似于吸管工具，即选择先前的文本注释样式作为样式继承的参考，并将其应用到当前文本注释中。

5. 设置

【设置】选项区主要用于注释文本的样式编辑，设置方法前面已经介绍过。

13.4.2　形位公差标注

为了提高产品质量，使其性能优良并且有较长的使用寿命，除了给定零件恰当的尺寸公差及表面粗糙度，还应当规定适当的几何精度，以限制零件要素的形状和位置公差，并将这些要求标注在图纸上。在【注释】面板中单击【特征控制框】按钮，弹出【特征控制框】对话框，如图 13-58 所示。

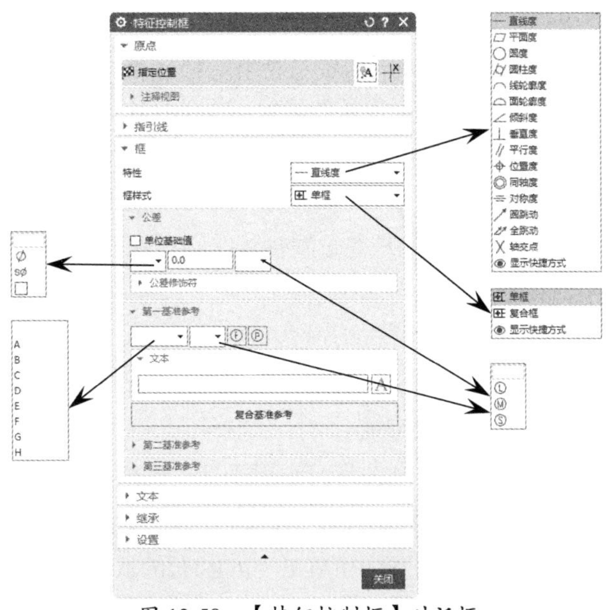

图 13-58　【特征控制框】对话框

在【特征控制框】对话框中，除【框】选项区外，其余选项区的功能及设置均与前面介绍的【注释】对话框相同，因此这里仅介绍【框】选项区的功能及设置。在【框】选项区中选择选项来标注的形位公差如图 13-59 所示。

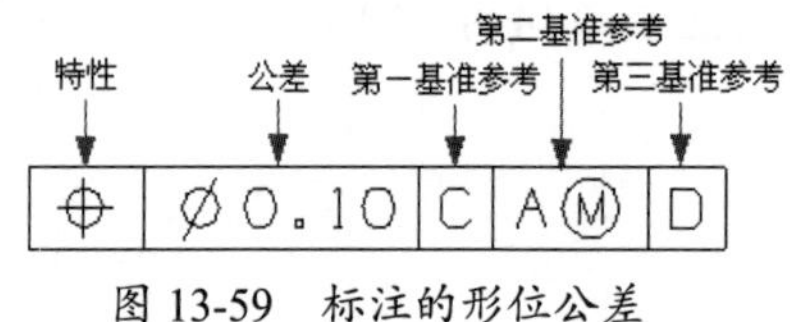

图 13-59　标注的形位公差

1．特性

【特性】下拉列表中包括 15 个形位公差符号。

2．框样式

【框样式】下拉列表中包括【单框】和【复合框】选项。【单框】是单行并列的标注框，【复合框】是两行并列的标注框。

3．公差

【公差】选项组主要用来设置形位公差标注的公差值、形位公差遵循的原则和公差修饰符等。

4．第一基准参考

【第一基准参考】选项组主要用来设置第一基准，以及遵循的原则、要求。

5．第二基准参考

【第二基准参考】选项组主要用来设置第二基准，以及遵循的原则、要求。

6．第三基准参考

【第三基准参考】选项组主要用来设置第三基准，以及遵循的原则、要求。

如图 13-59 所示，标注的形位公差含义是：公差带是直径公差值为 0.10 且以螺孔的理想位置轴线为轴线的圆柱面区域。第二基准遵循最大实体要求，并且自身要遵循包容原则，而基准轴线 *A* 对基准平面 *C* 有垂直度Ⓜ要求，所以位置度公差是在基准轴线 *A* 处于实效边界时给定的。当它偏离实效边界时，螺孔的理想位置轴线在必须垂直于基准平面 *B* 的情况下移动。

13.4.3　粗糙度标注

零件的表面粗糙度是指加工表面上具有的较小间距和峰谷所组成的微观几何形状特性，一般由所采用的加工方法和其他因素形成。

在首次标注表面粗糙度符号时，制图环境中用于标注粗糙度的命令并没有被加载到 UG 软件中。用户需要在 UG 软件安装目录的 UGII 子目录中找到环境变量设置文件【ugii_env.dat】，并使用写字板打开，将环境变量【UGII_SURFACE_FINISH】的默认设置由【OFF】修改为【ON】。然后保存环境变量设置文件并重新启动 UG 软件，才能进行表面粗糙度的标注工作。

在【注释】面板中单击【表面粗糙度】按钮 √，弹出【表面粗糙度】对话框，如图 13-60 所示。

该对话框中包含 3 方面的内容，分别是符号、填写格式和标注方法。

1. 符号

在【表面粗糙度】对话框中，共有 9 个粗糙度符号，可将其分为三类。

第一类：零件表面的加工方法。此类符号包括基本符号、基本符号-需要移除材料和基本符号-禁止移除材料。

- 基本符号：表示表面可由任何方法获得。当不标注粗糙度参数值或有关说明（如表面处理、局部热处理状况等）时，仅适用于简化代号标注。
- 基本符号-需要移除材料：表示表面是采用去除材料的方法获得的，如车、铣、钻、磨、剪切、抛光、腐蚀、电火花加工、气割等。
- 基本符号-禁止移除材料：表示表面是采用不去除材料的方法获得的，如铸、冲压变形、热轧、冷轧、粉末冶金等。

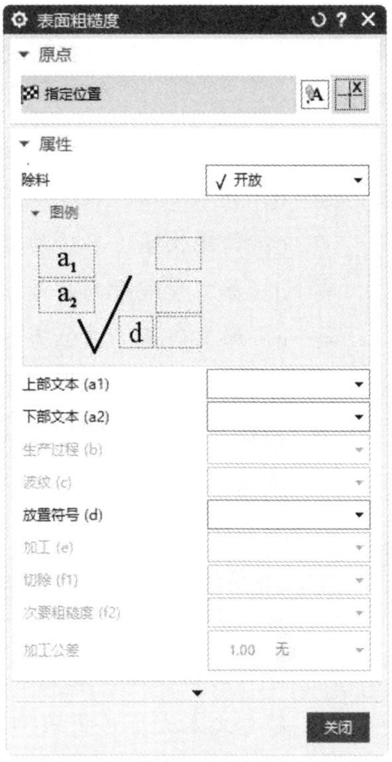

图 13-60　【表面粗糙度】对话框

第二类：标注参数及有关说明。此类符号包括带修饰符的基本符号、带修饰符的基本符号-需要移除材料和带修饰符的基本符号-禁止移除材料。

- 带修饰符的基本符号：表示表面可由任何方法获得，但需要在符号上标注说明或参数。
- 带修饰符的基本符号-需要移除材料：表示表面是采用去除材料的方法获得的，但需要在符号上标注说明或参数。
- 带修饰符的基本符号-禁止移除材料：表示表面是采用不去除材料的方法获得的，但需要在符号上标注说明或参数。

第三类：表面粗糙度要求。此类符号包括带修饰符和全圆符号的基本符号、带修饰符和全圆符号的基本符号-需要移除材料及带修饰符和全圆符号的基本符号-禁止移除材料。

- 带修饰符和全圆符号的基本符号：表示表面可由任何方法获得，但需要在符号上标注说明或参数，并且所有表面具有相同的粗糙度要求。
- 带修饰符和全圆符号的基本符号-需要移除材料：表示表面是采用去除材料的方法获得的，但需要在符号上标注说明或参数，并且所有表面具有相同的粗糙度要求。
- 带修饰符和全圆符号的基本符号-禁止移除材料：表示表面是采用不去除材料的方法获得的，但需要在符号上标注说明或参数，并且所有表面具有相同的粗糙度要求。

2. 填写格式

表面粗糙度符号的填写格式所包含的字母，以及符号文本、粗糙度和圆括号的含义如下所述。

- a1、a2：粗糙度高度参数的允许值（单位为 μm）。
- b：加工方法、镀涂或其他表面处理方法。
- c：取样长度（单位为 mm）。
- d：加工纹理方向符号。
- e：加工余量（单位为 mm）。
- f1、f2：粗糙度间距参数值（单位为 μm）。
- 圆括号：表示是否为粗糙度符号添加圆括号。它有 4 种添加方法：无（不添加）、左视图（添加在粗糙度符号左边）、右视图（添加在粗糙度符号右边）和两者皆是（添加在粗糙度符号两边）。
- Ra 单位：表示在取样长度内，轮廓偏距的算术平均值。它代表着粗糙度参数值。此单位有两种表示方法：一种是以微米为单位的粗糙度；另一种是以标准公差代号为等级的粗糙度，如 IT。
- 符号文本大小（毫米）：粗糙度符号上的文本高度值。
- 重置：重新设置填写格式。

3. 标注方法

表面粗糙度在图样上的标注方法有多种，如下所述。

- 符号方位：粗糙度符号为水平标注或竖直标注。
- 指引线类型：在标注粗糙度符号时指引线的样式。
- 在延伸线上创建：在模型边的延伸线或尺寸线上标注粗糙度符号。
- 在边上创建：在模型的边上标注粗糙度符号。
- 在尺寸上创建：在标注的尺寸线上标注粗糙度符号。
- 在点上创建：在指定的点上标注粗糙度符号。
- 用指引线创建：在创建的指引线上标注粗糙度符号。
- 重新关联：重新指定相关联的符号。
- 撤销：撤销当前所标注的粗糙度符号。

13.5 表格

【表格】面板中的命令用于创建图纸中的标题栏。一个完整的标题栏，应该包括表格和表格文本。下面将介绍创建和编辑标题栏的命令。

13.5.1　表格注释

【表格注释】命令用于在图纸中插入表格。在【表格】面板中单击【表格注释】按钮，并按信息提示在图纸的右下角处指定表格的放置位置，如图 13-61 所示。程序会自动在指定的表格位置处插入表格，如图 13-62 所示。

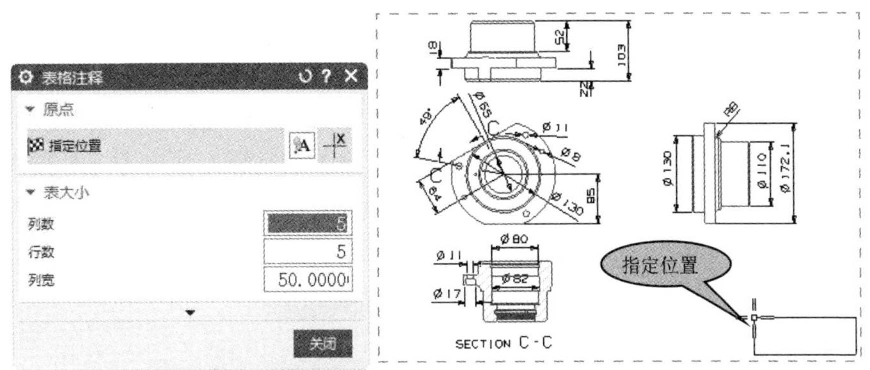

图 13-61　指定表格的放置位置

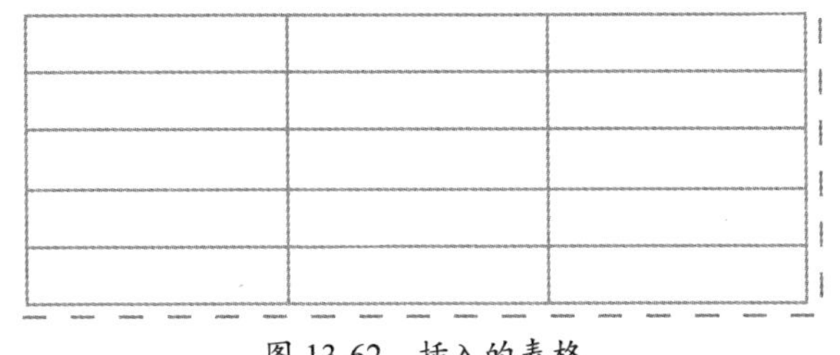

图 13-62　插入的表格

13.5.2　零件明细表

【零件明细表】命令用于创建装配工程图中零件的物料清单。在【表格】面板中单击【零件明细表】按钮，并在标题栏上方选择一个位置来放置零件明细表。零件明细表如图 13-63 所示。

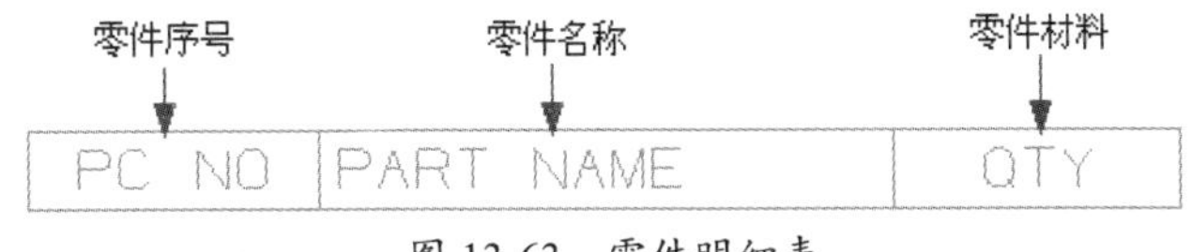

图 13-63　零件明细表

13.5.3　编辑表格

【编辑表格】命令用于编辑选定的单元格中的文本。首先选择一个单元格，然后在【表格】面板中单击【编辑表格】按钮，会在该单元格处弹出文本框。用户在此文本框中输入正确的文本后，按鼠标中键或按【Enter】键即可完成编辑表格的操作，如图 13-64 所示。

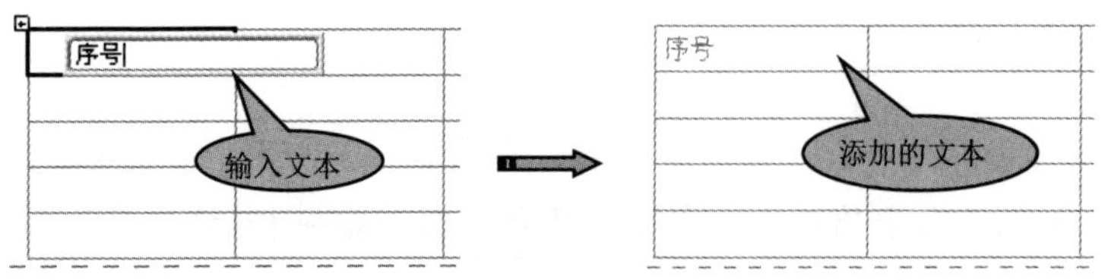

图 13-64 编辑表格

13.5.4 编辑文本

【编辑文本】命令用于使用【注释编辑器】来编辑选定的单元格中的文本。首先选择有文本的单元格，然后在【表格】面板中单击【编辑文本】按钮，弹出【文本】对话框，如图 13-65 所示。通过此对话框，用户可以对单元格中的文本进行文字、符号、文字样式、文字高度等参数的设置。

图 13-65 【文本】对话框

13.5.5 插入行、列

当标题栏中所填写的内容较多且插入的表格的行或列不够时，就需要插入行或列。在表格中插入行或列的命令有【上方插入行】、【下方插入行】、【插入标题行】、【左边插入列】和【右边插入列】。

1．上方插入行

【上方插入行】命令用于在选定行的上方插入新的行。如图 13-66 所示，先在表格中选定一行，然后在【表格】面板中单击【上方插入行】按钮，程序会自动在选定行的上方插入新的行。

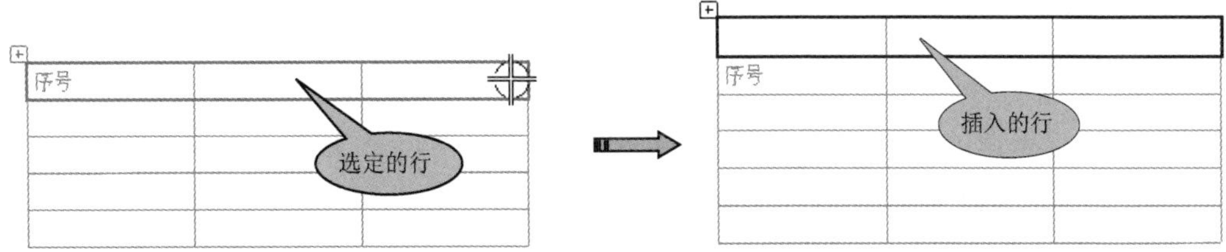

图 13-66　在选定行的上方插入新的行

> **技巧点拨：**
> 在选择行与列时，需要注意光标的选择位置。在选择行时，必须将光标靠近所选行的最左端或最右端。同理，在选择列时，必须将光标靠近所选列的最上端或最下端，否则不能被选中。

2．下方插入行

【下方插入行】命令用于在选定行的下方插入新的行。操作方法同上。

3．插入标题行

【插入标题行】命令用于在选定行的表格顶部或底部插入新的行。如图 13-67 所示，先在表格中选定一行，然后在【表格】面板中单击【插入标题行】按钮，程序会自动在表格底部插入新的行。

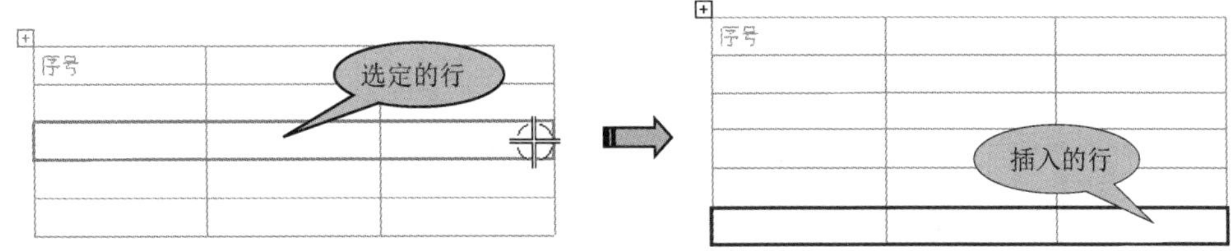

图 13-67　在表格底部插入新的行

4．左边插入列

【左边插入列】命令用于在选定列的左边插入新的列。如图 13-68 所示，先在表格中选定一列，然后在【表格】面板中单击【左边插入列】按钮，程序会自动在选定列的左边插入新的列。

5．右边插入列

【右边插入列】命令用于在选定列的右边插入新的列。操作方法同上。

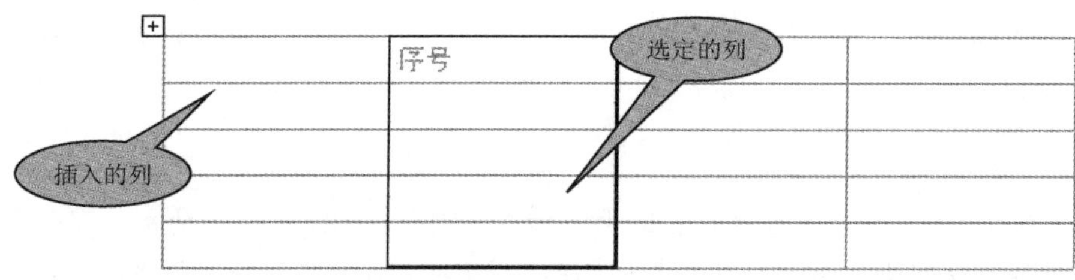

图 13-68　在选定列的左边插入新的列

13.5.6　调整大小

【调整大小】命令用于调整选定行或选定列的高度值或宽度值。若选定行，则使用【调整大小】命令只能调整其高度值；若选定列，则使用【调整大小】命令只能调整其宽度值。如图 13-69 所示，先在表格中选中一行，然后在【表格】面板中单击【调整大小】按钮，最后在弹出的【行高度】文本框中输入【10】并按【Enter】键，即可调整选定行的高度。

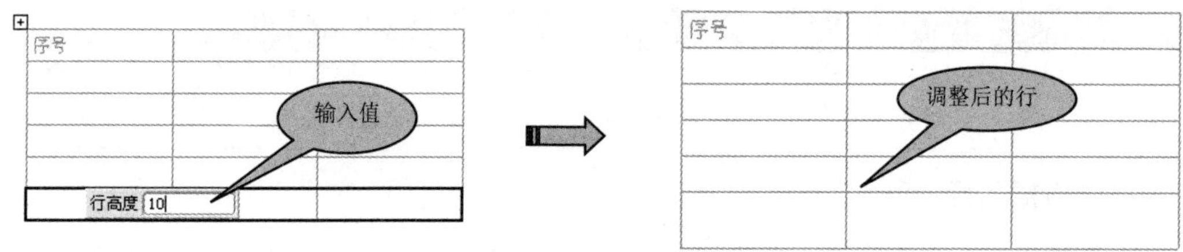

图 13-69　调整选定行的高度

13.5.7　合并或取消合并单元格

【合并单元格】命令用于合并选定的多个单元格。多个单元格的选择方法是在一个单元格中按住鼠标左键，并拖动光标向左、向右、向上或向下至另一个单元格，光标经过的单元格即被自动选中。如图 13-70 所示，先在表格中选中 3 个单元格，然后在【表格】面板中单击【合并单元格】按钮，选中的 3 个单元格就会被合并为一个单元格。

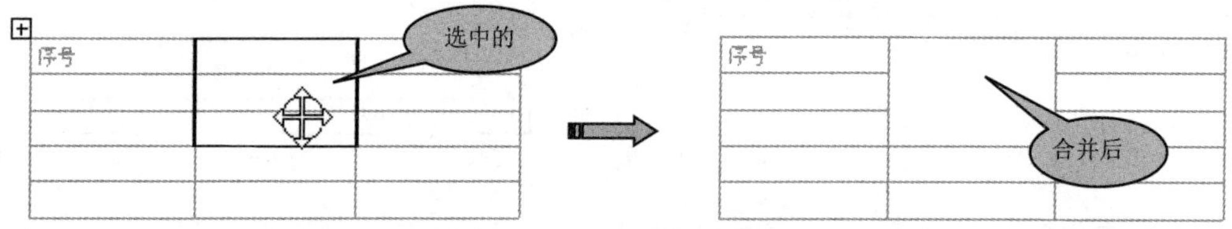

图 13-70　合并选定的 3 个单元格

【取消合并单元格】命令用于将合并的单元格拆解成合并前的状态。选择合并的单元格，在【表格】面板中单击【取消合并单元格】按钮，即可将合并的单元格拆解。

13.6　工程图的导出

UG 软件提供了工程图的导出功能。在工程图创建完成后，可以将其以图纸的通用格式

（如 DXF/DWG）导出。在【菜单】下拉菜单中选择【文件】|【导出】|【DXF/DWG】命令，弹出【导出 AutoCAD DXF/DWG 文件】对话框，如图 13-71 所示。

通过该对话框可以设置导出文件的参数，如格式、导出数据、导出路径等，然后单击【完成】按钮，即可完成工程图的导出。

图 13-71　【导出 AutoCAD DXF/DWG 文件】对话框

13.7　综合案例——支架零件工程图

为了更好地说明如何创建工程图、如何添加视图，以及如何进行尺寸标注等常用的工程图操作，本节将以实例对整个图纸的设计过程进行说明。

本例的支架零件工程图如图 13-72 所示。

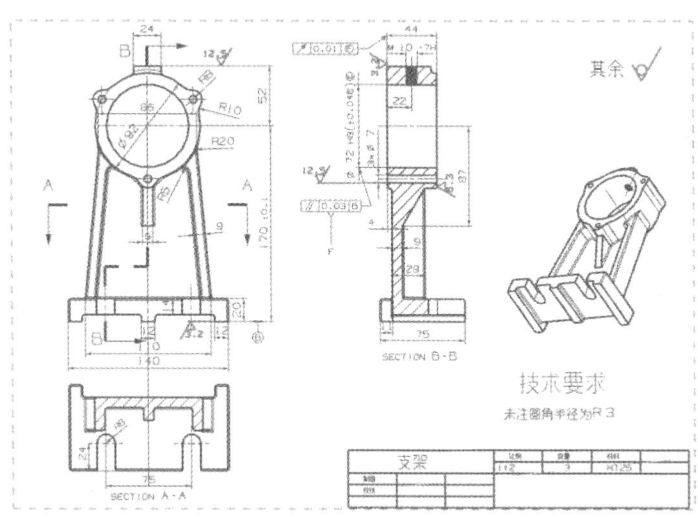

图 13-72　支架零件工程图

支架零件工程图的创建过程可分为创建基本视图、创建剖切视图、创建中心线、标注工程图、创建表格注释等。

13.7.1 创建基本视图

① 在建模环境下打开支架零件的文件，其模型如图 13-73 所示。

② 在【应用模块】选项卡的【文档】面板中单击【制图】按钮，进入制图环境。在【主页】选项卡的【片体】面板中单击【新建图纸页】按钮，弹出【图纸页】对话框。在此对话框中选中【标准尺寸】单选按钮，并在【大小】下拉列表中选择【A3-297×420】选项，然后在下方的【投影法】选项组中选择【第一角投影】（国家标准）选项，最后单击【确定】按钮，如图 13-74 所示。

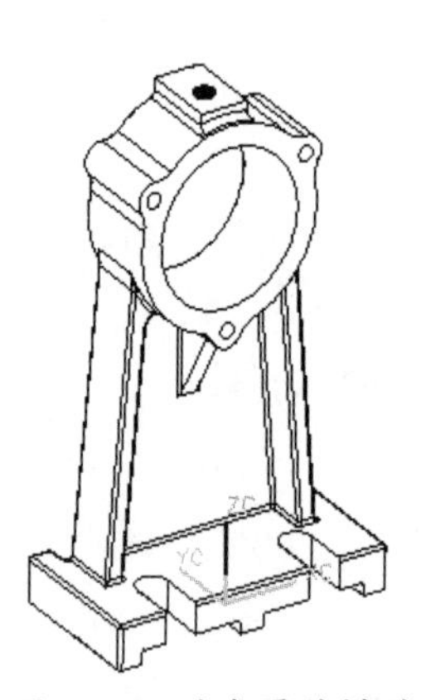

图 13-73 支架零件模型

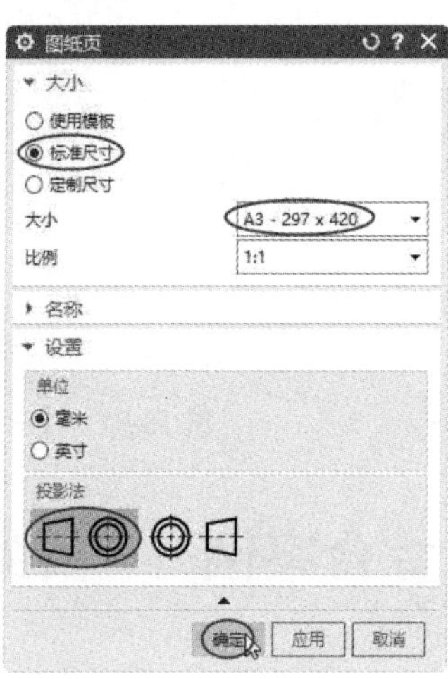

图 13-74 【图纸页】对话框

③ 在弹出的【基本视图】对话框的【比例】下拉列表中选择【比率】选项，并将比率更改为【0.8000：1.0000】，如图 13-75 所示。

④ 按信息提示在图纸中选择一个位置来放置主视图，如图 13-76 所示。在放置主视图后，关闭【基本视图】对话框。

图 13-75 设置视图比率

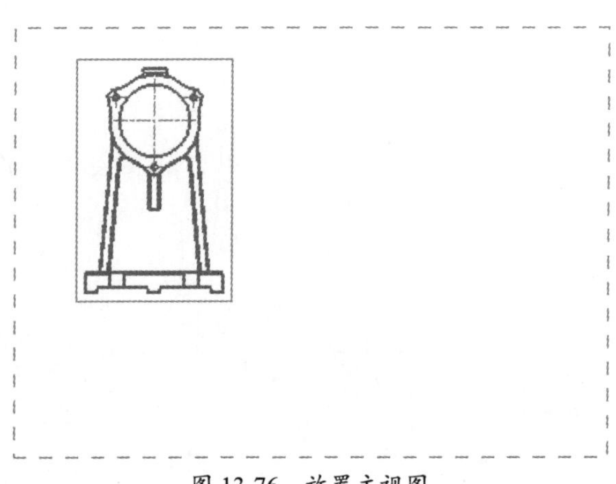

图 13-76 放置主视图

13.7.2　创建剖切视图

① 在【主页】选项卡的【视图】面板中单击【剖视图】按钮，弹出【剖视图】对话框。

② 在【剖视图】对话框中单击【设置】按钮，弹出【剖视图设置】对话框。

③ 在该对话框的【视图标签】选项卡的【字母】文本框中输入【A】，在【剖切线】选项卡的【类型】下拉列表中选择 GB 标准【粗端，箭头远离直线】选项，单击【确定】按钮，关闭此对话框，如图 13-77 所示。

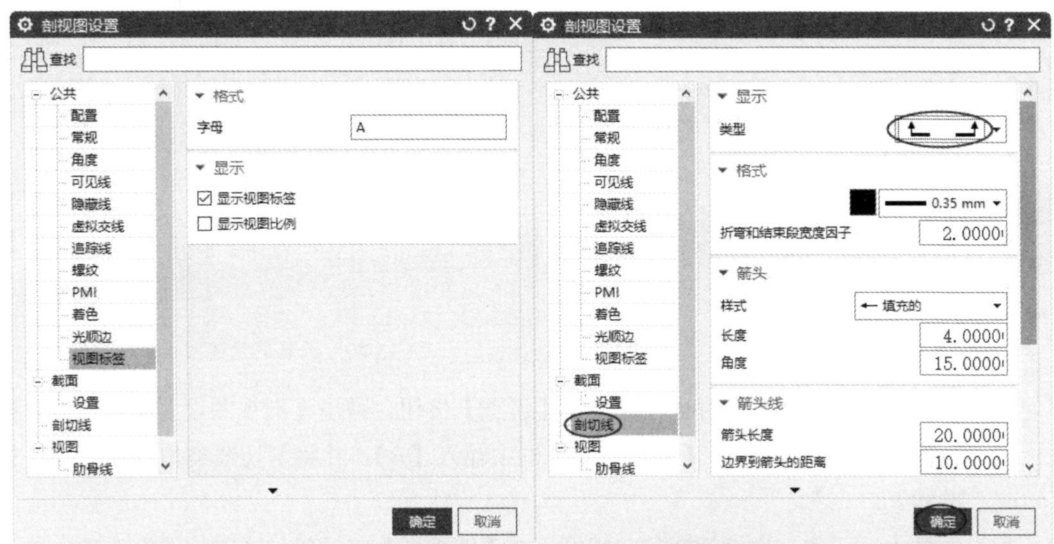

图 13-77　设置视图标签格式和剖切线类型

技巧点拨：

可适当设置剖切线的线宽，最好设置为 0.35mm。

④ 在图纸中选择主视图作为剖切视图的父视图，如图 13-78 所示。

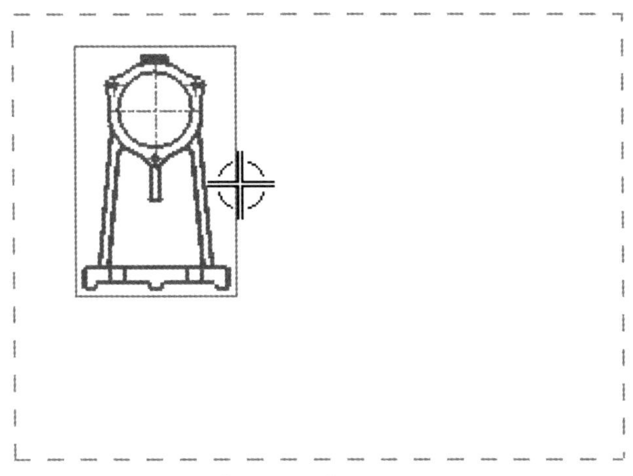

图 13-78　选择主视图作为剖切视图的父视图

技巧点拨：

当图纸中仅有一个视图时，可以不用选择主视图，这是因为在默认情况下会自动选择该视图作为主视图。当图纸中有多个视图时，就必须手动选择父视图了。

⑤ 按信息提示在视图上选择一点作为剖切位置，如图 13-79 所示。

⑥ 在主视图下方放置 A-A 剖切视图，如图 13-80 所示。然后关闭对话框。

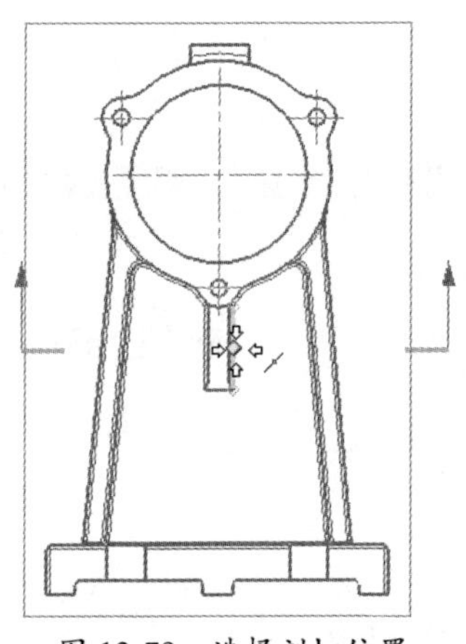

图 13-79　选择剖切位置

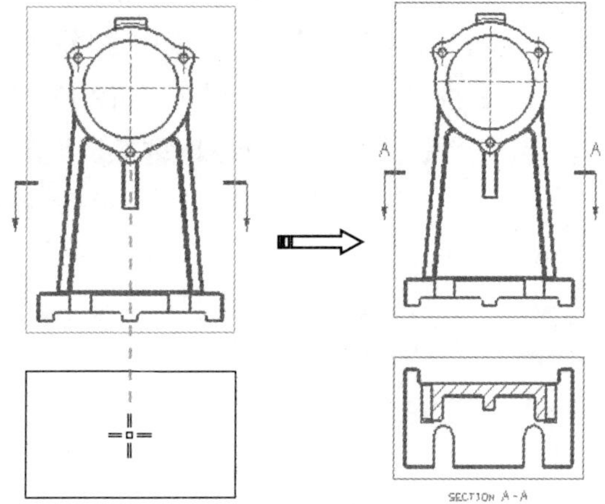

图 13-80　放置剖切视图 1

⑦ 重新打开【剖视图】对话框并单击【设置】按钮，弹出【剖视图设置】对话框，在【视图标签】选项卡的【字母】文本框中输入【B】，并将剖切线类型设置为 GB 标准样式。

⑧ 选择主视图作为剖切视图的父视图。在【剖视图】对话框的【剖切线】选项区中设置【方法】为【简单剖/阶梯剖】，并在主视图上选择第 1 个点，如图 13-81 所示。

⑨ 按信息提示在主视图上选择如图 13-82 所示的中心点作为剖切线的第 2 个点。

技巧点拨：

在选择第 1 个点后，必须重新激活【截面线段】选项区中的【指定位置】选项，否则会自动生成最简单的剖切视图，而得不到我们所要求的剖切样式。

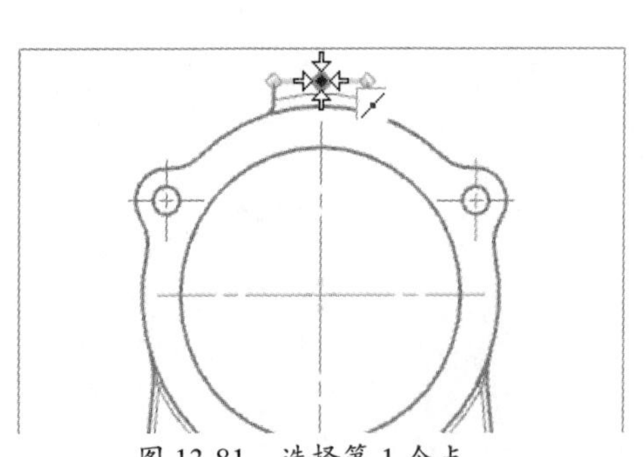

图 13-81　选择第 1 个点

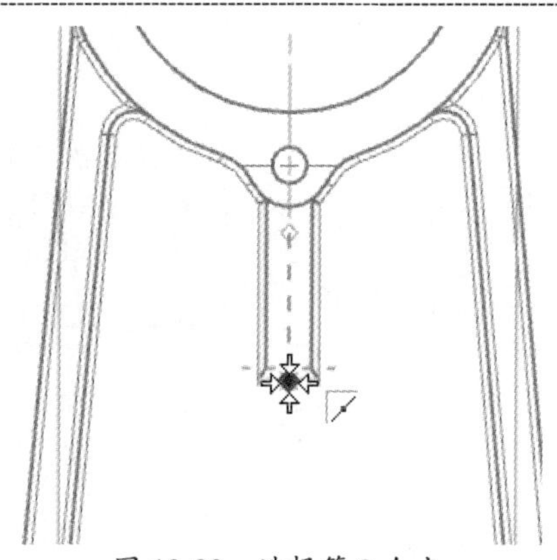

图 13-82　选择第 2 个点

⑩ 继续选择第 3 个点，如图 13-83 所示。

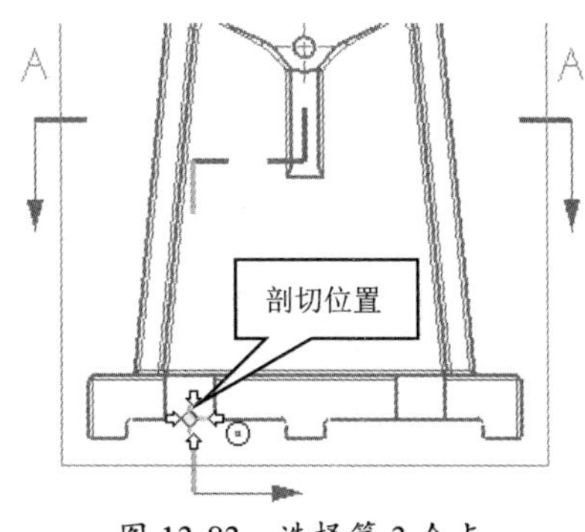

图 13-83　选择第 3 个点

技巧点拨：

在选择 3 个点后，若发现剖切方向非理想方向，则需要更改【铰链线】选项区的【矢量选项】为【已定义】，并指定剖切方向。

⑪ 在主视图右侧放置 B-B 剖切视图，如图 13-84 所示。完成后，关闭对话框。

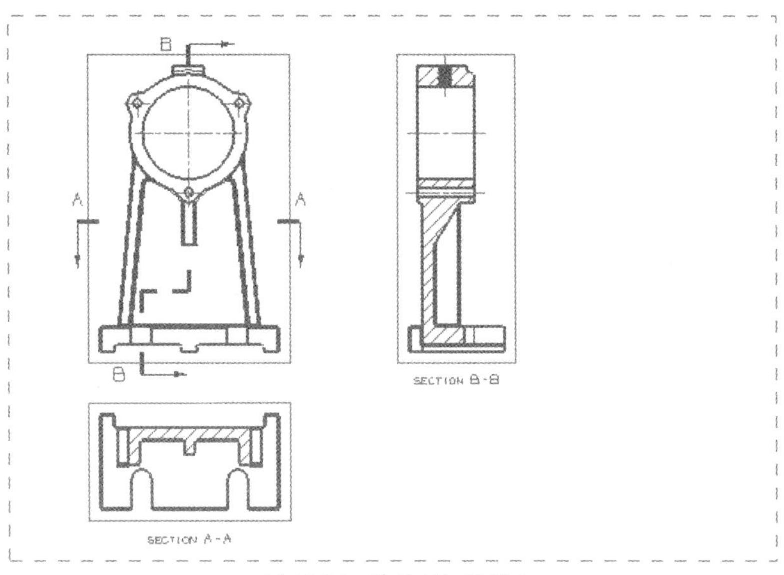

图 13-84　放置剖切视图 2

13.7.3　创建中心线

① 在【主页】选项卡的【注释】面板中的【中心线】下拉菜单中单击【2D 中心线】按钮，弹出【2D 中心线】对话框。

② 在此对话框中设置类型为【基于曲线】，并在视图中选择对象以创建中心线，如图 13-85 所示。

③ 在【设置】选项区中将【(C) 延伸】文本框中的值改为【100】，单击【确定】按钮，完成中心线的创建，如图 13-86 所示。

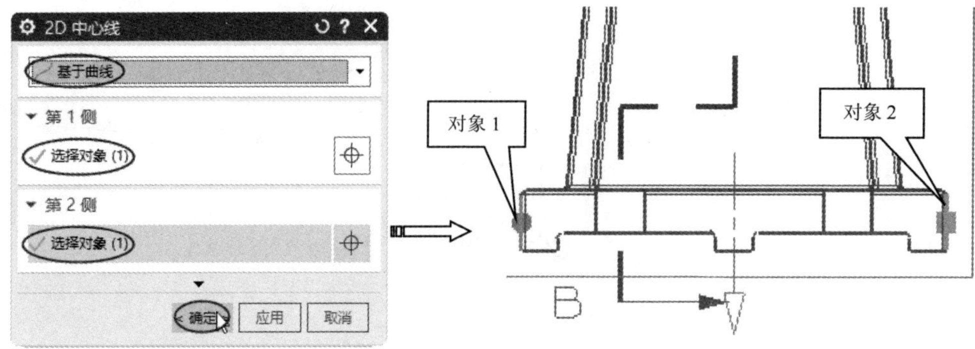

图 13-85　选择中心线对象

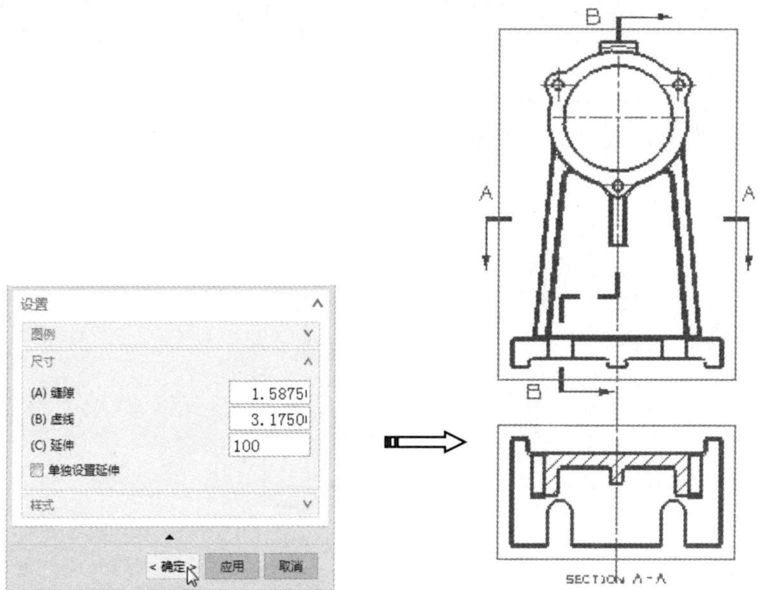

图 13-86　设置中心线延伸值并创建中心线

④　同理，在两个视图中创建如图 13-87 所示的延伸值为 10 的 4 条中心线。

⑤　在【注释】面板中单击【中心标记】按钮，弹出【中心标记】对话框，如图 13-88 所示。

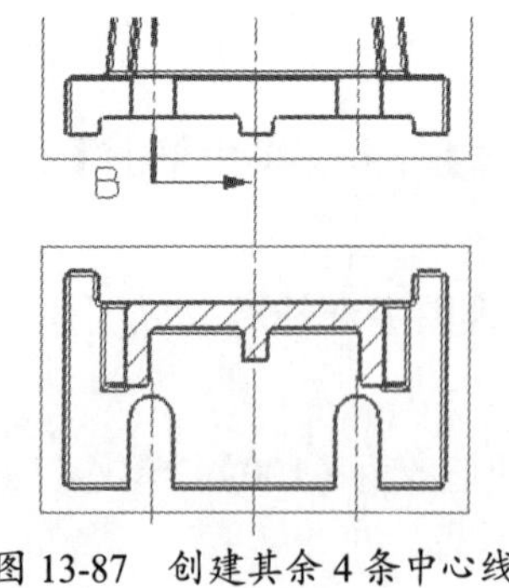

图 13-87　创建其余 4 条中心线

图 13-88　【中心标记】对话框

⑥　按信息提示在第 1 个剖切视图上选择两个圆心作为中心标记参考点，并单击【确定】

按钮，创建中心标记，如图 13-89 所示。

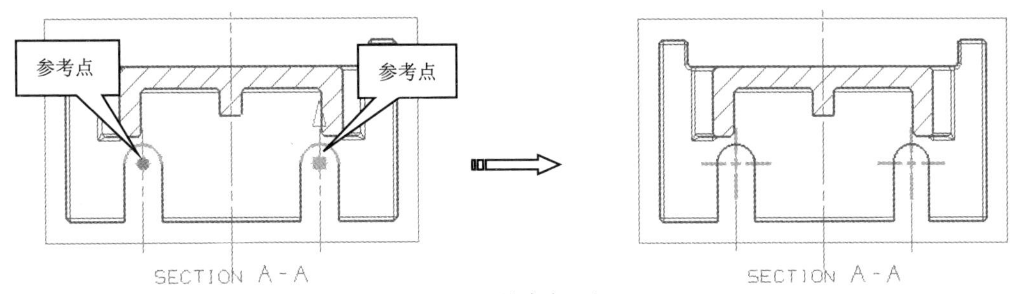

图 13-89　创建中心标记

13.7.4　标注工程图

① 使用【尺寸】面板中的尺寸标注命令，在 3 个视图中标注合理的尺寸，结果如图 13-90 所示。

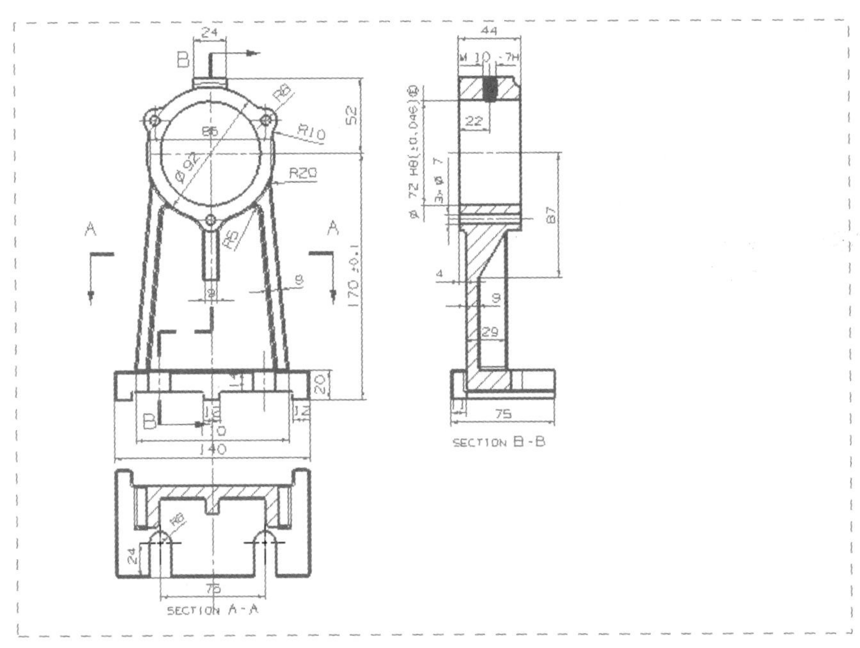

图 13-90　标注尺寸的结果

② 在【注释】面板中单击【特征控制框】按钮，弹出【特征控制框】对话框，如图 13-91 所示。

③ 在【框】选项区中设置如图 13-92 所示的参数。

④ 在【指引线】选项区中单击【选择终止对象】按钮，然后在剖切视图中选择参考尺寸，自动生成形位公差，如图 13-93 所示。

⑤ 继续在【框】选项区中设置形位公差参数，并在相同的剖切视图中选择参考尺寸以放置形位公差特征框，如图 13-94 所示。

图 13-91 【特征控制框】对话框

图 13-92 设置【框】选项区的参数

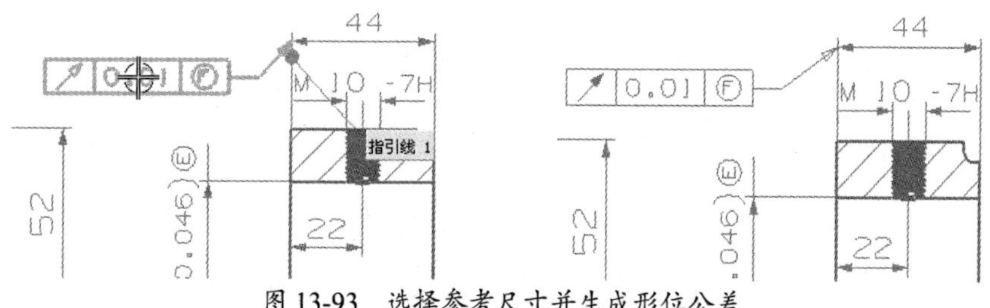
图 13-93 选择参考尺寸并生成形位公差

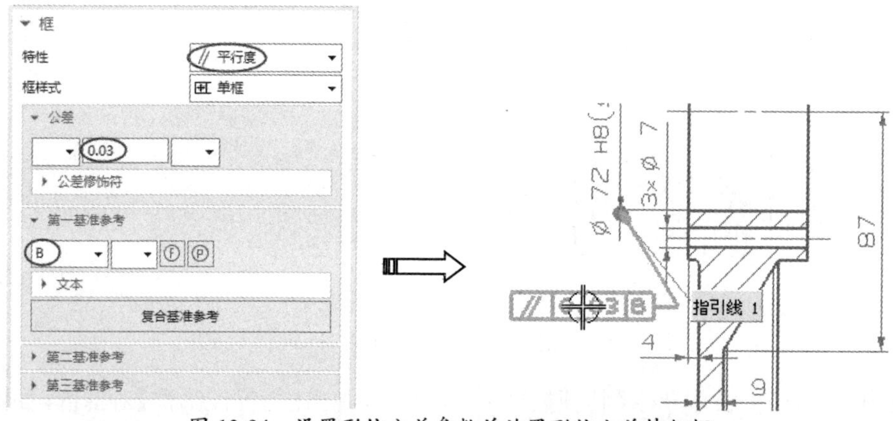
图 13-94 设置形位公差参数并放置形位公差特征框

⑥ 在【注释】面板中单击【基准特征符号】按钮，弹出【基准特征符号】对话框。在【指引线】选项区中设置【类型】为【基准】，在【基准标识符】选项区中的【字母】文本框中输入【F】，如图 13-95 所示。

⑦ 在【指引线】选项区中单击【选择终止对象】按钮，并选择步骤 ⑤ 创建的形位公差特征框作为终止对象，完成基准符号 F 的标注，如图 13-96 所示。

图 13-95　设置基准标识【类型】与【字母】

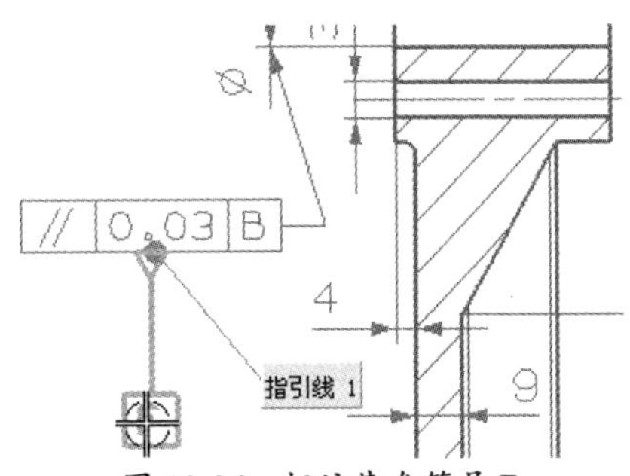

图 13-96　标注基准符号 F

⑧　同理，在主视图中标注基准符号 B，如图 13-97 所示。

⑨　使用【表面粗糙度符号】命令，在图纸中的零件实线和尺寸线上（共 5 处）标注粗糙度符号，如图 13-98 所示。

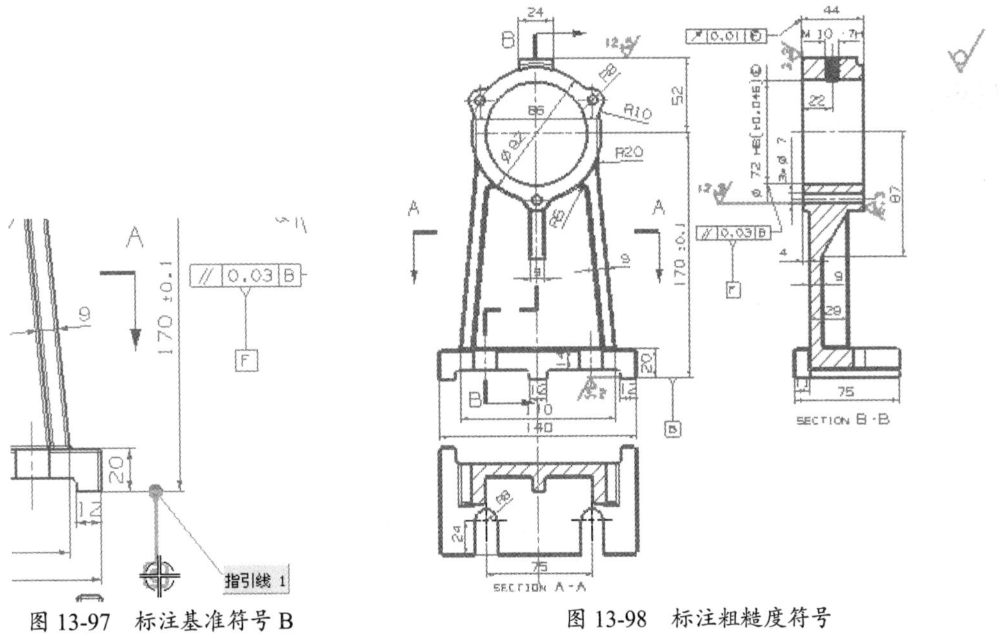

图 13-97　标注基准符号 B

图 13-98　标注粗糙度符号

技巧点拨：

若看不清标注的符号或尺寸，请读者参见视频文件或打开本例的配套资源文件。

⑩　使用【基本视图】命令在图纸右侧插入一个正等轴测图，设置其视图比率为【0.6000∶1.0000】。单击【设置】按钮，弹出【基本视图设置】对话框，在【角度】选项卡中设置【角度】为【35】，如图 13-99 所示。

图 13-99　设置视图旋转角度

⑪ 旋转视图后的结果如图 13-100 所示。

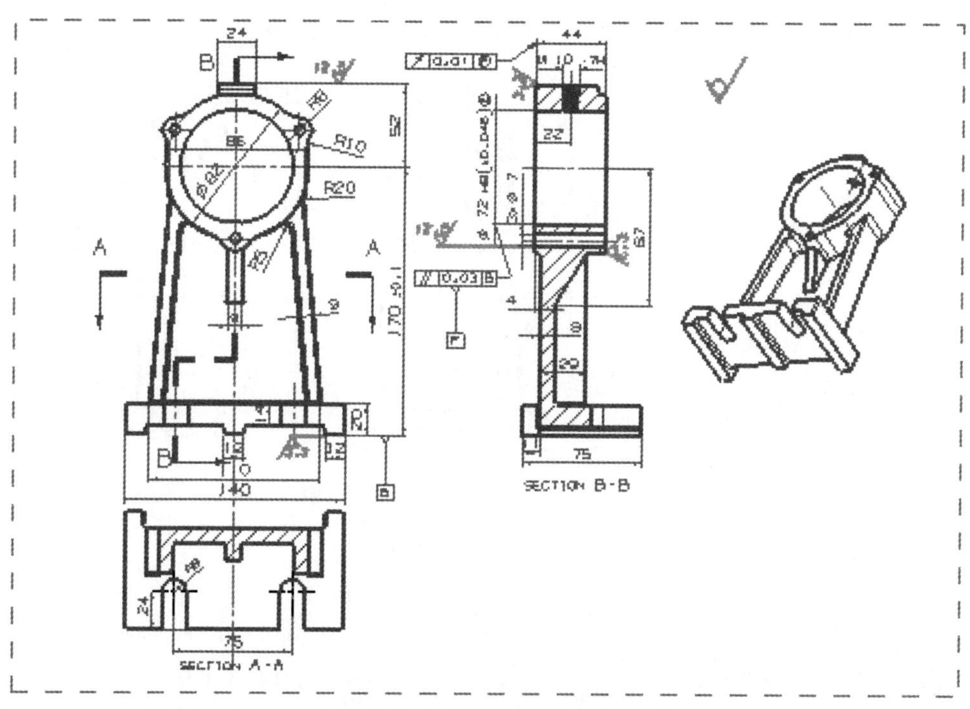

图 13-100　旋转视图后的结果

13.7.5　创建表格注释

① 在【主页】选项卡的【表格】面板中单击【表格注释】按钮，在图纸右下角的位置插入表格，如图 13-101 所示。

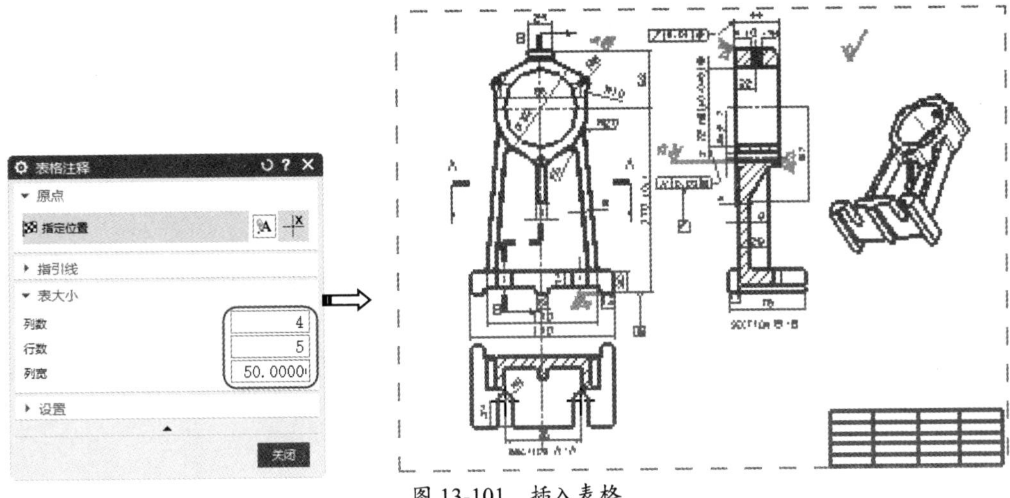

图 13-101　插入表格

② 使用【表格】面板中的【左边插入列】命令，在表格中插入 3 列单元格，如图 13-102 所示。

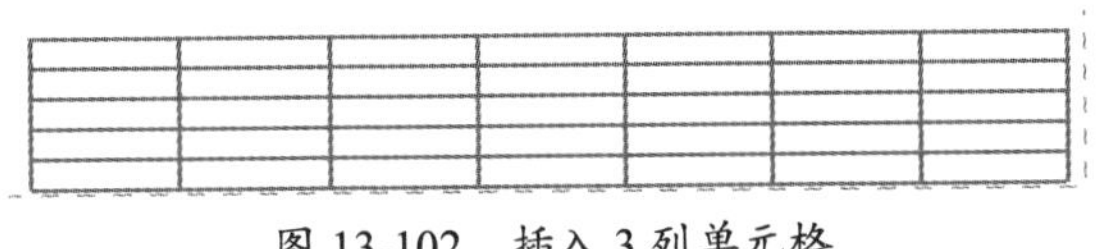

图 13-102　插入 3 列单元格

③ 使用【合并单元格】命令合并选择的单元格，如图 13-103 所示。

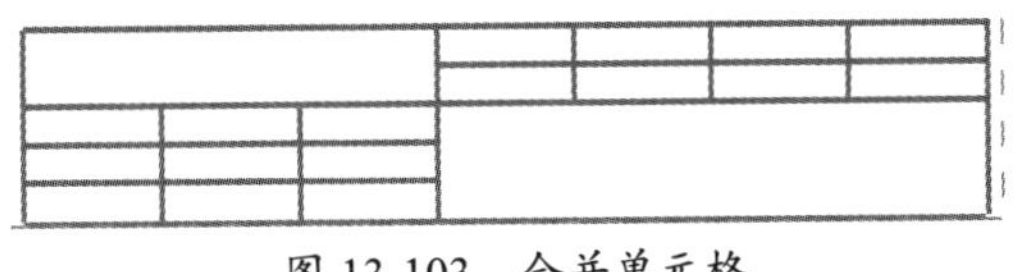

图 13-103　合并单元格

④ 在添加文本时，首先选中单元格，然后在【表格】面板中单击【编辑文本】按钮，弹出【文本】对话框。

⑤ 在该对话框的字体下拉列表中选择【宋体】选项，然后在字体大小下拉列表中选择【2.5】选项，并在下面的文本框中输入【支架】，单击【确定】按钮，即可在单元格中生成文本，如图 13-104 所示。

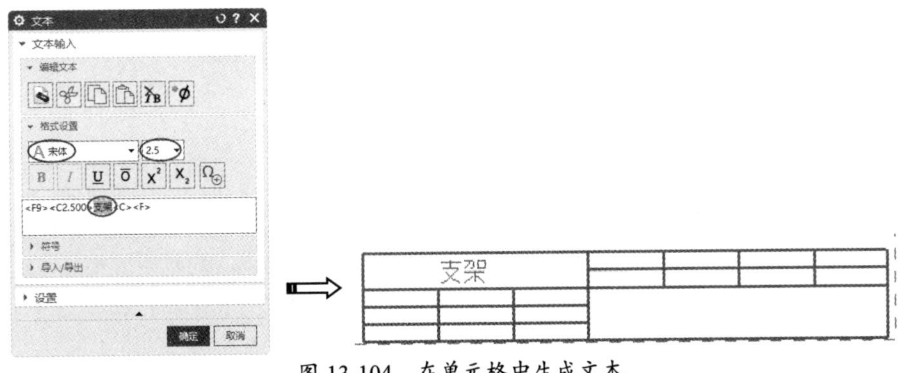

图 13-104　在单元格中生成文本

技巧点拨：

若要在单元格的中间输入文本，则需在【文本】对话框中输入文字时按空格键来调整文本的位置。

⑥ 同理，在表格的其他单元格中也输入文本，结果如图 13-105 所示。

支架			比例	数量	材料	
			1:2	3	HT25	
制图						
校核						

图 13-105　完成表格中文本的输入

⑦ 在【注释】面板中单击【注释】按钮A，在弹出的【注释】对话框的【文本输入】选项区中设置如图 13-106 所示的参数并输入文本。

⑧ 在表格上方放置编辑的文本注释，如图 13-107 所示。

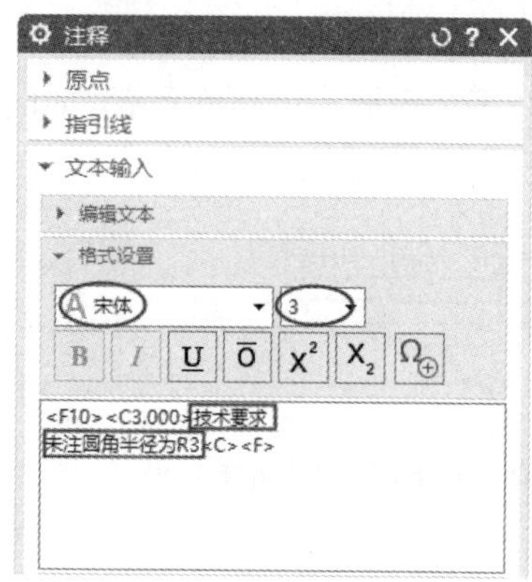

图 13-106　设置参数并输入文本

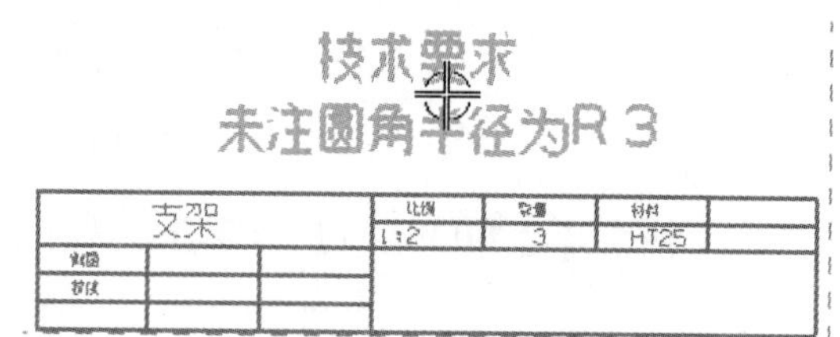

图 13-107　放置文本注释

⑨ 至此，支架零件工程图创建完成。

第 14 章

UG 运动与仿真

本章内容

本章主要介绍 UG NX 2007 中的运动仿真功能。运动仿真模块是 UG NX 2007 中的主要部分，它能对任何二维或三维机构进行复杂的运动学分析、动力学分析和设计仿真。通过 UG 软件的建模功能建立一个三维实体模型，并使用 UG 软件的运动仿真功能给三维实体模型的各个部件赋予一定的运动学特性，然后在各个部件之间设立一定的连接关系，即可建立一个运动仿真模型。

知识要点

- ☑ UG 运动仿真概述
- ☑ 运动体
- ☑ 运动副
- ☑ 创建与求解解算方案
- ☑ 运动仿真和结果输出

14.1 UG 运动仿真概述

在进行运动仿真之前，要先打开 UG 运动仿真环境的工作界面。在【应用模块】选项卡的【仿真】面板中单击【运动】按钮，如图 14-1 所示，即可进入 UG 运动仿真环境的工作界面。

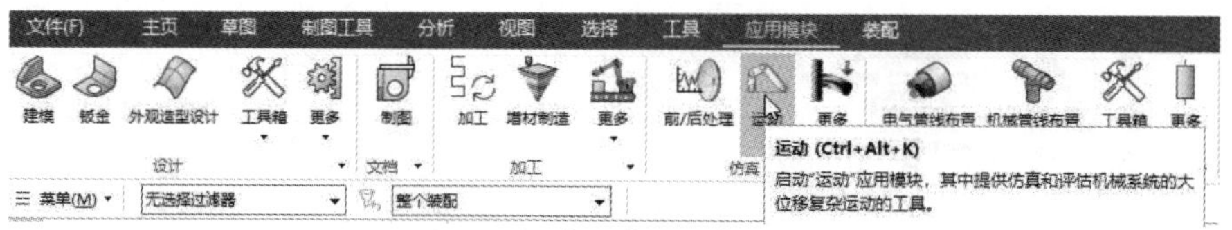

图 14-1 单击【运动】按钮

14.1.1 UG 运动仿真环境的工作界面介绍

UG 运动仿真环境的工作界面分为 3 部分，即运动仿真功能区、运动场景导航窗口和图形区，如图 14-2 所示。

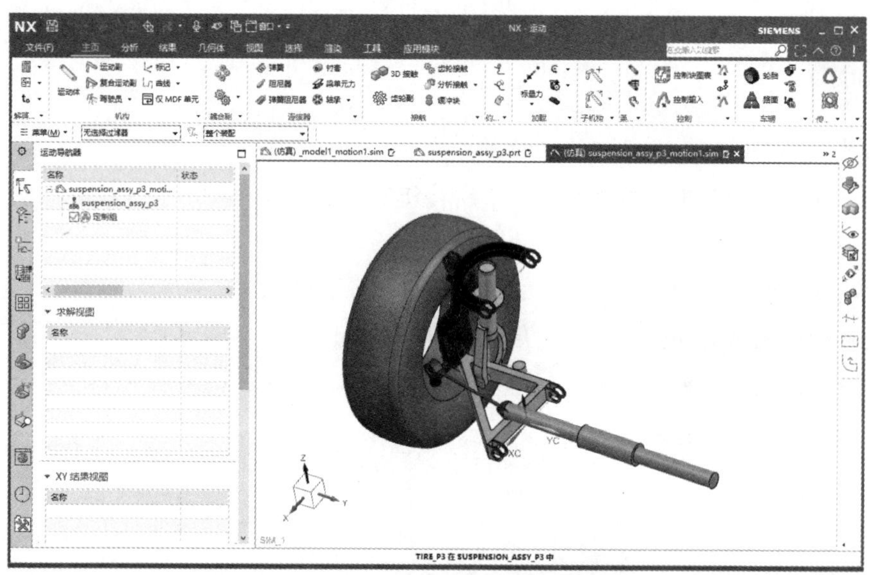

图 14-2 UG 运动仿真环境的工作界面

运动仿真功能区部分主要包括运动仿真各项功能的快捷按钮；运动场景导航窗口部分主要用于显示当前操作下处于工作状态的各个运动场景的信息。通过运动仿真功能区的【结果】选项卡可以查看运动仿真的结果并进行其他操作，如图 14-3 所示。

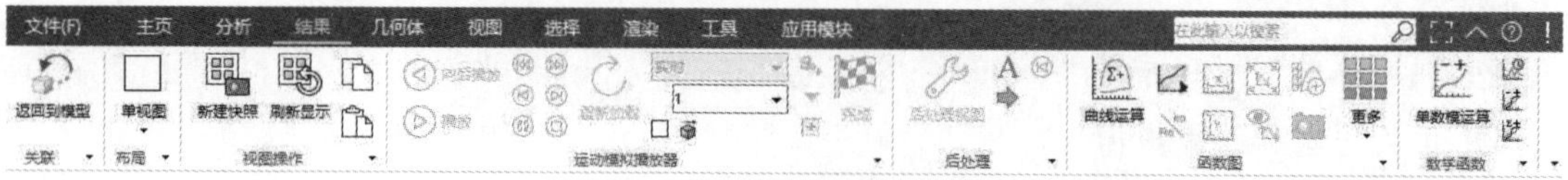

图 14-3 【结果】选项卡

运动场景导航窗口显示了文件名称，运动场景的名称、类型、状态、环境参数及运动模型参数的设置，如图 14-4 所示。运动场景既是整个运动仿真过程的框架和入口，又是整个运动模型的载体，存储了运动模型的所有信息。对同一个三维实体模型设置不同的运动场景，可以建立不同的运动模型，从而实现不同的运动过程，得到不同的运动参数。

图 14-4　运动场景导航窗口

14.1.2　运动预设置

运动预设置功能参数包括运动对象参数、分析文件的参数及后处理参数等。这些参数可以控制运动仿真元素的显示方式，求解器用到的质量、重力常数，以及一些其他的后处理功能。

在【菜单】下拉菜单中选择【首选项】|【运动】命令，弹出【运动首选项】对话框，如图 14-5 所示。

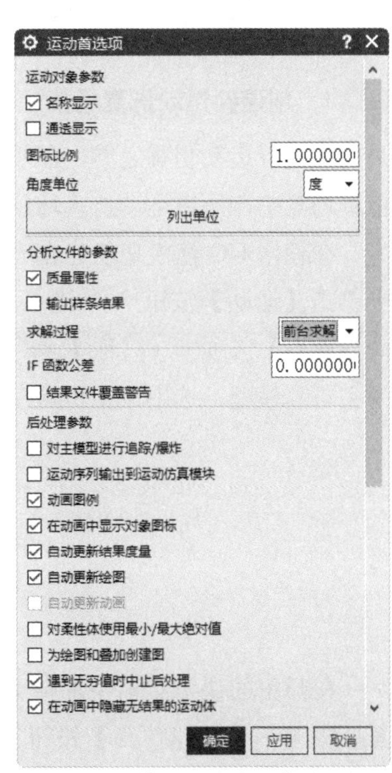

图 14-5　【运动首选项】对话框

1. 运动对象参数

【运动对象参数】选项区用于控制显示何种运动分析对象及显示方式，部分选项含义如下所述。

- 名称显示：用于控制是否显示名称。若勾选该复选框，则当创建运动体和运动副时，名称会显示在图形区中。该复选框对现存对象及随后创建的对象均起作用。在创建调试机构时，建议勾选该复选框。
- 通透显示：控制运动对象（如运动物体、关节和标记等）标签的显示方式。
- 图标比例：用于控制机构对象图标的显示比例。若改变该参数，则会立即影响现有及随后创建的对象图标。
- 角度单位：用于输入角度的单位，包括【度】和

【弧度】两个选项。该选项的设置会影响整个运动仿真模块的角度输入及各类报表中的角度单位。

- 列出单位：单击此按钮，会弹出【信息】对话框，并显示各种可测量值的单位。

2. 分析文件的参数

- 质量属性：当进行运动仿真时，该复选框用于控制求解器在求解时是否采用质量特性。
- 输出样条结果：勾选此复选框，当创建和导出具有 AFU 表函数的模型时，软件会使用 AFU 表中的数据创建除样条曲线之外的表达式。这些表达式元素会引用样条曲线。
- 求解过程：指定求解过程中是否运行锁定的活动对象。

3. IF 函数公差

- 结果文件覆盖警告：勾选此复选框，当 IF 函数公差没有指定值时，系统会自动计算并返回之前的值。

4. 后处理参数

【后处理参数】选项区用于设置后处理阶段的参数。若勾选其中的【对主模型进行追踪/爆炸】复选框，则在运动仿真中创建的跟踪或爆炸的对象会被输出到主模型中。

14.1.3 运动仿真场景

1. 创建新运动仿真场景

在进行运动仿真之前，必须创建一个主仿真模型，而主仿真模型的数据都被存储在运动仿真场景中，所以运动仿真场景的创建是整个运动仿真过程的入口。

在使用 UG 建模功能建立一个三维实体模型后，在【应用模块】选项卡的【仿真】面板中单击【运动】按钮，进入 UG 运动仿真环境的工作界面。同时，在资源条中弹出【运动导航器】选项卡（简称【运动导航器】）。在【运动导航器】中，可以将 UG 实体模型转换为主仿真模型，选中该主仿真模型并右击，将弹出快捷菜单，如图 14-6 所示。

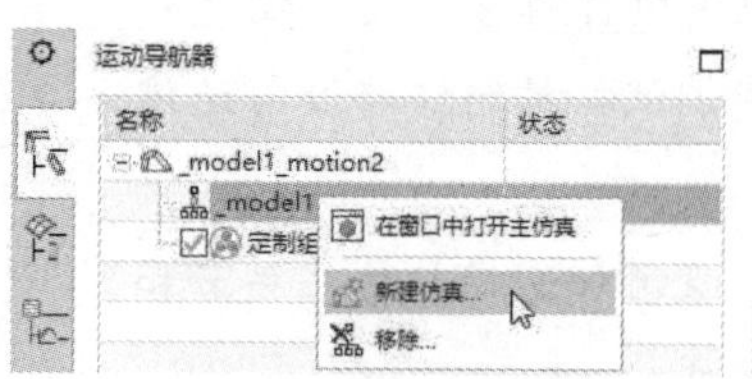

图 14-6 弹出快捷菜单

在弹出的快捷菜单中选择【新建仿真】命令（也可以在【主页】选项卡的【解算方案】面板中单击【新建仿真】按钮），弹出【新建仿真】对话框，将创建一个新的运动仿真场景，默认名称为【_model1_motion1.sim】，单击【确定】按钮，在弹出的【环境】对话框中设置求解器为【Simcenter 3D Motion】，该信息将显示在【运动导航器】的【信息】列中，并且运动仿真环境中的各运动仿真工具将全部高亮显示，变为可操作的状态，如图 14-7 所示。

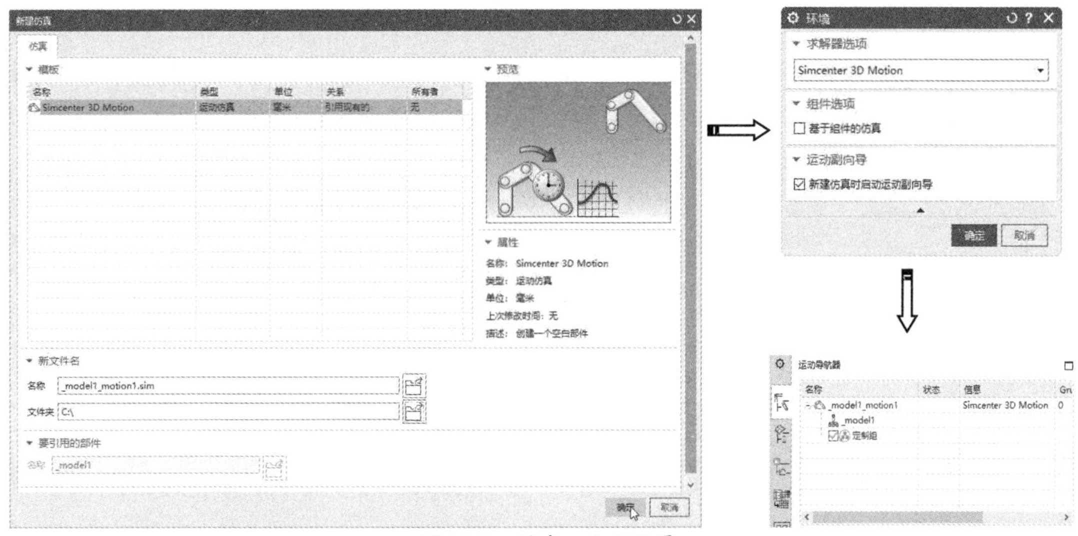

图 14-7　创建一个新场景

2. 运动仿真场景的操作

在创建运动仿真场景后，就可以对三维实体模型设置各种运动参数了。在该场景中设置的所有运动参数都将存储在该场景中，由这些运动参数所构建的运动模型也将以该场景为载体进行运动仿真。重复该操作就可以在同一个主模型下创建多种不同的运动仿真场景，包含不同的运动参数，从而实现不同的运动。

在创建运动仿真场景后，就可以进行各种操作了，如新建仿真、添加子机构、设置运动仿真环境参数、输出运动场景信息等。

（1）新建仿真。

当同一个主仿真模型需要使用不同的分析类型来进行运动仿真时，可以基于当前的主仿真模型来新建运动仿真场景模型。在【运动导航器】中右击主仿真模型，在弹出的快捷菜单中选择【新建仿真】命令，即可创建一个不同分析类型的运动仿真场景模型。新建的仿真场景模型可以与第 1 个仿真场景模型、主仿真模型无缝切换，如图 14-8 所示。

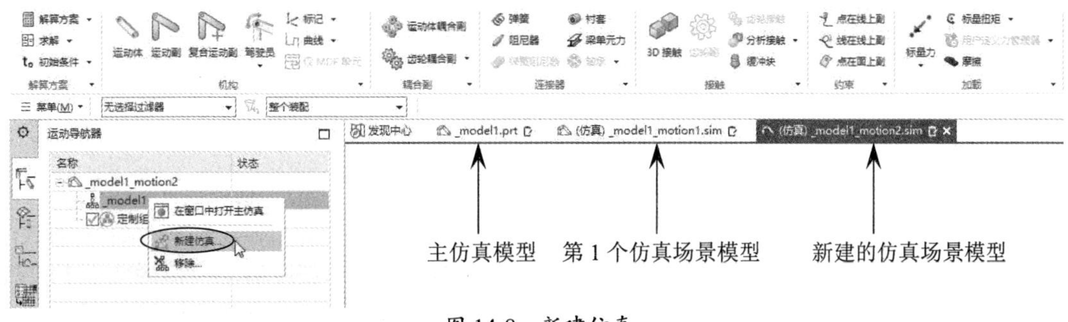

图 14-8　新建仿真

（2）添加子机构。

子机构是当前主仿真模型（也称“装配主模型”）的子装配机构。例如，可以为飞机的起落装置创建子机构，并将其添加到飞机机构中作为单独装配。

在【运动导航器】中右击运动仿真场景模型，在弹出的快捷菜单中选择【添加子机构】命令，通过弹出的【添加子机构】对话框，可以将子机构模型载入当前主仿真模型，如图 14-9 所示。

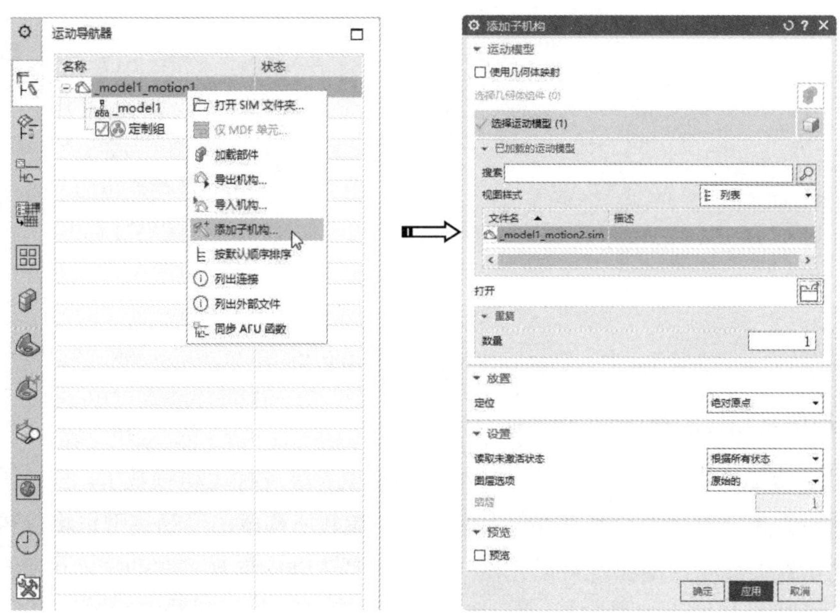

图 14-9　添加子机构

14.1.4　干涉与追踪

在创建一个运动仿真场景后，用户就可以对运动仿真场景中的几何体模型进行干涉与追踪。

使用干涉功能可以在运动仿真过程中模拟产生干涉（部件间相互阻碍运动）的情况下如何及时发现并解决问题。在 UG 运动仿真工作界面的【分析】选项卡的【运动】面板中单击【干涉】按钮，弹出【干涉】对话框，在装配中选择疑似产生干涉的两个部件，并单击【确定】按钮，即可创建部件间的干涉，如图 14-10 所示。如果在运动仿真过程中选定的两个部件有干涉现象，则会停止运动。

使用追踪功能，可以在播放动画时查看运动仿真过程中被追踪对象的轨迹，并复制每一步的副本模型。在【分析】选项卡的【运动】面板中单击【追踪】按钮，弹出【轨迹】对话框。选择机构中的某个部件作为追踪对象，如图 14-11 所示。

在选择追踪对象后，在【分析】选项卡的【运动】面板中单击【运动模拟播放器】按钮，并在弹出的【运动模拟播放器】对话框的【封装选项】选项区中勾选【追踪】复选框，单击【播放】按钮播放动画，可以看到在运动仿真过程中创建了多个追踪对象的副本，如

图 14-12 所示。

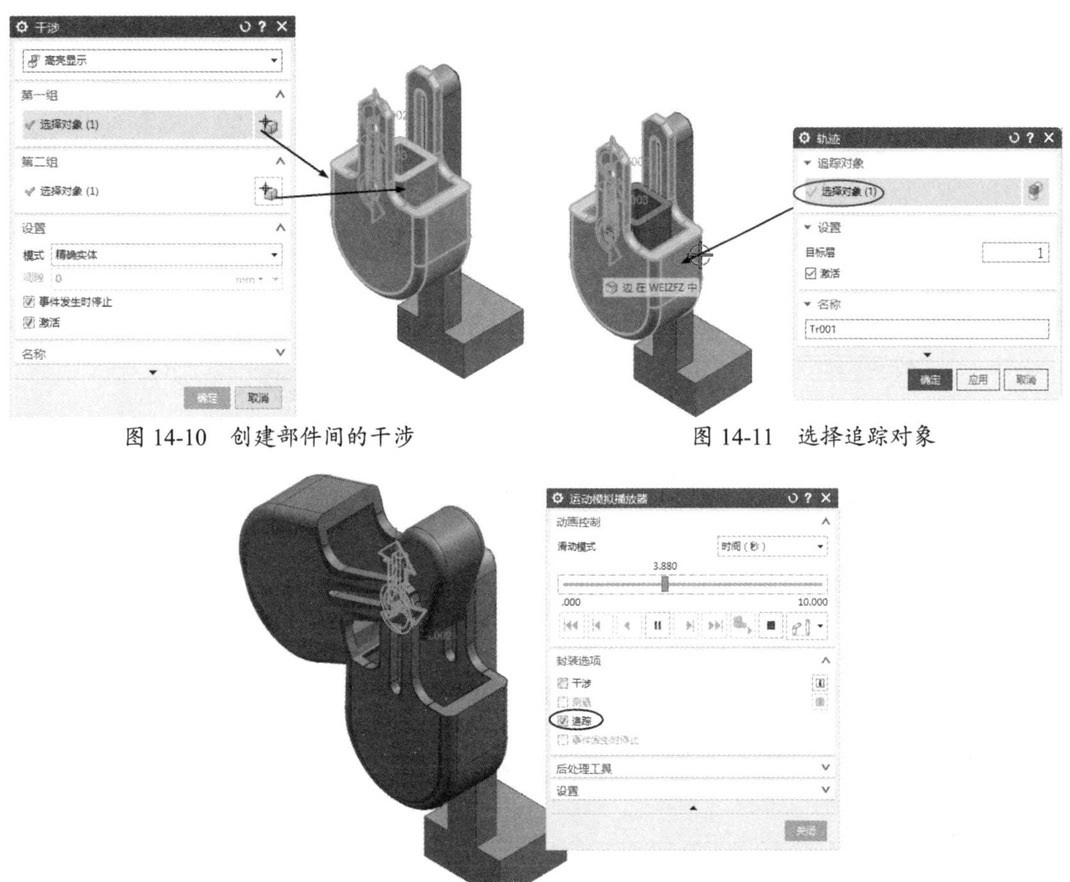

图 14-10　创建部件间的干涉

图 14-11　选择追踪对象

图 14-12　播放动画并创建追踪对象副本

14.2　运动体

在使用 UG NX 2007 的建模功能创建一个三维实体模型后，并不能直接将各个部件按一定的连接关系连接起来，必须给各个部件赋予一定的运动学特性，使其成为一个可以与其他具有相同特性的部件相连的运动体构件。

14.2.1　定义运动体

在 UG NX 2007 中，机构可以被认为是“连接在一起运动的运动体”的集合，是进行运动仿真的第一步。所谓运动体，是指用户选择的模型几何体。用户必须将所有的希望其运动的模型几何体选中。

在 UG 运动仿真工作界面的【主页】选项卡中单击【机构】面板中的【运动体】按钮，或者选择【菜单】下拉菜单中的【插入】|【运动体】命令，弹出【运动体】对话框，可以

按照如图 14-13 所示的操作步骤创建运动体。

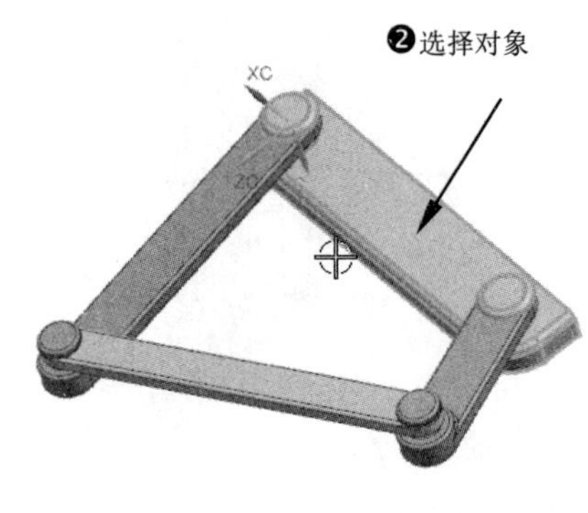

图 14-13　创建运动体的操作步骤

【运动体】对话框中的部分选项含义如下所述。

1. 运动体对象

- 选择对象：用于选择需要添加运动体特性的几何模型。在激活该选项后，即可在图形区中选择需要赋予运动体特性的几何模型。

技巧点拨：

一个对象不能与多个运动体相关，即一个对象在被定义为运动体的一部分后，就不能再次被选择为另一个运动体的一部分。

2. 质量属性选项

【质量属性选项】下拉列表中的选项用于设置运动体的质量特性。当运动体没有质量特性时，就不能进行动力学分析和反作用力的静力学分析。用于设置运动体的质量特性的选项有 3 个，如图 14-14 所示。

- 自动：由系统自动生成运动体的质量特性。在大多数情况下，默认计算值能生成精确的仿真结果。
- 用户定义：由用户定义质量特性。在选择该选项后，【质量和惯性矩】、【初始平移速度】和【初始旋转速度】选项区会被自动激活。
- 无：设置无质量特性的运动体。通常没有质量特性的运动体可被认为是纯线框对象或无厚度的片体。

3. 质量和惯性矩

【质量和惯性矩】选项区用来定义运动体对象的质量和惯性。当设置【质量属性选项】为【用户定义】时，该选项区才变为可用的，如图 14-15 所示。

图 14-14　【质量属性选项】下拉列表

图 14-15　【质量和惯性矩】选项区

- 质心：该选项用于设置运动体质心的位置点。
- 惯性坐标系：该选项用于设置运动体的力矩坐标系参考。
- 质量：定义所选运动体几何模型的质量。
- lxx（及 lyy、lzz、lxy、lxz、lyz）：设置几何模型在各方向的惯性矩。

4. 初始平移速度

【初始平移速度】选项区用于设置运动体的初始平移速度。仅当运动分析类型为【动力学】且【质量属性选项】为【用户定义】时，该选项区才变为可用的，如图 14-16 所示。

- 启用：勾选此复选框，启用初始平移速度的设置选项。
- 指定方向：指定初始平移的方向。
- 平移速度：输入初始平移速度，包括公制单位和英制单位。

5. 初始旋转速度

【初始旋转速度】选项区用于设置运动体的初始旋转速度。只有运动分析类型为【动力学】且【质量属性选项】为【用户定义】时，该选项区才变为可用的，如图 14-17 所示。

图 14-16　【初始平移速度】选项区

图 14-17　【初始旋转速度】选项区

- 速度类型：包括【幅值】和【分量】两个选项。
- 指定方向：指定旋转轴。
- 旋转速度：设置运动体的旋转速度。

6. 设置

勾选【不使用运动副而固定运动体】复选框，可以将所选几何模型设置为固定运动体，即主动杆。

14.2.2 定义运动体材料

如果未指定运动体的材料，则系统会采用默认的密度值 7.83×10^{-6}kg/mm^3。用户可以在运动仿真模块中定义运动体的材料属性。

在【菜单】下拉菜单中选择【工具】|【材料】|【指派材料】命令，或者在【几何体】选项卡的【运动特征】面板中单击【指派材料】按钮，弹出【指派材料】对话框，如图 14-18 所示。在【材料列表】选项区的材料库中选择一种材料，并选择要赋予材料的运动体，单击【确定】按钮，即可为运动体定义材料。

也可以在【指派材料】对话框的底部单击【创建】按钮，在弹出的【各向同性材料】对话框中自定义材料属性，如图 14-19 所示。

图 14-18 【指派材料】对话框

图 14-19 【各向同性材料】对话框

14.3 运动副

为了组成一个能运动的机构，必须把两个相邻构件（包括机架、原动件、从动件）以一定的方式连接起来。这种连接必须是可动连接，不能是无相对运动的固定连接（如焊接或铆接）。凡是使两个构件接触且保持某些相对运动的可动连接均被称为运动副（在 UG 软件中被翻译为“接头”）。

在 UG 运动仿真环境中的两个部件被赋予了运动体特性后，就可以使用运动副将它们连接成运动机构。运动副具有双重作用，即设置所需的运动方式和限制不要的运动自由度。

在 UG 运动仿真工作界面的【主页】选项卡中单击【机构】面板中的【运动副】按钮，弹出【运动副】对话框，如图 14-20 所示。该对话框中包含 3 个选项卡，即【定义】、【摩擦】和【驱动】。

图 14-20　【运动副】对话框

14.3.1　定义

【定义】选项卡中的部分选项含义如下所述。

1．类型

【类型】下拉列表用于设置运动副的类型，包括旋转副、滑动副、柱面副、螺旋副和万向节等 14 种运动副类型，下面仅介绍几种常用的运动副类型。

（1）旋转副。

旋转副，即铰链连接，可以实现两个运动体绕同一轴进行相对转动，如图 14-21 所示。

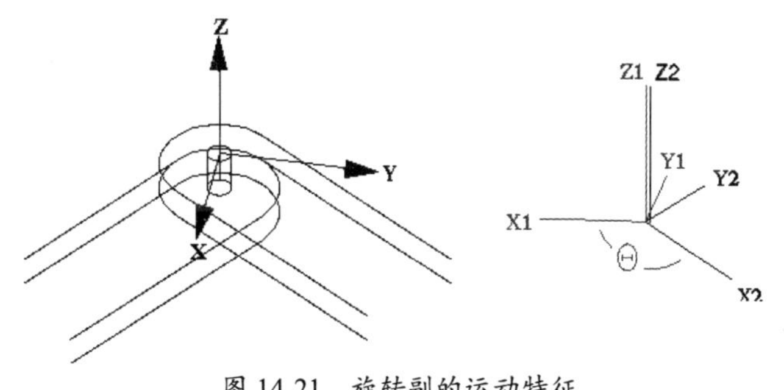

图 14-21　旋转副的运动特征

旋转副允许有一个绕 Z 轴转动的自由度，但两个运动体不能相互移动。旋转副的原点可以位于 Z 轴的任何位置，都能使旋转副产生相同的运动，但推荐用户将旋转副的原点放在模型的中间。

（2）滑块（滑动副）。

滑动副可以实现两个运动体互相接触并保持相对滑动，如图 14-22 所示。

滑动副允许沿 Z 轴方向移动，但两个运动体不能相互转动。滑动副的原点可以位于 Z 轴的任何位置，都能使滑动副产生相同的运动，但推荐用户将滑动副的原点放在模型的中间。

（3）柱面副。

柱面副可以实现一个部件绕另一个部件（或机架）进行相对转动，如图 14-23 所示。

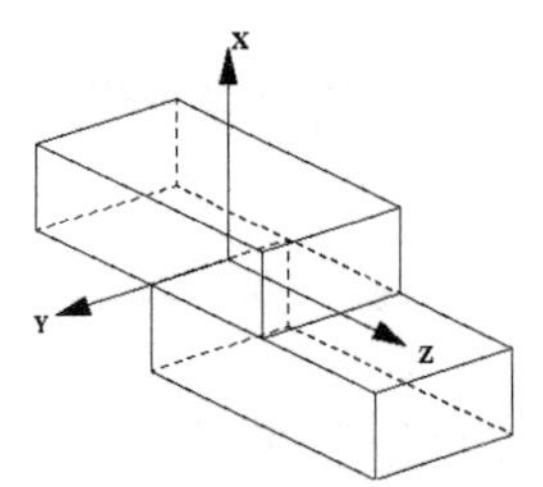

图 14-22　滑动副的运动特征

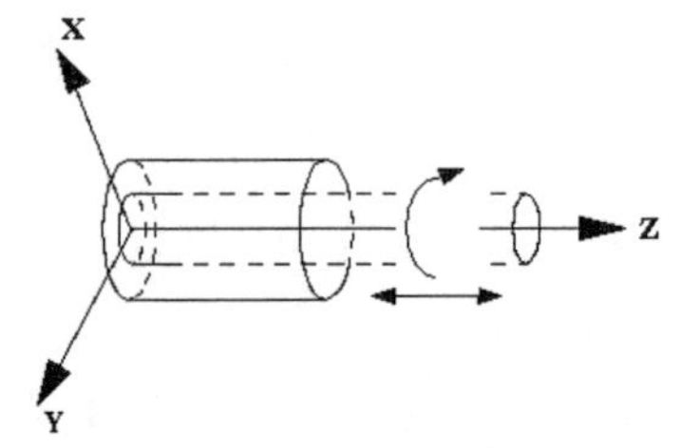

图 14-23　柱面副的运动特征

柱面副允许有两个自由度，即允许沿 *Z* 轴方向移动和绕 *Z* 轴转动。柱面副的原点可以位于 *Z* 轴的任何位置，都能使柱面副产生相同的运动，但推荐用户将柱面副的原点放在模型的中间。

（4）螺旋副（螺钉）。

螺旋副可以实现一个杆件绕另一个杆件（或机架）进行相对螺旋运动，如图 14-24 所示。螺旋副可以用于模拟螺母在螺栓上的运动。设置螺旋副比率，可以实现将螺旋副旋转一周，即第 2 个运动体相对于第 1 个运动体沿 *Z* 轴所运动的距离。

（5）万向节。

万向节可以实现两个运动体绕互相垂直的两根轴进行相对转动。它只有一种形式，必须是两个运动体相连，如图 14-25 所示。

在万向节中，每个运动体绕自身的轴旋转，两个运动体旋转轴的交点即万向节的原点。通常指定 *X* 轴方向是确定万向节方向最简单的方法，而不必关心 *Y* 轴和 *Z* 轴的初始方向，因为 *Y*、*Z* 轴在旋转方向上可以自由移动。

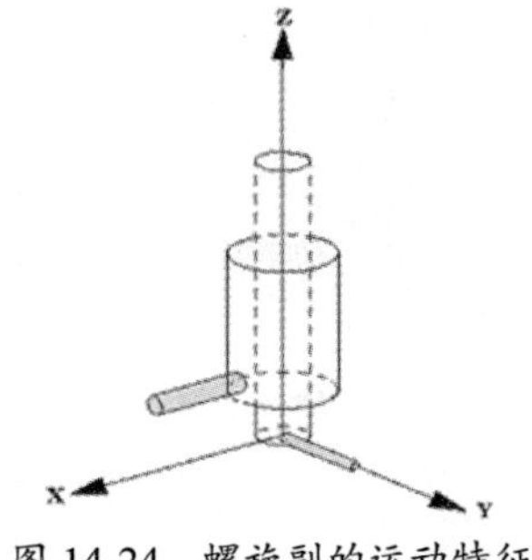

图 14-24　螺旋副的运动特征

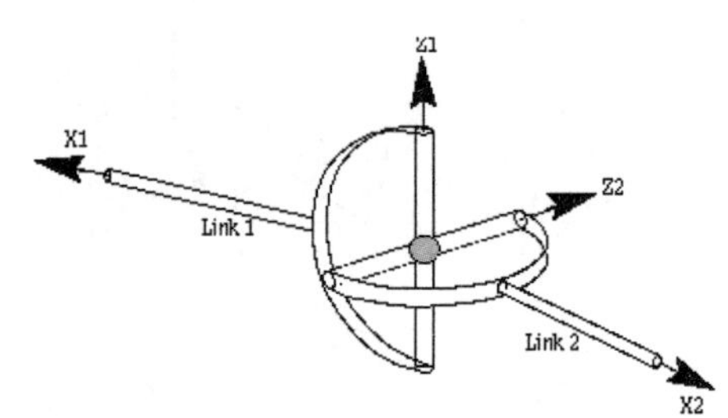

图 14-25　万向节的运动特征

（6）球面副。

球面副可以实现一个杆件绕另一个杆件（或机架）进行相对转动。它只有一种形式，必须是两个运动体相连，如图 14-26 所示。

球面副允许有三个转动自由度，相当于球铰连接。球面副的原点必须位于两个运动体的公共中心点，球面副没有方向。

（7）平面副。

平面副可以实现两个运动体之间以平面进行接触运动，如图 14-27 所示。

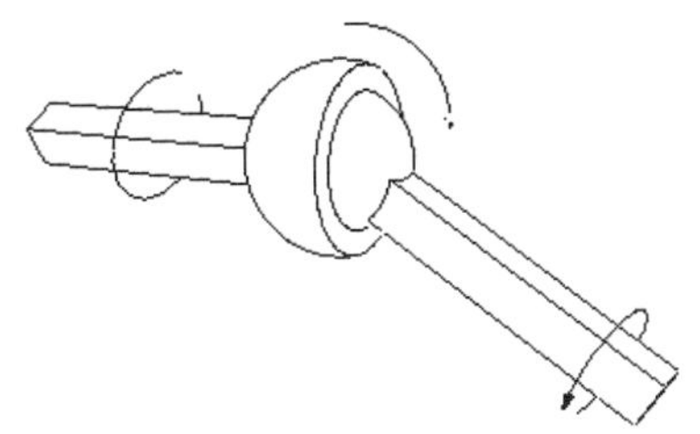

图 14-26　球面副的运动特征

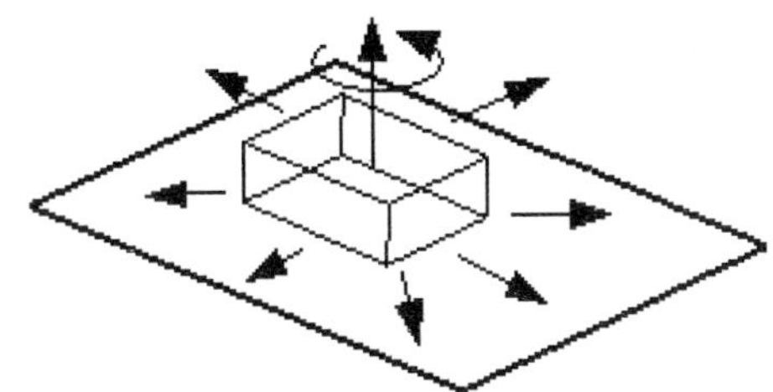

图 14-27　平面副的运动特征

平面副允许有三个自由度。两个运动体在相互接触的平面上自由滑动，并可绕平面的法向进行自由转动。平面副的原点可以位于三维空间的任何位置，都能使平面副产生相同的运动，但推荐用户将平面副的原点放在平面副接触面中间。

（8）固定副。

固定副可以阻止运动体进行运动。单个且具有固定副的运动体自由度为零。

2．动作

【动作】选项区用于选择所设置的运动副的第 1 个运动体，包括以下选项。

- 选择运动体：选择需要设置运动特征的运动体。用户可以任意选择属于运动体的对象，运动体的所有对象将被选中。
- 指定原点：指定运动副的原点。对于滑动副和旋转副来说，运动副的原点应位于滑动轴或旋转轴上。通常系统会根据所选择的运动体对象自动推断运动副的原点位置。如果系统自动推断的运动副原点不正确，则用户可以利用【点对话框】按钮进行选择。
- 方位类型：指定运动副的方位。运动副的方位是指运动副自由运动的方向，包括【矢量】和【CSYS】两种方位类型。
- 指定矢量：指定旋转副的轴矢量。例如，旋转副按右手螺旋法则绕运动副的 Z 轴转动；滑动副沿 Z 轴移动。通常系统会根据所选择的运动体对象自动推断运动副的方位。如果系统自动推断的运动副方位不正确，则用户可以利用【矢量对话框】按钮进行选择。

3．基本

【基本】选项区用于选择所设置的运动副的第 2 个运动体。如果所创建的运动副相对于“地”固定，则不需要指定该选项，否则需要选择第 2 个运动体，以使第 1 个运动体相对于第 2 个运动体而言，可以约束其运动。

4．限制

【限制】选项区用于设置机构运动的极限。

5．设置

- 显示比例：控制运动副图标的相对大小。

14.3.2 摩擦

【摩擦】选项卡用于设置运动副各部件之间的摩擦参数。在进行一般运动仿真时，可以忽略各部件之间的摩擦。【摩擦】选项卡如图 14-28 所示。

14.3.3 驱动

【驱动】选项卡用于设置运动副的驱动类型，如图 14-29 所示。

图 14-28 【摩擦】选项卡

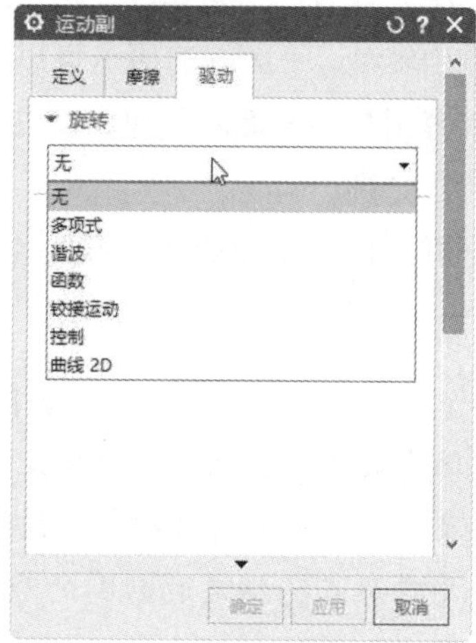

图 14-29 【驱动】选项卡

在【运动副】对话框的【驱动】选项卡中，一共可设置 7 种驱动类型。

- 无：没有外加的运动驱动赋予运动副。
- 多项式：设置运动副为等常运动（旋转或线性位移），所需的输入参数为位移、速度和加速度。
- 谐波：设置运动副向前或向后产生一个正弦运动，所需的输入参数为振幅、频率、相位角和位移。
- 函数：设置运动副的运动类型为一个复杂的数学函数。
- 铰接运动：设置运动副以特定的步长和特定的步数运动，所需的输入参数为步长和步数。
- 控制：通过选择端口（如机电一体化输出端口）来控制驱动器。
- 曲线 2D：使用草图曲线作为驱动程序来控制驱动器。

14.4 创建与求解解算方案

在创建好运动体和运动副后，就需要创建解算方案，设置解算方案选项和求解器参数，然后将该解算方案求解出来，并进行运动结果分析和动画演示。

14.4.1　创建解算方案

在 UG 运动仿真环境的工作界面的【主页】选项卡中单击【解算方案】面板中的【解算方案】按钮，或者选择【菜单】下拉菜单中的【插入】|【解算方案】命令，弹出【解算方案】对话框，如图 14-30 所示。在设置好解算方案选项和求解器参数后，单击【确定】按钮即可。

图 14-30　【解算方案】对话框

【解算方案】对话框中的各选项区含义如下所述。

1. 解算方案选项

【解算方案选项】选项区用于指定运动仿真中机构的运动形式及其参数。

- 解算类型：包括【常规驱动】、【铰接运动】、【电子表格驱动】和【柔性体】4 个选项。
- 分析类型：选择运动分析的类型，包括【静力平衡】和【运动学/动力学】2 个选项。
- 时间：表示在运动仿真模型所分析的时间段内的时间。
- 步数：表示在所设置的时间段内分几个瞬态位置进行分析和显示。
- 按"确定"进行求解：若勾选此复选框，则在单击对话框中的【确定】按钮后，会自动进行解算。

2. 重力

【重力】选项区用于设置重力加速度的大小和方向。通常在采用公制单位时，重力加速度为 9806.65mm/s²；在采用英制单位时，重力加速度为 386.088in/s²，方向为 Z 轴负方向。

3. 设置

在【名称】文本框中可以输入该解算方案的名称。

4. 求解器参数

【求解器参数】选项区用于控制所用的积分和微分方程的求解精度。

14.4.2　求解解算方案

在 UG 运动仿真环境的工作界面的【主页】选项卡中单击【解算方案】面板中的【求解】按钮，即可求解解算方案，并生成结果数据。当求解完成后，【运动导航器】中的【Solution_1】选项下会出现【Results】选项，如图 14-31 所示。

图 14-31　运动仿真的求解显示

14.5　运动仿真和结果输出

当解算方案被求解后，用户可以通过动画、表格和文件等方式，显示求解过程，并验证模型的合理性。

14.5.1　关节运动仿真

当【解算类型】为【铰接运动】时，在求解器求解结束前，弹出【铰接运动】对话框，如图 14-32 所示。勾选运动副【J001】前面的复选框，激活该运动副，并激活步长和【步数】文本框，然后设置步长和步数，单击【单步向后】按钮或【单步向前】按钮，即可进行铰接运动仿真。

图 14-32　【铰接运动】对话框

14.5.2　仿真动画

当【解算类型】为基于时间的【常规驱动】时，在求解器求解结束后，在【分析】选项卡的【运动】面板中单击【运动模拟播放器】按钮，弹出【运动模拟播放器】对话框，如图 14-33 所示。通过该对话框，用户可以使用动画显示运动效果。

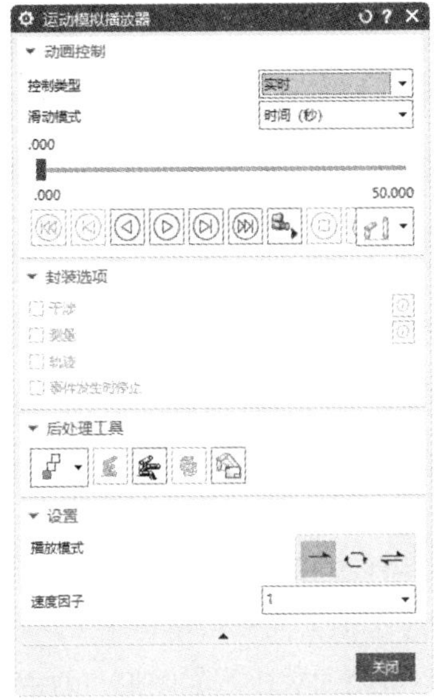

图 14-33　【运动模拟播放器】对话框

【运动模拟播放器】对话框中的常用选项功能如下所述。

- 播放：单击该按钮可以查看运动模型在设定的时间和步骤内的整个连续运动过程，并在图形区以动画的形式输出。
- 单步向前：单击该按钮可以使运动模型在设定的时间和步骤内向前运动一步，方便用户查看运动模型的下一个运动步骤的状态。
- 单步向后：单击该按钮可以使运动模型在设定的时间和步骤内向后运动一步，方便用户查看运动模型的上一个运动步骤的状态。
- 设计位置：单击该按钮可以使运动模型回到未进行运动仿真前置处理的初始三维实体设计状态。
- 装配位置：单击该按钮可以使运动模型回到进行运动仿真前置处理后的 ADAMS 运动分析模型状态。
- 跟踪整个机构：单击该按钮可以在每个分析步骤处生成一个对象模型。

14.5.3　输出动画文件

在运动场景导航窗口中选中一个运动模型并右击，将会弹出一个快捷菜单，在该快捷菜单中选择【导出机构】命令，将会在弹出的【机构导出】对话框中显示 UG 运动仿真环境给用户提供的几种动画文件的输出格式，如图 14-34 所示。在各种动画文件的输出格式中选择【PLMXML】格式，将会输出一个 XML 文件；选择【MDF】格式，将会输出一个 MDF 文件。无论选择哪一种格式，系统都会弹出【动画文件设置】对话框。

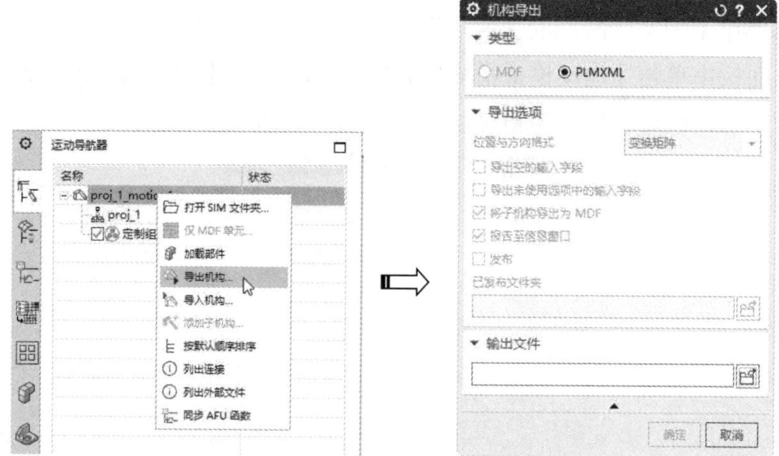

图 14-34　可供选择的动画文件输出格式

14.5.4　图表运动仿真

图表运动仿真功能用于生成电子表格数据库，并绘制出位移、速度、加速度和力等仿真结果曲线。在【分析】选项卡的【运动】面板中单击【XY 结果】按钮，将会在【运动导航器】的【求解视图】选项区中生成【XY-作图】图形，右击某一轴的图形结果，并在弹出的快捷菜单中选择【绘图】命令，可以打开新图形窗口来查看仿真结果曲线，如图 14-35 所示。

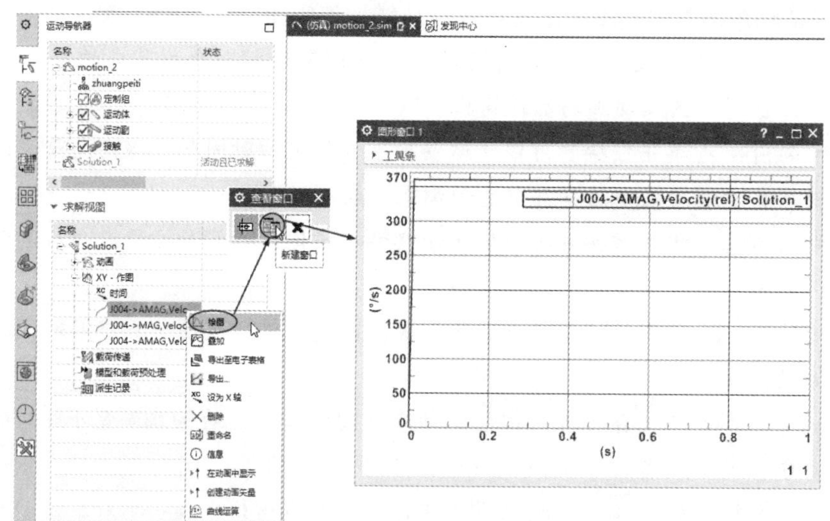

图 14-35　查看仿真结果曲线

14.6　综合案例

鉴于本书篇幅有限，UG 运动仿真环境中的许多功能并没有进行详细的讲解，因此本节将在几个运动仿真案例中介绍一些其他功能的用法。

14.6.1 案例一：铰链四运动体机构运动仿真

运动体机构通常根据其所含构件数目的多少来命名，如四杆机构、五杆机构等。其中，平面四杆机构不仅应用广泛，而且通常是多杆机构的基础，所以本节将重点讨论平面四杆机构的相关基本知识，并对其进行运动仿真研究。

机构有平面机构与空间机构之分。

- 平面机构：各构件的相对运动平面互相平行（常用的机构大多数为平面机构）。
- 空间机构：至少有两个构件能在三维空间中进行相对运动。

铰链四运动体机构是平面四杆机构的基本形式，其他形式的四杆机构均可以被看作此机构的演化。图 14-36 所示为铰链四运动体机构。

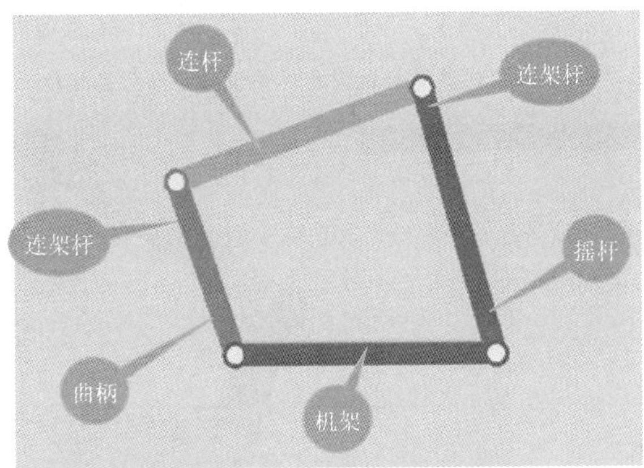

图 14-36 铰链四运动体机构

本例的铰链四运动体机构的建模与装配工作已经完成，下面仅介绍其运动仿真过程。

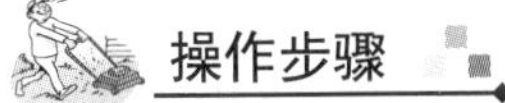

操作步骤

① 打开本例的配套资源文件【proj_1.prt】。

② 在【应用模块】选项卡的【仿真】面板中单击【运动】按钮，进入 UG 运动仿真环境的工作界面。

③ 在【主页】选项卡的【解算方案】面板中单击【新建仿真】按钮，弹出【新建仿真】对话框，新建运动仿真场景模型文件，并单击【确定】按钮。

④ 在随后弹出的【环境】对话框中选择【RecurDyn】求解器选项，选中【动力学】单选按钮并勾选【基于组件的仿真】复选框，取消勾选【新建仿真时启动运动副向导】复选框，单击【确定】按钮，完成运动仿真环境的设置，如图 14-37 所示。

⑤ 在【主页】选项卡的【机构】面板中单击【运动体】按钮，弹出【运动体】对话框，选择如图 14-38 所示的部件作为固定运动体。

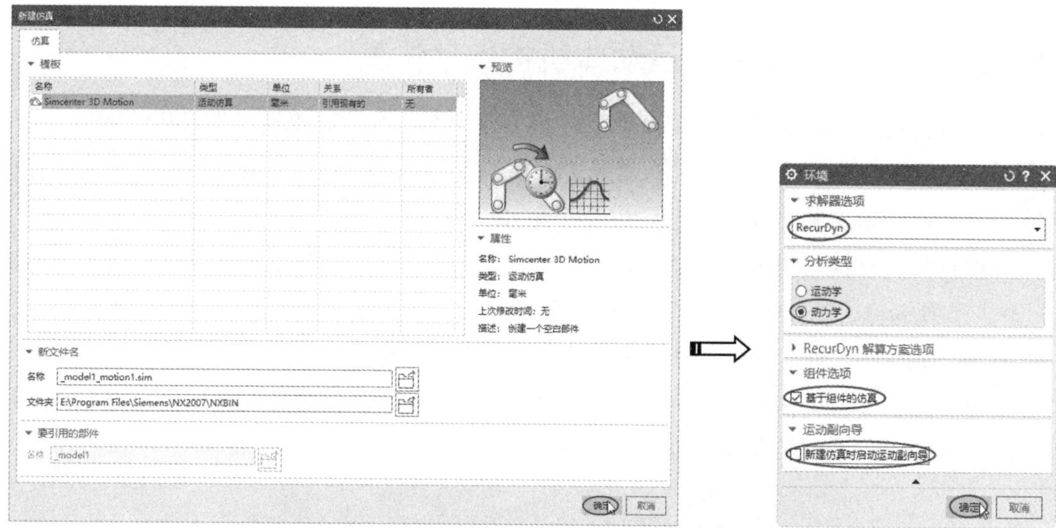

图 14-37　创建场景模型文件并设置运动仿真环境

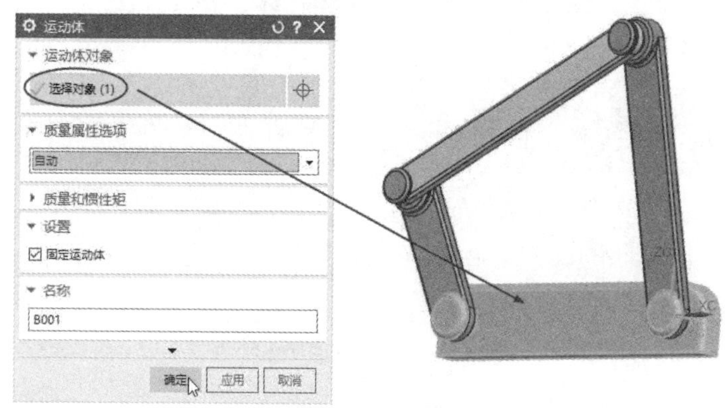

图 14-38　选择固定运动体

⑥　依次选择其余 3 个部件分别作为运动体 2、运动体 3 和运动体 4（在选择时取消勾选【固定运动体】复选框），如图 14-39 所示。

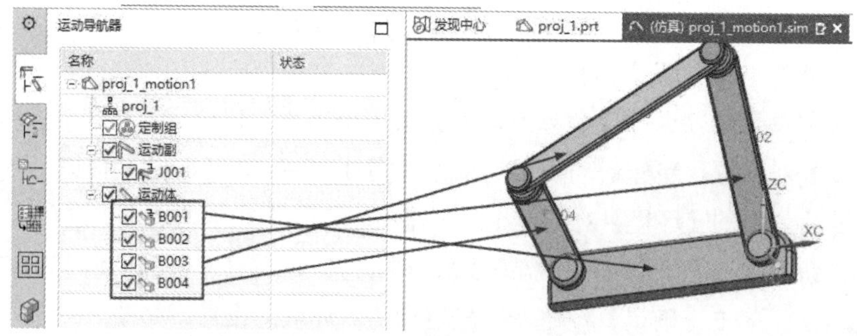

图 14-39　选择其余运动体

⑦　在【主页】选项卡的【机构】面板中单击【运动副】按钮，弹出【运动副】对话框。首先选择运动体 2 来创建旋转副，如图 14-40 所示。然后单击对话框中的【应用】按钮，完成旋转副的创建。

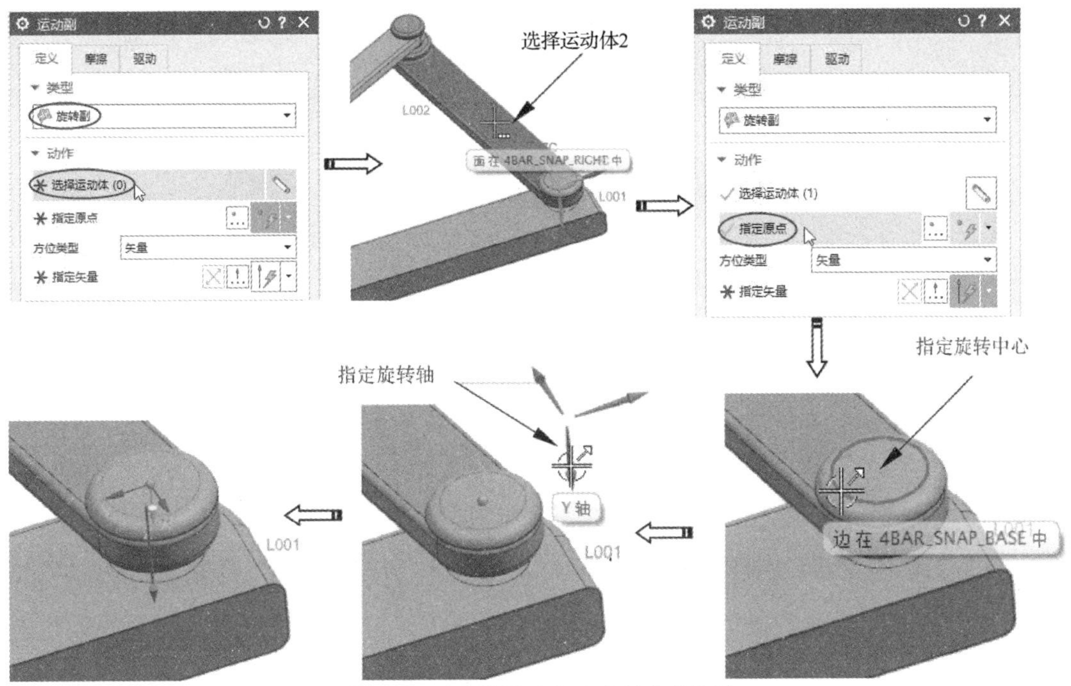

图 14-40　选择运动体 2 来创建旋转副

⑧　同理，选择运动体 3 来创建旋转副，如图 14-41 所示。

⑨　在【运动副】对话框的【基本】选项区中勾选【对齐运动体】复选框，然后选择运动体 2 作为对齐对象，创建对齐旋转副，如图 14-42 所示。

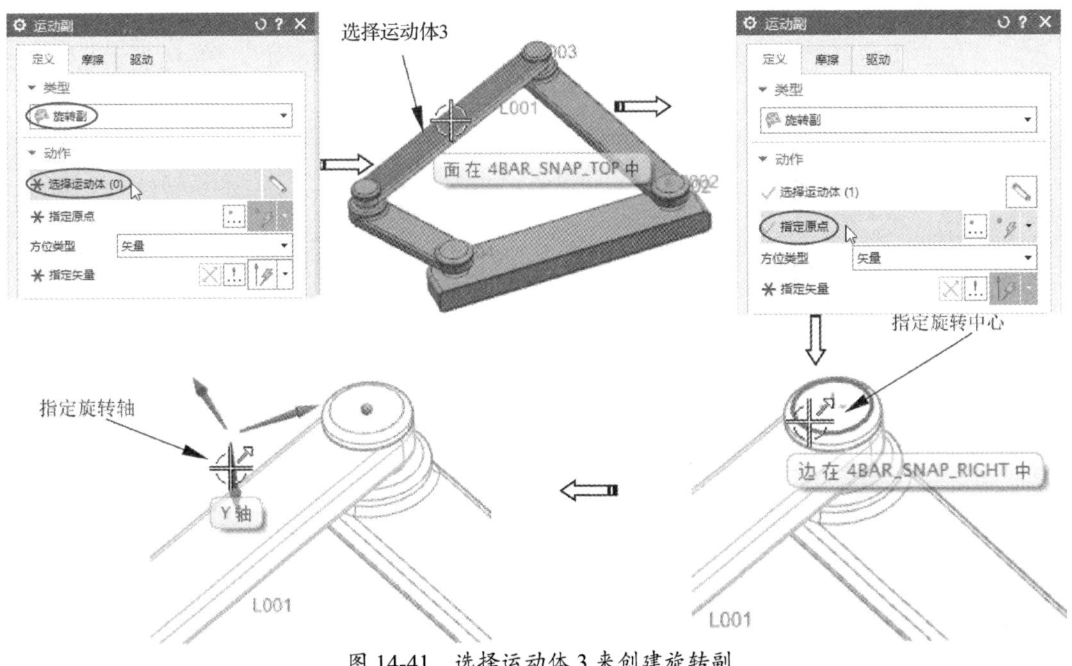

图 14-41　选择运动体 3 来创建旋转副

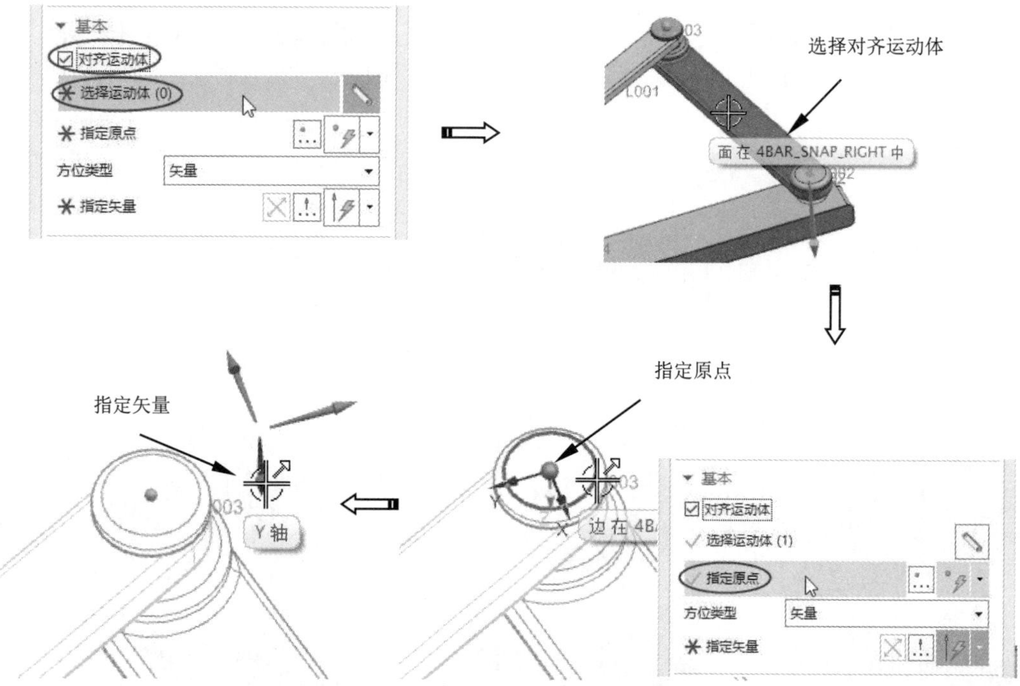

图 14-42　选择运动体 2 来创建对齐旋转副

⑩ 创建运动体 4 与运动体 3 的对齐旋转副，其操作步骤与创建运动体 3 与运动体 2 的对齐旋转副的操作步骤完全相同。

⑪ 创建运动体 4 与运动体 1 的旋转副（非对齐运动体），如图 14-43 所示。在【运动副】对话框的【驱动】选项卡中设定运动体 4 的旋转初速度为 10，并单击对话框中的【确定】按钮关闭对话框，完成 4 个运动副的创建，如图 14-44 所示。

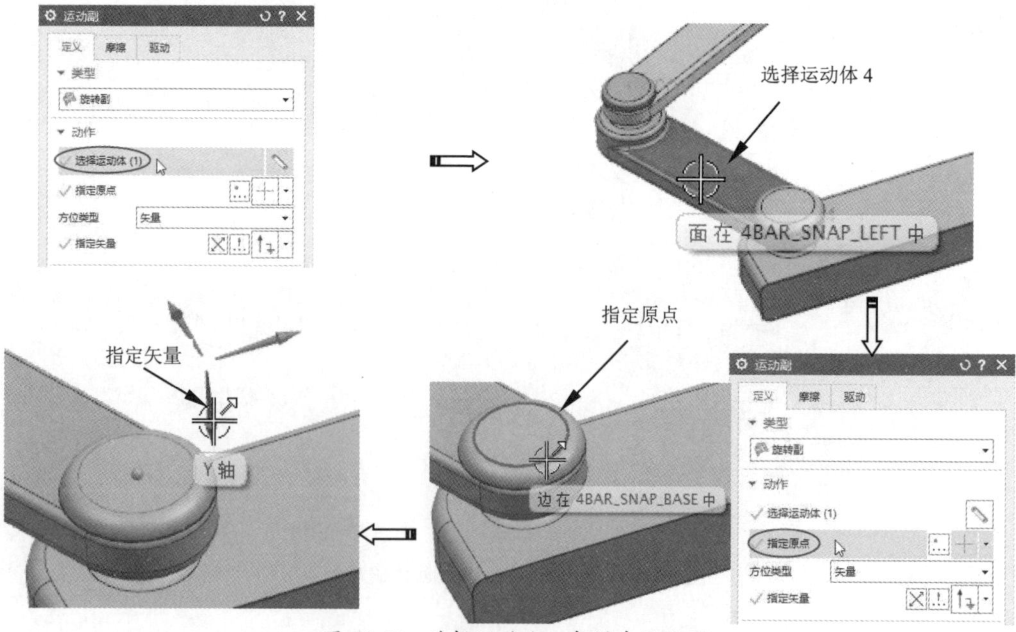

图 14-43　选择运动体 4 来创建旋转副

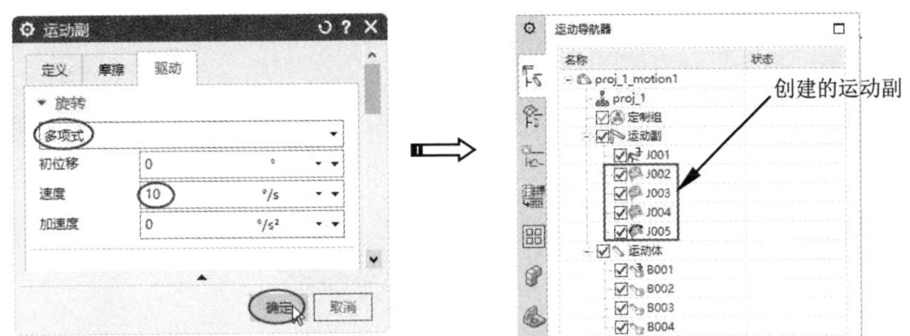

图 14-44　完成运动副的创建

⑫　在【主页】选项卡的【解算方案】面板中单击【解算方案】按钮，弹出【解算方案】对话框。设置【解算类型】为【铰接运动】，指定重力方向为 X 轴，如图 14-45 所示。

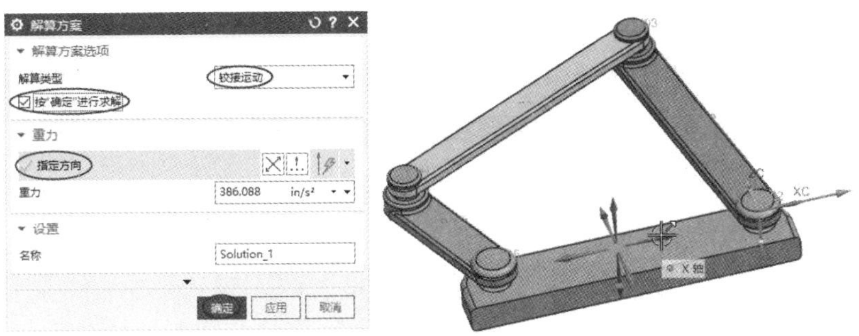

图 14-45　设置解算方案的参数

⑬　单击【确定】按钮，弹出【铰接运动】对话框。勾选运动副【J005】前面的复选框，设置【步长】为【20】、【步数】为【500】，单击【单步向前】按钮，播放铰链四运动体机构的运动动画，如图 14-46 所示。

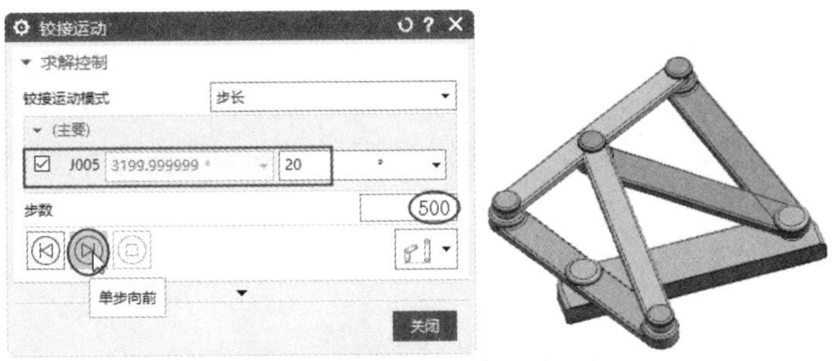

图 14-46　设定运动参数并仿真

14.6.2　案例二：凸轮机构运动仿真

凸轮机构是通过凸轮与从动件间的接触来传递运动形式和动力的，是一种常见的高副机构。它的结构简单，只要设计出适当的凸轮轮廓曲线，就可以使从动件按照任何预定的复杂运动规律来运动。凸轮机构是由凸轮、从动件和机架构成的三杆高副机构，如图 14-47 所示。

本例凸轮机构的装配工作已经完成，如图 14-48 所示。

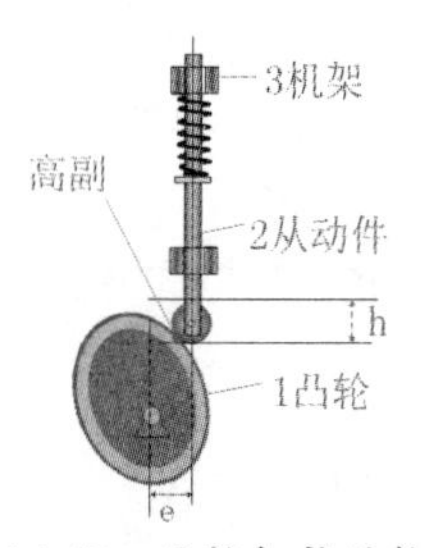

图 14-47　凸轮机构的构成

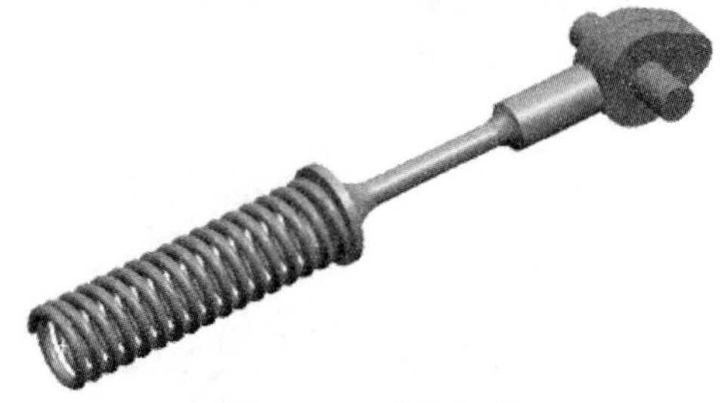

图 14-48　凸轮机构

操作步骤

① 打开本例的配套资源文件【cam_valve_assy.prt】。

② 在【应用模块】选项卡的【仿真】面板中单击【运动】按钮，进入 UG 运动仿真环境的工作界面。

③ 在【运动导航器】中新建运动模型，并设置仿真环境，如图 14-49 所示。

图 14-49　设置仿真环境

④ 在【主页】选项卡的【机构】面板中单击【运动体】按钮，弹出【运动体】对话框。选择凸轮作为运动体 1、顶杆作为运动体 2，创建运动体几何模型，如图 14-50 所示。

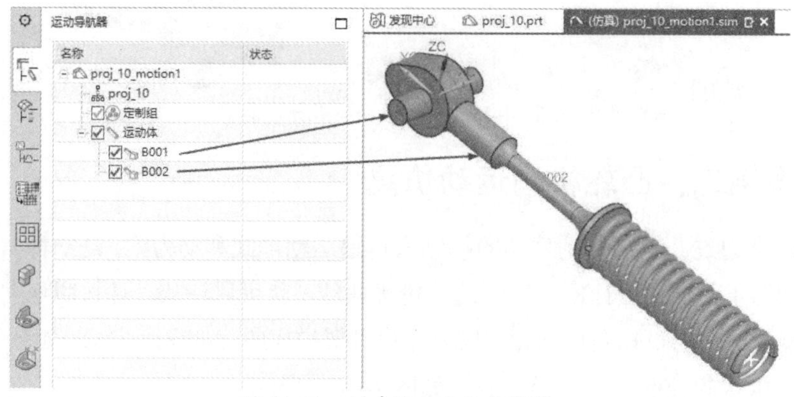

图 14-50　创建运动体几何模型

技巧点拨：

这里仅创建两个运动体，包括凸轮和顶杆。两个运动体都是非接地运动体（固定运动体）。弹簧组件可以不定义为几何模型，而是定义为弹簧柔性单元。

⑤ 在【主页】选项卡的【机构】面板中单击【运动副】按钮，弹出【运动副】对话框。首先定义凸轮的【类型】为【旋转副】，并在对话框的【动作】选项区中设置【方位类型】为【坐标系】，然后定义默认的工作坐标系为参考坐标系，如图 14-51 所示。

⑥ 旋转坐标系上的手柄，将 ZC 轴指向原 XC 轴方向，如图 14-52 所示。

技巧点拨：

为什么要旋转坐标系呢？这是因为旋转副始终参考 CSYS 的 ZC 轴进行旋转。

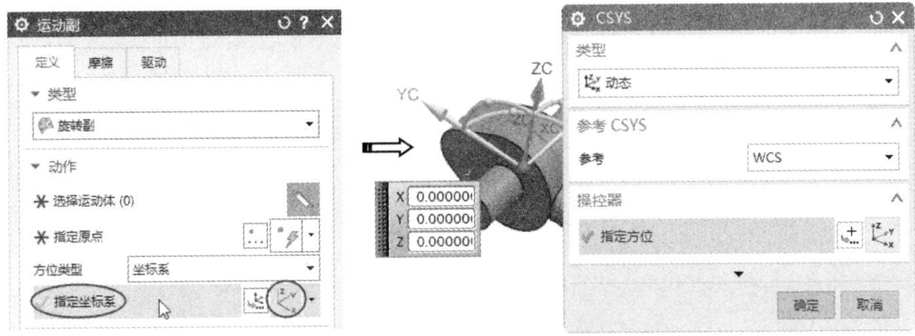

图 14-51　定义运动副的参考坐标系

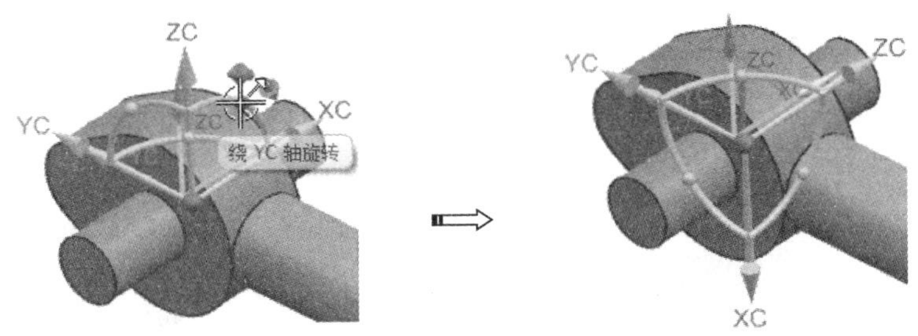

图 14-52　旋转坐标系

⑦ 选择凸轮作为旋转副的几何模型。

⑧ 指定旋转副的原点为参考坐标系的原点，如图 14-53 所示。

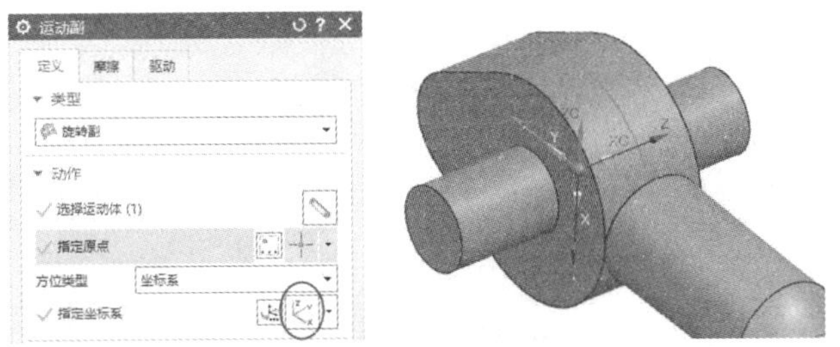

图 14-53　指定旋转副的原点

⑨ 在【运动副】对话框的【驱动】选项卡中，定义旋转多项式驱动的【速度】为【90】，

如图 14-54 所示。单击【应用】按钮，完成凸轮旋转副的定义。

⑩ 在【运动副】对话框的【定义】选项卡中设置【类型】为【滑动副】，并选择顶杆作为滑动副的运动体，如图 14-55 所示。

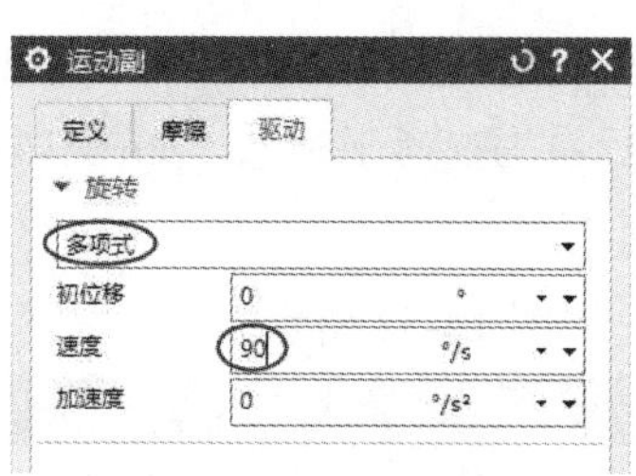

图 14-54 设定旋转初速度

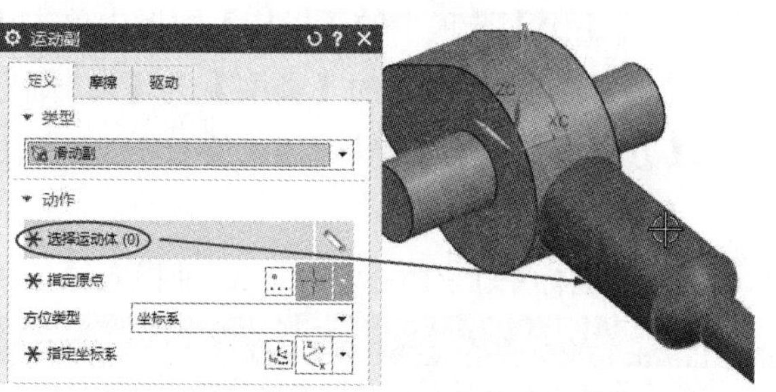

图 14-55 选择顶杆为滑动副的运动体

⑪ 设置【方位类型】为【坐标系】，并指定顶杆上圆形边线的中心点为 WCS 坐标系参考，如图 14-56 所示。

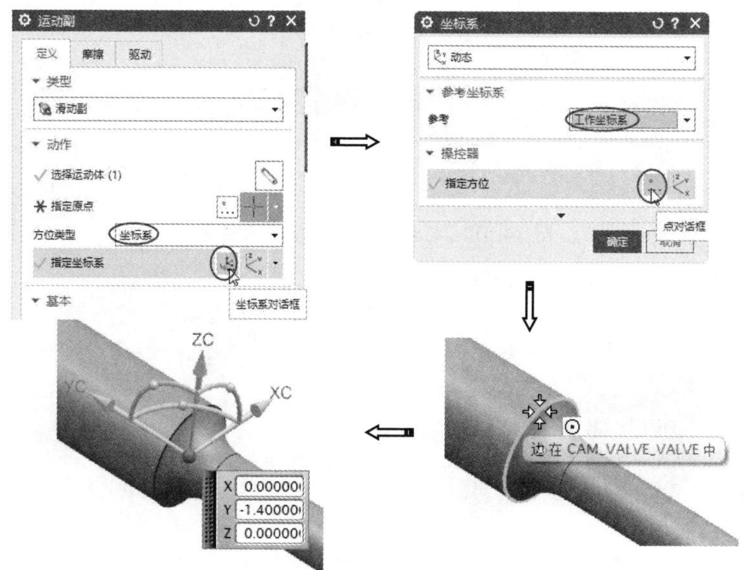

图 14-56 指定 WCS 坐标系参考

⑫ 将 WCS 的 ZC 轴旋转至原 YC 轴的负方向，如图 14-57 所示。

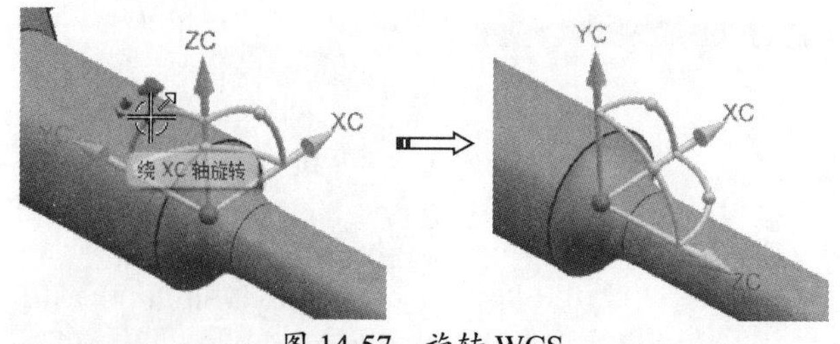

图 14-57 旋转 WCS

技巧点拨：

这是因为滑动副始终参考 WCS 的 ZC 轴进行平移。

⑬ 为滑动副运动体模型重新指定原点，即 WCS 的原点，如图 14-58 所示。

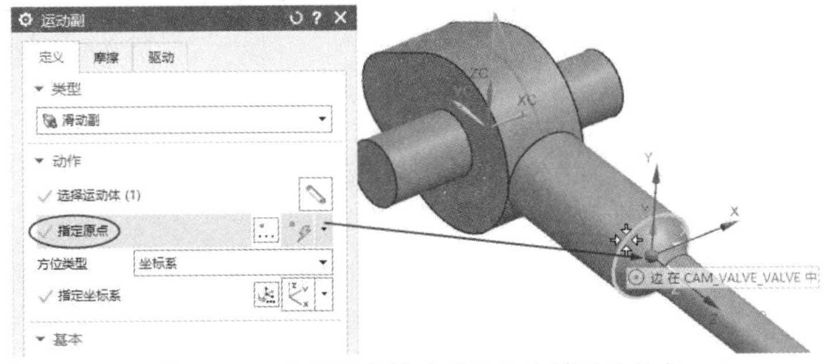

图 14-58　重新指定滑动副运动体模型的原点

技巧点拨：

当用户选择运动体模型后，默认情况下的原点就是选择面的位置点，但基本上默认点是不符合要求的。

⑭ 在【主页】选项卡的【接触】面板中单击【3D 接触】按钮，弹出【3D 接触】对话框。选择顶杆作为动作体，选择凸轮作为基本体，如图 14-59 所示。

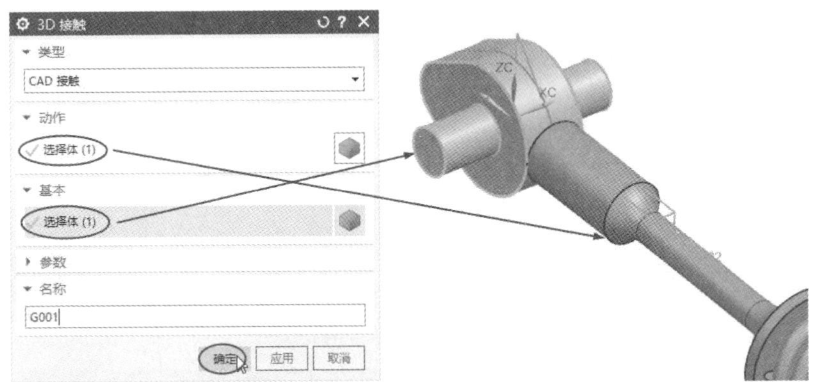

图 14-59　选择 3D 接触的动作体和基本体

技巧点拨：

定义 3D 接触的目的是让顶杆在运动过程中始终与凸轮接触，并以此实现凸轮传动。

⑮ 在【主页】选项卡的【连接器】面板中单击【弹簧】按钮，弹出【弹簧】对话框。

⑯ 选择顶杆底部的边界，程序会自动选择其中心点作为原点（此点为弹簧的起点），同时会自动选择运动体，如图 14-60 所示。

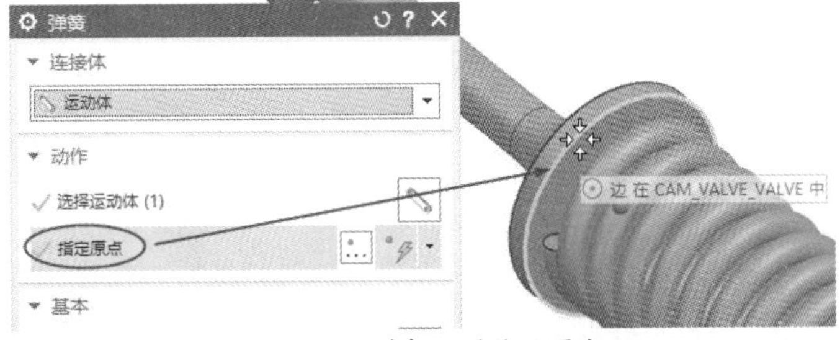

图 14-60　选择运动体及原点

⑰ 按信息提示在弹簧底端中心位置上选择现有的参考点作为弹簧的终点，如图 14-61 所示。

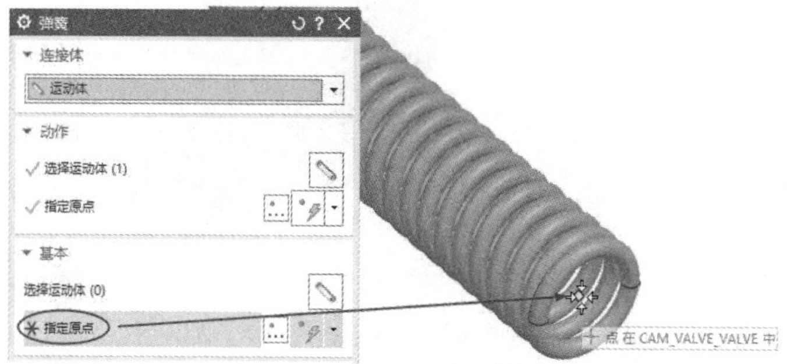

图 14-61 选择弹簧的终点

⑱ 在【弹簧参数】选项区中设置弹簧的参数，并单击【确定】按钮，完成弹簧的定义，如图 14-62 所示。

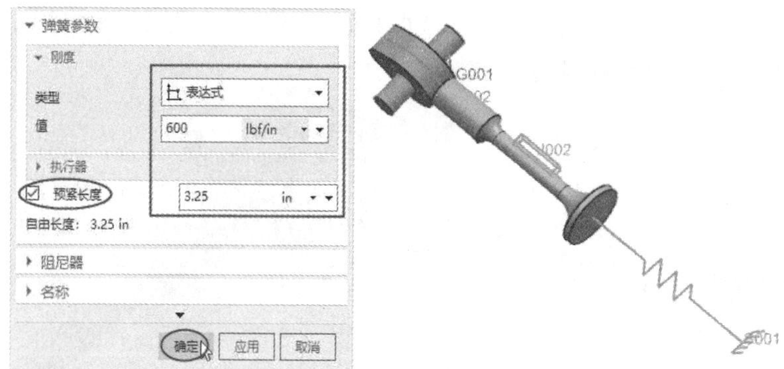

图 14-62 完成弹簧的定义

技巧点拨：

【预紧长度】值实际上是凸轮与顶杆接触的最近点和最远点之间的差值。

⑲ 在【主页】选项卡的【解算方案】面板中单击【解算方案】按钮，弹出【解算方案】对话框。首先设置【时间】和【步数】均为【50】，然后指定重力方向，并单击【确定】按钮，完成解算方案的创建，如图 14-63 所示。

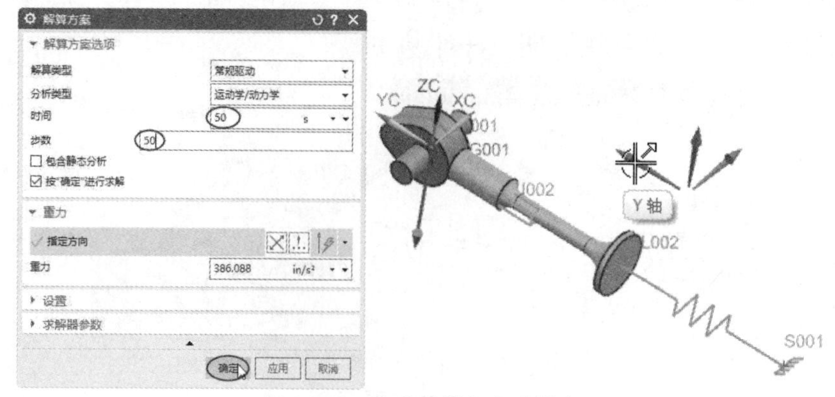

图 14-63 完成解算方案的创建

⑳ 在随后弹出的【常规驱动】对话框中单击【播放】按钮，检验凸轮机构运动仿真的结果，如图 14-64 所示。

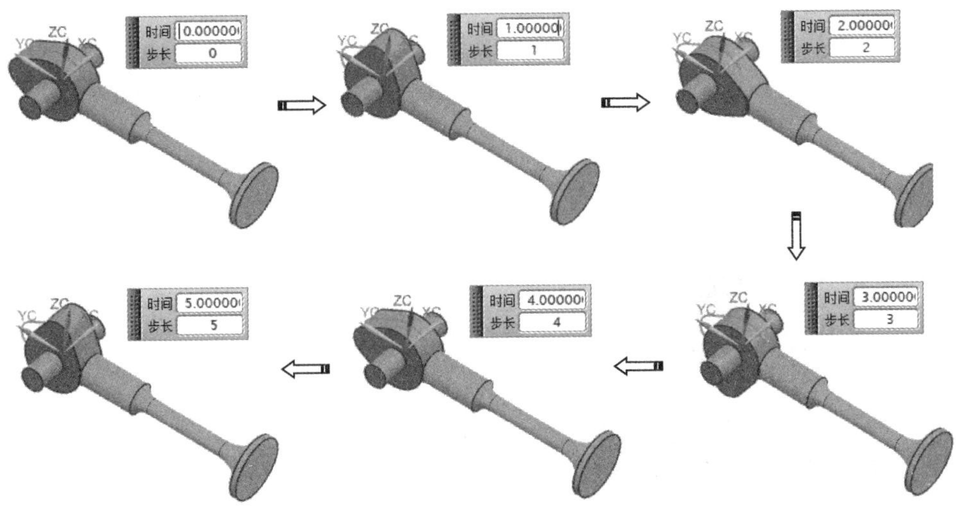

图 14-64　检验凸轮机构运动仿真的结果

㉑ 至此，完成了凸轮机构的运动仿真操作。

第 15 章

UG 有限元分析

本章内容

Simcenter Nastran 是 CAE 求解器技术事实上的标准，是被航空、航天、汽车、造船等行业的绝大部分客户认可的求解器。本章将运用 Simcenter Nastran 进行机械动力学有限元分析。

知识要点

- ☑ 有限元分析基础
- ☑ 有限元分析的模型准备
- ☑ 网格划分

15.1　有限元分析基础

有限元分析的基本概念是使用较简单的问题代替复杂问题后求解。有限元法的基本思路可以归结为："化整为零，积零为整。"它将求解域看作由有限个称为单元的互连子域组成，对每个单元假定一个合适的近似解，然后推导出求解这个总域的条件（如结构的平衡条件），从而得到问题的解。这个解不是准确解而是近似解，因为实际问题被较简单的问题代替了。由于大多数实际问题难以得到准确解，而有限元法不仅计算精度高，而且能够适应各种复杂形状，因此有限元法成为行之有效的工程分析手段，甚至成为 CAE 的代名词。

15.1.1　有限元法及其计算

有限元法（Finite Element Method，FEM）是随着计算机的发展而迅速发展起来的一种现代计算方法，是一种求解场问题的一系列偏微分方程的数值方法。

在机械工程中，有限元法已经作为一种常用的方法被广泛使用。无论是计算零部件的应力、变形，还是进行动态响应计算及稳定性分析等都可以使用有限元法。例如，进行齿轮、轴、滚动轴承及箱体的应力、变形计算和动态响应计算，分析滑动轴承中的润滑问题、焊接中的残余应力及金属成型中的变形分析等。

有限元法的计算步骤可归纳为：网格划分、单元分析和整体分析。

1. 网格划分

有限元法的基本做法是用有限个单元体的集合代替原有的连续体。因此，要先对弹性体进行必要的简化，再将弹性体划分为有限个单元组成的离散体。各单元之间通过节点连接。由节点、节点连线和单元构成的集合被称为网格。

通常把三维实体划分成四面体单元（4 个节点）或六面体单元（8 个节点）的实体网格单元，如图 15-1 所示；把平面划分成平面四边形单元或平面三角形单元的平面网格单元，如图 15-2 所示。

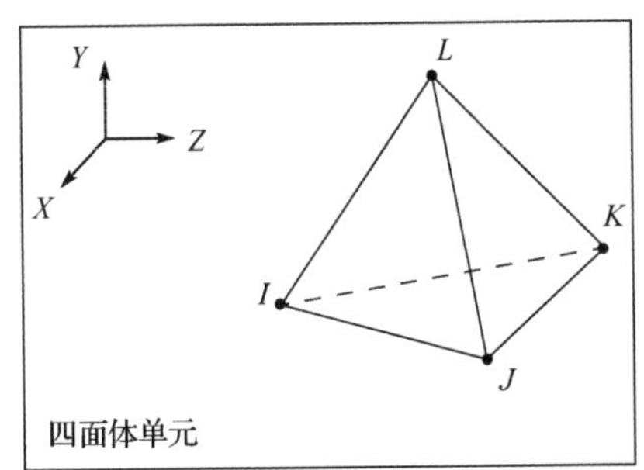

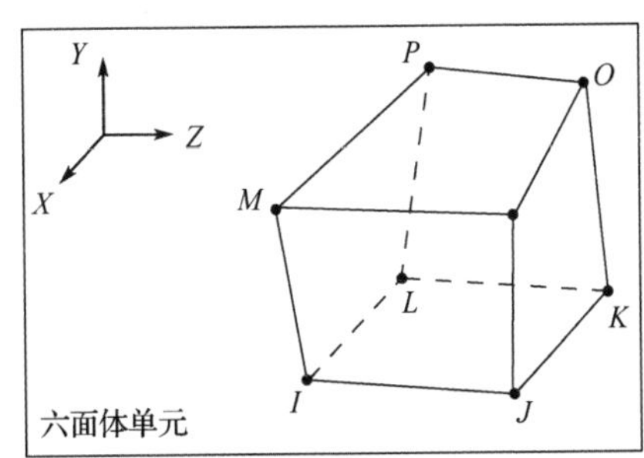

图 15-1　实体网格单元

2. 单元分析

对于弹性力学问题，单元分析就是建立各个单元的节点位移和节点力之间的关系式。

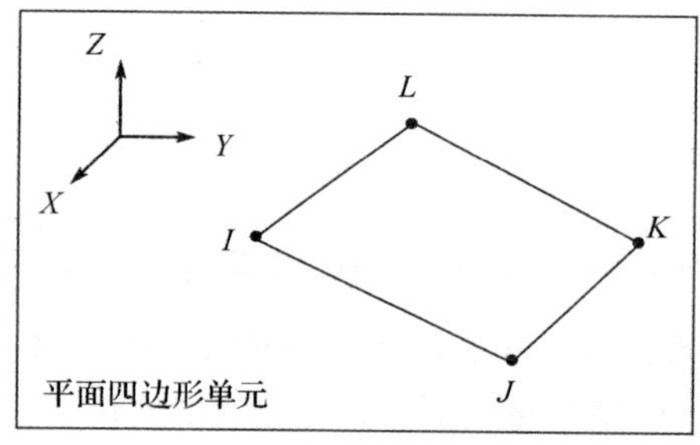

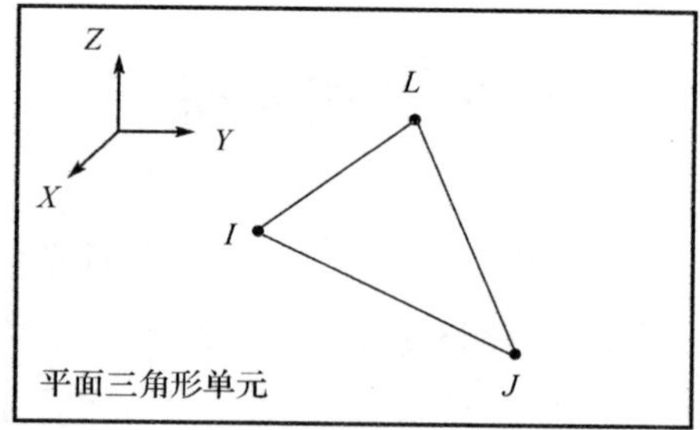

图 15-2　平面网格单元

由于单元的节点位移将作为基本变量，因此在进行单元分析时，首先要为单元内部的位移确定一个近似表达式，然后计算单元的应变、应力，最后建立单元的节点力和节点位移之间的关系式。

以平面三角形 3 节点单元为例，如图 15-3 所示，该单元有 3 个节点 i、j、m，每个节点有两个节点位移 u、v 和两个节点力 U、V。

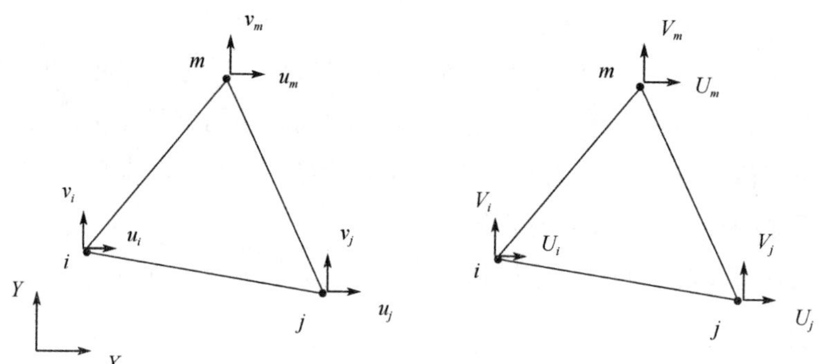

图 15-3　平面三角形 3 节点单元

3. 整体分析

对由各个单元组成的整体进行分析，并建立节点外载荷与节点位移的关系，以求解节点位移，这个过程被称为整体分析。以弹性力学的平面问题为例进行整体分析，如图 15-4 所示，边界节点 i 受到集中力 P_x^i、P_y^i 的作用。由于节点 i 是 3 个单元的结合点，因此需要把这 3 个单元在同一节点上的节点力汇集在一起来建立平衡方程。

i 节点的节点力：

$$U_i^{(1)} + U_i^{(2)} + U_i^{(3)} = \sum_e U_i^{(e)} \tag{15-1}$$

$$V_i^{(1)} + V_i^{(2)} + V_i^{(3)} = \sum_e V_i^{(e)} \tag{15-2}$$

i 节点的平衡方程：

$$\left.\begin{aligned} \sum_e U_i^{(e)} = P_x^i \\ \sum_e V_i^{(e)} = P_y^i \end{aligned}\right\} \tag{15-3}$$

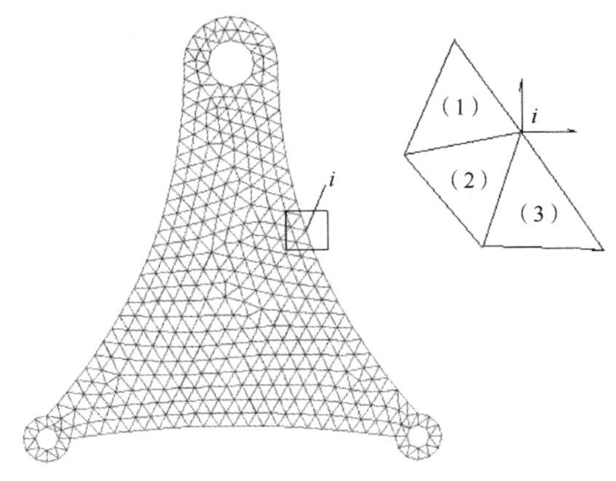

图 15-4　整体分析

15.1.2　在机械工程领域内可用有限元法解决的问题

（1）包括杆、梁、板、壳、三维块体、二维平面、管道等各种单元的各种复杂结构的静力学分析。

（2）各种复杂结构的动力学分析，包括频率、振型和动力响应计算。

（3）整机（如水压机、汽车、发电机、泵、机床）的静力学分析和动力学分析。

（4）工程结构和机械零件的弹塑性应力分析及大变形分析。

（5）工程结构和机械零件的热弹性蠕变、黏弹性及黏塑性分析。

（6）大型工程机械轴承油膜计算等。

15.1.3　UG NX 2007 仿真环境介绍

UG NX 2007 环境下生成的零件模型直接被有限元分析模块调用后，即可进入有限元分析的前处理阶段。在前处理阶段，需要对建模模型进行处理，包括对模型结构的简化，对载荷、约束条件的施加，对材料的分配，对网格单元类型的选择，对模型错误的检查等。

在主分析阶段，主要由计算机自动完成，包括变形计算、应力计算、收敛计算等。在后处理阶段，主要进行加工处理和形象化，将计算的结果转换为直观明了的图形和文字描述，并通过图形的静、动态显示或绘制相应的图形，从而有效地检查设计结果，辅助用户判定计算结果与设计方案的合理性。

1．高级仿真分析环境

UG NX 2007 中有两种有限元仿真分析环境，即设计仿真分析环境和高级仿真分析环境。设计仿真分析环境是针对进行基本研究验证的设计工程师开发的。而高级仿真分析环境则是供专业分析师使用的有限元分析工具。本节仅重点介绍高级仿真分析环境。

高级仿真是一种综合性的有限元建模和结果可视化的产品，旨在满足资深分析员的需求。高级仿真包括一整套前处理和后处理工具，并支持多种产品性能评估解法。图 15-5 所示为 UG 高级仿真分析环境。

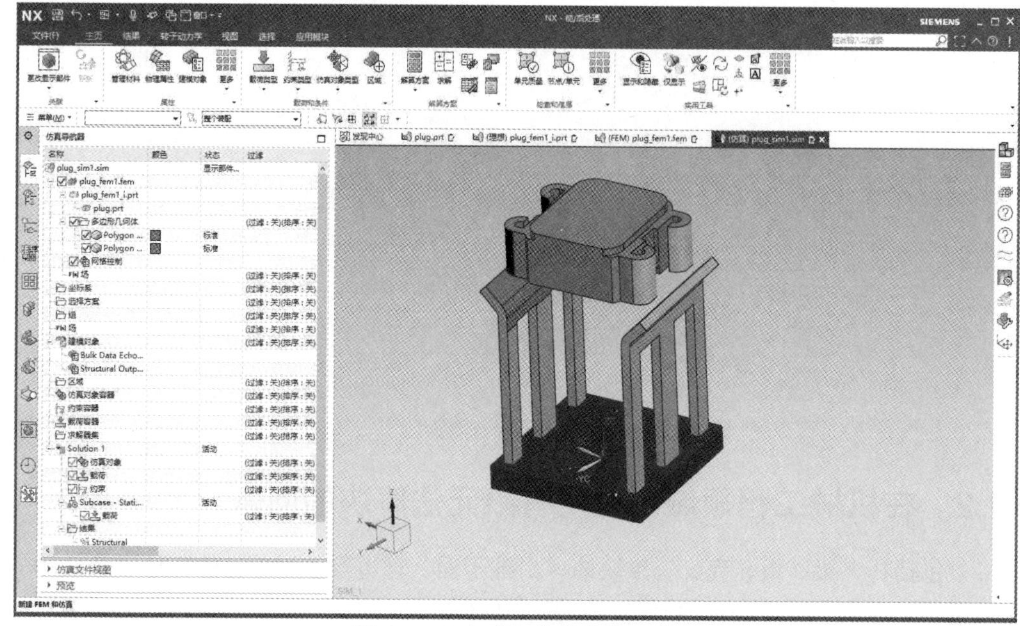

图 15-5　UG 高级仿真分析环境

2．高级仿真的有限元分析流程

高级仿真的有限元分析可以大幅度缩短用于准备分析模型的时间。对需要进行高端分析的经验丰富的分析人员而言，UG NX 2007 可以为他们提供期盼已久的高级网格划分、边界条件加载和求解器接口功能。但是与其他前处理器相比，高级仿真的独特之处在于它卓越的集成几何模型的方式，这种方式能够支持多 CAD 数据的直观几何模型编辑和模型关联性分析。与传统分析建模工具相比，高级仿真之所以能够使建模时间缩短 70%，关键在于它将强大的几何模型引擎与分析建模命令紧密集成在一起。

高级仿真的有限元分析流程如下所述。

（1）获得一个部件或装配件模型，并确定所需的分析条件、边界条件和结果。

（2）选择求解器（如 Simcenter Nastran）。

（3）理想化部件。

（4）在部件上创建网格，包括所需的材料和物理数据。

（5）施加在步骤（1）中确定的边界条件（载荷和约束）。

（6）求解模型。

（7）查看结果并准备报告。

3．高级仿真的文件结构

高级仿真在 4 个独立而关联的文件中管理仿真数据。若要在高级仿真中实现高效工作，则需要了解哪些数据存储在哪个文件中，以及在创建哪些数据时哪个文件必须是活动的工作部件。高级仿真的文件结构如图 15-6 所示。

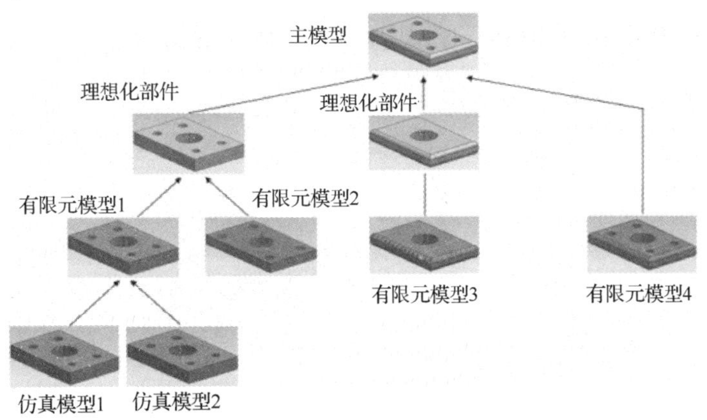

图 15-6　高级仿真的文件结构

- 主模型（Master Part）文件：包含主模型部件和未修改的部件几何体。如果在理想化部件中使用部件间表达式，则主模型部件具有写锁定特征。只有在使用主模型尺寸命令直接更改或通过优化间接更改主模型尺寸时，才会发生该情况。在大多数情况下，主模型部件不会被更改，也根本不会具有写锁定特征。写锁定特征可以被移除，以允许将新设计保存到主模型部件中。主模型如图 15-7 所示。
- 理想化部件（Idealize Part）文件：包含理想化部件，理想化部件是主模型部件的装配示例。理想化工具（如抑制特征或分割模型）允许用户使用理想化部件对模型的设计特征进行更改。用户可以按需要对理想化部件进行几何体理想化，而不修改主模型部件。理想化部件如图 15-8 所示。

图 15-7　主模型

图 15-8　理想化部件

- 有限元模型（FEM）文件：包含网格（节点和单元）、物理属性和材料。有限元模型文件中的所有几何体都是多边形几何体。如果对有限元模型进行网格划分，则会对多边形几何体进行一次几何体抽取操作，而不是理想化部件或主模型部件。有限元模型文件与理想化部件相关联，用户可以将多个有限元模型文件与同一理想化部件相关联。有限元模型如图 15-9 所示。
- 仿真模型（SIM）文件：包含所有仿真数据，如解法、解法设置、解算器特定仿真对象（如温度调节装置、表格、流曲面）、载荷、约束、单元相关联数据和替代。用户可以创建许多与同一有限元模型相关联的仿真模型文件。仿真模型如图 15-10 所示。

另外，装配文件是一个可选文件类型，可以用于创建由多个有限元模型文件组成的系统模型。装配文件包含所引用的有限元模型文件的示例和位置数据，以及连接单元和属性。装配如图 15-11 所示。

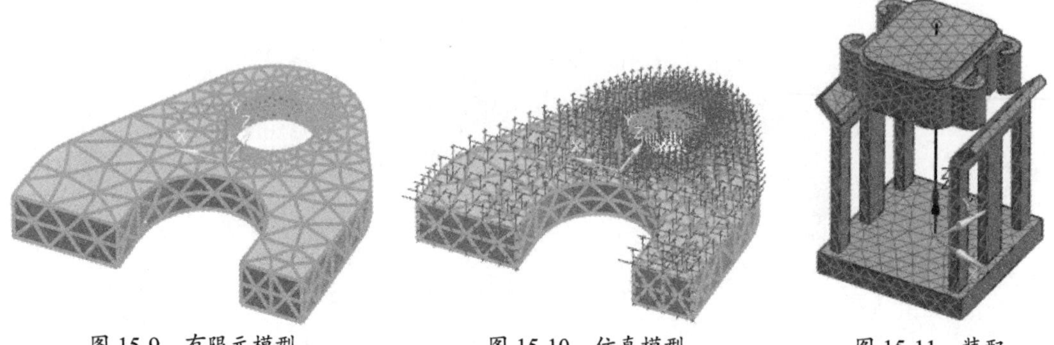

图 15-9　有限元模型　　　　图 15-10　仿真模型　　　　图 15-11　装配

4．仿真导航器

【仿真导航器】向用户提供了一种图形方式，用来查看和控制一个树形结构内 CAE 分析的不同文件与组件。每个文件或组件均被显示为该树形结构中的独立节点，如图 15-12 所示。

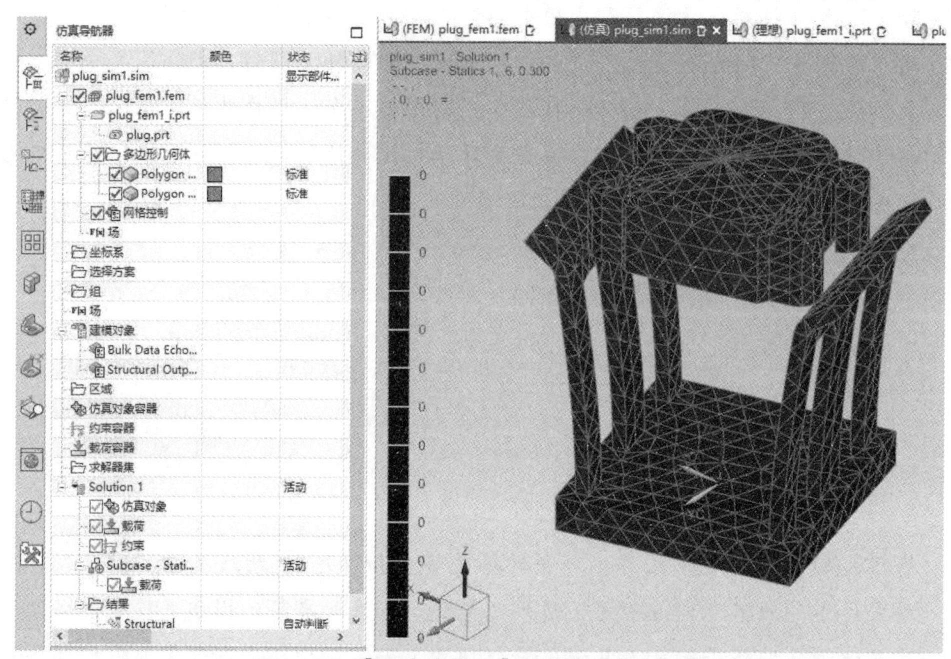

图 15-12　【仿真导航器】显示的文件与组件

使用【仿真导航器】可以执行分析过程中的所有步骤。右击【仿真导航器】并在弹出的快捷菜单中选择相应的命令，可以实现如下功能。

- 在 FEM 文件内定义网格。
- 显示选定的多边形几何体。
- 使理想化部件成为显示部件。

15.2　有限元分析的模型准备

有限元分析的模型准备有两种途径：一种是直接打开创建的模型及装配文件，并进行网格划分；另一种是通过设置分析环境，选择合适的求解器和分析类型，进入有限元分析环境并创建网格分析模型。常用的方式是打开已有主模型，然后直接在有限元分析环境中进行分析。

15.2.1　设置分析环境

设置分析环境表示指定分析时所选用的求解器和指定分析类型。在新建一个有限元模型仿真文件后，选择合适的分析环境，避免定义无效的有限元对象。这是因为不同的分析环境定义的有限元对象会不同。如果从一个分析环境转换到另一个分析环境，则不适应新分析环境的有限元对象会被自动删除。

如果一个新的有限元模型是克隆其他有限元模型而得到的，则新模型的分析环境与源模型的分析环境是相同的。如果有限元模型是从主模型中直接产生的，则分析环境为默认环境，也就是求解器分析环境。

UG 有限元环境设置包括指定部件、选择求解器和指定分析类型。

动手操作——设置有限元分析环境

① 启动 UG NX 2007 软件。打开本例的配套资源文件【15-1.prt】，此时的 UG 环境为基本环境，模型如图 15-13 所示。

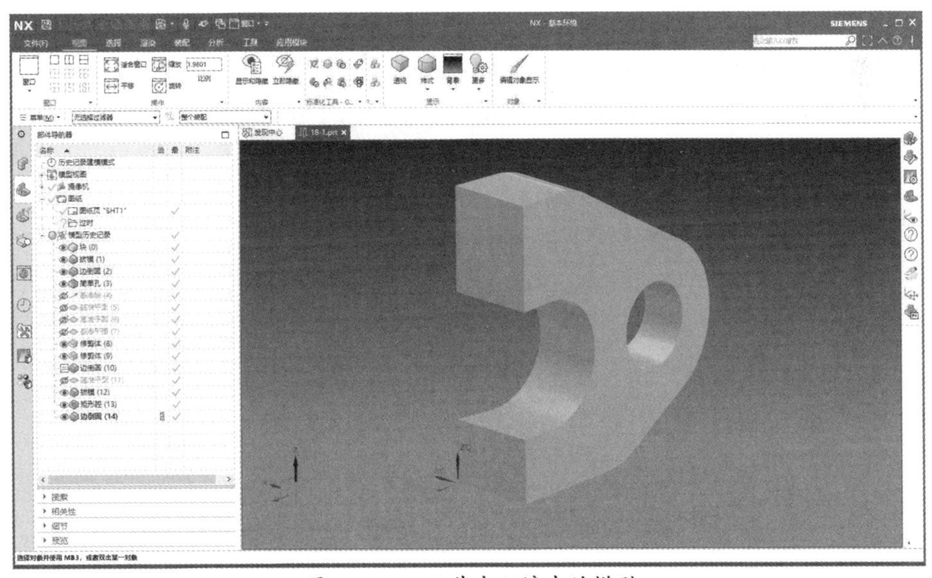

图 15-13　UG 基本环境中的模型

② 在【应用模块】选项卡的【仿真】面板中单击【前/后处理】按钮，进入高级仿真分析的基本环境。在此基本环境中可以新建仿真文件，并通过直接建模工具对模型进行简化，如图 15-14 所示。

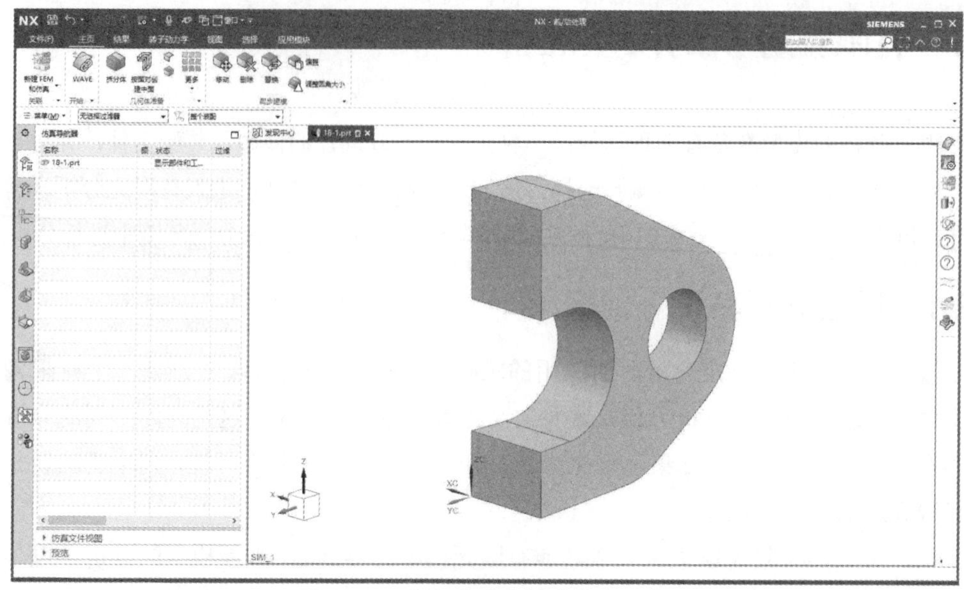

图 15-14　高级仿真分析的基本环境

③ 在【主页】选项卡的【关联】面板中单击【新建 FEM 和仿真】按钮，弹出【新建 FEM 和仿真】对话框，如图 15-15 所示。

④ 在【文件名】选项区中，为源模型默认创建两种文件，即 FEM 文件和 SIM 文件。在【CAD 部件】选项区的【理想化部件】选项组中勾选【创建理想化部件】复选框，将会在分析环境中创建理想化部件。如果零件结构本身比较简单，则无须勾选该复选框。

⑤【求解器环境】选项区的【求解器】下拉列表中列出了 UG 高级仿真分析环境下可用的所有求解器。【分析类型】下拉列表中列出了各种求解器所适用的分析类型，如图 15-16 所示。求解器支持的分析类型和解法类型如表 15-1 所示。

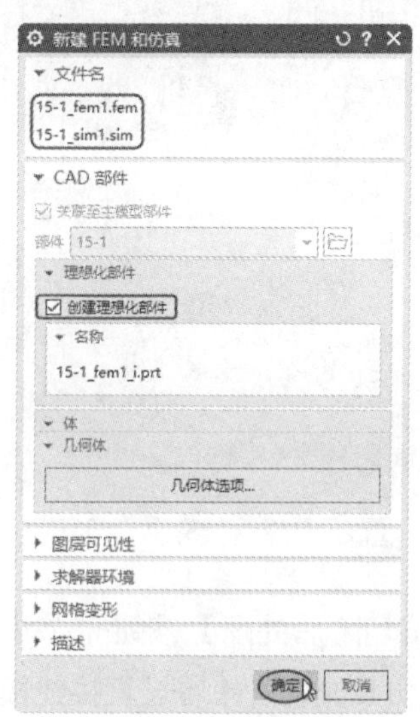

图 15-15　【新建 FEM 和仿真】对话框

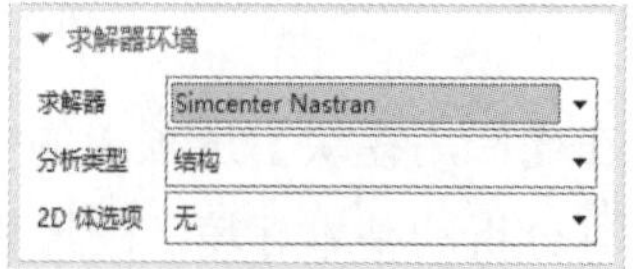

图 15-16　【求解器环境】选项区

表 15-1　求解器支持的分析类型和解法类型

分析类型	分析类型描述	支持的解法类型			
		Simcenter Nastran	MSC Nastran	ANSYS	ABAQUS
结构	线性静态	SESTATIC101-单个约束 SESTATIC101-多个约束	SESTATIC101-单个约束 SESTATIC101-多个约束	线性静态	静态摄动
	模态	SEMODES103 SEMODES103-响应仿真	SEMODES103	模态	频率摄动
	线性屈曲	SEBUCKL105	SEBUCKL105	屈曲	屈曲摄动
	非线性静态	NLSTATIC106	NLSTATIC106	非线性静态	常规
	直接频率响应	SEDFREQ 108			
	直接瞬态响应	SEDTRAN 109			
	模态频率响应	SEMFREQ 111			
	模态瞬态响应	SEMTRAN 112			
	非线性瞬态响应	NLTRAN 129	NLTRAN 129		
	高级非线性静态（隐式）	ADVNL 601,106			
	高级非线性瞬态响应（隐式）	ADVNL 601,129			
	高级非线性动态（显式）	ADVNL 701			
热	稳态热传递	NLSCSH153	NLSCSH153	热	热传递
轴对称结构	轴对称结构	SESTATIC101-多个约束 NLSTATIC106 ADVNL 601,106 ADVNL 601,129	SESTATIC101-多个约束 NLSTATIC106	线性静态 非线性静态	静态摄动 常规
轴对称热	轴对称热	NLSCSH153	NLSCSH153	热	热传递

- Simcenter Nastran/MSC Nastran：对于结构解算，约束存储在主解法或子工况中；载荷存储在子工况中。对于热解算，载荷和约束均存储在子工况中。
- ANSYS：约束存储在主解法中，载荷存储在子步骤中；对于非线性静态解算和热解算，约束存储在子步骤中。
- ABAQUS：加载历史记录被分为几个步骤。对于线性分析，每个步骤基本上都是一个载荷工况。所有载荷和约束都被分在指定的步骤中。每个步骤可以包含任意数目、任意类型的载荷和约束。

技巧点拨：

如果在进行仿真时要求一个步骤的结果成为下一个步骤的基本条件，则用户必须确保上一个步骤的载荷和边界条件被包含在后续步骤中。

- LS-DYNA：对于 LS-DYNA 求解器，使用创建解法对话框可以创建结构解法。此求解器用于未来扩展，不必创建仿真文件或解法，可以改为从有限元模型直接执行导出仿真命令，以写入 LS-DYNA 关键字文件。高级仿真不支持 LS-DYNA 的边界条件或载荷。

- Simcenter Nastran Design：该求解器是适用于设计仿真用户的 Simcenter Nastran 求解器的流线型版本。使用 Simcenter Nastran Design 可以执行线性静态、振动（自然）模式、线性屈曲和热分析。
- NX 热/流：此求解器可以执行热传递和计算流体动力学（CFD）分析。将两种求解器单独使用或结合使用可以获得耦合的热流结果。
- NX Electronic System Cooling：此求解器是一个综合的热传递和流仿真套件，它将热分析和计算流体动力学（CFD）分析相结合。可以使用此求解器来分析电子设计的复杂热问题。
- NX 空间系统热：此求解器提供了用于空间和常规应用的热仿真工具的综合套件。

⑥ 在【新建 FEM 和仿真】对话框的【网格变形】选项区中勾选【保存完整变形数据】复选框，并单击【确定】按钮，进入高级仿真分析环境，同时弹出【解算方案】对话框。在【解算方案】对话框中可以设置解算类型，也可以在此对话框中重新选择求解器和分析类型，如图 15-17 所示。

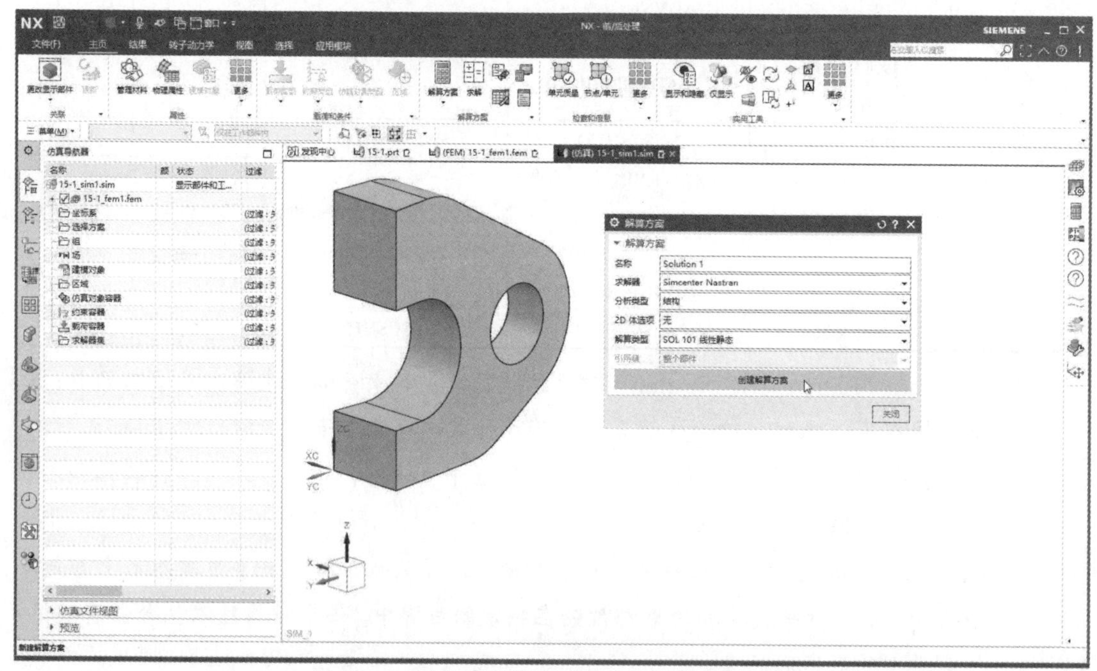

图 15-17　弹出【解算方案】对话框并进行设置

⑦ 单击【创建解算方案】按钮，随后单击【关闭】按钮，进入高级仿真分析环境的网格划分界面。在【主页】选项卡的【网格】面板中单击【3D 四面体】或【2D 网格】按钮，可以对模型进行网格划分，如图 15-18 所示。

⑧ 在进行网格划分后，在【主页】选项卡的【关联】面板中单击【激活仿真】按钮，进入高级仿真分析环境的分析界面，如图 15-19 所示。

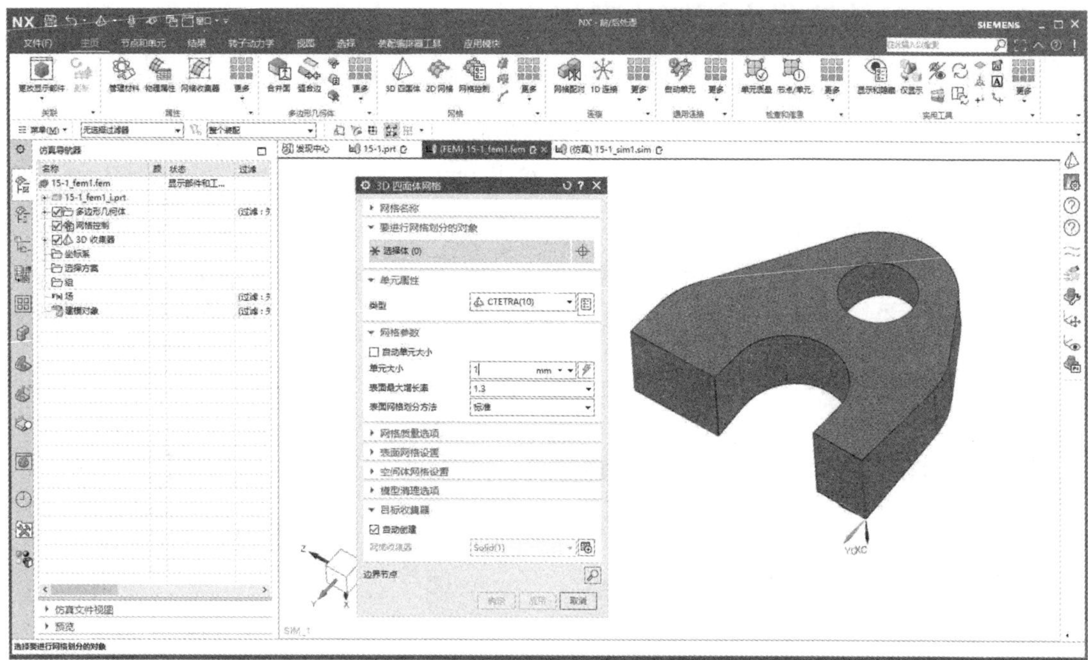

图 15-18　高级仿真分析环境的网格划分界面

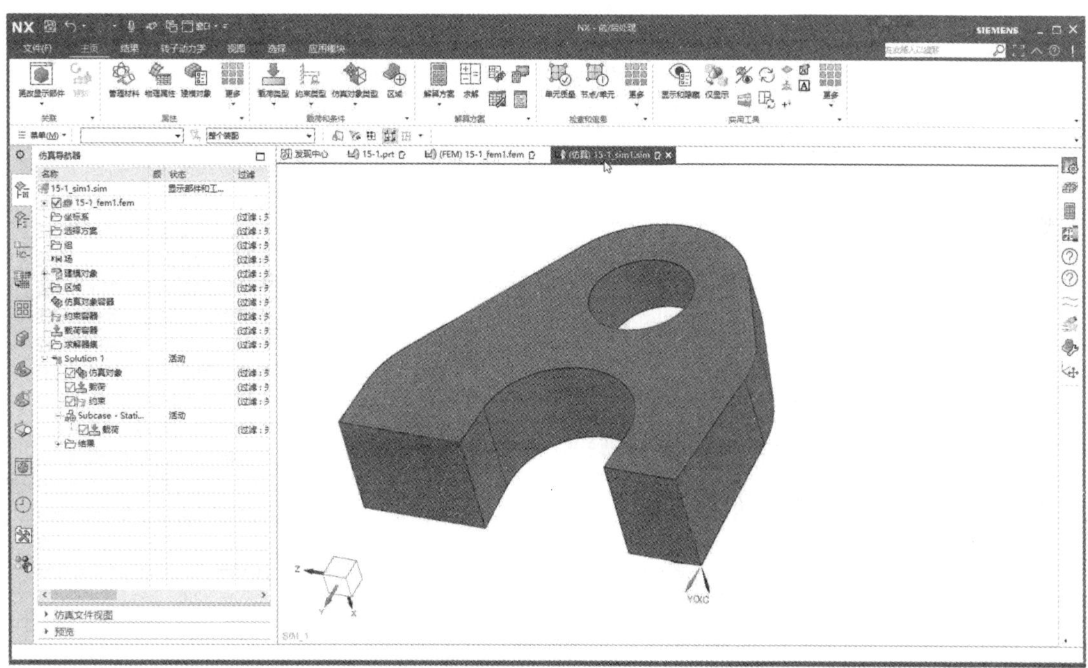

图 15-19　高级仿真分析环境的分析界面

技巧点拨：

当然，我们也可以在【主页】选项卡的【解算方案】面板中单击【解算方案】按钮，重新设置求解器、分析类型和解算方案的解算类型等。

15.2.2 模型的简化（几何体理想化）

在进行有限元分析时，如果模型中有许多附加特征，如加强筋、圆角、倒角、凸起、垫块等，则势必导致网格质量缺陷，从而耗费大量的分析时间。因此，我们需要将这些附加特征进行清除以得到理想模型。对于分析结果来说，这些附加特征对分析结果的影响是微乎其微的，几乎可以忽略不计。

模型简化命令在高级仿真分析的基本环境中。模型简化命令如图 15-20 所示。

在高级仿真分析的基本环境中，可以在【仿真导航器】中的有限元模型文件下将理想化部件设置为显示部件，如图 15-21 所示。

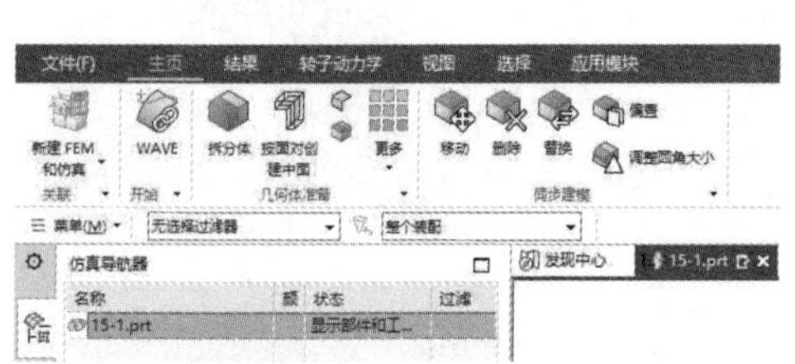

图 15-20　模型简化命令

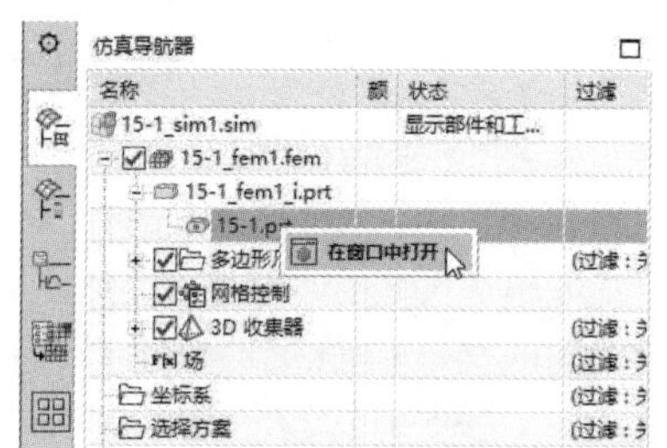

图 15-21　将理想化部件设置为显示部件

【仿真导航器】中的各种节点及其含义如表 15-2 所示。

表 15-2　【仿真导航器】中的各种节点及其含义

图标	节点名称	节点描述
	仿真模型	包含所有仿真数据，如解法、解法设置、求解器特定仿真对象、载荷、约束和覆盖。用户可以让多个仿真模型文件与单个有限元模型文件相关联
	有限元模型	包含所有网格数据、物理属性、材料数据和多边形几何体。有限元模型文件始终与理想化部件相关联。用户可以将多个有限元模型文件与单个理想化部件相关联
	理想化部件	包含在用户创建有限元模型时软件自动创建的理想化部件
	主模型	如果主模型部件是工作部件，则右击主模型部件节点以创建新的有限元模型或显示现有的理想化部件
	CAE 几何体	包含多边形几何体（多边形体、面和边）
	0D 网格	包含所有 0D 网格
	1D 网格	包含所有 1D 网格
	2D 网格	包含所有 2D 网格
	3D 网格	包含所有 3D 网格
	仿真对象容器	包含特定求解器和特定解法的对象，如温度调节装置、表或流曲面
	载荷容器	包含指定给当前仿真文件的载荷。在解法容器中，载荷容器包含指定到给定子工况的载荷
	约束容器	包含指定给当前仿真文件的约束。在解法容器中，约束容器包含指定给解法的约束
	解法	包含解法的解法对象、载荷、约束和子工况
	子工况步骤	包含特定的某一解法中每个子工况的解法实体，如载荷、约束和仿真对象

续表

图标	节点名称	节点描述
	结果	包含一个解算的任何结果。在后处理器中，用户可以打开结果节点，并使用【仿真导航器】中的可见性复选框来控制各种结果集的显示

模型简化命令在前面的特征建模和直接建模过程中已经介绍过。模型简化可以对分析结果带来以下几点优势。

- 将特征添加到理想化部件中，使分析更便利。
- 分割大的体积，使该体积的网格化更便利。
- 在薄壁部件上创建一个中位面，使 2D 网格化更便利。
- 从模型上移除那些会降低该区域上单元质量非常小的曲面或边。
- 将几何体添加到模型中，供分析时使用。例如，可以将边添加到几何体中，用于控制该区域中的网格，或者可以定义其他基于边的载荷或约束。

事实上，在高级仿真分析环境中，模型简化命令比较分散，有时清除一个特征需要使用几个命令来完成，而在设计仿真分析环境中，除了相同的模型简化命令，还有两个非常便捷的理想化几何体命令，即【理想化几何体】和【移除几何特征】。

下面对这两个命令的用法进行详细介绍。

动手操作——理想化几何体

① 打开本例的配套资源文件【15-2.prt】，分析模型如图 15-22 所示。该模型中包括圆角特征和孔特征。我们仅清除比较小的圆角和孔。

② 在【应用模块】选项卡的【仿真】面板中单击【设计】按钮，弹出【新建 FEM 和仿真】对话框，如图 15-23 所示。保持对话框中各选项的默认设置，并单击【确定】按钮，进入设计仿真分析环境。

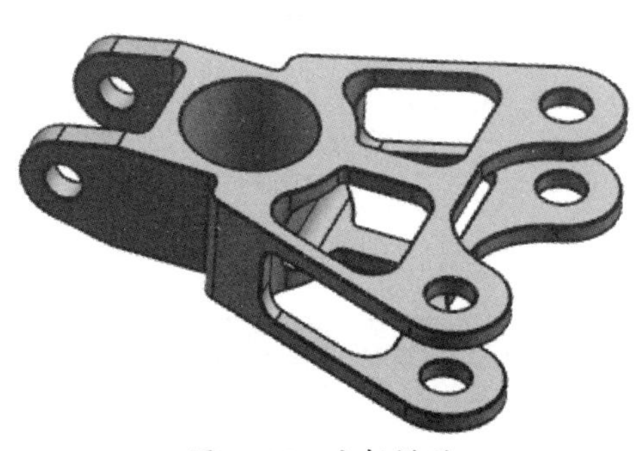

图 15-22　分析模型

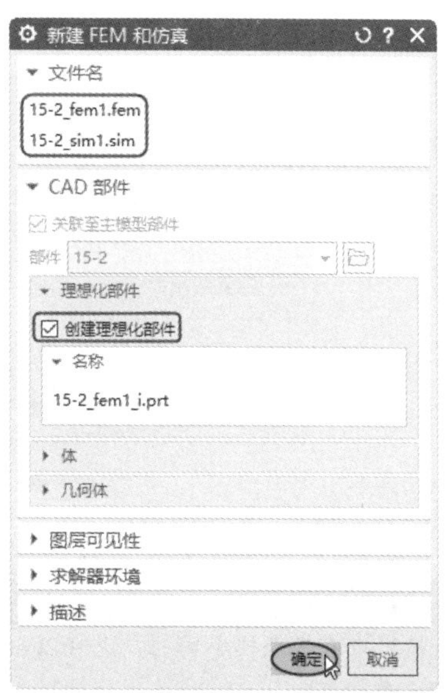

图 15-23　【新建 FEM 和仿真】对话框

技巧点拨：

若要使用【理想化几何体】命令进行简化操作，则必须勾选【创建理想化部件】复选框。

③ 在【仿真导航器】中设置理想化部件【15-2_fem1_i.prt】为显示部件，随后进入理想化部件的激活界面，如图 15-24 所示。

④ 由于理想化部件是分析模型，性质上属于装配体类型，而不属于实体类型，因此需要将装配体模型进行提升，直接将装配体转换为实体。在【主页】选项卡的【开始】面板中单击【提升】按钮，弹出【提升体】对话框，选择理想化部件作为提升对象，并单击【确定】按钮，完成装配体模型的提升（已转换为实体），如图 15-25 所示。

技巧点拨：

由于本例模型原本是一个装配体的组件，虽然是单个的模型，但是具有一定的装配属性，并不是真正意义上的实体模型，因此可以通过创建提升体，将独立装配组件模型提升，变成可编辑的实体模型，其作用与 WAVE 链接类似。不同的是，提升并不会复制出新模型，而是会修改原模型的属性。

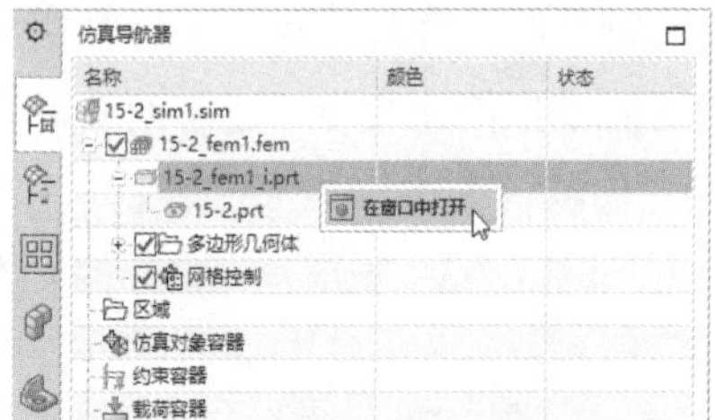

图 15-24 设置理想化部件为显示部件

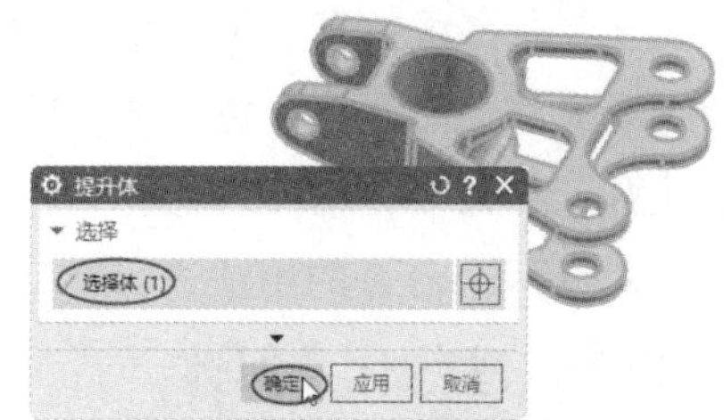

图 15-25 提升装配体模型

⑤ 在【主页】选项卡的【几何体准备】面板中单击【理想化几何体】按钮，弹出【理想化几何体】对话框。选择提升模型作为理想化对象，会将【理想化几何体】对话框中的选项全部激活。

⑥ 勾选【圆角】复选框，并设置【半径<=】为【5.000000】，则链接模型上所有半径小于或等于 5mm 的圆角会被自动选中（高亮显示），如图 15-26 所示。

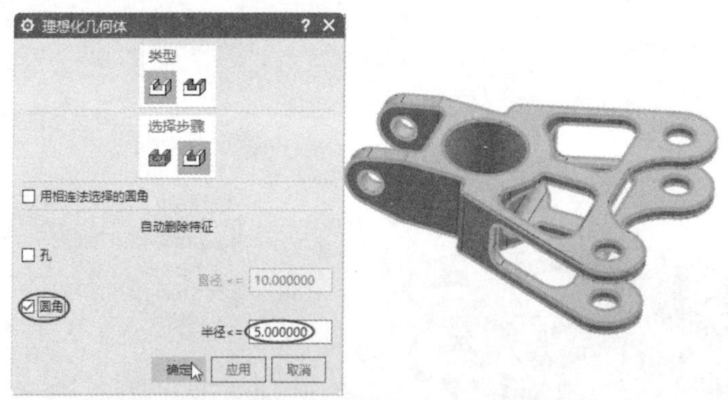

图 15-26 设置要理想化的圆角半径

技巧点拨：

如果模型中有直径较小的孔，也可以在【理想化几何体】对话框中勾选【孔】复选框，并设置【直径<=】为预定值即可。

⑦ 单击【确定】按钮，完成链接模型的理想化操作，如图 15-27 所示。

⑧ 由于我们还要在高级仿真分析环境中进行操作，所以在【应用模块】选项卡的【仿真】面板中单击【前/后处理】按钮，进入高级仿真分析环境的理想化部件界面。在【仿真导航器】中右击理想化部件文件，并在弹出的快捷菜单中选择【显示 FEM】|【15-2_fem1.fem】命令，如图 15-28 所示，进入高级仿真分析环境的网格划分界面。

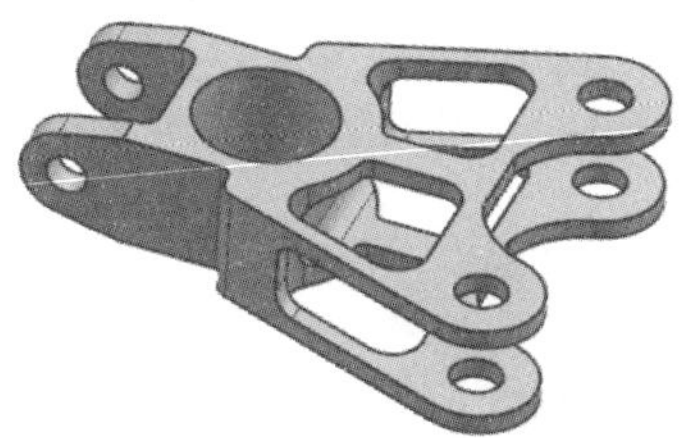

图 15-27　清除圆角特征后的模型

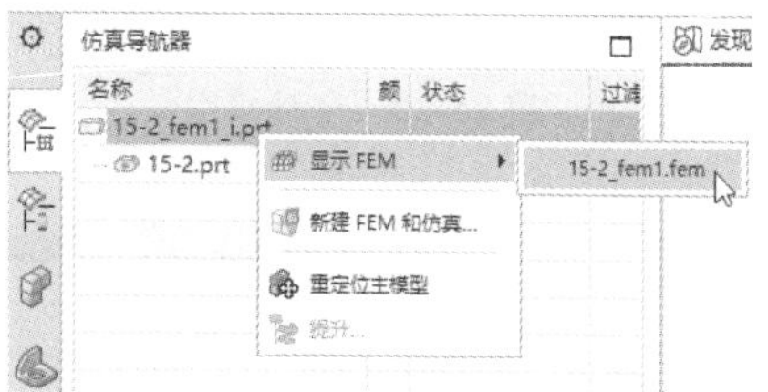

图 15-28　选择【15-2_fem1.fem】命令

⑨ 可以看到，在【仿真导航器】的【多边形几何体】节点下，有一个【KNUCKLE（2）】几何体，此几何体是提升的、经过理想化的实体，如图 15-29 所示。

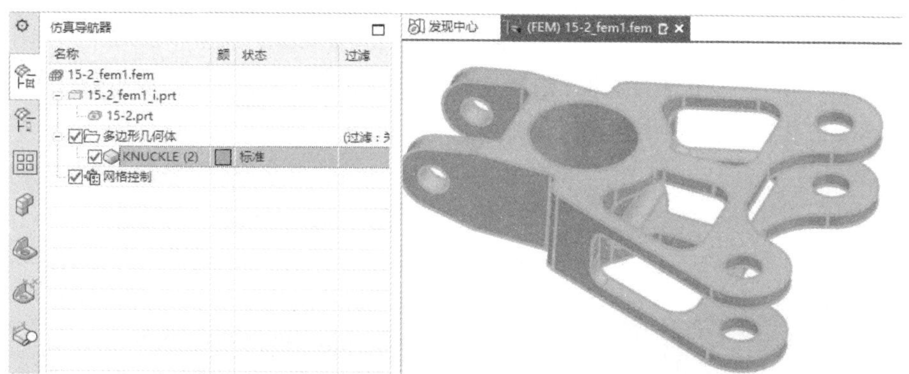

图 15-29　【仿真导航器】的【多边形几何体】节点

动手操作——移除几何特征

【移除几何特征】命令主要以选择面的方式来清除筋特征、孔特征、圆角特征等。

① 打开本例的配套资源文件【15-3.prt】，分析模型如图 15-30 所示。模型中有圆角特征和孔特征。我们仅清除比较小的圆角特征和孔特征。

② 在【应用模块】选项卡的【仿真】面板中单击【设计】按钮，弹出【新建 FEM 和仿真】对话框，保持对话框中各选项的默认设置，并单击【确定】按钮，进入设计仿真分析环境。

③ 在【仿真导航器】中将理想化部件【15-3_fem1_i.prt】在新窗口中打开，随后进入理想化部件的激活界面，如图 15-31 所示。

④ 在【主页】选项卡的【开始】面板中单击【提升】按钮，弹出【提升体】对话框，选择理想化部件，创建提升体，如图 15-32 所示。

图 15-30 分析模型

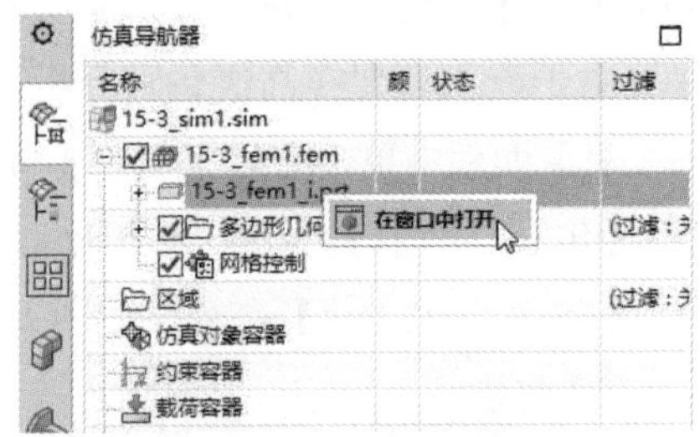

图 15-31 将理想化部件在新窗口中打开

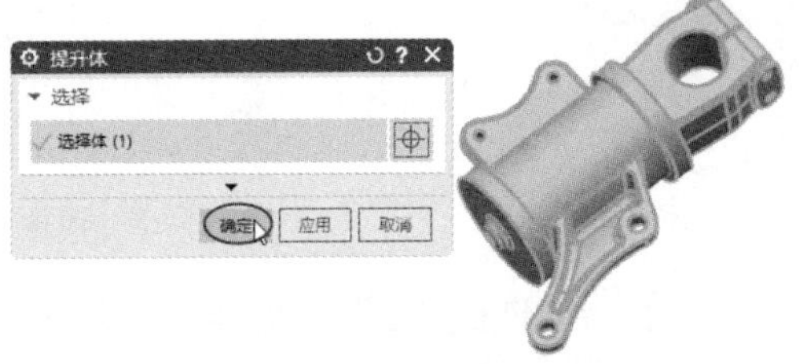

图 15-32 创建提升体

⑤ 在【主页】选项卡的【几何体准备】面板中的【更多】库中单击移除几何特征按钮，弹出【移除几何特征】对话框。选择提升体模型上的一个孔面，并单击【确定】按钮，移除该孔特征，如图 15-33 所示。

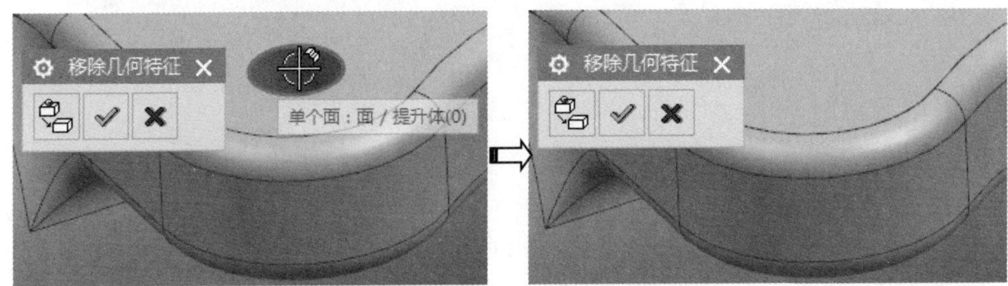

图 15-33 选择孔面以移除孔特征

⑥ 同理，可以选择其他附加特征上的面，移除该附加特征，如图 15-34 所示。

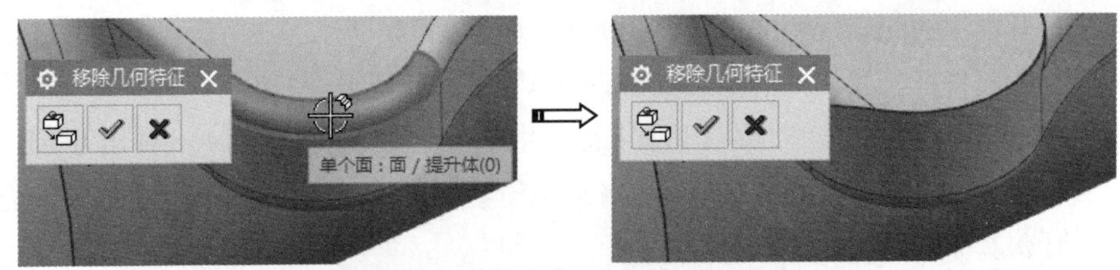

图 15-34 选择圆角面以移除圆角特征

⑦ 在【应用模块】选项卡的【仿真】面板中单击【前/后处理】按钮，进入高级仿真分析环境的理想化部件界面。

⑧ 在【仿真导航器】中右击理想化部件文件，在弹出的快捷菜单中选择【显示 FEM】|【15-3_fem1.fem】命令，如图 15-35 所示，进入高级仿真分析环境的网格划分界面。

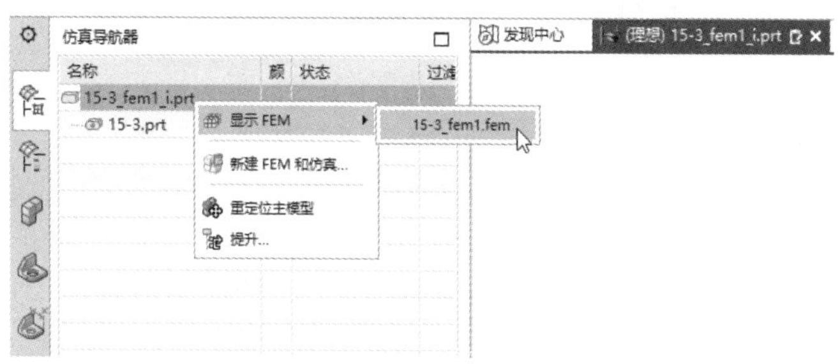

图 15-35　选择【15-3_fem1.fem】命令

⑨ 可以看到，在【仿真导航器】的【多边形几何体】节点下，只有一个几何体。说明提升体并不会产生新的链接模型，如图 15-36 所示。

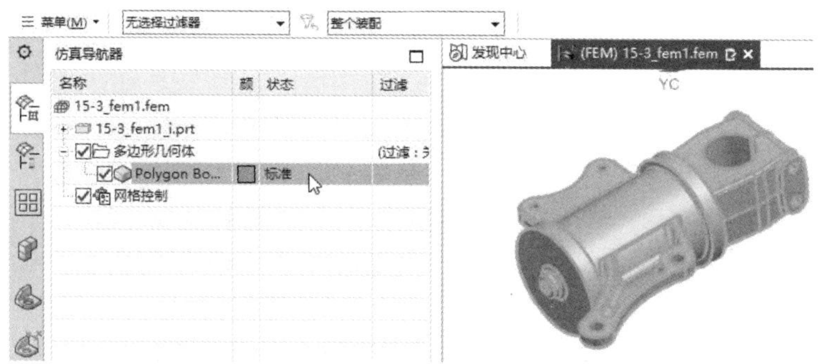

图 15-36　【仿真导航器】的【多边形几何体】节点

15.2.3　分析模型的材料设置

我们可以选择和定义材料及材料属性，以应用于用户构建的仿真模型和机构。材料的设置仅针对有限元模型。

在进行网格划分之前，用户可以使用【管理材料】命令定义分析模型的材料。定义分析模型材料的【指派材料】对话框可以通过以下两种方式打开。

- 在【主页】选项卡的【几何体准备】面板中的【更多】库中单击【指派材料】按钮。
- 激活有限元模型文件，进入高级仿真分析环境的网格划分界面，在【主页】选项卡的【属性】面板中的【更多】库中单击【指派材料】按钮。

使用上述任意一种方式打开【指派材料】对话框，如图 15-37 所示。

指派材料的对象可以是选择体、无指派材料的体和工作部件中的所有体。

- 选择体：允许选择单个模型来指派材料。
- 无指派材料的体：当分析模型中存在多个实体，并且部分实体已经指派过材料，对没有指派过材料的部分实体可以通过此方式来一次性指派材料。
- 工作部件中的所有体：分析模型中存在多个实体，可以一次性指派材料。

在【材料列表】选项区中，可以使用【库材料】或本地材料，在使用【库材料】时可以选择不同的材料库，如图 15-38 所示。默认使用的是【NX 材料库】。【材料】列表框中显示了 NX 材料库中的每一种材料，如图 15-39 所示。

图 15-37 【指派材料】对话框

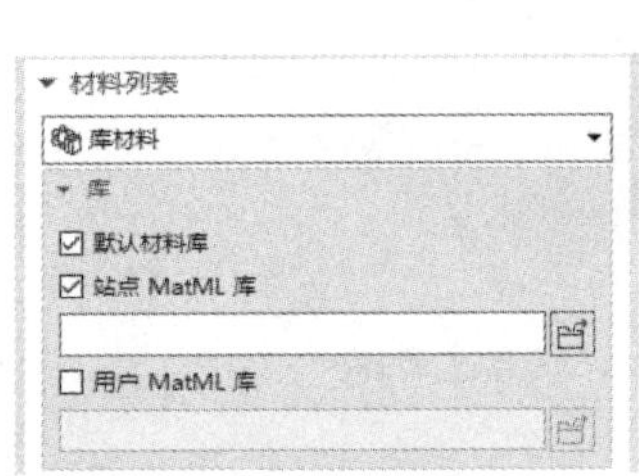

图 15-38 选择不同的材料库

图 15-39 NX 材料库中的材料

在选择一种材料后，单击对话框中的【确定】按钮，完成材料的指派。如果用户需要自定义材料，则在【指派材料】对话框的【新建材料】选项区中的【类型】下拉列表中选择某种材料类型（如选择【各向同性】类型）后，单击【创建】按钮，即可在弹出的【各向同性材料】对话框中创建自定义的材料，如图 15-40 所示。

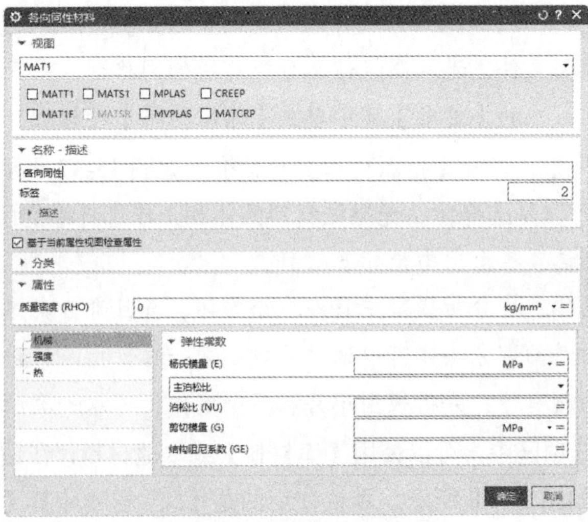

图 15-40 创建自定义的材料

15.3　网格划分

网格是构成有限元模型的重要组成元素，也是有限元分析计算的基础。网格划分是指将理想化部件拆分成有限数量的区域。这些区域被称为单元，并且单元之间由节点连接在一起。

15.3.1　网格单元

在高级仿真模型中使用网格划分功能可自动：

- 在选定点上生成 0D 单元。
- 在边上生成 1D 单元。
- 在面上生成 2D 单元。
- 在体积上生成 3D 单元。

1．单元大小

单元的边长决定了单元的大小。在 UG 高级仿真分析环境中，单元大小是由边长控制的。图 15-41 所示为 1D 单元（梁单元）、2D 单元（壳单元）及 3D 单元（体单元）的边长测量方法。

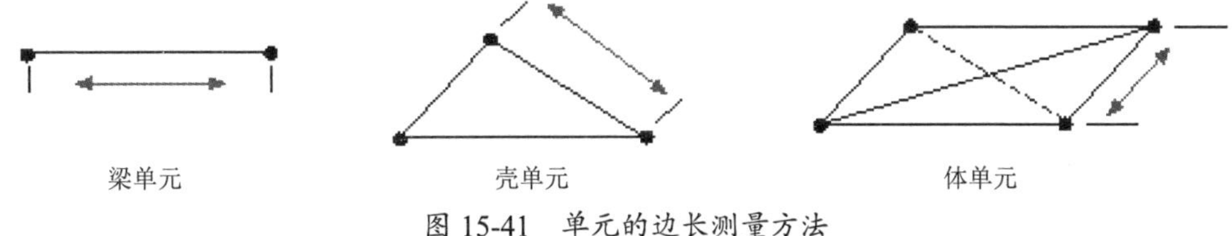

图 15-41　单元的边长测量方法

由于软件会将周边几何体和单元质量问题考虑在内，因此模型中单元边的实际长度可能会有所不同。

2．了解曲面网格的大小变化

虽然单元大小可以定义总体网格的单元长度，但是用户也可以让软件在曲面曲率的区域中改变该长度。这样，用户便可以在特定的弯曲区域中创建更多较小的单元来细化这些区域中的网格。使用【2D 网格】对话框中【高级参数】选项区的【基于曲率的大小变化】选项和【3D 四面体网格】对话框中【表面网格设置】选项区的【基于表面曲率的大小变化】选项可以控制软件如何根据曲面曲率来改变三角形单元的长度。对于 3D 四面体网格来说，这些三角形单元是软件用于生成体单元的单元。

在【2D 网格】对话框和【3D 四面体网格】对话框中，可以分别使用【基于曲率的大小变化】选项和【基于表面曲率的大小变化】选项指定一个百分比，用于控制软件根据曲率来改变单元长度的量。

- 如果将滑块设置为 0，则软件在整个模型中使用全局单元长度，而不考虑曲率。

- 如果将滑块设置为 50%，则软件会根据曲面曲率将单元长度控制在全局单元大小的 50%～100%范围内。
- 如果将滑块设置为 100%，则软件将单元长度控制在全局单元大小的 10%～100%范围内。

如图 15-42 所示，此图说明了如何根据区域或曲率改变单元长度才能使网格更好地表示曲面曲率。图 15-42（a）显示了仅使用【单元大小】选项进行粗糙网格化的曲面；图 15-42（b）显示了将【基于曲率的大小变化】或【基于表面曲率的大小变化】选项的滑块设置为 50%的相同的网格化曲面；图 15-42（c）显示了将【基于曲率的大小变化】或【基于表面曲率的大小变化】选项的滑块设置为 100%的相同的网格化曲面。

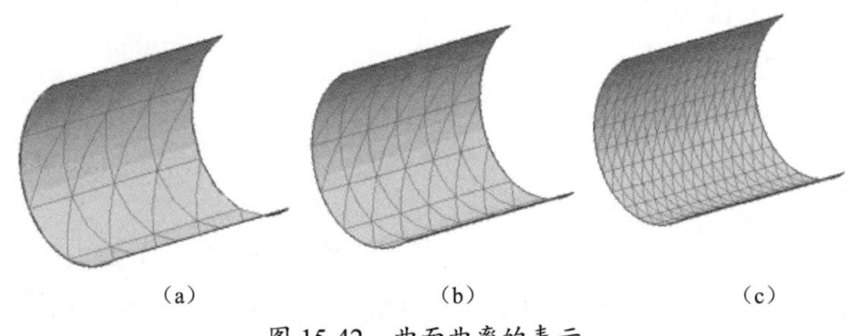

（a）　（b）　（c）

图 15-42　曲面曲率的表示

15.3.2　网格划分需要注意的问题

在划分网格时，需要注意以下几方面的问题。

1. 网格密度

有限元法是数值近似算法。在一般情况下，网格密度越大，其计算结果与精确解的近似程度越高。但是，在已经获得比较精确的计算结果的情况下，继续加大网格密度就没有任何意义了。

在实际应用中，网格密度是由网格单元的边长来决定的：单元边长越短，网格密度就越大；反之，单元边长越长，网格密度就越小。

对于不同的研究对象，其单元格长度的取值是不同的。确定单元格长度可采用以下 3 种方法。

- 数据试验法，即分别输入不同的单元格长度值来比较，选择计算精度可以达到要求且计算时间较短、效率较高、是收敛半径的单元格长度最小值。这种方法比较复杂，往往用于无同类数据可参考的情况。
- 同类项比较法，即借鉴同类产品的分析数据。比如，在对摩托车铝车轮进行网格划分时，可以适当借鉴汽车铝车轮有限元分析时的单元格长度。
- 根据研究对象的特点，结合国家标准规定的要求，与试验数据相结合。比如，对于车轮有限元分析模型，有许多边界参数可以参考 QC/ T218—1996 标准，再结合铝车轮制造有限公司的试验数据即可取得。

2. 网格形状

对平面网格而言，可以选择的网格形状有三角形网格、四边形网格和混合网格。对三维网格而言，可以选择的网格形状有四面体网格、金字塔网格、六面体网格及混合网格。在选择网格形状时，很大程度上取决于计算所使用的分析类型。例如，线性分析和非线性分析对网格形状的要求不同，模态分析和应力分析对网格形状的要求也不同。

3. 网格维数

在网格维数方面，一般有 3 种方案可供选择。第一种是线性单元，有时也被称为低阶单元。其形函数是线性形式，表现在单元结构上，可以用该单元是否具有中间节点来判断它是否为线性单元。无中间节点的单元就是线性单元。在实际应用中，线性单元的求解精度一般不如阶次高的单元，尤其是在要求得到精确的峰值应力结果时，低阶单元往往不能得到比较精确的结果。第二种是二次单元，有时也被称为高阶单元。其形函数是线性形式，表现在单元结构上，带有中间节点的单元就是二次单元。如果要求得到精确的峰值应力结果，则高阶单元往往更能满足要求。一般来说，二次单元对非线性特性的支持比低阶单元好，如果求解涉及较复杂的非线性状态，则使用二次单元可以得到更好的收敛特性。第三种是选择所谓的 p 单元。其形函数一般是大于二阶的，但阶次一般不会大于 8。这种单元的应用局限性比较大，这里就不再详细介绍了。

15.3.3 网格划分命令

在 UG 软件中，几何体的要素包括点、线、面及实体。我们可以使用网格划分命令划分从 0D（点网格）、1D（线网格）、2D（面网格）到 3D（体网格）的网格。

在 UG 高级仿真分析环境中，网格划分命令在【主页】选项卡的【网格】面板中的【更多】库中，如图 15-43 所示。

1. 0D 网格划分

使用【0D 网格】命令可以在特定节点处创建基于点的单元或标量单元。虽然使用【0D 网格】命令创建的单元类型取决于指定的求解器，但基于点的单元一般包括以下两种。

- 集中质量单元。
- 特定类型的弹簧单元。

通常，0D 单元用于将集中质量或载荷添加到模型中。0D 单元并不会影响模型的静态行为。图 15-44 所示为划分的 0D 网格。

2. 1D 网格划分

1D 网格用于创建与几何体关联的一维单元网格。可以沿曲线或多边形边创建或编辑一维单元。

一维单元是包含两个节点的单元，根据类型的不同，这些单元可能具有方向分量。一维单元是单元属性沿直线或曲线定义的单元，通常应用于梁、加强筋和桁架结构。

图 15-43　网格划分命令

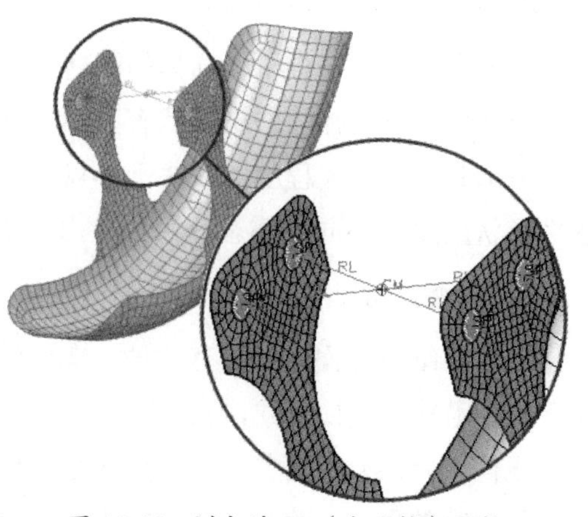

图 15-44　划分的 0D（点网格）网格

使用【1D 网格】命令在选择的边或曲线上创建梁单元时，这些边或曲线的方向将控制梁单元的方向。如果边或曲线的方向不一致，则产生的梁单元的方向也会不一致。

单击【1D 网格】按钮，弹出【1D 网格】对话框。选择钢梁上的一条边作为网格划分对象，设置【单元数】为【5】，其他选项保持默认设置，单击【确定】按钮，即可创建默认属性的 1D 网格，如图 15-45 所示。

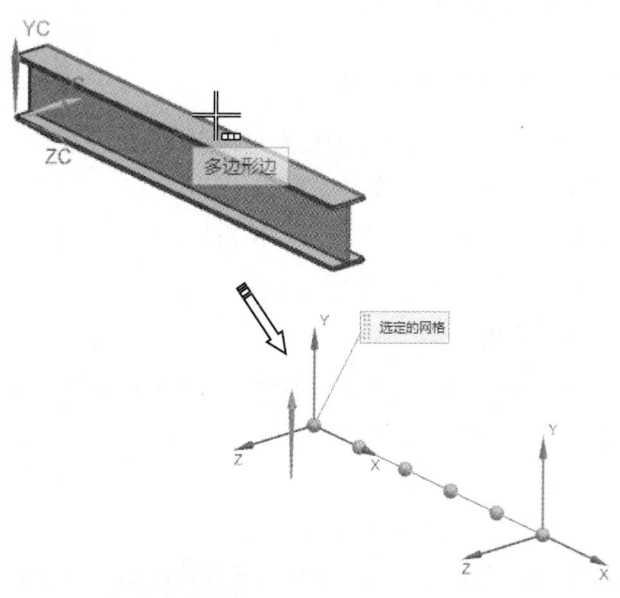

图 15-45　创建 1D 网格

3. 2D 网格划分

2D 网格划分命令如图 15-46 所示。

（1）2D 自由网格划分。

使用【2D 网格】命令可以在选定的面上生成线性/抛物线三角形或四边形单元网格。2D 单元一般也被称为壳单元或板单元。例如，可以在如图 15-47 所示的托架模型上生成网格。

【2D 网格】对话框如图 15-48 所示。

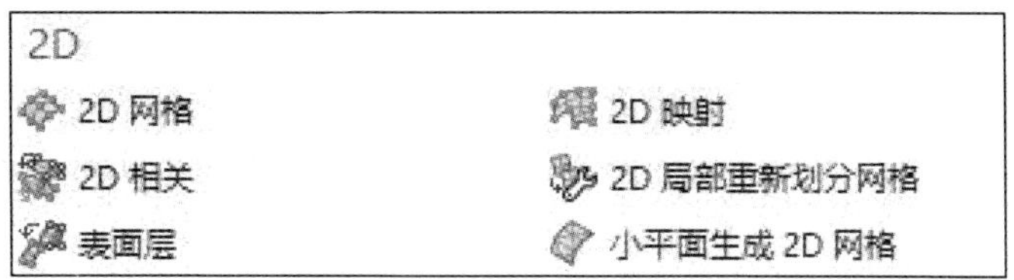

图 15-46　2D 网格划分命令

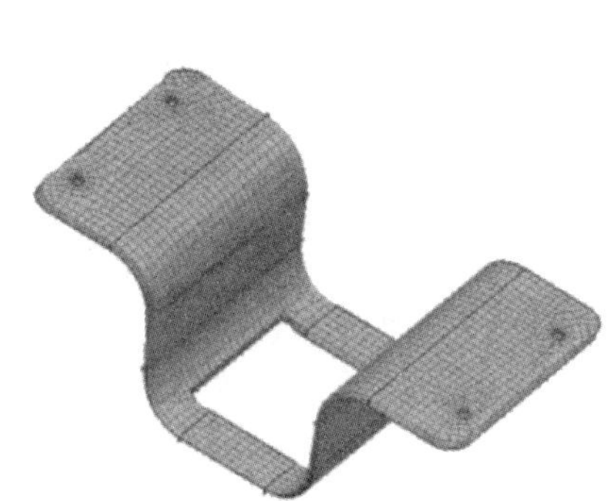

图 15-47　托架模型

图 15-48　【2D 网格】对话框

（2）2D 映射网格划分。

使用【2D 映射】命令可以在选定的面上生成线性/抛物线三角形或四边形单元结构化网格。在三边面上生成映射网格时，可以控制网格退化所在的顶点。

2D 映射网格使用的网格划分方法基于无限插值技术。与 2D 自由网格相比，使用 2D 映射网格能够更好地控制单元在整个面上的分布。2D 映射网格用途广泛，例如，可用于特定类型的几何体（如圆角和圆柱）的网格划分，因为这种几何体需要规则网格。图 15-49 所示为三边面（A）和四边面（B）上的映射网格。

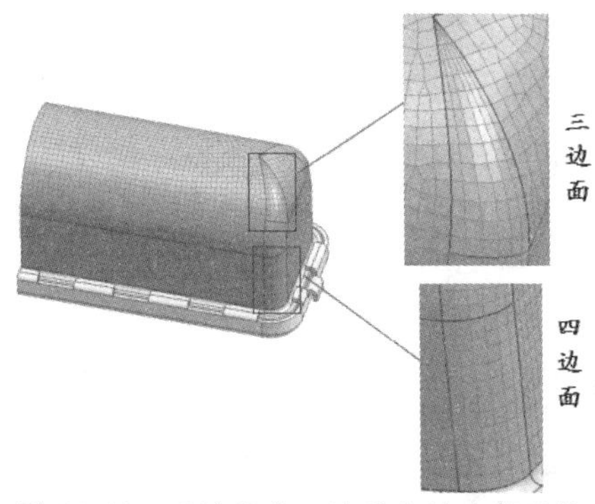

图 15-49　三边面和四边面上的映射网格

在创建 2D 映射网格时，一旦选择了适当的面，软件就可以自动计算拐角的位置，还可以使用指定的单元大小来定义网格密度，以控制沿选定面的边的单元分布。边密度需要保证以下两点。

- 三边面在与网格退化所在的拐角相邻的两条边上具有数量相等的单元。
- 四边面在一对对边上具有数量相等的单元；在另一对对边上的单元数可能相等，也可能不相等。

（3）2D 相关网格划分。

使用【2D 相关】命令可以在模型中的不同面上创建相同的自由网格或映射网格。在创建 2D 相关网格时，应选择主面（独立面）和目标面（相关面）。当软件在这些面上生成网格时，它会保证目标面上的网格与主面上的网格相匹配。

2D 相关网格可以用于各种建模情况。例如，可以在选定面之间创建 2D 相关网格以对接触问题建模，也可以在弯边网格划分的情况下创建 2D 相关网格，此情况需要仔细沿弯边匹配网格。

在【2D 相关网格】对话框中，用户可以创建两种不同的相关网格类型，即常规和对称。

图 15-50 所示为对称类型的 2D 相关网格。在创建常规类型的 2D 相关网格时，主面和目标面必须在拓扑结构上相同（具有相同的边数和曲线数），但它们可以被均匀缩放，如图 15-51 所示。

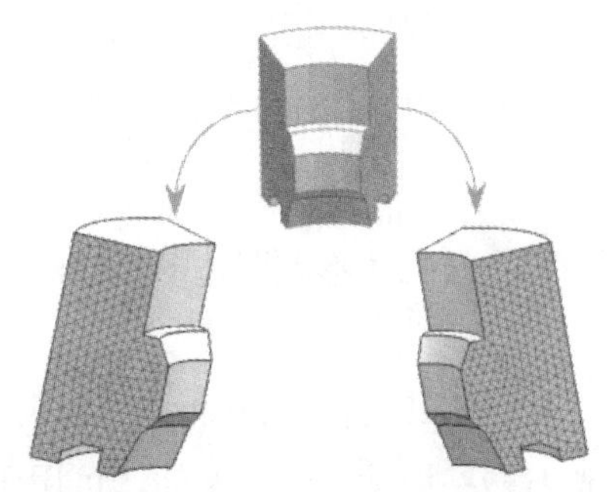

图 15-50　对称类型的 2D 相关网格

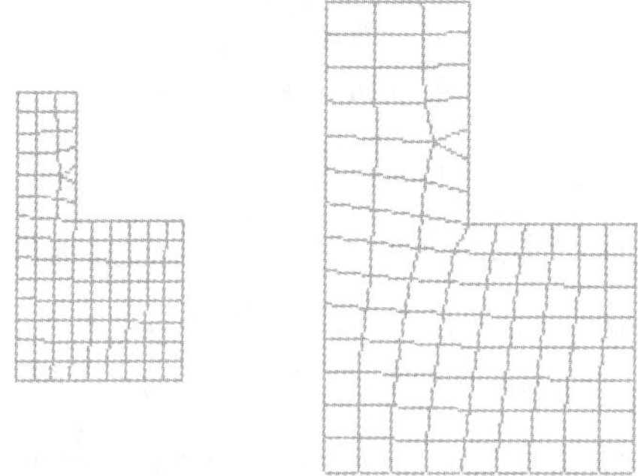

图 15-51　常规类型的 2D 相关网格

（4）2D 局部重新划分网格。

对几何体所关联的 2D 网格而言，可以使用【2D 局部重新划分网格】命令在非常具体的区域内有选择地细化或粗化单元，而不必重新生成整个网格。例如，在解算模型后会发现，作用载荷和结构响应会要求用户细化网格的特定区域。此外，还可以缩小该区域中单元的大小。

使用【2D 局部重新划分网格】对话框中的选项可以选择要细化或粗化的单元，并控制软件修改网格的方式。例如，可以指定新的单元大小，也可以让软件按指定的比例因子缩小或放大选定单元的大小。

图 15-52 所示为 2D 局部重新划分网格。图 15-52（a）显示了现有网格。在该图中，除高亮显示的单元外，其他单元均已被选中，将使用【2D 局部重新划分网格】命令进行细化。图 15-52（b）显示了经过细化的网格。原网格中的目标单元大小为 40mm，细化后网格中的目标单元大小为 33mm。

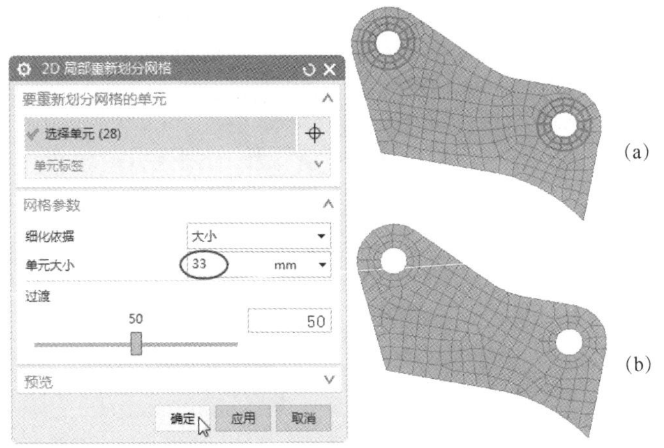

图 15-52　2D 局部重新划分网格

（5）2D 表面层。

使用【表面层】命令可以在现有 3D 单元（体单元）顶部创建 2D 单元（壳单元）的表面层。使用【表面层】对话框中的选项可以在选定体单元的自由面或整个体网格上创建壳单元的表面层。生成的 2D 网格具有以下特点。

- 将使用定义它时所在的实体网格的节点和连接。
- 可以是线性网格或抛物线网格，前提是实体网格是抛物线网格。例如，在抛物线四边形单元的网格上，可以创建线性或抛物线四边形单元的表面层。但是，如果实体网格是线性网格，则生成的 2D 网格只能是线性网格。
- 与基层 3D 网格和几何体相关联，前提是从【表面层】对话框中的【模态】列表框中选择几何体选项。如果删除或修改 3D 网格或几何体，则软件会先更新 3D 网格，再更新相关联的 2D 表面层。

4．3D 网格划分

3D 网格划分命令如图 15-53 所示。

（1）3D 四面体网格划分。

使用【3D 四面体】命令可以在选定几何体上创建体单元的网格，生成线性或抛物线四面体单元的网格，也可以在实体上创建 3D 网格，用于所有受支持的求解器。

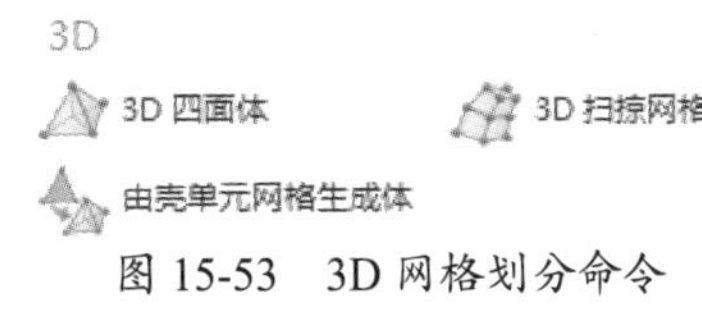

图 15-53　3D 网格划分命令

图 15-54 所示为一个光纤支架结构的模型，包括总单元长度为 4mm 的四面体网格。注意薄筋板区域与零件其余部分的厚度差别。图 15-54（a）显示了取消勾选【最小两单元贯通厚度】复选框时的网格。图 15-54（b）显示了勾选【最小两单元贯通厚度】复选框时的网格。请注意图 15-54（b）中沿薄筋板方向的网格厚度为两个单元。

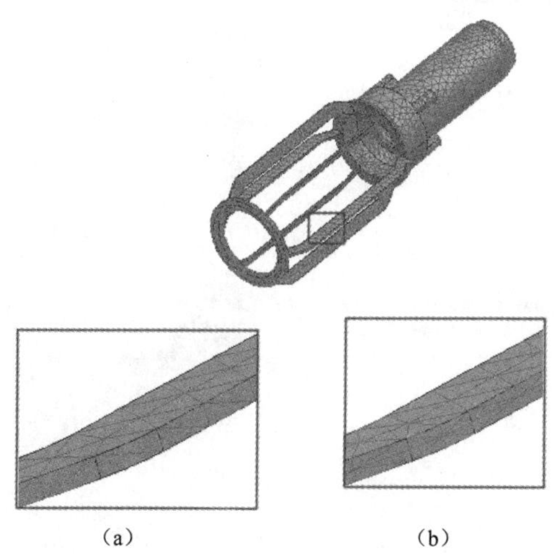

图 15-54　光纤支架结构的模型

（2）3D 扫掠网格划分。

使用【3D 扫掠网格】对话框中的【多体自动判断目标】和【直到目标】选项可以在实体中扫掠自由网格或映射表面网格来生成六面体或楔形体单元的映射网格。使用这些选项也可以在任何满足某种准则的 2.5 维实体（在一个方向上始终具有恒定横截面的实体）上生成各层一致的结构网格。图 15-55 所示为 3D 扫掠网格。

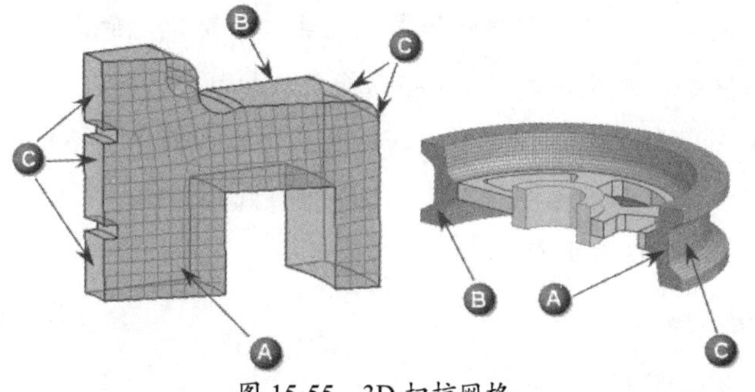

图 15-55　3D 扫掠网格

- 源面 A 是在体中扫描其网格的面。
- 目标面 B 是软件将源面 A 中的网格投影到的面。
- 源面 A 和目标面 B 之间的面是壁面 C。每个壁面 C 都由单条轨曲线组成。

（3）由壳单元网格生成体。

【由壳单元网格生成体】命令用于让用户使用三角形壳单元而不是多边形几何体创建 3D 四面体网格，以定义一个封闭曲面。壳单元定义了边界和体积的单元大小。使用 2D 网格作为曲面约束意味着可以在没有几何体的情况下产生 3D 网格。

要生成一个实体网格，壳网格必须符合下列要求。

- 所有 2D 三角形单元必须属于同一阶次（线性或抛物线）。

技巧点拨：

从抛物线壳单元生成实体网格时需要谨慎。如果抛物线三角形壳单元没有直边，则产生的抛物线四面体网格可能包含不能通过雅可比检验的单元。

- 壳单元必须完全封闭一个体积。否则，软件不能产生体单元。
- 壳网格中没有重复的三角形单元。

图 15-56 所示为 3 种 3D 网格形式。

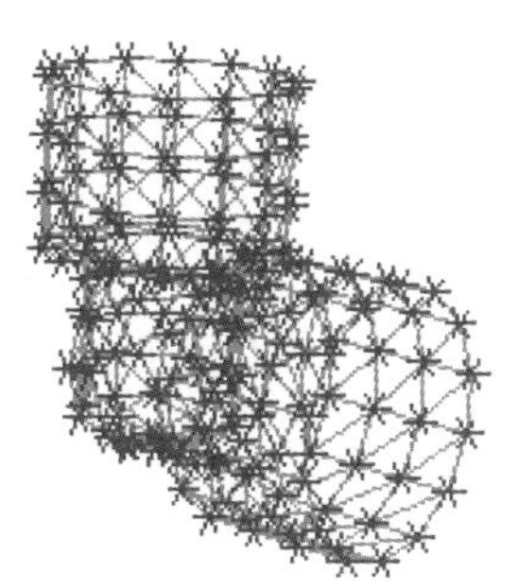
内部腔的 2D 三角形网格

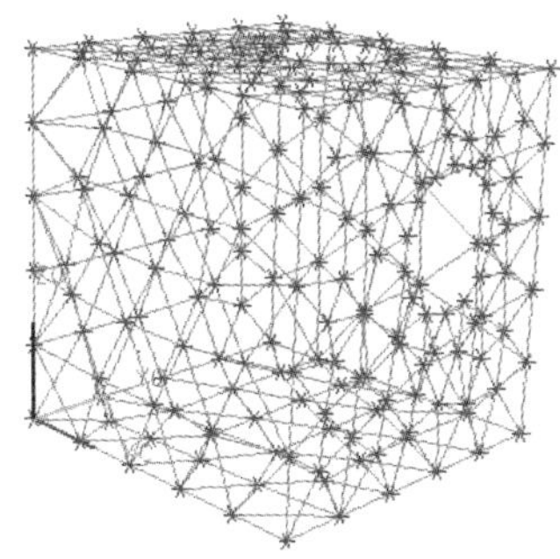
包容块内 2D 三角形网格

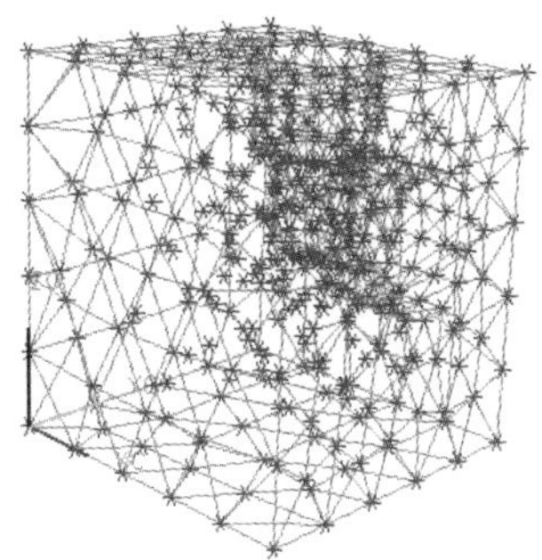
四面体实体网格

图 15-56　3 种 3D 网格形式

技巧点拨：

由壳单元创建的体网格与边界壳网格或底层几何体没有关系。使用【由壳单元网格生成体】命令创建的体网格不可编辑。另外，如果使用【由壳单元网格生成体】命令创建的 3D 网格的任何限定壳网格需要更新，则会自动删除 3D 网格，必须在壳网格更新后重新创建体网格。

15.3.4　模型与网格质量检查

NX 包含许多命令，可用于验证模型。可以使用这些命令完成以下功能。

- 检查模型的 CAE 几何体是否符合 CAD 底层几何体。
- 确保网格的质量和一致性。
- 验证模型已完成并可用于求解。

表 15-3 汇总了可用的有限元模型检查命令。

表 15-3　有限元模型检查命令

命　令	图标	描　述	附加信息
单元质量检查		可用于根据常规准则和特定求解器的准则来评估模型中单元的质量	评估单元质量
单元边		可用于显示任何具有自由边的 2D 和 3D 单元，还可用于显示任意非歧义单元边	检查自由单元边和非歧义单元边
2D 单元法向		可用于评估模型中的 2D 单元法向的一致性	检查并确定 2D 单元的法向
重复节点		可用于检查模型中的重复节点并将其中的任意节点合并在一起	检查重复单元和节点

续表

命　令	图标	描　述	附加信息
重复单元		可用于检查模型中的重复单元并删除其中的任意重复单元	检查重复单元和节点
单元材料方向		可用于显示模型中的 2D 和 3D 单元的材料方向	显示单元的材料方向
调整 CAD 的节点邻近度		可用于调整在多边形几何体上创建的节点与基础 CAD 几何体的邻近度	控制节点与 CAD 几何体的邻近度
CAE 模型一致性		可用于评估模型中多边形几何体的一致性问题	CAE 模型一致性检查
检测干涉/间隙		可用于检测模型中的干涉区域	检测面之间的干涉与间隙问题
实体属性检查		可用于检查有限元模型的实体属性	
检查关联		可用于检查模型的节点是否已与底层几何体关联	检查节点与几何体的关联性
有限元模型汇总		可用于打印有限元模型文件中的实体的信息汇总	
仿真信息汇总		可用于打印仿真模型文件中的实体的信息汇总	
模型设置		可用于评估模型是否已做好解算准备	在求解之前检查模型的完整性

15.4　综合案例：曲柄运动体的线性静态分析

线性静态分析是解决线性和一些非线性问题（如间隙和接触单元）的一种结构解决方法。线性静态分析用于确定由静态（稳态）载荷引起的结构或构件中的位移、应力、应变和力。这些负载包括以下几种。

- 外部施加的力和压力。
- 稳态惯性力（重力和离心）。
- 强制（非零）位移。
- 温度（热应变）。

本例介绍线性静态分析。通过本节的学习，读者可以了解线性静态分析的基础知识，并且能够为线性静态解决方案准备模型。

要进行线性静态分析的模型如图 15-57 所示。该模型是工程机械中常见轴承的曲柄运动体结构件的杆身部分，其用途是将燃气作用在活塞顶上的压力转换为曲轴旋转运动对外输出的动力。该模型的工作条件是温度最高为 2500℃，材料为球磨铸铁 QT400。在 UG 高级仿真中将采用材料库中相对应的材料。

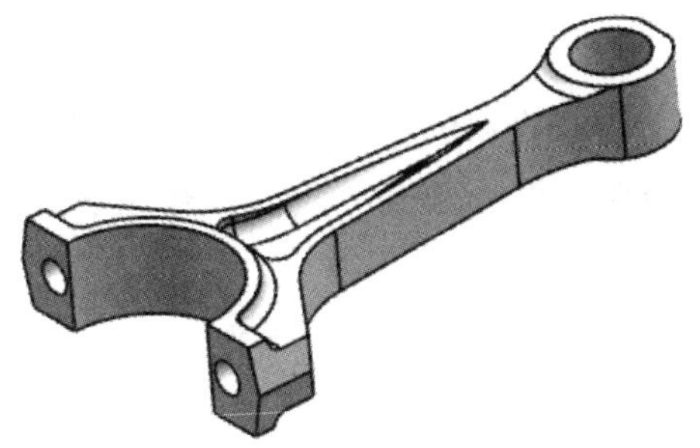

图 15-57　曲柄运动体杆身模型

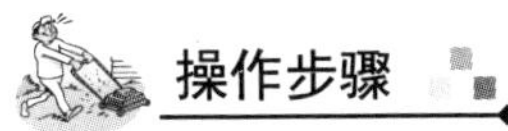

15.4.1　模型准备

① 打开本例的线性静态分析模型文件【piston_rod.prt】。

② 在【应用模块】选项卡的【仿真】面板中单击【前/后处理】按钮，进入高级仿真分析的基本环境。

③ 因为模型中没有影响计算精度的细节特征，所以无须简化模型。在【主页】选项卡的【关联】面板中单击【新建 FEM 和仿真】按钮，弹出【新建 FEM 和仿真】对话框。在此对话框中设置【求解器】为【Simcenter Nastran】、【分析类型】为【结构】，并单击【确定】按钮，建立有限元模型文件和仿真模型文件，如图 15-58 所示。

④ 在随后弹出的【解算方案】对话框中，保持各选项的默认设置，单击【确定】按钮，确定解算方案，如图 15-59 所示，并进入高级仿真分析环境的网格划分界面。

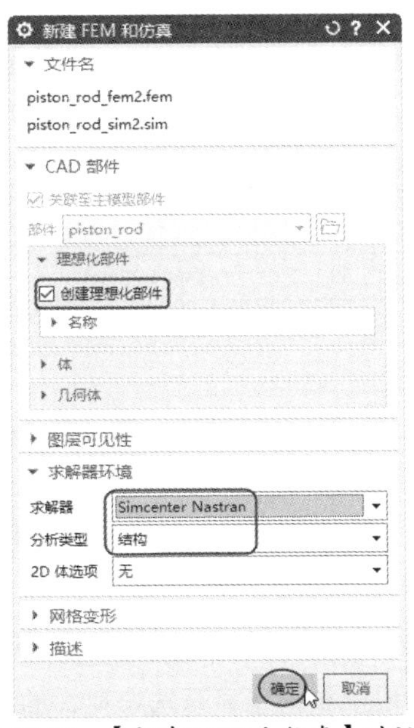

图 15-58　【新建 FEM 和仿真】对话框

图 15-59　确定解算方案

15.4.2 设置材料

表 15-4 列出了 UG 材料库中的金属牌号、金属名称与国内常用金属牌号。

表 15-4 UG 材料库中的金属牌号、金属名称与国内常用金属牌号

UG 材料库中的金属牌号	金 属 名 称	国内常用金属牌号
AISI_STEEL_1008-HR	淬硬优质参素结构钢	08
AISI_STEEL_4340	优质合金结构钢	40CrNiMoA
AISI_310_ss	耐热钢（不锈钢）	2Cr25Ni20；0Cr25Ni20
AISI_410_ss	耐热钢（不锈钢）	1Cr13；1Cr13Mo
Aluminum_2014	铝合金	2A14（新）LD10（旧）
Aluminum_6061	铝合金	6061
Brass	黄铜	
Bronze	青铜	
Iron_ Malleable	可锻铸铁	KTH350-10
Iron_ Nodular	球墨铸铁	QT400-18、QT400-15
Iron_40	40 号碳钢（结构钢）	40
Iron_60	60 号碳钢（结构钢）	60
Steel-Rolled	轧钢	Q235A、Q235B、Q235C、Q235D
Steel	钢	
S/Steel_PH15-5	钼合金钢	
Titanium_ Alloy	钛合金	TC1
Tungsten	钨	YT15
Aluminum_5086	Al-Mg 系铝合金	
Copper_C10100	铜	
Iron_Cast_G25；ron_Cast_G60	铸铁	HT250；QT600-3
Magnesium_ Cast	镁合金铸铁	
AISI_SS_304-Annealed	304 不锈钢	0Cr19Ni9N
Titanium-Annealed	退火钛合金	TA2
AISI_ Steel_ Maraging	马氏体实效钢	16MnCr5
AISI_Steel_1005		05F
Inconel_718-Aged	沉淀硬化不锈钢	0Cr15Ni7Mo2Al
Titanium_Ti-6Al-4V	钛合金	TC4
Copper_C10100	铜	
ron_Cast_G40	铸钢	

① 在仿真导航器中右击【pistion_rod.prt】零件并在弹出的快捷菜单中选择【在窗口中打开】命令，进入零件窗口。在【主页】选项卡的【几何体准备】面板中的【更多】库中单击【指派材料】按钮，弹出【指派材料】对话框。

② 选择曲柄运动体模型作为材料指派对象，并在【材料】列表框中选择【Iron_Nodular】（球墨铸铁）选项，如图 15-60 所示。在列表框的底部单击【显示选定材料的材料属性】按钮，可以查看该材料的材料信息，如图 15-61 所示。

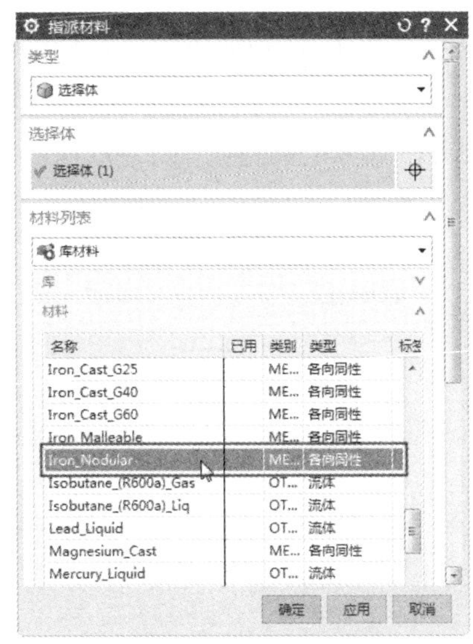

图 15-60　选择材料

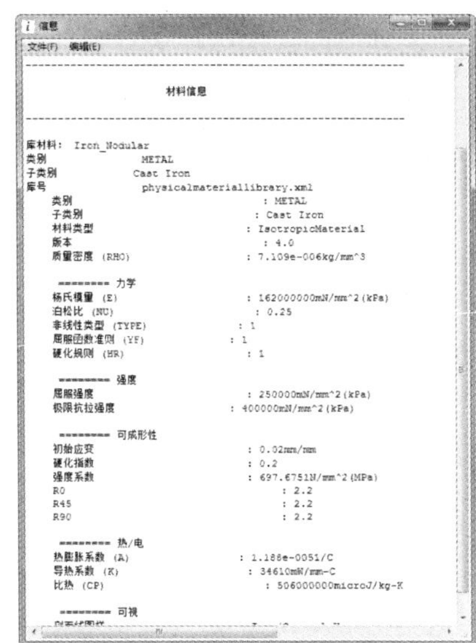

图 15-61　查看材料的材料信息

③　单击【指派材料】对话框中的【确定】按钮，完成材料的指派。

④　进入【Piston_rod_fem2.fem】理想化部件窗口。在【主页】选项卡的【属性】面板中单击【物理属性】按钮，弹出【物理属性表管理器】对话框。单击【创建】按钮，弹出【PSOLID】对话框。在【属性】选项区的【材料】下拉列表中选择前面指派的球墨铸铁材料【Iron_Nodular】，并单击【确定】按钮，完成材料属性的继承，如图 15-62 所示。

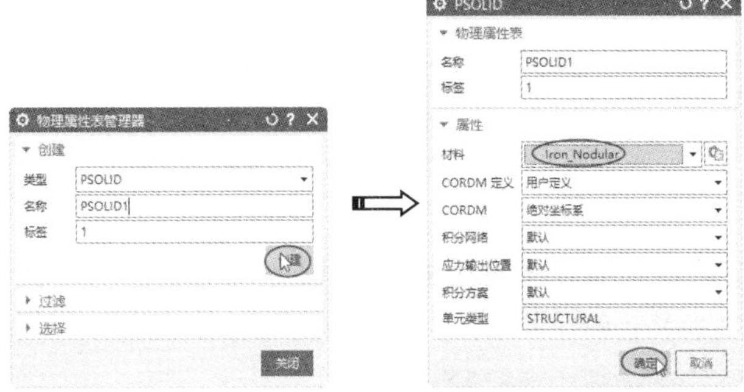

图 15-62　继承材料属性

15.4.3　网格划分

①　由于模型本身是厚度零件，因此需要将其划分为 3D 网格才能保证分析结果的精准性。

②　在【主页】选项卡的【属性】面板中单击【网格收集器】按钮，弹出【网格收集器】对话框。在设置物理属性后，单击【确定】按钮，完成网格收集器的创建，如图 15-63 所示。

③　在【主页】选项卡的【网格】面板中单击【3D 四面体】按钮，弹出【3D 四面体网格】对话框。

④ 选择曲柄运动体作为要进行网格划分的对象，并在【3D 四面体网格】对话框中设置网格划分的参数，如图 15-64 所示。

⑤ 单击【确定】按钮，完成分析模型的网格划分，划分的网格如图 15-65 所示。

图 15-63 创建网格收集器

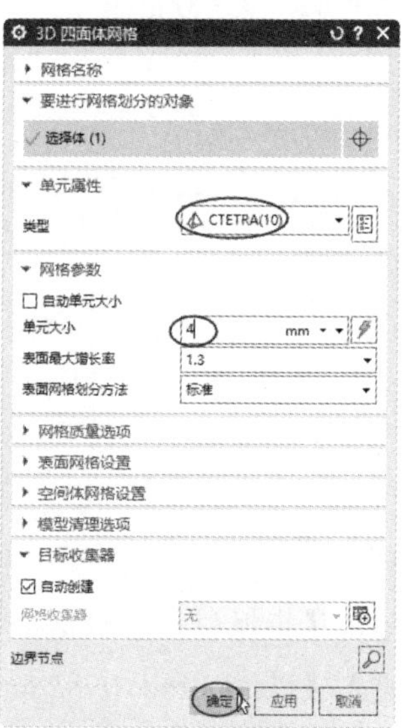

图 15-64 设置网格划分的参数

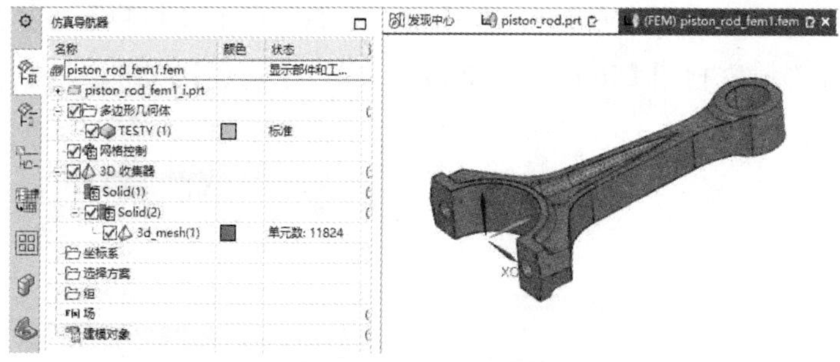

图 15-65 划分的网格

⑥ 在【检查和信息】面板中单击【单元质量】按钮，选择网格进行质量检查，检查结果显示了具有警告颜色的单元，没有发现红色错误单元，如图 15-66 所示。

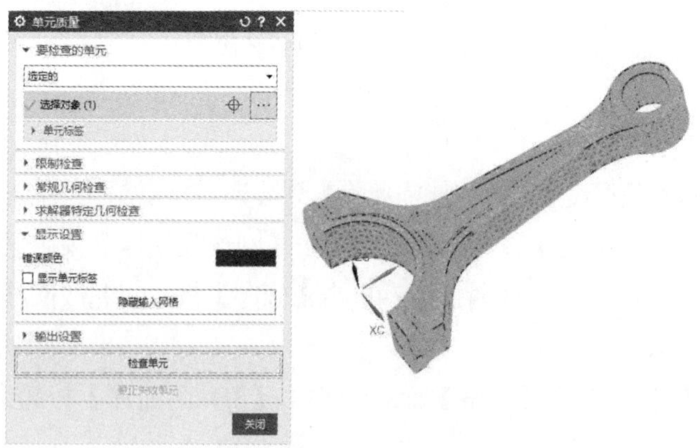

图 15-66 网格质量检查

15.4.4　创建边界条件

载荷、约束和仿真对象都被认为是边界条件。【仿真导航器】提供了一些命令，可用于创建、编辑和显示边界条件。表 15-5、表 15-6 和表 15-7 列出了高级仿真边界条件（载荷、约束、仿真对象）及它们支持的 Simcenter Nastran 解算方案类型和对应的 MSC Nastran 模型数据输入项。

表 15-5　载荷

图　标	载　荷	Simcenter Nastran 解算方案类型	MSC Nastran 模型数据输入项
	加速度	结构（除 SOL 107、110、601、701 外的所有项）	ACCEL ACCEL1
	轴向 1D 单元变形	SOL 101 SOL 105 线性屈曲 SOL 200 设计优化	DEFORM
	承压	结构（除 SOL 103 实特征值和 SOL 110 模态复特征值外的所有内容）	FORCE
	螺栓预紧力	SOL 101 SOL 103-响应仿真 SOL 601,106 高级非线性静态 SOL 601,129 高级非线性瞬态	BOLTFOR
	离心压力	结构（除 SOL 103 实特征值和 SOL 110 模态复特征值外的所有内容）	PLOAD4
	边载荷	仅限 Simcenter Nastran SOL 101、103、105、107、108、109、110、111、112 和 200（线性结构解法） SOL 601,106 和 601,129（高级非线性结构解法） SOL 153 和 159（热传递解算方案）	PLOADE1
	力	结构（除 SOL 103 实特征值和 SOL 110 模态复特征值外的所有内容） 轴对称结构	FORCE
	重力	结构（除 SOL 103 实特征值和 SOL 110 模态复特征值外的所有内容） 轴对称结构	GRAV
	热通量	热 轴对称热	QBDY3、QBDY2、QHBDY
	发热	热	QVOL
	流体静压力	结构（除 SOL 103 实特征值和 SOL 110 模态复特征值外的所有内容）	PLOAD4
	力矩	结构（除 SOL 103 实特征值和 SOL 110 模态复特征值外的所有内容）	MOMENT

续表

图　标	载　荷	Simcenter Nastran 解算方案类型	MSC Nastran 模型数据输入项
	节点力位置	SOL 103-响应仿真	USET1，U3
	节点压力	结构（除 SOL 103 实特征值和 SOL 110 模态复特征值外的所有内容） 轴对称结构	PLOAD4
	非结构质量	结构 热	NSM NSM1
	压力	结构（除 SOL 103 实特征值和 SOL 110 模态复特征值外的所有内容） 轴对称结构	PLOAD4（仅结构）、PLOAD2（仅结构）、PLOAD1（仅结构）和 PLOADX1（仅轴对称结构）
	辐射	热 轴对称热	RADBC
	旋转	结构（除 SOL 103 实特征值和 SOL 701 显式高级非线性分析外的所有内容） 轴对称结构	RFORCE
	温度载荷	结构（除 SOL 103 实特征值和 SOL 110 模态复特征值外的所有内容） 轴对称结构	TEMP
	扭矩	结构（除 SOL 103 实特征值和 SOL 110 模态复特征值之外的所有内容）	FORCE

表 15-6　约束

图　标	约　束	Simcenter Nastran 解算方案类型	MSC Nastran 模型数据输入项
	反对称约束	结构	SPC
	自动耦合	结构	MPC
	对流	热 轴对称热	CONV
	圆柱形约束	结构	SPC
	强制加速	结构，仅限下列解算方案类型： SOL 108 直接频率响应 SOL 109 直接瞬态响应 SOL 111 模态频率响应 SOL 112 模态瞬态响应	SPCD
	强迫位移约束	结构 轴对称结构	SPCD
	强迫运动位置	SOL 103-响应仿真	USET1，U2

续表

图　标	约　束	Simcenter Nastran 解算方案类型	MSC Nastran 模型数据输入项
	固定约束	结构 轴对称结构	SPC
	固定旋转约束	结构	SPC
	固定平移约束	结构	SPC
	手工耦合	结构 轴对称结构	MPC
	销住约束	结构	SPC
	滚子约束	结构	SPC
	简支约束	结构	SPC
	滑块约束	结构	SPC
	对称约束	结构	SPC
	热约束	热 轴对称热	SPC
	瞬态初始条件	结构，仅限 SOL 129 非线性瞬态响应和 SOL 601,129 高级非线性瞬态解类型	TIC
	用户定义约束	结构 轴对称结构	SPC（仅结构） SPC1
	速度	结构，仅限下列解算方案类型： SOL 108 直接频率响应 SOL 109 直接瞬态响应 SOL 111 模态频率响应 SOL 112 模态瞬态响应	SPCD

表 15-7　仿真对象

图　标	仿 真 对 象	Simcenter Nastran 解算方案类型	MSC Nastran 模型数据输入项
	高级非线性接触	结构，仅限下列解算方案类型： SOL 601,106 高级非线性静态 SOL 601,129 高级非线性瞬态 SOL 701 显式高级非线性分析	BSURF BSURFS
	边到边接触	结构或轴对称结构	PLOADE1

续表

图　标	仿真对象	Simcenter Nastran 解算方案类型	MSC Nastran 模型数据输入项
	边到边粘连	结构，仅限下列解算方案类型： SOL 101 线性静态（全局约束和子工况约束） SOL 103 实特征值 SOL 105 线性屈曲 SOL 106 非线性静态 SOL 108 直接频率响应 SOL 109 直接瞬态响应 SOL 111 模态频率响应 SOL 112 模态瞬态响应	BGSET BEDGE
	边到面粘连	结构，仅限下列解算方案类型： SOL 101 线性静态（全局约束和子工况约束） SOL 103 实特征值 SOL 105 线性屈曲 SOL 106 非线性静态 SOL 108 直接频率响应 SOL 109 直接瞬态响应 SOL 111 模态频率响应 SOL 112 模态瞬态响应	BGSET
	单元产生/消亡	结构，仅限下列解算方案类型： SOL 601,106 高级非线性静态 SOL 601,129 高级非线性瞬态 SOL 701 显式高级非线性分析	EBDSET
	初始温度	结构，仅限下列解算方案类型： SOL 106 非线性静态 SOL 601,106 高级非线性静态 SOL 601,129 高级非线性瞬态 SOL 701 显式高级非线性分析 SOL 153 稳态非线性热传递	TEMP
	材料温度	结构（除 SOL 601,106 高级非线性静态、SOL 601,129 高级非线性瞬态和 SOL 701 显式高级非线性分析外的所有内容）	温度（材料）工况控制命令
	非结构质量	结构	NSML NSML1
	转子动力学定义	对 Simcenter Nastran 而言，仅对以下解算方案类型进行结构分析： SOL 107 直接复特征值 SOL 108 直接频率响应 SOL 109 直接瞬态响应 SOL 110 模态复特征值 SOL 111 模态频率响应 SOL 112 模态瞬态响应	ROTORB ROTORD ROTORG

续表

图　标	仿真对象	Simcenter Nastran 解算方案类型	MSC Nastran 模型数据输入项
	面对面接触	结构，仅限下列解算方案类型： SOL 101 线性静态（全局约束和子工况约束） SOL 105 线性屈曲 SOL 601,106 高级非线性静态	BCRPARA BCTPARM BCTSET BSURF BSURFS BCTPARA（仅限 SOL 601,106）
	面对面粘连	结构，仅限下列解算方案类型： SOL 101 线性静态（全局约束和子工况约束） SOL 103 实特征值 SOL 105 线性屈曲 SOL 106 非线性静态 SOL 108 直接频率响应 SOL 109 直接瞬态响应 SOL 111 模态频率响应 SOL 112 模态瞬态响应	BGSET
	吸音单元	对 Simcenter Nastran 而言，仅对以下解算方案类型进行声学或声振分析： SOL 103 实特征值 SOL 107 直接复特征值 SOL 108 直接频率响应 SOL 110 模态复特征值 SOL 111 模态频率响应	CAABSF PAABSF
	组（Panel）	对 Simcenter Nastran 而言，仅对以下解算方案类型进行声振分析： SOL 103 实特征值 SOL 107 直接复特征值 SOL 108 直接频率响应 SOL 110 模态复特征值 SOL 111 模态频率响应	PANEL

1. 添加约束

① 进入【Piston_rod_fem2.sim】仿真环境界面。

② 添加销住约束（因为曲柄运动体与轴承是销住约束的装配关系，所以运动体绕轴承旋转）。在【主页】选项卡的【载荷和条件】面板中的【约束类型】下拉菜单中单击【销住约束】按钮，弹出【销住约束】对话框。

③ 选择曲柄运动体的圆柱面作为约束参考，单击【确定】按钮，完成销住约束的添加，如图 15-67 所示。

④ 添加用户定义约束。在【主页】选项卡的【载荷和条件】面板中的【约束类型】下拉菜单中单击【用户定义约束】按钮，弹出【用户定义约束】对话框。

⑤ 选择曲柄运动体的两个端面作为约束对象，设置【DOF2】的自由度为【固定】，单

击【确定】按钮，完成固定约束的添加，如图 15-68 所示。

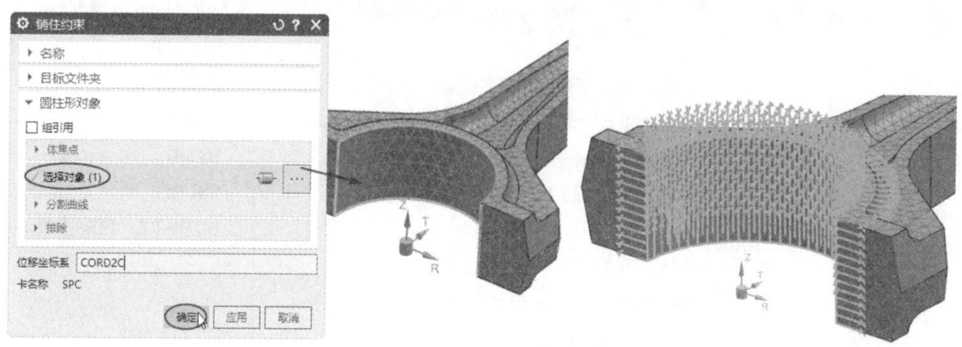

图 15-67　添加销住约束

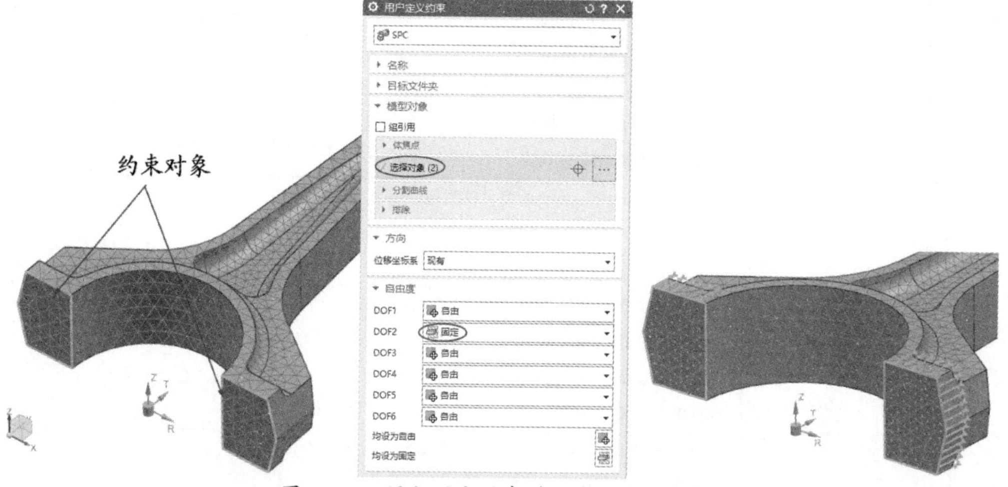

图 15-68　添加固定约束（用户定义约束）

技巧点拨：

在确定需要固定哪一个自由度时，可以结合屏幕左下角绝对坐标系的轴向。节点坐标系的 *Z* 轴是绝对坐标系的 *Z* 轴，*R* 轴是绝对坐标系的 *X* 轴，*T* 轴则是绝对坐标系的 *Y* 轴。也就是说，两个端面需要固定，因为它们和另一半的运动体盖是使用运动体螺栓固定的。曲柄运动体结构示意图如图 15-69 所示。

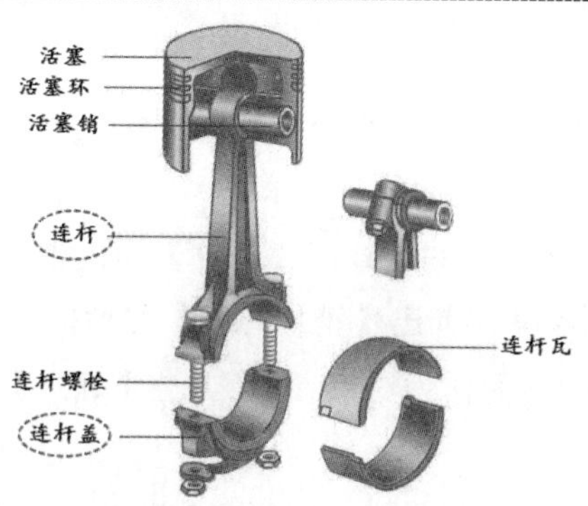

图 15-69　曲柄运动体结构示意图

2. 添加载荷

下面我们需要在曲柄运动体活塞销的一端添加两个方向的载荷，也就是在绝对坐标系的

X 方向和 Y 方向进行应力分析，以得到在两个方向上产生的拉伸和扭曲变形。

① 在【主页】选项卡的【载荷和条件】面板中的【载荷类型】下拉菜单中单击【温度】按钮，弹出【温度】对话框。

② 框选曲柄运动体的所有网格作为模型对象，输入温度幅值【2500℃】，并单击【确定】按钮，完成温度载荷的添加，如图 15-70 所示。

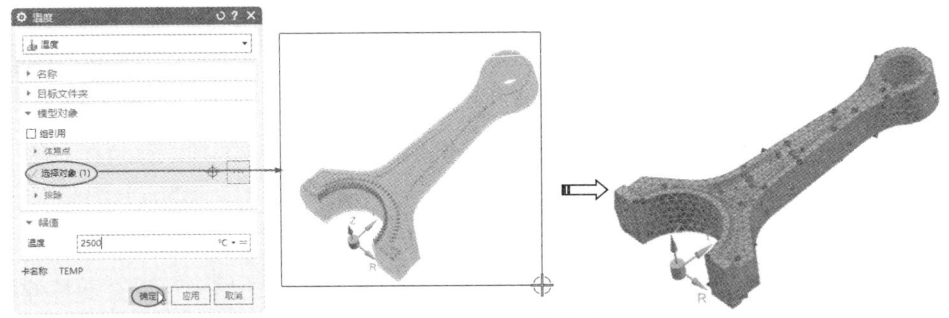

图 15-70　添加温度载荷

③ 在【主页】选项卡的【载荷和条件】面板中的【载荷类型】下拉菜单中单击【轴承】按钮，弹出【轴承】对话框。

④ 选择运动体与活塞销接触面（多边形几何体的面）作为载荷对象，如图 15-71 所示，并选择矢量参考中的 X 轴作为应力作用方向，如图 15-72 所示。

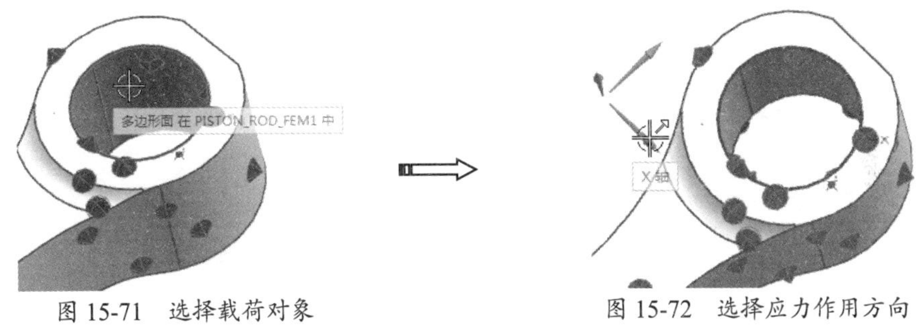

图 15-71　选择载荷对象　　图 15-72　选择应力作用方向

⑤ 单击【确定】按钮，完成 X 轴方向轴承载荷的添加，如图 15-73 所示。

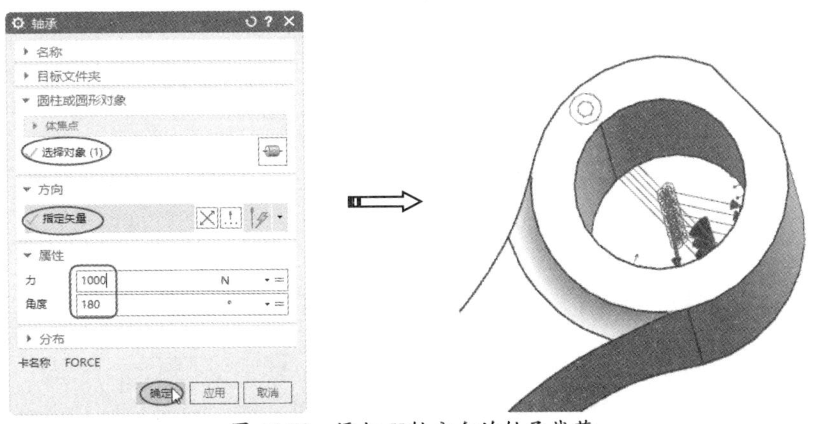

图 15-73　添加 X 轴方向的轴承载荷

⑥ 同理，添加 Y 轴方向的轴承载荷，选择相同的接触面，并将最大应力设置为【2000N】，如图 15-74 所示。

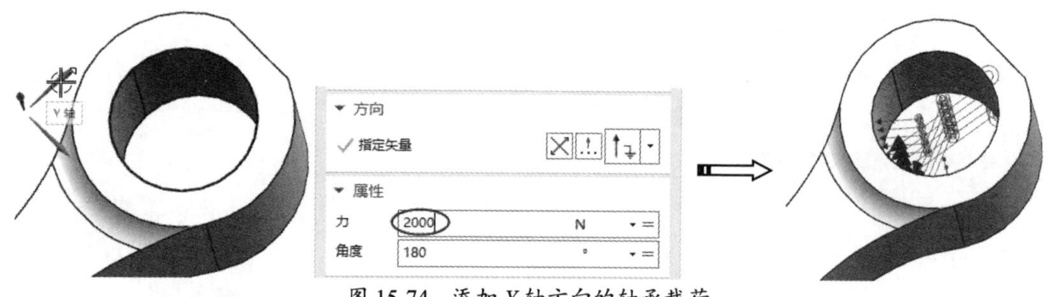

图 15-74　添加 Y 轴方向的轴承载荷

15.4.5　解算分析与结果查看

当边界条件设置完成后，就可以进行解算分析了。根据得到的结果可以查看拉伸和扭曲的变形效果，并把结果输出。

1. 解算分析

① 在【主页】选项卡的【解算方案】面板中单击【求解】按钮，弹出【求解】对话框。

② 单击【编辑解算方案属性】按钮，弹出【解算方案】对话框。在此对话框中勾选【单元迭代求解器】复选框，使其他选项保持默认设置，单击【确定】按钮，完成解算方案的编辑，如图 15-75 所示。

技巧点拨：

选择迭代求解器的作用：可以更快求解，使用较少的内存，并且具有比标准的稀疏矩阵求解器更少的磁盘要求；可以用于不包括联系人的线性静态分析；以实体元素为主的模型显示最佳性能；对于主要由抛物线四面体单元组成的模型是非常有效的。

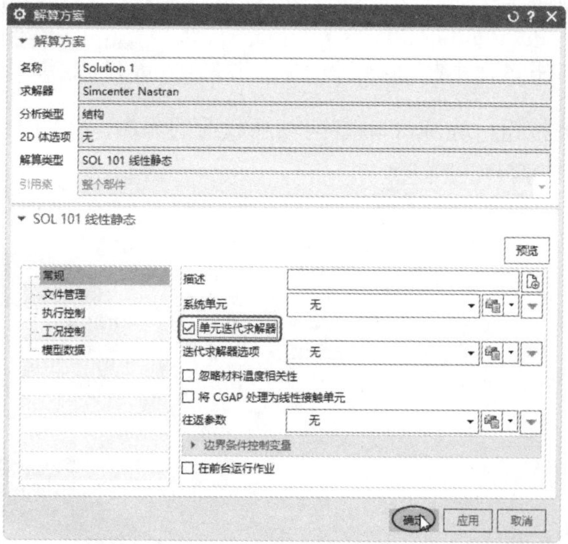

图 15-75　编辑解算方案

③ 在【求解】对话框中单击确定【确定】按钮，开始解算，得到如图 15-76 所示的结果信息。信息中描述得很清楚，整个解算过程没有出现任何错误。

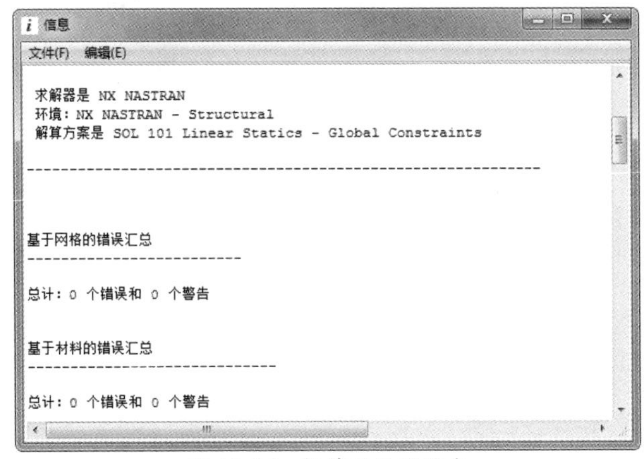

图 15-76　解算的结果信息

④ 在【仿真导航器】的【Solution 1】工况下的【结果】子工况中双击分析结果 Structural，切换到【后处理导航器】中。展开【结构】视图列表，查看分析结果，如图 15-77 所示。

图 15-77　查看分析结果

2. 查看结果

① 在【结构】视图列表下双击一个结果，如【应力-单元】，屏幕中会显示分析结果的云图，如图 15-78 所示。

② 图 15-78 是一个静态图，只能看到变形的结果和数据。如果想动态显示整个变形过程，则在【结果】选项卡的【动画】面板中单击【动画】按钮，打开【动画】对话框。

③ 勾选【完整循环】复选框，单击【播放】按钮，可以动态显示在 X 轴与 Y 轴方向的拉伸和扭曲变形效果，如图 15-79 所示。这个变形效果是在预设的极限值下完成的。

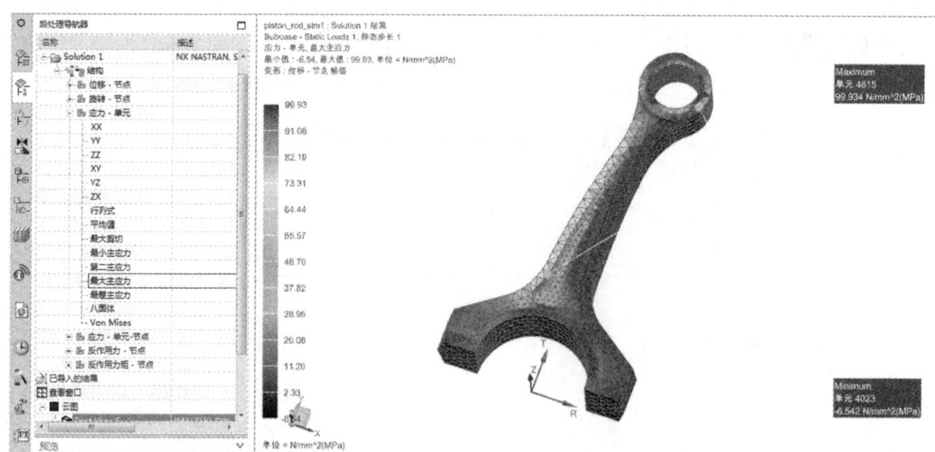

图 15-78　查看并显示应力-单元分析结果的云图

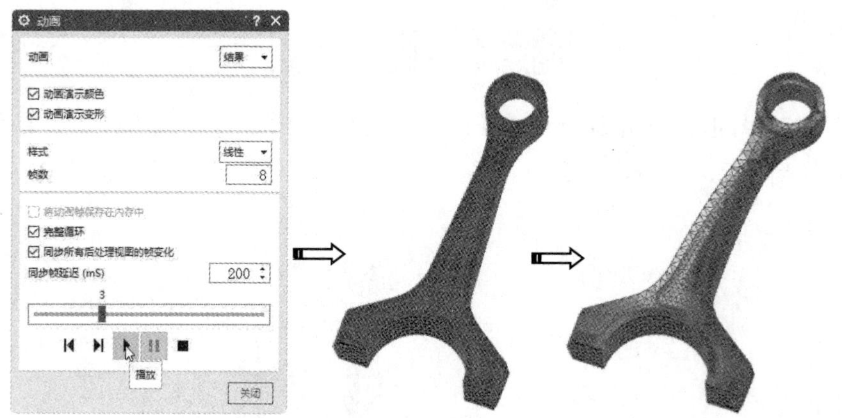

图 15-79　动态显示曲柄运动体的变形效果

④　将本例有限元分析的结果保存。至此，完成了曲柄运动体的线性静态分析。